Fachkunde für Bauzeichner

Von Studiendirektorin Renate Galla, Cadenberge
Studienrat Harald Kuhr, Rendsburg
Studiendirektor Dietrich Richter, Rendsburg
Oberstudienrat Stephan Ruscheck, Bad Segeberg
Oberstudienrat Artur Wanner, Lübeck
und
Studienrat z. A. Dr.-Ing. Holger Arnold, Cadenberge
Studienrat Thomas Dargatz, Cadenberge

4., völlig neu bearbeitete Auflage
mit 1504 Bildern, 161 Tabellen, 79 Beispielen
und 520 Aufgaben

B. G. Teubner Stuttgart · Leipzig 1999

Hinweise auf DIN-Normen in diesem Werk entsprechen dem Stand der Normung bei Abschluss des Manuskriptes. Maßgebend sind die jeweils neuesten Ausgaben der Normblätter des DIN Deutsches Institut für Normung e.V., die durch den Beuth-Verlag, Burggrafenstraße 6, D-10787 Berlin, zu beziehen sind. – Sinngemäß gilt das Gleiche für alle in diesem Buch angezogenen amtlichen Richtlinien, Bestimmungen, Verordnungen usw.

Zur Herstellung dieses Buches wurde chlor- und säurefreies Papier verwendet, das bei der Entsorgung keine Schadstoffe entstehen lässt. Auf diese Weise leisten wir einen aktiven Beitrag zum Schutz unserer Umwelt.

Die Deutsche Bibliothek – CIP-Einheitsaufnahme

Fachkunde für Bauzeichner : mit 161 Tabellen, 79 Beispielen und 520 Aufgaben / von Renate Galla . . . – 4., völlig neu bearb. Aufl. – Stuttgart ; Leipzig: Teubner, 1999
   ISBN 3-519-35608-2

Das Werk einschließlich aller seiner Teile ist urheberrechtlich geschützt. Jede Verwertung in anderen als den gesetzlich zugelassenen Fällen bedarf deshalb der vorherigen schriftlichen Einwilligung des Verlages.
© 1999 B. G. Teubner Stuttgart · Leipzig
Printed in Germany
Gesamtproduktion: Graphische Betriebe Wilhelm Röck, Weinsberg
Typografische Gesamtgestaltung: Peter Pfitz, Stuttgart

Liebe Schülerinnen und Schüler,

dieses Buch baut auf dem Grundlagenband 1 der Baufachkunde auf und bringt den Lernstoff für die Bauzeichnerfachrichtungen Hochbau, Ingenieurbau sowie Tief- und Straßenbau umfassend nach den neuen Rahmenlehrplänen. Darüber hinaus finden Sie viele weiterführende Informationen, die Ihnen über Ihre Ausbildung hinaus die tägliche Arbeit erleichtern sollen.

In dieser 4., neu bearbeiteten Auflage haben wir uns bemüht, die für Sie wichtigen Lerninhalte nicht nur zusammenzustellen, sondern Ihnen auch notwendige Hintergrundinformationen zum besseren Verständnis zu geben. Das neue größere Format, der zweispaltige Satz und insbesondere der Einsatz einer zweiten Farbe sind wesentliche Verbesserungen am Layout, die zur raschen und gründlichen Aufnahme des Stoffes beitragen. Die wesentlichen Aussagen wurden in jedem Abschnitt durch farbig unterlegte Merksätze hervorgehoben. Die Fragen und Übungsaufgaben am Ende eines jeden Abschnittes erleichtern Ihnen das Erlernen der Inhalte.

Die sich auf allen Gebieten vollziehende europäische Standardisierung hat zu einem raschen Wandel in den Normen und Richtlinien geführt. Noch wesentlich rasanter finden die Neuentwicklungen im EDV-Bereich statt. Deswegen war es uns wichtig, die Neuerungen und Trends auf der Grundlage des aktuellen Kenntnisstandes in dem Buch zu berücksichtigen. Dies gilt unter anderem für die Beton- und Stahlbetonnorm DIN 1045.

Die Zeichnungen wurden nach wie vor nach der DIN 1356 erstellt. Die Bewehrungszeichnungen basieren auch weiterhin auf der in der Bundesrepublik Deutschland angewandten DIN 1356-10. Auf die Veränderungen in den gültigen europäischen Nachfolge-Normen, der ISO 3766 und ISO 4066, wird jedoch ebenfalls eingegangen.

Die Rechtschreibung folgt den neuen amtlichen Rechtschreibregeln.

Wenn Sie oder Ihre Lehrer Anregungen oder Hinweise haben, bitten wir um Mitteilung, um dieses Lehrbuch weiter verbessern zu können. Für die Ausbildung wünschen wir Ihnen alles Gute und viel Freude im Beruf.

Sommer 1999
H. Arnold, T. Dargatz, R. Galla, H. Kuhr, D. Richter, S. Ruscheck, A. Wanner

Inhaltsverzeichnis

				Seite
1	**Grundlagen des Bauzeichnens**	1.1	Bauzeichnungen nach Norm	9
		1.1.1	Bauzeichnung	10
		1.1.2	Darstellungsweise	10
		1.1.3	Anordnung der Darstellung	12
		1.1.4	Zeichnungsträger	14
		1.1.5	Linienarten und -breiten	14
		1.1.6	Bemaßung	15
		1.1.7	Beschriftung, Symbole und Schraffuren	17
		1.1.8	Fachspezifische Berechnungen	20
		1.1.9	Vervielfältigung und Aufbewahrung	20
		1.1.10	Zeichnungserstellung durch Datenverarbeitung	21
		1.2	Zeichengerät	22
		1.2.1	Grundausstattung	22
		1.2.2	Ausstattung des Arbeitsplatzes	24
		1.3	Sicherheitstechnik	25
		1.3.1	Gerüste	25
		1.3.2	Unfallverhütung	26
			Aufgaben zu Abschnitt 1	27
2	**Planung, Ausführung und Abrechnung von Bauvorhaben**	2.1	Planung	28
		2.2	Bauausführung	30
		2.2.1	Ausführungszeichnung	30
		2.2.2	Ausschreibung und Vergabe	31
		2.2.3	Bauzeitenplan und Baustelleneinrichtung	36
		2.2.4	Bauüberwachung, Aufmaß und Abrechnung	37
			Aufgaben zu Abschnitt 2	38
3	**Vermessung**	3.1	Lagemessung	39
		3.2	Höhenmessung	43
		3.2.1	Höhenmessung ohne Nivellier	44
		3.2.2	Höhenmessung mit dem Nivellier	44
		3.2.3	Geländeaufnahme mit elektronischem Distanzmesser	48
			Aufgaben zu Abschnitt 3	50
4	**Grundbau und Gründungen**	4.1	Baugrund	51
		4.1.1	Bodenarten und Bodenklassen	51
		4.1.2	Untersuchung des Baugrunds	53
		4.1.3	Baugrundverhalten unter Belastung	57
		4.1.4	Bodenaustausch- und -verbesserungsmaßnahmen	58
		4.2	Baugruben	59
		4.2.1	Baugrubensicherung ohne Wasseranfall	60
		4.2.2	Baugrubensicherung bei Wasseranfall	62
		4.3	Gründungen	65
		4.3.1	Flachgründung	65
		4.3.2	Tiefgründung	70
			Aufgaben zu Abschnitt 4	73

Inhaltsverzeichnis

Seite

5 Holz- und Dachbau

5.1	Holzschutz, Konstruktionsvollholz und Balkenlagen	75
5.1.1	Baulicher Holzschutz	75
5.1.2	Holzbalkenlagen	77
5.1.3	Konstruktive Durchbildung	78
5.2	Dachformen und Dachteile	80
5.2.1	Dachformen	80
5.2.2	Dachteile	81
5.3	Physikalische Grundlagen	82
5.3.1	Zweischaliges belüftetes Dach (Kaltdach)	82
5.3.2	Nicht belüftetes Dach (Warmdach)	85
5.4	Dachkonstruktion	87
5.4.1	Flachdach	87
5.4.2	Sparren- und Kehlbalkendach	95
5.4.3	Pfettendach	101
5.4.4	Spreng- und Hängewerk	107
5.4.5	Rahmen	108
5.4.6	Dachbinder	109
5.5	Plandarstellung im Holzbau	114
Aufgaben zu Abschnitt 5		116

6 Mauerwerksbau

6.1	Tragende Wände	118
6.1.1	Standsicherheit	119
6.1.2	Tragfähigkeit, Fugendicke, Knicksicherheit, Wanddicke und Pfeilermaße	123
6.1.3	Aussparungen und Schlitze	127
6.1.4	Mauerwerksfestigkeitsklassen nach Eignungsprüfung	128
6.2	Außenmauerwerk	129
6.2.1	Feuchtigkeitsschutz	129
6.2.2	Ein- und zweischaliges Außenmauerwerk	130
6.2.3	Verblenderverbände	136
6.3	Zweischalige Haustrennwände	137
6.4	Mauermörtel, Arten und Anwendung	138
6.5	Fassadenbekleidung nach DIN 18515	139
6.6	Ausfachungen im Mauerwerk	141
Aufgaben zu Abschnitt 6.1 bis 6.6		144
6.7	Bewehrtes Mauerwerk	145
6.8	Überdeckung von Maueröffnungen	145
6.9	Schornsteine	151
6.9.1	Zweck, Wirkungsweise und Begriffe	151
6.9.2	Planungs- und Konstruktionsregeln zum Schornsteinzug	153
6.9.3	Konstruktionsregeln zur Stand- und Feuersicherheit, Schadensfreiheit	155
6.10	Natursteinmauerwerk	158
Aufgaben zu Abschnitt 6.7 bis 6.11		161

7 Beton- und Stahlbetonbau

7.1	Betonarten und -gruppen	162
7.1.1	Künftige Einteilung der Betonarten und -gruppen	164
7.2	Beton mit besonderen Eigenschaften	165
7.2.1	Künftige Sicherstellung der Dauerhaftigkeit	167
7.3	Beanspruchung von Bauteilen	167

			Seite
7 Beton- und Stahlbetonbau, Fortsetzung	7.4	Grundsätze der Bewehrung nach DIN 1045	171
	7.4.1	Darstellung der Bewehrung nach DIN 1356-10 und ISO 3766 sowie ISO 4066	171
	7.4.2	Durchmesser und Abstände der Bewehrung	179
	7.4.3	Verankerung der Betonstähle	180
	7.4.4	Stöße von Betonstählen	183
	7.4.5	Betondeckung	185
	7.4.6	Biegerollendurchmesser	186
	7.4.7	Biegezugbewehrung	186
	Aufgaben zu Abschnitt 7.1 bis 7.4		187
	7.5	Stahlbetonbauteile	187
	7.5.1	Stahlbetondecken	187
	7.5.2	Stahlbetonbalken	193
	7.5.3	Stahlbetonstützen	195
	7.5.4	Stahlbetonwände	197
	Aufgaben zu Abschnitt 7.5		199
	7.6	Schalung	200
	7.7	Fördern und Verarbeiten des Betons	204
	7.7.1	Fördern des Betons	204
	7.7.2	Verarbeiten des Betons	204
	7.7.3	Nachbehandeln des Betons	206
	7.8	Spannbeton	208
	7.8.1	Konstruktionsprinzip	208
	7.8.2	Anwendungsbeispiele	211
	7.9	Leichtbeton	211
	7.9.1	Leichtbetonarten	211
	7.9.2	Leichtzuschläge	212
	7.9.3	Konstruktiver Leichtbeton	213
	7.9.4	Wärmedämmender Leichtbeton	214
	7.9.5	Porenbeton	214
	Aufgaben zu Abschnitt 7.6 bis 7.9		215
8 Schutzmaßnahmen an Bauwerken	8.1	Schutz gegen Wasser aus dem Baugrund	216
	8.1.1	Wasserangriff und Abdichtungsmaßnahmen	216
	8.1.2	Abdichtungsstoffe und ihre Verarbeitung	217
	8.1.3	Abdichtungen gegen Bodenfeuchtigkeit	218
	8.1.4	Abdichten gegen nichtdrückendes Wasser	220
	8.1.5	Abdichten gegen drückendes Wasser	221
	8.2	Brandschutz	223
	8.3	Schallschutz	225
	8.3.1	Grundlagen	226
	8.3.2	Konstruktiver Schallschutz	226
	8.4	Wärmeschutz	229
	8.4.1	Physikalische Grundlagen	230
	8.4.2	Wärmedämmstoffe	231
	8.4.3	Wärmeschutzmaßnahmen	233
	Aufgaben zu Abschnitt 8		239
9 Industrialisiertes Bauen	9.1	Planungsablauf und Transport	240
	9.2	Modul- und Bezugssysteme	241
	9.3	Stahlbeton-Fertigbauteile nach DIN 1045	242
	9.3.1	Skelettbau	242

		Seite
9 Industrialisiertes Bauen, Fortsetzung	9.3.2 Tafelbauweise, Raumzellen und Mischbauweise	245
	9.4 Verbindungsmittel	246
	9.5 Fugen im Fertigteilbau	249
	9.6 Holzskelettbau	251
	9.7 Stahlskelettbau	251
	Aufgaben zu Abschnitt 9	253
10 Treppen	10.1 Bezeichnungen und Begriffe	254
	10.2 Treppenarten	256
	10.3 Die Treppe in der Bauzeichnung	258
	10.4 Planungsgrundlagen für den Treppenbau	260
	10.4.1 Normen, Gesetze, Verordnungen	260
	10.4.2 Treppenbauregeln und -berechnungen	262
	10.4.3 Treppen mit gewendelten Läufen und Wendeltreppen	265
	10.5 Treppenkonstruktion	269
	10.5.1 Stahlbetontreppe	269
	10.5.2 Fertigteiltreppe	274
	10.5.3 Gemauerte Treppe	275
	10.5.4 Holztreppe	277
	10.5.5 Stahltreppe	280
	10.5.6 Handlauf, Geländer und Kantenschutz	280
	Aufgaben zu Abschnitt 10	281
11 Wasserentsorgung	11.1 Wasserarten und Wassermengen	282
	11.2 Entwässerungsverfahren	283
	11.3 Rohre für Entwässerungsleitungen	284
	11.4 Entwässerungsentwurf	289
	11.4.1 Lageplan des Entwässerungsentwurfs	289
	11.4.2 Längsschnitt eines Entwässerungsentwurfs	291
	11.5 Bau der Rohrleitungen	293
	11.6 Schachtbauwerke	297
	11.7 Pumpwerke und Kläranlagen	300
	11.8 Ergänzende Bauwerke der Regenwasserableitung	302
	11.9 Abrechnung	303
	Aufgaben zu Abschnitt 11	305
12 Haustechnik	12.1 Hausanschlussraum	306
	12.2 Sanitärinstallation	307
	12.2.1 Trinkwasserversorgung	307
	12.2.2 Verbrauchsleitung	308
	12.2.3 Entwässerungsanlagen	310
	12.3 Entwässerungsschema eines Gebäudes	312
	12.4 Elektroinstallation	313
	12.5 Heizung	316
	12.5.1 Heizungssysteme	316
	12.5.2 Heizraum	318
	12.5.3 Brennstofflagerung	318
	Aufgaben zu Abschnitt 12	321

Seite

13 Innenausbau

13.1	Fenster und Fenstertüren	322
13.1.1	Fenster- und Fenstertürarten	322
13.1.2	Anforderungen	324
13.1.3	Konstruktionsbeispiele	327
13.2	Türen	329
13.2.1	Außentür	329
13.2.2	Innentür	332
13.3	Fußböden	335
13.4	Leichte Trennwände	338
13.5	Leichte Deckenbekleidungen und Unterdecken	340
	Aufgaben zu Abschnitt 13	342

14 Straßenbau

14.1	Planung	344
14.1.1	Straßennetz und Verkehrsentwicklung	344
14.1.2	Ablauf eines Straßenbauvorhabens	344
14.1.3	Querschnittsgestaltung	345
14.1.4	Lageplan	351
14.1.5	Höhenplan	358
	Aufgaben zu Abschnitt 14.1	365
14.2	Konstruktion und Ausführung	365
14.2.1	Erdarbeiten	365
14.2.2	Randeinfassung	369
14.2.3	Oberbauarbeiten	372
14.2.4	Straßenentwässerung	381
	Aufgaben zu Abschnitt 14.2	386

15 Neue Technologien

15.1	Mikroelektronik	387
15.2	Datenübertragung – Projektmanagement	388
15.3	EVA-Prinzip, Sprache und Einheiten	390
15.4	Hardware	392
15.5	Software	394
15.5.1	Betriebssysteme	395
15.5.2	MS-DOS	395
15.5.3	Grafische Benutzeroberflächen – Windows	396
15.6	Programmiersprachen	399
15.7	Standardsoftware	400
15.8	CAD-Technik	402
15.8.1	Vektor- und Pixelgrafik	402
15.8.2	Dimensionalität	403
15.8.3	Eingabevoraussetzungen und Hilfen	406
15.8.4	Grafische Grundelemente 2D	411
15.8.5	Korrektur grafischer Elemente, Manipulation, Spezifikation	413
15.8.6	Schraffur	416
15.8.7	Bemaßung und Text	417
15.8.8	Teilebibliotheken	418
15.8.9	Referenztechnik	419
15.8.10	Ausgabe-Plot	419
15.9	Dreidimensionales CAD in der Bautechnik	420
15.10	Mengenermittlung und Kostenanschlag	427
15.11	Ausschreibung – Vergabe – Abrechnung (AVA)	429
	Aufgaben zu Abschnitt 15	431

Bildquellen- und Sachwortverzeichnis 432/433

1 Grundlagen des Bauzeichnens

Ihr Beruf. Der Bauzeichner hilft dem Architekten bzw. Ingenieur bei der Erledigung seiner umfangreichen Aufgaben. Darum muss er alle anfallenden Arbeiten vom Planungsbeginn bis zur Endabrechnung kennen und ihre Zusammenhänge verstehen. Außerdem fertigt er DIN-gerechte Bauzeichnungen und Berechnungen an, hilft beim Vermessen und Abrechnen. Das Berufsbild gibt eine Vorstellung von der Vielseitigkeit Ihres Berufs, aber auch von den hohen Anforderungen an Fähigkeiten und Fertigkeiten (1.1).

Als Basis dient eine weit gefächerte Grundbildung, die durch die Fachausbildung im Schwerpunkt *Hochbau, Ingenieurbau* oder *Tief-, Straßen-* und *Landschaftsbau* ergänzt wird.

BERUFSBILD BAUZEICHNER / BAUZEICHNERIN

Ausbildungsdauer: 3 Jahre

Mindest-Fertigkeiten und -Kenntnisse:

1. Berufsausbildung
2. Aufbau und Organisation des Ausbildungsbetriebs
3. Arbeits- und Tarifrecht, Arbeitsschutz
4. Unfallverhütung, Umweltschutz und rationelle Energieverwendung
5. Grundlagen des Technischen Zeichnens
6. Grundlagen des Bauzeichnens
7. Grundlagen der bautechnischen Fertigkeiten
8. Eigenschaften und Verwendung von Baustoffen
9. Aufnehmen und Aufmessen von Geländen und Bauteilen
10. Anwenden unterschiedlicher Projektionsarten
11. Ermitteln von Mengen, Massen und Eigenlasten der Baustoffe und Bauteile
12. Herstellen von Zeichnungen für Planung und Ausführung
13. Grundlagen der Informationsverarbeitung

AUSBILDUNGSRAHMENPLAN

Aufgliederung der oben genannten Fertigkeiten und Kenntnisse für die berufliche Grundbildung und Fachbildung unter Berücksichtigung der drei Schwerpunkte Hochbau, Ingenieurbau sowie Tief-, Straßen- und Landschaftsbau

Baustellenpraxis: Kennenlernen des Ablaufs von Bauprojekten durch Baubegehungen, Werkbesichtigungen und praktische Tätigkeit an mindestens 20 Tagen innerhalb der beruflichen Fachbildung

---

1.1 Berufsbild Bauzeichner/Bauzeichnerin

1.1 Bauzeichnungen nach Norm

Unter Bauzeichnungen verstehen wir alle Pläne für die *Objekt-* und *Tragwerksplanung* sowie *Sonderzeichnungen.* Damit alle fachkundigen „Leser" einer Zeichnung ihr die gleichen Aussagen entnehmen, ist die Normierung unerlässlich. Das Ausdrucksmittel der Bauzeichnung ist technisch einwandfrei und sachlich, nicht künstlerisch gestaltend. Maßstäbliche Arbeit ist Voraussetzung.

1.1.1 Bauzeichnung

Bauzeichnungen gemäß DIN 1356 (Februar 1995) sind alle für Entwurf, Genehmigung und Ausführung sowie für Aufnahme einer Abrechnung baulicher Anlagen hergestellten Pläne. Wir unterscheiden:

Zeichnungen für die Objektplanung
– Vorentwurfszeichnungen
– Entwurfszeichnungen
– Bauvorlagezeichnungen
– Ausführungszeichnungen
– Abrechnungszeichnungen
– Baubestandszeichnungen

Zeichnungen für die Tragwerksplanung
– Positionspläne
– Schalpläne
– Rohbauzeichnungen
– Bewehrungszeichnungen
– Elementzeichnungen für Fertigteile
– Verlegezeichnungen

Sonderzeichnungen. z. B. Absteckzeichnungen oder Entwässerungspläne.

1.1.2 Darstellungsweise

In den Bauzeichnungen werden die Baukörper oder -teile in Ansichten, Grundrissen und Schnitten dargestellt. Die Ansichten eines Körpers untergliedert man in Draufsicht und Ansicht.

Als Draufsicht bezeichnet man die maßstäbliche rechtwinklige Parallelprojektion des Bauobjekts mit Blickrichtung von oben nach unten (**1.**2). Sichtbare Kanten werden bei der Draufsicht durch Volllinien dargestellt.

Als Ansicht wird die maßstäbliche Darstellung des Bauobjekts von der Seite bezeichnet. Auch hierbei handelt es sich um die Parallelprojektion der Bauwerkskanten, jedoch mit Blickrichtung von vorn nach hinten (**1.**2). Die Blickrichtung wird der Ansicht hinzugefügt, z. B. „Südansicht" oder „Ansicht Goethestraße". In der Regel stellen wir Ansichten aus senkrecht aufeinander stehenden Blickrichtungen dar, doch Ausnahmen sind möglich.

Sichtbare Bauteilvorderkanten werden ebenfalls durch Volllinien dargestellt.

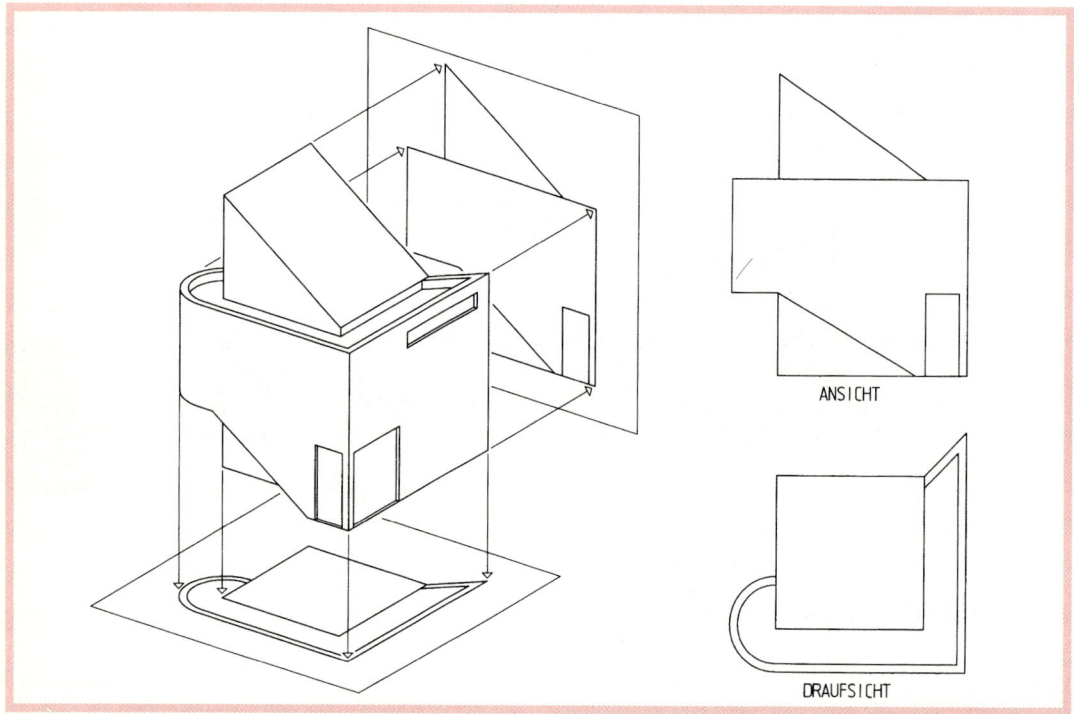

1.2   Abbildungsprinzip der Ansicht und Draufsicht

Der Grundriss Typ A ist die Draufsicht auf den unteren Teil eines waagerecht geschnittenen Bauobjekts. Sichtbare Kanten werden durch Volllinien, zum Verständnis erforderliche unsichtbare Kanten durch Strichlinien dargestellt. Falls Kanten dargestellt werden müssen, die oberhalb der Schnittlinie liegen, geschieht dies durch Punktlinien (**1.3**). Geschnittene Bauteile werden in der Zeichnung besonders hervorgehoben. Der Schnitt ist so zu führen, dass wesentliche Einzelheiten abgebildet werden können, z. B. Wände, Fenster- und Türöffnungen sowie Treppen. Notfalls kann deshalb die Schnittebene verspringen.

Grundriss Typ B. Gemäß DIN ISO 2594-3 kann auch die gespiegelte Untersicht unter den oberen Teil

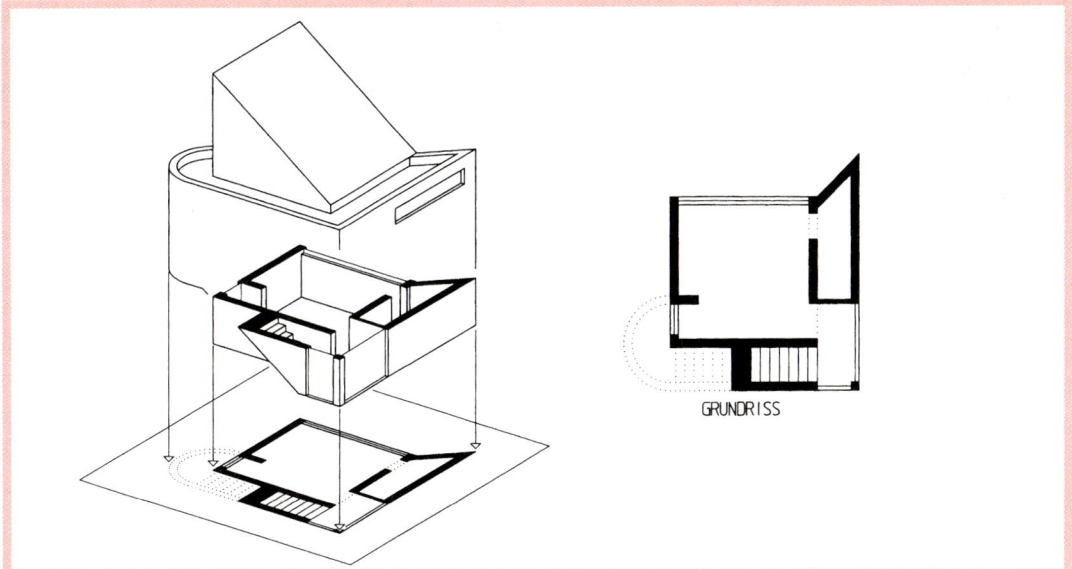

1.3   Grundriss Typ A (Abbildungsprinzip)

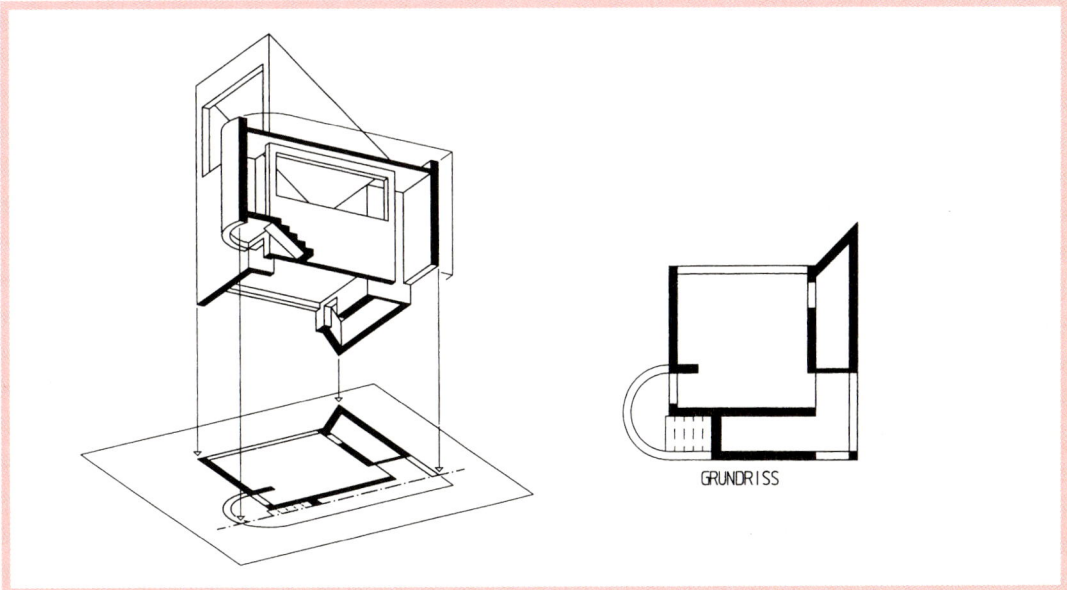

1.4   Grundriss Typ B (Abbildungsprinzip)

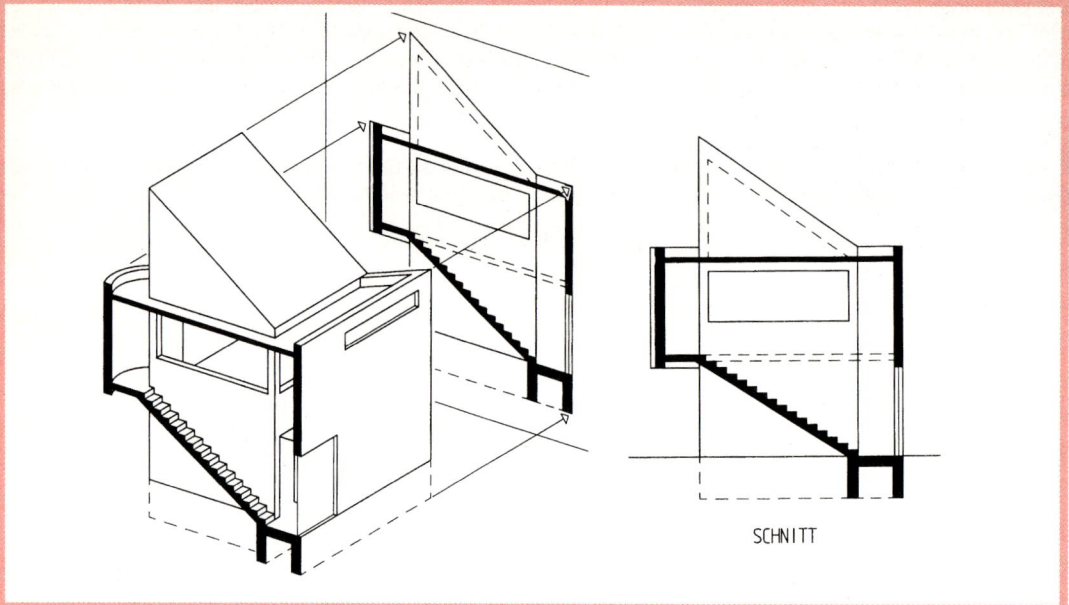

1.5 Schnitt (Abbildungsprinzip)

eines waagerecht geschnittenen Bauobjekts dargestellt werden (**1**.4). Diese Darstellungsweise ist typisch für den Ingenieurhochbau. Man bezeichnet sie als Grundriss Typ B.

Der Schnitt ist die Ansicht auf den hinteren Teil des senkrecht geschnittenen Bauobjekts (**1**.5). Voll-, Strich- und Punktlinien wählen wir für sichtbare, unsichtbare und vor der Schnittebene befindliche Kanten. Die Schnittebene ist wieder so zu wählen, dass wesentliche Bauteileinzelheiten geschnitten werden, u. U. also verspringend. Die Lage des Vertikalschnitts ist im Grundriss anzugeben, und zwar durch eine dicke Strichpunktlinie. Die Blickrichtung wird einheitlich durch Pfeile auf den Enden der Strichpunktlinie sowie gleich lautende große Buchstaben oberhalb der Pfeile gekennzeichnet.

In Grundrissen und Schnitten werden die geschnittenen Bauteile deutlich gegenüber nicht geschnittenen hervorgehoben. Dies geschieht durch stärkere Linien, durch Anlegen oder durch Schraffur (**1**.6).

> Bauobjekte werden in Ansichten, Schnitten und Grundrissen dargestellt.

1.1.3 Anordnung der Darstellung

In der Regel werden mehrere Grundrisse, Schnitte und/oder Ansichten auf einem Blatt dargestellt. Das ist übersichtlicher, erlaubt Vergleiche und verschafft einen besseren Gesamteindruck des Bauobjekts. Dabei ist zu berücksichtigen, dass aneinander grenzende Ansichten in umlaufender Folge herzustellen und Grundrisse vom untersten zum obersten Geschoss fortlaufend entweder von links nach rechts oder von unten nach oben zu zeichnen sind. Nebeneinander gezeichnete Schnitte und Ansichten müssen höhengleich sein. Befinden sich Ansichten, Schnitte und Grundrisse auf einem

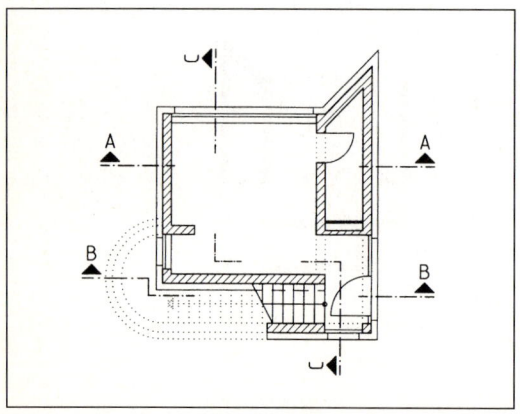

1.6 Kennzeichnung des Schnittverlaufs im Grundriss

1.1 Bauzeichnungen nach Norm

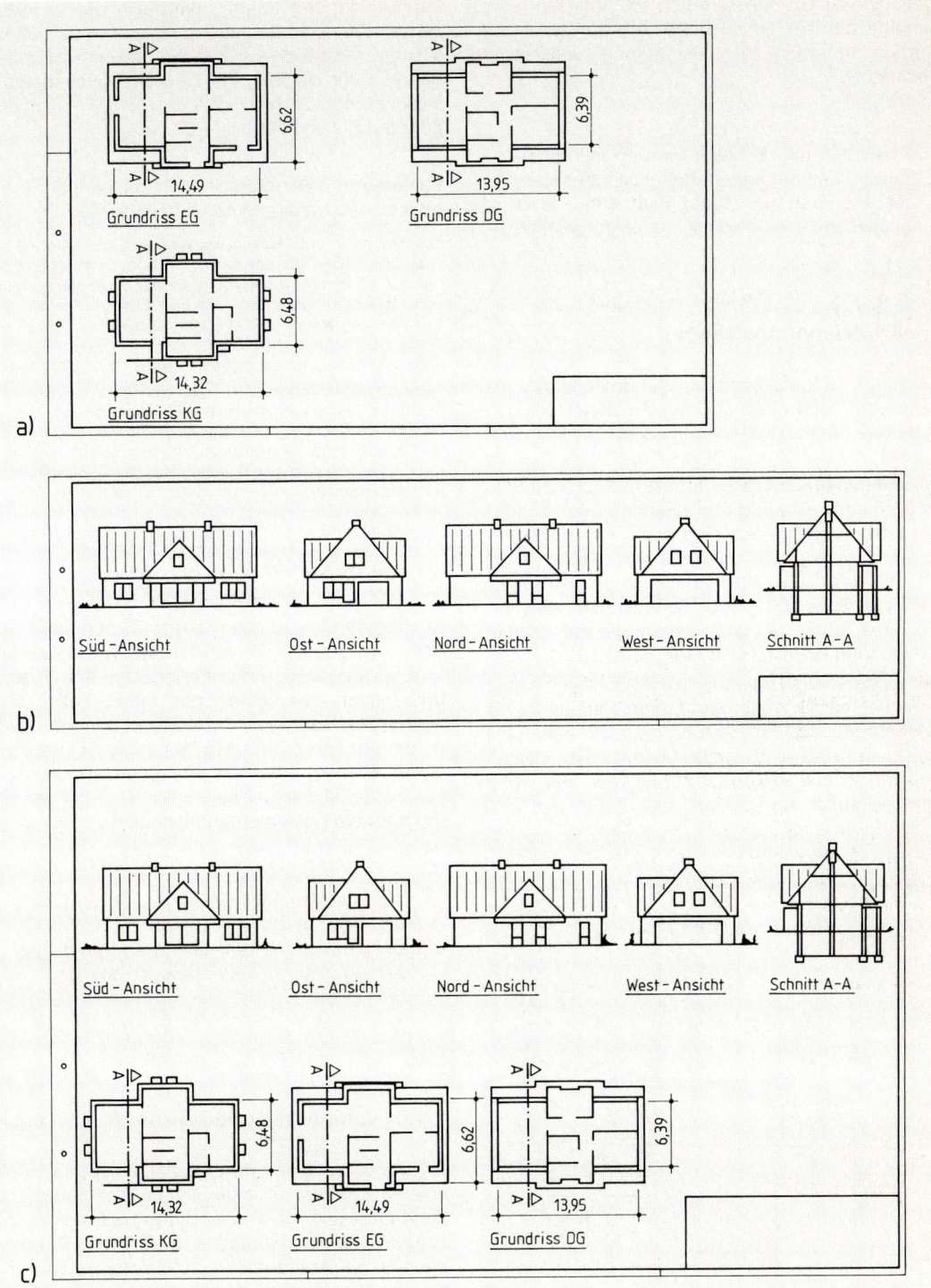

1.7 Anordnung von Grundrissen, Ansichten und Schnitten
a) Grundrisse, b) Ansichten und Schnitte, c) Gemischte Anordnung von Grundrissen, Ansichten und Schnitt

Blatt, sind die Grundrisse unten, die Ansichten und Schnitte darüber zu zeichnen. Alle Zeichnungen werden unterhalb der Darstellung vollständig benannt (**1.7**).

> Ansichten und Schnitte werden in umlaufender Reihenfolge höhengleich nebeneinander, Grundrisse vom Blatt unten links ausgehend von unten nach oben dargestellt.

1.1.4 Zeichnungsträger

Zeichnungsträger bestehen überwiegend aus Papier, zum geringeren Teil aus Kunststoff. Zu den Papierzeichenträgern rechnen wir auch Pappe und Karton.

Zeichenpapiere müssen höchste Anforderungen erfüllen, um Lesbarkeit und Wiedergabequalität zu gewährleisten. Deshalb sind nur holzfreie Papiersorten zu verwenden. Die Maßhaltigkeit der Zeichnungen setzt ein festes und widerstandsfähiges Papier voraus. Die Oberfläche muss gleichermaßen Tusche- und Bleizeichnungen aufnehmen können und korrekturbeständig sein.

Die sachgemäße Lagerung des Papiers ist wichtig, da hohe Temperaturen und Luftfeuchtigkeiten zur Ausdehnung des Papiers führen – das Papier wellt sich u. U. und wird unbrauchbar. Am besten bewahrt man es in Kunststofffolie oder Teerpapier verpackt auf.

Papierzeichnungsträger werden nach ihrem Gewicht je m² unterteilt. Papier gibt es von 25 bis 170 g/m², Karton von 200 bis 500 g/m², Pappen haben mehr als 500 g/m² Gewicht. Zeichenpapier ist in Form von losen Blättern in DIN-Formaten oder auf Rollen lieferbar (**1.8**).

Papierarten. Wir unterscheiden Zeichenpapier mit opaken und transparenten Eigenschaften.

Zeichenpapier und -karton mit opaken Eigenschaften hat eine Oberfläche, die sowohl Blei- als auch Tuschestriche randscharf annimmt. Selbst mehrfaches Radieren muss ohne sichtbare Spuren möglich sein. Ein Nachteil der opaken Zeichenpapiere sind die unzureichenden Vervielfältigungsmöglichkeiten. Zwar erhält man auf fotografischem Weg gute, leider aber auch kostspielige Vervielfältigungen.

Transparentpapiere werden in Architektur- und Konstruktionsbüros bevorzugt verwendet. Ihr Gewicht reicht von 40 bis 150 g/m². Die Vervielfältigung ist wegen der Transparenz durch das kostengünstige Lichtpausverfahren möglich (bei Gelbstich Belichtungsdauer verlängern). Bleistiftzeichnungen lassen sich auf leicht matten Oberflächen, Tuschezeichnungen auf glatten Oberflächen am besten herstellen. Im Handel sind deshalb einseitig glatte und andersseitig matte Transparentpapiere erhältlich. Die kräftige Leimung des Papierstoffs erhöht die Abriebfestigkeit beim Radieren und Unempfindlichkeit gegen Fingerabdrücke.

Kunststofffolien dienen heute zunehmend als Zeichnungsträger. Sie werden aus verschiedenen Kunststoffen (z. B. Polyester, Acetat) mit glatten und matten Oberflächen hergestellt. Folien sind alterungsbeständig, radierfest und unempfindlich gegen Einreißen. Ihre Maßhaltigkeit ist hervorragend, ebenso ihre Vervielfältigungsmöglichkeit. Für wertvolle Zeichnungen sind daher Folien trotz der höheren Kosten empfehlenswert.

> Zeichnungsträger müssen Tusche- und Bleistiftstriche gleich gut annehmen, Radierungen problemlos zulassen und möglichst kostengünstig zu vervielfältigen sein.

Tabelle **1.8**   Papierformate nach DIN 476

Unbeschnitten nach DIN 823		
	4 A0	1682 x 2378
	2 A0	1189 x 1682
880 x 1230	**A0**	**841 x 1189**
625 x 880	A1	594 x 841
450 x 625	A2	420 x 594
330 x 450	A3	297 x 420
240 x 330	A4	210 x 297
165 x 240	A5	148 x 210
120 x 165	A6	105 x 148

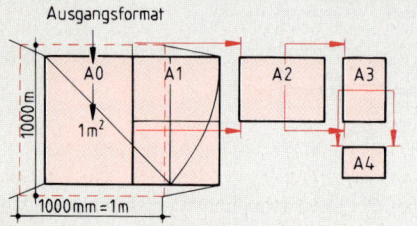

Sämtliche Formate basieren auf dem Ausgangsformat A0 mit einem Flächeninhalt von 1 m² bei einem Seitenverhältnis von 1: √2

1.1.5 Linienarten und -breiten

DIN 1356-1 gibt vier mögliche Linienarten an: Volllinie, Strichlinie, Strichpunktlinie und Punktlinie. Für ganz bestimmte Anwendungsgebiete sind vorzugsweise die Linienbreiten der Tabelle **1.9** zu verwenden, da ihre Einhaltung die sinnvolle Nutzung der üblichen Reproduktionstechniken erlaubt. Die angegebenen Linienbreiten gelten für Tuschezeichnungen, bei Bleistiftzeichnungen ist entsprechend zu verfahren.

Tabelle **1.9** Linienbreiten nach DIN 1356-1

Linienart	Anwendungsbereich	Zeichnungsart Linienbreite in mm			
Volllinie breit	Begrenzung von Schnittflächen	0,5	0,7	1,0	1,4
Volllinie mittel	Sichtbare Kanten und sichtbare Umrisse von Bauteilen, Begrenzung von Schnittflächen schmaler oder kleiner Bauteile	0,25	0,35	0,5	0,7
Volllinie schmal	Maßlinien, Maßhilfslinien, Hinweislinien, Lauflinien, Begrenzung von Ausschnittdarstellungen, Sinnbilder und Symbole	0,18	0,25	0,35	0,7
Strichlinie	Verdeckte Kanten und verdeckte Umrisse von Bauteilen	0,25	0,35	0,5	0,7
Strichpunktlinie breit	Kennzeichnung der Lage der Schnittebenen	0,5	0,7	1,0	1,4
Strichpunktlinie schmal	Achsen	0,18	0,25	0,35	0,5
Punktlinie	Bauteile vor bzw. über der Schnittebene	0,25	0,35	0,5	0,7
Maßzahlen	Linienbreite	0,18	0,25	0,35	0,5
	Schrifthöhe	2,5	2,5 3,5	3,5 5,0	5,0 7,0

Anmerkung Grundsätzlich sollte jedoch jeder Bauzeichner wissen, dass sich sowohl die Maße der Papier-DIN-Formate als auch die Linienbreiten jeweils durch Multiplikation mit der Zahl $\sqrt{2}$ ergeben ($0{,}25 \cdot \sqrt{2} = 0{,}35$; $297 \cdot \sqrt{2} = 420$)

1.1.6 Bemaßung

Bauzeichnungen müssen so bemaßt sein, dass alle wichtigen Maße (Einzel- oder Gesamtmaße) ohne Schwierigkeiten aus der Zeichnung zu entnehmen sind.

Die Bemaßung besteht aus Maßzahl, Maßlinie, Maßhilfslinie (u. U. entbehrlich) und Maßlinienbegrenzung (**1.**10).

Maßhilfslinien sind erforderlich, wenn Maße nicht zwischen die Begrenzungslinien der darzustellenden Bauteile eingetragen werden. Maßhilfslinien werden von ihren Zuordnungspunkten (z. B. Gebäudedecke) deutlich abgesetzt.

Maßlinienbegrenzungen können wahlweise, jedoch einheitlich innerhalb einer Zeichnung durch Punkte, Kreise oder durch Schrägstriche von links unten nach rechts oben markiert werden (**1.**11). Die bei Tischlern und bei Stahlbauern übliche Begrenzung durch schlanke Pfeile ist in Bauzeichnungen nicht zulässig.

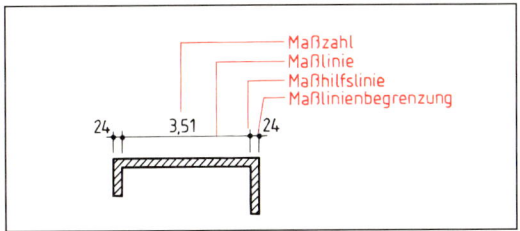

1.10 Benennung der Bemaßungsteile

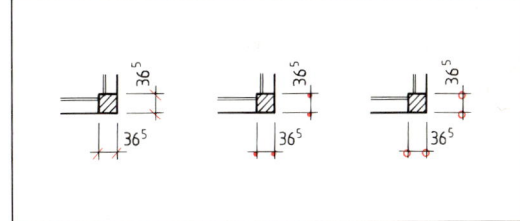

1.11 Maßlinienbegrenzung

Maßzahlen werden so auf der durchgezogenen Maßlinie angeordnet, dass man sie von unten bzw. von rechts lesen kann.

Maßlinien sind gemäß Tabelle **1.**9 zu zeichnen. Sie werden entweder von Maßhilfslinien oder von dargestellten Bauobjektlinien begrenzt.

Die Maßanordnung erfolgt DIN-gemäß nach Möglichkeit unterhalb und rechts neben dem Baukörper, wobei von innen nach außen erst Teilmaße, dann Gesamtmaße anzugeben sind. Wenn Innenmaße erforderlich sind, sollen sie so angeordnet werden, dass Flächen in Raummitte für andere Eintragungen frei bleiben (**1.**12).

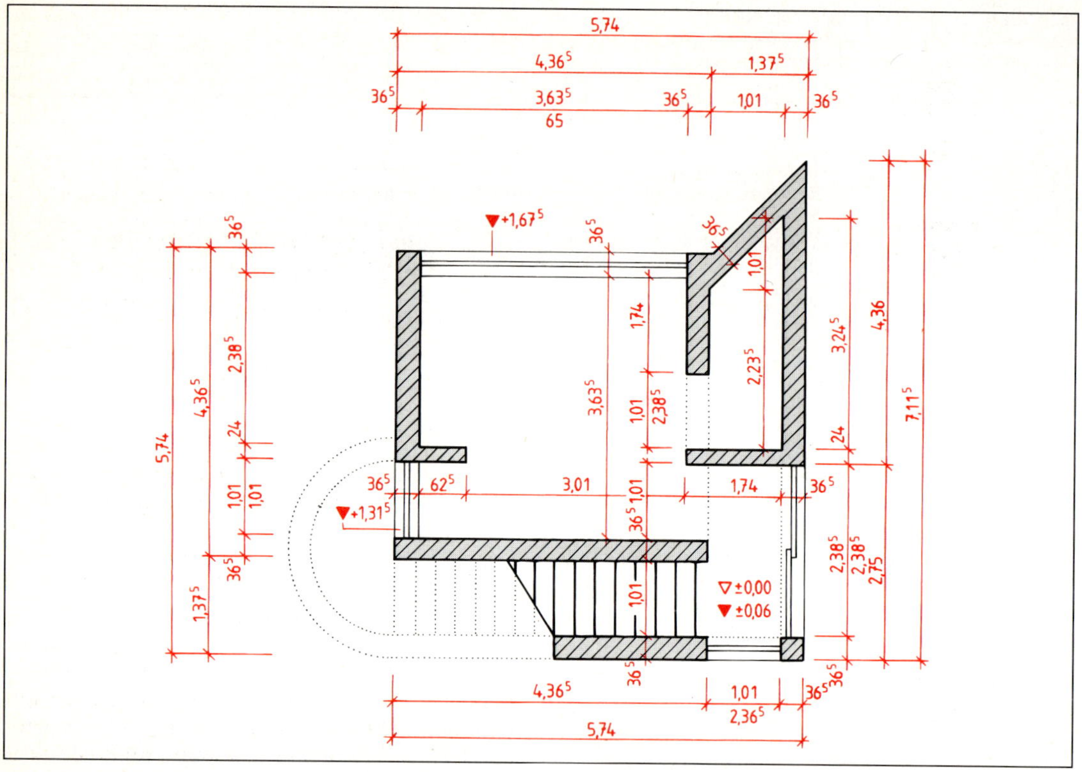

1.12 Maßanordnung

Die Maßeinheit muss aus der Zeichnung klar ersichtlich sein. DIN 1356-1 lässt die Maßeinheiten nach Tabelle **1**.13 zu. Die gewählte Maßeinheit wird im Schriftfeld bei der Maßstabsangabe hinzugefügt (z. B. 1 : 100 m, cm).

Tabelle **1**.13   Maßeinheiten

Maßeinheit, Bemaßung in		Maße		
		unter 1 m z. B.		über 1 m z. B.
cm	5	24	88,5	313,5
m und cm	5	24	88⁵	3,13⁵
mm	50	240	885	3135

An Maßeintragungen ist vorzunehmen, was zum Verständnis nötig ist. Die erforderlichen Höhenangaben werden durch 90°- Pfeile symbolisiert. Dabei gibt ein ausgefüllter Pfeil die Oberfläche der Rohkonstruktion, ein nicht ausgefüllter die der Fertigkonstruktion an. In der Regel wählt man eine Bezugslinie als 0; alle Höhen darüber oder darunter erhalten entweder ein + oder ein – als Zusatz. In Grundrissen verwenden wir die Pfeilsymbole entsprechend (**1**.14).

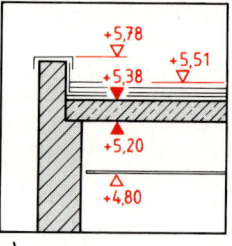

▽ Oberfläche Fertigkonstruktion
▼ Oberfläche Rohkonstruktion

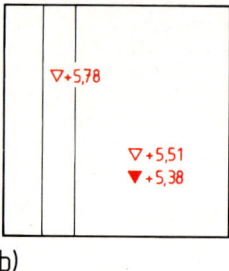

1.14   Maßeintragung von Höhen
a) Schnitt, b) Draufsicht

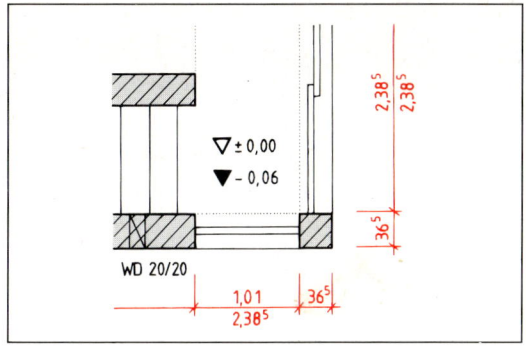
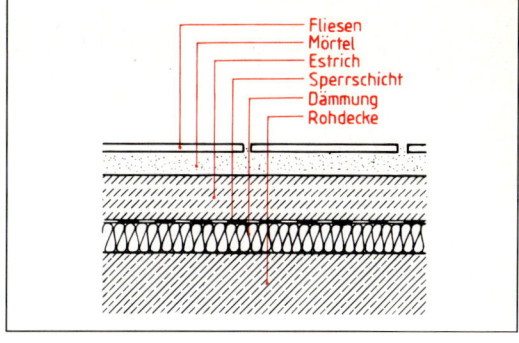

1.15 Bemaßung von Öffnungen

1.16 Hinweislinien bei Schriftblöcken

Öffnungen werden durch Angabe der Breite (über der Maßlinie) und Höhe (unter der Maßlinie) bemaßt (**1.15** auf S. 18). Bei kleineren Querschnitten (z. B. Aussparungen) genügt die Angabe in Bruchform (z. B. 20/20), als Durchmesser (10) oder als Radius (R 15).

1.1.7 Beschriftung, Symbole und Schraffuren

> Die Beschriftung einer Bauzeichnung muss vollständig, richtig und dem jeweiligen Bauteil übersichtlich zugeordnet sein.

Die Anordnung von Hinweislinien ist bei Schriftblöcken sinnvoll (**1.16**). Die Hinweislinien können entweder ohne Begrenzungszeichen oder mit einem Punkt beginnen. Sie sollen sich nicht kreuzen und vorzugsweise rechtwinklig zur Bauteilseite verlaufen (u. U. können sie zur Verdeutlichung auch schräg unter 45° von der Baukante weggezogen werden).

Eine Legende vervollständigt die Beschriftung. Sie enthält alle zu verwendenden Baustoffe und evtl. Abkürzungen.

Das Schriftfeld wird stets unten rechts auf dem Blatt angeordnet. Dadurch ist es auch bei gefalteter Zeichnung immer gleich einsehbar. Es enthält außer dem Bauvorhaben (z. B. Neubau einer Schule) und der Bezeichnung der Darstellung auf dem Blatt (z. B. Lageplan) die Zeichnungsnummer, den Maßstab mit Maßeinheiten sowie den Namen des Büros, Zeichners und Prüfers mit der Datumsangabe (**1.17**).

Normschrift. Die gesamte Beschriftung soll in Normschrift geschehen. Maßgeblich ist die Normschrift nach DIN 6776/ISO 3098-1 für vertikale und kursive Schriften (**1.18**). Sie erlaubt zwei Schriftformen A und B, die sich in dem Verhältnis von Schrifthöhe zu Strichstärke unterscheiden. Diese Normschrift eignet sich wegen ihres klaren Schriftbildes besonders für Rückvergrößerungen von

	Datum	Name	Architekt Otto Müller
Gezeichnet	24.05.86	B. Schulze	Planstr. 13, 2345 Traumhaus
Geprüft	26.05.86	R. Heil	
M 1:50	Neubau eines Einfamilienhauses		Zeichnung
m ; cm	Fundamentplan		1

1.17 Schriftfeld

Schriftform A, vertikal

ABCDEFGHIJKLMNOP
QRSTUVWXYZ
aabcdefghijklmnopq
rstuvwxyz
[(!?;"-=+×·√%&)]ø
12345677890 I V X

Schriftform A, kursiv

ABCDEFGHIJKLMNO
PQRSTUVWXYZ
aabcdefghijklmnop
qrstuvwxyz
[(!?;"-=+×·√%&)]ø
12345677890 I V X

Schriftform B, vertikal

ABCDEFGHIJKLMNO
PQRSTUVWXYZ
aabcdefghijklmnop
qrstuvwxyz
[(!?;"-=+×·√%&)]ø
12345677890 I V X

Schriftform B, kursiv

ABCDEFGHIJKLMN
OPQRSTUVWXYZ
aabcdefghijklmno
pqrstuvwxyz
[(!?;"-=+×·√%&)]ø
12345677890 I V X

1.18 ISO-Normschrift

---

[1]) Beide Zeichen entsprechen den Beschriftungsregeln und die Wahl zwischen den gegebenen Möglichkeiten ist den Mitgliedsländern überlassen.
Hinweis zu Fußnote 1: In Deutschland sind die Zeichen a und 7 zu bevorzugen (siehe auch Erläuterungen).

Hinweis: Zur Erlangung eines gleichmäßigen Zeilenabstandsbildes, zur Vermeidung des Zusammenlaufens an den Schnittpunkten der Linien und zur Erleichterung der Beschriftung sind die Buchstaben so auszubilden, dass die Linien annähernd rechtwinklig aufeinandertreffen oder sich schneiden.

Tabelle 1.19 Symbole und Sinnbilder nach DIN 1356-1

Allgemeine Symbole	Richtung	Höhe – Fertigkonstruktion – Rohkonstruktion	Schnittführung mit Blickrichtung	Schnittführung bei Projektion	Radius
Tragrichtung von Platten	zweiseitig gelagert	dreiseitig gelagert	vierseitig gelagert	auskragend	
Schnittflächen, Materialkennzeichnung	Boden	Kies	Sand	Beton	Stahlbeton
	Mauerwerk	Holz, quer zur Faser geschnitten	Holz, längs zur Faser geschnitten	Metall	Mörtel, Putz
	Dämmstoffe	Abdichtungen	Dichtstoffe		
Änderung baulicher Anlagen	neu zu errichtende Bauteile (ggf. mit Materialkennzeichnung)	bestehende Bauteile (Tonung, Rasterung)	zu beseitigende Bauteile		
Aussparungen	Schnitt A-A / Ansicht / Schnitt B-B / Grundriss — Tiefe kleiner als die Bauteiletiefe			Schnitt A-A / Ansicht / Schnitt B-B / Grundriss — Tiefe gleich der Bauteiletiefe	

Mikroverfilmungen und findet deshalb zunehmend Anwendung. Die fertige Zeichnung ist mit Rändern und Faltmarken zu versehen.

Symbole und Schraffuren. In Bauzeichnungen verwenden wir die verschiedensten Symbole und Schraffuren. Deshalb sei hier nur auf die wichtigsten hingewiesen. Die Bauzeichner(innen) müssen entsprechend ihrer fachspezifischen Ausbildung auch Symbole DIN-gerecht verwenden. Für alle verbindlich sind Symbole und Sinnbilder gemäß DIN 1356 (**1**.19).

1.1.8 Fachspezifische Berechnungen

Sie stehen teilweise auf gesonderten Blättern (z. B. Stahllisten, Massenermittlung, Berechnung des umbauten Raumes), sind aber teils auch auf der Zeichnung erforderlich (z. B. Berechnung von Höhen, Längen und Neigungen). Art und Umfang der Berechnungen ergeben sich aus dem entsprechenden Bauvorhaben. Wichtige Hilfsmittel sind *Taschenrechner, Planimeter* und *EDV-Anlagen*.

1.1.9 Vervielfältigung und Aufbewahrung

Bauzeichnungen werden als Einzelstück im Original hergestellt. Die Vielzahl ihrer Aufgaben verlangt entsprechende Vervielfältigung und Aufbewahrung. Das arbeitsaufwendige und entsprechend teure Durchzeichnen ist heute durch Lichtpausverfahren, Mikroverfilmung und Scannen ersetzt.

Lichtpausen können von allen Zeichnungen auf Transparentpapier hergestellt werden, wenn genügend Kontrast zwischen Papier und aufgebrachten Linien aus Blei oder Tusche besteht. Mit Hilfe des

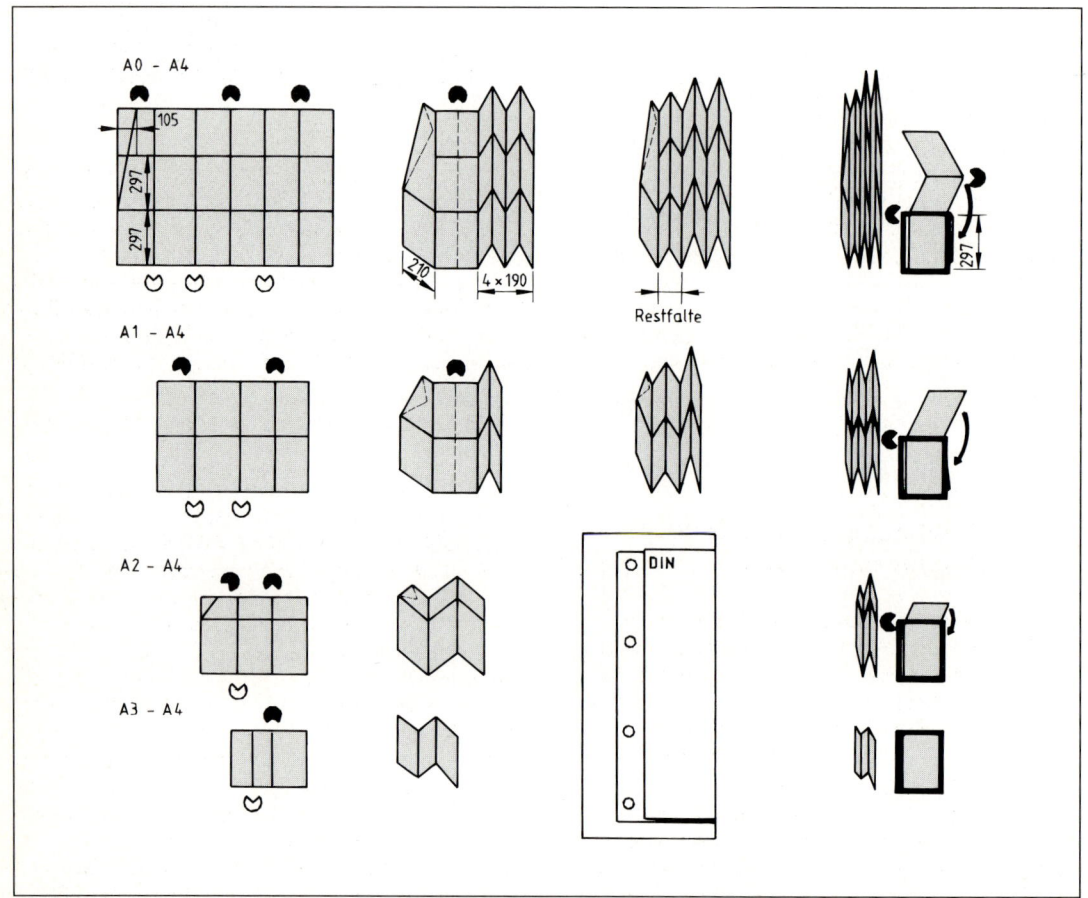

1.20 DIN-gerechte Faltung

Lichtpausautomaten lassen sich aber auch *Mutterpausen* als Zwischenoriginal auf Lacktransparentpapier herstellen, die oft zur Weiterbearbeitung (z. B. für die Eintragung von Elektroinstallationen oder Statikpositionen) gebraucht werden. Die heutigen Lichtpausmaschinen sind schon so lichtstark, dass sich sogar Pausen von Lichtpausen herstellen lassen, deren Qualität, z. B. als Arbeitspause, ausreicht.

Zur Aufbewahrung werden Lichtpausen DIN-gerecht auf Ordnergröße gefaltet (**1**.20), die Originale mit Hängestreifen versehen und in Zeichnungsschränken sicher verwahrt.

Die Mikroverfilmung hat gegenüber allen anderen Verfahren, auch dem Lichtpausverfahren, erhebliche Vorteile und wird darum zunehmend eingesetzt. Auf allerkleinstem Raum können große Mengen von Bauzeichnungen sicher archiviert und bereitgehalten werden. Voraussetzung für die Mikroverfilmung sind kontrastreiche Zeichnungen mit Tuschefüllern, die den Normen für mikroverfilmgerechtes Zeichnen entsprechen. Die höheren Kosten dieses Verfahrens sind gegen die augenscheinlichen Vorzüge abzuwägen.

Das Scannen von Zeichnungen erlaubt einerseits die Vervielfältigung, andererseits auch die Weiterverarbeitung mit einem CAD-System. So können z. B. große Lagepläne für die Straßen- und Entwässerungsplanung mit dem Scanner eingelesen, bearbeitet und auf einem digitalen Datenspeicher (Diskette, Festplatte, CD-ROM etc.) gespeichert und geplottet werden.

> Vervielfältigungen von Originalen werden durch das Lichtpausverfahren, die Mikroverfilmung oder das Scannen ermöglicht.

1.1.10 Zeichnungserstellung durch Datenverarbeitung

Seit geraumer Zeit findet die Datenverarbeitung zunehmend Eingang in die Bautechnik. Selbst mittlere und kleinere Büros setzen wegen der günstigen Kostenentwicklung im Hardwarebereich, des wachsenden Angebots an Software und nicht zuletzt wegen der Anwenderfreundlichkeit auf die Datenverarbeitung.

Mit der Einführung der Datenverarbeitung (DV) mit CAD-Systemen (**C**omputer **A**ided **D**esign bzw. **D**rawing) hat sich die Tätigkeit aller an der Bauplanung beteiligten Fachkräfte verändert. Nur die Vorentwurfsskizze bleibt innerhalb der Bauplanung von der DV-Unterstützung ausgeschlossen, da die Handskizze der Kreativität mehr Raum lässt und außerdem schneller zu erstellen ist.

Voraussetzungen. Um computergestützt zeichnen oder konstruieren zu können, sind CAD-Programmsysteme erforderlich. Zu einem leistungsfähigen Arbeitsplatz gehören als Hardware der Personalcomputer mit Zubehör, Grafik- und Dialogbildschirm, der Digitizer für CAD-Anwendung, der Plotter, Drucker und ggf. der Scanner (**1**.21).

1.21 CAD-Arbeitsplatz

Ferner ist eine Software erforderlich, die den speziellen Aufgaben des Büros angepasst sein muss und demnach für Hoch-, Tief- und Ingenieurbau sehr verschiedene Ansprüche zu erfüllen hat. In jedem Fall ist aber ein CAD-Programmpaket nötig. Außerdem müssen die Zeichner hochqualifiziert sein und über ausreichende Sachkenntnis verfügen, um konstruierende Tätigkeiten ausüben zu können.

Eine gründliche EDV-Ausbildung ist für sie unumgänglich.

Bedeutung. Es wäre falsch, den EDV-Einsatz in der Bautechnik vor allem unter dem Gesichtspunkt der Rationalisierung zu sehen. Richtig ist vielmehr, dass CAD-Systeme zur Verbesserung der Planungsergebnisse beitragen. Ohne wesentlichen Mehraufwand lassen sich verschiedene Varianten durchrechnen und darstellen. Wiederkehrende Zeichnungsteile wie Möbelierung oder Schraffuren lassen sich problemlos in die Zeichnung einfügen. Perspektivische Darstellungen, die bisher aus Kostengründen ebenso unterblieben, wie die Erstellung von Modellen, werden von allen Seiten möglich und führen zu mehr Anschauung beim Bauherrn. Varianten der Konstruktion lassen eine optimale Planung und Bauausführung zu. Gegebenenfalls sind Zeichnungsänderungen schnell und einfach herzustellen.

Schon die Übertragung der Idee in eine saubere Zeichnung kann der Computer unterstützen. Auch gibt es die Möglichkeit, die Zeichnung in verschiedenen Maßstäben plotten zu lassen, so wie es im Bauwesen erforderlich ist:
M 1 : 200 für den Vorentwurf, M 1 : 100 als Entwurfszeichnung für die Bauantragsunterlagen und M 1 : 50 als Ausführungszeichnung. Dabei sind Übertragungsfehler ebenso ausgeschlossen wie Bemaßungsfehler.

Bauzeichner als CAD-Anwender müssen höhere Anforderungen erfüllen. Wesentlich sind gute mathematisch-geometrische Grundkenntnisse und Einsicht in die Wirkungsweise von CAD-Software. Die bisherigen Lerninhalte müssen neu bedacht und gewichtet werden. So wird etwa die Fähigkeit, eine saubere Zeichnung manuell zu erstellen, an Bedeutung verlieren. Dafür wird die Kenntnisvermittlung aller Normen und Symbole Voraussetzung für die Arbeit am CAD-Arbeitsplatz werden.

1.2 Zeichengerät

Zeichengerät ist das Werkzeug des Bauzeichners. Es muss zweckmäßig und einfach zu handhaben sein. Sorgsame Behandlung und gründliche Pflege sind Voraussetzungen für Funktion und lange Lebensdauer.

1.2.1 Grundausstattung

> Wie jeder andere Handwerker sollte auch der Bauzeichner über eine Grundausstattung an Werkzeug, also Zeichengerät verfügen, da sich nur durch eifriges Üben entsprechende Fertigkeiten erzielen lassen.

Zum Zeichnen brauchen wir Papier oder Folie, Bleistifte, Radiergummis, Anspitzer, Lineale und Maßstäbe, Zeichendreiecke, Winkelmesser, Zirkel, Schablonen, Tuschefüller und eine Zeichenplatte (**1.**22).

Bleistifte, Tuschefüller, Zirkel und Radiergummi werden normalerweise mit der rechten Hand geführt, Lineale, Dreiecke, Schablonen und Anspitzer mit der linken.

Bleistifte dienen zum Anlegen und Vorzeichnen. Es gibt verschiedene Ausführungen, als Blei- (Mine im Holzmantel) und Minenstifte. Minenstifte sind als *Fallminenstift* mit Minendurchmesser 2 mm und *Feinminenstift* mit den Durchmessern 0,7, 0,5 und 0,3 mm lieferbar.

Minen sind in verschiedenen Härtegraden erhältlich. Die Anwendungsbereiche in Abhängigkeit von dem Härtegrad zeigt Tabelle **1.**23.

Farbstifte verwenden wir beim Anlegen von Zeichnungen und zum Hervorheben bestimmter Bauteile, z. B. bei der Kennzeichnung von Neubau und Abbruch.

Den Tuschefüller nehmen wir zur endgültigen Fertigstellung der Zeichnung. Wegen seiner gleich bleibenden Zeichenqualität in Bild und Schrift hat er sich heute überall durchgesetzt. Zeichenfedern und Graphos sind nur noch von untergeordneter Bedeutung.

Tuschefüller sind einfach zu warten und erlauben das Zeichnen und Beschriften aller gebräuchlichen Zeichnungsträger. Sie sind farblich gekennzeichnet in Strichbreiten von 2,0 bis 0,13 mm mit Tuschetank oder Tuschepatrone erhältlich. Als Grundausstattung sollten mindestens 4 verschiedene Breiten (0,7, 0,5, 0,35, 0,25 mm) angeschafft werden, die bei Bedarf nach oben und unten ergänzt werden können (**1.**24).

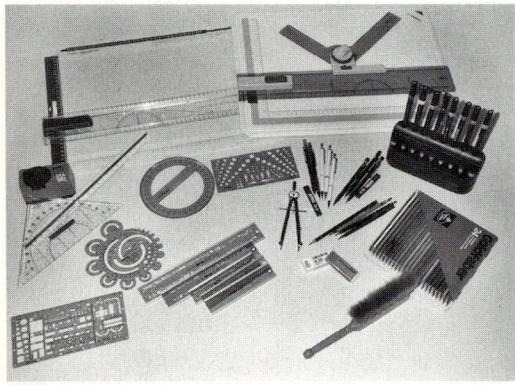

1.22 Zeichengerät-Grundausstattung

Tabelle **1.23** Bleistifte, Minen

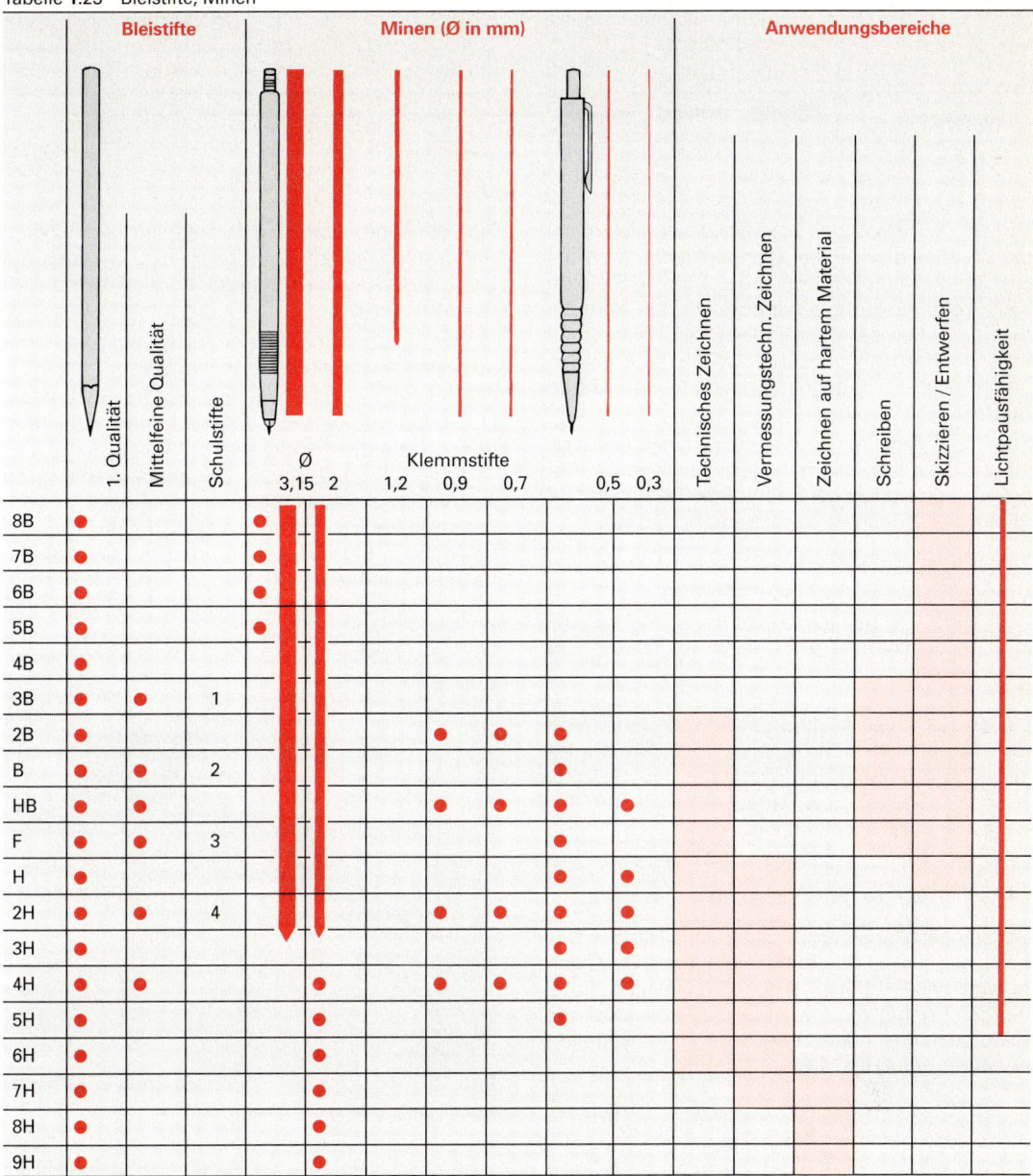

Die Härtegrade wurden nach englischen Bezeichnungen festgelegt:

B = black = schwarz   F = firm = fest   H = hard = hart

Mit vorgestellten Ziffern wird aufsteigend bei B die zunehmende Schwärze oder bei H die zunehmende Härte gekennzeichnet.

Tabelle 1.24   Linienbreiten der Tuschefüller

Kenn-farben m	weiß	grün	orange	blau	braun	gelb	weiß	rot	violett
	2,0	1,4	1,0	0,70	0,50	0,35	0,25	0,18	0,13
Strichbreiten	▬	▬	▬	—	—	—	—	—	—

Um ein gleichmäßiges Schriftbild zu erzielen, halten wir den Tuschefüller fast senkrecht. Eine Zeichengeschwindigkeit von 2 bis 4 cm je Sekunde soll nicht überschritten werden, um das Abreißen des Tuscheflusses zu verhindern. Reißt der Tuschefluss dennoch ab, machen wir den Tuschefüller durch leichtes Schütteln mit nach oben gerichteter Spitze wieder gangbar.

Zum Reinigen des Tuschefüllers dient Leitungswasser oder spezielle Reinigerflüssigkeit. Als Aufbewahrung eignet sich bei häufiger Benutzung der Rapidomat, sonst der Kassettenrapidomat.

Zirkel oder Kreisschablonen benutzt man zum Zeichnen von Kreisen oder Kreisbögen.

Radiergummis gibt es für Blei und Tusche. Sie sollen rückstandsfrei radieren und Wiederbeschriftung ermöglichen.

Lineale und Dreiecke sind zum Konstruieren wichtig. Mit einem 45°- und einem 30°/60°-Dreieck lassen sich z.B. beliebige Winkel in 15°-Schritten zeichnen. Dreieck und Lineal ermöglichen uns genaue Parallelverschiebung.

Maßstäbe sind beliebt, weil die Umrechnung der wirklichen Längen auf Zeichenlängen entfällt.

Schablonen sind in großer Vielfalt im Handel. Deshalb soll hier nur auf Schriftschablonen eingegangen werden. Es gibt sie passend zu den Strichbreiten der Tuschefüller in den drei Normschriftarten. Das Zeichen m deutet wie bei den Tuschefüllern auf die Eignung für Mikroverfilmung hin.

1.2.2   Ausstattung des Arbeitsplatzes

Der Arbeitsplatz soll den Erfordernissen der ganztägigen Arbeit gerecht werden. Günstig sind höhenverstellbare und vertikal wie horizontal drehbare Zeichenbretter mit Zeichenmaschinen. Ausreichende Ablagemöglichkeiten sind nötig. Die Sitzgelegenheit muss den Sicherheitsbestimmungen des TÜV genügen und ermüdungsfreies Arbeiten gewährleisten. Arbeitsstühle mit Armlehnen sind unpraktisch.

Für die Aufbewahrung empfehlen sich *Zeichnungsschränke* aus Stahl oder Holz, in denen die Originalzeichnungen liegend oder hängend aufbewahrt werden.

Weiter haben sich *Schneidemaschinen* und *Randeinfasser* in größeren Büros bewährt.

Die Beleuchtung des Arbeitsplatzes ist sehr wichtig (**1.25**). Um die vertikale Achse drehbare Zeichenbretter erlauben weitgehende Ausnutzung von Tageslicht, wobei direkte Sonnenbestrahlung zu vermeiden ist. Kunstlicht muss so ausgelegt sein, dass es blendfrei und neutral weiß den Arbeitsplatz beleuchtet. Einzelleuchten erhellen die Arbeitsfläche. Besonders wirkungsvoll und gleichzeitig augenschonend sind Langfeldleuchten, die durch Gestänge mit der Zeichenmaschine verbunden und schwenkbar sind und die Arbeitsfläche gleichmäßig ausleuchten.

1.25   Langfeldleuchte an einer Zeichenmaschine

Während vor Jahren noch Kinder in der Schule zu Rechtshändern umerzogen wurden, trägt die Industrie heute auch den Anforderungen der Linkshänder Rechnung. So gibt es *Zeichenmaschinen für Linkshänder*, deren Anschaffung empfehlenswert sein kann.

Der Arbeitsplatz muss sicher und zweckmäßig ausgestattet sein und ein ermüdungsfreies Arbeiten garantieren.

1.3 Sicherheitstechnik

1.3.1 Gerüste

Gerüstarten. Nach Verwendung, Tragsystem und Ausführung unterscheiden wir folgende Gerüste.

Verwendung
Arbeitsgerüst (AG)
Schutzgerüst
– Fanggerüst (FG)
– Dachfanggerüst (DF)
– Schutzdach (SD)

Tragsystem
Standgerüst (S)
Hängegerüst (H)
Auslegergerüst (A)
Konsolgerüst (K)

Ausführung
Stahlrohr-Kupplungsgerüst (SR)
Leitergerüst (LG)
Rahmengerüst (RG)
Modulsystem (MS)

Arbeitsgerüste dienen für die üblichen Bauarbeiten. Sie tragen außer den Arbeitern Werkzeuge und die erforderlichen Werkstoffe. Entsprechend der voraussichtlichen Belastung ist die richtige Gerüstgruppe zu wählen (**1.26**).

Schutzgerüste FG und DF sichern gegen Absturz, SD gegen herabfallende Gegenstände.

Entwurf, Berechnung und Ausführung des Gerüsteinsatzes können nur Fachleute gewährleisten. Während der Gerüstbauunternehmer für die betriebssichere Errichtung und den Aufbau verantwortlich ist, haftet jeder Unternehmer, der die Gerüste benutzt, für die ordnungsgemäße Erhaltung und Benutzung. Grundsätzlich muss für alle Gerüste eine statische Berechnung erstellt werden, wenn keine geprüfte Typenberechnung vorliegt.

Die Gerüste sind ausreichend zu verstreben, wobei an den Kreuzungspunkten zwischen vertikalen und horizontalen Konstruktionsgliedern feste Verbindungen herzustellen sind, die die anfallenden Kräfte aufnehmen und weiterleiten. Freistehend nicht standsichere Gerüste sind zu verankern. Gerüstbretter und -bohlen müssen dicht und so verlegt werden, dass sie weder wippen noch ausweichen können.

Tragsystem und Ausführung. Es gibt sehr einfache und auch höchst aufwendige Gerüstkonstruktionen. Die Entscheidung über die Gerüstwahl trifft der Bauleiter entsprechend den auszuführenden Arbeiten und den zu erwartenden Kosten (**1.27**).

Seitenschutz. Alle Gerüste, die über Verkehrswegen oder mehr als 2 m über dem Boden liegen, und alle Öffnungen in diesen Belägen müssen einen dreiteiligen Seitenschutz haben. Er besteht aus Geländerholm, Zwischenholm und Bordbrett (**1.29**). Alle Teile müssen gegen unbeabsichtigtes Lösen, das Bordbrett auch gegen Kippen gesichert sein. Abstand zwischen Gerüstbelägen und Bauwerken maximal 0,30 m. Die Schutzwand muss mindestens 1,00 m hoch sein und die Traufkante um mindestens 0,80 m überragen.

> Nach dem Verwendungszweck unterscheidet man Arbeits- und Schutzgerüste. Die Wahl des Gerüsts hängt von der zu erfüllenden Aufgabe und von der Belastung ab. Zur Sicherung werden Gerüste mit einem dreiteiligen Seitenschutz versehen.

Tabelle **1.26** Gerüstgruppen

Gerüst-gruppe	Mindest-belagbreite in m	Tragfähigkeit in kN/m² auf Belastungsfläche		Verwendungsbeispiele
1	0,50	0,50 x 0,50 m 1,50	0,20 x 0,20 m 1,00	Inspektion mit leichten Werkzeugen keine Materiallagerungen
2 und 3	0,60	1,50	1,00	Inspektion, Baustoff- und Bauteillagerung zum sofortigen Verbrauch (Beschichten, Verputzen, Verfugen)
4 und 5	0,90	3,00	1,00	Mauerarbeiten, Versetzen von Betonfertigteilen, Putzarbeiten
6	0,90	3,00	1,00	Maurer-, Werksteinarbeiten, Lagern größerer Baustoff- und Bauteilmengen

Tabelle 1.27 Gerüsttragsysteme und -ausführungen

Gerüst	Beschreibung und Verwendung
Hängegerüst	Belag auf Profilstählen, Stahlrohren, Rund- oder Kanthölzern befestigt. Diese sind mit Drahtseilen, Ketten oder Profilstählen am Bauwerk aufgehängt. Zugelassen als Arbeitsgerüst der Gruppen 1 und 2 sowie als Schutzgerüst. Für fahrbare Hängegerüste gelten Sonderbestimmungen (s. u.)
Auslegergerüst	aus kragartig aus dem Bauwerk vorgestreckten Holz- oder Stahlträgern. Einfache Auslegergerüste dürfen nur als Arbeitsgerüste der Gruppe 1 und als Schutzgerüste der Gruppe 2 bis 4 verwendet werden
Konsolgerüst	Belag auf Konsolblöcken, die aufgehängt sind. Zugelassen als Arbeitsgerüst der Gruppe 1 oder als Schutzgerüst.
Stahlrohrgerüst	aus Stahlrohren und Verbindungsstücken. Die Stahlrohre sind nach DIN 4420 auszuwählen; sie müssen dauerhaft und deutlich gekennzeichnet sein. Für die Verbindungsstücke ist eine besondere Zulassung erforderlich. Verwendung vor allem für Einschalungsarbeiten bei großen Bauteilen. Relativ hoher Arbeitsaufwand für Auf- und Abbau. Deshalb vielfach Einsatz von Schnellbaugerüsten. Ihre Gerüstlagen bestehen aus leiterartigen Baukastenelementen, die in das Stahlrohrgerüst eingehängt werden. Bodenplatten lassen sich in verschiedenen Kombinationen einlegen. Auch die eingehängten Leitern gehören zum Gerüstbausystem.
Leitergerüst	Arbeits- und Schutzgerüst besonders zum Einrüsten von Fassaden für Putz- und Beschichtungsarbeiten. Besteht aus Gerüstleitern und Gerüstbauteilen nach DIN 4420-2
Gerüste für besondere Bauarbeiten	
Stangengerüst	ein- oder zweireihig aus Rundholzstangen; Stangen durch Drähte, Drahtseile, Ketten oder Gerüsthalter untereinander verbunden. Zugelassen für Gerüstgruppen 1 bis 3. Wegen des hohen Arbeitsaufwands allenfalls noch für kleine Bauarbeiten erstellt.
Bockgerüst	aus Böcken von Holz oder Stahl mit darübergelegtem Gehbelag. Höchstens zwei Böcke übereinander, Gesamthöhe ≤ 4 m, Abstand der Böcke ≤ 3 m. Geeignet für Bauarbeiten bis Raum- bzw. Geschosshöhe.
Fahrgerüst	für kurzzeitige Arbeiten. DIN 4222-1 und -2 stellen besondere Anforderungen an Seitenschutz, Leitern, Kipp- und Sturmsicherheit. Die Fahrrollen müssen feststellbar sein und unverlierbar, die Kippsicherheit im Freien größer als in Räumen sein.
Traggerüst (Lehrgerüst, 1.28)	dient zur Unterstützung von Massivtragwerken, bis diese ausreichend tragfähig sind (z. B. Bogen mit großen Spannweiten bei Brücken, Schalendecken). Besteht meist aus Unter- und Obergerüst. Ist wegen der großen Belastung statisch zu berechnen und nach genauen Zeichnungen abzubinden. Um das Ausschalen zu erleichtern, stellt man Traggerüste absenkbar her (Schraubenspindeln oder hydraulische Pressen zwischen Unter- und Obergerüst).

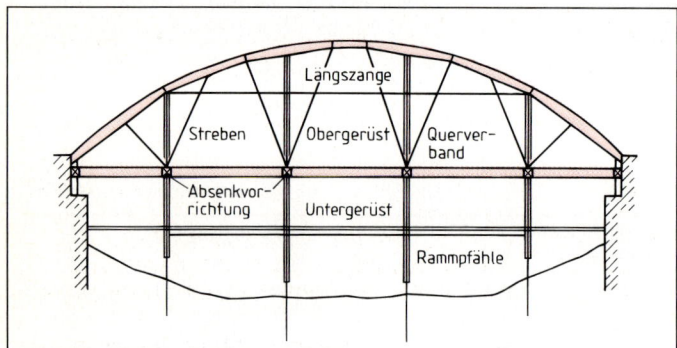

1.28 Trag- oder Lehrgerüst

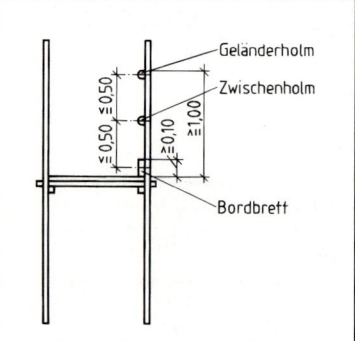

1.29 Seitenschutz bei Arbeits- und Schutzgerüsten

1.3.2 Unfallverhütung

Im Rahmen der gesetzlichen Sozialversicherungen schreibt der Gesetzgeber auch die Unfallversicherung vor. Im Gegensatz zu den anderen Sozialversicherungen (Renten-, Kranken-, Arbeitslosenversicherung) trägt der Arbeitgeber die Kosten für die Unfallversicherung allein. Träger der gesetzlichen

Unfallversicherung sind die Berufsgenossenschaften. Bei ihnen sind alle Arbeitnehmer gegen Arbeits- und Wegeunfälle sowie gegen Berufskrankheiten versichert. Für das Bauhaupt- und das Ausbaugewerbe sind die Bau-Berufsgenossenschaften, für Straßen-, Tief- und Verkehrsbauten die Tiefbau-Berufsgenossenschaften zuständig.

Aufgaben der Berufsgenossenschaften:
– Den arbeitenden Menschen vor Unfall- und Gesundheitsgefahren am Arbeitsplatz zu bewahren,
– eine wirksame Erste Hilfe sicherzustellen,
– nach einem Arbeitsunfall oder einer Berufskrankheit den Verletzten gesundheitlich wiederherzustellen,
– ihn nach Möglichkeit wieder beruflich einzugliedern,
– durch Geldleistungen für die soziale Sicherung des Versicherten und Arbeitnehmers und seiner Familie zu sorgen.

Unfallverhütungsvorschriften. Zur Bewahrung vor Unfall- und Gesundheitsgefahren gehört die Verpflichtung des Arbeitgebers und Arbeitnehmers, mit allen geeigneten Mitteln für die Verhütung von Arbeits- und Wegeunfällen sowie Berufskrankheiten zu sorgen. Zu diesem Zweck gibt es eine Reihe von Unfallverhütungsvorschriften (UVV), die in allen Betrieben gut sichtbar ausgehängt sein müssen. Außerdem gibt es Informationsschriften, Merkblätter, Plakate und Aufkleber, die die Berufsgenossenschaften den Betrieben kostenlos zur Verfügung stellen.

Unfallverhütungsvorschriften werden laufend dem neuesten Stand der Technik angepasst und entsprechend den jüngsten arbeitsmedizinischen Erkenntnissen überarbeitet. Sie enthalten Bestimmungen für Unternehmer und Versicherte. Ergänzt werden sie durch Richtlinien, Sicherheitsregeln, Merkblätter und arbeitsplatzbezogene Schriften. Hinzu kommen staatliche Gesetze und Verordnungen zur Regelung der Arbeitssicherheit und des Gesundheitsschutzes.

Für die Einhaltung dieser Vorschriften sorgt der *Technische Aufsichtsdienst* der Berufsgenossenschaften. Er arbeitet mit der staatlichen Gewerbeaufsicht, den Bauaufsichtsbehörden und den Verbänden der anderen Sozialversicherungspartner zusammen. Zu den Aufgaben des Technischen Aufsichtsbeamten zählen die Beratung und Information bei der

– Planung und Ausschreibung,
– Beschaffung von Einrichtungen,
– Arbeitsvorbereitung und -durchführung,
– Arbeitsplatzgestaltung,
– innerbetrieblichen sicherheitstechnischen Organisation,
– Auswahl von persönlichen Schutzausrüstungen,
– Entwicklung und Herstellung von Arbeitsmitteln.

Ferner

– die Überwachung der Arbeitssicherheit in Betrieben und auf Baustellen durch Revision und Messungen,
– die Prüfung von Maschinen und Geräten auf Arbeitssicherheit,
– Unfalluntersuchungen und -auswertungen, um ähnliche Unfälle künftig zu verhüten,
– Kurse in den berufsbildenden Schulen und Hochschulen, Vorträge bei Betriebs-, Innungs- und Gewerkschaftsversammlungen,
– Mitarbeit am sicherheitstechnischen Normenwerk in Deutschland und in der EG.

> Die Berufsgenossenschaften sind die Träger der gesetzlichen Unfallversicherung. Eine ihrer wichtigsten Aufgaben ist die Unfallverhütung.
>
> Jeder einzelne Arbeitnehmer ist verpflichtet, die Bestimmungen der Unfallverhütungsvorschriften zu befolgen.

Aufgaben zu Abschnitt 1

1. Nennen Sie jeweils drei Zeichnungen für die Objekt- und Tragwerksplanung.
2. Beschreiben Sie die Darstellungsweise in Bauzeichnungen.
3. Skizzieren Sie die Anordnung von Grundrissen, Ansichten und Schnitt eines unterkellerten Flachdachbungalows auf einem Blatt.
4. Geben Sie DIN-Formate fertig geschnittener Zeichenblätter mit den zugehörigen Maßen an.
5. Zählen Sie Anwendungsbeispiele für Volllinien, Strichlinien und Strich-Punkt-Linien auf.
6. Zeichnen Sie den Grundriss einer Garage mit Tor und Fensteröffnung und bemaßen Sie DIN-gerecht.
7. Wählen Sie für geschnittene Bauteile aus Stahlbeton und Mauerwerk in Ausführungszeichnungen sowie Putz- und Wärmedämmung in Detailzeichnungen die richtige Schraffur.
8. Welche Vorteile bietet die Vervielfältigung durch Mikroverfilmung gegenüber dem Lichtpausverfahren?
9. Falten Sie eine möglichst große Lichtpause DIN-gerecht.
10. Nennen Sie Gerüstarten nach der Verwendung, dem Tragsystem und der Ausführung.
11. Welche Bestimmungen gelten für den Seitenschutz von Arbeits- und Schutzgerüsten?
12. Nennen Sie Aufgaben der Berufsgenossenschaft.
13. Wer überwacht die Einhaltung der Unfallverhütungsvorschriften?

2 Planung, Ausführung und Abrechnung von Bauvorhaben

2.1 Planung

Jedes Bauvorhaben – sei es auch noch so klein – muss sorgfältig geplant werden, bevor es ausgeführt werden kann. Dabei müssen die Wünsche des Bauwilligen ebenso in die Planung einfließen wie seine finanziellen Möglichkeiten. Zu diesem Zweck wendet sich der Bauherr an einen Architekten oder Ingenieur. Mit seiner fachkundigen Hilfe werden Lösungen angestrebt, die den Wünschen des Bauherrn weitgehend und den Vorschriften des Baurechts vollkommen entsprechen. In Zweifelsfällen hinsichtlich der Zulässigkeit kann eine *Bauvoranfrage* beim Bauaufsichtsamt Klärung bringen. Als Bauherr oder Bauträger kommen Privatpersonen, Gesellschaften, Kommunen, Länder und der Bund in Frage.

Planungsbeteiligung und Abnahme (2.1). Heutzutage sind bei der Planung von Bauvorhaben sehr viele Auflagen zu erfüllen und Nachweise zu erbringen. Deshalb wird der Architekt (Ingenieur) in den meisten Fällen Sonderfachleute an der Planung beteiligen müssen, so Statiker für die Standsicherheitsnachweise, Experten für Heizungsanlagen einschließlich Be- und Entlüftung sowie Fachleute für Elektroinstallationen. Manchmal sind auch Bodengutachten nötig.

Der fertige Rohbau wird durch den Bezirksschornsteinfegermeister und das Bauaufsichtsamt abgenommen. Erst nach Erhalt des Rohbauabnahmescheins darf das Bauwerk vollendet werden. Benutzt werden darf das fertige Bauwerk erst nach

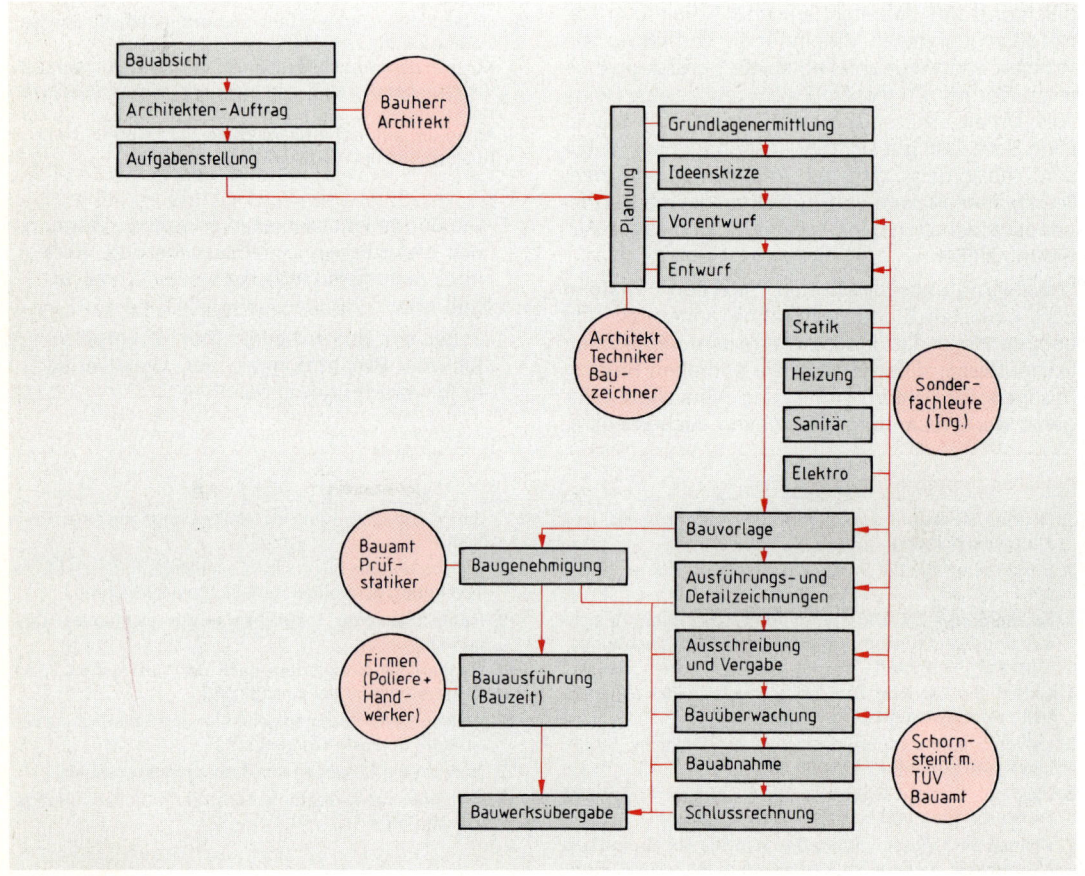

2.1 Schematischer Weg eines Bauablaufs mit Planungs- und Baubeteiligten

der Gebrauchsabnahme durch die gleichen Stellen und ggf. den TÜV sowie Ausstellung des Schlussabnahmescheins durch die Bauaufsichtsbehörde. In einigen Bundesländern wird auf Bauabnahmen verzichtet. Der Verzicht entbindet jedoch nicht von der Pflicht, die jeweilige Fertigstellung anzuzeigen.

Gesetze und Verordnungen

Das Bundesbaugesetz (BBauG) bildet den Baurechtsrahmen in der Bundesrepublik.

Teil 1 enthält die Bestimmungen über die Bauleitplanung.
Teil 2 regelt die Maßnahmen zum Schutz und zur Sicherung der Bauleitplanung.
Teil 3 stellt die Verbindung zwischen Städtebaurecht und Bauordnungsrecht her.
Teil 4 regelt die Bodenordnung.
Teil 5 enthält ein geschlossenes Enteignungssystem für den Städtebau.
Teil 6 bringt das Erschließungsrecht.
Teil 7 regelt die Ermittlung von Grundstückswerten.
Teil 8 enthält Vollzugsvorschriften.
Teil 9 betrifft Rechtsstreitigkeiten bei Enteignungen.
Teil 10 regelt die Baulandsteuer.
Teil 11 enthält Übergangs- und Anpassungsvorschriften.

Die Baunutzungsverordnung (BauNVO) wurde aufgrund der Ermächtigung in § 2 Abs. 10 BBauG erlassen und erfordert besondere Beachtung. Sie enthält die Bestimmungen über Art und Maß der baulichen Nutzung, über die Bauweise, die überbaubaren Grundstücksflächen und die Zulässigkeit von Garagen, Carports und Stellplätzen für Kraftfahrzeuge.

Die Landesbauordnungen berücksichtigen im Rahmen des BBauG die klimatischen, landschaftlichen, baukulturellen und bautechnischen Eigenheiten der Regionen. Dies bedeutet, dass die Bauvorlage in allen Teilen dem regional gültigen Bauordnungsrecht entsprechen muss.

Grundlagenermittlung. Jedes Bauvorhaben muss zunächst städtebaulich gesehen werden, es muss sich in das Gesamtbild der Umwelt einfügen. Die Anforderungen der Gemeinde an das Bauvorhaben sind in Zeichnungen der *Bauleitplanung* gemäß Bundesbaugesetz zusammengestellt. Wir unterscheiden

- Flächennutzungspläne, worin die gesamte räumliche Entwicklung eines Gemeindegebiets geklärt wird,
- Bebauungspläne, in denen das Gesamtprogramm der Gemeinde für die Bebauung der einzelnen Bauflächen festgelegt ist.

Erst nach Kenntnis der Örtlichkeit und der Festlegungen durch die Gemeinde kann der Architekt mit dem Bauherrn die Planung beginnen.

Ideenskizze, Vorentwurf. Der Architekt setzt sich mit den Wünschen, Bedürfnissen und Bedingungen des Bauherrn auseinander und berät ihn fachkundig. Er macht auf unterschiedliche Bauweisen (Massivbau, Skelettbau, Fertigteilbauweisen) und mögliche Baustoffvarianten aufmerksam. Gerade in der heutigen Zeit kommt der Baustoffauswahl hinsichtlich schonender Herstellungsweise, Recycelbarkeit und Umweltverträglichkeit immer mehr Bedeutung zu. Aber auch landschaftstypische Bauweisen sind zu bedenken. Reetdach und Klinkerbau passen zwar gut nach Norddeutschland, aber nicht unbedingt in die süddeutsche Bergwelt. Nach Klärung dieser Fragen löst der Architekt bzw. Ingenieur als autorisierter Vertreter des Bauherrn die Bauaufgabe zunächst gedanklich auf Ideenskizzen (**2.2**), die der Bauzeichner (z.T. mittels CAD-Programm) zu den maßstäblichen Vorentwurfszeichnungen im M 1 : 200 umzeichnet (**2.3**). Diese dienen als Unterlage für Besprechungen mit dem Bau-

2.2   Ideenskizze eines Wohnhauses

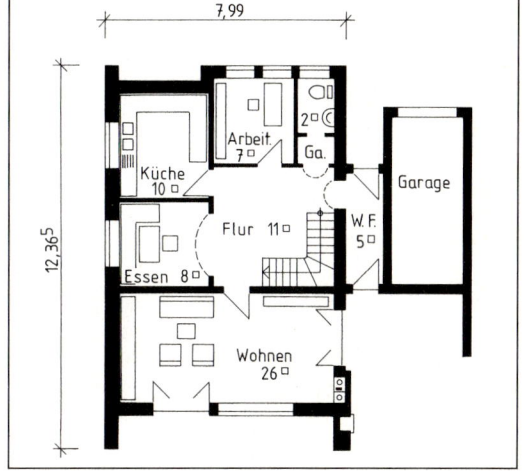

2.3   Vorentwurf eines Wohnhaus-Grundrisses

herrn und für einen ersten Kostenüberschlag. Aus den Vorentwurfszeichnungen entwickeln sich die Entwurfszeichnungen.

Bauvorlage und Baugenehmigungsverfahren. Wenn die Vorstellungen des Bauherrn und Architekten abgestimmt sind, folgen die Besprechungen mit dem Statiker, den Ingenieuren für Heizung, Lüftung und Installation, d.h. die endgültige Festlegung von Konstruktion und Ausbau. Jetzt müssen auch alle notwendigen Erschließungsmaßnahmen festgelegt und die Entwurfszeichnungen im M 1 : 100 (gemäß DIN 1356 – Bauzeichnungen) ausgearbeitet werden. Sie enthalten Maßangaben über die Größe der Räume und Bauteile und werden – nach Vorschrift der jeweils zuständigen Baugenehmigungsbehörde ergänzt – zur Bauvorlage beim Bauamt entwickelt.

Zu einem Baugesuch gehören:

je 3fach (bei Stadtbauämtern 2fach)	Bauantrag in der regional gültigen Fassung (Formblatt)
	Übersichtsplan (1 : 5000) oder Stadtkartenausschnitt mit Kennzeichnung des Baugrundstücks amtlicher oder beglaubigter Lageplan (bei Kleinkläranlagen nach DIN 4261 ist eine weitere Ausfüllung erforderlich)
	Ergänzungspläne zum Lageplan
	Freiflächenpläne
	Nachweis der Kleinkinder-Spielplätze
	Nachweis der notwendigen Kraftfahrzeug-Einstellplätze
	Berechnung der Grund- und Geschossflächen bzw. Baumassen
	Entwurfszeichnungen (Grundrisse, Ansichten, Schnitte im M 1 : 100)
	Baubeschreibung (Formblatt)
	Betriebsbeschreibung
	Wohn- und Nutzflächenberechnung (nach DIN 283)
	Berechnung des umbauten Raumes (nach DIN 277) und der Baukosten
	Entwässerungspläne des Grundstücks mit Beschreibung
	Unterlagen über Feuerungsanlagen und Brennstofflagerung
	Standsicherheitsnachweis (Statik)
je 2fach	Nachweis des Wärmeschutzes (nach DIN 4108)
	Nachweis des Schallschutzes (nach DIN 4109)
	sonstige Nachweise
	Zählkarte (ein Satz mit 3 Blättern)
je 1fach	begründeter Antrag auf Befreiung
	notarielle Verpflichtungserklärung zur Eintragung von Baulasten

Die Gemeinde (Stadt) schickt diese Bauvorlage (Baugesuch) zur Prüfung ans Bauaufsichtsamt. Dort werden Änderungen mit grünen Eintragungen verdeutlicht. Auf der Rückseite der Baugenehmigung sind weitere Bedingungen und Bauauflagen vermerkt, die bei der Baudurchführung eingehalten bzw. erfüllt werden müssen.

2.2 Bauausführung

2.2.1 Ausführungszeichnung

Die Baugenehmigung mit ihren behördlichen Auflagen bildet die Basis für die weitere Durcharbeitung des Bauobjekts. Von nun an sollten keine Änderungen mehr kommen, denn sie zögen Änderungen der anderen Planunterlagen, der kalkulatorischen und gestalterischen Überlegungen nach sich. Immerhin müssen für etwa 30 Handwerks- und Industriezweige Planunterlagen vorbereitet und deren Belange wechselseitig abgestimmt werden.

> Nach Auslegung der HOAI (Honorarordnung für Architekten und Ingenieure) versteht man unter Ausführungszeichnungen die weitere Durcharbeitung des Entwurfs mit allen Maßen und die für die Ausführung des Werkes erforderlichen Angaben und Weisungen.

Selbst für ein einfaches Wohnhaus entstehen etwa 30 Baupläne, die insgesamt und im Detail alle technischen und gestalterischen Maßnahmen festlegen. Alle Maßnahmen sind in ihren technischen, formalen und wirtschaftlichen Auswirkungen zu überprüfen.

Nebenher läuft die Planungsarbeit der Fachleute für Statik, Heizung, Sanitär- und Elektroinstallation, deren technische Berechnungen und Überlegungen ebenfalls gegenseitig abzustimmen sind. Da unzulängliche Ausführungszeichnungen zu Mängeln, Leerlauf, Doppelarbeit, Verlust an Material und Arbeitszeit, ja sogar zu bleibender Wertminderung führen, müssen Planer und Bauherr dieser Planungsphase ausreichend Zeit und besondere Aufmerksamkeit widmen.

Die Entwurfszeichnungen (Eingabepläne) werden vielerorts „Baupläne" genannt. Diese Bezeichnung ist irreführend, denn diese Pläne im Maßstab 1 : 100 enthalten für die Bauleute (Bauausführenden) nicht genügend Einzelheiten. Dafür ist die

2.2 Bauausführung

Anfertigung von *Ausführungszeichnungen* (Werkplänen) im M 1 : 50, für Konstruktionszeichnungen im M 1 : 25 und 1 : 20, für Details im M 1 : 10, 1 : 5 oder sogar 1 : 1 erforderlich. Darin sind konstruktiv wie gestalterisch alle Einzelheiten maßstäblich in ihrem Zusammenspiel festgelegt (**2.4**).

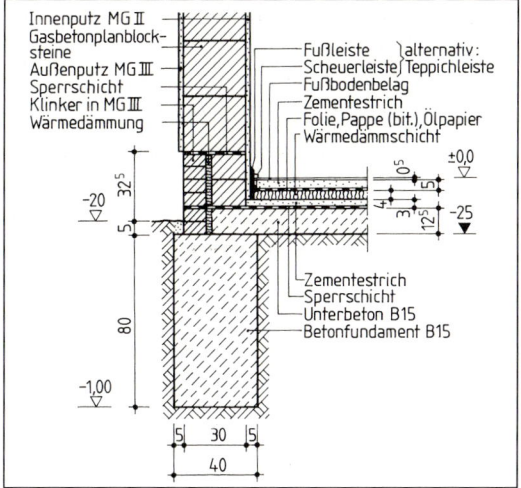

2.4 Wohnhausdetail M 1 : 10

2.2.2 Ausschreibung und Vergabe

Leistungsverzeichnis (LV). Die Ausschreibung der Bauleistungen geschieht getrennt nach den verschiedenen Gewerken in Leistungsverzeichnissen (**2.6** auf S. 32). Das Leistungsverzeichnis enthält die Angabe der voraussichtlichen Massen (aufgrund einer *Massenermittlung)* und die genaue Leistungsbeschreibung (**2.7** auf S. 33). Diese kann frei oder standardisiert, z. B. gemäß Standardleistungskatalog (STLK), formuliert werden. Die elektronisch durch DV-Programmsysteme erstellten LV nehmen zu.

Ausschreibung. Ob und in welcher Form eine Ausschreibung erfolgt, hängt in erster Linie vom Bauherrn (öffentlich oder privat) und von Art und Größe des Bauvorhabens ab (Neubau oder Reparatur). Dafür stehen nach VOB drei Ausschreibungs- bzw. Vergabearten zur Wahl:
I   Öffentliche Ausschreibung
II Beschränkte Ausschreibung
III Freihändige Vergabe

Öffentliche Ausschreibung. Die öffentliche Hand ist als Auftraggeber verpflichtet, die Steuergelder sparsam zu verwalten. Um eine möglichst große Anzahl von *Bietern* (bauwilligen Firmen) zu erreichen und durch Konkurrenz reelle Preise zu erzielen, gibt man meist die öffentliche Ausschreibung

BAD SALZUFLEN. Die Stadt 4902 Bad Salzuflen – Der Stadtdirektor – schreibt hiermit folgende Tiefbaumaßnahme öffentlich aus: Bau des Mischwasserkanals ME 4 zwischen RU 4 und Schacht Nr. M 499. Umfang der Arbeiten: Los 1: etwa 16 m Horizontalpressung mit Vortriebrohre BKU NW 1000: etwa 32 m BKU-Rohre, NW 1000–1200; 1 Stück Düker durch die Bega aus BKU-Rohren, NW 800, L = 25,00 m. Los 2: etwa 43 m BKU-Rohre, NW 1400. Interessenten können bis zum 18. Februar 1983 die Ausschreibungsunterlagen – 2 Stück Angebotsblankette – beim Tiefbauamt, Rathaus Bad Salzuflen, Rudolf-Brandes-Allee 19, schriftlich anfordern. Spätere Anforderungen können nicht berücksichtigt werden. Der Anforderung ist der Einzahlungsbeleg über den Unkostenbeitrag beizufügen. Der Betrag ist an Städt. Sparkasse Bad Salzuflen, Konto-Nr. 3855 – unter Angabe der Haushaltsstelle 1.602.1000.1 zu überweisen. Barverkauf erfolgt nicht. Unkostenbeitrag: 15,– DM. Submission: Dienstag, den 22. März 1983, im Rathaus Bad Salzuflen, Rudolf-Brandes-Allee 19, Submissionsraum: Bridlington, 10.00 Uhr.

2.5 Öffentliche Ausschreibung im Submissionsanzeiger

im Submissionsanzeiger (**2.5**), in der regionalen und überregionalen Presse bekannt. Interessierte Firmen können dann gegen eine Schutzgebühr Ausschreibungsunterlagen anfordern. Durch das Einsetzen von kalkulierten Preisen sowohl für Einzel- als auch Gesamtpreise wird aus der Ausschreibung ein Angebot, das bis zum festgesetzten Termin mit genauer Orts-, Datums- und Zeitangabe vorliegen muss (Nebenangebote sind oft zulässig). Verspätet eingegangene Angebote dürfen nicht berücksichtigt werden!

Alle Bieter, die ihr Angebot rechtzeitig zur Angebotseröffnung (= Submission) abgegeben haben, sind für eine bestimmte Zeit daran gebunden. Über die Submission wird ein Protokoll, die Verdingungsverhandlung, geführt und von den anwesenden Bietern unterschrieben. Alle fristgerecht abgegebenen Angebote werden geprüft, nachgerechnet und in einen Preisspiegel (Zusammenstellung der Angebote, **2.8** auf S. 34/35) eingetragen.

Im Regelfall wird der Auftrag an den günstigsten Bieter vergeben. Ausnahmen sind möglich, z.B. bei mangelnder Zahlungsfähigkeit (Liquidität) eines Bieters oder bei Berücksichtigung zulässiger Nebenangebote. Wenn klar ersichtlich ist, dass unzulässige Preisabsprachen zwischen verschiedenen Bietern stattgefunden haben, muss die Ausschreibung aufgehoben werden.

Die beschränkte Ausschreibung überwiegt bei privaten Auftraggebern und bei kleinen Aufträgen der öffentlichen Hand (Instandsetzungs- oder Reparaturarbeiten). Dabei wird eine begrenzte Anzahl regional ansässiger Bieter zur Abgabe von Angeboten aufgefordert. Auch hier besteht in der Regel die Verpflichtung für die öffentliche Hand, den günstigsten Bieter zu beauftragen.

Die freihändige Vergabe von Bauleistungen sollte nur in Ausnahmefällen geschehen, weil die Möglichkeit des Preisvergleichs entfällt. Zumindest soll-

Pos.	Anzahl	Gegenstand	EP		Gesamt	
			DM	Pf	DM	Pf
		Übertrag				
2.20	9	Stck. Peitschenlampen im Beisein der Stadtwerke Buxtehude ausbauen und auf das bereitstehende Transportfahrzeug aufladen, einschl. der erforderl. Erdarbeiten und sonstiger Nebenleistungen. je Stck.				
2.21	8	m vorh. Aco-Dränrinne mit Gitterroste, in Beton versetzt, aufnehmen und ca. 20 - 30 cm tiefer neu versetzen, einschl. Anschluß an das vorh. Rohr DN 100 und aller Erdarbeiten sowie liefern und einbauen einer 10 cm dicken Betonsohle, 30 cm breit. je m				
		Netto-Summe Titel 2 Vorbereitende Arbeiten				
		Titel 3: Erdarbeiten einschl. Unterbau				
3.1	4.700	m^2 vorh. Planum im Bereich der Fahrbahnen, Parkspuren, Gehwege und Überfahrten profilgemäß nach dem Längsschnitt abschieben, Boden im Längsschnitt verteilen und verdichten. Es muß auf dem Planum ein Verdichtungsgrad von mindestens 103 % erreicht werden. je m^2				
3.2	1.180	m^3 überschüssigen Boden der Klasse 3 (Sandboden) nach DIN 18300 aus der Fläche der Pos. 3.1 lösen, aufladen und nach Weisung der Bauaufsicht zum Spielplatz Altländer Str./Dammhauser Str. transportieren, abladen und als Hügel profilieren, lt. Zeichnung. Abrechnung nach Profilen. je m^3				
		Für jeden weiteren km .... DM.				
3.3	450	m^3 lehmfreien frostsicheren Unterbettungssand, Rundkorngemisch R3, für Fahrbahnen, Parkspuren, Gehwege und Überfahrten liefern, profilgerecht einbauen und gem. ZTVE-StB 76 verdichten. Abrechnung nach Profilen. je m^3				
		Übertrag				

2.6 Leistungsverzeichnis (Auszug)

```
OZ           BESCHREIBUNG DER TEILLEISTUNGEN          STL-NR

0.           L 130-RW SCHRAGENBERG - NOTTENSDORF
             =====================================
0.0          BAUSTELLENEINRICHTUNG
             =====================
0.0.001      BAUSTELLE EINRICHTEN                     104 110 1---  ----
                      1  PSCH
             GERAETE, WERKZEUGE UND SONSTIGE BETRIEBSMITTEL, DIE ZUR
             VERTRAGSGEMAESSEN DURCHFUEHRUNG DER BAULEISTUNGEN ER-
             FORDERLICH SIND, AUF DIE BAUSTELLE BRINGEN, BEREITSTEL-
             LEN UND - SOWEIT DER GERAETEEINSATZ NICHT GESONDERT BE-
             RECHNET WIRD - BETRIEBSFERTIG AUFSTELLEN EINSCHL. DER
             DAFUER NOTWENDIGEN ARBEITEN. DIE ERFORDERLICHEN FESTEN
             ANLAGEN HERSTELLEN.
             BAUBUEROS, UNTERKUENFTE, WERKSTAETTEN, LAGERSCHUPPEN
             UND DGL., SOWEIT ERFORDERLICH, ANTRANSPORTIEREN, AUF-
             BAUEN UND EINRICHTEN.
             STROM-, WASSER-, FERNSPRECHANSCHLUSS UND DGL. FUER DIE
             BAUSTELLE, SOWEIT ERFORDERLICH, HERSTELLEN.
             BEI BEDARF ZUFAHRTSWEGE ZUR BAUSTELLE SOWIE LAGERPLAET-
             ZE, SONSTIGE PLATZBEFESTIGUNGEN UND WEGE IM BAUSTELLEN-
             BEREICH ANLEGEN.
             MUTTERBODENARBEITEN UND BESEITIGUNG DES AUFWUCHSES FUER
             DIE BAUSTELLENEINRICHTUNG, SOWEIT ERFORDERLICH, WERDEN
             NICHT GESONDERT BERECHNET.
             WEITERE FLAECHEN BESCHAFFEN, SOFERN DIE VOM AG ZUR VER-
             FUEGUNG GESTELLTEN NICHT AUSREICHEN.
             DIE KOSTEN FUER VORHALTEN, UNTERHALTEN UND BETREIBEN
             DER GERAETE, ANLAGEN UND EINRICHTUNGEN EINSCHL. MIETEN,
             PACHT, GEBUEHREN UND DGL. SIND NICHT IN DIESE PAUSCHA-
             LE, SONDERN IN DIE EINHEITSPREISE DER BETREFFENDEN
             TEILLEISTUNGEN EINGERECHNET.
             SOWEIT NICHT FUER BESTIMMTE BAULEISTUNGEN (Z.B. BE-
             DARFSLEISTUNGEN) DAS EINRICHTEN DER BAUSTELLE ALS BE-
             SONDERER ANSATZ ENTHALTEN IST, UMFASST DIE PAUSCHALE
             DIE VERGUETUNG DER BAUSTELLENEINRICHTUNG FUER ALLE BAU-
             LEISTUNGEN
      (1.1)  SAEMTLICHER ABSCHNITTE DES LV.

0.0.002      BAUSTELLE RAEUMEN                        104 115 ----  ----
                      1  PSCH
             BAUSTELLE VON ALLEN GERAETEN, ANLAGEN, EINRICHTUNGEN
             UND DGL. RAEUMEN.
             BENUTZTE FLAECHEN UND WEGE ENTSPRECHEND DEM URSPRUENG-
             LICHEN ZUSTAND UNTER WAHRUNG DER LANDSCHAFTLICHEN BE-
             LANGE ORDNUNGSGEMAESS HERRICHTEN. VERUNREINIGUNGEN BE-
             SEITIGEN.
```

2.8 Preisspiegel
a) Konventionelles Formblatt, b) EDV-Erstellung

Bild **2**.8, Fortsetzung

```
Preisspiegel
Projekt: SG Horneburg                             Bereich: Gewerbegebiet V
--------------------------------------------------------------------------
Pos.            LV-Menge  Einheit                 Preisgruppe
                    1              3              2              4
                Henning, Stade  Harzer, Hammah  Hartmann, Horn  Wehmeyer, Cade
--------------------------------------------------------------------------
Bezeichnung der Preisgruppen:    1 Henning, Stade
                                 2 Harzer, Hammah
                                 3 Hartmann, Horneburg
                                 4 Wehmeyer, Cadenberge


Summen Titel 1 - Baustelleneinrichtung
                         XXXXXXXXXXXX   XXXXXXXXXXXX   XXXXXXXXXXXX   XXXXXXXXXXXX

Summen Titel 2 - Vorbereitende Arbeiten
                           11.770,00      10.708,00       8.554,50      13.139,00
            Diff. %            37,59          25.17                         53,59
            Diff. DM        3.215,50       2.153,50                      4.584,50

Summen Titel 3 - Erdarbeiten/Unterbau
                           53.516,00      50.318,50      50.197,50      79.893,00
            Diff. %             6,61           0,24                         59,16
            Diff. DM        3.318,50         121,00                     29.695,50

Summen Titel 4 - Bituminöse Arbeiten
                          128.105,00     101.850,00     111.656,80     161.320,00
            Diff. %            25.78                         9,63          58,39
            Diff. DM       26.255,00                     9.806,80      59.470,00

Summen Titel 5 - Steinsetzarbeiten
                          103.900,00     135.007,50     134.263,50     166.207,75
            Diff. %                           29,94          29,22          59,97
            Diff. DM       26.255,00      31.107,50      30.363,50      62.307,75

Summen Titel 6 - Kanalbauarbeiten
                           33.954,00      36.589,00      40.359,00      38.016,00
            Diff. %                            7,76          18,86          11,96
            Diff. DM                       2.635,00       6.405,00       4.062,00

Summen Titel 7 - Stundenlohnarbeiten
                            3.225,00       3.552,50       3.789,00       4.380,00
            Diff. %                           10,16          17,49          35,81
            Diff. DM                         327,50         564,00       1.155,00

                              E N D S U M M E N
                              =================
--------------------------------------------------------------------------
Gesamtsumme  Netto DM     334.470,00     338.025,50     348.820,30     462.955,75

zzgl.   14,00% MwSt.       46.825,80      47.323,57      48.834,84      64.813,881
--------------------------------------------------------------------------
Angebotssumme     DM      381.295,80     385.349,07     397.655,14     527.769,56
--------------------------------------------------------------------------
            Diff. %                            1,06           4,29          38,41
            Diff. DM                       4.053,27      16.359,34     146.473,76
   b)  Abschlag auf 100%                      - 1,05         - 4,11        - 27,75
```

te man Preise vorher festlegen, um Willkür des Auftragnehmers auszuschließen. Eine Möglichkeit der freihändigen Vergabe besteht z. B. in der Auftragserteilung für ein schlüsselfertiges Haus zum *Festpreis* oder an eine *Spezialfirma,* die aufgrund eines Güteschutzes oder Patents allein in der Lage ist, die Arbeiten auszuführen. Allerdings ist Vorsicht geboten, wenn Änderungswünsche geltend gemacht werden! Sie bieten die willkommene Gelegenheit für den Auftragnehmer (AN), gute, d. h. oft überhöhte Preise zu verlangen. Von dieser Möglichkeit, knapp kalkulierte Preise auszugleichen, machen AN auch bei der öffentlichen oder beschränkten Ausschreibung gern Gebrauch.

> Die Vergabe von Bauleistungen kann aufgrund einer öffentlichen oder beschränkten Ausschreibung oder freihändig geschehen.
>
> Die vollständige und genaue Beschreibung der Leistung sowie die sorgfältige Massenermittlung verhindern Kostenüberschreitungen.

Verdingungsordnung für Bauleistungen (VOB). Mit der Gliederung der Bauleistungen in zahlreiche Gewerke wurden die Rechtsgrundlagen der Gewährleistung, die gleichmäßige Qualität und Dauerhaftigkeit immer unsicherer. Hinzu kam, daß die Verkehrssitte selbst am gleichen Ort ganz verschiedenen Inhalt haben konnte. Für die einheitliche Auslegung des immer umfangreicher werdenden LV-Text- und -Zahlenwerks und ihrer Vorbemerkungen sorgt deshalb die Verdingungsordnung für Bauleistungen (VOB). Sie enthält in

Teil A (DIN 1960) allgemeine Bestimmungen für die Vergabe von Bauleistungen.
Teil B (DIN 1961) allgemeine Vertragsbedingungen für die Ausführung von Bauleistungen.
Teil C (DIN 18300 ff.) allgemeine Technische Vorschriften für Bauleistungen (ATV).

Die VOB ist für sich allein weder Gesetz noch Verordnung. Liegt sie aber einer Ausschreibung zugrunde, werden die Teile B und C beim Zuschlag (Vergabe der Bauleistung) Vertragsbestandteil. Zur Sicherung von Festpreisen, Einhaltung von Fristen und Vereinbarung von Vertragsstrafen bei Terminüberschreitungen werden mit den Firmen Bauverträge (Werkverträge nach §§ 631ff. BGB) geschlossen.

2.2.3 Bauzeitenplan und Baustelleneinrichtung

Bauzeitenplan. Den Bauverträgen liegt neben dem LV der Bauzeitenplan des Objekts zugrunde. Darin sind alle Gewerke in ihrem zeitlichen Ablauf darge-

2.9 Bauzeitenplan

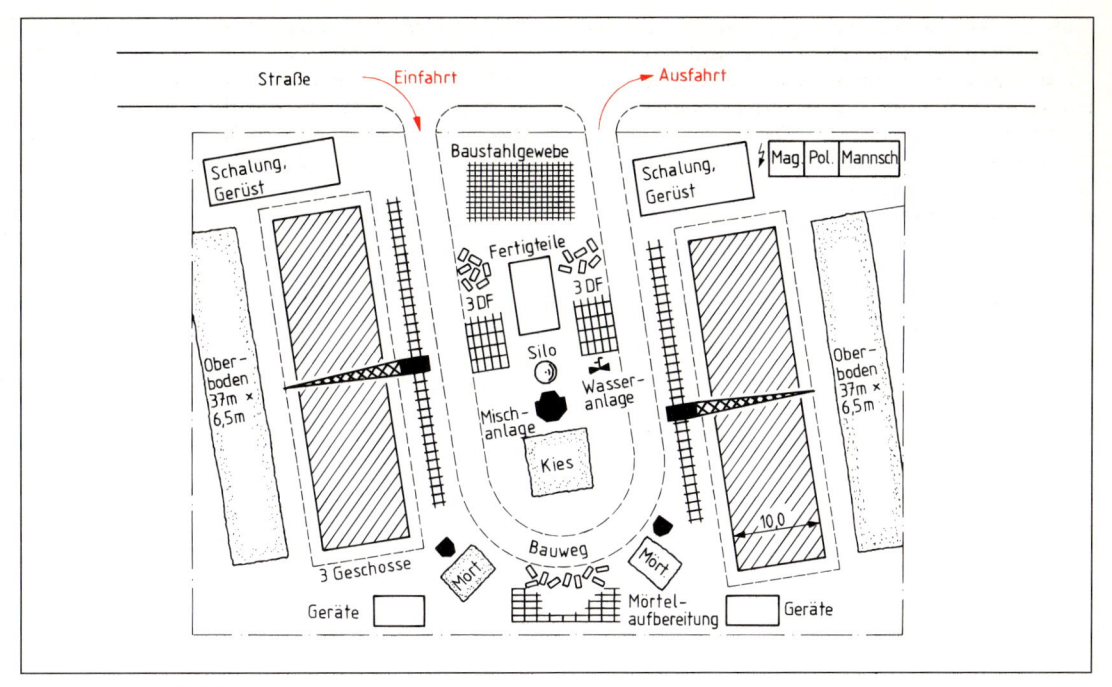

2.10 Baustelleneinrichtung

stellt. Es gibt Bauzeitenpläne in Form von Balkendiagrammen (**2.**9) oder als Netzplan. Die letzteren werden heute aber nur noch sehr selten angewendet, da jede zeitliche Verschiebung im Bauablauf nur mit erheblichem Arbeitsaufwand im Netzplan zu korrigieren ist. Terminüberschreitungen werden mit zum Teil hohen Vertragsstrafen (Konventionalstrafen) belegt, weil sie den Baufortschritt behindern und eine Reihe negativer Folgen auslösen, vor allem den vorgesehenen Fertigungstermin gefährden. Die Höhe der Konventionalstrafe hängt auch von der geplanten Nutzung ab (z. B. 1. 12. eines Jahres für ein Kaufhaus wegen des Weihnachtsgeschäfts oder 1.05. eines Jahres die Inbetriebnahme eines Freibads).

Damit der Bauablauf mit dem Bauzeitenplan organisatorisch übereinstimmt, bedarf es einer mehrwöchigen Vorplanung. Das geschieht bei der Aufgabenvielfalt häufig mit vorher aufgestellten *Bauablaufplänen*, die neben- und nacheinander ablaufende Arbeiten koordinieren.

Die Baustelleneinrichtung besorgt der AN nach den Anforderungen des Leistungsverzeichnisses und den Arbeitsgeräten der Baufirma. Sie muss aufgrund einer Baustellenbegehung genau geplant werden. Große Baufirmen lassen dazu Baustelleneinrichtungspläne im Zeichenbüro anfertigen. Anhand eines Beispiels wollen wir einige Punkte herausgreifen, die grundsätzliche Bedeutung haben und daher immer eingehalten werden sollten – auch wenn die Anordnung von Baustelle zu Baustelle noch so verschieden ist (**2.**10).

Die Mischanlage ist zentral angeordnet. Der Turmdrehkran (TK) kann dadurch seine Ziele überwiegend durch Schwenken erreichen. Auch bei den übrigen Transporten ergeben sich kürzeste Fahrtwege.

Die Zuschläge werden beim Abtransport von der Baustraße aus in die Boxen gekippt. Der wertvolle Schwenkbereich des TK wird hier nicht vergeudet.

Die Kranbahn ist nur so lang, wie es die Stapelplätze erfordern.

Die Baubuden liegen stets außerhalb des TK-Schwenkbereichs. Der Polier hat von seinem Baubüro aus einen guten Überblick über die ganze Baustelle.

Die Baustraße ist so angelegt, dass der TK zum Be- und Entladen aller Bau- und Bauhilfsstoffe eingesetzt werden kann.

Die Schalteile sind wie die Betonstahle voll im Schwenkbereich des TK.

Dem Magazin ist ein Lagerplatz zugeordnet. Hier können sperrige Ersatzteile und Güter gelagert werden. Dieser Bereich ist durch Umzäunung und Bewachung besonders zu sichern.

2.2.4 Bauüberwachung, Aufmaß und Abrechnung

Bauüberwachung. In den meisten Fällen ist vom Baubeginn bis zur Fertigstellung der Planverfasser als *Bauleiter* tätig (Oberleitung der Bauausführung). Er hat durch seine überwachende und koordinierende Funktion dafür zu sorgen, dass die Ausführung des Gesamtbauvorhabens den genehmigten Bauvorlagen und den baurechtlichen Vorschriften (Baulinie, Bauwich, Bauart, Bauauflagen usw.) entspricht. Weiter hat der Bauleiter auf den sicheren bautechnischen Betrieb der Baustelle und das gefahrlose Ineinandergreifen der Arbeiten zu achten. Für die betriebliche Sicherheit der Maschinen und Geräte (Werkzeuge) trägt er keine Verantwortung. Die bauausführenden Firmen setzen Bauführer ein, die alle von der Firma zu leistenden Arbeiten überwachen und organisieren. Außerdem finden Überwachungen durch die Bauaufsichtsbehörden statt, z. B. Bewehrungsabnahmen. Die wichtigsten Punkte der *Bauüberwachung* sind:

– Beachtung der behördlichen Vorschriften und Auflagen,
– Überwachung der Herstellung gemäß LV,
– Kontrolle aller Bauarbeiten hinsichtlich Einhaltung der „anerkannten Regeln der Baukunst" sowie technischer Vorschriften,
– Abnahme der gelieferten Baustoffe.

Aufmaß und Abrechnung. Zu den Aufgaben des Planers gehört auch die ordnungsgemäße Abrechnung des Bauvorhabens. Voraussetzung für die Abrechnung nach den Einheitspreisen des LV bildet das *Aufmaß,* das in Aufmaßskizzen festgehalten wird. Das Aufmaß wird vom AN (Baufirma) und AG (Planer) gemeinsam vorgenommen. Daraus ermittelt der AN die tatsächlich hergestellten Baumassen, die – mit dem Einheitspreis multipliziert – in die Abrechnung eingehen. Hinzu kommen evtl. geleistete Stundenlohnarbeiten laut Nachweis und Pauschalbeträge, z. B. Zeichnen. Und wir prüfen die *Abrechnung,* wenn wir beim AG beschäftigt sind.

Aufgaben zu Abschnitt 2

1. Welche Gesetze und Verordnungen sind bei der Planung von Bauvorhaben zu beachten?
2. Geben Sie alle Unterlagen zu einem Bauantrag unter Berücksichtigung vorgeschriebener Maßstäbe, Normen und Formblätter an.
3. Wodurch unterscheidet sich ein Leistungsverzeichnis von einem Angebot?
4. Formulieren Sie einen freien Text für ein Leistungsverzeichnis (Baustelleneinrichtung).
5. Beschreiben Sie die drei Vergabearten nach VOB.
6. Welche Bedeutung hat der Bauzeitenplan?
7. Besuchen Sie eine Baustelle und zeichnen Sie die Baustelleneinrichtung.
8. Was ist beim Prüfen einer Abrechnung zu beachten?

3 Vermessung

Von den vielen Vermessungsarbeiten und -aufgaben, die im Hoch-, Ingenieur- und Tiefbau anfallen, wird der Bauzeichner nur die ausführen, die
- wesentliche Lagepunkte und Höhen vom Entwurf in die Wirklichkeit übertragen („Abstecken") bzw.
- vorhandene Gegebenheiten (Gelände- und Bauaufnahmen) sowie abgeschlossene Arbeiten zur Bestandsaufnahme und Abrechnung aufnehmen („Aufmaß").

Dagegen wird er kaum mit der Schnur fluchten oder mit Visiertafeln Höhen festlegen, weil diese Vermessungsarbeiten Aufgaben der ausführenden Handwerker sind. Für sehr wichtige, genaue und komplizierte Vermessungen im Feld („Feldmessen") ist der Bau- oder Vermessungsingenieur zuständig. So können wir uns hier auf das Grundsätzliche beschränken.

Bei Vermessungsarbeiten unterscheiden wir
- **Lagemessungen** = Bestimmen von Punkten in der Örtlichkeit, meist Voraussetzung von Höhenmessungen,
- **Höhenmessungen** = Bestimmen und Vergleichen der Höhen sowie Beziehen auf eine Bezugshöhe (z. B. NN = Normal Null, s. Abschn. 3.2).

Bei vielen Verfahren werden Lage- und Höhenmessungen gleichzeitig vorgenommen.

3.1 Lagemessung

Punkte, die auf einer gemeinsamen Geraden liegen und damit eine Flucht bilden, die mit gemeinsamem Radius einen Bogen beschreiben, die einen Winkel festlegen, einen Polygonzug oder ein Flächenraster bilden, werden in ihrer horizontalen Lage zueinander abgesteckt oder aufgemessen (**3.1**).

Festlegen einer Flucht („Fluchten"). Ausgangs- und Endpunkt bzw. Ausgangspunkt und Richtung müssen bekannt und festgelegt (vermarkt) sein. Zwischenpunkte werden eingefluchtet
- auf kurzen Entfernungen (bis etwa 25 m) mit einer straff gespannten Schnur,
- bis zu knapp hundert Metern mit Fluchtstäben,
- bis zu wenigen hundert Metern (je nach Qualität des Instruments) mit dem Nivellierinstrument,
- bis zu mehreren hundert Metern mit dem Laserstrahl (**3.2**).

Längenmessungen müssen immer in der Flucht und in der Horizontalen vorgenommen werden. Bei schwachen Neigungen (z. B. bei der Stationierung im Straßenbau) wird in der Neigung gemessen, die Abweichung bleibt unberücksichtigt.

Bei vielen einfachen Messungen sind Gliedermaßstäbe (Zollstock), Messlatten, vor allem aber Mess-

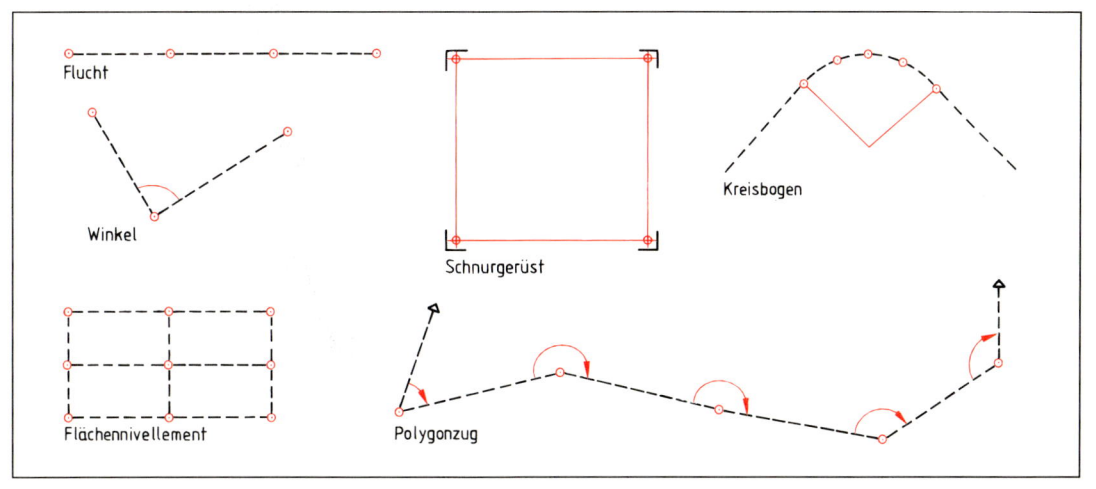

3.1 Beispiele typischer Lagemessungen

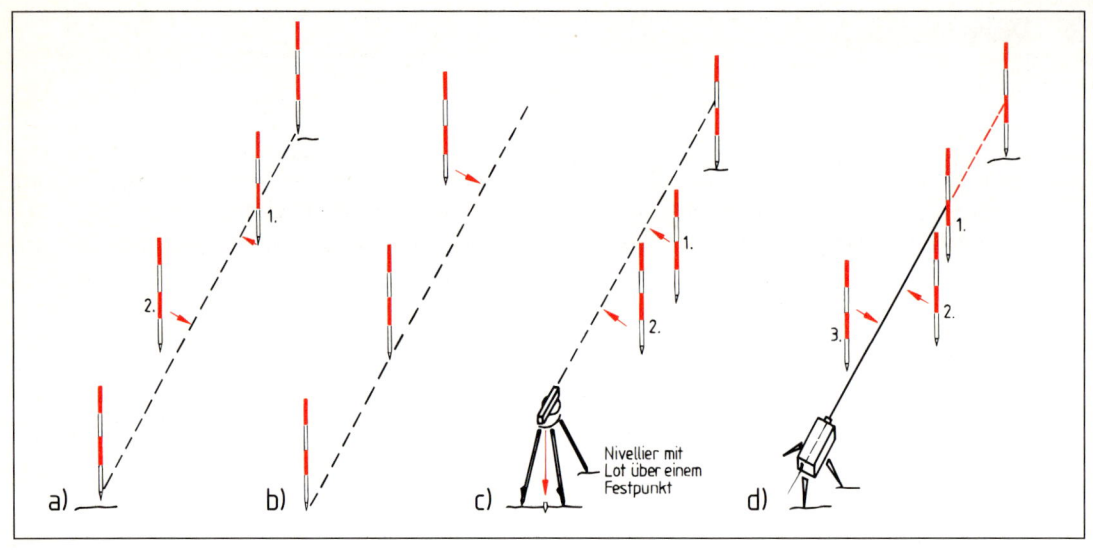

3.2 Fluchten
a) mit Fluchtstäben zwischen zwei festen Punkten, b) über zwei feste Punkte hinaus
c) mit einem Nivellier, d) mit dem Laserstrahl

bänder (Bandmaße) üblich und ausreichend. Für das Aufmaß von Straßenflächen wird auch ein Rolltacho (Laufrad) benutzt (**3**.3). Genaue und weite Messungen der Länge nimmt man immer häufiger mit elektronischen Distanzmessern vor (elektro-optische Entfernungsmesser, Abschn. 3.2.3).

> Längen werden mit Messband, Rolltacho oder elektronischem Distanzmesser in der Flucht und in der Horizontalen gemessen.

Winkelmessungen. Häufig müssen im Baubereich *rechte Winkel* (90° oder 100 gon) abgesteckt werden. Dafür bieten sich diese Verfahren und Messgeräte an:

– mit Bandmaß oder Gliedermaßstab nach dem Seitenverhältnis 3 : 4 : 5 („Pythagoras"),
– mit der Schnur als Hilfsmittel und den geometrischen Konstruktionen „Errichten einer Senkrechten" bzw. „Fällen eines Lotes",
– mit der mechanischen Kreuzscheibe, bei der 4 Sehschlitze rechtwinklig zueinander angeordnet sind,
– mit optischen Rechtwinkelinstrumenten wie Winkelspiegel, Winkelprisma, Pentagonprisma, Doppelpentagon oder Kreuzvisier (**3**.3).

Bei den genannten optischen Rechtwinkelinstrumenten werden einfallende Lichtstrahlen (z. B. die durch Fluchtstangen gebildete Flucht) reflektiert oder so gebrochen und abgelenkt, dass rechtwinklig angeordnete Bilder entstehen. Wichtig ist die lotrechte Aufstellung des Instruments über dem Punkt, an dem ein rechter Winkel eingemessen werden soll (**3**.4).

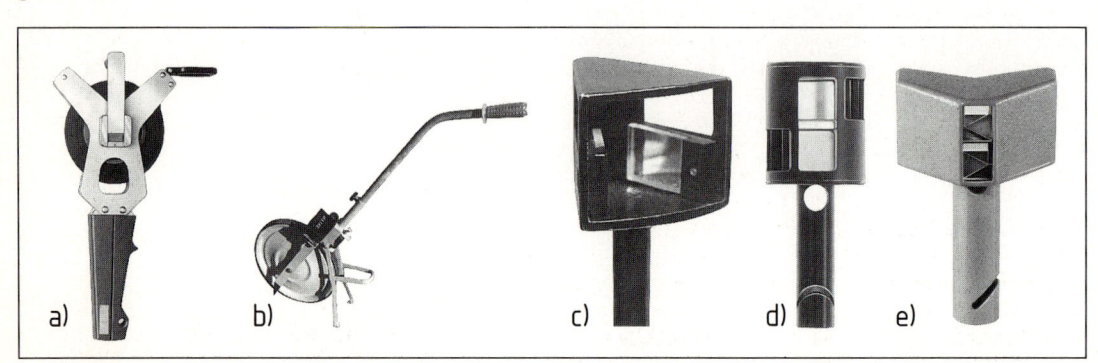

3.3 Vermessungsgeräte für das Längenmessen
a) Bandmaß, b) Rolltacho und für das Abstecken rechter Winkel c) Winkelspiegel, d) Doppelpentagon, e) Kreuzvisier

3.1 Lagemessung

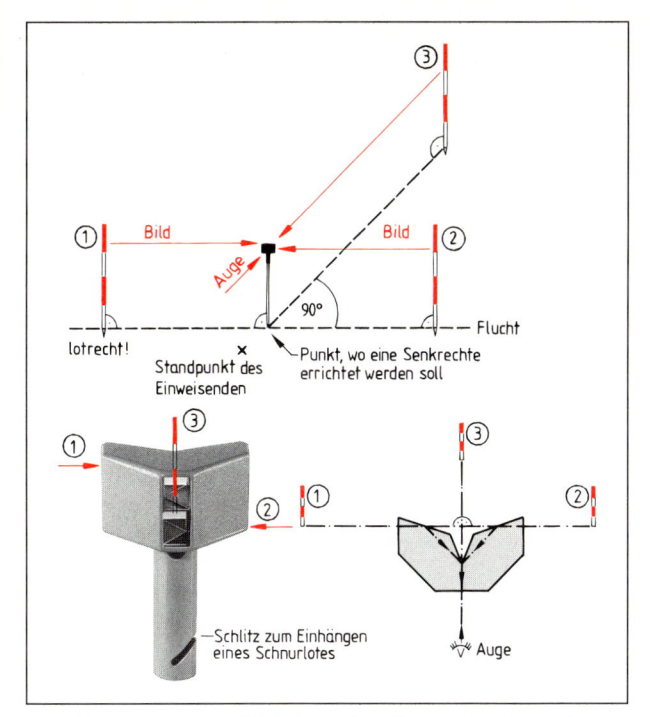

3.4 Abstecken rechter Winkel mit dem Kreuzvisier bzw. mit dem Doppelpentagon

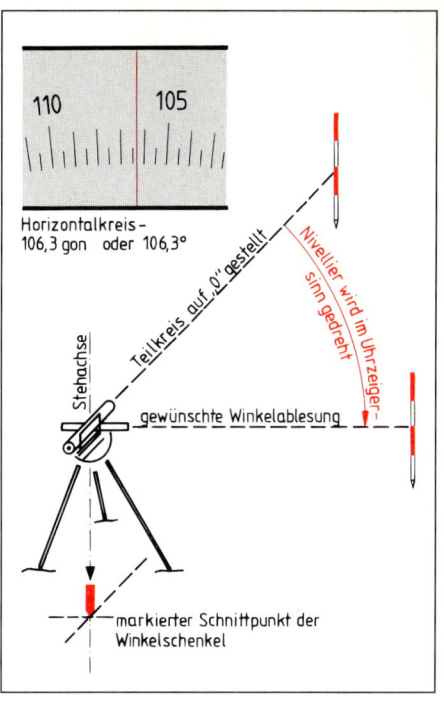

3.5 Abstecken und Ablesen von Horizontalwinkeln mit dem Nivellier

Andere als rechte *Winkel* werden

- mit dem Nivellierinstrument gemessen oder abgesteckt, das einen Horizontalkreis (Teilkreis) mit einer entsprechenden Ablesevorrichtung (Skala oder Lupe) hat (**3**.5),
- mit dem Theodoliten,
- mit einem elektronischen Distanzmesser (in Kombination mit einem Theodoliten) abgesteckt.

Rechte Winkel werden einfach und schnell mit optischen Instrumenten, andere Winkel mit dem Nivellierinstrument abgesteckt.

Abstecken von Bögen. Besonders im Straßenbau sind Bogenpunkte abzustecken, die zusammen einen Kreisbogen, eine Klothoide oder einen zusammengesetzten Korbbogen bilden. Kleine Kreisbögen mit einem Radius bis zu 25 m werden meist vom bekannten und markierten Mittelpunkt (Leierpunkt) aus handwerklich abgesteckt. Dies setzt voraus, dass der Mittelpunkt zugänglich ist (**3**.6). Wenn das nicht der Fall ist, müssen die Bogenpunkte wie bei Kreisbögen größerer Radien oder wie bei Klothoiden von den Tangenten aus abgesteckt (abgesetzt) werden (**3**.7). Eine Reihe von Hilfspunkten der Konstruktion (Bogenanfang und -ende, Tangentenlänge, Ordinatenlängen usw.) ermittelt man rechnerisch oder entnimmt sie einschlägigen Tabellen. Zu Konstruktion und Abstecken von Klothoiden s. Abschn. 14.

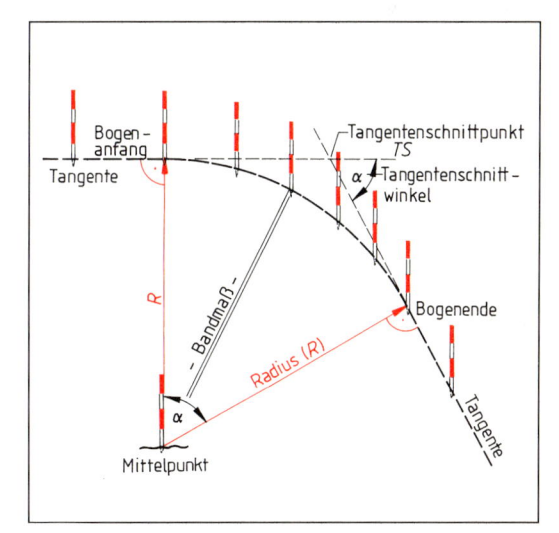

3.6 Handwerkliches Absetzen von Bogenpunkten eines Kreisbogens vom Mittelpunkt aus

Größere Kreisbögen und Klothoiden werden von den Tangenten aus mit Hilfe berechneter Koordinaten abgesteckt

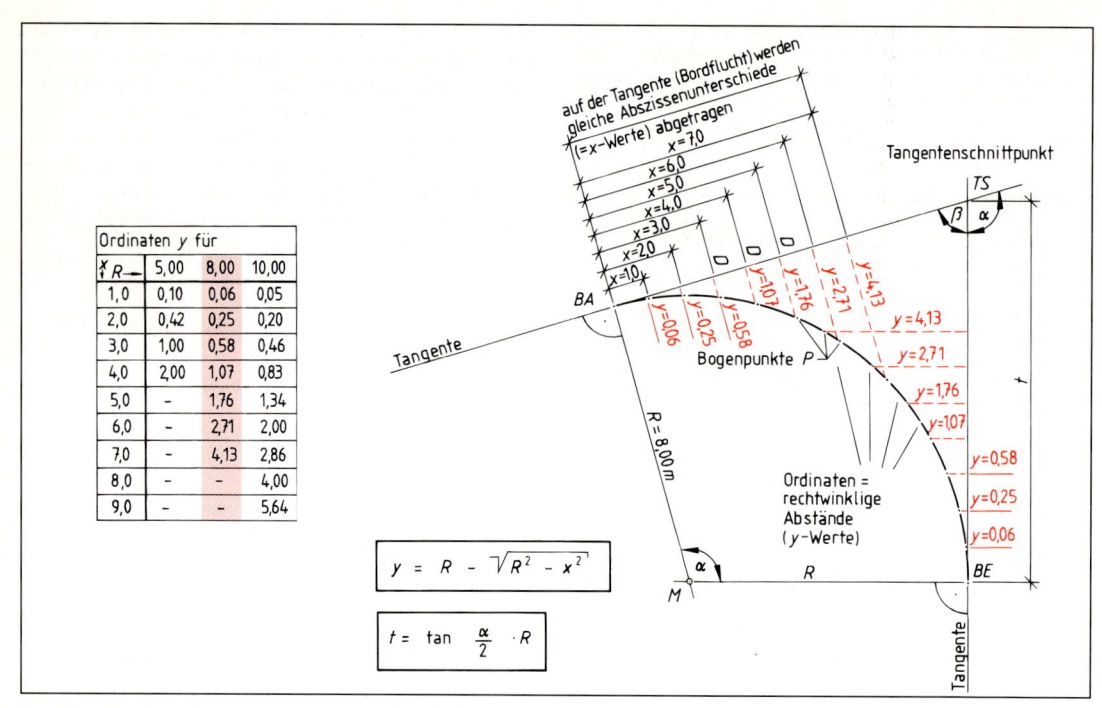

Ordinaten y für			
x $R\rightarrow$	5,00	8,00	10,00
1,0	0,10	0,06	0,05
2,0	0,42	0,25	0,20
3,0	1,00	0,58	0,46
4,0	2,00	1,07	0,83
5,0	–	1,76	1,34
6,0	–	2,71	2,00
7,0	–	4,13	2,86
8,0	–	–	4,00
9,0	–	–	5,64

$$y = R - \sqrt{R^2 - x^2}$$

$$t = \tan\frac{\alpha}{2} \cdot R$$

3.7 Abstecken von Kreisbogenpunkten mit Hilfe der Abszissen (x) und Ordinaten (y) von den Tangenten aus

Aufnahme von Geländeflächen. Wenn für Planung oder Abrechnung Grundstücks-, Gebäude- oder Verkehrsflächen mit besonders unregelmäßiger Form aufzunehmen sind, stehen mehrere Verfahren zur Verfügung:

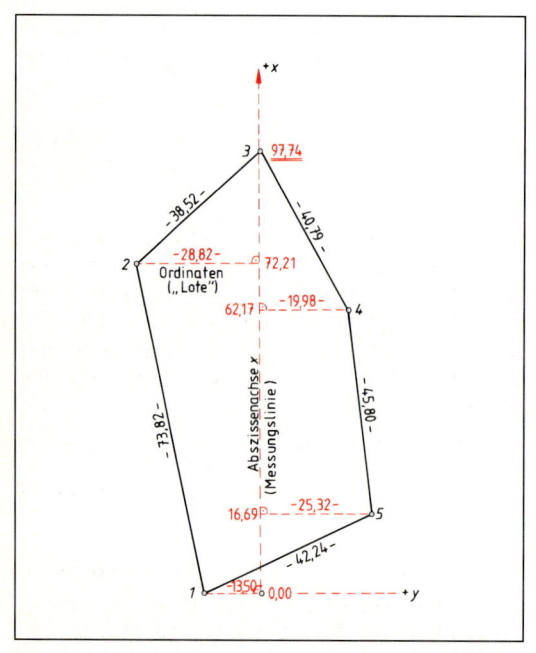

3.8 Aufnahme einer Grundstücksfläche nach dem Rechtwinkelverfahren

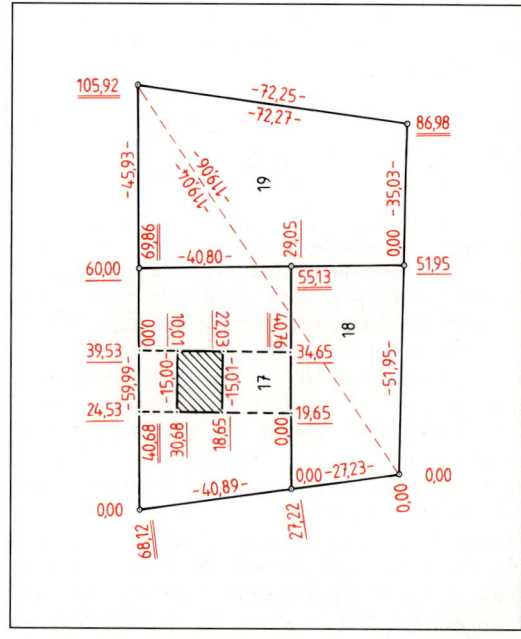

3.9 Aufnahme eines Grundstücks nach dem Dreiecksverfahren

3.2 Höhenmessung

- **das Rechtwinkelverfahren** (Koordinaten- oder Orthogonalverfahren, **3**.8). Hierbei werden die wichtigen Grenz-, Gebäude- oder topografischen Punkte von einer Abszissenachse x (Messungslinie) aus rechtwinklig eingemessen (Ordinaten y) und stationiert. Zum Messen dienen einfache Messgeräte (Fluchtstab, Bandmaß, Pentagon). Die Berechnung geschieht zweckmäßig in einer Tabelle.
- **das Dreiecksverfahren** (Einbindeverfahren, **3**.9) unterteilt die aufzunehmende Fläche in Dreiecke, deren Seiten gemessen werden (Messlinien). Innenliegende Grenzen, Gebäudeseiten usw. werden bis zu den Messlinien verlängert und aufgemessen.
- **das Polarverfahren** (Polarvermessung, **3**.10) nimmt die Vermessung größerer Flächen von einem zentralen Standpunkt (Aufnahmepunkt) aus vor. Die markanten Punkte einer Fläche zielt man von der Anschlussrichtung ausgehend – im Uhrzeigersinn nacheinander an und misst die Horizontalwinkel. Gleichzeitig misst man die Entfernungen vom Standpunkt bis zum Zielpunkt (Strahlenlänge), um die Fläche auftragen zu können.

Die Messung der Horizontalwinkel beim Polarverfahren geschieht zweckmäßig mit dem Theodoliten, die der Strahlenlängen mit einfachen Längenmessgeräten oder aber (heute üblich, weil schnell, sicher und sehr genau) mit elektronischen Distanzmessern. Mit einem Theodoliten kombiniert, kann man Horizontal- und Vertikalwinkel, Schrägdistanz und Höhenunterschied von einem Standpunkt aus messen (s. Abschn. 3.2.6).

> Für Geländeaufnahmen stehen Rechtwinkel-, Dreiecks- und Polarverfahren zur Verfügung.
>
> Das Polarverfahren misst von einem zentralen Standpunkt aus Horizontalwinkel und Strahlenlängen.

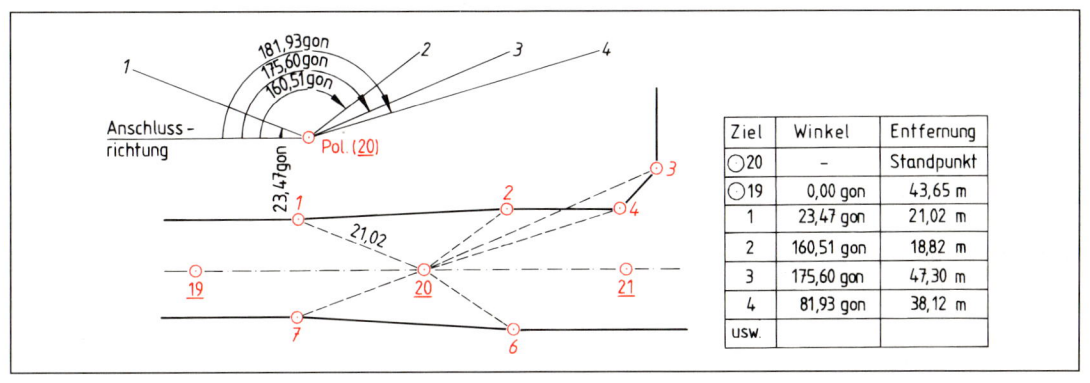

Ziel	Winkel	Entfernung
○20	–	Standpunkt
○19	0,00 gon	43,65 m
1	23,47 gon	21,02 m
2	160,51 gon	18,82 m
3	175,60 gon	47,30 m
4	81,93 gon	38,12 m
usw.		

3.10   Geländeaufnahme nach dem Polarverfahren. Messen der Winkel und Entfernungen von einem zentralen Pol (Punkt) aus

3.2 Höhenmessung

Höhenmessungen folgen sehr oft den Lagemessungen: Die Höhe der Punkte, die der Lage nach bestimmt sind, soll festgestellt werden. Oder: An den eingemessenen Lagepunkten (z. B. Eckpunkte eines Bauwerks, Bogenpunkte) soll eine vorgegebene Höhe bestimmt werden.

Normal-Null (NN). Grundlage aller Höhenmessungen ist der Meereshorizont als gemeinsame Bezugsfläche (Niveau). Der Mittelwasserstand der Nordsee am Amsterdamer Pegel gilt als Ausgangshöhe und wird als **N**ormal-**N**ull (NN) bezeichnet. Von dieser Höhe ausgehend, ist ganz Deutschland (und Europa) mit einem Netz von Nivellementpunkten (NivP) oder Höhenbolzen überzogen, deren jeweilige NN-Höhe bei den Katasterämtern zu erfragen ist. Die eingemessenen Höhen (Koten) haben dann eine Höhe ... m ü. NN oder NN + ... m bzw. (wie bei Temperaturen)

... m u. NN oder NN – ... m. Besonders im norddeutschen Küstengebiet sind + und – sorgfältig zu vermerken, weil z. B. Gründungen und Rohrleitungen oft im Minusbereich liegen.

Nur in wenigen Fällen werden Höhenmessungen durchgeführt, die sich nicht auf NN beziehen (relative Höhenmessung) z. B.

- wenn festzustellen ist, ob ein Punkt im Vergleich zu einem anderen höher oder tiefer liegt;
- wenn der Aufwand unverhältnismäßig groß ist, die Messungen auf NN zu beziehen.

> Für die meisten Höhenmessungen wird NN als Bezugsfläche angenommen. Ausgehend von Höhenbolzen, lassen sich alle Bau- und Geländehöhen auf NN beziehen.

3.2.1 Höhenmessung ohne Nivellier

Auf kurzer Entfernung lässt sich eine Ausgangshöhe, die als relative Höhe oder NN-Höhe bekannt ist, waagerecht übertragen

- mit einer Schlauchwaage (z. B. beim Schnurgerüst für den Hausbau),
- mit einer Wasserwaage, die mit einem Richtscheit (Wägelatte) verlängert wird (bes. im Straßenbau).

Höhenpunkte, die zusammen eine geneigte Strecke bilden, lassen sich einmessen, wenn die Neigung durch Anfangs- und Endpunkt bestimmt ist, und zwar

- mit Visiertafeln,
- mit der Schnur,
- mit einem Laserstrahl. Die Ausgangshöhe ist festgelegt, und die Neigung lässt sich am Baulaser als Steigung oder Gefälle einstellen.

3.2.2 Höhenmessung mit dem Nivellier

Nivellierinstrumente sind auf einem Stativ in Augenhöhe montiert. Sie bilden eine Kombination von Fernrohr und Horizontiervorrichtung. Das Fernrohr besteht aus mehreren konvexen und konkaven Linsen, die u. a. als Objektiv- (dem Gegenstand, der Nivellierlatte zugewendet) und als Okularlinse (dem Auge des Betrachters zugewendet) angeordnet sind. Mit der Fokussierschraube (Treibschraube) lässt sich der Abstand der Linsen zueinander verstellen. Damit wird die Brennweite verstellt, der Entfernung zur Nivellierlatte angepasst, „scharf" eingestellt. Ein dazwischen angeordnetes Strichkreuz (Fadenkreuz) dient zum genauen Ablesen (**3.11** und **3.14**). Zunächst wird das Fernrohr mit einer Dosenlibelle und mit Hilfe der drei Fußschrauben grob waagerecht eingestellt. Die waagerechte Feineinstellung vor jeder Ablesung (nach dem Anpeilen der Latte) besorgt bei den heute üblichen Instrumenten

- der Betrachter mit einer Kippschraube, die eine eingebaute Koinzidenzlibelle (koinzident = zusammentreffend) einspielt (**3.12**, heute allerdings nur noch selten) oder
- ein automatisch arbeitender Kompensator, der pendelnd oder schwimmend angeordnet ist (automatisches Nivellier, **3.11**).

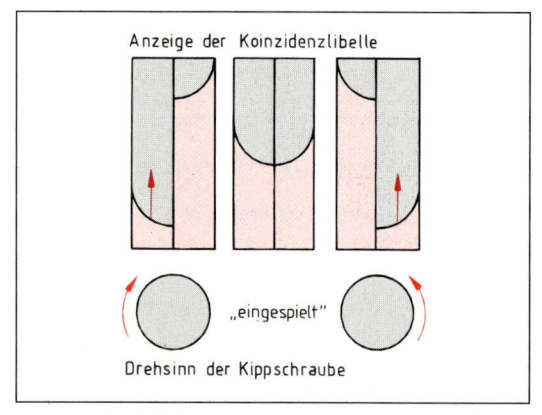

3.12 Einspielen und Ablesen der Koinzidenzlibelle an Nivellieren mit Kippschraube

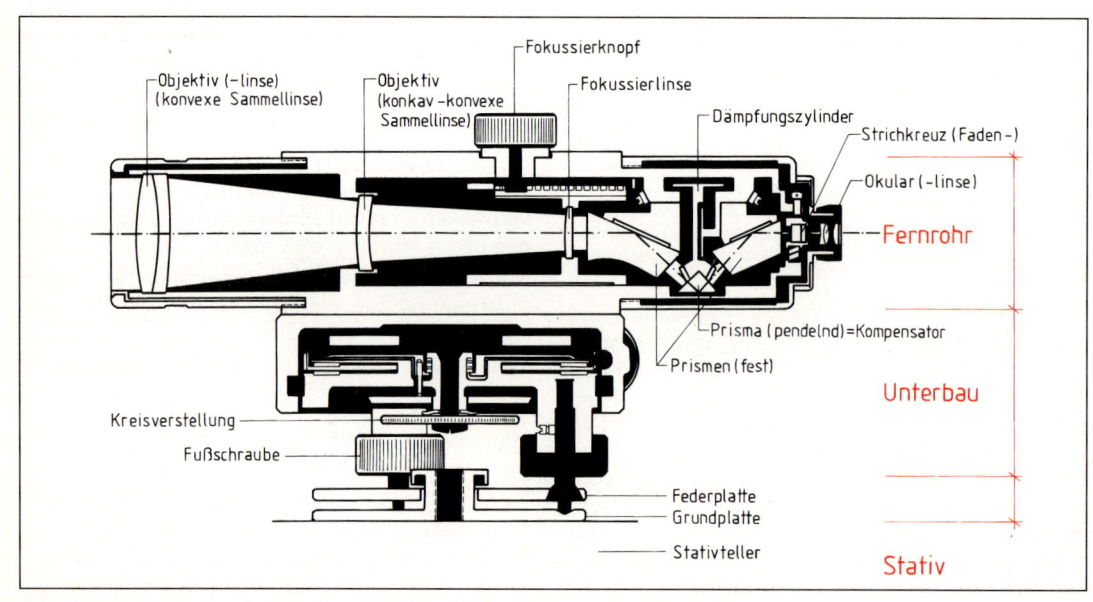

3.11 Schnitt durch ein automatisches Nivellier mit Strahlengang und Bedienungseinrichtungen

3.2 Höhenmessung

Nivellierarten. Wesentliche Unterschiede der Nivellierinstrumente liegen in der Fernrohrvergrößerung (etwa 18- bis 45fach), dem Objektivdurchmesser (etwa 25 bis 50 mm), der Horizontierungsart (automatisch oder mit Koinzidenzlibelle), der Libellenempfindlichkeit, besonders aber der Genauigkeit (mittlerer km-Fehler von etwa 0,1 bis 7 mm). Entsprechend unterscheiden wir:

- Baunivelliere mit geringer Genauigkeit, geringer Vergrößerung, besonders für Hochbauten,
- Ingenieurnivelliere mit mittlerer Genauigkeit für den Tiefbau,
- Fein- oder Präzisionsnivelliere mit großer Genauigkeit, starker Vergrößerung für genaue Vermessungsarbeiten.

> Die meisten Nivelliere horizontieren sich nach der Grobeinstellung mit der Dosenlibelle selbst ein, arbeiten also automatisch.

Nivellieren. Um Höhenunterschiede mit dem Nivellier zu bestimmen, vergleicht man die Ablesungen für verschiedene Punkte von der Horizontierung des Instruments (Ziellinie) aus (**3.13**). Dabei gilt:

- Je größer die Ablesung, desto tiefer der Punkt;
- Differenz der Ablesungen = Höhenunterschied der Punkte (Δh).

Voraussetzung für genaue Werte beim Nivellieren sind

- das sorgfältige, sichere Aufstellen des Instruments,
- das genaue Horizontieren,
- das lotrechte Halten der Nivellierlatte,
- das genaue Ablesen (mm müssen sorgfältig geschätzt werden, **3.14**!),
- die Wiederholung des Nivellements bzw. die Anbindung an den Ausgangspunkt,
- das fehlerfreie und übersichtliche Eintragen und Berechnen der Werte.

Wenn Punkte nicht nur verglichen, sondern auch in ihrer NN-Höhe bestimmt bzw. wenn NN bezogene Höhen im Gelände aufgenommen werden sollen, braucht man einen Höhenfestpunkt (NivP) als unmittelbare Bezugshöhe.

Oft ist für Aufnahme oder Absteckung die Höhe von einem Festpunkt zu „holen", d.h. in einem Liniennivellement (Festpunktnivellement, **3.15**) zu übertragen. Für länger andauernde Bauarbeiten wird dann ein vorläufiger Festpunkt (vFP) auf der Baustelle bestimmt (z.B. Treppenstufe, Kontrollschacht) oder gesichert eingerichtet (z.B. Holzpfahl mit Nagel).

> Beim einfachen Höhenvergleich ergeben sich die Höhenunterschiede aus den Ablesungen von der horizontalen Ziellinie aus.
>
> Für eine Baustelle muss die NN-Höhe von einem HFP aus in einem Liniennivellement übertragen und gesichert werden.

Beim Liniennivellement wechselt die Aufstellung des Instruments (**3.15** und **3.16a**). Von jeder Instrumentenaufstellung (häufig I genannt) nimmt man eine Rückwärtsablesung (Rückblick) zum Ausgangspunkt (HFP oder FPA) und eine Vorwärtsablesung (Vorblick) Richtung Zielpunkt (vFP oder FPE) vor. Zwischen FPA und FPE richtet man je nach Entfernung, Genauigkeit des Nivellements und Art des Instruments unterschiedlich viele Wechselpunkte

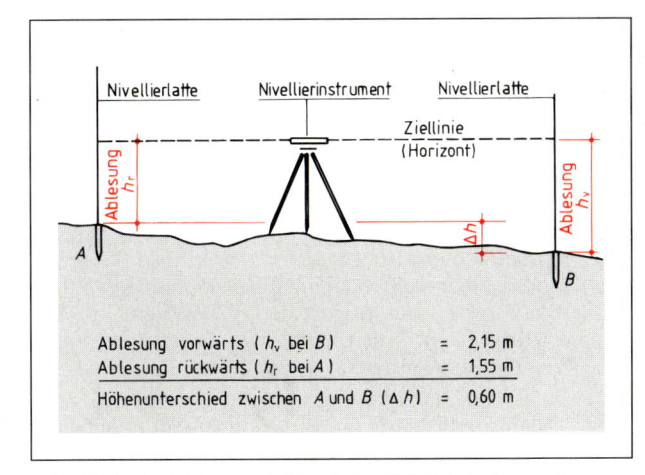

Ablesung vorwärts (h_v bei B)	= 2,15 m
Ablesung rückwärts (h_r bei A)	= 1,55 m
Höhenunterschied zwischen A und B (Δh)	= 0,60 m

3.13 Einfacher Höhenvergleich mit dem Nivellierinstrument

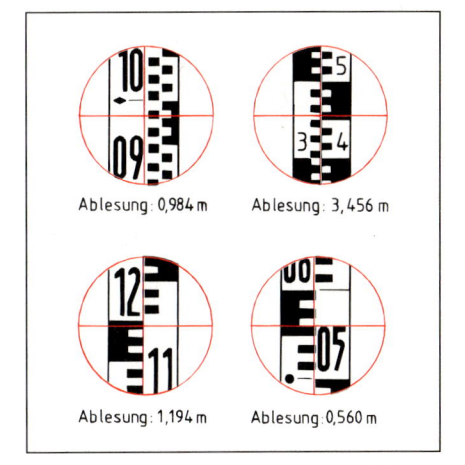

Ablesung: 0,984 m   Ablesung: 3,456 m

Ablesung: 1,194 m   Ablesung: 0,560 m

3.14 Beispiele für Nivellierlatten und Ablesungen

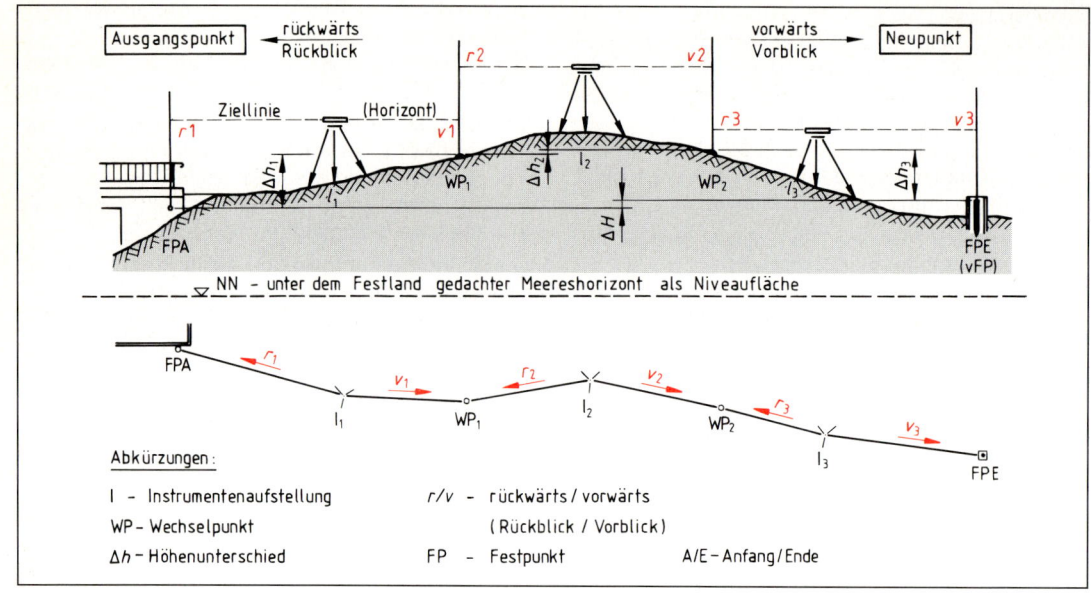

3.15 Prinzipskizze zum Liniennivellement in Aufriss und Lageplan

Abkürzungen:
- I – Instrumentenaufstellung
- WP – Wechselpunkt
- Δh – Höhenunterschied
- r/v – rückwärts/vorwärts (Rückblick/Vorblick)
- FP – Festpunkt
- A/E – Anfang/Ende

(WP) ein. Die Entfernung zwischen der Instrumentenaufstellung und den beiden Ablesungspunkten sollte zwecks Fehlerausgleich annähernd gleich groß sein. Es genügt, wenn der Lattenträger die Schritte zählt. An den Wechselpunkten sind eine feste, markante Unterlage (Bodenplatte, „Frosch") und ein vorsichtiges Drehen der Latte erforderlich.
Für die Ermittlung der NN-Höhe des vFP/FPE bieten sich mehrere Berechnungsschemen an:

– die Punkt- und Instrumentenhöhen ergeben sich aus fortlaufender Addition und Subtraktion der Ablesungen (3.16b);
– die Punkthöhen berechnen sich aus den Ziellinien und den Ablesungen (3.16c);
– die Höhe des FPE ergibt sich aus den Höhendifferenzen aller Wechselpunkte (Summe aller Steigen und Fallen) ohne Berechnung der einzelnen Punkthöhen (3.16d).

Da beim Ablesen, Aufschreiben und Berechnen des Nivellements leicht Fehler entstehen können, sollte das Nivellement sofort zum Ausgangspunkt hin wiederholt werden. Dabei muss die Ausgangshöhe am FPA berechnet werden. Je nach Bedeutung des Nivellements ist eine Abweichung von wenigen mm zulässig. Die Höhe des FPE kann um die Hälfte des „Fehlers" korrigiert werden.

Die Genauigkeit eines Liniennivellements kann generell durch kürzere Zielweiten, Einsatz einer Wendelatte für jeweils 2 Ablesungen und ein Nivellement mit doppelten Wechselpunkten verbessert werden.

Ein Liniennivellement besteht aus mehreren Instrumentenaufstellungen und Wechselpunkten. Aus der Ausgangshöhe HFP und allen Ablesungen berechnet man den Zielpunkt vFP/FPE.

Das Liniennivellement ist möglichst durch Wiederholung zu kontrollieren und zu verbessern.

Längs- und Querprofile. Muss das Gelände z. B. für den Bau eines Verkehrsweges oder eines Wasserlaufs aufgenommen werden, ist die Trasse oder Achse bzw. eine Parallele dazu zu stationieren (Stationierungslinie). An den Stationierungspunkten ist die Höhe einzunivellieren. Umgekehrt müssen die geplanten Entwurfshöhen an den Stationierungspunkten festgelegt werden. Die im gezeichneten Längsprofil maßstäblich aufgetragenen Längen (im Maßstab der Länge, MdL) und Höhen (im Maßstab der Höhen, MdH, s. Abschn. 14) werden als Liniennivellement mit Zwischenpunkten aufgenommen oder abgesteckt („Zwischen", s. 3.1, 16d). Sie müssen immer an Festpunkte angeschlossen werden (3.17, vgl. 3.16).

An den Stationierungspunkten werden oft rechtwinklig zur Achse (bei Richtungsänderungen in der Winkelhalbierenden) Gelände- bzw. Entwurfshöhen einnivelliert. Stationiert werden sie meist von der Achse aus in beiden Richtungen (3.17).

3.2 Höhenmessung

a)

Punkt bzw. Ablesung	Höhe NN bzw. Ablesung m
FPA Ablesung r_1	130,25 NN + 1,57 m
Instrumentenhöhe I_1 Ablesung v_1	131,82 NN − 0,63 m
WP_1 Ablesung r_2	131,19 NN + 1,62 m
Instrumentenhöhe I_2 Ablesung v_2	132,81 NN − 1,55 m
WP_2 Ablesung r_3	131,26 NN + 0,36 m
Instrumentenhöhe I_3 Ablesung v_3	131,62 NN − 1,24 m
b) FPE	130,38 NN

c)

Punkt	Ablesung r (m)	Ablesung v (m)	Ziellinie ü. NN	Punkthöhe ü. NN
FPA	1,57	−	131,82	130,25
WP_1	−	0,63	131,82	131,19
WP_1	1,62	−	132,81	131,19
WP_2	−	1,55	132,81	131,26
WP_2	0,36	−	131,62	131,26
FPE	−	1,24	131,62	130,38

d)

Punkt	Zielweite (m)	Lattenablesung (m) rückw.	zwischen	vorw.	Steigen + (m)	Fallen − (m)	Höhe ü. NN.	Bemerkungen
FPA	64	1,57	−	−	−	−	130,25	Ausgangspunkt HFP Rohrdurchlass
WP_1	50	−	−	0,63	0,94	−		
WP_1	48	1,62	−	−	−	−		130,25
WP_2	52	−	−	1,55	0,07	−		+ 0,13
WP_2	44	0,36	−	−	−	−		= 130,28
FPE	60	−	−	1,24	−	0,88	130,38	vorl. Festpunkt auf d. Baustelle
Summe	318	3,55	−	3,42	+1,01	−0,88		
Differenz		+0,13			+0,13			

3.16 Liniennivellement mit mehreren Berechnungsschemas (rückwärts +, vorwärts −)

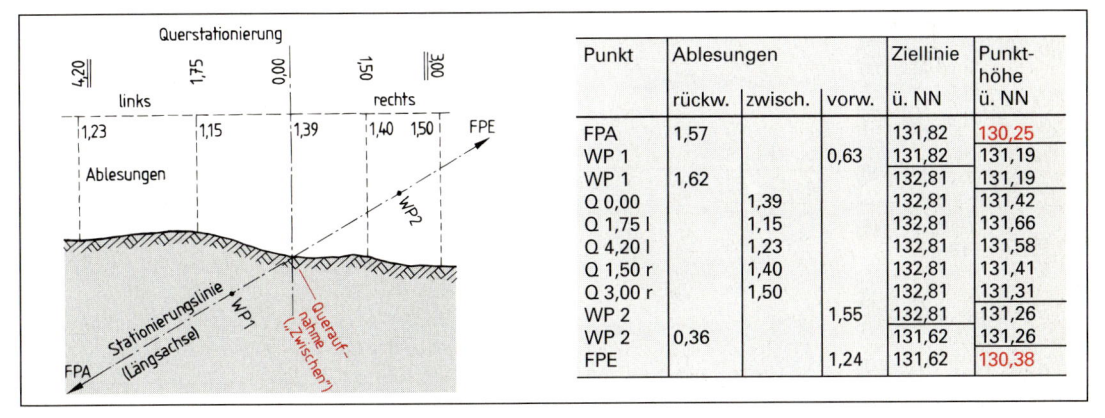

Punkt	Ablesungen rückw.	zwisch.	vorw.	Ziellinie ü. NN	Punkthöhe ü. NN
FPA	1,57			131,82	130,25
WP 1			0,63	131,82	131,19
WP 1	1,62			132,81	131,19
Q 0,00		1,39		132,81	131,42
Q 1,75 l		1,15		132,81	131,66
Q 4,20 l		1,23		132,81	131,58
Q 1,50 r		1,40		132,81	131,41
Q 3,00 r		1,50		132,81	131,31
WP 2			1,55	132,81	131,26
WP 2	0,36			131,62	131,26
FPE			1,24	131,62	130,38

3.17 Beispiel für die Aufnahme eines Querprofils als Zwischenablesungen (s. 3.16)

Alle Nivellements können durch neu entwickelte Nivelliere wesentlich genauer und schneller aufgenommen werden (**3**.18). Sie messen elektronisch, berechnen automatisch die Höhen, lassen sich programmieren und speichern Daten. Mit Hilfe einer Strichcode-Nivellierlatte „liest" das Nivellier die Höhe ab und misst die Horizontaldistanz.

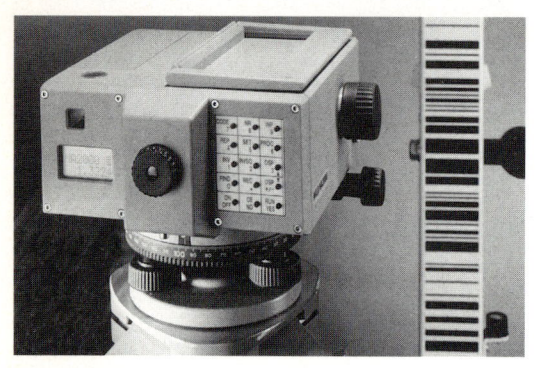

3.18   Digitalnivellier mit Strichcode-Nivellierlatte

> Längs- und Querprofile werden als Liniennivellements mit Zwischenpunkten aufgenommen oder abgesteckt.

Flächennivellement. Der Bau größerer Hochbauten, die Anlage von Sportplätzen oder die Entnahme von Boden erfordern flächige Geländeaufnahmen, ein Flächennivellement. Dazu legt man ein Gitternetz von Längs- und Querprofilen in gleichen Abständen über die Fläche und misst an den Schnittpunkten die Höhe auf. Bei einer nicht zu großen Fläche kann das Nivellement von einem Standpunkt aus vorgenommen werden. Die Instrumentenhöhe muss als NN-Höhe bekannt sein. Flächennivellements führt man heute einfacher mit Tachymetern (spezielle Theodoliten, die Richtung, Entfernung und Höhenunterschied messen) oder mit elektronischen Distanzmessern aus. Aber auch von einem waagerechten Laserstrahl aus können Höhen eingemessen werden, wenn dieser als Diodenlaser („Rundum-Laser", nach dem Prinzip des Leuchtturms) die Bezugshöhe immer wieder über die Fläche schickt. Mit höhenverstellbaren Empfängern (optisch und akustisch) kann die Höhe gemessen werden (**3**.19).

> Beim Flächennivellement werden die Höhen an den Schnittpunkten eines Gitters von der Bezugsfläche eines Nivelliers oder Laserstrahls aus gemessen.

3.2.3   Geländeaufnahme mit elektronischem Distanzmesser

Elektronische Distanzmesser (Infrarot-Distanzmesser, elektro-optische Distanzmesser) sind Einzelmessgeräte, elektronische Tachymetertheodolite oder Zusatzgeräte, die mit Theodoliten kombiniert werden können. Sie vereinfachen und beschleunigen die Längenmessungen (**3**.20) Die Geräte arbeiten mit ausgestrahlten Lichtsignalen (Infrarotstrahlen), die von einem Reflektor am Messpunkt (Zielpunkt) zurückgeworfen (reflektiert) werden. Die doppelte Schrägentfernung zwischen Sender und Reflektor wird aus Signalgeschwindigkeit (Lichtgeschwindigkeit), Frequenz und Wellenlänge elektronisch berechnet. Aus der Schrägentfernung (Schrägdistanz) und dem Vertikalwinkel (Zenitwinkel) ermittelt das Gerät die Horizontaldistanz und

3.19   Dieser Diodenlaser beschreibt als „Rundumlaser" einen waagerechten Kreis, von dem aus das Gelände eingemessen werden kann

3.2 Höhenmessung

den Höhenunterschied (**3.**21). Bei diesen Berechnungen ist bereits die Erdkrümmung berücksichtigt. Gleichzeitig werden die Horizontalwinkel (Richtungswinkel) zwischen den Messpunkten gemessen, angezeigt und abgelesen bzw. auch als Koordinaten (x und y) zu einem rechtwinkligen Koordinatensystem berechnet.

Mit den elektronischen Distanzmessern lassen sich sowohl topografische Aufnahmen (Geländeaufnahmen) als auch Absteckarbeiten für Flächen, Längsprofile und Polygonzüge polar (= von einem Standpunkt aus) vornehmen. Bei vielen Geräten können die gemessenen Werte gespeichert und im Computer berechnet werden, so dass eine Feldbuchaufzeichnung entfällt.

Ein Beispiel für die feldbuchmäßige Aufzeichnung der wichtigsten Daten in einem selbst erstellten Formblatt zeigt Bild **3.**22.

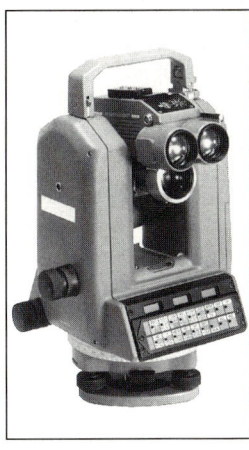

> Mit elektronischen Distanzmessern lassen sich schräge und horizontale Entfernungen sowie Höhenunterschiede und Horizontalwinkel von einem zentralen Standpunkt aus schnell und einfach messen und berechnen.

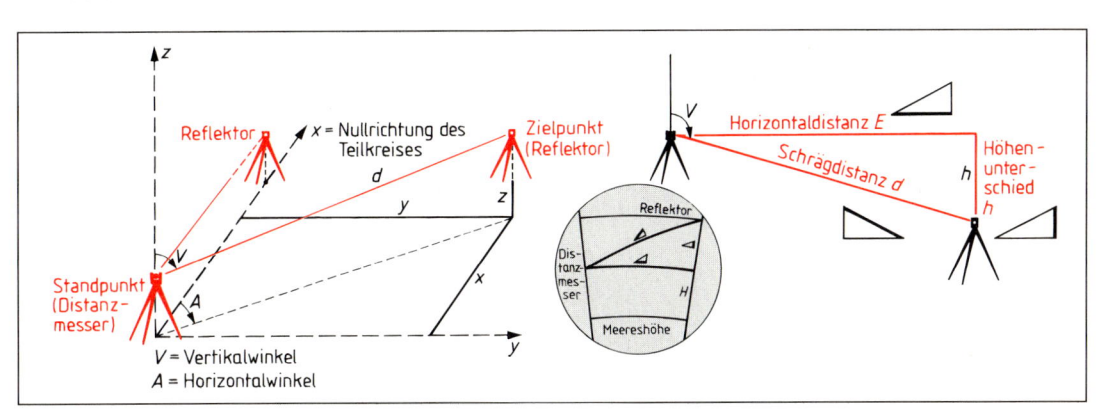

3.20 Elektronische Distanzmesser kombiniert mit Theodoliten

3.21 Elektronische Distanzmesser messen und berechnen Schräg-, Horizontal- und Höhendistanz

| Maßnahme: | | | | | A - Nr. | | ☐ Topographie |
| Datum: | | | | | | | ☐ Absteckung |

Zielpunkt	Ziel-höhe Prisma m | cm	Horizontal-richtung	Zenit-winkel	Schräg-entfernung in m | in cm	Horizontale Entfernung in m | in cm	Bemerkung
1		0 | 000			25 | 47	Hausecke
2		4 | 958	100 | 0		25 | 10	Schacht
3		16 | 645	100 | 0		26 | 51	Zaunecke
4		46 | 688	98 | 4		46 | 03	Pflanzbeet

3.22 Beispiel für die feldbuchmäßige Aufnahme der Messdaten eines einfachen elektronischen Distanzmessers

Aufgaben zu Abschnitt 3

1. Wodurch unterscheiden sich Lagemessungen von Höhenmessungen?
2. Nennen Sie Beispiele für Lage- und Höhenmessungen im Straßenbau.
3. Welche Möglichkeiten (Geräte und Verfahren) gibt es für das Abstecken von Winkeln?
4. Was ist beim Einmessen eines Winkels mit dem Nivelliergerät zu beachten?
5. Welche grundsätzlichen Vorgehen unterscheidet man beim Abstecken von Bogenpunkten für Kreisbögen?
6. Auf welche Weise sind Kreismittelpunkt, Bogenanfang und -ende sowie Kreisbogenpunkte festzulegen (zu konstruieren)?
7. Beschreiben Sie das Vorgehen zum Abstecken von Kreisbogenpunkten mit Hilfe der Koordinaten x und y auf der Baustelle.
8. Welche wesentlichen Unterschiede bestehen zwischen dem Rechtwinkel-, Dreiecks- und Polarverfahren zur Aufnahme von Geländeflächen?
9. Was heißt NN, und was bedeutet es, wenn eine Höhe auf NN bezogen ist?
10. Wie lassen sich Höhenpunkte vergleichen, die nicht auf NN bezogen sind?
11. Wodurch unterscheiden sich Nivelliere?
12. Was ist beim Aufstellen, Einrichten, Ablesen und Umsetzen des Nivelliers zu beachten?
13. Was versteht man unter einem Liniennivellement? Wozu dient es?
14. Vergleichen Sie die Aufrechnungs-(Auswertungs-)verfahren für ein Liniennivellement.
15. Welche Daten enthält ein Querprofil?
16. Was bedeuten „Zwischen"-Ablesungen bei einem Liniennivellement?
17. Wie lässt sich ein Flächennivellement aufnehmen?
18. Welche Vermessungsarbeiten sind mit elektronischen Distanzmessern durchzuführen?
19. Welche Daten können mit elektronischen Distanzmessern ermittelt werden?

4 Grundbau und Gründungen

4.1 Baugrund

Die Lasten eines Bauwerks werden über die verschiedenen Gründungsbauwerke in den Boden, den Baugrund geleitet. So unterschiedlich die Böden sind, so unterschiedlich ist auch ihre Eignung als Baugrund. Das Trag- und Setzungsverhalten sowie der zum Lösen der Böden erforderliche Arbeitsaufwand sind von den Bodenarten und -klassen abhängig.

4.1.1 Bodenarten und Bodenklassen

Die Bodenarten werden entsprechend ihrem Kornaufbau in bindige (b.B.) und nichtbindige (n.b.B.) Böden unterteilt.

Bindige Böden (Ton, Schluff, Lehm, Mergel) haben kleine Korndurchmesser ($\emptyset < 0{,}06$ mm), wobei die einzelnen Körner eine Plättchenform aufweisen können. Im Verhältnis zu ihrem Kornvolumen besitzen sie also eine große Oberfläche. Dadurch treten im Zusammenhang mit Wasser Oberflächenkräfte auf, die mit kleiner werdendem Korndurchmesser immer größer werden. Die einzelnen Bodenteilchen werden durch diese Oberflächenkräfte, auch Kohäsionskräfte genannt, zusammengehalten. Feinkörnige bindige Böden, wie z.B. Ton, können als nahezu wasserundurchlässig angesehen werden.

Nichtbindige Böden (Sande, Kiese) haben größere Korndurchmesser ($\emptyset > 0{,}06$ mm). Das Verhältnis zwischen Kornvolumen und Kornoberfläche von nicht bindigen Böden ist größer als bei den bindigen Böden. Hier wirken keine Kohäsionskräfte, so dass die einzelnen Körner ein loses Gefüge bilden, das nur durch die Reibungskräfte an den Berührungsflächen zusammengehalten wird.

Die Tragfähigkeit bindiger Böden hängt stark vom Wassergehalt der Böden ab. Bei geeigneter Trockenhaltung (z.B. durch Dränung) haben sie gute Tragfähigkeit. Die Bodensetzung unter Belastung geschieht langsam, jedoch in erheblichem Maße. Infolge der Belastung wird das gebundene Wasser nur langsam abgegeben. Bindige Böden sind nicht zuletzt auch wegen ihrer Kapillarität frostempfindlich.

Die Tragfähigkeit nichtbindiger Böden hängt vom Winkel der inneren Reibung ab. Er entspricht dem natürlichen Böschungswinkel, der sich bei loser Aufschüttung des Bodens ergibt. Der Wassergehalt spielt hierbei keine Rolle, da diese Böden absolut wasserdurchlässig sind. Deshalb eignen sich auch als kapillarbrechende Schicht (Frostschutzschicht) unter Gründungen bzw. im Straßenbau. Unter Belastung setzen sie sich sehr schnell, jedoch nur unbedeutend. Als Baugrund haben nichtbindige Böden nur untergeordnete Bedeutung, da sie nur selten in reiner Form in der Natur vorkommen. Dann werden sie meist als Zuschlag für Mörtel, Beton oder Asphalt verwendet.

> Der häufigste Baugrund besteht aus bindigen Böden oder Mischformen. Deshalb ist die Trockenhaltung der Gründungssohle immer ratsam.

Tabelle **4.1** Zulässige Bodenpressungen nach DIN 1054

Kleinste Einbindetiefe des Fundaments in m	Nichtbindiger Baugrund und setzungsempfindliches Bauwerk						Nichtbindiger Baugrund und setzungsunempfindliches Bauwerk				Fetter Ton 0,5 bis 2 m		
	Zulässige Bodenpressung in kN/m² bei Streifenfundamenten mit Breiten b bzw. b' von										Konsistenz		
	0,5 m	1 m	1,5 m	2 m	2,5 m	3 m	0,5 m	1 m	1,5 m	2 m	steif	halbf.	fest
0,5	200	300	330	280	250	220	200	300	400	500	90	140	200
1,0	270	370	360	310	270	240	270	370	470	570	110	180	240
1,5	340	440	390	340	290	260	340	440	540	640	130	210	270
2,0	400	500	420	360	310	280	400	500	600	700	150	230	300
Bauwerke mit Gründungstiefen t ab 0,3 m und mit Fundamentbreiten b ab 0,3 m	150						150						

Richtwerte für zulässige Bodenspannungen von nichtbindigen Böden gibt DIN 1054 getrennt für setzungsempfindliche und -unempfindliche Bauwerke an (**4**.1). Ebenso finden sich zulässige Bodenpressungen für verschiedene bindige Böden.

Bodenklassen. Für Planung, Ausschreibung, Kalkulation und Abrechnung von Erdarbeiten sind detaillierte Angaben über den Boden erforderlich. So muss z. B. der Bieter aufgrund einer Leistungsbeschreibung genau wissen, welcher Boden ausgehoben werden soll, denn danach richten sich das einzusetzende Gerät, der Arbeitsaufwand, evtl. einzuhaltende Böschungswinkel usw. Hierfür teilt DIN 18300 alle Böden nach dem zu ihrem Lösen erforderlichen Aufwand in sieben Klassen ein, wobei die Klasse 1 (Oberboden) hinsichtlich der Sonderbehandlung im Aufnehmen, Lagern und Andecken eine Ausnahmestellung einnimmt (s. Baufachkunde Grundlagen).

Bauzeichner müssen die Böden technisch richtig darstellen und Bodendarstellungen z. B. von Bohrprofilen lesen können. Dafür sind nach DIN die Korngröße und die jeweiligen Gewichtsanteile der einzelnen Kornfraktionen ausschlaggebend (**4**.2). Ein weiteres Beispiel für eine korrekte Bodenansprache wird in Abschnitt 4.1.2 vorgestellt.

Beispiele Mittelsand
stark tonig = mS, t̄

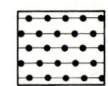

Grobkies
steinig, schwach sandig = gG, x, s'

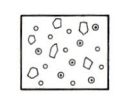

> Bodenarten werden nach ihrem Korndurchmesser in bindige ($\varnothing$ < 0,063 mm) und nichtbindige ($\varnothing$ > 0,063 mm) Böden unterschieden.
> Zur Abschätzung des zum Lösen erforderlichen Arbeitsaufwands ist die Einteilung in 7 Bodenklassen sinnvoll.

Tabelle **4**.2 Bodenkurzzeichen und -symbole

Korngröße in mm	Bezeichnung	Kurzbezeichnung Hauptbestandteil	Beimengung[1])	Symbol
	Humus, Torf	H	h	
< 0,002	Ton	T	t	
0,002 bis 0,063	Schluff	U	u	
0,063 bis 2,0	Sand fein mittel grob	S fS mS gS	s fs ms gs	
2,0 bis 63,0	Kies (Grant) fein mittel grob	G fG mG gG	g fg mg gg	
> 63,0	Steine	X	x	

[1]) Schwache Anteile von Beimengungen werden durch ' gekennzeichnet, starke durch ‾ (z. B. s' = schwach sandig, h̄ = stark humos)

4.1.2 Untersuchung des Baugrunds

Häufig liegen ausreichende Erfahrungswerte über einen Baugrund vor. Besonders bei mäßigem bis schlechtem Baugrund aber sind Untersuchungen unerlässlich. Sie sind so rechtzeitig durchzuführen, dass die Ergebnisse bei der Planung des Gebäudes und der Gründung berücksichtigt werden können. Zu spät durchgeführte Bodenuntersuchungen verzögern die Bauarbeiten und erhöhen die Baukosten.

Je nach Erfordernis gibt es einfache Untersuchungsmethoden, die bei geringer Beanspruchung des Bodens ausreichen, bis hin zu aufwendigen Untersuchungsverfahren für schlechte Bodenverhältnisse und komplizierte Gründungen. Wir können uns hier auf die einfacheren Methoden beschränken, weil die aufwendigen nur in speziellen Ingenieurbüros und Labors für Bodenmechanik und Grundbau angewendet werden. Zu unterscheiden sind direkte und indirekte Bodenuntersuchungsverfahren.

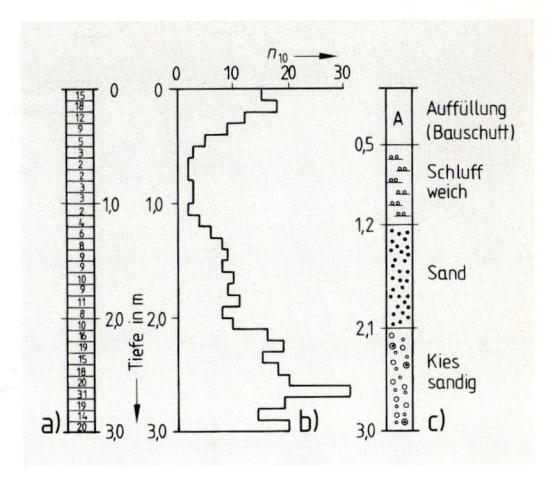

4.3 Ergebnis einer Rammsondierung
a) Sondierprotokoll: Anzahl der Rammschläge pro 10 cm Rammtiefe
b) Sondierdiagramm: graphische Darstellung des Protokolls
c) Schichtenfolge

Von indirekten Verfahren spricht man, wenn weder gegraben noch gebohrt werden muss, d. h. die örtlichen Erfahrungen (z. B. durch vorhandene Nachbarbebauung) ausreichen. Darüber hinaus geben natürliche Bodenaufschlüsse (Flussbett, Baggersee, Kiesgrube) oft wertvolle Hinweise über Bodenaufbau und Schichtung.

Der Bewuchs liefert ebenfalls Anhaltspunkte, denn bestimmte Pflanzen wachsen nur auf ganz bestimmten Böden, Wasserpflanzen nur dort, wo in nicht allzu großer Tiefe auch Wasser vorhanden ist. Diese – für den geübten Betrachter sehr aufschlussreichen Beobachtungen – können durch geologische Karten oder Baugrundkarten erhärtet werden.

Direkte Verfahren. Eine sinnvolle Ergänzung dieser Erfahrungsmöglichkeiten bietet die Bodensondierung, die bereits zu den direkten Verfahren zählt. Sondierungen sind schnell, einfach und kostengünstig durchzuführen, prüfen die Gleichförmigkeit des Bodens und stellen wechselnde Schichtungen fest. Sonden sind Stahlstäbe mit verdickten Stangenspitzen. Sie werden in den Boden gerammt oder mit gleichmäßigem Druck in den Boden getrieben. Der dabei auftretende Bodenwiderstand erlaubt Rückschlüsse auf Lagerungsdichte, Schichtdicke und Hohlräume im Baugrund. Über Sondierungen sind Sondierprotokolle zu führen, aus denen Sondierdiagramme erstellt werden. Diese geben wiederum Aufschluss über die Schichtenfolge, die zeichnerisch aufgetragen wird (**4.3**).

Probebelastungen des Baugrunds sind aufwendig im Aufbau und in der Durchführung, außerdem sehr kostspielig. Hinzu kommt, dass man nur über die oberen Bodenschichten Kenntnisse gewinnt. Deshalb werden Probebelastungen fast ausschließlich im Erd- und Straßenbau durchgeführt. Hier bestimmt man mit dem *Plattendruckversuch* die Bodenspannung und die mittlere Setzung. Das Versuchsgerät ist eine kreisförmige Lastplatte. Sie wird auf den eben (plan) hergestellten Boden aufgesetzt und belastet ihn mittels hydraulischer Presse. Am angeschlossenen Manometer ist der Bodendruck ablesbar. Die auftretende Setzung liest man an einer Messeinrichtung ab. Bodendruck und -setzung werden als Drucksetzungslinie in Diagrammen festgehalten (**4.4**).

Durch Probebohrungen werden im Gegensatz zu den Sondierungen exakte Aufschlüsse über die Bodenzusammensetzung erhalten. Man unterscheidet *Erkundungsbohrungen* für großflächige Bodenerkundung (z. B. im Verkehrsbau) und Bohrungen für einzelne Bauwerke. Die Bohrungen sind im vorgesehenen Gründungsbereich und dicht herum durchzuführen. Die erforderlichen Bohrtiefen hängen von der Art der Gründung ab, jedoch sind mindestens 6 m unterhalb der Gründungssohle zu erforschen. Bei gleichmäßiger Bodenschichtung kann ein Teil der Bohrungen weniger tief ausfallen. Die Ergebnisse werden auf der Baustelle in Schichtenverzeichnissen festgehalten (**4.5**). Daraus werden zur besseren Übersicht zeichnerische Darstellungen entwickelt (**4.6**).

(Drucksetzungslinie)
Prüfungs-Nr.: __LP 1__   Bauvorhaben: _____
__Poststraße, Buxtehude__
Ausgef. durch: __GÜ__   Datum: __20. 5. 1983__

Messstelle: __Station 0+135__
Bodenart: __Sand-Kiesgemisch__
Wassergehalt __—__ % u. Platte __—__ cm
Tiefe u. FOK/Erdpl.: __—__

Druckspannung σ_0 in MN/m²

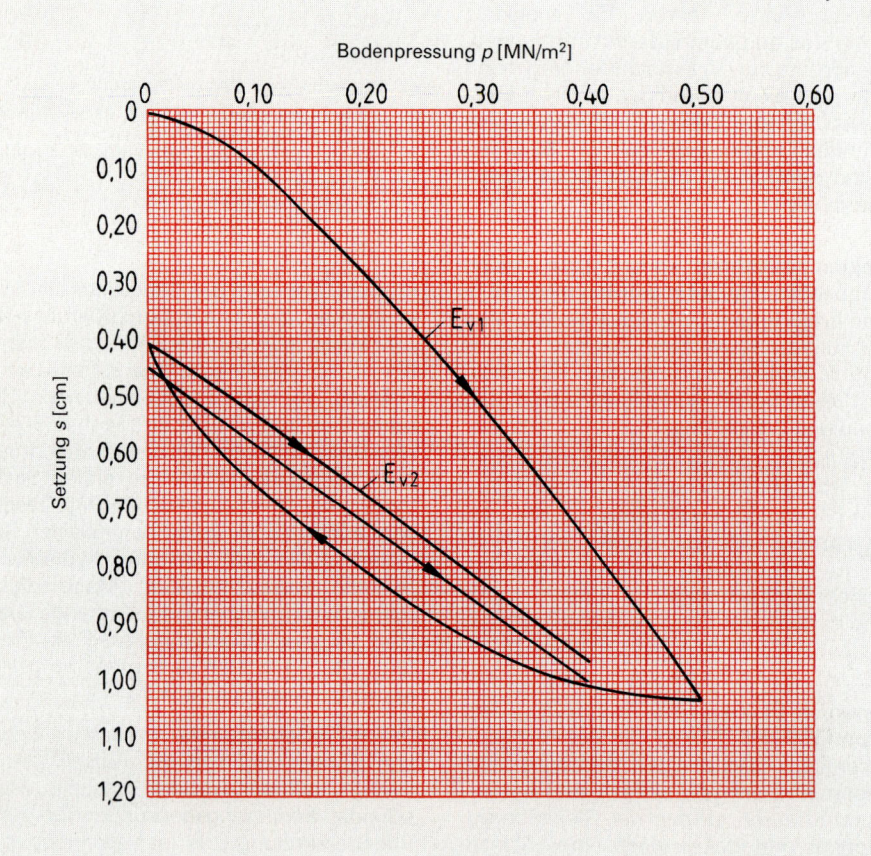

Bodenpressung p [MN/m²]

Setzung s [cm]

E_{v1}
E_{v2}

Kurve	σ_{02} [MN/m²]	σ_{01} [MN/m²]	s_2 [mm]	s_1 [mm]	$\Delta\sigma_0$ [MN/m²]	Δs [mm]	$E_v = 0{,}75 \cdot D \cdot \frac{\Delta\sigma_0}{\Delta s}$	Platten ⌀ $D = 300$ mm
1	0,35	0,15	0,63	0,19	0,20	0,44	$E_{v1} = 102{,}2$ MN/m²	$\frac{E_{v2}}{E_{v1}} = 1{,}53$
2	0,28	0,12	0,79	0,56	0,16	0,23	$E_{v2} = 156{,}5$ MN/m²	
							$E_{v3} =$ MN/m²	

4.4 Plattendruckversuch nach DIN 18134

4.1 Baugrund

Schichtenverzeichnis Tunnel unter B 73

Ort: Horneburg Bohrung/Schurf Nr. Zeit: 16.1.97

a) Mächtigkeit in m / b) Bis ...... m unter Ansatzpunkt	a1) Benennung und Beschreibung der Schicht / a2) Ergänzende Bemerkung [1] / b) Beschaffenheit gemäß Bohrgut / f) Ortsübliche Bezeichnung	c) Beschaffenheit gemäß Bohrvorgang / g) Geologische Bezeichnung [1]	d) Farbe / h) Gruppe [2]	e) Kalkgehalt	Feststellungen beim Bohren: Wasserführung, Bohrwerkzeuge, Werkzeugwechsel, Sonstiges	Entnommene Proben – Art	Nr.	Tiefe in m (Unterkante)
1	2				3	4	5	6
a) 0,55	a1) Mutterboden / a2)							
b) 0,55	b) / f)	c) / g)	d) / h)	e)				
a) 0,75	a1) Mittelsand, grobs., schluffig / a2)				ab 0,40 m unter Ansatzpunkt Grundwasser			
b) 1,30	b) / f) Sand	c) normal / g)	d) gelb / h)	e)				
a) 0,80	a1) Mittelsand, grobsandig / a2)							
b) 2,10	b) / f) Sand	c) normal / g)	d) beige / h)	e)				
a) 2,80	a1) Grobsand, kiesig, schluffig, Steine / a2)							
b) 4,90	b) / f) Kies/Geröll	c) schwer / g)	d) gelb / h)	e)				
a) 2,30	a1) Schluff, tonig, sandig / a2)							
b) 7,20	b) halbfest / f) Mergel	c) normal / g)	d) grau/grün / h)	e)				
a) 2,60	a1) Schluff, tonig, sandig / a2)							
b) 9,80	b) weich / f) Sand, Ton	c) normal / g)	d) grau / h)	e)				

[1]) Eintragung nimmt der wissenschaftliche Bearbeiter vor
[2]) Eintragung nimmt der wissenschaftliche Bearbeiter nach DIN 18 196 vor   Formblatt 2 nach DIN 4022 Blatt 1

4.5 Schichtenverzeichnis nach DIN 4022 Blatt 1

Oft wird das Bodenmaterial auch noch hinsichtlich der Kornzusammensetzung einer genaueren Untersuchung im Labor unterzogen. Die Ergebnisse dieser Untersuchung werden in einem Siebliniendiagramm dargestellt (**4.7**). Anhand dieser Darstellung kann eine genaue Benennung des vorliegenden Baugrunds erfolgen. Für die dargestellte Sieblinie 3 soll nun die Bodenart nach DIN bestimmt werden.

Der Boden wird nach dem jeweiligen Hauptbestandteil benannt. Zu 47 % besteht der Baugrund aus Sand (S). Die weniger vorhandenen Bestandteile, auch Beimengungen genannt, werden als Adjektive dem Hauptbestandteil zugeführt. Die Beimengungen liegen im schluffigen (u) und kiesigen (g) Bereich. Das Adjektiv *stark* wird verwendet, wenn eine Beimengung noch mehr als 30 % Gewichtsanteil ausmacht. Ist ein Anteil nur schwach vertreten, beträgt sein Gewichtsanteil weniger als 15 %. Bei einem Gewichtsanteil zwischen 15 % und 30 % vom Gesamtgewicht wird lediglich die Bodenart als Adjektiv genannt. Im Falle der Sieblinie 3 haben wir ca. 31 % Schluff, ca. 16 % Kies und nur ca. 6 % Ton. Also handelt es sich bei der Sieblinie 3 um einen Sand (S), stark schluffig (ū), kiesig (g) und schwach tonig (t').

4.6 Bohrprofil

> Zur Baugrunduntersuchung gibt es direkte und indirekte Verfahren. Bodenuntersuchungen anhand von Bohrproben sind immer möglich. Sie erlauben eine genaue Beurteilung und sind vergleichsweise kostengünstig. Sondierungen ergänzen die direkten und indirekten Verfahren.

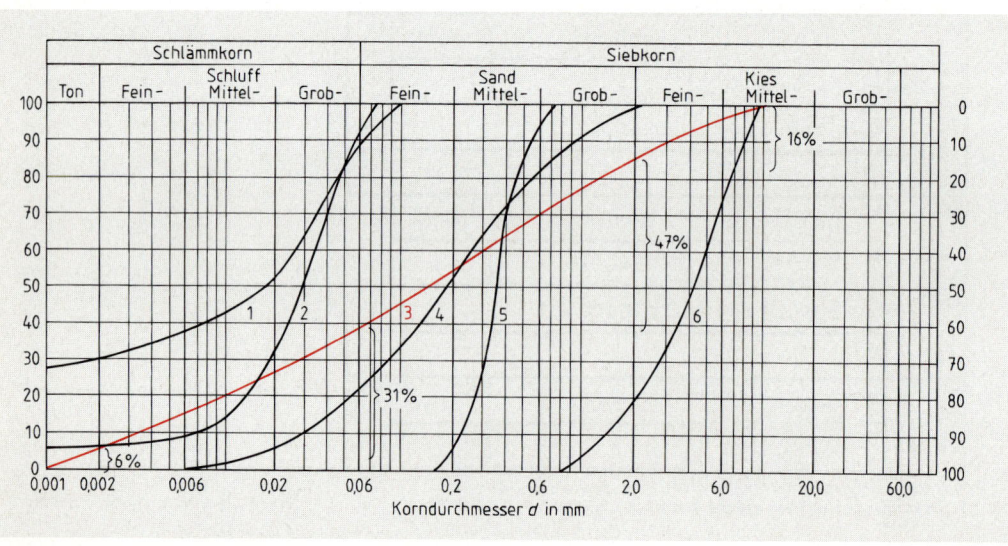

4.7 Sieblinien verschiedener Böden

4.1.3 Baugrundverhalten unter Belastung

Bodenpressung. Fundamente übertragen die Bauwerkslasten auf den Baugrund. Dadurch wird der Boden auf Druck beansprucht. Man spricht von einer auftretenden Bodenpressung oder Sohlnormalspannung. Die Bodenpressung ist unter der Fundamentsohle am größten. Die Last wird durch die Kontaktflächen der einzelnen Körner in den Baugrund übertragen (**4**.8). Dadurch breiten sich die Bodenspannungen immer weiter aus, wobei sie mit zunehmender Tiefe immer kleiner werden. Würden die Spannungen im Boden berechnet werden und die Stellen im Baugrund an denen die Spannungen gleich sind miteinander verbunden werden, entsteht die so genannte Spannungszwiebel. Diese zwiebelförmige Gestalt ist charakteristisch für die Spannungsverteilung im Baugrund (**4**.9). Das Abklingen der Spannungen ist von der Breite des Fundamentes abhängig. In einer Tiefe von der doppelten Fundamentbreite betragen die Spannungen meist nur noch ca. 10 % der Sohlnormalspannung. Die tiefer liegenden Anteile des Baugrunds üben somit auf das Verhalten des zu erstellenden Bauwerks keinen nennenswerten Einfluss mehr aus.

Bodensetzung. Aufgrund der ständigen Belastung des Baugrunds kommt es zur Verdichtung des Bodens, d. h., der Boden wird zusammengedrückt (Setzung). Für die Bauwerke ist die Setzung ungefährlich, solange sie gleichmäßig und in geringem Umfang erfolgt. *Ungleichmäßige* Setzungen sind gefährlich. Sie führen zu unkontrollierten Spannungen im Bauwerk. Die Folge davon ist Rissbildung – Ursache aller späterer Bauschäden, angefangen mit Durchfeuchtung über Korrosion der Stahleinlagen, Frostschäden bis hin zur Zerstörung des Bauwerks. Ungleichmäßige Setzungen können auftreten bei unterschiedlich dicken Bodenschichten oder Spannungsüberlagerungen bzw. stark differierenden Spannungen (**4**.10). Häufig treten Setzungen auch im Zusammenhang mit Grundwasserabsenkungen auf. Dies ist besonders ärgerlich, da es sich meist nur um vorübergehende Einwirkungen handelt. Setzungsberechnungen helfen, Schäden zu vermeiden. Außerdem kann eine Reihe von baulichen Vorsichtsmaßregeln getroffen werden:

– Bemessung der Fundamente so, dass gleiche Spannungen auftreten;
– unterschiedliche Gründungstiefen vermeiden bzw. allmählich angleichen;
– Bewehrung zur Spannungsverteilung einlegen;
– Anbauten durch Fugen vom vorhandenen Bauwerk trennen;
– Spannungsüberlagerungen vermeiden.

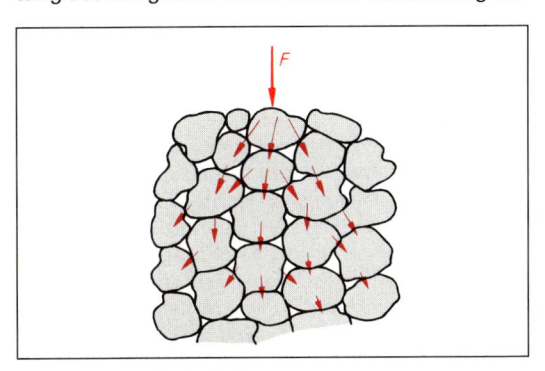

4.8 Ausbreitung der Bodenspannungen

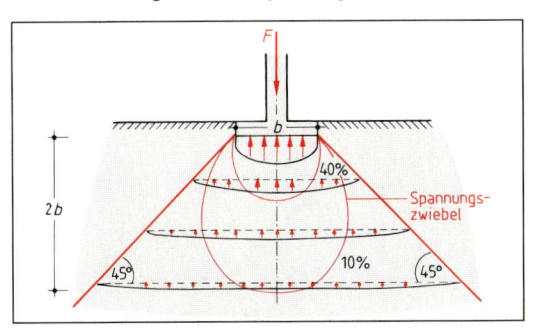

4.9 Spannungsverteilung im Baugrund infolge Bauwerkslasten

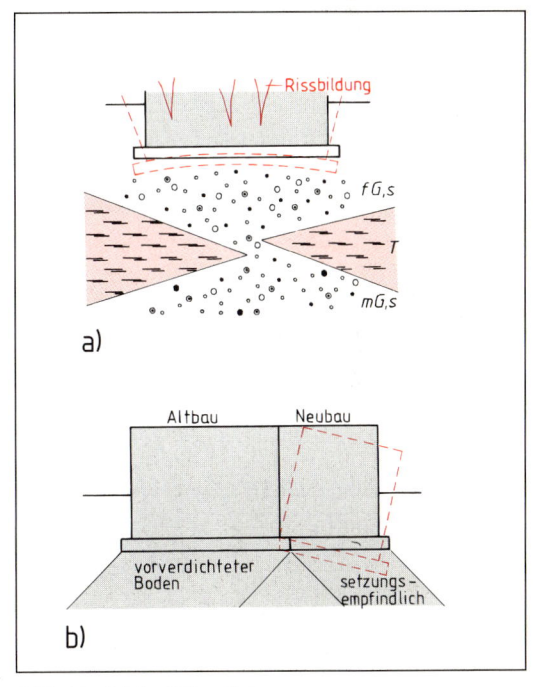

4.10 Ungleichmäßige Setzungen
a) durch Bodenkeilschichtung
b) durch Spannungsüberlagerung

Grundbruch. Jeder Baugrund kann nur ganz bestimmte Bodenpressungen aufnehmen, die nicht ohne Gefahr eines Grundbruchs überschritten werden dürfen. Infolge der sehr hohen Kontaktpressungen zwischen den einzelnen Bodenkörnern verschieben sich diese Körner gegeneinander. Der Boden wird also sehr stark zusammengedrückt. Dabei passiert es, dass die einzelnen Bodenteilchen versuchen, zur Seite auszuweichen. Es entsteht ein starker Druck in der horizontalen Richtung. Kann dieser Druck nicht von dem Erdreich neben dem Fundament aufgenommen werden, weicht dieser Boden in Form eines Erdkeils seitlich nach oben aus. Es entstehen Gleitflächen, auf denen das Erdreich sich langsam verschiebt

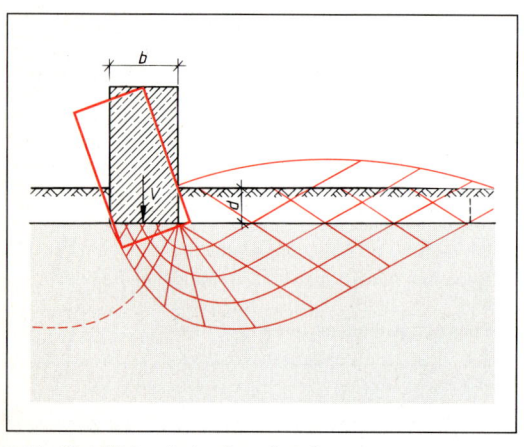

> Unter Belastung treten im Boden Spannungen auf, die zu Setzungen führen. Unter zu großer Beanspruchung können Grund-, Böschungs- oder Geländebrüche auftreten.

4.1.4 Bodenaustausch- und Bodenverbesserungsmaßnahmen

Sollte die Prüfung des vorhandenen Baugrunds unzureichende Trageigenschaften ergeben, können Bodenaustausch oder Bodenverbesserung angebracht sein.

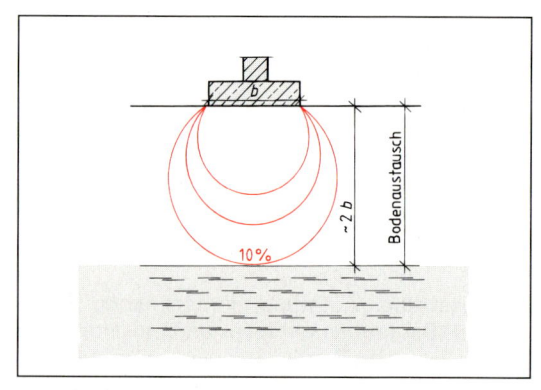

4.11 Gleitflächen beim Grundbruch

4.13 Bodenaustausch

(4.11). Das Bauwerk sinkt ein, wobei es sich meist schief stellt. Durch eine größere Gründungstiefe d und eine größere Fundamentbreite b kann dem Grundbruch entgegengewirkt werden. Bei Böschungen bzw. senkrechten Geländevorsprüngen besteht durch die Belastung des Randes die Gefahr eines Böschungs- oder *Geländebruchs, d*er in etwa die gleichen Ursachen wie der Grundbruch hat (4.12).

Bodenaustausch (Bodenersatz) wird vorgenommen, wenn eine verhältnismäßig dünne, nicht tragfähige Bodenschicht zwischen Gründungssohle und tragfähigem Boden verläuft. Der schlechte Boden wird entfernt und durch tragfähigen, nichtbindigen Boden ersetzt, der lagenweise einzubringen und ausreichend zu verdichten ist. Dieses Verfahren lässt sich auch anwenden, wenn Boden mit geringer Tragfähigkeit in großer Mächtigkeit ansteht. Bodenspannungen verringern sich mit zunehmender Tiefe. Daher ist der Einbau einer 1 bis 3 m dicken, tragfähigen Bodenschicht meist

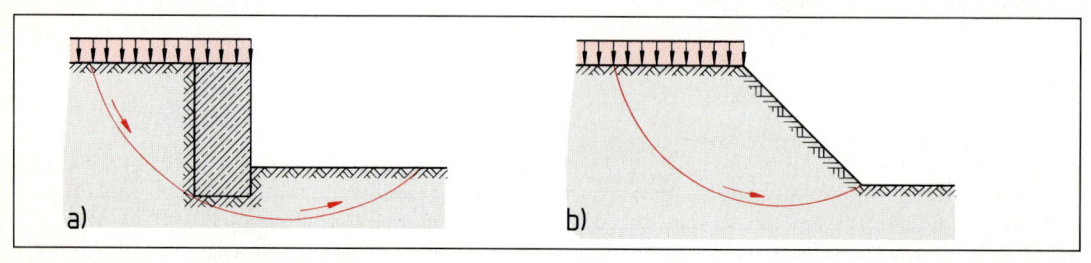

4.12 a) Geländebruch, b) Böschungsbruch

ausreichend, weil die Bodenspannungen dann je nach Fundamentbreite nur noch 10 bis 20 % betragen und selbst vom schlechten Baugrund aufgenommen werden können (**4**.13). Wenn Dämme auf schlechtem Baugrund angeordnet werden müssen (z. B. beim Straßenbau im Moor), kann man auf den Bodenaushub verzichten. Infolge der hohen Auflast wird ein beabsichtigter Grundbruch erzeugt: Der schlechte Boden weicht unter dem Damm aus und wölbt sich seitlich auf, wobei der Damm einsinkt (**4**.14). Durch Sprengung des Bodens unterhalb des Dammes lässt sich der natürliche Vorgang noch unterstützen (Moorsprengung).

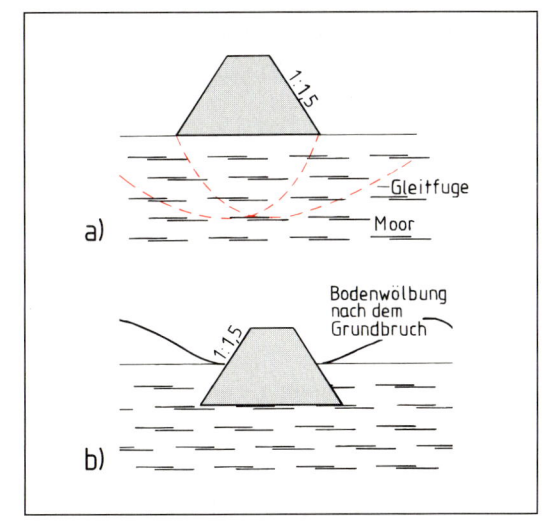

Bodenaustauschmaßnahmen sind besonders sinnvoll, wenn Ersatzboden günstig zu bekommen ist, z. B. von parallel laufenden Baustellen, bei denen Boden abgefahren werden muss.

Bodenverfestigungsmaßnahmen sind vielfältig. Deshalb werden hier nur die wichtigsten Möglichkeiten beschrieben. Man unterscheidet zwischen mechanischer und chemischer Verfestigung.

Mechanisch kann man den Boden durch Verdichtung verbessern. Wenn nur eine verhältnismäßig dünne Schicht verdichtet werden muss, spricht man von *Oberflächenverfestigung* entweder manuell durch Stampfen oder maschinell durch Stampfen, Walzen, Vibrations- oder Flächenrüttler. Bei *Tiefenverdichtung* bringt man in der Regel Verdichtungspfähle aus Sand oder Kies ein, die den umgebenden Boden verdrängen und dadurch verdichten.

Chemisch bietet sich das Einbringen von hydraulischen Bindemitteln (Zement, hydraulischer Kalk) bzw. Bitumen zur Verfestigung an. Bei geringer Dicke der zu verfestigenden Schicht wird das Bindemittel unter den Boden gemischt, die aufgelockerte Schicht dann wieder verdichtet. Bindemittel und Bodenfeuchtigkeit verbinden sich und sorgen für die Verfestigung durch Gelbildung. Dies Verfahren wird gern im Straßenbau angewendet, ebenso wie das Einsprühen der Boden- oder Tragschichten mit Bitumen.

Wenn Verfestigung bis in große Tiefen erforderlich ist, wählt man im Allgemeinen das Injektionsverfahren. Hierbei werden Injektionslanzen in den Boden gebracht, die für die Verteilung der Bindemittel sorgen (**4**.15). Zur Injektion eignen sich Bitumen, Zementleim, chemische Lösungen mit dem Hauptbestandteil Wasserglas und wasserlösliche Kunstharze. (Wasserglas ist ein glasiges Silikat, das beim Schmelzen von Sand mit Pottasche oder Soda entsteht und wasserlöslich ist.) Bodeninjektionen dienen zur Böschungssicherung ebenso wie zur nachträglichen Bodenverfestigung, z. B. bei Sanierungsmaßnahmen oder Unterfangungen.

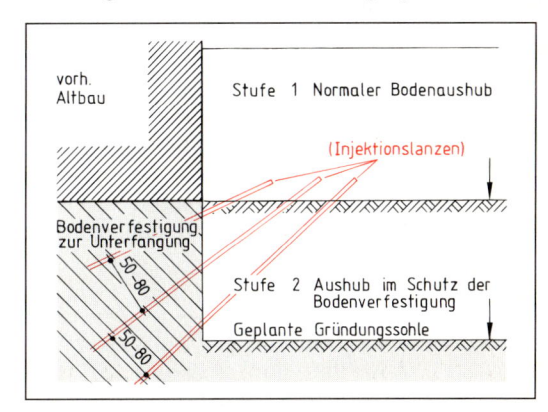

4.14 Bodenverdrängung durch Auflast
a) Vorstadium, b) Endstadium

4.15 Bodeninjektion

> Bodenaustausch sowie mechanische und chemische Bodenverfestigung verbessern die Baugrundeigenschaften. Ihre Anwendung hilft, teure Gründungen zu vermeiden.

4.2 Baugruben

Baugruben sind bei vielen Bauwerken unerlässlich, besonders wenn Keller- oder Tiefgeschosse vorhanden sind. Sie dienen zur Herstellung der Gründung und des entsprechenden Untergeschosses und müssen daher gegen abrutschendes Erdreich gut gesichert werden. Ragen Baugruben in den Grundwasserbereich hinein oder liegen sie in offenem Wasser, sind zusätzliche Maßnahmen gegen das Eindringen des Wassers erforderlich.

4.2.1 Baugrubensicherung ohne Wasseranfall

Gesichert wird die Baugrube je nach Boden- oder Platzverhältnis durch Böschung oder Verbau. Ohne Sicherung dürfen nach der Unfallverhütungsvorschrift nur Baugruben bis zu 1,25 m Tiefe ausgehoben werden. Bei Tiefen bis 1,75 m genügt es, den über 1,25 m liegenden Bereich zu sichern. Ab 1,75 m Tiefe ist die gesamte Baugrube zu sichern.

Die Böschung wird man bei flächigen Bauwerken (Wohn-, Geschäfts- und Industriebauten) und ausreichendem Platz wählen. Zwar ist mit der größeren Tiefe verhältnismäßig viel Boden auszuheben, doch geschieht dies rationell durch Raupen oder Bagger.

Die Größe der Baugrube hängt von den Bauwerksabmessungen, dem erforderlichen Arbeitsraum (50 cm), dem Böschungswinkel α (gemäß Bodenklasse), den Witterungsverhältnissen (trocken oder regnerisch) und der Baugrubentiefe ab. Schnurgerüste für die Festlegung der Gebäudefluchten müssen so weit vom geplanten Gebäude entfernt angeordnet werden, dass sie sich außerhalb der Baugrube befinden. Bei Aushubtiefen > 3,0 m sind Abtreppungen in Form von Bermen vorzusehen. Rings um die Baugrube wird ein Schutzstreifen von mindestens 60 cm Breite von Lasten aus Material oder Boden freigehalten, um einen Böschungsbruch zu vermeiden (**4**.16).

Für Planung, Aufmaß und Abrechnung von Baugrubenaushub sind Zeichnungen oder Skizzen

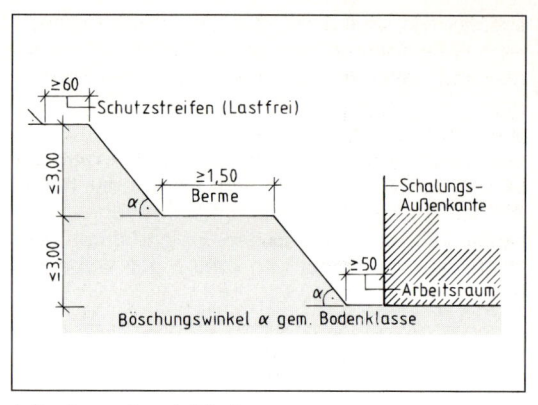

4.16 Baugrube mit Böschung

erforderlich (**4**.17). Als Grundlage für die Ermittlung der Böschungsbreite dient DIN 18300. Danach wird für die Bodenklasse 3 und 4 ein Böschungswinkel von 40° für Klasse 5 von 60° und für Klasse 6/7 von 80 bis 90° angesetzt.

Den Verbau zur Sicherung einer Baugrube wählt man dann, wenn eine abgeböschte Baugrube wegen beengter Verhältnisse nicht möglich ist, oder linienförmige Bauten wie im Rohrleitungsbau auszuführen sind. Durch den Verbau wird das Erdreich gehindert, in die Baugrube abzurutschen. Folglich muss der Verbau so stark konzipiert werden, dass er dem mit der Tiefe linear ansteigenden

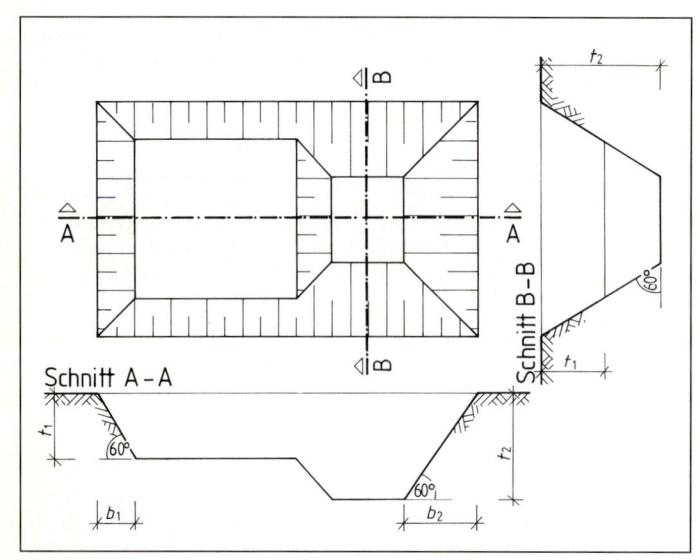

4.17 Darstellung einer Baugrube

4.18 Grabenverbauelement

4.2 Baugruben

Erddruck standhalten kann. Neben dem horizontalen und vertikalen Verbau (s. Baufachkunde Grundlagen) gibt es Sonderverbauarten.

Verbauelemente wählt man gern für den Grabenverbau (4.18). Sie können in der Breite variiert werden und sind häufig wieder verwendbar. Die endgültige Breite stellt der Arbeiter gefahrlos im Schutz der Elemente (Rahmenkonstruktion) ein.

Kanaldielenverbau und Spundwände. Andere Firmen bevorzugen den Einsatz von Kanaldielen oder Spundwänden, die in den Boden gerammt werden. Kanaldielen gehören zu den Spundwänden. Ihre Belastbarkeit ist jedoch nur sehr begrenzt. Die Aussteifung erfolgt mit fortschreitendem Bodenaushub. Bei dem Verbau mit Kanaldielen muss kein Verbund innerhalb der Dielen existieren. Kanaldielen verbiegen leicht und sind deshalb nur begrenzt wieder zu verwenden. Von einer Spundwand spricht man, wenn die Stahlprofile an ihren Enden ein Schloss aufweisen und die Profile mit Hilfe dieses Schlosses miteinander verbunden sind. Bei der Herstellung der Spundwand dient das Schloss des bereits gerammten Profils als Führung für das Nächstfolgende. Der Spundwandverbau wird im Gegensatz zum Verbau mit Kanaldielen auch bei flächenhaften Baugruben angewandt. Zudem ist die Spundwand wasserdicht. Die Aussteifung der Spundwand kann ähnlich wie beim Grabenverbau mit Hilfe von Walzprofilen oder aber durch die Herstellung von Erdankern erfolgen. Erdanker bestehen aus einem Ankerkopf, einem Spannstahl und einem am Ankerende befindlichen Verpresskörper aus Zementleim (4.19). An Großbaustellen mit großen Baugrubentiefen sind sehr solide und tragfähige Verbauweisen nötig. Hier sind besonders der Träger-Bohlen-Verbau, die Bohrpfahlwand und die Schlitzwand zu nennen.

Träger-Bohlen-Verbau. Dieser im Berliner U-Bahn-Bau seinerzeit erstmals verwendete Verbau (Berliner Verbau) besteht aus Walzprofilträgern (meist IPB-Profile), die in den Boden durch Rammung oder vorheriges Bohren von Löchern eingebracht werden. Die Felder zwischen den Trägern werden entsprechend dem Aushub mit Bohlen ausgefacht und verkeilt (4.20). Weitere Ausfachmöglichkeiten sind durch Kanaldielen, Ortbeton oder Injektion gegeben. Für die Aussteifung der Bohlträger bieten sich Steifen aus Holz oder Stahl an. Sollte diese Art Absteifung den Bauablauf zu sehr stören, ist ebenfalls eine rückwärtige Verankerung im Erdreich möglich.

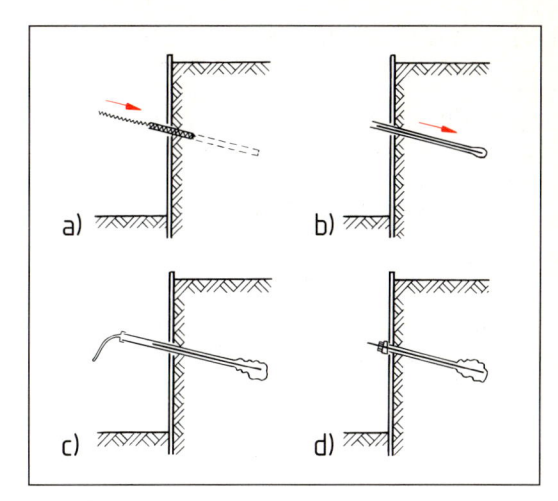

4.19 Sicherung eines Baugrubenverbaus durch Erdanker
a) Herstellen der Bohrlöcher
b) Einführen der Spannstähle
c) Verpressen mit Zementleim
d) Setzen der Ankerköpfe und Spannen der Anker

Die Bohrpfahlwand eignet sich ebenfalls zur Sicherung großer Tiefen und wird u. a. gern bei der Gründung von Brückenpfeilern verwendet. Oft wird sie als Bestandteil des späteren Bauwerks (z. B. bei Tiefgaragen) geplant und hergestellt. Die einzelnen Bohrpfähle können mit Abstand, sich berührend oder überschneidend hergestellt werden (4.21). Sie müssen aus Stahlbeton bestehen. Beim Arbeitsablauf ist zu beachten, dass zunächst jeder zweite Pfahl gebohrt, gesichert (durch Rohr oder thixotrope Flüssigkeit), bewehrt und betoniert wird. Im zweiten Arbeitsgang baut man nach gleichem Schema die Zwischenpfähle ein. Bei sich überschneidenden Pfählen wird jeder zweite aus unbewehrtem Beton hergestellt. Es werden zuerst die unbewehrten Pfähle ausgeführt. Im zweiten Arbeitsgang werden die bewehrten Pfähle eingebracht. Dabei werden die unbewehrten Pfähle jeweils angeschnitten. Der Einbau einer Bewehrung für die Pfähle aus dem ersten Arbeitsgang würde daher nur ein zusätzliches Erschwernis für den Bohrvorgang bedeuten.

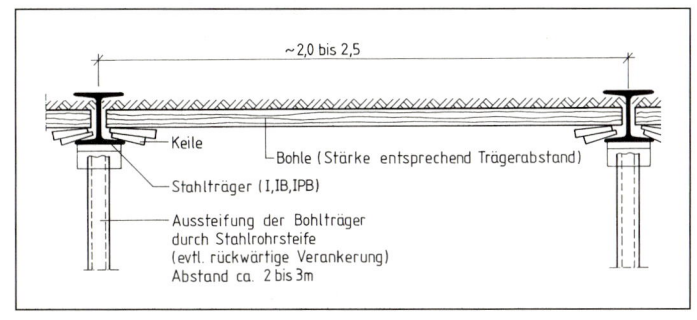

4.20 Träger-Bohlen-Verbau (Draufsicht)

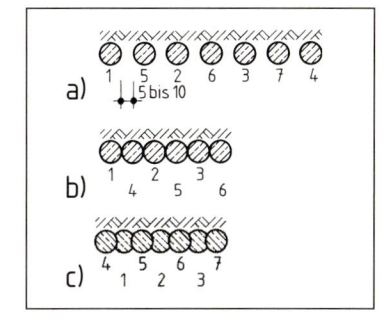

4.21 Bohrpfahlwände
a) Bohrpfähle mit Abstand
b) mit Berührung
c) mit Überschneidung

Die Schlitzwand besteht aus Stahlbeton und wird ebenfalls oft als ein Bestandteil des zu errichtenden Bauwerks geplant und ausgeführt. Schlitzwände sind mindestens 40 cm stark. Die Herstellung der Schlitzwand lässt sich in mehrere Phasen einteilen (**4.22**). Nachdem eine Leitwand zur Führung des Seilbaggers hergestellt wurde, wird ein Schlitz bis zur gewünschten Tiefe ausgehoben. Der Einsturz des Schlitzes wird durch eine Stützflüssigkeit (i. d. R. Bentonit) verhindert. Nach dem Einbringen des Bewehrungskorbes wird die Schlitzwandlamelle betoniert

Die Schlitzwand wie auch die Bohrpfahlwand eignen sich besonders gut, wenn eine baugrubennahe setzungsempfindliche Bebauung vorhanden ist. Beide gelten im Gegensatz zum Träger-Bohlen-Verbau als verformungsarm. Die umliegende Bebauung wird somit nur unwesentlich bzw. überhaupt nicht in Mitleidenschaft gezogen. Auftretende Verformungen infolge des Erddrucks lassen sich durch Rückverankerungen in das Erdreich verringern. Allerdings sind die Kosten für die Herstellung von einer Schlitzwand und einer Bohrpfahlwand im Vergleich zum Träger-Bohlen-Verbau deutlich höher.

> Zur Baugrubensicherung außerhalb des Grundwassers dienen Böschung oder Verbau. Bodenart, Aushubtiefe, vorhandener Platz, Witterungsverhältnisse und geplantes Bauwerk sind ausschlaggebend für die Wahl der Sicherungsmaßnahme.

4.2.2 Baugrubensicherung bei Wasseranfall

Wenn Baugruben im Grundwasser oder offenen Wasser erstellt werden müssen, sind entweder zusätzlich unterstützende Maßnahmen oder dichte Baugrubenumschließungen erforderlich. Als unterstützende Maßnahmen kommen die verschiedenen Arten der *Wasserhaltung* in Frage. Wir wollen die offene und geschlossene Wasserhaltung betrachten, da beide im Zusammenhang mit Böschung bzw. Verbau eine trockene Baugrube ermöglichen.

Bei der offenen Wasserhaltung wird seitlich und von unten eindringendes Wasser in offenen Gräben oder Dränen mit Gefälle zu einem Pumpensumpf geleitet. Im Pumpensumpf sorgt eine Tauchpumpe für das Abpumpen, meist in eine Vorflut, manchmal auch in das örtliche Entwässerungssystem (**4.23**). Die offene Wasserhaltung ist nur bei geringem Wasseranfall möglich. Außerdem ist zu bedenken, dass die offenen Gräben bzw.

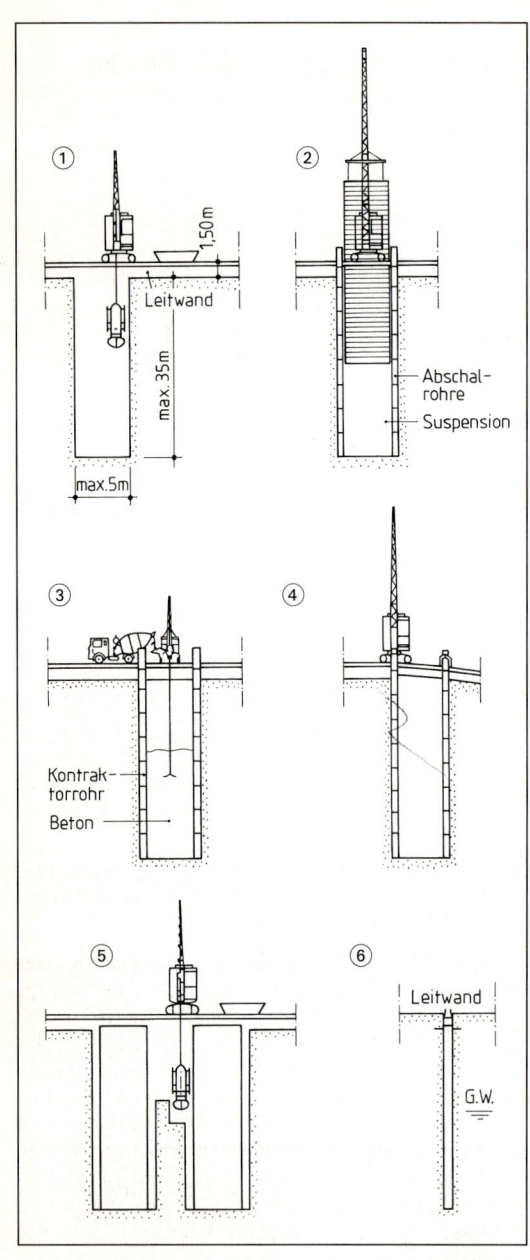

4.22 Herstellung einer Schlitzwand aus Vorlesungsunterlagen des Institut für Grundbau und Bodenmechanik, TU Braunschweig, 1984
① Herstellen eines Schlitzes von max. 5 m Länge unter gleichzeitigem Zulauf einer Bentonit-Suspension
② Absenken der Abschalrohre und Einbringen des Bewehrungskorbes
③ Betonieren der Lamelle im Kontraktorverfahren
④ Ziehen der Abschalrohre
⑤ Herstellen einer Lamelle zwischen zwei bereits erstellten Lamellen
⑥ Fertige Schlitzwand

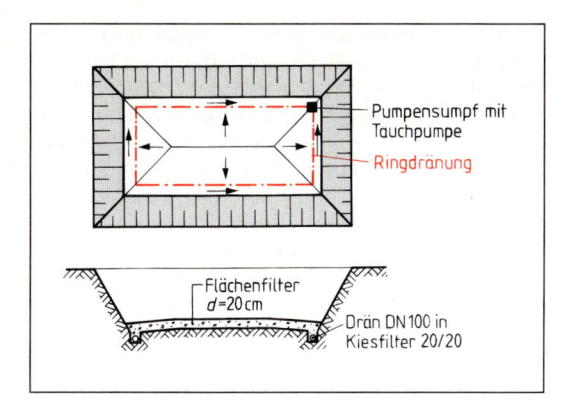

4.2 Baugruben

4.23 Offene Wasserhaltung durch Dränung

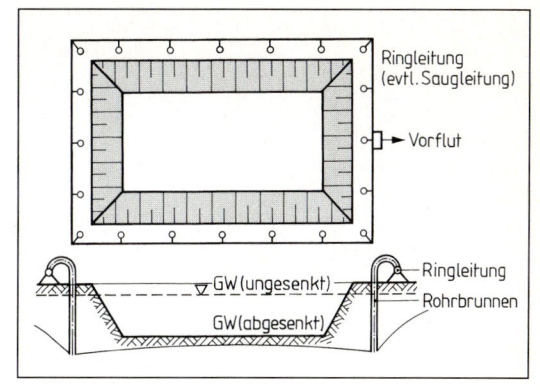

4.24 Geschlossene Wasserhaltung (Grundwasserabsenkung)

Dränstränge und der Pumpensumpf die Bauarbeiten stören können. Wenn dies der Fall ist, wird man – wie auch bei Gründungssohlen weit unter dem Grundwasserspiegel – eine geschlossene Wasserhaltung wählen.

Unter geschlossener Wasserhaltung versteht man eine Grundwasserabsenkung im Bereich der Baugrube für die Dauer des Bauens. Die Verfahren für die Grundwasserabsenkung sind vielfältig und in Abhängigkeit vom Boden (bindig oder nichtbindig) zu wählen. Das Prinzip besteht darin, dass man durch Brunnen (die rings um die Baugrube gebohrt oder eingespült und über Ringleitungen verbunden werden) so viel Grundwasser abpumpt, dass der Grundwasserstand weit genug unter die vorgesehene Baugrundsohle sinkt (Schwerkraftentwässerung). Unter Umständen kann der Brunnenring auch auf der Berme liegen. Durch das Erzeugen eines Vakuums in den Rohrleitungen mittels Vakuumpumpen wird der Wasserzufluss in Feinböden beschleunigt (Vakuumverfahren). Da bei der Grundwasserabsenkung viel Wasser anfällt, sollte es grundsätzlich einer Vorflut zugeleitet werden (**4.24**).

Die Grundwasserabsenkung ist sehr viel aufwendiger und dadurch kostspieliger als die offene Wasserhaltung. Sie bietet aber auch wesentliche Vorteile, weil die Baugrube völlig trocken bleibt und die Bauarbeiten durch Leitungen oder Gräben nicht behindert werden.

> Zur Trockenhaltung eignen sich offene und geschlossene Wasserhaltung. Die offene Wasserhaltung ist einfach und preisgünstig herzustellen. Die Grundwasserabsenkung ist aufwendig und kostspielig, aber wirkungsvoller.

Die Wahl der Baugrubenumschließung hängt davon ab, ob sich die Baugrube im Grundwasser oder offenen Wasser befindet.

Zur Baugrubenumschließung im Grundwasser eignen sich verschiedene wasserundurchlässige Wände. Man unterscheidet zwischen *seitlicher* und *völliger Umschließung* (Wanne). Ist unterhalb der geplanten Baugrubensohle eine wasserundurchlässige Bodenschicht vorhanden, genügt es, dichte Wände rings um die Baugrube zu errichten und in die undurchlässige Schicht einbinden zu lassen (**4.25**). Ist eine solche Bodenschicht nicht oder erst in großer Tiefe vorhanden, bleibt nur eine wannenförmige Abdichtung (**4.26**). Die Wahl der geeig-

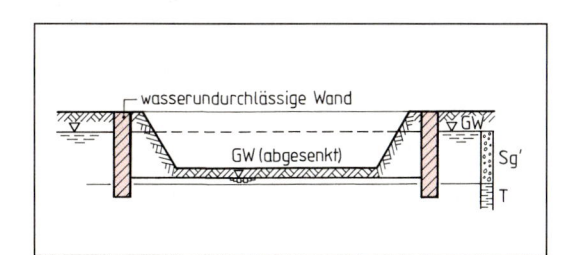

4.25 Seitliche Baugrubenumschließung

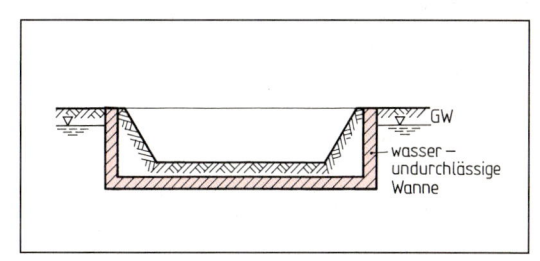

4.26 Wannenumschließung

4.27 Baugrube mit Umspundung

neten Wand ist davon abhängig, ob sie nur abdichten oder gleichzeitig die Baugrubenwand abstützen soll. Geeignet sind Schlitzwände, überschnittene Bohrpfahlwände, Injektionsabdichtungen sowie Spundwände. Soll die Baugrubenumschließung nicht zur Lastabtragung des zu erstellenden Bauwerks mit herangezogen werden – Schlitzwände und Bohrpfahlwände übernehmen sehr häufig einen Anteil an der Lastabtragung des Bauwerks – ist die Wahl einer Spundwand fast immer angezeigt. Für die Herstellung der Sohle eignet sich Unterwasserbeton ebenso wie das Injektionsverfahren.

Für die Baugrubenumschließung im offenen Wasser verwendet man Spundwände (**4.27**) oder Fangedämme (**4.28**). Beide sind bei richtigem Einbau wasserdicht. Schadstellen lassen sich von innen leicht ausbessern. Wenn möglich lässt man beide in eine wasserundurchlässige Schicht einbinden. Sonst ist innerhalb der Baugrube zusätzlich eine offene Wasserhaltung nötig. Die umspundete Baugrube wird von innen abgesteift. Im Uferbereich ist auch eine rückwärtige Verankerung möglich. Fangedämme können auf Bockgerüsten oder im Zusammenwirken mit Spundwänden erstellt werden.

Beide Konstruktionen werden grundsätzlich berechnet und dementsprechend ausgeführt. Spundbohlen sind teuer und müssen gerammt werden. Dabei ist darauf zu achten, dass die Schlösser ineinander fassen, um die spätere Dichtheit zu gewährleisten.

> Im offenen Wasser verwendet man zur Baugrubenumschließung überwiegend Spundwände, seltener Fangedämme, die wesentlich mehr Platz brauchen.

4.28 Fangedamm

4.3 Gründungen

Sämtliche Lasten aus einem Bauwerk müssen auf den vorhandenen Baugrund übertragen und sicher aufgenommen werden. Diese Aufgabe erfüllen die verschiedenen Gründungsbauwerke sowie evtl. Bodenverbesserungs- und Bodenaustauschmaßnahmen.

Schon bei der Planung eines Bauvorhabens sind gründliche Kenntnisse über den vorhandenen Boden erforderlich. Wir haben im vorigen Abschnitt gesehen, dass dies auf vielfältige Art möglich ist, notfalls durch ein spezielles Bodengutachten.

Die Wahl der Flächen- oder Tiefengründung hängt von den auftretenden Lasten und der Bodenbeschaffenheit ab (Tragfähigkeit, Setzungsverhalten usw.).

Wirtschaftliche Überlegungen dürfen dabei jedoch nicht außer Acht gelassen werden. Nicht immer muss ein Gebäude fast setzungsfrei und damit unnötig teuer gegründet werden! Der Planende wird unter Berücksichtigung dieser Gesichtspunkte zwischen den möglichen Gründungsarten wählen.

> Gründungen haben die Aufgabe, die auftretenden Bauwerkslasten sicher auf den Baugrund zu übertragen. Die Wahl der Gründung ist abhängig von der Belastung und Tragfähigkeit des Bodens unter Berücksichtigung wirtschaftlicher Überlegungen.

4.3.1 Flachgründung

Unter Flachgründungen versteht man Fundamente, die unmittelbar unter dem Gebäude angeordnet sind. Je nach Qualität des Baugrunds und nach Konstruktion des Gebäudes hat man die Wahl zwischen Einzel-, Streifen- und Plattenfundamenten. Voraussetzung für eine Flachgründung ist einigermaßen guter Baugrund. Bewehrte Fundamente werden grundsätzlich, unbewehrte zweckmäßig auf einer Sauberkeitsschicht angeordnet. Alle Fundamente sind frostfrei, jedoch mindestens 80 cm tief zu gründen und bis auf gewachsenen Baugrund zu führen. Sie müssen senkrecht zur angreifenden Kraftrichtung verlaufen, im Regelfall also horizontal. Im Bereich verschiedener Gründungstiefen sind Abtreppungen unter 1 : 3 zulässig.

Einzelfundamente wählt man, wenn konzentrierte Lasten aus Stützen oder Pfeilern auftreten (z. B. im Skelettbau) und tragfähiger Baugrund vorhanden ist. Sie können aus bewehrtem oder unbewehrtem Beton bestehen und örtlich hergestellt, aber auch als Fertigteil angeliefert werden. Während örtlich hergestellte Fundamente stets vollständig, also kraftschlüssig, auf dem Untergrund aufliegen, muss der Kraftschluss zwischen einem Fertigteilfundament und dem Untergrund häufig durch zusätzliche Maßnahmen gewährleistet werden.

Es gibt sehr unterschiedliche Fundamentformen. Je nach Aufgabe und Lage wählt man Blockfundamente, abgetreppte oder/und abgeschrägte Einzelfundamente sowie Köcher- bzw. Becherfundamente (**4.29**).

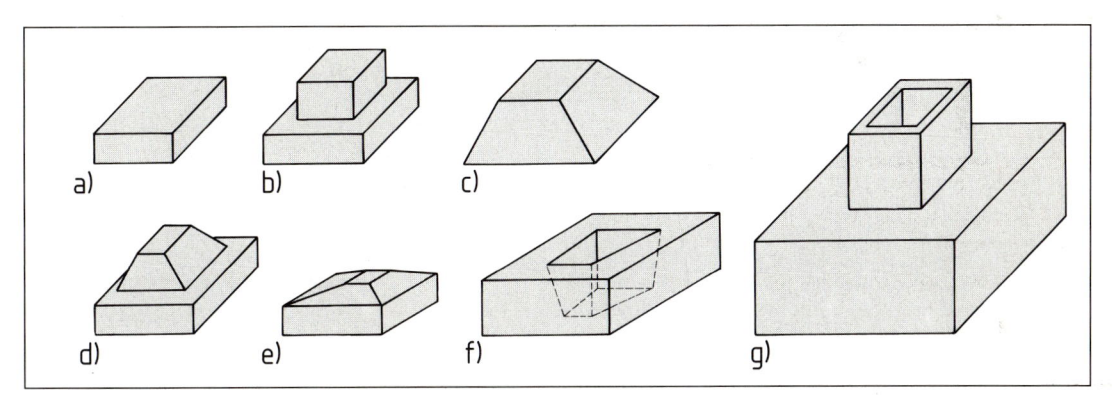

4.29 Einzelfundamentformen
a) Blockfundament (Kastenfundament), b) abgetrepptes Einzelfundament, c) abgeschrägtes Einzelfundament, d) abgetrepptes und abgeschrägtes Einzelfundament, e) abgeschrägtes Blockfundament, f) Becherfundament, g) Köcherfundament

Unbewehrte Einzelfundamente müssen konstruktiv so ausgebildet werden, dass die Fundamenthöhe ausreicht, um die auftretende Last auf eine ausreichend große Fundamentfläche zu verteilen. Diese Fundamentfläche muss mindestens so groß gewählt werden, dass die Gefahr eines Grundbruchs durch überhöhte Sohlnormalspannungen nicht gegeben ist. Geht man von einem Lastverteilungswinkel von 45° bis 63,5° aus (je nach Betongüte), ergibt sich bei der für die ausreichende Druckverteilung erforderlichen Fläche erf$A$ eine bestimmte Fundamenthöhe (**4.30**). Sie bedingt u. U. einen sehr großen Betonbedarf, der sich durch Abtreppung bzw. Abschrägung verringern lässt. Dabei ist jedoch zu bedenken, dass Arbeitsaufwand und Schalungsbedarf ansteigen, so dass häufig keine echte Ersparnis dabei herauskommt. Der anzunehmende Lastverteilungswinkel kann nach Tabelle **4.31** in Abhängigkeit von der zulässigen Bodenpressung und der gewählten Betongüte ermittelt werden.

Eine Verringerung der Höhe kommt ohne zusätzliche Maßnahmen nicht in Frage, da sich das überbreite Fundament sonst seitlich aufbiegen und unten reißen würde. Um dies zu vermeiden und dennoch geringere Fundamenthöhen zuzulassen, muss man *bewehrte* Einzelfundamente wählen. Für die ausreichende Lastverteilung sorgt die Bewehrung, die unten in den Fundamenten kreuzweise verlegt wird und dort auftretende Biegezugspannungen aufnimmt (**4.32**). Die Bewehrung wird seitlich hochgezogen und häufig im Mittenbereich enger verlegt als im Randbereich. Eine Anschlussbewehrung für später herzustellende Stützen ist vorzusehen. Bei punktförmig sehr hoch belasteten Fundamenten muss Schubbewehrung zur Vermeidung des Durchstanzens verlegt werden.

Fertigteilstützen werden im *Köcher-* oder *Becherfundament* gegründet. Der verbleibende Hohlraum zwischen Köcherwandung und Stütze wird nach dem Ausrichten der Stütze mit Beton verfüllt (**4.33**). Um eine gute Haftung zwischen Köcherwand und Verfüllung zu erzielen, müssen die Köcherinnenwände möglichst rau sein. Dies kann z.B. durch raue Schalung oder das Aufnageln von Dreikantleisten auf der Schalung erreicht werden. Köcherschalungen und -bewehrungen sind recht kompliziert und arbeitsaufwendig, im Fertigteilbau aber unverzichtbar.

Streifenfundamente werden im Wohnungsbau überwiegend verwendet, weil sie bei gleichmäßig verteilten Lasten und einigermaßen tragfähigem Baugrund die kostengünstigste Gründung sind. Normale Streifenfundamente kommen mit einer konstruktiven Bewehrung aus, die als Ringanker

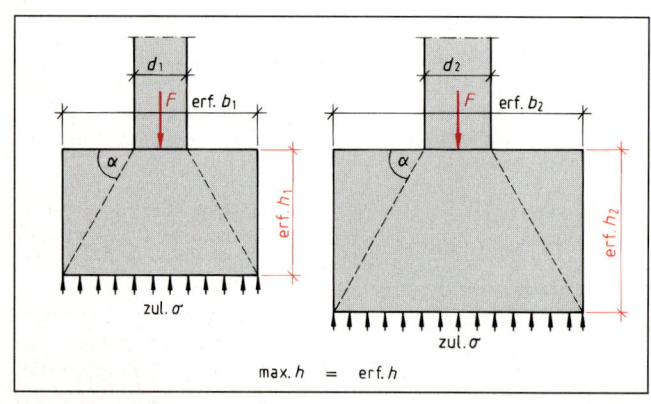

4.30 Fundamenthöhe

Tabelle **4.31** Zulässiger Lastverteilungswinkel α bei unbewehrten Fundamenten nach DIN 1045

Betonfestig-keitsklasse	Zul. Bodenpressung in kN/m²				
	100	200	300	400	500
B 15	45°	52,5°	58°	61°	63,5°
B 25	45°	45°	50°	54,5°	58°
B 35	45°	45°	45°	50°	52,5°

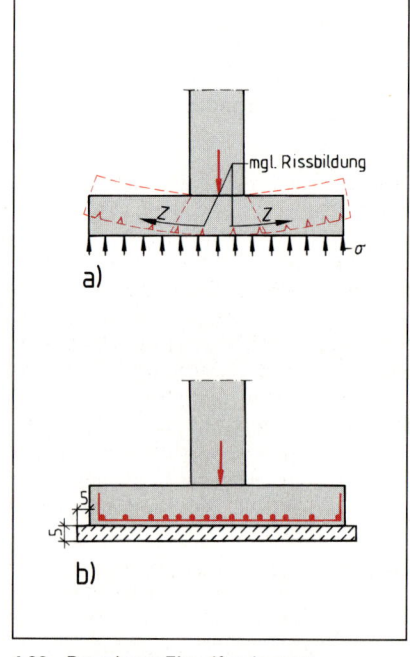

4.32 Bewehrtes Einzelfundament
a) Verformung b) Bewehrung

4.3 Gründungen

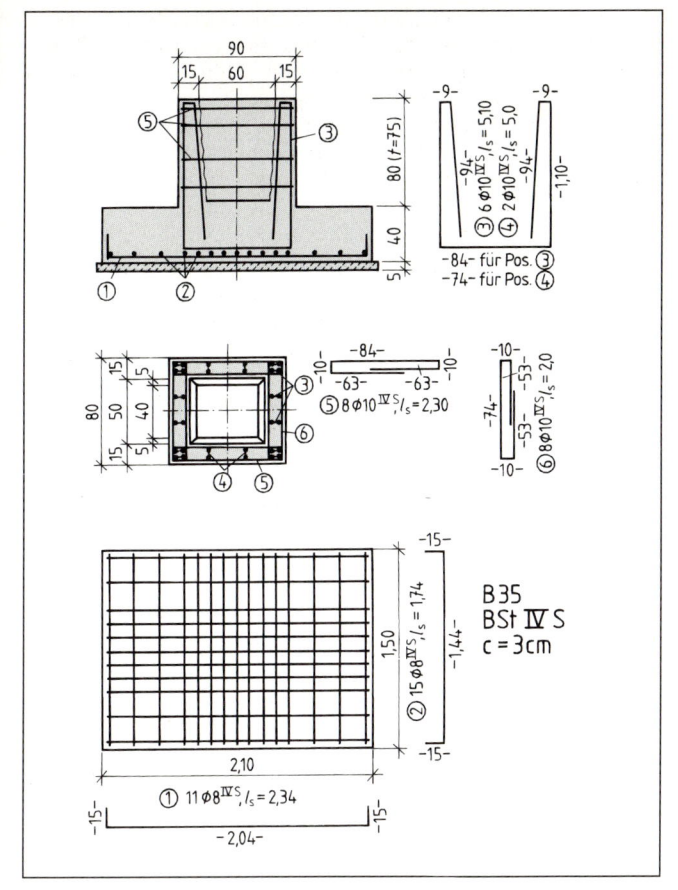

4.33 Köcherfundament

4.34 Fundamenthöhen
a) zu groß, b) zu klein, c) richtig

kraftschlüssig gestoßen werden muss. Wenn der Boden standfest genug ist, braucht man nur Fundamentgräben auszuheben und möglichst mit steifem Beton zu füllen. Das Einschalen erübrigt sich hierbei ebenso wie die Sauberkeitsschicht. Die erforderliche Breite der Fundamente wird aus der zulässigen Bodenpressung und auftretenden Belastung berechnet und ggf. nach konstruktiven Gesichtspunkten gewählt (s. Beispiel). Die Fundamenthöhe wird wie bei den Einzelfundamenten in Abhängigkeit von der Fundamentbreite bestimmt. Zu große Fundamenthöhen gefährden die Standfestigkeit, zu geringe Höhen verringern die Risssicherheit (**4.34**).

Beispiel Fundament unter 24er Innenwand
Bodenpressung Fundament,
Belastung je m $q = 36$ kN, zul $\sigma = 150$ kN/m²

$$\text{erf } b = \frac{q}{\text{zul } \sigma \cdot 100} = \frac{36 \text{ kN}}{150 \text{ kN/m}^2 \cdot 1{,}00 \text{ m}} = 0{,}24 \text{ m}$$

konstr. gew. $b = \textbf{30 cm}$

Die zulässigen Bodenpressungen werden im Gegensatz zu allen anderen zulässigen Spannungen in kN/m² angegeben. Als Grundlage des Fundamentplans dient bei unterkellerten Gebäuden der KG-Grundriss, bei nicht unterkellerten Gebäuden der EG-Grundriss (**4.35**). Die Fundamente werden im Normalfall mittig unter der entsprechenden Auflast (Wand) angeordnet und mit einer Position versehen, die durch Breite und Höhe des Fundaments ergänzt wird. Die Zwischenmaße bzw. die Achsmaße der Fundamente sind anzugeben, um Fehler auf der Baustelle zu vermeiden (**4.36**).

Vereinzelt kann ausmittige Anordnung erforderlich sein, z. B. bei beidseitiger Grenzbebauung. Dies sollte auch der Bauzeichner schon erkennen.

Bewehrte Streifenfundamente werden richtiger als *Fundamentbalken* bezeichnet. Sie sind dort erforderlich, wo ungleichmäßiger Baugrund, punktweise Belastung oder nicht ansetzbarer Baugrund vor-

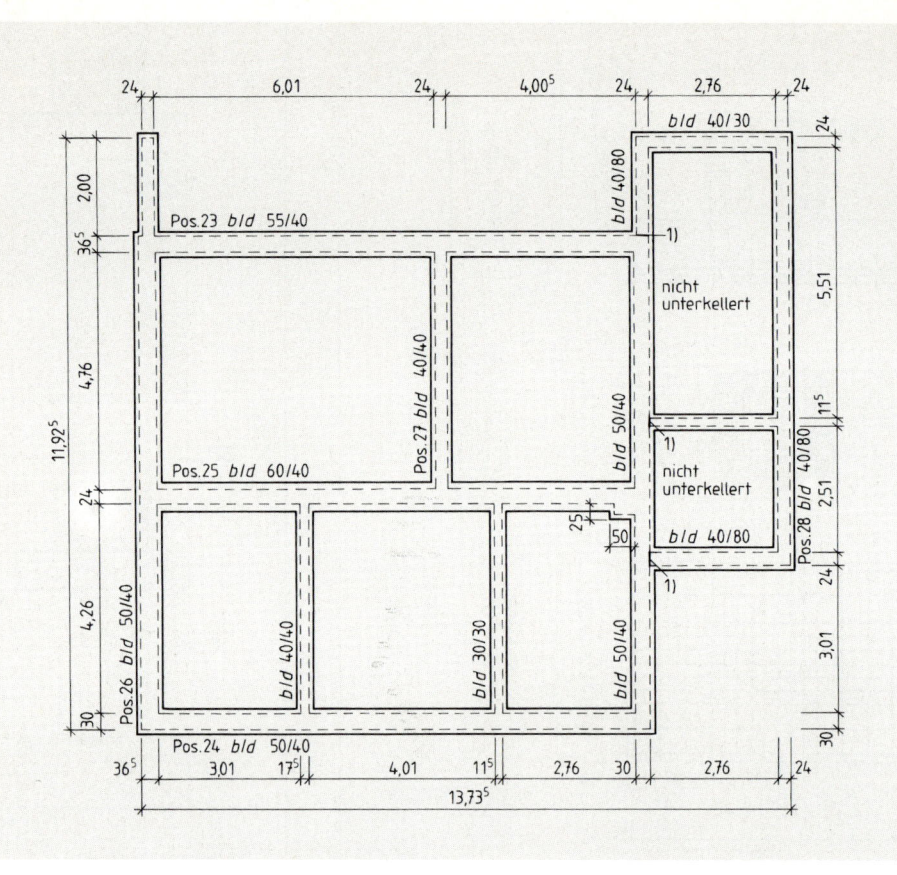

4.35 Fundamentplan 1 : 100 (m, cm)

kommen (z. B. bei von Pfahlkopf zu Pfahlkopf gespannten Fundamentbalken).

Diese Fundamente müssen immer statisch bewehrt werden, wobei eine ausreichend große Betondeckung besonders wichtig ist. Da Fundamentbalken eingeschalt werden, kann hier auch plastischer Beton gewählt werden, der einfacher und zuverlässiger zu verdichten ist als steifer Beton und somit bessere Gewähr für den Korrosionsschutz der Bewehrung bietet.

Plattenfundamente sind Stahlbetonplatten, die durchgehend unter dem ganzen Gebäudegrundriss angeordnet sind, dadurch die Lasten auf eine große Fläche verteilen und so die Bodenpressung gering halten. Deshalb verwendet man Plattenfundamente bei wenig tragfähigem Baugrund. Sie werden aber auch gewählt, um auftretende Setzungen möglichst klein zu halten oder um ungleichmäßige Setzungen bei unregelmäßigem Baugrund weitgehend zu verhindern. Die Anordnung der Bewehrung ergibt sich aus der Belastung und Verformung der Platte (**4.**37). In den Feldern liegt sie grundsätzlich oben und unter den Wänden unten in der Fundamentplatte. Wie bei den Decken (s. Abschn. 7) kann die Bewehrung ein- oder zweiachsig gespannt werden.

Die für das Zeichnen der Positions- und Bewehrungspläne erforderlichen Angaben sind der statischen Berechnung zu entnehmen. Wichtige Maße und evtl. konstruktive Bewehrung müssen ebenso wie die Legende, die alle zu verwendenden Baustoffe angibt, ergänzt werden.

Manchmal werden durchgehende Grundplatten auch nur nach konstruktiven Gesichtspunkten gewählt und ebenso konstruktiv bewehrt. Solche Platten entsprechen mehr einer Streifenfundamentgründung, da jeweils nur der sich durch die Lastenverteilung ergebende Fundamentstreifen zur Ermittlung der Bodenspannung herangezogen wird (**4.**38). Immerhin kann man aufgrund der konstruktiven Bewehrung einen Lastverteilungswinkel von 45° ansetzen, so dass sich je nach Wandstärke und Grundplattendicke beträchtliche Fundamentbreiten ergeben.

4.3 Gründungen

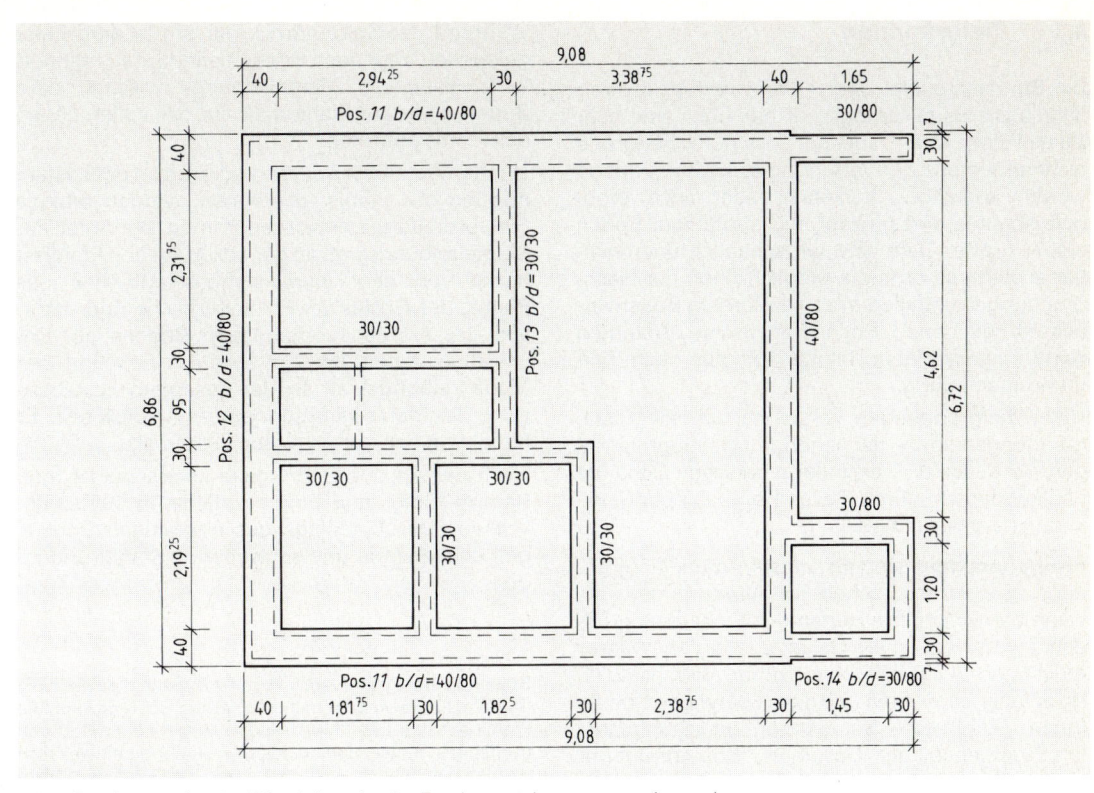

4.36 Fundamentplan 1 : 100 mit Angabe der Fundamentabmessungen (m, cm)

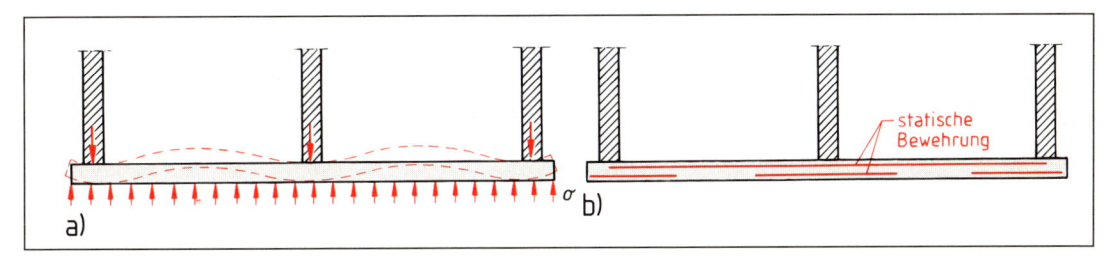

4.37 Fundamentplatte
a) Belastung und Verformung, b) Lage der Bewehrung

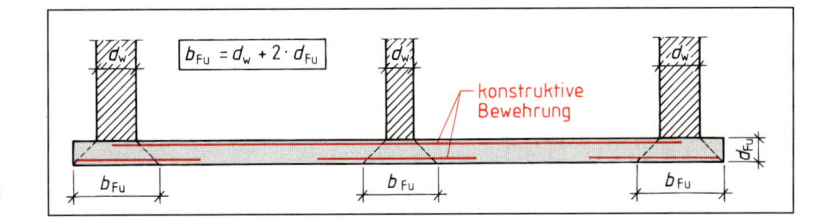

$$b_{Fu} = d_w + 2 \cdot d_{Fu}$$

4.38 Konstruktive Grundplatte

Bei gutem Baugrund und setzungsunempfindlichen Bauwerken bilden Streifen- und Einzelfundamente die wirtschaftlichste Gründung.

Bei setzungsempfindlichen Bauwerken und schlechten bzw. ungleichmäßigen Bodenverhältnissen wählt man Plattenfundamente.

4.3.2 Tiefgründung

Die Bundesrepublik Deutschland verfügt im Verhältnis zur Bevölkerungszahl nur über eine sehr kleine Fläche. Dies bedeutet, dass guter Baugrund nicht unbegrenzt zur Verfügung steht. Zunehmend werden Industrie-, Verkehrs-, aber auch Wohnungsbauten dort geplant, wo tragfähiger Boden erst in großer Tiefe bzw. wirtschaftlich unerreichbar ansteht, so dass die Möglichkeiten der Flachgründungen entfallen. Wenn außerdem Bodenverbesserungs- oder Bodenaustauschmaßnahmen keine Lösung bieten, bleiben oft nur noch Tiefgründungen übrig.

Unter Tiefgründungen verstehen wir alle Pfahlgründungen sowie tief liegende Flächengründungen, bei denen die Verbindung zwischen Gebäude und Fundament durch Pfeiler, Brunnen oder Senkkästen hergestellt wird.

Pfahlgründungen sind die älteste Art der Tiefgründung. Sie wurden schon im Altertum gewählt, wenn Menschen ihre Hütten aus Sicherheitsgründen im unwegsamen Gelände oder im Wasser errichteten (**4**.39). Während früher ausschließlich Holzpfähle verwendet wurden, überwiegen heute Beton-, Stahlbeton-, Spannbeton- und Stahlpfähle (im Straßenbau auch Kiespfähle). Holz kommt nur noch in Betracht, wenn die Pfähle ständig im Wasser stehen und somit gegen Fäulnis geschützt sind, oder wenn es sich um vorübergehende Bauten handelt, bei denen die Lebensdauer eine untergeordnete Rolle spielt. Die Pfahllasten können auf zwei unterschiedliche Arten, dem Spitzendruck und/oder der Mantelreibung, abgetragen werden.

Während der Spitzendruck nur am in dem tiefer gelegenen tragenden Boden befindlichen Pfahlfuß wirkt, kann die Mantelreibung zwischen dem Boden und dem Pfahlschaft auf der vollen Länge des Pfahls auftreten.

Um den Anteil der Spitzendruckkraft an der Lastabtragung des Pfahls zu erhöhen, werden oftmals Fußverbreiterungen vorgenommen. Der Anteil der Mantelreibungskraft an der abzutragenen Pfahllast hängt von der Oberflächenbeschaffenheit des Pfahls, der Größe der Pfahloberfläche und natürlich der Art des vorhandenen Bodens ab. Der jeweilige Anteil der Spitzendruckkraft und der Mantelreibungskraft an der gesamten Lastabtragung des Pfahls kann sehr unterschiedlich sein. Er hängt von den Verhältnissen vor Ort ab.

Nach der Art des Einbringens unterscheidet man Ramm-, Bohr- und Einpresspfähle. In Abhängigkeit von der Tiefenlage des tragfähigen Bodens gibt es stehende und schwebende Pfahlgründungen.

Stehende Pfahlgründungen liegen vor, wenn die Pfähle die tragfähigen Bodenschichten noch erreichen. Man kann die Pfähle auf den tragfähigen Boden setzen oder sie in den tragfähigen Boden einbinden lassen (**4**.40). In beiden Fällen werden die Pfahllasten durch Spitzendruckkräfte und Mantelreibungskräfte aufgenommen.

Schwebende Pfahlgründung wendet man an, wenn tragfähige Bodenschichten in wirtschaftlich erreichbarer Tiefe nicht anzutreffen sind. Dadurch können Spitzendruckkräfte nicht wirksam werden, die Kraftaufnahme muss allein durch die Mantelreibung aufgenommen werden (**4**.41). Da die Größe der Reibungskraft von der Oberflächenbeschaf-

4.39 Pfahlbauten in Unteruhldingen am Bodensee

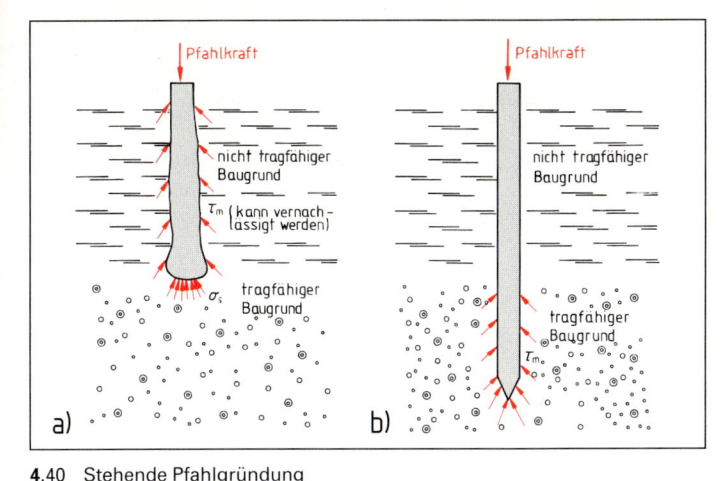

4.40 Stehende Pfahlgründung
a) Bohrpfahl aufgesetzt, b) Rammpfahl eingebunden

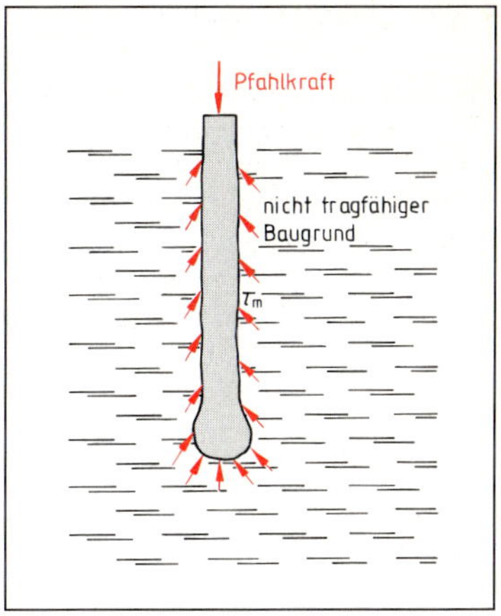

4.41 Schwebende Pfahlgründung

fenheit des Pfahls abhängt, sind für schwebende Pfahlgründungen möglichst raue Pfähle zu wählen, am besten Bohrpfähle aus Beton oder Stahlbeton. Rammpfähle eignen sich zwar vorzüglich für schwebende Pfahlgründungen, da bei der Rammung der Pfähle das Erdreich verdrängt und die Mantelreibung dadurch vergrößert wird. Jedoch ist eine Rammung innerhalb von Ortschaften aufgrund der zu erwartenden Erschütterungen und der Lärmbelästigung kaum möglich.

Zur Vervollständigung der Pfahlgründung werden wahlweise Einzel-, Platten- oder Streifenfundamente auf die Pfahlköpfe gesetzt. Pfähle und Fundament bilden zusammen einen Pfahlrost (**4**.42). Wenn auch Horizontallasten von der Gründung aufzunehmen sind, empfiehlt sich die Anordnung von Schrägpfählen (**4**.43a) ebenso wie bei Bauwerken, die allein zum Abfangen von Horizontallasten erstellt werden (z. B. Stützmauern, **4**.43b). Eine weitere Möglichkeit der Horizontalkraftaufnahme besteht in der Bemessung der Pfähle auf Biegung.

Die Pfähle können gradlinig bei schmalen oder versetzt bei breiteren Streifenfundamenten angeordnet werden. Pfähle unter Einzelfundamenten oder Fundamentplatten sind so anzuordnen, dass sie möglichst gleichmäßig belastet werden, d. h. symmetrisch zum Angriffspunkt der Belastung (**4**.44). Der Pfahlrost lässt sich hierbei mit dem System der Pilzdecke vergleichen (s. Abschn. 7.5).

> Bei den Pfahlgründungen unterscheidet man stehende und schwebende Pfähle. Pfähle ergeben im Zusammenhang mit Platten-, Balken- oder Einzelfundamenten einen Pfahlrost. Die Pfahlkräfte werden durch Spitzendruck und/oder Mantelreibung vom Boden aufgenommen.

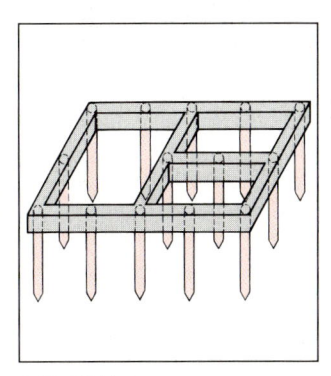

4.42 Pfahlrost

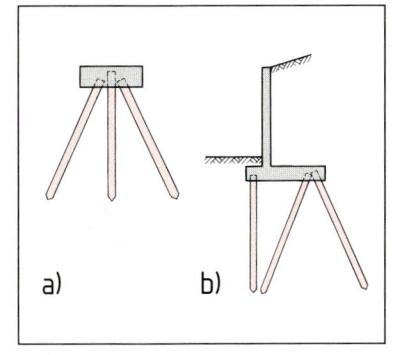

4.43 Aufnahme von Horizontalkräften durch Schrägpfähle
a) Einzelfundament, b) Winkelstützmauer

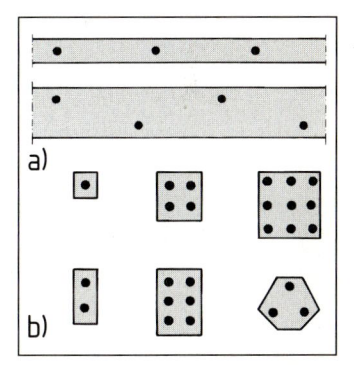

4.44 Anordnung der Pfähle (Beispiele)
a) bei Streifenfundamenten,
b) bei Einzelfundamenten

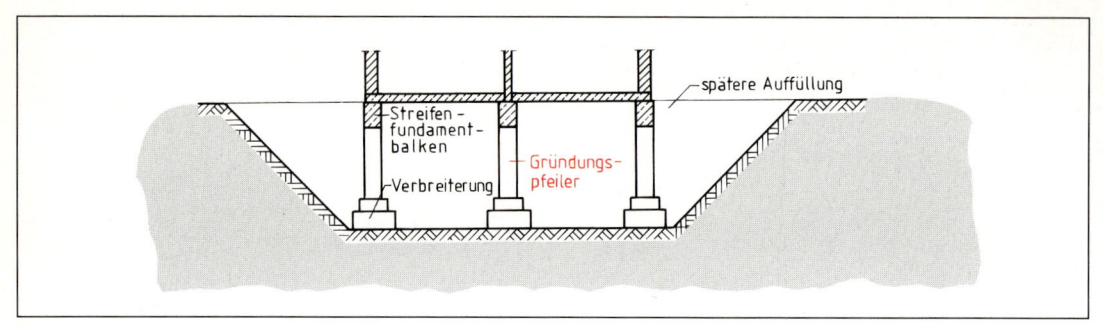

4.45 Pfeilergründung in offener Baugrube

Pfeilergründungen erlauben bei nicht zu großer Mächtigkeit der nichttragenden Bodenschicht die verschiedenen Flächengründungen. Die Pfeilergründung ist allerdings nur anwendbar, wenn überwiegend vertikale Belastungen aus dem Gebäude abzutragen sind. Die Pfeiler bestehen meist aus Beton oder Stahlbeton, manchmal aus Stahl, vereinzelt auch aus Mauerwerk. Am Pfeilerfuß sind nach Möglichkeit Verbreiterungen vorzusehen, um eine größere Lastverteilung auf den Baugrund zu erzielen. Die Herstellung der Pfeiler ist von der Baugrubensicherung abhängig. Am einfachsten, aber auch mit am teuersten ist die Errichtung innerhalb einer abgeböschten Baugrube. Das bedeutet viel Bodenaushub und Wasserhaltung während der Bauzeit mit anschließendem Verfüllen der Baugrube (**4.45**). Häufig werden die Pfeilerreihen daher in kanalbauartiger Weise errichtet. Die Wände der Schächte können bei standfestem Boden ungesichert bleiben, wenn Menschen den Graben nicht betreten müssen. Sie können aber auch durch verschiedene Verbauarten oder standfest gemachte Seitenwände (z. B. Injektion von Zementschlämme oder Aufbringen von Spritzbeton) ausreichend gesichert werden.

Brunnengründungen kommen häufig bei offenen Schächten, Kläranlagen und Brückenpfeilern vor. Dabei werden offene Brunnenringe (Fertigteile) durch Bodenentnahme im Innern des Ringes gleichmäßig abgesenkt. Um die entgegenwirkende Reibung zu verringern, presst man während des Abteufens thixotrope Flüssigkeit zwischen die Außenwand des Brunnenrings und das umgebende Erdreich (**4.46**). Die Form der Brunnen ist häufig rund, doch gibt es auch rechteckige Querschnitte. Wichtig ist, dass die Querschnitte nicht unsymmetrisch sind, denn diese Teile sind nicht gleichmäßig genug abzusenken. Nach Erreichen der vorgesehenen Gründungstiefe wird eine Gründungsplatte geschüttet, die die Lasten ausreichend verteilt (**4.47**).

Die Bodenspannungen sind in einfachen Fällen wie bei normalen Flachgründungen zu ermitteln. In schwierigen Fällen sind Setzungs- und Grundbruchsicherheit nachzuweisen. Brunnen können bei Bedarf zur Erhöhung der Eigenlast und somit zur Vergrößerung des Standmoments mit Sand, Kies oder Beton verfüllt werden.

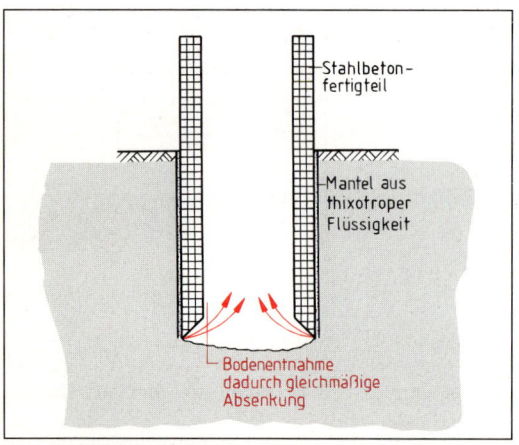

4.46 Brunnenabsenkung

4.47 Brunnengründung

4.3 Gründungen

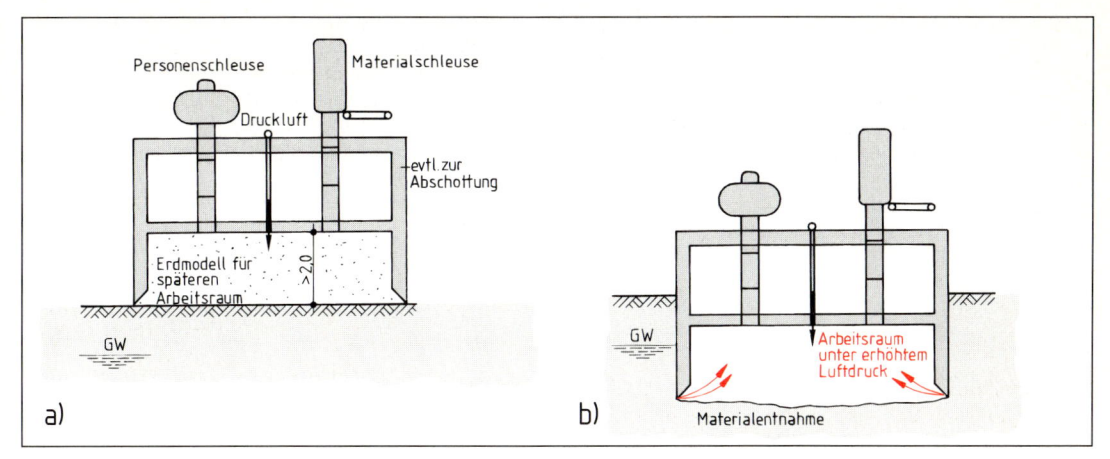

4.48 Druckluftgründung (Prinzip)

Druckluftgründungen sind bei Arbeiten unter Wasser erforderlich. Dies kann im Grundwasserbereich wie auch im offenen Wasser der Fall sein. Die Senkkästen (Caissons) müssen zu diesem Zweck einen Arbeitsraum erhalten, der das Eindringen des umgebenden Wassers infolge des auftretenden Wasserdrucks durch einen mindestens gleich großen Luftdruck als Gegendruck verhindert (**4.**48).

Dieses Verfahren bedeutet für die Arbeitskräfte ein erhöhtes Risiko mit allen damit verbundenen Schutzvorkehrungen, die von der Baufirma zu treffen sind. Die Arbeit unter Druckluft kann mit der Arbeit von Tauchern gleich gesetzt werden: größere Tiefen als 30 m unter OK Wasserspiegel sind nicht erreichbar; geeignet für diese Arbeiten sind nur gesunde Menschen, die ein ärztliches Attest für ihre Tauglichkeit vorweisen können. Das Ein- und Ausschleusen geschieht nach genau festgelegtem Zeitplan. Mit steigendem Druck steigt auch die Ein- und Ausschleusungszeit.

Abgesenkt werden die Caissons wie offene Senkkästen (Brunnen) durch Materialentnahme am Fuß des Bauteils entweder nass durch Spülung oder trocken durch Ausbaggerung von Hand oder Maschine. Bei großen Senkkästen werden wegen der unterschiedlichen Ein- und Ausschleusungszeiten für Menschen und Material auch getrennte Schleusen verwendet. Der Arbeitsvorgang muss langsam und gleichmäßig unter messtechnischer Überwachung vor sich gehen. Durch thixotrope Flüssigkeit wird auch hier die Mantelreibung verringert. Nach Beendigung der Absenkung wird der Arbeitsraum so ausbetoniert, dass er Verbindung mit dem Senkkasten bekommt und so ein großes Gegengewicht zum Auftrieb bildet. Druckluftgründungen sind wegen der schwierigen Arbeiten und hohen Sicherheitsanforderungen sehr kostspielig. Sie werden deshalb nur verwendet, wenn die Senkkästen gleichzeitig als Bauwerk oder Bauteil dienen (z. B. im U-Bahn-, Tunnel- oder Brückenbau).

> Pfeiler-, Brunnen- und Druckluftgründungen bieten die Möglichkeit, Flächengründungen ohne Wasserhaltung bis in große Tiefen hinabzubringen. Wegen der hohen Kosten ist ihr Anwendungsgebiet überwiegend auf große Ingenieur- und Wasserbauwerke beschränkt.

Aufgaben zu Abschnitt 4

1. Wovon sind Tragfähigkeit und Setzungsverhalten nichtbindiger Böden abhängig?
2. Wovon hängen die Tragfähigkeit und das Setzungsverhalten bindiger Böden ab?
3. Welche Bedeutung hat die Einteilung des Bodens in 7 Klassen?
4. Stellen Sie diese Böden normgerecht dar:
   a) Feinkies, stark sandig, schwach tonig
   b) Ton, schwach sandig
   c) Feinsand, humos
5. Was versteht man unter indirekten Verfahren der Baugrunduntersuchung, und was gewinnt man daraus?
6. Erläutern Sie die Bodensondierung.
7. Welche Auswirkungen hat die Belastung des Baugrunds?
8. Was versteht man unter Bodenaustausch?
9. Nennen Sie mechanische und chemische Bodenverbesserungsmaßnahmen.
10. Fertigen Sie die Aufmaßskizze einer Baugrube mit unterschiedlichen Gründungstiefen nach diesen Maßen an: Böschungswinkel $\alpha = 60°$, Sohltiefe $t_1 = 1{,}80$ m, Sohlfläche $A_1 = 13{,}0 \times 10{,}5$, Sohltiefe $t_2 = 2{,}55$ m, Sohlfläche $A_2 = 3{,}0 \times 2{,}5$ genau mittig.

11. Beschreiben Sie zwei Sonderverbauarten anhand von Skizzen.
12. Erklären Sie den Unterschied zwischen offener und geschlossener Wasserhaltung.
13. Was versteht man unter Flachgründungen?
14. Was sind Tiefgründungen?
15. Skizzieren Sie
    a) ein abgetrepptes Einzelfundament,
    b) ein abgeschrägtes Einzelfundament,
    c) ein Köcherfundament.
16. Welche Voraussetzungen müssen für ein Streifenfundament gegeben sein?
17. In welchen Fällen ist ein Plattenfundament sinnvoll?
18. Erläutern Sie die Unterschiede zwischen stehender und schwebender Pfahlgründung.
19. Wodurch unterscheidet sich die Pfeilergründung von der Brunnengründung?
20. Erklären Sie anhand einer Skizze die Druckluftgründung.

5 Holz- und Dachbau

Die Grundlagen des Holzbaus (Sortier- und Güteklassen vor allem, Holzverbindungen), Holzschutzmaßnahmen, Dachkonstruktionen und Dachdeckungen (außer Flachdach) haben wir in der Baufachkunde Grundlagen behandelt.

5.1 Holzschutz, Konstruktionsvollholz und Balkenlagen

5.1.1 Baulicher Holzschutz

Nur trockene Hölzer können dauernd gesund und widerstandsfähig bleiben (manche Hölzer auch bei ständiger Wasserlagerung). Jahrhundertealte, unbeschädigte Holzkonstruktionen beweisen dies. Durchfeuchtungen fördern zerstörenden Pilz- und Insektenbefall, Feuchtigkeitsschwankungen das Entstehen von Schwindrissen. Für Zimmerarbeiten im Hochbau fordert die VOB im Teil C deshalb trockenes Bauholz für Kanthölzer, Balken und Latten. Halbtrockenes oder beim Aufbau durchnässtes Holz soll durch ausreichende Belüftungsmöglichkeiten auf den gewünschten Feuchtigkeitsgehalt abtrocknen können.

Nach dem Feuchtigkeitsgrad unterscheiden wir

– trockenes Bauholz mit ≤ 20 Masse-% Feuchtigkeit,
– halbtrockenes Bauholz mit ≤ 30 Masse-% Feuchtigkeit,
– frisches (nasses) Bauholz mit > 30 Masse-% Feuchtigkeit.

Chemischer Holzschutz als vorbeugende und bekämpfende Maßnahme sowie Feuerschutz sind in der Baufachkunde 1 (Grundlagen) behandelt.

> Der bauliche Holzschutz umfasst konstruktive Maßnahmen zum Schutz des eingebauten Holzes gegen andauernde Durchfeuchtung infolge von Niederschlägen, Kapillarität, Spritz- und Tauwasser. Er ist vornehmlich Aufgabe der Bauplanung.

Beispiele **Holz im Freien**
Glatte (gehobelte) Holzflächen leiten Regenwasser schneller ab als raue, geneigte Flächen schneller als waagerechte.
Waagerechte Hirnholzflächen (z. B. Stützenköpfe) bleiben auf Dauer nur mit Abdeckungen schadensfrei, denn Holz saugt die Feuchtigkeit in Faserrichtung erheblich schneller auf als quer zur Faser auf.

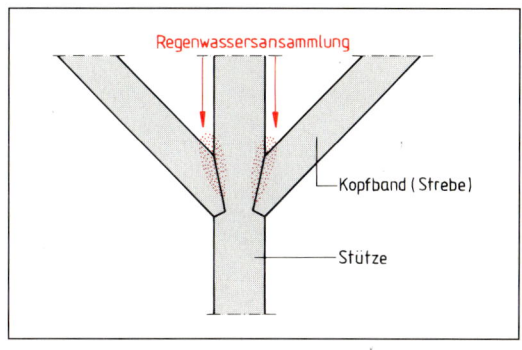

5.1 Kopfband- und Strebenanschlüsse sollte man nur in überdachten Gebäudeteilen anwenden

Dach- und Gebäudeüberstände sowie Überdachungen halten Regen von Holzkonstruktionen und Holzverkleidungen ab (**5.1**).

Schutzbeschichtungen haften an gerundeten Kanten besser als an scharfen Kanten.

Senkrechte Wandschalungen leiten Regen schneller ab als waagerechte. Wirksame Hinterlüftungen führen eingedrungene Feuchtigkeit rasch nach außen ab. So mindert der Dachüberstand in Bild **5.2** den Regenanfall und fördert die Hinterlüftung das Austrocknen der Holzverkleidung.

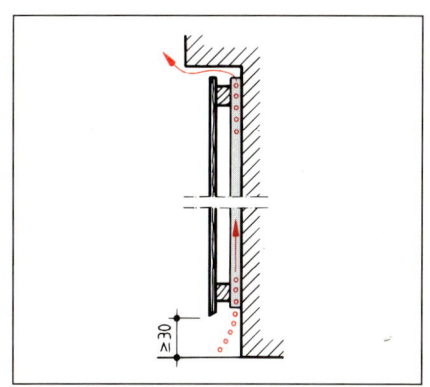

5.2 Dachüberstand

Holzstützen auf abgeschrägtem Betonsockel sind durch ausreichenden Bodenabstand vor Spritzwasser geschützt (**5.3**).

Beispiele
Forts.

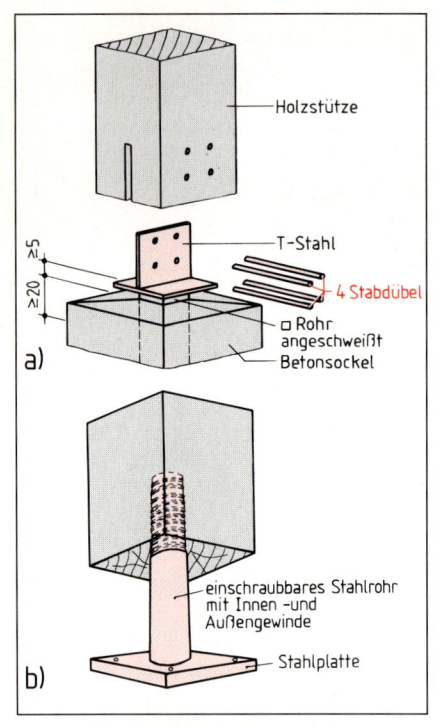

5.3 Fußpunkt für Holzstützen mit hochliegendem Stützenfuß
  a) mit Stabdübelanschluss
  b) neuartiger Schraubanschluss

Eingebautes Holz
Balkenlagen über dem Erdreich bilden wir nach Bild **5.4** aus. Die Bodenfolie hält aufsteigende Feuchtigkeit ab, Öffnungen mit Insektensieben halten Ungeziefer fern und ermöglichen ausreichende Belüftung.

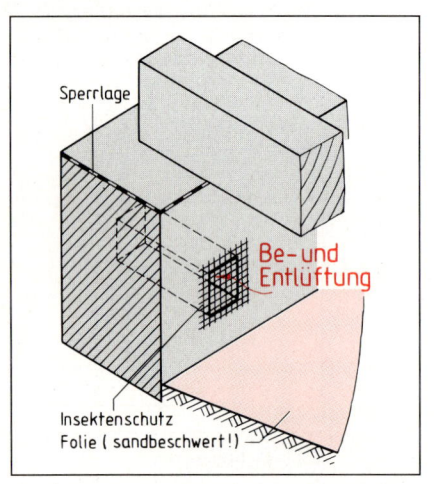

5.4 Belüftungsöffnungen und dichte Folien schützen Balkenlagen über nicht unterkellerten Gebäuden

Aufsteigende kapillare Feuchtigkeit aus Beton oder Mauerwerk dringt in ungeschützte Schwellen, Fußpfetten, Lagerhölzer und Balkenköpfe ein. Sperrschichten (-lagen) aus Bitumen- oder Kunststoffbahnen verhindern den kapillaren Übergang des Wassers zum Holz. Balkenköpfe bekommen außerdem ≥ 2 cm breite Belüftungsschlitze und in beheizten Gebäuden noch Dämmschichten zum Schutz gegen Tauwasser (**5.5**).

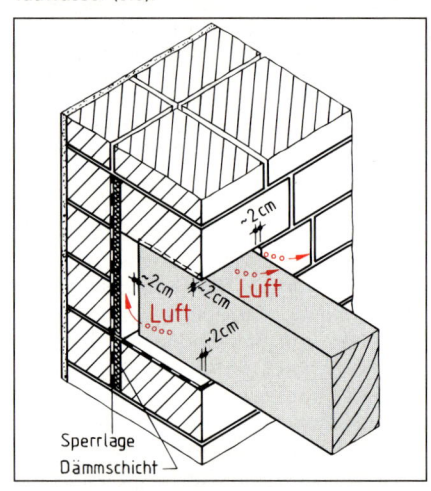

5.5 Balkenkopf im Außenmauerwerk

Dampfsperren vor wärmegedämmten Wänden und Decken aus Holz liegen stets auf der „warmen" (beheizten) Seite. Sie bestehen aus diffusionsdichten Stoffen (z. B. Folien) und verhindern Tauwasseransammlungen in der Dämmschicht (**5.6**). Aus der Baufachkunde Grundlagen wissen wir, dass durchnässte Dämmschichten wirkungslos sind.

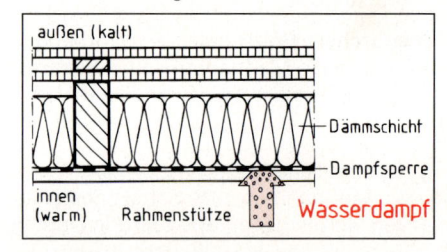

5.6 Außenwand in Holztafelbauweise (Querschnitt). Die Dampfsperre schützt vor Durchfeuchtung aus Wasserdampfkondensat

Konstruktionsvollholz (KVH) ist Nadelholz für tragende Bauteile, das aufgrund einer Vereinbarung vom Juni 1994 zwischen den Verbänden der Zimmerei- und Sägewerksbetriebe höheren, durch Güteüberwachung sichergestellten Qualitätsanforderungen genügt.
Je nach Oberflächenbeschaffenheit unterscheiden wir diese Alternativen:
KVH-Si für sichtbare Konstruktionen
KVH-NSi für nicht sichtbare Konstruktionen.

Beispiele Forts.

Merkmale und Anforderungen beziehen sich auf:

Holzfeuchte. Gefordert sind 15 %, höchstens jedoch 18 %. Somit entfallen ungewollte Formänderungen nach dem Einbau.

Holzschutz. Bei Beachtung der Konstruktionsregeln von DIN 68800 (Holzschutz) Tl-1 und -2 ist chemischer Holzschutz nicht gefordert.

Einschnittart. Ungewollte Rissbildungen und Verdrehungen werden durch spezielle Einschnittregeln wesentlich vermindert.

KVH-Si bis 10 cm Balkendicke wird herzfrei eingeschnitten durch Heraustrennen einer 4 cm dicken Herzbohle.

KVH-NSi und alle anderen Querschnitte sind herzfrei einzuschneiden (im Grenzfall durch die Markröhre).

Keilzinkung nach DIN 68140 ermöglicht kraftschlüssiges Verbinden einzelner Teil- und Reststücke, so dass beliebige Holzlängen mit gleich bleibender Festigkeit bei rationeller Nutzung des Rohstoffes möglich sind.

Standardquerschnitte in cm:

6/12, 6/14, 6/16, 6/18, 6/20, 6/24

8/12, 8/14, 8/16, 8/20, 8/24

10/12, 10/20, 10/24

Andere Querschnitte in KVH-Qualität können vereinbart werden.

Sortiermerkmale. Mit der Ausschreibung von KVH-Holz sind Bedingungen für insgesamt 17 Merkmale von Bauschnittholz (z.B. Baumkanten, Ästigkeit, Jahresringbreite, Risse) eindeutig und rechtssicher festgelegt.

5.1.2 Holzbalkenlagen

Holzbalkenlagen sind die tragenden Bauteile von Geschoss- und Dachdecken. Mangelnde Feuersicherheit, Anfälligkeit gegen Holzschädlinge und Probleme der Trittschalldämmung haben zu verschärften Bauvorschriften für Holzdecken geführt. Deshalb finden wir Holzbalkendecken überwiegend in Einfamilienhäusern. Zunehmend sind dagegen aufwendige Reparaturarbeiten an Holzbalkendecken beim Sanieren alter Bausubstanz auszuführen.

Nach Lage, Zweck und Auflagerung verwenden wir folgende Begriffe (**5.7**):

Zwischen- oder Geschossbalken trennen Geschosse voneinander.

Ganz- oder Hauptbalken gehen über die ganze Gebäudebreite.

Streichbalken liegen vor durchgehenden Querwänden. Sie erhalten nur die halbe Belastung ihrer Nachbarbalken und können daher schmaler sein – wegen der Gefahr des Verwerfens und Ausbeulens jedoch möglichst nicht unter 8 cm. Seitlich aufgenagelte Dachlatten stellen den notwendigen Kontakt zur angrenzenden Querwand her.

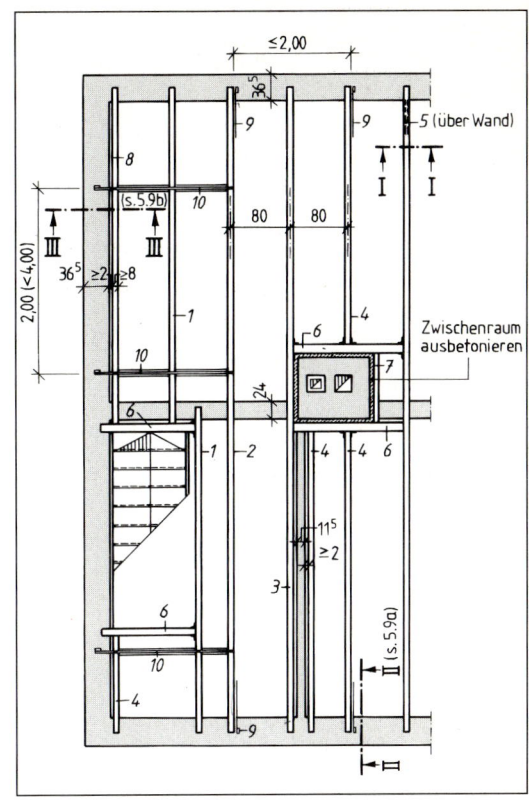

5.7 Ausschnitt einer Holzbalkenanlage (Draufsicht)
1 Zwischenbalken
2 Ganz- (Hauptbalken)
3 Streichbalken
4 Stichbalken
5 Wandbalken
(s. a. **5.8**)
6 Wechsel
7 Füllholz
8 Giebelbalken
9 Kopfanker
10 Giebelanker mit Spann-Spannbohlen

Wandbalken überdecken schmalere Wände auf ganzer Länge. U-Profile oder Keile stellen den unverschieblichen Kontakt her (**5.8**). Mit bündig angebrachten Seitenlatten sind u. U. zusätzliche Anschlussflächen für Verkleidungen zu schaffen. Bundbalken schließen Fachwerkwände nach oben ab.

Stichbalken liegen parallel zu den Ganzbalken, haben jedoch nur ein Wandauflager. Auf der anderen Seite sind sie höhengleich mit Querbalken (Wechselbalken) verbunden.

Wechsel(-balken) bilden die Auflager für Stichbalken. Sie liegen quer zur Balkenlage und sind beidseitig höhengleich an die angrenzenden Ganzbalken angeschlossen, falls vorhanden, auch einseitig mit Wandauflagerung (s. **5.7** an der Treppe). Die Ganzbalken haben dadurch zusätzliche Lasten aufzunehmen und müssen daher oft größere Querschnitte erhalten.

Giebelbalken (Ortbalken) liegen vor Giebelwänden. Sie gleichen den Streichbalken.

Füllhölzer haben keine statische Aufgabe. Sie schaffen in der Regel zusätzlich erforderliche Nagelflächen.

Dachbalken bilden die Dachdecke von Flachdächern.

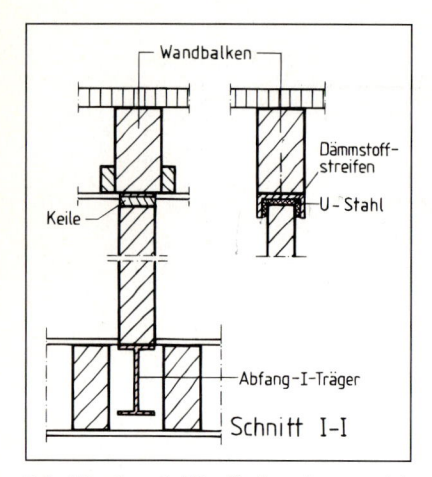

5.8 Wand und Wandbalken lassen sich durch Keile oder gleitend elastisch mit U-Profilstahl verbinden. Abfangträger (z. B. I-Stahl) bieten tragfähige Wandauflager (Deckenausbau nicht dargestellt)

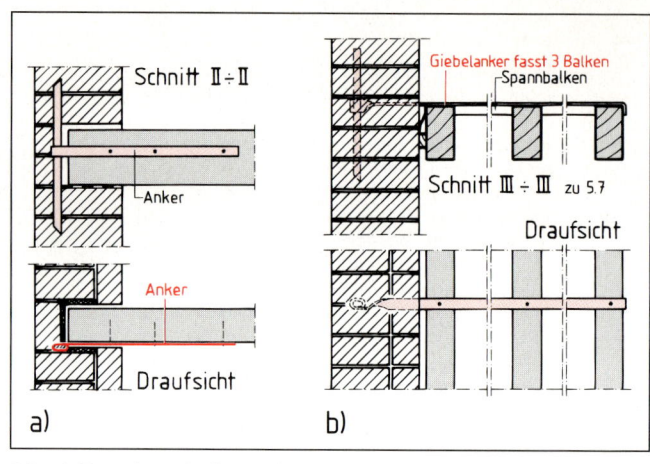

5.9 a) Zuganker schaffen kraftschlüssige Verbindungen zwischen Wand und Decke
b) Giebelanker wirken nur mit Spannbalken. Sie müssen zwei Balkenfelder erfassen (Deckenausbau nicht dargestellt)

Holzbalken zur Aufnahme gemauerter Wände erfordern meist größere Balkenquerschnitte. Ihre Formänderungen infolge Biegung und Trocknung führen jedoch leicht zu Mauerwerksrissen.

Eine zweckmäßige Lösung mit Stahlprofilträgern als Unterzug zeigt Bild **5.8**.

> Nach der Lage im Gebäude unterscheidet man Geschoss- und Dachbalken. Innerhalb einer Balkenlage gibt es Streich-, Giebel-, Wand- und Stichbalken, ferner Wechsel und Füllhölzer.

5.1.3 Konstruktive Durchbildung

Balkenabstände. Beim Einteilen der Abstände sind zuerst die Giebel-, Streich- und Wandbalken festzulegen. Dazwischen wählt man Balkenabstände von 60 bis 80 cm. Größere Abstände erfordern dickere, biegefeste Bodenbeläge. Häufig passen die Schornsteine durch ein Balkenfeld. Bei überlegter Einteilung der Abstände entfällt dann unnötiger Aufwand für das Auswechseln. Innerhalb eines Raumes sollte sich die Balkenrichtung nicht ändern, weil sonst für das Aufnageln des Bodenbelags und der Deckenverkleidung zusätzliche Konterlatten erforderlich sind.

Balkenauflager. Balkenenden erhalten Auflagerlängen, die etwa der Balkendicke entsprechen. Da Holzbalkendecken wenig zur Gebäudeaussteifung beitragen, sind für Endauflager aus Mauerwerk mindestens 24 cm dicke einschalige Wände nötig. Wände und Decken sind kraftschlüssig zu verbinden. Holzbalken erhalten dafür Zuganker nach Bild **5.9** a, bei den Massivdecken gelten die Auflager-Reibungskräfte zwischen Deckenbeton und Mauerwerk als ausreichende Verbindung. Die Zuganker (Kopf- und Giebelanker) haben ≤ 2 m, in Ausnahmefällen höchstens 4 m Abstand. Sie sollen über Wänden oder Pfeilern, nicht über Öffnungen angeordnet sein. Anker an parallel zur Balkenlage verlaufenden Wänden (z. B. Giebelanker) müssen 3 Balken erfassen (= 2 Balkenfelder, **5.9** b). Oft werden Stahlbeton-Ringbalken zur horizontalen Wandaussteifung gewählt. Holzbalken lassen sich darin einfach verankern (**5.10**).

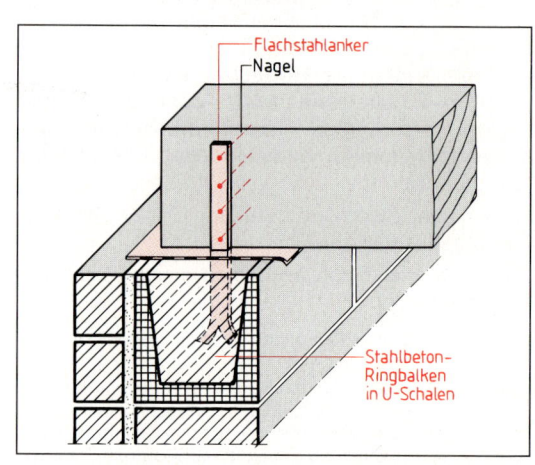

5.10 Stahlbeton-Ringbalken bieten günstige Verankerungsmöglichkeiten für Holzbalken

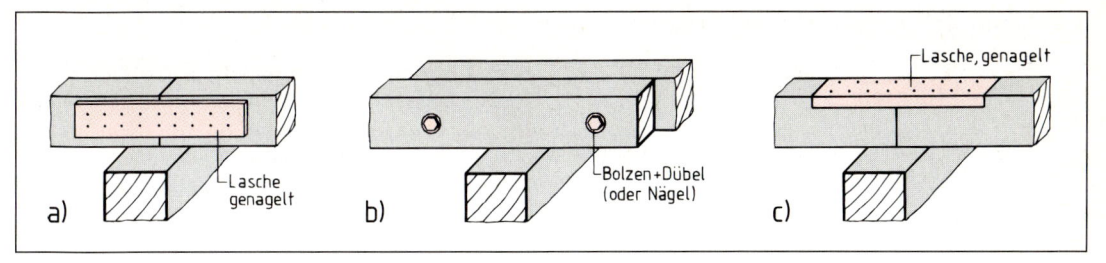

5.11 Zugfeste Balkenstöße a) mit seitlich genagelten Stahl- oder Holzlaschen, b) mit Dübel und Heftbolzen, c) mit aufgesetzter Holzlasche

Balkenstöße über Mittelauflagern erhalten zugfeste Verbindungen (**5.11**). Wechsel- und Stichbalkenanschlüsse nach handwerklich-traditioneller Ausführung schwächen den Holzquerschnitt. Spezielle mechanische Holzverbindungen, z. B. „Balkenschuhe" aus Nagelblechen oder unsichtbar integrierte aufgenagelte Stahlzapfen (auch -schwerte) in Verbindung mit Stabdübeln sind tragfähiger und z. T. weniger aufwendig (**5.12**).

Feuchtigkeitsschutz. Balkenköpfe im Außenmauerwerk sind besonders der Feuchtigkeit ausgesetzt und daher anfällig gegen Schädlingsbefall. Alte Holzbalkendecken zeigen an diesen Stellen die häufigsten und größten Schäden. Das Anlaschen neuer Balkenköpfe nach Bild **5.13** ist daher eine oft notwendige Maßnahme zur Rettung alter Balkenlagen. Zum Schutz gegen Kapillarfeuchtigkeit liegen Balkenköpfe grundsätzlich auf waagerechter Sperrschicht. Ringsum angeordnete Dämmschichten, mindestens aber eine Dämmschicht an der Hirnholzseite, verhindern Wasserdampfkondensat aus abgekühlter Raumluft. ≥ 2 cm breite Luftschlitze umlüften ständig die Balkenköpfe und trocknen eingedrungene Feuchtigkeit aus (**5.4**, **5.5**). Zusätzlichen Holzschutz bieten Imprägnierungen der Balkenköpfe gegen Schädlingsbefall.

Bei kerngedämmten 2-schaligen Außenwänden oder bei 1-schaligen Außenwänden mit Thermohaut-Verbundsystemen ist Kondensatbildung an den Balkenköpfen nicht zu erwarten. Belüftungsschlitze sind daher entbehrlich.

Brandschutz ist vor allem beim Hindurchführen der Schornsteinrohre durch Balkenlagen zu beachten. Alle Holzbauteile sollen darum ≥ 5 cm von der Außenkante Rohr entfernt sein (an unverkleideten Stellen etwa ≥ 2 cm). Der Raum zwischen Schornstein und den ringsum angrenzenden Balken, Wechseln oder Füllhölzern wird in der Regel dicht mit Beton ausgefüllt (**5.7**).

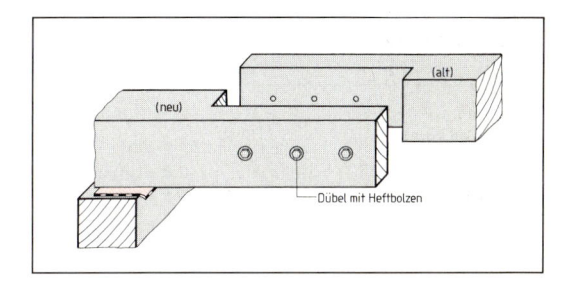

5.13 Verrottete Holzbalkenköpfe lassen sich häufig durch angedübelte Passstücke sanieren

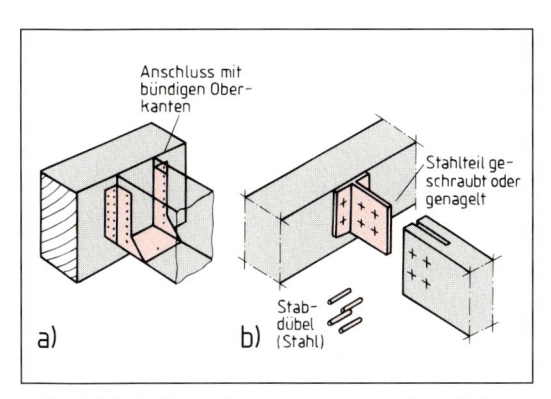

5.12 a) Stichbalkenauflagerung durch nagelbare Balkenschuhe aus Blech, b) Stichbalkenaufhängung durch T-Stahl und Stabdübel

Balkenabstände von Holzbalkenlagen betragen 60 bis 80 cm.

Die Balkenlagen werden durch Kopf- und Giebelanker mit den Außenwänden verbunden. Laschen eignen sich für zugfeste Balkenstöße, Nagelblech-Balkenschuhe oder integrierte nagelbare Stahlverbinder mit Stabbolzenanschluss für Stichbalken- und Wechselauflager.

Sperr- und Dämmschichten sowie Belüftungsschlitze schützen die Balkenköpfe an Außenwandauflagern gegen Tau- und Kapillarwasser. Am Schornsteinrohr ist der Brandschutz zu beachten.

5.2 Dachformen und Dachteile

5.2.1 Dachformen

Bevor Häuser gebaut wurden, gab es das Dach als erste menschliche Behausung. Redewendungen wie „unter einem Dach wohnen" und „ein Dach über dem Kopf haben" kennzeichnen symbolhaft das Dach als schützende Hülle, aber auch als einen nach außen abgegrenzten Raum.

Klimatische Gegebenheiten, verfügbare Bau- und Deckmaterialien sowie die geplante Nutzung der Dachräume prägen die Erscheinungsformen des Daches. So erfordern stroh- und reetgedeckte Dächer einen schnellen Ablauf des Regenwassers und daher steile Dachneigungen. Schuppenförmige Dachdeckungen (z. B. Schindeln, Schiefer, Pfannen) erlauben mäßig geneigte Dächer und in schneereichen Gebieten dicke, dämmende Schneedecken auf der Dachhaut. Große Dachüberstände schützen vor starker Sonneneinstrahlung wie gegen Schlagregen.

Die Grundformen der Dächer entwickelten sich aus der Gestaltung ihrer Quer- und Längsschnitte. Der Dachquerschnitt bestimmt die Form der Sattel-, Mansard- und Pultdächer. Der Längsschnitt kennzeichnet Giebel-, Walm-, Krüppelwalm- und Zeltdächer. Die üblichen Kombinationen zeigt Bild 5.14. Zur genauen Beschreibung eines Daches sind meist Längs- und Querschnittsform zu benennen.

Beispiele Satteldach mit Krüppelwalm; allseitig abgewalmtes Mansarddach

Das Pultdach ist die einfachste Form des geneigten Daches. Es besteht aus einer schräggestellten Dachfläche.

Das Sheddach (engl. *shed* = Halle) mit dem typischen sägeblattförmigen Dachschnitt eignet sich wegen günstiger Belichtungsmöglichkeiten für großräumige Hallen.

Das Satteldach besteht aus zwei geneigten Dachflächen mit gemeinsamer Firstlinie. Es ist die traditionelle und heute noch häufigste Dachform.

Das Mansarddach (benannt nach dem französischen Baumeister *J. Hardouin-Mansart*) bietet mit den steilgestellten Dachflächen des Unterdachs einen vergrößerten, ausbaufähigen Dachraum. Darüber knickt das flacher geneigte Oberdach zur gemeinsamen Firstlinie ab. Die Bruchlinien nennen wir Mansardlinien, den darunterliegenden Dachraum Mansarde (Mansardenwohnung).

Zeltdächer haben keinen First. Sie bestehen aus vierseitig zusammengefügten und in einer gemeinsamen Spitze (Anfallpunkt) auslaufenden Dachflächen (Walmflächen).

Walm-, Krüppelwalm- und Fußwalmdächer sind die Alternativen zum Giebeldach.

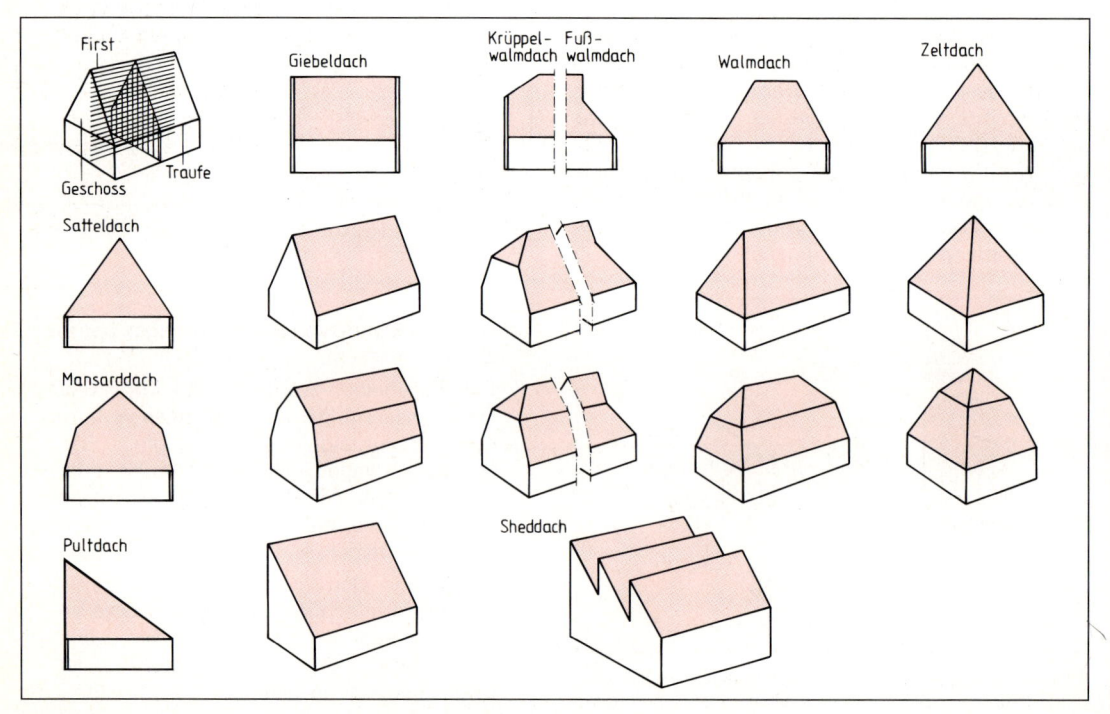

5.14 Längs- und Querschnitt bestimmen die Dachform

5.2 Dachformen und Dachteile

Zusammengesetzte Dächer ergeben sich über gegliederten Grundrissen (**5.15**), abweichende Formen bei schiefwinkligen Grundrissen, unterschiedlichen Traufhöhen und außermittig angeordneten Firstlinien (**5.16**).

> Sattel-, Mansard- und Pultdächer erkennen wir am Dachquerschnitt, Giebel-, Walm-, Zelt-, Shed-Krüppelwalm- und Fußwalmdächer auch am Dachlängsschnitt.

5.2.2 Dachteile

Bild **5.15** kennzeichnet die wichtigsten Dachteile, -flächen, -linien und -punkte.

Walme begrenzen den Dachraum an der Giebelseite, Krüppelwalme nur den oberen Dachteil, Fußwalme den unteren. Ihre Neigungen dürfen von der Hauptdachneigung abweichen.

Schleppdächer sind über die Trauflinie nach unten weitergeführte Dachteile (**5.16 b**).

Dachlinien. Die *Traufe* (Trauflinie) ist der untere, meist waagerechte Rand einer Dachfläche, der *Ortgang* (Ortganglinie) die Dachbegrenzungslinie zur Giebelfläche. *Dachbruchlinien* entstehen durch Abknickungen der Dachfläche (z. B. die Leistlinie beim abgeflachten Traufbereich oder die schon beschriebene Mansardlinie zwischen Ober- und Unterdach, aber auch der obere Rand des Schleppgaupendachs). Dachbruchlinien laufen stets parallel zu First und Traufe. *Grate und Kehlen* ergeben sich bei recht- oder schiefwinklig aufeinander zulaufenden Dachflächen. Grate entstehen an ausspringenden Gebäudeecken. Kehlen an einspringenden. Verfallungsgrate verbinden als oberer Restgrat unterschiedlich hohe Firstendpunkte (Anfallpunkte) an zusammengesetzten Dächern.

Anfallpunkte ergeben sich, wo drei oder mehr Dachflächen in einem Punkt zusammentreffen. Stets führen Grat- oder Kehllinien dorthin.

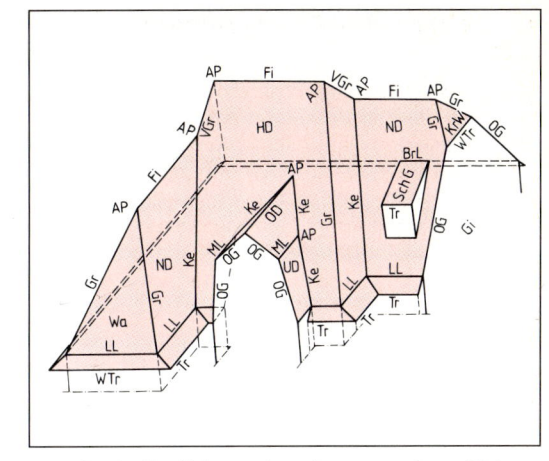

5.15 Dachteile, -linien und -punkte an geneigten Dächern

AP	Anfallpunkt	ND	Nebendach
BrL	Bruchlinie	OD	Oberdach
Fi	First	OG	Ortgang
Gi	Giebel	Tr	Traufe
Gr	Grat	UD	Unterdach
HD	Hauptdach	Vgr	Verfallungsgrat
Ke	Kehle	Wa	Walmfläche
KrW	Krüppelwalm	Wtr	Walmtraufe
LL	Leistlinie		
ML	Mansardlinie		

> Walmflächen begrenzen Dächer an den Giebelseiten und treffen seitlich auf die Dachgrate, bei einspringenden Gebäudeecken auf Kehlen.
>
> Firste bilden den oberen, Traufen den unteren Dachrand. Ein- oder ausspringende Dachbruchlinien verlaufen parallel dazu (z. B. Leist- und Mansardlinien).

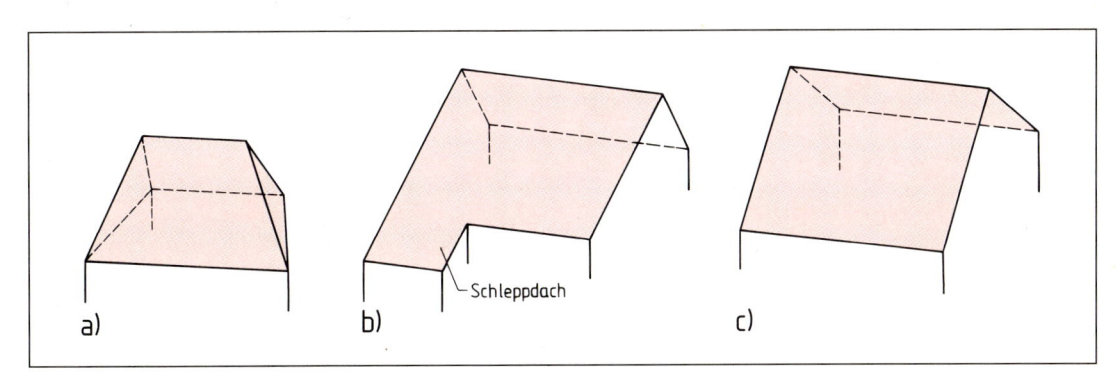

5.16 Abweichende Dachformen
  a) Walmdach über Trapezgrundriss
  b) Satteldach mit außermittig liegender Firstlinie und abgeschlepptem Dachteil
  c) Satteldach mit höhenversetzten Trauflinien

5.3 Physikalische Grundlagen

Das bauphysikalische Problem im Dachbau besteht vor allem in der *Durchfeuchtungsgefahr* für Holzbauteile und Dämmschichten infolge Tauwasserbildung (Wasserdampfkondensation) während der kalten Jahreszeit (5.17). Tauwasser führt auf Dauer zu Bauschäden, Heizenergieverlusten und gesundheitsgefährdendem Gebäudeklima. Bauphysikalisch begründete Problemlösungen bieten das belüftete Dach (Kaltdach) und das unbelüftete Dach (Warmdach).

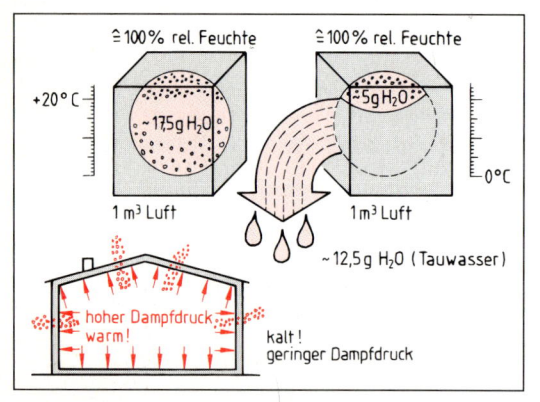

5.17 Die Gefahr der Tauwasserbildung entsteht durch Abkühlen des Luft-Wasserdampfs. Beispiel:

Lufttempe-ratur	max. Wasserdampf-menge g/m³ Luft	(≅ 100 % relative Luftfeuchte)
+ 20	17,5	
0 →	− 5,0	
	~12,5 g **Tauwasser**	

Bei 100 % relativer Luftfeuchtigkeit kondensiert der Wasserdampf der Luft zu Tauwasser. Ansteigende Temperaturen verringern die relative Luftfeuchte, abfallende erhöhen sie. Bei 100 % relativer Luftfeuchte ist die Taupunkttemperatur erreicht. Die Lage der Taupunkttemperatur innerhalb eines Bauteils (z. B. Decke, Wand) nennen wir Taupunkt(ebene).

Warme Luft trägt mehr Wasserdampf als kalte und hat daher einen höheren Wasserdampfdruck. Dieser sucht stets den Ausgleich mit dem geringeren Dampfdruck. Darum diffundiert in der kalten Jahreszeit der Wasserdampf aus den erwärmten Räumen durch die Außenbauteile nach außen.

5.3.1 Zweischaliges belüftetes Dach (Kaltdach)

Das belüftete Dach (Kaltdach) hat zwischen Dachhaut und Dämmung einen Luftraum (Kaltraum) mit Be- und Entlüftungsöffnungen an den Dachrändern. Aus den bewohnten Räumen soll der Wasserdampf die innenliegenden Dachschichten durchdringen und im Luftraum unterhalb der Dachhaut nach außen abgeführt werden. Die Fähigkeit der Luft, bei Erwärmung mehr Wasserdampf aufnehmen zu können, kommt dem belüfteten Dach gerade in der kritischen kalten Jahreszeit zugute: Die eingeströmte Kaltluft kann sich im Dachraum erwärmen, zusätzlich Wasserdampf aufnehmen und ihn durch die Entlüftungsöffnungen nach draußen führen. Das belüftete Dach hat gleichsam eine eingebaute, von bauphysikalischen Gegebenheiten gesteuerte Trocknungsvorrichtung. Leider ist dies zugleich seine empfindliche Schwachstelle, denn eine Störung oder gar Unterbrechung der Dachbelüftung über längere Zeit führt zwangsläufig zu Durchfeuchtungsschäden.

Das nicht ausgebaute Satteldach bietet grundsätzlich bessere Belüftungsmöglichkeiten als das ausgebaute, das steile wiederum bessere als das flachgeneigte. Warum? Beim nicht ausgebauten Satteldach tritt der Luftstrom durch die Belüftungsschlitze an der Traufe in den Dachraum und verlässt ihn wieder durch Dachentlüfter in Firstnähe oder durch spezielle, mörtelfrei verlegte Lüftungsfirste (5.18 a und f). Der Auftrieb der im Dachraum erwärmten Luft begünstigt diesen Vorgang.

Beim ausgebauten belüfteten Satteldach verlässt nur in etwa 1/3 aller Fälle die eingeströmte Luft den Dachraum durch die Firstentlüftung (5.18 b). Die Hauptmenge des an der Luvseite (windzugewandte Seite) aufstrebenden Luftstroms lenkt der Wind an den Firstentlüftern vorbei nach unten ab. So verlässt der größte Teil das Dach auf der Leeseite (windabgewandte Seite) abwärts durch die Entlüftungsöffnungen der Traufe (5.18 c). Darum schreibt DIN 4108 (Wärmeschutz im Hochbau) an den Traufseiten größere Belüftungsquerschnitte vor als am First (5.19).

Unterdächer oder Unterspannbahnen schützen die Dachausbauschichten gegen Flugschnee, Staub und Regen. Diese „Dächer mit zusätzlicher Maßnahme" erhalten oft noch 2 Luftschichten (5.18f). Die Tabelle 5.19 gilt für die untere Luftschicht, die obere entlüftet die Dachhaut und muss mit Konterlatten von d ≥ 2,4 cm Dicke gebildet werden (5.18f und g). Bis ≤ 16° Dachneigung sollten stets vollverschalte regensichere Unterdächer als zusätzliche Maßnahme gewählt werden. Für steilere Dächer genügen die handelsüblichen Unterspannbahnen aus Kunststoff. Nur die diffusionsoffenen Bahnen bieten hinreichend Sicherheit gegen unerwünschtes Kondensatwasser. Unterspannbahnen sind stramm gespannt auszuführen.

Die Überlastung des Luftstroms mit Wasserdampf soll durch die *diffusionsäquivalente Luftschichtdicke* s_d der Ausbauschichten verhindert werden.

5.3 Physikalische Grundlagen

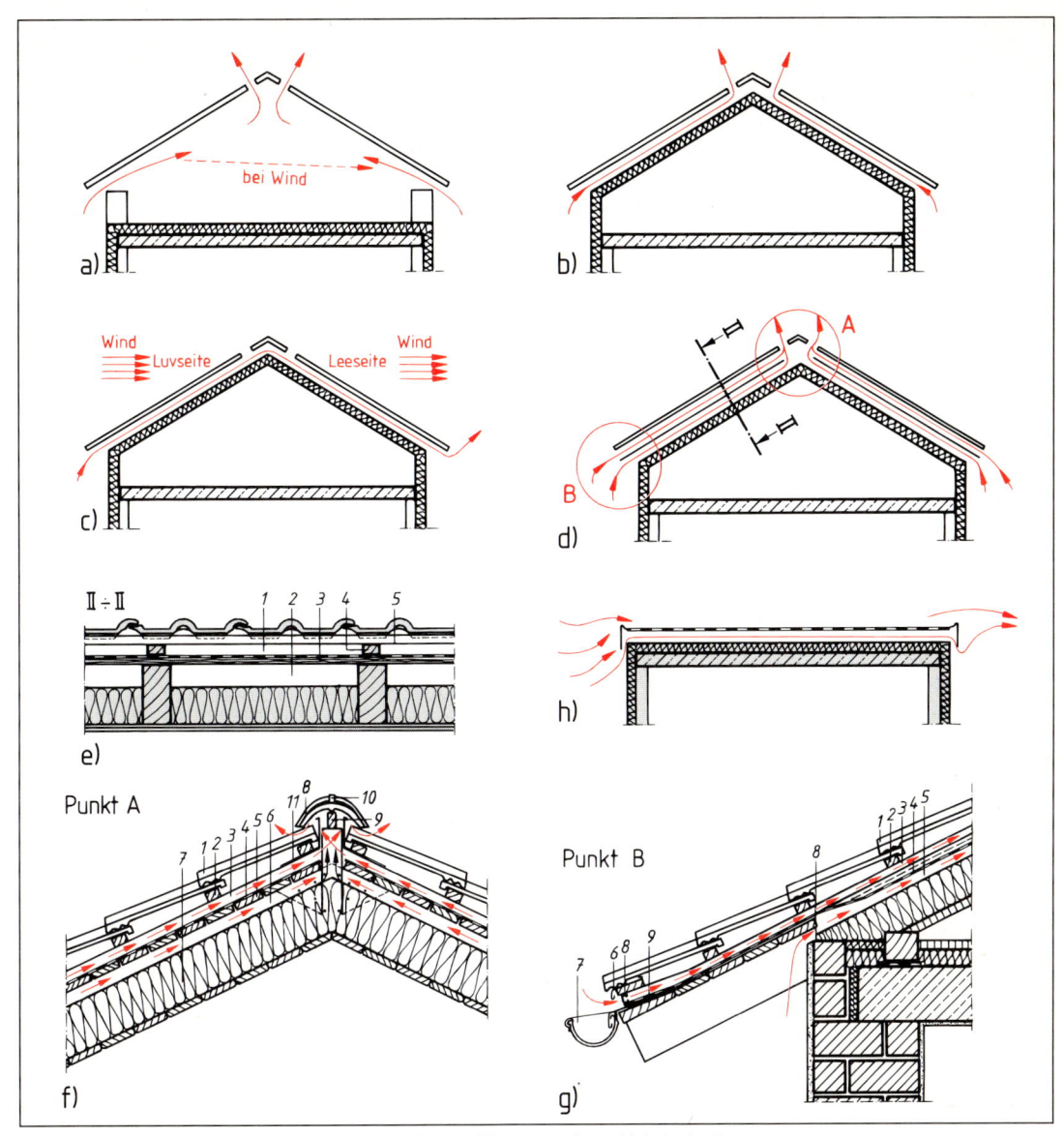

5.18 Die funktionsgerechte Dachbelüftung sichert auf Dauer trockene Holzdachteile

a) Belüftung im nicht ausgebauten Dach, b) Belüftung beim ausgebauten Dach, c) Winddruck und -sog lenken den Belüftungsstrom am First vorbei zur gegenüberliegenden Traufe, d) Das ausgebaute Satteldach mit „zusätzlicher Maßnahme" (Unterdach, Unterspannbahn) hat oft 2 Luftschichten,

e) Unterdach, äußerer Luftschicht durch Konterlatten
1 äußere Luftschicht
2 innere Luftschicht
3 Unterdach (Schalung und Sperrschicht)
4 Konterlatte
5 Querlatte

f) Firstentlüftung (Trockenfirst) beim ausgebauten Satteldach mit zusätzlicher Maßnahme (Unterdach)

1 Betonsteindeckung
2 Dachlatte
3 Konterlattung
4 Sperrschicht UD
5 Schalung UD
6 Sparren
7 Wärmedämmung
8 First-Gratstein
9 Firstlatte
10 First-Gratklammer
11 Abdeckblech

g) Traufpunkt eines belüfteten Satteldachs mit Unterspannbahn
1 Dacheindeckung
2 Dachlatte
3 Konterlattung
4 Unterspannbahn
5 Sparren
6 Abdeckblech
7 Regenrinne
8 Fliegengitter
9 Traufbohle

h) Wind begünstigt die Durchlüftung des belüfteten Flachdachs

Tabelle 5.19 Bauphysikalische Mindestwerte für das ausgebaute Satteldach nach DIN 4108-3

Dach-neigung	Dachteil	Lüftungsquerschnitt A_L je lfd. m	Höhe H_L des Strömungsquerschnitts	diffusionsäquivalente Luftschichtdicke s_d[4]	bei Sparrenlänge a
≥ 10°	Traufe	≥ 2 ‰ von A_D[1] ≥ 200 cm	–	–	–
	First	≥ 0,5 ‰ von A_{ges}[2]	–	–	–
	Dachbereich (querschnitt)	≥ 200 cm² ⊥ zur Strömungsrichtung	≥ 20 cm ⊥ zur Strömungsrichtung[5] (ab OK Dämmung)	≥ 2 m ≥ 5 m ≥ 10 m	≤ 10 m ≤ 15 m ≤ 15 m
≥ 10°	Traufe	≥ 2 ‰ von A_{DP}[3] an jeder Traufseite	–	–	–
	Dachbereich (querschnitt)	–	≥ 5 cm ⊥ zur Strömungsrichtung (ab OK Dämmung)	≥ 10 m	–

[1]) Dachfläche zwischen First und Traufe
[2]) Dachfläche insgesamt
[3]) Grundrissfläche unterhalb des Daches
[4]) s_d = Maß für den Sperrwert von Bauteilschichten
[5]) *Achtung:* Quellende Dämmstoffe (z. B. Mineralwolle) können die Luftschichtdicke deutlich verringern oder ganz dichtsetzen. Quellmaße daher berücksichtigen!

Diese entspricht der Dicke einer ruhenden Luftschicht, die den gleichen Wasserdampf-Diffusionswiderstand wie die Bauteilschicht hat. Die Mindestwerte enthält Tabelle 5.19.

Die Luftundurchlässigkeit der Ausbauschichten auf der Dämmschicht-Innenseite ist unabdingbare Voraussetzung für die Wirksamkeit der berechneten s_d-Werte. Über luftdurchlässige „Leckstellen" – besonders an den Randanschlüssen (Wände, Dachfenster, Schornsteine, Rohrdurchführungen) – dringt durch Luftströmung (Konvektion) viel mehr Wasserdampf als bei Diffusion durch die Ausbauschicht selbst. Daher ist die Dampfsperrschicht zugleich als funktionssichere Windsperre auszubilden (Ränder abkleben!).

Die diffusionsäquivalente Luftschichtdicke s_d bezieht sich auf die Summe der Dachausbauschichten unterhalb der Luftschicht. Wir berechnen sie nach folgender Formel:

$$s_d = s \cdot \mu$$

s_d = diffusionsäquivalente Luftschichtdicke in m
s = Stoffdicke in m
μ = (sprich mü) Diffusionswiderstandsfaktor – eine stofftypische Materialkennzahl (s. Wärmeleitfähigkeitstafeln). Sie besagt, wievielmal höher der Dampfdurchgangswiderstand eines Stoffes gegenüber einer gleich dicken Luftschicht ist.

Beispiel Der Dachausbau unterhalb der Luftschicht besteht aus 8 cm dicken PUR-Hartschaumplatten mit $\mu = 30$ und 2,2 cm dicken Flachpressplatten mit $\mu = 20$ (5.20a). Wie groß ist s_d?

Lösung

Stoff	s	μ	s_d
PUR-Hartschaum	0,08 m	· 30 =	2,40 m
Flachpressplatte	0,022 m	· 20 =	0,44 m
		$s_d =$	2,84 m

Ergebnis Der Diffusionswiderstand der Dachausbauschichten gleicht dem einer 2,84 m dicken Luftschicht.

Ausgebaute Dächer ohne innere Luftschicht gemäß Tabelle 5.19 sind gestattet (z. B. bei Dämmschichtdicken bis OK Sparren), wenn der innere s_d-Wert ≥ 2,0 m durchgehend eingehalten wird und auf der Außenseite eine Dämmschichtabdeckung

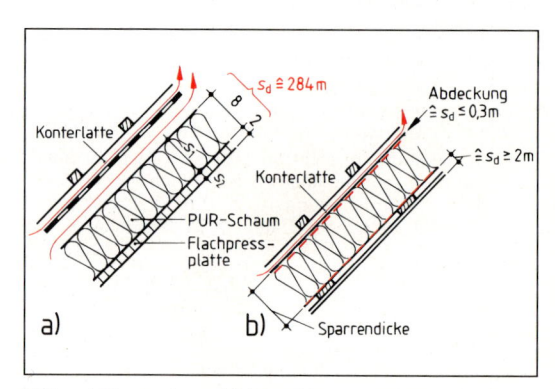

5.20 a) Die Ausbauschichten (hier s_1 und s_2) müssen der diffusionsäquivalenten Luftschichtdicke nach Tab. 5.19 entsprechen
b) Bedingungen für Dachschrägen mit vollgedämmten Sparrenfeldern

5.3 Physikalische Grundlagen

mit $s_d \leq 0{,}3$ m gewährleistet ist. Es genügt dann die durch Konterlattung hergestellte äußere Luftschicht (**5.20 b**).

Ist ein innerer s_d-Wert von 100 m durchgehend vorhanden, können alle diese Vorschriften für die Belüftung der inneren Luftschicht entfallen. Unerlässlich bleibt jedoch die mit Konterlatten hergestellte äußere Luftschicht über der „zusätzlichen Maßnahme" (Unterspannbahn, Unterdach o. Ä.), um Feuchte aus Flugschnee, Flugregen oder abtropfendem Kondenswasser von der Dachhaut sicher nach draußen zu leiten.

Das belüftete Flachdach hat keinen strömungsfördernden thermischen Auftrieb (**5.18 h**). DIN 4108 fordert deshalb für Dächer mit $\leq 10°$ Neigung ≥ 5 cm Luftschichthöhe und für gegenüberliegende Traufseiten Belüftungsquerschnitte von je $\geq 2\%$ der gesamten Dachgrundrissfläche (**5.19**). Kräftiger Wind in Richtung der belüfteten Balkenfelder soll den notwendigen Luftstrom im Flachdach erzeugen. Quer zur Balkenlage aufgenagelte Konterlatten begünstigen die Dachentlüftung durch Luftaustausch zwischen den Balkenfeldern. Nicht nur wechselnde Windrichtung und -stärke, sondern auch störende Hindernisse in der Balkenlage (z. B. Wechselhölzer), Änderung der Balkenrichtung (z. B. beim Winkelhaus), Windschatten durch verdichtete Nachbarbebauung oder Tallage können die Belüftung des Flachdachs beeinträchtigen. Das belüftete Flachdach ist daher nicht unproblematisch. Es wird zunehmend vom unbelüfteten Flachdach verdrängt oder durch besondere Maßnahmen (z. B. dampfbremsende Schichten unterhalb der Dämmung) dem System des unbelüfteten Flachdachs angepasst.

Zusätzliche Sicherheit fordert DIN 4108 auch durch erhöhte Mindestwerte für die diffusionsäquivalente Luftschichtdicke der Ausbauschichten.

Die Flachdachrichtlinien empfehlen, die Mindestwerte zur Belüftung von Dächern sowie die vorgegebenen s_d-Werte nach Tab. **5.19** aus Gründen der Funktionssicherheit zu überschreiten.

Völlig falsch und von verheerender Auswirkung wäre eine stark dampfbremsende äußere Abdeckung der Dämmschicht, z. B. durch dichte Kunststoff-Folien! Die physikalische Reaktion: Wasserdampfstau auf der kalten Dämmschichtseite, Anstieg der relativen Luftfeuchtigkeit bis zum Erreichen und Unterschreiten der Taupunkttemperatur, Ausscheiden von Kondenswasser, durchnässte und damit unwirksame Dämmschichten, durchfeuchtetes Holz als ideale Brutstätte für Holzschädlinge.

Vorsicht bei Dachdeckungen aus Metall oder bei Metallteilen innerhalb des Luftraums! Im Winter gefriert der kondensierende Wasserdampf dort zu Eisschichten, die den Luftraum bei Tauwetter in eine Tropfsteinhöhle verwandeln und die darunterliegende Decke durchnässen.

Bauphysikalisches Hauptproblem im Dachbau ist die Durchfeuchtungsgefahr für Dachholz und Dämmschichten durch Wasserdampfkondensat (Tauwasser) aus abgekühlter Raumluft.

Das belüftete Dach (Kaltdach) bietet eine Lösung. Hier stellt sich in der Luftschicht oberhalb der Dachdämmung über Zu- und Abluftöffnungen ein Luftstrom ein, der den von innen her eingedrungenen Wasserdampf nach draußen führt.

Zusätzliche Sicherheit erbringen dampfbremsende Ausbauschichten mit diffusionsäquivalenten Luftschichtdicken nach DIN 4108 ($s_d \geq 2$ m) oder dichte, deshalb sehr wirksame Folien aus Aluminium oder Kunststoff auf der inneren (warmen) Dämmschichtseite.

Die Luftundurchlässigkeit an der Dämmschicht-Innenseite gehört zu den wichtigsten Voraussetzungen für die Funktionssicherheit belüfteter Dachsysteme.

Ausgebaute Dachschrägen erhalten stets eine „zusätzliche Maßnahme" (Unterspannbahn, Unterdach) und Konterlattung für die äußere Luftschicht. Dämmschichtlagen bis Außenkante Sparren sind möglich, wenn eine Dämmschichtabdeckung mit $s_d \leq 0{,}3$ m und auf der Spareninnenseite $s_d \geq 2$ m eingehalten werden.

5.3.2 Nicht belüftetes Dach (Warmdach)

Beim nicht belüfteten Dach entfällt die wasserdampfableitende, strömende Luftschicht zwischen Dämmung und Dachhaut, so dass der gesamte einschalige Dachquerschnitt von innen her durchwärmt werden kann (daher Warmdach). Flachdächer werden häufig nach diesem Prinzip konstruiert. Das Problem der Tauwasser-Durchfeuchtung während der kalten Jahreszeit kann hier nur gelöst werden, indem die Wasserdampfdiffusion bereits auf der warmen Dachseite – also unterhalb der Dämmschicht – wirksam unterbrochen wird (**5.21 a, b**).

Die Dampfsperre ist daher der bauphysikalisch wesentliche Bestandteil des nicht belüfteten Daches. Dichte, durch Schmelzprozesse entstandene Stoffe (Metall, Glas, Kunststoffe, Bitumen) eignen sich besonders dafür. Sie werden in Bahnen oder Planen gefertigt. Die Wärmedämmung soll die Taupunktebene deutlich über die Dampfsperre hinaus nach außen verlagern, wo Wasserdampf

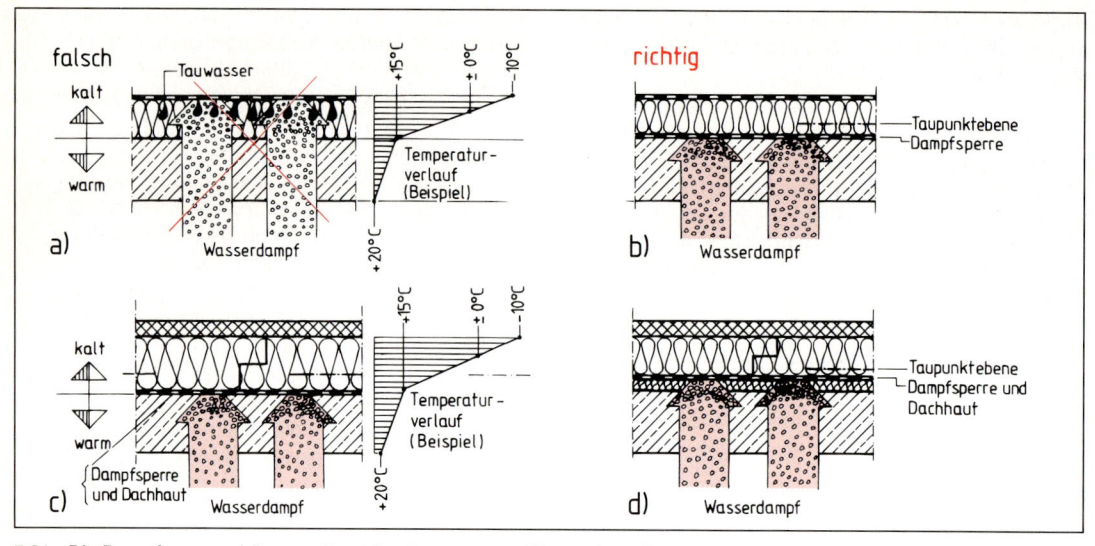

5.21 Die Dampfsperre schützt vor Durchfeuchtungen aus Wasserdampfkondensat
a) Tauwasserbildung ist die Folge der fehlenden Dampfsperre, b) Die Dampfsperre liegt stets auf der warmen Seite (unter der Dämmschicht), c) Das Umkehrdach vereinigt Dampfsperre und Dachhaut in einer Lage, d) Das Duo-Dach enthält bis zu 20 % der Dämmung unter der Dichtungsebene

der Dampfsperre wegen gar nicht erst hingelangen kann (**5.21** b bis d).

Fehler und Gefahren. Im Unterschied zur windabhängigen Luftschicht des belüfteten Daches (besonders bei flacher Neigung) hängt die Funktionsfähigkeit des nicht belüfteten Daches allein von der sorgfältigen Herstellung ab. Planungs- und Ausführungsfehler wirken sich noch verheerender aus als beim belüfteten Dach, denn Wasserdampfstau und -kondensat unterhalb der Dachhaut wegen unzureichender, undichter, fehlender oder falsch eingebauter Dampfsperre führen zur Durchfeuchtung und Verrottung der Dämmschicht (**5.21** a). Der Verlust des Wärmeschutzes steigert außerdem die Temperaturdehnung der massiven Dachdecke, deren Schubkräfte Formänderungen und Risse in den Außenwänden verursachen können. Das im Winter angesammelte Tauwasser verwandelt sich durch Sonneneinstrahlung im Sommer wieder zu Wasserdampf, der nun weder nach innen durch die Dampfsperre noch nach außen durch die Dachhaut entweichen kann. Ansteigender Wasserdampfdruck unter den bituminösen Dachbahnen lässt die anwachsenden Dampfblasen aufplatzen. Einströmendes Regenwasser durchnässt das Dach schließlich restlos. Die Sanierungskosten sind beträchtlich.

Statt Tauwasser kann auch witterungsbedingte Feuchtigkeit beim Aufbringen der Dachhaut in die Dachkonstruktion gelangen und den Vorgang der dachhautzerstörenden Blasenbildung in Gang setzen.

Das Umkehrdach (auch „Irma"-Dach von **I**nsulated **r**oof **m**embrane **a**ssembly) gleicht aus bauphysikalischer Sicht dem nicht belüfteten Dach, denn auch hier wird der Dampfdurchgang auf der warmen Dachseite unterbrochen (**5.21** c) Jedoch liegt die Dachhaut auf der „umgekehrten" Seite, nämlich unter der Dämmschicht, wo sie zugleich die Funktion der Dampfsperre übernimmt. Somit entfällt die unerwünschte zweite Dampfsperre in Form der äußeren Dachhaut, so dass diffundierender Wasserdampf unmittelbar nach draußen gelangen kann. Feuchtigkeitsansammlungen, wie sie beim herkömmlichen nicht belüfteten Dach zwischen Dampfsperre und Dachhaut auftreten können, sind deshalb ausgeschlossen. Die hochwertigen, wasserundurchlässigen, witterungsbeständigen und verrottungsfesten Spezial-Dämmplatten aus extruder expandiertem Hartschaum (z. B. Styrodur, Roof-mate) bleiben auch ohne äußere Dachhaut funktionsfähig und schützen zugleich die untere Dachabdichtung vor UV-Strahlung und die Massivdecke vor größeren Temperaturspannungen. Ein Dämmwertverlust bis zu 20 % ist beim Bemessen der Dämmschichtdicke zu berücksichtigen, weil die Dachentwässerung z. T. auch unterhalb der Dämmschicht erfolgt.

Das Duo-Dach gleicht dem Umkehrdach, doch liegt hier der kleinere (!) Teil der Dämmung unterhalb der Abdichtungsebene und kann daher seiner trockenen Lage wegen die gewünschte Dämmfunktion in vollem Umfang erfüllen (**5.**21 d). Dabei ist der allgemein für nicht belüftete Dächer geltende Grundsatz zu beachten:

> Zusätzliche Dämmschichten auf der inneren (warmen) Seite des einschaligen Daches verändern den Temperaturverlauf innerhalb des Dachquerschnitts ungünstig. Dabei kann die Taupunktebene bis unter die Dampfsperre abrutschen. DIN 4108 gestattet deshalb höchstens 20 % der Wärmedämmung unterhalb der Dampfsperre. Andernfalls ist eine zusätzliche Dampfsperre auf der Dämmschicht-Unterseite anzubringen.

Alte unbelüftete Flachdächer mit knapp bemessener Dämmschicht lassen sich nach dem System des Duo-Daches auf sehr einfache und diffusionstechnisch gefahrlose Weise wirksam verbessern. Die nachträglich auf die Außenseite aufgebrachten Dämmplatten bringen gegenüber der zusätzlichen Innendämmung keine größere Tauwassergefahr.

Die Taupunktebene rückt im Gegenteil noch weiter über die Dampfsperre und damit auf die sichere Seite.

Unbelüftete Dächer in leichter Bauweise (leichte Warmdächer) finden wir über Holzdecken, schwere unbelüftete Dächer über Massivdecken. Umkehrdächer sind wegen notwendiger Wärmespeicherfähigkeit nur über Massivdecken zulässig.

> Beim nicht belüfteten Dach gewährleisten Dampfsperre und Dämmschicht die Sicherheit gegen Durchfeuchtungsschäden infolge Tauwasser. Die Dämmschicht rückt die Taupunktebene (-temperatur) möglichst weit nach außen, die Dampfsperre auf der „warmen" Dachseite verhindert, dass Wasserdampf in schädlichen Mengen diese gefährliche Ebene erreicht.
>
> Beim Umkehrdach übernimmt die Dachhaut zugleich die Aufgabe der Dampfsperre. Gleiches gilt für das Duodach mit ≤ 20 % Dämmanteil unterhalb der Abdichtung.

5.4 Dachkonstruktion

5.4.1 Flachdach

Flachdächer haben Dachneigungen bis 5°, flachgeneigte Dächer von 5° bis 25°. Die Dachhaut flachgeneigter Dächer kann, die der Flachdächer muss als Abdichtung ausgeführt werden. Eine Übersicht über die genormten Dachbahnen vermitteln die Tabellen **5.**22 und **5.**23.

Die Dachneigung bestimmt Zahl, Art und Aufbau der Dachschichten sowie die Ausbildung wichtiger Detailpunkte (**5.**24 auf S. 88). Bituminös abgedichtete Dächer sollen möglichst ≥ 2° Dachneigung erhalten.

Tabelle **5.**22 Genormte Bitumenbahnen

Trägereinlage	Bitumen-Dachbahnen DIN 52143	Bitumen-Dachdichtungsbahnen DIN 52130	Bitumen-Schweißbahnen DIN 52131	Polymerbitumen-Dachdichtungsbahnen DIN 52132	Polymerbitumen-Schweißbahnen DIN 52133
Glasgewebe	–	G 200 DD	G 200 S4 G 200 S5	PYE-G 200 DD	PYE-G 200 S4 PYP-G 200 S4 PYE-G 200 S5 PYP-G 200 S5
Polyesterfaservlies	–	PV 200 DD	PV 200 S5	PYE-PV 200 DD	PYE-PV 200 S5 PYP-PV 200 S5
Glasvlies[1)]	V13	–	V60 S4	–	–

Tabelle 5.23   Genormte Kunststoff- und Kautschukbahnen

DIN-Norm	Titel Dachbahn	Dichtungsbahn[1])	Bezeichnung	Nenndicke[2])
7864-1	Elastomerbahnen für Abdichtungen		z. B. EPDM, CR, IIR	1,2 mm
16729	Kunststoff-Dachbahnen und -Dichtungsbahnen aus Ethylencopolymerisat-Bitumen		ECB	1,5 mm
16730	Kunststoff-Dachbahnen aus weichmacherhaltigem Polyvinylchlorid, nicht bitumenverträglich	–	PVC-P-NB	1,2 mm
16731	Kunststoff-Dachbahnen aus Polyisobutylen, einseitig kaschiert	–	PIB	2,5 mm
16734	Kunststoff-Dachbahnen aus weichmacherhaltigem Polyvinylchlorid mit Verstärkung aus synthetischen Fasern, nicht bitumenverträglich	–	PVC-P-NB-V-PW	1,2 mm
16736	Kunststoff-Dachbahnen und -Dichtungsbahnen aus chloriertem Polyethylen, einseitig kaschiert		PE-C-K-PV	1,2 mm
16737	Kunststoff-Dachbahnen und -Dichtungsbahnen aus chloriertem Polyethylen mit einer Gewebeeinlage		PE-C-E-PW	1,2 mm
16935	–	Kunststoff-Dichtungsbahnen aus Polyisobutylen	PIB	1,5 mm
16937	–	Kunststoff-Dichtungsbahnen aus weichmacherhaltigem Polyvinylchlorid, bitumenverträglich	PVC-P-BV	1,2 mm
16938	–	Kunststoff-Dichtungsbahnen aus weichmacherhaltigem Polyvinylchlorid, nicht bitumenverträglich	PVC-P-NB	1,2 mm

Tabelle 5.24   Von der Gebäudehöhe abhängige Flachdachrichtlinien

Konstruktionsteile	Gebäudehöhe		
	bis 8 m	8 bis 20 m	über 20 m
Auflast gegen Abheben im Eckbereich im Randbereich ⎱ bei lose verlegten im Innenbereich ⎰ Abdichtungsbahnen	130 kg/m² 45 kg/m²	225 kg/m² 210 kg/m² 75 kg/m²	360 kg/m² Einzelnachweise
Äußere Schenkelhöhe von Dachrandabdeckungen	≥ 5 cm	≥ 8 cm (Tropfkantenabstand vom Gebäude ≥ 2 cm)	≥ 10 cm

Kurzzeichen

G	Glasgewebe
PV	Polyestervlies
V	Glasvlies
PYE	Polymerbitumen, modifiziert mit thermoplastischen Elastomeren
PYP	Polymerbitumen, modifiziert mit thermoplastischen Kunststoffen
200	Flächengewicht der Trägereinlage, z. B. 200 g/m² (nicht V13)
DD	Dachdichtungsbahn
S4/S5	Schweißbahn mit 4 bzw. 5 mm Dicke
K	kaschiert
V	verstärkt
E	Einlage
BV	bitumenverträglich
NB	nicht bitumenverträglich
GV	Glasvlies
PV	Polyestervlies
PPV	Polypropylenvlies
GW	Glasgewebe
PW	Polyestergewebe

Die Dachschichten des nicht belüfteten Daches richten sich nach Untergrund, Material, Gebäudehöhe und Dachnutzung (5.24 sowie 5.25 und 5.26 auf S. 89 bis 91).

Der Voranstrich auf besenreiner Betonoberfläche besteht aus Bitumenlösung oder -emulsion und ist die erste vorbereitende Maßnahme auf Massivdächern. Er bindet vorhandenen Staub und verbessert die Haftfähigkeit der Deckenoberfläche.

Ausgleichsschichten bestehen meist aus gelochten Glasvlies-Bitumen-Dachbahnen mit grob besandeter Unterseite (LV-Bahnen). Geeignet sind auch punktförmig verklebte oder lose verlegte grobbesandete Bahnen. Punktverklebte Dampfsperrbahnen mit dichten Stößen ersparen die Ausgleichsschicht.

Lochglasvlies-Bitumenbahnen werden lose verlegt. Die darauf geklebte Dampfsperrbahn erhält über die Löcher der ersten (LV-)Bahn punktförmige Haftung zur Decke. Die gelochte Bahn bietet der Dampfsperrbahn eine materialgerechte Klebefläche. Sie überbrückt geringe Spannungsrisse und Dehnungen innerhalb der Massivdecke. Außerdem ermöglicht sie das gleichmäßige Verteilen und Entspannen stellenweise eingedrungenen Wasserdampfes im Bereich der unverklebten Flächen. Durch Kontakt zur Außenluft an den Dachrändern trocknet auch Feuchtigkeit im Dachrandbereich aus.

> Die Dampfsperre soll mindestens den gleichen, möglichst jedoch einen größeren Dampfdurchlasswiderstand erreichen als alle darüberliegenden Schichten zusammen. Als Mindestwert gilt eine diffusionsäquivalente Luftschichtdicke
>
> s_d = 100 m.

Beispiel Eine bituminöse Dampfsperrbahn von der Dicke s = 8 mm hat eine Wasserdampfdiffusions-Widerstandszahl μ = 75 000. Dafür ergibt sich eine diffusionsäquivalente Luftschichtdicke von
$s_d = \mu \cdot s = 7500 \cdot 0{,}008$ m = 600 m > 100 m.

Tabelle **5.25** Dachneigungsabhängige Vorschriften (Flachdachrichtlinien 1991/92)

	Dachneigung < 2° = 3,5 % nur in Ausnahmefällen als Sonderkonstruktion	2° bis 5° = 3,5 % bis 8,8 %	> 5 > 8,8 %
Dachabdichtung aus bituminösen Bahnen	obere Lage aus Polymerbitumenbahn untere Lage aus Polymerbitumenbahn oder 2 Lagen Bitumenbahnen	≥ 2 Lagen – obere Lage: Polymerbitumenbahn (z. B. mit Schiefersplittbestreuung) – Bahnen mit geringer Zugkraft und Dehnung (z. B. bei Glasvlieseinlage), nur als zusätzliche Lage verwendbar – Bahnen mit Metallbandeinlagen (z. B. Alu), nur für die Abdichtung begrünter oder befahrbarer Dächer zulässig – Bahnen mit Rohfilzeinlage sind für Dachabdichtungen nicht geeignet	
aus Kunststoff- und Kautschukbahnen	Bahnen mit erhöhter Dicke vorsehen, ferner schweren Oberflächenschutz vorsehen (z. B. Kies)	– meist 1 Lage Schutzschichtunterlage (z. B. aus Kunststoffvlies) als gesonderte Lage oder als unterseitige Kaschierung – Trennschicht (z. B. aus Rohglasvlies) bei Unverträglichkeit mit anderen Schichten (z. B. PVC-Bahn auf PS-Schaum oder bei ölimprägnierter Holzschalung) – Schutzlage (z. B. aus Kunststoffvlies ≥ 300 g/m²) über der Abdichtung vorsehen bei Dachbegrünung oder unter Plattenbelägen oder anderen schweren Nutzschichten	
aus Kunststoff- und Bitumenbahnen		– 1 Lage (bitumenverträgliche!) Kunststoffbahn, kann je nach Nutzung und Oberflächenschutz auf, zwischen oder unter bituminösen Bahnen verklebt werden	
Sicherung gegen Abrutschen der Abdichtung bei Erwärmung durch Sonneneinstrahlung		– nur bei Dächern > 3° Dachneigung ($\cong$ ~ 5 %) z. B. durch zusätzliche Nagelung am oberen Dachrand, Verwendung von Steildachschweißbahnen u. a. (vgl. Flachdachrichtlinien **7.7**)	
Anschlusshöhen ← gelten ab OK letzte Dachschicht (z. B. OK Kieslage)			
an aufgehende Bauteile (z. B. Wände)		~ 15 cm	~ 10 cm
an Terrassentüren und Lichtkuppeln		~ 15 cm	~ 15 cm
ab Dachrändern		~ 10 cm	~ 5 cm

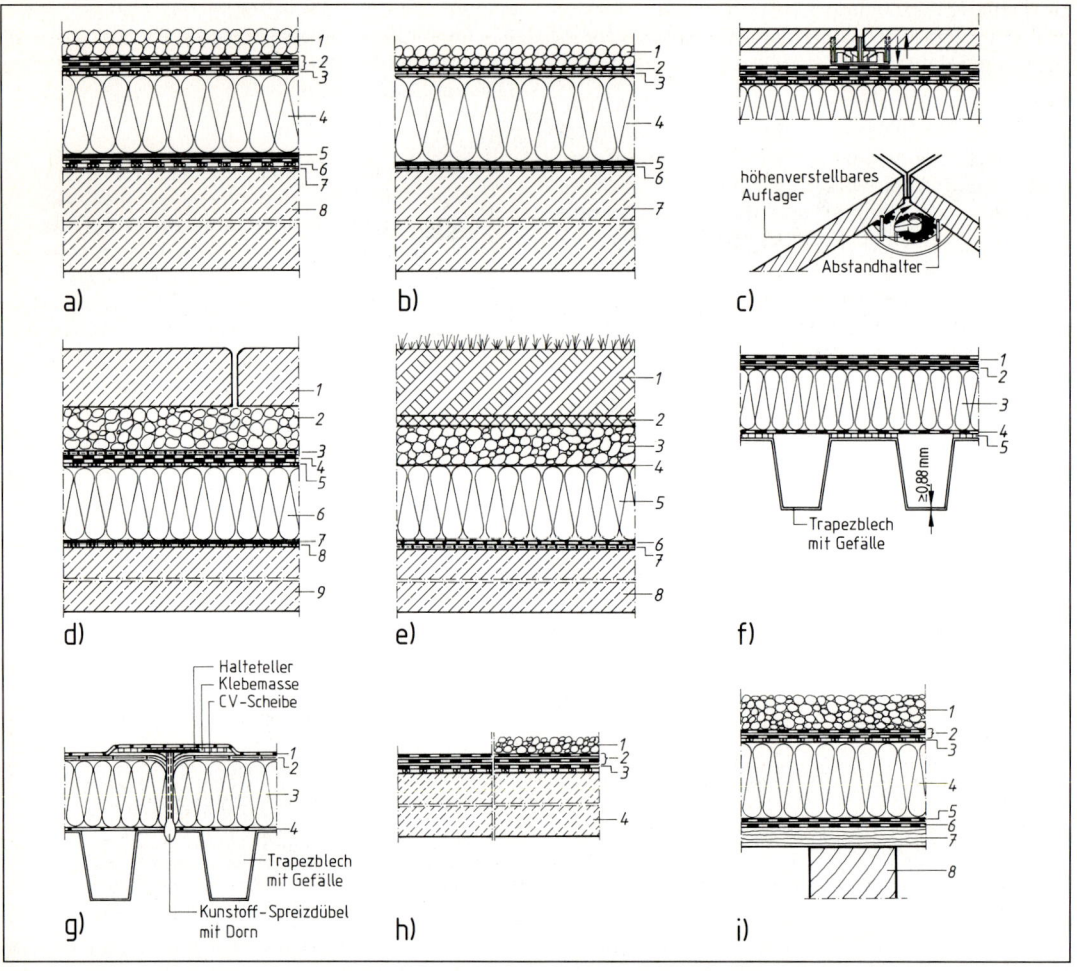

5.26 a) Aufbau des nicht belüfteten Flachdachs (Warmdach) mit bituminösen Dachhautschichten

    1 Rollkies (≥ 5 cm)   5 Dampfsperre
    2 Dachabdichtung   6 Ausgleichsschicht
    3 Dampfdruck-   7 Voranstrich
       Ausgleichsschicht   8 Stahlbetondecke
    4 Dämmschicht

b) Das nicht belüftete Dach mit einlagiger Dachabdichtung aus Kunststoff

    1 Rollkies   4 Dämmschicht
    2 Kunststoff-Dach-   5 Dampfsperre (lose)
       bahn (lose verlegt)   6 Trennlage
    3 Trennlage (Kunst-   (z.B. Glasvlies)
       stoffgewebe)   7 Stahlbetonplatte

c) Höhenverstellbare Stelzlager für Terrassenplatten auf Flachdächern

d) Schwerer befahrbarer Dachbelag auf Drainschicht

    1 Stahlbeton oder   5 Ausgleichsschicht
       Verbundsteine   6 Dämmschicht
    2 Drainschicht oder   (z.B. Kork)
       2 x Gleitfolien   7 Dampfsperre (lose)
    3 Trennlage   8 Ausgleichsschicht
       (z.B. Gewebe)   (evtl.)
    4 Dachabdichtung   9 Stahlbetonplatte

e) Umkehrdach nur für extensiv begrünte Dächer geeignet

    1 Vegetationsschicht in   5 Dämmung (z.B. R + M)
       durchlässigem Substrat   6 RMB-Plane
    2 Filterschicht (-vlies)   (lose verlegt)
    3 Drainschicht   7 Trennlage
       (z.B. PS-Drainplatte)   8 Stahlbetonplatte
    4 Schutzvlies, diffusionsoffen

f) Bituminös verklebte Dachschichten widerstehendem Windsog an Dächern aus Trapezblech

    1 Dachabdichtung   4 Dampfsperre (hoch
    2 Kaschierungslagen   reißfest)
    3 rollbare, bitumenbahn-   5 Bitumenkleberschicht
       kaschierte Dämmschicht

g) Unverklebte Kunststoffbahnen über Trapezblechen sind durch Tellerdübel zu sichern

    1 Kunststoff-Dachbahn   3 Mineralfaser-Dämmplatte
    2 Trennlage   4 Dampfsperre

h) Dicke Stahl-Leichtbetondecken sind auch ohne Dampfsperre funktionsfähig

    1 Kieslage (16/32) oder   3 Dampfdruck-Aus-
       Schiefersplitt   gleichsschicht
    2 Dachabdichtung   4 Stahl-Leichtbeton

5.4 Dachkonstruktion

5.26, Fortsetzung

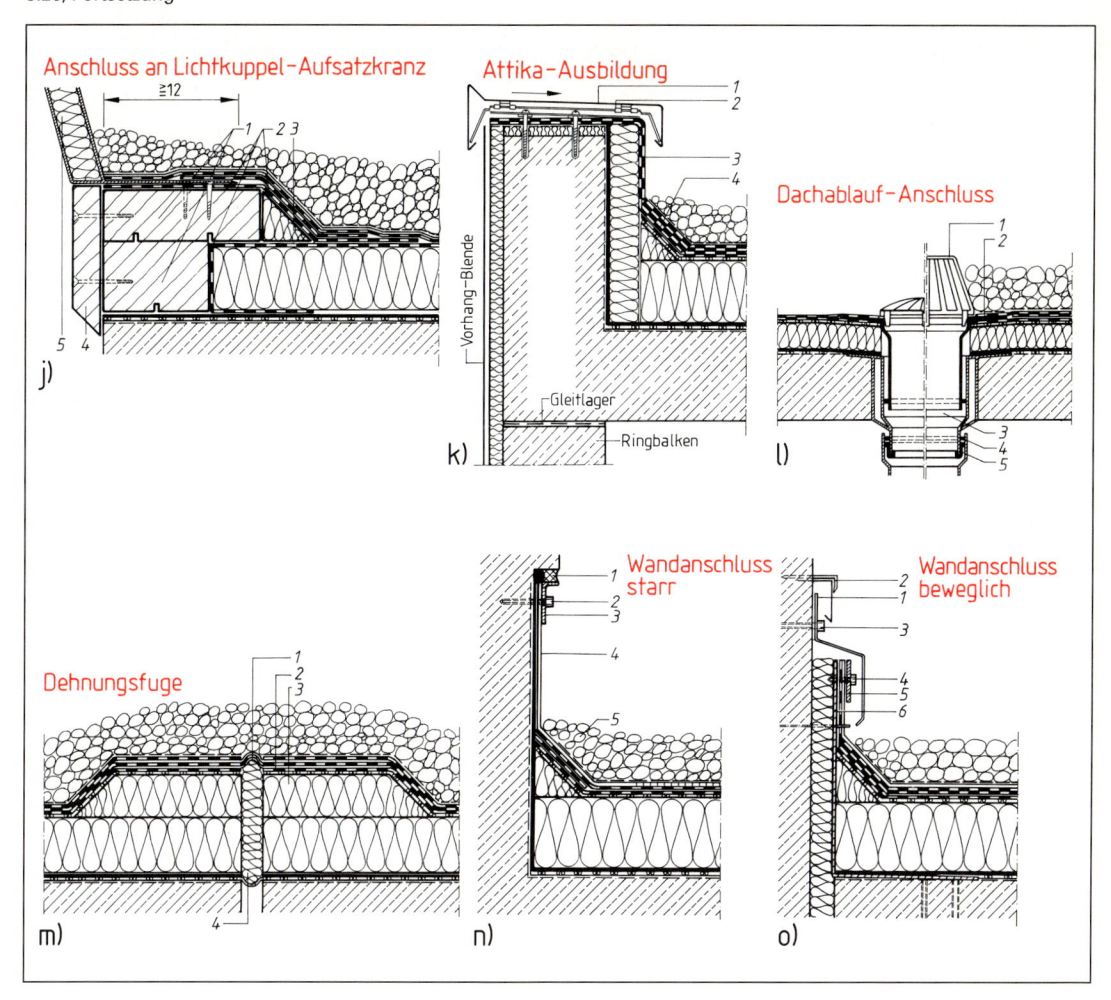

Anschluss an Lichtkuppel-Aufsatzkranz — j)
Attika-Ausbildung — k)
Dachablauf-Anschluss — l)
Dehnungsfuge — m)
Wandanschluss starr — n)
Wandanschluss beweglich — o)

i) Das leichte nicht belüftete Dach ermöglicht Dachdecken mit sichtbarer Balkenlage
  1 Rollkies (5 cm) oder Schiefersplitt
  2 Dachabdichtung
  3 Kaschierung (Bitumendachbahn)
  4 ausrollbare, bitumenbahnkaschierte Polystyrol-Dämmschicht
  5 Alu-Dachdichtungsbahn als Dampfsperre, vollverklebt
  6 genagelte Bitumendachbahn
  7 Dachschalung (2,2 cm), gehobelt
  8 Balkenlage, dreiseitig gehobelt

j) Lichtkuppeln werden auf erhöhte Randbohlen montiert
  1 Randbohlen
  2 Verstärkungsstreifen
  3 Dreikantleisten
  4 Deckbrett
  5 Kunststoff-Aufsatzkranz (h = 300 mm)

k) Attika-Dachrandabschluss mit Blechabdeckung
  1 Abdeckung (z. B. Alu L)
  2 Halter
  3 Anschlussabdichtung
  4 Keil 60/60

l) Der Ablauf ist am Tiefpunkt des Daches anzuordnen
  1 Laub- oder Kiesfang
  2 Klebeflansch
  3 Ablaufkörper wärmegedämmt
  4 Rollring
  5 Lippendichtung

m) Dehnungsfugen sollten über die wasserführende Ebene herausgehoben werden
  1 Polymerbitumenbahn
  2 Schaumstoff-Rundprofil
  3 zusätzliche Dämmplatte
  4 Trennstreifen

n) Starrer Wandanschluss
  1 Versiegelung
  2 Schlüsselschraube
  3 Klemmschiene
  4 Anschlussabdichtung
  5 Keil 60/60 mm

o) Beweglicher Wandanschluss
  1 Versiegelung
  2 Kappstreifen
  3 Schlüsselschraube
  4 Klemmschiene, angeschraubt
  5 Anschlussdichtung
  6 Stahlwinkel, in Stahlbetondecke festgeschraubt

Hochbeanspruchbare Dampfsperren bestehen vorzugsweise aus bituminösen Dachbahnen mit Aluminiumband- und Glasvlies- oder -gewebeeinlage. Geeignet sind auch bituminöse Bahnen mit Gewebe- oder Glasvlieseinlage, ferner PE- und PVC-(weich)-Bahnen mit Kaschierung aus Bitumenpappe (**5.22**).

Dämmschichten aus Glasschaum (z. B. Foam-Glas), in Bitumen verlegt, ersetzen die Dampfsperre. Beim Umkehrdach reicht die Dachabdichtung als Dampfsperre, weil austretender Wasserdampf darüber ungehindert entweichen kann. Gefahrenpunkte ergeben sich bei allen Anschlüssen der Dampfsperrbahn an Dachdurchbrüchen (z. B. Schornsteine, Rohre, Lichtkuppeln).

Die Wärmedämmschicht erspart Heizenergie, mindert die Temperaturunterschiede von Massivdecken und die Gefahr von Rissbildungen. Die einschalige, unbelüftete Flachdachkonstruktion (Warmdach) erfordert je nach Nutzlast druckbeanspruchbare Wärmedämmstoffe der Anwendungstypen WD (normal belastbar), WS, WDS oder WDH (sonder- bzw. erhöht druckbeanspruchbar). Nicht geeignet sind die Anwendungstypen W und WL (nicht druckbeanspruchbar).

Beispiele Polystyrol-Partikelschaumplatten WD PS 20
Extrudierte Polystyrol-Hartschaumplatten
WD/WS PS 30
Polystyrol-Hartschaumplatten
WD/WS PS 30
Polyurethan-Hartschaum-Platten
WD/WS PUR 30
Phenolharz-Hartschaumplatten
WD/WS PF 35
Schaumglasplatten WDS/WDH SG 1 00-1 50
Mineralfaserplatten WD
Korkplatten, imprägniert WD, WDS IK 200

Dämmplatten sind mit dichten und versetzten Stößen anzuordnen. Je nach Erfordernis werden sie lose verlegt, vollflächig, flecken- oder streifenweise verklebt oder mechanisch befestigt. Extrudierte Polystyrol-Hartschaumplatten erhalten wegen möglicher Formänderungen stets eine vollflächige lose Trennschicht als Abdeckung (z. B. gewebeverstärktes Ölpapier, Natronkraftpapier). Rollbare Dämmlagen aus Polystyrolstreifen liefern mit ihrer kaschierten Bitumendachbahn zugleich die erste Dachabdichtungslage.

Die Dampfdruck-Ausgleichsschicht zwischen Dämmung und Dachabdichtung gleicht den Druck des Wasserdampfs aus, der sich während der Abdichtungsarbeiten oder aus Fehlstellen der Dampfsperre gebildet hat. Nur Dampfdruck-Ausgleichsschichten mit Verbindung zur Außenluft an den Dachrändern sind zweckgerecht. Wie bei der unteren Ausgleichsschicht eignen sich auch hier die gelochten Glasvlies-Bitumenbahnen. In diffusionsoffenen mineralischen Faserdämmplatten (z. B. Steinwolle) stellt sich ausreichender Dampfdruckausgleich bereits in der Dämmschicht ein. Eine Dampfdruck-Ausgleichsschicht kann daher entfallen, ebenso bei lose aufgelegter Dachabdichtung z. B. aus Kunststoffplanen. Trennlagen aus Bitumen- oder Natronkraftpapier, lose aufgelegt, werden zwischen Schaumstoff-Dämmplatten und bituminösen Dachabdichtungen empfohlen, um Verwerfungen durch schwind- und temperaturbedingte Formänderungen zu vermeiden. Diese Empfehlung gilt entsprechend für die untere Ausgleichsschicht.

Die Dachabdichtung wirkt als wasserdichte äußere Dachhaut.

Abdichtungen aus bituminösen Bahnen nach Tabelle **5.22** sind meist vollflächig geklebt und mehrlagig auszuführen. Eine Lage darf aus geeigneten bitumenbeständigen hochpolymeren Bahnen (Kunststoffbahnen) bestehen und als untere, mittlere oder obere Lage angeordnet sein. Wurzeleinwuchs an bepflanzten Dächern gefährdet bituminöse Abdichtungen. Bahnen und Massen mit speziellen Zusätzen (z. B. Preventol) bieten hier die notwendige Sicherheit.

Wegen zu erwartender thermischer Verformungen dürfen Bitumenbahnen mit Metallbandeinlage nicht für die Dachhaut verwendet werden (Ausnahme: Dächer mit Belag oder Begrünung). Bitumenbahnen mit Rohfilzeinlage sind für Dachabdichtungen ungeeignet.

Abdichtungen aus hochpolymeren Stoffen werden mit Einzelbahnen bis 2 mm Dicke aus passend vorgefertigten Planen (**5.23**) oder als Beschichtungen aus polymerisierenden oder abtrocknenden Flüssigkeiten (meist mit Einlage eines verstärkenden Trägerstoffs) hergestellt. Mehrlagige Kunststoffabdichtungen sind aus klebetechnischen Gründen nicht ausführbar. Reine Kunststoffabdichtungen sind daher einlagig und lose verlegt. Die Gefahrenpunkte gegenüber der mehrlagigen bituminösen Abdichtung liegen bei den Nahtverbindungen und in der Beanspruchung auf Durchstanzen, die Vorteile beim Auffinden und Reparieren von Schadstellen. Auch Material- und Arbeitszeitersparnis und weniger Abhängigkeit vom Wetter beim Verlegen begünstigen die Verbreitung einlagiger Kunststoff-Dachabdichtungen.

Plastomere (Thermoplaste) bleiben durch die Zugabe flüchtiger Lösungsmittel („Weichmacher") auch bei niedrigen Temperaturen bis zu $-30\ °C$ dauerhaft elastisch. Die gleichen Lösungsmittel ermöglichen quellverschweißte Nahtverbindungen.

PIB-Bahnen (Polyisobutylen), licht- und UV-beständig, reißfest bis 400 %, unbeständig gegen Fette, Öle.
PVC-Bahnen (Polyvinylchlorid), bevorzugt für Planendeckung; *Achtung:* nicht alle PVC-Bahnen sind bitumenverträglich (**5.23**).
ECB-Bahnen (Äthylen-Copolymerisation) mit eingelagertem Bitumen, reißfest, sehr dehnfähig (bis 500 %) und bitumenverträglich. Sie verbinden die günstigen Eigenschaften des Bitumens (Plastizität, Dichtwirkung, Witterungsbeständigkeit) mit der hohen Zähigkeit eines thermoplastischen Kunststoffs. Die bituminösen Bestandteile verbessern die Flexibilität bei tiefen, die Kunststoffanteile die Standfestigkeit bei hohen Temperaturen.

Elastomere (Kautschukelastomer-Bahnen) haben losevernetzte Moleküle. Sie sind daher von Natur aus hochelastisch, ferner dehnfähig bis 650 %, einreißfest bis 3 N/mm², sehr dampfdicht und sehr widerstandsfähig gegen Witterungseinflüsse, ferner gegen chemisch aggressive Stoffe und gegen Durchstanzen. Ihre Molekularstruktur bleibt zwischen – 40 °C und 100 °C stabil. Nahtverbindungen erfolgen durch spezielle Kleber, Vulkanisieren oder Klebebänder. Planen werden meist lose verlegt, Bahnen lassen sich mit speziellen Bitumen auch verkleben.

Beispiel CR-Bahnen (Chloropren-Rubber).

Verarbeitungsrichtlinien der Hersteller hochpolymerer Bahnen enthalten wichtige Hinweise, z. B. auf Unverträglichkeit mit bestimmten Materialien, Empfindlichkeit gegen Durchstanzen oder gegen UV-Strahlung, ebenso auf notwendige Trennschichten, geeignete Kleber und Detaillösungen. Konstruktive Einzelheiten zeigen die Bilder **5.26** b, e, g.

Der Oberflächenschutz mindert den Alterungsprozess der Dachhaut infolge ultravioletter Strahlung, Feuchtigkeits- und Temperaturwechsel. Dunkle, ungeschützte Dachflächen verzeichnen Temperaturunterschiede bis 80 K. Heller Oberflächenschutz reflektiert einen wesentlichen Teil der Sonneneinstrahlung.

Leichter Oberflächenschutz kann aus Splitt, Granulat oder Beschichtungen bestehen. Polymerbitumenbahnen (PYE) müssen, Elastomerbitumenbahnen (PYP) können solche Schutzschichten erhalten.

Schwerer Oberflächenschutz aus Kiesschüttungen (Ø 15/30 mm) ab 5 cm Dicke ist besonders wirksam, denn er bietet zugleich Widerstand gegen mechanische Beanspruchungen und Abheben lose verlegter Dachhaut infolge Windsog. Zugleich erfüllt er wesentliche Brandschutzvorschriften.

Mechanische Befestigungen sollen Sogkräfte aus Wind aufnehmen. Sie sind an allen Dachrändern und Dehnungsfugen durch Schrauben oder Nageln von Metallbändern und Profilen vorzusehen. Notwendig sind sie bei Dächern aus Trapezprofilblechen sowie unter bestimmten Bedingungen bei Dämmungen aus Hartschaum.

Gegen Abheben infolge Windsog sichert man die Dachabdichtungen durch Auflast (**5.24**), Verklebung und mechanische Befestigungen. Dabei sind die Randbereiche besonders gefährdet, vor allem an den Ecken (**5.27**).

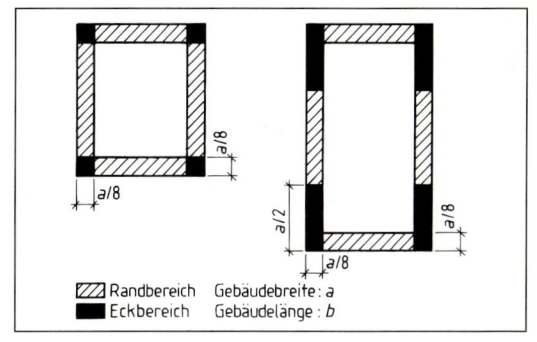

Randbereich Gebäudebreite: a
Eckbereich   Gebäudelänge: b

5.27 Vereinfachte Flächeneinteilung (bis 20 m Gebäudehöhe) zur Sicherung gegen Windsog

Genutzte Dachflächen für *einfache Beanspruchung* dienen dem Personenaufenthalt, *schwere Beanspruchung* liegt bei befahrbaren oder bepflanzten Dächern vor. In einfachen Fällen genügen großformatige Plattenbeläge (≥ 3 cm dick) auf höhenverstellbaren und gegen Eindrücken und Durchstanzen gesicherten Stelzlagern als Oberflächenschutz (**5.26** c). Schwere Schutzschichten aus mörtelverlegten Platten, Beton, Kies, Mutterboden oder Filterplatten sind durch Trennlagen (z. B. PE-Folie) von der Dachabdichtung zu trennen (**5.26** d). Umkehrdächer erhalten mit den schweren Belägen zugleich die notwendige Sicherheit gegen Abheben und Aufschwimmen der Dämmplatten. Anschlussbeispiele zeigen die Bilder **5.26** j bis o.

Dachbegrünungen und -bepflanzungen erfordern besonders hochwertige Abdichtungen. Alle Anschlussbereiche sind zur besseren Entwässerung und Wartung von Begrünung freizuhalten und durch groben Kies oder Plattenbelag zu ersetzen.

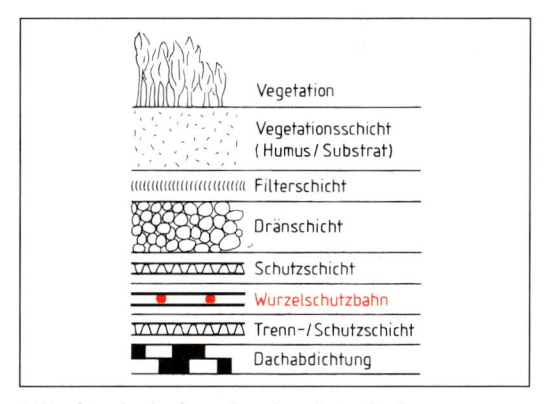

Vegetation
Vegetationsschicht (Humus / Substrat)
Filterschicht
Dränschicht
Schutzschicht
Wurzelschutzbahn
Trenn-/Schutzschicht
Dachabdichtung

5.28 Standardaufbau eines begrünten Daches

Extensive Begrünungen (bis etwa 15 cm Wuchshöhe) verlangen nur relativ dünnen Schichtenaufbau und gelten als Alternative zur Bekiesung.

Intensive Begrünungen für Pflanzen mit dickerem Bodenaufbau erfordern ständige Pflege und besondere Nachweise bei der Planung.

Den Standardaufbau für Dachbegrünungen zeigt Bild **5.**28. Als Wurzelschutzmaßnahmen eignen sich thermoplastische Kunststoff-Dachbahnen (z. B. ECB, PVC, VAE, PIB) oder Kautschukbahnen. Für Dränschichten (Entwässerungsschichten) dienen außer Grobkies auch Blähton, Dränplatten, Kunststoff-Formteile oder Fadengeflechtmatten aus Kunststoff.

Unterschiedliche Flachdachtragwerke erfordern z. T. besondere konstruktive Maßnahmen.

Trapezblechtafeln bilden häufig die Dachdecke großflächiger Gebäude und zugleich die Unterlage für den Dachbelag. Oft dienen sie zugleich als Dampfsperre und erhalten einen 3- bis 4fachen Bitumenanstrich. In beheizten Räumen bei $\geq 20\,°C$ und $\geq 60\,\%$ relativer Luftfeuchtigkeit ist auch hier eine Dampfsperre erforderlich. Weil statt einer schweren Kiesschicht meist eine lasteinsparende Kieseinpressung als Oberflächenschutz dient, müssen Dachhaut und Dämmung durch Verkleben oder durch Schrauben und Dübel mit den Blechtafeln verbunden werden. Spezielle Kunststoff-Tellerdübel mit passenden Schrauben verhindern Wärmebrücken und abtropfendes Tauwasser an den Metallschrauben (**5.**26 f, g).

Leichtbeton-Dachplatten haben ihrer guten Wärmedämmfähigkeit wegen bereits ein deutliches Temperaturgefälle von der warmen Innen- zur kalten Außenseite. Das Verlegen des Taupunkts über die Plattenoberkante hinaus erfordert dicke, hochwertige Dämmstoffe und im Zweifelsfall genauere bauphysikalische Rechennachweise. Bei dämmtechnisch ausreichend bemessener Plattendicke genügt die Dachhaut auf den Leichtbetonplatten ohne unterseitige Dampfsperre, weil angefallenes Konsensat (etwa 3,0 bis 3,5 Vol.-%) vom Leichtbeton ohne spürbaren Nachteil für den Wärmeschutz aufgenommen und im Sommer durch Verdunstung nach innen wieder abgegeben werden kann (**5.**26 h).

Leichte unbelüftete Dächer auf Holzbalkenlagen erhalten als Unterlage für den einschaligen Aufbau gehobelte Spundbretter ($d \geq 24$ mm bei ≤ 75 cm Sparrenabstand) oder Spanplatten (auch Sperrholzplatten) der Verleimungstypen V 100 G (**5.**26 i).

Belüftete Flachdächer werden auf Massivdächern selten, auf Holzbalkendächern häufiger angewendet (**5.**29). Als Wärmedämmstoffe genügen hier Platten oder Matten der Anwendungstype W (nicht druckbeanspruchbar) und WZ (leicht zusammendrückbar). Für Abdichtung und Belüftung gelten die obigen Ausführungen, ferner die Tabellen **5.**19, **5.**22, **5.**23 und **5.**25.

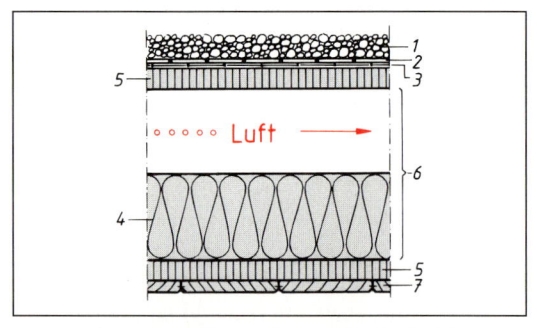

5.29 Aufbau des belüfteten Flachdachs. Zusätzliche Querlüftung lässt sich durch aufgebrachte Querlattung zwischen Balken und Spanplatte erreichen

  1 Kieslage   5 Spanplatte V110 G
  2 Kunststoffplane   6 Balken
  3 Trennlage   7 Sichtschalung, angefast
  4 Mineralfaser-Dämmplatte W

Konstruktive Mindestanforderungen an flache Dächer enthalten die Flachdachrichtlinien.

Die Dachschichten richten sich u. a. nach bauphysikalischen Gesichtspunkten (nicht belüftetes/belüftetes Dach), Dachnutzung, Unterbau und Bahnqualität. Schichtfolge:

– **Nicht belüftetes Dach auf Massivdecke.** Bituminöser Voranstrich, Ausgleichs- bzw. Trennschicht, Dampfsperre, Dämmung, Dampfdruck-Ausgleichsschicht, Dachabdichtung, Schutzschicht bzw. Auflast gegen Windsog

– **Nicht belüftetes Dach als Umkehrdach.** Massivdecke, bituminöser Voranstrich, Dachabdichtung, extrudierte Hartschaum-Dämmplatten, diffusionsoffene Trennlage (z. B. Polyester-Faservlies), Auflast (Kies, Platte)

– **Nichtbelüftetes Dach als Duodach.** Wie Umkehrdach, jedoch $\leq 20\,\%$ der Dämmung unter der Dachhaut (bei sanierungsbedürftigen Altbauten mit funktionsfähiger Dampfsperre u. U. deutlich mehr)

– **Nichtbelüftetes Dach auf Holzbalkenlage** (leichtes Warmdach). Dachschalung, genagelte Ausgleichsschicht, weitere Schichten wie auf Massivdecke

– **Nichtbelüftetes Dach auf Trapezblechen.** Bituminöse Beschichtung der Bleche, weitere Schichten wie auf Massivdecke; statt Verkleben sind die Dämmplatten auch mechanisch fixierbar

– **Belüftetes Dach auf Balkenlage.** Dämmschicht zwischen oder unter den Balken, Luftschicht, Dachschalung, genagelte Ausgleichsschicht, Dachabdichtung.

Lagenzahl: Dachabdichtungen mit Kunststoffbahnen/-planen sind 1-lagig, die mit bituminösen Bahnen 2- oder 3-lagig, davon 1 Kunststoffbahn möglich.

5.4.2 Sparren- und Kehlbalkendach

Das Sparrendach gehört zu den einfachsten Dachtragwerken. Zwei gegenüberliegende Sparren stützen sich am First gegenseitig und an ihren Fußpunkten gegen Deckenbalken ab, bei Massivdecken gegen Deckenwiderlager (**5.30 a**). Neben der Biege- müssen sie daher einer beachtlichen Knickbeanspruchung widerstehen. Decken oder Deckenbalken bilden zusammen mit jedem Sparrenpaar ein unverschiebliches Dreieck. Sie müssen zugfest an den Sparrenfußpunkten angeschlossen sein, um den horizontalen Dachschub aus der waagerechten Komponente der Dachauflagerkräfte aufnehmen zu können. Senkrechte Auflagerkräfte treten ausschließlich unter den Sparrenfußpunkten auf und können dort auf die stützenden Außenwände übertragen werden.

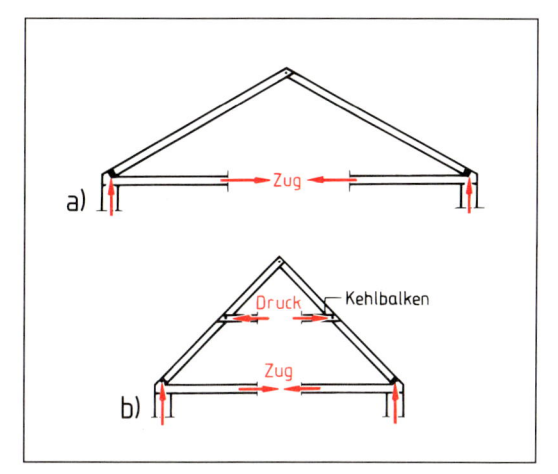

schnitte. Kehlbalkendächer wählt man daher bei größeren Gebäudebreiten und für stützenfreie Dachräume.

Kehlbalken. Die beidseitig wirkenden Dachlasten beanspruchen den Kehlbalken auf Knicken, seine Ausbau- und Nutzlasten auf Biegung. Die Kehlbalken-Auflagerkräfte übertragen sich an den Kehlbalken-Anschlusspunkten auf die Sparren.

Das verschiebliche Kehlbalkendach ist die übliche Ausführungsart. Hier überträgt der Kehlbalken bei einseitiger Sparrenbelastung einen Teil der Kräfte und der Verformung (Durchbiegung) auf den Nachbarsparren, dessen Mittelauflager damit zugleich entlastet wird (**5.31 a**). Für die miteinander unlösbar gekoppelten Sparren bildet der verschiebliche Kehlbalken gleichsam ein nachgiebiges Mittelauflager.

5.30 a) Sparrendach, b) Kehlbalkendach

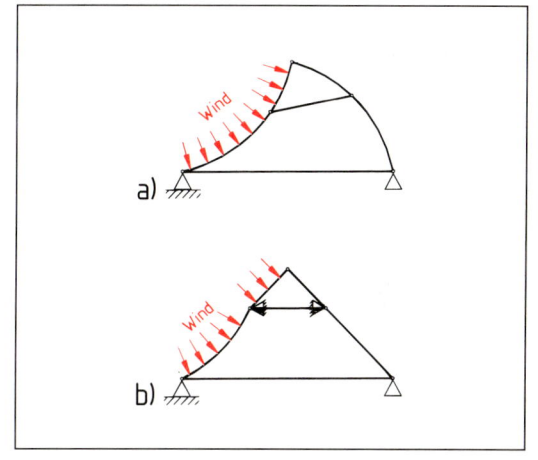

5.31 a) Das verschiebliche Kehlbalkendach hat bei einseitiger Belastung ein nachgiebiges Mittelauflager
b) Das unverschiebliche Kehlbalkendach bietet den Sparren feste Mittelauflager auch bei einseitiger Belastung

Dachneigung. Aus der Baufachkunde Grundlagen wissen wir, dass die Horizontal- und Normalkräfte (II Sparren) am Sparrenfußpunkt, aber auch am First mit abfallender Dachneigung zunehmen. Ab etwa 20° Dachneigung muss für die Holzverbindung am First mit größerem Aufwand gerechnet werden. Auch das Einhalten der Dachneigung ist bei flacher geneigten Dächern nur mit genauem Längenzuschnitt der Sparren erreichbar. Sparren- und auch Kehlbalkendächer sollten daher mindestens 20° Neigung haben.

Das Kehlbalkendach (Kehlriegeldach) ist ein horizontal ausgesteiftes Sparrendach. Jedes Sparrenpaar stützt sich hier außer am First noch durch den Kehlbalken gegeneinander ab (**5.30 b**). Als Mittelauflager verkürzt der Kehlbalken die Stützweite der Sparren, mindert ihre Knick- und Biegebeanspruchung und ermöglicht somit kleinere Sparrenquer-

Das unverschiebliche Kehlbalkendach erfordert aufwendige Konstruktionen für die verankerte Kehlbalkenlage. Die Dachseiten stützen sich hier nicht nur gegenseitig ab, sondern in der Kehlbalkenlage noch gegen ein zusätzliches festes (unverschiebliches) Tragelement (z. B. Querwände). Die Sparren finden dann in der als zusammenhängende Scheibe konstruierten Kehlbalkenlage ein absolut starres, unnachgiebiges und daher unverschiebliches Mittelauflager (**5.31 b**).

Der verschiebliche Kehlbalken entlastet die Sparren nur bei symmetrischer (beidseitig gleicher) Belastung entscheidend, der *unverschiebliche Kehlbalken* dagegen auch bei einseitiger Last.

Gegenüber dem verschieblichen Kehlbalkendach ergeben sich daher etwas kleinere Sparrenquerschnitte.

Hochbeanspruchte Kehlbalken finden wir bei großer Gebäudebreite, steiler Dachneigung, tiefer Kehlbalkenlage wie beim Drempeldach und bei ausgebauten genutzten Spitzböden. Hier sind oft entlastende Unterstützungen des Kehlbalkens erforderlich:

Stützende Rähme bieten dem Kehlbalken zusätzliche Mittelauflager (**5.32**). Sie verbessern zugleich die Längsaussteifung des Daches. Für die Ausbildung der Rähmunterstützung gelten die Konstruktionsregeln für den Pfettenstrang der Pfettendächer (s. Abschn. 5.4.3). Kehlbalkendächer mit Mittelrähm bezeichnen wir als Dächer mit einfach stehendem Stuhl. Das Kehlbalkendach mit zweifach stehendem Stuhl stützt die statisch weniger gefährdeten Kehlbalkenauflager.

Statt der Rähme dienen auch tragfähige Innenwände im Dachgeschoss als Kehlbalkenlager.

Der Hahnbalken ist eine zweite horizontale Aussteifung der Sparrenpaare in Firstnähe. Besonders bei tiefer Kehlbalkenlage und bei steiler Dachneigung werden die oberen Sparrenteile unverhältnismäßig lang und deshalb zweckmäßigerweise ein zweites Mal gestützt (**5.32**).

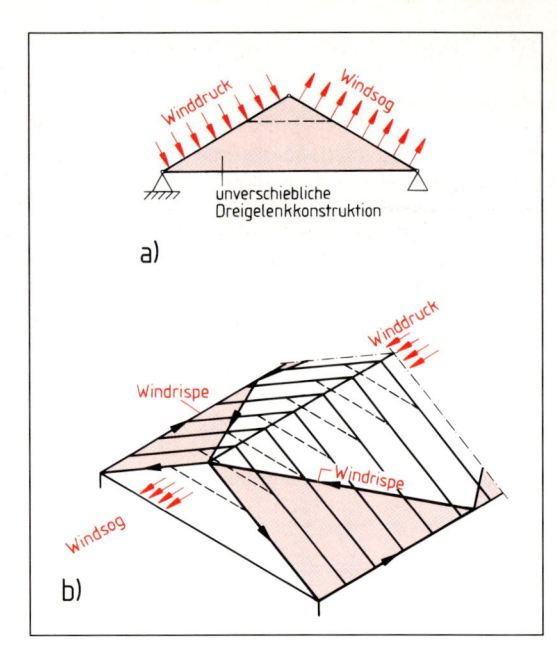

5.33 a) Die Queraussteifung des Sparren- und Kehlbalkendachs ist durch die Dreigelenkkonstruktion gesichert,
b) mit Windrispen entstehen kraftschlüssige Dreiecke für die Längsaussteifung

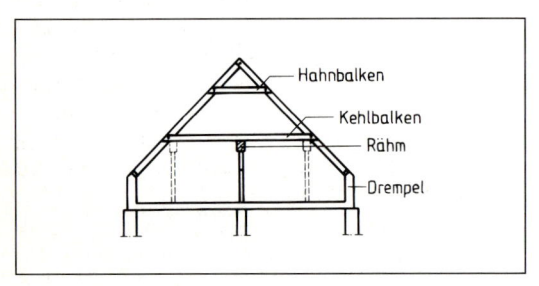

5.32 Rähme bieten langen Kehlbalken zusätzliche Auflager, Hahnbalken zusätzliche Aussteifungen für lange Sparrenpaare

Quer- und Längsaussteifung des Sparren- und Kehlbalkendachs sichern die Unverschieblichkeit des Dachtragwerks. Dreiecksverbindungen bieten dafür die beste Gewähr.

Die Queraussteifung ist durch die Dreigelenkkonstruktion jedes Sparrenpaares gegeben (**5.33**a).

Die Längsaussteifung muss durch Windrispen hergestellt werden. Diagonal zur Dachfläche angeordnet, bilden sie im Zusammenwirken mit Schwelle (Decke) und Sparren unverschiebliche Dreiecke (**5.33**b). Windrispen aus Bohlen sind zug- und druckfest zugleich, solche aus Ankerblechen nur zugfest und daher auf jeder Dachseite entgegengesetzt diagonal aufzunageln. Auch vollflächig und versetzt angeordnete (scheibenbildende) Span- oder Sperrholzplatten sowie diagonal aufgenagelte vollflächige Brettschalungen wirken als Längsaussteifung und stören weniger beim Ausbau.

Die Windlast unausgesteifter Dachgiebelwände muss ebenfalls vom Dachtragwerk aufgenommen werden. Meist übertragen zwei bis drei Wandanker in Kehlbalkenhöhe die Windkräfte in die Kehlbalkenlage (wie in Bild **5.9**b, S. 78). Giebelaussteifende Längswände ($d \geq 11{,}5$ cm) sind gleichwertig.

Vorteile. Geringer Arbeits- und Materialaufwand spricht bei kleineren Gebäudebreiten für das Sparren-, bei mittleren Breiten ab etwa 7,0 m für das Kehlbalkendach. Rähme, Stützen und Streben entfallen beim Sparrendach, meist auch beim Kehlbalkendach. Für die Planung des Dach- und des darunterliegenden Geschosses bedeutet dies mehr Freiraum.

Nachteile. Dachgaupen unterbrechen das in sich geschlossene Dreigelenksystem. Gaupen über zwei Sparrenfelder können noch vergleichsweise einfach durch Wechselhölzer gelöst werden. Breitere Gaupen erfordern meist erheblich mehr Aufwand, denn die Kräfte müssen gesondert ermittelt und über Pfetten an die beiden angrenzenden Dachgespärre abgetragen werden (**5.34**b). Die

5.4 Dachkonstruktion

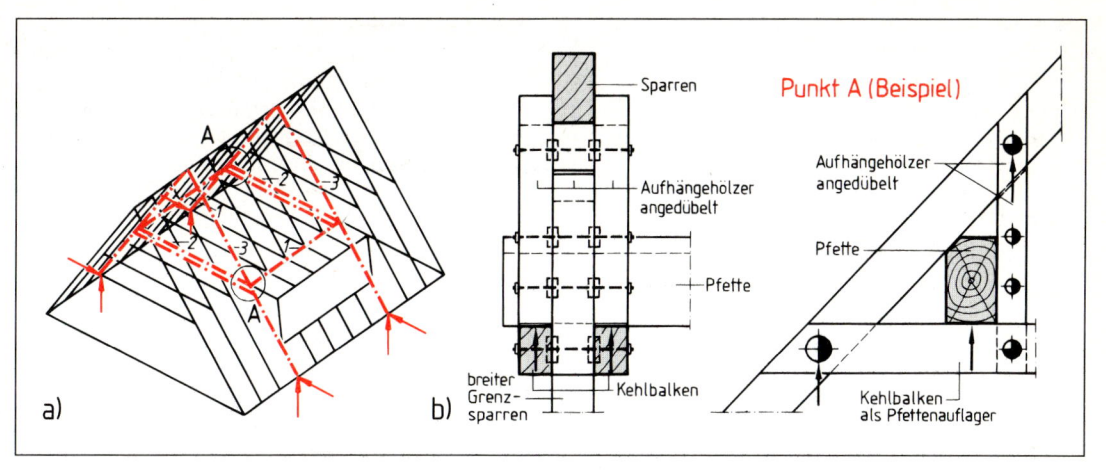

5.34 a) Größere Dachgaupen erfordern beim Sparren- und Kehlbalkendach kräftige Mittelpfetten und Grenzgebinde
  1 Mittelpfetten
  2 doppelte Kehlbalken
  3 Grenzsparren
  b) Beispiel für die Pfettenauflagerung am Grenzgebinde

Mehrbelastung führt zu deutlich größeren Querschnitten für die beiden Grenzgebinde. Dazwischen lässt sich nur ein Pfettendach ausbilden. Stets sind daher zwei gegenüberliegende Mittelpfetten einzubauen, auch wenn nur eine Dachgaupe vorgesehen ist (**5.34** a). Der horizontale Dachschub der hochbelasteten Grenzsparren erfordert tragfähige Widerlager an den Sparrenfußpunkten und zugfeste durchgehende Decken(-balken).

> Bei Sparren- und Kehlbalkendächern bilden Sparrenpaare und Decken(-balken) unverschiebliche Dreiecke. Kehl- und Hahnbalken stützen die Sparren. Die Dachlast beansprucht Sparren auf Biegung und Knicken, die Decke auf Zug und den Kehlbalken auf Knicken. Ausbau und Nutzlasten beanspruchen den Kehlbalken auch auf Biegung.
> Unverschiebliche Kehlbalkendächer erfordern starre Kehlbalkenscheiben.

Anschlüsse und Verbindungen der Sparren- und Kehlbalkendächer gleichen einander.

Firstpunkte werden meist ohne Berechnung konstruktiv festgelegt. Das genagelte Blatt ist eine einfache, Zeit sparende Verbindung und für kleine bis mittlere Dachgrößen geeignet (**5.35** a).

Der früher übliche Scherzapfen ist aufwendiger und schwächer. Deshalb werden Laschen nach Bild **5.35** b bevorzugt. Größere Nagelflächen und festere Firstverbindungen erreicht man mit ein-, meist beidseitig angenagelten Querlaschen (**5.36**).

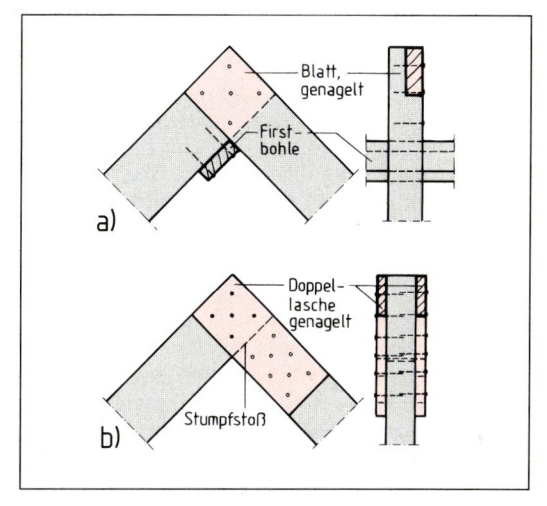

5.35 Firstpunkt a) als genageltes Blatt, b) mit genagelten Doppellaschen (ungleiche Sparrenlängen)

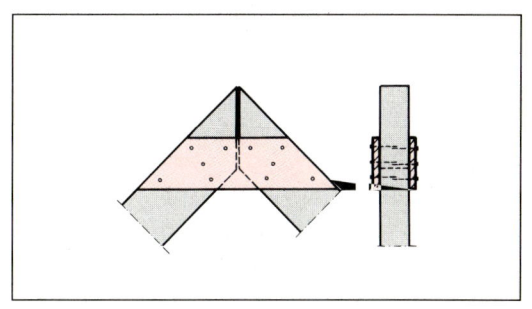

5.36 Firstpunkt mit genagelten Doppellaschen (gleiche Sparrenlängen)

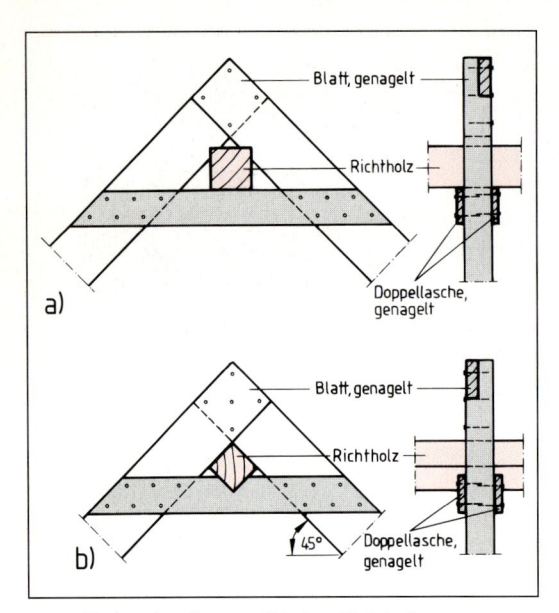

5.37 Firstpunkt mit aussteifendem Richtholz
a) für beliebige Dachneigungen, b) vorzugsweise bei 45°-Dachneigung

Für größere Dächer empfiehlt sich als Richthilfe und zur wirksameren Längsaussteifung das Anbringen von Richthölzern (fälschlicherweise oft Firsträhm oder Firstpfette genannt, **5.37**). Für kleinere Dächer genügen dafür auch einseitig angebrachte Firstbohlen (**5.35a**).

Am Kehlbalkenanschluss hat der Sparren im Allgemeinen seine größte Biegebeanspruchung. Jede sparrenschwächende Verbindung mit dem Kehlbalken (z.B. durch Versätze, Zapfen oder Überblattungen) ist daher zu vermeiden (**5.38**). Die statische Berechnung liefert genaue und verbindliche Konstruktionsangaben. Ausnahme: Bei Sanierungsarbeiten an historischen Gebäuden, wo sich die alten, handwerklichen Verbindungen über lange Zeit bewährt haben, sind sie nach wie vor anzuwenden.

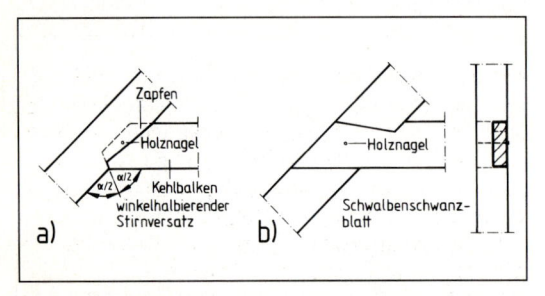

5.38 Veraltete Kehlbalkenanschlüsse durch holzschwächende Verbindungen (üblich bei Dachsanierungen)
a) Zapfen und Versatz mit Holznagel
b) schwalbenschwanzförmiges Blatt

Einteilige Kehlbalken erhalten statt des Versatzes Auflager aus genagelten Knaggen von etwa 3 cm Dicke. Seitliche Brett- oder Nagelblechlaschen sichern den Kehlbalken gegen seitliches Abkippen (**5.39**). Bei weniger beanspruchten Verbindungen kann der Anschluss auch ohne störende Holzknaggen und nur mit beidseitig genagelten Laschen erfolgen, bevorzugt mit Blechlaschen.

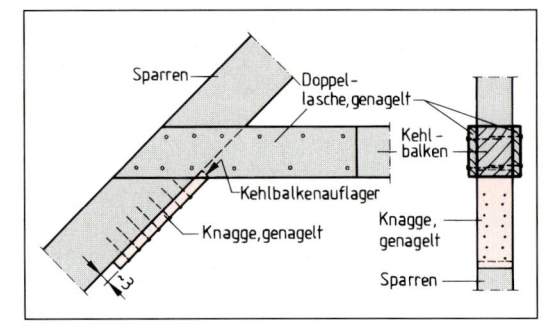

5.39 Die Nagelknagge dient als Kehlbalkenauflager

Zweiteilige Kehlbalken lassen sich zweckmäßig und Zeit sparend mit Hilfe von Dübelverbindungen anschließen. Futterhölzer in den 1/3-Punkten mindern die Knickgefahr (**5.40**). Dem gleichen Zweck dienen auch quer eingebaute, durchgehende Mittelstege aus Bohlen.

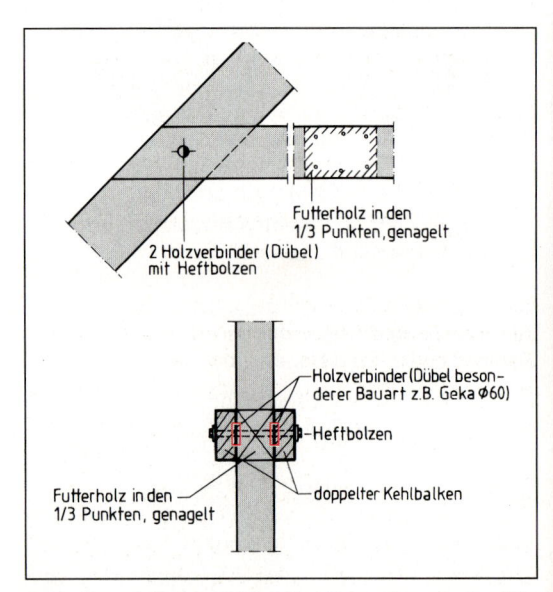

5.40 Der doppelte Kehlbalken lässt sich zweckmäßig durch zwei Dübel und Heftbolzen anschließen

5.4 Dachkonstruktion

Dübelarten. *Einpressdübel* in Form von runden oder quadratischen Krallenblechen (z. B. nach dem System Bulldog) eignen sich des Zeit sparenden Einbaus wegen besonders gut (**5.41** a). *Einpress-/Einlassdübel* (z. B. System Geka) haben eine größere Stegdicke und müssen um dieses Maß durch Fräsen eingelassen werden (**5.41**b). *Einlassdübel* (z. B. Ringkeildübel nach dem System Appel) sind in voller Tiefe einzufräsen (**5.41**c). Nach wie vor sind herkömmliche rechteckige Hartholzdübel (nur trocken!) als Einlassdübel zulässig. Die notwendigen Heftbolzen sind jedoch neben den Dübeln anzuordnen.

Sechskantschrauben nach DIN 601 dienen als Heftbolzen und sind zusammen mit stählernen Unterlegscheiben Bestandteil jeder Dübelverbindung. Sie sollten nach dem Austrocknen des eingebauten Holzes um das Schwindmaß nachgezogen werden.

Kehlbalkenanschlüsse mit geringerer Belastung können auch durch Nagelung erfolgen.

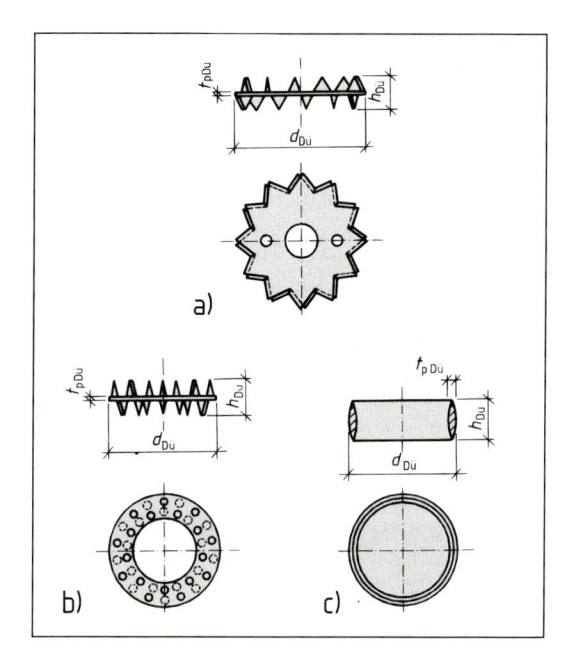

5.41 Dübel besonderer Bauart
a) Einpressdübel, b) Einpress-/Einlassdübel, c) Einlassdübel

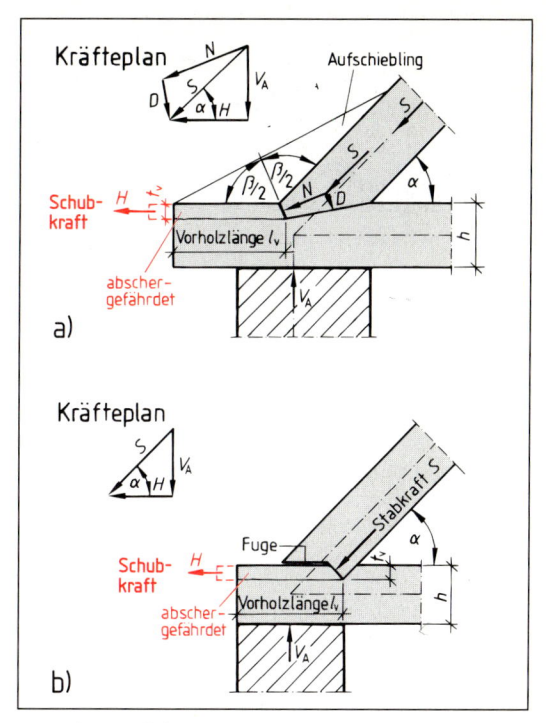

5.42 Sparrenfußpunkte an Holzbalkendecken mit
a) winkelhalbierendem Stirnversatz.
b) Fersenversatz
Versatztiefe t_v hängt ab a) von Dachneigung α,
b) von der Balkenhöhe h

Der Sparrenfußpunkt ist durch die statische Berechnung verbindlich festgelegt. Anschlüsse an Deckenbalken erfolgen auch heute noch mit Hilfe des traditionellen Versatzes, jedoch ohne die umständliche Zapfenverbindung (**5.42**). Stattdessen schaffen Bolzen oder seitliche Nagellaschen den unverschieblichen Kontakt der Anschlussflächen. Der Stirnversatz erfordert seiner vorstehenden Vorholzlänge wegen häufig einen Aufschiebling als Übergang zur Traufe, was beim Fersenversatz mit dem weiter nach innen verlegten Auflagerpunkt meist entfallen kann. In Ausnahmefällen ersetzt eine Knagge mit Versatzschmiege (am Balkenende aufgenagelt oder gedübelt) den eingeschnittenen Versatz im Holzbalken (Beispiel s. Bild **5.56**).

Versatztiefe	$t_v < \dfrac{h}{4}$	$\leq \dfrac{h}{4}$ bis $\dfrac{h}{6}$	$< \dfrac{h}{6}$
Dachneigung α	< 50°	≤ 50 bis 60°	> 60°

$t_v \leq h/6$ gilt für alle beidseitig angeordneten Versätze, unabhängig vom Anschlusswinkel (vgl. Bild **5.54**).

Dachüberstände an Holzbalkendecken erzielt man am zweckmäßigsten über Sparrenhalter aus verzinktem Blech (**5.43** a). An Massivdecken ersetzen sie das Beton-Deckenwiderlager (**5.43** b).

Die *verankerte Holzschwelle* auf neigungsgerechtem Deckenwiderlager gilt als übliche Konstruktion für das Sparrenfußauflager bei Massivdecken. Sparren ohne Überstand stehen vollflächig auf den Schwellen. Meist wird jedoch ein Sparrenüberstand eingeplant, bei ausreichend dicken Sparren durch Ausklinken des Sparrenendes um die erforderliche Auflagertiefe (**5.44**a). Größere und daher

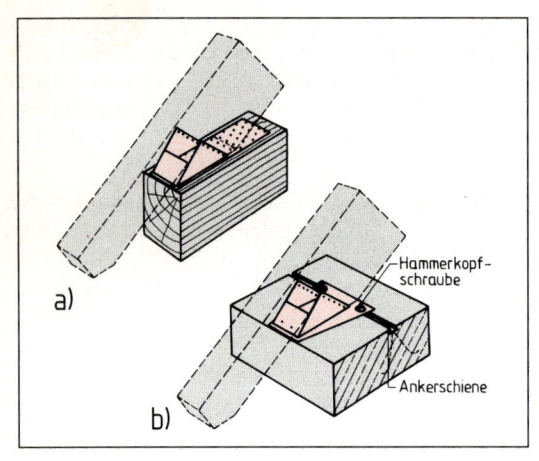

5.43 Sparrenfußanschlüsse durch Ankerbleche
   a) auf Holzbalken genagelt
   b) in der Massivdecke verankert

stärker belastbare Sparrenüberstände erreicht man durch Keilknaggen oder durch Stemmklötze (**5.44** b bis d). Beide übernehmen die Sparrenauflagerkräfte durch geraden Versatz von etwa 3 cm Tiefe. Nägel bzw. Heftbolzen verhindern das gegenseitige Ausweichen der Hölzer durch ausreichenden Anpressdruck. Der Stemmklotz kann auch mit zwei Holzverbindern (z. B. Geka oder Bulldog) am Sparren angeschlossen werden. Ferner vergrößert die Stemmklotzverbindung den Dachraum beidseitig um etwa je eine Sparrendicke. Eine neuzeitliche Verbindung mit Blechen und gehärteten Spezialnägeln (ohne Vorbohrung!) wird mit Hilfe von Druckluftnagelgeräten hergestellt (s. a. **5.74** c).

Nagelung oder Verbindungsbleche verbinden Schwelle und Sparrenfuß bzw. Stemmklotz oder Keilknagge. Heftbolzen oder Haltelatten sichern den ausgeklinkten Sparren gegen Aufspalten (**5.44** a). Verkröpfte Ankerbolzen, nachträglich einbetoniert, verankern die Schwellen. Es eignen sich auch Ankerschienen mit Hammerkopfschrauben wie in Bild **5.43** b.

Firstpunkte von Sparren- und Kehlbalkendächern sind meist konstruktiv, Kehlbalken und Fußpunktanschlüsse immer nach statischer Berechnung auszuführen.

Einteilige Kehlbalkenanschlüsse erfolgen meist über Nagelknagge und seitlichen Haltelaschen, zweiteilige Kehlbalken durch je 2 Dübel mit Heftbolzen. Die Sparren übertragen ihre Auflagerkräfte direkt auf Decken bzw. -balken oder über kraftschlüssig angebrachte Stemmklötze oder Keilknaggen.

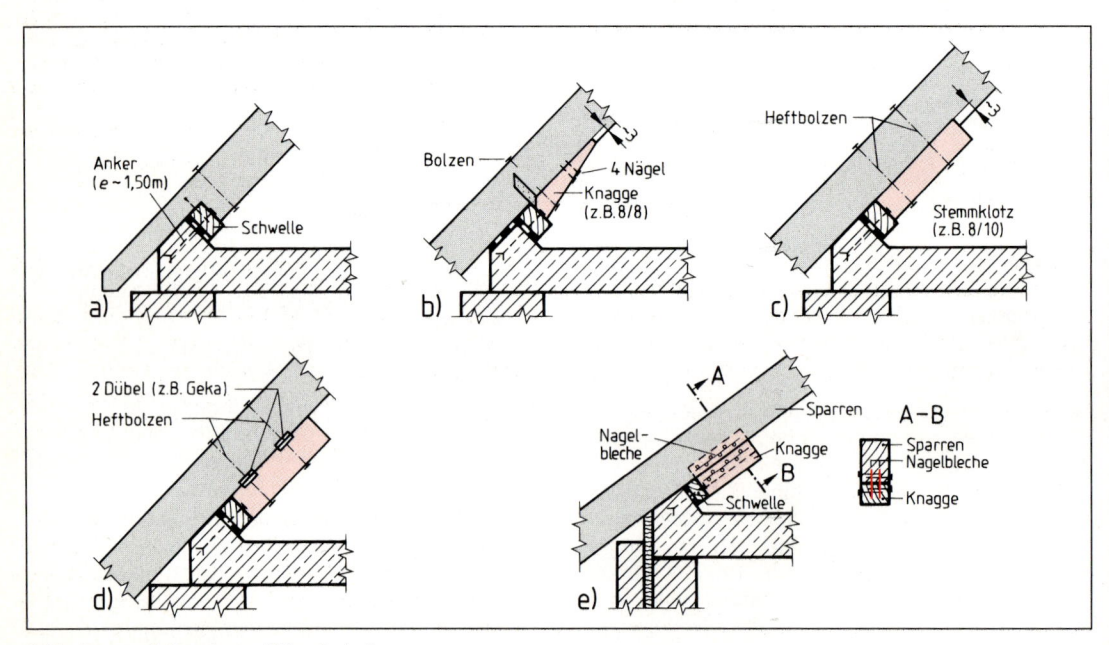

5.44 Sparrenfußpunkte auf Massivdecken
   a) mit direkter Sparrenauflagerung, b) mit Knagge und ≥ 3 cm Versatz, c) mit Stemmklotz und ≥ 3 cm Versatz, d) mit Stemmklotz (angedübelt), e) Stahlblech-Holz-Nagel-Verbindung (SHN)

5.4.3 Pfettendach

Pfettendachkonstruktionen bevorzugen wir für flacher geneigte Dächer bis etwa 35°. Ihre Sparren ruhen auf unterstützten Pfetten aus tragfähigen Balken und sind als überwiegend biegebeanspruchte schräge Ein- oder Zweifeldträger, häufig auch als Einfeldträger mit Kragarm aufzufassen (**5.45**). Gegenüberliegende Sparren dürfen daher auch versetzt angeordnet sein. Die Pfetten werden durch Stiele, Kopfbänder oder Streben unterstützt, oft auch durch tragende Querwände.

Der Lage nach unterscheiden wir Fuß-, Mittel- und Firstpfetten, nach Zahl der Pfetten (ohne Fußpfetten) Dächer mit ein-, zwei- oder dreifach stehendem Stuhl (**5.45**). Als Stuhl gelten Pfetten und Pfettenstütze.

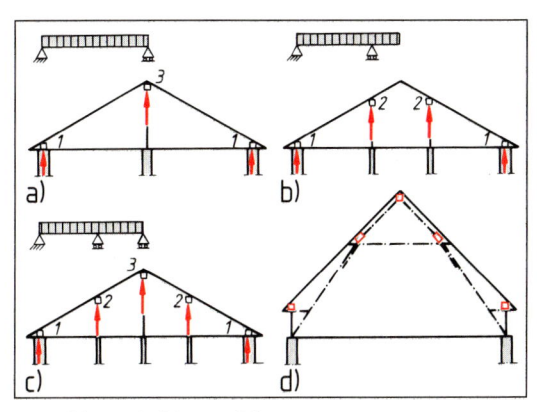

5.45 Pfettendachkonstruktion
   a) mit 1fach, b) mit 2fach,
   c) mit 3fach stehendem Stuhl; die Sparren wirken als Ein- oder Mehrfeldbalken,
   d) mit liegendem Stuhl
   1 Fußpfette   *2* Mittelpfette   *3* Firstpfette

Vorteil. Die Decken bleiben frei von Dachschub, so dass außermittige Firstlinien, unterschiedliche Traufhöhen, versetzte Geschossdecken und abgeschleppte Dachteile sowie beliebig breite Dachgaupen problemlos möglich sind (**5.46**).

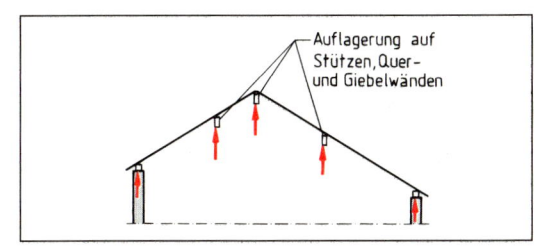

5.46 Gebäude mit unsymmetrischem Querschnitt lassen sich meist einfach nach dem Pfettendachprinzip konstruieren (s. auch **5.16 b und c**)

Nachteil. Pfetten, Stützen, Streben, Kopfbänder stören manchmal beim Dachausbau. Der Grundriss des Vollgeschosses muss tragende Wände bzw. Pfeiler zur Aufnahme der Pfettenstützen vorsehen. Andernfalls ergibt sich eine aufwendige Deckenstatik.

Längsaussteifung. Mittel- und Firstpfetten bilden zusammen mit den angeschlossenen Streben, Stielen und Kopfbändern unverschiebliche Dreiecke (**5.47**a). Windrispen können so oft entfallen.

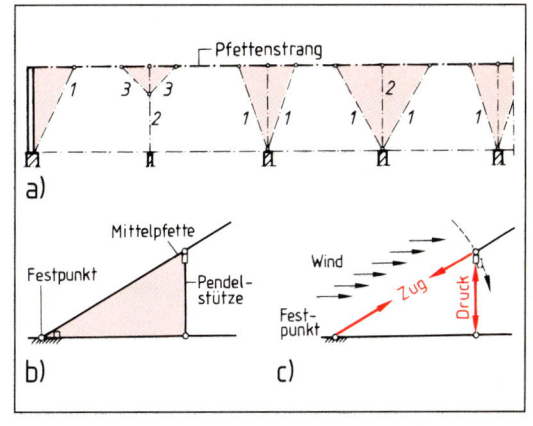

5.47 Pfettendach mit festem Fußpunkt
   a) Der Pfettenstrang stützt die Sparren. Unverschiebliche Dreiecke aus Stützen, Streben und Kopfbändern steifen das Dach in Längsrichtung aus
   1 Strebe   *2* Stütze   *3* Kopfband
   b) Das Dreieck aus Pendelstütze und Sparren reicht für die Queraussteifung
   c) Wind beansprucht die Pfette dann überwiegend lotrecht

Die Queraussteifung erfolgt zweckmäßig über den Pfettenstrang aus Pfette und Pfettenstützung. Als Pendelkonstruktion bildet sie mit den zugfest angeschlossenen Sparren und dem zugehörigen Deckenteil ein unverschiebliches Dreieck (**5.47 b**). Die Pfetten übertragen dann auch bei Winddruck überwiegend senkrechte Kräfte. Dabei zieht der Sparren an seinem Fußpunkt, der deshalb fest anzuschließen ist (**5.47 c**).

Das abgestrebte Pfettendach traditioneller Bauart wird unter bestimmten Bedingungen noch bis 40° Dachneigung empfohlen. Die Mittelpfette dient als festes Sparrenauflager. Sie hat waagerechte und senkrechte Kräfte aufzunehmen und ist deshalb auf Doppelbiegung beansprucht. Ihre Auflagerpunkte liegen in den abgestrebten Dachbindern. Der übliche Binderabstand beträgt ~ 4,5 m (**5.48**).

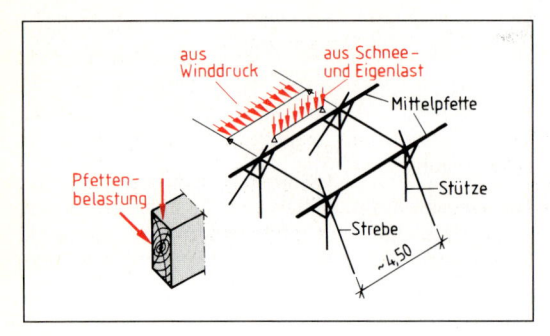

5.48 Zweifach stehender Stuhl des früher verbreiteten abgestrebten Pfettendachs. Mittelpfette auf Doppelbiegung beansprucht. Detail s. Bild **5.54**, S. 103

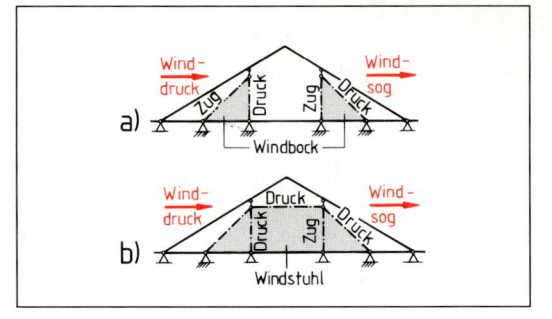

5.49 Binder in ~ 4,50 m Abstand dienen zur Queraussteifung des traditionellen Pfettendachs und zur Aufnahme der Windlast a) durch den Windbock oder b) den Windstuhl

Für die Windlastaufnahme dienen
- der beidseitig ausgebildete Windbock aus zug- und druckfest angeschlossener Stütze und Strebe (der zugfeste Anschluss ist aufwendig, **5.49** a) oder
- der Windstuhl aus Streben, Stützen und knickfester Doppelzange bzw. einteiligem Spannbalken. Es genügen hier druckaufnehmende Verbindungen (**5.49** b).

Das abgestrebte Pfettendach ist aufwendiger als die oben beschriebene Pfettendachkonstruktion mit festem Sparrenfuß und gilt aus statischer Sicht als veraltet. Sinnvoll ist es nur noch bei Pfettendächern mit Holzdrempel und natürlich in der Altbausanierung.

Fuß-, Mittel- und/oder Firstpfetten dienen den Sparren der Pfettendächer als Auflager. Sie übertragen die Dachlasten über Stützen und Streben auf die tragfähigen Gebäudeteile.

Der Pfettenstrang ist kennzeichnendes Tragelement moderner Pfettendächer, die Dachbinder in ca. 4,5 m Abstand hingegen sind typisch für das herkömmliche Pfettendach. Dächer mit ein-, zwei- oder dreifach stehendem Stuhl erkennen wir im Dachquerschnitt nach der Anzahl der Mittel- und Firstpfetten.

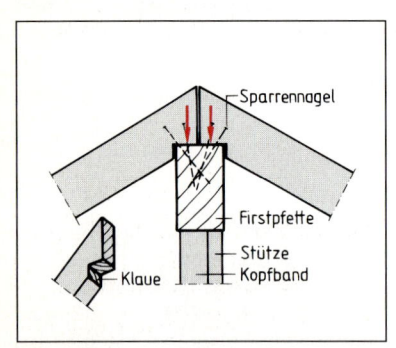

5.50 Die Sparren liegen (paarweise oder versetzt) mit der Klaue auf der Firstpfette

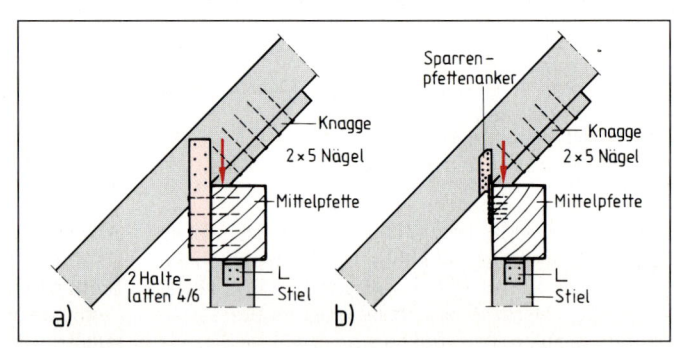

5.51 Nagelknaggen ersetzen oft die holzschwächende Klaue an Mittelpfetten. Gegen Abheben wirken
a) Haltelatten oder b) Sparrenpfettenanker

Anschlüsse. Der Sparren mit ausgesparter „Klaue" (auch Kerve oder Sattel) findet an den Pfetten ausreichende Auflagerflächen. Sparrennägel sichern ihn gegen Abheben und Verschieben (**5.50**). Seitlich angesetzte Sparrennägel haben eine größere Ausreißfestigkeit als gerade eingeschlagene, Schraubnägel (SNa) und Rillennägel (RNa) eine größere als glatte Nägel.

Typisierte, mit Ankernägeln befestigte Sparrenpfettenanker sichern den Sparren gegen abhebende Windkräfte besonders gut (**5.51** b, **5.52** b,c). Es eignen sich auch Laschen nach Bild **5.51** a. Im First enden kurze Kragsparren frei. Längere Kragsparren (> 1,5 m oder > 1/3 der Sparrenlänge) erhalten eine Firstbohle als Richtholz (**5.53**). Über der Mittelpfette werden Krag- oder Durchlaufspar-

5.4 Dachkonstruktion

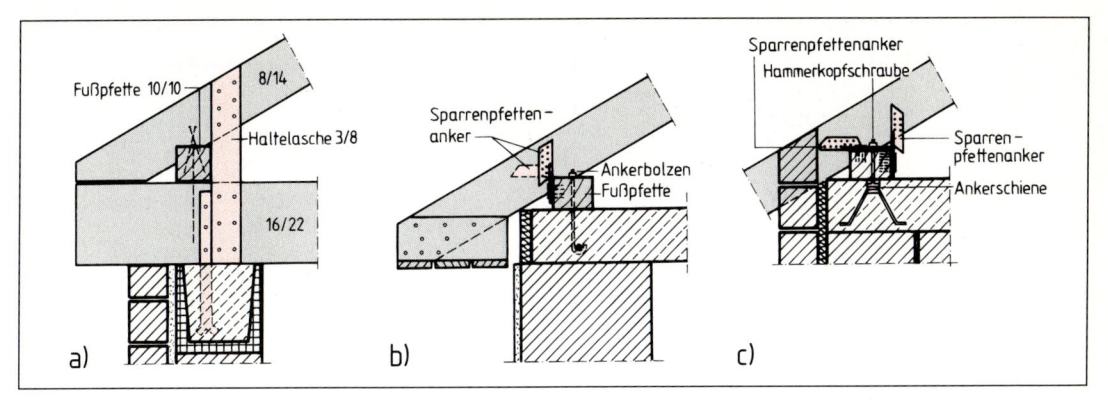

5.52 Sparrenfußpunkte
a) auf Holzbalkenlage,
b) auf Stahlbetondecke mit einbetonierten Bolzenankern,
c) auf Stahlbetonplatte mit Ankerschienen

ren am stärksten auf Biegung beansprucht. Statt der querschnittschwächenden Klaue wie in Bild **5.54** bieten Nagelknaggen die wirtschaftlichere Lösung (**5.51**). Die Klaue darf hier nur ausgeführt werden, wenn es die Statik ausdrücklich zulässt.
Sparrenfußpunkte erhalten in der Regel Klauen. Für die weniger beanspruchten Fußpfetten genügen kleinere Pfettenquerschnitte. Feste Fußpunkte bekommen zugfeste Verbindungen und Verankerungen nach Bild **5.52**. Größere Dachüberstände erfordern hier wegen erhöhter Windsogkräfte besondere Sorgfalt.

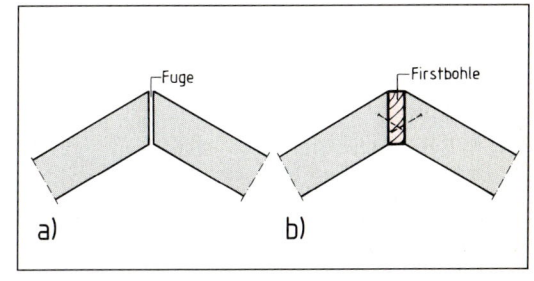

5.53 a) Kurze Kragsparren enden im First frei, b) längere Kragsparren erhalten eine aussteifende Firstbohle

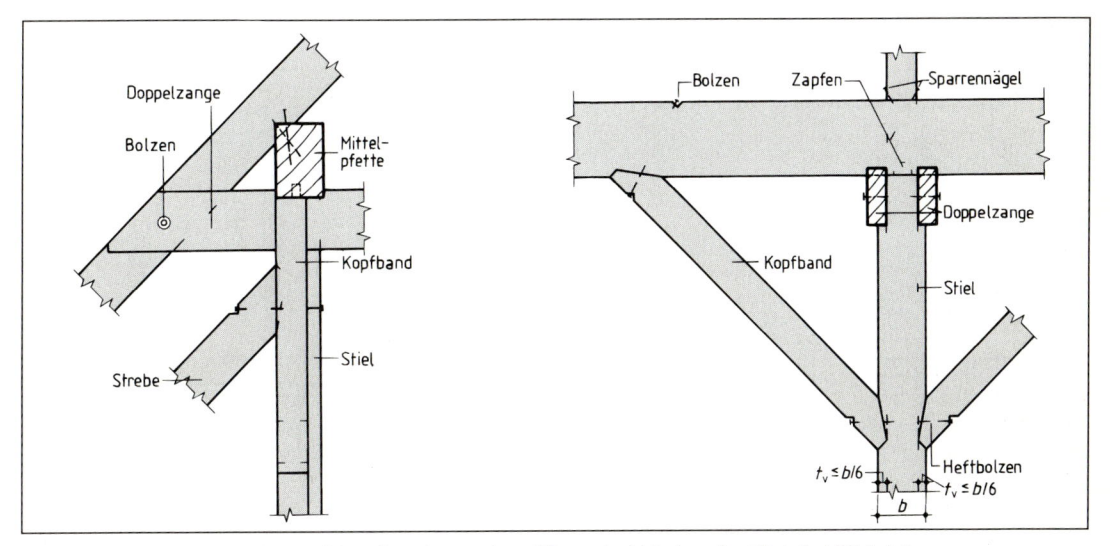

5.54 Mittelpfettenbereich des traditionellen abgestrebten Pfettendachbinders. Er stützt die Mittelpfetten

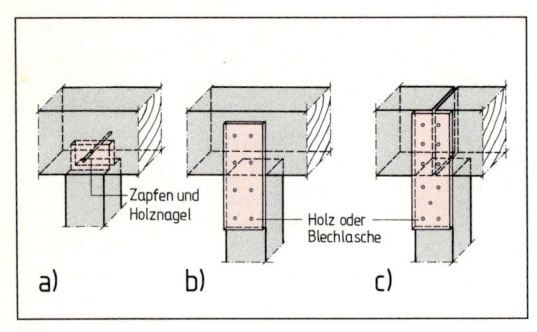

5.55 Pfettenstützung
a) mit Zapfen und Holznagel, b) mit Nagellasche,
c) mit Nagellaschen am Pfettenstoß

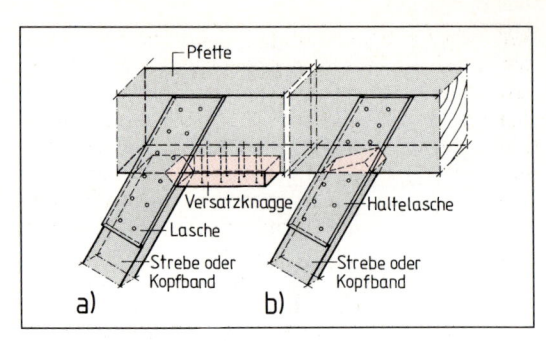

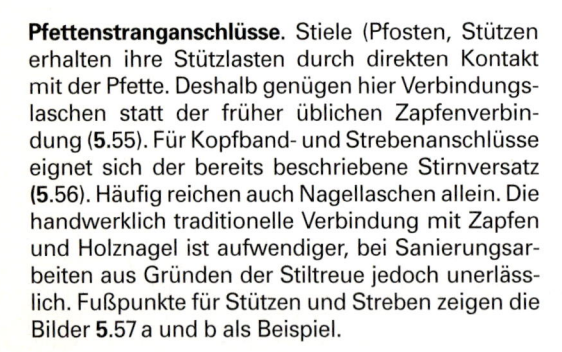

5.56 Kopfband- oder Strebenanschluss
a) mit Versatzknagge, b) mit Versatz

Pfettenstranganschlüsse. Stiele (Pfosten, Stützen erhalten ihre Stützlasten durch direkten Kontakt mit der Pfette. Deshalb genügen hier Verbindungslaschen statt der früher üblichen Zapfenverbindung (**5.55**). Für Kopfband- und Strebenanschlüsse eignet sich der bereits beschriebene Stirnversatz (**5.56**). Häufig reichen auch Nagellaschen allein. Die handwerklich traditionelle Verbindung mit Zapfen und Holznagel ist aufwendiger, bei Sanierungsarbeiten aus Gründen der Stiltreue jedoch unerlässlich. Fußpunkte für Stützen und Streben zeigen die Bilder **5.57** a und b als Beispiel.

Pfettenstöße über Stützen werden meist stumpf und mit Haltelaschen ausgebildet (**5.55** c). Gerberpfetten erhalten Stöße in den Momentennullpunkten neben den Stützen. Bei überlegter Planung ergeben sich gleich große Biegespannungen im Feld und über der Stütze und damit wirtschaftlich genutzte Pfettenquerschnitte. Am Gerber-Pfettenstoß entfallen die Biegespannungen. Als Verbindung eignen sich daher das schräge Blatt mit Dübel und Heftbolzen oder Gerberverbinder (**5.58** a und b).

> Pfettendachsparren übertragen ihre Lasten über Klaue oder Nagelknagge auf die Pfetten.

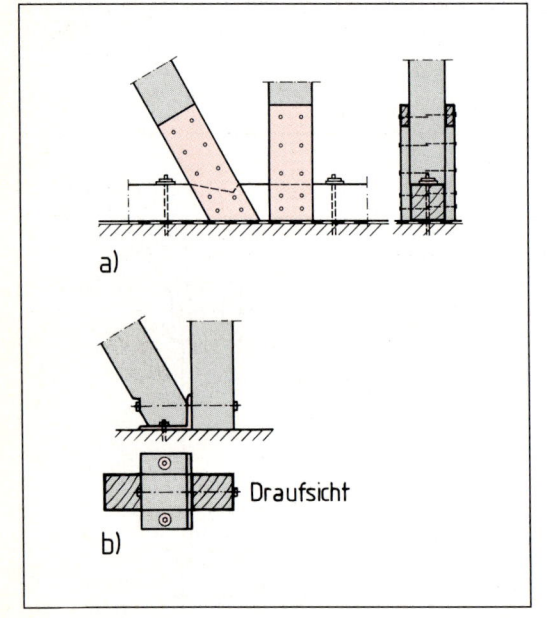

5.57 Fußpunkte von Strebe und Stütze a) auf verankerter Fußschwelle, b) auf verankertem Stahlwinkel

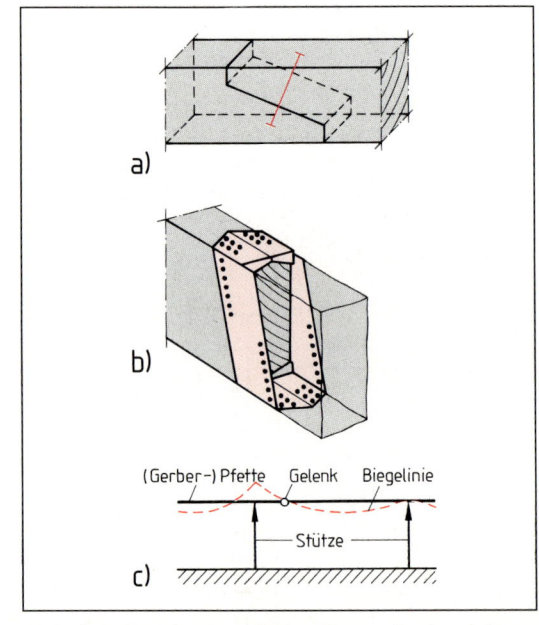

5.58 Gelenkpunkte von Gerberpfetten a) mit schrägem Blatt, b) mit Gerberverbindern aus verzinktem Blech, c) Gelenkanordnung im Pfettenstrang

5.4 Dachkonstruktion

Walmdächer über rechteckigen und zusammengesetzten Grundrissen haben Gratsparren an den Gratlinien und Kehlsparren oder Kehlbohlen an den Kehllinien. *Schiftsparren* übertragen die Hälfte ihrer Last über angeschmiegte Anschlussflächen auf den Kehlsparren, meist auch auf den Gratsparren (5.59 a, c, f). Gratsparren finden beim Pfettendach tragfähige Auflager an den Pfettenenden (5.60). Bei Dächern ohne Firstpfette stützen sie sich im Anfallpunkt auf das angrenzende Sparrengebinde (Anfallgebinde, 5.59 c). Bei Dächern mit kurzer Firstlinie können sich gegenüberliegende Gratsparrenpaare auch über einen Druckriegel im First gegenseitig und im Fußpunkt gegen ein Deckenwiderlager abstützen (5.59 d). Gegen Verformungen aus einseitiger Belastung wirkt bei größeren Dächern ein diagonales Strebenpaar (5.59 d). Oft ist es zweckmäßig, den Walmbereich der Sparren- und Kehlbalkendächer nach dem Pfettendachsystem auszubilden. Mit größerem Aufwand lässt sich der Gratsparren von den Schiftsparren abstützen, die dann außer auf Biegung noch auf Knickung beansprucht werden. Am Fußende ist der Gratsparren dann jedoch gegen Abheben zu verankern (5.59 b). Eine weitere Möglichkeit der Stützung bieten kräftige Strebenpaare (wie in 5.59 d) oder stählerne Sprengwerkkonstruktionen (5.59 e).

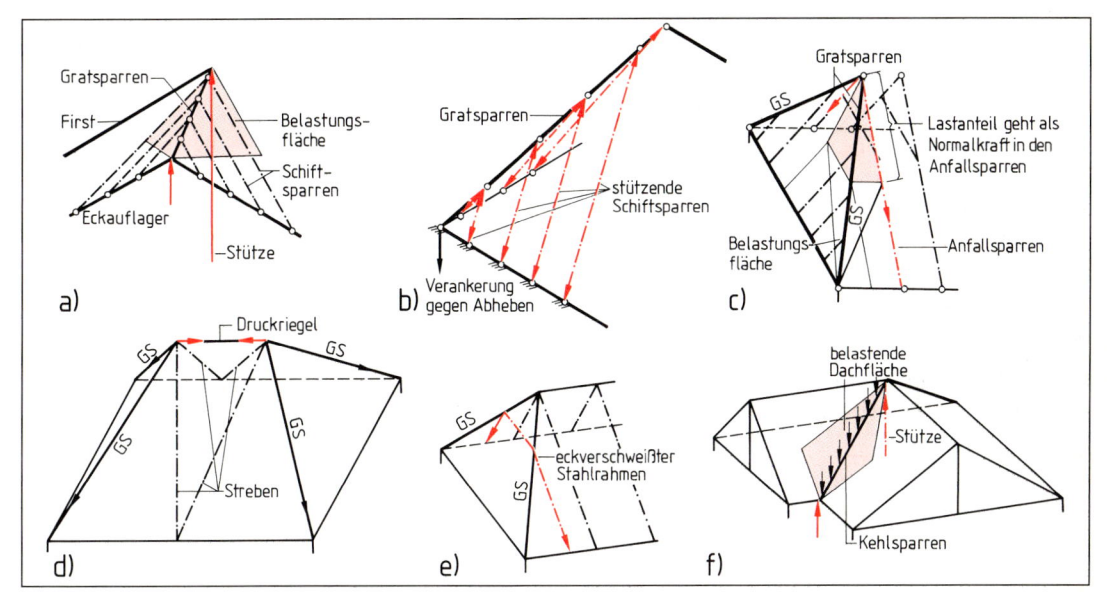

5.59 Möglichkeiten der Grat- und Kehlsparrenstützung
a) Die Schifter belasten den an seinen Endpunkten gestützten Gratsparren, b) Die Schifter stützen den am Fuß verankerten Gratsparren, c) Das Anfallgebinde bildet das obere Gratsparrenauflager, d) Die Gratsparren stützen sich gegen Decke und Druckriegel, manchmal genügen auch kräftige Streben allein, e) Eckverschweißte Stahlrahmen stützen den Gratsparren, f) Der Kehlsparren ist immer durch die Schiftsparren belastet und daher stets zu unterstützen

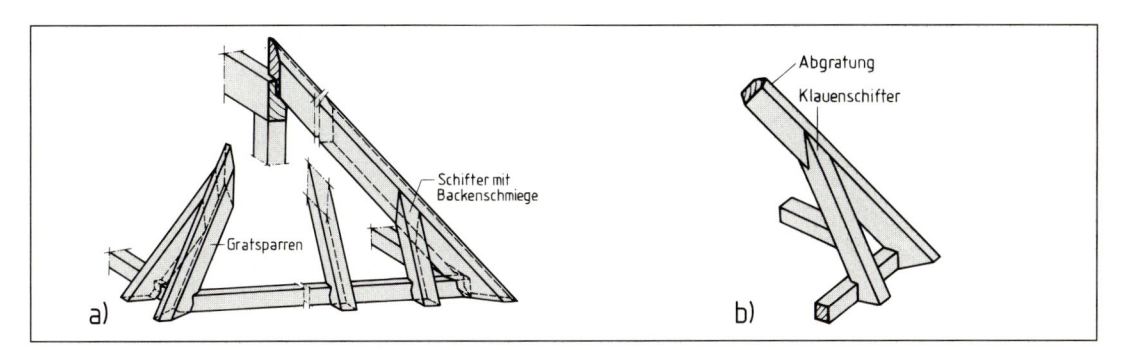

5.60 Gratsparren und Walmschifter
a) Schifter mit Backenschmiege, b) Klauenschifter

Die Gratsparrendicke entnimmt man der Statik. Bei fachgerechter Abgratung (Abdachung) ist der Höhenverlust zu berücksichtigen. Ferner sollte die Gratsparrendicke zum Aufsetzen der Schiftsparrenschmiege (Backenschmiege) ausreichen, mindestens aber eine fachgerechte Klauenschiftung zulassen (**5.**60).

Häufig wählt man die holzsparende Alternative nach Bild **5.**61a als Gratausbildung oder verzichtet ganz auf die Abgratung und nagelt statt dessen eine Gratlatte oder -bohle auf den etwas tiefer gelegten Gratsparren (**5.**61 b).

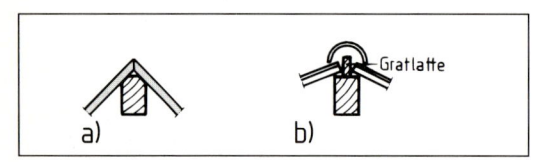

5.61 Gratsparren (Querschnitt) a) mit holzsparender Abgratung, b) mit Gratlatte als Abgratungsersatz

Kehlsparren werden immer von ihren Schiftern belastet und daher auf Biegung beansprucht. Pfettendächer bieten dazu sichere Kehlsparrenauflager auf den Pfettenenden (**5.**59 f).

Bei Dächern mit Wiederkehr (Nebendach) und Dachverfallung empfiehlt es sich, die verlängerte Mittelpfette des Hauptdachs zugleich als Firstpfette des Nebendachs zu benutzen (**5.**62). Kehlbalken- und Sparrendächer werden im Bereich ihrer Kehlen und Grate nach Möglichkeit auch als Pfettentragwerk ausgebildet. Dies erleichtert die Stützung der Kehl- und Gratsparren. Die Bohlenschiftung empfiehlt sich bei Kehlbalken- und Sparrendächern über zusammengesetztem Grundriss (**5.**63). Die Schiftsparren des Nebendachs setzen sich hier mit ihren Fußpunkten über eine Kehlbohle auf die Hauptdachfläche. Für die Wirtschaftlichkeit dieser Konstruktion muss die begrenzte Dachausnutzung in Kauf genommen werden. Handwerksgerechte Kehlsparren erhalten ausgearbeitete Kehlen auf der Oberseite (das Gegenstück zur Abgratung) und Schiftsparrenanschlüsse mit Backenschmiege (**5.**64a). Häufig wird auf die Kehle verzichtet. Die Schiftsparren lassen sich dann auch durch Backen- oder Klauenschiftung an dem etwas tiefer gelegenen Kehlsparren anfügen (**5.**64 b).

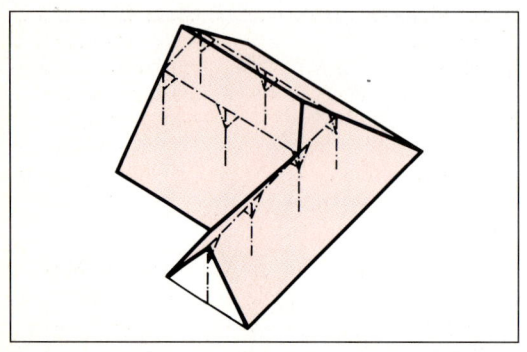

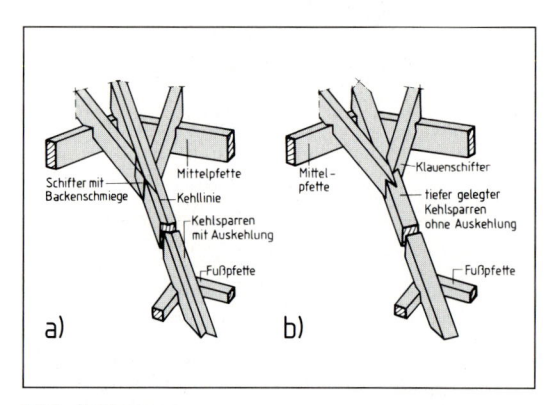

5.62 Die verlängerte Mittelpfette dient dem Nebendach als Firstpfette

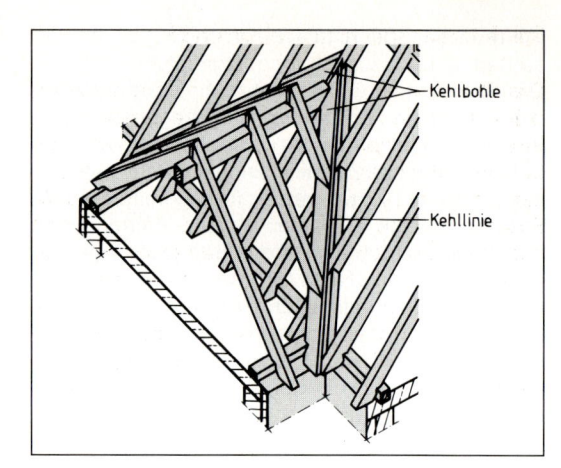

5.63 Die Bohlenschiftung empfiehlt sich auf Sparren- und Kehlbalkendächern

5.64 Kehlsparren
a) mit fachgerechter Kehle (Schifter mit Backenschmiege)
b) ohne Kehle und mit aufgesetzten Klauenschiftern

Die Pfettenenden der Pfettendächer bieten die besten Stützmöglichkeiten für Grat- und Kehlsparren. In diesen Bereichen werden deshalb auch Sparren- und Kehlbalkendächer oft nach dem Pfettendachsystem ausgebildet.

Die Schiftsparren erhalten Backenschmiegen als Anschlussflächen an Grat- und Kehlsparren, evtl. auch Klauenschiftung.

5.4.4 Spreng- und Hängewerk

Das Sprengwerk leitet (sprengt) Pfettenauflagerkräfte aus First und Dachmitte über Streben bzw. Streben und Spannbalken auf die Außenwände. Der Horizontalschub erfordert feste Strebenwiderlager oder ein Zugband als Auflagerverbindung. Streben und Spannbalken werden überwiegend auf Knicken beansprucht. Das einfache Sprengwerk ergibt eine stabile Dreieckskonstruktion (**5.**65a). Im doppelten Sprengwerk geben die Gelenke und Hängepfosten bei unsymmetrischer Belastung nach (**5.**66). Pfosten mit Schwebezapfen nach Bild **5.**65 b setzen sich dabei wechselseitig auf den Deckenbalken (**5.**66 b). Zugfest angeschlosse-

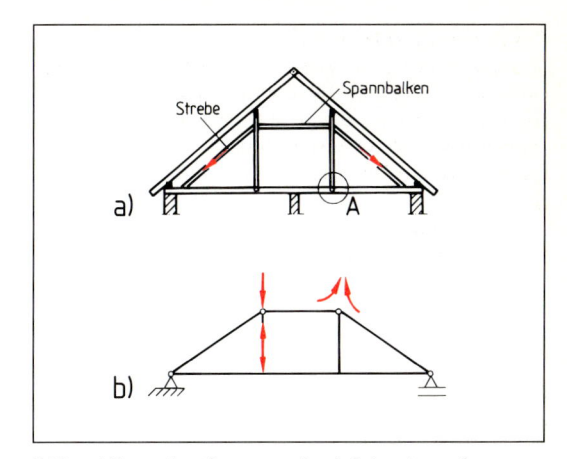

5.66 a) Doppeltes Sprengwerk mit Schwebezapfen
b) Zugfest angeschlossene Pfosten wirken sich bei unsymmetrischer Belastung statisch günstig aus

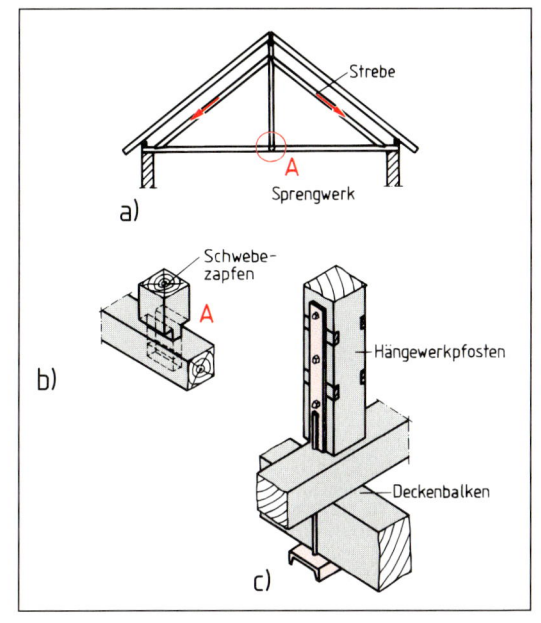

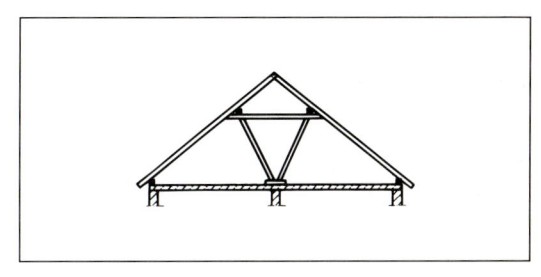

5.65 a) Das einfache Hängewerk unterscheidet sich vom Sprengwerk durch die Anschlusskonstruktion von Pfosten und Deckenbalken
b) Beim Sprengwerk sind Pfosten und Deckenbalken durch den Schwebezapfen statisch getrennt
c) Das Hängewerk erfordert oft viel Aufwand bei der Deckenaufhängung

ne Pfosten sind zweckmäßiger, denn sie entlasten Dach und Decke. Die hohen Anschlusskräfte der Sprengwerke erfordern aufwendige Anschlusskonstruktionen. Einfache Sprengwerke sind gelegentlich noch zweckmäßig, doppelte nur noch von historischer Bedeutung. Biegesteif ausgebildete Sprengböcke sind ganz aus Stahlprofilen verschweißt oder mit stählernen Ecklaschen ausgebildet. Nach innen abgesprengte Dächer leiten einen Teil der Lasten auf Innenwände oder Stützen. Sie sind weniger aufwendig und bei entsprechenden Gegebenheiten vorzuziehen (**5.**67).

5.67 Nach innen abgestrebtes Dach

Hängewerke gleichen den Sprengwerken. Sie unterscheiden sich nur durch die zusätzliche Belastung aus der Decke, die an den freien Pfostenenden aufgehängt ist (**5.**65c). Diese belastet die Knoten zusätzlich und erschwert ihre kraftschlüssige Verbindung. Stützenfreie Innenräume von größerer Spannweite, die man früher nur mit Spreng- oder Hängewerken überdecken konnte, lassen sich heute mit modernen, ingenieurmäßigen Dachkonstruktionen einfacher und vielseitiger ausführen.

> Das Sprengwerk leitet innere Auflagerkräfte auf äußere Widerlager ab. Hängewerke übernehmen außerdem Deckenlasten an den Hängepfosten.

5.4.5 Rahmen

Rahmen vereinigen das Dach- und Wandtragwerk in einer Konstruktion. Aus statischen und transporttechnischen Gründen sind sie meist als Dreigelenkkonstruktion geplant (**5.**68 a bis e). Die biegesteifen Ecken ersparen zusätzliche Queraussteifungskonstruktionen. Dank fortgeschrittener Holztechnik sind Tragwerke für weitgespannte Hallen möglich. Nahezu beliebige Holzquerschnitte und vielfältige, auch gekrümmte Rahmenteile lassen sich mit geleimtem Brettschichtholz (Leimbinder, **5.**68 f) herstellen, andere sind als Fachwerkrahmen gefertigt (**5.**68 e). Bild **5.**69 zeigt Beispiele für biegesteife Rahmenecken, Fuß- und Firstgelenkkonstruktionen von Brettschichtrahmen.

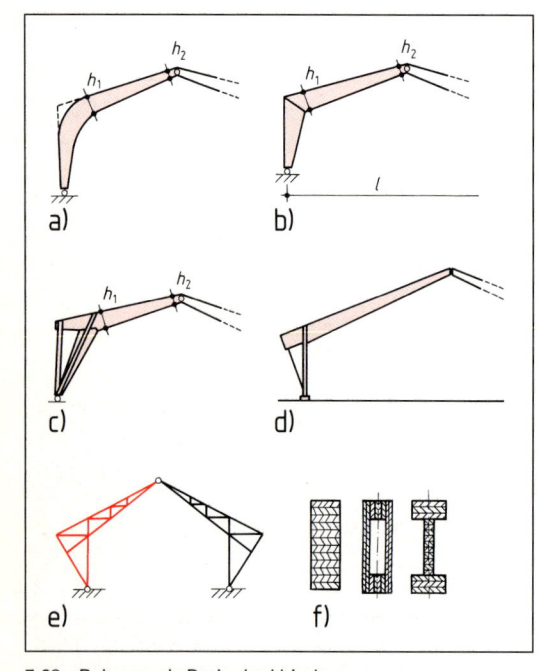

5.68 Rahmen als Dreigelenkbinder
 a) und b) mit biegesteifen Rahmenecken
 c) und d) mit aufgelösten Rahmenstielen
 e) als Fachwerk
 f) Querschnittsformen für Brettschichtholz

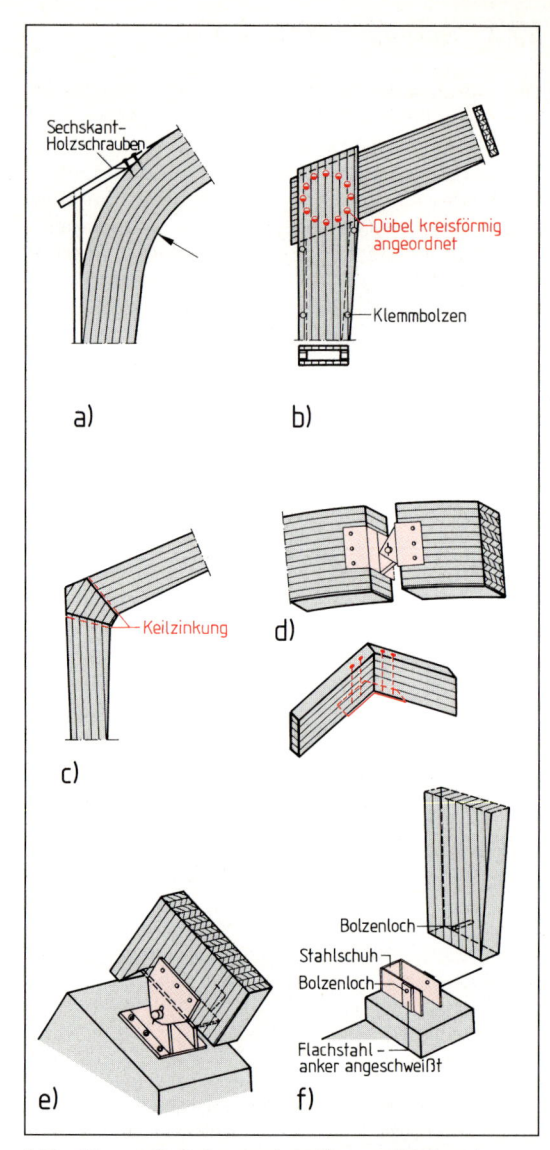

5.69 Biegesteife Rahmenecken, First- und Fußpunkte
 a) gekrümmt verleimt, b) gedübelt, c) keilgezinkt, d) Firstgelenke für schwere (oben) und leichtere (unten) Rahmenkonstruktionen, e) Fußpunkt, schwere Ausführung, f) Fußpunkt, leichte Ausführung

Aussteifung. *Windverbände* leiten die Windlasten in die Fundamente, *Aussteifungsverbände* sichern die Standfestigkeit des Gesamttragwerks und der Einzelteile gegen Kippen und Knicken (**5.**70 und **5.**71). Die notwendigen Aussteifungsmaßnahmen dienen meist beiden Zwecken. *Horizontalverbände* sichern die Unverschieblichkeit der Dachfläche, *Vertikalverbände* übertragen die Lasten aus der Dachebene in die Fundamente. Horizontalverbände bestehen aus knickfesten Windripsen, gekreuzten Zugbändern, Fachwerken oder Scheiben (**5.**70 a, **5.**71 a). Die vertikale Aussteifung eines Bauwerks ist möglich durch Zugdiagonalen, Windböcke, eingespannte Stützen, Fachwerke, Rahmen, Scheiben oder auch Massivkerne (z. B. Treppenhausschächte aus Stahlbeton, **5.**70 a bis f, **5.**71 a, b). Ein Beispiel zur Kippaussteifung hoher Träger zeigt Bild **5.**70 g.

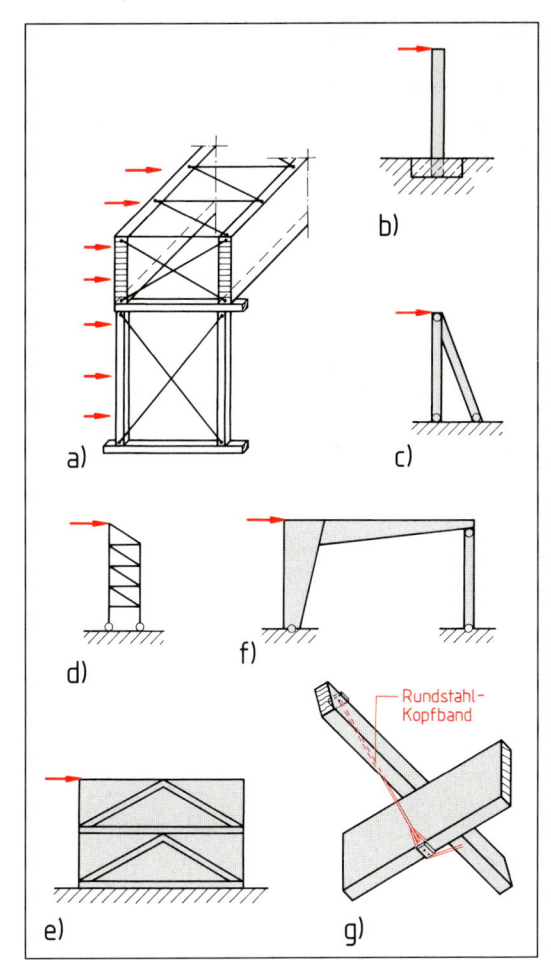

5.4 Dachkonstruktion

5.70 Aussteifungsmöglichkeiten für Gebäude
a) durch Diagonalverstrebung; sie sichert Stützen und Binder gegen Umfallen und Ausknicken (s. Detail A in Bild **5.71**), b) durch eingespannte Stützen, c) und d) durch Böcke, e) durch Scheiben, f) durch biegesteife Rahmen mit Pendelstütze, g) Kippaussteifung hoher Träger durch Kopfband

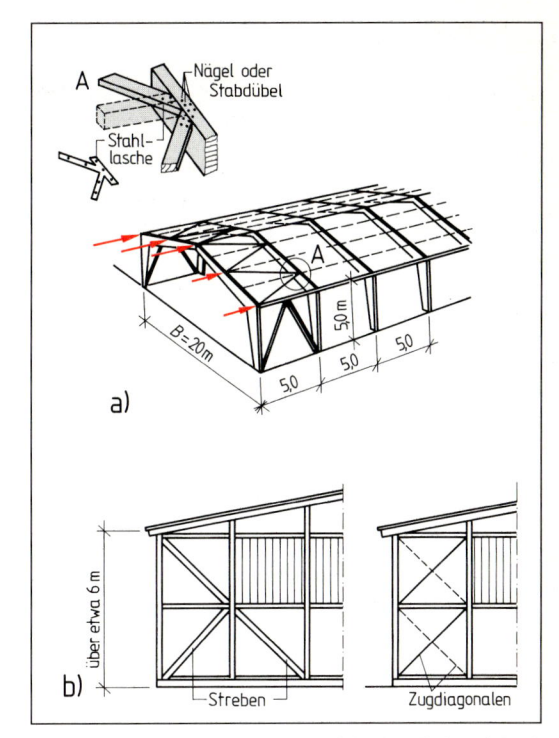

5.71 a) Längsaussteifung einer Halle (vertikal und horizontal)
b) Queraussteifung durch Streben oder Zugdiagonalen

Brettschichtholz in gerader, gekrümmter, abgeknickter oder gerundeter Form zeichnen sich durch ansprechendes Aussehen, hohe Stabilität und ausreichende Anschlussflächen aus Bild **5.72**.

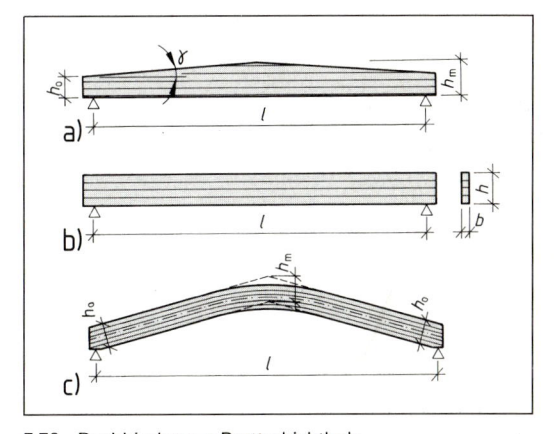

5.72 Dachbinder aus Brettschichtholz
a) mit geradem Untergurt
b) als Parallelträger
c) als gekrümmter Träger

> Rahmen aus Fachwerk oder Brettschichtholz werden meist als Dreigelenkkonstruktion hergestellt und im Hallenbau bevorzugt. Sie vereinigen Wand- und Dachtragwerk in einer Konstruktion und bieten zugleich ausreichende Queraussteifung.

5.4.6 Dachbinder

Dachbinder sind Dachtragwerke, denen Wände, Balken und Stützen als Auflager dienen. Sie überbrücken größere Stützweiten. *Vollwandbinder* aus

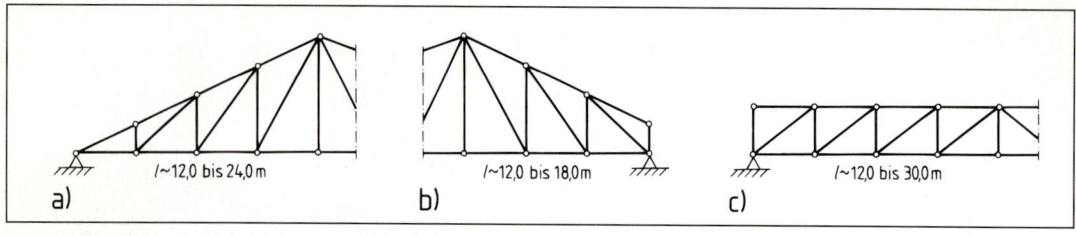

5.73 Fachwerkbinder (Stabbezeichnungen s. **5.75**)
a) dreieckförmig, b) trapezförmig, c) parallelgurtig

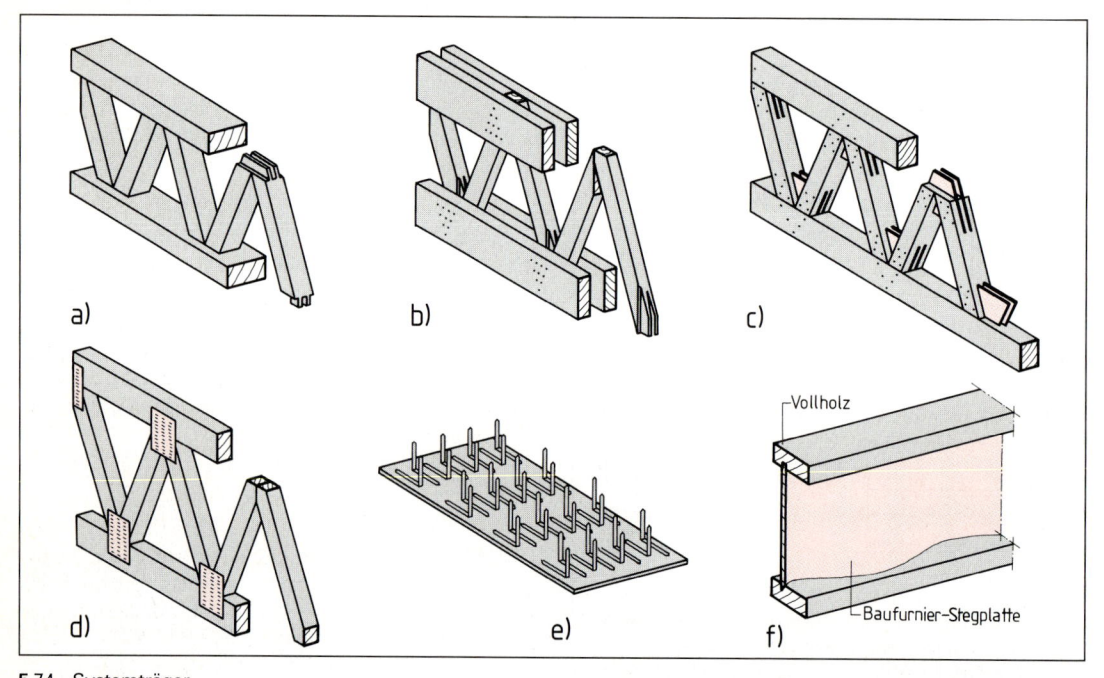

5.74 Systemträger
a) gezapft, verleimt (System DSB), b) keilgezinkt, verleimt (System Trigonit), c) mit durchgenagelten Verbindungsblechen in Schlitzen (System Greim), d) mit aufgepressten Nagelplatten (System Gangnail), e) einpressbare Nagelplatte für Gangnail-Träger in d), f) Wellstegträger (mit gewellter Baufurnierplatte)

Fachwerkbinder sind leichter und je nach Zweck in Parallel-, Trapez- oder Dreiecksform gefertigt (**5.73**). Systemträger in Fachwerkbauweise haben statisch günstige I-Querschnitte (**5.74**).

Dreiecks-Fachwerkbinder unterscheiden wir überwiegend nach ihrer regional typischen Stabführung (deutsche, belgische, englische Binder). Die gleichmäßig verteilten Knoten der Obergurte nehmen zugleich die dachhauttragenden Querhölzer (Pfetten) und die jeweils anteiligen Dachlasten auf. Alle auftretenden Dachlasten sind in den Obergurtknoten zu Einzelkräften zusammengefasst. Sie beanspruchen die Stäbe nur auf Zug oder Knickung (nicht auf Biegung). Die Stabkräfte der Zugstäbe erhalten positive Vorzeichen, die der Druckstäbe negative. Obergurtstäbe erhalten in der Regel Druck, Untergurtstäbe Zug, Diagonal- und Vertikalstäbe je nach Lage und Richtung Druck oder Zug.

Bezeichnet werden die Stäbe durch Großbuchstaben und Stab-Nr. vom linken Auflager an mit O_1, O_2 ... im Obergurt, U_1, U_2 ... im Untergurt, V_1, V_2 ... und D_1, D_2 ... für die Vertikal- und Diagonalstäbe. Bei symmetrischer Anordnung sind die entsprechenden Stäbe der gegenüberliegenden Binderhälfte mit O'_1, U'_1, D'_1 und V'_1 ... benannt (**5.75**).

5.4 Dachkonstruktion

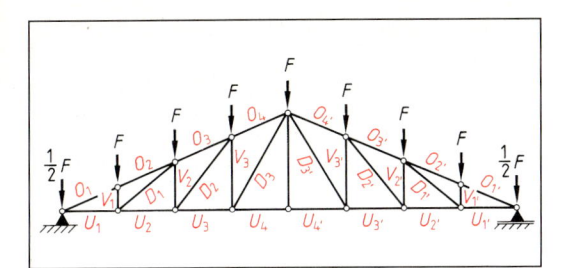

5.75 Stabbezeichnung bei Fachwerkträgern und Krafteinleitung in die Obergurtknoten

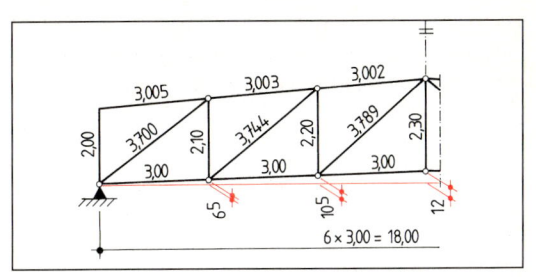

5.76 Mit Rücksicht auf die Durchbiegung werden Fachwerkbinder mit Überhöhung hergestellt (Überhöhungsmaße an den Untergurtknoten)

Konstruktive Grundsätze. Die Systemskizze eines Binders stellt die Mittelachsen der Stabhölzer dar. Davon abweichende (exzentrische) Stablagen erhöhen die Knickgefahr. Zentrisch angeordnete, möglichst aber gleichmäßig um die Knoten gelagerte Verbindungsmittel werden der rechnerischen Annahme der Knoten als Gelenke am besten gerecht. Bei Brettbindern mag eine nachgiebige Einspannung der Stäbe durch die größeren Nagelanschlussflächen unbedenklich sein, bei Kantholzbindern mit größeren Stabkräften sollte man sie vermeiden.

Die lastabhängige Durchbiegung der Fachwerkbinder vergrößert sich durch das Schwinden des Holzes, besonders aber durch die Nachgiebigkeit der Verbindungsmittel. Eine angemessene Überhöhung beim Konstruieren des Binders ist daher geboten (**5.76**). Nagelbinder bestehen aus mindestens 24 mm dicken Brettern, meist zweiteiligen Ober- und Untergurten und einteiligen Füllstäben. Jede Nagelverbindung hat wenigstens 4 runde Nägel nach DIN 1151. Wegen der Spaltgefahr richten sich die Nagelgrößen nach dem jeweils dünneren Brett. Mindestabstandsmaße gelten für die Nägel einer Nagelreihe, die Nagelreihen untereinander, den beanspruchten und unbeanspruchten sowie für den seitlichen Rand (**5.77**). Nagelabstände sollten möglichst gleichmäßig verteilt und beim Planen und Herstellen durch ein Nagelraster kenntlich gemacht werden.

Tabelle **5.77** Mindestnagelabstände (im dünnsten Holz, Nägel versetzt angeordnet)

Werte in ( ) gelten für $d_n > 4{,}2$ mm	Lage zur Faserrichtung	Nagelabstände parallel der Kraftrichtung	
		nicht vorgebohrt	vorgebohrt
untereinander	∥	$10\,d_n$ ($12\,d_n$)	$5\,d_n$
	⊥	$5\,d_n$	
vom belasteten Rand	∥	$15\,d_n$	$10\,d_n$
	⊥	$7\,d_n$ ($10\,d_n$)	$5\,d_n$
vom unbelasteten Rand	∥		
	⊥	$5\,d_n$	$3\,d_n$

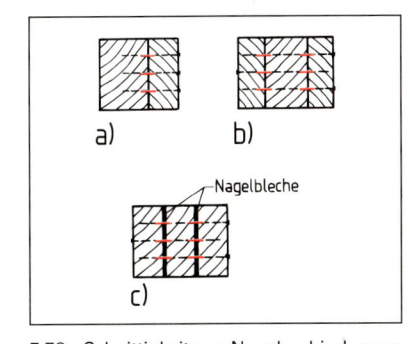

5.78 Schnittigkeit von Nagelverbindungen
 a) einschnittig
 b) zweischnittig
 c) vierschnittig mit Nagelblechen

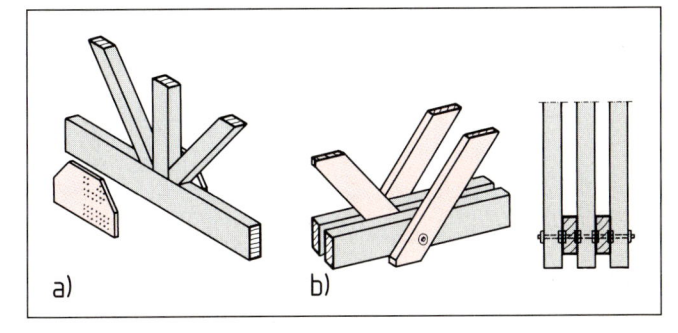

5.79 Fachwerk-Knotenpunkte
 a) einteilig mit Knotenplatte (z. B. aus Blech oder Furnierholz)
 b) mehrteilig aus doppeltem Untergurt und dreiteiligen Diagonalen

Mehrschnittige Nagelverbindungen tragen das entsprechende Mehrfache von einschnittigen und sind deshalb wirtschaftlicher (5.78). Binder mit stumpf zusammengefügten und durch Knotenplatten aus Blech oder Furnierholz verbundenen Hölzern sind rationeller und preiswerter als mehrteilige Konstruktionen (5.79 a). Dachbinder mit kräftigen Stabhölzern (Kantholzbinder) und höher belastbaren Holzverbindern (Dübel) ergeben stabilere Konstruktionen mit größerer Tragkraft als vergleichbare Nagelbinder (5.79 b). Ausführungsrichtlinien für alle Dübeltypen und -größen enthalten die Tabellenbücher.

Planungsgerechte Gelenke von hoher Tragkraft ergeben Gelenkbolzenverbindungen nach Bild 5.80. Eine Übersicht der gebräuchlichen Verbindungsmittel einschließlich ihrer zeichnerischen Darstellung zeigt Tabelle 5.81.

Die Queraussteifung der Dachbinder ist durch die Konstruktion der Dachbinder gegeben. Ihre *Längsaussteifung* erfolgt je nach Erfordernis in der bereits erwähnten Art durch diagonal angeordnete Windrispen, fachwerkartige Windverbände oder Scheiben aus vollflächig aufgenagelten Sperrholz- oder Spanplatten.

> *Dachbinder* eignen sich als Dachtragwerk für große Spannweiten. Es gibt Vollholz- und Fachwerkbinder sowie Systemträger mit aufgelösten Querschnitten.
>
> *Mehrteilige Fachwerkknoten* werden durch Nägel und/oder Dübel (auch Schrauben) verbunden, hochbelastete Knoten durch Gelenkbolzen.
>
> *Knotenplatten* aus Blech oder Furnierholz erleichtern das Herstellen der Stabanschlüsse.

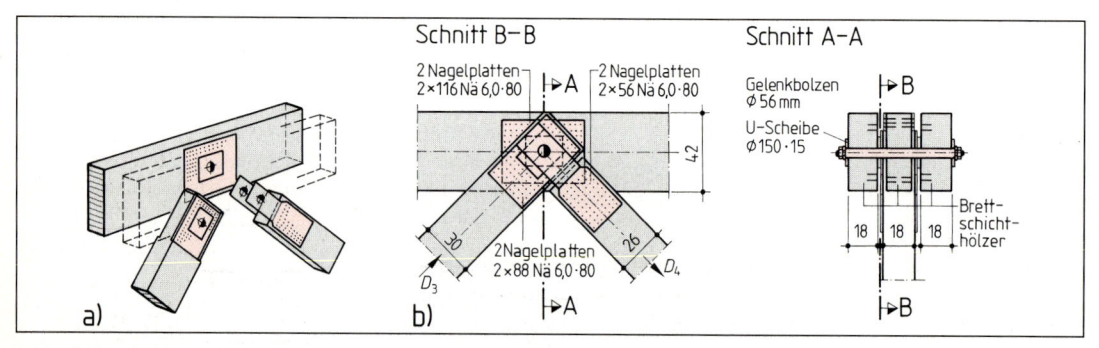

5.80 Gelenkbolzenverbindung für den Obergurtknoten eines schweren Fachwerkbinders (Beispiel)
  a) Nagelplatten übertragen die Stabkräfte auf die Fachwerkbalken
  b) Bolzen und aufgenagelte Stahlplatten ermöglichen einen planungsgerechten Gelenkknoten

Tabelle **5.81** Holzverbindungsmittel

Symbol und Benennung	Darstellung und Bezeichnung	
	auf Konstruktionsplänen (Ingenieurplänen)	auf Ausführungszeichnungen (Werkstattzeichnungen)
Schraubbolzen M Sechskantschrauben nach DIN 601 für tragende Verbindungen, mit runden Scheiben nach E DIN 1052-2, Tabelle 3	Anzahl, Gewindekurzzeichen M und Nenn-Ø in mm (Scheibenabmessungen, falls abweichend von DIN 1052) 2 M 16	wie links, ergänzt durch Bolzenlänge in mm 2 M 16 × 320
Passbolzen PB Stabdübel mit Kopf und Mutter oder beidseitigen Muttern, mit runden Scheiben nach DIN 440	Anzahl, Kurzbezeichnung PB, Nenn-Ø in mm (Scheibenabmessungen, falls abweichend von DIN 440) 4 PB Ø 16	wie links, ergänzt durch Passbolzenlänge in mm (Gewindebezeichnung, falls abweichende Nenn-Ø) 4 PB Ø 16 × 320 (M12)

Fortsetzung s. nächste Seite

5.4 Dachkonstruktion

Tabelle **5**.81, Fortsetzung

Symbol und Benennung	Darstellung und Bezeichnung	
	auf Konstruktionsplänen (Ingenieurplänen)	auf Ausführungszeichnungen (Werkstattzeichnungen)
Dübel besonderer Bauart Dü Typen A bis E nach DIN 1052-2 einschl. Verbolzung: Ø 40 bis 55 mm Ø 56 bis 70 mm Ø 71 bis 85 mm Ø 86 bis 100 mm Nennmaße über 100 mm	Anzahl, Kurzbezeichnung Dü, Dübelnennmaße in mm – Typ A bis E (Bolzen- und Scheibenabmessungen, falls abweichend von DIN 1052)	wie links, ergänzt durch Anzahl, Bezeichnung und Länge der zugehörigen Schraubenbolzen
Stabdübel Sdü nach DIN 1052-2, Abschnitt 5	Anzahl, Kurzbezeichnung Sdü, Nenn-Ø in mm	wie links, ergänzt durch Stabdübellänge in mm
Sechskant-Holzschrauben Sr nach DIN 571 (aus Stahl) bzw. Holzschrauben A Schlüsselschrauben, mit runden Scheiben nach DIN 440	Anzahl, Kurzbezeichnung Sr, Nenn-Ø mal Länge in mm – A (Scheibenabmessungen, falls abweichend von DIN 440) Darstellung wie rechts	wie links, ergänzt durch Stabdübellänge in mm
Holzschrauben Sr Halbrundholzschrauben nach DIN 96 (Typ B) oder Senkholzschrauben nach DIN 97 (Typ C) aus Stahl	Anzahl, Kurzbezeichnung Sr, Nenn-Ø mal Länge in mm – B oder C Darstellung wie rechts	
Nägel Na runde Drahtstifte nach DIN 1151 aus Stahl oder runde Maschinenstifte nach DIN 1143-1 Nagel-Vorderseite Nagel-Rückseite	Anzahl, Kurzbezeichnung Na, Nenn-Ø in 1/10 mm mal Länge in mm, ggf vb = vorgebohrt Darstellung wie rechts	
Sondernägel SNa, RNa nach DIN 1052-2, Tabelle 11 Sna = Schraubennagel Rna = Rillennagel	Anzahl, Kurzbezeichnung SNa oder RNa, Nenn-Ø mal Länge in mm – Tragfähigkeitsklasse I bis III, ggf. vb = vorgebohrt	
Klammern KL aus Stahldraht nach DIN 1052-2 (beharzt)	Kurzbezeichnung Kl, Nenn-Ø mal Länge in mm – Klammerabstand e in cm Darstellung wie rechts	
Nagelplatten NaPl nach DIN 1052-2 aus feuerverzinktem oder korrosionsbeständigem Stahlblech	Anzahl, Kurzbezeichnung NaPl, Abmessungen $b \cdot l$ in mm (Plattentyp, Fabrikat) Darstellung wie rechts	

5.5 Plandarstellung im Holzbau

Die Rückbesinnung auf natürliche und ästhetisch ansprechende Baumaterialien sowie der technologische Fortschritt und die rationellen Fertigungsmethoden im Holzbau haben dem Bauen mit Holz wieder mehr Verbreitung und erweiterte Anwendungsmöglichkeiten erschlossen.

Auch die Anstrengungen zur Energieeinsparung und zum Umweltschutz sprechen für die Verwendung von Holz als Baustoff, denn

- als nachwachsender Rohstoff ist Holz dauerhaft verfügbar
- Gewinnung und Verarbeitung verursachen geringste Energiekosten
- als CO_2-Speicher trägt Holz wesentlich zum Umwelt- und Klimaschutz bei.

Während früher die Holzkonstruktionen nach handwerklicher Erfahrung direkt aus dem Bauentwurf in die Praxis umgesetzt wurden, sind die modernen Holzbauwerke ingenieurmäßig berechnet und durch sorgfältige Planungen bis ins Detail genau und eindeutig festgelegt. Für die Plangestaltung im konstruktiven Holzbau reichen die z.Z. bestehenden Planungsnormen nicht mehr aus. Beispielhafte, dem neuen Stand der Technik und Normenentwicklung entsprechende, von den beteiligten Fachkreisen anerkannte Gestaltungsgrundsätze für Bauzeichnungen im Holzbau und Musterzeichnungen hat die Arbeitsgemeinschaft Holz e. V. erarbeitet (**5.81** bis **5.83**).

Entwurfszeichnungen M 1 : 100 sind nach den Vorschriften der Bauvorlagenverordnung ausreichend darzustellen.

Positionspläne für die statische Berechnung entstehen meist durch ergänzende Eintragungen in den Entwurfsplan, aber auch als gesonderte Pläne M = 1 : 100.

Konstruktionspläne enthalten alle notwendigen Darstellungen und Angaben für den Zusammenbau tragender Bauteile und ihrer Verbindungen. Wir unterscheiden zwei Darstellungsmöglichkeiten:

- **Konstruktionspläne mit maßstäblicher Gesamtdarstellung** (meist M 1 : 10) zeigen die Tragwerksteile in voller Länge, die wichtigsten Maße (z. B. Achs- und Höhenmaße) sowie statische Angaben für die Anschluss- bzw. Knotenpunkte.
- **Konstruktionspläne mit nur auszugsweiser Darstellung** der statisch maßgeblichen Tragwerksteile bestehen aus einer Übersichtszeichnung M 1 : 100 (auch 1 : 50) und herausgezeichneten Knoten bzw. Anschlusspunkten (meist 1 : 10). Die Einzelbauteile sind also nicht in voller Länge dargestellt.

Tabelle **5.82** Darstellungshinweise für Holzbaukonstruktionen

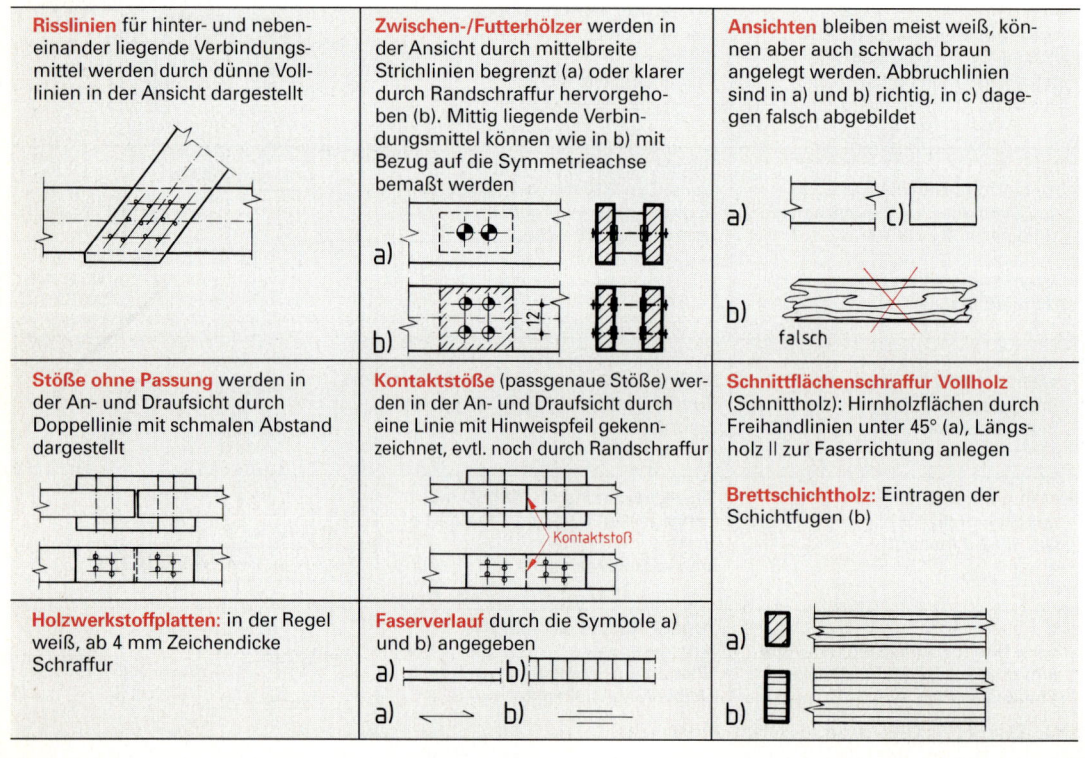

Risslinien für hinter- und nebeneinander liegende Verbindungsmittel werden durch dünne Volllinien in der Ansicht dargestellt	**Zwischen-/Futterhölzer** werden in der Ansicht durch mittelbreite Strichlinien begrenzt (a) oder klarer durch Randschraffur hervorgehoben (b). Mittig liegende Verbindungsmittel können wie in b) mit Bezug auf die Symmetrieachse bemaßt werden	**Ansichten** bleiben meist weiß, können aber auch schwach braun angelegt werden. Abbruchlinien sind in a) und b) richtig, in c) dagegen falsch abgebildet
Stöße ohne Passung werden in der An- und Draufsicht durch Doppellinie mit schmalen Abstand dargestellt	**Kontaktstöße** (passgenaue Stöße) werden in der An- und Draufsicht durch eine Linie mit Hinweispfeil gekennzeichnet, evtl. noch durch Randschraffur	**Schnittflächenschraffur Vollholz** (Schnittholz): Hirnholzflächen durch Freihandlinien unter 45° (a), Längsholz ∥ zur Faserrichtung anlegen. **Brettschichtholz:** Eintragen der Schichtfugen (b)
Holzwerkstoffplatten: in der Regel weiß, ab 4 mm Zeichendicke Schraffur	**Faserverlauf** durch die Symbole a) und b) angegeben	

5.5 Plandarstellung im Holzbau

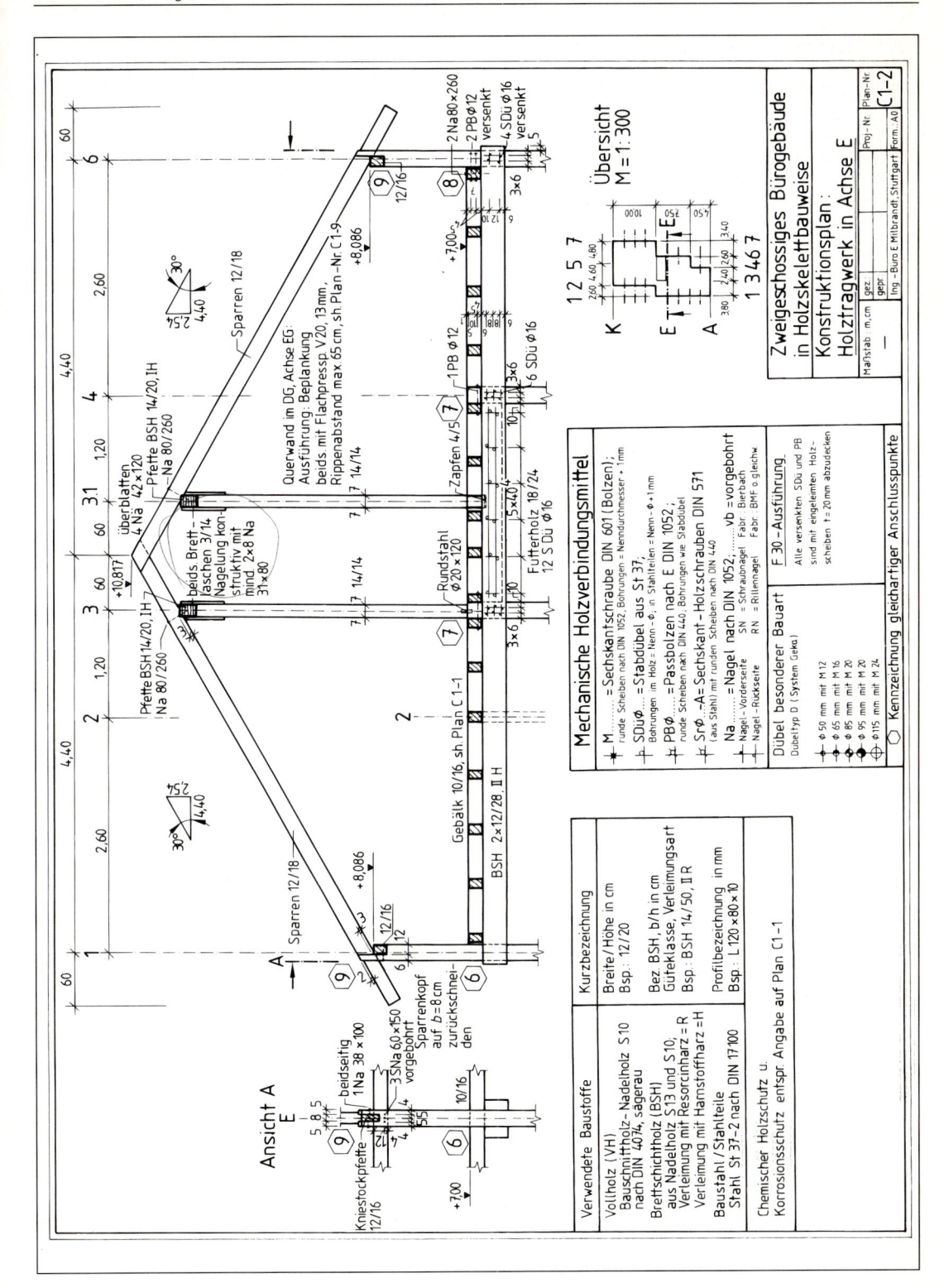

5.83 Beispiel eines Konstruktionsplans (Ausschnitt)

Konstruktionspläne sind in der Regel vom Ingenieurbüro zu erstellen (**5.**83). Dazu gehören u.U. auch notwendige Detailangaben im Maßstab 1 : 1 bis 1 : 5.

Ausführungszeichnungen (Werkstatt- bzw. Abbundzeichnungen) zeigen die gesamte Holzkonstruktion mit vollständigen und zweifelsfrei eingetragenen Angaben. So die genauen Abbundmaße, Lage und Achsabstände der Verbindungsmittel, Beschaffenheit der Holzoberfläche (z. B. geh = gehobelt), Bolzenlängen, Zubehörteile (z. B. Unterlegscheiben) und Materialangaben. Häufig erstellt sie der auszuführende Holzbaubetrieb, meist durch ergänzende Eintragungen in den Konstruktionsplan.

Aufgaben zu Abschnitt 5

Wiederholungen aus der Baufachkunde Grundlagen

1. Nennen Sie die Sortierklassen für Bauholz und beschreiben Sie ihre Unterschiede.
2. Welche Sortierklasse wird überwiegend für Bauholz gewählt?
3. Was verstehen wir unter dem Fasernötigungspunkt des Holzes?
4. Von welchen Faktoren hängt die Güteklasse-/Sortierklasse des Bauholzes ab?
5. Welche zulässigen Spannungen sind durch die Sortierklassen festgelegt?
6. Skizzieren Sie die Formänderung eines Halbholzes nach dem Schwinden.
7. Nennen Sie die Grenzmaße für Kantholz, Balken, Bohle, Latte und Brett.

Zur Fachkunde

8. Nennen Sie Beispiele für konstruktiven Holzschutz.
9. Was verstehen wir unter KVH?
10. Nennen Sie wesentliche Anforderungen und Merkmale von KVH.
11. Welche Erleichterungen bietet KVH bezüglich des Holzschutzes?
12. Unterscheiden Sie Streich-, Wand-, Stich-, Giebel- und Wechselbalken.
13. Wie verhindert man Durchfeuchtungsschäden an Balkenköpfen im Außenmauerwerk?
14. Beschreiben (skizzieren) Sie den Querschnitt des Pult-, Sattel- und Mansarddachs.
15. Unterscheiden Sie Walm-, Krüppelwalm- und Fußwalmflächen.
16. Was verstehen wir unter Grat, Kehle, Ortgang, Dachbruchlinie und Anfallpunkt?
17. Wie ist die Durchfeuchtungsgefahr infolge Wasserdampfkondensat konstruktiv gelöst a) beim belüfteten Dach, b) beim unbelüfteten Dach?
18. Warum ist die Dampfsperre grundsätzlich auf der warmen Seite des Daches anzuordnen?
19. Welchen Zweck erfüllen Unterdach und Unterspannbahn?
20. Dächer mit zusätzlicher Maßnahme erhalten zwei Luftschichten. Für welche der beiden gelten die Normvorschriften zur Dachentlüftung?
21. Erklären Sie die Konstruktion der ausgebauten Dachschräge mit Vollsparrendämmung und ihre bauphysikalische Funktionssicherheit.
22. Warum soll beim unbelüfteten Dach die Taupunktebene möglichst weit in die Dämmschicht nach außen verlegt sein?
23. Beschreiben Sie den Standardaufbau des unbelüfteten Flachdachs a) mit bituminösen Bahnen, b) mit Kunststoffbahnen.
24. Erklären Sie das Prinzip des Umkehr- und des Duodachs.
25. Was bedeuten die Kurzzeichen WD, WS, WDS und WDH bei Wärmedämmplatten?
26. Nennen Sie geeignete Werkstoffe für Dampfsperren und Dachabdichtungen.
27. Erklären Sie die Lage, den Zweck und die Ausbildung der Ausgleichsschichten im Aufbau des unbelüfteten Flachdachs.
28. Welche Mindestdachneigung ist nach den Flachdachrichtlinien einzuhalten?
29. Welche Regeln gelten für die Lagenzahl der Dachabdichtung nach den Flachdachrichtlinien a) für Bitumen-, b) für Kunststoffbahnen?
30. Vergleichen Sie Vor- und Nachteile der Dachabdichtungen mit bituminösen und hochpolymeren Bahnen.
31. Welche Regeln gelten für die Höhe der Dachrandanschlüsse von Flachdächern?
32. Nennen Sie Möglichkeiten für den Oberflächenschutz von Flachdächern.
33. Beschreiben Sie den Standardaufbau eines begrünten Daches.
34. Beschreiben Sie den Aufbau eines leichten unbelüfteten Dachs auf Holzbalkenlage.
35. Beschreiben Sie das Sparren- und das Kehlbalkendach (Bestandteile, statische Beanspruchung).
36. Beschreiben (skizzieren) Sie Anschlussmöglichkeiten für First, Sparrenfuß und Kehlbalken (je 2 Beispiele) beim Kehlbalkendach.
37. Wodurch unterscheiden sich das verschiebliche und das unverschiebliche Kehlkalkendach?
38. Erklären Sie Zweck und Anordnung von Rähm und Hahnbalken.
39. Wie erreicht man die Quer- und Längsaussteifung beim Sparren- und Kehlbalkendach?
40. Nennen Sie Vor- und Nachteile von Sparren- und Kehlbalkendächern.
41. Welche Arten von Dübeln unterscheiden wir?
42. Warum sind Heftbolzen und Unterlegscheiben unerlässliche Bestandteile jeder Dübelverbindung?

Aufgaben zu Abschnitt 5

43. Nennen Sie Zweck und statische Beanspruchung der Pfetten beim Pfettendach.
44. Unterscheiden Sie Pfettendächer mit 1-, 2- und 3fach stehendem Stuhl.
45. Wodurch unterscheiden sich das moderne Pfettendach mit Pfettenstrang und das herkömmliche abgestrebte Pfettendach?
46. Wodurch wird die Längsaussteifung des Pfettendaches hergestellt?
47. Wie erreicht man die Queraussteifung
    a) beim modernen Pfettendach mit Pfettenstrang,
    b) beim herkömmlichen abgestrebten Pfettendach?
48. Beschreiben Sie die Anschlusskonstruktion zwischen Sparren und Pfetten (2 Möglichkeiten).
49. Welche Vorteile bieten Sparren-Pfettenanker?
50. Unterscheiden Sie Pfette, Rähm und Richtholz.
51. Vergleichen Sie den Querschnitt sachgerecht ausgebildeter Grat- und Kehlsparren.
52. Erklären Sie Möglichkeiten der Belastung und Stützung des Gratsparrens.
53. Erklären Sie Belastung und Stützung des Kehlsparrens.
54. Beschreiben Sie die Dachkehle mit Bohlenschiftung.
55. Vergleichen Sie das einfache Hänge- und Sprengwerk.
56. Welche Vorteile bieten Rahmen, besonders Dreigelenkrahmen gegenüber den herkömmlichen Hänge- und Sprengwerken?
57. Beschreiben Sie Querschnittformen von Rahmen.
58. Wodurch erreicht man die Längs- und Queraussteifung der Rahmen?
59. Unterscheiden Sie Vollwand- und Fachwerkbinder.
60. Für welche Fachwerkteile verwenden wir die Buchstaben U, O, V und D?
61. Beschreiben Sie die Ausbildung ein- und mehrteiliger Fachwerkknoten.
62. Warum werden Gelenkbolzen für hochbeanspruchte Fachwerkknoten bevorzugt?
63. Warum werden Fachwerkbinder mit Überhöhung geplant und ausgeführt?
64. Nennen Sie die üblichen Holzverbindungsmittel und ihre Kurzzeichen.

6 Mauerwerksbau

Das Bauen mit Mauerwerk ist eine jahrtausendealte Technik. Wände aus Mauerwerk bilden und trennen von jeher Räume, schützen vor Witterungseinflüssen und Feinden, nehmen Gebäude- und Verkehrslasten, Wind-, Wasser- und Erddruck auf. Bogen- und Gewölbemauerwerk ermöglichen schon früh tragfähige massive Überdeckungen von Wandöffnungen und Räumen. Mauerwerk aus künstlichen Steinen (getrocknete Lehmquader) verwendete man bereits beim Bau des großen Stufentempels von Ur in Mesopotamien (um 200 v. Chr.). Die Mauerwerkstechnik mit gebrannten Ziegeln wurde in Mitteleuropa durch die Römer verbreitet, nach der Römerherrschaft weitgehend eingestellt und erst um 1200 wieder bevorzugt.

Mauerwerk im Hochbau. Hier werden vor allem Wände, Pfeiler und Schornsteine aus Mauerwerk hergestellt. Bei den Wänden unterscheiden wir
- nach der Lage im Grundriss: Außen- und Innenwände, Giebelwände
- nach der Funktion: raum- und wohnungstrennende Innenwände sowie Treppenhauswände. Reihenhaustrennwände nennen wir auch Umfassungswände,
- nach der Geschosszugehörigkeit: Keller-, Erd- und Dachgeschosswände, ferner Wände im 1., 2. usw. Obergeschoss,
- nach der statischen Funktion: tragende und nichttragende Wände sowie aussteifende Wände (6.1),
- nach der Zahl der ausgesteiften Ränder: 2-, 3- und 4-seitig gehaltene sowie freistehende Wände,
- nach der Anzahl der Wandschalen: ein- und mehrschalige Wände.
- nach den Brandschutzvorschriften: Brandwände und Komplex-Wände.

Je nach Lage, Zweck und Beanspruchung der Wände können unterschiedliche Schwerpunkte vorliegen: z. B. Tragfähigkeit (Festigkeit), Wärmeschutz, Schallschutz, Schlagregenschutz, Feuchtigkeitsschutz, Brandschutz, Frostbeständigkeit, Wärmespeicherfähigkeit.

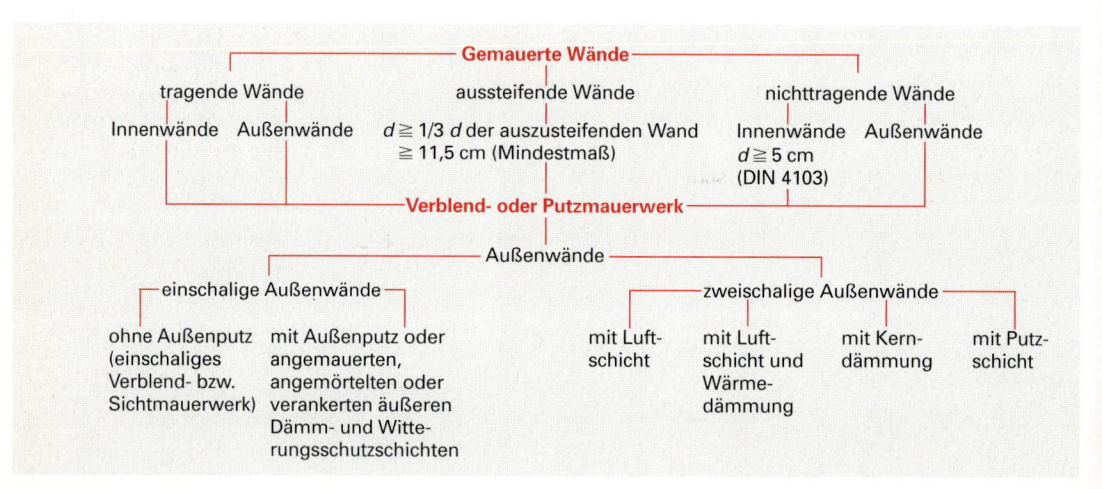

```
                            Gemauerte Wände
        ┌──────────────────────────┼──────────────────────────┐
    tragende Wände          aussteifende Wände         nichttragende Wände
   ┌────────┴────────┐   d ≧ 1/3 d der auszusteifenden Wand   ┌────────┴────────┐
Innenwände   Außenwände      ≧ 11,5 cm (Mindestmaß)      Innenwände   Außenwände
                                                          d ≧ 5 cm
                                                          (DIN 4103)

                      Verblend- oder Putzmauerwerk
                               Außenwände
               ┌──────────────────┴──────────────────┐
        einschalige Außenwände              zweischalige Außenwände
       ┌──────────┴──────────┐         ┌────────┬────────┬────────┐
   ohne Außenputz   mit Außenputz oder   mit Luft-  mit Luft-  mit Kern-  mit Putz-
   (einschaliges    angemauerten,        schicht    schicht und dämmung   schicht
   Verblend- bzw.   angemörtelten oder              Wärme-
   Sichtmauerwerk)  verankerten äußeren             dämmung
                    Dämm- und Witte-
                    rungsschutzschichten
```

6.1 Gemauerte Wände

6.1 Tragende Wände

Tragende Wände nehmen im Gegensatz zu den nichttragenden Wänden außer ihrer Eigenlast weitere Lasten auf. Lotrechte und waagerechte Lasten, die parallel zur Wandfläche wirken, beanspruchen die Wand als Scheibe.

Lotrechte Kräfte ergeben sich aus der Eigenlast der Wand, vor allem aber aus Decken-, Dach- und Wandlasten der oberen Geschosse.

Waagerechte Kräfte greifen vorwiegend als Erd-, Wind- und Wasserdruck an. Waagerecht und quer zur Ebene belastete Wände werden als Platte beansprucht, ihre aussteifenden Querwände als Scheibe (**6.2**).

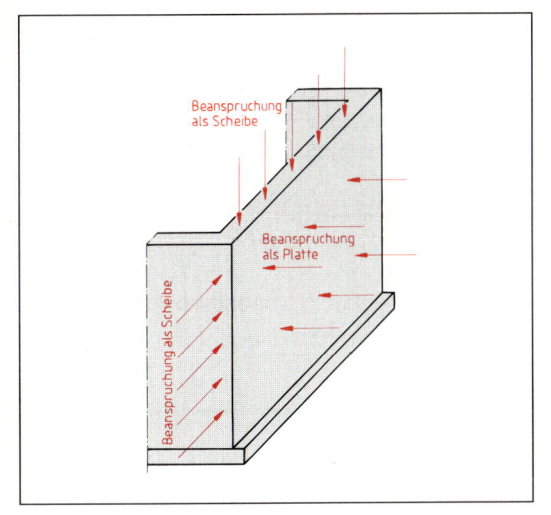

6.2 Scheiben- und Plattenbeanspruchung von Außenwänden

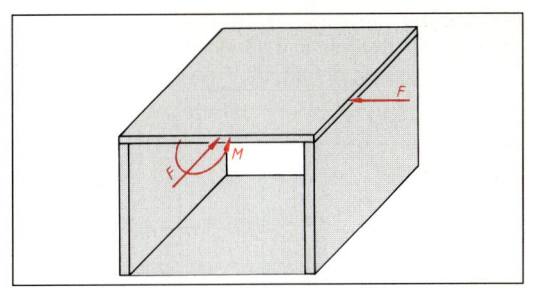

6.3 „Raumstabile Zellen" aus Decken- und Wandscheiben gewährleisten die Gebäudestabilität

Das „**Prinzip der raumstabilen Zellen**" aus starren Wand- und Deckenscheiben ist Grundgedanke der DIN 1053, für die Stabilitätssicherung von Gebäuden aus Mauerwerk (**6.3**). Die Scheibenwirkung von Fertigteildecken kann durch Ringanker, die von Holzbalkendecken durch diagonal aufgenagelte Stahlbänder sichergestellt werden (**6.3** b und c).

Statische Nachweise zur Standsicherheit von Mauerwerk richten sich nach Teil 1 der DIN 1053. Unterschieden wird das

– **vereinfachte Verfahren**. Den Geltungsbereich begrenzt Tab. **6**.4 und zugehörige Bilder. Die Nachweise basieren auf der Begrenzung der zulässigen Spannungen.

– **genauere Verfahren**. Die Nachweise werden mit Hilfe von Sicherheitsfaktoren geführt, erfordern mehr Aufwand und sollen hier nicht näher behandelt werden.

6.1.1 Standsicherheit

Belastete Wände sind kippanfällig bei horizontaler und knickanfällig bei vertikaler Belastung. Sie sind daher rechtwinklig zu ihrer Ebene durch aussteifende Querwände und Decken (-scheiben) oder durch gleichwertige Maßnahmen zu sichern.

Tabelle **6**.4 Bedingungen für Mauerwerk nach DIN 1053-1 (Nov. 1996) für vereinfachte Mauerwerksbemessung nach dem vereinfachten Verfahren

Bauteil	Wanddicke d in cm	lichte Geschosshöhe h_s in cm	Verkehrslast p in kN/m²	zul. Gebäudehöhe H ab OK Terrain ≤ 20 m (bei geneigten Dächern darf man H um die 1/2 Dachhöhe reduzieren)	zul. Deckenstützweite ≤ 6,0 m (bei üblicher Auflagerausbildung); bei 2-achsig gespannten Decken gilt l für die kürzere Spannweite
Innenwände	≥ 11,5 < 24,0	≤ 2,75 m			
	≥ 24,0	–			zul. Deckenstützweite
einschalige Außenwände	≥ 17,5[1] < 24,0	≤ 2,75 m	≤ 5		
	≥ 24,0	≤ 12 d			
Tragschale zweischaliger Außenwände und zweischalige Haustrennwände	≥ 11,5[2] < 17,5[2]	≤ 2,75 m	≤ 3[3]		
	≥ 17,5 < 24,0				
	≥ 24,0	≤ 12 d	≤ 5		

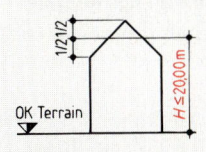

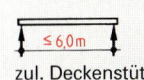

[1]) Bei eingeschossigen Garagen und vergleichbaren Bauwerken, die nicht zu andauerndem Aufenthalt von Menschen vorgesehen sind, auch $d ≥ 115$ mm zulässig

[2]) Geschossanzahl maximal zwei Vollgeschosse zzgl. ausgebautes Dachgeschoss; aussteifende Querwände im Abstand ≤ 4,50 m bzw. Randabstand von einer Öffnung ≤ 2,0 m

[3]) einschließlich Zuschlag für nichttragende innere Trennwände

Aussteifung. Je nach Anzahl der ausgesteiften Wandränder unterscheiden wir freistehende sowie 2-, 3- und 4-seitig gehaltene Wände (**6.**5).

Die Stumpfstoßtechnik ermöglicht gleichwertige kraftschlüssige Verbindungen tragender und aussteifender Wände. Dies erfolgt durch Ankerbleche

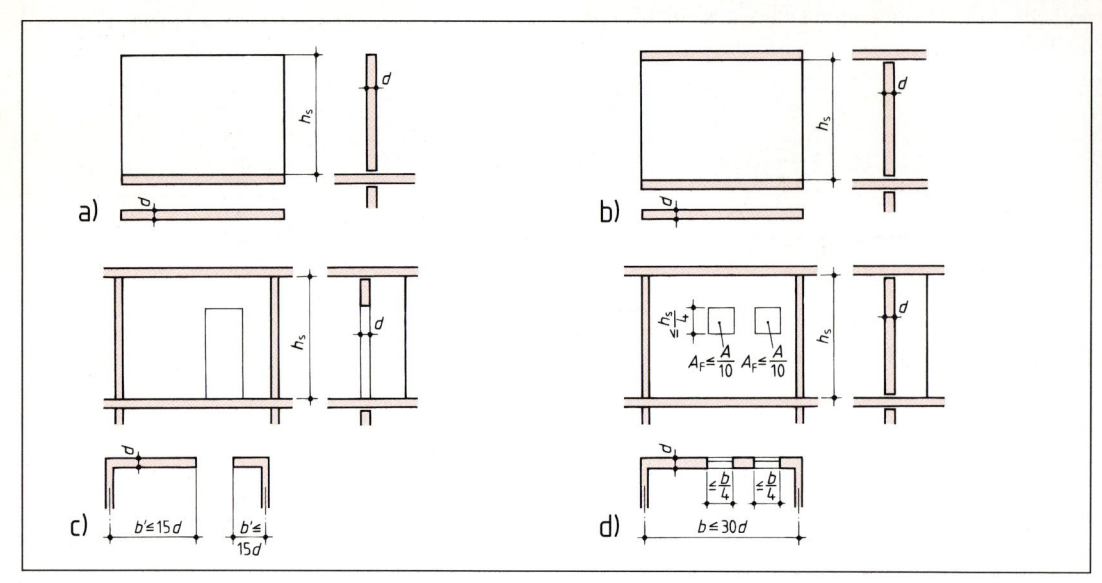

6.5 Bedingungen für freistehende und mehrseitig gehaltene Wände nach DIN 1053-1 (Febr. 1989)
 a) freistehende Wand,
 b) 2-seitig (oben, unten),
 c) 3-seitig (oben, unten, seitlich),
 d) 4-seitig (an allen 4 Rändern) gehaltene Wand, sofern die Grenzmaße für Öffnungen eingehalten sind – sonst 3-seitig gehalten
 Öffnungen: Werden die angeführten Grenzwerte in Bild **6.**5 d überschritten, gelten die Wandteile zwischen den Öffnungen als 2-teilig, zwischen Öffnung und Querwand als 3-teilig gehalten
 Wandteile: Werden die Grenzwerte in **6.**5 c überschritten, gelten die Wände bis zur Länge 15 d als 3-seitig und im darüber hinausreichenden Teil nur als 2-seitig gehalten. Eine Wand kann also – ob mit oder ohne Öffnungen – auf bestimmten Teilabschnitten 3-, auf anderen 2-seitig gehalten sein.

Regeln, s. auch S. 121

Beidseitig angeordnete aussteifende Querwände dürfen in den Mittelachsen um $\leq 3\,d$ versetzt sein, alle anderen gelten als einseitig angeordnet (**6.**6, d = Dicke der auszusteifenden Wand).

Die Mindestlänge der aussteifenden Wand beträgt $\geq 1/5\,h_s$, im Bereich von Öffnungen $\geq 1/5\,h'$ (h_s = Rohbaumaß zwischen den Geschossdecken, $h' \geq$ Höhe der Maueröffnung).

Die Mindestdicke der aussteifenden Wände beträgt $\geq 1/3\,d$, stets jedoch $\geq 11{,}5$ cm (**6.**7a).

Aussteifende Wände sind gleichzeitig mit den auszusteifenden Wänden verbandsgerecht hochzuführen.

Ausnahme: gegenüberliegend angeordnete Querwände mit Druckkontakt, sofern sie den oben genannten Bedingungen für aussteifende Wände entsprechen.

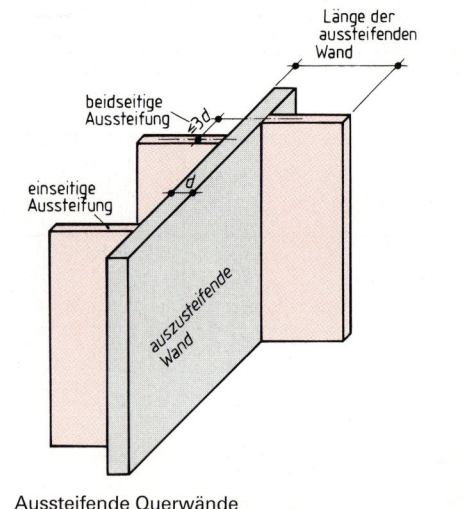

6.6 Aussteifende Querwände

Regeln, Fortsetzung

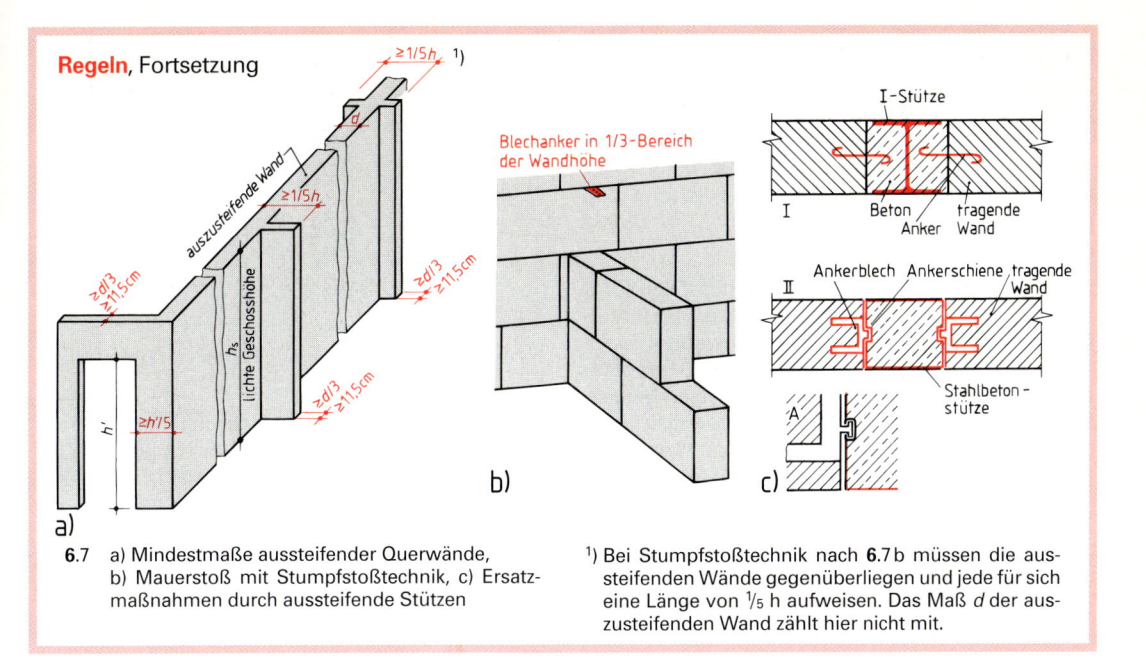

6.7 a) Mindestmaße aussteifender Querwände, b) Mauerstoß mit Stumpfstoßtechnik, c) Ersatzmaßnahmen durch aussteifende Stützen

[1]) Bei Stumpfstoßtechnik nach **6.7** b müssen die aussteifenden Wände gegenüberliegen und jede für sich eine Länge von $1/5\,h$ aufweisen. Das Maß d der auszusteifenden Wand zählt hier nicht mit.

aus V4A-Stahl im 1/3-Bereich der Wandhöhe (**6.7** b) und erspart das aufwendige Einbinden beim Aufmauern der Querwände.

Ersatzmaßnahmen. Sind notwendige aussteifende Wände aus Gründen der Raumgestaltung nicht erwünscht, können aussteifende Wandstützen aus Stahl oder Stahlbeton mit beidseitiger Deckenverankerung deren Funktion ersetzen (**6.7**c). Stoffgleiche U-Schalen eignen sich vorteilhaft für die Aufnahme von Stahlbetonstützen. Die kraftschlüssige Verbindung der auszusteifenden Wand mit den angrenzenden Decken (bzw. Ringbalken) muss durch Anker oder gleichwertige Maßnahmen sichergestellt werden.

Anschlüsse zwischen Decken und Umfassungswänden können hergestellt werden

– durch Zuganker bei Holzbalkendecken (s. Bild **5.7** und **5.9**a),
– durch Haftung und Reibung bei Massivdecken. Sie gelten als ausreichend, wenn die Auflagertiefe der Decken ≥ 10 cm beträgt (**6.9**).

Ringbalken dienen als horizontale Aussteifung für den oberen Wandrand, wenn aussteifende Deckenplatten fehlen, z. B. bei Decken ohne Scheibenwirkung (Balkendecken) oder wenn der Haftverbund zwischen Wand und Deckenauflager durch Gleitschichten ausgeschaltet werden soll

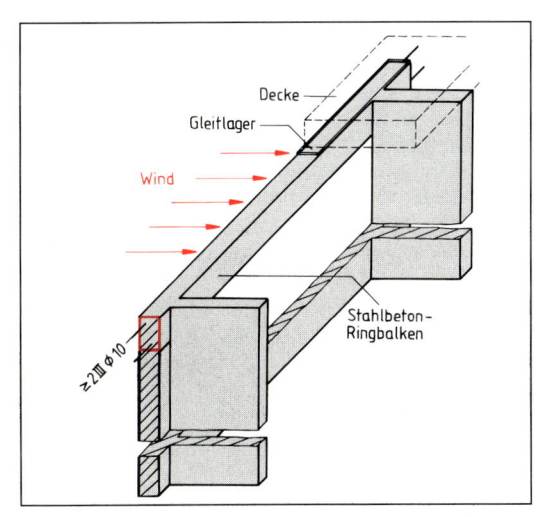

6.8 Ringbalken ersetzen aussteifende Deckenscheiben

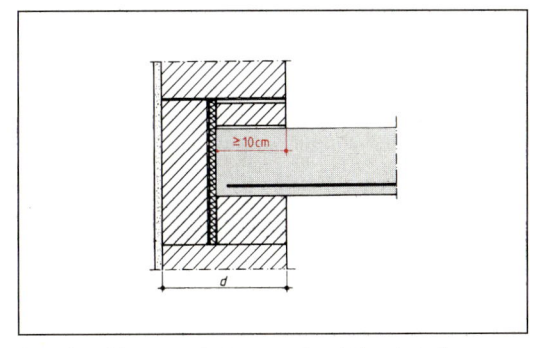

6.9 Anschluss von Außenwand und Massivdecke

(häufig unter massiven Dachdecken). Ringbalken bestehen meist aus Stahlbeton oder bewehrtem Mauerwerk, seltener ganz oder teilweise aus Profilstahl bzw. Holz. Sie übertragen Horizontalkräfte (z. B. Wind) auf angrenzende Querwände und werden daher auf Biegung beansprucht. Sie können bei ausreichender Bewehrung zusätzlich auf Zug beansprucht und damit gleichzeitig als Ringanker genutzt werden (**6**.8 und **6**.11).

Ringanker sind reine Zugglieder und sollen Zugkräfte ($\geq$ 30 kN) aus ungewollten Setzungsunterschieden des Baugrunds sowie ungewollten Formänderungen des Baugefüges (z. B. durch Temperaturunterschiede, Schwinden, Quellen, Durchfeuchtung) aufnehmen. Sie werden überwiegend aus Stahlbeton oder auch aus bewehrtem Mauerwerk hergestellt. Im Wesentlichen dienen sie als Scheibenbewehrung für Wand und Decke zugleich. Am oberen Rand der Außen- und Umfassungswände bilden Ringanker einen geschlossenen Bewehrungsring, der auch über Querwände geführt wird, die als lotrechte Scheiben Windkräfte abtragen (**6**.10).

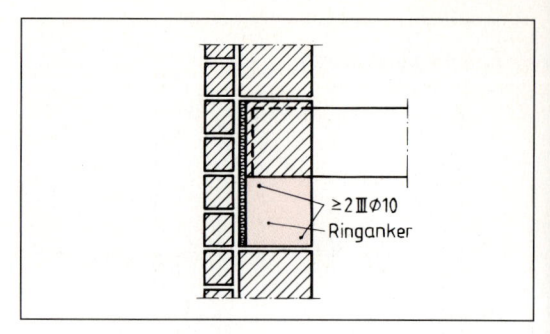

6.11 Beispiel eines Ringankerquerschnitts mit Mindestbewehrung

Die Mindest-Ringankerbewehrung besteht aus 2 BSt IIIS Ø 10 (**6**.11). Diese können in den Rändern von Massivdecken angeordnet sein, in Stahlbetonbalken oder der Mauerwerks-Lagerfuge. Ihr Höchstabstand zur Wand- bzw. Deckenmitte beträgt $\leq$ 50 cm (**6**.12). Ringbalken können zugleich die Ringankerfunktion übernehmen (aber die Ringanker nicht die Ringbalkenfunktion).

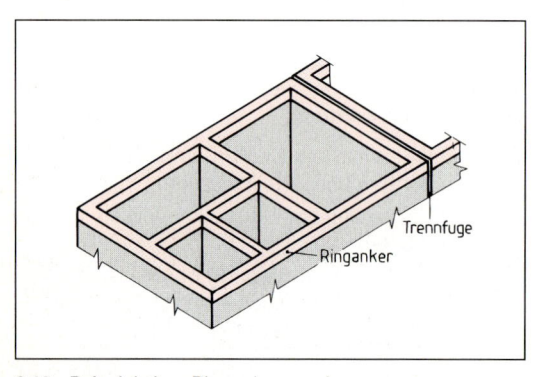

6.10 Beispiel einer Ringankeranordnung

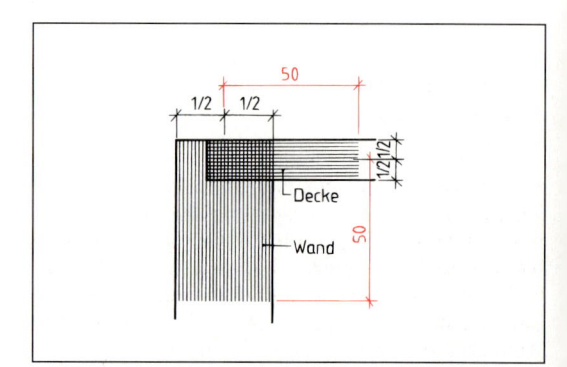

6.12 Zulässige Anordnungsbereiche der Ringankerbewehrung in Decke oder Wand

Ringanker sind auch zu beiden Seiten von Gebäudetrennfugen anzuordnen.

Erforderlich sind sie
- über allen Außen- und Querwänden, die als vertikale Scheiben Horizontallasten (z. B. Wind) aufnehmen,
- bei über 18 m langen Gebäuden,
- bei Gebäuden mit mehr als 2 Vollgeschossen,
- bei einem Fensteranteil von > 60 % der Außenwandlänge,
- bei einem Fensteranteil von > 40 % der Außenwandlänge, wenn die Fensterbreiten 2/3 der Geschosshöhe überschreiten,
- bei ungünstigen Baugrundverhältnissen.

Bewehrtes Mauerwerk für Ringbalken und Ringanker ersetzt die herkömmlichen Konstruktionen aus Stahlbeton. Die Lagerfuge aus Zementmörtel stellt den Verbund her, die druckfesten Steine (Lochanteil $\leq$ 35 %) ersetzen den Beton. Die Lagerfugendicke beträgt 2 d_s (= 2 x Stab-Ø), jedoch mind. 2 cm. Als Bewehrung in Fugen eignet sich Betonstabstahl nach DIN 488-1 mit $d_s \leq$ 8 mm, ferner vorgefertigte „Murfor"-Bewehrungselemente aus zwei parallel liegenden Längs- und angeschweißten Diagonaldrähten aus BSt 500/ 550. Die verzinkten Oberflächen werden auch mit zusätzlicher Epoxidharzbeschichtung geliefert. In Sonderfällen verwendet man Edelstahl (**6**.13). Für Mauerwerk in Dünnbettmörtel gibt es auch $\leq$ 1,5 mm dicke „Flach"-Bewehrungselemente (noch nicht genormt).

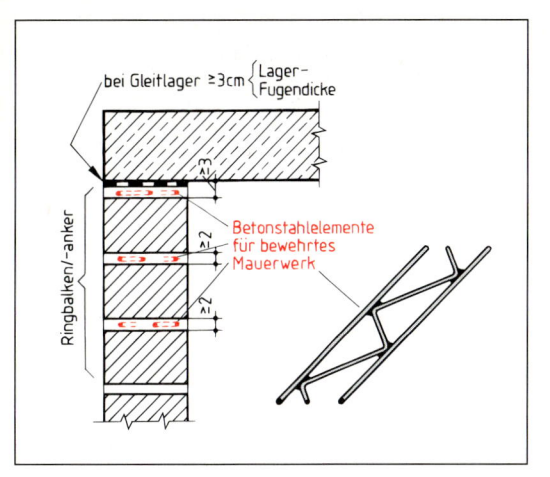

6.13 Ringbalken/-anker aus bewehrtem Mauerwerk mit rostgeschützten Bewehrungselementen (Typ Murfor)

Tragende Wände sind durch Knicken, Kippen und Rissbildungen gefährdet. Querwände (u. U. auch Stützen) dienen der vertikalen, Decken (-scheiben) oder Ringbalken der horizontalen Aussteifung tragender Wände.

Wand-Decken-Verbindung bei Holzbalkendecken durch Zuganker, bei Massivdecken durch Haftreibung.

Stahlbeton-Ringanker mit $\geq$ 2 BSt IIIS Ø 10 über Außen- und Umfassungswänden oder Innen-Wandscheiben sind unter bestimmten Bedingungen als Scheibenbewehrung von Wand und Decke anzuordnen.

Ringanker und Ringbalken lassen sich auch durch Bewehrung in der Mauerwerks-Lagerfuge ausbilden.

Vorteile:
- kein Nebeneinander von Mauerwerk und Beton, somit einheitliches Verformungsverhalten und größere Schadenssicherheit;
- einfache, Zeit sparende Herstellung, also größere Wirtschaftlichkeit;
- gute Trageigenschaften.

Konstruktive Mauerwerksbewehrung beugt der Rissbildung vor, z. B aus schwer erfassbaren Spannungen infolge Schwindverformung und Durchbiegung und Verkehrserschütterung. So gefährdete Mauerwerksteile sollten entsprechend ausgeführt werden, weil nachträgliche Sanierungen ein Vielfaches der Kosten verursachen.

6.1.2 Tragfähigkeit, Fugendicke, Knicksicherheit, Wanddicke und Pfeilermaße

Die Tragfähigkeit des Mauerwerks hängt unter vergleichbaren Bedingungen vorwiegend von der Steinfestigkeit und von der Mörtelfestigkeit (Mörtelgruppe) ab.

Die Mindestüberbindung $ü$ der Mauersteine längs und quer zur Mauerflucht beträgt 0,4 der Steinhöhe, jedoch nicht weniger als 4,5 cm. Es gilt stets das jeweils größere Maß (**6.14a**).

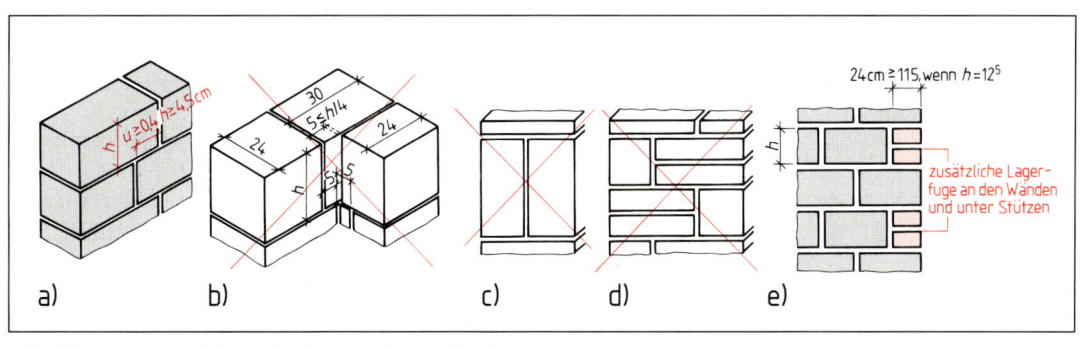

6.14 Grundregeln zu Mauerschichten und Fugenüberdeckungen
   a) Mindeststoßfugenüberdeckung
   b) Mauerecke mit unzureichender Stoßfugenüberdeckung
   c) falsch: In Schichten mit Längsfugen darf die Steinhöhe nicht größer als die Steinbreite sein. Sinngemäß gilt dies auch für die Stoßfugen in Pfeilern.
   d) falsch: Steine mit unterschiedlichen Höhen in einer Schicht. Ausnahme in **6.14e**
   e) An den Wandenden und unter Stützen ist für den Höhenausgleich je eine zusätzliche Lagerfuge erlaubt (Steinhöhen von 17,5 und 24 cm erfordern dabei mindestens 11,5 cm Aufstandsbreite)

Mauerecken nach Bild 6.14b sind daher unzulässig. Unzulässig sind auch die Konstruktionen in Bild 6.14c und d.

Ausnahmen: An Wandenden und unter Stürzen ist eine zusätzliche Lagerfuge in jeder 2. Schicht zum Längen- und Höhenausgleich erlaubt, sofern die Aufstandsfläche der Steine ≥ 11,5 cm beträgt (6.14e). Auch in Schichten mit Längsfugen und mit Steinhöhen von 17,5 und 24 cm sind Aufstandsflächen von ≥ 11,5 cm einzuhalten.

Mauerwerksfugen dienen dem Verbund der Steine. Zugleich verteilen sie die auftretenden Lasten gleichmäßig auf die Steinflächen. Dicke Lagerfugen mindern die Tragfähigkeit des Mauerwerks. Beim Hintermauerwerk aus wärmedämmenden Steinen bilden Fugen aus Normalmörtel unerwünschte Wärmebrücken. Vermeiden kann man dies mit Leichtmörtel nach Tab. 6.19. Die herkömmliche Mörtelfuge erfordert jedoch immer noch einen erheblichen Arbeitsaufwand. Für das Hintermauerwerk setzen sich daher zunehmend die Planblocksteine mit dünner Fuge (1 bis 3 mm) aus Dünnbettmörtel durch. Bei den Stoßfugen geht die Tendenz unübersehbar zur mörtelfreien Nut- und Federverbindung (6.15). Neue Entwicklungen ermöglichen dies auch für die Lagerfuge. Die Fugendicken vermörtelter Fugen richtet sich nach Tab. 6.16.

Stoßfugen der Steine mit Mörteltaschen lassen sich je nach vorgegebener Steinlänge auf zwei Arten ausführen (6.17):

– Die Steine werden mit ihren Stirnflächen stumpf, trocken und so dicht wie möglich verlegt (Reihenverlegung), anschließend die Mörteltaschen vergossen.

– Die Mörteltaschen bleiben leer. Stattdessen Vermörtelung zwischen den Stirnflächen während des Verlegens (Einzelverlegung) mit Fugendicken ≥ 0,5 cm.

Die Knicksicherheit von Wänden lässt sich nach dem vereinfachten Verfahren der DIN 1053-1 durch Vermindern der zulässigen Mauerwerks-Druckspannungen σ_0 nachweisen (6.18, 6.19).

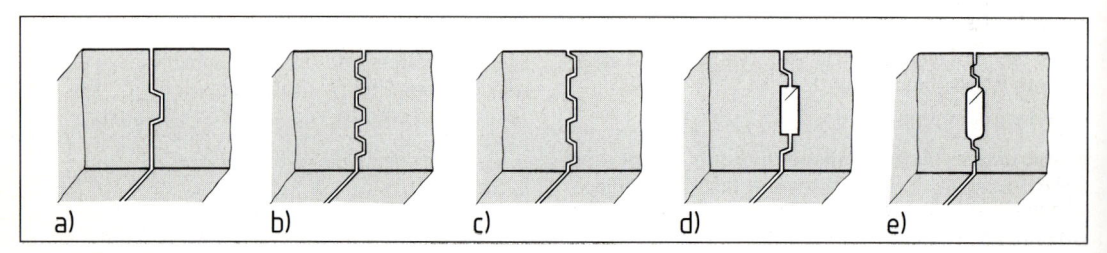

6.15 Mörtelfreie Stoßfugenverbindungen
a) Nut und Feder, b) und c) Labyrinthverzahnung asymmetrisch bzw. symmetrisch, d) und e) Nut und Feder symmetrisch bzw. asymmetrisch, Mörteltasche als Griffhilfe

Tabelle 6.16 Dicke der Mörtelfugen nach DIN 1053-1

Mörtelart	Lagefugendicke	Stoßfugendicke
Normal-/Leichtmörtel	meist 1,2 cm	1 cm
Dünnbettmörtel	1 bis 3 mm	1 bis 3 mm

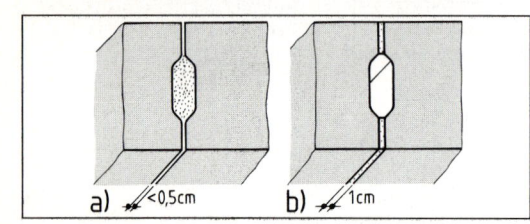

6.17 Fugenausbildung an Steinen mit Mörteltaschen
a) Dicht und trocken gestoßene Stirnflächen, Mörteltasche verfüllt
b) vermörtelte Stoßfuge an den Stirnflächen (1 cm), Mörteltasche unverfüllt

Tabelle 6.18 Zulässige Druckspannungen σ_0 in MN/m² ≅ N/mm² für Mauerwerk mit Normalmörtel

Steinfestigkeitsklasse	Mörtelgruppe I	II	IIa	III	IIIa
2	0,3	0,5	0,5[1]	–	–
4	0,4	0,7	0,8	0,9	–
6	0,5	0,9	1,0	1,2	–
8	0,6	1,0	1,2	1,4	–
12	0,8	1,2	1,6	1,8	1,9
20	1,0	1,6	1,9	2,4	3,0
28	–	1,8	2,3	3,0	3,5
36	–	–	–	3,5	4,0
48	–	–	–	4,0	4,5
60	–	–	–	4,5	5,0

[1] σ_0 = 0,6 MN/m² bei Außenwänden mit Dicken ≥ 300 mm, jedoch nicht für Lastverteilung unter Einzellasten.

Tabelle 6.19 Zulässige Druckspannungen σ_0 in MN/m² ≙ N/mm² für Mauerwerk mit Dünnbett- und Leichtmörtel

Steinfestig-keitsklasse	Dünnbett-mörtel[1]	Leichtmörtel	
		LM 21	LM 36
2	0,6	0,5[2]	0,5[2][3]
4	1,1	0,7[4]	0,8[5]
6	1,5	0,7	0,9
8	2,0	0,8	1,0
12	2,2	0,9	1,1
20	3,2	0,9	1,1
28	3,7	0,9	1,1

[1] Nur bei Porenbeton-Plansteinen nach DIN 4165 und bei Kalksand-Plansteinen. Die Werte gelten für Vollsteine. Für Kalksand-Lochsteine und Kalksand-Hohlblocksteine nach DIN 106-1 gelten die entsprechenden Werte der Tabelle 3 bei Mörtelgruppe III bis Steinfestigkeitsklasse 20.
[2] Für Mauerwerk mit Mauerziegeln nach DIN 105-1 bis 4 gilt σ_0 = 0,5 MN/m²
[3] σ_0 = 0,6 MN/m² bei Außenwänden mit Dicken ≥ 300 mm, jedoch nicht für Lastverteilung unter Einzellasten.
[4] Für Kalksandsteine nach DIN 106-1 der Rohdichteklasse 2 = 0,9 und für Mauerziegel nach DIN 105-1 bis 4 gilt σ_0 = 0,5 MN/m²
[5] Für Mauerwerk mit den in Fußnote [4] genannten Mauersteinen gilt σ_0 = 0,5 MN/m²

Die Knicklänge h_k (eigentlich Knickhöhe) gleicht meist der lichten Geschosshöhe h_s. Unter bestimmten Bedingungen darf sie mit einem Abminderungsfaktor β verringert werden (**6.20**). Es gilt
– für 2-seitig gehaltene Wände allgemein,
$h_k = h_s$
– für Wände unter flächig aufgelagerten Massivdecken
$h_k = \beta \cdot h_s$
– für 3- und 4-seitig gehaltene Wände nach **6.5 c** und **d**
$h_k = \beta \cdot h_s$.
β darf in Abhängigkeit von b bzw. b' aus Tabelle **6.22** abgelesen werden, wenn $h_s \leq 3,5$ m.

Der Knicknachweis erfolgt mit Hilfe des Abminderungsfaktors k, mit dessen Hilfe die Grundwerte der zulässigen Druckspannungen σ_0 nach Tabelle **6.18** und **6.19** reduziert werden.

Allgemein ergibt sich dann die maßgebende zulässige Druckspannung aus

zul $\sigma_D = k \cdot \sigma_0$

Als Abminderungsfaktor k gilt
– für Wände als Decken-Zwischenauflager
$k = k_1 \cdot k_2$
– für Wände als Decken-Endauflager
$k = k_1 \cdot k_2$ oder $k = k_1 \cdot k_3$
der jeweils kleinere Wert ist maßgebend

Der Faktor k_1 erhöht die Tragsicherheit für Wände sowie für kurze Wände nach Bild **6.21**.

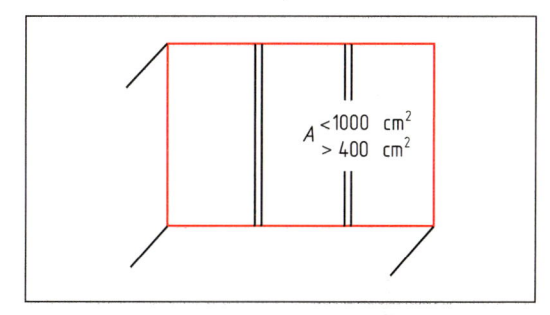

6.21 Konstruktionsmerkmale für kurze Wände

Es gilt
– $k_1 = 1$ für Wände
  für kurze Wände dann, wenn
  – sie keine Aussparungen und Schlitze enthalten
  – aus Schichten mit nur einem oder mehreren ungeteilten Steinen gemauert sind oder
  – aus Schichten mit geteilten Steinen mit Lochungen von weniger als 35 %.
– $k_1 = 0,8$
  für kurze Wände, welche die vorgenannten Bedingungen nicht erfüllen. Geplante Aussparungen und Schlitze sind zu berücksichtigen.

Tabelle 6.20 Abminderungsfaktor β für 2-seitig gehaltene Wände mit zugehörigen Bedingungen

Wanddicke d in cm	Abminderungs-faktor β	1. Bedingung Horizontallast	2. Bedingung Mindest-Decken-auflagertiefe a auf Wanddicke d in cm
≤ 17,5	0,75	Horizontal-belastung ≤ Wind-belastung	$d \geq 24$ $a \geq 17,5$
17,5 bis 25	0,90		
> 25	1,00		$d < 24$ $a = d$

Der Faktor k_2 berücksichtigt die Knickgefahr. Sie hängt ganz wesentlich vom Verhältnis der Knicklänge h_k zur Wanddicke d ab (Schlankheit der Bauteile). Es gilt
- $k_2 = 1$ für $h_k/d \leq 10$
- $k_2 = \dfrac{25 - h_k/d}{15}$ für $h_k/d > 10$ bzw. ≤ 25

Der Faktor k_3 erhöht die Sicherheit des Mauerwerks gegen Drehung des Decken-Endauflagers infolge Durchbiegung. Er richtet sich nach der Deckenstützweite l. Es gilt für Endauflager
- $k_3 = 1$
  - für Decken mit der Stützweite $l \leq 4{,}20$ m,
  - bei Anordnung von Zentrierleisten unabhängig von l
- $k_3 = 1{,}7 - l/6$
  für Decken mit der Stützweite $l > 4{,}20$ m bzw. $\leq 6{,}00$ m.
- $k_3 = 0{,}5$
  für Decken unter dem obersten Geschoss

Tragende Wände. Dazu gehören alle Wände, die mehr als ihre Eigenlast aufzunehmen haben (z. B. auch aussteifende Wände, die sich über mehrere Stockwerke nach oben fortsetzen). Wände in Ausfachungen, die nur durch Wind rechtwinklig zu ihrer Ebene belastet werden, gelten als nichttragend (s. Bild **6.50**).

> **Die Mindestdicke für tragende Innen- und Außenwände** beträgt $\geq 11{,}5$ cm, wenn die statische Berechnung bzw. Wärme-, Schall- oder Brandschutzvorschriften nicht dagegensprechen.
> **Mindestpfeilerabmessungen:**
> 11,5 cm · 36,5 cm oder 17,5 cm · 24,0 cm

Kelleraußenwände müssen außer den Geschosslasten auch den horizontal wirkenden Erddruck aufnehmen. Tiefer ins Erdreich geführte Keller erfordern daher größere Wanddicken sowie aus-

Tabelle **6.22** Faktor β zum Bestimmen der Knicklänge $h_k = \beta \cdot h_s$ von 3- und 4-seitig gehaltenen Wänden in Abhängigkeit vom Abstand b der aussteifenden Wände bzw. vom Endabstand b' und der Dicke d der auszusteifenden Wand (s. **6.5** c, d); Bedingung: lichte Geschosshöhe $h_s \leq 3{,}50$ m

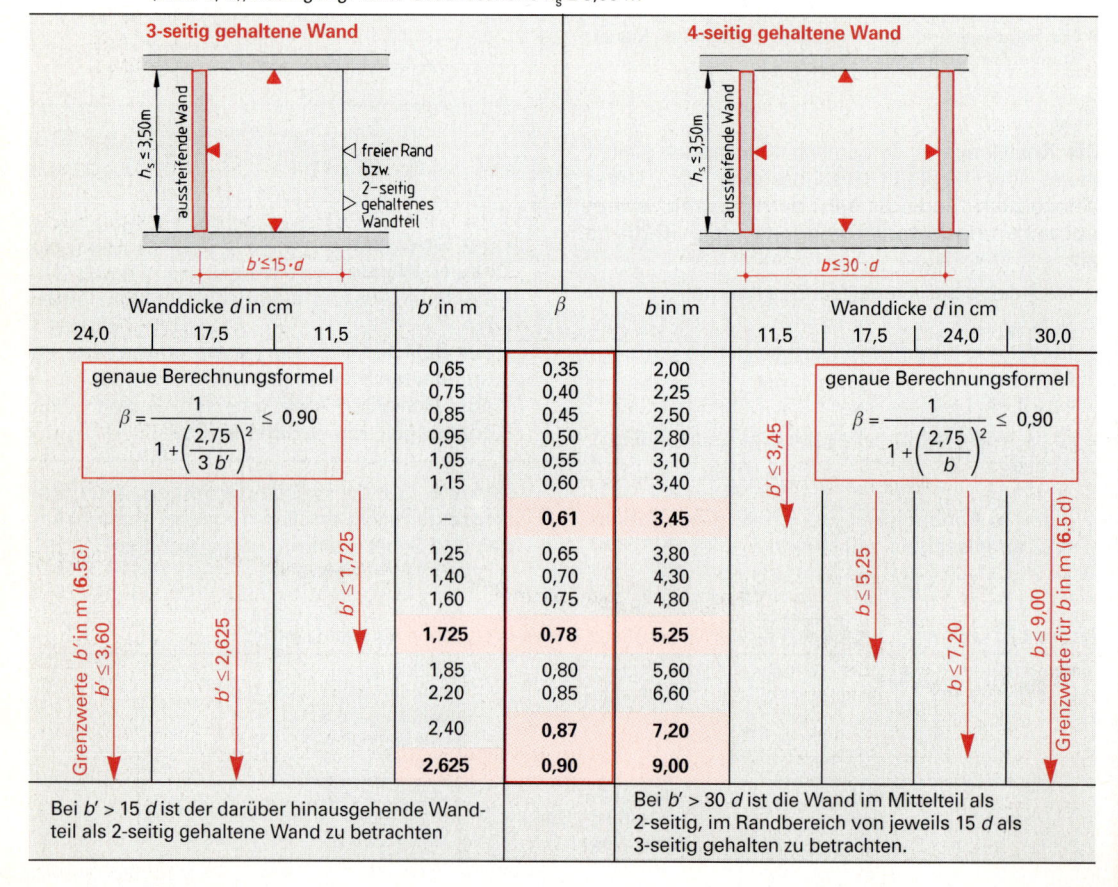

3-seitig gehaltene Wand						4-seitig gehaltene Wand			
Wanddicke d in cm			b' in m	β	b in m	Wanddicke d in cm			
24,0	17,5	11,5				11,5	17,5	24,0	30,0
genaue Berechnungsformel $\beta = \dfrac{1}{1+\left(\dfrac{2{,}75}{3\,b'}\right)^2} \leq 0{,}90$			0,65 0,75 0,85 0,95 1,05 1,15	0,35 0,40 0,45 0,50 0,55 0,60	2,00 2,25 2,50 2,80 3,10 3,40	genaue Berechnungsformel $\beta = \dfrac{1}{1+\left(\dfrac{2{,}75}{b}\right)^2} \leq 0{,}90$			
			–	0,61	3,45	$b' \leq 3{,}45$			
Grenzwerte b' in m (**6.5**c) $b' \leq 3{,}60$	$b' \leq 2{,}625$	$b' \leq 1{,}725$	1,25 1,40 1,60	0,65 0,70 0,75	3,80 4,30 4,80		$b \leq 5{,}25$	$b \leq 7{,}20$	$b \leq 9{,}00$ Grenzwerte für b in m (**6.5**d)
			1,725	**0,78**	**5,25**				
			1,85 2,20	0,80 0,85	5,60 6,60				
			2,40	0,87	7,20				
			2,625	**0,90**	**9,00**				
Bei $b' > 15\,d$ ist der darüber hinausgehende Wandteil als 2-seitig gehaltene Wand zu betrachten						Bei $b' > 30\,d$ ist die Wand im Mittelteil als 2-seitig, im Randbereich von jeweils 15 d als 3-seitig gehalten zu betrachten.			

6.1 Wände

reichende Aussteifungen durch Querwände und Decken. Massivdecken mit Scheibenwirkung sichern die horizontale Aussteifung besonders gut, wenn ausreichend hohe Wandbelastungen für genügend Anpressdruck und Haftreibung an den Auflagern sorgen.

Eine Einschränkung der Steinfestigkeitsklasse besteht nicht mehr.

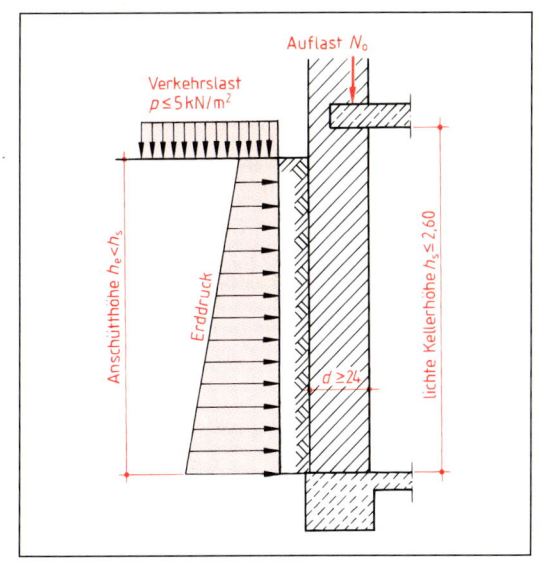

6.23 Kelleraußenwände ohne Erddrucknachweis

Konstruktionsregeln für Kelleraußenwände ohne statischen Nachweis:
- Kelleraußenwanddicke ≥ 24 cm,
- lichte Kellerwandhöhe $h_s \leq 2{,}60$ m,
- Anschütthöhe $h_e < h_s$ (**6.23**) und kein Geländeanstieg

- Verkehrslast p im Einflussbereich des Erddrucks ≤ 5 kN/m²
- Kellerdecke mit Scheibenwirkung

Die Auflast N_0 der Kellerwand unterhalb der Kellerdecke liegt innerhalb folgender Grenzen:

max. $N_0 \geq N_0 \geq$ min N_0

dabei gilt als zulässig max $N_0 \leq 0{,}45 \cdot d \cdot \sigma_0$
und für erforderlich min N_0 die Tabelle **6.24**.
σ_0 richtet sich nach Tab **6**.18 und **6**.19.
- bei 4-seitig gehaltenen Wänden mit dem Aussteifungsabstand b nach Tab. **6**.5 gilt

Tabelle **6.24** Mindestauflast min N_0 für Kelleraußenwände ohne Rechennachweis

Wanddicke d	mit N_0 in kN/m bei Höhe der Anschüttung h_e			
in cm	1,0 m	1,5 m	2,0 m	2,5 m
24	6	20	45	75
30	3	15	30	50
36,5	0	10	25	40
49	0	5	15	30
Zwischenwerte sind gradlinig zu interpolieren				

$N_0 \geq$ min $N_0/2$ für $\quad b \leq h_s$ $\quad$ $b \triangleq$ Abstand
$N_0 \geq$ min N_0 für $\quad b \geq 2h_s$ $\quad$ der Querwände
Zwischenwerte interpolierbar

6.1.3 Aussparungen und Schlitze

Wandaussparungen und Schlitze nehmen meist Ver- und Entsorgungsleitungen auf. Sie mindern die Standsicherheit der Wände. Ein Standsicherheitsnachweis der tragenden Wände ist nicht erforderlich, wenn die folgenden Regeln beachtet werden:

Tabelle **6.25** Ohne Nachweis zulässige lotrechte Aussparungen und Schlitze nach DIN 1053-1 (in cm)

Wanddicke in cm			≥ 11,5	≥ 17,5	≥ 24	≥ 30	≥ 36,5
Schlitze und Aussparungen	im Verbund gemauert	Schlitzbreite $b^{1)}$	–	≤ 26	≤ 38,5	≤ 38,5	≤ 38,5
		Restwanddicke d'	–	≥ 11,5	≥ 11,5	≥ 17,5	≥ 24
		Abstände von Öffnungen	≥ 2fache Schlitzbreite bzw. ≥ 36,5				
		Abstände untereinander	≥ Schlitzbreite				
	nachträglich hergestellt	Schlitztiefe	≤ 1	≤ 3	≤ 3	≤ 3	≤ 3
		Einzelschlitzbreite[1)]	≤ 10	≤ 10	≤ 15[2)]	≤ 20	≤ 20
		Abstand von Wandöffnungen	≥ 11,5				

[1)] Für die Gesamtbreite von Schlitzen in Wandlängenabschnitten von ≥ 2,0 m gilt Zeile 2 (Restwanddicke), für Wandabschnitte < 2,0 m ist zu interpolieren.
[2)] Schlitze bis ≤ 1,0 m über OK Fußboden dürfen ≤ 8 cm tief und ≤ 12 cm breit sein

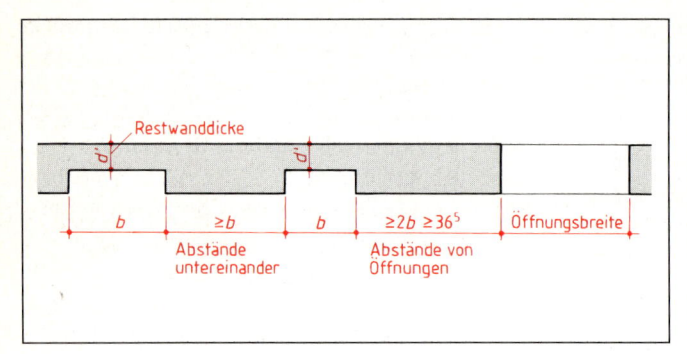

6.26 Regeln für die Abstände gemauerter Aussparungen und Schlitze

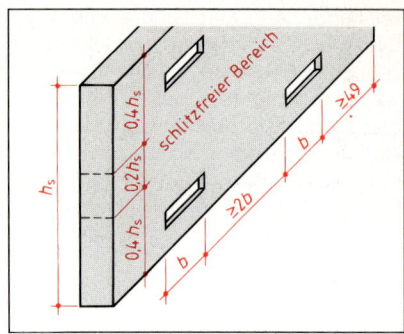

6.28 Bedingungen für waagerechte und schräge Wandschlitze
Waagerechte und schräge Schlitze sind nur im Abstand von 0,4 h_s ober- oder unterhalb der Rohdecke und i. Allg. nur auf einer Wandseite zulässig. Mindestabstände ≥ 2fache Schlitzlänge untereinander, ≥ 49 cm von Öffnungen. Schlitze in Wänden aus Langlochziegeln sind unzulässig.

Tabelle **6**.27 Ohne Nachweis zulässige Tiefe horizontaler und schräger Schlitze (in cm)

Wanddicke in cm		11,5	17,5	24	30	36
Schlitzlänge	unbeschränkt	–	0 (≤ 1)[1]	≤ 1,5 (≤ 2,5)	≤ 2 (≤ 3)	≤ 2 (≤ 3)
	1,25 m	–	≤ 2,5	≤ 2,5	≤ 3	≤ 3

[1]) Die Klammerwerte gelten bei Verwendung spezieller Werkzeuge, z. B. Fräsen

Lotrechte Aussparungen und Schlitze ohne statischen Nachweis müssen Tabelle **6**.25 entsprechen. Dabei sind Wand- und Restwanddicke sowie Mindestabstände von Öffnungen und benachbarten Aussparungen zu beachten (**6**.26).

Zulässig für 2-seitig gehaltene Wände sind auch Querschnittsschwächungen von weniger als 6 % je 1 m Wandlänge.

Waagerechte und schräge Aussparungen und Schlitze mindern den Wandquerschnitt und gefährden die Knicksicherheit der Wände. Ohne statischen Nachweis dürfen sie deshalb nur einseitig und nur in den Wandteilen ≤ 0,4 h unterhalb bzw. oberhalb der Rohdecke angeordnet werden. Angaben dazu und weitere Bedingungen enthalten Tabelle **6**.27 und die Angaben zu Bild **6**.28.

6.1.4 Mauerwerksfestigkeitsklassen nach Eignungsprüfung

Den beschriebenen Konstruktionsregeln für Mauerwerk nach dem vereinfachten Verfahren liegen langjährige handwerkliche Erfahrungen zugrunde. Darüber hinaus enthält die Norm weitergehende, genauere Berechnungsgrundlagen, ermöglicht die wirklichkeitsnähere Erfassung der auftretenden Kräfte und eine sparsamere Bemessung der Mauerwerksbauteile (z. B. geringere Wanddicken).

Ferner dürfen Schubspannungen und Zugspannungen parallel zur Lagerfuge aufgenommen werden.

Mauerwerk nach Eignungsprüfung (EM) ist in Festigkeitsklassen nach Tabelle **6**.29 eingeteilt, die durch Prüfversuche an genormten Mauerwerksprüfkörpern ermittelt und durch Güteprüfungen während des Bauens bestätigt werden müssen.

Die Nennfestigkeit β_M entspricht sowohl der Mauerwerksfestigkeit M als auch dem kleinsten zulässigen Einzelwert β_{MN}.

Der Mittelwert β_{MS} bezieht sich auf eine Versuchsserie und liegt um bis 20 % höher.

Die Grundwerte σ_0 der zulässigen Druckspannungen werden mit Hilfe eines Abminderungsfaktors aus β_M errechnet. Angaben dazu s. Tabelle **6**.30.

Tabelle **6.29** Mauerwerks-Druckfestigkeitsklassen nach DIN 1053 Teil 2

Mauerwerks-festigkeits-klassen M	Mauerwerk nach Eignungsprüfung (EM)			Rezeptmauerwerk (RM) zulässige Einstufung der Mauerwerksfestigkeit β_M in N/mm² bei Kombination Mörtelgruppe/Festigkeit		
	Nennfestigkeit β_M	Mindestdruckfestigkeit				
		kleinster Einzelwert β_{MN}	Mittelwert β_{MS}			
in N/mm²	in N/mm²	in N/mm²	in N/mm²	IIa	III	IIIa
1,5	1,5	1,5	1,8	2		
2,5	2,5	2,5	2,9	4		
3,5	3,5	3,5	4,1	6		
5,0	5,0	5,0	5,9	12		
6,0	6,0	6,0	7,0	20	12	
7,0	7,0	7,0	8,2	28	20	
9,0	9,0	9,0	10,6	–	28	20
11,0	11,0	11,0	12,9	–	36	28
13,0	13,0	13,0	15,3	–	48	36
16,0	16,0	16,0	18,8	–	60	48
20,0	20,0	20,0	23,5	–	–	60
25,0	25,0	25,0	29,4	–	–	–

Tabelle **6.30** Mörtel für Mauerwerk nach Eignungsprüfung (Mindestanforderungen nach 28 Tagen)

Mörtelgruppe	Mindestdruckfestigkeit		Mindestscherfestigkeit
	Mittelwert bei Güteprüfung in N/mm²	Eignungsprüfung in N/mm²	Mittelwert bei Eignungsprüfung in N/mm²
IIa	5	7	0,20
III	10	14	0,20
IIIa	20	25	0,30

Mauersteine müssen z. T zusätzlichen Anforderungen genügen und mit den Buchstaben EM gesondert gekennzeichnet sein.

Mauermörtel sind in den Gruppen II, IIa, III und IIIa zugelassen. IIIa-Mörtel erreichen ihre höheren Festigkeiten allein durch günstige Kornverteilung des Sandes. Abweichende „Austauschmörtel" sind unter Beachtung bestimmter Auflagen zulässig. Für alle Mauermörtel gilt während der Bauphase die Gütenachweispflicht. Der Einstufungsschein bestätigt u. a. die durch Prüfung nachgewiesene Mauerwerksfestigkeitsklasse M und gibt auch den dafür verbindlichen Mauerwerksverband an.

> Mauerwerk nach Eignungsprüfung (EM) ist nach Mauerwerks-Festigkeitsklassen M gegliedert und erfüllt höhere statische Anforderungen.

6.2 Außenmauerwerk

6.2.1 Feuchtigkeitsschutz

Außenwände bilden zugleich die schützende Hülle der Wohnräume. Dem Menschen sollen sie ein gesundes Wohnraumklima, Wärmeschutz im Wechsel der Jahreszeiten sowie Schall-, Feuchtigkeits- und Brandschutz bieten. Funktionsfähige Außenwände erfordern geringen Wartungsaufwand und haben eine lange Lebensdauer. Beim Planen berücksichtigen wir vorwiegend das Standortklima, die Gebäudelage und die Art der Gebäudenutzung.

Durchfeuchtung ist die häufigste Schadensursache bei Außenwänden. Wärmedämmverluste, Frostschäden und Gesundheitsgefährdung der Bewohner sind die Folgen. Deshalb sind Feuchtigkeits- und der Schlagregenschutz wichtige Bestandteile der DIN 4108 (Wärmeschutz im Hochbau).

Schlagregenschutz. Die größte Durchfeuchtungsgefahr droht vom Schlagregen, vor allem im norddeutschen Küstenland. Schlagregen gelangt auf dem Kapillarweg ins Mauerwerk. Unterstützt vom

Tabelle 6.31 Schlagregen-Beanspruchungsgruppen für Außenwände

Jahres-nieder-schlags-menge	geringe Beanspruchung < 600 mm (bei windgeschützter Lage > 600 bzw. > 800 mm)	mittlere Beanspruchung 600 bis 800 mm	starke Beanspruchung > 800 mm (bei extremen Bedingungen < 800 mm)
Typische Wandkonstruktion	Wände mit Putz ohne bestimmte Forderung	Wände mit wasserhemmendem Putz	Wände mit wasserabweisendem Putz
	Sichtmauerwerk ohne bestimmte Forderung	zweischaliges Verblendmauerwerk ohne Luftschicht	Wände mit hinterlüfteter Außenschale oder -bekleidung

Staudruck des Windes dringt das Regenwasser sehr schnell durch Risse, Spalten und Hohlstellen tief ins Mauerwerk. Besondere Gefahrenpunkte bilden Gebäudetrennfugen sowie Anschlussfugen an Fenstern und Türen. Für die Einstufung eines Bauprojekts in die maßgebende Schlagregen-Beanspruchungsgruppe gelten Tabelle **6.31** und die Regenkarte aus DIN 4108. Die beschriebenen Wandkonstruktionen sind typische Beispiele. Sie zeigen, dass Schlagregenschutz vor allem durch wasserabweisende Putze bzw. hinterlüftete Fassaden erfüllt werden kann.

> Die Schlagregen-Beanspruchungsgruppen nach DIN 4108-3 unterscheiden Außenwände mit geringer, mittlerer und starker Regenbeanspruchung.

Tauwasserschutz. Tauwasser kann sich während des Winters im Außenmauerwerk ansammeln, besonders in den äußeren, ausgekühlten Wandschichten, wo der nach außen drückende Wasserdampf schnell auf die Taupunkttemperatur abfällt. Im Sommer verdunstet das Tauwasser und diffundiert durch die inneren und äußeren Wandflächen hinaus.

> Jede Wand, die im Sommer mehr Feuchtigkeit abgeben kann, als sich dort im Winter durch Wasserdampfkondensation ansammelt, bleibt auf Dauer schadlos und funktionsfähig. Im umgekehrten Fall sind Dauerfeuchte und die beschriebenen Bauschäden, infolge stetig ansteigenden Feuchtigkeitsgehalts, zu erwarten.

Ungefährdet sind alle Wandkonstruktionen mit diffusionsfähigen porigen Materialien und möglichst von innen nach außen abfallender Diffusionsdichte der Wandschichten. Sind die äußeren Schichten hingegen diffusionsdichter als die inneren, muss die jährliche Feuchtigkeitsbilanz durch bauphysikalische Berechnungen ermittelt und gegebenenfalls durch konstruktive Veränderungen ausgeglichen werden. Wandkonstruktionen ohne Tauwassergefährdung und ohne rechnerische Nachweispflicht enthält DIN 4108-3. Dazu gehören alle Außenwände nach DIN 1053 (**6.32**). Im Extremfall bieten die hinterlüfteten Vormauerschalen oder Vorhangfassaden mehr Tauwasserschutz als zweischaliges Mauerwerk ohne Luftschicht oder Mauerwerk mit gemauerten bzw. angemörtelten Bekleidungen (s. Abschn. 6.5).

6.2.2 Ein- und zweischaliges Außenmauerwerk

Beim Außenmauerwerk nach DIN 1053-1 unterscheiden wir ein- und zweischalige Wandkonstruktionen. Tabelle **6.32** gibt eine Gesamtübersicht.

Einschaliges Mauerwerk aus nicht frostbeständigen Steinen erhält einen Außenputz nach DIN 18550-1 oder gleichwertigen Witterungsschutz (**6.33**, **6.32a** bis **c**). Wände mit Außenputz für Gebäude zum dauernden Aufenthalt von Menschen sind stets ≥ 24 cm dick auszuführen.

Unverputztes einschaliges Außenmauerwerk (einschaliges Verblendmauerwerk) mit außen sichtbar bleibenden Mauerflächen wird im Verband mit mindestens 2 Steinreihen je Schicht ausgeführt. Die schichtweise versetzte, durchgehend ≥ 2 cm breite Längsfuge dient dem Schlagregenschutz und bedingt Mauerdicken von 31 (statt 30) oder 37,5 (statt 36,5) cm. Die Maßabweichung von 1 cm wird bei den Innenmaßen der angrenzenden Innenräume ausgeglichen. Nur dicht vergossene Längsfugen sowie vollfugig und haftschlüssig vermörteltes Mauerwerk bieten wirksamen Schlagregenschutz. Unter Baustellenbedingungen sind Hohlstellen im Fugenraum nicht immer zu vermeiden und damit oft Ursache für Durchfeuchtungsschäden (**6.32 b**).

6.2 Außenmauerwerk

Tabelle **6.32** Außenmauerwerk nach DIN 1053

einschalig		zweischalig				
		mit Luftschicht			ohne Luftschicht	
Mauerwerk mit Wetterschutz	1-schaliges Verblendmauerwerk (Sichtmauerwerk)	mit Luftschicht	mit Luftschicht und Zusatzdämmung	mit Kerndämmung	ohne Luftschicht (mit Putzschicht), innen oder außen	
a)	b)	c)	d)	e)	f)	
[Zeichnung: Wandaufbau a), b), c), 24 cm]	[11⁵, 17⁵]	[≥9, ≥6¹⁾, ≥11⁵, ≤15]	[≥9, ≥4, ≥11, ≥11⁵, ≤15]	[≥11⁵, ≥2¹⁾, 11⁵, ≤15]	[≥9, ≥2²⁾, ≥11⁵]	[≥9, ≥11⁵]
¹⁾ auch < 24 cm, wenn durch geeignete Maßnahmen Wärme- und Schlagregenschutz gewährleistet sind	Vormauersteine 2 cm Mörtel – Längsfugen aus Gießmörtel	¹⁾ bei innen abgestrichenem Fugenmörtel auch ≥ 4 cm	²⁾ auch > 15 cm mit gesondertem Nachweis der Wandschalenverankerung Außenschale aus Vormauersteinen oder Hintermauersteinen mit Außenputz		¹⁾ bei Dämmplatten; schüttbare Dämmstoffe füllen den ganzen Zwischenraum	
a) hinterlüftete Vorhangfassade b) Thermohaut (verputzte Dämmschicht) c) Putz (2 cm) oder Dämmputz (bis 6 cm)						
		je m² 5 Drahtanker aus nicht rostendem Stahl; Ø vgl Tabelle **6.36**				
durch Decken, Balken, Pfeiler (Stützen) belastbarer Wandteil		einfacher Drahtanker	Drahtanker mit Abtropfscheibe	Drahtanker mit Krallenplatte	Drahtanker mit Abtropfscheibe und Krallenplatte	einschlagbarer Drahtanker (zugelassen für Porenbeton-Planblöcke)

Zweischaliges Mauerwerk unterscheiden wir nach Bild **6.32** mit Luftschicht, mit Luftschicht und Wärmedämmung, mit Kerndämmung und mit Putzschicht.

Allgemeine Konstruktionsregeln gelten für alle vier genannten Wandarten:

– Allein die Innenschale gilt als tragende Wand (Aufnahme von Wand- und Deckenlasten).
– **Wanddicke** der Außenschale ≥ 9 cm, der Innenschale ≥ 11,5 cm.
– **Mauerpfeiler** der Wandaußenschalen sind ≥ 24 cm lang.
– **Abfangungen** der Außenschale richten sich nach der Schalendicke. 11,5 cm dicke Außenschalen sind nach etwa 12 m Wandhöhe abzufangen (**6.35**, 13). Außenschalen mit $d < 11,5$ cm haben eine zulässige Gesamthöhe von ≤ 20 m. Abfangungen sind in Höhenabständen von etwa 6,0 m vorzusehen. Bei ≤ 2 Vollgeschossen darf ein Giebeldreieck bis 4,0 m Höhe hinzugerechnet werden.

– **Drahtanker** aus nichtrostendem Stahl (DIN 17440) verbinden die durch Windbeanspruchung gefährdete Außenschale mit der Innenschale. Verteilung und Durchmesser der Drahtanker richten sich nach Bild **6.36** und Tabelle **6.37**, Form und Abmessungen nach Bild **6.38**. Abtropfscheiben verhindern den Übergang von Außenfeuchtigkeit auf die Innenschale, zusätzliche Krallenplatten fixieren plattenförmige Dämmschichten (**6.32**). Abweichende Verankerungsformen und -arten sind zulässig, bedürfen jedoch der Zulassung.

Tabelle **6**.33

a) Mörtelgruppen für Außenputze		
Putzmörtel-gruppe	Mörtelart	Mindestdruckfestigkeit in N/mm²

P I a
    b
    c
	Luftkalkmörtel
	Wasserkalkmörtel
	Hydraulischer Kalkmörtel
		keine Anforderung
		keine Anforderung
		1,0

P II a b	Hochhydraulischer Kalkmörtel, Mörtel mit Putz- und Mauerbinder Kalkzementmörtel	2,5
P III a b	Zementmörtel mit Luftkalkzusatz Zementmörtel	10,0
P Org 1	Beschichtungsstoffe mit organischen Bindemitteln (z. B. Kunstharzdispersionen) für Innen- und Außenputze	keine Anforderung
P Org 2	wie P Org 1, jedoch nur für Innenputze	keine Anforderung

b) Außenputzsysteme nach DIN 18550 (Oberputz mineralisch oder Kunstharzputz)

Mörtelgruppe für	Anforderungen[1]														
	keine besonderen Anforderungen				wasserhemmend				wasserabweisend				erhöhte Festigkeit	Kelleraußenputz	Sockelputz
Unterputz Oberputz	PI PI	PII PI	PII PII	PII POrg1	PI PI	PII PI	PII PII	PII POrg1	PI PI	PII PI	PII PII	PII POrg1	PII PII	PII POrg1	PIII PIII	– PIII	PIII PIII	PIII POrg1
Zusatzmittel und Eignungsnachweis	–	–	–	–	x	–	–	–	x	x	–	–	–	–	–	–	–	–

[1]) Ferner gibt es Putze mit erhöhter Wärmedämmfähigkeit (bis 9 cm dick), Putze als Brandschutzbekleidung und mit erhöhter Strahlungsabsorption, Putze für schwierige Untergründe, für Leichtmauerwerk und Renovationsputzsysteme.

– **Auflagerung und Überstand.** Die Außenschale liegt mit dem vollen Querschnitt auf der Unterkonstruktion. 11,5 cm dicke Wandschalen dürfen 2,5 cm überstehen. Zulässig sind auch 4 cm, wenn nicht mehr als 2 Vollgeschosse erstellt bzw. abgefangen werden. Nur 1,5 cm Überstand ist bei Außenschalen von $d < 11{,}5$ cm zulässig und nur dann, wenn nicht mehr als 2 Geschosse erstellt werden, einschließlich eines bis zu 4 m hohen Giebeldreiecks.

– **Sperrschichten** wirken gegen aufsteigende Feuchtigkeit, vor allem jedoch gegen den Übertritt von Außenfeuchtigkeit auf die Innenschale. Gefährdet sind alle Berührungsflächen zwischen Innen- und Außenschale wie z. B. die Randbereiche von Außenwandöffnungen.
Die abgewinkelte Z-Sperre soll rückstauende Schlagregenfeuchte von der Außenschale fernhalten. Sie ist deshalb entlang der Sockellinie bzw. am Beginn der Luftschicht, über Fenster- und Türstürzen, im Bereich der Fenstersohlbänke sowie oberhalb der Abfangungen anzuordnen (**6**.34, **6**.35). Sie wird gemäß Bild **6**.39 in der Außenschale verlegt, an der Außenseite der Innenschale ≥ 15 cm hochgeführt und dort befestigt (z. B. mit rostfreien Nägeln). Über Öffnungen reicht sie als Hangsperre bis Unterkante Verblendersturz.
Senkrechte Sperrschichten unterbrechen die Feuchtigkeitsbrücken der Wandschalen im Bereich der Fenster- und Türleibungen (**6**.35).

Legende zu Bild **6**.34 und **6**.35

1 Wandaußenschale aus Vormauersteinen
2 Hintermauerwerk aus porigen Steinen
3 – aus dichten, festen Steinen
4 Putzsperre (MGr. II oder IIa)
5 Luftschicht
6 Dämmstoff (Kerndämmplatte)
7 Z-Sperre (Kunststoff- oder Bitumenbahn)
8 Hängesperre (wie 7)
9 Sperrschicht (wie 7)
10 – aus Bitumenpapier oder Folie
11 Drahtanker
12 – mit Regensperre und Krallenplatte
13 Abfangung der Außenschale
14 Schwerlastanker
15 Fenstersohlbank (z. B. Klinker)
16 – (Rollschicht)
17 Grenadierschicht oder Fertigteil
18 Stahlbetonbalken
19 Fertigteilsturz
20 Zuluft
21 Abluft
22 Kellermauerwerk
23 Sperrputz (auch an Heizkörpernische)
24 Grobkies
25 Stahlbetondecke
26 Fußleiste
27 schwimmender Estrich und Belag
28 Trittschall-Dämmplatte
29 HWL-Platte
30 Fensterbank
31 L-Stahl
32 Leichtbauplatte
33 Innenputz
34 Dichtstoff
35 Fertigteil
36 Entwässerungsöffnungen
37 gedämmtes Abfangungselement (Typ Schöck)
38 Bewehrung im freiliegenden Teil aus Edelstahl
39 Druckelement z. T. aus Edelstahl
40 Sichtbetonfläche

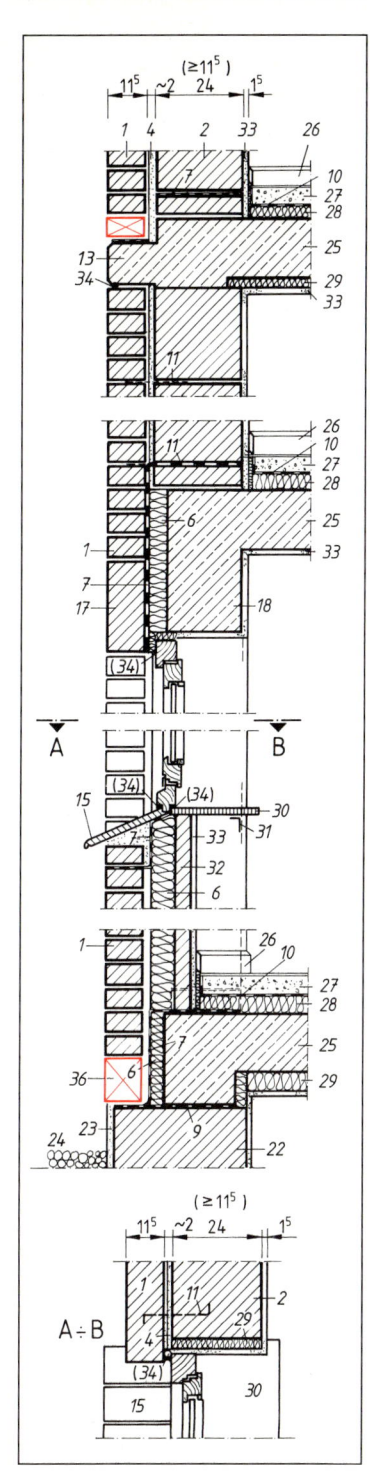

6.34 Außenwandschnitt eines Zweischalenmauerwerks mit Putzsperre
Bildlegende s. S. 102

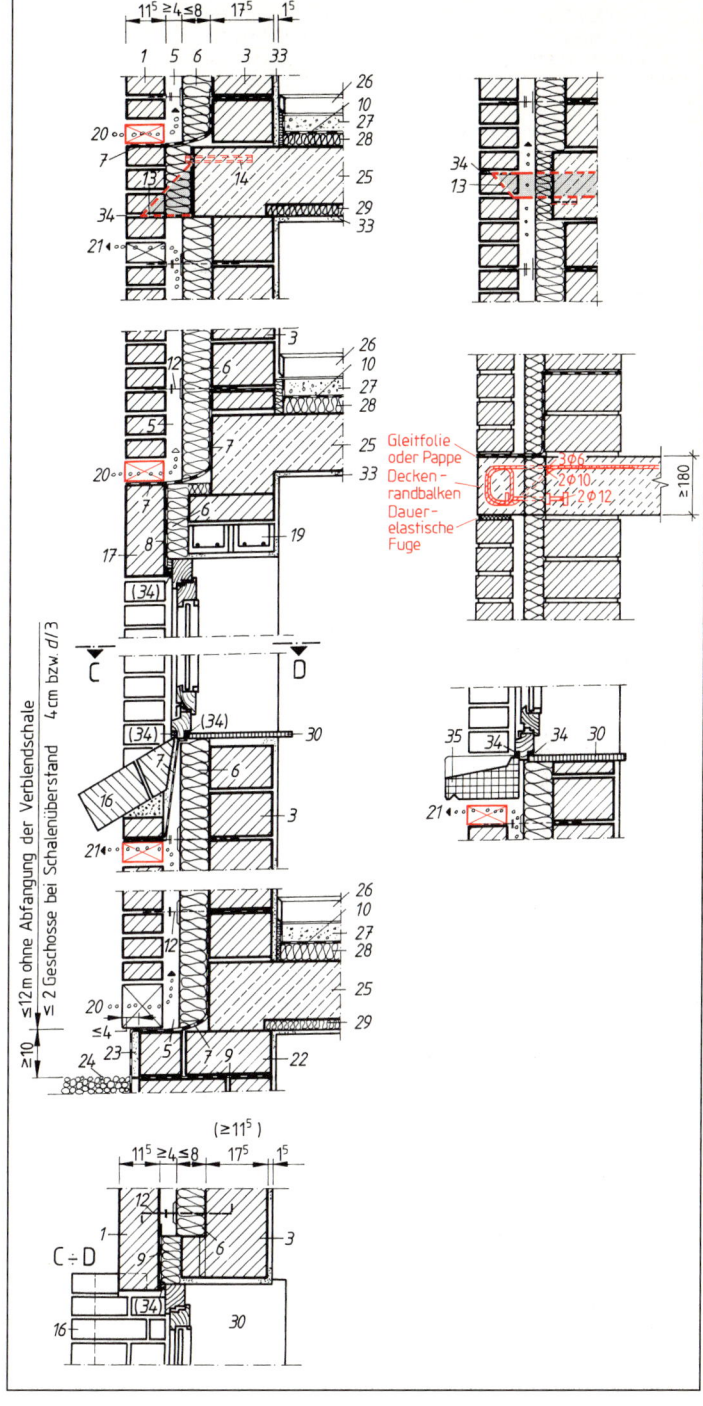

6.35 Außenwandschnitt eines Luftschichtmauerwerks mit Zusatzdämmung
Bildlegende s. S. 132

– **Dehnungsfugen.** Die Außenschale des zweischaligen Mauerwerks ist hohen Temperaturunterschieden ausgesetzt, besonders bei Mauerwerk mit zusätzlicher Dämmschicht. Ausgleichende Dehnungsfugen an den Gebäudeecken, wenn nötig auch entlang der Öffnungsleibungen, mindern die Gefahr der Rissebildung (**6**.36, **6**.40).

Richtwerte für Dehnungsfugenabstände:
– 8 m bei KS-Vormauersteinen
– 10 bis 12 m bei Vormauerziegeln

Als Füllmaterial dienen elastische Stoffe (Kitte, Bänder, spezielle Fugenprofile **6**.40). Gleiches gilt für elastische Anschlussfugen zwischen dem oberen Rand der Außenschale und der Abfangkonstruktion. Sie sollen ungewollte Formänderungen in vertikaler Richtung ausgleichen (**6**.34, **6**.35).

Die unterschiedlichen Konstruktionsarten der zweischaligen Außenwände erfordern noch weitere, spezielle Ausführungsregeln.

Zweischalige Außenwände mit Luftschicht (**6**.32 c). Hier ist noch Folgendes zu beachten:

– **Luftschichtdicke** (= lichter Wandschalenabstand) ≥ 6 cm; wenn der Mörtel auf der Rückseite abgestrichen wird, auch ≥ 4 cm. Herabfallender Mörtel behindert die Belüftung und Entwässerung der Luftschicht, wenn sich dabei die Belüftungsöffnungen zusetzen. Geeignete Maßnahmen gegen herabfallenden Mörtel sind daher unerlässlich. Auch Mörtelbrücken zwischen den Mauerschalen sind wegen akuter Durchfeuchtungsgefahr unbedingt zu vermeiden.

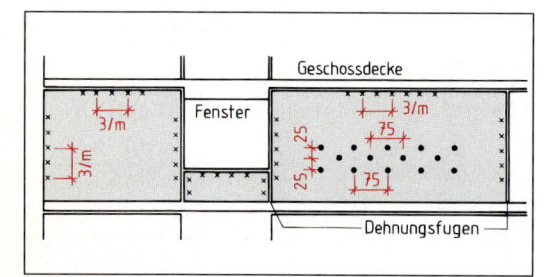

6.36 Abstände und Anordnung der Drahtanker für zweischaliges Mauerwerk nach DIN 1053

Tabelle **6**.37 Mindestanzahl und Durchmesser von Drahtanker je m² Wandfläche

Drahtanker	Mindestanzahl	Durchmesser
sofern nicht die nächsten Zeilen maßgebend sind	5	3
Wandbereich höher als 12 m über Gelände oder Abstand der Mauerwerksschalen > 70 bis 120 mm	5	4
Abstand der Mauerwerksschalen > 120 bis 150 mm	7 oder 5	4 oder 5

Randbereiche: 3 Anker zusätzlich an allen freien Rändern (von Öffnungen, an Gebäudeecken, entlang von Dehnungsfugen und an den oberen Enden der Außenschalen)

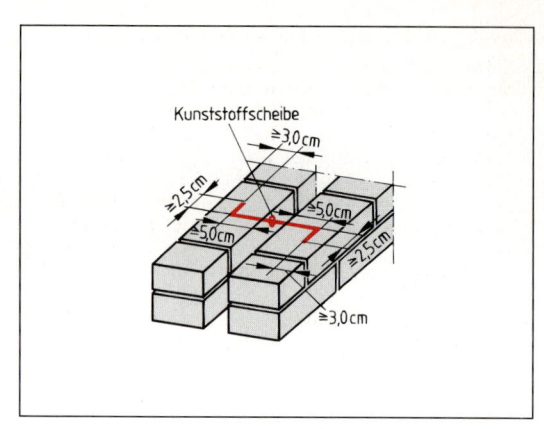

6.38 Lage der Drahtanker für zweischalige Außenwände

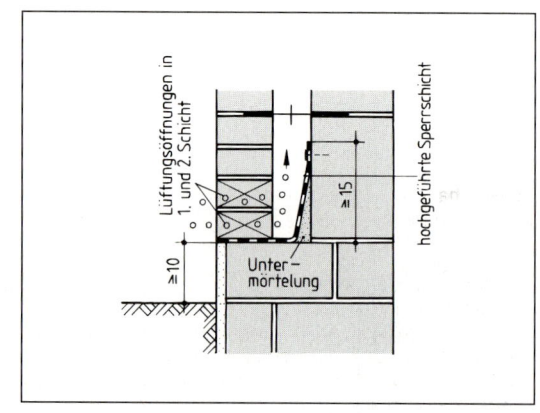

6.39 Fußpunktausbildung des zweischaligen Verblendmauerwerks mit hochgeführter Sperrschicht (gilt auch für jeden Anfangspunkt)

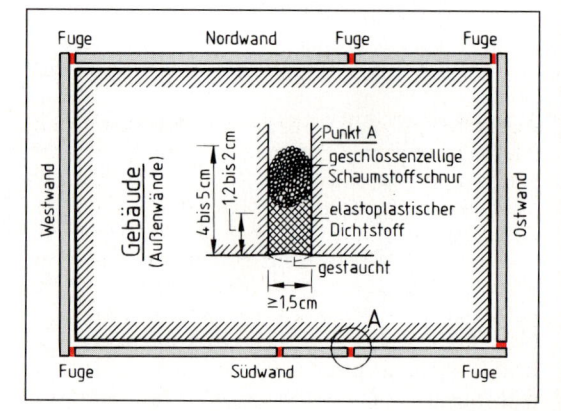

6.40 Anordnung und Ausbildung von Dehnungsfugen in Verblender-Außenschalen (für Kalksandsteine sind Dehnungsfugen in ~ 8 m Abständen empfohlen)

6.2 Außenmauerwerk

- **Beginn der Luftschicht** ≥ 10 cm über dem Erdreich.
- **Lüftungsöffnungen** sind stets am Beginn der Luftschicht anzuordnen, ferner unter- und oberhalb von Maueröffnungen und Abfangkonstruktionen. Die ein- und ausströmende Luft dient zum Trocknen des Mauerwerks. Die Lüftungsöffnungen entlang der Z-Sperren entwässern die Luftschicht bei hoher Schlagregenbeanspruchung. Um den Trocknungs-, aber auch den Entwässerungsvorgang bei rückstauender Schlagregenfeuchte zu gewährleisten, werden sicherheitshalber in der 1. und in der 2. Mauerschicht der äußeren Wandschale Lüftungsöffnungen empfohlen.
- **Die Gesamt-Lüftungsfläche** soll je 20 m² Wandfläche (Fenster und Türen eingerechnet) etwa 75 cm² betragen.

Die Luftschicht zwischen Innen- und Außenschale bietet den sichersten Schutz vor Schlagregen. Das Luftschichtmauerwerk wird deshalb in windreichen Küstengebieten bevorzugt, ebenso bei vielgeschossigen, hoch- und extrem gelegenen Gebäuden.

Zweischalige Außenwand mit Luftschicht und Wärmedämmung (6.32 d). Ergänzend gilt hier noch:

- Lichter Wandschalenabstand ≤ 15 cm, bei gesondertem Nachweis der Wandanker auch >15 cm.
- Mindest-Luftschichtdicke ≥ 4 cm. Reduziert sich die Luftschichtdicke auf weniger als 4 cm, gilt die Wand als zweischalige Außenwand mit Kerndämmung (s. folgende Ausführungen).
- Die Wärmedämmstoffe sind als Matten oder Platten auf der Außenseite der Innenschale unverrückbar anzubringen, z.B. mit Hilfe der oben genannten Krallenplatten. Fehlstellen durch offene Stöße oder Ausbruchstellen sind unerwünschte Wärmebrücken. Sie müssen ausgebessert werden.

Zweischalige Außenwände mit Kerndämmung (ohne Luftschicht! **6.32 e**) hat sich inzwischen auch in schlagreichen Gebieten bewährt. Der Verzicht auf die Luftschicht ermöglicht gegenüber der zuvor beschriebenen Konstruktion mehr Wärmeschutz bzw. mehr Wohnfläche. Es entfällt auch das Problem unerwünschter Mörtelansammlungen im Bereich der Belüftungs- bzw. Entwässerungsfugen. Feuchtigkeitskontakt zur Wärmedämmschicht, sowohl infolge Schlagregens als auch durch Kondensatfeuchte des nach außen diffundierenden Wasserdampfs während der Winterzeit, wird in Kauf genommen. Die ergänzenden Konstruktionsregeln berücksichtigen diesen Umstand:

- **Wärmedämmschicht.** Zulässig sind daher nur dauerhaft wasserabweisende Dämmstoffe (z.B. entsprechende Platten aus Schaumkunststoff oder Mineralfaser, Granulate und Schüttungen sowie Ortschäume).
- **Die Außenwandschale** soll so dicht, wie es das Vermauern erlaubt (etwa 1 Finger breit!), vor der Dämmung errichtet werden und aus möglichst diffusionsoffenem Material bestehen. Glasierte Steine müssen erhöhten Frostwiderstand aufweisen. Schüttbare Dammstoffe (z.B. Hyperlite) erhalten entlang der unteren Z-Sperre grobkörniges Material als Entwässerungshilfe (6.41).
- **Die Entwässerungsöffnungen** in der Außenschale (z.B. in Form von offenen Stoßfugen) sollen je 20 m² Wandfläche (Fenster und Türen eingerechnet!) ≥ 50 cm² allein im Fußpunktbereich aufweisen.

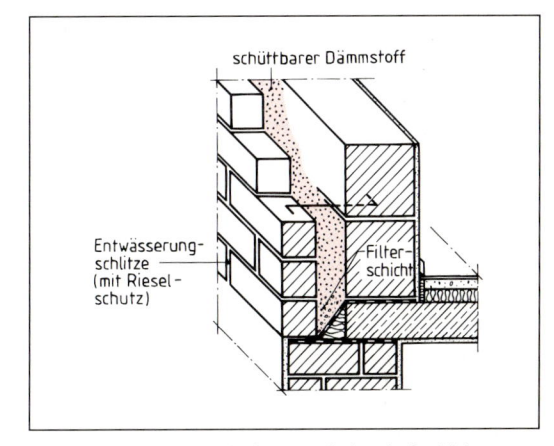

6.41 Kerngedämmte Außenwand ohne Luftschicht

- **Schutzmaßnahmen gegen Ausrieseln** im Bereich der Entwässerungsöffnungen sind bei Verwendung schüttbarer Dämmstoffe zu treffen (z.B. durch nichtrostende Lochgitter).
- **Die Wanddicke der Außenschale** beträgt abweichend von den bisherigen Ausführungen ≥ 11,5 cm.
- Lichter Wandschalenabstand ≤ 15 cm, bei gesondertem Nachweis der Wandanker auch > 15 cm
- **Die Temperaturbelastung** in der Außenschale des kerngedämmten Mauerwerks vergrößert sich, weil ein wirksamer Temperaturausgleich mit der Wandinnenschale durch Wärmeabgabe im Sommer und Wärmeaufnahme im Winter kaum stattfinden kann. Nicht selten sind kurzfristige Temperatursprünge bis 35 K von der Außenschale zu verkraften, vor allem bei dunklen, wärmeabsorbierenden Außenflächen. Die Beachtung der oben genannten Dehnungsfugenabstände ist daher unerlässlich.

Zweischalige Außenwände mit Putzsperre (6.32 f) ersetzen die vormals genormte zweischalige Außenwand mit Schalenfuge.

Ausführungsregeln:

- **Die Putzschicht** ist als zusammenhängende Fläche auf der Außenseite der Innenschale aufzubringen.
- **Die Außenschale** (Verblendschale) soll, so dicht es das Vermauern erlaubt (etwa 1 Fingerspalt), davor errichtet werden.
- Putz auf der Außenschale ersetzt die innere Putzschicht.
- Der Drahtanker-Durchmesser darf ≥ 3 mm betragen.
- Entlüftungsöffnungen dürfen entfallen.
- Die Entwässerungsöffnungen entlang der Z-Sperren sollen ≥ 75 cm² betragen, bezogen auf 20 m² Wandfläche (Fenster und Türen eingerechnet).

Außenwände für Gebäude zum dauernden Aufenthalt von Menschen müssen ≥ 24 cm dick und schlagregensicher sein. DIN 1053 unterscheidet daher folgende Wandkonstruktionen:
- einschaliges Mauerwerk mit Außenputz oder Außenbekleidung
- einschaliges Verblendmauerwerk aus 2 Steinreihen mit sattverfüllter Längsfuge
- zweischaliges Außenmauerwerk mit Luftschicht
- zweischaliges Außenmauerwerk mit Luftschicht und zusätzlicher Wärmedämmung auf der Innenschalen-Außenseite
- zweischaliges Außenmauerwerk mit Kerndämmung aus wasserabweisenden Dämmstoffen (ohne Luftschicht!)
- zweischaliges Außenmauerwerk mit Putzsperre auf der Innenschalen-Außenseite oder auf der Außenschale

Sperrschichten, nach oben abgewinkelt, verlegt man zu Beginn und an allen Unterbrechungen der Außenschale waagerecht. Senkrechte Sperrschichten trennen die Wandschalen an den Öffnungsleibungen.

Rostsichere Drahtanker verbinden und stabilisieren die Wandschalen (5 Stück/m², zusätzlich 3 Stück/m an allen offenen Rändern). Auch andere Anker mit Zulassung sind erlaubt.

Die Außenschale ist meist 11,5 cm dick (u. U. auch ≥ 9 cm). Von der Schalendicke hängen der zulässige Überstand ab (≤ 1,5 cm, 2,5 cm bzw. 4 cm) und der Höhenabstand für die Abfangung der Außenschale (etwa 6 bzw. 12 m).

Dehnungsfugen unterhalb der Abfangungen (waagerecht) und an den Wandecken (senkrecht), bei größeren Wandlängen und vor allem bei Kerndämmung auch nach 8 bis 12 m, sichern die Außenschale vor Rissen infolge thermischer Beanspruchung.

6.2.3 Verblenderverbände

Ausreichend überdeckte Stoßfugen sind auch für die weniger belasteten Verblendschalen notwendig, um die Stabilität des Mauerwerks in Längs- und Querrichtung zu gewährleisten und um Spannungen aus thermischer und statischer Belastung rissefrei aufzunehmen.

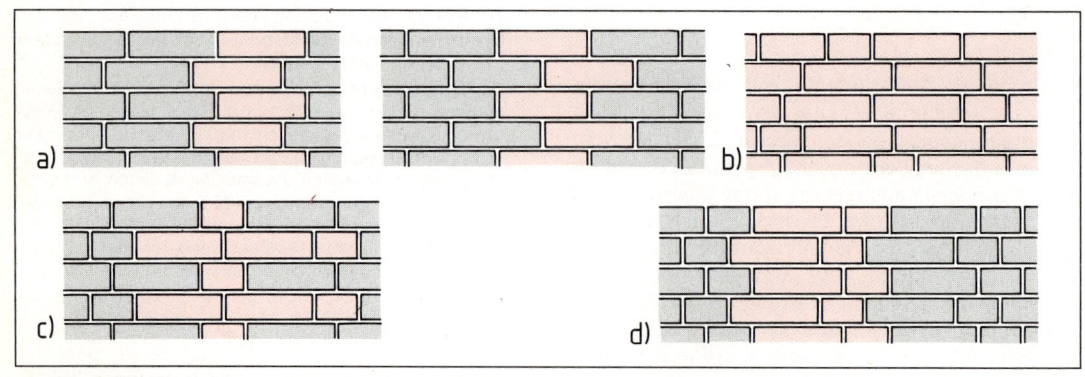

6.42 Verblenderverbände
a) Läuferverband, links 1/4-, rechts 1/2-Stein-Überdeckung, b) „Wilder Verband", c) märkischer oder wendischer Verband, d) gotischer oder polnischer Verband

Der Läuferverband mit dem Überdeckungsmaß von 11,5 cm bietet den besten Verbund und die größte Rissesicherheit für 1/2-Stein dicke Verblenderschalen (**6.**42a). Alle anderen Verbände erreichen nur halb so viel Stoßfugenüberdeckung ($\leq$ 5,75 cm).

Der „wilde Verband" hat ein unregelmäßiges Fugenbild. Nach jedem Kopf sollen mindestens 3, höchstens 8 Läufer folgen (**6.**42b).

Die Zierverbände stammen aus verschiedenen Regionen und Stilepochen (**6.**42c, d). Die lotrecht über die ganze Mauerhöhe liegenden Stoßfugen erfordern besondere Sorgfalt beim Mauern. Durch unterschiedliches Versetzen der Stoßfugen lassen sich die Zierverbände vielfältig abwandeln.

Zierschichten betonen Mauerränder oder teilen größere Mauerflächen auf. Dafür eignen sich Roll- und Grenadierschichten sowie Schichten aus angeschrägten oder ausgerundeten Formsteinen. Vor- und zurückgesetzte Schichten wirken plastisch (**6.**43).

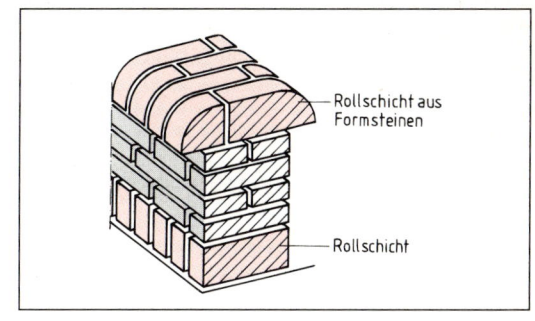

6.43 Rollschicht unten und zur Mauerabdeckung (aus Formsteinen)

6.3 Zweischalige Haustrennwände

Haustrennwände (z. B. bei Reihen- und Kettenhäusern) müssen außer den Anforderungen zur Standfestigkeit noch wesentliche Schall- und Brandschutzvorschriften erfüllen. Dafür eignen sich zweischalige Wände mit durchgehender Trennfuge ($\geq$ 2 cm) vom Fundament bis zum Dach (**6.**44).

6.44 Zweischalige Haustrennwände

Starre Brücken zwischen den Wandschalen in Form von Mörtelansammlungen, Steinbrocken oder Drahtankern mindern den Schallschutz erheblich und sind daher unzulässig. Die völlige Trennung der Wandschalen lässt sich durch den Einbau zweilagig und mit versetzten Stößen angeordneter weicher Faserdämmplatten am besten verwirklichen. Die Trennschicht wirkt zugleich als Dehnungsfuge. Neuere Untersuchungen und Erfahrungen der Praxis beweisen den wesentlichen Einfluss des Schalenabstands auf den Schallschutz der zweischaligen Wände. Hat z. B. eine Wand von 320 kg/m^2 Flächenmasse aus 2 x 17,5 cm dicken Wänden mit 2 cm Abstand einen R'_w-Wert von 62 dB, verbessert sich dieser bei 4 cm Schalenabstand auf 68 dB und bei 10 cm Abstand auf

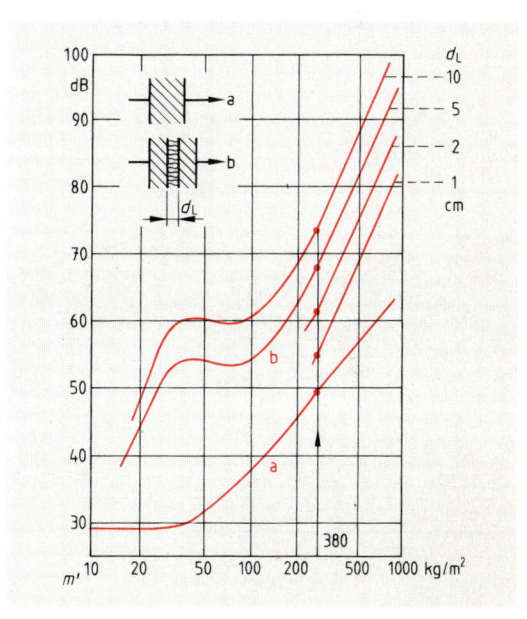

6.45 R'_w-Werte (bewertetes Schalldämmmaß) von doppelschaligen Trennwänden in Abhängigkeit von Gesamtflächenmasse m' und Wandschalenabstand d_L als Parameter: Kurvenscharen b
Kurve a zeigt das Verhalten einschaliger Wände zum Vergleich.

etwa 76 dB (**6**.45). Vergrößerte Schalenabstände erlauben geringere Wandschalendicken.

Ferner gilt: Öffnungen in zweischaligen Gebäudetrennwänden sind unzulässig. Die aussteifenden Decken sind parallel zur Trennwand oder zweiachsig zu spannen. Trennfugen sind im Erdbereich wasserundurchlässig, darüber regensicher auszuführen.

> Haustrennwände aus zwei Wandschalen und durchgehender weicher Mittelfuge aus Faserdämmstoffen bieten besonders günstige Voraussetzungen für wirksamen Schall- und Brandschutz. Deutliche Verbesserungen der Schallschutzwerte bieten vergrößerte Wandschalenabstände bis etwa 10 cm.

6.4 Mauermörtel, Arten und Anwendung

Die Bedeutung des Mörtels für die Güte des Mauerwerks wird häufig unterschätzt, obwohl der Fugenanteil von Mauerflächen bis zu 20 % betragen kann und mangelhafte Fugen die Hauptursache von Mauerwerksschäden sind.

Bestandteile sind Sand, Bindemittel und Wasser, z. T. noch Zusatzstoffe (max. 15 Vol.-% des Sandes, z. B. Baukalk, Gesteinsmehle, Trass) und Zusatzmittel wie Luftporenbildner, Verflüssiger, Dichtungsmittel, Erstarrungsbeschleuniger und -verzögerer, ferner haftverbessernde Stoffe für den Stein-/Mörtelverbund.

Tabelle **6**.46   Mauermörtel, Arten und Anwendung

a) Mauermörtel nach DIN 1053 – Normalmörtel (Auszug)				
Mörtelgruppe	Druckfestigkeit in N/mm² Mittelwert nach 28 Tagen		Bindemittel	Anwendung
	Eignungsprüfung	Güteprüfung		
I	–	–	Kalk	nichttragende Wände tragende Wände mit $d \geq 24$ cm und für ≥ 2 Vollgeschosse (von oben)
II	$\geq 3,5$	$\geq 2,5$	Kalk und Zement oder hochhydraulischer Kalk	Kellermauerwerk, Außenschale und Schalenfuge des zweischaligen Mauerwerks ohne Luftschicht, tragende Wände II und IIa nicht zusammen auf Baustelle anwenden
IIa	$\geq 7,0$	$\geq 5,0$	Kalk und Zement	
III	$\geq 14,0$	$\geq 10,0$	Zement	hochbelastete Bauteile (z. B.) Mauerpfeiler, Balkenauflager bewehrtes Mauerwerk
IIIa[1])	$\geq 25,0$	$\geq 25,0$		
Sand bis 4 mm Ø, Bindemittel, Wasser und evtl. Zusatzstoffe und/oder Zusatzmittel				
b) Mauermörtel nach DIN 1053 – Leichtmörtel (Auszug)				
Mörtelgruppe	Druckfestigkeit in N/mm² Mittelwert nach 28 Tagen		Trockenrohdichte in kg/dm³ nach 28 Tagen	Wärmeleitfähigkeit λ in $\frac{W}{mK}$
	Eignungsprüfung	Güteprüfung		
LM 21	$\geq 7,0$	$\geq 5,0$	$\leq 0,7$[2])	$\leq 0,18$
LM 36	$\geq 7,0$	$\geq 5,0$	$\leq 1,0$[2])	$\leq 0,27$
c) Mauermörtel nach DIN 1053 – Dünnbettmörtel (Auszug)				
Mörtelgruppe	Druckfestigkeit in N/mm²		Verarbeitungszeit in Std.	Korrigierbarkeit in min
	Eignungsprüfung	Güteprüfung		
gilt als III	$\geq 14,0$	$\geq 10,0$	$\geq 4,0$	$\geq 7,0$

[1]) Die Mörtelgruppe IIa erreicht die höhere Festigkeit durch verbesserte Kornzusammensetzung der Zuschläge.
[2]) Mit diesen (sonst nachzuweisenden) Werten sind auch die Anforderungen an die Wärmeleitfähigkeit erfüllt.

Mörtelarten unterscheiden wir nach der Herstellung, Zusammensetzung und bestimmten technischen Eigenschaften wie (z. B. Festigkeit, Wärmeleitfähigkeit, Dichte).

Nach der Herstellung unterscheiden wir Baustellenmörtel und Werkmörtel.

Baustellenmörtel. Für seine Herstellung sind besondere Lagerungsbedingungen und genaue Abmessvorrichtungen für die Mörtelbestandteile auf der Baustelle vorgeschrieben.

Werkmörtel. Wir unterscheiden 3 Lieferformen:
- **Werk-Frischmörtel** wird gebrauchsfähig in verarbeitbarer Konsistenz geliefert (kellenfertig). Er enthält bereits alle notwendigen Mörtelbestandteile.
- **Werk-Trockenmörtel** muss man mit dem Mischer und durch Zugabe der erforderlichen Wassermenge zu einer kellengerecht verarbeitbaren Konsistenz aufbereiten.
- **Werk-Vormörtel** erhält auf der Baustelle außer der Wasserzugabe noch die nötige Zementmenge. Gleichmäßige Stoffverteilung und kellengerechte Konsistenz erreicht man durch maschinelles Mischen.

Nach der Zusammensetzung, Dichte und Wärmeleitfähigkeit unterscheiden wir Normalmörtel, Leichtmörtel und Dünnbettmörtel.

Normalmörtel haben eine Trockenrohdichte von $\geq$ 1,5 kg/dm³, die meist mit dichten Zuschlägen nach DIN 4224-1 (Sand) sicher erreicht wird. Sie werden als Baustellen- oder als Werkmörtel in den Mörtelgruppen I, II, IIa, III und IIIa hergestellt (**6.46 a**). Mindestwerte bestehen zur Druckfestigkeit, neuerdings auch zur Haftscherfestigkeit.

Leichtmörtel haben eine Trockenrohdichte von < 1,5 kg/dm³, die durch Mitverwendung poriger Zuschläge nach DIN 4224-2 erreicht wird. Leichtmörtel verwenden wir vorzugsweise beim Herstellen von Hintermauerwerk aus Steinen mit guter Wärmedämmwirkung, wo sie die unerwünschte Wärmebrücke der früher verwendeten Normalmörtel beseitigen. Leichtmörtel werden ausschließlich als Werkmörtel geliefert (Trocken-, Vor- oder Frischmörtel). Zu unterscheiden sind die Mörtelgruppen LM 21 und LM 36 (**6.46 b**).

Dünnbettmörtel sind Werk-Trockenmörtel aus dichten Zuschlägen mit $\leq$ 1 mm Größtkorn, Zement sowie Zusatzmitteln und Zusatzstoffen. Sie gleichen der Mörtelgruppe III (**6.46 c**). Wir verwenden sie vorzugsweise für Hintermauerwerk aus Planblocksteinen.

Zusatzmittel und Zusatzstoffe verbessern die Eigenschaften des Frisch- und Festmörtels, vor allem die Abstimmung auf das Saugverhalten der Mauersteine.

Zusatzmittel wirken chemisch oder physikalisch auf die Mörteleigenschaften (z. B. als Luftporenbildner, Verflüssiger, Dichtungsmittel, Erstarrungsbeschleuniger, Verzögerer sowie zur besseren Mörtelhaftung).
Zusatzstoffe sind genormte Baukalke, Gesteinsmehle, Trass und Stoffe mit Prüfzeichen. Sie zählen nicht zum Bindemittelgehalt. Zulässig sind 15 Vol.-% vom Sandgehalt.

> **Werkmörtel** (Trocken-, Vor- und Frischmörtel) gewährleisten die geforderte Mörtelqualität besser als Baustellenmörtel.
>
> **Normalmörtel** gliedern sich in die Mörtelgruppen I, II, IIa, III und IIIa, Leichtmörtel in LM 21 und LM 36. Dünnbettmörtel hat begrenzte Verarbeitungs- und Korrigierzeiten und gilt als Mörtelgruppe III.

6.5 Fassadenbekleidung nach DIN 18515

Fassadenbekleidungen dienen dem Witterungsschutz des Hintermauerwerks. Wir unterscheiden:

hinterlüftete Fassadenbekleidungen
|
u. U. mörtelhinterfüllt
(im Erdgeschoss)
|
nicht hinterlüftete Fassadenbekleidungen
|
angemörtelt   angemauert

Die vergleichsweise dünnwandige Fassadenbekleidung ist extremen Witterungsbedingungen ausgesetzt und unterscheidet sich meist in ihren Materialeigenschaften vom Hintermauerwerk (Dichte, Festigkeit, kapillares Saugvermögen). Die sichere Verbindung zum Hintermauerwerk, der Schlagregenschutz und die Rissefreiheit bilden die Hauptprobleme solcher Konstruktionen.

Hinterlüftete Fassadenbekleidungen unterbinden die wechselseitige Beeinflussung zwischen Bekleidung und Hintermauerwerk fast vollständig. Sie bieten den besten Schutz gegen Risse und Schlagregen. Als Werkstoffe eignen sich Natur-, Betonwerkstein- und Keramikplatten unterschiedlicher Größen, meist < 0,1 m² und $\leq$ 3 cm dick (**6.47 a**). Die Luftschicht ist $\geq$ 2 cm, für die Belüftung sorgen Be- und Entlüftungsschlitze oder offene Plattenfugen. Jede Platte ist an ihren Eckpunkten gehalten. Die rostfreien Traganker greifen mit ihren Ankerdornen in die Dornlöcher der Platten und übertragen alle Belastungen über die Verankerung auf das Hintermauerwerk. Bei Erschütterungsgefahr wird die Luftschicht im Erdgeschoss vorsorglich mit Mörtel hinterfüllt.

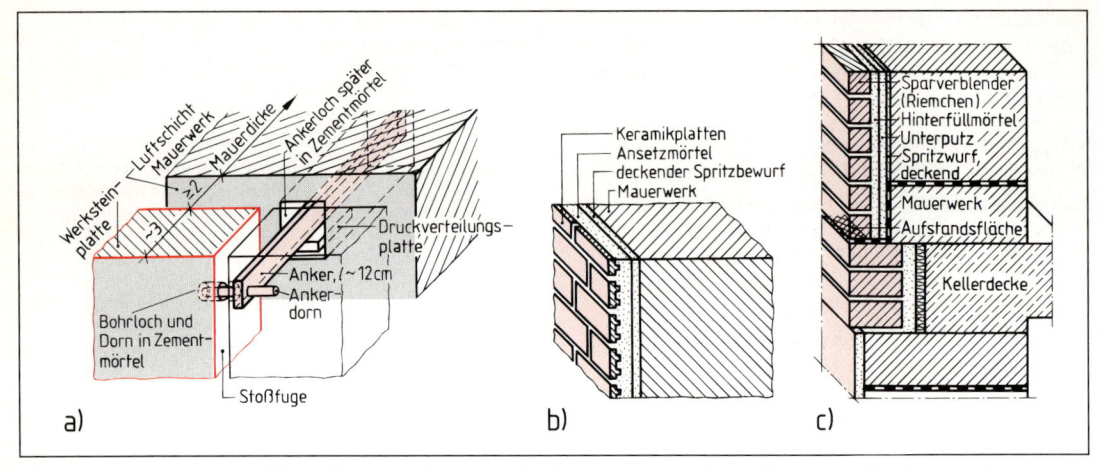

6.47 a) Verankerung hinterlüfteter Fassadenplatten aus Werkstein, b) angemörtelte Fassadenbekleidungen, c) angemauerte Fassadenbekleidungen

Angemörtelte Fassadenbekleidungen (Platten, Mosaiken und Riemchen aus Keramik, Natur- oder Betonwerkstein) sind durch die Mörtelhaftung mit dem Hintermauerwerk verbunden (wie Wandfliesen). Die Mörtelschale bedarf daher besonderer Sorgfalt. Ihre Schichtenfolge:

1. vollflächiger Spritzbewurf,
2. aufgerauter Unterputz als Ausgleichsschicht, $d = 1{,}5$ bis $2{,}5$ cm,
3. Ansetzmörtel, 1,5 bis 2,5 cm dick oder etwa 3 mm Dünnbettmörtel (**6.47** b).

Bei Mischmauerwerk oder Mauerunebenheiten mit Ausgleichsputz > 2,5 cm sind zusätzlich vollflächige und am Hintermauerwerk verankerte Bewehrungen vorzusehen (z. B. aus BStG Matten).

„**Schwimmende Bekleidungen**" auf Dämmplatten erfordern immer Bewehrungen und verstärkte Verankerungen mit statischem Nachweis. Die Anker mindern den Wärmeschutz (Wärmebrücken). Dehnungsfugen der angemörtelten Bekleidungen haben Abstände von 3 bis 6 m.

Angemauerte Bekleidungen aus Riemchen oder Sparverblendern erhalten stets eine fest mit dem Bauwerk verbundene tragfähige Aufstandsfläche aus Mauerwerk, vorkragenden Decken teilen oder Ankerschienen. Sie sind alle 2 Geschosse abzufangen und außer durch die Mörtelschicht noch durch 5 rostfreie Drahtanker/m^2 mit dem Hintermauerwerk verbunden. Vor dem Anmauern der Sparverblender mit 1,5 bis 2,5 cm dicker (Schalen-)Fuge erhält das Hintermauerwerk einen vollflächigen Spritzbewurf aufgerauten i. M. 1,5 cm dicken Unterputz (**6.47** c).

Thermohaut-Wandbekleidungen. Sowohl für nachträgliche äußere Wanddämmungen an Sanierungsobjekten als auch für die Wärmedämmung am Neubau bieten Thermohaut-Verbundsysteme preiswerte und sehr wirksame Lösungen. Den Aufbau verdeutlicht Bild **6.**48. Kennzeichnend ist die Funktionentrennung der einzelnen Wandschichten:

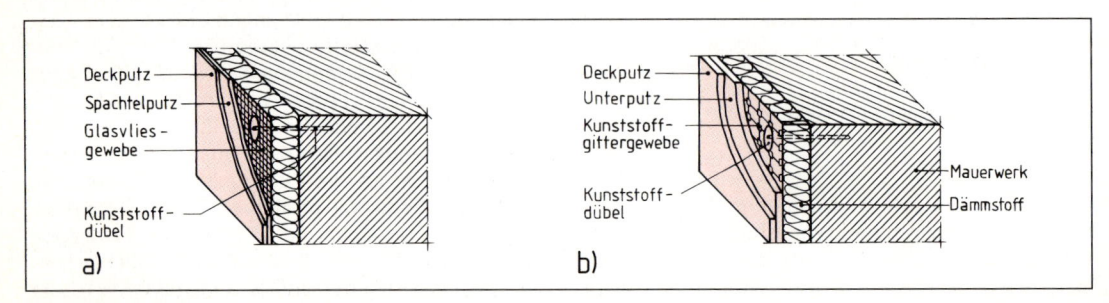

6.48 Thermohaut-Außenwandbekleidung
a) mit gewebearmiertem Spachtelputz, b) mit Außenwandputz auf Kunststoffgitter

- Die tragende Wand hat vorrangig statische Aufgaben und darf daher auf die dafür notwendige Dicke verringert werden (meist ≥ 24 cm – Kostenersparnis!). Das dichte Wandbaumaterial sorgt für den Luftschallschutz und speichert Raumwärme, die bei Abkühlung überwiegend an den Raum zurückfließt. Die äußere Dämmschicht aus EPS-Platten oder aus Mineralfaserplatten (nicht brennbar!) erreicht bei entsprechender Dicke (z.B. 6 bis 12 cm) sehr hohe Wärmedämmwerte und schützt die gesamte Außenwand vor extremen Temperaturunterschieden, Spannungen und Rissen.
- Die Putzarmierung (Bewehrung) aus Glasvlies- oder Kunststoffgitter-Gewebe wirkt gegen die Gefahr der Rissbildung in der thermisch extrem beanspruchten Putzschicht. An den Ecken der Wandöffnungen sind verstärkende Gewebestreifen diagonal auf die Fassade zu setzen.
- Der zweilagige Außenputz aus herkömmlichen mineralischen Stoffen oder aus dünnen Kunststoffschichten enthält Wasser abweisende Zusätze und bietet einen bereits vielfach bewährten Wetterschutz.

> Fassadenbekleidungen schützen Außenwände vor extremer Witterung.
>
> Hinterlüftete Fassadenbekleidungen aus Natur- oder Werksteinplatten sitzen auf passgenauen Mauerankern.
>
> Angemörtelte Fassadenbekleidungen aus Keramik, Natur- oder Werkstein verbinden sich durch Mörtelhaftung mit der Außenwand.
>
> Angemauerte Bekleidungen stehen auf tragfähigen Bauteilen. Die Fuge zur Außenwand ist voll vermörtelt.
>
> Thermohaut-Verbundsysteme bieten umfassenden Wärmeschutz durch außen angedübelte Dämmplatten und sichern Witterungsschutz durch gewebebewehrten Außenputz.

6.6 Ausfachungen mit Mauerwerk

Mit gemauerten Ausfachungen füllen wir die Felder von Fachwerk- und Skelettkonstruktionen. Genormte Gefach-Innenmaße erleichtern die Arbeit erheblich (weniger Steinverhau). Beim Fachwerk- und Skelettbau übertragen Stützen alle Baulasten auf Kellerwände bzw. Fundamente. Das ausfachende Außenmauerwerk hat außer Wind und Eigenlast keine Baulasten aufzunehmen und gilt deshalb nach DIN 1053 als nichttragendes Mauerwerk. Hinsichtlich des Wärme-, Schall- und Feuchtigkeitsschutzes gleicht es den tragenden Außenwänden. Für die Standsicherheit der Wand sind die Anschlüsse mit den allseitig angrenzenden Skelettbauteilen maßgebend, für die Rissesicherheit die Ausdehnungsmöglichkeiten in den Anschlussfugen und für die Schlagregensicherheit deren dauerhafte Dichtung.

Anschlüsse übertragen die Windlasten von der ausfachenden Wand auf die Skelettbauteile. Am

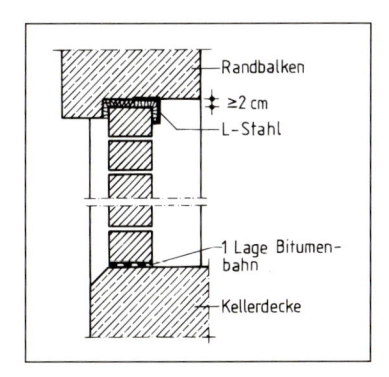

6.49 Waagerechte Anschlussfugen am unteren und oberen Rand zwischen Gefachmauerwerk und Stahlbetonskelett-Bauteilen

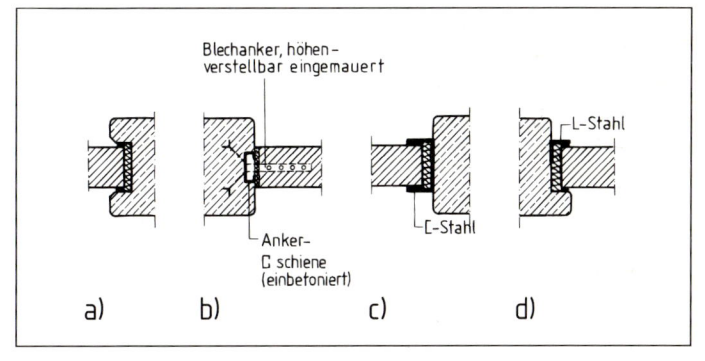

6.50 Seitliche Anschlussfugen zwischen Stahlbeton-Skelettbauteile und Ausfachungsmauerwerk durch a) Einführen der Wand in ausgesparte Schlitze
b) Ankerverbindungen (einteilig oder zweiteilig aus fester U-Schiene und beweglichem Ankerblech)
c) Übergreifen der Wandenden mit verankerten Stahlprofilen
d) nachträglich angebrachte L-Profile in Verbindung mit dem äußeren Anschlag

Fußpunkt genügen dafür die Reibungskräfte der Fuge. Eine Lage unbesandete (!) Bitumenbahn unterhalb der 1. Schicht ermöglicht Bewegung in Längsrichtung (**6.49**).

Seitliche Anschlüsse sind im Allgemeinen gleitend und elastisch. Die Möglichkeiten für den Stahlbeton-Skelettbau verdeutlicht Bild **6.50**.

Auch beim *oberen* Anschluss gewährleistet die gleitend elastische Ausführung spannungsfreie Formänderungen. Der etwa 2 cm dicke Toleranzabstand soll unbeabsichtigte Wandbelastungen infolge Durchbiegung der oberen Decken oder Balken ausschließen (**6.49**).

Die Größe der Ausfachungsfläche ist begrenzt. Sie hängt von der Gebäudehöhe über Gelände, von der Wanddicke und vom Quotienten ε (griech. Epsilon) aus der größeren und der kleineren Seitenlänge des Gefachs (**6.52**) ab. Tabelle **6.51** enthält die zulässigen Grenzwerte. Voraussetzungen sind: 4-seitig gehaltene Wände, in Mörtelgruppe IIa, in Dünnbettmörtel oder Leichtmörtel LM 36 KS-Steinen, Ziegeln oder Leichtbetonsteinen.

Beispiel Für eine Ausfachung bei einer Feldgröße von 4,00 m · 2,50 m = 10,00 m² und einer Höhe der Ausfachungsfläche von 16,00 m über Gelände soll die notwendige konstruktive Wanddicke ermittelt werden.

Lösung Seitenverhältnis $\varepsilon = \dfrac{\text{größere Seite}}{\text{kleinere Seite}}$

$= \dfrac{4,00 \text{ m}}{2,50 \text{ m}} = \mathbf{1,6}$

ε liegt zwischen 1,0 und 2,0. Deshalb muss die größtmögliche Ausfachungsfläche für ε = 1,6 interpoliert werden. Tabelle **6.51** zeigt, dass mindestens die Wanddicke 17,5 cm gewählt werden muss, denn nur bei dieser Wanddicke sind Ausfachungsflächen von 9,00 bis 13,00 m² möglich.

Genaue Berechnung der zulässigen größten Ausfachungsfläche:
Wenn ε von 1,00 auf 1,6 ansteigt, verringert sich die größte zulässige Ausfachungsfläche von 13,00 m² um ΔA.

$\Delta \varepsilon' = 1{,}6 - 1{,}0 = 0{,}6$
max. $A = 13{,}00 \text{ m}^2 - \Delta A'$
$\dfrac{\Delta A}{\Delta \varepsilon} = \dfrac{13{,}00 \text{ m}^2 - 9{,}00 \text{ m}^2}{2{,}0 - 1{,}0} = \dfrac{4{,}00 \text{ m}^2}{1{,}00}$
$\Delta A = 4{,}00 \text{ m}^2 \times 0{,}6 \ \Delta A = 2{,}40 \text{ m}^2$
max. $A = A - \Delta A$
$= 13{,}00 \text{ m}^2 - 2{,}40 \text{ m}^2 = \mathbf{10{,}60 \text{ m}^2}$

Bei Ausführung nach Zeile 2 der Tabelle **6.51** (Wanddicke 17,5 cm) ist also eine größtmögliche Ausfachungsfläche von 10,60 m² (> 10,00 m²) erlaubt.

> Ausfachungswände, die nicht Tabelle **6.51** entsprechen, sind statisch nachzuweisen.

Tabelle **6.51** Zulässige Größtwerte der Ausfachungsfläche von nichttragenden Außenwänden ohne rechnerischen Nachweis

Wanddicke d in cm	Ausfachungsfläche bei einer Höhe über Gelände von					
	0 bis 8 m		8 bis 20 m		20 bis 100 m	
	$\varepsilon = 1{,}0$ m²	$\varepsilon \geq 2{,}0$ m²	$\varepsilon = 1{,}0$ m²	$\varepsilon \geq 2{,}0$ m²	$\varepsilon = 1{,}0$ m²	$\varepsilon = \geq 2{,}0$ m²
11,5[1]	12	8	8	5	6	4
17,5	20	14	13	9	9	6
24,0	26	25	23	16	16	12
≥ 30,0	50	33	35	23	25	17

Bei Seitenverhältnis 1,0 < ε < 2,0 dürfen die Werte geradlinig interpoliert werden.
[1]) Bei Steinen der Festigkeitsklassen ≥ 12 dürfen diese Werte um 1/3 vergrößert werden.

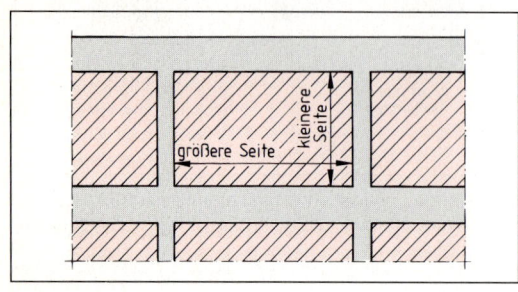

6.52 Seitenverhältnis des Gefachs
$\varepsilon = \dfrac{\text{größere Seite}}{\text{kleinere Seite}}$

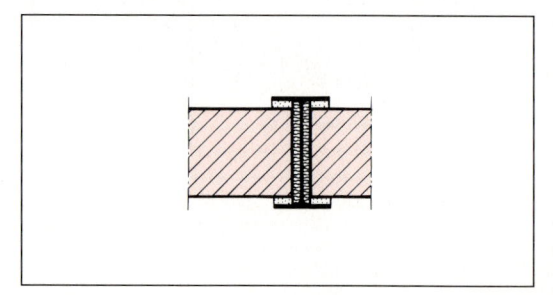

6.53 Querschnitt einer Stahlstütze mit beidseitig anschließendem Gefachmauerwerk

6.6 Ausfachungen mit Mauerwerk

An beheizten Gebäuden bilden Skelettbauteile aus Stahl- und Stahlbeton beachtliche Wärmebrücken. Äußere Dämmschichten mit geeignetem Wetterschutz (z. B. Vorhangfassade) lösen dies Problem. Sichtbar bleibende Skelettflächen erhalten innere Dämmschichten.

Stahlskelettkonstruktionen sind im Hallen- und Industriebau verbreitet. Die I- und U-Profile der Stützen und Riegel bieten gute Anschlussmöglichkeiten für das ausfachende Mauerwerk. Trägerhöhen von 140 bis 160 mm eignen sich zur Aufnahme 11,5 cm dicker Wände, solche von 200 bis 220 mm für 17,5 cm dicke Wände (**6.53**). Für die meist unbeheizten Stahlskelettgebäude genügen die statisch notwendigen Wanddicken. Andernfalls empfehlen sich auch hier äußere Dämmlagen mit wetterschützender Vorhangfassade (**6.32a**) oder innere Dämmlagen. In jedem Fall sind die Stahlflächen mit Dämmplatten abzudecken, denn Stahl ist eine ganz empfindliche Wärmebrücke. Seine Leitfähigkeit entspricht etwa der 20fachen des Betons.

Holzfachwerk hat in Deutschland (auch in England, Dänemark, Holland und Frankreich) eine alte Bautradition. Blütezeit waren das 16. (Renaissance) sowie das 17. und 18. Jahrhundert (Barock/Rokoko). Heute gewinnt das Fachwerk durch die Sanierung wieder an Bedeutung, aber auch durch Fachwerk-Vorsatzschalen am Neubau.

Die vergleichsweise eng gesetzten Stützen (etwa 1,00 m) mit den aussteifenden (Quer-) Riegeln ergeben kleine Gefachflächen. Belastungen und Verformungen des Gefachmauerwerks sind daher gering. Auch die statischen und thermischen Ver-

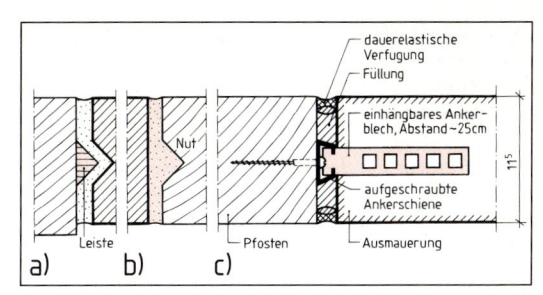

6.54 Anschlüsse von Mauerenden an Holzfachwerkstützen
a) durch Dreikantleiste und Kerbnut im Stein
b) durch Stoßfugenmörtel in Kerbnut
c) durch angeschraubte Ankerschiene und eingemauerte Ankerbleche

formungen sind unbedeutend. Probleme ergeben sich u. U. durch Verwerfungen des Holzes infolge Schwindens und Quellens.

Stabile Anschlüsse ergeben bereits Verankerungen durch ~ 3 bis 5 cm vorstehende Nägel von 38/100 bis 46/130 in jeder 3. bis 4. Lagerfuge. Besser sind rostgeschützte nagelbare Blechwinkel, aber auch Anschlüsse mit Ankerschienen (**6.54c**). Moderne Fachwerkbauten erhalten vorgefertigte Gefache aus Riemchen mit rückseitiger Aufbetonschicht. Mit seitlich vorbereiteten Treibverschraubungen (M 6) werden die Gefachteile gegen das Hintermauerwerk eingesetzt. Die alte handwerkliche Form der Anschlussfuge mit Dreiecksnuten im Pfosten oder aufgenagelten Dreikantleisten am Pfosten verdeutlicht Bild **6.54 a, b**. Der obere Anschluss geschieht durch Verkeilen der oberen Schicht gegen die Unterseite des Riegels.

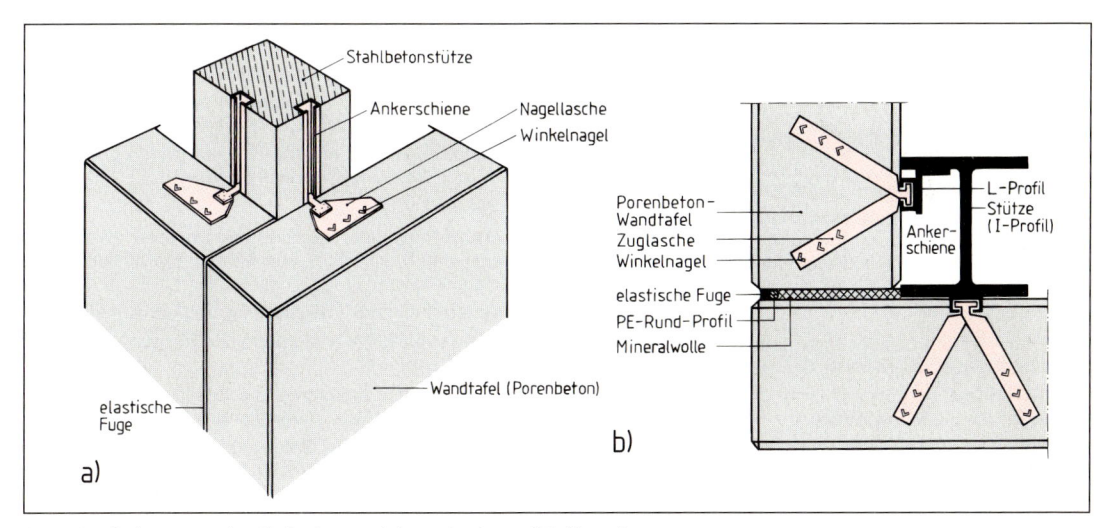

6.55 Ausfachung vor der Skelettkonstruktion erfordert solide Verankerungen
a) Eckverankerung an Stahlbeton, b) an Profilstahl

Anschlussfugen aus Mörtel lösen sich immer vom Fachwerk ab und führen zu Schlagregendurchfeuchtung. Fugendichtungen aus dauerelastischem Kitt in Verbindung mit unverrottbaren Dämmstreifen schützen vor Regen und gleichen Formänderungen in der Fuge rissefrei aus. Besonders einfach, dauerhaft und hochwirksam dichten vorkomprimierte Bänder (Kompri-Dichtungsbänder), die sich nach dem Einlegen auf mehr als die doppelte Dicke ausdehnen und dabei fest an die Fugenflanken pressen.

Großformatige Fassadenteile ersetzen zunehmend das Ausmauern von Gefachen. Sie verdecken häufig die Skelettkonstruktion und verbessern den Witterungs- und Wärmeschutz. Beispiele zur Eckausbildung großformatiger Porenbeton-Fertigteile zeigt Bild **6.**55.

Windbeanspruchte äußere Mauerwerksausfachungen im Stahlbeton- bzw. Stahlskelettbau erhalten gleitend, elastische, seitliche und obere Anschlüsse durch vorgeplante oder nachträglich geschaffene U-förmige Schlitze. Der obere Toleranzausgleich ≥ 2 cm verhindert ungewollte Wandbelastungen.

Für kleinere Holzfachwerkgefache genügen starre Randanschlüsse. Elastische Anschlussfugen gleichen Schwind- und Quellverformungen des Holzfachwerks aus und schaffen wind- und regendichte Fugenflächen.

Großformatige Ausfachungselemente ermöglichen die äußere (schützende) Beplankung von Skelettkonstruktionen.

Aufgaben zu Abschnitt 6.1 bis 6.6

1. Beschreiben Sie die statische Beanspruchung einer Wand a) als Scheibe, b) als Platte.
2. Vergleichen Sie freistehende Wände mit 2-, 3- und 4-seitig gehaltenen Wänden.
3. Welche Regeln gelten für die Dicke und Länge aussteifender Wände?
4. Beschreiben Sie Zweck und Vorteile der Stumpfstoßtechnik.
5. Welche Grenzwerte gelten für Gebäudehöhe und Deckenspannweite nach DIN 1053-1?
6. Was verstehen wir unter tragenden und nicht tragenden Wänden?
7. Welche konstruktiven Maßnahmen gelten als Ersatz für aussteifende Wände?
8. Unterscheiden Sie Ringbalken und Ringanker nach Funktion und Konstruktion.
9. Welche Mindestdicke gilt für Innen- und Außenwände?
10. Welche Mindestabmessungen sind für Mauerpfeiler einzuhalten?
11. Was versteht man unter der Wandhöhe h_s und der Knicklänge h_k?
12. Worauf beziehen sich die Abminderungsfaktoren k_1, k_2 und k_3?
13. Erklären Sie den Begriff „Kurze Wände".
14. Berechnen Sie den Abminderungsfaktor eines 2,75 m hohen Mauerpfeilers mit den Querschnittsmaßen 24 cm x 24 cm (Mittelauflager eines Mehrfeldbalkens).
15. Wonach richtet sich der Abminderungsfaktor β für die Bestimmung von h_k?
16. Unter welchen Bedingungen darf der statische Nachweis gegen Erddruck bei Kelleraußenwänden entfallen?
17. Erklären Sie die Kurzzeichen M und β_{MS} beim Mauerwerk nach Eignungsprüfung.
18. Wonach richtet sich die Festigkeitsklasse des Rezeptmauerwerks?
19. Welche Schlagregen-Beanspruchungsgruppen für Außenmauerwerk unterscheiden wir? Nennen Sie je ein Wandbeispiel.
20. Einschaliges Verblendmauerwerk ist 31 cm (statt 30) bzw. 37,5 cm (statt 36,5) auszuführen. Warum?
21. Welcher Teil der zweischaligen Außenwände darf als Deckenauflager genutzt werden?
22. Vergleichen Sie die zweischaligen Außenwände mit und ohne Luftschicht (Ausführung, Schalendicken, Wärme- und Schlagregenschutz).
23. Wodurch unterscheiden sich Putzmörtel P II und P III?
24. Nennen Sie Zweck und Ausführungsbestimmungen für Drahtanker in zweischaligen Außenwänden (Material, Form, Verteilung, Querschnitt).
25. Welche Vorschriften gelten für Be- und Entlüftungsmaßnahmen an zweischaligen Außenwänden? Für welche Außenwände genügen Entwässerungsschlitze in der Wandaußenschale?
26. An welchen Wandteilen des zweischaligen Außenmauerwerks sind Sperrschichten vorzusehen?
27. In welchen Höhenabständen sind die Außenschalen zweischaliger Außenwände abzufangen? Welche Konstruktionsmöglichkeiten gibt es dafür?
28. Wie weit darf die Außenschale zweischaliger Wände nach außen überstehen?
29. An welchen Wandteilen der zweischaligen Außenwände sind Dehnungsfugen vorzusehen?
30. Warum?
31. Haustrennwände werden vorzugsweise zweischalig und mit Trennschicht aus Mineralfaserplatten hergestellt. Warum?
32. Unterscheiden Sie Baustellenmörtel und Werkmörtel.
33. Nennen Sie die Mörtelgruppen für Normal-, Leicht- und Dünnbettmörtel.
34. Nennen Sie die Zusatzstoffe und Zusatzmittel und deren Zweck bei der Mörtelherstellung.
35. Vergleichen Sie die Befestigung der Fassadenbekleidungen bei hinterlüfteten und nichthinterlüfteten Wandkonstruktionen.
36. Nennen Sie Bestandteile/Vorzüge der Thermohaut-Wandbekleidungen an Außenwänden.

6.7 Bewehrtes Mauerwerk

Durch Horizontallasten wie Wind und Erddruck wird Mauerwerk auf Plattenbiegung beansprucht (z. B. bei Ausfachungen von Skelettbauten, Kelleraußenwänden oder Stützmauern, diese können zwei- oder mehrfach durch Querwände gestützt sein). Größere Wandbelastungen mindern die Biegebeanspruchung, geringe erhöhen sie. Zur Aufnahme der Zugspannungen erhalten biegebeanspruchte Wände auf der Zugseite Bewehrungen aus rostgeschütztem Betonstahl im Bereich der Lagerfugen. Biegedruckkräfte trägt das Mauerwerk. Im Bereich von aussteifenden Wänden ist auch auf der Lastseite Bewehrung erforderlich. Außer den Konstruktionsvorschriften in Bild 6.56 merken wir uns noch: Die Bewehrungsstäbe sind auf ganzer Länge von Auflager zu Auflager geführt, ohne Aufbiegungen, Endhaken, Staffelungen und Verteiler.

Bewehrtes Mauerwerk ist ≥ 11,5 cm dick und besteht aus Mauersteinen mit ≤ 35 % Lochanteil.

Zugelassen und bevorzugt werden die in Bild 6.13 beschriebenen vorgefertigten Bewehrungselemente (Typ Murfor).

Konstruktive Bewehrung zur Rissesicherheit sollte an Problemstellen des Mauerwerks zusätzlich vorgesehen werden.

> Bewehrungsstähle ≤ Ø 8 in den Lagerfugen gemauerter Wände (bewehrtes Mauerwerk) ermöglichen die Wandbeanspruchung auf Plattenbiegung (z.B. infolge Wind-, Wasser- und Erddruck). Vorgefertigte Bewehrungselemente beschleunigen den Arbeitsablauf.

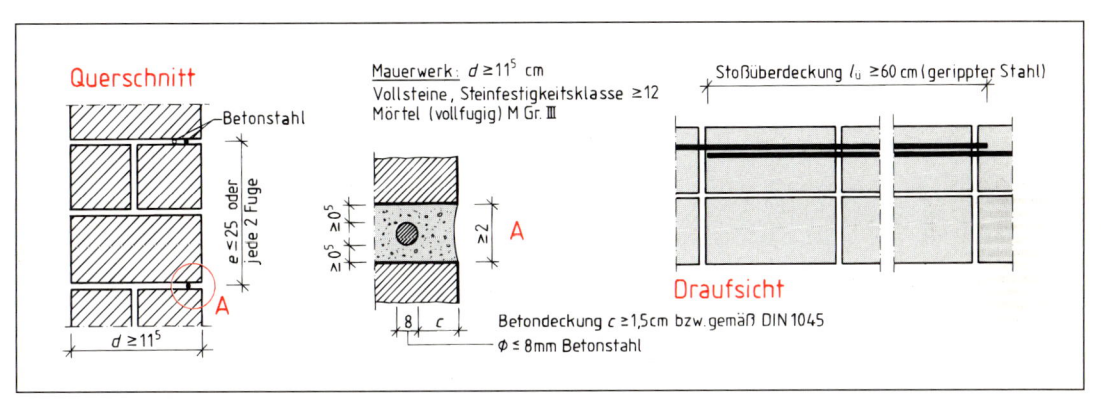

6.56 Bewehrtes Mauerwerk (Konstruktionsregeln)

6.8 Überdeckung von Maueröffnungen

Das Überdecken von Öffnungen mit tragfähigen Bauteilen gehört zu den Urproblemen des Bauens. Der jeweilige Entwicklungsstand der Bautechnik und die verfügbaren Baumaterialien haben im Lauf der Jahrtausende zu unterschiedlichen baustilprägenden Lösungen geführt. Bögen und Balken sind die typischen Elemente zum Überdecken von Maueröffnungen.

Ihre Entwicklung führte vom unechten Bogen aus überkragenden Steinschichten zu geometrisch unterschiedlichen Bogenformen mit radial angeordneten Fugen und vom Balken aus Natursteinquadern zum biegefesten Träger aus Profilstahl, Stahl- und Spannbeton sowie bewehrtem Mauerwerk (6.57).

Der Bogen ist die materialgerechte Lösung für die gemauerte Überdeckung, weil nur Druckkräfte zu übertragen sind, die das Bogenmauerwerk sicher aufnehmen kann. Am Auflager bewirkt der Bogenschub senkrechte und waagerechte Gegenkräfte (Reaktionskräfte). Bögen gleichen einem Keil im Mauerwerk und erfordern daher vor allem ausreichend bemessene Widerlager gegen den Seitenschub. Bei ansteigender Belastung und spitzerem Keilwinkel vergrößert sich der seitlich wirkende Druck. Flache Bögen erzeugen darum mehr Horizontalschub als hohe (6.58 a, b).

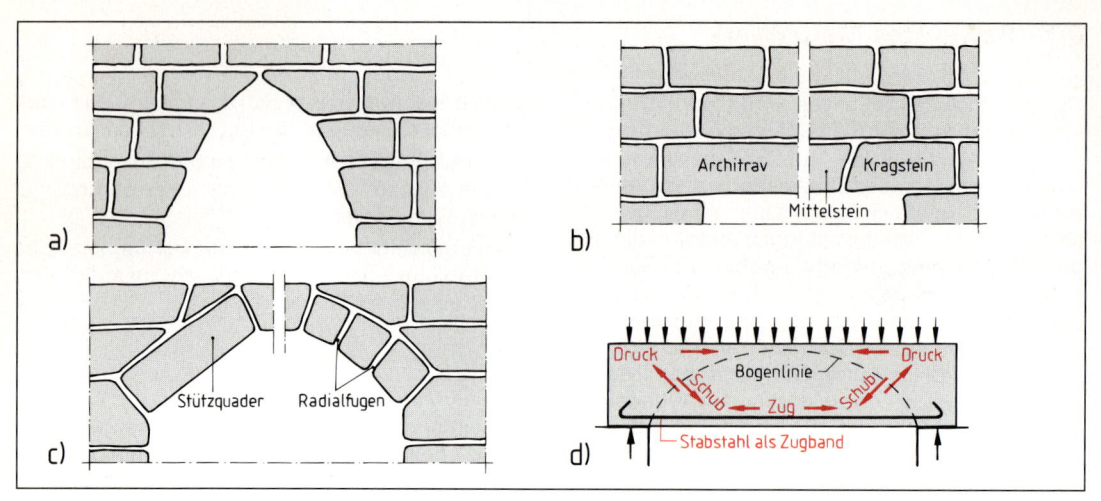

6.57 Bogen und Balken sind Grundelemente zur Überdeckung von Maueröffnungen
  a) unechter Bogen aus überkragenden Steinen
  b) waagerechte Überdeckung durch ganze Quader (Architrav, linke Hälfte), später durch Krag und keilförmigen Mittelstein (rechte Hälfte)
  c) Entwicklung zum echten Bogen durch Stützquader (links), später durch Bogenschichten mit Radialfugen (rechts)
  d) Tragstäbe bewirken die Ausbildung des Bogenprinzips im Stahlbetonbalken

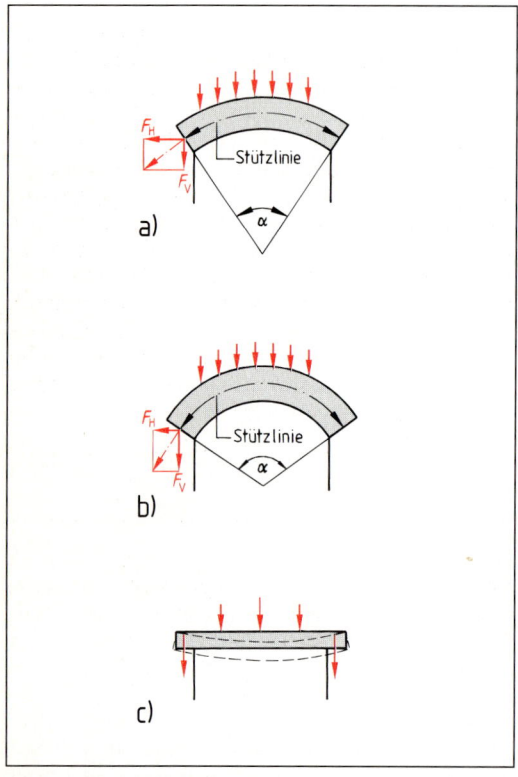

6.58 a) Flacher Bogen mit $F_H > F_V$,
  b) steiler Bogen mit $F_H < F_V$,
  c) beim Balken wirken nur senkrechte Auflagerkräfte F_V

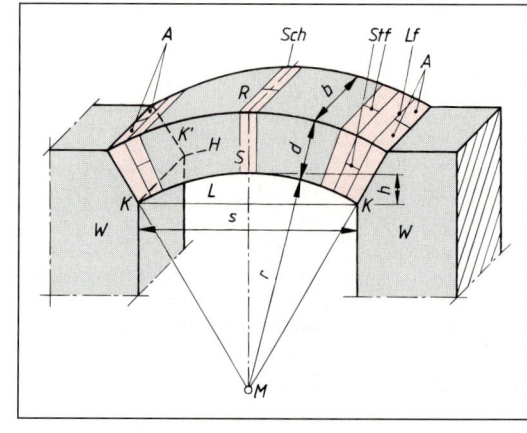

6.59 Bogenteile am Beispiel des Segmentbogens
  W Widerlager
  K Kämpferpunkt
  KK' Kämpferlinie
  S Scheitel: höchster Punkt an der Bogenleibung oder am Bogenrücken
  L Leibung: untere Bogenfläche bzw. seitliche Begrenzungsfläche der Maueröffnung
  R Rücken: obere Fläche des Bogens
  H Haupt oder Stirn: Bogenansichtsfläche
  s Spannweite
  h Stich oder Bogenhöhe
  r Bogenradius
  d Bogendicke
  b Bogentiefe
  A Anfängerstein
  Sch Schlussstein
  Lf Lagerfuge
  Stf Stoßfuge

6.8 Überdeckung von Maueröffnungen

a)

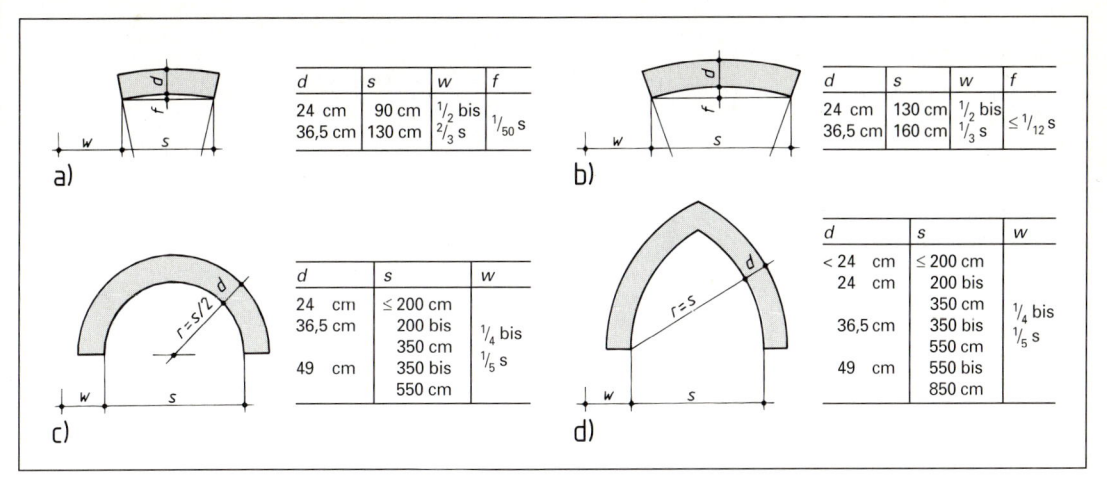

d	s	w	f
24 cm	90 cm	$\frac{1}{2}$ bis $\frac{2}{3}$ s	$\frac{1}{50}$ s
36,5 cm	130 cm		

b)

d	s	w	f
24 cm	130 cm	$\frac{1}{2}$ bis $\frac{1}{3}$ s	$\leq \frac{1}{12}$ s
36,5 cm	160 cm		

c)

d	s	w
24 cm	$\leq$ 200 cm	
36,5 cm	200 bis 350 cm	$\frac{1}{4}$ bis $\frac{1}{5}$ s
49 cm	350 bis 550 cm	

d)

d	s	w
< 24 cm	$\leq$ 200 cm	
24 cm	200 bis 350 cm	
36,5 cm	350 bis 550 cm	$\frac{1}{4}$ bis $\frac{1}{5}$ s
49 cm	550 bis 850 cm	

6.60 Bogenarten mit Richtwerten für Planung und Ausführung

Bogenteile zeigt Bild **6.**59, die üblichen Bogenformen Bild **6.**60 mit den Erfahrungswerten für zulässige Spannweiten, Bogendicke, Stichhöhe und Breite des Widerlagermauerwerks bei geringer Auflast. Größere Auflasten über den Widerlagern erhöhen die Schubsicherheit des Widerlagermauerwerks. Sie erlauben entsprechende Abweichungen von den aufgeführten Grenzmaßen in Bild **6.**60.

Balken aus monolithischen Steinquadern waren ihrer geringen Längen und Biegefestigkeit wegen stets auf kleine Stützweiten beschränkt. Nur biegefestes Material kann der typischen Beanspruchung des Balkens gerecht werden. Erst die Entwicklung von Stahlprofilträgern, besonders aber die Stahl- und Spannbetontechnik ermöglichten es, größere Spannweiten zu überbrücken. Im Prinzip erkennt man auch hier eine Bogenwirkung (**6.**57 d), deren Seitenschub die verankerten Stahleinlagen aufnehmen. Der Balken erzeugt nur vertikale Auflagerreaktionen, sein Material hat jedoch Zug-, Druck- und Schubspannungen aufzunehmen. Außerdem biegt er durch – der Bogen nicht (**6.**58 c/**6.**57 d).

Sichtfugen. Dicke, Verlauf und Anschluss der sichtbaren Bogenfugen bestimmen wesentlich den Gesamteindruck des Mauerwerks. Deshalb soll die Stoßfugendicke am Bogenrücken $\leq$ 2 cm, an der Bogenleibung $\geq$ 0,5 cm betragen. Stark gerundete Bögen müssen notfalls mit übereinander liegenden Rollschichten, statt im Verband gemauert werden. Der Bogenrücken soll im Scheitel und möglichst auch an den Endpunkten auf eine Lagerfuge treffen, um unschöne ausgleichende Passstücke zu vermeiden (**6.**61). Bei unzureichender Übermauerung und Belastung des Bogens durch eine größere Einzellast besteht die Gefahr des Fugenbruchs (**6.**62 b). Vorkragende, der Bogenlinie angepasste Mauerwiderlager mindern die Gefahr der Bruchfugen (**6.**62 c).

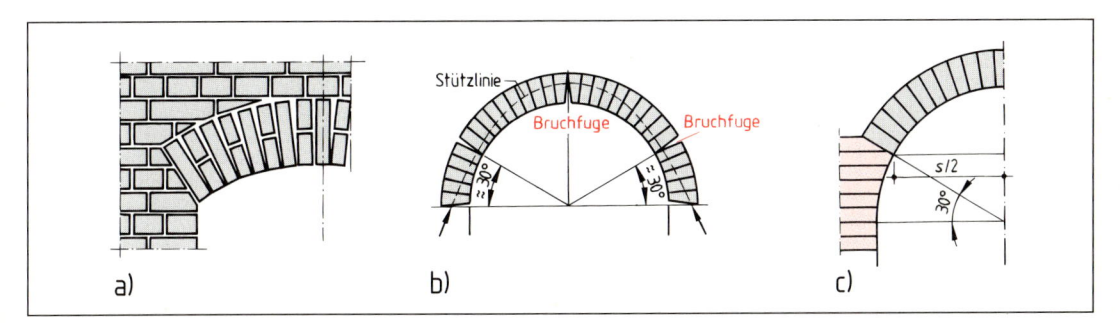

6.61 a) Kämpfer- und Scheitelpunkt des Bogenrückens treffen auf eine Lagerfuge, b) durch Bruchfugen gefährdete Teile eines Rundbogens, c) vorkragende Widerlager mindern die Bruchgefahr

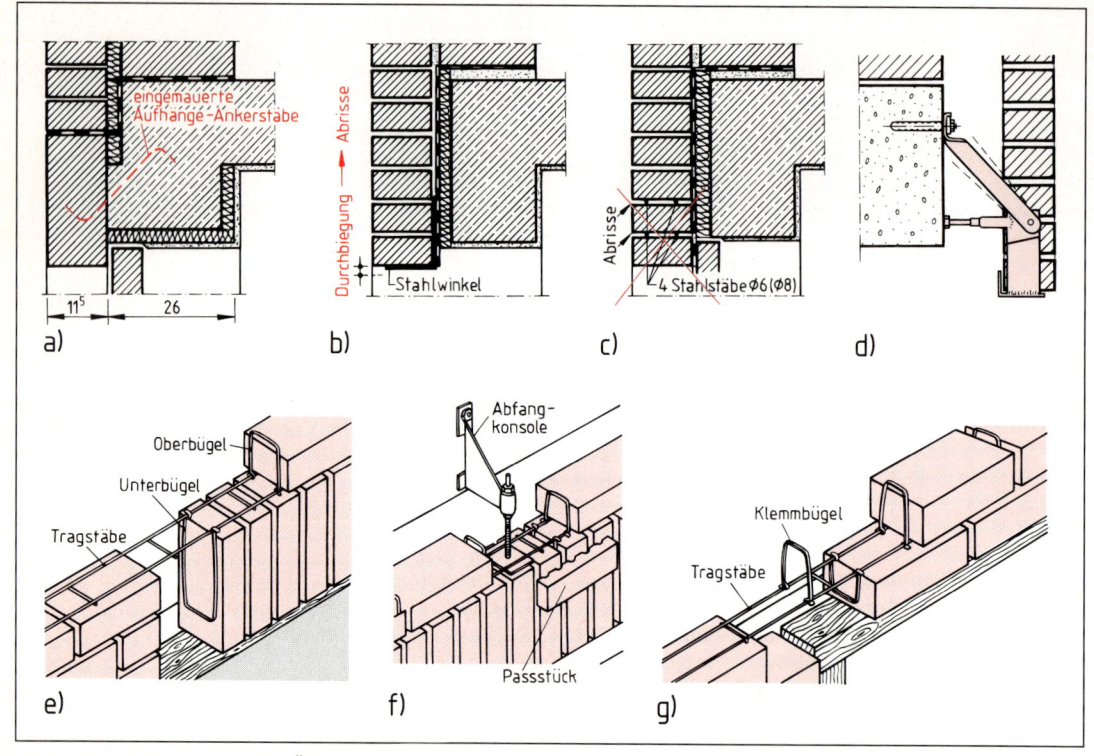

6.62 Querschnitte gemauerter Überdeckungen über der Außenschale von Außenwandöffnungen
   a) Drahtanker in den Stoßfugen der Grenadierschicht übertragen die Lasten des scheitrechten Bogens auf den Stahlbetonbalken (Arbeitsfolge: erst Verblender, dann Betonarbeit)
   b) Durchbiegende Profilstähle führen oft zu Lagerfugenabrissen, daher nur für kurze Spannweiten!
   c) Bewehrte Flachschichten reißen oft in der bewehrten Lagerfuge
   d) Sichere Abfangung eines Sturzes aus Flachschichten
   e) Sturzbewehrung mit Kompaktverbund für Grenadierschicht
   f) wie e, jedoch mit Abfangkonsole für Längen > 3,01 m
   g) Abrisssichere Bewehrung der Überdeckung mit Flachschichten

Scheitrechte Bögen werden nach wie vor als tragendes und gestalterisches Element im Verblendermauerwerk bevorzugt. Ihre Spannweite ist auf 1,30 bis 1,50 m begrenzt. Darüber sind meist rückwärtige Verankerungen erforderlich.

Sichere Konstruktionen für größere Spannweiten erreicht man auch durch Anbetonieren des scheitrechten Bogens an den dazugehörigen Stahlbetonbalken. Eingemauerte Drahtanker ermöglichen den kraftschlüssigen Verbund. Bis zum Abklingen der Formänderungen durch das Schwinden des Betons sollte eine Stoßfuge des scheitrechten Bogens offen bleiben oder mit weichem Material (z. B. Hartschaum) verfüllt werden.

Innen angeordnete Dämmplatten mindern die Wärmeverluste durch den Betonbalken (**6.62** a). Der Bogenschub entfällt hier ebenso wie bei der folgenden Lösung, weil es sich aus statischer Sicht um kaschierte Stahlbetonbalken handelt.

Fertigteile aus Stahlbeton mit einer als scheitrechter Bogen ausgebildeten Ziegelvorsatzschale lassen sich mühelos mit Hilfe ihrer verankerten rostsicheren Stahlwinkel am vorbereiteten Auflagermauerwerk einhängen (**6.63**). Größere Stützweiten erfordern zusätzliche Aufhängeanker.

Der Bogenstich (1 bis 2 cm/m) verhindert den Anschein des Durchhängens bei geraden scheitrechten Bögen, das leicht geneigte Widerlager (1 bis 2 cm) ermöglicht die sichere Einspannung (Keilwirkung) des Bogens (**6.59** a). Die Öffnungsbreite soll eine ungerade Schichtzahl mit mittig liegendem Schlussstein zulassen. Andernfalls, besonders bei kurzen Spannweiten, ist ein Längenausgleich durch vor- oder zurückspringende Widerlager möglich.

Stahlwinkel zur Aufnahme von Bogen- und Flachschichten haben sich für größere Spannweiten nicht bewährt, weil es über den durchbiegenden Profilträgern häufig zu Abrissen in der Lagerfuge kommt, es sei denn, man verwendet rückseitig verankerte L-Profile (Typ Elmco nach Bild **6.62** d) oder aber rostgeschützte, tragfähige und der Schichthöhe angepasste I-Profile als Gestaltungselement der Fassade.

Auch Lösungen nach Bild **6.62** c haben sich nicht bewährt, weil die rostanfällige Bewehrung auf Dauer Abrisse in der Lagerfuge verursacht.

6.8 Überdeckung von Maueröffnungen

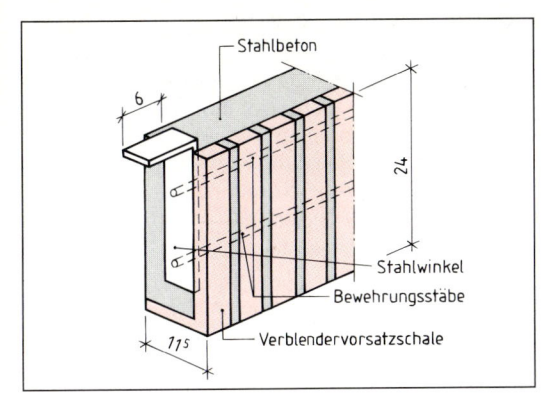

6.63 Einhängbare Fertigteilstürze für das Verblendmauerwerk

Bewehrte Stürze für Verblendmauerwerk, sowohl als Flachschichten wie auch scheitrechte Bögen sollten nach zugelassenen Systemen (z. B. Typ Elmco-Ripp) ausgeführt werden (6.62 e bis g), vor allem auch dann, wenn Erschütterungsgefährdung infolge regen Straßenverkehrs besteht. Bei Öffnungsweiten über 3,01 m sind zusätzliche Stützkonsolen erforderlich, mit deren Hilfe auch freie Sturzaufhängungen (z. B. im Bereich von Dehnungsfugen und bei Ecklösungen) möglich sind.

Balken. Waagerechte Überdeckungen aus Stahlprofilträgern, Stahl- oder Spannbeton sowie vorgefertigten, bewehrten Flachstürzen mit nachträglicher Übermauerung sind im Allgemeinen statisch nachzuweisen.

Stahlträger bilden häufig den tragenden Kern für Ortbetonbalken in U-förmigen Schalungssteinen (U-Schalen). Arbeitsersparnis, hohe Tragfähigkeit und dem Mauerwerk angepasste, materialgleiche Putzflächen gelten als wesentliche Vorteile dieser Konstruktion (6.64).

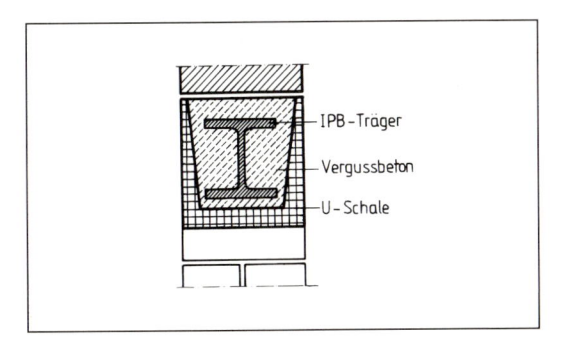

6.64 Einbetonierte Profilstahlträger in U-Steinen

Stahlträger bewähren sich auch zum Unterfangen nachträglich ausgebrochener Maueröffnungen, z. B. bei Umbaumaßnahmen. An hochbelasteten Auflagern sind häufig lastverteilende Stahlplatten vorzusehen, vor allem bei den I-Profilen mit schmalem Flansch. Putzträgerummantelungen (z. B. Ziegeldrahtgewebe) an den freiliegenden Trägerflächen dienen der sicheren, rissefreien Putzhaftung.

Parallel liegende Träger verbinden wir mit Bolzen in Stahlrohren, hochstegige Träger mit größerem Abstand erhalten oft angeschweißte I-Profil-Verbindungsstücke (6.65).

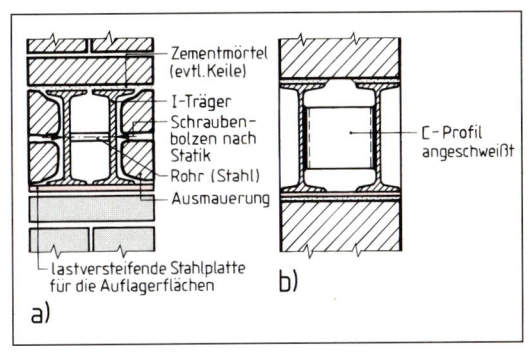

6.65 I-Träger eignen sich zum Unterfangen nachträglich ausgestemmter Maueröffnungen

a) bolzenverbundene I-Träger, b) [-Profile vorzugsweise für hohe Träger

Stahlbetonbalken werden in Ortbeton oder als Fertigteile ausgeführt. Im Hintermauerwerk wirken sie als Wärmebrücken. Je nach Wandart erhalten sie Dämmschichten auf der Innen- oder Außenfläche (6.62). Stahlbetonbalken in Sichtbeton mit architektonisch ansprechender Gestaltung passen auch zum Ziegel- bzw. KS-Verblendmauerwerk.

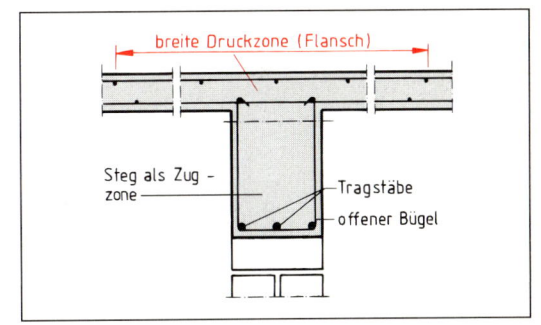

6.66 Beim Stahlbeton-Plattenbalken zählt ein Teil der Deckenbreite zur Balken-Druckzone

Plattenbalken erhöhen ihre Tragfähigkeit gegenüber Rechteckbalken erheblich, weil sie die mitwirkenden Deckenplatten als Biegedruckzone des Balkens ausnutzen (6.66). Ebenso wie Stahlprofilträger lassen sich Stahlbetonbalken in U-Schalen herstellen, die für die meisten Hintermauersteine in der gewünschten Wanddicke lieferbar sind. Sie sparen den größten Teil der aufwendigen Einschalarbeit und gleichen in Saugfähigkeit, Putzhaftung und Verformungsverhalten den verwendeten Hintermauersteinen (**6.67**).

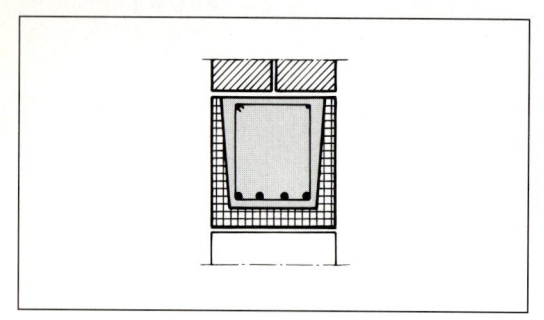

6.67 Stahlbetonbalken in U-Steinen

Flachstürze, überwiegend 7,1, aber auch 5,2 und 11,5 cm dick, bestehen aus Stahlbeton (z. T. auch Spannbeton) mit Mantelflächen aus U-förmigen Ziegel- oder KS-Schalen oder aus Leichtbeton. Sie bilden die Zugzone eines Balkens, dessen Druckzone durch Mauerwerk (Steine der Festigkeitsklasse ≥ 12, Mörtel der Gruppe ≥ II) gebildet wird oder durch Beton (Ringbalken und/oder Decke). Erst im Zusammenwirken erreichen sie die zugelassene Tragfähigkeit. Bis zum Erhärten des Mauermörtels sind deshalb ab 1,65 m Öffnungsbreite Montagestützen vorzusehen, um größere Durchbiegungen oder gar Risse zu verhindern. Flachstürze lassen sich bis zu 3 m Stützweite und mit ≤ 49 cm wirksamer Übermauerung ausführen (**6.68**). Die Breiten von 11,5 und 17,5 cm erlauben die universelle Verwendung der Flachstürze für alle Mauerwerksdicken. Hochkant verlegte Sturzbretter lassen sich auch als Rollladenblende verwenden.

Flachstürze sind besonders vorteilhaft. Als Fertigteil mit vergleichsweise geringer Eigenlast lassen sie sich mühelos und ohne zusätzliches Hebegerät vom Handwerker einbauen. Im Gegensatz zum Ortbetonbalken entfallen zeitaufwendige Unterbrechungen für Schalungs-, Bewehrungs- und Betonierarbeiten. Ähnlich rationell sind passende Flachstürze für Verblendungen.

Bogenmauerwerk zur Überdeckung von Öffnungen setzt an seinen Auflagern senkrechte Druck- und waagerechte Schubkräfte ab. Wand- und Deckenlasten erzeugen Druckspannung im Bogenmauerwerk. Scheitrechte Bögen erhalten ab 1,50 m Spannweite zusätzliche Auflagerungen bzw. Aufhängeverankerungen. Bewehrungen nach Zulassung für Stürze aus Verblendmauerwerk sind funktionssicher und vielseitig anwendbar.

Biegefeste Balken bestehen aus Stahl, Stahl- und Spannbeton. Bewehrte Flachstürze bilden die Zugzone biegefester Bauteile, ihre Übermauerung (bzw. der Aufbeton) die Druckzone. Balken sind zug-, druck- und schubbeanspruchte Bauteile, die an den Auflagern senkrechte Druckkräfte absetzen.

Balken- und Trägerauflager aus Mauerwerk. Größere Auflagerlasten aus Stützen oder weitgespannten Trägern überschreiten oft die zulässigen Mauerwerksspannungen, vor allem bei leichten Hintermauersteinen. Durch Verstärkungen aus Mauerwerk mit größerer Festigkeit oder aus Beton und Stahlbetonschichten lassen sich die Auflagerlasten auf größere und damit weniger beanspruchte Mauerflächen verteilen. Dabei darf ein Lastausbreitungswinkel von 60° angenommen werden (**6.69, 6.70**).

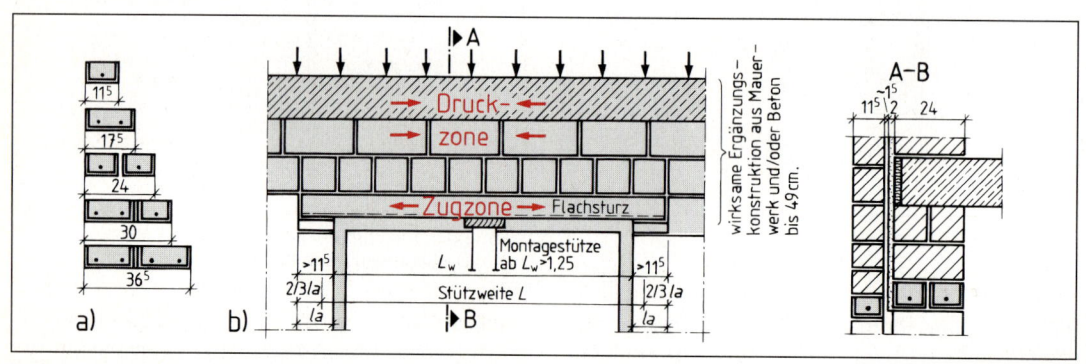

6.68 a) Bewehrte Flachstürze passen zu den üblichen Mauerdicken, b) Mauerwerk und/oder Beton sind als Druckzone unerlässliche Bestandteile der Überdeckung mit Flachstürzen

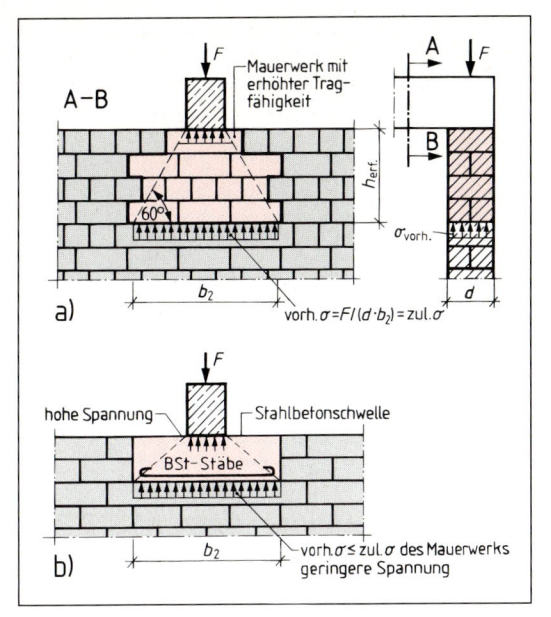

6.69 Lastverteilung durch Mauerwerksverstärkungen unter Auflagerlasten
a) mit Mauerwerk höherer Tragfähigkeit,
b) mit lastverteilender Stahlbetonschwelle

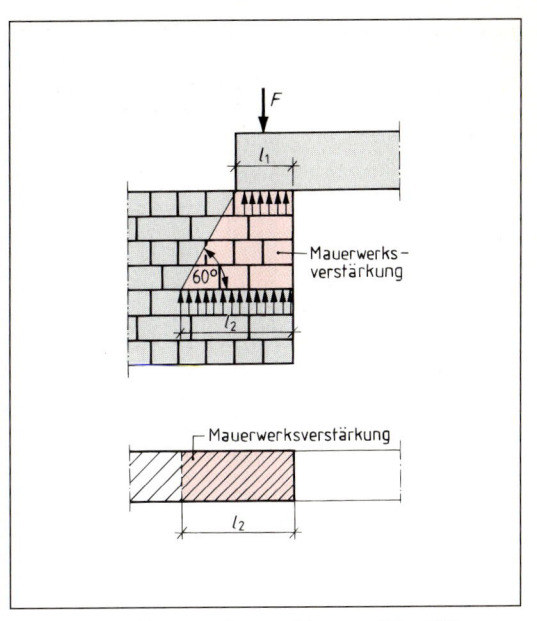

6.70 Häufige Mauerwerksverstärkung an Wandöffnungen und ihre Darstellung im Grundriss

6.9 Schornsteine

6.9.1 Zweck, Wirkungsweise und Begriffe

Hausschornsteine führen Verbrennungsgase (Abgase) von Feuerstätten über das Dach an die Außenluft. Schornsteine für Feuerstätten mit festen und flüssigen Brennstoffen kennzeichnen wir in der Bezeichnung nach Bild **6.**71a, b wie *1* und *5*, Schornsteine für Gasfeuerstätten wie *2* und *6*.

> Feste und flüssige Brennstoffe erfordern Rauch-, gasförmige Brennstoffe Abgasschornsteine.

Lüftungsschächte gleichen den Schornsteinen. Sie führen verbrauchte Luft ab und frische zu. Wir kennzeichnen sie nach Bild **6.**71 wie *3* und *4*.

Der Schornsteinzug entsteht durch thermischen Auftrieb der heißen leichteren Verbrennungsgase und Nachströmen der kälteren Frischluft. Hohe Temperatur- und Dichteunterschiede zwischen Rauchgas und Außenluft bewirken und fördern den Schornsteinzug (**6.**72).

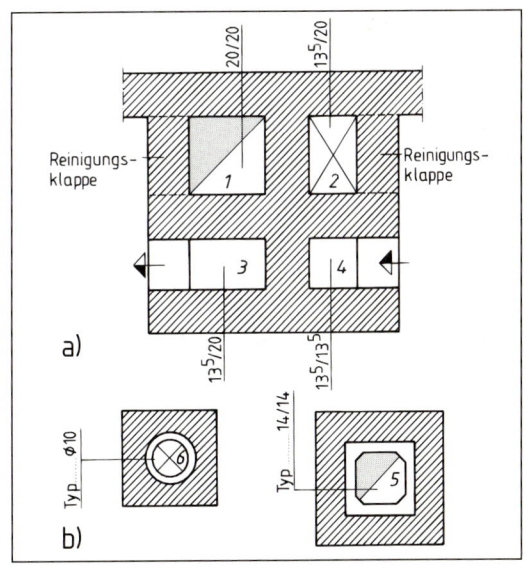

6.71 Darstellung von Schornsteinen, Schächten und Reinigungsöffnungen im Grundriss
a) für gemauerte Rohre,
b) für dreischalige Schornsteine
1 und *5* für Feuerstätten mit festen oder flüssigen Brennstoffen
2 und *6* für Gasfeuerstätten
3 Belüftungsschacht
4 Entlüftungsschacht

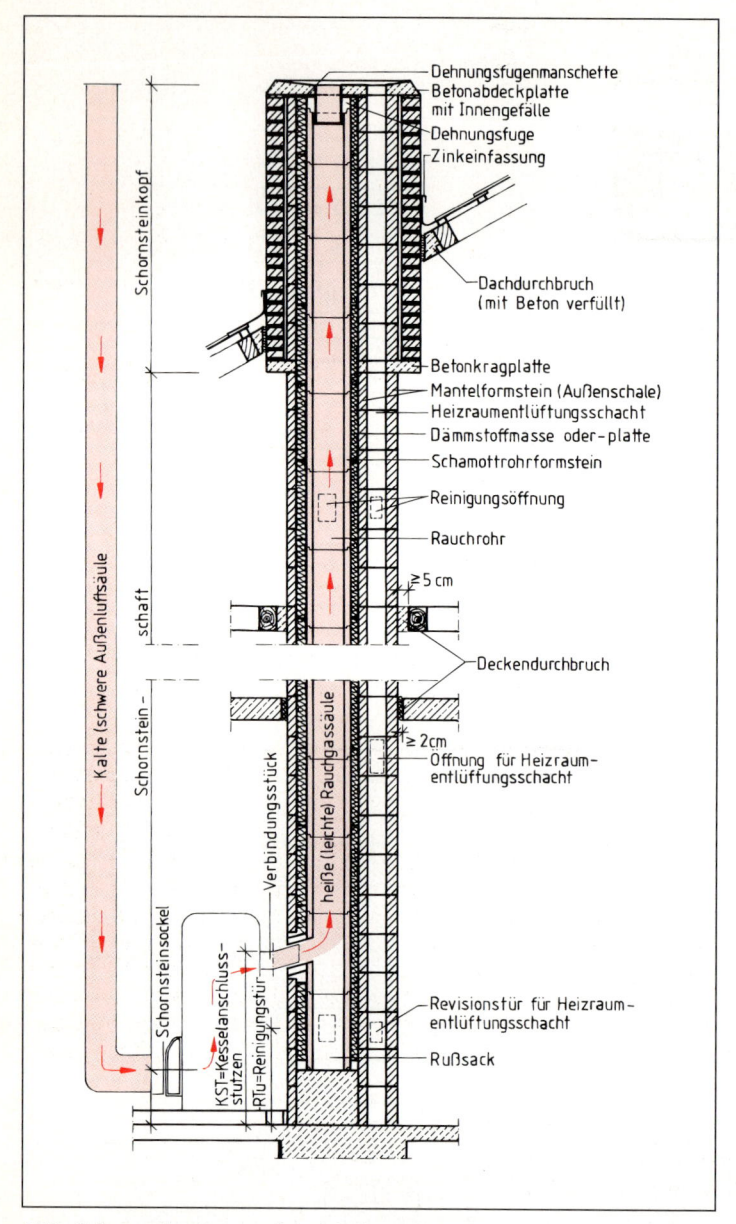

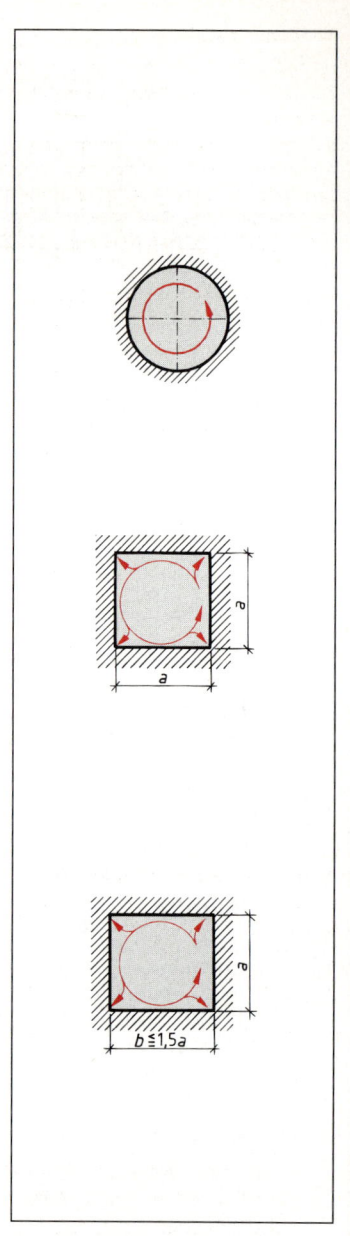

6.72 Schornsteinteile am Beispiel des Längsschnitts eines dreischaligen Schornsteins mit Heizraum-Entlüftungsschacht

6.73 Zulässige Querschnittsform für Schornsteine

Begriffe nach DIN 18160 Hausschornsteine – Anforderungen, Planung und Ausführung:

Eigener Schornstein = Anschluss für nur eine Feuerstelle (z. B. offener Kamin).

Gemeinsamer Schornstein = Anschluss mehrerer Feuerstellen.

Einfach belegter Schornstein = Anschluss einer Feuerstätte bzw. Feuerstätteneinheit mit 1 Verbindungsstück.

Mehrfach belegter Schornstein = Anschluss mehrerer Verbindungsstücke.

Gemischt belegter Schornstein = führt Rauch und Abgas nach draußen.

Schornsteinteile (6.72)

Wange: äußere Schornsteinwandung
Zunge: Trennwand zwischen Schornsteinrohren bzw. Luftschächten
Schornsteingruppe: zu einem Bauteil zusammengefasste Schornsteinrohre und Lüftungsschächte
Verbindungsstücke: sie führen die Verbrennungsgase von der Feuerstelle ins Schornsteinrohr
Schornsteinsockel: unteres Teilstück des Schornsteins, darf im Material abweichen
Schornsteinschaft: wesentlicher Schornsteinteil zwischen Fundament (bzw. Sockel) und Schornsteinkopf
Einschaliger Schornstein: Wange besteht aus einer Wandschale und einheitlichem Material
Schornsteinkopf: der übers Dach geführte Schornsteinteil
Mehrschaliger Schornstein: Wangen bestehen aus 2 oder 3 verschiedenen stoff- und funktionsgetrennten Schichten.

Beanspruchung. Die Entwicklung der Heiztechnik vom offenen Feuer zur modernen Zentralheizungsanlage, aber auch der Zwang zur Energieeinsparung und Umweltentlastung haben die Anforderungen an Hausschornsteine gesteigert. Funktionsfähige und dauerhaft schadensfreie Schornsteine müssen deshalb vor allem der zu erwartenden Heizleistung und Rauchgastemperatur gemäß konstruiert und bemessen werden. Häufiger Temperaturwechsel im Schornstein durch den Intervallbetrieb moderner Heizanlagen (An- und Abschalten der Brenner), die geänderten Heizgewohnheiten (z. B. Temperaturabsenkung bei Nacht), besonders aber die sofort einsetzende volle Heizleistung und ihr plötzliches Abschalten führen zu ständigen Materialbelastungen durch Erhitzen und Abkühlen. Die niedrigen Rauchgastemperaturen moderner Heizanlagen (200 °C, 180 °C bei Abgas) kühlen im Rauchrohr während des Aufstiegs weiter ab (um etwa 0,5 °C/stgd.m). Die Folgen:

Stark abgekühlte Rauchgase

– verlieren deutlich an Auftrieb, gefährden den notwendigen Schornsteinzug und führen im Extremfall zum Rückstau.
– erreichen früh ihre Taupunkttemperatur und kondensieren. Tauwasser und Teerstoffe versotten bald die Schornsteinwangen (gelbe, schwer entfernbare Verfleckungen).
– Tauwasser und Schwefeldioxyd-Rückstände bilden stein- und mörtelzersetzende schweflige Säure und Schwefelsäure.
– Tauwasser steigert die Frostgefährdung des Schornsteinkopfes.

> Bei diffusionstechnisch falsch gebauten mehrschaligen Schornsteinen (innen porig und weniger dicht als außen) sind im Bereich ungeheizter Räume Tauwasseransammlungen in der Wange zu erwarten.

Rußbrände führen zu unkontrollierten Temperaturbelastungen bis 1000 °C.

6.9.2 Planungs- und Konstruktionsregeln zum Schornsteinzug

Der einwandfreie, funktionsgerechte Schornsteinzug erfordert das Beachten von Grundregeln, die den Temperaturabfall und die Strömungswiderstände der Verbrennungsgase vermeiden helfen.

Der Schornsteinquerschnitt soll über die ganze Höhe gleich bleiben. Den spiralenförmigen Aufwärtsbewegungen der Verbrennungsgase passt sich der quadratische, besonders der runde Rohrquerschnitt am besten an. Er hat bei vergleichbarer Querschnittsgröße auch die kleinste Mantelfläche. Rechteckige Querschnitte mit Seitenverhältnissen 1 : > 1,5 sind deshalb nicht gestattet. In ihren Ecken

Tabelle 6.74 Wärmedurchlasswiderstand, -widerstandsgruppe und Ausführungsart

Wärmedurchlasswiderstand in m² K/W	Wärmedurchlasswiderstands-Gruppe	Ausführungsart nach DIN 4705-2	Ausführungsbeispiele
mindestens 0,65	I	I	dreischalige Schornsteine nach DIN 18147 mit Dämmschicht und beweglichem Innenrohr
0,22 bis 0,64	II	II	gemauerte Schornsteine, Wangendicke ≥ 24 cm aus Mz-Steinen mit Rohdichte $\varrho \leq 1,4$ (außer HLz-B- und LLz-Steinen)
0,12 bis 0,21	III	III	wie II, jedoch Wangendicke 11,5 cm und Ziegelrohdichte 1,6 oder KS-Steine ($\varrho \leq 1,6$) oder Hüttensteine ($\varrho \leq 2,0$)

entstehen rückläufige strömungshemmende Wirbel (Turbulenzen, **6.**73). Die ausgerundeten Ecken der Fertigteilrohre gleichen diesen Nachteil aus (**6.**82, **6.**83 b und c).

Wärmeschutz. DIN 18160 gliedert die Hausschornsteine in 3 Wärmedurchlasswiderstands- Gruppen, die mit den 3 Ausführungsarten nach DIN 4705 übereinstimmen. Tabelle **6.**74 zeigt, dass gemauerte einschalige Schornsteine die Anforderungen an Gruppe I bzw. Ausführungsart I nicht erreichen. Sie werden daher kaum noch ausgeführt. Mehrschalige Schornsteine mit Kerndämmung sind meist unter „I" eingestuft. Sie bieten den besten Schutz gegen Wärmeverluste und die unerwünschte Abkühlung der Verbrennungsgase.

Lage im Gebäude. Gut durchdachte Grundrisse ermöglichen die Rohrmündung des Schornsteins im First oder in Firstnähe. Bei größerer Entfernung von der Firstlinie ergeben sich hohe (teure!) Schornsteinköpfe und große zughemmende Abkühlungsflächen. Vergleichbare Kaltflächen haben auch die Schornsteine an Giebelmauern, vor allem die nach außen Vorstehenden. Aufwendigere Dämmschichten sind dann unerlässlich. In Gruppen zusammengefasste Schornsteine haben geringere Abkühlungsflächen als getrennt stehende. Auch ihre Herstellung und Wartung ist sehr viel preiswerter, weil nur ein Schornsteinkopf und eine Dachdurchführung gebraucht werden.

Wind. Dem Windstrom ausgesetzte Schornsteinmündungen begünstigen den Schornsteinzug (**6.**75). Deshalb und auch aus Sicherheitsgründen sind die im Bild **6.**76 dargestellten Grenzmaße zu

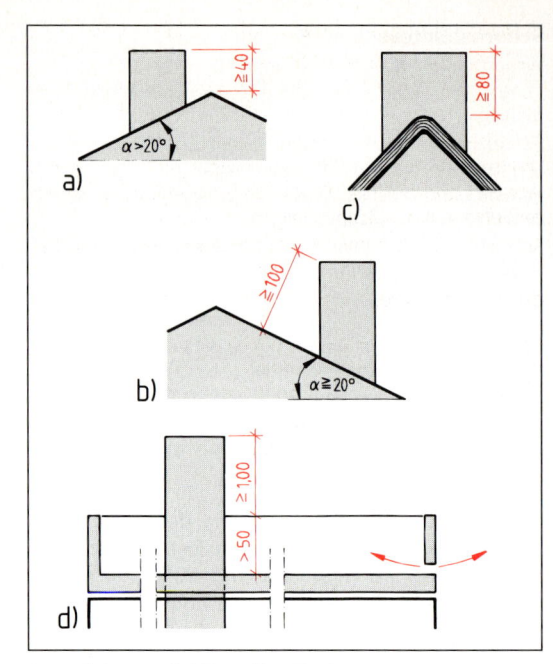

6.76 Schornsteinhöhen über Dach
a) und b) bei harter Bedachung
c) bei weicher Bedachung
d) beim Flachdach

beachten. Breite, überstehende Schornsteinabdeckungen hemmen den zugfördernden Windstrom ebenso wie hohe Nachbargebäude.

Führung. Senkrecht geführte Schornsteine ziehen besser als schräge (gezogene). Das Ziehen von

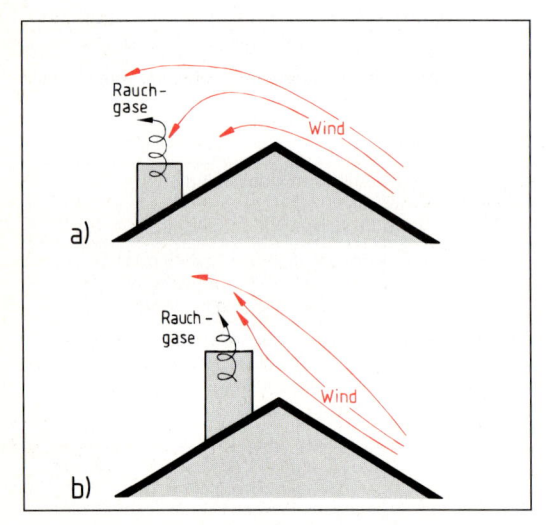

6.75 Windeinwirkung auf den Schornsteinzug
a) ungünstig, b) günstig

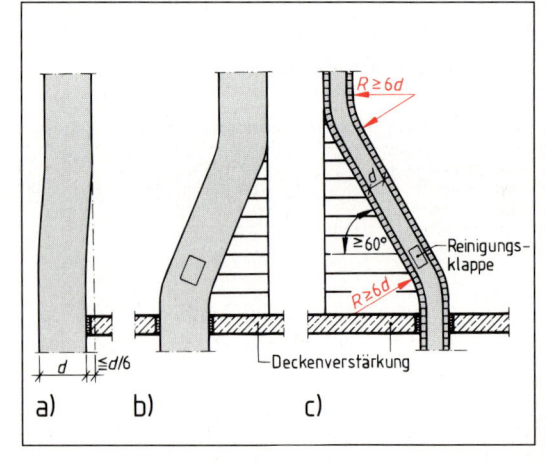

6.77 Gezogene Schornsteine
a) ohne Unterstützung
b) mit Stützmauerwerk
c) mit Stützmauerwerk und ausgerundeten Ecken

Schornsteinen ist nur einmal und bis zu 60° Neigung erlaubt. Meist verlegt man mit dieser Maßnahme die Mündung ungünstig liegender Schornsteine in den günstigeren Firstbereich (**6**.77). Bei Stroh- und Reetdächern treten Schornsteine stets über dem First nach draußen. Ausgerundete Abknickungen ($r \geq$ 6facher Rohrdurchmesser) hemmen den Zug weniger als eckige und verschleißen nicht so schnell beim Schornsteinfegen. Schornsteine aus Fertigteilen bieten dafür besondere Formstücke.

Höhe. Mit Zunahme der wirksamen Schornsteinhöhe steigt der Druck aus der vergleichbaren Außenluftsäule (**6**.72) und damit der Auftrieb der Verbrennungsgase. Die wirksame Schornsteinhöhe beträgt daher bei einfach belegten Rauchschornsteinen und bei ein- oder mehrfach belegten Abgasschornsteinen $\geq$ 4,00 m, in anderen Fällen $\geq$ 5,00 m.

Querschnittsgröße. Zu große Querschnitte mindern die Strömung der Verbrennungsgase, zu kleine fördern nicht genug nach draußen. Mindestquerschnitte: 13,5/13,5 bei gemauerten, 10/10 bzw. 100 cm² bei Fertigteilschornsteinen

Innenflächen. Raue Schornsteininnenflächen mindern den Zug, glatte fördern ihn. Die Rauigkeit ist deshalb ein wichtiges Unterscheidungsmerkmal der Ausführungsart nach DIN 4705-2.

Dichtigkeit. Durch undichte Wangen tritt kühlere und daher zugmindernde Falschluft in den Schornstein. Bei Rückstaugefahr (z. B. beim Anfahren der kalten Heizanlage) treten Verbrennungsgase ins Gebäudeinnere.

> **Einflüsse auf den Schornsteinzug**
> Form und Größe des Rohrquerschnitts, Wärmedämmfähigkeit der Wangen, Lage in Grundriss und Gebäude, Lage der Schornsteinmündung zum Windstrom, Führung (senkrecht/schräg), Innenflächen (glatt, rau), Dichtigkeit (Falschluft), Schafthöhe.

6.9.3 Konstruktionsregeln zur Stand- und Feuersicherheit, Schadensfreiheit

Das Material (Mauerwerk, Leichtbeton, Schamotte) muss der Baustoffklasse A1 (DIN 4102 Brandverhalten von Baustoffen und Bauteilen) entsprechen und bei äußerem Feuerangriff $\geq$ 90 min lang standsicher bleiben. Der Schornstein erhält wie die Keller- und Grundmauern ein Fundament (**6**.72). Bis 10 m Höhe darf er mit den anstoßenden Wänden im Verband gemauert werden. Darüber hinaus und bei Verwendung verschiedener Materialien ist er ohne Verbindung zum Mauerwerk hochzuführen.

Statische Belastungen oder Unterbrechungen durch Decken und Balken sind unzulässig, ebenso Schwächungen durch Schlitze oder Anker. Wangen dürfen in Verbindung mit $\geq$ 24 cm dicken Wänden belastet werden, wenn ringsum eine $\geq$ 11,5 cm dicke Wangeninnenschale im Bereich der Deckendurchführung verbleibt. Trennstreifen in der Deckendurchführung aus $\geq$ 2 cm Mineralwolle (bei Hochhäusern $\geq$ 3 cm) ermöglichen spannungsfreies Dehnen des Schafts, dämmen die Wärmebrücke am Betonrand und mindern Geräuschbelästigungen aus dem Heizbetrieb (**6**.78). Im Bereich der Dachdurchführung ist der Grenzraum zwischen Sparren und Wechsel (etwa 10 cm) mit Beton auszufüllen. Gleiches gilt für das Hindurchführen durch Holzbalkendecken (**6**.72). Dabei bleibt der mineralische Trennstreifen unentbehrlich. Bei dreischaligen Schornsteinen mit Dämmschicht und beweglichem Innenrohr erscheint das Ausnutzen $\geq$ 11,5 cm dicker Wangen als Massivdeckenauflage unbedenklich.

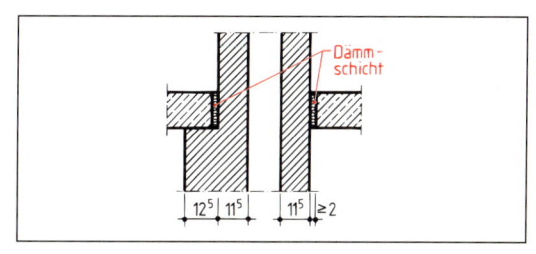

6.78 Trennfugen zwischen Schornsteinen und Massivdecken, links bei belasteter, rechts bei unbelasteter Schornsteinwange

> Schornsteinaußenflächen müssen von verkleideten Holzbalken $\geq$ 5 cm, von unverkleideten $\geq$ 2 cm entfernt sein.

Reinigungsklappen aus besonderen Betonformteilen sind jedem Schornsteinrohr zuzuordnen, im Sockelbereich des Schornsteins etwa 50 cm über OK des jeweiligen Fußbodens (Eimerhöhe). Im Ausführungsplan stellen wir sie wie in Bild **6**.71a dar. Ein „Rußsack" erleichtert die Rußentnahme (**6**.72). Reinigungsklappen sind auch oberhalb gezogener Schaftteile und (wenn nicht vom Dach aus gereinigt wird) im Spitzboden einzubauen, jedoch möglichst nicht in Wohn- und Schlafräumen sowie Räumen mit erhöhter Brandgefahr (z. B. Heizraum).

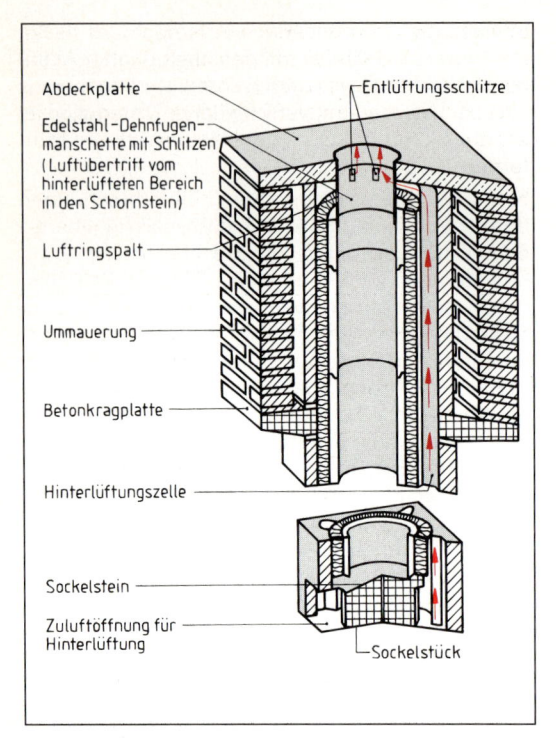

Standfestigkeit. Im Dachraum sind frei stehende Schaftteile ≥ 5,00 m Höhe auszusteifen, andernfalls sind 1-Stein dicke Wandungen zu wählen. 24 cm dicke Wangen erhalten meist auch Schornsteine mit Querschnitten ≥ 400 cm^2 und ≥ 46 kW Nennleistung.

Hohe Schornsteinköpfe sind infolge von Windangriff kippgefährdet. Über mögliche Verankerungen am Dach entscheidet der Statiker.

Schornsteinköpfe aus leichten Fertigteilen und Verkleidungen können bei stürmischem Wind vom Dach wehen. Sie müssen daher durch stegverschweißte Stahlwinkelmanschetten gehalten werden (**6.**81c). Ausführungsanweisungen der Herstellerfirmen regeln Details, vor allem die Einbindelänge der Manschetten in das Dachinnere.

Der Schornsteinkopf ist durch Witterung extrem belastet. Erforderlich ist daher frostbeständiges, vollfugiges und schlagregensicheres Mauerwerk. Mehrschalige Schornsteine erhalten ≥ 11,5 cm dicke Wangen, einschalige ≥ 17,5 cm, besser 24 cm dicke. Als Auflager dienen allseitig auskragende, vorgefertigte Betonplatten (**6.**72 und **6.**79). Sehr wirksam sind auch Schornsteinkopf-Ummauerun-

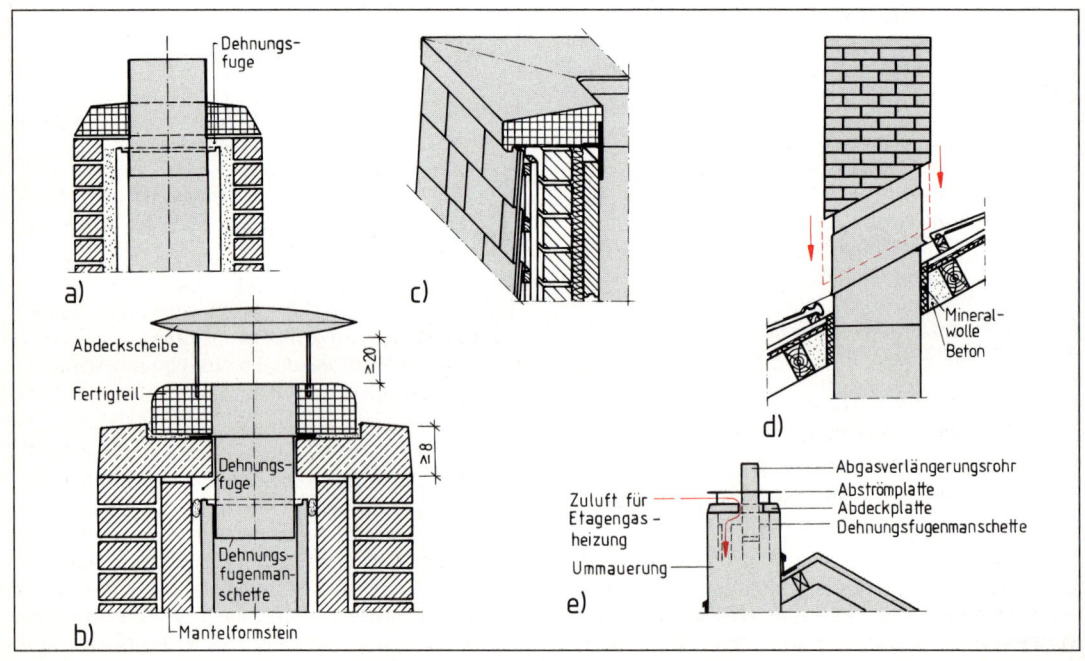

6.79 Dreischaliger Schornstein mit Hinterlüftung (Sockel und Kopf)

6.80 Schornsteinkopf a) mit überstehendem, strömungsförderndem Innenrohr, b) mit Abdeckscheibe, c) mit schützender Außenbekleidung, d) mit Fertigteilstülphaube, e) Schornsteinmündung eines Luftabgasschornsteins

gen mit Luftschicht, regensichere Verkleidungen sowie vorgefertigte Schornsteinkopf-Hauben (**6.79**, **6.80** c und d). Sperrschichten im gemauerten Schornsteinkopf unterbinden den kapillaren Wassertransport ins Gebäudeinnere. Betonabdeckungen sind ≥ 8 cm dick. Abdeckscheiben aus rostfreiem Blech schützen vor Regen und unerwünschtem Windeinfall. Sie sitzen ≥ 20 cm über dem Schornsteinkopf (**6.80** a bis c). Zinkeinfassung und Bleischürze stellen den regensicheren Anschluss zur Dachhaut her (**6.72**). Beim Flachdach reichen sie ≥ 5 cm über OK Dachrand. Mehrschalige Rohre erhalten zwischen OK Innenschale und UK Betonabdeckung eine 2 bis 3 cm hohe Dehnungsfuge, um die unbehinderte Wärmedehnung der Innenschale (etwa 1 mm/stgd.m) zu ermöglichen (**6.79**,

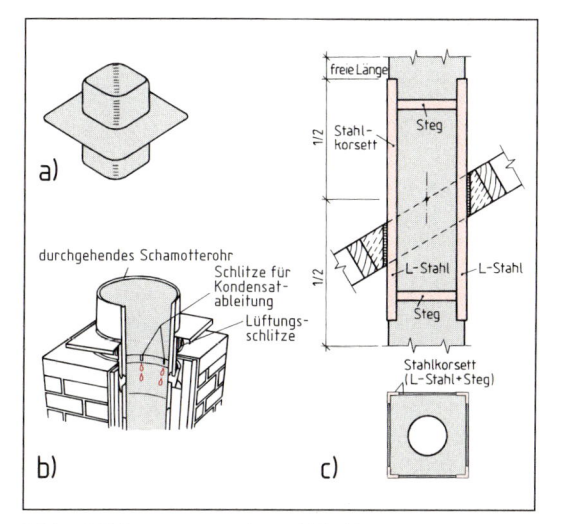

6.81 a) Dehnungsmanschette (-blech),
b) das durchgehende Schamotteinnenrohr ersetzt die korrosionsgefährdete Dehnungsfugenmanschette
c) Stählerne Schornsteinkopfmanschette zur Sicherung gegen Windbelastung nach DIN 18160

6.80). Eine Dehnungsfugenmanschette aus Edelstahl deckt die Fuge regensicher ab (**6.81** a). Die starke Kondensatbelastung der Edelstahlmanschette schließt Korrosionsgefährdung nicht aus. Eine sinnvolle Alternative ist daher die durchgehende keramische Rohrsäule (**6.81** b).

Vorteile: keine Stahlteile mehr im Abgasstrom, Trennung von Abgasstrom und Hinterlüftung.

Ein- und mehrschalige Schornsteine aus Form- und Fertigteilen haben die gemauerten Schornsteine fast völlig vom Markt verdrängt. Geringerer Arbeitsaufwand, glatte Innenflächen, wenig Innenfugen, weniger Reibungswiderstand und besserer Wärmeschutz sind die wesentlichen Vorteile.

Einschalige Schornsteine nach DIN 18150 bestehen aus Leichtbeton-Formstücken. Vollwandige Formstücke verwenden wir für Querschnitte bis 400 cm², hohlwandige für größere Querschnitte. Die ein- oder mehrrohrigen Teile werden mit Mörtelfugen übereinander gesetzt. Besondere Formstücke mit werkseitig vorgesehenen Reinigungs- und Anschlussöffnungen ersparen unnötige Fräsarbeiten (**6.82**).

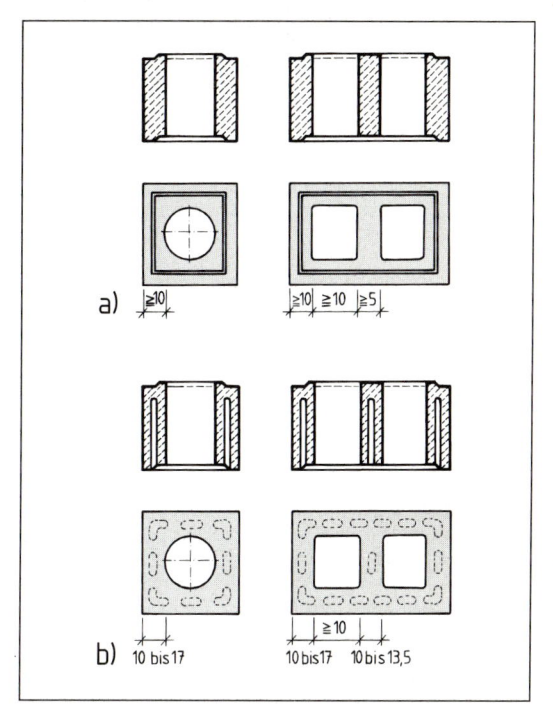

6.82 Einschalige Schornsteinformstücke mit Falz
a) vollwandig, b) hohlwandig

Dreischalige Schornsteine nach DIN 18147 mit (Kern-) Dämmschicht und beweglichem Innenrohr vereinigen die meisten Vorteile moderner Schornsteintechnik. Ihre Außenschale kann aus Leichtbeton-Formstücken oder 11,5 cm dicker Ummauerung bestehen (zweckmäßig bei Schornsteingruppen). Leichtbeton-Formstücke für Innenschalen widerstehen 500 °C heißen Rauchgastemperaturen und Rußbränden. In der Praxis überwiegen die feuerfesten Innenschalen aus Schamotte-Formstücken (**6.83**).

Hinterlüftete dreischalige Schornsteine eignen sich besonders für niedrige Abgastemperaturen. Die integrierten Luftröhren führen anfallende Kondensatfeuchte nach draußen (**6.79**, **6.83** a). Als Luft-Abgasschornsteine erhalten sie ein gesondertes Zuluftrohr und können zugleich dezentrale Heizanlagen (z. B. Gasetagenheizungen) geschossweise

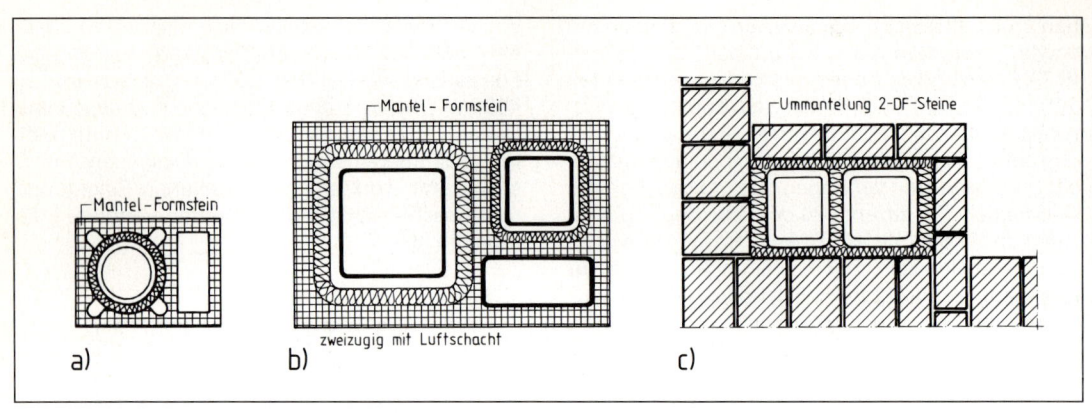

6.83 Dreischalige Schornsteine im Querschnitt
a) Rundes Abgasrohr, Entlüftungsrohr und Hinterlüftungszellen im Mantelstein,
b) Quadratische Abgasrohre mit ausgerundeten Ecken, Entlüftungsrohr im Mantelstein,
c) Ummauerte Abgasrohre mit ausgerundeten Ecken

mit der notwendigen Frischluft versorgen (**6.**80 e). Spezielle Anschlussstücke mit Zuluft und Abgasrohrfutter gewährleisten dafür die Funktionssicherheit.

Die Dämmschicht besteht aus werkseitig hergestellten Dämmplatten (auch Formteilen) oder vorgemischten Dämmmassen.

Dämmplatten (ebene oder gerundete) gibt es aus silikatischen Faserstoffen oder hydraulisch gebundenem expandierten Perlit bzw. Vermiculit (mineralisches Leichtkorn). Sie dürfen bei Durchfeuchtung nicht aufquellen.

Dämmmassen sind werkmäßig vorgemischte Leicht-Trockenmörtel mit mineralischen körnigen Dämmstoffen (Perlit. Vermiculit) oder Mineralfasergranulat und hydraulischen Bindemitteln. Sie werden auf der Baustelle mit Wasser angemischt und (hohlraumfrei) zwischen Schornsteininnen- und -außenschale eingefüllt. Die Dämmmassen bilden bei Rissen an der Innenschale eine zusätzliche rauchdichte Mantelschicht, die Dämmplatten nicht.

Der Funktionssicherheit und Schadensfreiheit von Schornsteinanlagen dienen Reinigungsklappen, Trennschichten an Decken- und Dachdurchführungen (massive an Holzbalkendecken, weiche an Massivdecken), Betonabdeckung, Sperrschichten, Verkleidungen, Abdeckhauben und ggf. Dehnungsfugen- sowie Winkelstahlmanschetten am Schornsteinkopf.

Die 3 Ausführungsarten (DIN 4705) und die 3 Wärmedurchlasswiderstandsgruppen (DIN 18160) stellen unterschiedliche Anforderungen an Hausschornsteine. Dreischalige Schornsteine mit Dämmschicht und beweglichem Innenrohr erfüllen die höchsten Ansprüche.

6.10 Natursteinmauerwerk

Jahrhunderte haben alte Tempel, Burgen, Brücken, Schlösser und Stadtmauern aus Natursteinmauerwerk schadlos überstanden. Sie beweisen die hohe Tragfähigkeit (Festigkeit), Witterungsbeständigkeit und mechanische Widerstandsfähigkeit des Natursteinmaterials, aber auch die technische Intelligenz ihrer Erbauer. In jüngster Zeit bedrohen Schadstoffemissionen (saurer Regen) den Bestand vieler Baudenkmäler aus Kalk- oder kalkhaltigem Sandstein.

Der Zwang zur Rationalisierung und Kostensenkung hat den Einsatz der Natursteine auf dekorative Bauelemente (Verblendungen, Fassadenbekleidungen, Einfriedungen) und auf das Sanieren und Restaurieren alter Gebäude beschränkt. Fachbetriebe halten noch eine Vielzahl von Natursteinarten vorrätig (**6.**84).

Die Güteklassen N1 bis N4 gliedern das Natursteinmauerwerk nach Ausführungsart, h/l-Verhältnis (**6.**85, **6.**86), $\tan \alpha$ der Lagerfugenneigung und Übertragungsfaktor η. Der Übertragungsfaktor beschreibt das Verhältnis der Überlappungsflächen der Steine zum Wandquerschnitt im Grundriss (**6.**86).

Die zulässigen Druckspannungen σ_0 enthält Tab. **6.**87. Für Schlankheiten $h_k/d > 10$ sind sie mit dem Faktor $\dfrac{25 - h_k/d}{15}$ zu mindern.

6.10 Natursteinmauerwerk

Tabelle **6**.84   Mindestdruckfestigkeiten der Gesteinsarten

Gesteinsarten	Mindestdruckfestigkeit in MN/m^2
Kalksteine, Travertin, vulkanische Tuffsteine	20
Weiche Sandsteine (mit tonigem Bindemittel) und dgl.	30
Dichte (fest) Kalksteine und Dolomite (einschl. Marmor), Basaltlava und dgl.	50
Quarzitische Sandsteine (mit kieseligem Bindemittel), Grauwacke und dgl.	80
Granit, Syenit, Diorit, Quarzporphyr, Melaphyr, Diabas und dgl.	120

Tabelle **6**.85   Anhaltswerte zur Güteeinstufung von Natursteinmauerwerk

Güteklasse	Grundeinstufung	Fugenhöhe/ Steinlänge h/l	Neigung der Lagerfuge $\tan \alpha$	Übertragungsfaktor η
N 1	Bruchsteinmauerwerk	≤ 0,25	≤ 0,30	≥ 0,5
N 2	hammerrechtes Schichtenmauerwerk	≤ 0,20	≤ 0,15	≥ 0,65
N 3	Schichtenmauerwerk	≤ 0,13	≤ 0,10	≥ 0,75
N 4	Quadermauerwerk	≤ 0,07	≤ 0,05	≥ 0,85

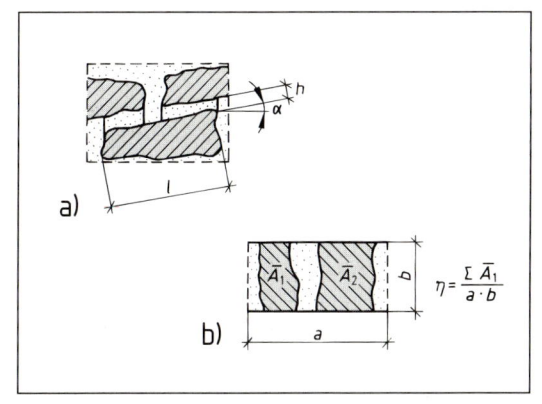

6.86   Darstellung der Anhaltswerte nach Tab. **6**.85

Tabelle **6**.87   Zulässige Druckspannungen σ_0 für Natursteinmauerwerk in MN/m^2

Güteklasse	Steinfestigkeit β_{St}	Mörtelgruppe			
		I	II	IIa	III
N 1	≥ 20 ≥ 50	0,2 0,3	0,5 0,6	0,8 0,9	1,2 1,4
N 2	≥ 20 ≥ 50	0,4 0,6	0,9 1,1	1,4 1,6	1,8 2,0
N 3	≥ 20 ≥ 50 ≥ 100	0,5 0,7 1,0	1,5 2,0 2,5	2,0 2,5 3,0	2,5 3,5 4,0
N 4	≥ 20 ≥ 50 ≥ 100	1,2 2,0 3,0	2,0 3,5 4,5	2,5 4,0 5,5	3,0 5,0 7,0

$$\eta = \frac{\Sigma \bar{A}_1}{a \cdot b}$$

Ausführungsregeln für Natursteinmauerwerk

– Nach 2 Läufern folgt mindestens 1 Binder, oder es wechseln Läufer- und Binderschichten
– Steinlänge in der Ansicht ≥ Steinhöhe ≤ 5fache Steinhöhe, Läuferbreite ≤ Läuferhöhe,
– Fugenüberdeckung in der Ansicht ≥ 10 cm, bei Quadermauerwerk ≥ 15 cm,
– Schichtgesteine (lagerhafte Steine) nicht „auf Spalt" stellen (**6**.88),
– Höhe eines dicken Steins mit nicht mehr als 2 dünnen Steinen ausgleichen,
– Mörtel: Weiche Steine (Kalk, Sandstein) mit Kalkzementmörtel, harte, dichte Steine (Granit) mit Zementmörtel vermauern,
– Bindertiefe ≅ 1,5fache Schichthöhe ≥ 30 cm,
– Läufertiefe ≅ Schichthöhe,
– an Vor- und Rückseite nirgends mehr als 3 zusammenstoßende Fugen.

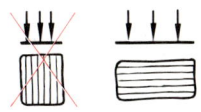

6.88   Vermauern geschichteter Steine

Mauerwerksarten

Bruchsteinmauerwerk wird aus bruchrauen (ohne weiteres Zurichten) Steinen hergestellt. Nach höchstens 1,5 m Höhe ist eine durchgehende Lagerfuge vorzusehen (**6**.89).

Zyklopenmauerwerk erkennt man am polygonalen (vieleckigen) und unregelmäßigen Fugenverlauf. Die Tragfähigkeit ist wegen mangelnder Fugenüberdeckung, vor allem aber der Keilwirkung der meisten Steine wegen gering (**6**.90).

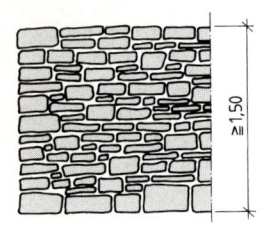

6.89 Bruchsteinmauerwerk nach DIN 1053

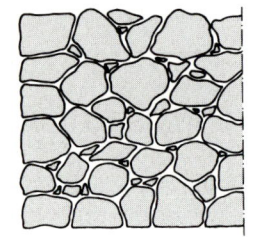

6.90 Zyklopenmauerwerk nach DIN 1053

Hammerrechtes Schichtenmauerwerk besteht in der Ansicht aus annähernd rechtwinklig behauenen Steinen und deutlich ausgeprägten Stoß- und Lagerfugen. Die Schichthöhe wechselt jedoch in der Steinreihe (**6**.91).

Unregelmäßiges Schichtenmauerwerk ähnelt dem hammerrechten, jedoch sind die Steine ≥ 15 cm tief bearbeitet (statt ≥ 12 cm). Fugendicke der Sichtflächen ≤ 3 cm. Geringerer Schichthöhenwechsel. 1 durchgehende Lagerfuge auch hier in 1,5 m Höhenabständen (**6**.92).

6.91 Hammerrechtes Schichtenmauerwerk nach DIN 1053

6.92 Unregelmäßiges Schichtenmauerwerk nach DIN 1053

Regelmäßiges Schichtenmauerwerk gleicht dem unregelmäßigen, jedoch hat jede Schicht gleich hohe Steine (**6**.93). Das Quadermauerwerk besteht aus sauber und allseitig behauenen Steinen. Grundsätzlich gelten die Verbandsregeln für künstliche Steine.

Quadermauerwerk. Die Steine sind nach angegebenen Maßen, Lager- und Stoßfugen auf ganzer Tiefe bearbeitet (**6**.94).

Verblendmauerwerk (Mischmauerwerk) aus Natursteinen besteht aus einer äußeren Naturstein-Verblendschale und einem hinteren Wandteil aus künstlichen Steinen oder Ortbeton. Die herstellungsbedingte Wanddicke beträgt 50 cm. Durch Einhalten bestimmter Bedingungen (u. a. ≥ 30 % der Binder der Verblendschale im hinteren Wandteil verzahnt) darf die Verblendschale dem tragenden hinteren Wandteil zugerechnet werden (**6**.95).

6.93 Regelmäßiges Schichtenmauerwerk nach DIN 1053

6.94 Quadermauerwerk

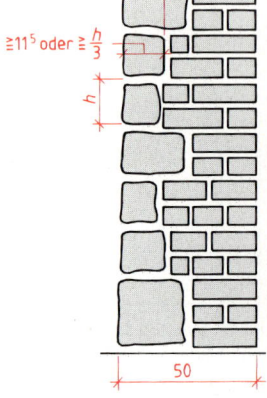

6.95 Verblendmauerwerk

Tragende Natursteinwände sind ≥ 24 cm dick. Tragende Pfeiler haben einen Mindestquerschnitt von 0,1 m², Schlankheiten h_k/d > 10 sind nur in den Güteklassen N_3 und N_4 zulässig, Schlankheiten zwischen 14 und 20 nur bei mittiger Belastung.

Aufgaben zu Abschnitt 6.7 bis 6.11

1. Warum müssen im Skelettbau Balken und Stützen gleitend elastisch mit dem Gefachmauerwerk verbunden werden?
2. Beschreiben Sie zwei Möglichkeiten für den Anschluss des Gefachmauerwerks an Stahlbetonskelett-Stützen.
3. Warum soll vom oberen Rand des Gefachmauerwerks etwa 2 cm Abstand zur Balkenunterseite gehalten werden?
4. Beschreiben Sie moderne und historische Verbindungsmöglichkeiten zwischen Holzfachwerk-Stützen und Gefachmauerwerk.
5. Warum müssen beim Holzfachwerk die Anschlussfugen zwischen Holz und Mauerwerk dauerelastisch abgedichtet werden? Nennen Sie zwei Möglichkeiten.
6. Zu welchem Zweck werden Mauerwerkswände bewehrt?
7. Welche Bewehrungsrichtlinien gelten für bewehrtes Mauerwerk?
8. Vergleichen Sie Beanspruchung und Auflagerreaktionen von Balken und Bögen.
9. Nennen Sie Möglichkeiten der Überdeckung von Wandöffnungen durch Balken.
10. Häufig erhalten I-Profilträger Auflager aus Stahlplatten. Warum?
11. Welche Vorteile bieten Balken in U-Schalen?
12. Nennen Sie Zweck, Wirkungsweise und Ausführungsrichtlinien der Flachstürze.
13. Wie lässt sich die Wärmebrücke an Stahlbetonbalken über Außenwandöffnungen unterbinden?
14. Beschreiben Sie Möglichkeiten der Herstellung tragfähiger Verblenderstürze.
15. Welche Vorteile bieten bewehrte Verblenderstürze nach Zulassung? Beschreiben Sie Bewehrungselemente und ihre Anordnung.
16. Welcher Lastausbreitungswinkel darf unter Punktlasten (z. B. Balkenauflager, Stützen) angenommen werden?
17. Wie kann man hochbelastete Mauerwerksauflager verstärken?
18. Beschreiben Sie die Wirkungsweise von Hausschornsteinen.
19. Welche Folgeschäden entstehen an schlecht gedämmten Schornsteinen?
20. Welche Planungs- und Konstruktionsregeln dienen der Verbesserung des Schornsteinzugs?
21. Welche Abstandsmaße zur Dachoberfläche gelten für den Schornsteinkopf?
22. Welche Konstruktionsregeln sind beim Hindurchführen von Schornsteinen durch Dächer und Decken (Holzbalken- und Massivdecken, Deckenauflagerung) zu beachten?
23. Welche Vorteile bieten Schornsteine aus Formstücken nach DIN 18150 gegenüber gemauerten Schornsteinen?
24. Bis zu welcher Neigung dürfen Schornsteine „gezogen" werden?
25. An welchen Stellen erhalten Hausschornsteine Reinigungsklappen?
26. Welcher Wärmedurchlasswiderstands-Gruppe bzw. Ausführungsart dürfen dreischalige Schornsteine mit Dämmschicht und beweglichem Innenrohr zugeordnet werden?
27. Beschreiben Sie den Querschnitt der dreischaligen Schornsteine aus Frage 24 (Ausbildung der einzelnen Schalen, Material, Unterscheidung von Dämmplatten und Dämmmassen).
28. Welchen Vorteil bieten dreischalige Schornsteine mit Hinterlüftung?
29. Welchem Zweck dient die Dehnfuge zwischen Schornsteinkopf-Abdeckung und dem Innenrohr dreischaliger Schornsteine?
30. Welche Gefahr besteht für hohe und für leichte Schornsteinköpfe? Welche Sicherheitsmaßnahmen sind notwendig?
31. Wie lassen sich wetterbeständige (schlagregensichere!) Schornsteinköpfe herstellen?
32. Wie konstruieren wir
    a) tragfähige Auflager für Schornsteinkopf-Ummauerungen,
    b) die Schornsteinkopf-Abdeckung?
33. Nennen Sie Verbände für Natursteinmauern und deren Unterscheidungsmerkmale.

7 Beton- und Stahlbetonbau

7.1 Betonarten und -gruppen

Die Unterscheidung der Betonarten ist nach verschiedenen Gesichtspunkten möglich: Nach der Rohdichte, Festigkeit, Herstellung, Erhärtung, Einbringung und Bewehrung. Nach der Rohdichte unterscheidet man Leicht-, Normal- und Schwerbeton. Betone bestehen aus den drei Bestandteilen Bindemittel (meist Zement), Wasser und Zuschlag. Zement und Wasser haben in etwa unveränderliche Rohdichte. Die Zuschläge können jedoch sehr verschiedene Rohdichten aufweisen. Daher hängt von ihnen maßgeblich die erzielte Rohdichte des Festbetons ab.

Leichtbeton. Beton mit einer Rohdichte von maximal 2,0 kg/dm³ wird als Leichtbeton bezeichnet. Als Zuschläge für den Leichtbeton kommen je nach Verwendungszweck natürliche, künstlich aus natürlichen Stoffen hergestellte oder künstliche Zuschläge in Frage. Die wichtigsten Leichtzuschläge sind Naturbims, Blähton, Blähschiefer und Hüttenbims. Eine Sonderstellung unter den Leichtbetonen nimmt der Porenbeton ein. Seine besonders geringen Rohdichten ergeben sich durch den Zusatz von Treibmitteln. Leichtbeton wird vorzugsweise dort eingesetzt, wo geringe Bauwerksmassen und bessere Wärmedämmeigenschaften erwünscht sind, z. B. für Wandbausteine, Wand- und Dachbauplatten.

Normalbeton wird, sofern Verwechslungen mit Leicht- oder Schwerbeton ausgeschlossen sind, schlicht als Beton bezeichnet. Seine Rohdichten liegen zwischen 2,0 und 2,8 kg/dm³. Als Zuschläge dienen natürliche, dichte Gesteine, die gebrochen oder ungebrochen sein können. Aber auch künstlich hergestellte Zuschläge, die bei der Eisenerzverhüttung anfallen, eignen sich. Die wichtigsten Zuschläge sind Sand, Kies, Splitt sowie Hochofen-

Tabelle 7.1 Festigkeitsklassen des Betons

Betongruppe	Betonfestigkeitsklasse	Nennfestigkeit β_{WN} in N/mm²	Serienfestigkeit β_{WS} in N/mm²	Anwendung
a) Beton nach DIN 1045 Tab. 1				
Beton B I	B 5	15	18	nur für unbewehrten Beton
	B 10	10	15	
	B 15	15	20	für unbewehrten und bewehrten Beton
	B 25	25	30	
Beton B II	B 35	35	40	
	B 45	45	50	
	B 55	55	60	

Nach den Richtlinien des Deutschen Ausschusses für Stahlbeton (DAfStb), Ausgabe August August 1995, ist in Ergänzung zu DIN 1045 Hochfester Beton in den Festigkeitsklassen B 65 bis B 115 zugelassen. Hochfester Beton ist in jedem Fall als bewehrter Beton II, Konsistenzklasse KF oder KR herzustellen.

b) Hochfester Beton (Ergänzung DIN 1045; DAfStb./8.95)				
Beton B II	B 65	65	70	nur für bewehrten Beton
	B 75	75	80	
	B 85	85	90	
	B 95	95	100	
	B 105	105	*)	
	B 115	115	*)	

*) Für den Verwendungszweck im Einzelfall festzulegen

7.1 Betonarten und -gruppen

stückschlacke und Hochofenschlackensand. Der Anwendungsbereich von Beton ist nahezu unbegrenzt.

Schwerbeton. Wenn die Rohdichten höher als 2,8 kg/dm³ sind, spricht man von Schwerbeton. Er enthält Zuschläge mit hoher Rohdichte. Geeignet hierfür sind die Gesteine Schwerspat, Baryt und Eisenerz, aber auch Stahlsand und sogar Stahlschrott. Schwerbeton wählt man überwiegend bei massigen Bauteilen, weil sich die hohe Eigenlast für das Standmoment günstig auswirkt (Staumauer, Schwergewichtswand), oder bei Bauwerken, die ausreichenden Strahlenschutz bieten sollen (Atomkraftwerk, Schutzräume).

Bauteile aus Leichtbeton und Normalbeton können bewehrt oder auch unbewehrt hergestellt werden. Die Ausführung von vorgespannten Bauteilen (Spannbeton) – die Bauteile werden gezielt unter Druck gesetzt, um Zugspannungen im Beton zu verhindern – ist ebenso möglich wie auch die Herstellung von schlaff bewehrten Bauteilen.

Betonarten nach der Rohdichte

Leichtbeton $\varrho \leq 2{,}0$ kg/dm³

Normalbeton $2{,}0\,\dfrac{\text{kg}}{\text{dm}^3} < \varrho < 2{,}8\,\dfrac{\text{kg}}{\text{dm}^3}$

Schwerbeton $\varrho \geq 2{,}8$ kg/dm³

Betongruppen und Betonfestigkeitsklassen. Normal- und Leichtbeton gibt es in den Betongruppen B I und B II. Sie unterscheiden sich durch die Anforderungen an die Zusammensetzung und Überwachung des Betons, an das Personal und die Geräteausstattung des Herstellers und des Verarbeiters (7.1).

Beton der Gruppe B I kann ohne Eignungsprüfung hergestellt werden, wenn keine Betonzusätze verwendet werden. Die Betonzusammensetzung muss dann mindestens den Bedingungen der Tabelle 7.2 entsprechen.

Sie ist abhängig von den Betonkonsistenzbereichen steif (KS), plastisch (KP) und weich (KR) sowie der Beschaffenheit des Zuschlags. Unter bestimmten Voraussetzungen muss der Zementgehalt jedoch erhöht bzw. darf er verringert werden. Die in Tabelle 7.2 angegebenen Sieblinienbereiche lassen sich aus dem Sieblinienbild 7.3 erkennen. Der Sieblinienbereich 3 des Betonzuschlags ist optimal, da nur ein Minimum an Zement zum Erreichen der gewünschten Festigkeitsklasse erforderlich ist.

Der Betonzuschlag muss mindestens nach zwei Gruppen getrennt sein, von denen eine im Bereich 0 bis 4 mm liegt. Dadurch wird die Möglichkeit geschaffen, an der Mischmaschine durch die gezielte Zugabe von einzelnen Kornfraktionen die gewünschte Zusammensetzung des Zuschlaggemisches herzustellen. Die Verwendung von werkgemischten Betonzuschlägen ist nur bis zu einem Größtkorn von 32 mm und unter Beachtung besonderer Auflagen möglich. Nur B 5 und B 10 dürfen mit ungetrenntem Zuschlag hergestellt werden.

Zur Betongruppe B II gehören die Festigkeitsklassen B 35, B 45, B 55 sowie alle Betone mit besonderen Eigenschaften. Ihre Herstellung kann sehr unterschiedlich sein und stellt daher erhöhte

Tabelle 7.2 Mindestzementgehalt für Beton B I bei Betonzuschlag mit 32 mm Größtkorn und Zement CEM I 32,5 nach DIN 1164-1

Festigkeitsklasse des Betons	Sieblinienbereich des Betonzuschlags	Mindestzementgehalt in kg je m³ verdichteten Betons für Konsistenzbereich		
		KS	KP	KR
B 5	③	140	160	–
	④	160	180	–
B 10	③	190	210	230
	④	210	230	260
B 15	③	240	270	300
	④	270	300	330
B 25 allgemein	③	280	310	340
	④	310	340	380
B 25 für Außenbauteile	③	300	320	350
	④	320	350	380

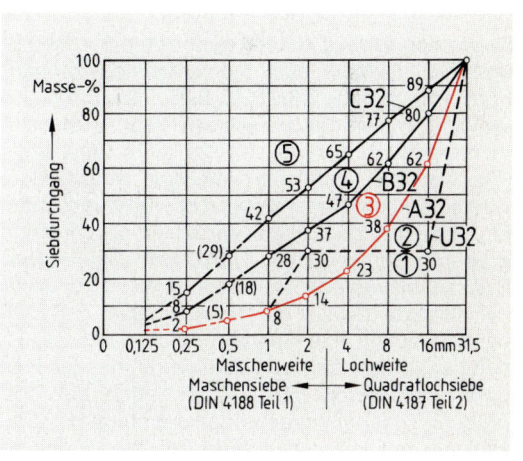

7.3 Sieblinien mit 32 mm Größtkorn

> **Betongruppe B I**
> - Fertigkeitsklassen B 5, B 10, B 15, B 25
> - Herstellung wahlweise mit oder ohne Eignungsprüfung
>
> **Betongruppe B II**
> - Festigkeitsklassen B 35, B 45, B 55
> - Herstellung stets mit Eignungsprüfung

Anforderungen an Personal (speziell ausgebildete Fachkräfte) und Maschinen des Herstellers. Der Mindestzementgehalt je m³ Frischbeton beträgt 280 kg bei einer Zementfestigkeitsklasse von CEM I 32,5 bzw. 240 kg bei höheren Zementfestigkeitsklassen. Der Betonzuschlag muss für stetige Sieblinien 0 bis 32 nach mindestens 3, für unstetige nach mindestens 2 Korngruppen getrennt geliefert, gelagert und dosiert werden. Der Wasserzementwert – das Verhältnis von Wasseranteil zu Zementanteil – bei der Herstellung von Stahlbeton darf den Wert 0,75 nicht überschreiten. Außerdem sind bei der Herstellung von B II Eigen- und Fremdüberwachung vorgeschrieben: Eigenüberwachung durch eine ständige Betonprüfstelle E unter Leitung eines Betontechnologen, Fremdüberwachung durch Betonprüfstellen F oder anerkannte Überwachungsgemeinschaften. Zu prüfen ist außer Konsistenz, Frischbeton-Rohdichte und Druckfestigkeit auch der Wasserzementwert.

Der Wasserzementwert von Außenbauteilen muss prinzipiell kleiner als 0,6 sein, um die Dauerhaftigkeit der Bauteile zu gewährleisten. Gegebenenfalls ist es erforderlich, den Wasserzementwert noch weiter abzumindern, wenn besondere Eigenschaften an den Beton gestellt werden. Für Betone mit besonderen Eigenschaften sind weitere Maßnahmen zu beachten (s. Abschn. 7.2).

Neben den in der DIN 1045 genormten Betonen BI und BII existieren auch noch die sogenannten hochfesten Betone B 65, B 75, B 85, B 95, B 105 und B 115. Hochfeste Betone weisen einen Wasserzementwert w/z < 0,4 auf, so dass kaum Wasser als Kapillarwasser verbleibt. Auf eine vollständige Hydratation des Zements wird bewusst verzichtet. Ein sehr dichtes Gefüge wird hier durch einen größeren Zementgehalt und durch Zugabe von Silikatstaub und/oder Flugasche erreicht. Vor allem der Silikatstaub setzt die Druckfestigkeit entscheidend herauf. In einem herkömmlichen Beton existiert neben dem Calciumsilikathydrat, das die Festigkeit entscheidend beeinflusst, auch Calciumhydroxid, das sich in den Kapillaren befindet. Silikatstaub reagiert nun gerade mit dem Calciumhydroxid zu weiterem Calciumsilikathydrat. Der Beton wird somit wesentlich dichter und druckfester.

Hochfeste Betone werden in der Bundesrepublik im Gegensatz zum Ausland nur sehr selten eingesetzt. Ihre Anwendung liegt zumeist im Hochhausbau oder bei dem Bau von Ölplattformen und bedarf jeweils einer besonderen Zulassung.

7.1.1 Künftige Einteilung der Betonarten und -gruppen

Die Neuregelung der DIN 1045 ändert die Bezeichnungen der Betone. Die Neufassung ist derzeit noch in der Entwurfsphase und somit noch nicht gültig. Natürlich existiert auch weiterhin eine Einteilung in Normalbeton, Abkürzung C, und Leichtbeton, Abkürzung LC. Im Unterschied zur noch gül-

Tabelle **7**.4 Betonfestigkeitsklassen nach der Neufassung der DIN 1045

Festigkeits-klasse	Mindest-druck-festig-keit f_{ck} eines Zylinders in N/mm²	Mindest-druck-festig-keit $f_{ck, cube}$ eines Würfels in N/mm²	Mittlere Betondruck-festigkeit f_{cm} = f_{ck} + 8 N/mm² im Alter von 28 Tagen in N/mm²
C 12/15	12	15	20
C 16/20	16	20	24
C 20/25	20	25	28
C 25/30	25	30	33
C 30/37	30	37	38
C 35/45	35	45	43
C 40/50	40	50	48
C 45/55	45	55	53
C 50/60	50	60	58
C 55/67	55	67	63
C 60/75	60	75	68

tigen Fassung der Norm wird es mehr Betone mit verschiedenen Druckfestigkeiten geben (**7.4**).

Die Benennung eines Betons wird im Gegensatz zur gültigen Fassung nicht nur über die Würfeldruckfestigkeit sondern auch über die Druckfestigkeit an einem zylindrischen Probekörper erfolgen. Hierzu ein kurzes Beispiel. Die heute gültige Bezeichnung für Beton B 35 bedeutet, dass der Beton eine Würfeldruckfestigkeit von mindestens 35 N/mm² aufweist. In der künftigen Fassung spricht man nun von einem C 35/45. Dies bedeutet, dass der Normalbeton mindestens eine Druckfestigkeit von 35 N/mm² im Falle eines Betonzylinders und mindestens 45 N/mm² für einen Betonwürfel aufweist.

Die Betongruppen B I und B II existieren in der Neufassung nicht mehr. Hier werden neue Wege beschritten. Wie die neuen Einteilungen aussehen steht bisher noch nicht fest.

7.2 Beton mit besonderen Eigenschaften

Betone mit besonderen Eigenschaften sind besonders dicht und bieten der Bewehrung durch ausreichend dicke und dichte Betonüberdeckung Korrosionsschutz. Die Dauerhaftigkeit der Bauteile wird dadurch gewährleistet. Deshalb sind für die Herstellung von bewehrtem Beton mit besonderen Eigenschaften der Mindestzementgehalt und der maximal zulässige Wasserzementwert von ausschlaggebender Bedeutung. Wir unterscheiden:
– wasserundurchlässiger Beton
– Beton mit hohem Frostwiderstand
– Beton mit hohem Frost- und Tausalzwiderstand
– Beton mit hohem Verschleißwiderstand
– Beton mit hohem Widerstand gegen chemische Angriffe
– Beton für hohe Gebrauchstemperaturen bis 250 °C
– Beton für Unterwasserschüttung

Wasserundurchlässiger Beton. Auf den Baustellen wird heute noch oft von „wasserdichtem Beton" gesprochen. Den gibt es nicht. Jedoch dürfen Bauteile, die ein- oder mehrseitig dem Wasser ausgesetzt sind (z. B. Wasser- oder Behälterbau), nicht wasserdurchlässig sein. Solche Betonbauteile bestehen aus wasserundurchlässigem Beton.

Als wasserundurchlässig bezeichnet man Betone, bei denen die Wassereindringtiefe im Normversuch 5 cm nicht überschreitet. Die Wassereindringtiefe hängt wesentlich vom gewählten Wasserzementwert ab, der kleiner als 0,6 sein muss, wenn das Bauteil 10 bis 40 cm dick ist und kleiner als 0,7 bei dickeren Bauteilen. Höhere Wasserzementwerte vergrößern das Wassersaugen des Zementsteins. Die Wassereindringtiefe ist außerdem von der Dauer des Erhärtens abhängig. Ein Beton, der z. B. nach 3 Tagen noch eine Wassereindringtiefe von 6 cm aufweist, hat nach einer Erhärtungsdauer von 28 Tagen nur noch eine Eindringtiefe von 2,5 cm.

Unter bestimmten Voraussetzungen kann wasserundurchlässiger Beton auch als B I-Beton hergestellt werden.

Beton mit hohem Frostwiderstand und Beton mit hohem Frost- und Tausalzwiderstand. Außenbauteile sind der Witterung und damit auch der Frosteinwirkung ausgesetzt. Häufig kommt noch die Einwirkung von Tausalzen hinzu. Dies betrifft besonders befahrene Bauteile aus Beton oder Stahlbeton (z. B. Straßen, Brücken, Start- und Landebahnen), die schnee- und eisfrei bleiben müssen. Zu bedenken sind auch Einwirkungen durch tausalzhaltiges Spritzwasser, z. B. an Brückenpfeilern und Tunnelwänden. Die Salze (Chloride) dürfen mit dem Tauwasser nur wenig in den Beton eindringen; sie zerstören ihn und die Bewehrung. Dies gilt im Übrigen auch für viele Fertigteile aus Beton und Stahlbeton. Betonpflaster und Gehwegplatten kommen ebenso mit Tausalz in Berührung wie z. B. die in Bild **7.5** dargestellten Außentreppenteile.

Ausreichender Frostwiderstand ist normalerweise gegeben, wenn wir mit einem geringeren Wasserzementwert als 0,6 (wasserundurchlässiger Beton) arbeiten und Zuschläge mit erhöhtem Widerstand gegen Frost- und Taumittel verwenden. Wenn zusätzlich Tausalzwiderstand gefordert wird, beschränkt man den Mehlkorngehalt und gibt Luftporenbildner (LP-Mittel) zu, die durch Kugelporen die Kapillarwirkung der Haarrisse aufheben und bei Frost Ausdehnungsmöglichkeiten bieten. Der Wasserzementwert ist dann auf 0,5 zu reduzieren. Beim Straßenbau darf der Anteil der feinen Luftporen bis 0,3 mm ⌀ 3,5 % nicht unterschreiten. Der gesamte Luftporengehalt des Frischbetons muss der Tabelle **7.6** entsprechen.

Bei unzureichendem Frost- und Tausalzwiderstand platzt der Beton ab, wird die Bewehrung angegriffen und das Bauwerk zerstört (**7.5**).

7.5 Schadhafter Beton infolge von unzureichendem Frost- und Tausalzwiderstand

Tabelle **7.6**
Luftgehalt im Frischbeton

Größtkorn des Zuschlaggemisches in mm	Mittlerer Luftgehalt[1] in Vol.-%
8	≥ 5,5
16	≥ 4,5
32	≥ 4,0
63	≥ 3,5

[1] Einzelwerte können 0,5 Vol.-% darunter liegen

Beton mit hohem Verschleißwiderstand ist erforderlich bei besonders hohen Verschleiß beanspruchungen, z. B. Straßen mit hohem Anteil an Schwerlastverkehr, aber auch bei Industriebauten und Wasserbauteilen. In der Praxis haben sich Prüfverfahren zur Bestimmung des Abnutzwiderstands noch nicht durchgesetzt. Eine Ausnahme bildet die Betonwarenindustrie: Hier sind Verschleißprüfungen für Bordsteine, Pflastersteine und Gehwegplatten vorgeschrieben.

Nach DIN 1045 dürfen Beton- und Stahlbetonbauteile, die hohem Verschleiß ausgesetzt sind, nur als Beton B II hergestellt werden. Der Anteil an Zement und Feinmörtel soll möglichst gering sein, da beide wesentlich geringeren Widerstand gegen Verschleiß bieten als die Zuschläge. Die Zuschläge sollen im günstigeren Bereich liegen, also so grobkörnig wie möglich sein. Die Konsistenz des Frischbetons ist so zu wählen, dass absandende Oberflächen vermieden werden. Die Nachbehandlungszeit des Betons mit hohem Verschleißwiderstand muss verdoppelt werden.

Beton mit hohem Widerstand gegen chemische Angriffe. Im Bauwesen hat man es leider nur zu oft mit aggressivem Wasser zu tun. Denken wir nur an die Zerstörung unserer Umwelt durch Industrieabwässer! Auch Beton wird durch Wasser, das Säuren oder Salze bzw. organische Bestandteile enthält, stark angegriffen. Betonangreifende Wässer erkennen wir oft an äußeren Merkmalen, z. B. an der Farbe, am Geruch oder am Aufsteigen von Gasblasen.

Angreifende Wässer können bei vielen Gründungsbauwerken, im Tunnelbau, Rohr- und Behälterbau, Industrie- und Wasserbau vorkommen. Hier ist der Einsatz eines Betons mit hohem Widerstand gegen chemische Angriffe erforderlich.

DIN 4030 „Beton in betonschädlichen Wässern und Böden" unterscheidet den Angriffsgrad der aggressiven Wässer in schwach, stark und sehr stark angreifend. Meerwasser gehört z. B. zum stark angreifenden Wasser.

Wesentlich für den Widerstand gegen chemischen Angriff ist die Dichte des Betons, die durch vorgeschriebenen Mindestzementgehalt, niedrigen Wasserzementwert, gute Abstufung der Körnung und sorgfältige Verdichtung erzielt wird.

Beton für hohe Gebrauchstemperaturen bis 250 °C wird im Industriebau verlangt, wo es zu Gebrauchstemperaturen zwischen 100 und 250 °C kommt. Die Verwendung erwiesenermaßen geeigneten Zuschlags ist Voraussetzung für die Herstellung. Die Nachbehandlungsdauer ist gegenüber dem Normalbeton mindestens zu verdoppeln. Die Rechenwerte der Betondruckspannung müssen bei lang anhaltenden hohen Temperaturen abgemindert werden.

Häufige Temperaturwechsel erfordern unter Umständen noch zusätzlich wärmedämmende Maßnahmen, um die Spannungsunterschiede zu verringern.

Beton für Unterwasserschüttung. Im Grund- und Wasserbau kann man nicht immer trockene Baugruben herstellen – ja, technische Schwierigkeiten oder hohe Kosten machen die Baugrubenherstellung unter Umständen unmöglich. Dann ist der Einbau von Unterwasserbeton erforderlich. Er wird so hergestellt, dass er im erhärteten Zustand die nötige Festigkeit erreicht und Stahleinlagen vor Korrosion schützt, das Bauteil wasserundurchlässig macht und hohen Widerstand gegen chemische Angriffe leistet. Außerdem soll er sich durch geeignete Schalung beliebig formen lassen. Um diese Eigenschaften zu erzielen, muss der Unterwasserbeton ohne Entmischung im Wasser eingebaut werden. Dazu ist Frischbeton mit Regelkonsistenz bzw. Fließbeton erforderlich. Der Wasserzementwert darf 0,6 nicht überschreiten. Es sind mindestens 350 kg Zement je m^3 zu verwenden.

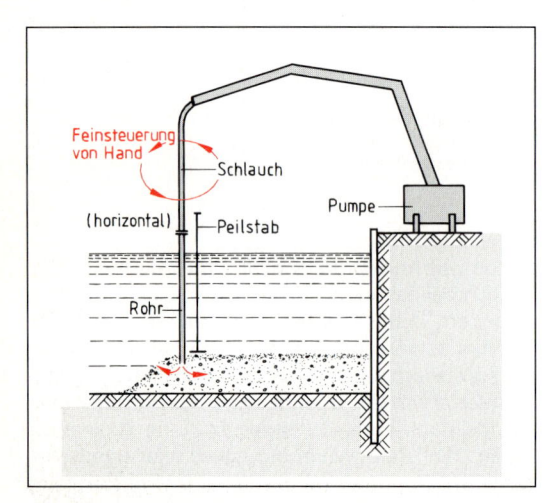

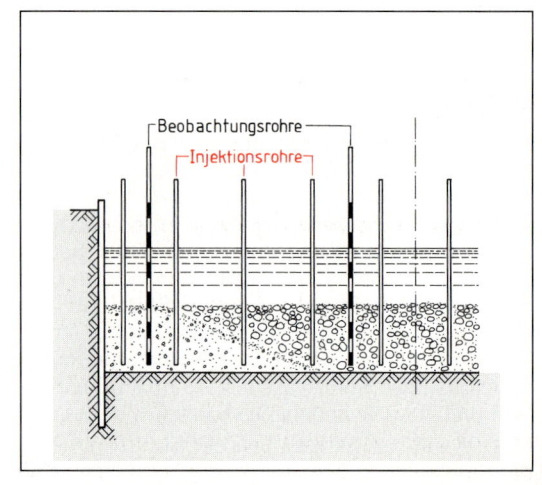

7.7 Pumpverfahren

7.8 Injektionsverfahren

Die vielen Einbauverfahren lassen sich in zwei Gruppen ordnen. Bei der einen Gruppe wird fertig gemischter Beton mit Kübeln, Rohren oder Pumpleitungen unter Wasser eingebracht (**7.7**). Bei der anderen Gruppe wird ein unter Wasser hergestelltes Schottergerüst nachträglich mit Mörtel aufgefüllt (Injektionsverfahren, **7.8**).

Aus den bisherigen Ausführungen kann geschlossen werden, dass ein kleiner Wasserzementwert in jedem Fall die Entstehung eines dichten Betongefüges begünstigt. Leider ist der Einbau und das Verdichten von Frischbeton mit kleinem Wasserzementwert recht schwierig, so dass unter Umständen die oberen Grenzwerte ausgenutzt werden müssen. Welch dominante Rolle der Wasserzementwert auf die Porigkeit und damit auf die Druckfestigkeit ausübt, soll noch einmal an einem ganz kleinen Beispiel dargelegt werden. Bei einem Wasserzementwert von 0,4 erhält man ein dichtes Gefüge und daher eine hohe Druckfestigkeit, die wir zu 100 % setzen können. Ein Wasserzementwert von 0,6 verursacht ein poriges Gefüge, wobei die Druckfestigkeit auf ca. 70 % abfällt.

7.2.1 Künftige Sicherstellung der Dauerhaftigkeit

Die Neufassung der DIN 1045 sieht voraussichtlich eine Einteilung in Umweltkategorien vor, die in so genannte Expositionsklassen untergliedert werden. Die Einteilung des Abschnittes 7.2 wird vermutlich durch die in Tabelle **7**.9 festgelegte Auflistung von verschiedenen Umwelteinflüssen ersetzt. Innerhalb dieser einzelnen Umwelteinflüsse werden Unterteilungen hinsichtlich der Angriffsstärke auf den Beton vorgenommen und somit einer speziellen Angriffsklasse (Expositionsklasse z. B. chlorinduzierte Korrosion XD3) zugeordnet. Der Wasserzementwert und auch die Betonüberdeckung muss an die jeweilige Expositionsklasse angepasst werden.

Anforderungen an Betone mit besonderen Eigenschaften

Wasserundurchlässiger Beton	Wassereindringtiefe $\leq$ 5 cm, W/Z $\leq$ 0,6
Beton mit hohem Frost- und Beton mit hohem Frost- und Tausalzwiderstand	LP-Mittel-Zugabe, W/Z $\leq$ 0,5 Zuschlag mit Widerstand gegen Frost und Taumittel
Beton mit Verschleißwiderstand	Betongruppe B II, steifer Boden
Beton mit hohem Widerstand gegen chemische Angriffe	Zuschlag mit hohem Verschleißwiderstand
– schwach angreifend	Wassereindringtiefe $\leq$ 5 cm, W/Z $\leq$ 0,6
– stark angreifend	Wassereindringtiefe $\leq$ 3 cm, W/Z $\leq$ 0,5
– sehr stark angreifend	Wassereindringtiefe $\leq$ 3 cm, W/Z $\leq$ 0,5 und zusätzliche Schutzmaßnahmen
Beton für hohe Gebrauchstemperaturen bis 250°	Zement mit hohem Sulfatwiderstand bei Temperaturwechseln Wärmedämmung
Beton für Unterwasserschüttung	weicher Beton, W/Z < 0,6 Mindestzementgehalt 350 kg/m^3

Hauptanwendungsgebiete von Betonen
Wasser- und Behälterbau, Straßen- und Wegebau sowie Industriebau

---

7.3 Beanspruchung von Bauteilen

Jedes Bauwerk setzt sich aus einzelnen Bauteilen zusammen. Die Belastungen der Bauteile können sehr unterschiedlich sein, so dass sich für die einzelnen Bauteile unterschiedliche Beanspruchungen ergeben.

Platten und Balken auf zwei Stützen. Platten sind flächenartige, Balken stabförmige Bauteile. Sie werden durch ihre Eigen- und Verkehrslasten überwiegend auf Biegung aber auch auf Schub beansprucht.

Biegung nennen wir eine Beanspruchung, die im oberen Teil eines Bauteils Druck- und im unteren Teil Zugspannungen erzeugt. Hervorgerufen wird sie durch senkrecht zu Bauteilachse angreifende Belastung. Am einfachsten verdeutlichen wir uns diese Druck- und Zugspannungen beim Verfor-

Tabelle **7.**9 Expositionsklassen nach der Neufassung der DIN 1045

Bewehrungskorrosion			Beispiele für Umweltbedingungen
Karbonatisierungsinduzierte Korrosion	XC 1	Trocken	Bauteile in Innenräumen mit normaler Luftfeuchte
	XC 2	Nass, selten trocken	Teile von Wasserbehältern, Gründungsbauteile
	XC 3	Mäßige Luftfeuchtigkeit	Bauteile, zu denen die Außenluft häufig oder ständig Zugang hat, z. B. offene Hallen und Garagen und Innenräume mit hoher Luftfeuchte
	XC 4	Zyklisch naß und trocken	Außenbauteile mit direkter Beregnung, Bauteile in Wasserwechselzonen
Chloridinduzierte Korrosion	XD 1	Mäßige Feuchtigkeit	Bauteile im Bereich chloridhaltiger Sprühnebel
	XD 2	Nass, selten trocken	Schwimmbecken; Bauteile, die chloridhaltigen Industriewässern ausgesetzt sind
	XD 3	Zyklisch nass und trocken	Bauteile im Spritzwasserbereich von tausalzbehandelten Straßen, Parkdecks
Chloridinduzierte Korrosion aus Meerwasser	XS 1	Salzhaltige Luft, kein direkter Meerwasser-Kontakt	Außenbauteile in Küstennähe
	XS 2	Unter Wasser	Bauteile in Hafenbecken, die ständig unter Wasser liegen
	XS 3	Gezeitenzonen, Spritz- und Sprühwasserzonen	Kaimauern in Hafenanlagen
Betonangriff			
Kein Angriffsrisiko	X 0	Kein Angriffsrisiko	Unbewehrte Bauteile in nicht betonangreifender Umgebung
Angriff durch aggressive chemische Umgebung	XA 1	Chemisch leicht aggressive Umgebung	Behälter von Kläranlagen
	XA 2	Chemisch mäßig aggressive Umgebung	Betonbauteile, die mit Meerwasser in Berührung kommen; Bauteile in stark betonangreifenden Böden
	XA 3	Chemisch hoch aggressive Umgebung	Industrieabwasseranlagen mit sehr stark chemisch angreifenden Abwässern, z. B. Käsereien
Frost-Tauwechsel-Angriff	XF 1	Mäßige Wassersättigung ohne Taumittel	Außenbauteile
	XF 2	Mäßige Wassersättigung mit Taumittel	Bauteile im Sprühnebelbereich von Straßen
	XF 3	Hohe Wassersättigung ohne Taumittel	Offene Wasserbehälter
	XF 4	Hohe Wassersättigung mit Taumittel	Straßenbeläge, die mit Tausalz behandelt werden
Verschleiß-Angriff	XM 1	Mäßiger Verschleiß	Straßenbeläge von Wohnstraßen
	XM 2	Schwerer Verschleiß	Straßenbeläge von Hauptverkehrsstraßen, Verkehrsflächen mit schwerem Gabelstaplerverkehr
	XM 3	Extremer Verschleiß	Beläge von Flächen, die häufig mit Kettenfahrzeugen befahren werden

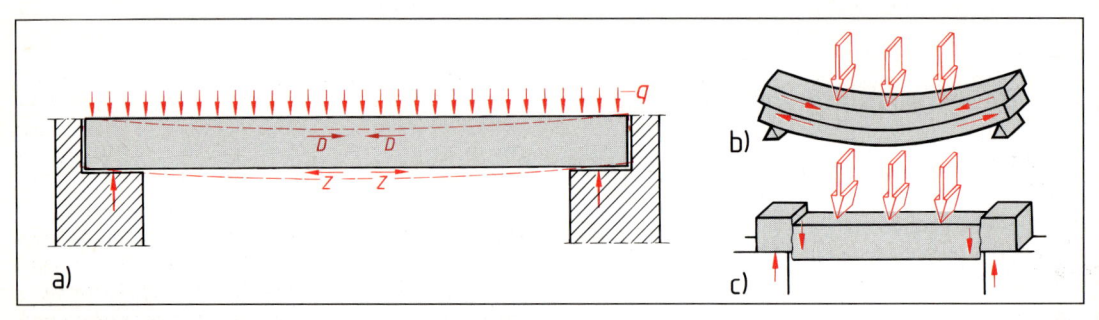

7.10 a) Balken auf zwei Stützen mit Verformung infolge Biegung
b) Balken auf zwei Stützen mit Verformung infolge des Längsschubs
c) Balken auf zwei Stützen mit Verformung infolge des Querschubs

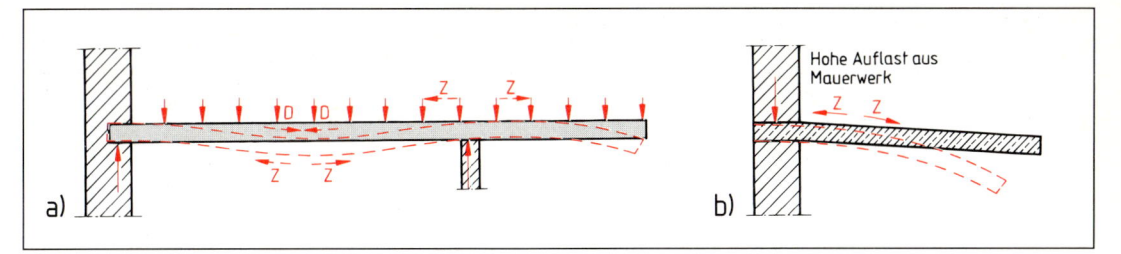

7.11 a) Kragbalken auf zwei Stützen mit Verformung,
b) Kragplatte mit Auflagereinspannung durch Mauerwerk

mungszustand des Bauteils unter Belastung (**7.10a**). Eine Schubbeanspruchung existiert sowohl in Längsrichtung als auch in Querrichtung eines Balkens oder einer Platte. Würde die Schubspannung nicht existieren, könnten die Querschnitte unserer Balken nicht eben bleiben (Schubspannung in Längsrichtung **7.10b**), oder das Bauteil würde quer abscheren (Schubspannung in Querrichtung **7.10c**). Während die Druck- und Zugspannungen infolge Biegung in der Feldmitte am größten sind, befinden sich die maximalen Schubspannungen, die durch die Querkräfte hervorgerufen werden, in den Auflagerbereichen.

An Platten und Balken treten Biegespannungen sowie horizontale und vertikale Schubkräfte auf.

Durchlaufende Platten und Balken (auch Mehrfeldplatten und -balken genannt) haben ein oder mehrere Mittenauflager. Typisch ist der Wechsel von Druck- und Zugzone in den Feldern und über den Stützen. Mehrfeldbalken und -platten sind statisch günstiger als Einfeldbalken bzw. -platten, weil die Felder von den Stützen entlastet werden. Die Schubspannungen sind im Bereich der mittleren Auflager größer als an den Endauflagern.

Durchlauf- oder Mehrfeldplatten und -balken werden wie Einfeldsysteme auf Biegung und Schub beansprucht. Über den Stützen liegt die Zugzone oben, in den Feldern unten.

Kragbalken und Kragplatten sind im Allgemeinen an den Endauflagern überstehende Teile von Balken und Decken (z. B. Balkone, Rampen, Kragdächer). Wenn die Herstellung des Kragteils im Zusammenhang mit beidseitig aufliegenden Balken oder Platten nicht möglich ist, sind besonders hohe Auflasten zur Aufnahme des Einspannmoments und der Auflagerkraft erforderlich (**7.11**). Sollen die Kräfte von einem Balken aufgenommen werden, wird dieser zusätzlich zu seiner normalen Beanspruchung auf Torsion beansprucht (**7.12**).

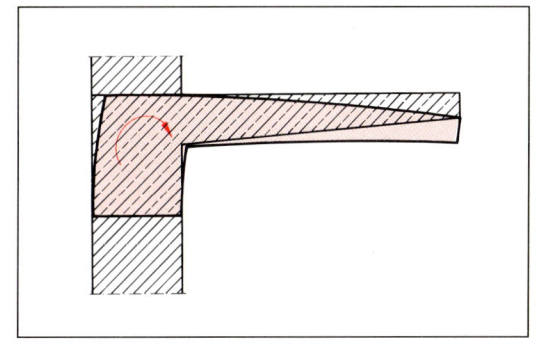

7.12 Torsionbeanspruchung eines Balkens durch Kragarm

Kragbalken oder -platten müssen genügend verankert oder fest eingespannt werden, um die Biege- und Schubbeanspruchung aufnehmen zu können.

Stützen sind stabförmige Bauteile, die überwiegend auf Druck beansprucht werden. Bei mittiger Lasteinleitung werden sie gestaucht (**7.13**). Wird diese Verformung zu groß, knicken die Stützen in Richtung des schwächeren Querschnitts aus (**7.14**). Schlanke Stützen neigen besonders zum Ausknicken. (Unter Schlankheit versteht man das Verhältnis der Knicklänge s_k zur kleinsten Stützenabmessung min d; $s = s_k$: min d. Die Knicklänge richtet sich nach der Art der Einspannung.) Es gibt vier Hauptknickfälle nach Euler (**7.15**; *Leonhard Euler*, Schweizer Mathematiker, 1707 bis 1783).

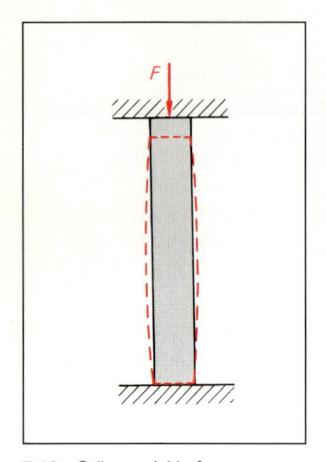

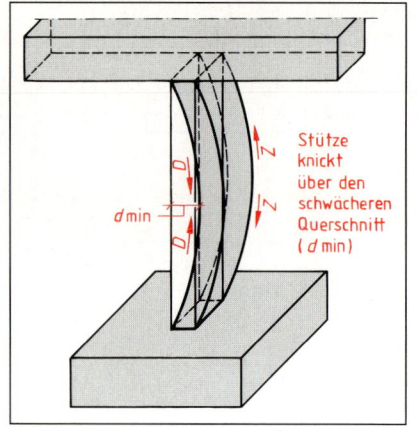

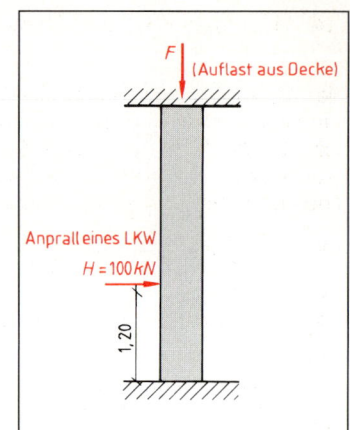

7.13 Stütze mit Verformungszustand

7.14 Knickgefahr bei Stützen

7.15 Stütze mit Biegung und Längskraft

Werden Druckkräfte außenmittig eingeleitet oder treten an der Stütze auch Horizontallasten auf (z. B. Wind- oder Anpralllasten), ist außer den Längskräften die Biegung und der Schub zu berücksichtigen (**7.15**).

Wände sind flächenartige, überwiegend auf Druck beanspruchte Bauteile. Wie bei den Stützen besteht auch hier bei besonders schlanken Wänden Knickgefahr. Bei Belastung durch Windkräfte, Anpralllasten, Erd- und Wasserdruck oder durch ausmittige Krafteinleitung tritt bei manchen Wänden auch Biegung auf (**7.17**).

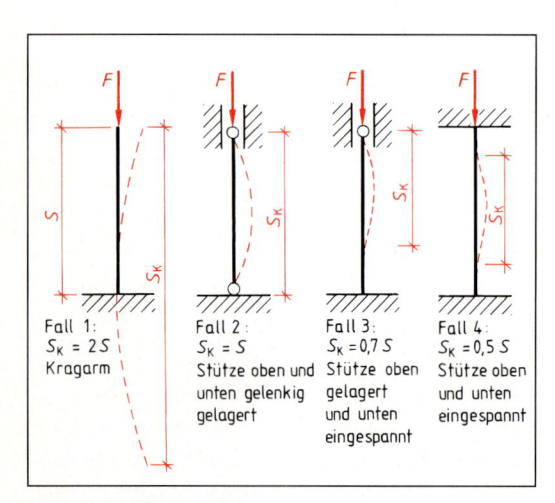

Fall 1: $S_K = 2S$ Kragarm

Fall 2: $S_K = S$ Stütze oben und unten gelenkig gelagert

Fall 3: $S_K = 0,7 S$ Stütze oben gelagert und unten eingespannt

Fall 4: $S_K = 0,5 S$ Stütze oben und unten eingespannt

7.16 Knickfälle nach Euler

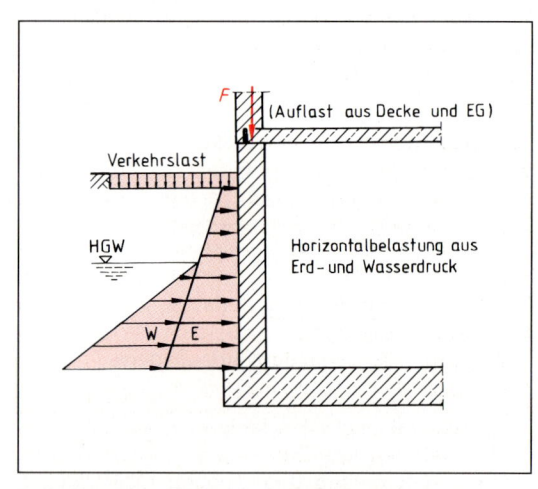

7.17 Beanspruchung einer Kelleraußenwand

Stützen sind stabförmige, überwiegend auf Druck beanspruchte Bauteile. Bei schlanken Bauteilen besteht die Gefahr des Ausknickens.

Wände sind Flächentragwerke. Sie werden überwiegend auf Druck, bei Wind-, Erd- und Wasserdruck auch auf Biegung beansprucht.

7.4 Grundsätze der Bewehrung nach DIN 1045

Die Stahleinlagen im Beton, die Betonstähle, werden als Bewehrung bezeichnet. Die Stahleinlagen nehmen die Zugkräfte auf, der Beton dagegen die Druckkräfte. Wesentliche Voraussetzungen für einen dauerhaften kraftschlüssigen Verbund sind

- gute Haftung des Stahls am Beton,
- ungefähr gleiche Längenausdehnung bei Wärmeschwankung,
- ausreichender Korrosionsschutz des Stahls.

Den Korrosionsschutz erreicht man durch genügend dicke Betonummantelung. Der Haftung wegen dürfen Betonstähle nur eingebaut werden, wenn sie sauber sind und keinen abblätternden Rost aufweisen. Die sorgfältige Planung und die einfache, übersichtliche Darstellung im Bewehrungsplan sind besonders wichtig für die handwerksgerechte Ausführung.

Der Bewehrungsplan des Bauzeichners, die dazugehörenden Betonstahllisten und evtl. Schneideskizzen enthalten alle wichtigen Angaben zum Ablängen, Biegen und Verlegen der Bewehrungsstähle, ferner Angaben über Betondeckung und Baustoffe in der Legende. Fehler in der Planung führen unweigerlich zu Verzögerungen im Bauablauf und unnötiger Verteuerung des Bauwerks. Die Zeichnung soll einfach und übersichtlich sein, damit der Baufacharbeiter alle für ihn wichtigen Angaben ohne Schwierigkeiten lesen kann.

7.4.1 Darstellung der Bewehrung nach DIN 1356-10 und ISO 3766 sowie ISO 4066

Die Darstellung der Bewehrung erfolgte in der Bundesrepublik bisher nach DIN 1356-10. Diese Norm wurde vor einiger Zeit zurückgezogen und durch die internationalen Normen ISO 3766 und ISO 4066 ersetzt. Trotzdem findet in der Praxis noch immer die Anwendung der DIN 1356-10 statt. Aus diesem Grunde werden in diesem Abschnitt beide Darstellungsweisen berücksichtigt.

7.4.1.1 Darstellung der Bewehrung nach DIN 1356-10

Maßstab. Die Bewehrung wird in Längs- und Querschnitten dargestellt. Die üblichen Maßstäbe für Bewehrungszeichnungen allgemeiner Bauteile (Balken, Stützen, Fundamente) betragen 1:25 oder 1:20. Manchmal (z. B. bei sehr eng liegender Bewehrung) ist jedoch ein Maßstab von 1:5 oder gar 1:1 angebracht, um zu prüfen, ob sich die vor-

Tabelle **7**.18 Darstellung der Einzelstabbewehrung nach DIN 1356-10

Bezeichnung	Symbol
Bewehrungsstab a) allgemein b) Anschlussbewehrung (der Stab wurde bereits an anderer Stelle dargestellt und positioniert)	a) ────── b) ─ ─ ─ ─ ─
Schnitt durch einen Bewehrungsstab a) Bewehrungsstab mit Haken b) Anschlussbewehrung (wie vor)	a) • b) ∘
Bewehrungsstab mit Endverankerung, z. B. a) Bewehrungsstab mit Haken b) Bewehrungsstab mit Winkelhaken	a) ⌒‾‾‾‾⌒ b) ⌐‾‾‾‾⌐
Bewehrungsstab ohne Endverankerungen a) Bewehrungsstab ohne Endhaken b) Andeutung der Stabenden im Bauteil mit Angabe der Positionsnummer	a) ────── b) └──────┘
Bewehrungsstab mit Ankerkörper a) Seitenansicht b) Rückansicht	a) ┼────── b) ⊙
Rechtwinklig zur Zeichenebene abgebogener Bewehrungsstab	✕ ───────
Rechtwinklig aus der Zeichenebene abgebogener Bewehrungsstab	• ───────
Kraftschlüssiger Stoß (z. B. Muffen, Schweißverbindung) eines Bewehrungsstabs	──■──

gesehene Bewehrung bei Einhaltung der Mindestabstände und der erforderlichen Biegerollendurchmesser einbauen lässt.

Flächentragwerke wie Decken und Wände werden als Draufsicht oder Ansicht dargestellt. Üblich ist der Maßstab 1:50 (gelegentlich 1:100).

Darstellung. Alle Bauteile werden in ihren Umrissen mit den Hauptmaßen dargestellt – die Bewehrung so, als sei der Beton transparent und dadurch die Bewehrung sichtbar. Die Darstellung der Einzelstabbewehrung zeigt uns Tabelle 7.18.

Alle zugehörigen Angaben sind entlang von Bezugslinien anzuordnen, die deutlichen Zusammenhang zum Bewehrungsstab haben. Unbedingt erforderlich sind Positionsnummern (im Kreis), Anzahl und Stabdurchmesser (z. B. ③ 2 ⌀ 12). Falls erforderlich, müssen Betonstahlsorte, Stababstand, Lage des Stabes und Stablänge ergänzend angegeben werden.

Bewehrungszeichnungen müssen außer der maßstäblich gezeichneten Bewehrung auch den *Stahlauszug* enthalten und durch *Stahllisten* ergänzt werden. Soll bei den Biegearbeiten die Bewehrungszeichnung entbehrlich sein, sind zusätzliche Biegelisten erforderlich. Teilweise wird statt dessen die jeweilige Biegeform zusätzlich in die Stahllisten aufgenommen. Unerlässlich für jede Bewehrungszeichnung ist die Legende. Sie enthält alle erforderlichen Angaben über Baustoffe, Betondeckung und verwendete Abkürzungen.

Die durch und durch maßstäbliche Bewehrungszeichnung ist heute noch weit verbreitet, leider aber sehr arbeitsintensiv. Deshalb wird eine stufenweise Vereinfachung angestrebt (**7.19**).

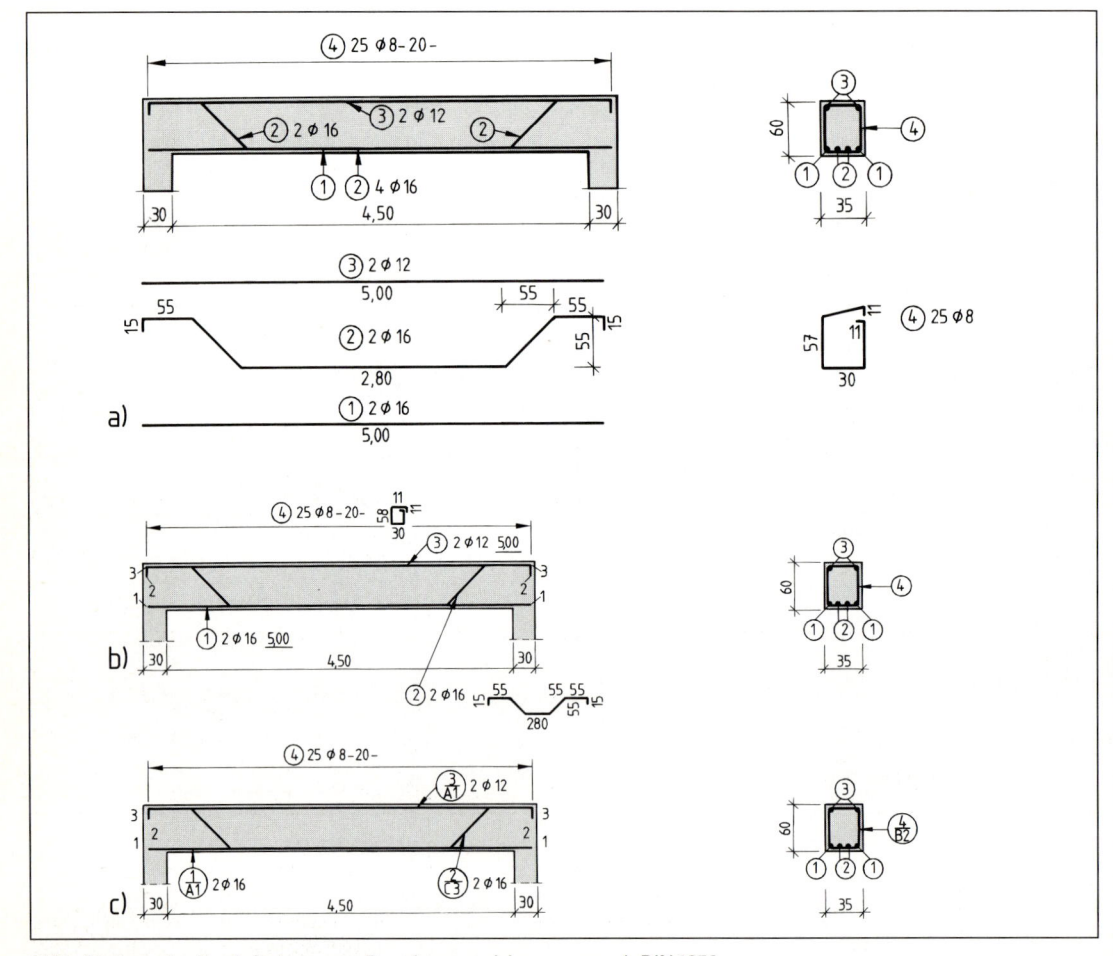

7.19 Stufenweise Vereinfachung von Bewehrungszeichnungen nach DIN 1356
 a) Stufe 1: Stahl- bzw. Biegeliste auf getrenntem Blatt
 b) Stufe 2: Biegeformen unmaßstäblich skizziert und bemaßt, Stahl- bzw. Biegeliste getrennt
 c) Stufe 3: zusätzlich Stahlliste (Datenliste) mit Liste der Biegeformen und der Zeichnung

7.4 Grundsätze der Bewehrung nach DIN 1045

Tabelle 7.20 Liste der Biegeformen nach DIN 1356

Typ	Spalte H	Spalte D	Form	Typ	Spalte H	Spalte D	Form
A1				A2			
A3				A4			
B1				B2			
B3				B4			
C1				C2			
C3							
D1				D2			
E1				E2			

Sonderformen

Typ	Form	Typ	Form
X1	A – Anzahl der Biegestellen B – Gesamtlänge + Skizze der Biegeform mit Teillängen in der Stahlliste	X2	N – Anzahl der Biegestellen X_i, Y_i – Koordinaten des i-ten Stabeckpunktes in die Spalten A, B... eintragen

Angaben über Endhaken und Biegerollendurchmesser

Spalte	Bedeutung	Eintrag	Spalte	Bedeutung	Eintrag
H	keine Endhaken beidseitig Endhaken Endhaken links Endhaken rechts	0 2 L R	D	Verhältniswert Biegerollen-durchmesser zu Stabdurch-messer (d_{br}/d_s), z. B. $d_{br}/d_s - 15$	15

Biegeformen der Bewehrung. Voraussetzung für wirksame Rationalisierungsmaßnahmen ist die Einsparung von lohnintensiven Arbeiten, die im Verhältnis zum Materialaufwand einen immer höher werdenden Anteil ausmachen. Die bisherige große Vielfalt von Biegeformen führt leicht zu unübersichtlichen Plänen. Außerdem sind das Biegen und Verlegen der Bewehrung umständlich und damit teuer. Deshalb ist es sinnvoll, weniger Biegeformen für die Bewehrung zu verwenden. Die anzustrebenden Biegeformen bestehen aus 5 typischen Grundformen, die mit großen Buchstaben gekennzeichnet werden

A = gerade oder rechtwinklig abgebogene Stäbe
B = Bügel
C = Stäbe mit schräg zueinander angeordneten Teillängen (Schrägstäbe)
D = S-Haken und Bewehrung zur Sicherung der Lage
E = Stäbe mit kreisförmigen Teillängen

Sonderformen (mit X gekennzeichnet) sind möglich, aber sparsam zu verwenden. Der große Buchstabe wird durch eine Zahl ergänzt, die Aufschluss gibt über einzelne Grundformen, z. B.

A 1 = gerader Stab ohne Abbiegung,
A 3 = beidseitig rechtwinklig abgebogener Stab.

Die Angaben über Endhaken werden nach Tabelle 7.20 in der Spalte H, die über Biegerollendurchmesser in der Spalte D ausgewiesen. Alle nötigen Maße (in cm) und Winkel (in °) sind in der angegebenen Reihenfolge als Daten A bis ggf. Z EDV-gerecht anzugeben. So ist es möglich, die Stahllisten durch EDV-Anlagen und Datenformblättern zu erstellen (7.21). Auf Grundlage der Stahlliste wird ebenfalls elektronisch die Biegeliste erstellt (7.22).

Zur Bewehrung flächenartiger Bauteile verwendet man vorzugsweise Betonstahlmatten, die schnell und dadurch kostengünstig zu verlegen sind. In den Verlegeplänen werden sie übersichtlich auf herkömmliche Art oder vereinfacht dargestellt (7.23).

Bei der herkömmlichen Darstellung zeichnet man jede Matte einer Gruppe maßstäblich auf und versieht sie mit Diagonalen. Die Übergreifungslänge $l_ü$ (7.4.4) ist mindestens einmal anzugeben.

Bei der vereinfachten Darstellung entfällt das Aufzeichnen jeder einzelnen Matte. Man hat die Wahl zwischen der gruppenweisen Zusammenfassung und der achsenbezogenen Darstellung. Die Übergreifungsstöße werden angedeutet und mindestens einmal vermaßt (7.24).

Zweilagige Mattenanordnungen werden zwecks Ersparnis oft gestaffelt. Dies erreicht man entweder durch Zulagematten oder verschränktes Verlegen (7.25). Auch hier ist vereinfachtes Darstellen möglich. Die Darstellung der Matten ist durch Angabe von Positionsnummern (im Rechteck), Mattenkurzbezeichnungen bei Lagermatten (z. B. R 378) bzw. den Mattenaufbau kennzeichnende Daten für beide Bewehrungsrichtungen bei Listenmatten zu vervollständigen. Bei Verwendung verschiedener Betonstahlsorten muss außerdem die jeweils zu verwendende Sorte angegeben werden. Anzahl und Lage (oben = o, unten = u, vorn = v, hinten = h) werden nur angegeben, soweit es zur eindeutigen Darstellung erforderlich ist, z. B. wenn auf getrennte Darstellung der vorderen und hinteren Bewehrung von Wandplatten verzichtet wird.

Tabelle 7.21 Auf Grundformen aufgebaute Stahlliste (Datenformblatt)

	Plan Nr.	Bauvorhaben		Bauteile		Zahl der Bauteile	Stahlliste Nr.	Zahl der Listen	Datum	gez.	gepr.
	7			Rahmen		1	1	1			
Pos Nr.	Anzahl	d_s in mm	BSt	Typ	H	D	Teilgrößen nach Liste der Biegeformen				
							A	B	C	D	E	(Z)
4	2	25	IV S	A2	0	20	255	495				
12	2	25	IV S	C2	0	15	473	88	92	550		
13	2	25	IV S	C3	L	20	120	83	87	430	340	
14	3	25	IV S	A1	L	800						
15	2	12	IV S	A2	0	900						
16	2	25	IV S	C2	0	15	433	88	92	420		
17	2	25	IV S	A1	R	600						
18	78	12	IV S	B2		45	95	0	16			

7.4 Grundsätze der Bewehrung nach DIN 1045

Tabelle 7.22 Biegeliste (elektronisch erstellt auf Grundlage der Stahlliste)

Auftrag Nr.: _____

Plan Nr.: _____7_____

Bauvorhaben: _____

Bauteile: _____Rahmen_____

Biegeliste Nr.: _____1_____

Zahl der Biegelisten: _____

Datum: _____

Programmname: _____

Pos. Nr.	An-zahl	d_s in mm	BSt	Einzel-länge in m	d_{br} Haken, Winkel-haken, Schlaufen, Bügel in cm	Aufbie-gungen und andere Krüm-mungen in cm	Typ	Biegeform (unmaßstäblich) in m	Ge-samt-länge in kg	Gewicht je Position
4	2	25	IV S	7,50	–	50	A2	255 / 495	15,00	57,8
12	2	25	IV S	11,50	–	37,5	C2	473 / 127 / 92 / 550	23,00	88,6
13	2	25	IV S	11,55	17,5	50	C3	25 / 120 / 120 / 340 / 87 / 430	23,10	88,9
14	3	25	IV S	8,25	17,5	–	A1	25 / 800	24,75	95,3
15	2	12	IV S	9,00	–	–	A1	900	18,00	16,0
16	2	25	IV S	9,80	–	37,5	C2	433 / 127 / 92 / 420	19,60	75,5
17	2	25	IV S	6,25	17,5	–	A1	600 / 25	12,50	48,1
18	78	12	IV S	3,12	4,8	–	B2	95 / 16 / 45	243,36	216,1

Tabelle 7.23 Darstellung geschweißter Betonstahlmatten

Draufsicht auf eine Matte	
Draufsicht auf eine Matte. Diese vereinfachte achsenbezogene Darstellung ist auch mit durchgehenden Linien erlaubt, falls keine Verwechslung möglich ist.	
Schnitt durch eine Matte, falls keine Verwechslung möglich ist. Sofern Lage der Längs- und Querstäbe nicht eindeutig ersichtlich	

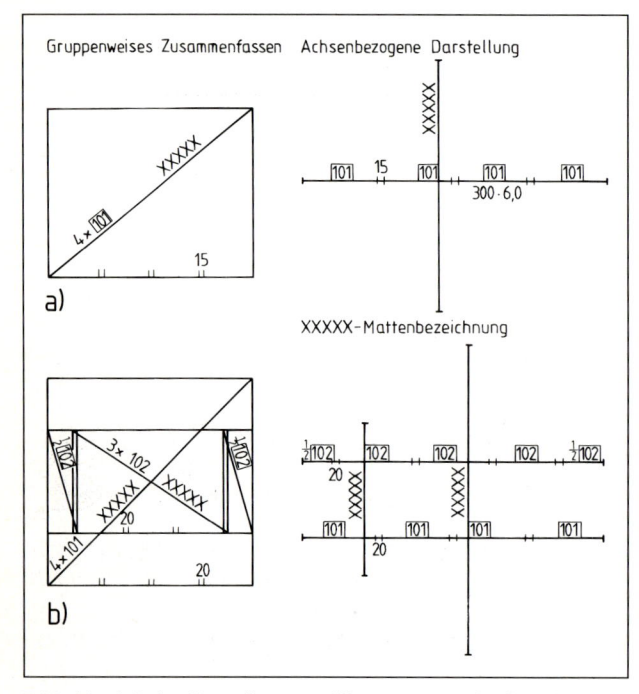

7.24 Vereinfachte Darstellung von Mattengruppen im Grundriss

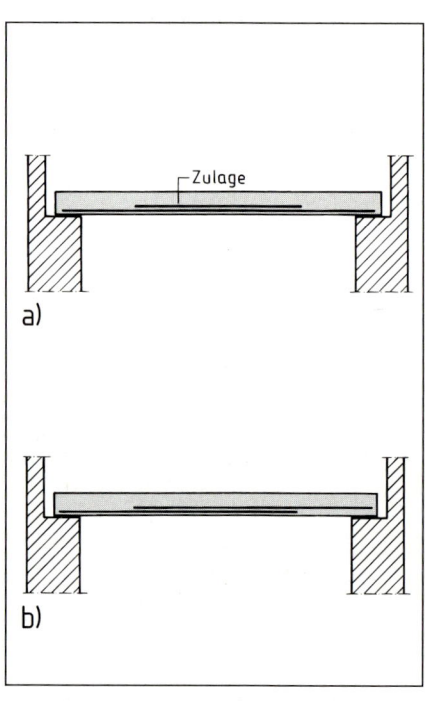

7.25 Gestaffelte Bewehrung ISO 3766 und ISO 4066
a) durch Zulagematten, b) durch verschränktes Verlegen

Schneideskizzen gehören jeweils zu den Verlegeplänen. Sie erfassen die erforderlichen Betonstahlmassen. Vordrucke auf Transparentpapier sind bei den Herstellern von Betonstahlmatten erhältlich (s. Bild **7.46**).

Mit Hilfe dieser Vordrucke ist eine einfache und dennoch genaue Darstellung der relevanten Schnitte möglich. Die Berechnung des Gesamtgewichtes der Matten ist ein weiterer Bestandteil der Schneideskizze.

Die Bewehrung wird in Schritten und als An- bzw. Draufsicht nach DIN 1356-10 „Bauzeichnungen" dargestellt. Die häufigsten Maßstäbe für Bewehrungszeichnungen sind je nach Bauteil 1:100, 1:50, 1:25 und 1:20, bei besonders eng liegender Bewehrung auch 1:10, 1:5 oder gar 1:1. Die Bewehrungszeichnungen werden durch Stahlauszüge und -listen bzw. Schneideskizzen ergänzt.

7.4.1.2 Darstellung der Bewehrung nach ISO 3766 und ISO 4066

Die ISO 3766 und ISO 4066 gelten derzeit als die direkte Folgenorm der alten DIN 1356-10. Einen gravierenden Unterschied zwischen der alten und neuen Darstellungsweise gibt es nicht. Es existiert ein ähnliches System wie in der alten DIN 1356-10. Unterschiede bestehen in der Bezeichnung der Biegeformen.

Biegeformen. Im Gegensatz zur alten Bezeichnung werden die Biegeformtypen nicht mehr mit einem Buchstaben und anschließender Zahl bezeichnet, sondern durch die Kombination von zwei Zahlen bestimmt (**7.26**). Die erste Zahl gibt die Anzahl der Aufbiegungen an. Bis zu fünf Aufbiegungen sind möglich. Kreisförmige Bewehrung erhält die Kennzahl 6, Wendel- oder Gangbewehrung die Kennzahl 7. Die zweite Zahl gibt Aufschluss über die Art der Aufbiegung. Die jeweiligen Teillängen werden entsprechend der Tabelle 7.27 analog zur DIN 1356-10 vermaßt.

Der Bügel in Tabelle **7.21** mit der Positionsnummer 18 würde wie folgt gekennzeichnet werden. Der Bügel weist fünf Aufbildungen mit jeweils 90° auf. Dies entspricht der Form 51. Seine Höhe a beträgt 95 cm, seine Breite b beträgt 45 cm und die Endhakenlängen c betragen 16 cm.

Also: Form 51 a = 95 cm, b = 45 cm, c = 16 cm.

Die Biegeliste und Stahlliste kann analog zur DIN 1356-10 getrennt erstellt werden.

Vereinfachte Darstellung. Die Darstellungsweise kann ebenfalls vereinfacht erfolgen. Werden gleiche Stäbe mehrfach nebeneinander angeordnet, reicht es aus, nur einen Stab zu zeichnen und den dazugehörigen Bereich zu kennzeichnen.

Gleiches gilt für die Darstellung von Betonstahlmatten. Eine vereinfachte achsenbezogene Darstellung für Betonstahlmatten existiert jedoch nicht. Tabelle **7.28** zeigt die wesentlichen Unterschiede im Vergleich zur DIN 1356-10.

Tabelle 7.26   Einteilung der Biegeformen

Anzahl der Aufbiegungen	Art der Aufbiegungen
0 – keine Aufbiegung	0 – gerade Stäbe 90° Aufbiegung mit Standardradius
1 – eine Aufbiegung	1 – 90° Aufbiegungen gehen alle in die gleiche Richtung
2 – zwei Aufbiegungen	2 – 90° Aufbiegung ohne Standardradius, Aufbiegungen gehen alle in die gleiche Richtung
3 – drei Aufbiegungen	3 – 180° Aufbiegung ohne Standardradius, Aufbiegungen gehen alle in die gleiche Richtung
4 – vier Aufbiegungen	4 – 90° Aufbiegung ohne Standardradius, Aufbiegungen gehen nicht alle in die gleiche Richtung
5 – fünf Aufbiegungen	5 – Aufbiegung um weniger als 90°, Aufbiegungen gehen alle in die gleiche Richtung
6 – Kreisbögen	6 – Aufbiegung um weniger als 90°, Aufbiegungen gehen alle in die gleiche Richtung
7 – Gangbewehrung	7 – Kreisbögen
99 – Alle nicht standardisierbaren Biegeformen	

Tabelle 7.27 Beispiele von möglichen Biegeformen

Code	Form	Beispiele	Code	Form	Beispiele
00			33		
11			41		
12			44		
13			46		
15			51		
21			67		
25			77	c = Anzahl der vollen Umdrehungen	
26					
31					

Tabelle 7.28 Vereinfachte Darstellung der Bewehrung nach ISO

Bedeutung	
Darstellung von Stäben mit Aufbiegung	
Darstellung eines Stabbündels Anzahl der Stäbe entsprechen der Anzahl der Linien am Stabende	
Identische Bewehrungsstäbe mit gleichen Abständen	
Identische Bewehrung mit gleichen Abständen. Bewehrung ist nicht kontinuierlich im gesamten Gebiet vorhanden	
Draufsicht auf eine Betonstahlmatte	
Draufsicht auf eine Mattengruppe	

7.4.2 Durchmesser und Abstände der Bewehrung

Die Bewehrungsdurchmesser d_s sind in der statischen Berechnung verbindlich festgelegt. Dicke Stäbe ergeben größere Rissbreiten als dünne, da die Haftung zwischen Stahl und Beton wegen der geringeren Oberfläche schlechter ist. Folgende Bewehrungsdurchmesser gibt es bei den Betonstabstählen:

6, 8, 10, 12, 14, 16, 20, 25 und 28 mm.

Die Bewehrungsabstände a bestimmt der Zeichner im Allgemeinen selbst. Dabei hat er die Mindestabstände und die Betondeckung einzuhalten. Möglicherweise muss die Bewehrung gebündelt oder mehrlagig angeordnet werden (**7.29**). Zu kleine Abstände der Stahleinlagen sind wegen unzureichender Betonummantelung ebenso schädlich wie zu große! Die maximal mögliche Anzahl von Bewehrungsstäben in einer Lage ist Tabelle **7.30** zu entnehmen. Jedoch sind besonders bei enger und mehrlagiger Bewehrung Rüttellücken in ausreichender Zahl vorzusehen. In der Zugzone sollen die Abstände maximal 20 bis 30 cm betragen, in der Druckzone 40 cm nicht überschreiten. Gegebenenfalls sind konstruktive Zulagen vorzusehen. Bei Bewehrungsdurchmessern über 20 mm erhöht sich der Mindestabstand auf den Durchmesser der verwendeten Bewehrung; sonst beträgt er mindestens 2 cm. Doppelstäbe bei Betonstahlmatten dürfen sich dagegen berühren.

In der Neufassung der DIN 1045 ist zusätzlich geplant, die Abstände zwischen den Stahlstäben auch noch in Abhängigkeit vom Größtkorndurchmesser d des Zuschlages zu definieren. Bei einem Größtkorndurchmesser $d > 16$ mm sollten die Abstände mindestens $a > d + 5$ mm betragen.

Die Bündelung von 2 bis 3 Stählen ist zulässig. Dabei darf der Gesamtdurchmesser des Bündels 36 mm nicht übersteigen, wenn das Bauteil überwiegend auf Zug beansprucht wird. Der Gesamtdurchmesser d_s eines Stabbündels wird nach der Formel $d_s = d_{stab} \sqrt{n}$ berechnet. Die Abkürzung d_s steht für den einzelnen Stabdurchmesser und n für die Anzahl der Stäbe. Die einzelnen Stäbe sind so dicht wie möglich zusammenzufassen.

Betonstahlmatten haben festgelegte Abstände. Einzelstabbewehrung für Platten besteht aus Trag- und Verteilerstählen. Als Verteilerbewehrung sind rund 20 % Tragbewehrung vorzusehen. Es sollen mindestens 3 Verteiler je Meter eingebaut werden. Als Hauptbewehrung sollen mindestens 4 Ø je Meter, besser mehr gewählt werden.

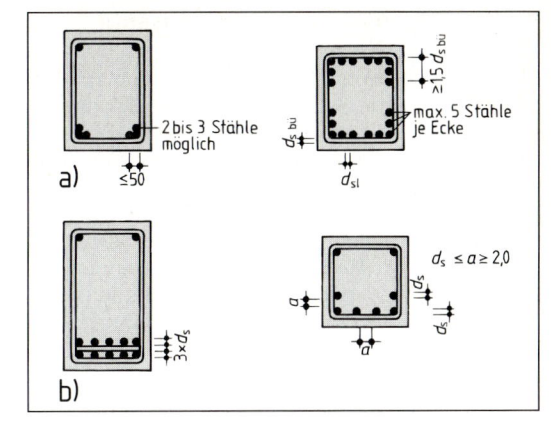

7.29 a) Bündelung der Bewehrung (Balken und Stütze)
b) Mehrlagige Bewehrungsanordnung und Mindestabstände

> Geringe Stahldurchmesser und kleine Stahlabstände verringern die Rissbildung im Beton.
> 2 cm $\leq a \geq d_s$ $a \geq 30$ cm (40 cm)

Tabelle **7.30** Größte Anzahl von Stahleinlagen in einer Lage (b_0 = Balkenbreite)

b_0 in cm	Durchmesser der Stahleinlagen d_s in mm						
	10	12	14	16	20	25	28
10	1	1	1	1	1	1	1
15	3	3	2	2	2	1	1
20	(5)	4	4	4	3	2	2
25	6	6	5	5	4	3	3
30	8	7	7	(7)	6	5	4
35	(10)	9	8	8	7	5	5
40	11	(11)	10	9	8	6	6
45	13	12	11	11	(10)	7	7
50	(15)	14	13	12	11	8	8
60	18	17	16	15	13	10	9
Ø Bügel	6 mm				8 mm	10 mm	

7.4.3 Verankerung der Betonstähle

Betonstähle nehmen vorwiegend die Zugkräfte in einem Bauteil aus Beton auf. Damit eine Zugspannung im Stahl beispielsweise infolge Biegung überhaupt entstehen kann, muss ein Stahlstab vom Beton fest umschlossen bzw. im Beton verankert werden. Ansonsten würde sich der Stab der Belastung entziehen. Diese Enden der Stäbe, die nicht mehr zur Abdeckung der Zugspannungen erforderlich sind, müssen eine ausreichend große Länge aufweisen, die Verankerungslänge genannt wird.

Die gute Verankerung der Betonstähle ist für das Zusammenwirken von Stahl und Beton von außerordentlicher Bedeutung. Sie ist abhängig von der Stahlsorte, Verankerungsart, Lage des Bewehrungsstabs und Betondruckfestigkeit sowie der Beanspruchung, d. h. verschieden für Druck- und Zugstäbe.

Die Lage des Bewehrungsstabs wird durch die Verbundbereiche I und II ausgedrückt (**7.31**).

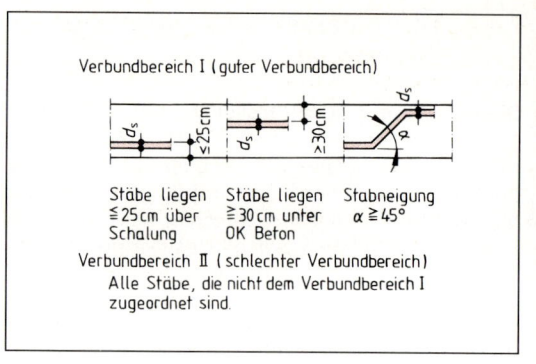

Verbundbereich I liegt im unteren Querschnittsteil und bedeutet gute Verbundwirkung. Anzusetzen ist er für alle Stäbe, die beim Betonieren zwischen 45° und 90° gegen die Waagerechte geneigt sind, und für alle flacher geneigten Stähle, wenn sie beim Betonieren höchstens 25 cm über der Frischbetonunterseite bzw. mindestens 30 cm unter der Frischbetonoberseite liegen.

Verbundbereich II (schlechter Verbund) liegt im oberen Querschnittsteil, wo ein Teil der Zuschlag und Zementkörper des Frischbetons nach unten sinkt (sedimentiert). Während dieses Vorgangs setzt sich Wasser auf der Betonoberfläche ab. Ferner bilden sich trennende Wasserlinsen an der Unterseite von Bewehrung und Zuschlag. Verminderter Zementgehalt, erhöhter W/Z-Wert und die Wasserlinsenbildung erklären die schlechten Verbundeigenschaften. Diesem Verbundbereich sind alle nicht zum Verbundbereich I gehörenden Stähle zuzuordnen.

Betonstähle können durch Haken, Winkelhaken, Schlaufen, angeschweißte Querstähle oder Ankerkörper gut im Beton verankert werden. Außerdem ist die Verankerung durch eine ausreichende Haftlänge bei geraden Stabenden möglich (**7.32**).

Betonstahlmatten werden durch vorhandene oder zusätzlich angeschweißte Querstäbe ausreichend verankert – vorausgesetzt, dass sie weit genug hinter der Auflagervorderkante liegen.

Die Berechnung der Verankerungslängen l_1 wird von qualifizierten Bauzeichnern im Ingenieurbau verlangt. Die Längen ergeben sich für Stabstähle und Matten nach der Gleichung

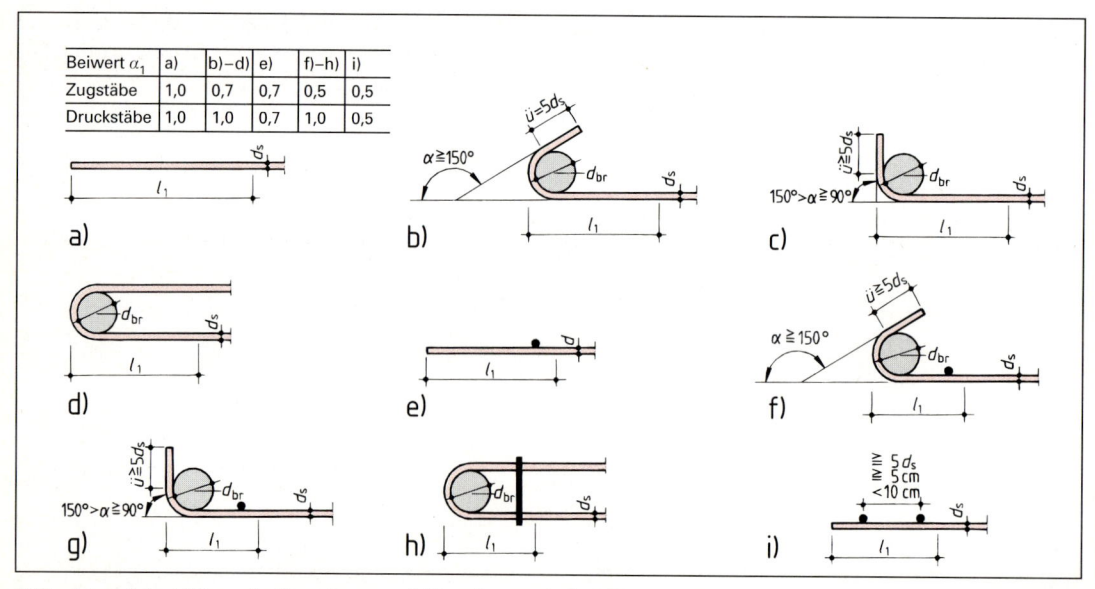

7.31 Verbundbereiche

Beiwert α_1	a)	b)–d)	e)	f)–h)	i)
Zugstäbe	1,0	0,7	0,7	0,5	0,5
Druckstäbe	1,0	1,0	0,7	1,0	0,5

7.32 Art und Ausbildung der Verankerung mit Verankerungsbeiwert α_1

7.4 Grundsätze der Bewehrung nach DIN 1045

$l_1 = \alpha_1 \cdot \alpha_A \cdot l_0$

α_1 = Verankerungsbeiwert (7.32)

α_A = Beiwert für Ausnutzungsgrad der Bewehrung

$\left(\alpha_A = \dfrac{\text{erf}A_s}{\text{vorh}A_s}\right)$

l_0 = Grundmaß der Verankerungslänge

und muss bei geraden Stabenden mindestens gleich 10 d_s', bei allen anderen Verankerungsarten mindestens gleich $d_{br}/2 + d_s$ sein (d_{br}, s. Tab. 7.43). Das Grundmaß l_0 der Verankerungslänge berechnet man nach dieser Gleichung:

$l_0 = \dfrac{d_s}{4 \cdot \text{zul}\tau_1} \cdot \dfrac{\beta_s}{\gamma}$

d_s = Nenndurchmesser des Bewehrungsstabs

β_s = Streckgrenze des Betonstahls

γ = rechnerischer Sicherheitsbeiwert $\gamma = 1{,}75$

zul τ_1 = Grundwert der Verbundspannung nach Tab. 7.33

Tabelle 7.33 Grundwerte der Verbundspannung zul τ_1

Verbund-bereich	zul τ_1 in N/mm² für Betonfestigkeitsklassen							
	B 15	B 25	B 35	B 45	B 55	B 65	B 75	≥B 85
I	1,4	1,8	2,2	2,6	3,0	3,2	3,4	3,5
II	0,7	0,9	1,1	1,3	1,5	1,6	1,7	1,75

Beispiel Geg. erfA_s = 7,16 cm² (Verbundbereich I), gew. 4 Ø 16 BSt IV S in B 25 (gerade Stabenden), vorh A_s = 8,04 cm²; ges. l_1

$l_0 = \dfrac{d_s}{4 \cdot \text{zul}\tau_1} \cdot \dfrac{\beta_s}{\gamma} = \dfrac{16}{4 \cdot 1{,}8} \cdot \dfrac{500}{1{,}75}$

$\left[\dfrac{\text{mm} \cdot \cancel{\text{mm}^2} \cdot \cancel{N}}{\cancel{N} \cdot \cancel{\text{mm}^2}}\right] = 635$ mm

(Nach Tab. 7.34 = 64 cm)

erf$l_1 = \alpha_1 \cdot \alpha_A \cdot l_0 = 1{,}0 \cdot \dfrac{7{,}16}{8{,}04} \cdot 635$

$\left[\dfrac{\cancel{\text{cm}^2} \cdot \text{mm}}{\cancel{\text{cm}^2}}\right]$ = **565 mm**

In der Praxis wird die Berechnung oft mit Hilfe von Tabellen durchgeführt (7.34), die das Grundmaß l_0 der Verankerungslänge in Abhängigkeit vom Nenndurchmesser d_s und dem jeweiligen Verbundbereich angeben.

Tabelle 7.34 Grundmaß und Verankerungslänge

Nenn-durchmesser d_s in mm	Verbund-bereich	Betonfestigkeitsklasse				
		B 15	B 25	B 35	B 45	B 55
	I	51,0 d_s	39,7 d_s	32,5 d_s	27,5 d_s	23,8 d_s
	II	102 d_s	79,4 d_s	65,0 d_s	55,0 d_s	47,6 d_s
6	I	31	24	20	17	15
	II	62	48	39	33	29
8	I	41	32	26	22	18
	II	82	64	52	44	38
10	I	51	40	33	28	24
	II	102	80	65	55	48
12	I	62	48	39	33	24
	II	123	96	78	66	48
14	I	72	56	46	39	34
	II	143	112	91	77	67
16	I	82	64	52	44	38
	II	164	127	104	88	77
20	I	102	80	65	55	48
	II	204	159	130	110	98
25	I	128	100	82	69	53
	II	255	199	163	138	119
28	I	143	112	91	77	67
	II	286	223	182	154	134

Achtung! Die „offiziellen" Werte können aufgrund von Rundungen um ± 1 cm differieren.

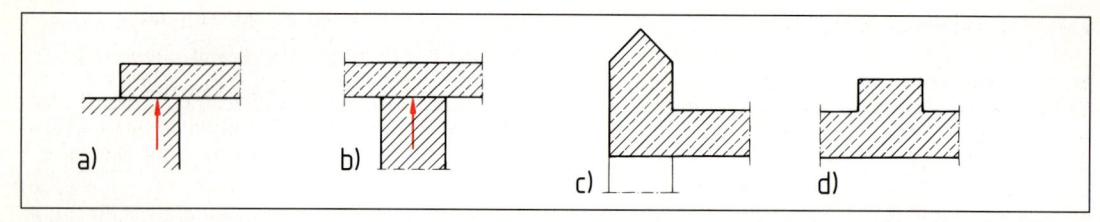

7.35 Auflagerarten a) direktes Endauflager, b) direktes Mittelauflager, c) indirektes Endauflager, d) indirektes Mittellauflager

Die Verankerung der Bewehrung kann an direkten Endauflagern und Zwischenlagern sowie an indirekten Auflagern erforderlich sein (7.35). Dabei ist zwischen der Verankerungslage in der Druckzone und der Zugzone zu unterscheiden. Ideal ist eine Verankerung innerhalb der Druckzone. Dies ist wirtschaftlich nicht immer möglich. Daher ist auch eine Verankerung in der Zugzone erlaubt, wenn der Stab in diesem Bereich nicht mehr zur Aufnahme der Zugspannungen erforderlich ist. Auch die Schubbewehrung (Auf- und Abbiegungen) ist zu verankern. Dafür sind ausreichende Haftlängen erforderlich. Im Bereich der Betonzugspannung beträgt die erf. Verankerungslänge $l_z = 1{,}3 \cdot \alpha_1 \cdot l_0$, im Bereich der Betondruckspannung $l_d = 0{,}6 \cdot \alpha_1 \cdot l_0$. Winkelhaken verbessern die Verankerung wesentlich. Bei Schubbewehrung und gestaffelter Bewehrung ist häufig die Verankerung außerhalb von Auflagern erforderlich (7.36). Dabei ist zu beachten, dass bei Balken maximal 2/3, bei Platten maximal 1/2 der Feldbewehrung vor dem Endauflager auslaufen dürfen. Da Listenmatten in ihrem Aufbau den individuellen Wünschen der Auftraggeber und somit den speziellen Erfordernissen jedes einzelnen Bauteils entsprechend hergestellt und geliefert werden können, ist bei ihnen kaum zweilagige Bewehrung erforderlich. Der höhere Kaufpreis kann, besonders bei Abnahme größerer Stückzahlen der einzelnen Matten, durch Einsparung an Verschnitt und Entfallen von Stößen leicht wettgemacht werden.

> Die Verankerung der Betonstähle ist für die Verbundwirkung von größter Bedeutung. Die Verankerungslänge ist abhängig von der Art der Verankerung, der Stahlsorte, Lage der Bewehrung, Betondruckfestigkeit und Auflagersituation. Die Verankerungslängen müssen nach DIN 1045 genau berechnet werden.

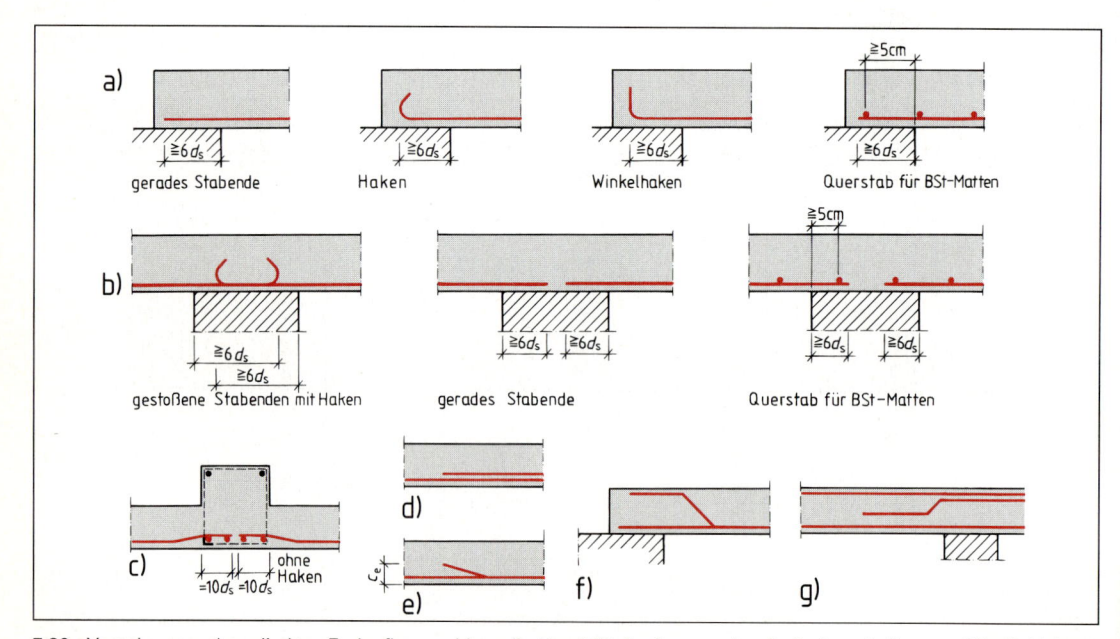

7.36 Verankerung. a) an direkten Endauflagern, b) an direkten Mittelauflagern, c) an indirekten Auflagern, d) im Feld durch freie Stabenden, e) im Feld durch Einschwenken der Stabenden, f) durch Haftlängen für Schubaufbiegung, g) durch Haftlängen für Schubabbiegung

7.4.4 Stöße von Betonstählen

Beim Bewehrungszeichnen ist zu beachten, dass Stabstähle in 12 und 14 m Länge, Betonstahlmatten in 5 und 6 m Länge als Lagermatten mit 2,15 m Breite im Handel sind. Stöße sind daher häufig unvermeidbar. Wirtschaftlich geplante Schnittlängen ergeben geringen Verschnitt.

Direkte und indirekte Stoßverbindungen. Bewehrungsstöße können als indirekte Stoßverbindungen (wobei der Beton an der Kraftübertragung beteiligt ist) und als direkte Stoßverbindung (wobei die Kraft allein im Stahl übertragen wird) hergestellt werden. Zu den direkten Stoßverbindungen zählen der Kontaktstoß, das Verschweißen und Verankern, z. B. durch Verschraubung. Als indirekte Stoßverbindung bezeichnet man die Übergreifungsstöße für Stabenden, die gerade sind oder in Schlaufen, Haken oder Winkelhaken enden. Auch die Stoßverbindung durch angeschweißte Querstäbe zählt zu den indirekten Verbindungen.

Der Kontaktstoß ist nur als Druckstoß zugelassen. Alle anderen Stöße können sowohl für Zugstöße als auch für Druckstöße verwendet werden (7.37).

Die Übergreifungslängen $l_ü$ sind für Zug- und Druckstöße von Betonstabstählen unterschiedlich zu berechnen. Die Mindestüberdeckungen von Zugstößen sind in Bild **7.38** ersichtlich. Sie gelten, wenn die Berechnung der Übergreifungslänge $l_ü$ im Einzelfall geringere Werte ergeben sollte.

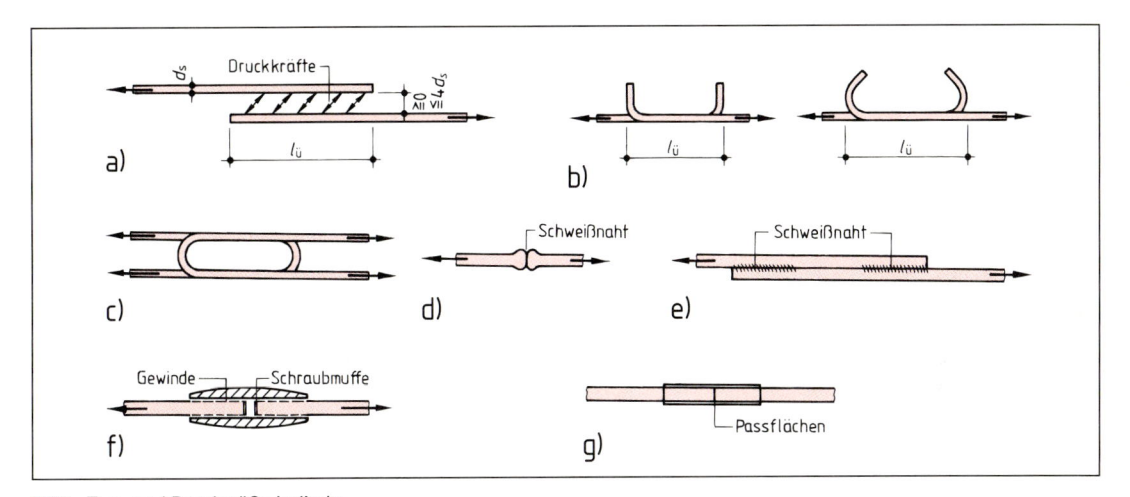

7.37 Zug- und Druckstöße indirekt
a) durch Übergreifungslänge $l_ü$ (Draufsicht, nur für gerippte Stähle), b) durch Übergreifungsstöße mit Haken, c) durch Schlaufendirekt, d) durch Stumpfschweißung, e) durch geschweißten Übergreifungsstoß, f) durch Muffenstoß (Press- oder Schraubmuffen), g) durch Kontaktstoß (nur für Druckstäbe)

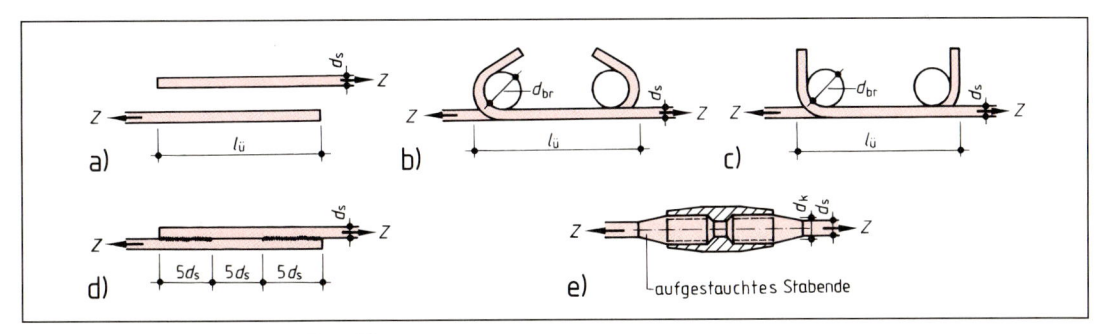

7.38 Mindestüberdeckung von Zugstößen
a) Überdeckungsstoß gerader Stähle $l_ü \geq 15\,d_s \geq 20$ cm, b) Überdeckungsstoß mit Haken $l_ü \geq 1,5\,d_{br} \geq 20$ cm, c) Überdeckungsstoß mit Winkelhaken, $l_ü \geq 1,5\,d_{br} \geq 20$ cm, d) geschweißter Überdeckungsstoß $d_s \geq 14$ mm, e) Gewindemuffenstoß d_k (Gewindekern-Ø) $\geq d_s$

Tabelle 7.39 Beiwerte $\alpha_{ü}$

Verbund-bereich	d_s mm	Anteil der ohne Längsversatz gestoßenen Tragstäbe am Querschnitt einer Bewehrungslage			Querbewehrung
		≤ 20 %	> 20 % ≤ 50 %	> 50 %	
I	< 16	1,2	1,4	1,6	1,0
	≥ 16	1,4	1,8	2,2	
II	75 % der Werte von Verbundbereich I				1,0

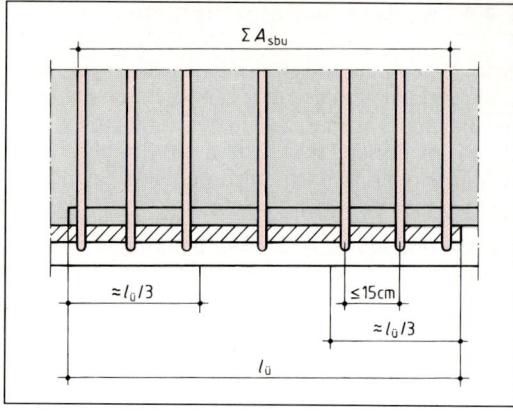

7.40 Mögliche Anordnung der Bügelbewehrung bei Übergreifungsstößen

Die Übergreifungslänge $l_ü$ berechnet sich nach der Gleichung:

$$l_ü = \alpha_ü \cdot l_1$$

$\alpha_ü$ = Übergreifungsbeiwert nach Tabelle 7.39
$\alpha_{ümin}$ = 1,0
l_1 = Verankerungslänge (s. Abschnitt 7.4.3)

Bei Betonstahlmatten ohne Bügelbewehrung berechnet sich die Übergreifungslänge für die Längsbewehrung nach der folgenden *Formel*:

Verbundbereich I: $l_ü = \alpha_{ümI} \cdot l_1$
Verbundbereich II: $l_ü = \alpha_{ümII} \cdot l_1$

$1,1 \leq \alpha_{ümI} = 0,5 + a_{ss}/7 \leq 2,2$
$\alpha_{ümII} = 0,75 \cdot \alpha_{ümI} \geq 1,0$

a_{ss} = Bewehrungsquerschnitt der zu stoßenden Matte.

Im Bereich von indirekten und geschweißten Übergreifungsstößen treten infolge der versetzten Stabanordnung Querzugspannungen auf. Um diese Spannungen aufzunehmen, ist die Anordnung von Querbewehrung erforderlich.

Werden in einem Querschnitt mit Stabdurchmessern $d_s \geq 16$ mm mehr als 20 % und weniger als 50 % der Längsbewehrung gestoßen und liegen

Tabelle 7.41 Übergreifungslänge l_s von zugbeanspruchten geschweißten Betonstahlmatten aus gerippten Stäben

Mattenstoß		Übergreifungslänge l_0 in cm				
Stababstände in mm	Stabdurchmesser in mm	Betonfestigkeitsklasse				
		B 15	B 25	B 35	B 45	B 55
150	5,0	28	22	18	15	13
	6,0	34	26	21	18	16
	6,5	36	29	23	20	17
	7,0	39	31	25	21	18
150	5,5 d	44	34	28	24	21
	6,0 d	48	37	30	26	22
	6,5 d	53	42	34	29	25
	7,0 d	62	49	40	34	29
	7,5 d	73	57	46	39	34
100	6,5 d	70	55	45	38	33
	7,0 d	81	63	51	44	38
	7,5 d	113	89	72	61	53
	8,0 d	142	112	91	77	67
	8,5 d	175	137	112	94	82
Beiwert α_0 für Verbundbereich I		51	40	32,5	27,5	24

Beiwert $\alpha_{üm} = 0,5 + \dfrac{a_s}{7}$ ≥ 1,1 ≤ 2,2

Beiwert $\alpha_1 = 1,0$

7.4 Grundsätze der Bewehrung nach DIN 1045

Tabelle 7.42 Erf. Übergreifungslänge $l_ü$

Stabdurchmesser der Querbewehrung d_s in mm	Erforderliche Übergreifungslänge $l_ü$ in cm
≤ 6,5	≥ 15
> 6,5 ≤ 8,5	≥ 25
> 8,5 ≤ 12,0	≥ 15

die Stäbe nebeneinander, so ist die Querbewehrung für die Kraft eines gestoßenen Stabes zu bemessen. Beträgt der zu stoßende Anteil mehr als 50 %, muss die Querbewehrung die Stöße im Bereich der Stoßenden bügelartig umfassen (7.40). Liegen die zu stoßenden Stäbe übereinander, ist die Querbewehrung auf die Kraft aller gestoßenen Stäbe zu dimensionieren.

Die Übergreifungslängen für Zugstöße der am häufigsten vorkommenden Betonstahlmatten sind in Tabelle 7.41 zusammengefasst.

Für die Verteilerstöße der Matten gibt es Mindestübergreifungslängen (7.42).

> Stöße von Betonstählen können als direkte oder indirekte Stoßverbindungen ausgeführt werden. Man unterscheidet Druck- und Zugstoßverbindungen.
> Die Übergreifungslängen müssen genau berechnet werden.

7.4.5 Betondeckung

Eine ausreichende Betondeckung ist für den Korrosionsschutz der Bewehrung unerlässlich. Sie ist sowohl vom Durchmesser der verwendeten Bewehrung als auch von den voraussehbaren Umweltbedingungen abhängig. Die Tabelle 7.43 gibt die Mindestmaße min c der Betondeckung an. Den statischen Berechnungen ist jedoch das Nennmaß nom c zu Grunde zu legen. Dieses Nennmaß wird auch auf den Bewehrungsplänen angegeben. Ggf. ist die Betondeckung weiter zu erhöhen, z. B. um einen ausreichenden Brandschutz zu gewährleisten.

Bei bewehrtem Beton B 15 darf nom c keinesfalls kleiner als 2,5 cm sein.

Tabelle 7.43 Mindestmaße min c und Nennmaße nom c der Stahleinlagen

	Umweltbedingungen Bauteile	Stabdurchmesser d_s in mm	Mindestmaße für ≥ B 25 min c in cm	Nennmaße für ≥ B 25 nom c in cm
1	– in geschlossenen Räumen, z. B. in Wohnungen (einschließlich Küche, Bad und Waschküche), Büroräume, Schulen, Krankenhäusern. Bauteile, die ständig trocken sind	bis 12 14,16 20 25 28	1,0 1,5 2,0 2,5 3,0	2,0 2,5 3,0 3,5 4,0
2	–, zu denen die Außenluft häufig oder ständig Zugang hat, z. B. offene Hallen oder Garagen. –, die ständig unter Wasser oder im Boden verbleiben, soweit nicht Zeile 3 oder Zeile 4 oder andere Gründe angegeben sind. Dächer mit einer wasserdichten Dachhaut für die Seite, auf der die Dachhaut liegt.	bis 20 25 28	2,0 2,5 3,0	3,0 3,5 4,0
3	– im Freien – in geschlossenen Räumen mit oft auftretender, sehr hoher Luftfeuchte bei üblicher Raumtemperatur, z. B. in gewerbl. Küchen, Bädern, Wäschereien, in Feuchträumen von Hallenbädern, Viehställen. –, die wechselnder Durchfeuchtung ausgesetzt sind, z. B. durch häufige starke Tauwasserbildung oder in der Wasserwechselzone. –, die „schwachen" chemischen Angriff nach DIN 4030 ausgesetzt sind.	bis 25 28	2,5 3,0	3,5 4,0
4	–, die korrosionsfördernden Einflüssen auf Stahl oder Beton ausgesetzt sind, z. B. durch häufige Einwirkung angreifender Gase oder Tausalze (Sprühnebel-, Spritzwasserbereich) oder durch „starken" chemischen Angriff nach DIN 4030	bis 28	4,0	5,0

Tabelle 7.44   Mindestwerte der Biegerollendurchmesser d_{br*}

			Betonstahlsorte Bst 500 S / Bst 500 M
Haken, Winkelhaken, Schlaufen, Bügel	Stabdurchmesser d_s in mm	< 20	4 d_s
		20 bis 28	7 d_s
Aufbiegungen und andere Krümmungen von Stäben (z. B. in Rahmenecken)[1]	Betondeckung (Mindestmaß) rechtwinklig zur Krümmungsebene	> 5 cm und > 3 d_s	15 d_s
		≤ 5 cm und ≤ 3 d_s	20 d_s

[1] Werden die Stäbe mehrerer Bewehrungslagen an einer Stelle abgezogen, sind die entsprechenden Werte für die Stäbe der inneren Lagen mit 1,5 zu multiplizieren.
[2] Verminderung auf 10 d_s erlaubt, wenn die Betondeckung rechtwinklig zur Krümmungsebene und der Abstand der Stäbe mindestens 10 cm und mindestens 7 d_s betragen.

Stahleinlagen im Beton werden durch ausreichende Betondeckung vor Korrosion geschützt. Die Betondeckung ist vom Durchmesser der Bewehrung und von den Umweltbedingungen abhängig. Sie ist eine wichtige Angabe im Bewehrungsplan.

Bei geschweißten Bewehrungsstäben ist ein Mindestabstand vom Beginn der Krümmung bis zur Schweißstelle einzuhalten (7.45), sonst muss ein Biegerollendurchmesser von 20 d_s gewählt werden.

Betonstähle dürfen beim Biegen nicht reißen. Die Biegerollendurchmesser sind von dem Stahldurchmesser und der Art der Aufbiegung abhängig. Sie sind im Bewehrungsplan anzugeben (Stempel).

7.4.6   Biegerollendurchmesser

Betonstähle müssen häufig gebogen werden, um ihre Aufgaben der Spannungsübernahme oder Verankerung zu erfüllen. Beim Biegen auf der Biegemaschine werden die Betonstähle um eine Biegerolle herumgebogen. Je kleiner der Durchmesser der Biegerolle ist, umso mehr muss der Bewehrungsstab innen gestaucht und außen gestreckt werden. Bei zu kleinen Biegerollen können hierbei so große Spannungen auftreten, dass es zur Rissbildung kommt. Deshalb machen größere Stahldurchmesser entsprechend größere Biegerollendurchmesser erforderlich. Für Aufbiegungen sind größere Durchmesser erforderlich als für Bügel, Haken, Winkelhaken und Schlaufen (7.44).

7.4.7   Biegezugbewehrung

Grundsätzlich ist die Biegezugbewehrung so zu führen, dass die Zugkraftlinie an jeder beliebigen Stelle des Bauteils abgedeckt ist. Unter *Zugkraftlinie* versteht man die um das Versatzmaß v verschobene Momentenlinie (s. Fachrechnen für Bauzeichner). v kann bei Platten und Balken mit Schubbewehrung vereinfacht mit 0,75facher statischer Höhe h, bei Platten ohne Schubbewehrung mit 1facher statischer Höhe h angenommen werden. (Statische Höhe = Abstand von Oberkante Bauteil bis zur Achse der Biegezugbewehrung.)

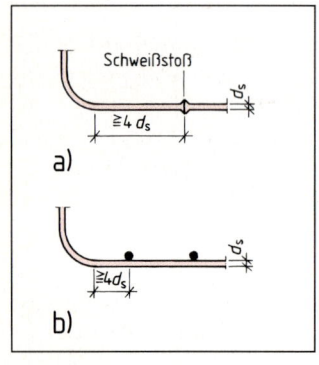

7.45   Entfernung einer Biegestelle von einem a) Schweißstoß, b) angeschweißten Querstab

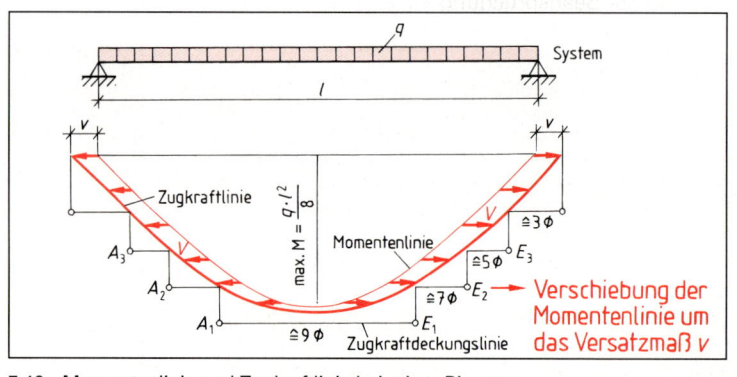

7.46   Momentenlinie und Zugkraftlinie bei reiner Biegung

Die Zugkraftdeckung wird von der maximal in der Mitte erforderlichen Bewehrung aus nach beiden Seiten hin abgestuft. Wenn z. B. in der Mitte eines Balkens 9 Stahldurchmesser vorhanden sein müssen und zur ausreichenden Verankerung an den Auflagern noch 1/3 = 3 Durchmesser nötig sind, können die restlichen 6 Durchmesser mit unterschiedlichen Längen entsprechend der abnehmenden Biegezugkraft gestaffelt verlegt werden. Diese zeichnerische Darstellung heißt *Zugkraftdeckungslinie* (7.46). Für die erforderliche Verankerung der Stähle sind die Anfangspunkte A_n und die Endpunkte E_n ausschlaggebend. Die Bewehrungslängen sind von diesen rechnerischen Punkten aus um das Maß der erforderlichen Verankerungslängen zu vergrößern.

> Unter Zugkraftdeckungslinie versteht man die zeichnerische Darstellung der gestaffelten Biegezugbewehrung. Die Verankerungslängen sind den rechnerisch erforderlichen Längen hinzuzuschlagen.

Aufgaben zu Abschnitt 7.1 bis 7.4

1. Nennen Sie die Rohdichten von Leicht-, Normal- und Schwerbeton.
2. Was bedeutet die Bezeichnung B 35?
3. Geben Sie Betone mit besonderen Eigenschaften und Beispiele für ihre Anwendung an.
4. Verdeutlichen Sie die stufenweise Vereinfachung von Bewehrungszeichnungen.
5. Welcher Beanspruchung unterliegen Stützen und Wände?
6. Geben Sie Grundsätze für das Zusammenwirken von Bewehrung und Beton an.
7. Erklären Sie an Beispielen den Unterschied zwischen flächigen und stabförmigen Bauteilen.
8. Skizzieren Sie Betonstahlmatten und -gruppen in herkömmlicher und vereinfachter Darstellung.
9. Welche Mindestabstände sind bei parallel laufenden Betonstählen einzuhalten?
10. Von welchen Faktoren ist die Verankerung der Betonstähle abhängig?
11. Nennen und skizzieren Sie direkte und indirekte Stoßverbindungen.
12. Beschreiben Sie die Bedeutung der Betondeckung für die Bewehrung.
13. Zeichnen Sie die M-Fläche für einen Balken, der ein max$M$ von 80 kNm aufnehmen muss (Parabelkonstruktion für $l = 5,0$ m). Mit dem Versatzmaß von 30 cm konstruieren Sie die Zugkraftlinie. Als Bewehrung sind 6 ⌀ 14 vorgesehen. Zeichnen Sie die Zugkraftdeckungslinie (zweimal gestaffelt).

7.5 Stahlbetonbauteile

Der Baustoff Stahlbeton ist praktisch unbegrenzt einsetzbar. Er erlaubt die Ausführung ganzer Bauwerke aus einem einzigen Baustoff. Deshalb gibt es auch alle vorkommenden Bauteile aus Stahlbeton – Decken, Balken, Stützen und Wände. Ihre Konstruktion hängt von den zu erfüllenden Aufgaben und der Beanspruchung ab (s. Abschn. 7.3).

Man unterscheidet Plattendecken, Balkendecken und Mischformen. Plattendecken und Mischformen können örtlich hergestellt werden, aber auch ganz oder teilweise aus Fertigteilen bestehen. Balkendecken bestehen zumindest zum Teil aus Fertigteilen.

7.5.1 Stahlbetondecken

Geschoss- und Dachdecken haben die Aufgabe, Lasten aufzunehmen und an die Unterkonstruktion weiterzuleiten. Außerdem dienen sie als Raumabschluss. Deshalb müssen sie den Anforderungen des modernen Bautenschutzes gerecht werden. Wesentlich ist auch ihre aussteifende Wirkung in Gebäuden, besonders in Skelett-Bauweisen. Stahlbetondecken können bei verhältnismäßig geringer Konstruktionshöhe große Spannweiten überbrücken. Die Auflagerung kann linienförmig (z. B. auf Wänden) oder punktförmig (z. B. auf Stützen) erfolgen.

> Decken dienen zur Aussteifung der Gebäude. Sie erfüllen raumabschließende und kraftableitende Funktionen.
>
> Es gibt Platten- und Balkendecken sowie Mischformen. Die Auflagerung kann linien- oder punktförmig erfolgen.

Stahlbetonvollplatten sind unten und oben ebene Decken (Massivplatten). Ihre Abmessungen und die vorhandene bzw. mögliche Unterstützung bedingen die Spannrichtung.

Bei annähernd quadratischen Abmessungen wird man die *zweiachsig* gespannte Decke der einach-

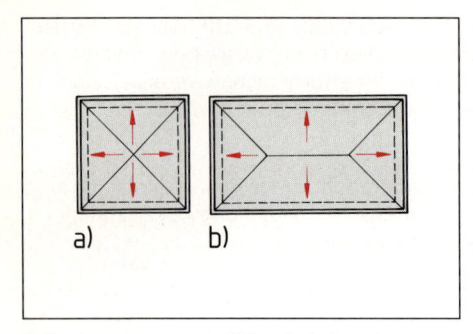

7.47 Lastabtragung bei Massivdeckenplatten
a) quadratisches Feld / b) rechteckiges Feld

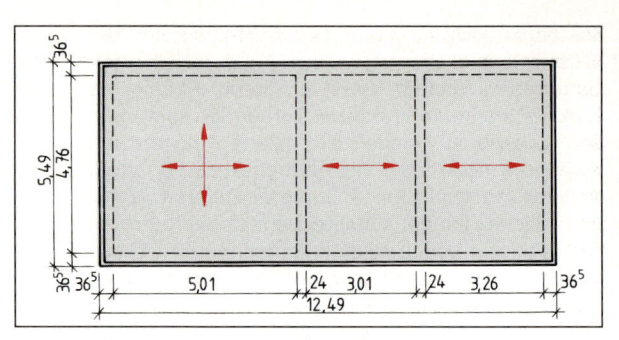

7.48 Ein- und zweiachsig gespannte Mehrfelddecke mit Tragrichtungssymbol (s. Tab. 1.19)

sig gespannten vorziehen. Bei stark voneinander abweichenden Rechteckabmessungen hat die zweiachsige Lastabtragung dagegen wenig Nutzen (7.47). Bei zwei gegenüberliegenden Auflagern können die Lasten nur einachsig abgetragen werden. Sind dagegen zwei winklig zueinander stehende oder mehr Auflager vorhanden, ist die zweiachsige Lastabtragung möglich (7.48). Beide Systeme können als Ein- und Mehrfelddecken ausgeführt werden. Außerdem lassen sich die Spannweisen in mehrfeldrigen Systemen miteinander kombinieren (7.49). Einachsig gespannte Kragarme können immer angehängt werden.

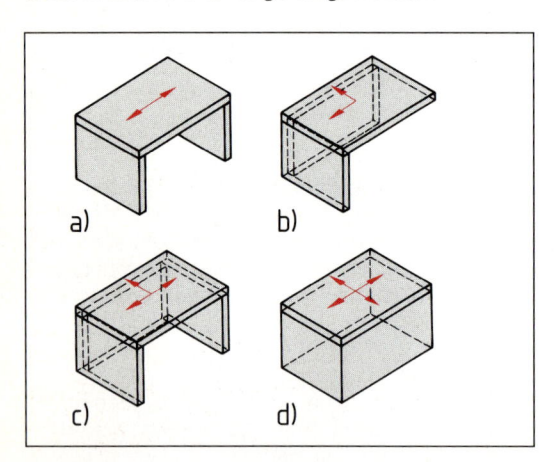

Bewehrung. Decken werden überwiegend mit Betonstahlmatten bewehrt. Hierfür stehen viele *Lagermatten* zur Verfügung. *Einachsig* gespannte Decken werden in der Regel mit R-Matten, *zweiachsig* gespannte Decken mit Q-Matten bewehrt. R-Matten unterscheiden sich von Q-Matten durch das Verhältnis des Stahlquerschnittes zwischen Längs- und Querbewehrung. Während Q-Matten annähernd einen gleichen Bewehrungsquerschnitt in Längs- und Querrichtung aufweisen, beträgt der Bewehrungsquerschnitt bei den R-Matten in Querrichtung nur ca. 20 % von dem Bewehrungsquerschnitt in Längsrichtung. Stöße sind so anzuordnen, dass Dreifachlagen vermieden werden.

Entsprechend der unterschiedlichen Beanspruchung der Decken in Feldmitte und im Auflagerbereich kann auch die Bewehrung unterschiedlich (gestaffelt) ausgeführt werden. Soll die Bewehrung zweilagig verlegt werden, ist das Versetzen der Stöße noch wichtiger, da sich sonst vierfache Lagen von Matten ergäben (7.50). Die *zweilagige* Bewehrung besteht aus zwei verschieden langen Matten übereinander (Hauptbewehrung und Zulagematte) oder aus zwei gleichen Matten, die verschränkt verlegt werden („Gestaffelte Bewehrung", 7.25).

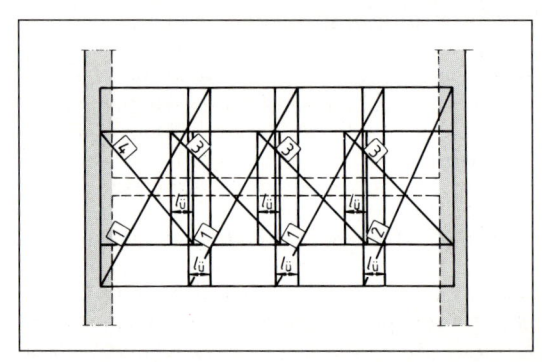

7.49 Ein- und zweiachsig gespannte Decken in Abhängigkeit von der Auflagersituation

Der Statiker hat die Aufgabe, die geeignete Spannweise zu wählen und unter Berücksichtigung der auftretenden Lasten die Decke zu bemessen.

Der Bauzeichner muss mit Hilfe des Positionsplans und der Bemessung die Bewehrungszeichnungen herstellen.

7.50 Zweilagige Bewehrung mit versetzten Stößen

7.5 Stahlbetonbauteile

Bei Bauvorhaben mit großen Stückzahlen gleicher Mattengrößen und -querschnitte kann man auch *Listenmatten* einsetzen. Sie sind in der Regel bis zu 12 m Länge und 3,0 m Breite lieferbar. Gegenüber den Lagermatten entfallen hier das Ablängen und jeglicher Verschnitt; dafür sind sie teurer. Weil sie nahezu unbegrenzt einsatzfähig sind, setzen sie sich gegenüber den Lagermatten immer stärker durch.

Außerdem gibt es Zeichnungsmatten, die vom Auftraggeber unter Hereingabe einer Bestellzeichnung an das Werk bestellt werden.

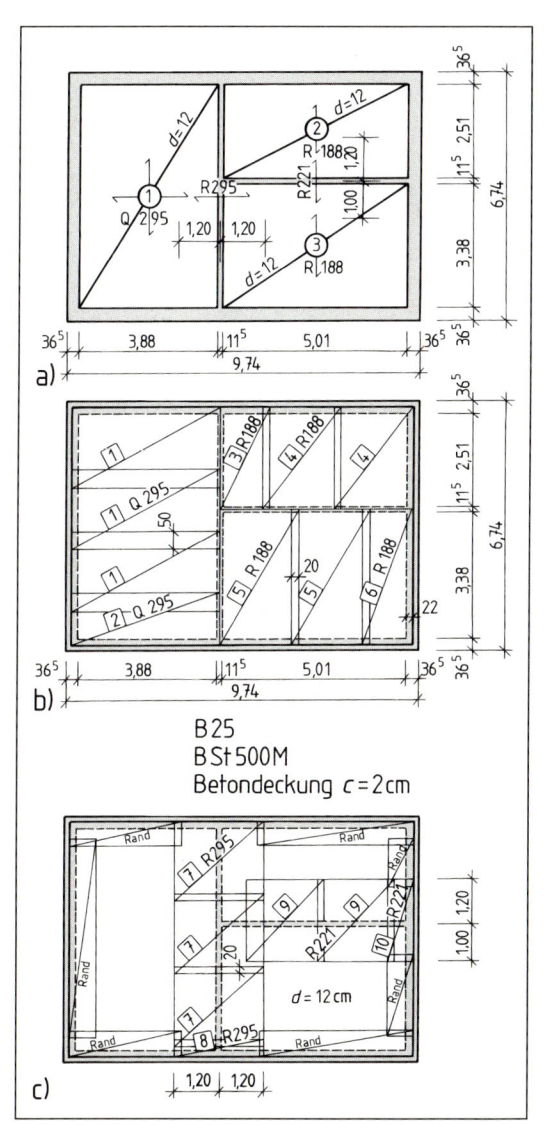

Listen- und Zeichnungsmatten werden meist objektbezogen gefertigt und geliefert.

Vereinzelt kann auch die gesamte Bewehrung aus Stabstahl erforderlich sein. Neben der Hauptbewehrung ist dann eine ausreichende Verteilerbewehrung vorzusehen (mindestens 20 %). Dagegen sind Zulagen aus *Stabstahl* in einer Decke recht häufig, z. B. bei größeren Aussparungen oder deckengleichen Unterzügen.

Für die Zeichenpraxis. Die untere und die obere Bewehrung sind getrennt darzustellen (**7.51**, **7.52**). Konstruktive Bewehrung (Rand- oder Rissbewehrung, Zulagen und Verteiler) ist zu ergänzen. Zu den Verlegeplänen sind Schneideskizzen anzufertigen (**7.53**). Stahlauszüge und Betonstahllisten sind gegebenenfalls auf dem Bewehrungsplan zu erstellen.

Abstandhalter sichern die Lage der Bewehrung. Sie sind vom Bauzeichner in ausreichender Menge vorzusehen. Zur Lagesicherung der unteren Bewehrungslage werden punktförmige Abstandhalter verwendet. Dies waren früher fast aus-

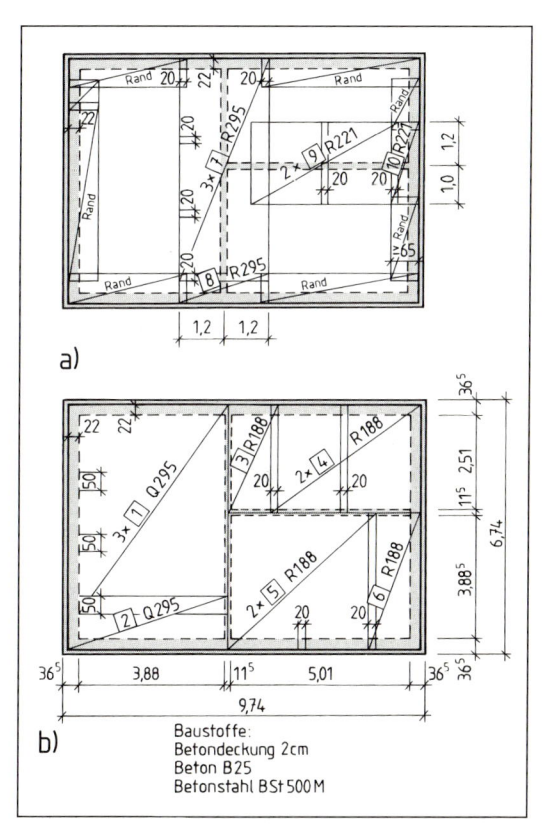

7.51 Bewehrung einer Kellerdecke mit Positionsplan
a) Positionsplan, b) untere Bewehrung, c) obere Bewehrung

7.52 Bewehrungsplan Kellerdecke in gruppenweiser Zusammenfassung
a) obere, b) untere Bewehrung M 1 : 100 m, cm

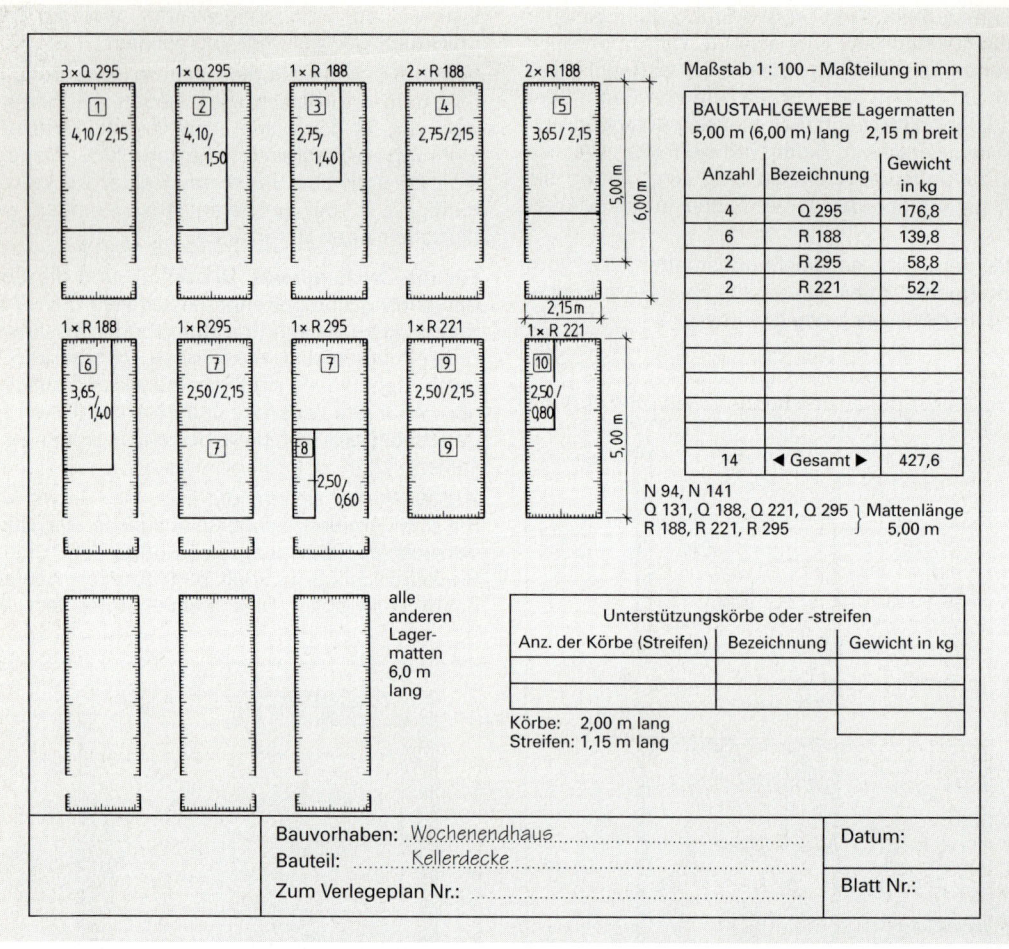

7.53 Schneideskizze

3 × Q 295	1 × Q 295	1 × R 188	2 × R 188	2 × R 188
① 4,10/2,15	② 4,10/1,50	③ 2,75/1,40	④ 2,75/2,15	⑤ 3,65/2,15

Maßstab 1 : 100 – Maßteilung in mm

BAUSTAHLGEWEBE Lagermatten
5,00 m (6,00 m) lang   2,15 m breit

Anzahl	Bezeichnung	Gewicht in kg
4	Q 295	176,8
6	R 188	139,8
2	R 295	58,8
2	R 221	52,2
14	◀ Gesamt ▶	427,6

N 94, N 141
Q 131, Q 188, Q 221, Q 295 } Mattenlänge
R 188, R 221, R 295   } 5,00 m

1 × R 188	1 × R 295	1 × R 295	1 × R 221	1 × R 221
⑥ 3,65/1,40	⑦ 2,50/2,15	⑦ 2,50/2,15	⑨ 2,50/Q80	⑩ 2,50/Q80
	⑦	⑧ 2,50/0,60	⑨	

alle anderen Lagermatten 6,0 m lang

Unterstützungskörbe oder -streifen

Anz. der Körbe (Streifen)	Bezeichnung	Gewicht in kg

Körbe: 2,00 m lang
Streifen: 1,15 m lang

Bauvorhaben: Wochenendhaus
Bauteil: Kellerdecke
Zum Verlegeplan Nr.:
Datum:
Blatt Nr.:

schließlich Betonklötzchen mit der Dicke der erforderlichen Betondeckung, die mit Drähten an die Matten angebunden wurden. Heute verwendet man zunehmend Kunststoffabstandhalter, die an der Bewehrung festgeklemmt werden. Je m² Mattenbewehrung sind mindestens 4 Stück Abstandhalter erforderlich.

Zur Sicherung der oberen Bewehrungslage verwendet man meist vorgefertigte *Unterstützungsböcke,* deren Füße korrosionsgeschützt sind. Diese Böcke unterstützen die oben liegende Bewehrung linienförmig. Der Abstand der Unterstützung richtet sich nach der Durchbiegung der Matten, d. h. nach dem Stabdurchmesser. Matten mit dünnen Durchmessern müssen häufiger unterstützt werden als Matten mit größeren Einzelstabdurchmessern (**7.54**). Die erforderliche Gesamtanzahl wird in die Schneideskizze eingetragen.

Unterstützungskorb — auf der unteren Bewehrung aufstehend / auf Klötzchen aufstehend — Klötzchen, Korrosionsschutz

7.54 Menge der Abstandhalter

Ø Tragstäbe	punktförmige Abstandhalter		linienförmige Abstandhalter	
	max s^1	St./m²	max s_2	lfm/m²
bis 6 mm	50 cm	4	50 cm	2
8 bis 14 mm	50 cm	4	70 cm	1,4
über 14 mm	70 cm	2	100 cm	1

> Stahlbetonvollplatten (Massivdecken) können einachsig und zweiachsig gespannt sein.
> Als Bewehrung werden vorzugsweise Matten verwendet. Die untere und obere Bewehrung werden getrennt dargestellt und sind durch Schneideskizzen zu ergänzen.

Balkendecken bestehen aus einzelnen Balken, die dicht nebeneinander verlegt und mit einer mindestens 4 cm dicken Schicht aus Überbeton versehen werden. Der Überbeton erhält eine Querbewehrung, die für die ausreichende Querverteilung der Lasten auf mehrere Balken sorgt und dadurch unterschiedliche Durchbiegungen der Balken verhindert (**7.55**).

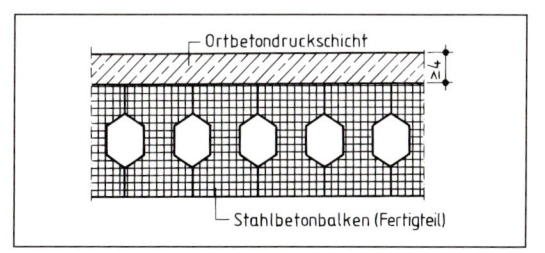

7.55 Balkendecke ohne Zwischenbauteile

Eine andere Art der Balkendecke wird mit *Zwischenbauteilen* hergestellt. Dabei werden die Balken mit gleich bleibendem Achsabstand verlegt (häufig 50 oder 62,5 cm). Der Querschnitt des Balkens ist so gewählt, dass er genügend Auflager für die Zwischenbauteile bietet. Die Zwischenbauteile sind meist Fertigteile aus Leichtbeton, können aber auch aus Stahlbeton oder gebranntem Ton bestehen. Die Balken sind so ausgelegt, dass sie die Last eines Balkenfelds aufnehmen. Die Zwischenbauteile sind statisch unwirksam und nur für die Verteilung der Last auf die Stahlbetonbalken erforderlich. Auch bei dieser Deckenart ist das Aufbringen einer Ortbetondruckschicht empfehlenswert, aber nicht nötig (**7.56**).

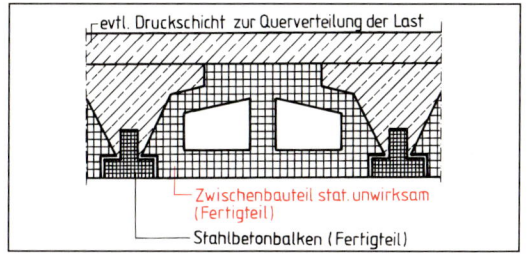

Bei den Balkendecken entfällt das aufwendige Einschalen; eine einfache Unterstützungskonstruktion reicht aus. Balken und Zwischenbauteile sind schnell und leicht zu verlegen. Sie werden deshalb gern bei kleineren Baustellen mit minimaler Baustelleneinrichtung gewählt.

> Bei den Balkendecken sind nur die einzelnen Balken statisch wirksam. Zwischenbauteile und Ortbetonschicht verteilen die Lasten auf die benachbarten Balken.
> Balkendecken verwendet man häufig bei kleinen Bauvorhaben.

Plattenbalkendecken. Wenn große Spannweiten zu überbrücken sind, wird eine Massivdecke infolge ihrer erforderlichen Dicke und damit der Eigenlast unwirtschaftlich. Daraus folgt, dass Zwischenauflager eingeplant werden müssten. Wände kommen dafür aber oft nicht in Frage, z. B. in großen überschaubaren oder befahrbaren Räumen. Deshalb baut man Unterzüge als Auflager. Wenn die Unterzüge so konstruiert werden, dass sie mit den Deckenplatten zusammen wirken, sprechen wir von einer Plattenbalkendecke (**7.57**).

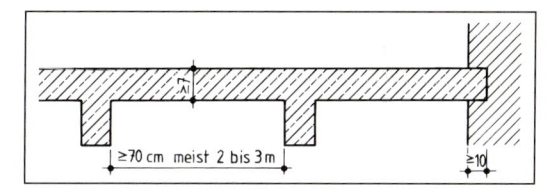

7.57 Plattenbalkendecke

In Haupttragrichtung wirken die Balken, die Deckenplatten sorgen für die Abtragung der Lasten in Nebentragrichtung und wirken gleichzeitig im Zusammenhang mit dem Balken. Die mitwirkende Plattenbreite b_m kann vereinfacht mit einem Drittel der Feldstützweite l_0 angesetzt werden (**7.58**). Der Plattenbalken ist statisch günstig, weil in seinem oberen Teil für die Druckkraftaufnahme der verhältnismäßig große Deckenquerschnitt zur Verfü-

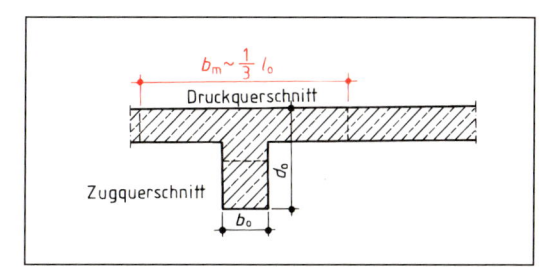

7.56 Balkendecke mit Zwischenbauteilen

7.58 Mitwirkende Plattenbreite b_m

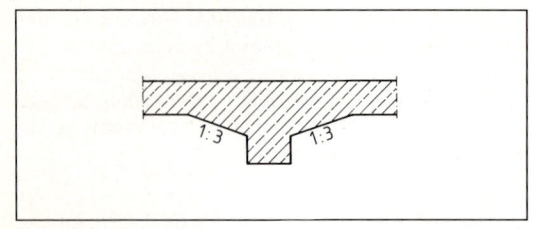

7.59 Voute

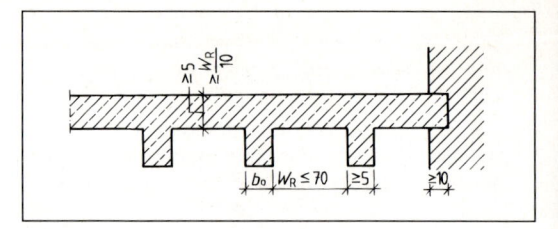

7.60 Rippendecke

gung steht und die Zugkraftaufnahme durch die Bewehrung im Steg erfolgt.

Vouten erweitern die Druckzone und verringern die rechnerische Plattenstützweite (**7.59**). Der verringerte Stahlbedarf zahlt sich des höheren Schalungsaufwands wegen jedoch selten aus. Allerdings verbessern Vouten die Krafteinleitung und das Zusammenwirken von Balken und Platte.

> Plattenbalken sind durch das Zusammenwirken von Balken und Platte statisch günstige Systeme, die große Stützweiten überbrücken können. Sie finden überwiegend im Industriebau und bei Parkhäusern Anwendung.

Bei Rippendecken handelt es sich im Prinzip um Plattenbalkendecken mit geringeren Abmessungen (**7.60**). Sie können ein- oder zweiachsig gespannt werden. Einachsig gespannte Rippendecken erfordern eine Mindestquerbewehrung von 3 Ø 4,5 mm. Die Bewehrung in den Längsrippen ist gleichmäßig zu verteilen, Bügel sind erforderlich. Zweiachsig gespannte Rippendecken nennt man (wegen ihrer Untersicht) Kassettendecken (**7.61**).

Bei Rippendecken ist der Schalungsaufwand beträchtlich. Deshalb verwendet man besonders gern Stahlschalung. Eine andere Möglichkeit besteht in der Anordnung von Füllkörpern (Zwischenbauteilen). Sie können statisch wirksam sein, also z. T. mittragen. Dann erfordern sie keine Ortbetonplatte. Sie können aber auch statisch unwirksam sein und wirken dann wie eine verlorene Schalung. Außerdem sorgen sie für eine glatte Deckenuntersicht.

Rippendecken mit Füllkörpern gleichen den Balkendecken mit Zwischenbauteilen. Rippen und Zwischenbauteile sind oft Fertigteile.

> Rippendecken sind Plattenbalkendecken mit kleineren Abmessungen. Sie können ein oder zweiachsig gespannt sein.
> Füllkörper erleichtern das Einschalen.

Pilzdecken heißen Deckenplatten, die punktförmig auf Stützen aufgelagert sind. Sie werden gewählt für große, leicht überschaubare Räume. Die Plattendicke muss mindestens 15 cm betragen. Um eine Lastabtragung auf die Stütze zu gewährleisten, sind stets kreuzweise bewehrte Platten erforderlich. Bei punktförmiger Auflagerung besteht die Gefahr des Durchstanzens. Dies verhindert man durch einen breiteren *Stützenkopf* (Pilzkopf). Er vergrößert die Durchstanzfläche und damit den Widerstand gegen das Durchstanzen (**7.62 a**). Dieser *außen liegenden* Stützenkopfverstärkung verdankt die Deckenart ihren Namen. In Frage kommt auch eine entsprechende Bewehrung zwischen Stützenkopf und aufliegender Deckenplatte (*innen liegende* Stützenkopfverstärkung, **7.62 b**).

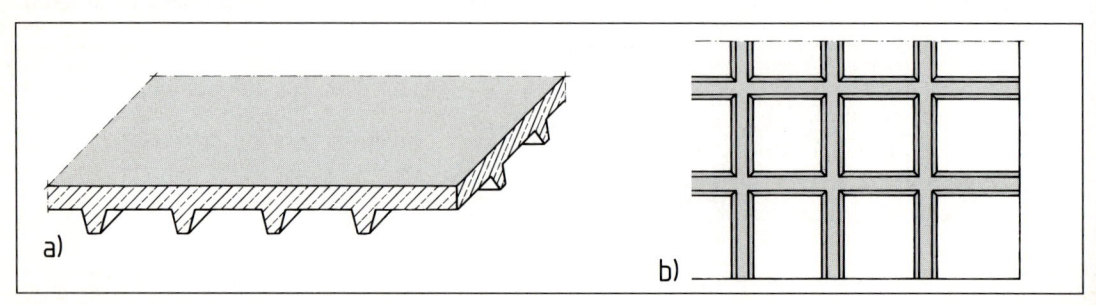

7.61 Kassettendecke (Isometrie und Untersicht)

7.5 Stahlbetonbauteile

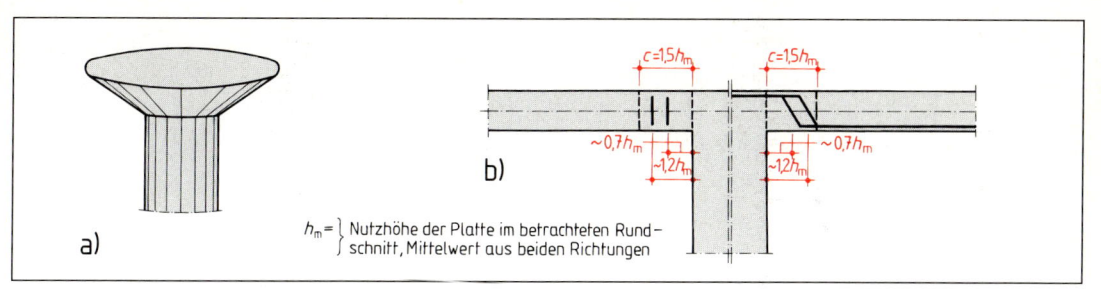

7.62 Stützenkopfverstärkung
a) außen liegend (Pilzkopf), b) innen liegend (nach DIN 1045)

Außenliegende Stützenkopfverstärkungen erfordern einen erhöhten Schalungsaufwand, innen liegende mehr und schwierigere Bewehrung sowie unter Umständen eine dickere Deckenplatte.

> Pilzdecken sind punktförmig auf Stützen gelagert, zweiachsig gespannte Deckenplatten.
>
> Außen- oder innenliegende Stützenkopfverstärkungen verhindern das Durchstanzen der Decke.

7.5.2 Stahlbetonbalken

Wie wir in Abschnitt 7.3 gesehen haben, sind Platten und Balken hinsichtlich der Beanspruchung vergleichbar. Nur sind Balken aufgrund ihres meist höheren Querschnitts besser in der Lage, konzentrierte Lasten aufzunehmen. Der häufigste Balkenquerschnitt ist der Rechteckquerschnitt. Es kommen aber auch T-förmige, trapezförmige und hohle Querschnitte vor. Stahlbetonbalken können als Ein- und Mehrfeldbalken ausgeführt werden. Kragarme sind möglich. Werden Balken im Zusammenhang mit Platten geschüttet, spricht man je nach Anordnung des Balkens von *Unter-* bzw. *Überzügen*. Oft sind auch versteckte, das heißt *deckengleiche* Balken erforderlich (**7.63**).

Die Auflagerung am End- und Zwischenauflager ist für die Bewehrung wesentlich. Man unterscheidet hier, wie im Übrigen auch bei den Decken, zwischen freier Auflagerung und voller oder teilweiser Einspannung. Die Auswirkung verdeutlichen wir uns anhand der Verformung (Durchbiegung) unter Belastung (**7.64**). Während bei freier Lagerung nur unten im Feld Biegezugspannungen auftreten, sind bei teilweiser bzw. voller Endeinspannung auch oben an der Einspannstelle Zugkräfte zu berücksichtigen. Einspannung am Mittenauflager wirken sich im Hinblick auf die Spannungen im Feld spannungsmindernd aus.

> Balken dienen als Unterfangung für Strecken- oder Punktlasten. Am häufigsten ist der Rechteckquerschnitt.
>
> Man unterscheidet Ein- und Mehrfeldbalken sowie Balken mit Kragarmen.

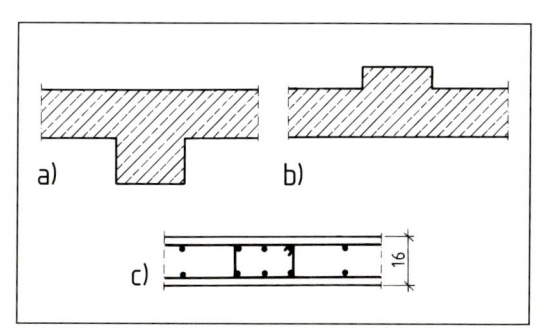

7.63 Balken im Zusammenhang mit Platten
a) Unterzug, b) Überzug, c) deckengleicher Balken

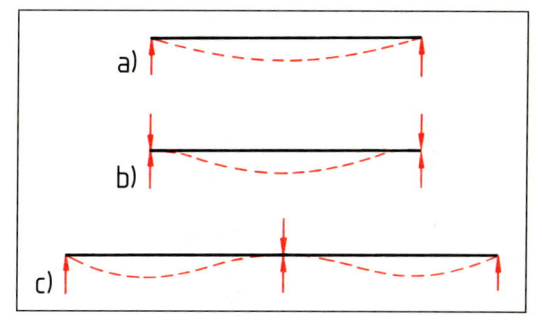

7.64 Auswirkung der Auflagersituation auf die Bewehrung
a) frei drehbares Endauflager,
b) eingespanntes Endauflager,
c) eingespanntes Mittelauflager

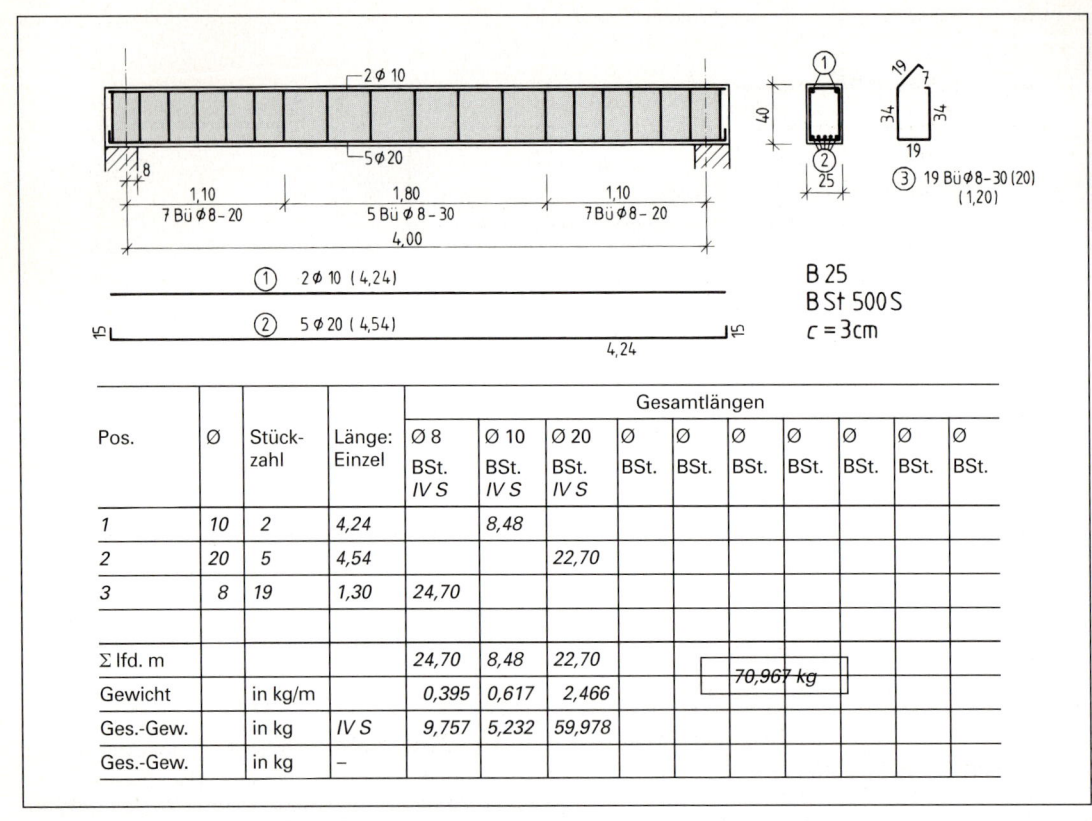

Pos.	Ø	Stück-zahl	Länge: Einzel	Gesamtlängen									
				Ø 8 BSt. IV S	Ø 10 BSt. IV S	Ø 20 BSt. IV S	Ø BSt.	Ø BSt.	Ø BSt.	Ø BSt.	Ø BSt.	Ø BSt.
1	10	2	4,24		8,48							
2	20	5	4,54			22,70						
3	8	19	1,30	24,70								
Σ lfd. m				24,70	8,48	22,70						
Gewicht		in kg/m		0,395	0,617	2,466	70,967 kg						
Ges.-Gew.		in kg	IV S	9,757	5,232	59,978						
Ges.-Gew.		in kg	–									

7.65 Bewehrungsplan für Einfeldbalken (mit Betonstahlliste)

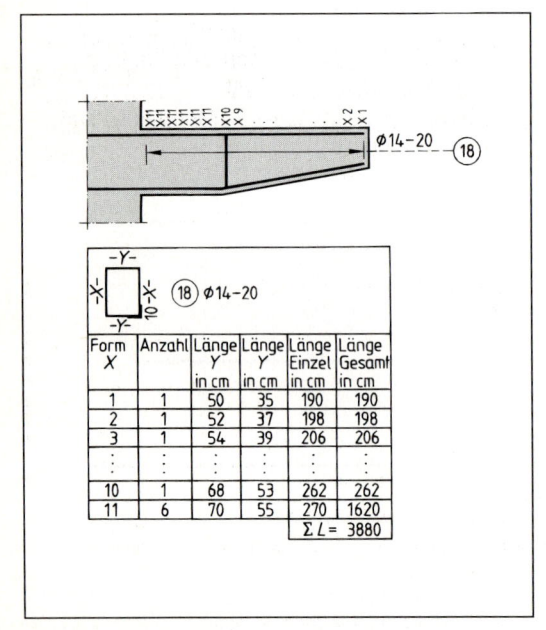

Form X	Anzahl	Länge Y in cm	Länge Y in cm	Länge Einzel in cm	Länge Gesamt in cm
1	1	50	35	190	190
2	1	52	37	198	198
3	1	54	39	206	206
⋮	⋮	⋮	⋮	⋮	⋮
10	1	68	53	262	262
11	6	70	55	270	1620
				Σ L =	3880

7.66 X-Liste für Bügel

Bei den Einfeldbalken gibt es statisch bestimmte Systeme mit und ohne Kragarm sowie statisch unbestimmte Systeme. Statisch unbestimmt sind die Systeme, bei denen zumindest an einem Auflager eine Einspannung (z. B. durch aufliegendes Mauerwerk) gegeben ist. Die Bemessung der Balken nimmt der Statiker vor. Er berechnet die Feld- und Einspannbewehrung, gibt auch die erforderlichen Bügel mit ihren Abständen und Neigungen sowie eventuellen Aufbiegungen an. Aus diesen Angaben ist der Bewehrungsplan herzustellen. Montagestähle sind nach Erfordernis zu wählen und anzugeben (**7.65**).

Für die Zeichenpraxis. Die Bewehrungszeichnung muss neben dem Längen- und Querschnitt mit allen statischen Positionen und den Positionen der Montagestähle auch den Stahlauszug enthalten und durch eine Betonstahlliste ergänzt werden. Gleiche Bügelformen mit wechselnden Biegelängen werden in X-Listen dargestellt (**7.66**)

Auch Mehrfeldbalken können statisch bestimmte oder unbestimmte Systeme sein. Bei durchlaufenden Balken lassen sich Beton und Stahlquerschnitt

7.5 Stahlbetonbauteile

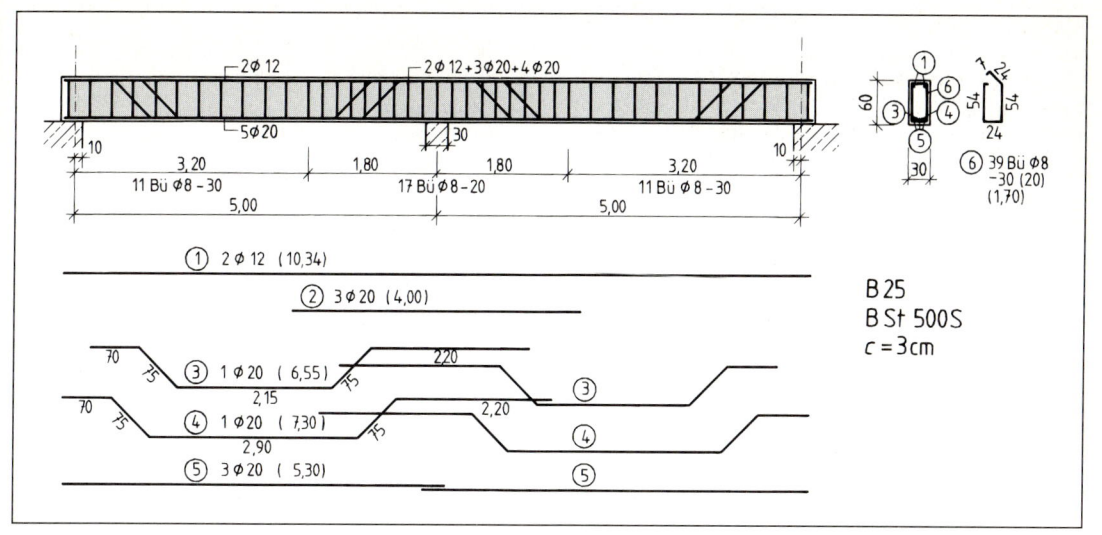

7.67 Bewehrungsplan für Zweifeldbalken

besser nutzen als bei Einfeldbalken, weil sie im oberen wie auch im unteren Balkenteil Biegezugkräfte aufnehmen und die sonst erforderlichen Montagestähle bereits einen Teil der statisch erforderlichen Bewehrung ausmachen. Manchmal liegen über den Stützen noch die aus der Feldbewehrung aufgebogenen Stähle, die als obere Bewehrung mit in Ansatz gebracht werden können. Die Hauptbewehrung liegt *im Feld unten* und *über den Stützen* oben. Falls Einspannbewehrung an den Auflagern nötig ist, liegt sie ebenfalls oben – sonst wird konstruktiv Randbewehrung vorgesehen (7.67).

Kragbalken können sich an Ein- und Mehrfeldbalken anschließen bzw. durch ausreichende Auflast (z. B. aus Mauerwerk) gehalten werden. Unten ist konstruktive Bewehrung vorzusehen! Die ausreichende Verankerung der Zugbewehrung ist sehr wichtig (7.68).

7.5.3 Stahlbetonstützen

Stahlbetonstützen sind hochbeanspruchte Druckglieder mit verschiedenen Querschnittsformen. Bei rechteckigen Stützen darf eine Seite höchstens fünfmal so groß sein wie die andere Seite $(b \leq 5d)$. Bei $b \geq 5d$ handelt es sich um Wände.

Zu unterscheiden sind bügelbewehrte und umschnürte Druckglieder. Die Druckkräfte werden zum größten Teil vom Beton aufgenommen. Längsstäbe sind erforderlich, um dem Beton durch die Verbundwirkung mehr Halt zu geben und evtl.

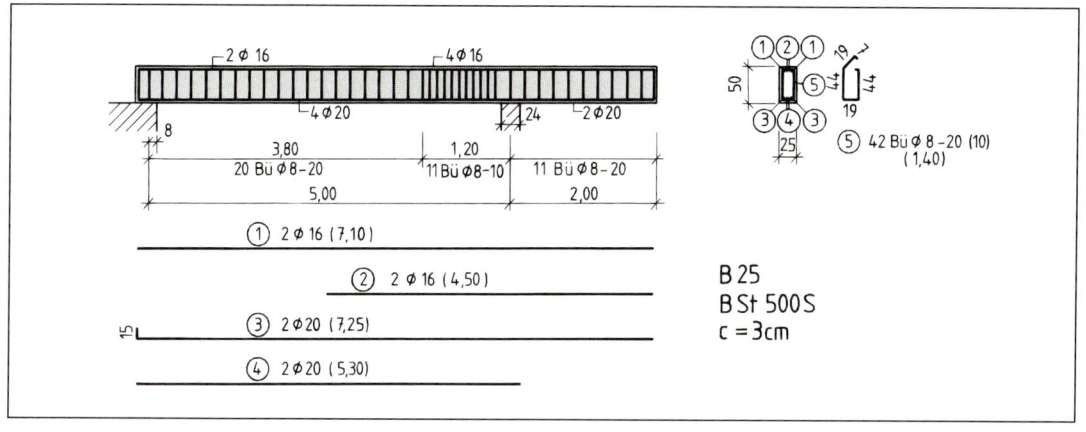

7.68 Bewehrungsplan für Kragbalken

auftretende Biegezugspannungen aufzunehmen. Durch die Verbundwirkung sind sie ebenfalls an der Druckaufnahme beteiligt. Bügel- bzw. Spiralbewehrung ist unbedingt erforderlich, da sonst die überschlanken Längsstähle ausknicken würden. Außerdem nehmen sie die Querzugkräfte auf.

Bügelbewehrte Stützen müssen nach DIN 1045 einen Mindestquerschnitt haben, der von dem Herstellungsort und der Querschnittsform abhängt

Tabelle 7.69 Mindestdicken bügelbewehrter, stabförmiger Druckglieder

Querschnittsform	stehend hergestellte Druckglieder aus Ortbeton in cm	Fertigteile und liegend hergestellte Druckglieder in cm
Vollquerschnitt Dicke	20	14
Aufgelöster Querschnitt, z. B. I-, T- und L-förmig (Flansch- und Stegdichte)	14	7
Hohlquerschnitt (Wanddicke)	10	5

(7.69). Die Bewehrung besteht aus mindestens 4 Längsstäben, die mit geschlossenen Bügeln zu versehen sind. Auch für die Längsbewehrung gibt es in der DIN Mindestdurchmesser, die von den Querschnittsabmessungen abhängen (7.70).

Tabelle 7.70 Mindestdurchmesser d_{sl} der Längsbewehrung

Kleinste Querschnittsdicke der Druckglieder in cm	Mindestdurchmesser d_{sl} in mm
< 10	8
≥ 10 bis < 20	10
≥ 20	12

Die Bewehrung ist vorzugsweise in den Querschnittsecken zu verlegen. Bei Bedarf können bis zu 5 Stähle je Ecke angeordnet werden (7.29). Der Abstand der Längsstähle untereinander darf 30 cm nicht überschreiten. Jedoch gilt bei Stützenquerschnitten bis zu 40/40 cm je Ecke ein Stahl als ausreichend, obwohl 30 cm dabei überschritten werden können (7.71). Sind außerhalb der Ecken Längsstähle erforderlich, sind sie durch Zwischenbügel zu sichern (7.72).

Die Bügelbewehrung muss bei Stabstahl einen Durchmesser von mindestens 5 mm haben. In der zukünftigen DIN 1045 wird dieser Wert auf 6 mm

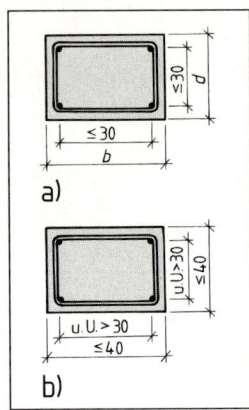

7.71 Abstände der Längsstähle im Stützenquerschnitt
a) Regelfall, b) Ausnahme

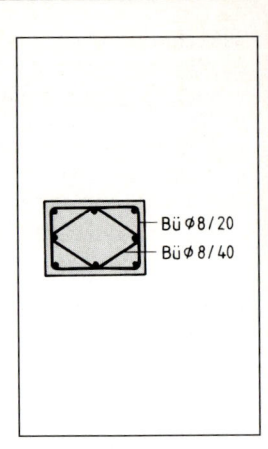

7.72 Anordnung von Zwischenbügeln

angehoben werden. Sind Längsstähle von mindestens 20 mm zu umschließen, darf der Bügeldurchmesser 8 mm nicht unterschreiten. Bei Verwendung von Bügelmatten beträgt der Mindestdurchmesser 5 mm. Der Abstand der Bügel untereinander richtet sich nach den Stützenabmessungen und dem Längsstabdurchmesser (7.73). Zwischenbügel dürfen im doppelten Abstand angeordnet werden. Bessere Verankerung erreicht man durch engeres Verlegen der Bügel am Stützenkopf und -fuß (7.74).

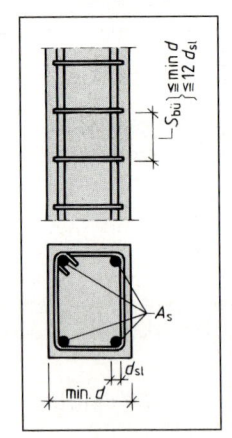

7.73 Bügelabstände

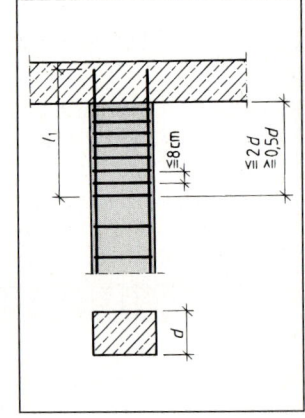

7.74 Bügelanordnung am Stützenkopf (bessere Verankerung)

> Bügelbewehrte Stützen müssen mindestens 4 Längsstähle haben. Sie sind mit geschlossenen Bügeln gegen Ausknicken zu sichern.

Umschnürte Stützen sind Druckglieder mit kreisförmigem oder regelmäßig vieleckigem Querschnitt. Bei dieser Stützenform werden die Längsstähle durch eine spiralförmige Verbügelung gehalten, sozusagen umschnürt. Dadurch verbessert sich die Tragfähigkeit der Stütze wesentlich. Der Kerndurchmesser muss bei Ortbeton mindestens 20 cm, bei Fertigteilen mindestens 14 cm betragen (**7.**75). Die Bewehrung besteht aus mindestens 6 Stabstählen, die gleichmäßig auf dem Umfang zu verteilen sind. Die Mindestdurchmesser gelten wie für bügelbewehrte Stützen.

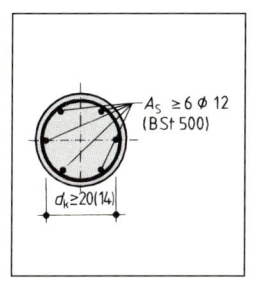

Stützen über mehrere Geschosse kommen häufig vor. Sie werden durch Anschlussbewehrung verbunden, wobei die erforderlichen Übergreifungslängen einzuhalten sind. DIN 1045 sieht für Druckstöße aber auch ausdrücklich Schweißstöße ohne besondere Verbindungsmittel vor.

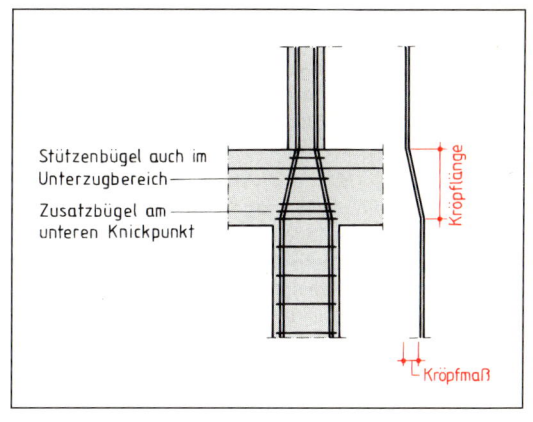

7.75 Umschnürte Säule, Kerndurchmesser und Mindestbewehrung

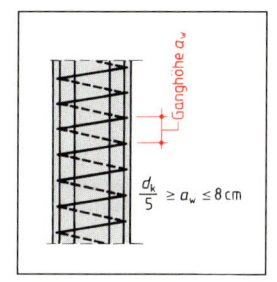

7.76 Umschnürte Säule, Ganghöhe

7.77 Gekröpfte Bewehrung bei Mehrgeschossstützen

Die Wirksamkeit der Umschnürung ist von der Ganghöhe der Wendelung abhängig. Sie darf keinesfalls größer als 8 cm bzw. ein Fünftel des Kerndurchmessers sein (**7.**76). Bei Anschlüssen zwischen zwei Wendelungen sind Winkelhaken nach innen anzuordnen. Eine weitere Möglichkeit des Anschlusses besteht im Zusammenschweißen.

Bei wechselnden Stützenquerschnitten von Geschoss zu Geschoss muss die Anschlussbewehrung gekröpft werden (**7.**77). Die Knickpunkte im Kröpfungsbereich sind durch Zusatzbügel ausreichend zu sichern. Die Kröpflänge soll mindestens 10-mal so groß sein wie das Kröpfmaß.

7.5.4 Stahlbetonwände

Hier wollen wir Geschosswände und Stützwände betrachten.

Geschosswände sind ebenso wie Stützen Bauteile, die überwiegend auf Druck beansprucht werden. Sie haben viele Aufgaben zu erfüllen. Es gibt tragende, nichttragende und aussteifende Wände.

> Die Bewehrung der umschnürten Druckglieder besteht aus mindestens 6 Längsstäben, die durch eine Wendelbewegung gehalten werden. Die Ganghöhe darf 8 cm bzw. ein Fünftel des Kerndurchmessers nicht überschreiten.

Tabelle **7.**78 Mindestwanddicke für tragende Wände

Festigkeit-Klasse des Betons	Herstellung	Mindestwanddicken für Wände aus			
		unbewehrtem Beton		Stahlbeton	
		Decken über Wänden		Decken über Wänden	
		nicht durchlaufend in cm	durchlaufend in cm	nicht durchlaufend in cm	durchlaufend in cm
ab B 15	Ortbeton	14	12	12	10
	Fertigteil	12	10	10	8

Tragende Wände müssen je nach Lage lotrechte und/oder waagerechte Lasten aufnehmen. Sie sind in vorgeschriebenen Abständen gegen Knicken auszusteifen.

Als aussteifende Querwände können tragende wie auch nichttragende Wände herangezogen werden.

Nichttragende Wände nehmen keine Deckenlasten auf. Sie dienen zur Raumaufteilung oder als Windscheibe zum Weiterleiten von Horizontalkräften auf die nächste tragende Wand.

Nach der Knickaussteifung unterscheidet man zwei-, drei- und vierseitig gehaltene Wände. Neben aussteifenden Wänden sind auch Deckenscheiben oder ausreichend steife Stützen als unverschiebliche Halterung der Wände anzusehen.

Bei tragenden Wänden müssen die Mindestdicken nach DIN 1045 eingehalten werden (**7.78**). Nichttragende Wände müssen mindestens 8 cm dick sein. Bei schlanken Wänden ist die Knicksicherheit nachzuweisen. Sie hängt ab von der Wandhöhe, Wanddicke und Art der Lagerung. Die beidseitige Bewehrung der Wände muss in Tragrichtung bei Einzelstabbewehrung mindestens einen Durchmesser von 8 mm haben. Der Höchstabstand beträgt derzeit noch 20 cm. In der Neufassung der DIN wird er 30 cm betragen. Bei Betonstahlmatten aus BSt 500 M ist der Mindestdurchmesser von 5 mm einzuhalten.

Als Querbewehrung sind mindestens 20% der Hauptbewehrung einzuplanen, bei BSt III je Meter mindestens 3 $\varnothing$ 6, bei BSt IV je Meter mindestens 3 $\varnothing$ 4,5. Wahlweise können auch entsprechend mehr Stäbe kleineren Durchmessers gewählt werden, wobei der Gesamtquerschnitt des Stahls nicht geringer sein darf.

Die äußere und die innere Bewehrungslage ist durch S-Haken oder Steckbügel an mindestens 4 Stellen je m² zu verbinden. Außen-, Haus- und Wohnungstrennwände erhalten außerdem eine umlaufende Ringankerbewehrung von mindestens 2 $\varnothing$ 12. An allen anderen freien Rändern sind Eckstäbe anzuordnen, die durch Steckbügel gesichert werden (**7.79**).

> Geschosswände aus Stahlbeton können tragende, nichttragende oder aussteifende Wände sein. Die Mindestbewehrung ist in DIN 1045 vorgeschrieben.

Stützwände werden überwiegend senkrecht zur Fläche beansprucht z. B. bei Geländeversprüngen zur Aufnahme des Erddrucks. Wasseransammlungen hinter der Stützwand erhöhen die Belastung und sind darum zu vermeiden (z. B. durch Dränung). Der Fuß muss so ausgebildet sein, dass die Wand von den horizontalen Kräften weder verschoben noch umgekippt werden kann. Dazu ist außer der Biegebemessung auch der Nachweis der Gleit und Kippsicherheit erforderlich.

Auch bei den Stützwänden können wir uns anhand der Verformung durch Lasteinwirkung klarmachen, wo Biegezugspannungen auftreten (**7.80**). Daraus folgt die Lage der erforderlichen Bewehrung (**7.81**).

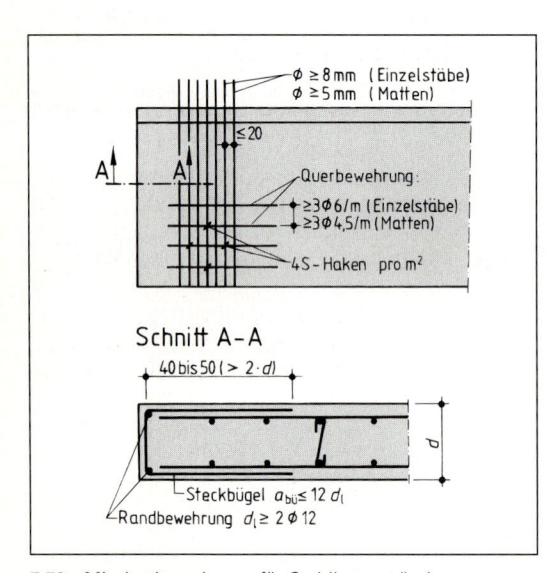

7.79 Mindestbewehrung für Stahlbetonwände

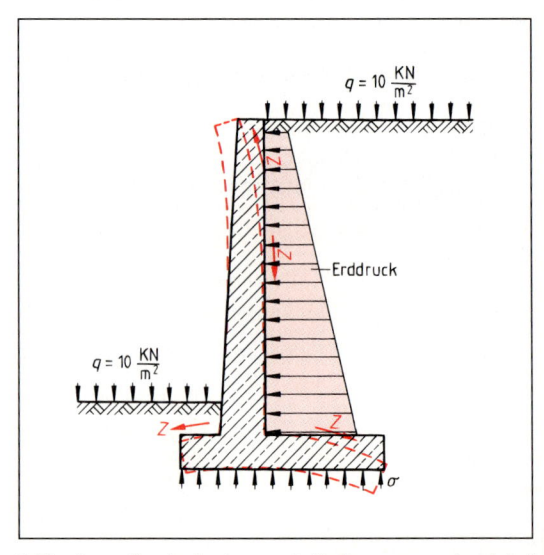

7.80 Angreifende Lasten und Verformungszustand bei einer Stützwand

Aufgaben zu Abschnitt 7.5

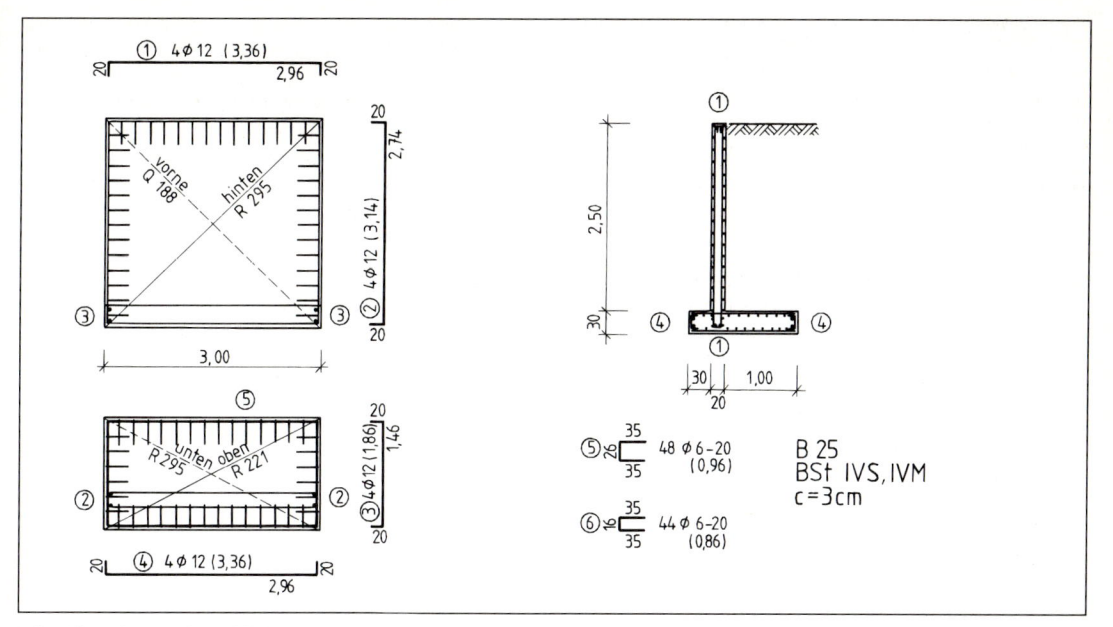

7.81 Bewehrung einer Winkelstützmauer

Stahlbetonstützwände sichern Geländeversprünge. Sie werden auf Biegung beansprucht und entsprechend bewehrt.

Die erforderliche Gleit- und Kippsicherheit erreicht man durch biegesteife Verbindung zwischen Wand und Fuß und eine geeignete Form des Fußes.

Aufgaben zu Abschnitt 7.5

1. Skizzieren Sie je eine typische Balken- und Plattendecke.
2. Zeichnen Sie die Lastabtragung bei quadratischen und rechteckigen Deckenplatten.
3. Zeichnen Sie die Deckenspannrichtung für eine dreiseitig gehaltene Loggienplatte.
4. Wie nehmen Plattenbalkendecken Spannungen auf?
5. Wie erfolgt die Aufnahme der Biegedruck- und Biegezugspannungen in einer Plattenbalkendecke?
6. Was versteht man unter der mitwirkenden Plattenbalkenbreite?
7. Welche Vor- und Nachteile erzielt man durch die Anordnung von Vouten bei Plattenbalken?
8. Skizzieren Sie eine Rippendecke und geben Sie Mindestabmessungen an.
9. Wodurch unterscheidet sich Kassettendecken von Rippendecken?
10. Was sind Pilzdecken?
11. Beschreiben Sie Möglichkeiten der Stützenkopfverstärkung bei Pilzdecken.
12. Skizzieren Sie die Verformung eines Zweifeldbalkens unter Belastung und geben Sie daraus die Lage der Hauptbewehrung an.
13. Welche Spannungen werden überwiegend von den Längsstählen, welche von den Bügeln aufgenommen?
14. Warum ist der Bügelabstand in Auflagernähe oft kleiner als im Balkenfeld?
15. Erklären Sie den Unterschied zwischen bügelbewehrten und umschnürten Stützen.
16. Geben Sie die Mindestabmessungen und Mindestbewehrung für bügelbewehrte und umschnürte Stützen an.
17. Erläutern Sie die Aufgaben von tragenden, nichttragenden und aussteifenden Wänden in einem Gebäude.
18. Skizzieren Sie mögliche Belastungsfälle einer Kelleraußenwand.
19. Welche Aufgaben erfüllen Stahlbetonstützwände?
20. Nennen Sie Maßnahmen, die zur Erhöhung der Gleit- und Kippsicherheit beitragen.

7.6 Schalung

Schalungen dienen als Form für den Beton. Je nach Bauteil und seiner gewünschten Oberfläche sind die verschiedensten Schalungskonstruktionen möglich und nötig. Neben der Formgebung und Oberflächengestaltung fallen der Schalung aber noch mehr Aufgaben zu.

- Sie muss die Last des Frischbetons aufnehmen und darf sich dabei nicht wesentlich verformen. Je nach Verdichtungsart (Innenrüttler, Außenrüttler) erhöht sich der Druck des Betons auf die Schalung erheblich.
- Die Schalung muss außerdem sehr dicht sein, um ein Ausfließen des Feinmörtels zu verhindern. Sonst bilden sich hässliche Kiesnester, die die Tragfähigkeit und Widerstandsfähigkeit gegen Witterungseinfluss entscheidend verringern (**7**.82).

Eine Schalungskonstruktion setzt sich aus Schalhaut, Verbindungsmitteln und Unterstützungskonstruktion mit erforderlichen Aussteifungen zusammen. Weil der Arbeits- und Materialaufwand für Schalungsarbeiten sehr hoch ist, kommt es darauf an, die jeweils geeignete Schalungskonstruktion für die verschiedensten Bauteile zu planen. Dabei hat man die Wahl zwischen Großflächenschalung, Raumschalung, Sonderschalung und Schalung in handwerklicher Ausführung.

> Schalung besteht aus Schalhaut, Verbindungsmitteln, Unterstützungskonstruktion und Aussteifungen.

Der Schalungsdruck muss ohne Veränderung der Maßgenauigkeit und Oberflächenbeschaffenheit sicher aufgenommen werden.

7.82 Schadstelle infolge undichter Schalung

Die Schalung in handwerklicher Ausführung ist am arbeitsintensivsten. Dennoch kommt ihr auch heute noch besondere Bedeutung zu. Der Bauzeichner muss über grundlegendes Wissen verfügen (s. Baufachkunde Grundlagen), um die Schalpläne zeichnen und den Materialbedarf berechnen zu können.

Schalpläne gehören zu den Ausführungszeichnungen. Sie enthalten die Darstellung der Betonkonstruktion im geplanten Endzustand und ihre vollständige Bemaßung (**7**.83). Schalpläne werden nur selten gezeichnet. Daneben gibt es *Schalungspläne,* die die Schalungskonstruktion darstellen. Sie dienen als Hilfe für die Bauausführenden und werden daher auch nur von der bauausführenden Firma zum Eigengebrauch angefertigt.

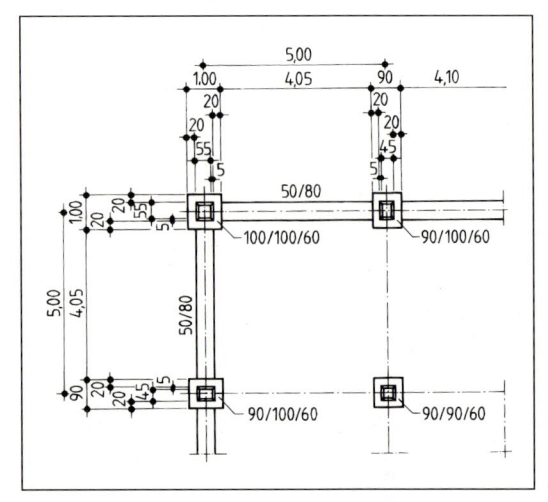

7.83 Schalplan (Auszug Fundamentplan)

Treppenschalung. Ortbetontreppen lassen sich vorteilhaft mit Holz einschalen (**7**.84). Zuerst werden die Podeste geschalt, danach die Rüstung und Abstützung für die Laufplatte zwischen die Podeste eingeschnitten und die Schalhaut aufgebracht. Auf der Seitenschalung wird das Stufenprofil aufgerissen, an der Treppenhauswand eine Stufenlehre befestigt. Zwischen beiden setzt man die Stirnbretter ein und versteift sie gegen seitliches Ausweichen.

Für Fertigteiltreppen setzt man vorgefertigte Treppenschalungen ein. Verwendet werden Ganzstahl- und Stahl/Sperrholzausführungen sowie starre und verstellbare Schalungen. Mit den letzteren lassen sich Treppenläufe mit 25 bis 31 cm Auftritt,

7.6 Schalung

7.84 Treppenschalung

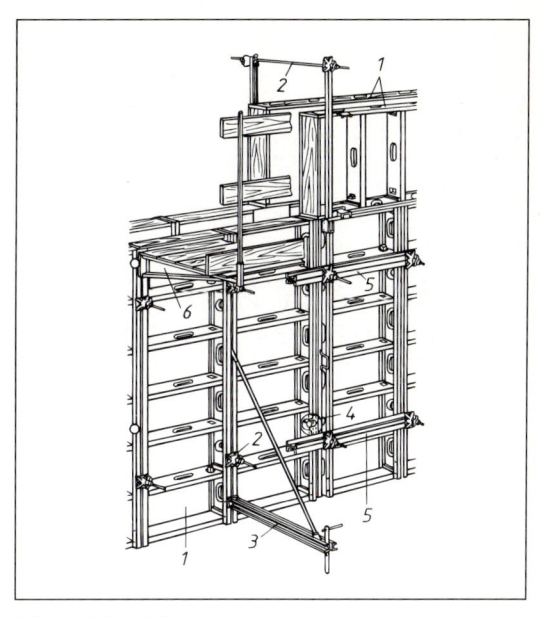

7.85 Leichtschalung
1 Schalelement
2 Spannanker
3 justierbare Kippsicherung
4 Stoßverbindung
5 zusätzliches Richt- und Aussteifungsprofil
6 Auslegerkonsole für Arbeitsgerüst

16 bis 19,5 cm Steigung und einer Laufplattendicke bis 25 cm herstellen.
Nach dem Ausschalen sind in jedem Treppenhaus Sicherungen gegen den Absturz von Personen zu treffen.

Systemschalung. Die Schalungsarbeiten haben den höchsten Anteil an den Lohnkosten der Betonbaustelle. Modernes Schalungsgerät hilft rationalisieren. Deshalb werden immer mehr Systemschalungen verwendet, die in großer Vielfalt auf dem Markt sind. Sie unterscheiden sich nur geringfügig. Die Entscheidung für ein System hängt von der Größe und Art des Bauvorhabens ab.
Systemschalungen werden aus vorgefertigten, industriell hergestellten Schalungselementen gebaut. Die Systeme sind so durchgebildet, dass man mit ihnen nicht nur gleichartige Bauteile mit großen Abmessungen, sondern auch schwierige Schalungsaufgaben bewältigen kann (7.85). Sie zeichnen sich durch hohe Einsatzhäufigkeit, lange Lebensdauer, leichtes Montieren, Abbauen und Umsetzen aus.
Für die Unterkonstruktion kommen sowohl Stahl- und Aluminiumprofile als auch Vollwand und Fachwerkträger aus Holz zum Einsatz. Für die Schalhaut verwendet man Stahlbleche oder Schalungsplatten aus Holzwerkstoffen. Diese werden auf kastenartigen Längs- und Querprofilen aus Stahl befestigt. Ihre Oberflächen erhalten eine Phenolharzfilm-Beschichtung, die zusätzlich mit einem Faservlies verstärkt sein kann. Dies erleichtert das Ausschalen und Reinigen und sichert eine längere Lebensdauer (70 bis 100 Einsätze). Außerdem ergeben sich betontechnische Vorteile, wie glatte Fläche (Sichtbeton) und dichtes Oberflächengefüge des Beton.

> Zu den Systemschalungen gehören Großflächen-, Raum- oder Tunnel- sowie Modulschalungen. Außerdem gibt es Sonderschalungen (Gleit- und Kletterschalung).
> Durch den Einsatz von Systemschalungen spart man Lohn- und Materialkosten.

Bei Großflächenschalungen bilden die Unterstützung und eine großflächige Schalhaut ein biegefestes und formstabiles Schalelement. Mit solchen Schalungen können Wände und Decken eingeschalt werden. Die Hersteller von Großflächenschalungen bieten passend zu ihren Systemen alle erforderlichen Arbeits- und Schutzgerüste an. Diese lassen sich einfach mit den Schalelementen zu sicheren Konstruktionen verbinden und sorgen so für die erforderliche Sicherheit der Arbeiter und der Passanten (7.86). Wir unterscheiden Träger- und Rahmentafelschalungen.

a)    b)

7.86   a) Wandschalung mit Arbeitsbühne, b) Deckenschalung

Bei Trägerschalungen besteht die Unterstützung aus senkrecht angeordneten Vollwand- und/oder Gitterträgern aus Holz und der quer zu den Trägern liegenden Stahlgurtung. Sie ist im unteren und oberen Drittel der Trägerschalung befestigt.

Rahmentafelschalungen bestehen aus Stahlrahmen mit aussteifenden Querprofilen und aufgeschraubter Großflächen-Schalungsplatte. Bei leichten Schalungen fertigt man Rahmen und Querprofile aus Aluminium.

Mit beiden Schalungen lassen sich mit wenigen Standardelementen wechselnde Wandhöhen und -längen einschalen. Besonders ausgebildete Kupplungen sorgen für eine fugendichte, zug- und druckfeste Verbindung der Elemente. Für das Schalen von Innen- und Außenecken und für den Längenausgleich stehen Zusatzelemente zur Verfügung.

Aufgrund ihrer hohen Biegefestigkeit und Formstabilität sind die Elemente hohen Schalungsdrücken gewachsen. Entsprechend niedrig ist der Anteil an Spannteilen. In der Regel werden für die Verspannung Schalungsanker mit Schraubenverschluss benutzt (**7**.87).

Bei Deckenschalungen wird zwischen Stützen- und Schubladenschaltischen unterschieden.

Beim Stützenschaltisch besteht die Unterstützung aus einer fahr- und verstellbaren Rahmenkonstruktion, die sich durch Rohrverbinder beliebig aufstocken lässt. Fußspindel ermöglichen ein genaues Justieren der Höhe. Als Abschluss dienen Kopfplatten (Holz- oder Stahlträger), die jeweils die Schalhaut tragen. Zum Ausschalen und Umsetzen wird der Schaltisch hydraulisch abgesenkt und mit Hilfe eines Seilgehänges umgesetzt.

Beim Schubladenschaltisch lagert die Deckenschalung auf Wandkonsolen, die mit Spannschrauben in den dafür vorgesehenen Wandaussparungen befestigt werden. Die Auflast der Deckenschalung wird so direkt in die Wand geleitet; der unter der Deckenschalung liegende Raum bleibt frei von Stützen. Die Wandkonsolen sind höhenjustierbar und haben Rollen, so dass der Schaltisch wie eine Schublade nach außen gerollt und dort vom Kran zum Versetzen übernommen werden kann.

> Mit Großflächenschalungen werden Wände und Decken eingeschalt. Für Wände setzt man Träger- und Rahmentafelschalungen, für Decken dagegen Stützen- und Schubladenschaltische ein. Im Industrie- und Wohnungsbau mit genormten Grundrissen wird durch den Einsatz großflächiger Schalungen eine hohe Wirtschaftlichkeit erzielt.

Raum- oder Tunnelschalung. Während bei der Großflächenschalung Wand und Decke getrennt und nacheinander geschalt und betoniert werden, erlauben Raumschalungen als große Schalungskörper das gleichzeitige Betonieren von Wänden und Decken. Bei den für Raumschalungen hohen Einsatzzahlen ist eine Unterkonstruktion aus Holz nicht ausreichend. Raumschalungen weisen daher eine Ganzstahlkonstruktion auf. Man setzt sie als Halbtunnel- oder Volltunnelelemente ein (Halbtun-

7.87   Kupplungen und Verspannung

7.6 Schalung

nelelemente: eine Wand- und eine halbe Deckenschalung, Volltunnelelemente: zwei Wand- und eine ganze Deckenschalung). Damit sich die Schalung nach dem Betonieren herausziehen lässt, erstellt man sie so, dass sie abgesenkt werden kann. Dies erfordert vorbetonierte Wandsockel.

Da die Ausschalfristen für Decken ein Mehrfaches der Fristen für Wände betragen, muss nach dem Betonieren geheizt werden (z. B. mit Infrarot-Propangasstrahlern).

> Mit Raumschalungen können Decken und Wände in einem Arbeitsgang betoniert werden. Raumschalungen sind dann besonders wirtschaftlich, wenn sie häufig auf der Baustelle umgesetzt werden (z. B. beim Tunnelbau oder beim industrialisierten Bau).

Modulschalungen sind Systemschalungen, deren Elemente einheitliche Grundmaße haben. Vorwiegend werden sie zum Einschalen von Decken verwendet. Wegen ihres geringen Eigengewichts eignen sie sich besonders für Baustellen ohne Kran. Modulschalungen bestehen aus Tafeln, Trägern und Fallköpfen. Die Tafeln sind Rahmenkonstruktionen aus Aluminiumprofilen mit eingelegten Sperrholzplatten. Auch die Träger bestehen aus Aluminium. Sie dienen zur Unterstützung der Tafeln und sind gleichfalls Schalfläche.

Der Fallkopf, der auf jede Stahlrohrstütze aufgeschraubt werden kann, hat zwei Aufgaben. Zum einen nimmt er die Träger auf, fixiert sie und leitet die Last mittig in die Stütze. Zum anderen dient er zum genauen Ausrichten der Schalung. Die Platte des Fallkopfs ist gleichzeitig Schalfläche. Die Fallkopfstützen können bei Bedarf zur Sicherung der frischen Decke stehen bleiben.

Sonderschalungen

Gleitschalungen setzt man bei sehr großen Bauteilen mit annähernd gleich bleibenden Querschnittsabmessungen ein (z. B. Treppen- und Aufzugsschächte, Brückenpfeiler, Fernsehtürme, Silobauten, Schornsteine und Kläranlagen). Voraussetzung zum Gleiten sind glatte Wände ohne Vorsprünge. Aussparungen können jedoch vorgesehen werden.

Die Schalung wird parallel zum Betoniervorgang entlang der Betonoberfläche langsam nach oben gezogen. Sie ermöglicht also ein ununterbrochenes Betonieren. Die Gleitgeschwindigkeit beträgt etwa 20 cm je Stunde. Dieses langsame Gleiten reicht aus, dass der freigeschalte Beton am unteren Schalungsende bereits die notwendige Festigkeit hat, um seine Form zu behalten.

An einer Jochkonstruktion aus Stahl wird die 1,20 bis 1,50 m hohe Schalung über Heber, die überwiegend durch Ölhydraulik bewegt werden, an Kletterstangen hochgezogen. An der Jochkonstruktion sind Hänge- und Arbeitsgerüste befestigt. Die Hängegerüste ermöglichen das Abreiben und Glätten der Betonflächen während des Gleitens. Das Führen der Gleitschalung muss laufend durch Abloten der Wände und Ausrichten der Schalungsoberkante überwacht und reguliert werden. Dazu dienen optische Lotgeräte und Geräte mit Laserstrahl. Um die Gleitreibung zu verringern, verkürzt man den Abstand der gegenüberliegenden Schalflächen nach oben hin um 4 bis 7 mm (leichte Schrägstellung der Schalflächen).

Die Kletterschalung besteht aus Wandschalelement, Klettereinrichtung, Betoniergerüst, Arbeitsgerüst und -bühne. Zum Halten der gegenüberliegenden Wandschalungselemente wird eine zug- und druckfeste Verankerung angebracht. Dazu betoniert man passgenaue Ankerstäbe ein und befestigt daran Kletterkonsolen (7.88). Der am oberen Schalungsrand einbetonierte Kopfanker dient nach dem Umsetzen der Kletterschalung als Fußanker für den nächsten Betonierabschnitt. Auf diese Weise ergibt sich durch den Fußanker und eine entsprechende Überdeckung eine Einspannung, die die gesamte Schalungskonstruktion trägt und hält.

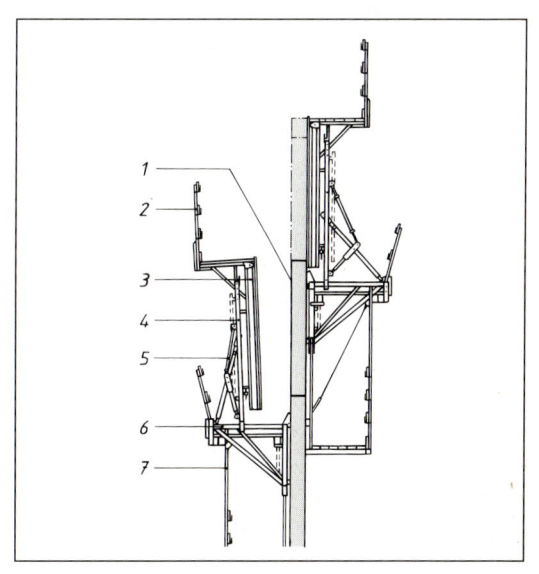

7.88 Regelschnitt Kletterschalung
 1 Universalkonsole
 2 Fahrriegel
 3 Keilriegelhalter
 4 Scherenspindel
 5 Kletterkonsole
 6 Hängebühne

Nach ausreichender Erhärtung des Betons wird die gesamte Schalungskonstruktion mit Hilfe eines Krans oder eines hydromechanischen Hubsystems in vertikaler Richtung auf den folgenden Betonierabschnitt umgesetzt. Kletterschalungen eignen sich besonders für hohe Bauwerke mit veränderlichen Grundrissen und starken Schrägflächen (z. B. Behälterbauten, Brückenpfeiler, Turmbauten, Schleusen- und Stützmauern).

> Gleitschalungen erlauben aufgrund der geringen Gleitgeschwindigkeit ein fortlaufendes Betonieren.
>
> Kletterschalungen werden nach ausreichender Betonerhärtung von unten nach oben umgesetzt.

Ausschalen. Es darf erst ausgeschalt werden, wenn der Beton ausreichend erhärtet ist. Als Ausschalfristen legt DIN 1045 Anhaltswerte fest. Sie gelten, wenn die Temperatur des Betons seit seinem Einbringen stets mindestens + 5 °C beträgt. Bei Gleit- und Kletterschalungen können die Ausschalfristen unterschritten werden.

Um ein Durchbiegen ausgeschalter Bauteile zu verhindern, müssen Hilfsstützen (Notstützen) bei oder unmittelbar nach dem Ausschalen stehen bleiben. Beim Ausschalen ist Vorsicht angebracht – die Schalung muss sich ohne Stoß und Erschütterung entfernen lassen. Niemals darf die Unterstützung ruckweise weggeschlagen werden! Vielmehr senkt man sie durch Lockern der Keile, Schrauben oder Gewindemuffen langsam ab. Zuerst schalt man Stützen und Wände aus, danach Balken und Decken.

> Beim Ausschalen und Abrüsten sind die Angaben nach DIN 1045 und die Vorschriften der Bauberufsgenossenschaften zu beachten.

7.7 Fördern und Verarbeiten des Betons

Auch über die Förderung und Verarbeitung des Frischbetons an der Baustelle ist im Band Grundlagen der Baufachkunde schon Wesentliches gesagt, so dass wir uns hier auf eine kurze Zusammenfassung beschränken können.

7.7.1 Fördern des Betons

Heute kann davon ausgegangen werden, dass Beton maschinell gefördert wird. Lediglich kleine Mengen werden (z. B. bei Ausbesserungsarbeiten) noch von Hand mit Karre oder Japaner eingebracht. Bei größeren Betonbauten arbeitet man nur noch mit Kran- oder Pumpenförderung.

Kranförderung in Betonkübeln ist auf Kranbaustellen wegen der günstigen Kranauslastung verbreitet und wirtschaftlich.

Pumpenförderung kann durch stationäre oder mobile Betonpumpen erfolgen. Die Höchstleistung stationärer Betonpumpen liegt bei 120 m³/h. Es können Entfernungen bis zu 400 m und Höhenunterschiede bis zu 100 m ohne Zwischenkonstruktion überwunden werden. Die maximale Pumpenleistung nimmt allerdings mit zunehmenden Höhenunterschied und zunehmender Entfernung ab.

> Kran- und Pumpenförderung sind wirtschaftliche Möglichkeiten der Betonförderung. Sie verhindern das Austrocknen bzw. Verwässern des Betons während des Transports ebenso wie das Entmischen.
>
> Förderung von Hand oder auf Band ist nur noch von untergeordneter Bedeutung.

7.7.2 Verarbeiten des Betons

Verarbeitet wird Beton in drei Arbeitsschritten, die einen möglichst hohlraumarmen Beton ermöglichen: vorbereitende Maßnahmen, Schütten (Einbringen) und Schließen der Hohlräume (Verdichten).

Die vorbereitenden Maßnahmen erstrecken sich auf die Prüfung der Schalungskonstruktion hinsichtlich Standfestigkeit und Maßhaltigkeit. Ebenso wichtig sind die gründliche Reinigung und das Annässen der Schalung bzw. Trennmittelauftrag. Die Bewehrungslagen mit den Abstandshaltern sind ebenso zu prüfen wie die Einsatzbereitschaft des zu verwendenden Geräts.

Das Einbringen des Betons soll möglichst sofort nach dem Anmachen bzw. sofort nach dem Eintreffen des Betons auf der Baustelle erfolgen. Beim

7.7 Fördern und Verarbeiten des Betons

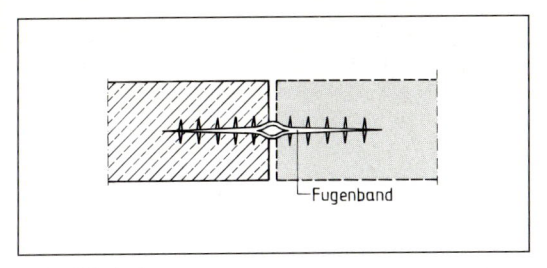

7.89 Arbeitsfuge

Tabelle **7.90** Konsistenzbereiche des Frischbetons

Konsistenzbereiche		Ausbreitmaß a in cm	Verdichtungsmaß v
Bedeutung	Kurzzeichen		
steif	KS	–	≥ 1,20
plastisch	KP	35 bis 41	1,19 bis 1,08
weich	KR	42 bis 48	1,07 bis 1,02
fließfähig	KF	49 bis 60	–

Schütten, wie auch beim späteren Verdichten ist darauf zu achten, dass die Bewehrung ausreichend mit Beton ummantelt und nicht verschoben wird. Bei sehr enger Bewehrung sind deshalb bereits Rüttellücken zu planen und im Bewehrungsplan einzuzeichnen.

Längere Unterbrechungen sind beim Betonieren zu vermeiden, sonst setzt der Abbindeprozess ein und verhindert eine Verbindung der Schüttlagen. Wenn über eine lange Zeit hinweg betoniert werden soll, müssen die Arbeiten in Abschnitte eingeteilt werden. Dabei sind Arbeitsfugen unumgänglich (**7.89**).

Die Verdichtung des Betons ist besonders wichtig, denn erst durch das Schließen der Hohlräume erreicht der Beton seine Druckfestigkeit und Dauerhaftigkeit. Die Verdichtung ist abhängig von der Betonkonsistenz und der Art des Bauteils. Gemäß DIN 1045, Ausgabe Juni 88 (**7.90**), werden folgende Konsistenzbereiche unterschieden:

- **Steifer Beton (KS)** oder (S1) wird gern für massige Bauteile und Fundamente verwendet. Er kann durch manuelles oder maschinelles Stampfen verdichtet werden. Bei großen Flächen können auch Oberflächenrüttler eingesetzt werden (**7.91**). Im Übergangsbereich KP sind starke Innenrüttler ideale Verdichtungsgeräte.
- **Plastischer Beton (KP)** oder (S2) ist der typische Rüttelbeton für Decken und Wände. Innenrüttler (Flaschenrüttler) und Außenrüttler verdichten diesen Beton optimal (**7.92**). Beide Rüttlerarten beanspruchen aber die Schalung besonders hoch. Die werksmäßige Verdichtung des plastischen Betons für Fertigteile geschieht meist auf Rütteltischen.
- **Bei weichem Beton** (KR) oder (S3) und Fließbeton (KF) oder (S4) ist die Verdichtung beinah überflüssig, weil durch den hohen Zementanteil kaum Hohlräume zwischen den Zuschlägen vorhanden sind. Hier genügt im Allgemeinen ein Klopfen an der Schalung der schlanken Bauteile oder ein leichtes Stochern im Beton.

Der Verdichtungsaufwand wächst mit zunehmender Steife des Betons. Da unzureichende Verdichtung die guten Betoneigenschaften maßgeblich verschlechtert, muss die Verarbeitbarkeit des Frischbetons den baupraktischen Gegebenheiten angepasst werden. Für Ortbeton der Gruppe B I soll deshalb vorzugsweise Beton mit Regelkonsistenz oder Fließbeton verwendet werden.

> Durch Frischbetonverdichtung erst kann der Festbeton seine gewünschten Eigenschaften erreichen. Die Verdichtung geschieht in Abhängigkeit von der Konsistenz durch Stampfen, Rütteln oder Stochern.

7.91 Oberflächenrüttler

7.92 Außenrüttler

7.7.3 Nachbehandeln des Betons

Unter Nachbehandlung versteht man den Schutz des Betons vor schädigenden Einflüssen bis zum genügenden Erhärten. Betonschädigend können sich vor allem extreme Witterungsverhältnisse wie starker Regen, Wind, sehr hohe oder sehr niedrige Temperaturen auswirken. Aber auch chemische oder mechanische Beanspruchungen sowie Erschütterungen können Nachbehandlungsmaßnahmen erforderlich machen.

Bei vorzeitiger Austrocknung erreicht der Beton nicht die erforderliche Festigkeit. Die Austrocknung hängt von der Lufttemperatur und -feuchtigkeit, Windgeschwindigkeit und Betontemperatur ab (7.93).

Bei einer Luft- und Betontemperaturen von 20 °C, einer relativen Luftfeuchte von 50 % und einer mittleren Windgeschwindigkeit von nur 20 km/h verdunsten bereits 0,6 l Wasser je m² Betonoberfläche. Bei höheren Temperaturen, größeren Windgeschwindigkeiten und niedrigerer Luftfeuchtigkeit verstärkt sich der Austrocknungseffekt erheblich. Hinzu kommt, dass sich der Beton bei extremen Temperaturverhältnissen zu verformen beginnt. Das aber führt zu nachhaltigen Schäden durch Rissbildung.

Es gibt sehr unterschiedliche Beton-Nachbehandlungsmaßnahmen (7.94), deren Einsatz maßgeblich von der Umgebungstemperatur abhängt. Die

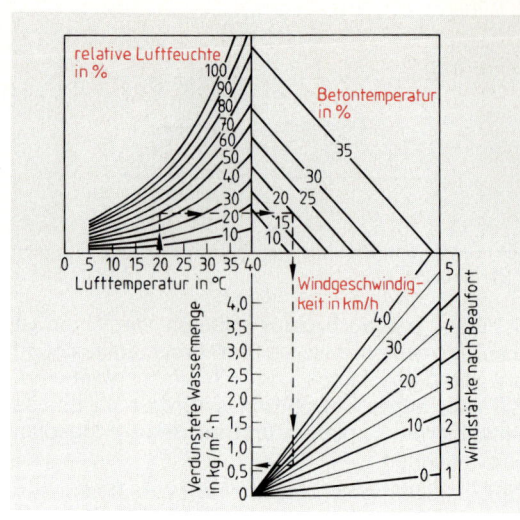

7.93 Betonaustrocknung in Abhängigkeit von Lufttemperatur und -feuchtigkeit sowie Windgeschwindigkeit und Betontemperatur

gebräuchlichste und kostengünstigste Methode besteht bei normalen Witterungsbedingungen immer noch im Feuchthalten des Betons durch gleichmäßiges Besprühen mit Wasser (z. B. durch perforierte Schläuche).

Die Dauer richtet sich im Wesentlichen nach der Festigkeitsentwicklung des Betons. Richtlinien zur Nachbehandlung von Beton geben die Mindest-

Tabelle 7.94 Nachbehandlungsmaßnahmen für Beton

Art	Maßnahmen	Außentemperatur in °C				
		unter −3	−3 bis +5	5 bis 10	10 bis 25	über 25
Folie/Nachbehandlungsfilm	Abdecken bzw. Nachbehandlungsfilm aufsprühen *und* benetzen Holzschalung nässen; Stahlschalung vor Sonnenstrahlung schützen					x
	Abdecken bzw. Nachbehandlungsfilm aufsprühen			x	x	
	Abdecken bzw. Nachbehandlungsfilm aufsprühen *und* Wärmedämmung; Verwendung wärmedämmender Schalung z. B. Holz – sinnvoll		x[1]			
	Abdecken *und* Wärmedämmung; Umschließung des Arbeitsplatzes (Zelt) oder Beheizen (z. B. Heizstrahler); zusätzlich Betontemperaturen wenigstens 3 Tage lang auf +10 °C halten	x[1]				
Wasser	Durch Benetzen ohne Unterbrechung feuchthalten				x	

[1] Nachbehandlungs- und Ausschalfristen um Anzahl der Frosttage verlängern; Beton mindestens 7 Tage vor Niederschlägen schützen

Tabelle 7.95 Mindestdauer für die Betonnachbehandlung in Tagen

Umgebungs-bedingungen	Beton-temperatur, ggf. mittlere Luft-temperatur	Festigkeitsentwicklung des Betons		
		schnell, z. B. w/z k 0,50 CEM I 52,5 R, 42, 5 R	mittel z. B. w/z 0,50 bis 0,60 CEM I 52,5 R, 42,5 R, 32,5 R oder w/z > 0,50 DEM I 32,5	langsam z. B. w/z 0,50 bis 0,60 CEM I 32,5 oder w/z < 0,50 CEM I 32,5 NW/HS
Außenbauteile				
günstig vor unmittelbarer Sonneinstrahlung und vor Windein-	≥ 10 °C	1	2	2
wirkung geschützt, relative Luftfeuchte durchgehend ≥ 80 %	< 10 °C	2	4	4
normal mittlere Sonnein-strahlung und/oder mittlere Windein-wirkung und/oder	≥ 10 °C	1	3	4
relative Luftfeuchte ≥ 50 %	< 10 °C	2	6	8
ungünstig starke Sonnenein-strahlung und/oder starke Windein-	≥ 10 °C	2	4	5
wirkung und/oder relative Luftfeuchte < 50 %	< 10 °C	4	8	10
Innenbauteile				
			allgemein	Rohdecken für Verbundestriche
unabhängig	≥ 10 °C		1	2
	< 10 °C		2	4

Nachbehandlungsdauer für Innen- und Außenbauteile vor. Zu beachten ist in jedem Fall, dass diese Zeiten bei ungünstigen Bedingungen (z. B. Frosteinwirkung) zu verlängern sind.

Auch für Bauteile, die besonders hohe Anforderungen an Frost- und Tausalzwiderstand oder chemische Angriffe erfüllen müssen, ist die Nachbehandlungsdauer zu verlängern (7.95). Ein ständiges Befeuchten der Bauteile ist hier besonders wichtig, da der Wasserzementwert in der Regel relativ klein ist und der Beton ansonsten austrocknet.

Die Nachbehandlung schützt den jungen Beton bis zur ausreichenden Erhärtung vor schädigenden Einflüssen. Möglichkeiten der Nachbehandlung:

- Belassen in der Schalung,
- Abdecken mit Folien oder wasserhaltenden Materialien,
- Aufbringen von Nachbehandlungsfilmen,
- Besprühen mit Wasser oder Unterwasserlagerung.

7.8 Spannbeton

Beim Verbundbaustoff Stahlbeton wird künstlich eine Aufgabenverteilung zwischen Beton und Stahleinlage vorgenommen. Vereinfacht wurde bisher immer dem Beton die Aufnahme der Druckkräfte und dem Stahl die Aufnahme der Zugkräfte zugewiesen. Bedingt durch die Beschränkung der Rissbreite ist es nicht möglich die maximale Zugspannung des Stahls auszunutzen. Die Dehnung des Stahls ist bei Erreichen der maximalen Zugspannung so groß, dass Risse im Beton auftreten und die Dauerhaftigkeit nicht mehr gewährleistet ist. Auch der Betonquerschnitt lässt sich nur annähernd zur Hälfte nutzen, weil in der anderen Hälfte Zugspannungen auftreten, die allein dem Betonstahl zugewiesen werden. Schon allein aus wirtschaftlichen Gründen wäre es wünschenswert, sowohl den Betonquerschnitt als auch den Betonstahl voll auszunutzen.

Hier bietet das Verfahren des Spannbetons einen ökonomischen Ausweg. Das gesamte Betonbauteil wird bei diesem Verfahren durch vorgespannte Spannstähle so stark unter Druck gesetzt, dass Zugspannungen im Betonquerschnitt kaum noch auftreten. Im Unterschied zum herkömmlichen Stahlbetonbau erhält der Stahl beim Spannbetonbau schon Zugspannungen bevor das Bauteil überhaupt belastet wird, sieht man einmal von dem Eigengewicht ab. Spannbetonbauteile wurden bisher in DIN 4227 geregelt. Diese Norm wird jedoch schon in absehbarer Zeit entfallen, so dass der Spannbetonbau ebenfalls der DIN 1045 unterliegt.

> Spannbetonbauteile sind nach DIN 4227 Bauteile, bei denen der Beton so vorgespannt ist, dass er unter Gebrauchslast nicht oder nur begrenzt auf Zug beansprucht wird.

7.8.1 Konstruktionsprinzip

Vorspannen mit sofortigem Verbund. Stahl ist ein elastischer Baustoff, der sich dehnen lässt und nach Fortfall der Last wieder zusammenzieht. Wenn man Stahl spannt, zum Verbund mit Beton ummantelt und loslässt, versucht sich der Stahl wieder zusammenzuziehen. Dabei muss sich der Beton mit dem Stahl zusammen bewegen und wird so durch die Vorspannkraft unter Druck gesetzt. Damit ist der Zustand der Vorspannung erreicht, bei dem der Beton nur auf Druck und der Stahl nur auf Zug beansprucht werden.

In der Praxis wird dieses Verfahren überwiegend im Fertigteilbau gewählt. Man verwendet ein festes Spannbett, worin die Spannglieder vorgespannt werden. Anschließend wird geschüttet und verdichtet. Sobald der Beton ausreichende Festigkeit erreicht hat, kann die Vorspannung an den Widerlagern gelöst werden, und die Spannung des sich zusammenziehenden Spannstahls überträgt sich direkt auf den Beton (**7.96**).

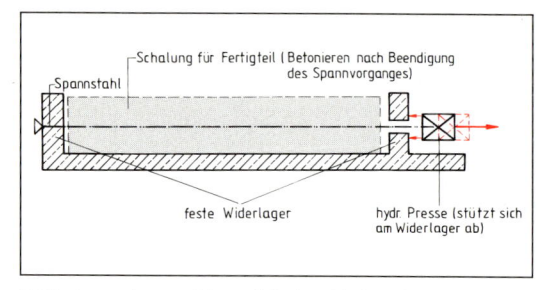

7.96 Spannbettverfahren (direkter Verbund)

Das Vorspannen mit nachträglichem Verbund lässt sich ebenfalls anschaulich darstellen. Dazu kann ein Balkenmodell mit innen befindlichem Leerrohr dienen. Durch das Leerrohr wird ein Bolzen gezogen, an dessen Ende eine Flügelschraube immer fester angezogen wird, wodurch der Bolzen auf Zug beansprucht wird. Das Balkenmodell dagegen wird zusammengedrückt, also auf Druck beansprucht. Sind die Hohlräume zwischen Bolzen und Leerrohr verfüllt, kann die Flügelschraube entfernt werden, ohne dass dies an den Spannungsverhältnissen etwas ändert.

Dieses Verfahren wird auf den Baustellen bevorzugt. Die Spannglieder werden, zunächst lose in Blechhülsen liegend, in der Schalung an der vorgesehenen Stelle verlegt. An den Enden sind Verankerungselemente vorzusehen. Nach dem Betonieren und Erhärten des Bauteils werden die Spannstähle gespannt, wobei man das Bauteil als Widerlager benutzen kann. Mit einem Spezialeinpressmörtel werden Hohlräume zwischen Spannstahl und Hülse lückenlos verpresst. Dies kann nur geschehen, wenn ausreichend für Entlüftung der Hülsen gesorgt wird (**7.97**).

Hat der Mörtel seine Festigkeit erreicht, können die hydraulischen Pressen vom Bauteil gelöst werden, und der sich zusammenziehen wollende Stahl überträgt indirekt über Einpressmörtel und Hülse die Spannungen auf den Beton (**7.98**).

7.8 Spannbeton

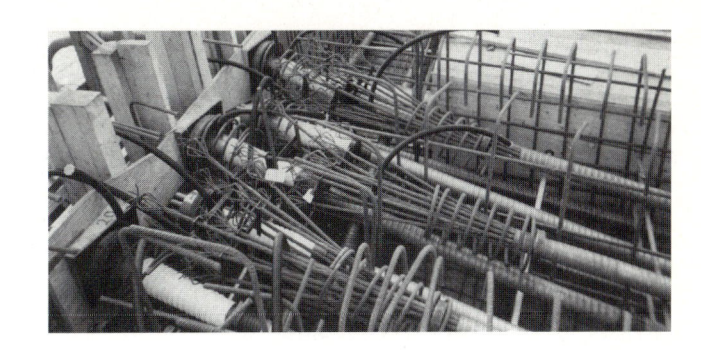

7.97
Spannanker mit Entlüftungsschläuchen

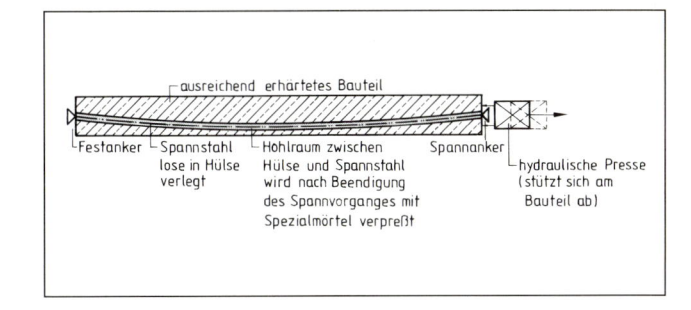

7.98
Baustellenverfahren (indirekter Verbund)

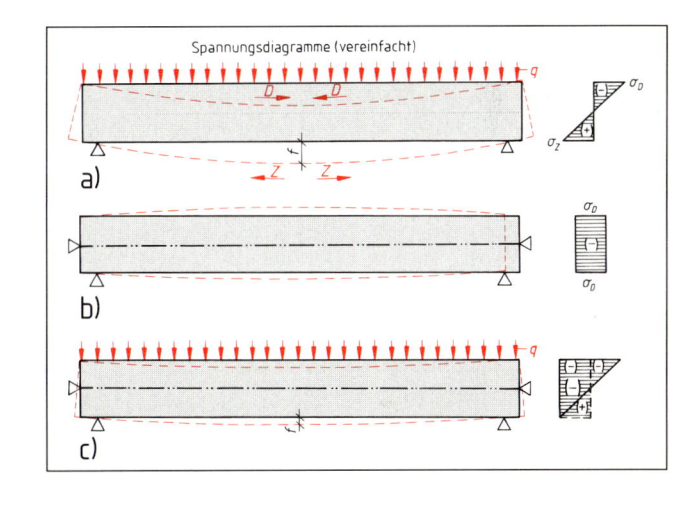

7.99
Spannungsüberlagerung bei mittiger Vorspannung
a) Balken mit Belastung ohne Vorspannung
b) gewichtslos gedachter Balken mit mittiger Vorspannung
c) Balken mit Belastung und ausmittiger Vorspannung

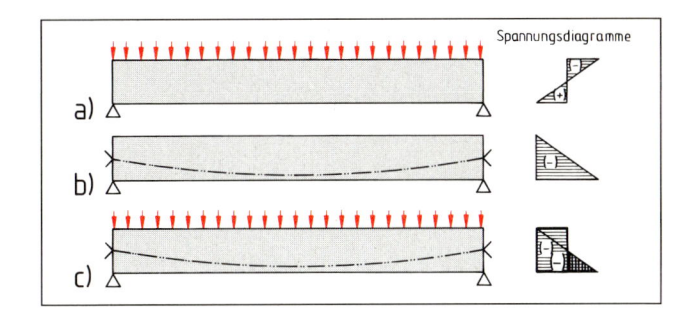

7.100
Spannungsüberlagerung bei ausmittiger Vorspannung

Spannungsüberlagerung. Veranschaulichen wir uns nun noch die Spannungsüberlagerung. Dazu eignen sich am besten die Spannungsdiagramme für die einzelnen Belastungszustände, die leicht an einem Einfeldbalken zu erläutern sind. Beim normalen Balken treten infolge Belastung im oberen Teil Druck und im unteren Teil Zugkräfte auf. Aufgrund der Vorspannung – allerdings ohne Berücksichtigung der Eigenlast – entstehen über den ganzen Querschnitt gleichmäßig verteilte Druckspannungen. Die Überlagerung beider Beanspruchungen ergibt einen unterschiedlich stark auf Druck beanspruchten Querschnitt (**7**.99).

Wenn man Eigenlast und Auflasten als Konstante annimmt, kann man durch die Lage des Spannglieds sogar die Spannungsverteilung im gesamten Querschnitt konstant halten, wodurch sich der Betonquerschnitt noch besser ausnutzen lässt. Bei mittig liegendem Spannglied wird, wie bereits erläutert, eine konstante Druckspannung im gesamten Betonquerschnitt erhalten. Geht man mit dem Spannglied weiter nach oben bzw. nach unten, ändert sich der Spannungsverlauf aufgrund der Vorspannung (**7**.100). Daraus folgt, dass man die Spanngliedlage in Abhängigkeit von der Beanspruchung des Bauteils variabel gestalten kann.

Biegebeanspruchte Bauteile werden zweckmäßigerweise außenmittig vorgespannt. Bauteile, die auf Druck oder Zug beansprucht werden, müssen mittig vorgespannt werden. Das Gleiche gilt für Bauteile, die Wechselbeanspruchungen unterliegen.

> Die erforderlichen Druckkräfte im Beton werden durch vorgespannten Stahl erzeugt. Man unterscheidet das Vorspannen vor und das Vorspannen mit nachträglichem Verbund. Die mittige bzw. ausmittige Spanngliedlage ist in Abhängigkeit von der Belastung zu wählen.

Die Darstellung der Spannstähle und zugehöriger Verankerungselemente erfolgt bisher nach DIN 1356-10 (**7**.101). Wie bereits erläutert ist diese Norm vor einiger Zeit zurückgezogen worden und durch die internationale Normen ISO 3766 und ISO 4066 ersetzt worden. Die Darstellungsweise

Tabelle **7**.101 Darstellung der Spannglieder mit Verankerungsmöglichkeiten nach DIN 1356-10

Bezeichnung	Symbol
Ansicht eines Spannglieds, falls keine Verwechslung möglich ist	
Schnitt durch Spannglied a) bei nachträglichem Verbund (Spannglied im Hüllrohr) b) bei sofortigem Verbund (Spannbettvorspannung)	
Ansicht einer Spanngliedverankerung a) Spannanker b) Festanker	
Schnitt einer Spanngliedverankerung a) Spannanker b) Festanker	
Ansicht einer Koppelstelle eines Spannglieds a) beweglich b) fest	

Verankerung eines Spannglieds		Koppelstelle eines Spannglieds	
Spannanker aufgesetzt		mit Spannstelle links	
Festanker aufgesetzt		mit Spannstelle rechts	
Spannanker einbetoniert		Bauzustand nur linker Teil eingebaut	
Festanker einbetoniert		ohne Spannstelle	

7.102 Spannbetonbrücke

Anwendungsgebiet soll besonders hervorgehoben werden: der *Brückenbau*.

Viele Brückenkonstruktionen sind durch den Spannbeton erst erschlossen worden. Spannbeton ermöglicht nämlich erheblich größere Spannweiten als Stahlbeton. Durch die volle Ausnutzung des Betonquerschnitts fallen überflüssige Betonmassen weg, dadurch verringert sich die Eigenlast, der Bewehrungsanteil wird kleiner, die Bauteile werden schlanker. Die Durchbiegungen von Spannbetonbauteilen sind nur etwa 1/4 so groß wie bei Stahlbetonteilen, weil durch die ausmittige Vorspannung vorweg eine Durchbiegung nach oben auftritt, die durch die Gebrauchslast rückgängig gemacht wird. Alle diese Tatsachen sind Gründe dafür, dass in der heutigen Zeit kaum noch schlaff bewehrte Brücken konstruiert werden, zumal die unweigerlich auftretenden Risse im Stahlbeton die Stahleinlagen gefährden. Spannbetonbrücken sind elegante, formschöne Konstruktionen, die sich bei richtiger Planung und Ausführung durch eine lange Lebensdauer auszeichnen (**7.102**).

Zunehmend hat der Spannbeton auch Dachkonstruktionen und Überdachungen erobert. Ob Dachschalen, Dachbinder oder Faltwerke – Spannbetonkonstruktionen bieten Konstrukteuren ungeahnte Möglichkeiten.

hinsichtlich des Spannbetons hat sich jedoch nicht geändert.

7.8.2 Anwendungsbeispiele

Spannbeton lässt sich nahezu unbegrenzt einsetzen, als Rohre, Maste, Pfähle und Schwellen. Im Fertigteilbau werden zunehmend Balken, Stützen und Deckenplatten aus Spannbeton hergestellt.

Auch im Behälterbau, wo Rissbildung besonders verheerende Auswirkungen hat, findet Spannbeton mehr und mehr Anwendung. Doch ein großes

> Spannbeton wird im Brücken- und Behälterbau bevorzugt angewendet. Bauteile mit großen Spannweiten und außergewöhnlichen Formen sind technisch gut lösbar.

7.9 Leichtbeton

Bei allen Vorzügen hinsichtlich Einsatzmöglichkeit, Haltbarkeit und Bewehrungsmöglichkeit hat Normalbeton auch einige Nachteile. So bedingt seine hohe Rohdichte hohe Eigengewichte und daher größere Belastungen für die Unterkonstruktion. Die hohe Rohdichte ist zwar ausschlaggebend für gute Luftschalldämmung, aber leider auch für schlechte Wärmedämmung. Deshalb wird Normalbeton für Wände im Wohnungsbau kaum verwendet.

Diese Nachteile gleicht der Leichtbeton – allerdings auch nicht ohne Nachteile – aus. Je leichter der Beton ist, umso größer ist der Anteil der Poren im Beton. Viele Poren wiederum bedeuten erhöhtes Wassersaugen und *entsprechende Witterungs-*

empfindlichkeit. Dieser Nachteil ist jedoch verhältnismäßig einfach zu beheben.

> Leichtbeton bietet aufgrund seiner geringen Rohdichte bessere Wärmedämmung, ein geringeres Eigengewicht und niedrigere Belastungen für die Unterkonstruktion.

7.9.1 Leichtbetonarten

Die geringere Rohdichte lässt sich nur durch einen größeren Porenanteil erzielen. Dazu gibt es vier Möglichkeiten: Eigen-, Haufwerks-, Eigen- und Haufwerksporigkeit sowie Porenbeton (**7.103**).

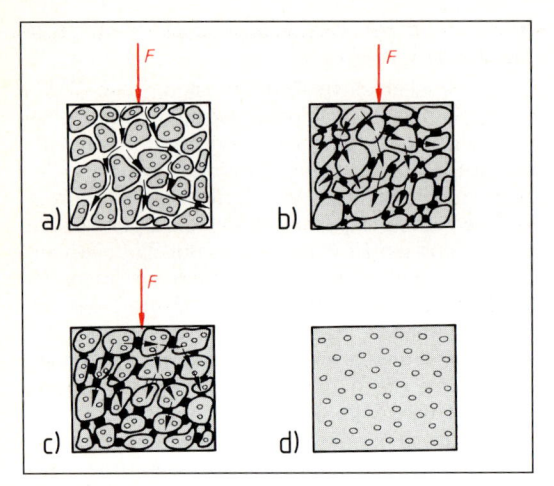

7.103 Herstellungsarten von Leichtbeton mit Kraftableitung
a) Leichtbeton durch Eigenporigkeit (geschlossenes Gefüge) Kraftableitung über den Zementstein
b) Leichtbeton durch Haufwerksporigkeit (offenes Gefüge) Kraftableitung über die Verkittungsstellen
c) Leichtbeton durch Eigen- und Haufwerksporigkeit (offenes Gefüge) Kraftableitung über Leichtzuschlag und Verkittungsstellen
d) Porenbeton

Eigenporigkeit. Beim Aufbau nach dem Betonprinzip (abgestufte Körnung mit so viel Zementleim, dass möglichst alle Hohlräume zwischen den Zuschlagkörpern geschlossen werden) erreicht man eine geringere Rohdichte nur durch leichten Zuschlag, d. h. Zuschlag mit Eigenporen. Dieser Leichtbeton hat ein *geschlossenes Gefüge* und kann auch schlaff bewehrt oder mit Spannbewehrung versehen werden, da die Bewehrung ausreichend durch Zementleim ummantelt und somit geschützt wird. Er überträgt die eingeleiteten Kräfte über den Zementstein, der für die Endfestigkeit ausschlaggebend ist.

Haufwerksporigkeit. Bei Normalzuschlag bleiben Poren im Beton, wenn man gerade ausreichend Zementleim verwendet, um die Zuschlagkörner miteinander zu verkitten. Diese verbleibenden Luftporen zwischen den Zuschlagkörnern nennt man Haufwerksporen. Erhöhen lässt sich der Volumengehalt an Haufwerksporen durch einkörnigen Zuschlag. Haufwerksporiger Beton hat ein offenes Gefüge. Stahleinlagen müssen besonders geschützt werden, z. B. durch Feuerverzinkung oder Tauchung in geeigneten Flüssigkeiten. Die Kraft wird über die Verkittungsstellen aus Zementstein abgeleitet. Sie sind für die Festigkeit des Leichtbetons ausschlaggebend.

Eigenporigkeit und Haufwerksporigkeit. Wenn man eigenporigen Zuschlag mit wenig Zementleim verkittet, erhält man einen besonders leichten Leichtbeton mit offenem Gefüge, der wiederum bewehrt werden kann, wenn die Stahleinlagen besonders geschützt werden. Dieser Leichtbeton bietet besonders gute Wärmedämmung, aber geringere Festigkeit, weil die Kraftableitung nur über den Leichtzuschlag und Verkittungsstellen des Zementsteines erfolgen kann.

Porenbeton wird aus Wasser mit sehr feinkörnigem Zuschlag (Quarzsand) und den Bindemitteln Kalk und Zement hergestellt. Als Porenbildner verwendet man Treibmittel (z. B. Aluminiumpulver) oder Schaumbildner (seifenartige Emulsionen). Bei diesem Verfahren entstehen sehr feine, im Beton gleichmäßig verteilte Kugelporen. Sie bewirken eine extrem niedrige Dichte mit entsprechend geringer Festigkeit. Porenbetone wurden vor Frühjahr 1990 noch als *Gas-* und *Schaumbetone* bezeichnet. Wenn sie bewehrt werden, müssen die Stahleinlagen durch besondere Verfahren vor Korrosion geschützt werden.

> Es gibt vier Herstellungsarten von Leichtbeton. Man unterscheidet Leichtbeton mit offenem und geschlossenem Gefüge.

7.9.2 Leichtzuschläge

Wesentlich für die geringe Rohdichte der Leichtbetonarten ist also eine geringe Rohdichte der Zuschläge. Da bei einigen Leichtbetonen die Kraftableitung auch über den Zuschlag erfolgt, müssen die Zuschlagskörner trotzdem eine ausreichende Eigenfestigkeit haben. Trotz des großen Porenanteils darf auch das Wassersaugen des Zuschlags nicht zu groß sein, weil dadurch der Abbindeprozess des Zementleims zu Zementstein nur unvollständig ausfallen würde. Im Übrigen gelten die Anforderungen wie an Normalzuschlag: Die Zuschläge müssen frostbeständig sein, dürfen keine betonschädigenden Bestandteile aufweisen und sollen möglichst gedrungene Körner haben.

Leichtzuschläge können natürlich vorkommen, künstlich hergestellt werden oder durch Zerkleinerung natürlicher Stoffe entstehen.

Natürliche Leichtzuschläge sind Naturbims und Schaumlava, beides Stoffe vulkanischen Ursprungs. Die Rohdichten von Bims liegen zwischen 0,4 und 0,7 kg/dm^3. Schaumlava wird nur noch selten verarbeitet.

Mechanisch zerkleinerter Leichtzuschlag aus natürlichen Rohstoffen. Hierzu zählen Holzwolle, Holzspäne und Sägemehl. Sie haben praktisch keine Eigenfestigkeit und werden daher nur bei geringen Anforderungen an die Festigkeit eingesetzt. Tuffe und porige Lava schlacken können in gebrochener Form auch als Leichtzuschlag dienen. Ihr Vorkommen ist jedoch regional begrenzt. Daher sind sie nicht überall gebräuchlich.

Künstlich hergestellte Leichtzuschläge stellen mengenmäßig den größten Anteil. Teils gewinnt man sie aus natürlichen, teils aus industriellen Rohstoffen. Hier sind die bei der Verhüttung von Eisenerz anfallenden granulierten oder geschäumten *Schlacken* zu nennen. Bei den künstlich aus natürlich gewonnenen Rohstoffen hergestellten Zuschlägen spielen Blähton und Blähschiefer eine besondere Rolle. Beide werden aus den Rohstoffen Ton bzw. Schiefer durch Erhitzen bis zur Sinterung gewonnen, wobei die Ausgangsstoffe ihr Volumen um ein Vielfaches vergrößern. Die Kornrohdichte des *Blähtons* und *Blähschiefers* schwankt sehr, weil sie vom Grad der Aufblähung abhängig ist: 400 kg/m^3 $\leq \varrho \leq$ 1900 kg/m^3.

Ähnlich wie Blähton und Blähschiefer werden auch *Blähglimmer* (Vermiculit) und Blähpechstein (Perlit) hergestellt. Schließlich ist in dieser Gruppe noch *Ziegelsplitt* zu nennen, dessen Rohdichte 1,2 bis 1,8 kg/dm^3 beträgt. Ziegelsplittboden wird fast ausschließlich für Schornsteinformteile verwendet.

Die mit Abstand niedrigsten Rohdichten verzeichnet *Polystyrol* (Ø $\leq$ 100 kg/m^3), doch neigt er infolge der geringen Dichte zum Aufschwimmen innerhalb des Betons. Daher sind besondere Vorkehrungen nötig. Außerdem ist die Haftung der Polystyrolkügelchen mit dem sie umgebenden Zementleim nicht ausreichend. Zwar kann man das Polystyrol mit Epoxidharz als Haftmittel versehen und evtl. zusätzlich noch mit Zementleim ummanteln, erschwert und verteuert damit jedoch die Herstellung.

> Man unterscheidet natürliche und künstlich hergestellte Leichtzuschläge. Blähton und Blähschiefer werden am häufigsten verwendet.

7.9.3 Konstruktiver Leichtbeton

Leichtbeton, der wie Normalbeton für Konstruktionsteile mit entsprechend hohen Anforderungen an die Tragfähigkeit eingesetzt werden soll, wird

Tabelle **7.105** Zukünftige Einteilung der Leichtbetone

Festigkeits-klasse	Mindest-druckfes-tigkeit f_{lck}	Mindest-druckfes-tigkeit $f_{lck, cube}$	mittlere Betondruck-festigkeit f_{cm}
LC 12/13	12	13	20
LC 16/18	16	18	24
LC 20/22	20	22	28
LC 25/28	25	28	33
LC 30/33	30	33	38
LC 35/38	35	38	43
LC 40/44	40	44	48
LC 45/50	45	50	53
LC 50/55	50	55	58
LC 55/60	55	60	63
LC 60/75	60	75	68

als *Konstruktionsleichtbeton* bezeichnet. Er muss ein geschlossenes Gefüge aufweisen, damit eine Bewehrung geschützt ist. Hergestellt wird er in den Festigkeitsklassen LB 10 bis LB 55 – als Stahl- und Spannleichtbeton wenn als Festigkeitsklasse mindestens LB 25 gewählt wird (**7.105**). Die Neufassung der DIN 1045 wird eine Einteilung entsprechend der Tabelle **7.105** vorsehen. Zu dieser Einteilung ist auch Abschnitt 7.1.1 zu beachten.

Tabelle **7.104** Festigkeitsklassen und Anwendung von Leichtbeton

Beton-gruppe	Festigkeits-Klasse des Leichtbetons	Nennfestig-keit β_{WN} in N/mm^2	Serien-festigkeit β_{WS} in N/mm^2	Anwendung	
Leicht-beton B I[1])	LB 8	8,0	11	nur für unbewehrte Bauteile und bewehrte Wände	nur bei vorwiegend ruhenden Lasten
	LB 10	10	13		
	LB 15	15	18	unbewehrter Leichtbeton und Stahlleichtbeton	
Leicht-beton B II	LB 25[1])	25	29	unbewehrter Leichtbeton, Stahlleichtbeton und Spannleichtbeton	auch bei nicht vorwiegend ruhenden Lasten
	LB 35	35	39		
	LB 45	45	49		
	LB 55[2])	55	59		

Herstellungsvorschriften nach den Richtlinien für Leichtbeton und Stahlleichtbeton mit geschlossenem Gefüge:

- Leichtbeton darf nur mit Eignungsprüfung hergestellt werden.
- Die Sieblinien der DIN 1045 gelten auch für Leichtzuschläge, bei der Dosierung wird von Raumteilen ausgegangen.
- Das Größtkorn soll 25 mm Ø nicht überschreiten, weil bei kleinem Zuschlag die Festigkeit größer wird. Bei Leichtbetonen der Gruppe B II muss es noch kleiner sein.
- Für Stahlleichtbeton sind nur Blähton und Blähschiefer als Zuschlag zugelassen.
- Der Zementgehalt je m³ Beton soll 450 kg nicht über-, bei Stahlleichtbeton 300 kg nicht unterschreiten.
- Das Wasser, das der Zuschlag aufsaugt, ist bei der Wasserzugabe zusätzlich zu berücksichtigen.
- Die Konsistenz darf nicht weicher als KP sein, da sonst Entmischungsgefahr durch das Aufschwimmen der Zuschläge besteht.

Bei der Verarbeitung von Leichtbeton ist zu beachten, dass ein erhöhter Verdichtungsaufwand erforderlich ist, weil die geringere Masse des Leichtzuschlags die Schwingungen stärker dämpft. Da wegen des Korrosionsschutzes aber besonders dichter Beton erforderlich ist, müssen geringere Abstände der Tauchstellen gewählt und stärkere Rüttler eingesetzt werden. Außerdem ist die Betondeckung der Bewehrung größer anzunehmen als bei Stahlbeton.

> Konstruktiver Leichtbeton ist Leichtbeton mit geschlossenem Gefüge. Als Zuschlag werden Blähton und Blähschiefer verwendet.
>
> Für die Herstellung und Verarbeitung gelten besondere Richtlinien.

7.9.4 Wärmedämmender Leichtbeton

Diese Leichtbetone haben ein haufwerksporiges Gefüge und deshalb noch bessere Wärmedämmeigenschaften als die Konstruktionsleichtbetone. Die Druckfestigkeiten eines haufwerksporigen Betons liegen zwischen 2 und 8 N/mm², die Rohdichteklassen gehen von 0,5 bis 2,0 kg/dm³. Deshalb wird dieser Leichtbeton vorwiegend für großformatige Wand- und Deckenplatten sowie für Mauersteine verwendet.

Wenn offenporige Leichtbetone für Außenbauteile vorgesehen werden, sind sie vor Feuchtigkeitsaufnahme zu schützen. Dies geschieht am wirkungsvollsten durch Verblendung, Putz oder vorgehängte Fassaden. Besonders günstig wirkt sich ein belüfteter Hohlraum zwischen Leichtbeton und Witterungsschürze aus.

> Bei den wärmedämmenden Leichtbetonen nimmt man die geringere Festigkeit zu Gunsten der höheren Wärmedämmfähigkeit in Kauf. Die vorzugsweise Anwendung liegt bei großformatigen Wand- und Deckenelementen.
>
> Haufwerksporiger Leichtbeton ist vor Feuchtigkeitsaufnahme zu schützen.

7.9.5 Porenbeton

Das Hauptanwendungsgebiet dieser Betone liegt im Mauerwerksbau, für den sie sich infolge ihrer geringen Festigkeit und hohen Wärmedämmfähig-

7.106 Spezialwerkzeuge zur Bearbeitung von Porenbeton
 1 Plankelle 10 cm   6 Sägewinkel
 2 Plankelle 25 cm   7 Quirl
 3 Schleifbrett   8 Rillenkratzer Ø 62 mm
 4 Gummihammer   9 Schalterdosenbohrer
 5 Säge   10 Meterstab

keit besonders eignen. Man verwendet sie für alle möglichen Steinblöcke und Planblöcke sowie für großformatige Wand- und Deckentafeln. Porenbetone sind hinsichtlich des Rohstoffverbrauchs sehr wirtschaftlich. Durch das Aufschäumen der nahezu unbegrenzt zur Verfügung stehenden Ausgangsstoffe (Wasser, Quarzsand, Zement und Kalk) erhält man in etwa die fünffache Menge an Baustoff.

Da Porenbeton bei normaler Erhärtung in hohem Maße zum Schwinden neigt, nimmt man das Schwinden bei der Herstellung durch Dampfhärtung vorweg. Aussparungen und Teilsteine sind leicht anzufertigen, da Porenbetone mit entsprechendem Handwerkszeug leicht zu sägen sind. Als Ergänzung zu den Blöcken und Platten haben die Hersteller viele Zubehör- und Ergänzungsteile entwickelt, so dass das Bauen mit einem einzigen Bausystem möglich ist. Dazu gehören Stürze und Rollladenkästen ebenso wie verschiedene Putze und Abdichtungen. Es gibt sogar Spezialwerkzeug (**7**.106). Die Bewehrung in den Dach- und Deckenplatten wird besonders vor Korrosion geschützt. Zu diesem Zweck tauchen einige Firmen den Betonstahl zunächst in Zementleim und anschließend in Bitumen ein.

> Porenbetone ermöglichen Wohnungsbau mit hoher Wärmedämmung. Außenbauteile sind in geeigneter Weise vor Feuchtigkeitsaufnahme zu schützen. Eine Bewehrung muss spezialbehandelt sein.

Aufgaben zu Abschnitt 7.6 bis 7.9

1. Wodurch unterscheiden sich Schalpläne von Rohbauzeichnungen?
2. Welche Bedeutung haben Förderung, Verarbeitung und Nachbehandlung für die späteren Festbetoneigenschaften?
3. Skizzieren und beschreiben Sie das Konstruktionsprinzip des Spannbetons.
4. Wie wird der erforderliche Verbund zwischen Spannstahl und Beton hergestellt?
5. Welche Vorteile bietet Spannbeton bei sachgemäßer Ausführung gegenüber Stahlbeton?
6. Zählen Sie typische Anwendungsgebiete für Spannbetonkonstruktionen auf.
7. Welche Möglichkeiten zur Verringerung der Rohdichte kennen Sie bei Leichtbeton?
8. Nennen Sie typische Leichtbetonzuschläge.
9. Machen Sie den Unterschied zwischen konstruktivem und wärmedämmendem Leichtbeton deutlich.
10. Unter welchen Voraussetzungen kann wärmedämmender Leichtbeton für Außenbauteile verwendet werden?
11. Geben Sie Voraussetzungen für die Herstellung von Stahl- oder Spannleichtbeton an.
12. Welche Bedeutung haben Porenbetone im Bauwesen?

8 Schutzmaßnahmen an Bauwerken

8.1 Schutz gegen Wasser aus dem Baugrund

> Ein Bauwerk ist dem Wasserangriff von oben und aus dem Erdreich ausgesetzt. Gelingt es nicht, das Wasser durch konstruktive Maßnahmen vom Bauwerk fern zu halten oder abzuleiten, treten Bauschäden von unabsehbaren Größenordnungen auf. Ein Haus mit durchfeuchteten Wänden büßt nicht nur an Bausubstanz ein, sondern verursacht auch Unbehagen und Krankheiten der Bewohner.
>
> Trotzdem wird der Abdichtung eines Bauwerks nicht immer die nötige Aufmerksamkeit gewidmet, weil die abzudichtenden Flächen meist vom Erdboden oder von Baustoffen bedeckt werden. Daraus ergibt sich wiederum die Schwierigkeit, Bauschäden aufzufinden und zu beseitigen.

Wasser im Baugrund. Erdboden setzt sich aus festen Stoffen (Mineralien), Wasser und Luft zusammen. Durch Oberflächen- und Haftwasser an den einzelnen Körnern nicht bindiger Böden bzw. Plättchen bindiger Böden kommt es in unseren Klimazonen niemals zu völlig trockenen Böden. Das *Grundwasser* sammelt sich über den wasserundurchlässigen Schichten (Lehm, Ton). Ein feinkörniger Boden über der Grundwasserschicht zieht infolge der Kapillarwirkung das Wasser nach oben. Das *Sickerwasser* stellt die Verbindung zwischen Niederschlags- (Schmelz-) und Grundwasser her (**8.1**). *Spritzwasser* schließlich wirkt über dem Erdboden auf das Bauwerk ein.

Bei der Beurteilung der anstehenden Böden spielen die Wasserdurchlässigkeit und die kapillare Steighöhe eine wesentliche Rolle. So beträgt die kapillare Steighöhe bei Kies 2 bis 4 cm, bei Ton jedoch mehrere Meter.

> Wasser tritt als Grund-, Sicker-, Niederschlags- und Spritzwasser auf. Seine Abflussfähigkeit hängt von der Bodenart ab.

8.1.1 Wasserangriff und Abdichtungsmaßnahmen

Bodenfeuchtigkeit, drückendes und nichtdrückendes Wasser. Wahl und Anordnung der Abdichtungsstoffe richten sich nach der Angriffsrichtung und Druckkraft des Wassers. Kann das Niederschlagswasser ungehindert gut durch eine durchlässige, nichtbindige Bodenschicht abfließen, reicht eine Abdichtung gegen Bodenfeuchtigkeit

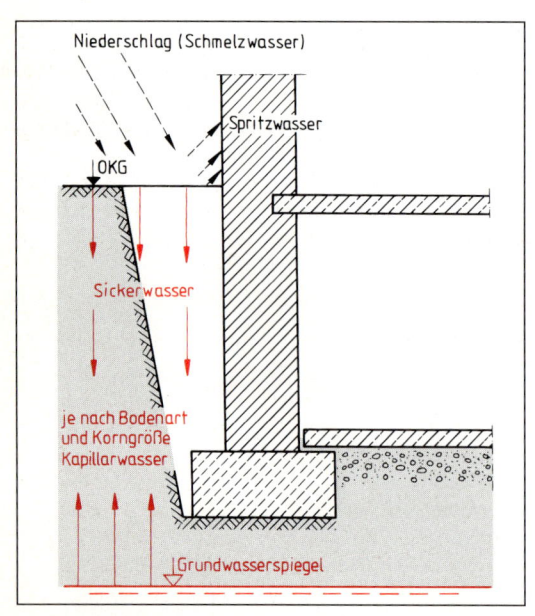

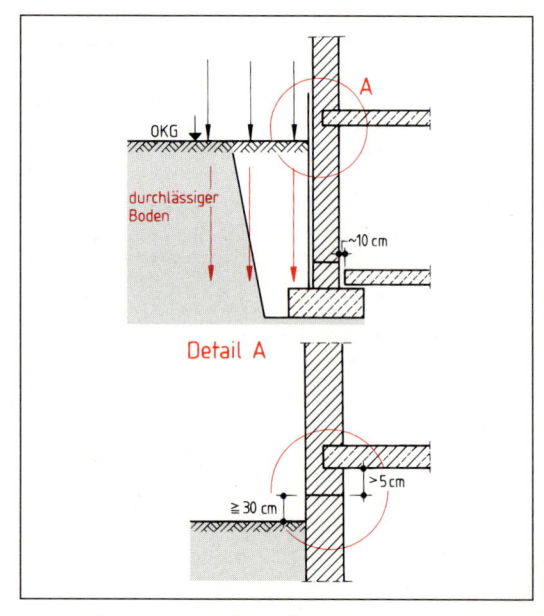

8.1 Wasser im Baugrund

8.2 Abdichtung gegen Bodenfeuchtigkeit

8.1 Schutz gegen Wasser aus dem Baugrund

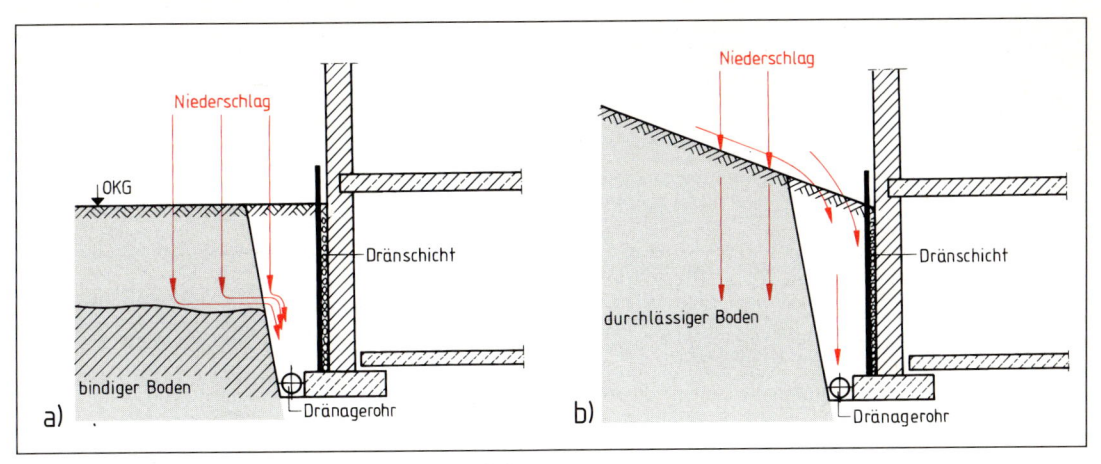

8.3 Abdichtung gegen nichtdrückendes Wasser mit Dränage
a) bei bindigem Boden, b) bei Hanglage des Hauses

(**8**.2). Bei schwer durchlässigem, z. T. bindigem Boden kann sich nach starken Regenfällen ein Wasserstau bilden. Das Stauwasser ist mit Hilfe einer senkrechten Dränschicht und Dränagerohren abzuführen (**8**.3a). Stauwasser tritt bei Hanghäusern jedoch auch in gut durchlässigen Böden auf (**8**.3b).
In beiden Fällen sind die Bauwerke gegen nichtdrückendes Wasser abzudichten. Wenn nach den Gegebenheiten ein Keller im Grundwasserbereich unumgänglich ist, muss er gegen drückendes Wasser abgedichtet werden (**8**.4). Diese aufwendigste Abdichtung muss dem dauernden hydrostatischen Druck widerstehen.

Brauchwasser. Wasser tritt jedoch auch im Innern eines Bauwerks auf – als Brauchwasser in Duschräumen, Schwimmbädern und anderen Nassräumen. Brauchwasser kann drucklos oder mit hydrostatischem Druck wirken. Auch hier sind Abdichtungsmaßnahmen notwendig bzw. muss das Wasser durch ein Gefälle vom Bauteil abgeleitet werden.

8.1.2 Abdichtungsstoffe und ihre Verarbeitung

Abdichtungsstoffe sollen das Eindringen von Wasser in die Poren der Wände, Decken und Fußböden verhindern.
Die Dichtigkeit erreicht man durch entsprechende Zusammensetzung des Betons bzw. Mörtels oder durch eine abdichtende Schicht. Dazu werden Abdichtungsstoffe auf Bitumenbasis in mehreren Arbeitsgängen aufgebracht. Ein dünnflüssiger *Voranstrich* (Lösung oder Emulsion) dringt in die Poren ein. Er hat keine abdichtende Wirkung. Dabei dürfen Lösungsmittel im Gegensatz zu Emulsionen nur auf trockenem Untergrund aufgebracht werden. Dann werden *Deckanstriche* (meist Heißanstriche mit einer Temperatur von

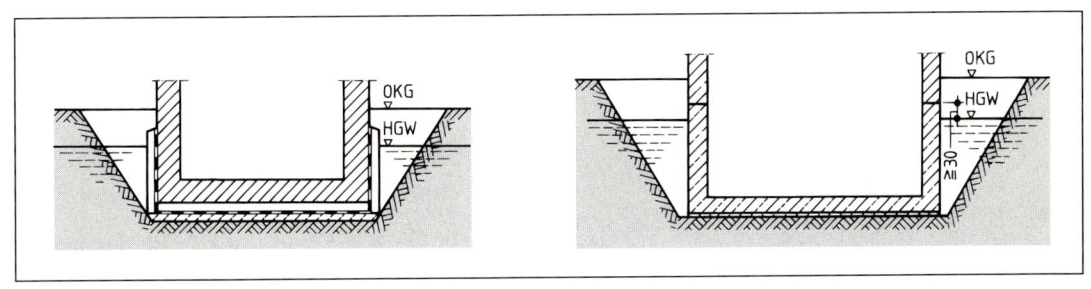

8.4 Abdichtung gegen drückendes Wasser

Tabelle 8.5 Abdichtungsstoffe

Sperrbeton, Sperrmörtel	
Sperrbeton	wasserundurchlässig durch dichtes Korngefüge des Zuschlags und Zugabe von Dichtungsmitteln. Verwendung für Wannenbauten im Grundwasser, Wasserbehälter, Klärbecken und Betonrohrleitung
Sperrmörtel	Zementmörtel mit Sandzusatz von 3 mm Ø und Zugabe von Dichtungsmitteln, Verwendung für sperrende Estriche und Sockelputze
Bitumenhaltige Abdichtungsstoffe	
Voranstrich	Lösungen oder Emulsionen
Deckaufstrichmittel	heiß oder kalt zu verarbeiten, Zusatz von Füllstoffen möglich (Steinmehle, Faserstoffe)
Spachtelmassen	heiß zu verarbeiten, besonders für Brücken und wasserdruckhaltende Abdichtungen im Behälterbau
Fabrikfertige Bitumenbahnen nach DIN 18190	Mehrere Lagen aus Rohfilzpappe (nackte Bitumenbahnen), Jute- oder Glasgewebe (Bitumen-Schweißbahnen) werden mit heißflüssigem Bitumen getränkt und verklebt. Nackte Bitumenbahnen bezeichnet man nach dem Quadratmetergewicht der Pappe (500 g/m² bzw. 333 g/m²). Bahnen mit Metalleinlage sind völlig wasserdicht.
Kunststoff-Dichtungsbahnen	
Polyisobutylen (PIB DIN 16935) Polyvinylchlorid (PVC-weich-Bahnen, bitumenbeständig DIN 16937) Polyvinylchlorid (PVC-weich-Bahnen, nicht bitumenbeständig DIN 16938) Ethylenpolymerisat-Bitumen (ECB DIN 16729)	werden einlagig hergestellt und in den Stößen durch Warm- oder Quellschweißen, Lösungsmittel oder Heißbitumen zu einer geschlossenen Außenhaut zusammengefügt
Schlämmen	hydraulisch erhärtendes Gemisch aus Zement, feinstem Sand und dichtenden Zusätzen (druckwasserbeständig)

etwa 150 °C) mehrschichtig aufgebracht. Sie setzen den Voranstrich voraus, weil sich sonst durch die Verdampfung der Bauteilfeuchte ein Dampfpolster bildet und die lückenlose Haftung des Deckanstrichs verhindert. Zu beachten ist auch, dass stets nur Materialien mit gleichen Eigenschaften zusammen verarbeitet werden. Die wichtigsten Abdichtungsstoffe zeigt Tabelle 8.5.

Auftragsverfahren. Voranstrichmittel und ungefüllte Bitumen trägt man mit einer *Bürste* auf, zähflüssige Stoffe und gefüllte Bitumen mit der *Spachtelkelle*. Beim Verkleben der Bahnen ist eine luftfreie und vollflächige Verbindung zu achten. Dies erreicht man mit dem *Gieß-* und *Einwalzverfahren*

(8.6): Das heißflüssige Bindemittel wird direkt vor die Bahnrolle gegossen, die Bahn walzt sich in den vorgestrichenen Wulst ein.

Beim *Bürstenstreichverfahren* werden zwei Bahnen mittels Bürsten mit Klebemittel eingestrichen und mit den noch flüssigen Bindemitteln verklebt.

> Das abzudichtende Bauteil erhält einen Voranstrich, dann mehrlagig Deckanstriche. Bahnen werden fugenlos verklebt oder verschweißt.

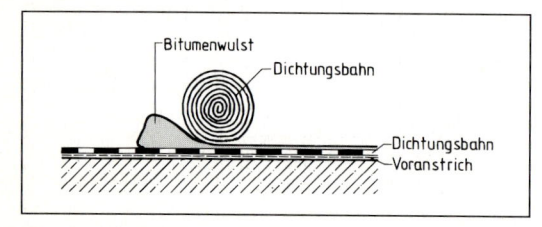

8.6 Gieß- und Einwalzverfahren

8.1.3 Abdichtungen gegen Bodenfeuchtigkeit

Nach DIN 18195-4 sind Bauwerke waagerecht und senkrecht gegen Bodenfeuchtigkeit abzudichten. Die waagerechten Abdichtungen verhindern ein

Aufsteigen der Feuchtigkeit in Wänden, Fundamenten und (Keller-)Fußböden, die senkrechten Abdichtungen ein Eindringen der Feuchtigkeit durch die Kapillarwirkung der Außenwände.

Waagerechte Abdichtung. Bei *nicht unterkellerten* Gebäuden legt man etwa 30 cm über Gelände bei Außen- und Innenwänden waagerechte Bitumendachbahnen ein (**8.**7). Für eine dichte und dauerhafte Abdichtung sorgen zwei Lagen besandeter Pappen. (Nackte Pappen bieten keinen ausreichenden Reibungswiderstand gegen das Verrutschen der Mauerschichten.)

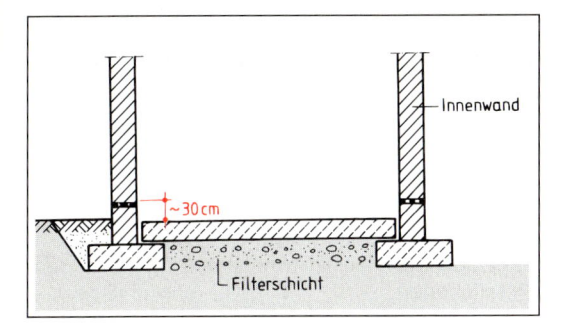

Bei *unterkellerten* Gebäuden werden zwei Sperrschichten eingebaut, die untere etwa 10 cm über dem Kellerfußboden, die obere etwa 30 cm über der Geländeoberkante (**8.**8a). Die Möglichkeit, dass die erste Sperrlage bei der Fußbodenherstellung beschädigt wird, ist gering. Vorteilhaft ist außerdem, dass das sich sammelnde Bauwasser im Kellerbereich besser in den Baugrund abfließen kann. Deshalb wird die Bitumenpappe nicht direkt auf dem Fundament eingebaut. Die obere Sperrschicht schützt die Wände gegen aufsteigende Spritzwasserfeuchtigkeit. Aus Sicherheitsgründen ist auch bei Innenwänden eine obere Sperrschicht ratsam. Damit die Pappe beim Einbau der Kellerdecke nicht beschädigt wird, ordnet man sie mindestens 5 cm unter der Deckenunterkante an. Liegt die Sperrschicht dadurch im Spritzwasserbereich, ist eine dritte waagerechte Abdichtung in wenigstens 30 cm Höhe erforderlich (**8.**8b).

Bodenflächen werden mit Bitumenbahnen, Asphaltmastix oder Kunststoff-Dichtungsbahnen abgedichtet. Nackte Bitumenbahnen dürfen nur vollflächig heiß verklebt und mit einem Deckaufstrich versehen werden. Die Stoßüberdeckungen betragen 10 cm, bei Kunststoffbahnen 5 cm. Die Kanten und Kehlen müssen ausgerundet werden um Bauschäden durch geknickte Bahnen zu vermeiden.

Senkrechte Abdichtungen reichen von der Fundamentoberkante bis zur oberen waagerechten Abdichtung. Beim Auftrag des kaltflüssigen Voranstrichs und der beiden heißflüssigen (bzw. drei kaltflüssigen) Deckanstriche durch Bürsten, Rollen oder Aufspritzen ist auf einen ebenen Untergrund zu achten.

Aus optischen Gründen ist ein schwarzer Anstrich im Sockelbereich meist unerwünscht. Hier kann man die Abdichtung durch einen Sperrputz oder ein Klinkermauerwerk ersetzen.

Fußböden im Kellerbereich liegen in der Regel auf einer 20 cm dicken kapillarbrechenden Schicht aus grobem Kies. Soll der Keller absolut trocken sein und als Aufenthaltsraum genutzt werden, ist eine

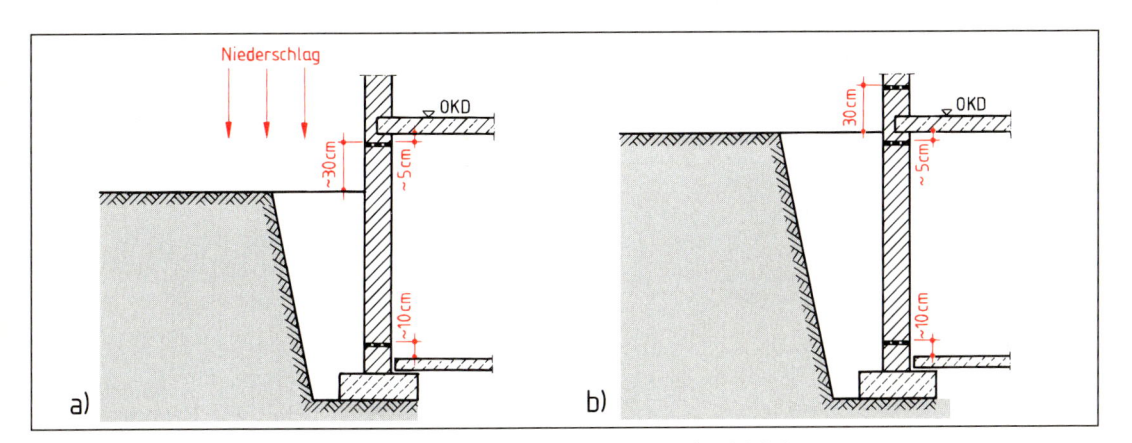

8.7 Anordnung der Sperrschicht bei einem nicht unterkellerten Haus gegen Bodenfeuchtigkeit

8.8 a) Waagerechte Abdichtung eines unterkellerten Hauses gegen Bodenfeuchtigkeit
b) Anordnung der dritten Sperrschicht

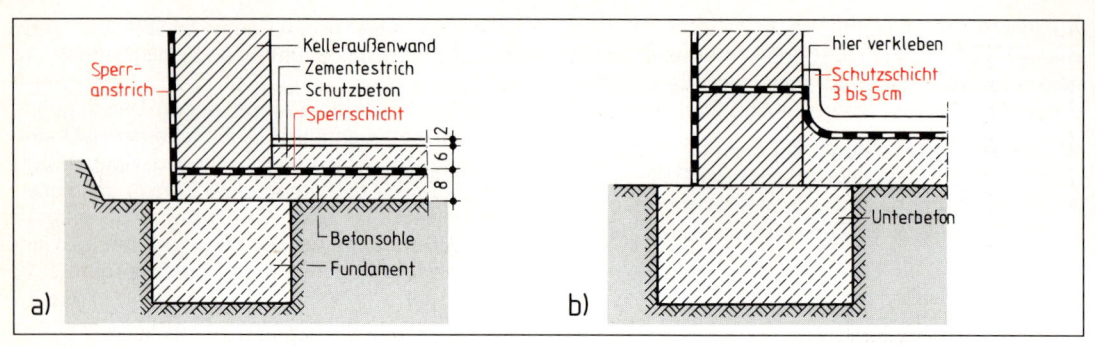

8.9 a) Abdichtung eines Kellerfußbodens, b) Fußbodenanschluss an waagerechte Sperrlage einer Wand

Abdichtung erforderlich. Auf einem Unterbeton von 8 bis 12 cm verlegt man zwei Lagen nackter Bitumenpappe, klebt die Bahnen und versieht sie mit einem Deckanstrich. Wichtig ist die Verbindung zur ersten waagerechten Wandabdichtung – sonst bildet sich eine Feuchtigkeitsbrücke (**8**.9). Notfalls ist die Fußbodenabdichtung an der Wand hochzuführen.

> Nicht unterkellerte Gebäude erhalten 2 waagerechte Sperrlagen in den Wänden, unterkellerte je eine ~ 10 cm über Kellerfußboden und ~ 30 cm über Gelände.
> Senkrechte Abdichtungen reichen bis zur obersten waagerechten Sperrlage.

8.1.4 Abdichten gegen nichtdrückendes Wasser

Dies betrifft alle Bauwerke, die frei oder im Erdreich liegen und gegen das von oben eindringende Wasser zu schützen sind (z. B. Deckenkonstruktionen, Tunneldecken und Brückenbeläge, im Innern Bäder, Duschräume, Waschräume und gewerbliche Räume mit großem Wasseranfall). Hier wirkt das Wasser nicht mit Druck und nicht ständig ein. Bei den Schutzmaßnahmen ist wiederum auf eine Abflussmöglichkeit zu achten. Bei Deckenbauteilen erreicht man dies durch ein Gefälle von 1 bis 2 %. Die Abdichtung besteht meist aus Bitumen- oder Metallbahnen.

Dränagen (DIN 4095) sollen Bodenschichten entwässern, damit erdberührte Bauteile nicht durch drückendes Wasser beansprucht werden. Eine Dränage besteht meist aus flexiblem Kunststoff-Rippenrohr DN 100 (**8**.10b), doch werden auch Dränrohre aus gebranntem Ton verwendet (**8**.10a). Die Rohre werden in einem Kiesbett mit mindestens 0,5 % Gefälle verlegt. Man unterscheidet Ringdränungen, die das Bauwerk umschließen, und Flächendränungen, die die gesamte Bodenfläche des Bauwerks entwässern. Vom tiefsten Punkt (Sammelpunkt) leitet der Übergabeschacht (DN 1000) das anfallende Wasser in einen Vorfluter oder zu einer Versickerung. Die Einleitung in öffentliche Entsorgungsleitungen ist im Allgemeinen nicht erlaubt. Alle Dränungen müssen genehmigt werden und sind Bestandteil des Bauantrags.

Vor die abgedichtete Wand setzt man wasserdurchlässige Kunststoffplatten (PE-Schaum, expandiertes Polystyrol), lose verlegte Sickersteine oder Bitumenwellpappen. Eine etwa 30 cm dicke

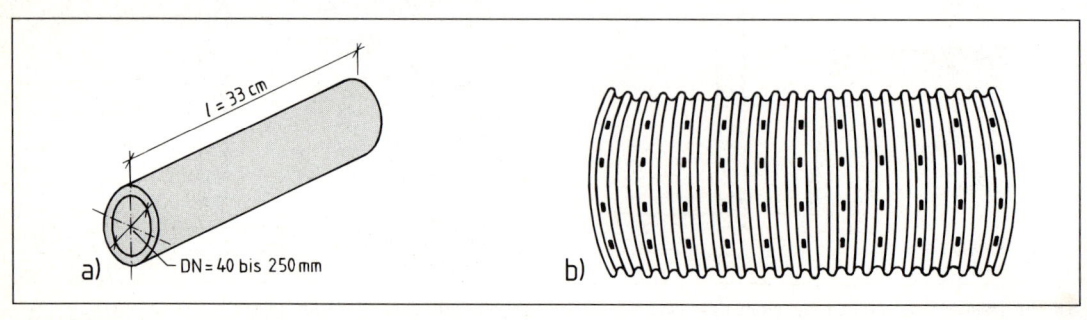

8.10 Dränrohr a) aus gebranntem Ton, b) aus Kunststoff

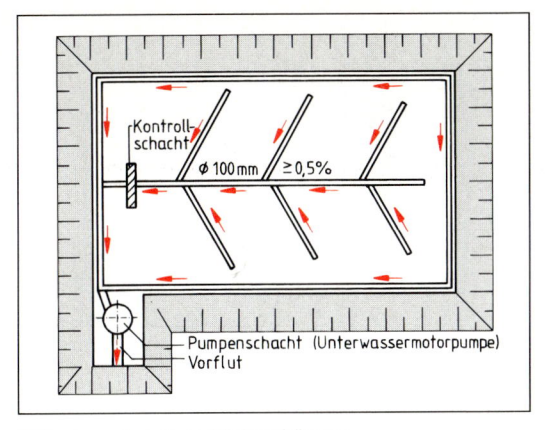

8.11 Lageplan einer Flächendränage

Kiesschicht (4/32) erfüllt den gleichen Zweck. Diese Filterschicht reicht bis zur Geländeoberkante und schützt die Dränleitung vor Verschlammen und Ablagerungen. Bei bindigen Böden ist sie immer notwendig.

Feucht- und Nassräume haben meist einen Wandbelag aus Fliesen. Fliesen sind zwar wasserdicht, doch neigen die Fugen durch die ständig wechselnden Temperaturen zur Haarrissbildung. Außerdem ist beim Fugenmörtel immer mit einer geringen Wasseraufnahme zu rechnen. Eine Abdichtung ist daher unvermeidbar. Die Räume sind trogartig abzudichten. An den Wänden kantet man die Sperrlage mind. 15 cm auf und führt sie im Duschbereich wenigstens 30 cm über die Duschlage (8.12). Als Dichtstoffe kommen Dichtungsbahnen mit zwei Trägerlagen, Kunststoffbahnen oder bei starker Beanspruchung Bahnen mit Metalleinlagen in Frage. Bei waagerechter Abdichtung wird ein Gefällebeton mit mind. 1,5 % Neigung aufgebracht. Darüber kommen 2 cm, bei höher beanspruchten Flächen 5 cm Schutzbeton. In Wohnungen reicht ein Mörtelbett von 2 cm aus, das gleichzeitig das Mörtelbett des Wandbelags (Fliesen) bildet.

> Nichtdrückendes Wasser kommt innen und außen vor. Grundsätzlich muss es frei abfließen können. Waagerechte Flächen legt man dazu mit 1,5 bis 2 % Gefällebeton ab. Dränagen sammeln das Wasser und leiten es zu Vorflutern oder Pumpensümpfen. Nassräume werden trogartig abgedichtet.

8.1.5 Abdichten gegen drückendes Wasser

Wanne (Trog). Das Wasser kann von außen (Grundwasser) oder von innen (z. B. im Behälterbau) drücken. Für die statische Bemessung ist der höchste anzunehmende Wasserstand anzusetzen. Teerstoffe dürfen nicht mehr zur Dichtung verwendet werden, weil ihre Phenole ätzende und somit antibiologische Wirkungen im Erdreich verursachen. Das Bauwerk wird vielmehr in einen Trog (Wanne) gesetzt, dessen Wände aus 11,5 cm dickem Mauerwerk oder 10 cm Beton bestehen (8.13). Die Kellersohle besteht aus Stahlbeton. Ist der Grundwasserdruck sehr groß, errichtet man die gesamte Wanne aus Stahlbeton. Bei der Außenabdichtung darf die Wandrücklage nicht so starr sein, dass sie den Einpressdruck auf die Dichtungsbahnen verringert und die nicht rechtwinklig auftreffenden Kräfte nicht mehr aufnehmen kann. Für den Einpressdruck sorgt der Erddruck. Im Sohlbereich presst die Bauwerkslast die Abdichtung ein (sog. „Schwarze Wanne").

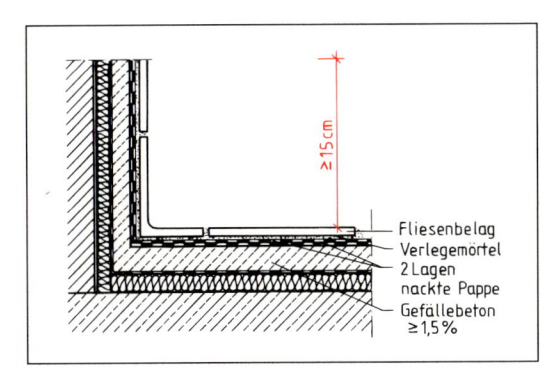

8.12 Trogausbildung der Sperrlage in Feuchträumen

8.13 Bewehrung einer Stahlbetonwanne im Grundwasserbereich

Die Abdichtung der Wanne geschieht bis 4 m Wandhöhe mit einer dreilagigen nackten Bitumenbahn. Da mit größerer Eintauchtiefe der hydrostatische Druck steigt, sind dann mehrlagige Abdichtungen nötig (**8.14**).

Tabelle 8.14 Wannenabdichtung

Bürstenstreich- und Gießverfahren	
Eintauchtiefe	Anzahl der Lagen
bis 4 m	mindestens 3
4 bis 9 m	mindestens 4
über 9 m	mindestens 5
Gieß- und Einwalzverfahren	
Eintauchtiefe	Anzahl der Lagen
bis 9 m	mindestens 3
über 9 m	mindestens 4

Werden in der zweiten Lage von der Wasserseite Metallbänder mit gefüllten Bitumen verklebt, vergrößert sich die Belastbarkeit der Abdichtung. Es lassen sich auch mehrlagige Klebeabdichtungen aus Bitumen-Schweißbahnen, -Dichtungsbahnen oder Kunststoffbahnen herstellen. In allen Fällen ist die Anzahl der Lagen von der Eintauchtiefe des Bauwerks abhängig.

Die Abdichtung der Sohle wird auf eine Beton- oder Stahlbeton-Tragsohle aufgebracht. Auf die Sperrschicht kommt sofort eine 5 bis 10 cm dicke Betonschicht zum Schutz der Dichtungsbahnen. Die Wand- und Sohlabdichtung werden in einem Zug bis an den Spritzwasserbereich geführt.

Wasserundurchlässiger Beton. Da Bauteile, die im Grundwasser stehen, häufig aus Beton hergestellt werden, bietet es sich an, sie aus wasserundurchlässigem Beton nach DIN 1045 zu errichten. Die Betonbauteile übernehmen zu der tragenden Funktion noch die Abdichtung (s. Abschn. 7.2).

Bei der Planung solcher Bauwerke ist auf eine möglichst einfache Form zu achten. Die einfachste Form ist eine quaderförmige Wanne, auch „weiße Wanne" genannt. Schon bei der Herstellung sollen unnötige Bauwerkssprünge und Anschlüsse bei Betonierabschnitten vermieden werden. Bei der Herstellung der Sohle ist auf eine ebene Bauwerksunterseite zu achten, die auf einem sehr gut verdichteten, tragfähigen Boden mit einer 5 cm dicken Sauberkeitsschicht (evtl. Magerbeton) liegt. Die Wände bilden mit der Sohle eine geschlossene Wanne, die etwa 30 cm über den höchsten Grundwasserstand reichen muss (bei bindigem Boden 30 cm über Geländeoberfläche, **8.15**).

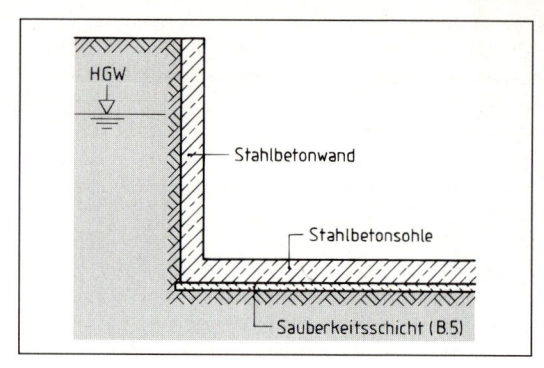

8.15 Weiße Wanne, Eckpunkt

Die Bauteilabmessungen müssen ein einwandfreies Betonieren ermöglichen. Besteht bei großen Bauteillängen Rissgefahr, sind Fugen oder Bewehrungen zur Beschränkung der Rissbreiten anzuordnen. Bei der weißen Wanne betragen die Abmessungen für die Stahlbetonsohle mindestens 25 cm, die Stahlbetonwände mindestens 30 cm Dicke. Als Beton ist mindestens ein B 25 zu verwenden.

Ist das Grundwasser chemisch aggressiv, muss ein Schutzanstrich auf der Außenseite der Wanne aufgetragen werden.

Bei den Fugen ist zwischen Arbeits- und Dehnfugen zu unterscheiden. Arbeitsfugen entstehen zwischen zeitlich unterschiedlichen Betonierabschnitten, Dehnfugen (auch Bewegungsfugen genannt) müssen durch das gesamte Bauwerk gehen (**8.16**).

Bentonit-Abdichtungen („braune Wanne") werden zunehmend für rissgefährdete, große Baukörper verwendet. Dabei handelt es sich um ein stark quellfähiges, wasserbindendes Material, welches

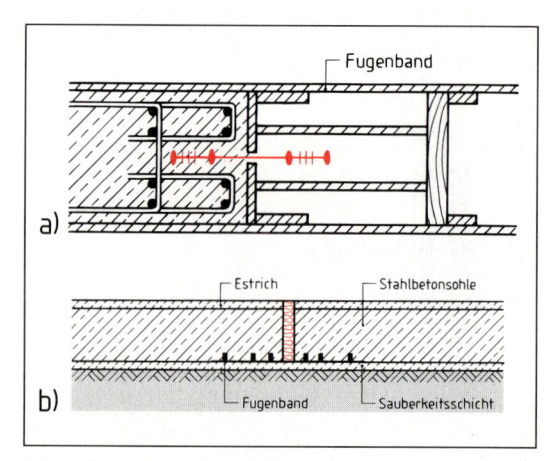

8.16 a) Lotrechte Arbeitsfuge in einer Wand mit Schalung und Fugenband
b) horizontale Dehnfuge in einer Kellersohle

sein Volumen um das 15fache vergrößern kann. Nach dem Einpressen entsteht durch den Quelldruck eine abdichtende Schicht. Beschädigungen in der Abdichtung werden durch den Quelldruck von selbst wieder geschlossen. Die plattenförmigen Paneels werden waagerecht im Sohlbereich auf PE-Folie ausgelegt oder im senkrechten Bereich an die Wand geheftet bzw. mit Klemmprofilen fixiert.

Grundwasserabsenkung. Damit die Baugrube während der Abdichtungsarbeiten trocken bleibt, wird das Grundwasser mit Hilfe von Brunnen (Spüllanzen) abgesenkt, mit Vakuumpumpen oder Unterwasser-Motorpumpen in eine Sammelleitung gepumpt und in einen Vorfluter abgeleitet. Bei Grundwasser-Absenkungsmaßnahmen bilden die Brunnen Absenktrichter mit z.T. großen Radien. Deshalb müssen vor Baubeginn umfangreiche Berechnungen angestellt werden. Durch den Wasserentzug im Boden können sich die umliegenden Bauten so stark setzen, dass Einsturzgefahr besteht (**8**.17).

> Drückendes Wasser tritt von außen im Grundwasserbereich und von innen im Behälterbau auf. Man setzt das gesamte Bauwerk in einen Mauerwerk- oder Stahlbetontrog. In Abhängigkeit von der Tiefe und damit vom hydrostatischen Druck werden mehrlagige Abdichtungen hergestellt.
>
> Während der Arbeiten ist eine Trockenlegung der Baugrube (meist Grundwasserabsenkung) erforderlich.

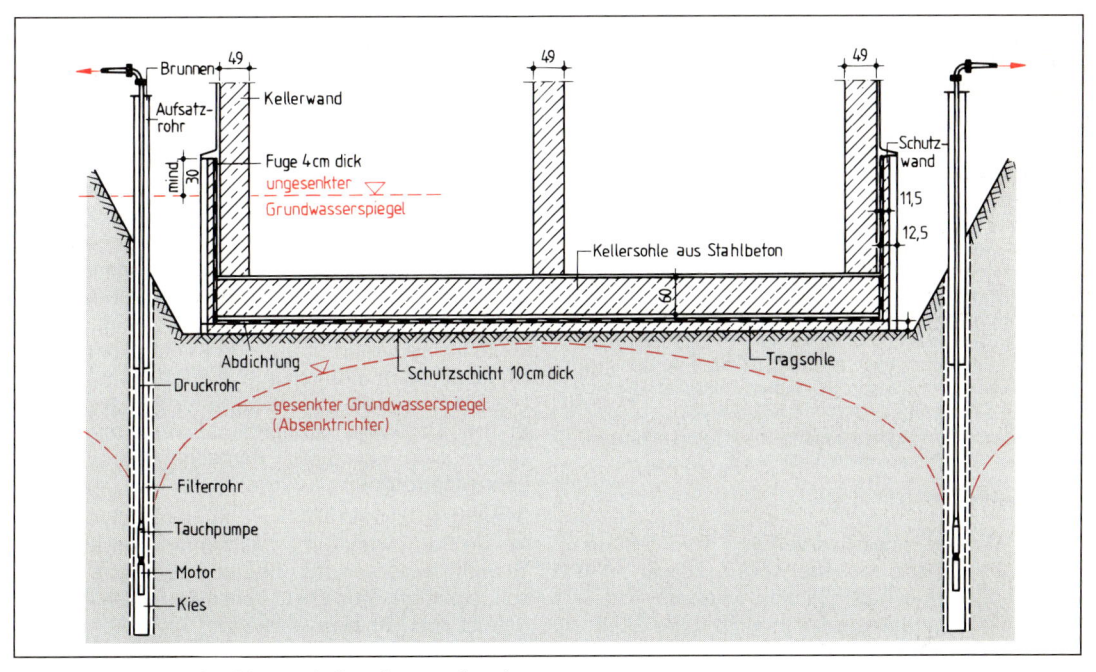

8.17 Schnitt durch eine Wanne mit Grundwasserabsenkung

8.2 Brandschutz

Bauteile müssen im Brandfall dem Feuer so lange widerstehen, bis die Rettung der Menschen, Tiere und Sachgüter abgeschlossen ist. Dabei dürfen sich keine toxischen (giftigen) Gase bilden, die die Flucht bzw. Rettung unmöglich machen. Dies ist bei der Planung, der konstruktiven Ausbildung und den technischen Anlagen des Bauwerks zu berücksichtigen. Einzelheiten regeln die Landesbauordnungen (LBO), DIN 4102 (Brandverhalten von Baustoffen und Bauteilen), die Musterbauordnung und weitere Vorschriften für Krankenhäuser, Schulen, Hochhäuser, Versammlungsräume.

Baustoffklassen. Durch genormte Brandversuche werden Baustoffe in verschiedene Klassen eingeteilt (**8**.18).

Tabelle 8.18 Baustoffklassen nach DIN 4102

Klasse	Bauaufsichtliche Benennung	Beispiele
A A1 A2	**nicht brennbare Stoffe** – ohne organische Bestandteile – mit organischen Bestandteilen	Beton, Gips, Gipskartonplatten
B B1 B2 B3	**brennbare Stoffe** – schwer entflammbar – normal entflammbar – leicht entflammbar	brandschutztechnisch behandelte Holzwerkstoffe, Hartschäume, verschiedene Kunststoffe Holzwerkstoffe und Holz ≥ 2 mm Holzwerkstoffe und Holz ≥ 2 mm Papier, Pappe, Stroh

Die Baustoffe müssen entsprechend gekennzeichnet werden. Für nicht brennbare und schwer entflammbare Baustoffe ist ein Prüfzeichen vorgeschrieben. Leicht entflammbare Baustoffe erhalten zur Bezeichnung B 3 den Aufdruck *leicht entflammbar*.

Feuerwiderstandsklassen. Auch Konstruktions- und Bauelemente werden nach ihrem Brandverhalten eingeteilt. Hierzu gibt man ihre Feuerwiderstandsdauer in Minuten an (**8.19**).

Selbstschließende Türen, Tore und Rollläden, die den Feuerdurchgang durch Wände oder Decken verhindern sollen, werden nach den Feuerwiderstandsklassen T 30 bis T 180 eingeteilt. Verglasungen erhalten entsprechend die Feuerwiderstandsklassen G 30 bis G 180.

Nichttragende Wände, Feuerschürzen, Brüstungen werden in Feuerwiderstandsklassen W 30 bis W 180 eingeteilt. Ferner gelten besondere Bestimmungen für Lüftungsleitungen und Lüftungsschächte (L 30 bis L 120), Brandübertragungen von Rohrleitungen (R), Installationsschächte und -kanäle (I), Brandschutzklappen (K 30 bis K 90).

Beim Bezeichnen von Bauelementen werden die Baustoffklassen mit den Feuerwiderstandsklassen verbunden.

Beispiel F120 – A1

Bei der Planung eines Bauwerks ist für einen ausreichenden Zugang der Feuerwehr zu sorgen, etwa durch befahrbare Rasenflächen, größere Toreinfahrten und Brandabschnitte innerhalb der Gebäude. Treppen in Hochhäusern müssen auf kürzestem Weg, mindestens nach 35 m zu erreichen sein. Die Fluchtwege in Treppenhäusern dürfen keine brennbaren Baustoffe erhalten. Sie werden in einzelne Brandabschnitte eingeteilt. Gegebenenfalls sind außen Sicherheitstreppen einzuplanen. Feuerlöscheinrichtungen wie Feuerlöscher, Hydranten und Rettungseinrichtungen sind vorgeschrieben, Qualm- und Rauchabzugsanlagen vorzusehen.

Konstruktiver Brandschutz einzelner Bauteile. In erster Linie kommt es auf die richtige Auswahl der Baustoffe an. Tragende Bauteile wie Stützen und Unterzüge müssen im Brandfall stabil bleiben. *Stahlstützen* sind besonders gefährdet und erhalten daher eine Ummantelung aus Mauerwerk, Beton oder Gipsbauteilen (**8.20**). Asbestfreie Fibersilikatplatten in verschiedenen Dicken eignen sich vielfältig als brandschützende Konstruktionen für Stahlstützen und -unterzüge. Auf Putzträger aufgebrachte Putze gelten als feuerhemmend, wenn sich im Brandfall keine Risse bilden. *Schornsteine* müssen zu allen brennbaren Bauteilen einen von der Landesbauordnung vorgeschriebenen Abstand halten.

In großen Versammlungsräumen lassen sich *Stahlträgerdecken* mit Einlegedecken aus Feuerschutzplatten optisch gut verkleiden (**8.21**). Vorteilhaft ist auch ein entsprechendes Abdecken der an den Decken verlaufenden Versorgungs- und Lüf-

Tabelle 8.19 Feuerwiderstandsklassen F nach DIN 4102

Klasse	Feuerwiderstandsdauer (Minuten) und Benennung	Verwendung
F 30	≥ 30 feuerhemmend	nichttragende Wände, Deckenbauteile bis zu 2 Geschossen, Kellerdecken bis zu 5 Geschossen
F 60	≥ 60 feuerhemmend	nichttragende Wände
F 90	≥ 90 feuerbeständig	tragende Wände und Treppenhauswände, Deckenbauteile über 2 Geschosse, Kellerdecken über 5 Geschosse
F 120	≥ 120 feuerbeständig	
F 180	≥ 180 hochfeuerbeständig	

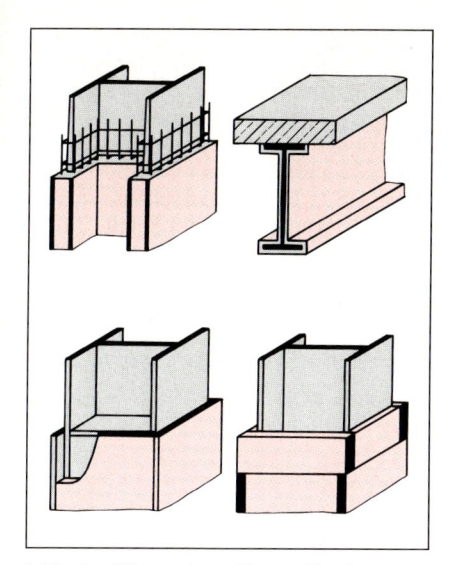

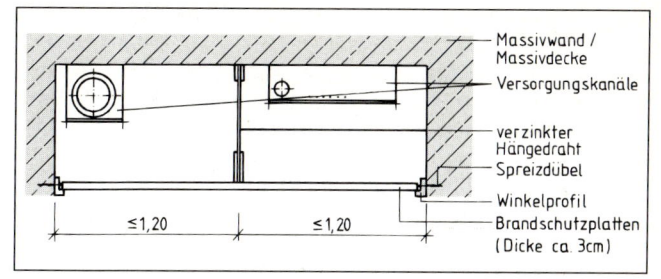

8.21 Unterdeckenkonstruktion unter den Versorgungsleitungen eines Flures (F 30-AB)

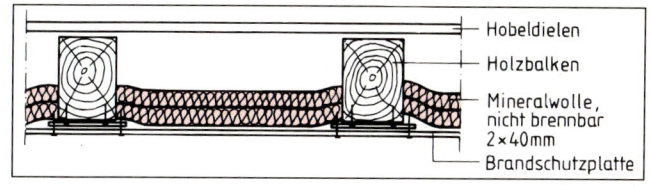

8.22 Holzbalkendecke mit Wärmedämmung (F 90-B)

8.20 Profilfolgende und kastenförmige Brandschutzmaßnahmen für Stahlprofile

tungskanäle. Auch *Holzbalkendecken* können mit Feuerschutzplatten versehen werden und so nach DIN 4102 eine Feuerwiderstandsklasse F 120 B erreichen (**8.22**). Ebenso lassen sich Innen- und Außenwände je nach Anforderung mit Brandschutztafeln, auch als Verbundplatte für Brand- und Wärmeschutz versehen.

Tragende Holzbauteile (Holzstützen und -unterzüge) werden mit feuerschutzbildenden Anstrichen behandelt. Unverkleidete Vollholzbalken und Brettschichtbinder teilt man in Abhängigkeit ihrer Biegebeanspruchung in die Feuerschutzklassen F 30 B und F 60 B ein.

Geregelt wird der bauliche Brandschutz durch DIN 4102, die jeweilige LBO, die Musterbauordnungen und verschiedene Vorschriften für besondere Bauten. Baustoffklasse A = nicht brennbare Baustoffe, Baustoffklasse B = brennbare Baustoffe Feuerwiderstandsklassen F 30 bis F 180 für Bauteile (Feuerwiderstandsdauer in Minuten) Bei der Bauwerksplanung sind Rettungswege und Feuerwehrzufahrten zu berücksichtigen. Tragende Bauteile werden durch konstruktive Maßnahmen vor dem Zusammenbrechen im Brandfall geschützt.

8.3 Schallschutz

Der Schallschutz soll die Schallübertragung verhindern. Berechnungen lassen sich dazu nur in begrenztem Umfang anstellen. Deshalb beruht der Schallschutz auf Erfahrungswerten, die auch die Planung und Ausführung des Bauwerks mitbestimmen. Um die Bewohner vor Außenlärm (z. B. Verkehrslärm) zu schützen, wählt man die Lage des Bauwerks und seiner Räume sinnvoll. Auch Geräusche im Innern durch Bad-, Küchen- und Werkraumbenutzung werden in der Grundrissgestaltung berücksichtigt. Wesentlichen Einfluss auf die Schallübertragung hat die Bauart (leicht oder schwer). Weil die Schall-Längsleitungen sehr stören können, spielt der Wand- und Deckenaufbau eine große Rolle. Haustechnische Anlagen wie Fahrstühle, Heizungsanlagen und Schwimmbäder dürfen keine störenden Geräusche übertragen. Fenster und andere Verglasungen wählt man nach dem äußeren Lärmaufkommen.

Bei der Planung unterlassene Schallschutzmaßnahmen lassen sich nachträglich kaum noch oder nur unter großem Aufwand durchführen.
DIN 4109 (Schallschutz im Hochbau) regelt die baulichen Einzelheiten.

8.3.1 Grundlagen

Erinnern wir uns: Schall entsteht durch Schwingungen, die wir in Frequenzen f messen (Einheit Hertz = Hz). Das menschliche Ohr nimmt Frequenzen zwischen 16 und 16 000 Hz wahr. Geräusche bestehen aus mehreren Teilfrequenzen, Töne nur aus gleichen Schallschwingungen (**8.23**). Schallwellen erzeugen Druckschwankungen. Diesen Schalldruck p geben wir in N/m² an, den Schallpegel L in Dezibel (dB). Da sich die Schallwellen, mit Mikrofonen gemessen, sehr stark unterscheiden, verwendet man besser ein logarithmisches Maß in Dezibel, nämlich

$$L = 20 \lg \frac{p}{p_0} \text{ in dB.}$$

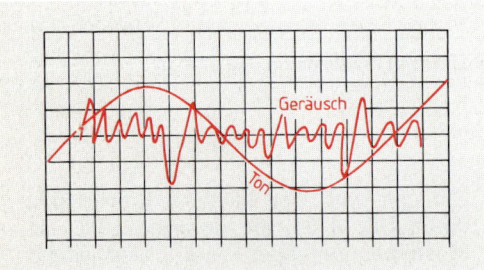

8.23 Schwingungsbild eines Tones und eines Geräusches

Da der Mensch Töne mit gleichem Schalldruckpegel verschieden laut hört, wird eine Mischung verschieden hoher Töne gewählt. Den so gemessenen Schall bezeichnet man mit dB(A). Damit lassen sich Vergleiche unterschiedlicher Schallquellen anstellen. Die Einheit Dezibel ist eine Verhältniszahl, die auf Zehnerpotenzen zurückgeführt wird. Dadurch steigt die Empfindung des menschlichen Ohres für den Schallpegel stärker als die Schallwirkung.

Beispiele Verschiedene Schallpegel
Musikgruppe	110 dB(A)
Presslufthammer	90 dB(A)
Straßenverkehr (i. M.)	70 dB(A)
Unterhaltung	50 dB(A)
Raum (i. M.)	30 dB(A)
Wald	20 dB(A)

So genügt in einem ruhigen Raum mit etwa 15 dB eine Zunahme von 3 dB, um eine Verdoppelung des Schalls zu empfinden.

Luft-, Körper- und Trittschall. Wenn im Raum eine Schallquelle Geräusche aussendet und diese im Nebenraum gut wahrgenommen werden, sprechen wir von mangelhaftem Luftschallschutz. Die Luft leitet die Schallwellen zur trennenden Wand, die vom Schalldruck in Schwingungen versetzt wird und so die Geräusche in den Nebenraum überträgt. Dieser Schalltransport ist durch entsprechende Wandkonstruktion zu unterbinden. Wird eine Wand etwa durch einen Hammerschlag direkt in Schwingungen versetzt, entsteht Körperschall. Eine besondere Form des Körperschalls ist der lästige Trittschall. So werden Deckenbauteile durch das Betreten, durch Maschinen oder spielende Kinder in Schwingungen versetzt. Der Trittschallschutz muss die Ausbreitung dieser Schwingungen durch einen schalldämmenden Deckenaufbau verhindern oder auf erträgliche Werte vermindern.

Das Schalldämmmaß R_w ist der rechnerische Schalldämmwert. Er wird in dB angegeben. So schreibt DIN 4109 die Anforderungen an die Luft und Trittschalldämmung vor. Als Beispiel sei eine Wand in Geschosshäusern gewählt. Sie muss ein erforderliches R'_w von 53 dB aufweisen. Für einen erhöhten Schallschutz wird ein erforderliches $R'_w \geq 55$ vorgeschlagen. Das Schallschutznormenwerk ist sehr umfangreich; weitere Werte lassen sich aus ihm oder aus Tabellenwerken entnehmen.

Das Trittschallmaß *TSM* (in dB) setzt sich aus dem Schallschutzwert der Rohdecke TSM_{eq} und dem Verbesserungsmaß *VB* des schwimmenden Estrichs zusammen. Für bauliche Unwägbarkeiten wird ein Vorhaltemaß von 2 dB abgezogen.

$$TSM = TSM_{eq} + VM - 2\text{dB (dB)}$$

Die entsprechenden Werte für TSM_{eq} und *VM* sind wiederum Tabellenwerken oder der DIN 4101 zu entnehmen.

Nach der VDI-Richtlinie 4100 (10/89) werden Wohnungen nach ihrer schalltechnischen Güte in 3 Schallschutzklassen (SSK) eingeteilt:

– SSK I $\cong$ weitgehend der DIN 4101
– SSK II $\cong$ weitgehend dem erhöhten Schallschutz
– SSK III $\cong$ ermöglicht ein hohes Maß an Ruhe in der Wohnung

DIN 4109 schreibt für Bauteile Mindestwerte für die Schalldämmung vor. Der Nachweis:

vorh. $R'_w \geq$ mind. R'_w

8.3.2 Konstruktiver Schallschutz

Bei den Wänden unterscheiden wir ein- und zweischalige Systeme.

Einschalige Wände schwingen als Ganzes. Daher spielt ihre Biegesteifigkeit, ihre Masse (kg/m²) eine große Rolle. Je schwerer die massive Wand ist,

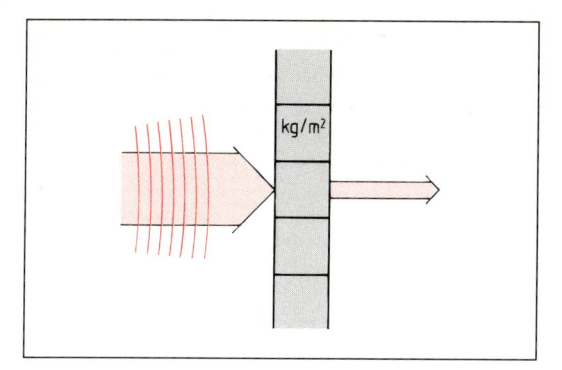

8.24 Schalldämmung einer einschaligen Wand

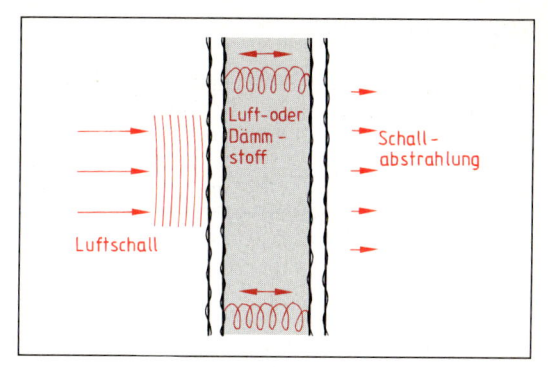

8.25 Schalldämmung einer zweischaligen Wand

desto besser dämmt sie den Luftschall (**8.24**). Jedoch gibt es einen Bereich, worin die Frequenzen des Luftschalls und des Bauteils übereinstimmen. Bei dieser *Grenzfrequenz* verstärken sich die Schallwellen noch. Der ungünstige Bereich liegt für einschalige Wände zwischen 200 und 2000 Hz. Er betrifft plattenförmige Bauteile aus Beton, Leichtbeton und Mauerwerk zwischen 20 und 100 kg/m² Flächenmasse sowie Holz und Holzwerkstoffplatten über 15 kg/m².

Günstig ist die Luftschalldämmung biegesteifer einschaliger Wände aus Beton, Leichtbeton und Mauerwerk mit ≥ 150 kg/m² Flächenmasse.

Undichtigkeiten wie Risse, Löcher und andere Wandöffnungen beeinträchtigen die Schalldämmung erheblich. Großporige Wände, also Wandbaumaterialien mit Lufteinschlüssen, haben in unverputztem Zustand eine sehr geringe Schalldämmung. Um den vorgeschriebenen Werten zu entsprechen, müssen sie stets beidseitig verputzt werden. Porenbetonbauteile haben wegen ihrer geschlossenen Luftporen eine gute Schalldämmwirkung. Ausnahmslos gute Dämmwerte erreichen wegen ihrer Masse Ziegel, Kalksand- und Hüttensteine.

Zweischalige Wände erfordern für vergleichbare Dämmwerte nicht so große Flächenmassen wie die einschaligen. Es sind zwei leichtere, durch eine Luftschicht oder weich federnde Dämmschicht voneinander getrennte Wandschalen. Ihre Wirksamkeit hängt von der Masse und Biegesteifigkeit beider Schalen sowie der Eigenfrequenz des Systems ab. Bei der Eigenfrequenz schwingen die Schalen gegeneinander, wobei die Zwischenschicht als Feder wirkt (**8.25**).

Abhängig ist die Eigenfrequenz daher von den Flächenmassen der Schalen und der dynamischen Steifigkeit der Zwischenschicht. Gute Schalldämmwerte ergeben sich, wenn die Eigenfrequenz unter 100 Hz liegt. Dies ist der Fall bei zwei schweren Wandschalen sowie bei einer schweren und einer leichten Schale.

Günstig ist die Luftschalldämmung einer zweischaligen Wand, die aus zwei schweren Schalen oder aus je einer schweren und leichten Wandschale besteht.

Anschlussproblem. Eine Wand lässt sich also schalltechnisch fast perfekt aufbauen. Ein Problem bereitet jedoch ihre Einspannung an Anschlusswände und Decken. Hier wird der Schall nämlich über die Längsleitung von einem Raum zum anderen und sogar in andere Stockwerke des ganzen Gebäudes übertragen (**8.26**). Deshalb gehen zwischen den Trennwänden von Einfamiliendoppel- und Reihenhäusern die Trennfugen vom Fundament bis zur Dachkonstruktion durch. Der Fugen-

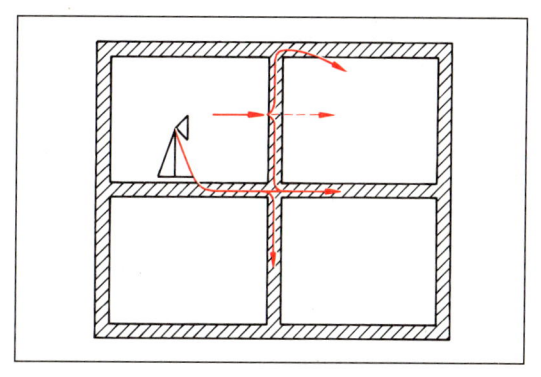

8.26 Körperschallausbreitung über Längsleitung

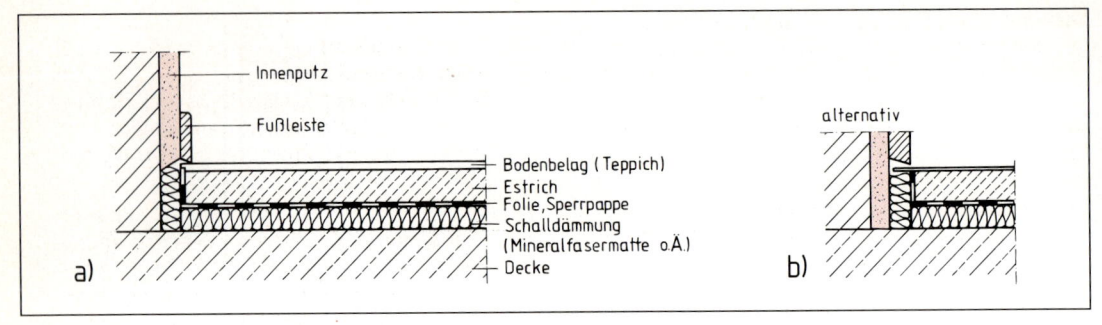

8.27 Ausführungsbeispiel eines schwimmenden Estrichs
a) Putzschicht geht nicht bis zur Rohdecke durch = gute Körperschalldämmung
b) Putzschicht läuft durch = Körperschall überträgt sich über den Putz in die Rohdecke

abstand beträgt bei einer Flächenmasse der Wände von 150 bis 200 kg/m² mindestens 30 mm, bei leichteren Wänden 20 mm. Fugen von 20 mm Abstand müssen jedoch mit einem Mineraldämmstoff gefüllt werden, während breitere offen bleiben dürfen. Beim Herstellen der Fugen sind Schallbrücken (z. B. durch hereinfallenden Mörtel oder Steinreste) zu vermeiden. Schon kleinste Schallbrücken können den Schallschutz zunichte machen!

Für Decken ist der Trittschallschutz von großer Bedeutung. Dabei gelten die gleichen Grundsätze wie für Wände. Eine bessere Luftschall- und besonders Trittschalldämmung bietet der schwimmende Estrich (**8.**27). Bei der Ausführung dürfen keine Schallbrücken entstehen, die den Schall über die Wände weiterleiten! Auch auf eine ausreichend weich federnde Dämmschicht ist zu achten. Weiche Gehbeläge wie Teppichböden verstärken den Trittschallschutz, während harte Kunststoffbeläge ihn eher verschlechtern.

Fenster und Türen. Mit dem wachsenden Verkehrs- bzw. Außenlärm stiegen die Schallschutzanforderungen an Fenster und Türen. Im Wesentlichen hängt der Schalldämmwert eines *Fensters* von der Verglasung, Rahmenausführung und Dichtungsart ab. Bei der Wahl der Verglasung müssen wir die Wärmeschutzanforderungen beachten. Daraus ergibt sich immer eine Doppelverglasung – zwei unterschiedlich dicke Scheiben, deren Zwischenraum mit speziellen Gasen gefüllt wird. Es gibt heute Isolierverglasungen, die in schalltechnischer Hinsicht einem Massivmauerwerk entsprechen. Rollladenkästen und Außenjalousien müssen besonders abgedichtet werden, weil sie sonst als Schallkörper wirken. *Türen* verringern den Schallschutz zwischen zwei Räumen erheblich. Um eine gute Dämmung zu erreichen, muss die Masse der Tür möglichst groß sein (sandgefüllte Holzspan-Röhrenplatte oder Mineralwolle-Einlage). Zugleich ist auf den dichten Einbau der Türzargen im Mauerwerk zu achten. Da Türen immer einen etwas geringeren Schalldämmwert als die Wände haben, sollen sie in eine sehr weiche, elastische Schaumgummi- oder Moosgummidichtung fallen (**8.**28). Der untere Anschlag kann mit einer Gummilippendichtung ausgebildet sein.

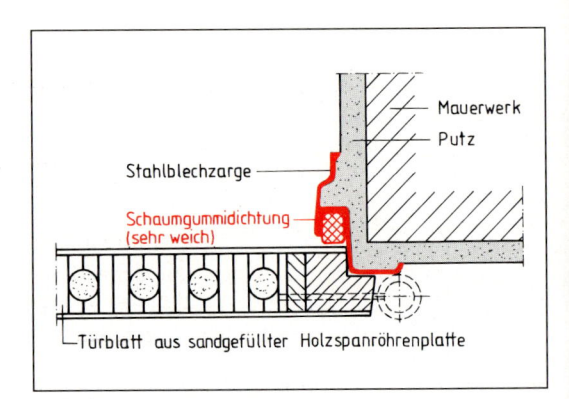

8.28 Türanschlag mit Schaumgummidichtung

Für Türen und Tore von gewerblichen Betrieben, die Innenlärm nach außen dämmen müssen, gelten die gleichen Grundsätze. Hier nimmt man massivere Türen (Stahl) mit widerstandsfähigeren (robusteren) Kunststoffdichtungen.

Haustechnische Anlagen. In Wohnhäusern wirken Heizungsrohre, Wasserleitungen und WC-Spülanlagen oft als störende Geräuschquellen. Trotz guter konstruktiver Gestaltung des Hauses müssen diese Anlagen daher direkt gedämmt werden. Beachten wir einige Grundregeln, gehen die Störungen nicht über ein erträgliches Maß hinaus. So werden Leitungen unter Putz mit einem Dämmstoff ummantelt und damit gegen Körperschallausbreitung gesichert. Frei an den Wänden verlaufende Leitungen lassen sich mit federnden oder weich gelagerten Rohrschellen befestigen. Bei Wanddurchlässen sind die Rohre mit einer körperschalldämmenden Manschette zu ummanteln und mit einer Kunststoff-Folie oder Bitumenpappe zu umwickeln. Druckspüleinrichtungen verursachen erheblich mehr Geräusche als tief liegende Kunststoff-Spülkästen.

E DIN 4109 unterscheidet zwischen „lauten Räumen" (Bäder, Küchen, Waschräume) und „sehr lauten Räumen". Zu den letzten gehören Großküchen, Cafés, Gaststätten, Theaterräume, Kegelbahnen und Garagen. Alle diese Anlagen gehören im Sinn der DIN-Vorschriften zu den Betrieben. Hier gelten bestimmte Werte für den zulässigen Schallpegel in Abhängigkeit von der Tages- und Nachtzeit.

> Schall-Längsleitungen vermeidet man durch konstruktive Maßnahmen. Decken sind durch eine weich federnde Dämmschicht im schwimmenden Estrich gedämmt. Weiche Fußbodenbeläge sorgen zusätzlich für Trittschallschutz.
>
> Fenster und Türen sind schalltechnische Schwachpunkte. Deshalb sollen sie große Eigenmasse haben und dicht, weich gelagert eingebaut werden. Auch Installationsanlagen baut man weich und federnd ein.

Da die DIN 4109 „Schallschutz im Hochbau" nicht generell den aktuellen Stand der Technik darstellt, sollte die VDI-Richtlinie 4100 als Ergänzung bei der Planung und Ausführung von Gebäuden beachtet werden. Eine neue DIN 4109 ist in Vorbereitung.

8.4 Wärmeschutz

Der Wärmeschutz soll bei hinreichender Wirtschaftlichkeit für das Wohlbefinden der Menschen in den Räumen sorgen und zugleich zur Erhaltung der Bausubstanz beitragen. Vor allem ist darum auf den Wärmeverlust durch Außenwände und Dächer zu achten. Durch günstige Bauabmessungen lassen sich die Wärmeverluste verringern (**8.29**). Höhere Baukosten durch umfangreiche Dämmmaßnahmen werden über einen längeren Zeitraum hinweg durch geringere Bewirtschaftungskosten ausgeglichen. DIN 4108 „Wärmeschutz im Hochbau" und die Wärmeschutzverordnung (WSchVO) 1995 enthalten die Planungs- und Berechnungsgrundlagen für Gebäude. Der Nachweis des Wärmeschutzes gehört zu den Bauantragsunterlagen.

In direktem Zusammenhang mit der Wärmedämmung eines Hauses steht die Wohnfeuchte. So kann sich an den Innenseiten von Außenbauteilen Tauwasser (Kondenswasser) bilden, wenn der Wasserdampf der Luft schnell abkühlt. Die Folgen sind durchfeuchtete Bauteile und ungenügende Dämmwirkung der Baustoffe, ein schlechtes Raumklima und damit Erkrankungen der Bewohner.

> Am wohlsten fühlt sich der Mensch in Räumen mit 20 °C Lufttemperatur, 17 bis 18 °C Oberflächentemperatur an Wänden, Decken und Fußböden, bei geringer Luftbewegung 40 bis 70 % relativer Luftfeuchtigkeit.

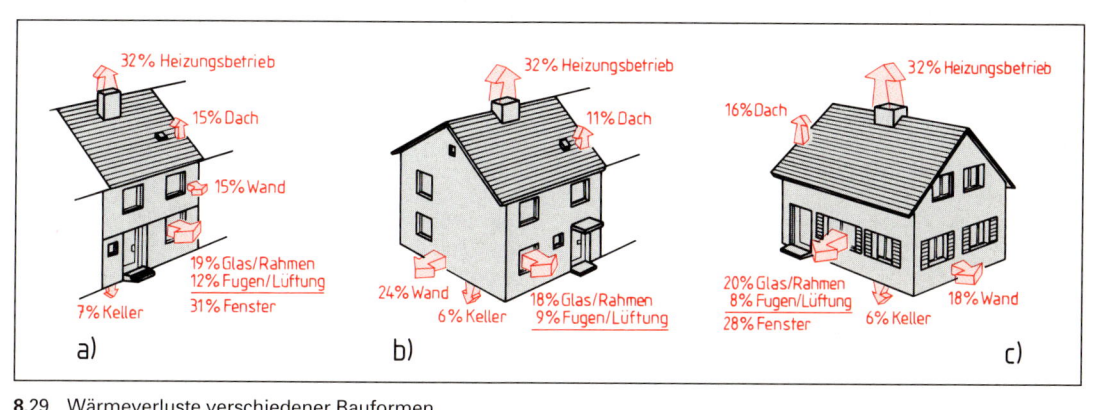

8.29 Wärmeverluste verschiedener Bauformen
a) Reihenmittelhaus, b) Reihenendhaus, c) freistehendes Einfamilienhaus

8.4.1 Physikalische Grundlagen

Wärmemenge. Wenn eine Wand zwei Räume mit unterschiedlichen Temperaturen trennt, fließt die Wärmeenergie immer von der wärmeren zur kühleren Seite. Die Temperatur ϑ (griech. theta) wird in Kelvin (K) oder Grad Celsius (°C) angegeben. 0 °C entspricht 273,15 K. Die zugeführte Wärmemenge Q berechnet man aus der spezifischen Wärmemenge c eines Stoffes, seiner Masse m und der Temperaturdifferenz $\Delta\vartheta$.

> **Wärmemenge $Q = c \cdot m$**
> Q in Joule (1 J = 1 Ws)
> c in $\frac{J}{kg \cdot K}$ m in kg

Wärmeleitfähigkeit. Um die Wärmeschutzwirkung eines Baustoffs zu beurteilen, müssen wir seine Wärmeleitfähigkeit λ (griech. Lambda) kennen. Die Wärmeleitzahl λ gibt an, welche Wärmemenge je Sekunde durch 1 m² einer 1 m dicken Schicht bei 1 Kelvin Temperaturunterschied hindurchgeleitet wird (**8.30**).

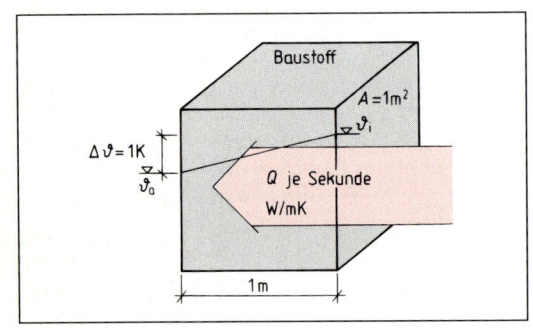

8.30 Wärmeleitzahl λ

Einheit der Wärmeleitfähigkeit ist W/m·K. Bekanntlich sind Metalle (hohe Dichte) bessere Wärmeleiter als etwa Porenbetonsteine (geringe Dichte).
Aus dieser Erkenntnis schließen wir:

> Je kleiner die Wärmeleitzahl λ, desto höher die Wärmedämmung des Baustoffs (**8.31**).
> Weil Wasser die Wärme erheblich besser leitet als Luft, vermindert sich die Wärmedämmung bei durchfeuchteten Bauteilen.

Tabelle **8.31** Rechenwerte der Wärmeleitzahl λ_R nach DIN 4108 in $\frac{W}{m \cdot K}$

Metalle	Kupfer	380
	Aluminium	200
	Stahl	60
Beton	Normalbeton	2,1
	Leichtbeton (1200 kg/m³)	0,5
Putze, Mörtel, Glas	Zementmörtel	1,4
	Kalkzementmörtel	0,87
	Kalkgipsmörtel	0,7
	Gussasphalt	0,9
	Glas	0,8
Mauerwerk	Kalksandstein 1600 kg/m³	0,79
	Lochziegel	0,58
	Bimsvollblock 1200 kg/m³	0,54
	Porenbetonblock 800 kg/m³	0,29
Holz	Buche, Eiche	0,2
	Fichte, Kiefer	0,13
	Holzwolle-Leichtbauplatten (≥ 25 mm)	0,093
Kunststoffe	Polystyrol-Hartschaum 040	0,04
	Faserdämmstoffe 035	0,035
	Polyurethan-Hartschaum 025	0,025

Wärmedurchgang. Beim Wärmetransport durch eine Wand unterscheiden wir drei Abschnitte:

- den Wärmeübergang von der Innenluft zur inneren Oberfläche der Außenwand,
- den Wärmedurchlass durch die Wand,
- den Wärmeübergang von der Wandoberfläche der Außenwand zur Außenluft (**8.32**).

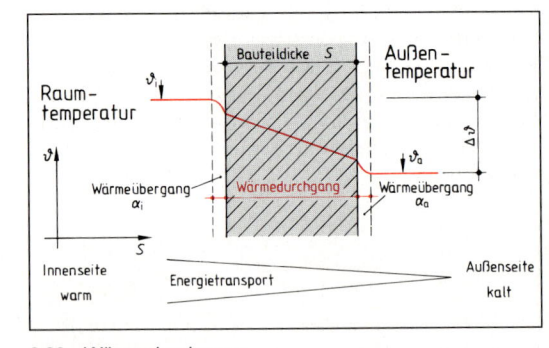

8.32 Wärmedurchgang

Den Wärmeübergang vom wärmeren zum kälteren Medium erfasst man mit dem *Wärmeübergangskoeffizienten* oder der *Wärmeübergangszahl* α (griech. Alpha) in W/(m² · K). gibt an, welche Wärmemenge in 1 Sekunde zwischen 1 m² Wandfläche und der Luft bei 1 Kelvin Temperaturunterschied ausgetauscht wird. Der *Wärmeübergangswiderstand* $1/\alpha$ ist der Kennwert des α-Wertes in m² · K/W (**8.33**).

Tabelle **8.33** Rechenwerte α und $1/\alpha$ nach DIN 4108

Wärmeübergangsfläche	Wärmeübergangs-koeffizient α in $\frac{W}{m^2 \cdot K}$	Wärmeübergangs-widerstand $\frac{1}{\alpha}$ in $\frac{m^2 \cdot K}{W}$
Innenseiten geschlossener Räume bei natürlicher Luftbewegung, Wandflächen, Innenfenster, Außenfenster	8	0,13
Fußböden und Decken bei Wärmeübertragung von unten nach oben von oben nach unten	8 6	0,13 0,17
Außenseiten	23	0,04

Dem Wärmedurchlass setzt der Baustoff den *Wärmedurchlasswiderstand* $1/\Delta$ (griech. Lambda) entgegen. Wir erhalten ihn durch Division der Bauteildicke s durch die Wärmeleitfähigkeit.
Bei mehrschichtigen Bauteilen werden die Einzelwiderstände der Schichten addiert:

$$\frac{1}{\Delta} = \frac{s_1}{\lambda_1} + \frac{s_2}{\lambda_2} + \frac{s_3}{\lambda_3} \ldots \frac{s_i}{\lambda_i}$$

Je größer der Wärmedurchlasswiderstand $1/\Delta$ desto besser die Wärmedämmung eines Baustoffs.

Den gesamten Wärmetransport durch eine Wand haben wir als Wärmedurchgang definiert. Fassen wir die Summe der Wärmeübergangs- und Wärmedurchlasswiderstände zusammen, erhalten wir den *Wärmedurchgangswiderstand* $1/k$ in $m^2 \cdot K/W$. Sein Kehrwert ist der *Wärmedurchgangskoeffizient* oder die *Wärmedurchgangszahl* k. Er kennzeichnet die bei 1 Kelvin Temperaturunterschied in 1 m^2 Bauteil je Sekunde abfließende Wärme. Mit der Wärmedurchgangszahl beurteilen wir also den Wärmeverlust. Die Formel lautet:

$$k = \frac{1}{1/\alpha_i + 1/\Delta + 1/\alpha_a} \text{ in } \frac{W}{m^2 \cdot K}$$

$1/\alpha_i$ = Wärmedurchgangswiderstand an der Innenseite
$1/\Delta$ = Wärmedurchlasswiderstand aus der Summe s/λ der einzelnen Bauteilschichten
$1/\alpha_a$ = Wärmedurchgangswiderstand an der Außenseite

Um den Wärmeverlust einer Konstruktion gering zu halten, müssen der Wärmedurchlasswiderstand $1/\Delta$ möglichst groß und der k-Wert entsprechend möglichst klein sein.
Fassen wir die Begriffe noch einmal zusammen:

8.4.2 Wärmedämmstoffe

Die Dämmfähigkeit der Dämmstoffe hängt von ihrer Dichte ab. Porige Stoffe mit einer geringen Dichte haben eine bessere Dämmfähigkeit als dichte Baustoffe.

Zwischen zwei nichtmetallischen Baustoffen nimmt der Wärmedurchlasswiderstand bis zu einem Abstand von 2 bis 3 cm zu. Bei senkrechten Luftschichten steigt der Dämmwert bis etwa 5 cm Abstand an. Bei größeren Abständen steigt die Dämmwirkung nur noch unbedeutend oder fällt sogar wieder ab. Luftschichten hinter einer belüfteten Wandaußenhaut dürfen bei der Wärmedämmberechnung ebenso wenig berücksichtigt werden wie die Außenschale selbst. Hier kann man mit dem doppelten Wärmeübergangswiderstand $1/\alpha$ rechnen. Bei der Wärmeschutzberechnung sind nur Dämmstoffe zulässig, die in DIN 4108-4 aufgeführt oder im Bundesanzeiger veröffentlicht sind (8.34).

Wärmespeicherung. Für die Auswahl einer Wand- oder Deckenkonstruktion ist das Wärmespeichervermögen des Bauteils von großer Bedeutung. Dichte und schwere Baustoffe (Beton, Naturstein, Ziegel) haben ein größeres Speichervermögen als leichte Wand- und Deckenbauteile. Die Nutzung der Räume spielt hier eine wesentliche Rolle. So stattet man Versammlungsräume, die nur halbtags genutzt werden (z. B. Schulen, Vortragsräume) mit leichten Bauteilen von geringer Speicherfähigkeit aus. Sie heizen sich schnell auf und kühlen nach Benutzung rasch wieder ab. Für dauernd genutzte Wohnräume ist eine wärmespeichernde Konstruktion sinnvoller. Die gespeicherte Wärme kann über Nacht wieder an den Raum abgegeben werden, ein völliges Auskühlen wird verhindert. Wegen ihrer Wärmespeicherfähigkeit schützen schwere Wände die Räume auch gut vor sommerlicher Wärmeeinstrahlung. Bei leichten Wänden sind zusätzliche Sonnenschutzmaßnahmen (Blenden, Fensterjalousien, Klimaanlagen) für sommerliche Spitzentemperaturen unerlässlich.

Tabelle 8.34 Wärmedämmstoffe mit Kennwerten

Dämmstoffe	ϱ in kg/m³	λ_R in W/m·K	μ	Bestandteile/ Herstellung	Eigenschaften	Anwendung
Holzwolle-Leichtbauplatten nach DIN 1101						
≥ 25 mm dick ≥ 15 mm dick	360 bis 480 570	0,093 0,15	2/5	Hozfaserwolle mit Zement, Magnesia oder Gips gebunden	guter Putzgrund nicht feuchtebeständig, saugend, schwer entflammbar	Leichtbauwände Wärmedämmung verlorene Schalung
Mehrschicht-Leichtbauplatten nach DIN 1101 aus Schaumkunststoffplatten mit Beschichtung aus mineralisch gebundener Holzwolle						
Schaum-kunststoff-platte	≥ 15	0,04	s. PS-Hartschaum	Schaumstoffkern mit ein- oder beidseitiger Leichtbauplatten-Abdeckung	guter Putzgrund, nicht feuchtebeständig, saugend, schwer entflammbar	Verkleidung von Fachwerken, Putzgrund, Trennwänden
Holzwolleschichten[1]) ≥ 10 bis 25 mm ≥ 25 mm dick	460 bis 650 360 bis 460	0,15 0,093		Platten mit und ohne Deckschichten (Pappe, Aluminium)	nicht raumstabil bei Temperaturschwankungen, alterungsbeständig	Ausschäumen von Hohlräumen, Schlitzen und Fugen
Korkdämmstoffe nach DIN 18161						
Wärme- 0,45 leitfähig- 0,50 keits- 0,55 gruppe	80 bis 500	0,045 0,05 0,055	5/10	Korkeichenrinde, geschrotet, mit Bitumen zusammengehalten	elastisch, fäulnisfest, geringe Wasseraufnahme	Körperschall-, Dachdämmung, Wandverkleidung
Schaumkunststoffe nach DIN 18159, an der Baustelle hergestellt						
Polyurethan-(PUR-) Ortschaum	≥ 37	0,03	30/100	Di- oder Tri-Isocyanate und mehrwertige Alkohole durch Polyaddition	elastisch auch bei Raumtemperatur	Ausschäumen von Hohlräumen und Schlitzen, flexible Fugenmasse
Harnstoff-Formaldehydharz-(UF)-Ortschaum	≥ 10	0,041	1/3	Polyaddition von Formaldehyd mit Harnstoff (Füllstoffe)	gut zu bearbeiten	Kaltausschäumen von Hohlräumen, offenporige Schäume für Bodenkulturen
Schaumkunststoffe nach DIN 18164						
Polystyrol-(PS) Hartschaum Wärme- 025 leitfähig- 030 keits- 035 gruppe 040	≥ 15	0,045 0,03 0,035 0,04		Styrol aus Rohöl und Treibmittel, geschäumte Perlen zu Blöcken und Platten gepresst	alterungs- und verrottungsfest, sehr leicht, großer Luftanteil, wasserabweisend	Dach-, Wand-, Decken- und Fußbodendämmung
Polystyrol(PS-) Partikelschaum	≥ 15 ≥ 20 ≥ 30		20/50 30/70 40/100			
Polystyrol-Extruderschaum	≥ 25		80/300	Polystyrol durch Düsen gepresst (extrudiert)	hellblau oder -grün gefärbt, wasserabweisend	
Polyurethan (PUR-) Hartschaum Wärme- 025 leitfähig- 020 keits- 030 gruppe 035	≥ 30	0,02 0,025 0,03 0,035	30/100	Platten mit und ohne Deckschicht (s. o.)	elastisch auch bei Raumtemperatur, extrudierbar	Flachdachdämmung, Verbundelemente

[1]) Holzwolleschichten (Einzelschichten) mit Dicken unter 10 mm dürfen zum Berechnen des Wärmedurchlasswiderstandes $1/\Lambda$ nicht berücksichtigt werden

8.4 Wärmeschutz

Tabelle **8.34**, Fortsetzung

Dämmstoffe	ϱ in kg/m³	λ_R in W/m·K	μ	Bestandteile/ Herstellung	Eigenschaften	Anwendung
Phenolharz-(PF-) Hartschaum Wärme- 030 leitfähig- 035 keits- 040 gruppe 045	≥ 30	0,03 0,035 0,04 0,045	30/50	Polykondensate auf Phenol- und Formaldehydbasis	spröde bis hart, feinzellig, wassersaugend, fäulnissicher, wetterfest dielektrisch, chemisch beständig	Flachdachdämmung
Mineralische und pflanzliche Faserdämmstoffe nach DIN 18165						
Wärme- 030 leitfähig- 040 keits- 045 gruppe 050	8 bis 500	0,035 0,04 0,045 0,05	1	mineralische: Glasfaser, Steinwolle, Hüttenwolle pflanzliche: Kokos, Torf, Holz	elastisch, fäulnisfest, nicht entflammbar, wassersaugend, dampfdurchlässig, dann z. T. fest (trittfest)	Wand- und Dachdämmung, Ausstopfwolle, Putzträger, Leichtbauwände, Fußboden- und Wanddämmung
Schaumglas nach DIN 18174						
Wärme- 045 leitfähig- 050 keits- 055 gruppe 060	100 bis 150	0,045 0,05 0,055 0,06		geschlossenzellige, geschäumte Glasmasse	lichtundurchlässig, dampfdicht, nicht brennbar	Dämmplatten für Wände und Dächer mit Heißbitumen

Verglasung. Fenster bilden in wärmeschutztechnischer Hinsicht stets Schwachstellen. DIN 4108 gibt k_F-Werte für die Verglasungen in Abhängigkeit von Rahmenmaterial an. Einfachverglasungen dürfen nicht mehr eingebaut werden. Die k-Werte für hochwertige *Doppelverglasungen* aus zwei Isolierglasscheiben mit einem Holz- und Kunststoffrahmen liegen zwischen 1,5 und 2,8 W/m²·K. Mit Sonderkonstruktionen sind noch bessere Werte zu erreichen. Für den sommerlichen Wärmeschutz baut man *Sonnenschutzgläser* ein. Sie absorbieren oder reflektieren die einfallenden, den Raum aufheizenden Strahlen und verhindern ein „Treibhausklima". Absorptionsgläser sind bronze, grau oder grün gefärbt. Da sie einen großen Teil der Infrarotstrahlen aufnehmen, ist beim Einbau auf eine ausreichende Belüftung der Glasoberfläche zu achten. Reflexionsgläser haben eine dünne Beschichtung an der Innenseite der Außenscheibe. Sie besteht aus aufgedampftem Metalloxid. Da hier die Infrarotstrahlen reflektiert werden, kommt es zu einer geringeren Aufheizung.

> Dichte Baustoffe dämmen schlechter als porige. Ruhende Luft trägt zur Wärmedämmung bei.
> Bauteilkonstruktionen mit geringem Speichervermögen kühlen schneller aus als solche mit hohem Speichervermögen.
> Mit Doppelverglasung erreicht man die erforderlichen k-Werte. Sonnenschutzgläser verhindern das Aufheizen der Räume bei starker Sonneneinstrahlung.

8.4.3 Wärmeschutzmaßnahmen

Wärmebrücken sind Stellen im Bauwerk, an denen ein verstärkter Energietransport von der wärmeren zur kälteren Seite stattfindet. Sie entstehen durch unzureichende Wärmedämmung. Die wärmere, vom Innenraum auf die Wandfläche auftreffende Luft kühlt sich stark ab, so dass sich Tauwasser bildet. Daraus ergibt sich eine Durchfeuchtung der Wand.

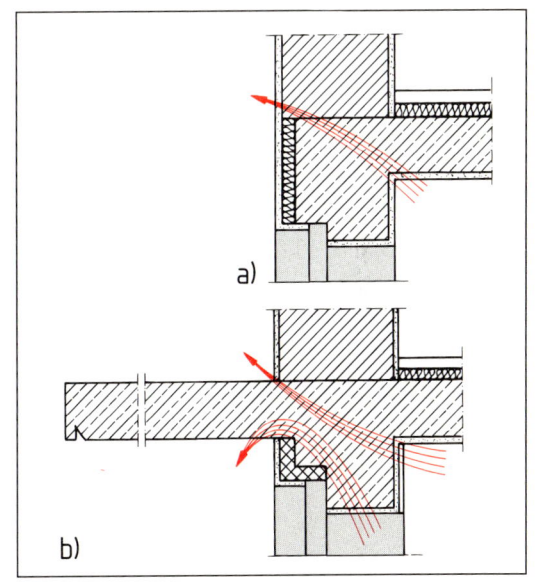

8.35 Wärmebrücke
a) bei einer Geschossdecke, b) bei einer Kragplatte

Aus konstruktiven oder materialbedingten Gründen können nebeneinander liegende Bauteile verschiedene Wärmedämmwerte haben. An solchen Stellen schreibt DIN 4108 den Wärmeschutznachweis an der ungünstigsten Stelle vor (**8.35**).

Außenwände können an der Innenseite (Innendämmung), der Außenseite (Außendämmung) oder im Kern (Kerndämmung) gedämmt werden (**8.36**). Alle drei Möglichkeiten haben Vor- und Nachteile. Da die Anordnung der Dämmschichten von der Nutzung des Bauwerks und von wirtschaftlichen Gesichtspunkten abhängt, sind diese Punkte schon bei der Planung zu berücksichtigen. Außerdem finden Wärmedämm-Verbundsysteme, auch Thermohaut oder Fassaden-Vollwärmeschutz genannt, immer mehr Anwendung. Hierbei handelt es sich um ein System verschiedener Schichten, die fest miteinander verbunden sind.

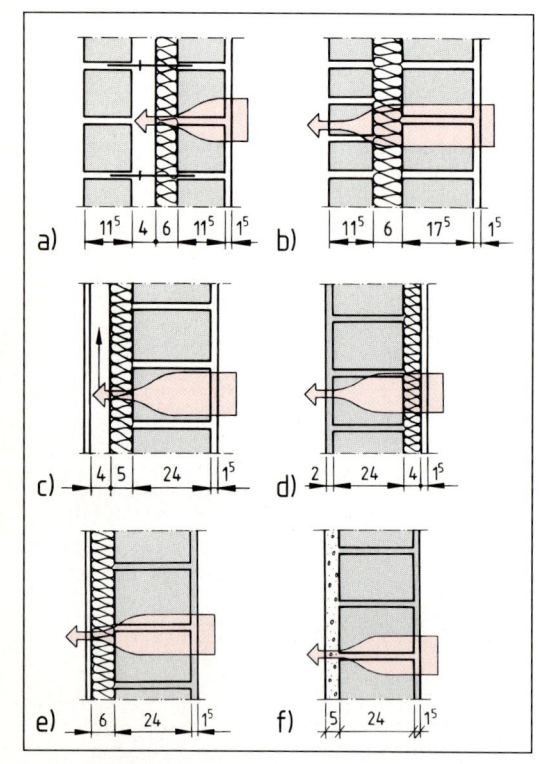

Als Beispiel sei der Aufbau eines Wärmedämm-Verbundsystems im Klebeverfahren bzw. Verdübelung beschrieben (**8.37**).

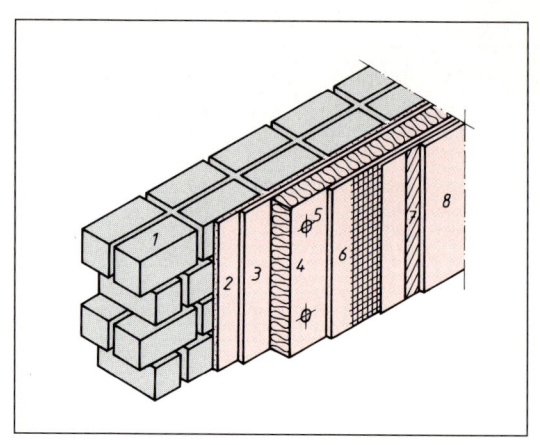

8.37 Beispiel eines Wärmedämm-Verbundsystems
    1 Wandaufbau
    2 Tragfähige Schicht (Untergrund)
    3 Verklebung (Baukleber, Spachtelmasse)
    4 Dämmung
    5 evtl. Dübel
    6 Armierungsputz, z. B. mit Glasfasergewebe
    7 Voranstrich
    8 Schlussbeschichtung (Kellenputz, Flachverblender o. Ä.)

Tauwasserbildung ist unschädlich, wenn sie den Wärmeschutz und die Standsicherheit des Bauwerks nicht beeinträchtigt. Das im Winter anfallende Tauwasser muss jedoch im Sommer (Trockenperiode) wieder aus dem Bauteil austreten können. Die Tauwassermenge darf 1 kg/m² in der Feuchteperiode nicht überschreiten. Für die nicht in DIN 4108-3 aufgeführten Wandaufbauten ist der Nachweis der Tauwasserbildung rechnerisch zu führen (s. Abschn. 6.3.1).

Wärmedämmputze nach DIN 4108 setzen sich aus Bindemitteln mit Sand und Leichtzuschlägen zusammen.

Wärmedämmputzsysteme erhalten ausschließlich Leichtzuschläge oder organische Zusätze. Sie müssen entsprechend der bauaufsichtlichen Zulassung durch das Institut für Bautechnik hergestellt und verarbeitet werden (**8.36**, **8.37**). Die Mindest- und Maximalwerte für Bauteile zeigen die Tabellen **8.38** und **8.39**.

Bei Decken und erdberührenden Bauteilen wird die Wärmedämmung unter dem schwimmenden Estrich eingebaut. Bei Wohnungstrenndecken über Hofeinfahrten und Hausdurchfahrten liegt sie unterhalb der Decke. Die Mindestwerte zeigt Tabelle **8.39**.

8.36 Wärmedämmung verschiedener Außenwandkonstruktionen
    a) zweischalige Wand mit wärmegedämmter Innenschale und Luftschicht
    b) zweischalige Wand mit Kerndämmung
    c) außengedämmte Wand mit hinterlüfteten Vorhangfassadenplatten
    d) Mauerwerk mit Innendämmung
    e) Mauerwerk mit Außendämmung (Hartschaum) und Putzschicht
    f) Mauerwerk mit wärmedämmendem Außenputz

8.4 Wärmeschutz

Tabelle 8.38 Mindestwerte 1/Λ und Maximalwerte k für Außenwände. Decken unter nicht ausgebauten Dachräumen und Dächern mit flächenbezogener Gesamtmasse $m < 300$ kg/m²

Flächenmasse m der dem Raum zugewandten Bauteilschichten in kg/m²	0	20	50	100	150	200	300
Mindestwert 1/Λ in m² · K/W	1,75	1,40	1,10	0,80	0,65	0,60	0,55
Maximalwerte k in W/(m² · K) – mit hinterlüfteter Außenhaut – mit nicht hinterlüfteter Außenhaut	0,52 0,51	0,64 0,62	0,79 0,76	1,03 0,99	1,22 1,16	1,30 1,23	1,39 1,32

Tabelle 8.39 Mindestwerte 1/Λ und Maximalwerte k von Bauteilen

Bauteile	1/Λ		k	
	im Mittel	an ungünstigster Stelle	im Mittel	an ungünstigster Stelle
	in m² · K/W		in W/(m² · K)	
Außenwände[1]) – allgemein – kleinflächige Einzelbauteile (z. B. Pfeiler) bei Gebäuden mit Höhe des Erdgeschossfußbodens (1. Nutzgeschoss) ≤ 500 m über NN		0,55 0,47	1,39; 1,32[2]) 1,56; 1,47[2])	
Wohnungstrennwände, Wände zwischen fremden Arbeitsräumen – in nicht zentralbeheizten Gebäuden – in zentralbeheizten Gebäuden		0,25 0,07	1,96 3,03	
Treppenraumwände geschlossener, eingebauter Treppenhäuser sowie Wände, die Aufenthaltsräume von fremden, dauernd unbeheizten Räumen trennen		0,25	1,96	
Wohnungstrenndecken und Decken zwischen fremden Arbeitsräumen[3])		0,35 0,17	1,64[4]); 1,45[5]) 2,33[4]); 1,96[5])	
Unterer Abschluss nicht unterkellerter Aufenthaltsräume[3]) – unmittelbar an das Erdreich grenzend – über einen unbelüfteten Hohlraum an das Erdreich grenzend		0,90	0,93 0,81	
Decken unter nicht ausgebauten Dachräumen[3])[6])	0,90	0,45	0,90	1,52
Kellerdecken[3]) und Decken, die Aufenthaltsräume gegen abgeschlossenen unbeheizte Hausflure u. Ä. abschließen	0,90	0,45	0,81	1,27
Decken, die Aufenthaltsräume gegen die Außenluft abgrenzen[3]) – nach unten, gegen Garagen, Durchfahrten – nach oben	1,75 1,10	1,30 0,80	0,51 0,50[2]) 0,79	0,66 0,65[2]) 1,03

[1]) allgemein auch für Wände, die Aufenthaltsräume gegen Bodenräume, Durchfahrten, Garagen o. Ä. abschließen oder ans Erdreich grenzen
[2]) für Bauteile mit hinterlüfteter Außenhaut
[3]) Bei schwimmenden Estrichen ist für den rechnerischen Nachweis der Wärmedämmung die Dämmschichtdicke im belasteten Zustand anzusetzen. Bei Fußboden- oder Deckenheizungen bestehen Mindestanforderungen an den Wärmedurchlasswiderstand
[4]) für Wärmestromverlauf von unten nach oben
[5]) für Wärmestromverlauf von oben nach unten
[6]) auch für Decken unter einem belüfteten Raum, der nur bekriechbar oder noch niedriger ist

Flachdächer aus Stahlbeton werden, um thermische Spannungen zu vermeiden, immer auf der Außenseite gedämmt (s. Abschn. 6.3). Sollte eine Dämmung auf der Innenseite erforderlich sein, muss die Deckenplatte auf Gleitschichten frei gelagert sein. Belüftete Holzdachkonstruktionen können zwischen den Balken oder über der Balkenlage gedämmt werden. Für geneigte Dächer gibt es drei Konstruktionsmöglichkeiten: unter, zwischen oder auf den Sparren. Die Anordnung der Dämmschichten hängt ab von der Dachneigung (Dicke der gesamten Konstruktion), Nutzung und Bekleidung der Schrägen. Beim Ausbau von Dachgeschossen sollten die Dämmbahnen (Platten) bis zum Dachfuß geführt werden; die Dämmung der Abseitenwände kann somit entfallen.

Bei allen Konstruktionen ist auf gute Belüftung zu achten, damit Feuchte abgeführt werden kann. Die erforderlichen Wärmedämmwerte sind den Tabellen **8.38** und **8.39** zu entnehmen.

Beim sommerlichen Wärmeschutz spielt die Wärmedurchlässigkeit der Bauteile eine untergeordnete Rolle (ausgenommen Fenster). Wie in Abschnitt 8.4.2 erläutert, lässt sich die Sonneneinstrahlung durch Fenster mit verschiedenen Glasarten beschränken. Weitere konstruktive Möglichkeiten sind die auf der Fensterinnenseite oder zwischen den Scheiben eingebaute Jalousien, Folien oder Gewebe. Allerdings bieten sie keinen optimalen Schutz, weil sie das Aufheizen der Konstruktionen nicht verhindern (Wärmespeicherung). Bessere Lösungen bieten außen angebrachte, einstellbare Lamellen, die die auftreffende Energie abstrahlen. Sehr gute Wirkungen erzielt man mit Vordächern und Markisen.

> Außenliegende Sonnenschutzeinrichtungen bieten einen besseren sommerlichen Wärmeschutz als innen angebrachte Konstruktionen.

Betrachten wir das Temperaturverhalten von Massivbauteilen unter dem Einfluss der sommerlichen Wärme. Die auf die Außenwand auftreffende Wärmeenergie wird vom Bauteil je nach Material mehr oder weniger stark gespeichert und zu einem späteren Zeitpunkt an den Innenraum gedämpft wieder abgegeben. Diese Dämpfung wird durch das *Temperaturamplitudenverhältnis* TAV ausgedrückt. Innerhalb von 24 Stunden schwanken jeweils die Innen- und Außentemperaturen von einem maximalen Wert am Tage zu einem minimalen Wert in der Nacht. Diese Temperaturen werden in ein Temperatur-Zeit-(24-Stunden-)Diagramm eingetragen (**8.40**). Die Ausschläge der Kurven nach oben und unten heißen Amplituden. Die Temperaturunterschiede sind im Außenbereich größer als im Innenbereich. Es entsteht eine von außen nach innen verlaufende gedämpfte Temperaturwelle. Je weiter die Temperaturwelle in das Bauteil eindringt, umso kleiner wird die Amplitude. Das TAV erhält man aus dem Verhältnis der Temperaturamplitude auf der Innenseite zur Temperaturamplitude auf der Außenseite.

Um eine gute Dämpfung durch das Bauteil zu erhalten, muss das TAV möglichst klein sein. Ein TAV = 0,20 bedeutet, dass nur 20 % der außen wirkenden Temperaturschwankungen nach innen gelangen. Zusätzlich tritt eine Zeitverschiebung (Phasenverschiebung) ein. Es ist die Zeit, die zwischen dem Temperaturmaximum außen und innen vergeht. Angestrebt wird eine Phasenverschiebung von 12 Stunden. So wird in der kühleren Nacht das Temperaturmaximum erreicht und kann durch die dann kältere Außenluft abgekühlt werden.

> Eine optimale Bauteilträgheit wird erreicht, wenn das TAV möglichst klein ist und die Phasenverschiebung 12 Stunden beträgt.

Wärmeschutzverordnung 1995. Im Gegensatz zur vorherigen WSchVO werden nun Wärmegewinne und Lüftungswärmeverluste bei der energetischen Berechnung eines Gebäudes berücksichtigt. Der Jahresheizwärmebedarf setzt sich aus Wärme-Monatsbilanzen zusammen. Dieses Verfahren bildet die Grundlage des kommenden europäischen Normenentwurfs. Ebenfalls hat das Deutsche Institut für Normung dies in seiner neuen DIN EN 832 (E 8.93) „Wärmetechnisches Verhalten von Gebäuden. Berechnung des Heizwärmebedarfs – Wohngebäude" aufgenommen. Darauf basiert wiederum die Vornorm DIN V 4108-6 (4/95).

Die Anwendungsbereiche erstrecken sich auf alle beheizbaren Neubauvorhaben sowie auf bauliche Änderungen bei bestehenden Gebäuden wenn diese räumlich erweitert oder erneuert werden.

Der Jahresheizwärmebedarf ist die Wärme, die ein Heizsystem laut des vorgegebenen Berechnungsverfahrens jährlich für die Gesamtheit der beheizten Räume des Gebäudes bereitzustellen hat. Dieser

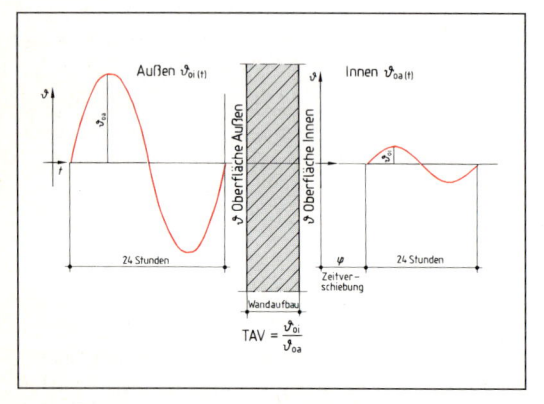

8.40 Temperaturverlauf innerhalb 48 Stunden

8.4 Wärmeschutz

Anhang 1, Muster B, Blatt 1

Wärmebedarfsausweis nach § 12 Wärmeschutzverordnung

für ein Gebäude mit normalen Innentemperaturen bei vereinfachtem Nachweis nach
Anlage 1 Ziffer 7 Wärmeschutzverordnung

Bezeichnung des Gebäudes oder des Gebäudeteils ....

Ort .... Straße u. Hausnummer ....

Gemarkung .... Flurstücknummer ....

I. Wärmedurchgangskoeffizienten der Außenbauteile

Für das Gebäude wurde aufgrund von § 3 Abs. 1 Satz 2 der Wärmeschutzverordnung der vereinfachte Nachweis nach Anlage 1 Ziffer 7 geführt:

Teilfläche	Benennung/Orientierung der Teilflächen	maximal zulässiger Wärmedurchgangskoeffizient k, [W/(m²K)]	vorhandener
Außenwände			
Decken unter nicht ausgebauten Dachräumen und Decken (einschließlich Dachschrägen), die Räume nach oben und unten gegen Außenluft abgrenzen			
Kellerdecken, Wände und Decken gegen unbeheizte Räume sowie Decken und Wände, die an das Erdreich grenzen			

	Benennung/ Orientierung der Teilflächen	Fläche [m²]	maximal zulässiger äquivalenter Wärmedurchgangskoeffizient k_{Fcq} [W/(m²K)]	vorhandener
Außenliegende Fenster, Fenstertüren sowie Dachfenster	Nord			
	Ost			
	West			
	Süd			
	mittlerer äquivalenter Wärmedurchgangskoeffizient $k_{m,\,Fcq}$		0,7	

8.41

Bild **8**.41, Fortsetzung

Anhang 1, Muster B, Blatt 2

Die folgenden Angaben sind freigestellt:

II. Jahres-Heizwärmebedarf

A/V_{vorh}	Maximal zulässiger Jahres-Heizwärmebedarf entsprechend Anlage 1 Tabelle 1 der Wärmeschutzverordnung
Wärmeübertragende Umfassungsfläche A = ... m²	Q'_{Hzul} = ... kWh/(m³ · a)
Beheiztes Bauwerksvolumen V = ... m³ A/V = ... m⁻¹	oder Q''_{Hzul} = ... kWh/(m² · a)

Hinweis zu vorstehend angegebenen Werten:
Die Werte können zur Beschreibung der energetischen Qualität eines Gebäudes als Orientierungswerte herangezogen werden; sie geben vorrangig Anhaltspunkte für die vergleichende Beurteilung von Gebäuden. Ihnen liegen einheitliche Randbedingungen zugrunde, die durch die Wärmeschutzverordnung vorgegeben sind (z. B. meteorologische Daten, bestimmte Annahmen über nutzbare interne Wärmegewinne und den Luftwechsel). Insoweit, wegen des nicht einbezogenen Wirkungsgrades der Heizungsanlage und wegen der im Einzelfall unterschiedlichen Nutzergewohnheiten kann der tatsächliche Heizenergieverbrauch aus dem Jahres-Heizwärmebedarf nur bedingt abgeleitet werden.

Die vorstehend angegebenen Werte können darüber hinaus nur dann zutreffen, wenn die Dichtheitsanforderungen und die übrigen Anforderungen der Wärmeschutzverordnung erfüllt werden.

Name und Anschrift des Aufstellers	Datum der Ausfertigung und Unterschrift
....	....

Bedarf ist zu begrenzen. Für kleine Wohngebäude (bis zu 2 Vollgeschossen und nicht mehr als 3 Wohneinheiten) kann der Nachweis auf zwei Arten geführt werden:

1. Nachweis der Anforderungen an den Jahresheizwärmebedarf Q'_H (Q''_H) des Gebäudes mit normaler Innentemperatur.
2. Nachweis, ob die Anforderungen an die Wärmedurchgangskoeffizienten (k-Werte) der einzelnen Außenbauteile eingehalten werden.

Das bedeutet, dass der Nachweis entsprechend der WSchVO für kleine Wohngebäude erbracht ist, wenn vorh. $k \leq$ zul k ist.

Für jedes neue, beheizte Gebäude muss nach der WSchVO ein Wärmebedarfsausweis (8.41) ausgestellt werden. Dies kann bei kleinen Gebäuden (s.o.) in vereinfachter Form geschehen. Dieser Wärmebedarfsausweis dient der Vergleichbarkeit von Informationen zur Beurteilung der energetischen Qualität eines Gebäudes.

Aufgaben zu Abschnitt 8

1. Beschreiben Sie die verschiedenen Arten des Wasserangriffs an einem Gebäude und skizzieren Sie die entsprechenden Abdichtungsmöglichkeiten.
2. Was versteht man unter hydrostatischem Druck?
3. Welche Aufgaben hat der Voranstrich auf einer zu sperrenden Wand?
4. Welchen Vorteil bieten Lösungsmittel bei der Verarbeitung gegenüber Emulsionen?
5. Warum dürfen heiße Klebemassen nur auf einen Voranstrich aufgebracht werden?
6. Was versteht man unter Sperrbeton?
7. Beschreiben Sie a) nackte Bitumenbahnen, b) Metallbahnen, c) fabrikfertige Dichtungsbahnen.
8. Skizzieren und beschreiben Sie die Abdichtung eines unterkellerten Gebäudes gegen Bodenfeuchtigkeit.
9. Wie wird der Duschbereich eines Badezimmers abgedichtet?
10. Was versteht man bei der Grundwasserabsenkung unter einem Absenktrichter?
11. Beschreiben Sie den Anwendungsbereich und die Wirkungsweise einer Dränage.
12. Welche Abdichtungsmaterialien verwendet man bei nichtdrückendem Wasser?
13. Welche Vorschriften sind bei einem Bauwerk in brandschutztechnischer Hinsicht zu beachten?
14. Nennen Sie die Baustoffklassen nach DIN 4102.
15. Beschreiben Sie die Feuerwiderstandsklassen.
16. Wie lässt sich bei der Planung eines Gebäudes der Feuerwehrzugang berücksichtigen?
17. Welche Eigenschaften verlangt man von Feuerschutzplatten?
18. Nennen Sie die Anwendungsgebiete für Feuerschutzplatten.
19. Wie lassen sich Holzstützen, Stahlstützen und Decken gegen Feuereinwirkung schützen? Skizzieren Sie Lösungsmöglichkeiten.
20. Erläutern Sie die Notwendigkeit des Schallschutzes im Bauwesen anhand von Beispielen.
21. Was versteht man unter dem Schallpegel L?
22. Was ist eine Frequenz?
23. Warum hängt die Schwingungsübertragung von der Masse des Baustoffs ab?
24. Erläutern Sie den Unterschied zwischen Luft-, Körper- und Trittschall.
25. Wie lassen sich Wände schallschutztechnisch einwandfrei ausbilden?
26. Skizzieren Sie eine schallschutztechnisch einwandfreie Deckenkonstruktion in einem Wohnhaus.
27. Wo können bei Fensterkonstruktionen Schallbrücken auftreten?
28. Wie kann man die Schallübertragung zwischen Einfamilien-Reihenhäusern unterbinden?
29. Welchen Einfluss haben harte Deckenbeläge auf den Schallschutz?
30. Nennen Sie Beispiele für gute Schallschutzdämmung bei haustechnischen Anlagen (WC, Wasserleitungen, Heizungsrohre, Fahrstühle usw.).
31. Welche Aufgaben hat der Wärmeschutz zu erfüllen?
32. Welche Einheit hat die Wärmemenge Q?
33. Was versteht man unter dem Wärmeleitfähigkeitswert?
34. Welche Größenordnungen haben die Wärmeleitfähigkeitswerte für Dämmstoffe?
35. Was sagt der Wärmedurchgangskoeffizient k aus?
36. Wie groß muss der k-Wert bei gut wärmedämmenden Außenbauteilen sein?
37. Bei welchen Räumen kann man auf eine gute Wärmespeicherfähigkeit der Wände verzichten?
38. Unter welchen Voraussetzungen trägt eine Luftschicht zur Wärmedämmung bei?
39. Was versteht man unter dem sommerlichen Wärmeschutz?
40. Welche Verglasungen tragen zum sommerlichen Wärmeschutz bei?
41. Was sind Wärmebrücken?
42. Skizzieren Sie verschiedene Möglichkeiten der Wärmedämmung von Außenwänden und beschreiben Sie den Wärmedurchgang.
43. Verbessern Sie die in Bild 8.33 gezeigten Konstruktionen in einer neuen Skizze.
44. Welche Eigenschaften müssen gute Wärmedämmstoffe haben?
45. Was versteht man unter einer Wärmebilanz eines Gebäudes?
46. Welchen Zweck erfüllt ein Wärmebedarfsausweis?

9 Industrialisiertes Bauen

Durch den industrialisierten Montage- bzw. Fertigteilbau sollen Bauwerke oder Teile von Bauwerken, unabhängig von Witterungseinflüssen, schnell und kostengünstig erstellt werden. Die Fertigung im Werk sowie eine genaue Vor- und Ablaufplanung vermeiden Verluste an Arbeitszeit, Baustoffen und Arbeitskraft. Mit der Serienfertigung ganzer Bauwerke oder einzelner Bauteile verringert sich auch die Planung für weitere Objekte. Probleme liegen dagegen im Transport großer Fertigteile und teilweise beim Wohnungsbau im Schallschutz.

Systeme. Wir unterscheiden den Skelettbau (**9.**1), den Großtafelbau (**9.**2) und den Zellenbau (**9.**3). Nach dem Grad der Vorfertigung spricht man von Vollmontage oder Teilmontage. Bei der *Vollmontage* werden alle Elemente des Bauwerks aus den nicht am Ort hergestellten Teilen montiert. Bei der *Teilmontage* fertigt man einzelne Bauteile auf der Baustelle aus Ort- oder Lieferbeton und montiert sie mit angelieferten Fertigteilen.

Die **Anwendungsbereiche** liegen vor allem im Geschosswohnungsbau, Hallen- und Industriebau.

Im Kleinwohnungsbau (Einfamilien- und Reihenhäuser) finden wir die verschiedensten Arten der Vorfertigung. Materialien sind Holz, Leichtbeton als Teil- und Vollfertigungselemente, teilweise kombinierte Skelett-, Tafel- und Zellen-(Misch-)bauweise. Auch im Ingenieurbau hat der Fertigteilbau umfangreiche Marktanteile, z. B. im Brücken-, Tunnel-, Mastenbau, ferner im Rohrleitungs-, Keller- und Gleisbau.

Vorteile. Obwohl die Transport- und Unterhaltungskosten nicht zu unterschätzen sind, überwiegen im Montagebau die Vorteile:

- kürzere Bauzeiten und termingerechte Baudurchführung,
- sichere Planung (Netzplantechnik, Bauablaufplanung),
- Schalungen können am Herstellungsort bleiben,
- Trockenmontage unabhängig von der Jahreszeit, geringe Baufeuchte,
- Maßgenauigkeiten sind besser einzuhalten.
- Serienfertigung
- Erhöhte Qualitätssicherung in der Organisation der Herstellung des Bauwerks

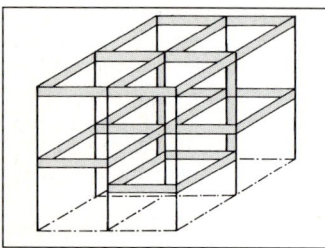

9.1 Skelettbau

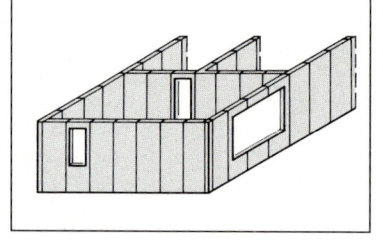

9.2 Großtafelbau

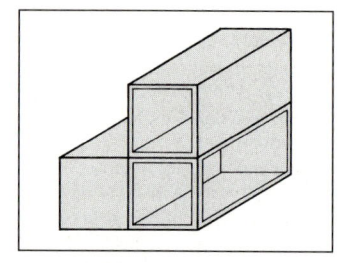

9.3 Zellenbau

9.1 Planungsablauf und Transport

Beim Planen eines Fertigteilbauwerks müssen der Planende (Architekt) und der Berechnende (Ingenieur, Statiker) konstruktiv zusammenarbeiten. Während die Planung noch an kein System gebunden ist (systemoffene Planung), sind alle Beteiligten nach Auftragserteilung an ein Montagesystem gebunden (systemgebundene Planung). Die Übersicht macht den Ablauf eines Stahlbeton-Fertigteilbaus deutlich.

Systemoffene Planung

Bauherr und Planer	Beratung: Vorüberlegungen, Zielsetzungen
Architekt	Entwurfszeichnungen
Architekt, Bauherr	Angebotseinholung
Fachfirmen	Angebot: Festlegen konstruktiver Details, statische Vorberechnungen, Dimensionierung, Leistungsbeschreibung mit -verzeichnis nach VOB A

Systemgebundene Planung

Bauherr, Architekt	Auftragserteilung
Fachfirmen	Ausführungszeichnung (Architekt), Festlegen der Details, Ausführungsstatik, Schal- und Bewehrungspläne, Montagestatik und -anweisungen
Prüfstatiker	Prüfen der Unterlagen
Fachfirmen	Arbeitsvorbereitung (Zeitablaufplan der Fertigung), Herstellen der Fertigteile im
Fertigteilwerk	Werk, Transport und Montage, Abnahme und Abrechnung

Der Ausschreibungstext kann auch nach den Textbausteinen des Standardleistungsbuchs formuliert werden.

Transport. Die Transportgegebenheiten (Straße, Bahn, Schiff) begrenzen die Gewichte und Abmessungen der Fertigteile. Beim *Straßentransport* ist die Straßenverkehrsordnung zu beachten. Das Gesamtgewicht eines beladenen Lkw oder eines Sattelzugs darf 38 t nicht überschreiten. Ohne Rücksicht auf überstehende Ladung darf die Länge eines Lastzugs 18 m, die eines Sattelzugs höchstens 15 m betragen. Einschließlich Ladung sind die Zuglänge auf 20 m, die Breite auf 2,50 m und die Höhe auf 4,00 m begrenzt. Zum Transport größerer Teile ist eine Ausnahmegenehmigung nötig. Für den Transport kommen Lastkraftwagen mit Anhänger (Tieflader), Sattelzüge mit transportgerechten Aufliegern und – für besonders lange Bauteile – Sattelzüge mit Nachläufern in Frage. Für die Eisenbahn bestehen aufgrund des großen Wagenangebots vielfältige Möglichkeiten. Dies gilt auch für den Schiffstransport.

> Jeder Transport erfordert eine gründliche Planung und Wegeerkundung.

9.2 Modul- und Bezugssysteme

Die Modulordnung nach DIN 18000 wird im Fertigbau bevorzugt. Gegenüber der Maßordnung im Hochbau DIN 4172 mit dem Ausgangsmaß von 12,5 cm (Achtelmeter) liegt der Modulordnung das Maß M = 100 mm (Zehntelmeter) zugrunde. Die Baumaße nach der Modulordnung lassen sich häufiger in ganze mm teilen, was den verstellbaren Einschalvorrichtungen im Fertigteilbau entgegenkommt und Ungenauigkeiten aus Auf- und Abrundungen der Baumaße vorbeugt.

Das Grundmodul M = 100 mm ist das kleinste Vielfache modularer Baumaße. Es gilt als Maßsprung für Geschosshöhen und Türbreiten. Multimodule nach Tabelle **9.**4 sind genormte ganzzahlige Vielfache des Grundmoduls und dienen als Maßsprung für Abstände von Gebäudeachsen.

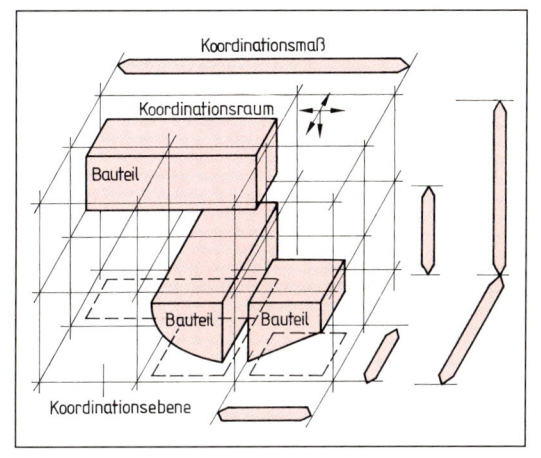

9.5 Koordinationsräume und -ebenen nach der Modulordnung

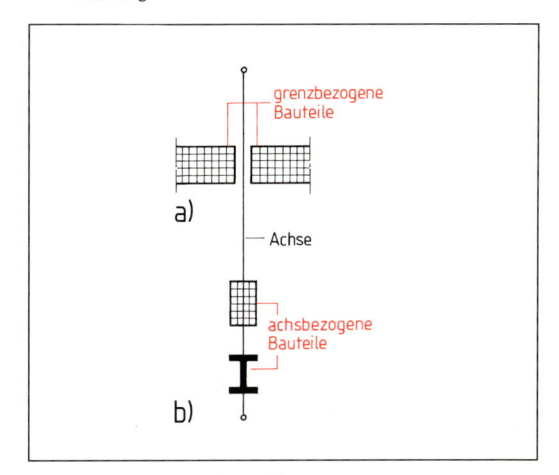

Tabelle **9.**4 Maßsprünge nach der Modulordnung

Grund-modul	Multimodule				
M 10 M	3 M 30 cm	6 M 60 cm	12 M 120 cm	30 M 300 cm	60 M 600 cm

Beispiel 7 x 6 M = 42 M = 4200 mm = **4,20 m**

Koordinationsebenen (Bezugsebenen) bestehen aus einem kreuzweise angeordneten Plansystem von Gebäudeachsen (**9.**5). Sie erleichtern die Verständigung über alle Fragen der Lage und Bemessung von Bauteilen.

Koordinationsräume sind von Bezugsebenen umschlossen und dienen der maßlichen Einordnung von Bauteilen (**9.**5).

Die Achs- und Koordinationsmaße sind modular (Vielfache von Multimoduln), die Konstruktionsmaße der Bauteile dagegen nicht, weil die Fugen-

9.6 Einordnung von Bauteilen
   a) durch Grenzbezug, b) durch Achsbezug

und Toleranzmaße noch abzuziehen sind. Eingeordnet werden die Bauteile nach dem Grenzbezug oder/und Achsbezug oder daraus abgewandelten Bezugsformen. Je nach Bauteil kann man ein-, zwei- oder auch dreidimensional einordnen (**9.6**).

Beim Grenzbezug sind die Bauteile zwischen den Achsen, die Konstruktionsfugen mittig dazu angeordnet (**9.6 a**).

Beim Achsbezug fallen die Bauteilachsen mit der Konstruktionsebene zusammen. Gegenüber der grenzbezogenen Anordnung ist hier die Lage des Bauteils genau festgelegt, nicht jedoch die Abmessung (**9.6 b**).

9.3 Stahlbeton-Fertigteilbau nach DIN 1045

Die Beton-Fertigteilwerke unterliegen nach DIN 1045 Abschn. 5.3 sehr strengen Anforderungen, auch wenn in einer Feldfabrik nur vorübergehend Fertigteile hergestellt werden. Die das Werk verlassenden Bauteile müssen ausreichend erhärtet sein und dürfen keine Beschädigungen aufweisen. Sie müssen Hersteller und Herstellungstag enthalten, ggf. die Einbaurichtung, wenn Verwechslungsgefahr besteht. Dies hat der technische Werkleiter zu überwachen. Das Werk muss überdachte Produktionsflächen haben, die Umgebungstemperatur darf 5 °C nicht unterschreiten. Im Freien nacherhärtende Fertigteile sind gegen Witterungseinflüsse zu schützen. Es ist ein Werktagebuch zu führen.

Der Beton unterliegt der Güteüberwachung (Eigenüberwachung und Fremdüberwachung nach DIN 1045 Abschn. 8). Für Stahlbetonfertigteile und deren Bauten gelten die entsprechenden Bestimmungen der DIN 1045 für Ortbeton, soweit in Abschn. 19 nichts anderes oder ergänzendes gesagt wird. So ist bei der Bemessung der Fertigteile von der ungünstigsten Beanspruchung des Bauteils (z. B. Transport, Seiten- oder Schräglage) auszugehen.

9.3.1 Skelettbau

Elemente des Stahlbetonskelettbaus sind Pfetten, Binder, Stützen, Unterzüge (Riegel), Deckenplatten und Wandtafeln. Platten und Unterzüge leiten die Horizontallasten auf die Stützen ab. Dies setzt ein absolutes Zusammenwirken der Bauteile voraus, da sonst die Steifigkeit des Gebäudes in Frage gestellt ist. Die aussteifende Wirkung erreicht man durch Kernkonstruktionen oder Wandscheiben. Sie verhindern, dass der Baukörper verdreht, verschoben oder Zwängungskräften ausgesetzt wird (**9.7**).

Typenprogramme. Die Fachvereinigung Fertigteilbau und die Bundesfachabteilung Fertigbau haben für den Stahlbetonskelettbau standardisierte Typenprogramme mit empfehlendem Charakter entwickelt. Die Fundamente werden in Ortbeton hergestellt oder als Fertigteil angeliefert. Wenn sie mit Hilfe eines Krans auf die Sauberkeitsschicht gesetzt sind, werden die Stützen in die Köcherfundamente eingesetzt. Hierbei ist auf genaues Ausrichten der Stützen zu achten, da sich schon geringe Maßab-

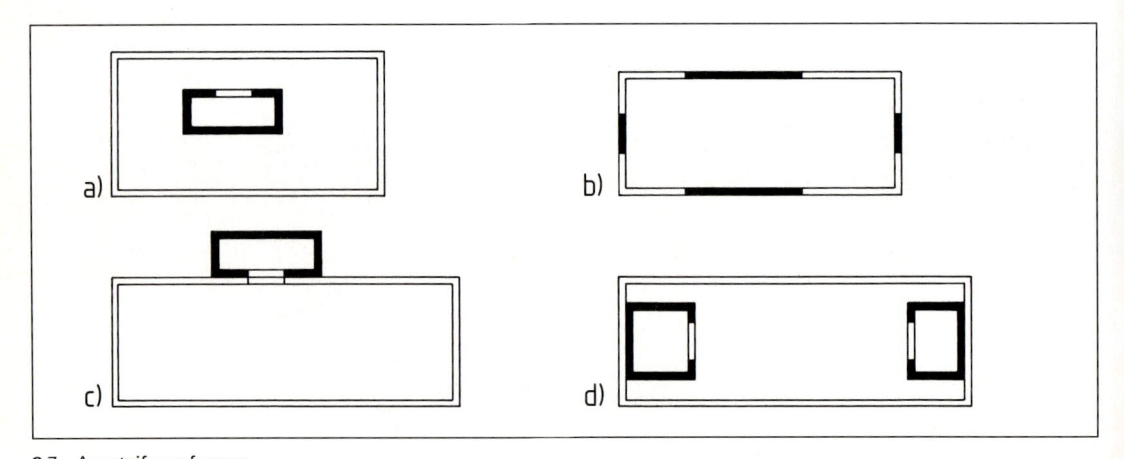

9.7 Aussteifungsformen
günstig: a) mit Kern (z. B. Fahrstuhlschacht), b) mit Außenwänden
ungünstig: c) große Torsionsbeanspruchung, d) zu große Zwangskräfte

weichungen zu Größen addieren, die die Stabilität des Bauwerks gefährden können. Aus dem Köcherfundament hat sich in neuester Zeit das Blockfundament entwickelt. Die Stütze erhält einen profilierten Fuß (Zahntiefe > 1 cm), das Fundament eine verlorene Wellblechschalung. Der Vorteil besteht in der Möglicheit, flacher zu gründen, andererseits ist der Schalungs- und Bewehrungsaufwand geringer. Die einbindende Stütze muss mindestens 1,5 d der Säule betragen. Für die Fertigteilfundamente liegen die Außenabmessungen maximal bei 2,40 m / 2,40 m (**9**.8).

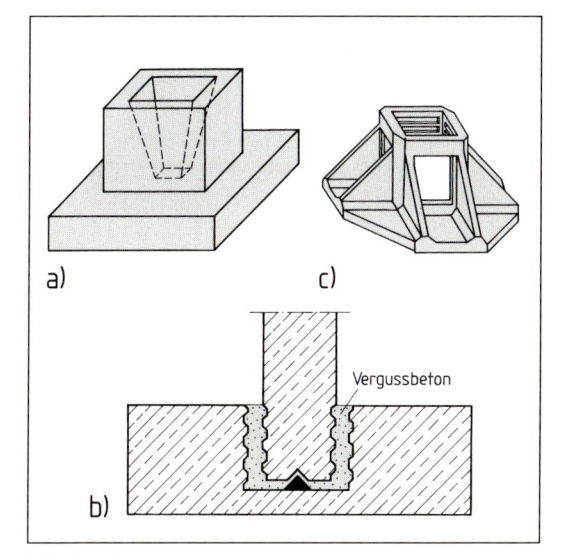

9.8 Fundamente
a) abgetrepptes Köcherfundament aus Ortbeton oder als Fertigteil, b) Blockfundament oder als Fertigteil, c) Fertigteilfundament

Stützen leiten Kräfte aus dem Bauwerk in die Fundamente. Wegen der verschiedenen Anwendungsbereiche (Eckstützen, Geschosszahl) ist eine Standardisierung nur für bestimmte Stützenabmessungen sinnvoll (**9**.9).

Um die Vorteile des Systembaus zu nutzen, sollten die Anschluss- und Auflagerpunkte standardisiert werden.

Tabelle **9**.9 Stützenquerschnitte in mm

b	d				
	300	400	500	600	800
300	x	x	x	x	–
400	–	x	x	x	x
500	–	–	x	x	x
600	–	–	–	x	x

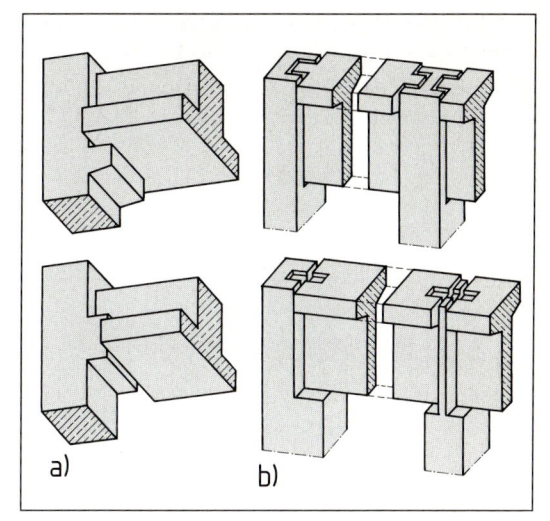

9.10 Auflagerkonsolen
a) für Unterzüge, b) für Binder

Die Höhen betragen 4,00 bis 8,00 m. Runde Stützen müssen in stehender Schalung hergestellt werden. Damit sind die Höhen begrenzt und mehrgeschossige Stützen ausgeschlossen. Die Auflagerbereiche sind für Unterzüge und Binder einheitlich zu gestalten (**9**.10). Ebenso können Fassadenelemente auf Konsolen der Stützen aufgelagert werden (**9**.11).

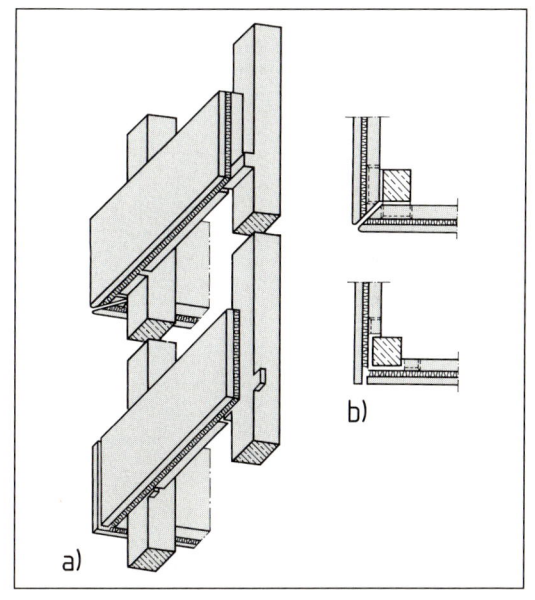

9.11 Auflagerung von Fassadenelementen
a) räumliche Darstellung, b) Eckausbildung

Unterzüge und Riegel verarbeitet man in verschiedenen Querschnitten (**9.**12 und **9.**13).

Für Binder unterscheiden wir drei Querschnittsformen: T-, I-Binder und Pfetten (Trapezprofil, **9.**14 bis **9.**16).

Tabelle **9.**12 Querschnitte der Unterzüge und Riegel in mm

b	d				
	400	500	600	700	800
200	×	–	–	–	–
300	×	×	×	–	–
400	×	×	×	×	×
500	–	×	×	×	×
600	–	–	×	×	×

Tabelle **9.**13 Querschnitte der L- und I-Unterzüge in mm

b_0	d					
	500	600	700	800	900	1000
300	×	×	×	–	–	–
400	×	×	×	×	×	×
500	×	×	×	×	×	×
600	×	×	×	×	×	×

Tabelle **9.**14 T-Binder in mm

b	370	400	440
b_0	120	150	190
d	150	150	150
d_m	200	200	200
d_0	600 bis 1800 in 200-mm-Staffelung		

Tabelle **9.**15 I-Binder in mm

b	300	400	500
d_0 (p)	900	1200	1500
d_0 (s)	1200	1500	1800
b_0	120	120	120
d	150	150	150
Vouten	oben: Neigung 1 : 2,5		
d_u	120	120	120
Vouten	unten: Neigung 1 : 1		

Tabelle **9.**16 Pfetten in mm

d	b_0	b
350	80	150
	120	190
	160	230
500	80	180
	120	220
	160	260

Deckenplatten werden als Plattenbalken (II-Profil, II-Platte) oder Vollplatte geliefert (**9.**17).

Die Abmessungen der Vollplatten unterscheiden sich nur in der Dicke bei gleichem Systemmaß.

Plattendicken: 100 bis 240 mm (20-mm-Staffelung).

Die Wandtafeln sind möglichst geschoßhoch und raumgroß als Großtafeln herzustellen. Aus bauphysikalischen Gründen baut man einen Sandwichaufbau mit Kerndämmung ein. Die Großtafeln können aus Normal- oder Leichtbeton bestehen, die Fassadenverkleidung aus verschiedenen Betontafeln, Profilblechen oder anderen leichten Platten.

Anwendungsgebiete dieser Fertigteilsysteme sind vorwiegend Verwaltungs-, Schul- und Industriebauten sowie Hallen (**9.**18).

Tabelle **9.**17 TT-Deckenplatten in mm

d_t	300	400	500	600	700
b_0	190 230	180 220	170 210	160 200	150 190

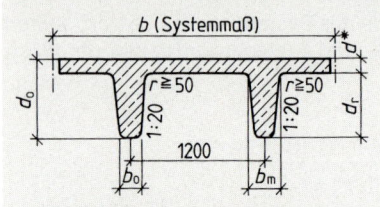

d = 60 bei Vollmontage für F 30
  = 100 bei Vollmontage für F 90
  = 50 bei statisch mitwirkender Ortbetonschicht für F 90
b = 2400 mm (Systemmaß)
b_m = 220 bzw. 260 mm

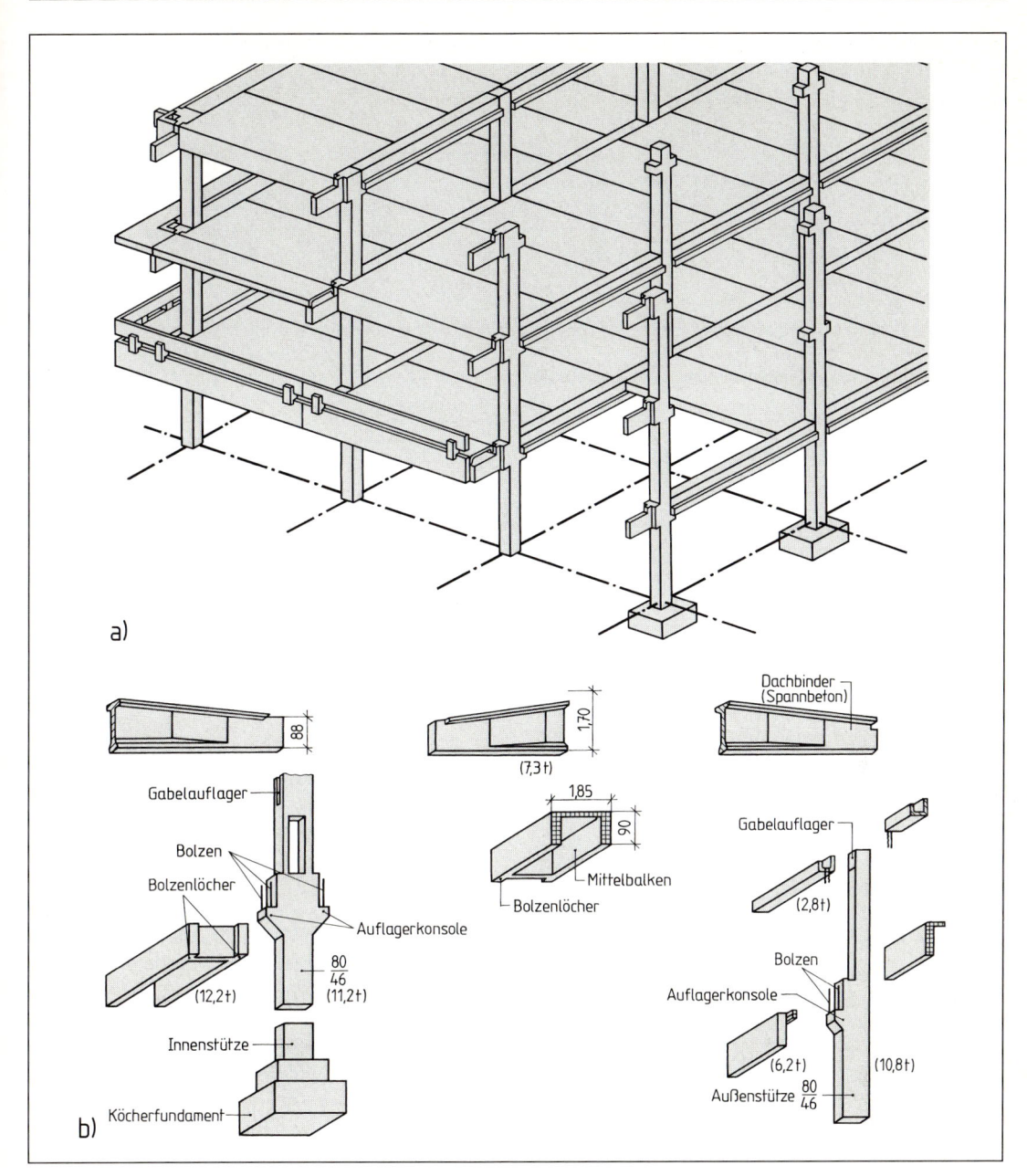

9.18 a) Stahlbetonskelettbau, b) Bauteile und Verbindungen einer Halle

9.3.2 Tafelbauweise, Raumzellen und Mischbauweise

Bauwerke aus Tafeln (Großtafeln) setzen sich je nach statischer Beanspruchung aus einer Kombination von Scheiben und Platten zusammen. Die Scheibenelemente übernehmen senkrechte und waagerechte Kräfte in der Tafelebene. Platten werden quer zur Ebene beansprucht.

Beim Zusammenstellen der Platten und Scheiben zu Raumzellen ist auf die Stabilität zu achten. Raumzellen müssen den verschiedenen Lastangriffen widerstehen (Torsion, Zwängung, Windbelastung, **9**.19).

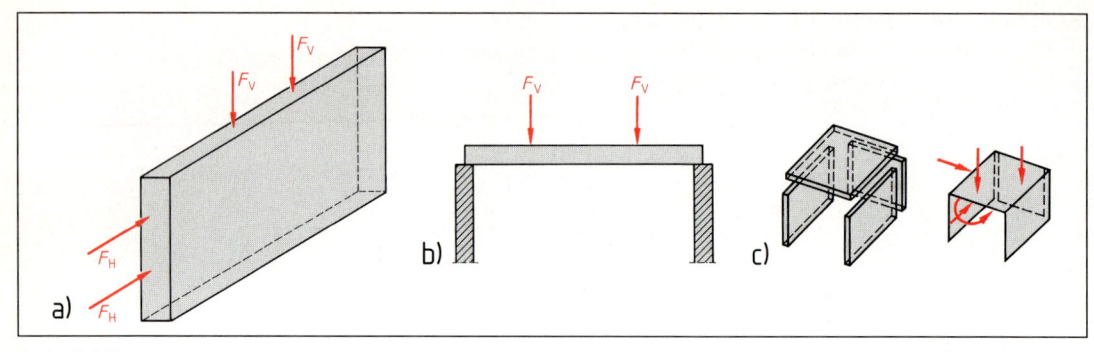

9.19 Tafelbau
a) Wandscheibe, b) Plattenelement, c) raumstabile Zelle

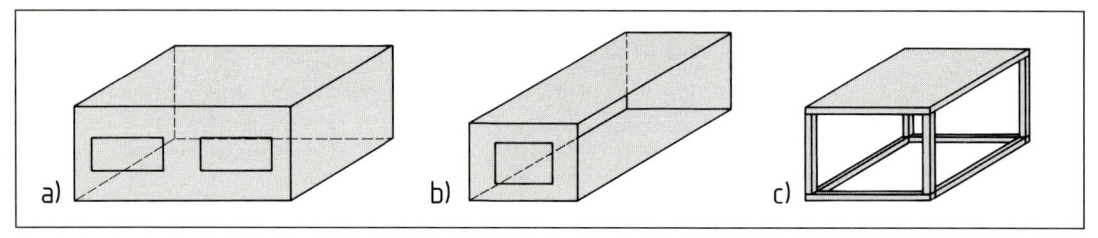

9.20 Zellenbau
a) geschlossene Raumzelle, b) Ringzelle, c) Raumgitterzelle

Der Zellenbau wird in der Bundesrepublik Deutschland im Geschosswohnungsbau kaum angewendet. Seine Bereiche sind Ferienhäuser, Kioske, Erweiterungsbauten auf Zeit für Büros und Schulen (Raumcontainer, **9.20**).

Das Baumaterial kann Stahl, Leichtmetall, Holz und Kunststoff, seltener Stahlbeton sein. Durch das Gewicht und die Abmessungen (Transport) sind dieser Bauweise Grenzen gesetzt.

Die Mischbauweise ist eine Kombination einzelner Systeme, auch zwischen Fertigteilen und am Ort (Ortbeton) hergestellten Bauteilen.

Das Rastermaß beträgt 10 cm (Grundmodul) im Fertigteilbau. 1 M = 10 cm

Betonfertigteile unterliegen sehr strengen Anforderungen nach DIN 1045 hinsichtlich der Herstellung und der Güteüberwachung.

Es werden Skelett-, Großtafel- und Raumzellenbau unterschieden. Vorherrschend ist der Skelettbau. Die Mischbauweise ist eine Kombination der Fertigteilbauweisen.

Bei der Skelett- und Tafelbauweise müssen die aussteifenden Elemente richtig angeordnet werden, um zerstörende Kräfte auszuschalten. Die Raumzelle ist schon in sich ausgesteift.

9.4 Verbindungsmittel

Die einzelnen Elemente wie Innenwände, Außenwände, Decken und Spezialbauteile (Treppen, Podeste, Versorgungs- und Fahrstuhlschächte) müssen statisch und bauphysikalisch einwandfrei zusammengefügt werden.

Die Mindestauflagertiefen von Platten betragen nach DIN 1045-20:

– 7 cm auf Mauerwerk und Beton (B 5 oder B 10),
– 5 cm auf Beton und Stahl (B 15 bis B 55),
– 3 cm auf Stahlbeton und Stahl, wenn kein seitliches Ausweichen möglich ist und die Stützweite ≤ 2,50 m beträgt.

Die Deckenauflager nehmen Vertikal-, Horizontal- und Schubkräfte auf. Die Wandstöße im Innen- und Außenbereich werden auf Druck und Schub beansprucht.

9.4 Verbindungsmittel

Unterzüge und Stützen werden mittels Dollen ineinander gehängt, die die Unterzüge im Auflagerbereich zentrieren (**9.18b**). Zwischen den zu verbindenden Fertigteilen bildet man eine Fuge aus hochfestem Mörtel oder Polyesterharz aus. Es kann auch ein unbewehrtes Elastomerelager angeordnet werden, doch ist unbedingt auf direkten Lastabtrag zu achten. Das Auflager gleicht Unebenheiten aus und verhindert Kantenabplatzungen. Stützenstöße sind unrationell und darum möglichst wenig zu verwenden. Besser sind mehrgeschossige Stützen, bei denen die Mörtelfuge die gesamte Stützenlast überträgt. Neuere Kunstharzmörtel oder Elastomerelager erfüllen diese Forderungen. Bei sehr hoher Belastung können Stahlplatten die Stützenlasten übertragen. Zusätzliche Horizontallasten (Rammstoß, Bremskräfte) können mit Ortbeton und Bewehrung in die Deckenscheiben eingeleitet werden.

Deckenplatten, die aus einzelnen Fertigteilen zusammengesetzt sind, werden so verbunden, dass bei Belastung einzelner Platten keine Höhendifferenzen (Durchbiegungen) zu benachbarten Platten auftreten können. D.h., sie müssen Querkräfte über die Stöße übertragen (**9.22**). DIN 1045 Abschn. 19 gibt für die Regelfälle konstruktive Maßnahmen vor. Die Auflager der Decken auf die Wandtafeln bildet man bei gering belasteten Platten trocken, bei stärker belasteten Platten mit einer ausgleichenden Schicht aus Mörtel, Pappe, Filz oder Kunststoffen aus. Um die Schubfestigkeit der

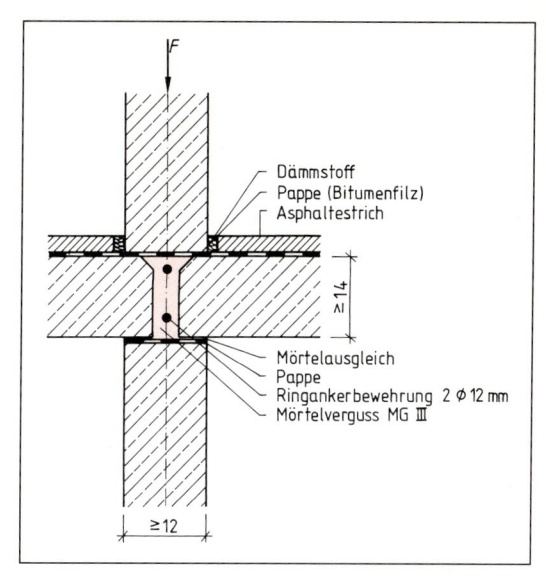

9.21 Mittelauflager zwischen Porenbetonwand und Deckenelement

Platten zu verbessern, können die Ränder in Trapezform gezahnt (profiliert) werden (**9.23**). Die Zugfestigkeit gewährleisten hervorstehende Bewehrungsstähle (Schlaufen, Haken, **9.22c**).

Eine weitere Verbindungsmöglichkeit bildet die auf die Bewehrungsstähle aufgeschweißte Stahlplatte (**9.24**).

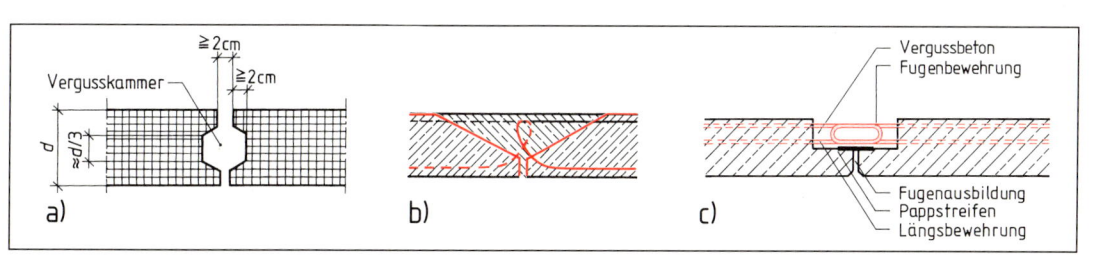

9.22 Verbindung der Deckenplatten
  a) Vergusskammern zwischen Deckenplatten ohne Bewehrung
  b) Querbewehrung eines Plattenstoßes
  c) Plattenverbindung mit Bewehrungsschlaufen

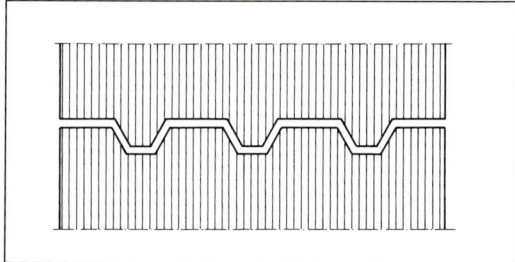

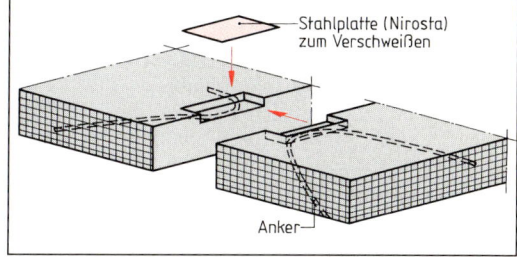

9.23 Trapezförmige Randausbildung von Deckenplatten

9.24 Schweißverbindung gestoßener Deckenplatten

9.25 Verbunddecke
 1 Unterzug oder Nebenträger mit Kopfbolzendübeln
 2 Holorib-Profilblech mit schwalbenschwanzförmigen Sicken (geeignet für Abhängungen)
 3 bewehrter Aufbeton als Druckgurt

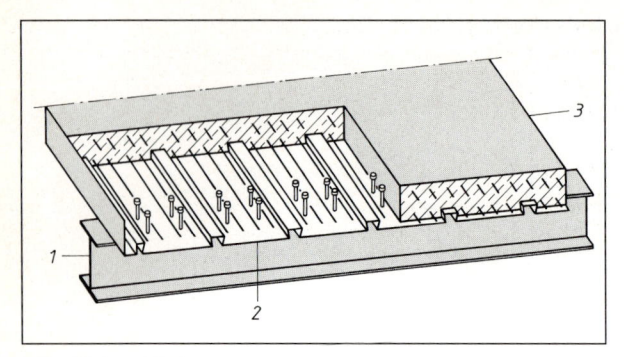

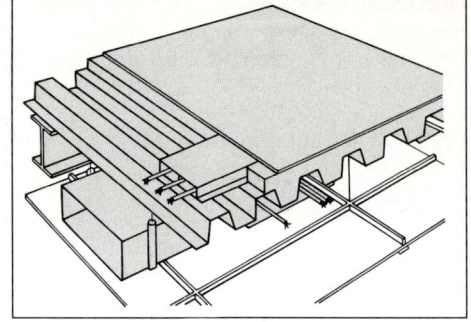

9.26 Trapezblechdecke mit Installationskanälen

Eine weitere Deckenkonstruktion besteht aus nebeneinander liegenden, vorgefertigten Stahlbetonbalken. Diese Massivbalkendecken können sich aus Hohlbalken, Ziegelhohlbalken oder Bimsbetonbalken zusammensetzen.

Verbunddecken bestehen aus vorgefertigten Betonschalen oder Trapezblechen. Sie werden auf Stahlbeton- oder Stahlträger aufgelagert. Diese Deckenelemente lassen Installationssystemen Raum (**9.**25, **9.**26). Werden unterzugsfreie Decken benötigt, finden großdimensionierte Platten- oder Pilzkopfdecken Anwendung.

Die Ringanker werden in Ortbeton hergestellt. Sie fassen die Deckenplatten zu einer starren Scheibe zusammen (**9.**27). Die Bewehrung wird auf der Baustelle vorgenommen, verbunden werden die Platten durch übereinander liegende Schlaufenstöße. Bei der Verbindung **9.**28 übernimmt der Vergussbeton die Übertragung der Schubkräfte. Eine solche Verbindung lässt sich auch durch einen Stahlwinkel erreichen. In diesem Fall hat der Vergussbeton keine statische Aufgabe.

Tragende und aussteifende Wände dürfen nur aus geschosshohen Elementen zusammengesetzt werden. Die Mindestdicke beträgt 8 cm. Müssen aus konstruktiven Gründen mehrere Fertigteilwände, die der Steifigkeit des Bauwerks dienen, zusammengesetzt werden, sind die Kräfte in den Fugen nachzuweisen. Bei Hochhäusern sind alle aussteifenden und tragenden Wände am oberen und unteren Rand mit den anschließenden Deckenteilen zu verbinden.

Die senkrechte Verbindung erfolgt mit Vergusskammern, teilweise bewehrt (**9.**29). Zugfeste Anschlüsse erreichen wir durch Schrauben, Schweißverbindungen oder Fugenbewehrung. Im Großtafelbau verankert man die übereinander stehenden Außenwandtafeln mit Dollen und Vergusskanälen. Wandelemente werden auch auf eine ausgleichende Mörtelfuge abgesetzt. Etwaige Ungenauigkeiten lassen sich dabei ausgleichen.

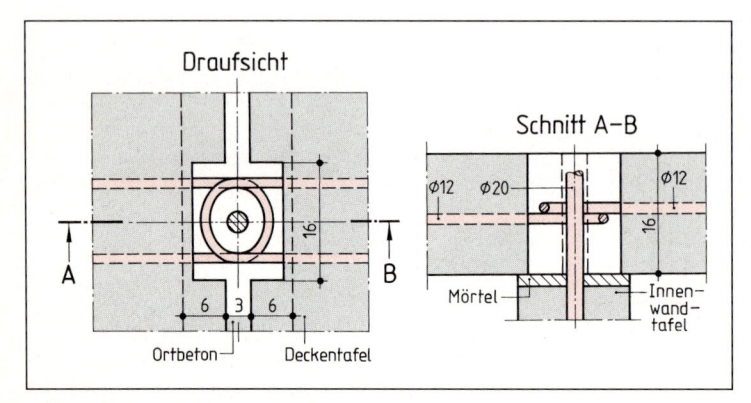

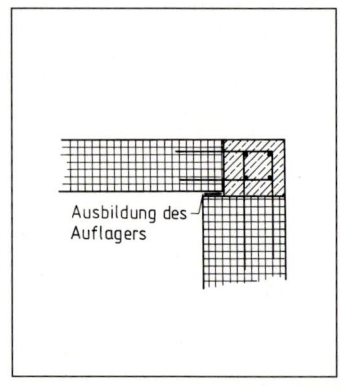

9.27 Ringankerbewehrung in Deckenstößen

9.28 Ringanker aus Ortbeton

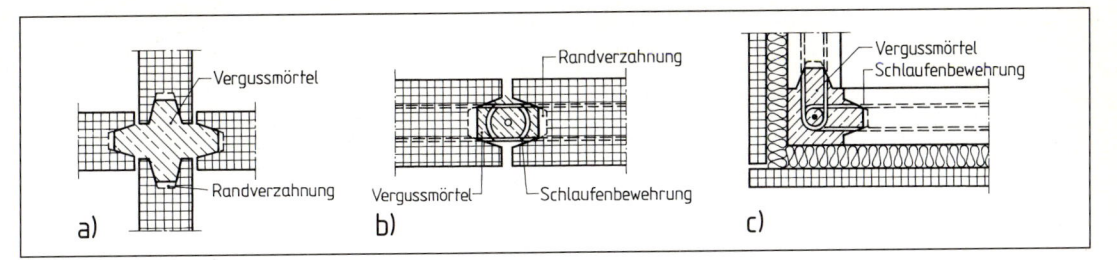

9.29 Wandtafelstöße
a) unbewehrt, b) bewehrt, c) Eckverbindung bewehrt

Fassadenplatten werden an den Stützen als vorgestellte Brüstungsplatten mit Winkeln und Konsolauflager befestigt oder mit Hängezugankern verankert (**9.30**).
Leichte Vorhangwände aus Metall-Verbundelementen finden bei Verwaltungsbauten Anwendung.

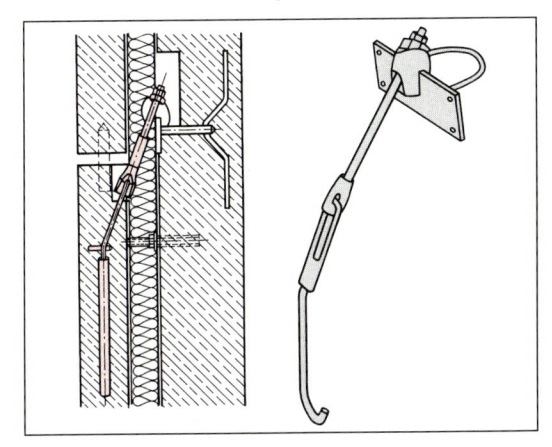

9.30 Fassadenplattenanker

Deckenplatten müssen vertikale und horizontale Kräfte sowie Schubkräfte aufnehmen. Zwischen den Platten dürfen keine Höhendifferenzen auftreten. Damit die Plattenstöße die Querkräfte übertragen können, werden zugfeste Schlaufenverbindungen angeordnet. Trapezförmige Randausbildungen erhöhen die Schubfestigkeit. Auflagerbereiche werden mit Mörtel, Kunstharz oder Elastomerenlagern ausgebildet.

Ringanker aus Ortbeton fassen Deckenplatten zu starren Scheiben zusammen.

Tragende und aussteifende Wände dürfen nur geschosshoch vorgefertigt werden. Fassadenplatten werden auf Konsolen aufgesetzt oder mit Hängezugankern aufgehängt. Wandelemente werden durch Vergusskammern mit Mörtel in senkrechter Richtung verbunden und können somit Druck- und Schubkräfte aufnehmen.

9.5 Fugen im Fertigteilbau

Fugen ergeben sich zwangsläufig beim Zusammenfügen verschiedener Bauelemente. Im Montagebau gibt es zwei Fugen: Die waagerechte, belastete Fuge, die eine einwandfreie Kraftübertragung auf andere Bauteile ermöglichen muss und die senkrechte, unbelastete Fuge. Beide müssen den Ausdehnungen infolge Temperaturschwankungen widerstehen und den bauphysikalischen Anforderungen entsprechen (Wärme, Kälte, Schall, Feuchte, Brandschutz). Wir unterscheiden vier Methoden der Fugenausbildung.

Die Fuge mit adhärierendem Dichtstoff (in der Fuge haftender Dichtstoff) ist einfach herzustellen und stellt nur geringe Anforderungen an die Wandkonstruktion. (Bei schlechter Witterung kann der Fugeneinbau jedoch zu Haftungsproblemen an den Wandinnenseiten führen. Folgen sind Ablösen des Dichtstoffs und umfangreiche Bauschäden.) Die Haltbarkeit dieser Konstruktion ist begrenzt. DIN 18450 schreibt die in **9.31** genannten Mindestabmessungen vor.

Elastische Klemmprofile finden wir kaum im Fertigteilbau. Die Empfindlichkeit gegenüber Toleranzen ist zu groß (**9.32**). Der Einbau ist witterungsunabhängig.

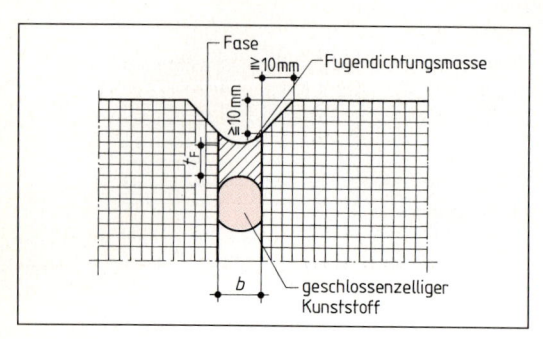

9.31 Fugenabdichtung mit adhärierendem Dichtstoff (Mindestabmessungen)

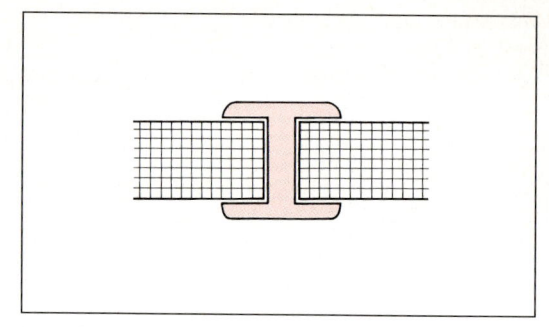

9.32 Fugenabdichtung mit Dichtungsprofil

Die offene Fuge ist sehr langzeitbeständig und lässt sich unabhängig vom Wetter herstellen (**9.33**). Jedoch stellt diese Horizontalfuge sehr große Anforderungen an die Formgebung der Seitenränder von Fertigteilen. Die Gefahr einer Beschädigung beim Transport oder bei der Montage ist erheblich.

Die belüftete Fuge hat sich als Vertikalfuge seit langem bewährt. Ihre druckausgleichende Konstruktion verhindert durch eine Regensperre das Eindringen von Schlagregen. Ein Druckausgleichsraum ist mit der Außenluft verbunden, so dass Druckdifferenzen ausgeschlossen sind, die den Regen zum Rauminnern treiben würden (**9.34**). Sollten dennoch Regentropfen eindringen, fließen sie im Druckausgleichsraum nach unten ab. Die zweite Abdichtungsstufe dient als Windsperre und verhindert das Eindringen kalter Luft. Diese Konstruktion ist auch unempfindlich gegenüber Toleranzen; sie ermöglicht einen witterungsunabhängigen Einbau und ist dauerhaft. Die lose eingezogene, leicht auswechselbare Regensperre muss aus beständigem Kunststoff (Neoprene) bestehen. Waagerechte Fugen werden als Schwellenfugen

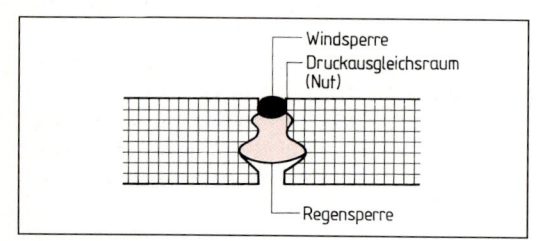

9.33 Offene Fuge mit Windsperre

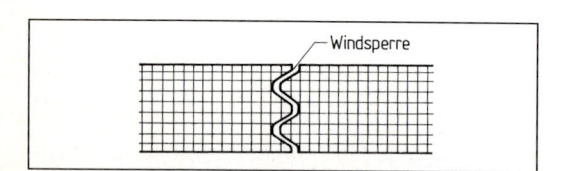

9.34 Prinzip der belüfteten Fuge

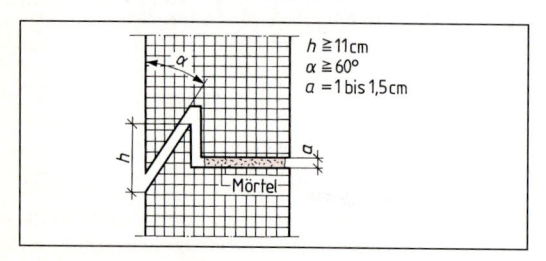

9.35 Aufbau einer Schwellenfuge

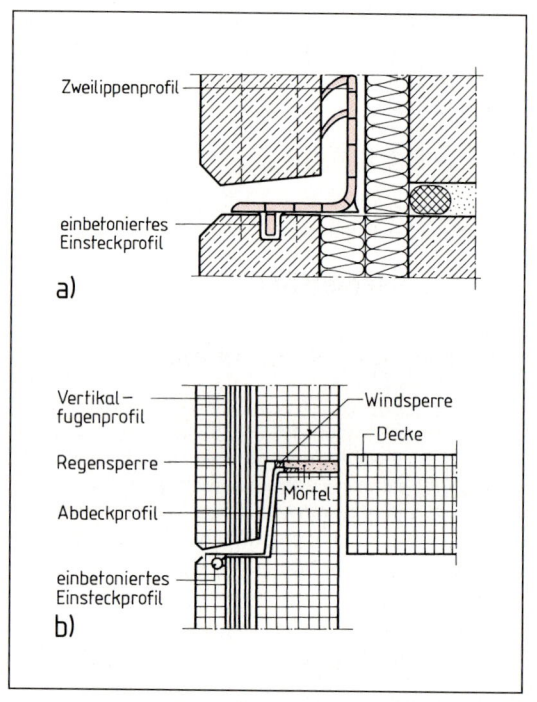

9.36 Schwellenfugen mit verschiedenen Profilen
a) Zweilippenprofil als konstruktive Schwellenfuge
b) Schwellenfuge mit Kunststoffprofil

konstruiert (9.35). Hierbei verwendet man die verschiedensten Kunststoff-Fugenprofile (9.36). Richtwerte für die Fugenbreite (bezogen auf eine Temperatur von 10 °C) gibt DIN 18540-1 (9.37).

Tabelle 9.37 Richtwerte für Fugenbreiten nach DIN 18450-1

Fugenabstand in m	< 2	> 2 < 4	> 4 < 6	> 6 bis 8
Fugenbreite b in mm	15	20	25	30
Tiefe t in mm	30	40	50	60

Wir unterscheiden waagerechte, belastete Fugen und senkrechte, unbelastete Fugen. Sie sind mit adhärierenden Dichtstoffen oder Klemmprofilen ausgebildet.

Wesentlich im Fertigteilbau sind die offenen und (beste Lösung) belüfteten Fugen.

Waagerechte Fugen werden als Schwellenfugen konstruiert.

9.6 Holzskelettbau

Der Holzskelettbau hat sich aus dem handwerklichen Fachwerk entwickelt. Heutzutage werden Holzbauteile in Leimbauweisen mit Bauschnittholz (S 10 nach DIN 4074, Schnittklasse S nach DIN 68365) kombiniert. Träger, Bögen und Rahmen verbaut man aus Brettschichtholz als Rechteckquerschnitte. Ferner gibt es Holzkastenquerschnitte und I-Träger sowie System-Fachwerkträger (s. Abschn. 6.4.5). Flächenelemente wie Decken, Dach und Wandelemente müssen aus einem tragenden Gerüst mit seitlicher Beplankung aus Holzwerkstoffplatten oder Brettern bestehen. Die tragenden Stützen können über mehrere Geschosse geführt werden, jedoch ist aus Kostengründen ein Holzskelettbau auf Erd- und Obergeschoss zu begrenzen.

Brandschutztechnisch gelten Brettschicht-Holz-Elemente (BS) als einseitig beansprucht. Sie erreichen nach DIN 4102 die Feuerwiderstandsdauer von 30 Minuten. Für höhere Belastungen müssen zusätzliche brandschutztechnische Maßnahmen durchgeführt werden.

Aus ökologischen und ökonomischen Gründen ersetzen BS-Elemente immer häufiger die konventionelle massive Bauweise. Dabei kann es sich um Mischbauweisen, wie Holz-Beton-Verbunddecken oder auch um reine BS-Holzelemente handeln. Je nach Anwendungsbereich kommen unterschiedliche Elementgrößen zum Einsatz, die in der Fabrik oder Werkstatt vorgefertigt und auf der Baustelle montiert werden.

Als *Verbindungsmittel* werden Dübel, Stabdübel, Nägel und Schrauben verwendet.

Im Zuge der nachhaltigen Weiternutzung von Baustoffen sind BS-Elemente z. B. durch mechanische Bearbeitung und Anleimen wieder verwendbar.

9.7 Stahlskelettbau

Die Vorteile des Stahlskelettbaus liegen in der passgenauen Vorfertigung der Elemente sowie der leichten nachträglichen Veränderbarkeit von Konstruktionen und der Demontage bzw. des Umbaues. Demgegenüber stehen die erheblichen Aufwendungen für den Brandschutz der tragenden Teile und der kostenintensive Korrosionsschutz.

Ein Stahlskelettbau besteht aus *senkrechten Stützen* und *waagerechten Trägerprofilen,* die waagerechten Aussteifungen erfolgen durch Deckenplatten oder liegenden Fachwerken.

Als Zugglieder werden u. a. Stahlseile verwendet.

Die verwendeten Stahlsorten sind ST37-2, ST52-3 nach DIN 17100 oder hochfester Stahl STE 460 und STE 690. Profilstähle I, L, U, T und Rohrprofile gibt es in den verschiedenen Handelsformen (9.38).

Verbundstützen und Verbundträger nutzen die Druckfestigkeit des Betons und die Zugfestigkeit des Stahls. (9.39 a,b)

Der Korrosionsschutz kann aus Beschichtungen (1- bis 4facher Anstrich), Überzügen (z. B. Feuerverzinkung) und Korrosionsschutz-Systemen (Kombination von Beschichtung und Überzug) bestehen.

In der Verbindungstechnik werden Schraubverbindungen den früher verwendeten Nietverbindungen vorgezogen. Die Schrauben werden unterschieden nach

– Rohe Schrauben R
– Passschrauben P
– Hochfeste Schrauben HR
– Hochfeste Passschrauben HP

Tabelle 9.38 Stahlprofile

I	Warmgewalzte schmale I-Träger (I-Reihe)	I	80 bis 600
I	Warmgewalzte mittelbreite I-Träger (IPE-Reihe)	IPE	80 bis 600
I	Warmgewalzte breite I-Träger (HEAA-, HEA/IPBl, HEB-/IPB-Reihe)	HE HE-A HE-B	100 bis 1000 AA 100 bis 1000 100 bis 1000
I	Warmgewalzte breite I-Träger (HEM-/IPB$_V$-Reihe)	HE-M	100 bis 1000
[	Warmgewalzter rundkantiger [-Stahl	U	30 bis 400
L	Warmgewalzter gleichschenkliger rundkantiger Winkel-Stahl	L	20 bis 200
L	Warmgewalzter ungleichschenkliger rundkantiger Stahl	L	30 bis 200
T	Warmgewalzter rundkantiger hochstegiger T-Stahl	T	20 bis 140
○	Nahtlose Stahlrohre	D	51 bis 1016
□	Quadratische Hohlprofile		40 bis 260
▭	Rechteckige Hohlprofile		50 bis 260
▪● ▬▬	ferner: Vierkant-Stahl, Rundstahl, Flach-, Wulstflach- und Breitflachstahl u. a.		

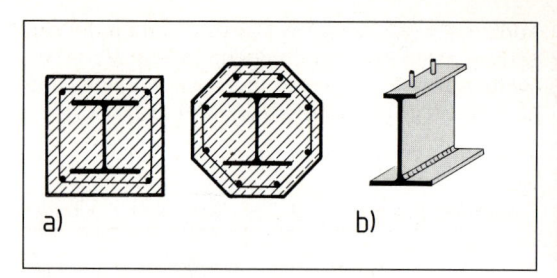

9.39 a) Verbundstützen, b) Verbundträger

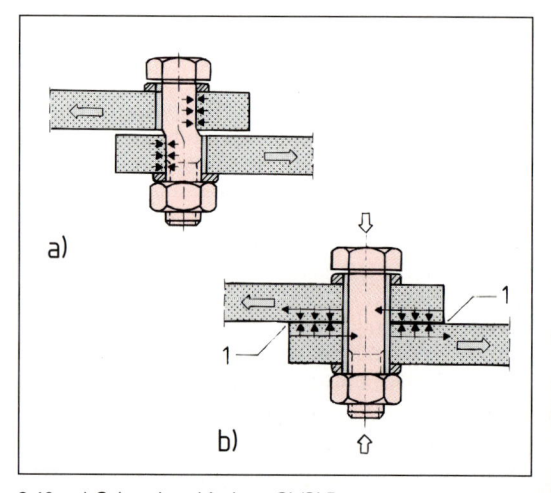

9.40 a) Schraubverbindung SL/SLP
b) Schraubverbindung GV/GVP

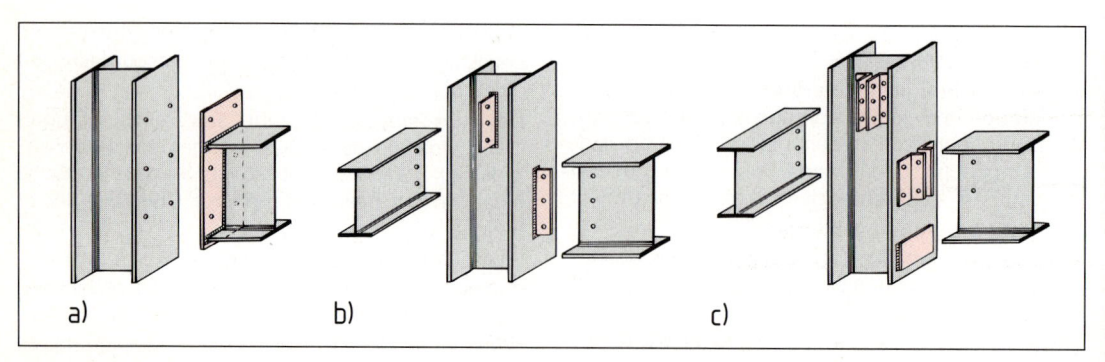

9.41 Trägeranschlüsse an Profilstahl
a) mit aufgeschweißter Kopfplatte
b) mit angeschweißten Laschen
c) mit Doppelwinkeln und Aufstandskonsole

Aufgaben zu Abschnitt 9

Bei Verbindungen mit Scher/Lochleibungswirkung werden die Schrauben senkrecht zu ihrer Achse beansprucht (**9.40** a, b).

Die *Standardverbindung* im Hochbau mit vorwiegend ruhender Belastung wird durch die SL-Verbindung gekennzeichnet. SLP-Verbindungen für ruhende und teilweise nicht ruhenden Verbindungen sind nur mit Passschrauben herzustellen.

Hochbelastete Verbindungen, bei denen die Kräfte senkrecht zur Schraubenachse wirken werden, als gleitfeste Verbindungen ausgebildet (**9.41**). Dabei werden GV-Verbindungen (Bauteile mit vorwiegend ruhender Belastung) und GVP-Verbindungen (nicht vorwiegend ruhende Verbindung mit Passschrauben) unterschieden.

Schweißverbindungen werden im elektrischen Lichtbogenschweißen oder Gasschmelzschweißen (Autogen) durchgeführt. Vor allem beim Verbinden von Hohlprofilen ist die Schweißverbindung vorteilhaft. Tabelle **9**.42 zeigt die verschiedenartigen Schweißnahtformen.

Tabelle **9**.42 Schweißnahtformen nach DIN 1912-5

Benennung	Darstellung	Symbol
Bördelnaht (Bördel ganz niedergeschmolzen)		⋏
I-Naht		∥
V-Naht		V
HV-Naht		⌐
Y-Naht		Y
HY-Naht		⊢
U-Naht		Y
HU-Naht (Jot-Naht)		⊢
Gegennaht (Gegenlage)		⌣
Kehlnaht		△

Aufgaben zu Abschnitt 9

1. Welche Vor- und Nachteile bietet die Fertigteilbauweise?
2. Nennen Sie die drei Hauptfertigungssysteme.
3. Beschreiben Sie die Anwendungsgebiete der einzelnen Fertigteilsysteme.
4. Nennen und beschreiben Sie die Bauelemente im Stahlbetonskelettbau.
5. Erläutern sie das Modulsystem im Fertigteilbau.
6. Beschreiben Sie TT-Platten hinsichtlich ihrer Beanspruchung.
7. Wie groß sind die Mindestauflagertiefen von Deckentafeln?
8. Wie können Fertigteilbauten ausgesteift werden?
9. Welche Vorteile bietet die Mischbauweise?
10. Skizzieren Sie eine Stahlbetonfertigteilstütze mit Konsole in einem Köcherfundament in einer selbstgewählten Perspektive.
11. Skizzieren Sie ein Deckenauflager auf einer tragenden Wand.
12. Welche Aufgaben hat ein Ringanker?
13. Wie dick müssen tragende Wände mindestens sein?
14. Skizzieren Sie eine bewehrte Eckverbindung zweier Außenwandelemente.
15. Wie werden Deckenplatten miteinander verankert?
16. Wie befestigt man Fassadenplatten konstruktiv?
17. Wodurch unterscheiden sich Tafeln, Platten und Scheiben?
18. Welche Besonderheiten schreibt DIN 1045 für Betriebe des Fertigteilbaus vor?
19. Nennen und erläutern Sie die vier Arten der Fugenausbildung.
20. Beschreiben Sie die Funktion der Schwellenfuge.
21. Skizzieren Sie eine Schwellenfuge mit den empfohlenen Maßbegrenzungen.
22. Warum ist bei einer belüfteten Fuge die Regensperre lose eingefügt?
23. Beschreiben Sie die Wirkungsweise einer belüfteten Vertikalfuge.
24. Wo liegen die Grenzen des Holzskelettbaus?
25. Welche Vorteile bietet der BS-Elementebau gegenüber dem konventionellen Massivbau?
26. Welche Holzarten und Holzqualitäten werden im Holzelementebau vorgeschrieben?
27. Welche Stahlsorten finden im Stahlskelettbau Anwendung?
28. Wann sind Schweißverbindungen den Schraubverbindungen überlegen?
29. Was bedeuten die Abkürzungen STE 690, SLP-Verbindung, GV-Verbindung?
30. Welche Brandschutzmaßnahmen sind im Stahlbau durchzuführen?
31. Welche Korrosionsmaßnahmen werden im Stahlbau unterschieden?

10 Treppen

10.1 Bezeichnungen und Begriffe

Treppen schaffen Verbindungswege zwischen unterschiedlich hohen Nutzebenen. Bei Gefahr dienen sie als Fluchtwege (z. B. bei Brandausbruch) Die Vielzahl der Vorschriften und Konstruktionsregeln im Treppenbau erfordert Klarheit bei Bezeichnungen und Begriffen. Die wichtigsten enthält DIN 18064.

Grundbegriffe (10.1)

- **Treppe:** Bauteil aus mindestens einem Treppenlauf
- **Treppenlauf 1**: ununterbrochene Folge aus mindestens 3 Stufen bzw. Steigungen zwischen zwei Ebenen
- **Lauflinie 2:** gedachte Linie im üblichen Gehbereich des Treppengrundrisses, die die Steigerichtung durch den Endpfeil markiert. Sie reicht von der Vorderkante der

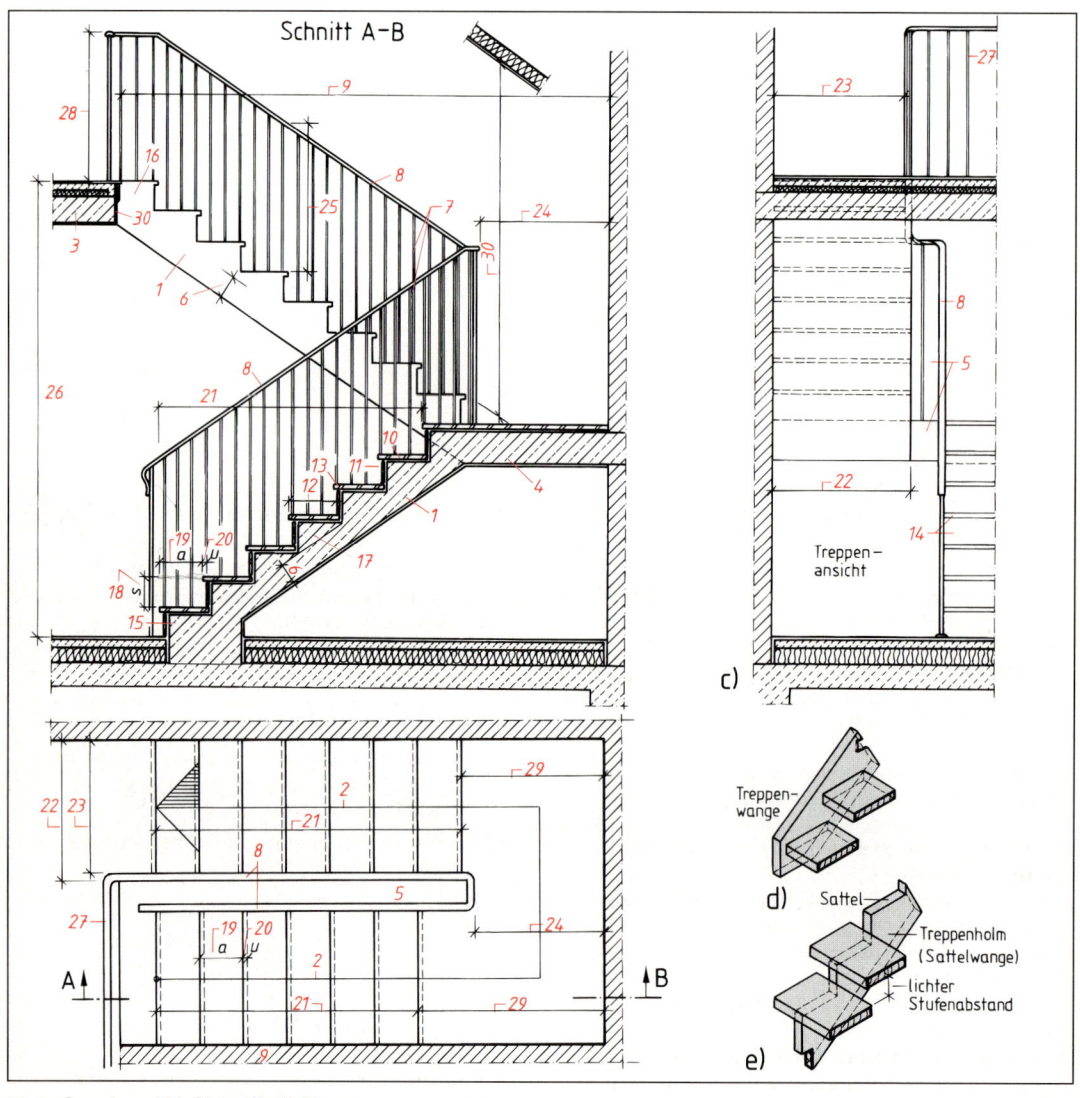

10.1 Grund- und Maßbegriffe für Treppen
  a) Schnittdarstellung einer Stahlbetontreppe, b) Treppengrundriss, c) Treppenansicht, d) Treppenwange (halbgestemmte Holztreppe), e) Treppenholm (aufgesattelte Holztreppe)

10.1 Bezeichnungen und Begriffe

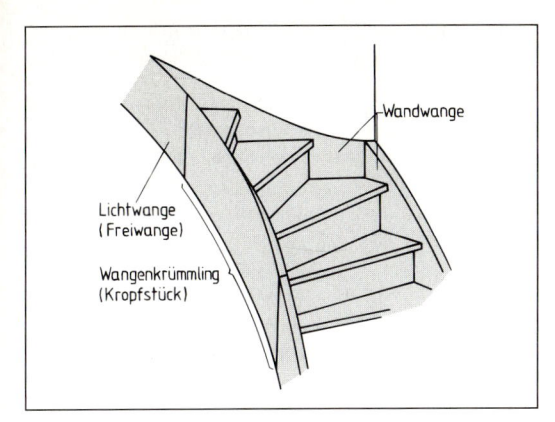

10.2 Viertelgewendelte Holztreppe mit Krümmling, Wand- und Lichtwange

1. Stufe über mögliche Zwischenpodeste bis zur Vorderkante der letzten Stufe. Bei Treppen bis 1,0 m Breite liegt sie meist in Treppenmitte, bei gewendelten Treppen auch außermittig (z. B. 40 bis 50 cm von Innenkante Handlauf)
- **Podest** *3*: Treppenabsatz am Anfang oder Ende eines Treppenlaufs (meist Teil der Geschossdecke)
- **Zwischenpodest** *4*: Treppenabsatz zwischen zwei Geschossebenen
- **Treppenauge** *5*: von Treppenläufen bzw. -lauf teilen und Treppenpodest umschlossener freier Raum
- **Laufplatte** *6*: schräge, die benachbarten Podeste verbindende, tragende Massivplatte aus Stahlbeton mit/ohne aufbetonierte Rohstufen (Stufenkeile)
- **Geländer/Treppenbrüstung** *7*: lotrechte Begrenzung an Treppenläufen als Schutz gegen Absturzgefahr
- **Umwehrung** *27*: lotrechte Begrenzung an Podesten als Schutz gegen Absturzgefahr
- **Treppenhandlauf** *8*: griffgerechter Bauteil als Gehhilfe an der Seitenwand bzw. als oberer Geländerabschluss
- **Handlaufkrümmling**: im Treppenauge angeordneter, gerundeter Teil des Handlaufs
- **Treppenöffnung oder Treppenloch** *9*: Geschossdecken-Aussparung für Treppen
- **Trittstufe** *10*: waagerechtes Stufenteil
- **Setzstufe** *11*: lotrechtes oder annähernd lotrechtes Stufenteil (auch Stoßstufe, Futterstufe, -brett bei Holztreppen)
- **Trittfläche** *12*: betretbare, waagerechte Stufenoberfläche
- **Trittkante** *13* **und Stoßfläche** *14*
- **Treppenholm (auch Treppenbalken, Sattelwange)**: die Stufen tragendes (unterstützendes) Bauteil (**10.1** e)
- **Treppenwange**: tragende seitliche Begrenzung des Treppenlaufs (**10.1** d)
- **Deckenspiegel** *30*: sichtbare Deckenrandfläche in der Treppenöffnung
- **Lichtwange**: freistehende (selbsttragende) Wange (**10.2**)
- **Wandwange**: an die Treppenraumwand angrenzende Wange (**10.2**)
- **Wangenkrümmling**: im Treppenauge liegender, gerundeter Wangenteil (meist bei Holztreppen, **10.2**).

Stufenarten kennzeichnen wir nach ihrer Lage als
- **Antrittstufe** *15*: erste Stufe eines Treppenlaufs
- **Austrittstufe** *16*: letzte, mit Podest bzw. Zwischenpodest zusammenfallende Stufe eines Treppenlaufs
- **Spickelstufe**: dem Treppenauge gegenüberliegende, mittig angeordnete Stufe bei halbgewendelten Treppen (**10.27**).

Nach dem Stufen*querschnitt* (**10.3**) unterscheiden wir
- **Blockstufe**: Stufe mit rechteckigem oder annähernd rechteckigem Querschnitt; die Stufenhöhe entspricht genau oder etwa der Steigungshöhe
- **Plattenstufe**: die Querschnittsform gleicht der Blockstufe, doch ist die Stufendicke *d* deutlich geringer als die Steigungshöhe
- **Keilstufe**: Stufe mit genau oder annähernd dreieckförmigem Querschnitt
- **Winkel- und L-Stufen**
- **Stufenkeil** (**10.1**) *17*: Rohstufe (ohne Belag) auf der Laufplatte.

Maßbegriffe erklären die in Normen und Vorschriften festgelegten Mindest- bzw. Höchstabmessungen (**10.1**).
- **Treppensteigung** *s 18*: Höhenabstand zwischen den Trittflächen benachbarter Stufen (auch Steigung oder Steigungshöhe genannt)
- **Treppenauftritt** *a 19*: waagerechter Abstand zwischen den Vorderkanten benachbarter Stufen, bei gewendelten Stufen an der Gehlinie gemessen

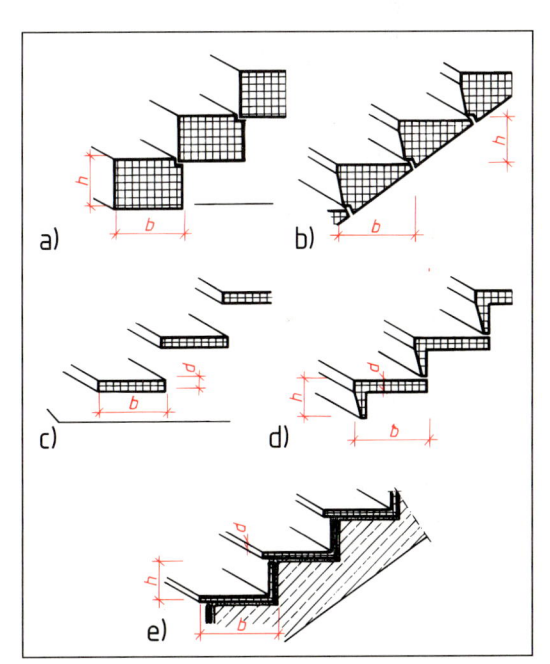

10.3 Stufenarten nach Querschnittsform
a) Blockstufe, b) Keilstufe, c) Plattenstufe, d) Winkelstufe, e) L-Stufe

- **Steigungsverhältnis** *s/a* = Zahlenverhältnis Steigung/Auftritt in cm. Es entspricht der Treppenneigung und ergibt als Quotient den Tangens des Neigungswinkels
- **Unterschneidung** *u 20*: Differenz zwischen Breite der Trittfläche und dem Treppenauftritt a
- **Lichte Treppendurchgangshöhe** *30*: lotrechtes Fertigmaß zwischen Stufenvorderkante(n) und Unterkante(n) darüberliegender Bauteile
- **Lichter Stufenabstand**: kleinste Lichtraumhöhe zwischen Trittstufen bei Treppen oder Setzstufen (**10**.1 e)
- **Treppenlauflänge** *21*: Maß von Vorderkante Antrittstufe bis Vorderkante Austrittstufe, im Grundriss an der Lauflinie gemessen
- **Treppenlaufbreite** *22*: Grundrissmaß der Konstruktionsbreite (Außenmaß des Treppenlaufs)
- **Nutzbare Treppenlaufbreite** *23*: lichtes Fertigmaß in Handlaufhöhe (z. B. zwischen den Innenkanten gegenüberliegender Handläufe oder Handlaufinnenkante und gegenüberliegender Wandfläche)
- **Podesttiefe** *t 24*: kleinste vorhandene Podesttiefe
- **Nutzbare Podesttiefe** t_p *29*: lichtes Fertigmaß zwischen Stufenvorderkanten oder zwischen Podestbegrenzung und Stufenvorderkante
- **Geländerhöhe** *25*: lotrechtes Fertigmaß zwischen VK Trittstufe (-kante) und OK Handlauf (Brüstung)
- **Umwehrungshöhe** *28*: lotrechtes Fertigmaß zwischen Oberkante Handlauf der Umwehrung und Oberkante Fußboden
- **Geschosshöhe** *26*: Fertigmaß zwischen den Fußbodenoberkanten benachbarter Geschosse
- **Stufenabmessungen**: Stufenlänge, -breite, -höhe und -dicke (**10**.3, **10**.4)

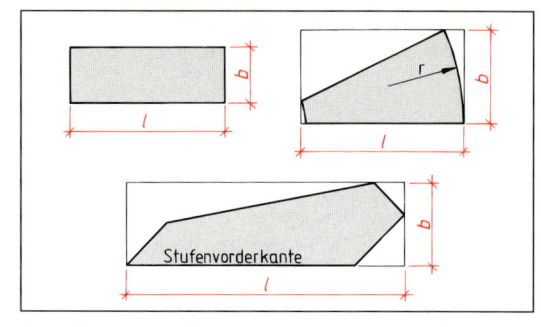

10.4 Stufenlänge l ≙ Länge des umschriebenen Rechtecks in der Stufendraufsicht, Breite b ≙ der zugehörigen Rechteckbreite

10.2 Treppenarten

Treppen lassen sich nach unterschiedlichen Gesichtspunkten gliedern.

Nach Lage und Zweck

- **Innentreppen** als *Geschosstreppe* (Keller-, Erdgeschoss-, Dachgeschosstreppe) und *Ausgleichstreppe* zwischen unterschiedlich hohen Ebenen innerhalb eines Geschosses oder zwischen Eingangsebene und 1. Vollgeschoss
- **Außentreppen** als Hauseingangs- und Kelleraußentreppe

    nach Gesetz, Verordnung, LBO: notwendige und nicht notwendige Treppen (zusätzliche, u. U. auch zur Hauptnutzung dienende Treppe)

    nach der Laufrichtung: Links- und Rechtstreppen (in Steigerichtung links bzw. rechts drehend)

    nach der Anzahl der Treppenläufe: ein-, zwei-, dreiläufige Treppen

    nach dem Baustoff: Beton-, Stahl-, Stahlbeton- und Holztreppen; gemauerte Treppen, Werksteintreppen (auch Kombinationen möglich).

Nach der Statik und Konstruktion

- **Laufplattentreppen**. Die schräge Laufplatte aus Stahlbeton nimmt die Stufen- und Verkehrslasten auf. Längsgespannte Laufplatten lagern auf Podesten, quergespannte auf Wangenmauerwerk und/oder Schrägbalken (**10**.5).
- **Treppen mit frei tragenden Stufen**. Die biegefesten Stufen übertragen die Lasten auf tragfähige Auflagerungen (**10**.6).

    Beidseitig gelagerte Stufen liegen auf Mauerwerk, direkt oder über Aufhängevorrichtungen (z. B. eingeschraubte Winkelbleche), auf Ständerwerk aus Holz oder Metall mit

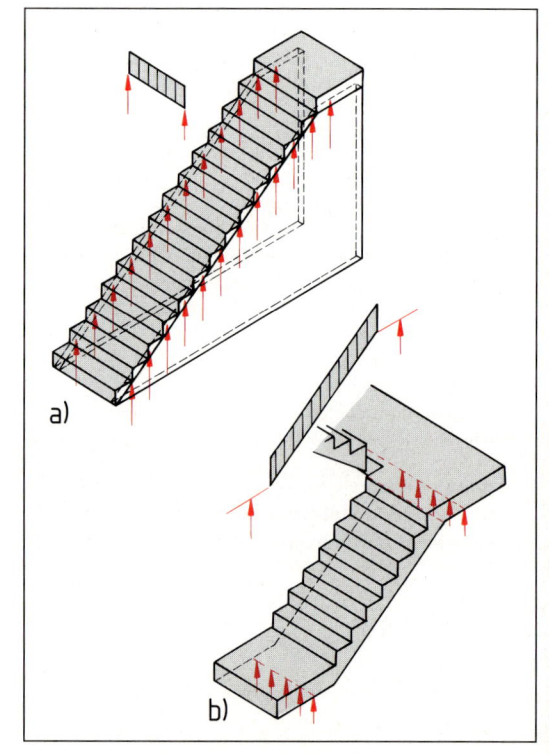

10.5 Stahlbeton-Laufplattentreppe
a) quergespannt, b) längsgespannt

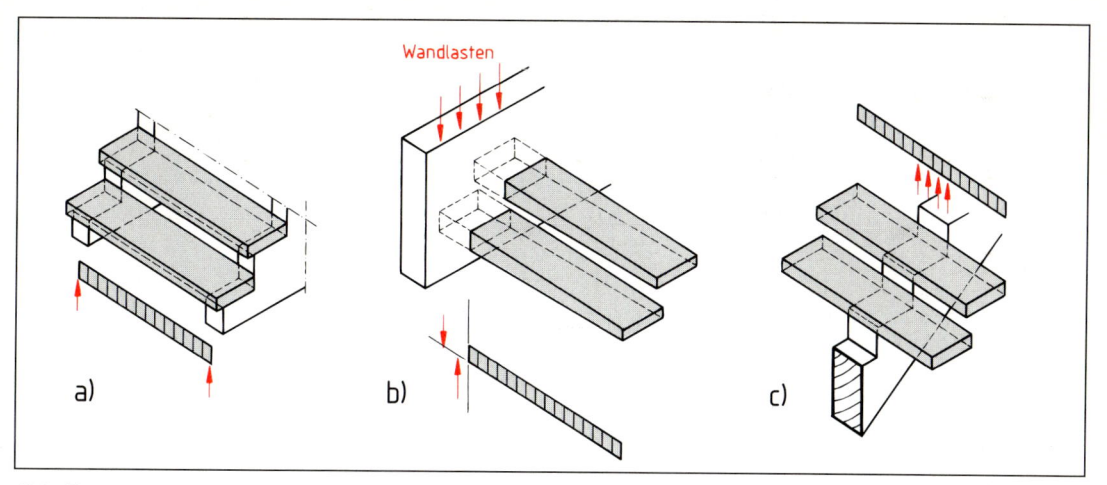

10.6 Treppe mit selbsttragenden (biegefesten) Stufen
a) beidseitig gelagerte Stufen, b) einseitig gelagerte (eingespannte) Stufen, c) mittig gelagerte Stufen

Aufhängevorrichtungen oder auf Schrägbalken (Wangen, Holme, Sattelwangen) aus Stahl, Holz, Stahlbeton (Doppelbalkentreppe)

Mittig gelagerte Stufen erhalten einen breiten Mittelholm zur kippsicheren Befestigung der beidseitig überstehenden, aufgesattelten Stufen (Mittelbalkentreppe)

Einseitig gelagerte Stufen wirken als seitlich eingespannte Kragarme. In Stahlbetonwänden sind die Kragstufen durch Bewehrung eingespannt, in Mauerwerkswänden sind dafür genügend Auflast und Auflagertiefe erforderlich. Die runde Mittelstütze dient zum Einspannen der Stufen bei Spindeltreppen.

– **Tragbolzentreppen.** Die Plattenstufen bilden mit dem seitlich fest gespannten Schraubenbolzen biegesteife Eckverbindungen und in der Gesamtheit ein eigenständiges, ausreichend belastbares Tragwerk. Seitenwände, Holme oder Laufplatten können daher entfallen. So ergeben sich leicht wirkende, optisch ansprechende Treppen (**10**.40).

Nach der Grundrissform

– **Treppen mit geraden Läufen** haben gleichförmige Stufen und gerade Lauflinien, können ein- oder mehrläufig, gleich- oder gegenläufig, ein- oder zweimal abgewinkelt sein (**10**.7).

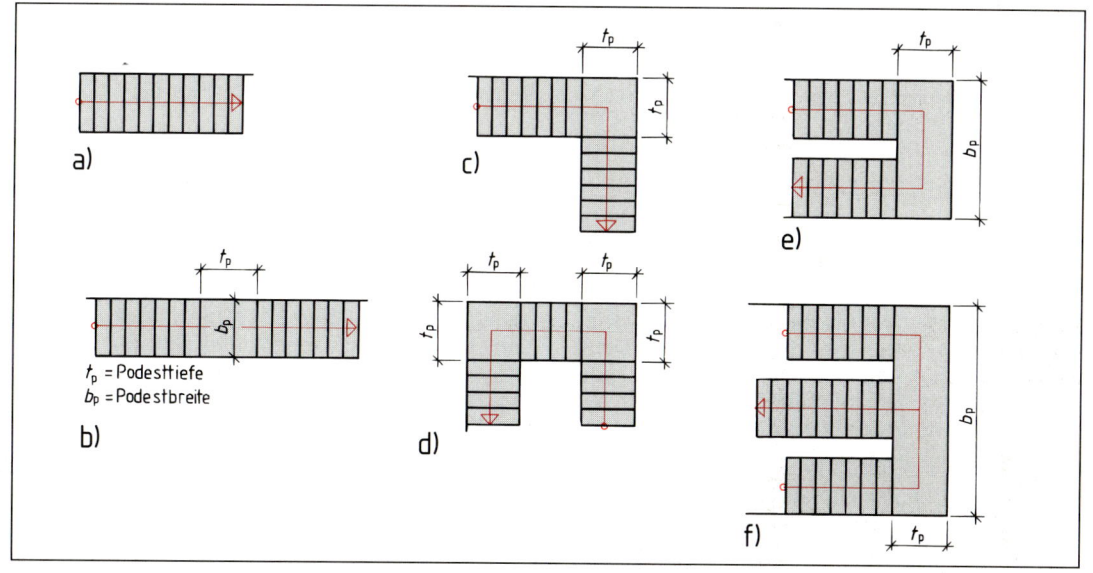

10.7 Treppen mit geraden Läufen
a) gerade einläufige Treppe, b) gerade zweiläufige Treppe mit Zwischenpodest, c) zweiläufige, einmal abgewinkelte Treppe mit Zwischenpodest, d) dreiläufige, zweimal abgewinkelte Treppe mit Zwischenpodesten (U-Treppe), e) zweiläufige gegenläufige Treppe mit Zwischenpodest (Halbpodest), f) dreiläufige gegenläufige Treppe mit Zwischenpodest (E-Treppe)

t_p = Podesttiefe
b_p = Podestbreite

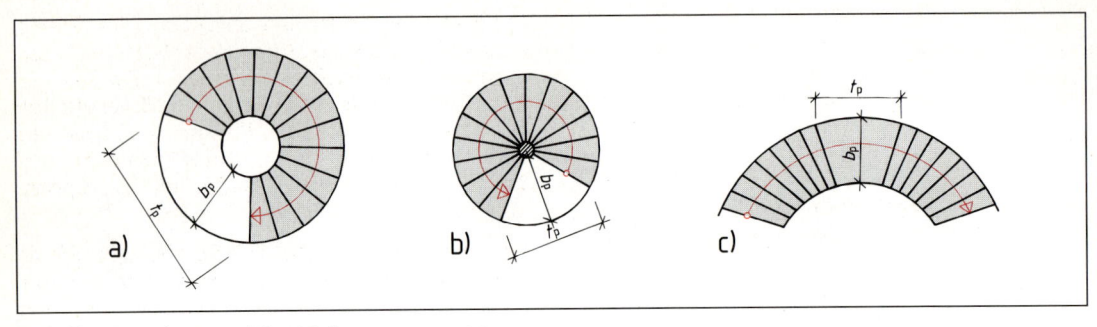

10.8 Treppen mit gewendelten Läufen
   a) Wendeltreppe, b) Spindeltreppe, c) zweiläufige Bogentreppe

- **Treppen mit gewendelten Läufen** haben gleich bleibend geformte, keilförmig zulaufende Stufen (**10**.8). Die *Wendeltreppe* hat ein kreisförmiges Treppenauge und ist meist einläufig. Bei der *Spindeltreppe* ersetzt die Spindel (kreisrunde Stütze) das Treppenauge. So ergibt sich eine platzsparende einläufige Treppe. Für Treppen mit gewendelten Läufen sind auch Bogenformen möglich, wie z. B. die zweiläufige Bogentreppe mit Zwischenpodest in Bild **10**.8c.

- **Treppen mit geraden und gewendelten Laufteilen** haben im Wendelungsbereich von der geraden in die Keilform übergehende und daher in der Draufsicht voneinander abweichende Stufen (**10**.9). Sie ermöglichen die günstige Erschließung der Räume bei geringem Platzbedarf. Bei den viertelgewendelten Treppen kann die Wendelung einmal erfolgen (Treppenanfang-, -mitte oder -ende) oder auch zweimal (im Anfangs- und Endbereich). Die halbgewendelte Treppe ist in der Regel symmetrisch angeordnet.

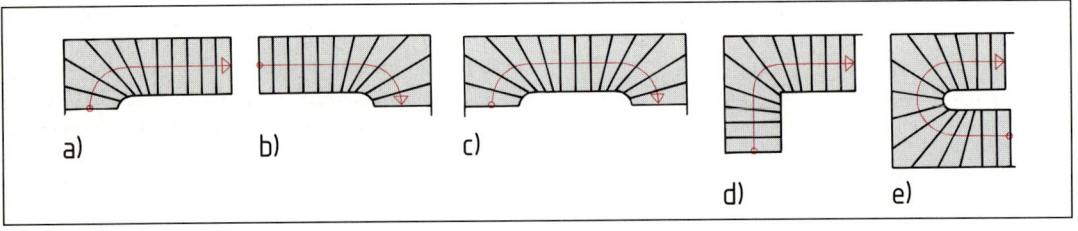

10.9 Treppen mit geraden und gewendelten Laufteilen
   a) einläufige, im Antritt viertelgewendelte (Rechts-)Treppe, b) einläufige, im Austritt viertelgewendelte (Rechts-)Treppe, c) einläufige, zweimal viertelgewendelte (Rechts-)Treppe, d) einläufige, gewinkelte viertelgewendelte (Rechts-)Treppe, e) einläufige, halbgewendelte (Rechts-)Treppe

10.3 Die Treppe in der Bauzeichnung

Treppen zeichnen wir als Bestandteil von Gebäudegrundrissen und -schnitten sowie als Detail (Werkzeichnung) für den Treppenbauer. Die Schnittlinie des Gebäudegrundrisses führen wir deshalb auch durch die Treppe.

In Grundrissen ist die Steigungsrichtung der Treppe durch den Lauflinienpfeil gekennzeichnet, der Treppenanfang durch einen Kreis am Schnittpunkt zwischen Lauflinie und Antrittsstufenvorderkante. Der Lauflinienpfeil endet an der Austrittsstufe. Die Anwendung gerader Lauflinien und gekrümmter Lauflinienteile zeigt Bild **10**.9. Da wir Grundrisse als waagerechte Gebäudequerschnitte verstehen, kann immer nur der untere Teil der geschosszugehörigen Treppe gezeigt werden. Wir begrenzen ihn durch die schräge Schnittlinie (**10**.11). Dahinter zeigen wir, falls vorhanden, den oberen Treppenteil der darunterliegenden Geschosstreppe, deren Gehlinienpfeil an der Austrittsstufenvorderkante endet. Ist kein Treppenlauf darunter (z. B. im Kellergrundriss), wird der weiterführende (obere) Treppenteil durch Punktlinien dargestellt. Im obersten Geschossgrundriss erscheint die Treppe des darunterliegenden Geschosses als Draufsicht. Sie darf nicht mit einer geschosszugehörigen Treppe verwechselt werden. Die Werkzeichnung zeigt den ganzen Treppengrundriss eines Geschosses (**10**.1b).

10.3 Die Treppe in der Bauzeichnung

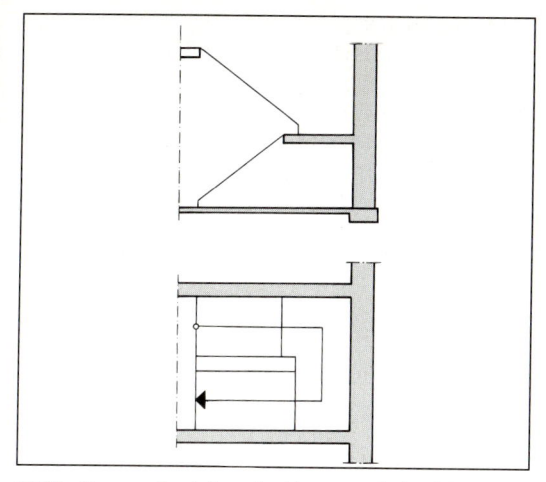

10.10 Treppendarstellung im Vorentwurfsplan M 1 : 200

Im Vorentwurf (M 1 : 200) zeichnen wir Treppenanlage und -form, Lauflinie und Steigungsrichtung, Treppenläufe und Podeste im Schnitt (**10.**10).

Im Entwurf (Bauantragszeichnung, M 1 : 100) müssen Grundriss und Schnitt der Treppe die Übereinstimmung mit LBO-Vorschriften erkennen lassen. Über die für den Vorentwurf genannten Angaben hinaus sind Steigungszahl je Treppenlauf und Steigungsverhältnis, Stufenteilung und -profil (im Schnitt) zu zeichnen und anzugeben. Im Schnitt (hier in Bild **10.**11 aus Gründen der besseren Übersicht nicht dargestellt) sind ferner Umwehrungen und Geländer mit den zugehörigen Höhenmaßen einzutragen, an kritischen Punkten u. U. auch das notwendige Maß für die lichte Treppendurchgangshöhe sowie das Maß der lichten Treppenlaufbreite im Grundriss.

Im Ausführungsplan (M 1 : 50) übernehmen wir die Treppenangaben aus der Entwurfszeichnung. Durch vollständige Bemaßung werden Form und Grundrisslage der Treppe endgültig festgelegt (**10.**12): Abmessungen, Treppenlauf und Podest, Treppenauge, nutzbare Treppenlaufbreite, Podestdicke und Podesthöhe, Treppenöffnung, Handlaufführung, Geländer- und Umwehrungskonstruktion, Stufenprofil (im Schnitt), Unterschneidung (im Grundriss als verdeckte, also gestrichelte Linie), Podestbelag mit Materialdicken.

Der Detailplan (Werkzeichnung, M 1 : 10 bzw. 1 : 20) hat gegenüber anderen Plänen höchsten Verbindlichkeitsgrad. Er klärt alle im Ausführungsplan noch offenen Fragen der Treppenkonstruktion (z. B. genaue Darstellung der Stufenprofile mit allen Maß- und Materialangaben, Podestbeläge, Stufengrößen – vor allem Lage und Größe gewendelter Stufen –, Einzelheiten von Geländer und Umwehrung, ferner Verbindungs- und Befestigungsmittel

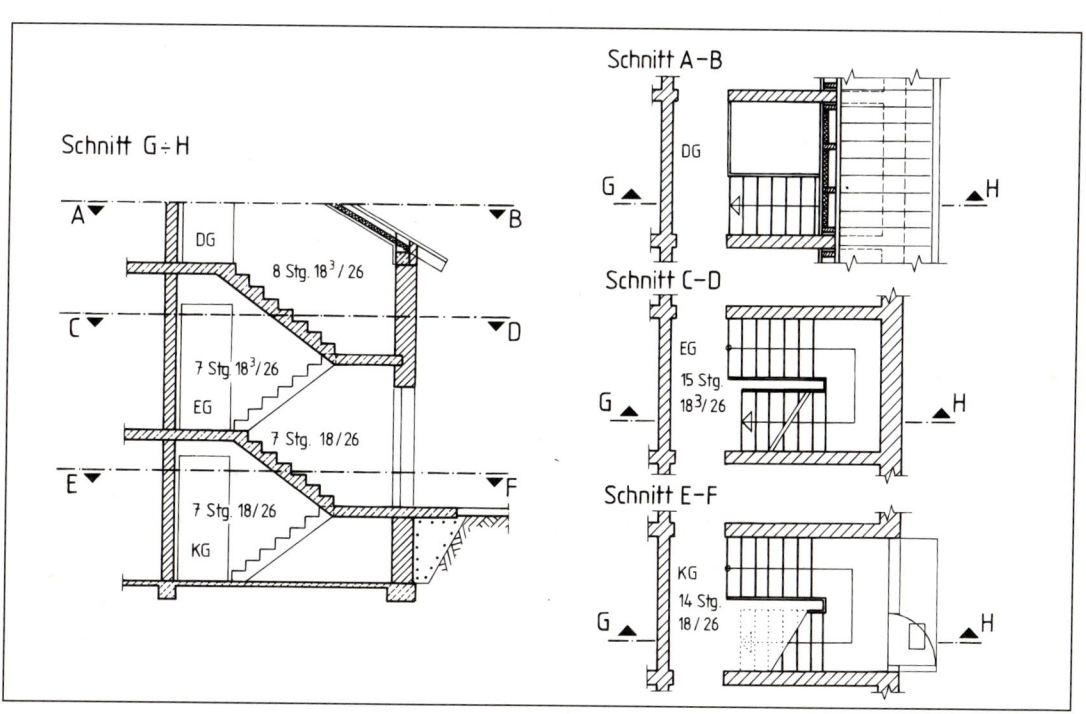

10.11 Treppendarstellung in der Entwurfszeichnung M 1 : 100

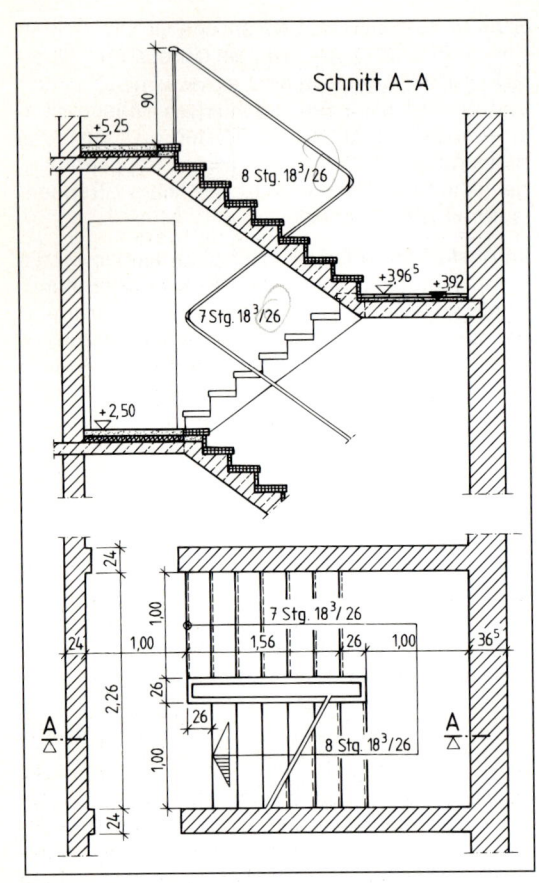

10.12 Treppendarstellung im Ausführungsplan M 1 : 50

wie Schrauben, Dübel, Anker und Aussparungen) unter Nummerangabe an jeder Stufe.

Schal- und Bewehrungspläne dienen der Herstellung von Stahlbetontreppen. Der Schalplan enthält alle für das Einschalen notwendigen Betonmaße. Für den Treppenbewehrungsplan gelten die Gestaltungsgrundsätze für Bewehrungspläne (**10.34** c, **10.33**).

> Unzureichende Treppenplanung führt oft schon beim Rohbau zu kostspieligen Fehlern (etwa zu kleine Treppenöffnung, unzureichende lichte Durchgangshöhe = Kopfhöhe, in den Treppenlauf eingeplante Fenster und Türöffnungen).
>
> Häufiger Fehler in Einfamilienhäusern: Die Öffnungsbreite der Kellerdecke reicht nicht aus, um bei gegebener nutzbarer Treppenlaufbreite mit dem Geländerhandlauf der Kellertreppe den notwendigen Abstand von ≥ 4 cm (**10.14**) vom Deckenrand (Deckenspiegel) einhalten zu können. Daher ist der Detailplan der Treppe vor Beginn der Rohbauarbeiten sorgfältig auszuarbeiten.

10.4 Planungsgrundlagen für den Treppenbau

10.4.1 Normen, Gesetze, Verordnungen

Normen erhalten Geltungskraft erst durch Einführungserlasse der Bundesländer oder durch freie Vereinbarung der Bauvertragspartner. Ausführungshinweise für Treppen liefern DIN 18065 – Gebäudetreppen, Hauptmaße und DIN 4174 – Geschoßhöhen und Treppensteigungen.

Die Landesbauordnungen (LBO) der Bundesländer und die dazu erlassenen Rechtsverordnungen (Durchführungsverordnungen) zum Treppenbau weichen z. T. noch von den Normen, z. T. auch untereinander ab.

> Im Zweifelsfall gelten stets die Festsetzungen des jeweiligen Bundeslands (LBO).

Für Tragbolzentreppen (s. Bild **10**.40) gilt ein Zulassungsbescheid. Zweckgebundene Verordnungen gibt es noch für den Bau von Versammlungsstätten, Waren- und Geschäftshäusern, Schulen und Krankenhäusern. Grundsätzlich müssen die ausführenden Firmen auch die Verdingungsordnung für Bauleistungen (VOB) Teil C beachten.

Verkehrssicherheit. Hausunfälle ereignen sich überwiegend auf Treppen, meist beim Herabsteigen (verrutschte Beläge, zu glatte Trittflächen), häufig schon an der Austrittstufe. Gewendelte Treppen sind gefährlicher als gerade. Die konstruktiven Vorschriften beziehen sich daher besonders auf die Sicherheit beim Benutzen der Treppe. Gefahren drohen aber auch von falscher oder ungenügender Treppenbeleuchtung, wenig unterschiedenen Farbtönen (z. B. für Podestbelag und

10.4 Planungsgrundlagen für den Treppenbau

Tabelle 10.13 Maßanforderungen an notwendige Treppen nach DIN 18065 (in den LBO z. T. Abweichungen)

Gebäudeart	Art und Zweck der Treppe	Nutzbare Laufbreite[1]) in cm	Treppen-steigung s in cm	Treppenauftritt a an der Lauf-linie in cm	an Wendel-stufen in cm
Wohn-gebäude mit ≤ 2 Wohnungen	Treppen, die zu Aufenthalts-räumen führen	≥ 80	17 + 3	28^{+9}_{-5}	≥ 10 cm in 15 cm Abstand von Innenkante der nutzbaren Laufbreite (Ausnahme: Spindeltreppe)
	Keller und Boden-treppen, die nicht zu Aufenthalts-räumen führen		≤ 21	≥ 21	
andere Gebäude	alle notwendigen Treppen	≥ 100	17^{+2}_{-3}	28^{+9}_{-2}	10 cm an der Innenkante der nutz-baren Laufbreite

[1]) Für wenig genutzte Treppen sind geringere Breiten möglich, für nicht notwendige Treppen bis ≥ 50 cm. Für Hochhäuser gilt ≥ 125 cm.

Austrittstufe), irritierenden Spiegelungen und Lichtreflexen. Normen und Vorschriften stellt die Tabelle 10.13 zusammen.

Unterschneidung: Treppen ohne Setzstufe oder mit ≤ 26 cm Auftrittsbreite sind um ≥ 3 cm zu unter-schneiden.

Lichte Treppendurchgangshöhe an jeder Stufe ≥ 2 m. Für Gebäude mit ≤ 2 Wohnungen und die Dachraumtreppen anderer Gebäude ohne Dach-wohnungen darf die Durchgangshöhe nach dem Lichtraumprofil in Bild 10.14 eingeschränkt wer-den.

Geländer- und Umwehrungshöhe ≥ 90 cm, ab 12 m Absturzhöhe ≥ 1,10 m. (Für Wendeltreppen meist > 90 cm an der Innenseite.)

Handlaufhöhe ≥ 75 cm ≤ 1,10 m ab Stufenvorder-kante

Lichter Handlaufabstand ≥ 4 cm von Wandflächen, Deckenrändern o. Ä.

Abstand zwischen senkrechten Sprossen an Ge-länder und Umwehrungen ≤ 12 cm (bei waage-rechten Umwehrungselementen meist ≤ 2 cm).

Lichter Abstand zwischen den Stufen ≤ 12 cm (nur bei Treppen ohne Setzstufe)

Lichter Randabstand (nur falls gestalterisch ge-wollt) der Treppenläufe und Podeste von der be-grenzenden Wand oder Umwehrung bzw. Gelän-der: ≤ 6 cm (nach LBO z. T. auch ≤ 4 cm).

Stufenzahl je Treppenlauf ≤ 18; Treppen mit mehr Steigungen erhalten ein Zwischenpodest.

Podestmaße. Die nutzbare Podesttiefe t_p ent-spricht mindestens der nutzbaren Treppenlaufbrei-te t_b. Bei gleichläufigen Treppen empfiehlt sich mit Rücksicht auf den Gehrhythmus ein Maß von etwa 90 cm. Für Eck- und Halbpodeste sind wegen der erschwerten Möbel und Krankentransporte Po-desttiefen bis 1,20 m angebracht.

Gehbereich und Lauflinie bei gewendelten Trep-pen. Innerhalb des Gehbereichs darf die Lauflinie frei festgelegt werden. Die Breite des Gehbereichs und ihr Abstand von der Seite der schmalen Stu-fenenden hängen, wie Bild 10.15a zeigt, von der nutzbaren Treppenlaufbreite ab. Für den Krüm-mungsradius der Lauflinie ist das Maß R = 30 cm einzuhalten (10.15b). Für Spindeltreppen gelten abweichende Regelungen.

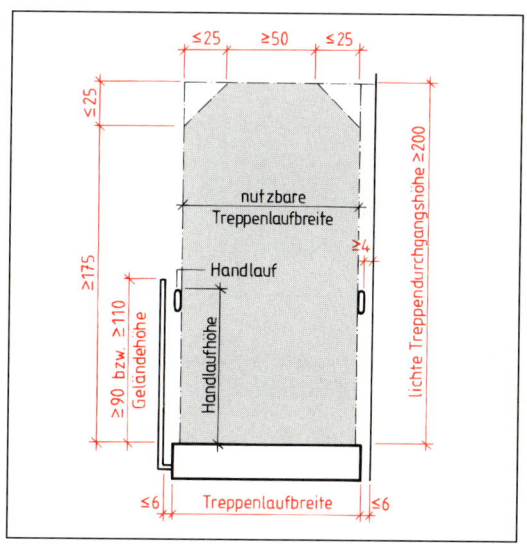

10.14 Zulässige Eingrenzung des Treppenlichtprofils oberhalb 1,75 m, Maße und Benennungen

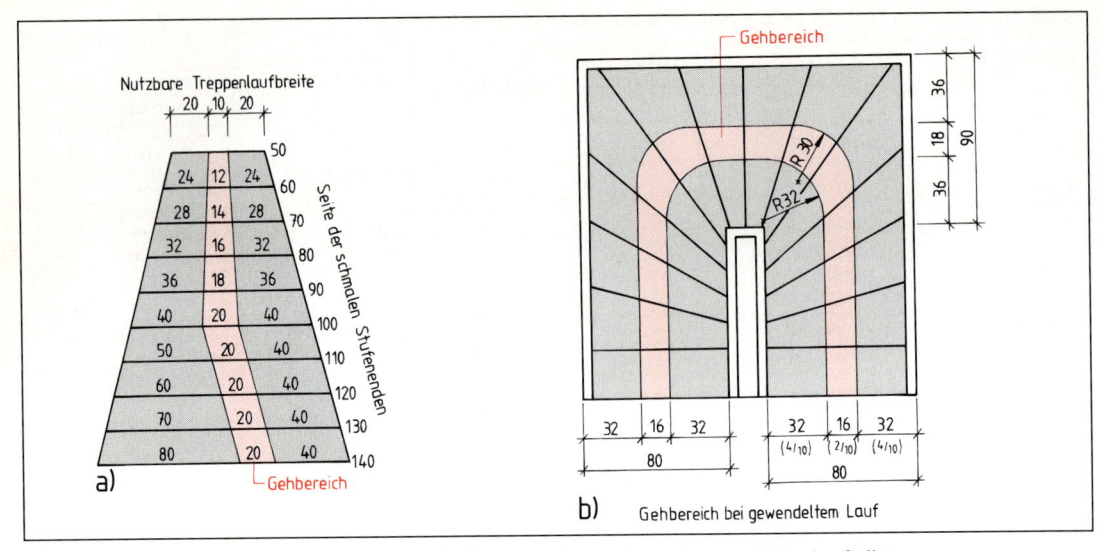

10.15 Gehbereich für gewendelte Treppen sowie Treppen mit geraden und gewendelten Laufteilen
  a) Diagramm zur Lage des Gehbereichs in Abhängigkeit von der nutzbaren Treppenlaufbreite
  b) Beispiel zur Bestimmung des Gehbereichs für eine halbgewendelte Treppe mit 80 cm nutzbarer Laufbreite

Brandschutz. Je nach Zweck und Größe eines Gebäudes gelten unterschiedliche Vorschriften, um die Treppe als lebensrettenden Fluchtweg im Brandfall zu sichern. Bei den Baustoffen unterscheiden wir nach DIN 4102 die Brennbarkeitsklassen A und B, bei den Bauteilen die Feuerwiderstandsklassen F 30 bis F 180 (**10.16**).

> Wegen der lebensrettenden Funktion der Treppen im Brandfall sind Maße, Brennbarkeitsklassen und Feuerwiderstandsklassen vorgeschrieben.

Tabelle **10.16** Baustoff-Brennbarkeitsklassen und Bauteil-Feuerwiderstandsklassen

Baustoffe		Bauteile – Feuerwiderstandsklassen	
A	nicht brennbar	F 30	30 min
A_1	ohne organische Bestandteile	F 60	60 min
A_2	mit organischen Bestandteilen	F 90	90 min
B	brennbar	F 120	120 min
B_1	schwer entflammbar	F 180	180 min
B_2	normal entflammbar		
B_3	leicht entflammbar		

Innerhalb der Feuerwiderstandsdauer müssen Tragfähigkeit und Standfestigkeit der Treppe voll erhalten bleiben.

Weitere Vorschriften regeln den Höchstabstand der Treppe von den erreichbaren Räumen (meist ≤ 35 m), die Abgeschlossenheit von Treppenhäusern und ihre Lage im Grundriss, Treppenraumbelichtung, Maßnahmen gegen das Verqualmen von Treppenräumen und Fluren sowie die Ausbildung der Treppenunterseite (offen oder geschlossen).

10.4.2 Treppenbauregeln und -berechnungen

Die freie Bemessung von Treppen bietet die besten Planungsvoraussetzungen, weil ausreichend Platz für Lauflänge, -breite und lichte Durchgangshöhe sowie genügend Verkehrsfläche vor der Antritts- und hinter der Austrittsstufe zur Verfügung stehen.

Die gebundene Bemessung hat einschränkende Zwangsmaße zu berücksichtigen (z. B. unverrückbare Treppenan- oder -austritte, festliegende Treppenbreite, vorhandene und oft knappe Treppenöffnung in der Decke, vorhandene oder unverrückbare Türen und Fenster). Häufig ergibt sich die optimale Lösung erst nach mehreren Versuchen.

Das Steigungsverhältnis der Stufen bestimmt vor allem Sicherheit und Bequemlichkeit beim Auf- und Absteigen. Es beruht auf der mittleren Schrittmaßlänge des Menschen. Sie beträgt in der Ebene 70 bis 75 cm, nimmt aber an geneigten Flächen mit zunehmender Steigung ab (**10.17** und **10.19**).

Die Schrittmaßlänge für Treppen bestimmt DIN 18065 mit 59 bis 65 cm. Für den Treppenbau gilt der Erfahrungswert von 63 cm.

10.4 Planungsgrundlagen für den Treppenbau

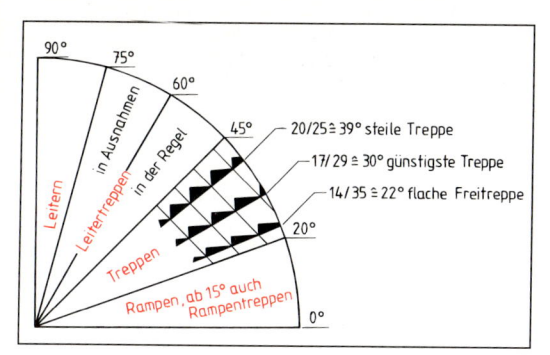

10.17 Unterscheidung von Treppen, Rampen und Leitern nach dem Steigungswinkel

Schrittmaßregeln. Die Summe aus zwei Steigungen und einem Auftritt entspricht der Schrittmaßlänge (10.18).

2 s + a = 59 bis 65 cm

Für Geschosstreppen hat sich das Steigungsverhältnis s/a = 17/29 mit dem Steigungswinkel von annähernd 30° als besonders günstig erwiesen. Es erfüllt die Schrittmaß-, die Bequemlichkeits- und die Sicherheitsregel (10.20).

Berechnet wird das Steigungsverhältnis nach den Formeln in Tabelle 10.20 und den Vorgaben in 10.19.

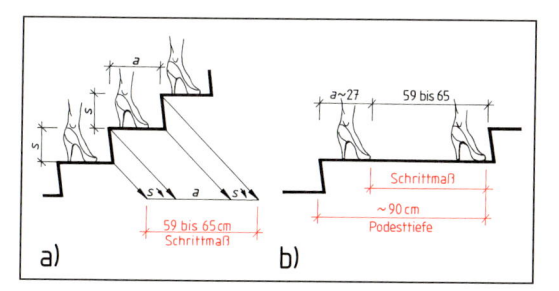

10.18 a) Schrittmaßregel
b) Auftritt + Schrittmaß = günstige Podesttiefe

Tabelle **10.19** Empfohlene Steigungsverhältnisse

Für	Steigung s in cm	Auftritt a in cm
Schulen	14 bis 16	45 – s
Theater, Kino	15 bis 17	47 – s
Verwaltungsgebäude	16 bis 17	46 – s
Wohnhäuser	16 bis 18	46 – s
Gewerbliche Bauten	17 bis 18	46 – s
Freitreppen	14 bis 16	47 – s
Bodentreppen	18 bis 20	45 – s
Kellertreppen	18 bis 19	45 – s

Tabelle **10.20** Berechnungsformeln für das Steigungsverhältnis

Regel	Formel	Beispiel mit s/a = 17/29
Schrittmaßregel 2 Steigungen + 1 Auftritt = 63 cm	$2s + a$ = 63 cm	$2 \cdot 17$ cm + 29 cm = 63 cm
Bequemlichkeitsregel Auftritt – Steigung = 12 cm	$a - s$ = 12 cm	29 cm – 17 cm = 12 cm
Sicherheitsregel Auftritt + Steigung = 46 cm	$a + s$ = 46 cm	29 cm + 17 cm = 46 cm

Beispiel einer freien Bemessung

Gerade, einläufige Kellertreppe; Geschosshöhe 2,55 m, Gesamtdicke der Kellerdecke 25 cm.
Gesucht: Zahl der Steigungen, Steigungsverhältnis, Lauflänge, Länge der Treppenöffnung (**10**.21).

Lösung a) Zahl der Steigungen

$$= \frac{\text{Geschosshöhe}}{\text{geschätzte Steigung}} = \frac{255 \text{ cm}}{18 \text{ cm}} = 14{,}17$$

gewählt: **14 Steigungen**

b) Treppensteigung

$$= \frac{\text{Geschosshöhe}}{\text{Steigungszahl}} = \frac{255 \text{ cm}}{14} = \textbf{18{,}2 cm}$$

c) Auftrittsbreite

a = 63 cm – 2s
 = 63 cm – 2 · 18,2 cm = 26,6 cm
gewählt **a = 27 cm**

Die berechnete Auftrittsbreite darf auf ganze Zahlen (in cm) auf- oder abgerundet werden. Die berechnete Steigungshöhe ist dagegen stets einzuhalten.

Die Treppe erhält also 14 Steigungen mit s/a = 18,2/27.

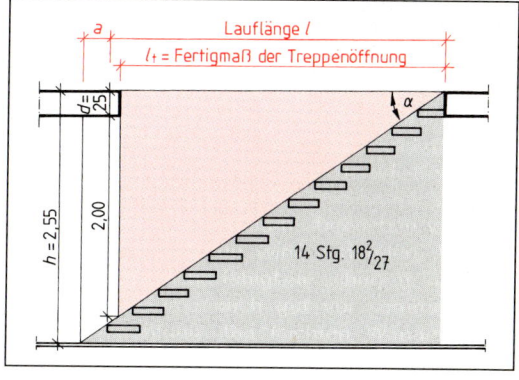

10.21 Ermitteln der Mindestlänge von Treppenöffnungen mit Hilfe ähnlicher Dreiecke

Kontrolle Bequemlichkeitsregel:
27 cm – 18,2 cm = 8,8 cm < 12
(nicht erfüllt)
Sicherheitsregel:
27 cm + 18,2 cm = 45,2 cm < 46
(etwa erfüllt)
Die Treppe ist mithin weitgehend sicher, jedoch nicht sonderlich bequem. Dies ist aber wegen der geringen Nutzung vertretbar.

d) Lauflänge
= Auftrittsbreite · (Steigungszahl – 1)
Lauflänge = 27 cm · (14 – 1) = 351 cm
= **3,51 m**

> Die Summe der Auftritte entspricht der Steigungszahl $n - 1$.

e) Länge der Treppenöffnung. Da hier nach dem Bild **10**.21 ähnliche Dreiecke vorliegen und somit vergleichbare Streckenverhältnisse gleich sind, gilt

$$\frac{\text{Lauflänge} + 1 \text{ Auftritt}}{\text{Geschosshöhe}} = \frac{\text{Treppenlochlänge}}{\text{Deckendicke} + 2\text{ m Durchgangshöhe}}$$

oder mit den Längenbezeichnungen des Bildes

$$\frac{l + a}{h} = \frac{l_t}{d + 2{,}0 \text{ m}}$$

Durch Formelumstellung folgt daraus

$$l_t = \frac{(l + a) \cdot (d + 2\text{ m})}{h}$$

$$= \frac{(351 \text{ cm} + 27 \text{ cm}) \cdot (25 \text{ cm} + 200 \text{ cm})}{255 \text{ cm}}$$

$$= 334{,}7 \text{ cm} = \mathbf{3{,}347 \text{ m}}$$

Lösungsalternative zu e) mit Hilfe der Winkelfunktionen

$$\tan \alpha = \frac{s}{a} = \frac{18{,}2 \text{ cm}}{27 \text{ cm}} = 0{,}674$$

$$\tan \alpha = \frac{2{,}0 \text{ m} + d}{l_t}$$

$$l_t = \frac{2{,}0 \text{ m} + d}{\tan \alpha}$$

$$= \frac{2{,}0 \text{ m} + 0{,}25 \text{ m}}{0{,}6741} = \mathbf{334 \text{ cm} = 3{,}34 \text{ m}}$$

Die berechnete Länge von 334 cm ist das Fertigmaß. Dazu sind in Ausführungsplänen (Schal- und Bewehrungsplan oder Plan für die Balkenlage) noch je nach Konstruktion die geplanten Ausbaumaße zu addieren (Unterschneidung, Dicke der Setzstufe, Putz, Bekleidung).

Beispiel einer gebundenen Bemessung. Für eine Kellertreppe ist nach Abzug der Ausbaumaße die Treppenöffnungslänge 3,10 m bereits vorhanden. Geschosshöhe 2,50 m, Deckendicke insgesamt 25 cm. Gesucht Steigungszahl und -verhältnis.

Lösung 1. *Versuch* Steigungszahl

$$= \frac{\text{Geschosshöhe}}{\text{Steigung}} = \frac{250 \text{ cm}}{19 \text{ cm}} = 13{,}15$$

gewählt **13 Steigungen**

Treppensteigung

$$= \frac{\text{Geschosshöhe}}{\text{Steigungszahl}} = \frac{250 \text{ cm}}{13 \text{ cm}} = \mathbf{19{,}2 \text{ cm}}$$

Zulässige Lauflänge nach der uns schon bekannten Beziehung

$$\frac{l_{zul} + a}{h} = \frac{l_t}{200 \text{ cm} + d}$$

Daraus folgt

$$l_{zul} = \frac{l_t \cdot h}{200 \text{ cm} + d} - a$$

$$= \frac{310 \text{ cm} \cdot 250 \text{ cm}}{200 \text{ cm} + 25 \text{ cm}} - 26 \text{ cm} = 318 \text{ cm}$$

Maximal zulässiger Auftritt

$$a = \frac{\text{Lauflänge } l}{\text{Steigungszahl } n - 1} = \frac{318 \text{ cm}}{13 - 1} = \mathbf{26{,}5 \text{ cm}}$$

Also Treppe mit 13 Steigungen und s/a = 19,2/26,5

Kontrolle Schrittmaßregel:
$2 s + a$
= 2 · 19,2 cm + 26,5 cm = 64,9 cm < 65
Bequemlichkeitsregel:
$a - s$ = 26,5 cm – 19,2 cm = 7,3 cm < 12
Sicherheitsregel:
$a + s$ = 26,5 cm + 19,2 cm = 45,7 cm ~ 46
Mithin ist die Lösung annehmbar, denn die Treppe hat ein normgerechtes Schrittmaß, ist ausreichend sicher, nur nicht sehr bequem. Das aber ist bei Kellertreppen zu vertreten.

Lösung 2. *Versuch.* Wir verringern die Treppensteigung durch eine zus. Stufe: gewählt 14 Steigungen.
Treppensteigung

$$= \frac{\text{Geschosshöhe}}{\text{Steigungszahl}} = \frac{250 \text{ cm}}{14} = \mathbf{17{,}9 \text{ cm}}$$

zulässiger Auftritt

$$= \frac{\text{Lauflänge } l}{\text{Steigungszahl } n - 1} = \frac{318 \text{ cm}}{14 - 1} = \mathbf{24{,}5 \text{ cm}}$$

Also Treppe mit 14 Steigungen und s/a = 17,9/ 24,5

Kontrolle Schrittmaßregel:
$2 s + a$
= 2 · 17,9 cm + 24,5 cm
= 60,3 cm > 59 (erfüllt)
Bequemlichkeitsregel:
$a - s$ = 24,5 cm – 17,9 cm
= 6,6 cm < 12 (nicht erfüllt)
Sicherheitsregel:
$a + s$ = 24,5 cm + 17,9 cm
= 42,4 cm < 46 (nicht erfüllt)
Auch hier erhalten wir eine normgerechte Treppe, die jedoch gegenüber dem 1. Versuch noch unbequemer, vor allem deutlich unsicherer ist. Daher ist die erste Lösung vorzuziehen.

10.4 Planungsgrundlagen für den Treppenbau

An- und Austrittstufe. Unterschiedliche Belagdicken an Stufen und Podesten müssen in der An- und Austrittstufe ausgeglichen werden, um unzulässige Steigungsdifferenzen von vornherein auszuschließen. Besonders bei den Schalungs- und Bewehrungsplänen für Massivdecken ist hier erhöhte Sorgfalt geboten, wie unser Beispiel zeigt.

Beispiel Steigungshöhe einer Massivtreppe 18,3 cm. Die Belagdicken für Stufen und Podeste zeigt Bild **10.**22. Zu ermitteln sind die Schalungsmaße der Treppensteigungshöhe für die An- und Austrittstufe.

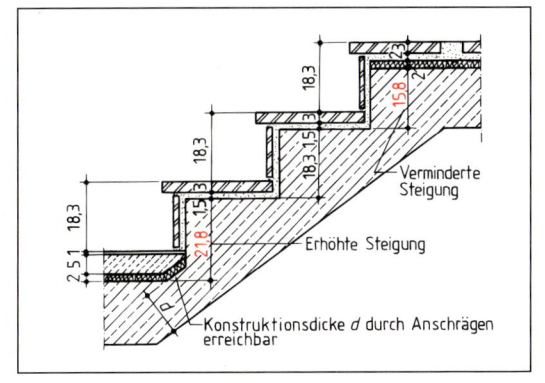

10.22 Unterschiedliche Belagdicken verändern die Rohbauhöhe der An- und Austrittstufe. Die Laufplattendicke ist auch am Antritt einzuhalten

Lösung Steigung der Antrittstufe im Rohbau
s = 18,3 cm − 3 cm − 1,5 cm
   + 1 cm + 5 cm + 2 cm = **21,8 cm**

Steigung der Austrittstufe im Rohbau
s = 18,3 cm + 1,5 cm + 3 cm
   − 5 cm − 2 cm = **15,8 cm**

> Unterbleibt die genaue Untersuchung der Rohmaßdifferenzen zwischen An- und Austrittstufe und den dazwischenliegenden Steigungen, sind nachträgliche Korrekturen kaum noch oder nur mit sehr viel Aufwand möglich.

Toleranzen. Die zulässigen Stufendifferenzen sind genormt. Die Fertigmaße von Steigung und Auftritt benachbarter Stufen dürfen ≤ 0,5 cm voneinander abweichen, jedoch darf keine Stufe mehr als 0,5 cm von ihrer Nennlage (Solllage) entfernt sein.

Aufrissplan. Zweckmäßig legt man zuerst das fertige Treppenprofil unter Anwendung des Strahlensatzes fest und entwickelt daraus alle weiteren Maße und Konstruktionslinien (**10.**23).

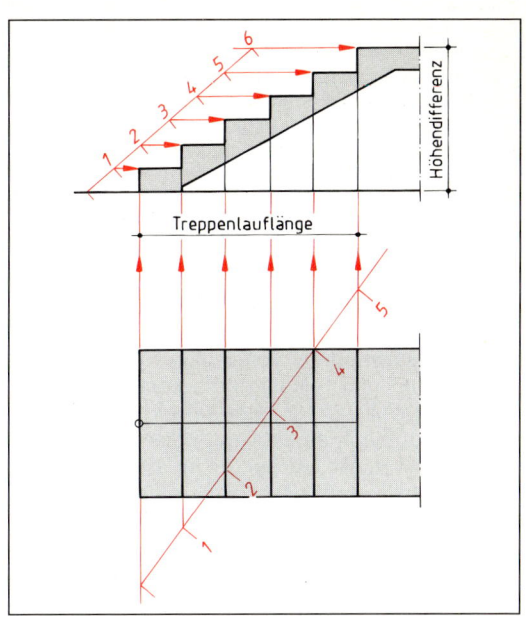

10.23 Aufriss einer Treppe mit Hilfe des Strahlensatzes

Dazu zeichnen wir im Aufriss 2 Parallelen im Abstand der Fußbodenhöhen. Sind, wie im Bild **10.**23, 6 Steigungen vorgesehen, können wir mit schräg angelegtem Maßstab leicht eine Länge finden, die sich durch 6 teilen lässt (z. B. 6 cm). Durch die Teilungspunkte 1 bis 6 zeichnen wir Parallelen zur Grundlinie und erhalten so die Höhenabstände (Steigungshöhen) der fertigen Stufen.

Im Grundriss zeichnen wir zunächst die Vorderkanten der An- und Austrittstufen (Treppenlauf länger). Mit schräg angelegtem Maßstab suchen wird dazwischen wieder eine Länge, die leicht durch die Zahl der Auftritte dividierbar ist (in unserem Beispiel 5 cm für 5 Auftritte). Mit den Parallelen durch die Teilungspunkte 1 bis 5 finden wird die Auftrittsbreiten, mit ihrer Projektion in den Aufriss die Stufenprofile.

10.4.3 Treppen mit gewendelten Läufen und Wendeltreppen

Die gewendelte Treppe ergibt sich durch Krümmung der Gehlinie. Auf der Innenseite entstehen dadurch verkürzte, auf der Außenseite vergrößerte Auftrittsbreiten, während die Auftrittsmaße an der Lauflinie unverändert bleiben.

Durch Verziehen ermitteln wir die verkürzten Auftrittsmaße an der Treppeninnenseite, schaffen damit den Ausgleich zu den vergrößerten Auftrittsmaßen an der Außenseite. Das Verziehen beeinflusst jedoch stark Sicherheit und Bequemlichkeit beim Begehen der Treppe. Auch die Harmonie in der Gestaltung und Zuordnung der Wendelstufen untereinander sowie ihrem Übergang zu den geraden Stufen wird beeinflusst. Daher sind diese Grundregeln zu beachten:

- Allmählichen Übergang von der schmalsten Stufe bis zur normalen Auftrittsbreite anstreben.
- 10 cm Mindestauftrittsbreite am schmalsten Stufenende anstreben (Vorschriften s. Tab. **10**.13).
- Trittstufenvorderkante im Eckbereich nicht in die Raumecke führen, sondern möglichst deutlich davor (Stufen wirken sonst eng und schmal; erschwerte Eckverbindungen an Holztreppen).
- Bei halbgewendelten Treppen mindestens 13, besser 15 Wendelstufen anordnen; bei viertelgewendelten Treppen mindestens 6, besser 7.
- Normvorschriften über Gehbereich, Auflinie und Krümmungsradius beachten (s. Bild **10**.15).

Verziehungsverfahren verschiedener Art bieten rechnerische und zeichnerische Lösungen. Nicht jede Methode liefert für jeden Fall ein gutes Ergebnis. Der geübte Treppenplaner erkennt und korrigiert Unstimmigkeiten schon im Grundriss. Die beste Kontrolle erhält man durch die Wangenabwicklung (Abmantelung) der Innen- und Außenwange, denn:

> Die Vorderkanten gut gewendelter Stufen bilden in der Abwicklung der Innen- und Außenwange jeweils gleichmäßig gekrümmte Kurven.

Viertelgewendelte Treppe. Je nach der verfügbaren Grundrissfläche gibt es zwei Möglichkeiten: viertelgewendelte Treppe
- mit beidseitig vorgezogenen Stufen. schmalste Stufe im Eckbereich, davor Platz für möglichst noch 3 Stufen (**10**.24 a);
- mit einseitig verzogenen Stufen und mit der schmalsten Stufe im An- oder Austritt (**10**.24 b).

Geplant und berechnet werden gewendelte Treppen wie geradläufige. Die Auftritte werden, beginnend an der schmalsten Stufe, in die Lauflinie eingetragen.

Das Evolutenverfahren (Fluchtlinienmethode, Evolute = mathematische Kurve) lässt sich für halb- und viertelgewendelte Treppen anwenden. Wir beschreiben es für eine viertelgewendelte Treppe mit beidseitig verzogenen Stufen (**10**.25 a).

Zunächst tragen wir die kleinste Auftrittsbreite von ≤ 10 cm an der Schmalseite der Eckstufe an, zeichnen dann die Eckstufe voll aus und verlängern ihre Stufenvorder- und -hinterkante über die Schmalseite hinaus. Auf der x- und y-Achse, die wir in die Vorderkanten der jeweils ersten und letzten geraden Stufe verlegen (in der Regel die dritte von der Eckstufe aus), erhalten wir einen x- und einen y-Abschnitt. Wir tragen die Abschnitte in der erforderlichen Anzahl (hier je zweimal) an den Achsen auf und bekommen durch Verbindungen der gefundenen Teilungspunkte mit den zugehörigen Punkten der Lauflinie Grundrissform und

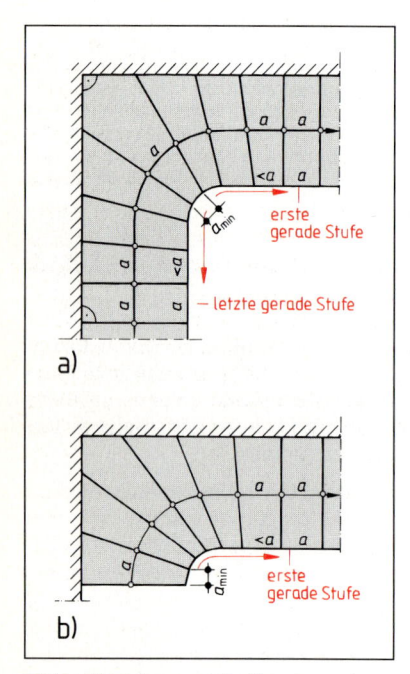

10.24 Viertelgewendelte Treppe
a) mit beidseitig,
b) mit einseitig verzogenen Stufen

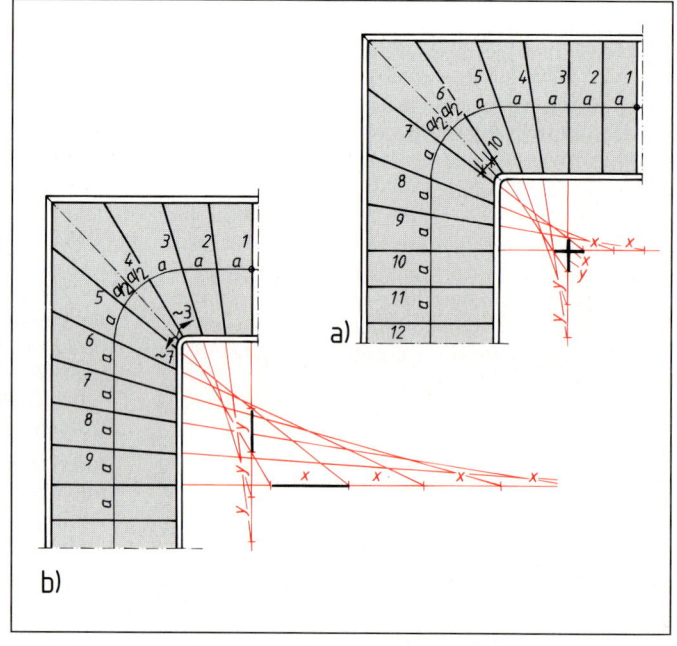

10.25 Treppenwendelung nach dem Evolutenverfahren
a) symmetrische Stufenanordnung mit 7 Wendelstufen
b) asymmetrische Stufenanordnung mit 9 Wendelstufen

10.4 Planungsgrundlagen für den Treppenbau

-lage der Wendelstufen (**10.**25 a). Wenn die Wendelung schon am An- oder Austritt beginnt, bietet sich die sehr harmonische asymmetrische Verteilung von 9 Wendelstufen an, wobei die Eckstufe an der Schmalseite um 3 bis 4 cm zum längeren Treppenlauf hin verschoben ist (**10.**25 b).

Viertelgewendelte Treppen mit einseitig verzogenen Stufen können wir als halbierte bzw. annähernd halbierte halbgewendelte Treppen auffassen und dafür auch die Lösungen nach Bild **10.**27 a) und b) anwenden. Die Eckstufe verteilt sich meist besser nach beiden Seiten, wenn die keilförmige Spickelstufe (**10.**27 a) als Anfangsstufe übernommen wird.

Das rechnerische Verziehen liefert die genauen Auftrittsmaße der Wendelstufen an der Innenwange.

Beispiel Viertelgewendelte Treppe mit beidseitig vorgezogenen Stufen und mittig angeordneter Eckstufe. Treppenauftritt 28 cm, nutzbare Treppenlaufbreite 90 cm, Anzahl der zu verziehenden Stufen 7, Radius des Treppenauges 15 cm.

Lösung Die auszugleichende Differenz zwischen der Lauflinienlänge und der Innenwangenlänge entspricht der Differenz der Viertelkreise von Lauflinie und Innenwange (**10.**26).

$$\Delta l = \frac{\pi \cdot 2 \cdot r_g}{4} - \frac{\pi \cdot 2 \cdot r_i}{4} = \frac{\pi}{2}(r_g - r_i)$$

$$\Delta l = \frac{\pi}{2}\left(\frac{90 \text{ cm}}{2} + 15 \text{ cm} - 15 \text{ cm}\right)$$

$$\Delta l = 70{,}65 \text{ cm}$$

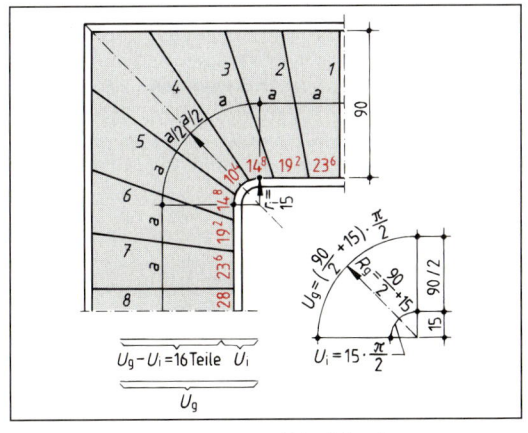

10.26 Rechnerisch verzogene Wendelstufen

Viertelgewendelte Treppen mit einseitig verzogenen Stufen, besonders mit gerader Antrittsstufen-Vorderkante, lassen sich nach dem gleichen Verfahren berechnen. Zu beachten ist jedoch, dass sich z. B. für 7 Wendelstufen insgesamt 28 Verjüngungen ergeben: 7 Teile für die 1. (schmalste) Stufe, 6 für die 2. Stufe usw., schließlich 1 Teil für die 7. Stufe. Entsprechend sind die Abzüge für die Schmalseiten der Wendelstufen vorzunehmen.

Halbgewendelte Treppen sollten in der Regel eine ungerade Anzahl von Wendelstufen haben (13 oder 15). In Treppenmitte fällt dann eine „Spickelstufe" an, die meist eine befriedigende Verteilung der Eckstufen ermöglicht. Bei sehr schmalem Treppenauge muss man in der Regel auf eine Spickelstufe verzichten. Die Berechnung der viertelgewendelten Treppen ist sinngemäß auch für halbgewendelte anwendbar, doch werden zeichnerische Lösungen bevorzugt.

Die Evoluten- oder Fluchtlinienmethode führt auch hier rasch und einfach zum Ziel.

Wir beginnen mit der Lauflinie, auf der wir zunächst die berechneten Stufenauftrittsbreiten in der erforderlichen Anzahl auftragen. In der Regel ist es vorteilhaft, eine keilförmige Stufe (Spickelstufe) mittig zur Mittelachse des Treppenauges anzuordnen, weil dann meist zu beiden Seiten eine günstige Verteilung der gewendelten Stufen möglich ist. Wir zeichnen die Spickelstufe unter Berücksichtigung des Mindestauftritts (≥ 10 cm) am Treppenauge und die Fluchtlinien ihrer Vorder- und Hinterkante. Auf der Fluchtlinie der Vorderkante der ersten geraden Stufe ergibt sich damit der Streckenabschnitt x, den wir nach Anzahl der geplanten Wendelstufen je Seite mehrfach abtragen. Mit den Verbindungslinien zwischen den Teilungspunkten der Flucht- und Lauflinie erhalten wir die Wendelstufen einer Treppenhälfte, die wir spiegelbildlich auf die gegenüberliegende Seite übertragen (**10.**27 a). Mit der Spickelstufe ist hier zugleich eine Lösung für viertelgewendelte Treppen mit einseitig verzogenen Stufen gegeben. Gleiches gilt für die Variante ohne Spickelstufe, die bei knapper Grundfläche und schmalem Treppenauge oft vorteilhafter ist (**10.**27 b).

Stufe	Verjüngungen		Verjüngungsmaß in cm	Auftrittsmaße an der Schmalseite in cm
	einzeln	zusammen		
4	4 Teile	4 Teile	$\frac{\Delta l}{16} = \frac{70{,}65 \text{ cm}}{16}$	28 cm − 4 · 4,4 cm = **10,4 cm**
3 u. 5	3 Teile	6 Teile		28 cm − 3 · 4,4 cm = **14,8 cm**
2 u. 6	2 Teile	4 Teile	$\frac{\Delta l}{16} = 4{,}4$ cm	28 cm − 2 · 4,4 cm = **19,2 cm**
1 u. 7	1 Teil	2 Teile		28 cm − 1 · 4,4 cm = **23,6 cm**
		16 Teile		

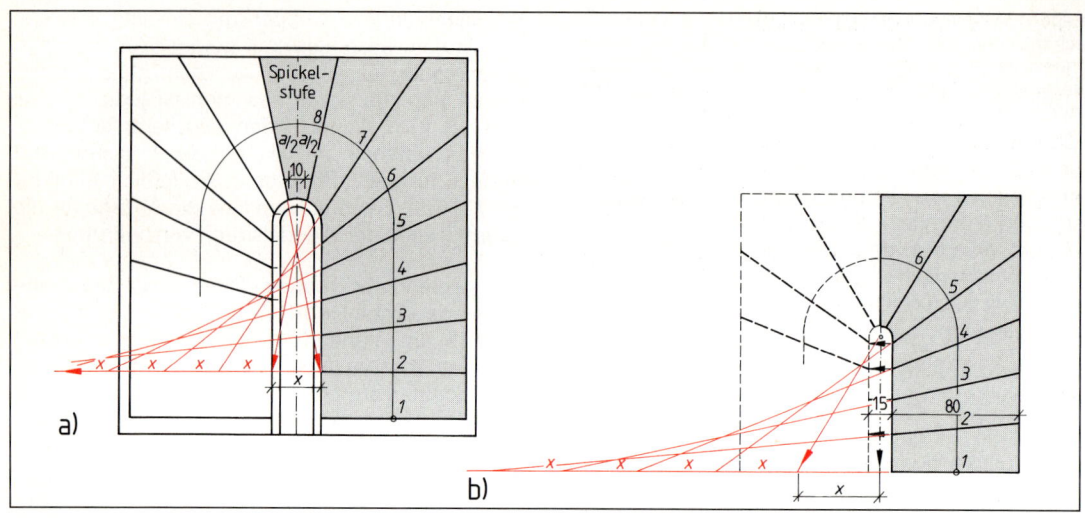

10.27 Evolutenverfahren bei halbgewendelten Treppen
a) bei Treppe mit Spickelstufe, b) Variante ohne Spickelstufe bei schmalem Treppenauge

Wendel- und Spindeltreppen bestehen aus gleichen keilförmigen Stufen, so dass für die besonderen Gegebenheiten der Treppe nur eine geeignete Stufe zu planen ist. Den Lösungsweg zeigt uns das folgende Rechenbeispiel.

Beispiel Für eine Wendeltreppe mit Dreiviertelwendung sollen bei einer Geschosshöhe von 2,50 m die Lauflänge, das günstigste Steigungsverhältnis und die Auftrittsbreiten an der Außen- und Innenwange berechnet werden (**10.28**a).

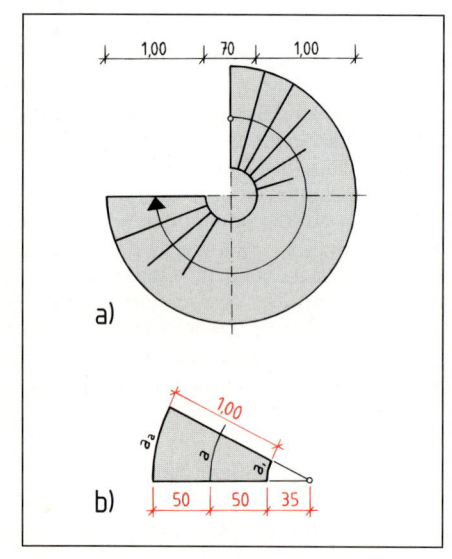

10.28 Wendeltreppe mit Dreiviertelwendung
a) Grundriss
b) Auftrittsbreite an Innen- und Außenwange

Lösung Lauflänge l

$$= \frac{(1{,}00\ m + 0{,}70\ m) \cdot \pi \cdot 270°}{360°} = \mathbf{4{,}01\ m}$$

Stufenzahl $u = \dfrac{250\ cm}{17\ cm} = 14{,}7\ cm$

gewählt 15

Steigung $s = \dfrac{250\ cm}{15} = 16{,}7\ cm$

Auftritt $a = \dfrac{401\ cm}{(15-1)} = 28{,}6\ cm$

Somit Treppe mit **15 Steigungen** und $s/a = \mathbf{16{,}7/28{,}6}$

Die Auftrittsbreiten verhalten sich zueinander wie ihre Abstände zum Treppenmittelpunkt (**10.28**b).

$$\frac{a_a}{a} = \frac{1{,}00\ m + 0{,}35\ m}{0{,}50\ m + 0{,}35\ m}$$

$$a_a = \frac{a \cdot 1{,}35\ m}{0{,}85} = \frac{28{,}6\ cm \cdot 1{,}35\ m}{0{,}85\ m} = \mathbf{45{,}4\ cm}$$

$$\frac{a_i}{a} = \frac{0{,}35\ m}{0{,}50\ m + 0{,}35\ m}$$

$$a_i = \frac{a \cdot 0{,}35\ m}{0{,}50\ m + 0{,}35\ m} = \frac{28{,}6\ cm \cdot 0{,}35\ m}{0{,}85\ m} = \mathbf{11{,}8\ cm}$$

Lösungsalternative Die Auftrittsbreiten erhält man auch, wenn man die Grundrisslängen der Wangen durch die Anzahl der Auftritte teilt.

$$a_a = \frac{l_a}{n-1}$$

$$= \frac{(1{,}00\ m + 0{,}70\ m + 1{,}00\ m) \cdot \pi \cdot 270°}{360° \cdot (15-1)} = 45{,}4\ cm$$

$$a_i = \frac{l_i}{n-1} = \frac{0{,}70\ m \cdot \pi \cdot 270°}{360° \cdot (15-1)} = 11{,}8\ cm$$

10.5 Treppenkonstruktion

Aus einfachen Formen entwickelten sich die Treppen in den verschiedenen Baustilepochen zu repräsentativen und prägenden Elementen der Architektur. Hohe Baukosten zwingen uns heute wieder zu einfachen, zweckgerechten Konstruktionen.

Wir unterscheiden Stahlbeton-, Fertigteil-, Mauer-, Holz-, und Stahltreppen sowie Mischformen (z. B. Stahltreppe mit Holztrittstufen).

10.5.1 Stahlbetontreppe

Stahlbeton ermöglicht verschiedene Treppenformen und -tragwerke, hohe Tragfähigkeit und sicheren Brandschutz. Die Einschalarbeit ist allerdings aufwendig. Das Problem störender Trittschallübertragung in mehrgeschossigen Wohngebäuden muss sehr sorgfältig gelöst werden.

Ortbeton-Treppenläufe konstruiert man meist als schräge Platten mit oder ohne aufbetonierte Rohstufen (Stufenkeile).

Quergespannte Laufplatten erfordern wegen der geringen Spannweiten geringere Plattendicken und Bewehrungsquerschnitte (**10.29**). Beidseitig

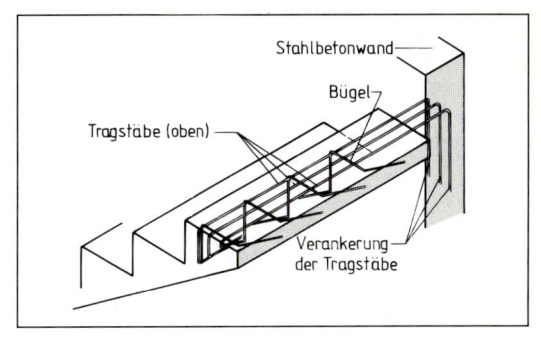

10.30 Einseitig gestützte Stahlbetontreppe (Bewehrung einer Stufe)

Längsgespannte Laufplatten brauchen keine Einbindung in Seitenwände und werden deshalb bevorzugt. Das statisch komplizierte Faltwerk darf auf einfachere Konstruktionsmodelle zurückgeführt werden. Dabei ist die Aufnahme der Laufplatten-Auflagerkräfte das wesentliche Problem. Statisch vereinfachte Modelle zeigt Bild **10.31** a bis c.

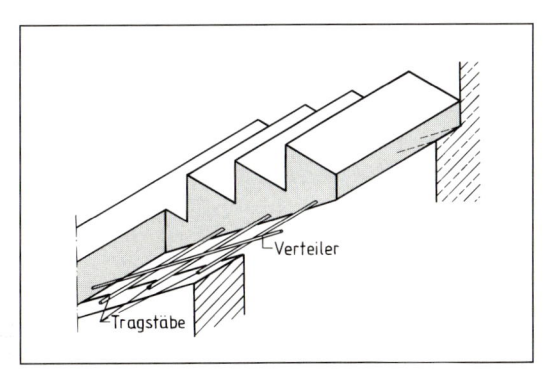

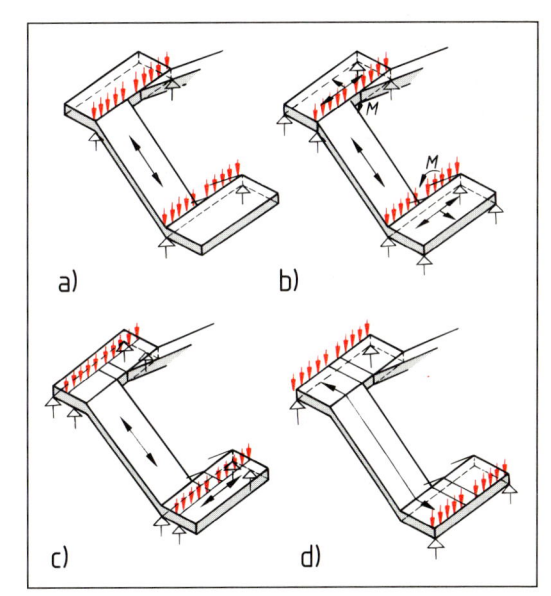

10.29 Quergespannte Stahlbeton-Laufplattentreppe

gestützte Laufplatten sind besonders materialsparend, dafür aber arbeitsaufwendiger wegen der schrägen Wandauflager oder Tragholme. Einseitig gestützte Treppenläufe sind im Allgemeinen in seitliche Stahlbetonwände eingespannt, wobei bewehrte Treppenstufen z.T. auf die Plattendicke anrechenbar sind oder als einzelne Kragbalken wirken (**10.30**). Zweckmäßig stellt man erst die Wand mit der notwendigen Treppenanschlussbewehrung her.

10.31 Berechnungsmodelle für Stahlbeton-Geschosstreppen mit Halbpodesten
 a) Treppenlauf lagert auf quergespannten Podestbalken
 b) Treppenlauf lagert auf dem Rand einer dreiseitig gelagerten Platte
 c) Treppenlauf lagert auf dem vorderen Podestdrittel (bzw. der vorderen Podesthälfte) einer quergespannten Podestplatte
 d) Treppenlauf und Podeste bilden eine zweimal geknickte Einfeldplatte mit Endauflagern an den äußeren Podesträndern

Tragfähige Podestbalken zur Aufnahme der Laufplatten-Auflagerkräfte schaffen klare statische Verhältnisse (Einfeldplatte auf Einfeldbalken gelagert), doch begrenzt der sichtbare, optisch störende Podestbalken die Anwendung dieser Konstruktion. In dickeren Podestplatten können deckengleiche Balken eingebaut werden. Auch mit nachträglichen Verkleidungen sind glatte Unterflächen herstellbar.

Podestplatten werden als Laufplattenauflager bevorzugt. Dreiseitig gelagerte Podestplatten übernehmen die Auflagerkräfte am vorderen Rand (**10.31** b). Zweiseitig gelagerte (quergespannte) Podestplatten übernehmen sie in Podestmitte oder im vorderen Podestdrittel und tragen sie über etwa 1 Meter breite Streifen über die Seitenwände ab (**10.31** c).

Gleichgespannte Podestplatten bilden zusammen mit den Laufplatten zweifach geknickte Einfeldträger. Es entfallen die seitlichen Wandauflager und bei Konstruktionen mit Wandabstand auch die mögliche Schallbrücke über die Seitenwände. Jedoch verlangt die Spannweite vergrößerte Konstruktionsdicken und Stahlquerschnitte (**10.31** d).

Wirksamen Trittschallschutz erreicht man nur durch konsequente Trennung der Wände von allen angrenzenden Treppenteilen (**10.32**): z. B. klauengelagerte Podeste, Trennungen von Podest und Treppenlaufplatte sowie elastisch gelagerte Trittstufenplatten (**10.32** a bis e).

Die Bewehrung der Laufplatten und ihrer Podeste gleicht der Plattenbewehrung. Bei den einachsig gespannten Platten bilden Tragstäbe und Verteiler die untere Bewehrung, aufgebogene Stäbe wirken gegen ungewollte Randeinspannung. Dreiseitig gelagerte Podestplatten erhalten längs- und querverlegte Tragstäbe als untere Bewehrung, ferner Drillbewehrung gegen ungewolltes Abheben der Plattenecken. Die Knickstellen der Platten sind nach dem Prinzip biegesteifer Ecken zu bewehren, um Betonabplatzungen oder Herauslösen von Bewehrungsstäben zu verhindern. Bewehrungsstäbe für einspringende Ecken werden, wie Bild **10.33** zeigt, stets auf der gegenüberliegenden Plattenseite verankert; die Stabformen für ausspringende Ecken verlaufen entlang des äußeren Randes. Die Lagebestimmung der Stäbe und Stabteile erleichtert man dem Handwerker durch die Kennworte „oben" bzw. „unten" im Bewehrungsauszug (**10.34** c).

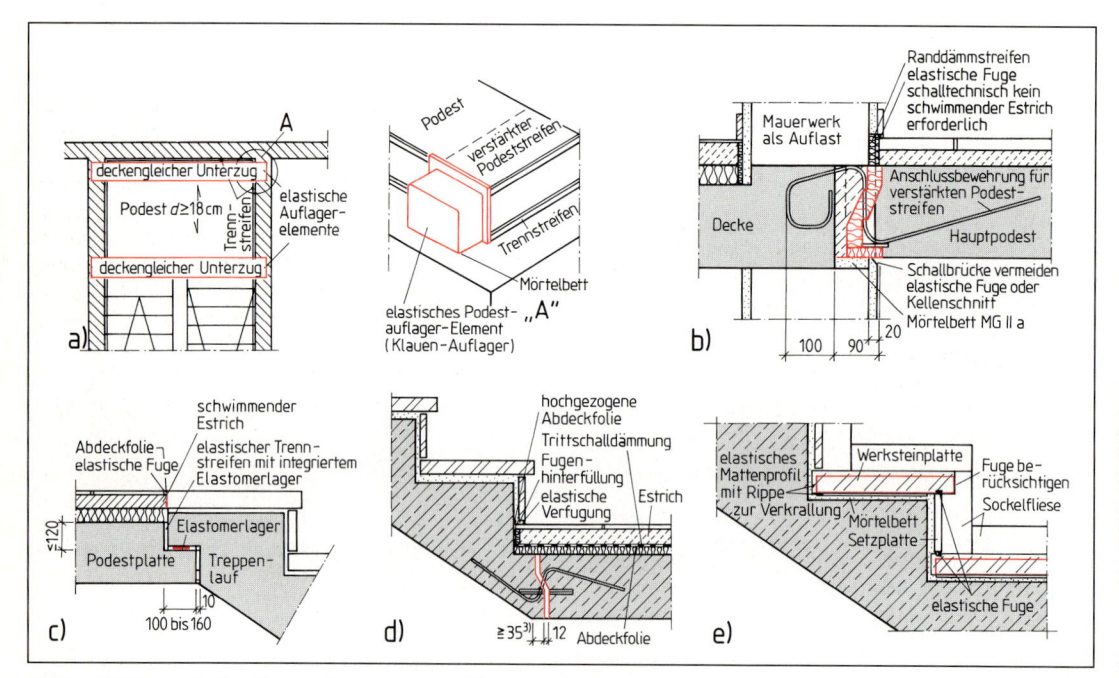

10.32 a) Körperschallgedämmte Lagerelemente für quergespannte Podeste (Klauenlagerung) ergeben wirksamen Trittschallschutz
b) wie a, jedoch Schalltrennung im Bereich der Anschlussbewehrung
c) Trennelement aus Elastomerlager für Fertigteile
d) Schallentkopplung durch Trennelement zwischen Treppenlauf und Podest im Bereich der Anschlussbewehrung
e) Schallentkopplung durch mattengelagerte Werksteinstufen. Auch für Sanierungen geeignet.

10.5 Treppenkonstruktion

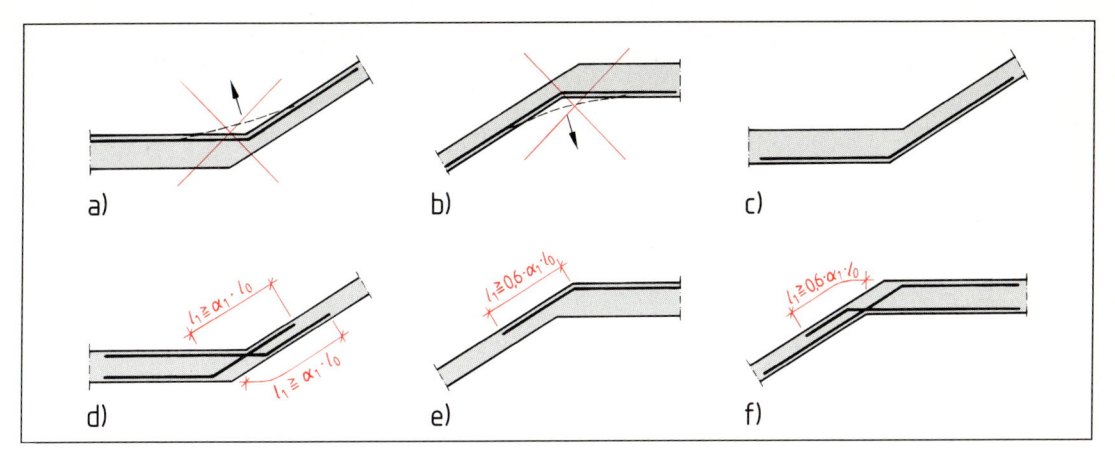

10.33 Ein- und ausspringende Ecken an Treppenlaufanschlüssen
a, b) Gefährdung der Stabverankerung an ein- und ausspringenden Ecken durch falsche Bewehrungsführung
c, d) Bewehrungsführung an ausspringenden Ecken
e, f) Bewehrungsführung an einspringenden Ecken

Arbeitsfugen entstehen nach jedem Betonierabschnitt an mehrgeschossigen Treppen. Die dort notwendige Anschlussbewehrung beeinflusst die Planung der Stabformen und -längen. Deshalb müssen Arbeitsfugen möglichst vor der Bewehrungsplanung festgelegt werden.

> Der Treppenschalplan enthält alle nötigen Schal- und Betonmaße. Er erspart Rückfragen, Arbeitsverzögerungen sowie kostspielige Ausführungsfehler, Nachbesserungen und Änderungen.

Podest- und Laufplattendicke, Geländerführung und Treppenauge. Die Zuordnung von An- und Austritt am Podestrand zweiläufiger gegenläufiger Treppen beeinflusst die Podestplattendicke, die Lage der Abknicklinien zwischen Podest und Laufplatte sowie die Ausbildung des Geländerkrümmlings und Treppenauges, damit auch die nutzbare Podesttiefe. Die Kenntnis dieser Zusammenhänge ist daher Voraussetzung für die Treppenplanung und sinngemäß bei allen vergleichbaren Konstruktionen zu beachten. Nicht nur optische Gründe, sondern auch Arbeitserleichterungen für Planer und Handwerker sprechen für diese beiden Grundregeln:

– Die Unterseiten des auf- und abwärts führenden Treppenlaufs sollten in einer durchlaufenden Knicklinie mit dem Podest zusammentreffen, die zugleich das Treppenauge begrenzt.
– Im Grundriss sollten gegenüberliegende Stufenvorderkanten auf einer gemeinsamen Fluchtlinie und im Schnitt lotrecht übereinander liegen.

Unter Beachtung dieser Regeln kommen wir zu vier Lösungsmöglichkeiten.

– Nach Bild **10**.35a erhält man durch Zurückversetzen der Austrittstufenvorderkante um das Auftrittsmaß eine normale Podestdicke von 14 bis 18 cm. Trotz des etwas größeren Platzbedarfs für die Treppenläufe ist dies eine sehr klare, empfehlenswerte Lösung.

– Nach Bild **10**.35b entsteht durch Übereinanderlegen der Stufenvorderkanten des An- und Austritts eine um 1/2 s vergrößerte Podestdicke. Das nun weiter reichende Treppenauge mindert die nutzbare Podesttiefe. Dünner gewählte Podeste zwingen hier, wie Bild **10**.35d zeigt, immer zu versetzt liegenden Abknickungen an der Unterseite. Der unschöne Zwickel am unteren Podestrand ist dann unvermeidbar. Bei voll ausgenutzter Podesttiefe steigt der Handlauf auch am Podestrand an, wo deshalb das Maß des Treppenauftritts als Treppenaugenbreite vorhanden sein sollte.

– Bild **10**.35c veranschaulicht die Zunahme der Podestdicke um 1 Steigung, wenn die Antrittstufenvorderkante um das Auftrittsmaß zurückliegt. Nur weitgespannte Podestplatten mit größerer Konstruktionsdicke oder Rippen- bzw. Hohlkörperdecken rechtfertigen diese Lösung.

– Bei festgelegter Podestdicke ist es zweckmäßig, den gemeinsamen Abknickpunkt der Laufplattenunterkanten vorrangig zu lösen und daraus die Lage der An- und Austrittstufe zu entwickeln. Symmetrisch liegende Stufenvorderkanten sind dann nicht immer erreichbar.

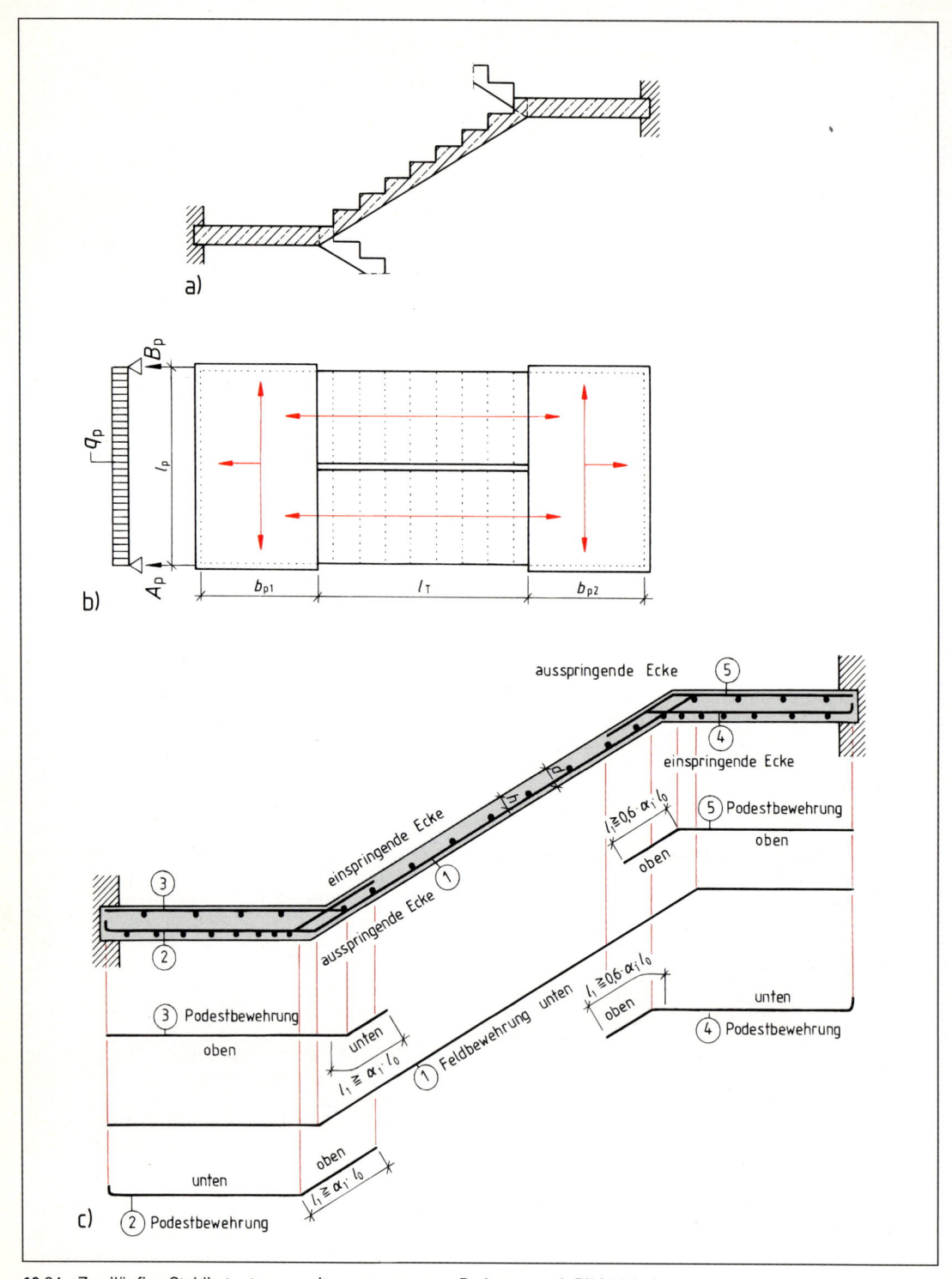

10.34 Zweiläufige Stahlbetontreppe mit quergespannten Podesten nach Bild **10.31** b
a) Schnitt, b) Spannrichtung der Treppenläufe und Podeste (als Untersicht betrachtet), c) Prinzipskizze für Bewehrungsplan und -auszug (querliegende Bewehrung nicht ausgezogen)

10.5 Treppenkonstruktion

$$d_p = \frac{d_t}{\cos \alpha}$$

a)

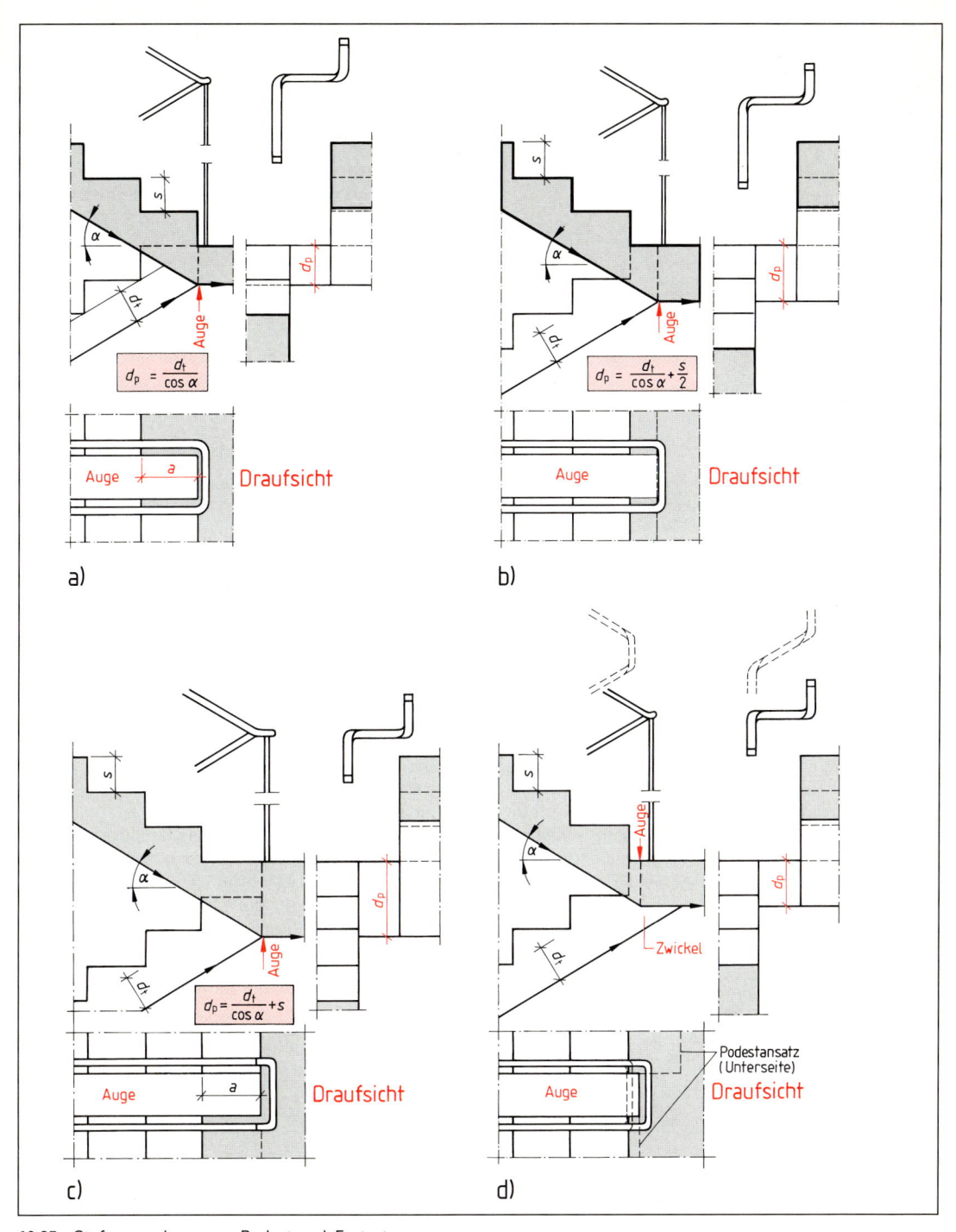

$$d_p = \frac{d_t}{\cos \alpha} + \frac{s}{2}$$

b)

$$d_p = \frac{d_t}{\cos \alpha} + s$$

c)

d)

10.35 Stufenanordnung am Podestrand, Fortsetzung
  a) um das Maß *a* zurückversetzte Austrittstufe
  b) Trittkanten der An- und Austrittstufen liegen übereinander
  c) um das Maß *a* zurückversetzte Antrittstufe
  d) bei festliegender Podestdicke d_p und übereinander liegenden Trittkanten am An- und Austritt sind versetzte Abknicklinien und Zwickel an der Treppenunterseite meist unvermeidbar

10.5.2 Fertigteiltreppe

Der hohe Arbeitsaufwand für den Treppenbau hat die Entwicklung vorgefertigter Treppen und Treppenteile begünstigt. Die stationäre wetterunabhängige Fertigung der Treppenteile ermöglicht gleich bleibende Materialgüte, hohe Maßgenauigkeit und raschen Baufortschritt.

Großformatige Treppenteile wie etwa ganze Laufplatten in gerader oder gewinkelter Form und ganze Halbpodeste lohnen nur auf Kranbaustellen und bei Abnahme größerer Stückzahlen gleichformatiger Teile (**10**.38). Gewendelte Geschosstreppen mit integrierten Sichtbetonstufen können vorteilhaft mit der Unterseite nach oben eingeschalt und betoniert werden. So entstehen saubere, feste

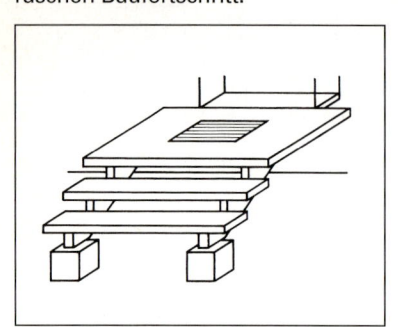

10.36 Eingangstreppe aus kleinformatigen Fertigteilen (Podestplatte, Stufen, Holme, Lagerklötze)

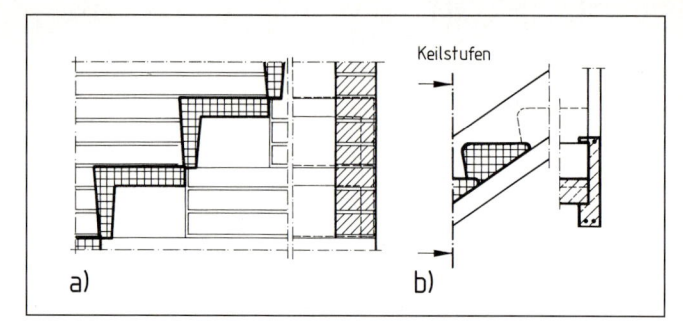

10.37 Lagermöglichkeiten für Fertigteiltreppen mit selbsttragenden Stufen
a) untermauerte Winkelstufen
b) Keilstufen, auf Wangen aus L-förmigen Stahlbeton-Fertigteilträgern gelagert

Kleinformatige Fertigteile (Einzelstufen, Tragholme, kleinere Podeste) lassen sich einfach transportieren und noch von zwei Handwerkern ohne aufwendiges Hebegerät einbauen (**10**.36). Bewehrte Beton- oder Werksteinstufen in Winkel-, Platten- oder Keilform werden beidseitig auf Mauerwerk und/oder Tragholme gesetzt (**10**.37). Entsprechend bewehrte Einzelstufen lassen sich auch in tragfähigem Mauerwerk einspannen. Solche Konstruktionen finden wir bei Keller- und Hauseingangstreppen, aber auch bei ein- und zweigeschossigen Innentreppen und bei Freitreppen. Eingangstreppen bis zu etwa 3 Stufen können bei ausreichender Auflast auch von eingemauerten Krag-, bzw. Konsolbalken aus Stahlbeton aufgenommen werden.

Stufenkanten und sauber abgeglichene Sichtflächen an der Laufplattenunterseite. Lamellentreppen aus einzelnen Balkenteilen (Lamellen) mit gewichtsparenden Hohlkammern lassen sich auch von Hand zusammensetzen (**10**.39). Die falzartig ausgesparten Laufplatten- und Podestränder erfordern genau geplante Maße für Schalung und Bewehrung.

Trittschallunterbrechende Zwischenlagen z. B. aus Neoprene können hier auf besonders einfache Weise untergebracht werden. Größte Sorgfalt verlangt die Bemaßung der Laufplattenlängen, weil schon Abweichungen von wenigen Zentimetern auf der Baustelle kaum noch zu korrigieren sind.

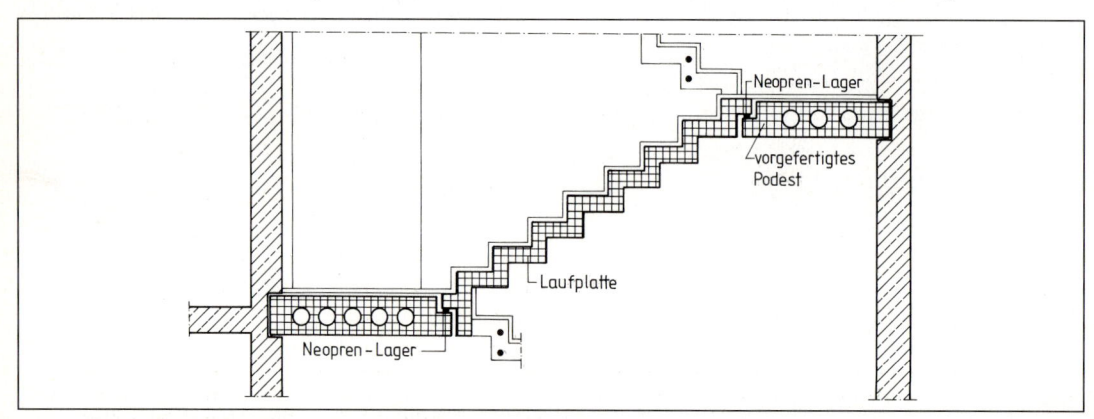

10.38 Abgewinkelte Fertigteil-Treppenläufe aus Stahlbeton

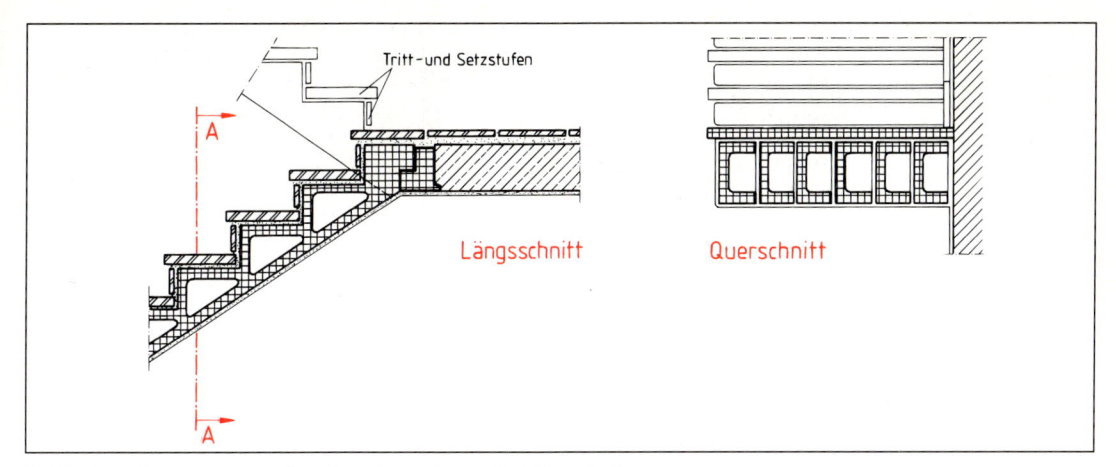

10.39 Lamellentreppe aus nebeneinander verlegten Stahlbetonbalken

Tragbolzentreppen bilden eigenständige, besonders leicht wirkende Tragwerke aus Plattenstufen und randseitig eingespannten Verbindungsbolzen (**10.**40).

10.5.3 Gemauerte Treppe

Gemauerte Treppen erfordern Mauerwerk bzw. Beläge mit hohem Abnutzungswiderstand und bei Außentreppen Frostbeständigkeit sowie einen tragfähigen, bei Gebäudeaußentreppen auch abrisssicheren Unterbau. Treppenstufen aus Klinkermauerwerk haben sich besonders bewährt, auch solche aus harten Natursteinen. Andere Materialien erfordern verschleißfeste Abdeckplatten auf den Trittflächen.

Außenwangen gründet man frostfrei auf tragfähigem Grund. Ihre Mauerkrone erhält eine regensichere Abdeckung, möglichst mit Gefälle, Überstand und Tropfkante. Erdberührende Wangen schützt man durch senkrechte und waagerechte Abdichtung gegen Bodenfeuchtigkeit.

Freitreppen erhalten abgestufte Streifenfundamente für die Wangenmauern und ein weiteres unter der Antrittstufe. Die anderen Stufen können auf verdichtetem Sandbett über treppenförmig ausgehobenem Untergrund, besser aber auf Magerbeton bzw. betonierter Laufplatte hergestellt werden (**10.**41).

Außentreppen an unterkellerten Gebäuden liegen meist über dem angefüllten Boden des Baugrubenrands und sind daher durch Baugrubensetzungen besonders gefährdet. Die abrisssichere Konstruktion solcher Treppen ist darum ein wichtiger Planungsgrundsatz. Lösungsmöglichkeiten richten sich vorwiegend nach Form und Grundriss der Treppe (**10.**42).

Als Unterbau von *Eingangstreppen* kann ein grundrissgleicher Kellervorbau vorteilhaft sein, der sich gut als Anschluss- oder Abstellraum nutzen lässt (**10.**43). Möglich sind auch Auskragungen der Kellerdecke, deren Wärmebrücke mit dem Iso-Bewehrungskorb verhindert werden kann. Das aufwendige Aufmauern von Treppenstufen entfällt

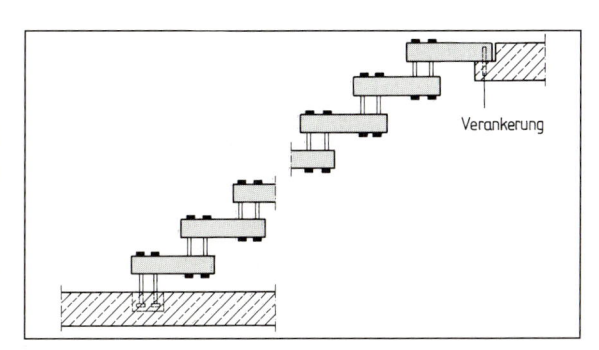

10.40 Die Tragbolzentreppe bildet auch ohne stützende Wangen und Holme sowie ohne aussteifende Setzstufen ein stabiles, biegefestes Tragwerk

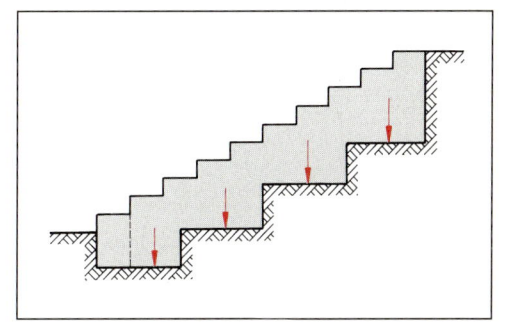

10.41 Fundamente für Wangenmauerwerk erhalten durch Stufung eine waagerechte Sohle

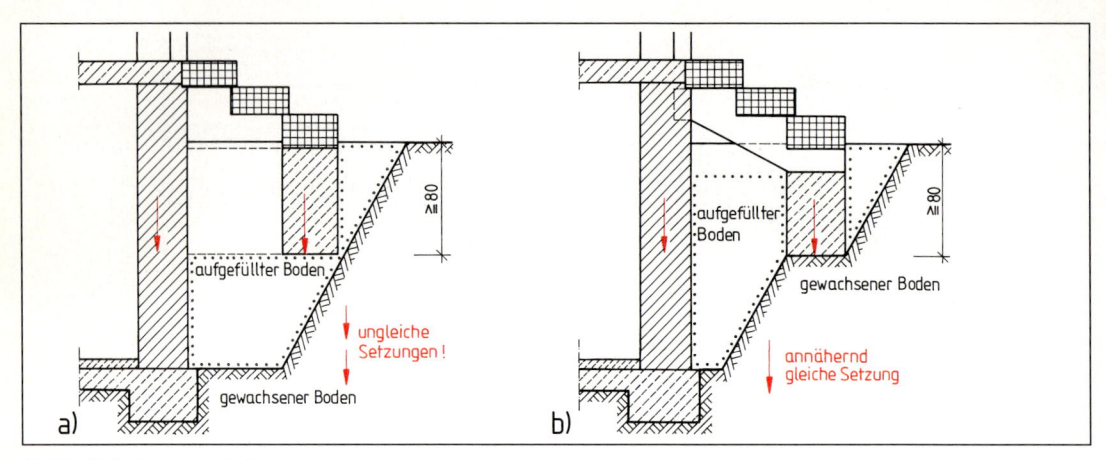

10.42 Gründung von Außentreppen
a) ungünstig im Bereich der Baugrubenverfüllung, b) günstig mit Treppenbalken auf gewachsenem Baugrund

bei vorgefertigten Stahlbetontreppen mit Klinkerbelag. Diese haben einen hohen Qualitätsstandard und sind sofort begehbar (**10.43**c).

Quer zur Hausflucht gespannte Stahlbetonbalken und/oder Platten ermöglichen Unterkonstruktionen mit größeren Spannweiten und die Unterbrechung der unerwünschten Wärmebrücke. Als Auflager dienen der Außenrand der Kelleraußenwand auf einer Seite und gegenüber ein Streifenfundament (**10.44**). Die gemauerten Stufen von *Kelleraußentreppen* erhalten als Unterbau eine etwa 10 cm dicke Betonsohle auf angeschrägtem gewachsenen Boden oder eine beidseitig untermauerte quergespannte Stahlbetonplatte über aufgefülltem Baugrund.

Die Steigungshöhe gemauerter Stufen ist unter Berücksichtigung der gewählten Steinformate festzulegen. Bei Wangen aus Sichtmauerwerk sollen die Stufen mit Schichtoberkanten abschließen (**10.45**). Ein Gefälle von 1 bis 2 % verhindert stehendes Regenwasser auf Stufen und Podesten. Gemauerte Außentreppen sind durch waagerechte und senkrechte Sperrschichten gegen Bodenfeuchtigkeit zu schützen, um Verfleckungen, Ausblühungen und Frostschäden sowie Feuchteübertragung in die Gebäudeaußenwand zu vermeiden.

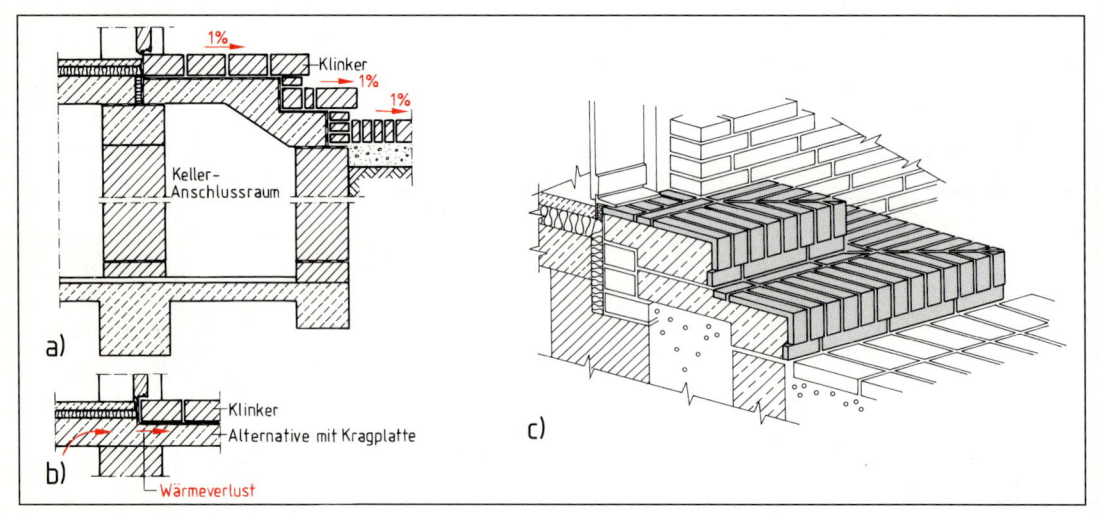

10.43 a) Abrisssichere Außentreppe über Kellervorbau
b) Wärmeverluste durch auskragendes Treppenpodest verhindert man mit dem Iso-Bewehrungskorb
c) Fertigteiltreppen mit Klinkerbelag sind sofort begehbar

10.5 Treppenkonstruktion

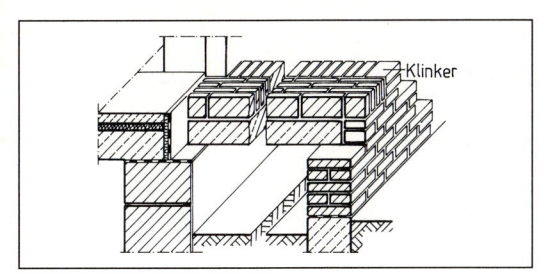

10.44 Gemauerte Treppe mit Stahlbetonpodest und -laufplatte (quergespannt)

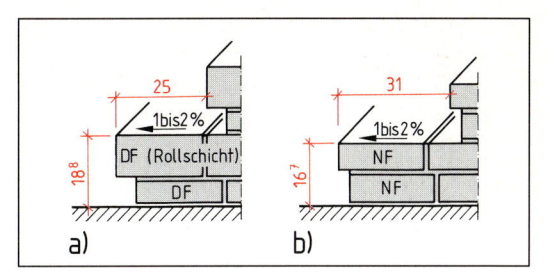

10.45 Abhängigkeit der Stufenmaße gemauerter Treppen vom Steinformat

10.5.4 Holztreppe

Holztreppen bestechen durch die Schönheit ihres Materials. Stil- und kunstvolle Gestaltung finden wir vor allem an alten, klare und elegante Linienführung an modernen Treppen. Die streng gefassten Baubestimmungen der Bundesländer gestatten Holztreppen wegen der Brandgefährdung nur noch in Gebäuden bis zu zwei Vollgeschossen. Dabei gelten die Bauweisen, die sich aus alter Treppenbautradition herausgebildet haben, im Prinzip auch heute noch.

Die Blocktreppe gilt als älteste Konstruktionsform. Schwindrisse und Verformungen an den großformatigen Stufen lassen sich durch schichtverleimtes Holz unterbinden. Die hohe Tragkraft ist an breiten, repräsentativen Treppen vorteilhaft nutzbar (**10.46**).

Zu den Wangentreppen zählen die eingeschobene und die eingesägte Treppe, die (voll-)gestemmte und halbgestemmte Treppe (**10.47** und **10.48**).

Bei der eingeschobenen Treppe werden die Trittstufen mit ihren schwalbenschwanzförmig ausgebildeten Rändern in vorbereitete Gratnuten an den Seitenwangen eingeschoben. Gerade Nuten sparen Arbeit, erfordern aber zusätzliche Verspannungen zwischen den Wangen (z. B. mit 2 bis 3 Schraubenbolzen), um die Raumstabilität zu verbessern. Der untere Wangenrand bleibt auf einer Resthöhe von 4 bis 5 cm (Vorholzmaß bzw. Besteck) unversehrt, was der Biegefestigkeit der Wangen zugute kommt (**10.47 a**).

Die eingesägte (eingeschnittene) Treppe gleicht der eingeschobenen. Doch sind die Nuten rechtwinklig und verlaufen von Vorder- bis Hinterkante Wange. Die Tragkraft ist geringer. Die schon beschriebenen anziehbaren Treppenschrauben oder auch verkeilte Zapfen müssen die Raumstabilität sichern (**10.47 b**). Sowohl eingeschobene als auch eingesägte Treppen können unterseitig verschalt werden.

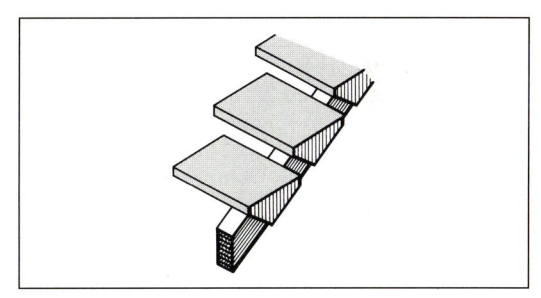

10.46 Holztreppe mit Holm und Keilstufen aus brettschichtverleimtem Holz

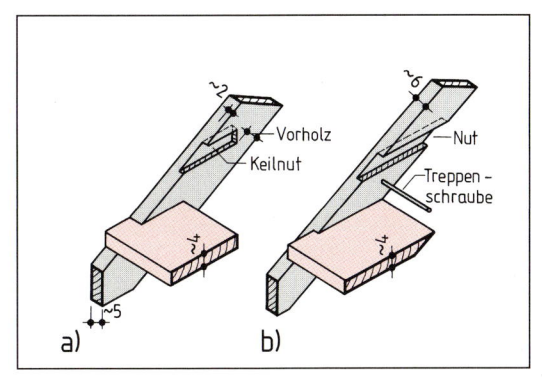

10.47 a) Eingeschobene, b) eingesägte (eingeschnittene) Treppe

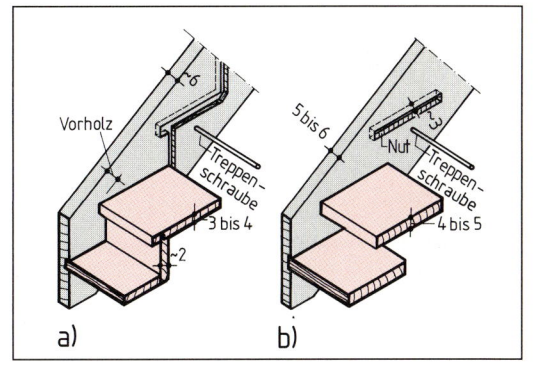

10.48 a) (Voll-)gestemmte, b) halbgestemmte Treppe

Gestemmte Treppen. Ihre Wangenmaße sind für beidseitig notwendige Vorholzbreiten (Bestecke) von 4 bis 5 cm festzusetzen. Die ungeschwächten Wangenränder und die nötige große Wangenhöhe gewährleisten hohe Tragsicherheit. Für die Aufnahme der Tritt- und Setzstufen werden die Wangen etwa 2 cm tief eingestemmt (**10**.48 a). Die mittig überhöhte Setzstufe kann zwischen den Trittstufen auf Spannung gesetzt werden. So verhindert sie unerwünschtes Knarren und steift besser aus. Zusammen mit den vorgespannten Treppenbolzen entsteht ein sehr stabiles räumliches Tragwerk, das auch bei viertel und halbgewendelten Treppen freitragend konstruierbar ist.

Die Verbindung zwischen Stufen und Wangen erfolgt zunehmend auch mit Schrauben, die von außen durch die Wange ins Hirnholz der Stufe geführt werden. Vorgebohrte zylindrische Wangenaussparungen ermöglichen versenkte Schraubenköpfe. Holzdübel oder -propfen verschließen diese Löcher.

Das Knarren der Treppe beim Begehen lässt sich auch verhindern, wenn zwischen Unterkante Trittstufe und Oberkante Setzstufe ein Zwischenraum von ~ 0,5 cm gelassen wird, der auf der Treppenvorderseite oder auch beidseitig durch eine Leiste abgedeckt wird. Neuerdings versieht man die Wangenschlitze auch mit elastischen Massen, so **dass** die eingelassenen Stufen schon in der Wange elastisch gelagert und somit auch Knarrgeräusche ausgeschlossen sind.

Der halbgestemmten Treppe fehlen die aussteifenden Setzstufen, so dass wie bei eingeschobenen und eingesägten Treppen zusätzlich eine seitliche Stützung (Halterung) notwendig werden kann (**10**.48 b). Einseitig und verdeckt eingebaute Schraubenbolzen zieht man aus optischen Gründen vor.

Die aufgesattelte Treppe besteht aus Tragholmen und aufgesetzten (aufgesattelten), seitlich überstehenden Trittstufen (**10**.49). Bei älteren Treppen finden wir auch Setzstufen. Die Trittstufen lagern auf waagerechten Einschnittflächen der Holme oder auf zusätzlich angebrachten Konsolen. Durch den stufenförmigen Einschnitt werden die Tragholme erheblich geschwächt. Ein statischer Nachweis

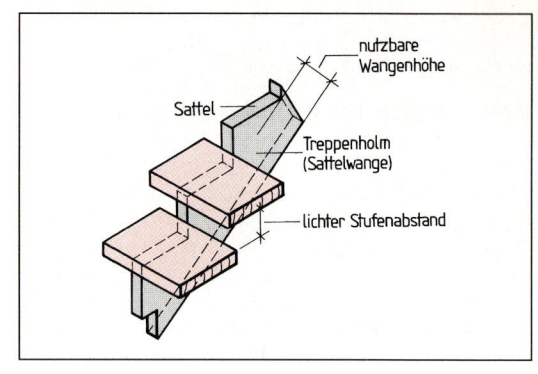

10.49 Aufgesattelte Treppe

erspart unliebsame Überraschungen! Als Anhaltswert dient wie bei Wangentreppen die Regel „nutzbare Holm- bzw. Wangenhöhe = 1/20 Wangen- bzw. Holmlänge". Als Dicke reichen 6 bis 7 cm.

Holm-und Wangenauflager können je nach Befestigung die Auflagerreaktionen a bis c in Bild **10**.50 auslösen. Wie dort erkennbar, lässt sich die Holm- und Wangenstützung durch mindestens ein festes Auflager sichern – wie Leitern, die unten unverschieblich gelagert oder oben fest eingehängt sind (**10**.50). Am einfachsten ist meist, den Wangenfußpunkt zu fixieren, z. B. durch die eingeschnittene Klaue (Geißfuß). Spaltgefahr verhindert man durch eingezogene Bolzen, besser noch durch Lagerprofile aus I-Stahl (**10**.51). Neuartige Hängewinkel mit runden Zapfen schließen sowohl horizontale Stützkräfte als auch die Spaltgefahr an den Wangen- und Holmenden aus (**10**.52). Sie ermöglichen den Stützfall C nach Bild **10**.50 c. Wegen der fehlenden Schubkräfte kann hier auch die horizontale Stützung des Auflagers entfallen.

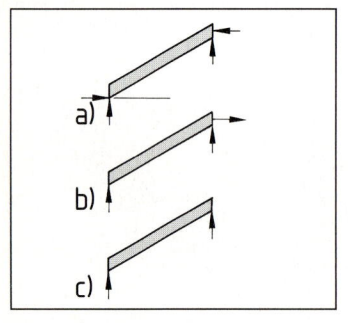

10.50 Auflagerreaktion an Treppenwangen und Holmen
  a) Festpunkt am Treppenantritt
  b) am Treppenaustritt
  c) bei senkrecht gestützten Wangen und Holmen entfallen die Horizontalkräfte

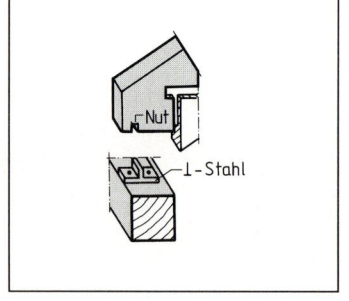

10.51 Wangenlagerung nach Bild **10**.50 b mit einschraubbarem Lagerelement aus I-Stahl

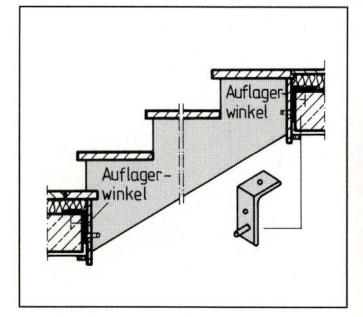

10.52 Wangenlagerung nach Bild **10**.50 c. Auflagerwinkel aus Stahl mit Dollen ermöglichen die ausschließlich vertikale Treppenlagerung

10.5 Treppenkonstruktion

Geländerpfosten an den Enden der Treppenläufe bieten solide Befestigungsmöglichkeiten für Handlauf und Geländerfüllung.

Viertel- und halbgewendelte Holztreppen nach handwerksgerechter Ausführung erhalten am Treppenauge gerundete Wangen- und Handlaufstücke (Kropfstücke, Krümmlinge). Zur Verbindung mit den geraden Wangenteilen dienen Zapfen oder Doppelzapfen, zur kraftschlüssigen Verspannung verdeckt eingebaute Kropfschrauben. Im Detailplan erfordert die Darstellung des Krümmlings in der Treppenansicht eine Abwicklung der Treppeninnenwange. Bild **10**.53 zeigt die Konstruktion und zugleich eine vorteilhafte Wendelmethode für viertelgewendelte Holztreppen.

Zunächst bereiten wir den Grundriss bis auf die Wendelstufen vor, ebenso die Ansicht einschließlich der Höhenlinien aller Stufenoberkanten. Aus dem Grundriss übertragen wird die Länge des gewendelten Teils der Innenwange auf die Grundlinie der Wangenabwicklung neben der Ansicht. Dabei beginnen wir mit den Krümmungspunkten a, b und c. Dazu kommen die Normalauftritte der angrenzenden Stufen 1 und 9. Deren Lotrisse ergeben mit den entsprechenden Fluchtlinien der Stufenoberkanten aus der Ansicht die Vorderkanten der Stufen 1, 2, 8 und 9 in der Wangenabwicklung. Wir verbinden die Stufenkanten, halbieren die Strecke 2/8 und errichten die Mittelsenkrechten in den Streckenhälften. In den Schnittpunkten mit den Senkrechten zur Treppensteigung an den Stufenkanten 2 und 9 erhalten wir Mittelpunkte für kreisförmige Anschlusslinien an die Wangenober- und -unterkante sowie zwischen den Stufenkanten 2 und 9. Sie ergeben im Schnitt mit den Stufenfluchtlinien aus der Ansicht die Setzstufenvorderkanten. Ihre Lotrisse auf die Grundlinie der Abwicklung erbringen die Stufeneinteilung der Wendelstufen an der Innenwange. Durch Übertrag in den Grundriss und durch die Verbindungslinien mit den zugehörigen Teilungspunkten der Lauflinie finden wir Form und Größe der Wendelstufen. In der Wangenabwicklung begrenzen wir Länge und Höhe des Krümmlings durch Lotrisse über den Punkten a und c; über b finden wir die Krümmlingsmitte. Durch Projektion der Wangenpunkte a, b und c aus Grundriss und Abwicklung in die Ansicht ergeben sich dort die Grenzpunkte des Krümmlings.

Aus Kostengründen ersetzt man heute (leider) oft den Krümmling durch rechtwinklige Wangenverbindungen.

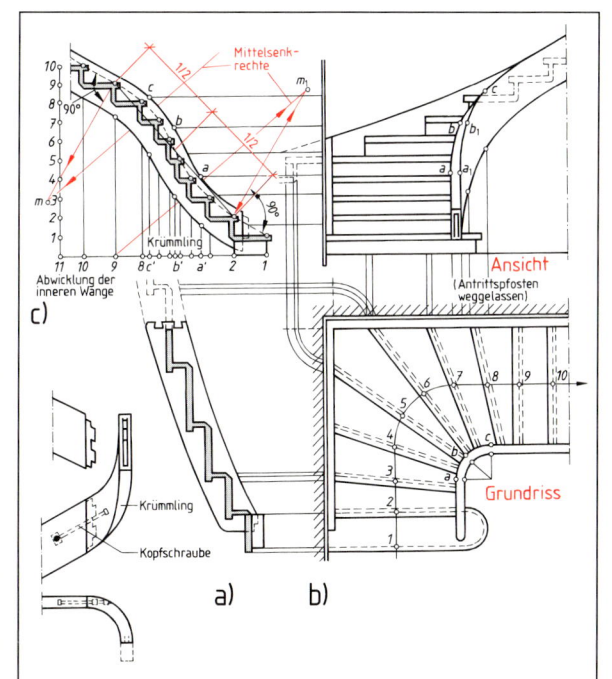

10.53 Viertelgewendelte gestemmte Holztreppe
    a) Wangenaufriss bestätigt gleichmäßigen Wangenschwung
    b) Grundriss Ansicht
    c) Konstruktion der inneren Lichtwangenseite
    d) Verbindung von Wange und Krümmling mit verdeckt eingebauter Kropfschraube

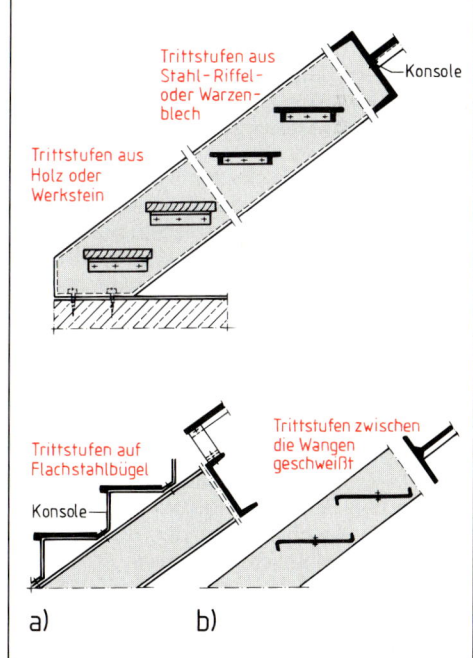

10.54 Stahltreppen
    a) Wangentreppe mit aufgelegten Stufen,
    b) aufgesattelte Stahltreppe mit Stufenauflager Konsolen,
    c) Wangentreppe mit eingeschweißten Stahlblechstufen

10.5.5 Stahltreppe

Stahltreppen werden überwiegend im Industrie- und Gewerbebau ausgeführt. Ihre Vorteile sind: hohe Tragfähigkeit bei geringer Eigenlast, einfache Verbindungsmöglichkeiten durch Schrauben und Schweißen, weitgehende Vorfertigung in der Werkstatt sowie einfache Demontage und daher Wiederverwendbarkeit an anderer Stelle. Nachteile wie Rostanfälligkeit und früher Stabilitätsverlust durch Feuer lassen sich durch vorbeugende Maßnahmen abschwächen. Industrietreppen haben meist das Steigungsverhältnis 1 : 1,2 (z.B. s/a = 20/24) und Trittstufen aus Gitterrost nach DIN 24531 bzw. aus Warzenblech.

Die Konstruktion lässt sich auch hier in *Wangen- und aufgesattelte* Treppen gliedern. Auf Setzstufen wird überwiegend verzichtet. Holme oder Wangen aus I-, C-, L- und ⊏- förmigen Trägern oder aus Hohlprofilen mit aufgeschweißen Konsolen bilden den tragfähigen Unterbau für die aufgesattelten Stufen aus Stahlblech, Werkstein oder Holz (**10.**54 a, b).

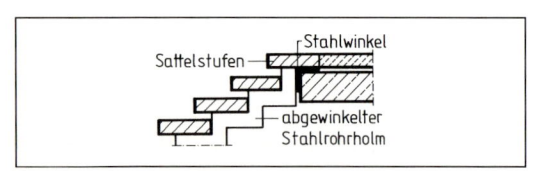

10.55 Kombinierte Treppe (Stahl/Holz, Stahl/Werkstein) mit abgewinkeltem Stahlrohrholm

Wangentreppen mit eingeschweißten Stahlstufen ergeben besonders stabile Tragwerke. Hier genügen oft schon Wangen aus dickem Stahlblech statt Profil- oder Hohlträger (**10.**54 b, c). Als Holme eignen sich auch leiterartige Hohlprofile, die mit aufgesattelten Plattenstufen aus Holz oder Werkstein ansprechende, sehr leicht wirkende Treppen bilden und vielfach als Zugang für Wohn-, Geschäfts- und Büroräume verwendet werden (**10.**55). Gleiches gilt für Mittelholme aus Hohlprofilen, die ihrer hohen Torsionsfestigkeit wegen auch gewendelten Treppen sichere Standfestigkeit verleihen (**10.**56).

Der Bau von *Spindeltreppen* wird durch die Möglichkeit des Anschweißens der Wendelstufen an die Spindel wesentlich vereinfacht.

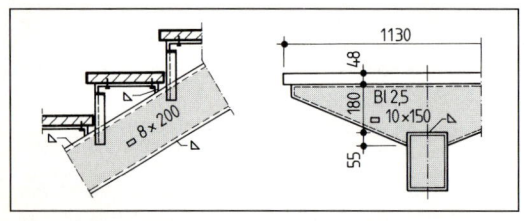

10.56 Einholmtreppe mit torsionssteifem Mittelträger

10.5.6 Handlauf, Geländer und Kantenschutz

Handlaufquerschnitte in griffgerechter Größe sind 4 bis 6 cm breit (**10.**57). Leichte Handläufe erfordern stützende Stabgeländer. Kräftige, biegesteife Formen können zusätzliche Füllungen aufnehmen (z.B. Sicherheitsglas).

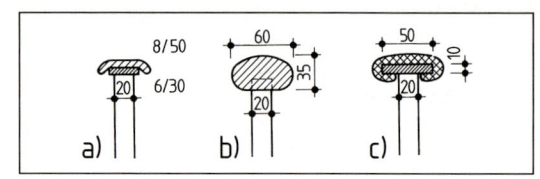

10.57 Handlaufquerschnitt (Beispiele)
a) aus Flachstahl mit Messingauflage
b) aus Holz
c) aus Flachstahl mit Kunststoffauflage

Geländerstäbe (-pfosten) sichern die Seitenstabilität des Geländers. Je nach Material und Konstruktion lassen sie sich in Massivstufen oder an den Seitenflächen von Wangen, Holmen oder Laufplatten verankern (**10.**58).

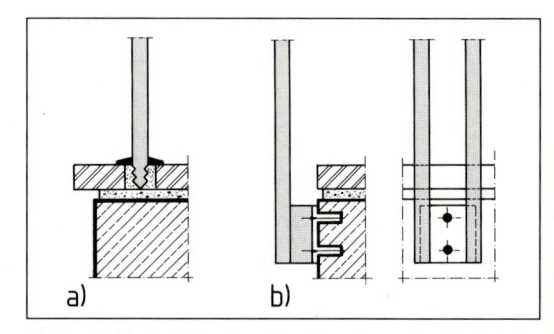

10.58 Geländerbefestigung an Massivtreppen (Beispiele)
a) im Bohrloch der Werksteinstufe
b) mit dübelverschraubten Bolzen an der Laufplattenseite

Kantenschutzprofile (Stoßkanten) aus Kunststoff oder Metall verbessern die Sicherheit von Treppen mit glatten Trittflächen und schützen zugleich die Stufenkanten vor mechanischer Beschädigung und frühzeitiger Abnutzung (**10.**59).

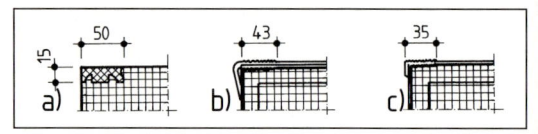

10.59 Kantenschutzprofil
a) Kunststoffprofil für vorgefertigte Stufen
b) geripptes Kunststoffprofil für 3 bis 4 mm Stufenbelag
c) Metall-Vorstoßschiene

Aufgaben zu Abschnitt 10

1. Was versteht man unter a) Tritt- und Setzstufe, b) Tritt- und Stoßfläche, c) Holm, Wange und Laufplatte?
2. Unterscheiden Sie Stufen nach ihrer Querschnittsform.
3. Was bedeuten die Begriffe Treppenlauflänge und nutzbare Treppenlaufbreite?
4. Worin unterscheiden sich a) Geschoss- und Ausgleichstreppen, b) Rechts- und Linkstreppen, c) ein- und zweiläufige Treppen, d) gleich- und gegenläufige Treppen?
5. Unterscheiden Sie Treppen mit gewendelten Stufen von Wendel- und Spindeltreppen.
6. Was müssen Sie in der Zeichnung einer Treppe a) im Vorentwurf, b) im Entwurf, c) im Ausführungsplan angeben?
7. Welche nutzbare Laufbreite schreibt die DIN 18065 für Wohngebäude mit 2 Wohnungen mindestens vor?
8. Welche Grenzmaße gelten nach DIN 18065 für Treppensteigung und -auftritt in Wohngebäuden und anderen Gebäuden?
9. Nennen Sie die Mindestmaße für lichte Durchgangshöhe und die Höhe von Geländern und Umwehrungen.
10. Welche Beziehung besteht zwischen Gehbereich und Lauflinie?
11. Erläutern Sie die Kurzzeichen B und F 90.
12. Wie viel Auftritte hat eine einläufige Treppe mit 15 Steigungen?
13. Wie lautet die Schrittmaßregel?
14. Lösen Sie zeichnerisch 15 Wendelstufen einer halbgewendelten Treppe mit 90 cm nutzbarer Laufbreite, 25 cm Abstand zwischen den Wangeninnenkanten, Steigungsverhältnis 18,3/27, symmetrische Stufenanordnung.
15. Zeichnen Sie im Evolutenverfahren eine viertelgewendelte Treppe mit beidseitig gewendelten Stufen, 85 cm nutzbare Laufbreite, 15 cm Radius bis Innenkante Innenwange, 7 Wendelstufen, freie Bemessung, Steigungsverhältnis 17/28.
16. Wie unterscheiden sich quer- und längsgespannte Stahlbeton-Laufplatten hinsichtlich Beanspruchung, Auflager und Konstruktionsdicke?
17. Beschreiben Sie die Bewehrungsführung von Stahlbetontreppen im Bereich ein- und ausspringender Ecken.
18. Warum müssen Arbeitsfugen in Stahlbetontreppen vor der Bewehrungsplanung festliegen?
19. a) Welche Möglichkeiten gibt es, die Stufen am Podestrand zweiläufiger (gegenläufiger) Treppen mit Halbpodest anzuordnen? b) Welche Auswirkungen ergeben sich jeweils für Podestdicke, Handlaufführung und Verlauf der unteren Abknicklinie?
20. Nennen Sie die Vorteile vorgefertigter Treppenteile.
21. Welche Materialanforderungen stellt man an gemauerte Außentreppen?
22. Wie lassen sich Eingangstreppen an unterkellerten Gebäuden abrisssicher gründen?
23. Welche Bauarten gibt es für Holztreppen?
24. Vergleichen Sie die Wangenausbildung an gestemmten, eingesägten und eingeschobenen Treppen sowie ihren Einfluss auf Tragsicherheit und Stabilität der Treppen.
25. Welche Faustregel gibt es für die Bemessung der nutzbaren Holm- bzw. Wangenhöhe?
26. Warum empfiehlt sich der statische Nachweis für Treppenholme aufgesattelter Holztreppen?
27. Welche Auflagerungsmöglichkeiten gibt es für Wangen und Holme?
28. Wie lässt sich der gleichmäßige Wangenabschwung an viertel- und halbgewendelten Treppen am besten kontrollieren?
29. Welches Steigungsverhältnis bevorzugt man für Industrietreppen?
30. Nennen Sie die Möglichkeiten der Formgebung und Befestigung von Stahlstufen.

11 Wasserentsorgung

11.1 Wasserarten und Wassermengen

Unter den Begriffen Wasserentsorgung, Stadtentwässerung oder Kanalisation versteht man die Ableitung des in Siedlungen und Städten anfallenden Wassers, und zwar
- Schmutzwasser, wie häusliche Abwasser aus Toiletten, Bädern und Küchen sowie Abwasser aus Gewerbe- und Industriebetrieben, Gemeinschaftseinrichtungen wie Schulen, Kindergärten usw.
- Niederschlagswasser, also Regen- und Schmelzwasser, sofern es nicht versickert, sondern von befestigten Verkehrsflächen und Dächern abgeleitet wird.

In Ausschreibungsunterlagen und Plänen werden sie kurz als Schmutzwasser (Abk. „S" oder „SW") und Regenwasser („R" oder „RW") bezeichnet. Für die Planung der entsprechenden Rohrnetze, die Auswahl der Baustoffe, aber auch für viele bauliche Konstruktionsdetails spielen neben der Art des Wassers und seiner Verschmutzung vor allem die Wassermengen die wichtigste Rolle.

Verschmutzung. *Regenwasser* führt Sand und Blätter, aber auch Ölreste und andere Verschmutzungen in meist geringen Mengen mit. Trotzdem gilt das Oberflächenwasser als relativ sauber und wird fast immer ohne Klärung der nächsten Vorflut zugeleitet. Allerdings versucht man, die Schmutzstoffe in Eimern oder Sümpfen der Straßenabläufe, in Sandfängen oder durch Ölsperren vor der endgültigen Einleitung in Gräben, Bäche, Flüsse, Kanäle oder Seen zurückzuhalten.

Im Vergleich dazu sind die Abwässer der Haushalte, Gemeinschaftseinrichtungen und Betriebe stark verschmutzt. Sie enthalten mineralische und organische Stoffe in schwerer, absetzbarer Form, als Schwebstoffe oder in gelöstem Zustand. Kot und Harn haben einen hohen Anteil, weitere organische Stoffe aus dem Zerfall von Pflanzen und Tieren ebenfalls. Krankheitserreger, aber auch viele Arten von Bakterien sind vorhanden. Die Zusammensetzung und Verschmutzung schwankt sehr stark, der pH-Wert liegt teils im Laugen-, teils im Säurebereich. Schmutzwasser geht sehr bald in einen Faulungsprozess über, was zu Geruchsbelästigung führt, aber auch sonst viele Folgen hat. Es soll deshalb möglichst „frisch" abgeleitet und irgendeiner Art von Klärung zugeleitet werden.

Zur Wasserentsorgung gehört die Ableitung häuslicher und betrieblicher Abwässer sowie des nicht versickerten Regenwassers. Das stark verschmutzte Abwasser wird einer Kläreinrichtung, das relativ saubere Regenwasser einer Vorflut zugeleitet.

Wassermengen. Für die *Bemessung* der Rohrleitungen und Gräben, Pumpwerke und Klärwerke, Überläufe und Decken müssen die Wassermengen gemessen oder als verlässliche Erfahrungswerte eingebracht werden. Für Schmutzwasser gilt allgemein: Frischwasserverbrauch = Schmutzwassermenge. Der Schmutzwasserabfluss wird häufig als Mittelwert (zwischen 150 und 350 l/Tag) von 200 l/Einwohner und Tag angenommen. Der stündliche Schmutzwasserabfluss schwankt zwischen 1/16 und 1/8 der durchschnittlichen, über ein Jahr ermittelten Tagesabflussmenge. Der maximale Stundenabfluss wird meist mit 1/14 des 24-Stunden-Abflusses angenommen. Für 1000 Einwohner ergibt sich daraus ein Stundenabfluss von

$$\frac{1000\ E \times 200\ l}{14\ E \times Tag} = 14\ 285\ l/Tag,$$

daraus ein Sekundenabfluss von

$$\frac{14\ 285\ l}{60 \times 60\ s} = 3{,}97\ l/s$$

Für Gewerbe- und Industriebetriebe, öffentliche Einrichtungen wie Schulen und Krankenhäuser wird das abgeführte *Schmutzwasser* in Einwohnergleichwerten (EG oder EW) angegeben. Der Einwohnergleichwert entspricht der Zahl der Einwohner, deren tägliches Abwasser nach Menge und Verschmutzungsgrad dem gewerblichen oder industriellen Abwasser eines Betriebs gleichzusetzen ist.

Die *Regenwassermenge* beträgt das 50- bis 200-fache der üblichen Schmutzwassermenge. Die Regenintensität (mm/min) und die Regenhäufigkeit sind in den einzelnen Landschaften und Jahreszeiten sehr unterschiedlich, „Berechnungen" sehr schwierig. Für die Berechnung der Rohrquerschnitte wird letztlich ein „Berechnungsregen" angenommen, durch den man das Leitungssys-

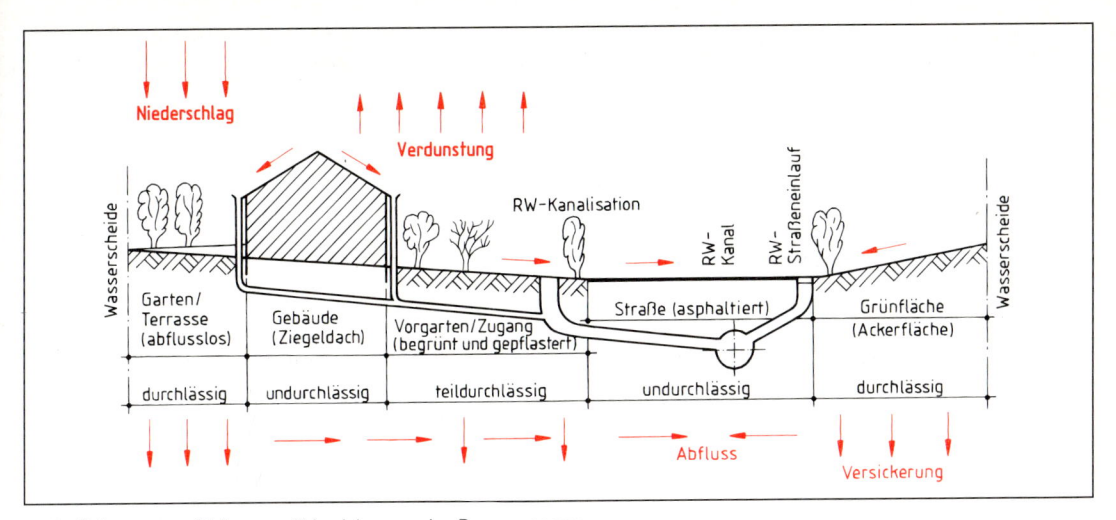

11.1 Schema von Abfluss und Versickerung des Regenwassers

tem auf ein wirtschaftlich vertretbares Maß beschränkt. Bei starkem Gewitterregen und Wolkenbrüchen muss es dann zwangsläufig zu Überschwemmungen und Rückstaus kommen.

Da bei allen Berechnungen bedacht sein muss, dass immer nur ein Teil des Regens tatsächlich abfließt (der andere Teil versickert und verdunstet, **11.**1), muss mit einem Abflussbeiwert gerechnet werden, der bei unterschiedlichen Dächern und Befestigungen zwischen 0,95 für Metalldächer und 0,15 für Kieswege sowie zwischen 0,9 für sehr dichte Bebauung und 0,1 für Parkanlagen schwankt (**11.**1).

> Für die Berechnung der Rohrleitungssysteme werden meist eine Schmutzwassermenge von 200 l/Einwohner und Tag bzw. ein wirtschaftlich vertretbarer Berechnungsregen mit einem Abflussbeiwert angenommen.

11.2 Entwässerungsverfahren

Die Dörfer und Siedlungen ohne Ortsentwässerung nehmen in diesen Jahren rasch ab. Die Sauberhaltung des Grundwassers wie des Wassers der Flüsse und Seen gebietet eine möglichst vollständige Ableitung und Klärung der Abwässer. Dagegen ist nicht immer im gleichen Maß wie in der Vergangenheit eine zu starke Ableitung des Oberflächenwassers zu vertreten. Dies hat oft zu einer starken Senkung des Grundwasserstands geführt. So muss vor Beginn der Planung überlegt und entschieden werden, ob die Ortsentwässerung als Mischwasser- oder Trennsystem gebaut wird und wie stark das Regenwasser abgeführt werden soll.

Verkehrsflächen, die jahrzehntelang „selbstverständlich" undurchlässig befestigt wurden, erhalten jetzt, wo immer es möglich ist, eine sickerfähige Befestigung aus Kies oder Schotter, Pflaster oder Rasenpflaster.

Mischverfahren. Das früher übliche gemeinsame Ableiten von Schmutz- und Regenwasser ist heute problematisch. Der Trockenwetterabfluss ist bei den größeren Rohrquerschnitten durch geringe Füllung und geringe Wassertiefe schwierig. Starke Regen dagegen überlasten die Klärwerke und machen einen vernünftigen Durchlauf durch alle Klärstufen unmöglich. So sind Leitungssysteme für Mischwasser heute selten, beschränken sich meist auf Dörfer und Siedlungsteile, die dieses Wasser in Klärteichen säubern.

Trennverfahren. In zwei getrennten und deshalb teuren Rohrleitungssystemen werden Schmutzwasser und Regenwasser gesondert abgeleitet. Während das Schmutzwasser meist einen langen Weg bis zum Klärwerk zurückzulegen hat, kann das Regenwasser oft an mehreren Stellen einer nahegelegenen Vorflut zugeleitet werden (**11.**2). Im Trenn-

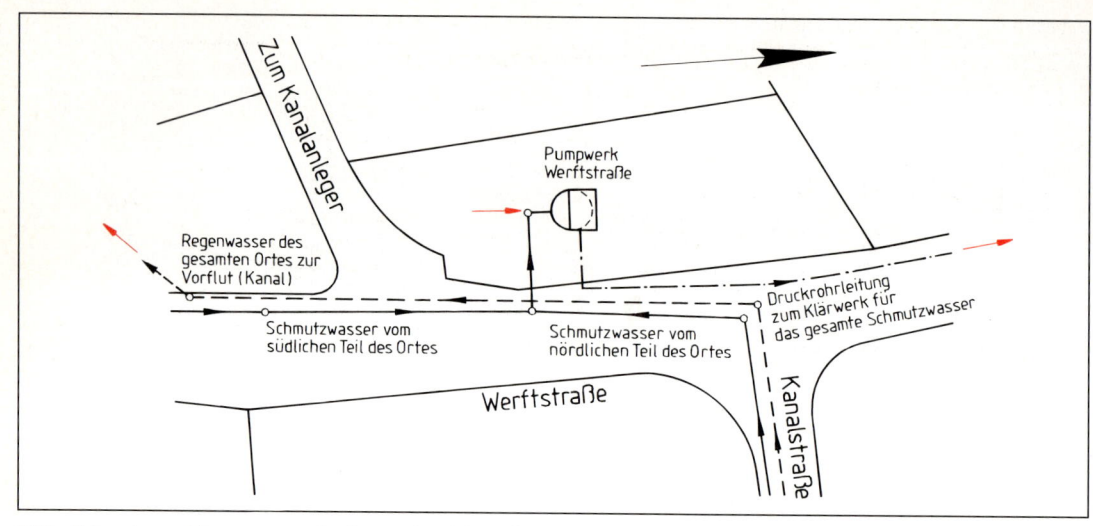

11.2 Schmutz- und Regenwasser laufen an der tiefsten Stelle eines Netzes zusammen, haben dort aber eine unterschiedliche Vorflut

verfahren können relativ große Gebiete mit kleinen Rohrdurchmessern (allerdings teurer Rohre) entsorgt (**11.**11) und die Klärwerke für eine gleichmäßige Auslastung berechnet werden.

Schmutz- und Regenwasser werden heute meist im Trennverfahren abgeleitet. In ländlichen Gebieten sind Mischwassersysteme und Klärteiche möglich.

11.3 Rohre für Entwässerungsleitungen

Arten. Die Rohre für RW- und SW-Kanäle unterscheiden sich nach Querschnittsform, Größe (Durchmesser DN), Verbindung und Dichtung sowie Baustoff. Größe und Querschnittsform hängen von Wasserart und Wassermenge ab (**11.**3).

Kreisrunde Rohre sind gebräuchlich und hydraulisch (also für den Abfluss) günstig.

Eiprofile werden gewählt, wenn zeitweise auch geringe Wassermengen günstig abfließen sollen.

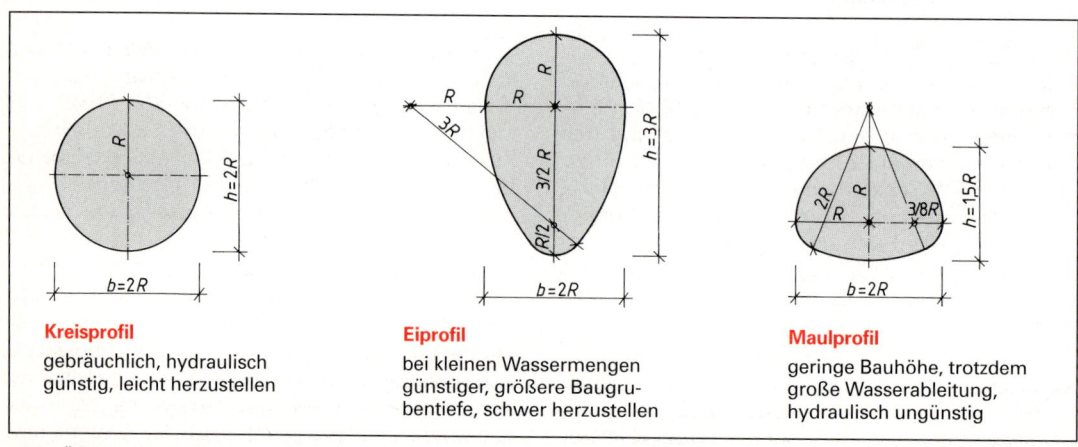

Kreisprofil
gebräuchlich, hydraulisch günstig, leicht herzustellen

Eiprofil
bei kleinen Wassermengen günstiger, größere Baugrubentiefe, schwer herzustellen

Maulprofil
geringe Bauhöhe, trotzdem große Wasserableitung, hydraulisch ungünstig

11.3   Übliche Rohrquerschnitte für Leitungen der Ortsentwässerung nach DIN 4263

11.3 Rohre für Entwässerungsleitungen

Tabelle 11.4 Steinzeugrohre mit Muffe für Grundstücks- und Ortsentwässerung nach DIN 1230

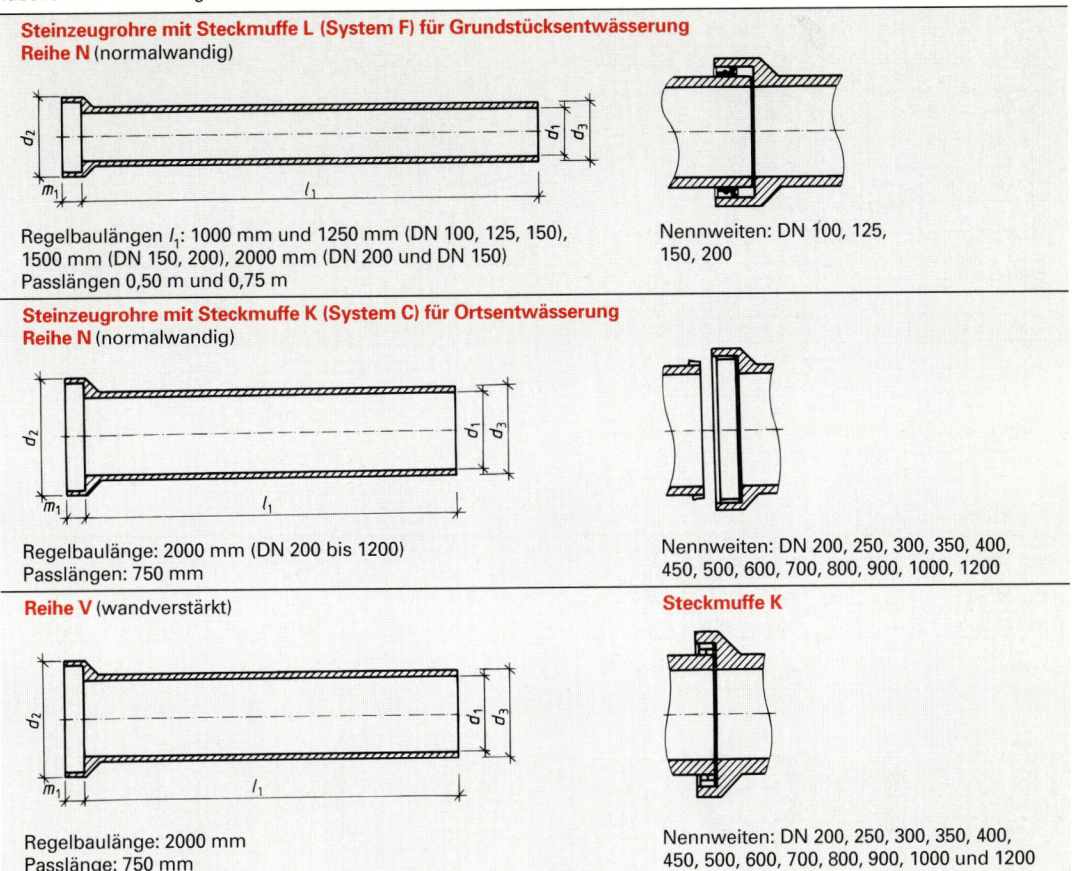

Steinzeugrohre mit Steckmuffe L (System F) für Grundstücksentwässerung
Reihe N (normalwandig)

Regelbaulängen l_1: 1000 mm und 1250 mm (DN 100, 125, 150), 1500 mm (DN 150, 200), 2000 mm (DN 200 und DN 150)
Passlängen 0,50 m und 0,75 m

Nennweiten: DN 100, 125, 150, 200

Steinzeugrohre mit Steckmuffe K (System C) für Ortsentwässerung
Reihe N (normalwandig)

Regelbaulänge: 2000 mm (DN 200 bis 1200)
Passlängen: 750 mm

Nennweiten: DN 200, 250, 300, 350, 400, 450, 500, 600, 700, 800, 900, 1000, 1200

Reihe V (wandverstärkt)

Steckmuffe K

Regelbaulänge: 2000 mm
Passlänge: 750 mm

Nennweiten: DN 200, 250, 300, 350, 400, 450, 500, 600, 700, 800, 900, 1000 und 1200

Der Maulquerschnitt kann bei geringer Bauhöhe größere Wassermengen ableiten.

Die Wasserverschmutzung entscheidet über den Baustoff der Rohrleitung:

- **Steinzeugrohre,** aus Ton unter Zugabe von Schamotte geformt, gebrannt und glasiert, dienen fast ausschließlich für Schmutzwasserkanäle. Sie werden von sauren oder alkalischen Abwässern nicht angegriffen und zerstört (**11.4**).
- **Betonrohre** verwendet man für das relativ saubere Oberflächenwasser (**11.5**). Von Schmutzwasser werden sie angegriffen.
- **Kunststoffrohre** aus PVC (Polyvinylchlorid) oder PE (Polyethylen) sind chemisch beständig und deshalb für jede Wasserart zu verwenden. Häufig werden PVC-Rohre als Schmutzwasserdruckrohre eingesetzt (**11.6**). Sonst werden sie hauptsächlich als Grundleitungen auf dem Grundstück eingesetzt. Sie sind – auch in größeren Baulängen – relativ leicht.
- **Faserzementrohre** (DIN 19840), aus Zement, Hochmodul-Fasern, Zusatzstoffen und Wassern neu entwickelt, eignen sich für Regen-, Misch- und Schmutzwasserleitungen. Für letztere erhalten sie eine schützende Innenrohrbeschichtung. Diese Rohre sind in den Nennweiten DN 100 bis DN 600 und in Baulängen von 2,0 bis 5,0 m lieferbar. Zur Dichtung und Verbindung dient eine Steckmuffe („Überschiebkupplung").

> Wasserart und Wassermenge bestimmen Durchmesser, Querschnittsform und Material der Rohre. Am häufigsten werden Steinzeugrohre für Schmutzwasser, Beton-, PVC- und Faserzementrohre für Regenwasserleitungen verwendet.

Verbindungen. Außer nach Material und Querschnittsform werden Rohre auch nach ihrer Verbindung (**11.7**) unterschieden in

- **Muffenrohre** mit einer Dichtung aus Steckmuffe L, Steckmuffe K oder einer eingebauten (integrierten) Dichtung,
- **muffenlose Rohre** mit Überschiebkupplung,
- **Falzrohre,** die mit einem Dichtungsband gedichtet werden.

Tabelle 11.5 Betonrohre nach DIN 4032

Kreisrund, mit eingebauter Dichtung als Muffenrohr

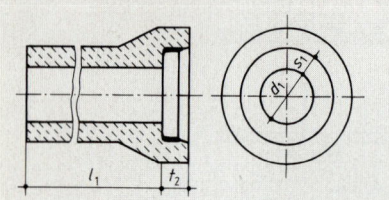

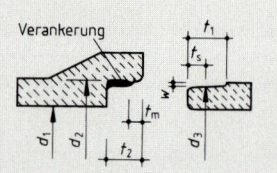

Bezeichnung	d_1 mm	l_1 mm	d_a mm	d_2 mm	d_3 mm	s_1 mm	t_1 mm	t_2 mm	w mm	t_m mm	t_s mm	G kg/Stk.	Scheiteldruckkraft F_N KN/m
K-M 150	150	1500	250	233,40	220	50	65	60	6,70			119	26*
K-M 200	200	1500	300	283,40	270	50	65	60	6,70			148	27*
K-M 250	250	1500	370	365,60	350	60	85	80	7,80			216	8*

Kreisrund, wandverstärkt, mit eingebauter Dichtung

Bezeichnung	d_1 mm	l_1 mm	d_a mm	d_2 mm	d_3 mm	s_1 mm	t_1 mm	t_2 mm	w mm	t_m mm	t_s mm	G kg/Stk.	Scheiteldruckkraft F_N KN/m
KW-M 300	300	2500	450	443,80	426	75	105	100	8,90	41	49	630	75
KW-M 400	400	2500	550	543,80	526	75	105	100	8,90	41	49	780	85
KW-M 500	500	2500	670	643,80	626	85	105	100	8,90	41	49	1050	95
KW-M 600	600	2500	800	743,80	726	100	105	100	8,90	41	49	1410	100
KW-M 700	700	2500	930	867	844	115	125	120	11,50	49	61	1950	111

Kreisrund, mit Rollringdichtung als Muffenrohr K-M
Kreisrund, mit oder ohne Fuß, als Falzrohr

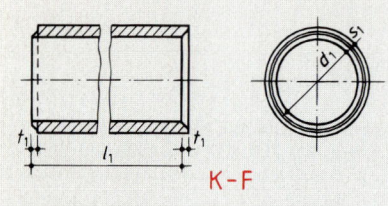

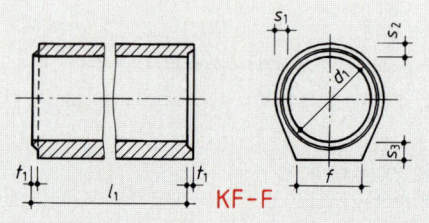

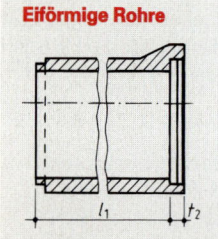

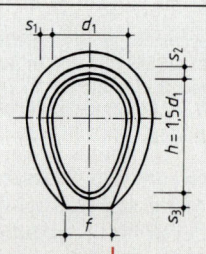

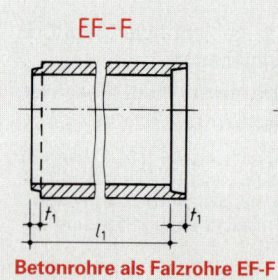

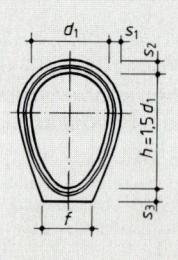

K-F   KF-F

Eiförmige Rohre   EF-F

Betonrohre mit Eiquerschnitt

DN	d_1/h
500/ 750	500/ 750 ± 5
600/ 900	600/ 900 ± 6
700/1050	700/1050 ± 6
800/1200	800/1200 ± 7
900/1350	900/1350 ± 7
1000/1500	1000/1500 ± 8
1200/1800	1200/1800 ± 10

Betonrohre mit Eiquerschnitt als Muffenrohr EF-M

Betonrohre als Falzrohre EF-F

EF   eiförmiges Rohr
EF-F eiförmiges Rohr mit Falz
EF-M eiförmiges Rohr mit Muffe

KW   kreisförmige Rohre ohne Fuß, wandverstärkt
KFW   kreisförmige Rohre mit Fuß, wandverstärkt
-M   Rohrende mit Muffe
-F   Rohrende mit Falz

Bezeichnung nach DIN 4032 z. B. Rohr KF-M 500 × 2000 DIN 4032
                                         ↑   ↑
                                         DN   Baulänge

11.3 Rohre für Entwässerungsleitungen

Tabelle 11.6 Muffendruckrohre aus PVC nach DIN 8061

DN	d in mm	s in mm	l in mm	Rohrgewicht in kg/m
50	63	3,0	6	0,85
65	75	3,6	6	1,22
80	90	4,3	6	1,75
100	110	5,3	6	2,61
125	140	6,7	6	4,18
150	160	7,7	6	5,47
200	225	10,8	6	10,80
250	280	13,4	6	16,60
300	315	15,0	6	20,90
400	450	21,5	6	42,70

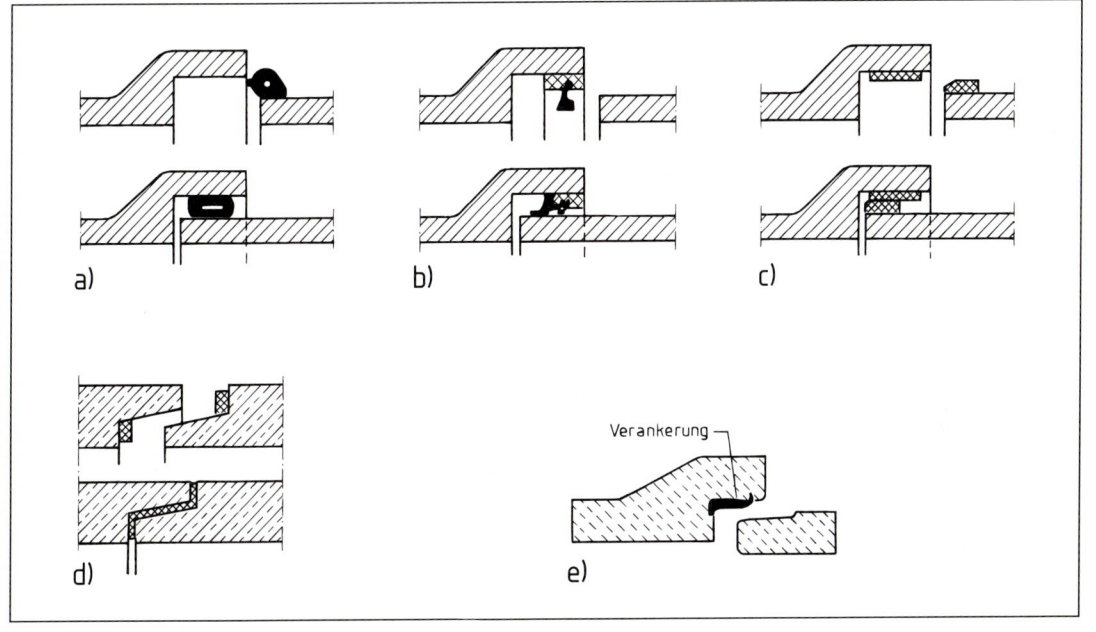

11.7 Rohrverbindungen und Rohrdichtungen, Muffenverbindungen
a) mit Rollring, b) mit Steckmuffe L, c) mit Steckmuffe K Falzverbindungen, d) mit Dichtungsband, e) mit integrierter Dichtung

Während die Steckmuffen L (= Lippendichtung aus Kautschuk) und K (= Kunststoffbelag aus Polyurethan) sowie integrierte Dichtungen bereits im Werk fest aufgebracht sind, müssen Rollring und Dichtungsband kurz vor dem Verlegen auf der Baustelle aufgelegt werden.

Formstücke. Neben den „normalen" geraden Rohren in Baulängen von 500 bis 5000 mm sind Formstücke erforderlich, um die einzelnen Grundstücke, Straßenabläufe, Schächte usw. anzuschließen (**11.8**).

Sauberkeit bzw. Aggressivität des Wassers bestimmen auch die ergänzenden Baustoffe. So verwendet man z. B. für die Gerinne der Schachtunterteile der Schmutzwasserleitungen nur Steinzeugartikel wie Sohlschalen, Spaltklinker oder Halbschalen. Bei Regenwasserbauwerken können dagegen ohne Bedenken Beton oder Zementmörtel verwendet werden.

> Überwiegend werden heute Muffenrohre in Baulängen von 1 bis 2 m verwendet. Für besonders große Belastungen gibt es wandverstärkte Rohre.

a) Steinzeug

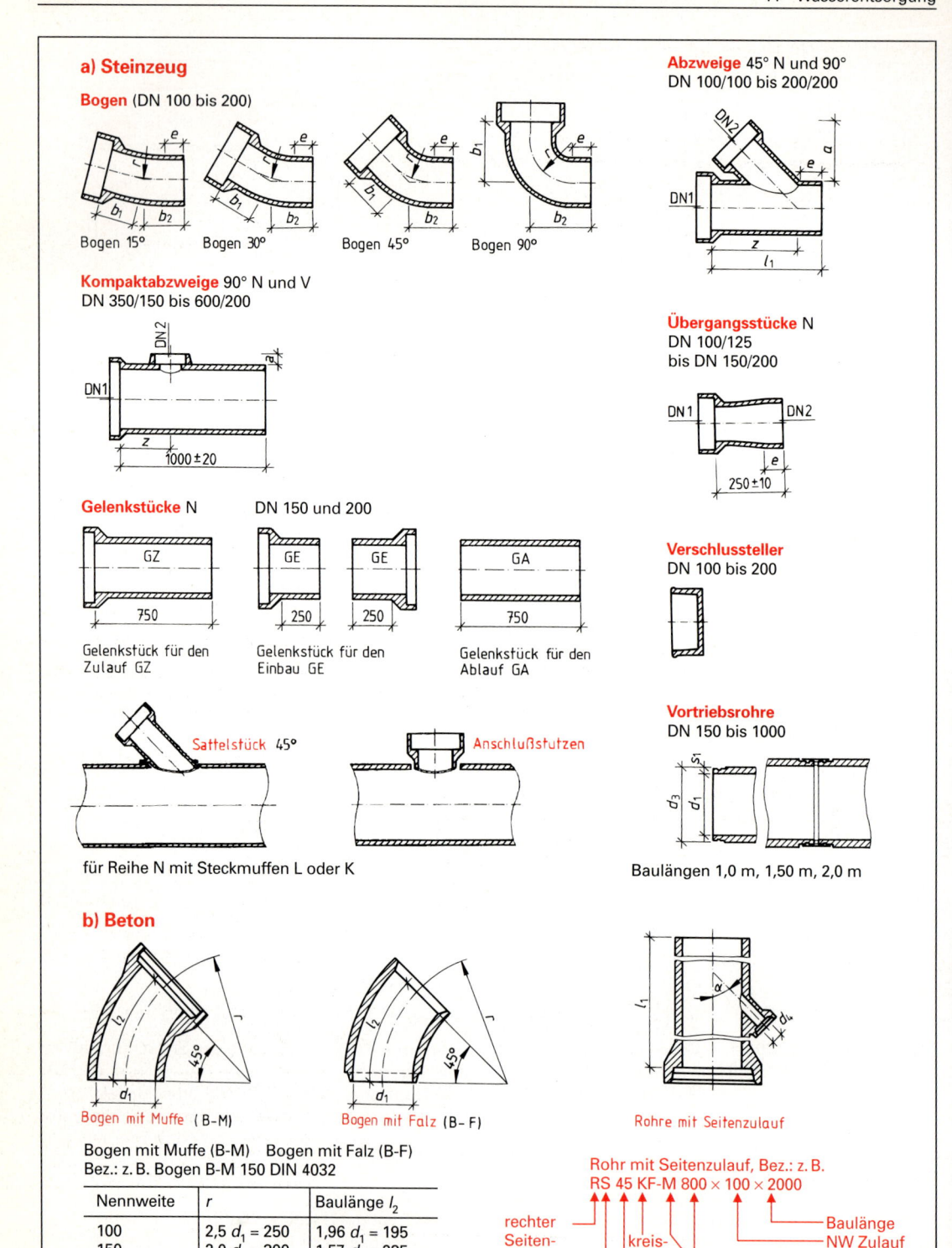

Bogen (DN 100 bis 200)

Bogen 15° Bogen 30° Bogen 45° Bogen 90°

Abzweige 45° N und 90°
DN 100/100 bis 200/200

Kompaktabzweige 90° N und V
DN 350/150 bis 600/200

Übergangsstücke N
DN 100/125
bis DN 150/200

Gelenkstücke N DN 150 und 200

Gelenkstück für den Zulauf GZ
Gelenkstück für den Einbau GE
Gelenkstück für den Ablauf GA

Verschlußteller
DN 100 bis 200

Sattelstück 45°   Anschlußstutzen

für Reihe N mit Steckmuffen L oder K

Vortriebsrohre
DN 150 bis 1000

Baulängen 1,0 m, 1,50 m, 2,0 m

b) Beton

Bogen mit Muffe (B-M)   Bogen mit Falz (B-F)

Rohre mit Seitenzulauf

Bogen mit Muffe (B-M)   Bogen mit Falz (B-F)
Bez.: z.B. Bogen B-M 150 DIN 4032

Nennweite	r	Baulänge l_2
100	2,5 d_1 = 250	1,96 d_1 = 195
150	2,0 d_1 = 300	1,57 d_1 = 235
200	2,0 d_1 = 400	1,57 d_1 = 315

Rohr mit Seitenzulauf, Bez.: z.B.
RS 45 KF-M 800 × 100 × 2000

rechter Seitenzulauf unter 45° — kreisrund — mit Fuß, Muffenrohr — Baulänge — NW Zulauf — Nennweite

11.8 Formstücke für Rohrleitungen a) aus Steinzeug nach DIN 1230, b) aus Beton nach DIN 4032

11.4 Entwässerungsentwurf

Der Entwässerungsentwurf fasst alle Vorüberlegungen und Berechnungen (also alle Daten der Rohrleitung und baulichen Einzelheiten) zu baureifen Plänen zusammen. Die Oberflächengestalt bestimmt vorwiegend die Begrenzung eines Entwässerungsgebiets. Das Einzugsgebiet umfasst die Fläche, deren Abwasser mit natürlichem Gefäl-

Im Entwässerungsentwurf für eine Ortsentwässerung sind alle Pläne und Berechnungen für den Bau und den Betrieb zusammengefasst.

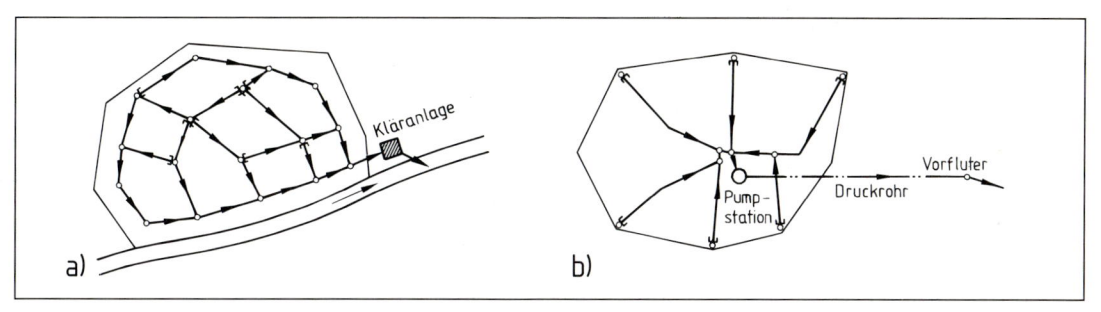

11.9 Beispiele für Entwässerungsnetze

le dem Tiefpunkt zugeführt werden kann. So entsteht ein Entwässerungsnetz (**11.9**), dessen Wasser vom Tiefpunkt aus durch natürliches Gefälle einer Vorflut (bei Regenwasser) oder einem Klärwerk (bei Schmutzwasser) zugeführt wird (**11.2**). Ist eine Gefälleleitung zum Klärwerk wegen der vorhandenen Höhen (oder zu tiefen Baugruben!) oder wegen der großen Entfernungen nicht zu bauen, muss das Wasser vom Tiefpunkt aus in einer Druckrohrleitung bis zum Klärwerk oder bis zu einem Einleitungsschacht gepumpt (gedrückt) werden. Das Leitungsnetz einer Ortsentwässerung kann aus einem oder mehreren Entwässerungsnetzen bestehen, die in einem Übersichtsplan dargestellt werden. Im Einzelnen enthält der Entwurf einer Ortsentwässerung:

- die Beschreibung der gesamten Maßnahme,
- den Übersichtsplan in den Maßstäben 1 : 5000 bis 1 : 10 000, getrennt nach Schmutz- und Regenwasserleitung,
- Lagepläne in den Maßstäben 1 : 500 bis 1 : 2000, vorzugsweise 1 : 1000 (**11.10** und **11.11**),
- Längsschnitte (Längsprofile) in den Maßstäben MdL/MdH 1 : 500 / 1 : 50 bis 1 : 1000 / 1 : 100 (**11.14**),
- Bauzeichnungen von Pumpwerken, Kontrollschächten, Regenwasserrückhaltebecken usw. in den Maßstäben 1 : 50 bis 1 : 100,
- Detailzeichnungen, z. B. von Schachtunterteilen.

Außer diesen Zeichnungen gehören Berechnungen, Massenermittlungen, Kostenvoranschläge und Wirtschaftlichkeitsberechnungen zum Bauentwurf.

11.4.1 Lageplan des Entwässerungsentwurfs

Der Lageplan einer Kanalisation enthält im Einzelnen (**11.10** und **11.11**):

- die Lage vorhandener und geplanter Leitungen, Kontrollschächte und Schachtbauwerke,
- die Längen der Haltungen (das ist die Rohrleitung jeweils von Mitte Schacht zu Mitte Schacht),
- Material und Durchmesser der Rohre,
- Gefälle und Fließrichtung,
- Bezeichnung und Nummerierung der Schächte,
- NN-Höhen der Rohrsohlen und Schachtoberflächen,
- für Regenwasserleitungen die Einzugsgebiete mit lfd. Nummer, Größe und Abflussbeiwert.

Die Darstellung der einzelnen Bestandteile im Lageplan ist nicht genormt und deshalb uneinheitlich. Die in Bild **11.10** gezeigten Beispiele sind zwar häufig, aber nicht überall üblich und verbindlich. Auch viele Bezeichnungen (z. B. Siel oder Kanal statt Leitung) sind traditionell und landschaftlich gebunden. Bild **11.11** zeigt den Lageplanausschnitt einer Ortsentwässerung. Der jeweiligen Legende (Zeichenerklärung) kommt wegen der unterschiedlichen Darstellung große Bedeutung zu. (Vgl. **11.10** mit **11.11**!)

Der Lageplan enthält alle für den Bau der Rohrleitungen erforderlichen Angaben.

geplante Schmutzwasserleitung mit Fließrichtung und Kontrollschacht (statt Leitung auch „Kanal" oder „Siel"!)

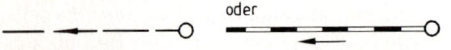

geplante Regenwasserleitung mit Fließrichtung und Kontrollschacht

geplante Mischwasserleitung mit Fließrichtung

vorhand. Schmutz- bzw. Regenwasserleitung

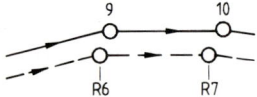

Nummerierung der Schächte in Fließrichtung (also vom Ende = höchsten Punkt der Leitung her) 1, 2 ...; zur besseren Unterscheidung evtl.
- S 9 = Schacht Nr. 9 der Schmutzwasserleitung usw. oder
- 1 bis 99 = Schmutzwasserschächte, 100 bis 199 = Regenwasserschächte

Angaben für jede Haltung:
- Länge der Haltung in m
- Material der Rohrleit. (Steinzeug, Beton, PVC)

- Durchmesser (DN)
- Längsneigung in ‰, im Verhältnis (1: ...) oder in %

Der Lageplan enthält außerdem:
- Grundstücksgrenzen und Bebauung
- Straßengrenzen, evtl. mit Aufteilung in Fahrbahn, Gehweg usw.
- Lage durchgeführter Bohrungen zur Bodenuntersuchung
- Straßenname, Flurbezeichnungen u. ä.
- Regenwasser-Einzugsgebiete mit lfd. Nummerierung, Größe und Abflussbeiwert
- Höhenfestpunkte

Höhenangaben (NN-Höhen) bei Schacht ... (Kotierung)
D = Deckelhöhe oder Straßenhöhe
S = Sohlhöhe
oft auch: SS = Sohle Schmutzwasserleitung
          SR = Sohle Regenwasserleitung
oder einfach RS = Rohrsohle

11.10 Bestandteile des Lageplans einer Ortsentwässerung

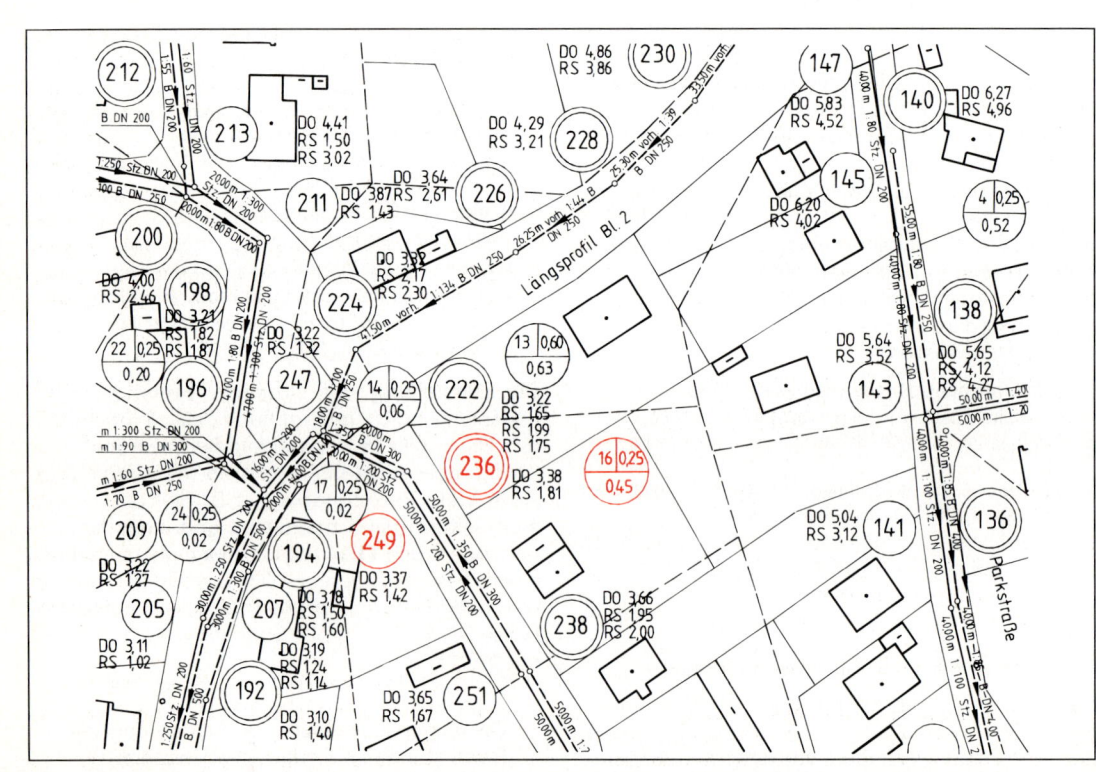

11.11 Ausschnitt aus dem Lageplan einer Ortsentwässerung mit Zeichenerklärung (Bildlegende s. S. 291)

11.4 Entwässerungsentwurf

Legende zu Bild 11.11

- (249) gepl. SW-Kanal mit Schacht Nr. (ungerade Zahlen)
- (236) gepl. RW-Kanal mit Schacht Nr. (gerade Zahlen)
- vorh. SW-Kanal
- vorh. RW-Kanal
- Druckrohrleitung (Schmutzwasser)
- Grenze für RW-Einzugsgebiet
- 16 | 0,25 / 0,45 RW-Einzugsgebiet laufende Nr. Abflussbeiwert Größe in ha
- DO Deckeloberkante
- RS Rohrsohle
- 1,09 ▼ Höhenfestpunkt in m ü. NN
- • S 8 Sondierbohrung Nr. 8

Die Lage der Leitungen im Straßenkörper lässt sich im Lageplan M 1 : 1000 nicht genau festlegen bzw. von der bauausführenden Firma nicht genau daraus ersehen. Da vor allem die städtischen Straßen zahlreiche Ver- und Entsorgungsleitungen und Kabel aufnehmen müssen, sind bei Planung und Bau die in DIN 1998 festgelegten „Richtlinien für das Einordnen von öffentlichen Versorgungsleitungen" zu beachten. Schmutz- und Regenwasserleitungen liegen dabei möglichst nebeneinander (beim Bau oft in einer Baugrube) im Bereich der Fahrbahn (**11**.12). Transportleitungen sollen in den Seiten der Fahrbahn, Versorgungs- und Verkehrsleitungen in den Gehwegen untergebracht werden.

> Schmutz- und Regenwasserleitungen sind entsprechend DIN 1998 in die Straße einzuordnen.

11.4.2 Längsschnitt eines Entwässerungsentwurfs

Längsschnitte stellen die Höhenverhältnisse der Rohrleitung im Gelände dar. Durch die zeichnerische Darstellung der Höhen und Längen in unterschiedlichen Maßstäben (z. B. Maßstab der Höhe 1 : 50 bei Maßstab der Länge 1 : 500 = Verhältnis 1 : 10) werden Höhen, Gefälle und Baugrubentiefen besonders deutlich. Aber auch Gefällewechsel, Durchmesseränderungen und Abstürze sind im Längsschnitt klar zu erkennen. Die meist nebeneinander liegenden Schmutz- und Regenwasserleitungen werden in getrennten Längsschnitten, manchmal aber in einem gemeinsamen Längsschnitt dargestellt. Im letzten Fall ist zu empfehlen, sie – wie im Lageplan – unterschiedlich mit ausgezogenen bzw. gestrichelten Linien darzustellen. Der Längsschnitt enthält im Einzelnen (**11**.13):

- die Leitungen mit den Angaben der Sohlhöhen („Fließsohle"),
- das Gelände bzw. die Straße mit Höhenangaben,
- Gefälle, Fließrichtung, Rohrdurchmesser und Material der Rohrleitungen.
- die Schächte mit Schachtnummern und Schachtabständen, den Haltungslängen,
- zufließende Rohrleitungen in der Ansicht,
- die Bezugshöhe der zeichnerischen Darstellung,
- ergänzende Angaben wie Straßennamen und Anschlussleitungen,
- evtl. Bohrergebnisse oder Hinweise auf Böden und Bodenklassen.

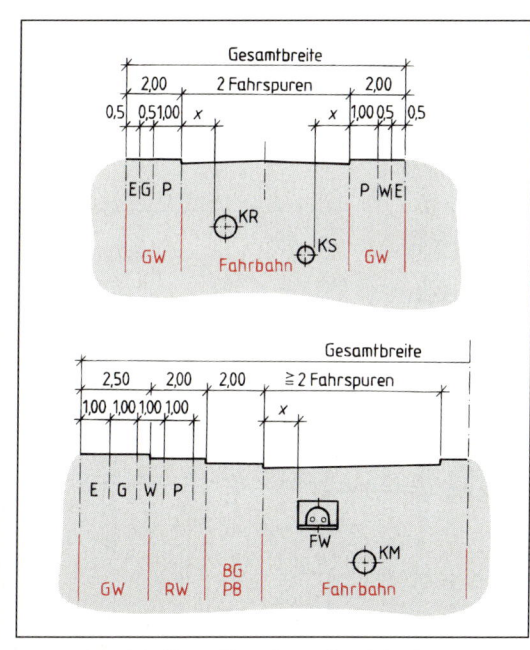

11.12 Beispiele für das Einordnen öffentlicher Versorgungsleitungen nach DIN 1998

- BG = Baumgraben, unterbrochen von
- PB = Parkbuchten
- E = Elektrizitäts-Zone
- FW = Fernwärmeleitung
- MS = Mittelstreifen
- P = Post-Zone
- RW = Radweg
- W = Wasser-Zone
- WH = Wasserhauptleitung
- G = Gas-Zone
- GW = Gehweg
- KM = Mischwasserkanal
- KR = Regenwasserkanal
- KS = Schmutzwasserkanal

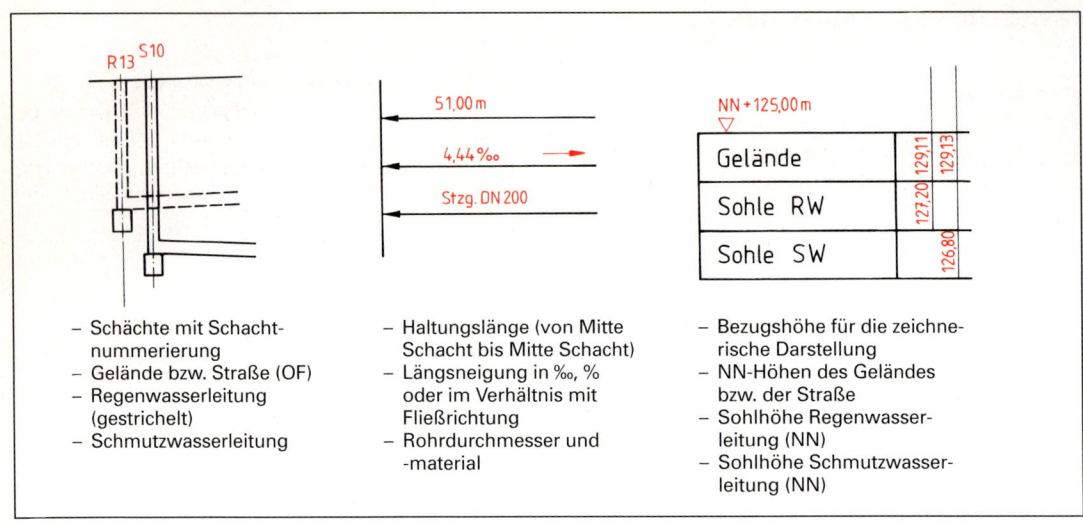

11.13 Bestandteile des Längsschnitts einer Schmutz- und Regenwasserleitung

Bild **11.**14 zeigt einen Längsschnitt mit Gefälleleitung für Schmutz- und Regenwasser sowie eine Druckrohrleitung für Schmutzwasser. Wie deutlich zu erkennen ist, kann die Druckrohrleitung verhältnismäßig flach (aber frostfrei!) und in *gleich bleibender* Tiefe verlegt werden. Im Längsschnitt verlaufen Geländehöhe und Druckrohrleitung weitgehend parallel.

Der Längsschnitt stellt die NN-Höhen der Rohrleitung und des Geländes besonders anschaulich dar. Er wird mit unterschiedlichen Maßstäben für Höhen und Längen gezeichnet.

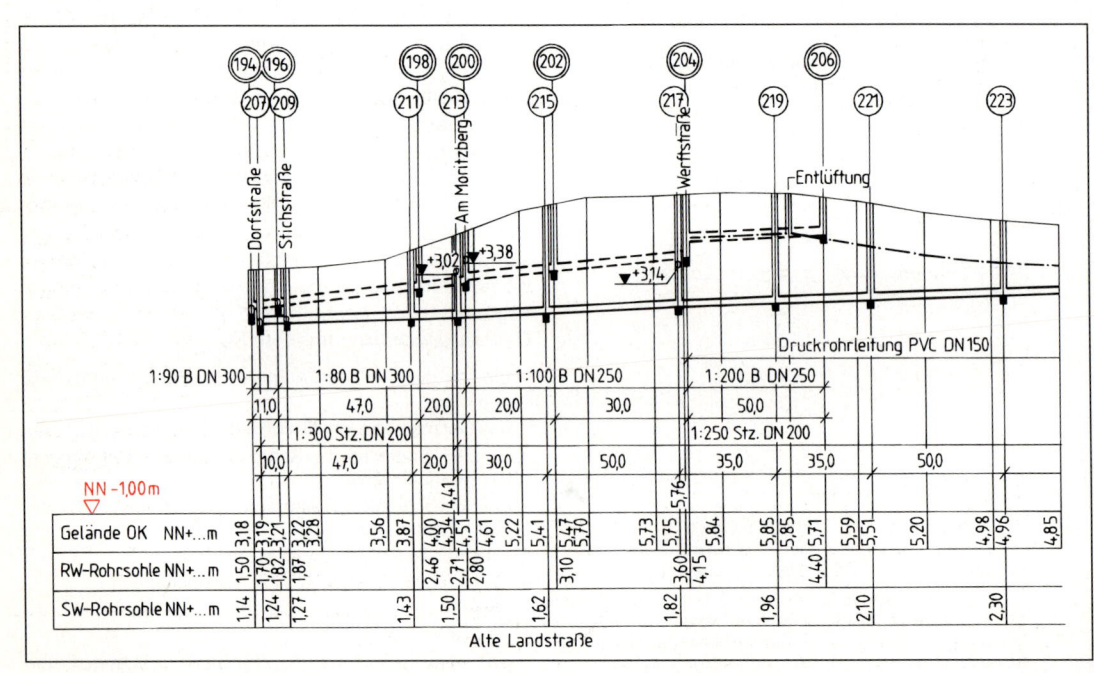

11.14 Beispiel für den Längsschnitt einer Ortsentwässerung (um die Hälfte gekürzt)

11.5 Bau der Rohrleitungen

Rohrleitungen für Schmutz- und Regenwasser werden in frostfreier Tiefe
- in unverbauten, meist geböschten Rohrgräben oder
- in verbauten Rohrgräben mit senkrechten Grabenwänden verlegt (**11.15**).

Unfälle bei Arbeiten in und an Rohrgräben verlaufen häufig schwer, manchmal tödlich! Deshalb gelten sehr strenge Vorschriften der zuständigen Bau- bzw. Tiefbau-Berufsgenossenschaft. Rohrgräben mit senkrechten Wänden müssen ab einer Tiefe

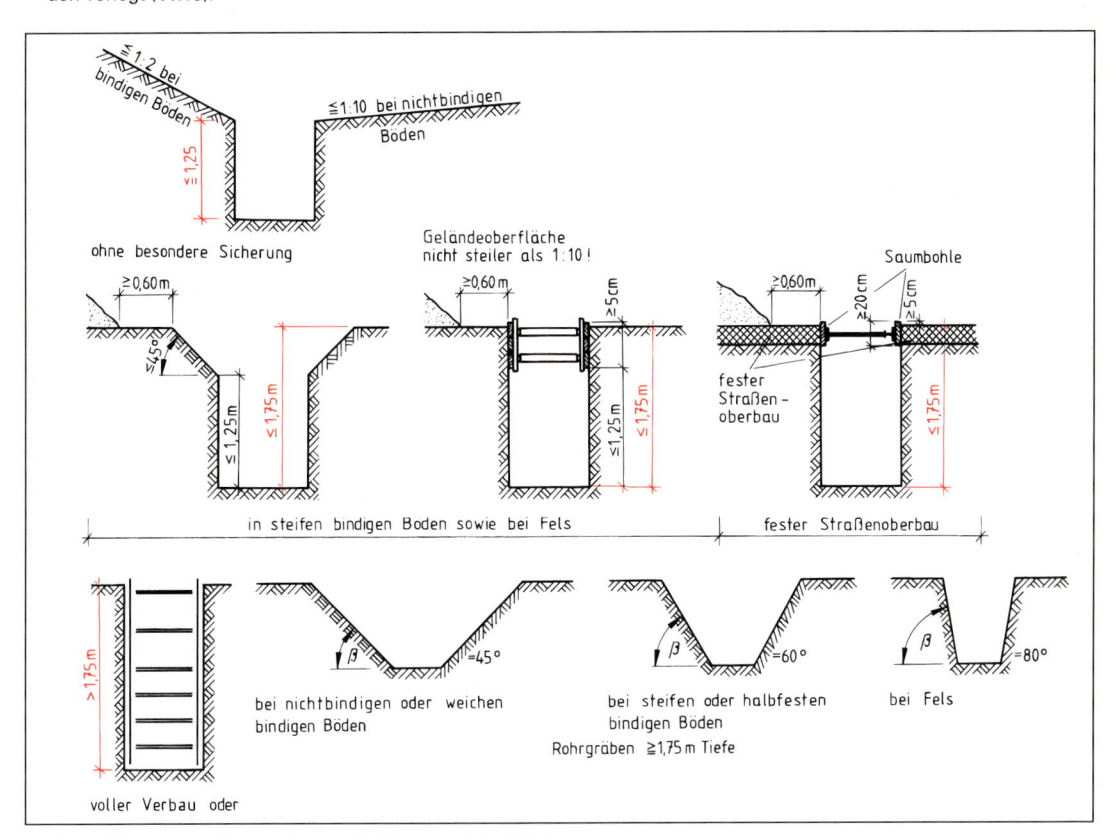

11.15 Sicherung von Baugruben und Gräben nach DIN 4124

Tabelle **11.16** Rohrgrabenbreiten nach DIN EN 1610

Mindestgrabenbreite in Abhängigkeit von der Nennweite DN				Mindestgrabenbreite in Abhängigkeit von der Grabentiefe	
DN	Mindestgrabenbreite (OD + x) in m			Grabentiefe in m	Mindestgraben-breite in m
	verbauter Graben	unverbauter Graben			
		$\beta > 60$	$\beta \leq 60$		
≤ 225	OD + 0,40	OD + 0,40		< 1,00	keine Mindestbreite vorgeschrieben
> 225 bis $\leq$ 350	OD + 0,50	OD + 0,50	OD + 0,40		
> 350 bis $\leq$ 700	OD + 0,70	OD + 0,40	OD + 0,40	$\geq 1,00 \leq 1,75$	0,80
> 700 bis $\leq$ 1200	OD + 0,85	OD + 0,85	OD + 0,40		
über 1200	OD + 1,00	OD + 1,00	OD + 0,40	$> 1,75 \leq 4,00$	0,90
Bei den Angaben OD + x entspricht x/2 dem Mindestarbeitsraum zwischen Rohr und Grabenwand bzw. Grabenverbau. Dabei ist OD der Außendurchmesser in m und β der Böschungswinkel des unverbauten Grabens, gemessen gegen die Horizontale.				> 4,00	1,00

von 1,75 m in jedem Fall voll verbaut („verkleidet") werden. Genaue Angaben macht Bild **11**.15.

Die Breite der Baugrube muss zwischen dem Verbau so bemessen sein, dass alle Arbeiten gefahrlos ausgeführt werden können. DIN EN 1610 (s. S. 293) legt die lichte Baugrubenbreite für verkleidete bzw. unverkleidete Baugruben in Abhängigkeit von Baugrubentiefe und äußerem Rohrdurchmesser fest (**11**.16). Für die Abrechnung der Erdarbeiten werden die Breitenmaße der DIN EN 1610 in der Abrechnungs-DIN 18300 (Erdarbeiten) zugrunde gelegt.

Baugrubentiefe. Die Tiefe der Baugrube und des Bodenaushubs ergibt sich zunächst aus den Höhenangaben im Lageplan und/oder im Längsschnitt:

Schachtoberfläche (DO)	± ... m NN
− Rohrsohle	± ... m NN
= Baugrubentiefe	... m

Diese Baugrubentiefe ist aber nur für dünnwandige Rohre (z. B. normalwandige Steinzeugrohre) ohne Fuß und ohne zusätzliche Bettung anzunehmen und „ehrlich" (**11**.17). Oft kommen Wanddicke und/oder Bettung hinzu.

> Die Mindestbreite der Rohrgräben ist aus Sicherheitsgründen in DIN EN 1610 festgelegt. Die Tiefe ergibt sich rechnerisch aus den Höhenangaben in Lageplan und Längsschnitt.

Der Verbau muss zur Sicherheit bis zur Baugrubentiefe herabgeführt werden. Das ist bei modernem Verbau mit Verbaukästen und -geräten einfach, bei den traditionellen Verbauarten wie dem waagerechten Verbau dagegen sehr arbeitsaufwendig. Die klassischen Verbauarten des waagerechten und senkrechten Holzbohlenverbaus, des Trägerbohlwandverbaus oder des Verbaus mit Kanaldielen und Spundbohlen sind sehr lohnintensiv und deshalb oft – wo immer möglich – von Verbaugeräten abgelöst worden.

Grundwasserabsenkung. Rohre können nur in einer trockenen Baugrube verlegt werden. Da häufig der Grundwasserspiegel höher liegt als die Rohrsohle, muss eine Grundwasserabsenkung vorgenommen werden. Ist der Grundwasserspiegel nur wenig höher als die Sohle der Baugrube, kann dies in offener Wasserhaltung, also mit einem kleinen Graben oder mit einem Dränrohr auf der Sohle des Rohrgrabens geschehen. Bei höheren Wasserständen ist eine Grundwasserabsenkung durch Brunnen (bei sandigen Böden, die das Wasser leicht abgeben) oder im Vakuumverfahren (bei bindigen Böden, in denen das Wasser durch Adhäsion festgehalten wird) erforderlich.

> Rohre können nur in sicheren und trockenen Rohrgraben verlegt werden.

Die Rohrlagerung ist wichtig für die Lebensdauer der Rohrleitung, weil große Kräfte aus Verkehrslasten und Überschüttung lotrecht wirken. Schäden

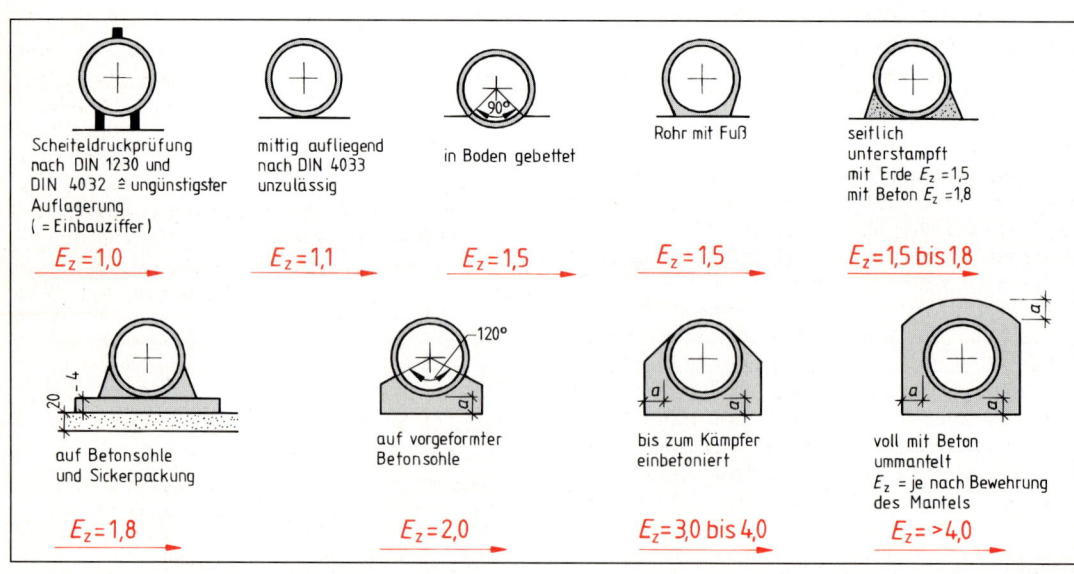

11.17 Rohrauflagerungen nach DIN 4032 und DIN 4033

11.5 Bau der Rohrleitungen

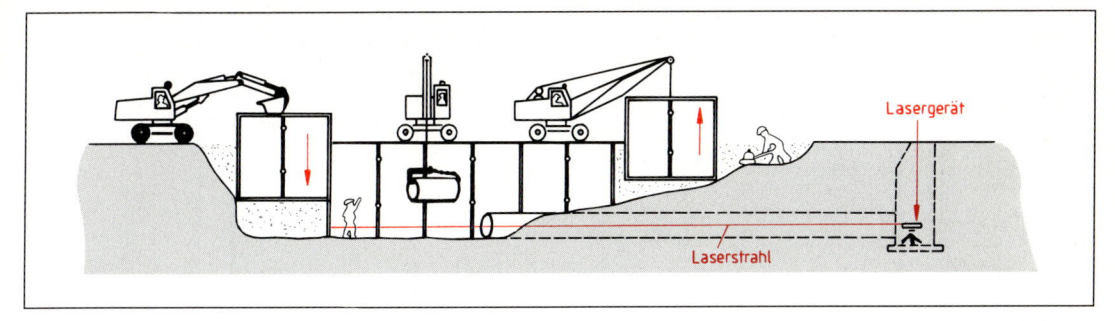

11.18 Heute übliches Verlegen von Rohren mit dem Baulaser in einem kurzen, durch Verbaugeräte gesicherten Rohrgraben

an Rohrleitungen wie Setzungen und Brüche sind nur unter großem Aufwand zu beheben. Ein gutes Rohrauflager leitet die im Rohrscheitel angreifenden Kräfte in den Boden ab. Dabei vermeidet man jede punkt- oder linienförmige Auflagerung, wie sie gerade bei Muffenrohren leicht entsteht. Nimmt man die in der Scheiteldruckprüfung übliche, aber ungünstige Lagerung mit der Einbauziffer = 1 an, sind alle auf der Baustelle vorkommenden Auflagerungen besser (**11.17**). Sand-, Kies-, Schlacken- oder Betonauflager, die unter den Rohren eingebaut werden, verbessern häufig nicht nur die Auflagerbedingungen, sondern ermöglichen in bindigen und felsigen Böden überhaupt erst ein rationelles und einwandfreies Verlegen der Rohre. Nur eine setzungsfreie Lagerung garantiert einen störungsfreien Abfluss bei dem oft sehr geringen Gefälle.

> Um Schäden an Rohrleitungen zu vermeiden, ist eine satte, setzungsfreie Auflagerung der Rohre erforderlich.

Das Verlegen der Rohre ist durch vorgefertigte Dichtungen (Steckmuffen L und K) und die häufige Verwendung von Muffenrohren (mit Rollringdichtungen oder integrierten Dichtungen) rationalisiert worden. Die Rohrdichtungen müssen kurz vor dem Verlegen im Graben nur noch gesäubert und mit einem Gleitmittel versehen werden. Flucht und Sohlhöhe der Rohrleitung werden heute mit dem Laserstrahl des Rohrlasers übertragen. Der im Schacht oder im ersten Rohr eingesetzte Baulaser gibt mit seinem auf 1/100 % genau einzustellenden roten, aktiven Strahl jederzeit Flucht und Höhe für die Rohrleitung an. Baulaser und Grabenverbaugeräte ermöglichen eine kurze Baustelle und eine schnelle Verlegung bei geringem Lohnaufwand (**11.18**).

Verfüllen. Vor dem Verfüllen des Rohrgrabens kann die verlegte Rohrleitung durch Augenschein geprüft werden – meist wird zugunsten besserer Verfahren darauf verzichtet. Abzweiger, an die später angeschlossen werden soll, werden nur noch selten vor dem Verfüllen vom Schacht aus in Fließrichtung eingemessen: Das Verfüllen muss mit größter Vorsicht und Sorgfalt geschehen. Im Bereich der Leitungszone (bis 30 cm über Rohrscheitel) darf nur steinfreier Boden eingebaut und mit leichtem Verdichtungsgerät verdichtet werden, um eine Zerstörung und ein Verschieben der Rohre zu vermeiden. Erst ab 1,00 m über Rohrscheitel dürfen schwerere Stampf- und Rüttelgeräte für das sorgfältige Verdichten der lagenweise eingebrachten Bodenschichten eingesetzt werden.

Die Kontrolle der Rohrverlegung (nach dem Verfüllen) ist

– eine Prüfung auf Wasserdichtheit nach DIN 4033 (**11.19**) und
– eine optische Kanalfernsehinspektion mit selbstfahrender Kamera (**11.20**).

Bei der Prüfung auf Wasserdichtheit erweist sich, ob eine Rohrleitung bei 15 min Prüfdauer und einem Prüfdruck von 5 m Wassersäule (= 0,5 bar) dicht ist. Dabei ist eine geringe Wasserzugabe in Abhängigkeit von Material (bei Steinzeugrohren 0,1 l/m² benetzter Innenfläche, bei Betonrohren 0,10 bis 0,4 l/m²) und Rohrprofil (Kreis- oder Eiprofil), während der Prüfdauer zulässig. Die heute übliche optische Prüfung mit dem „Kanalfernauge" zeigt auf dem Monitor Unregelmäßigkeiten der Rohre, Verbindungen oder Anschlüsse bei ablesbarer Stationierung.

> Muffenrohre aus Steinzeug und Beton werden mit Steckmuffen oder Rollringen gedichtet und mit Hilfe des Laserstrahls höhen- und fluchtgerecht verlegt. Der Rohrgraben ist sorgfältig zu verfüllen. Die Rohrleitung wird auf Wasserdichtheit und/oder mit dem Kanalfernauge geprüft.

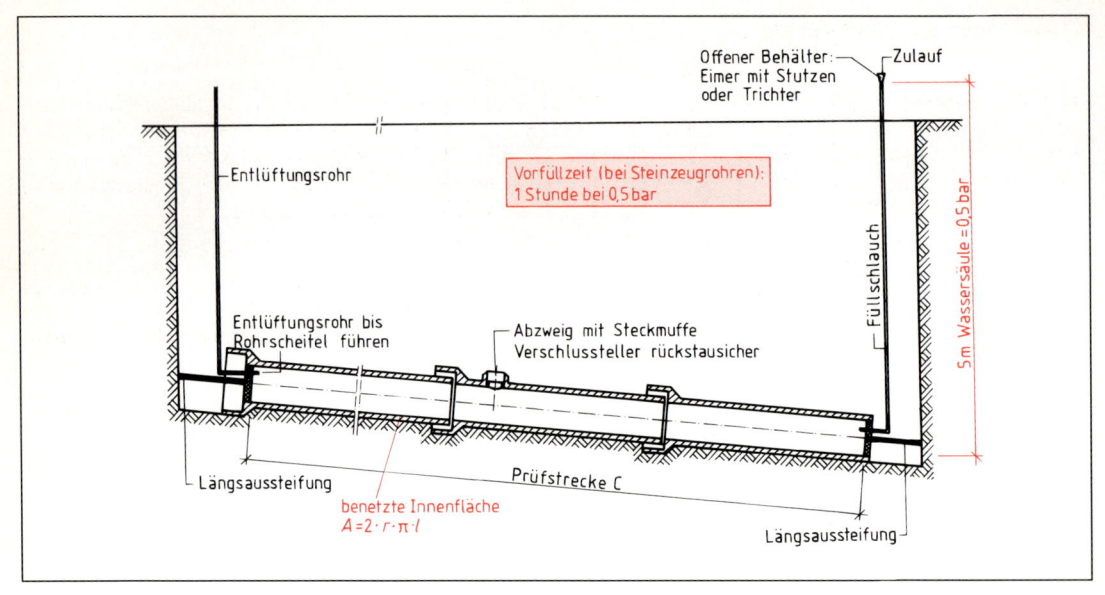

11.19 Prüfen einer Rohrleitung auf Wasserdichtheit nach DIN 4033

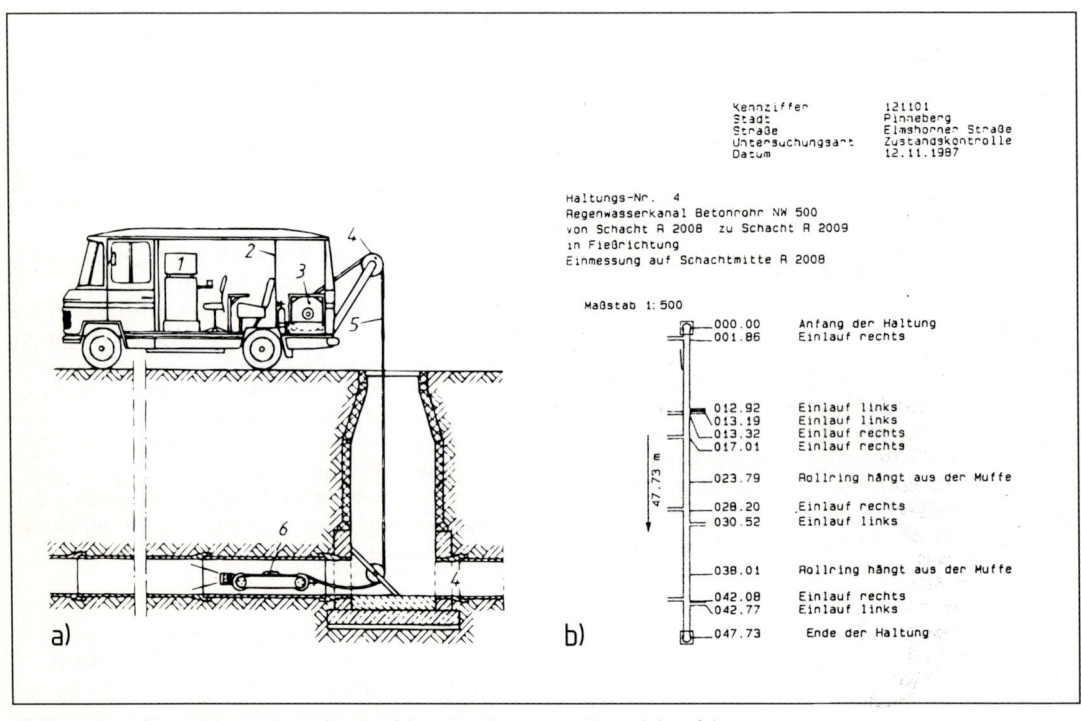

11.20 a) Kanalfernsehinspektion mit selbstfahrender Kamera und Inspektionsfahrzeug
b) Prüfungsprotokoll einer neu verlegten Regenwasserleitung mit dem Kanalfernauge

    1 Kontroll- und Steuerwand   4 Umlenkrolle
    2 Trennwand   5 Kamerakabel
    3 Kabeltrommel bzw. Winde   6 Kanalfernsehkamera

11.6 Schachtbauwerke

Die Ortsentwässerung besteht nicht nur aus den Rohrleitungen, sondern auch aus einer Reihe ergänzender Bauwerke, die den Betrieb überhaupt erst ermöglichen. Am wichtigsten und häufigsten sind Schachtbauwerke.

Schächte unterteilen die Rohrleitung in Abständen von maximal etwa 60 m (üblich sind 50 m) in einzelne Haltungen. Nur so ist es möglich, eine Rohrleitung in Kurven in kurzen geraden Leitungen zu verlegen. In den Schächten werden häufig mehrere Leitungen zusammengeführt (**11.**21). Aber auch Änderungen des Rohrdurchmessers und des Gefälles sowie der Ausgleich größerer Höhendifferenzen werden in den Kontrollschächten vorgenommen (**11.**22). Schächte dienen ferner zur Kontrolle und Reinigung (daher die üblichen Bezeichnungen Prüf-, Kontroll- oder Einsteigschacht) sowie der Be- oder Entlüftung.

Normale Schächte bestehen

- aus runden oder eckigen, meist aus Kanalklinkern gemauerten Unterteilen (**11.**23).
- aus Betonfertigteilen (nach DIN 4034), die das Schachtoberteil bilden (**11.**24),
- aus Schachtabdeckungen (nach DIN 1229), die den oberen, allein sichtbaren Abschluss des Schachtes bilden (**11.**25).

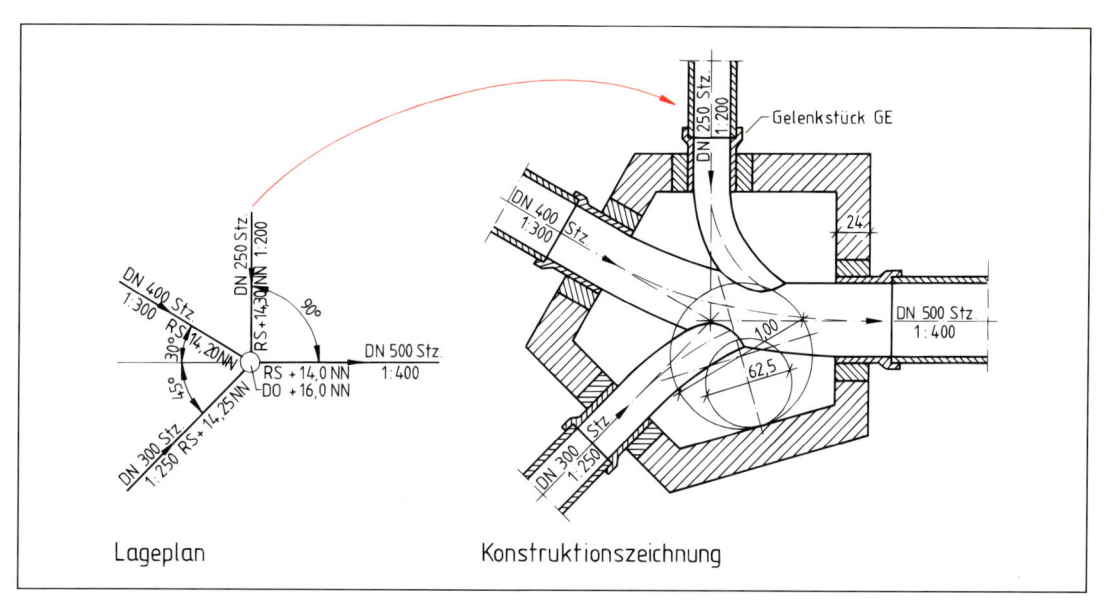

11.21 Zusammenführung mehrerer Leitungen in einem Schacht. Darstellung in Lageplan und Konstruktionszeichnung

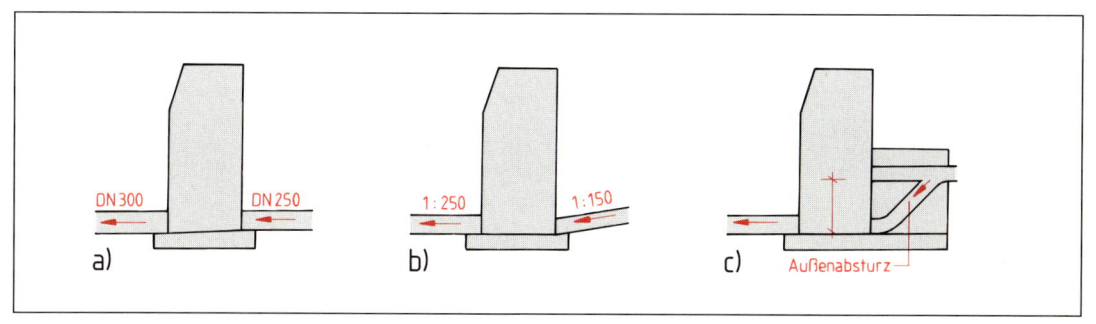

11.22 In Kontrollschächten können Rohrdurchmesser (a) und Gefälle (b) geändert sowie Höhendifferenzen zwischen den Rohrleitungen (c) ausgeglichen werden

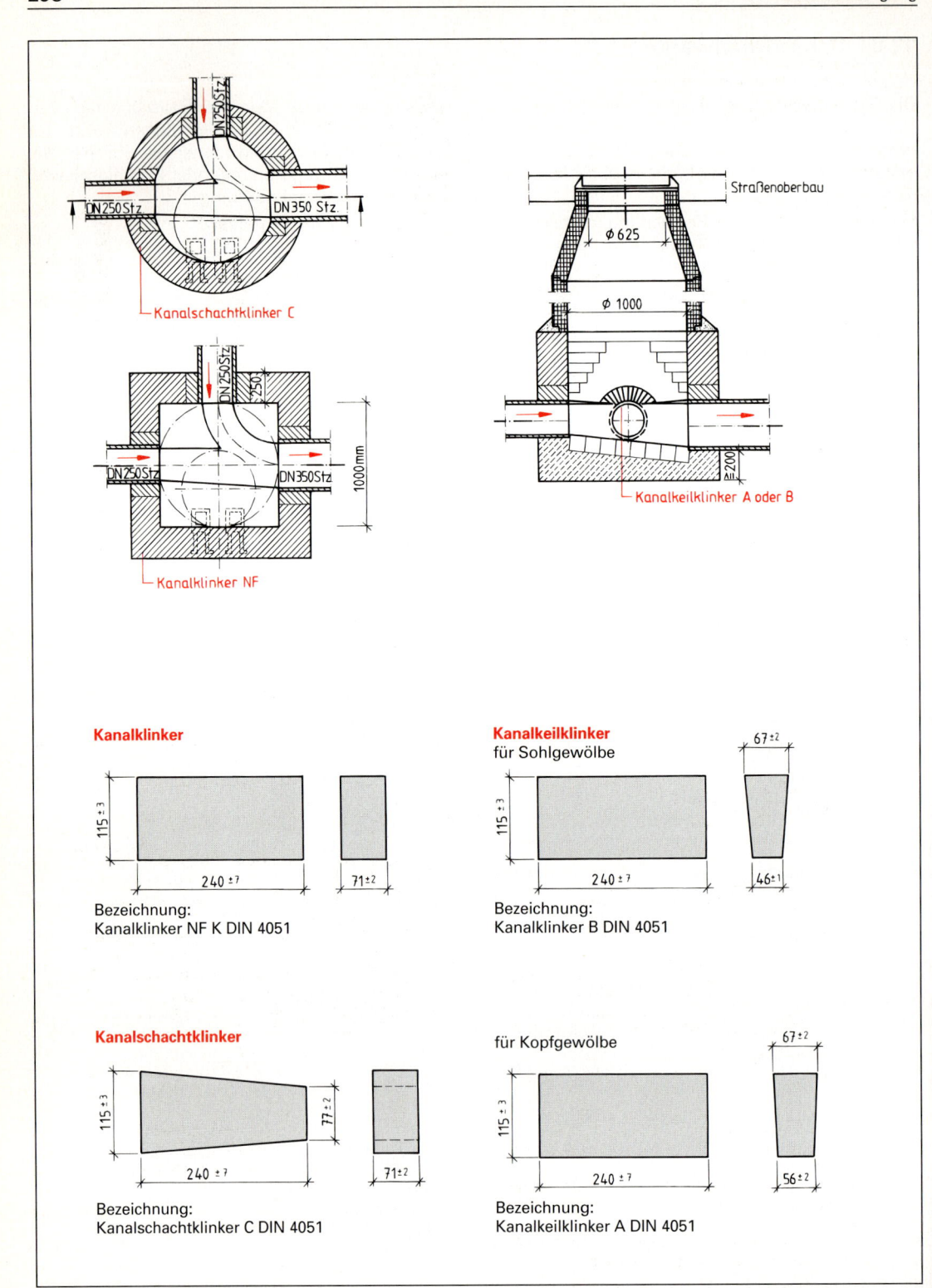

Kanalklinker
Bezeichnung:
Kanalklinker NF K DIN 4051

Kanalkeilklinker
für Sohlgewölbe
Bezeichnung:
Kanalklinker B DIN 4051

Kanalschachtklinker
Bezeichnung:
Kanalschachtklinker C DIN 4051

für Kopfgewölbe
Bezeichnung:
Kanalkeilklinker A DIN 4051

11.23 Kanalklinker nach DIN 4051 dienen hauptsächlich zur Herstellung von Schachtunterteilen (Maße in mm)

11.6 Schachtbauwerke

Auflageringe (AR)
h = 40 mm, 60 mm, 80 mm
Bezeichnung: Auflagering
AR 625 × 60 DIN 4034
  ↑   ↑
  d   h (mm)

Schachthälse (SH)

d	zul. Abw.
800	± 7
1000	± 8
1200	± 10
1500	± 10

Bezeichnung: Schachthals
SH 1000 × 625 A DIN 4934
  ↑   ↑
  d obere Lichtwerte

Schachtringe (SR)
Zulässige Abweichungen wie bei SH
Bezeichnung: Schachtring
SR 1200 × 500 DIN 4034-S
 ↑   ↑   ↑
 d Bauhöhe statische Bewehrung
Anordnung der Steigeisen
(Steigmaß): A = 250 mm, B = 333 mm

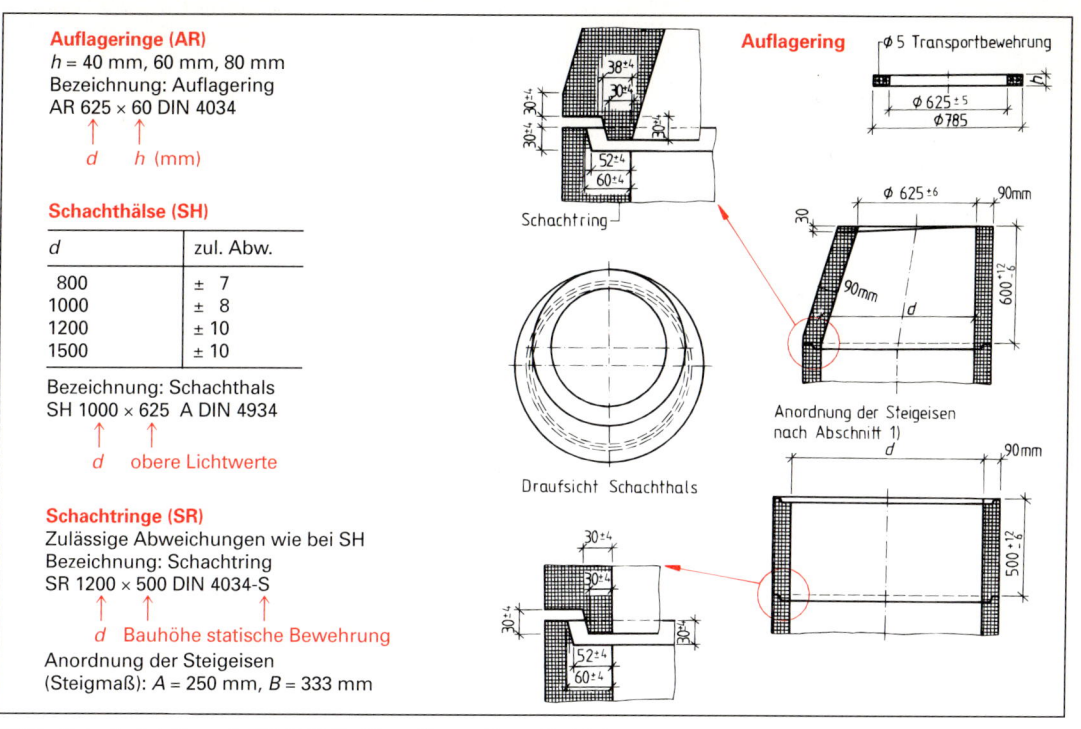

11.24 Betonfertigteile nach DIN 4034 für Oberteile von Kontrollschächten

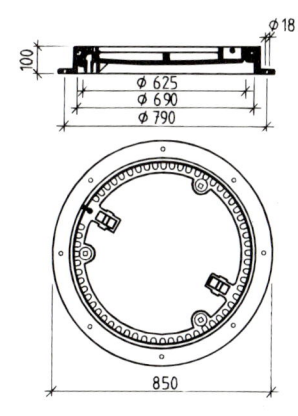

Beispiel
Schachtabdeckung
Klasse D,
rund,
ohne Innendeckel;
Rahmen aus
Gusseisen,
Deckel aus Guss-
eisen mit
Betonfüllung

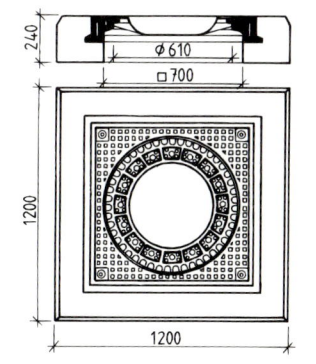

Beispiel
Schachtabdeckung
Klasse D,
rechteckig,
mit Lüftungs-
öffnungen und
verschraubtem
Zwischenrahmen;
Rahmen aus
Gusseisen
mit Beton,
Deckel aus
Gusseisen
mit Betonfüllung

Klassifizierung
- Klasse A für Grünflächen und Flächen, die nicht als Verkehrsflächen gelten, jedoch gelegentlich begangen werden
- Klasse B für Gehwege und vergleichbare Flächen, für Pkw-Parkhäuser
- Klasse C entfällt
- Klasse D für Fahrbahnen von Straßen, Parkflächen und vergleichbare befestigte Verkehrsflächen
- Klasse E für nicht öffentliche Verkehrsflächen, die mit besonders hohen Radlasten befahren werden
- Klasse F für Flugbetriebsflächen von Verkehrsflughäfen

Weitere Merkmale
wählbare Oberfläche, Verriegelung, Kunststoffeinlage, Rückstausicherung

11.25 Schachtabdeckungen nach DIN 1229

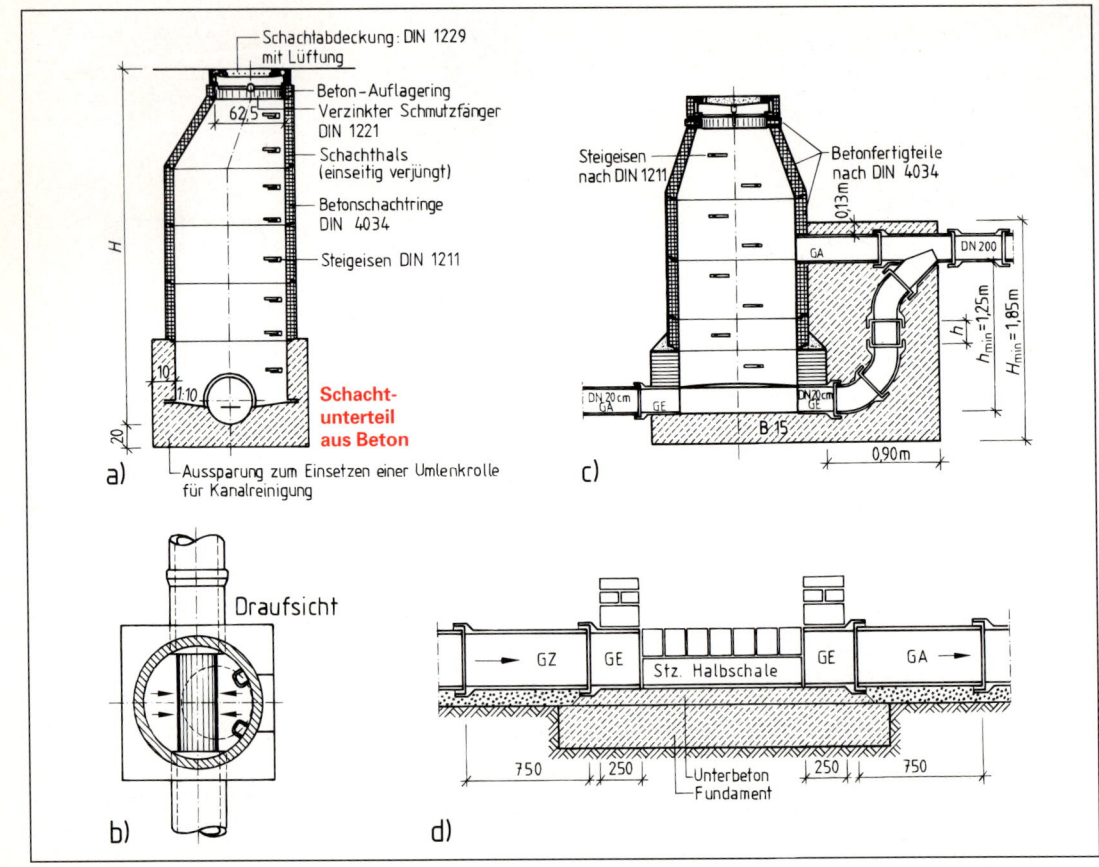

11.26 Normaler Einsteig-(Kontroll-)schacht (a und b), Schacht mit äußerem Absturz (c) und Beispiel für die Konstruktion des Gerinnes (d)

Die größten Unterschiede betreffen Konstruktion und Baustoffe der Schachtunterteile. So wird z. B. das Gerinne (= Fließsohle im Schachtbereich) aus ganzen oder geteilten Sohlenschalen, Kanal-Spaltklinkern oder Beton ausgebildet. Bild **11.26** zeigt einen Normalschacht und einen äußeren Absturzschacht – Zeichnungen, wie sie der Bauzeichner für die Bauausführung erstellt.

> Schächte in etwa 50 bis 60 m Abstand dienen zu Kontrolle und Reinigung, ermöglichen aber auch Konstruktionsänderungen von Haltung zu Haltung. Sie bestehen aus gemauerten und betonierten, der jeweiligen Situation angepassten Unterteilen sowie vorgefertigten Oberteilen und Abdeckungen.

11.7 Pumpwerke und Kläranlagen

Pumpwerke. An den Tiefpunkten eines Entwässerungsnetzes muss das Schmutzwasser gehoben oder gepumpt werden. Danach kann es entweder in einer Gefälleleitung unmittelbar weiterfließen oder überwindet in einer Druckrohrleitung eine größere Strecke auf dem Weg zum Klärwerk. Das im Pumpwerk ankommende Schmutzwasser gelangt über Rechen und Sandfang in einen Pumpensumpf. Von dort fließt es durch ein Saugrohr den Pumpen zu und wird von ihnen in eine Druckrohrleitung gedrückt. Aus diesen Stationen des Abwassers in einem Pumpwerk ergibt sich die technische Ausrüstung mit Pumpen (oft Kreiselpumpen), Schiebern und Rückschlagklappen zur Sicherheit, Motoren für die Pumpen. Elektrische Schaltungen, druckabhängige Steuerungen, Belüf-

11.7 Pumpwerke und Kläranlagen

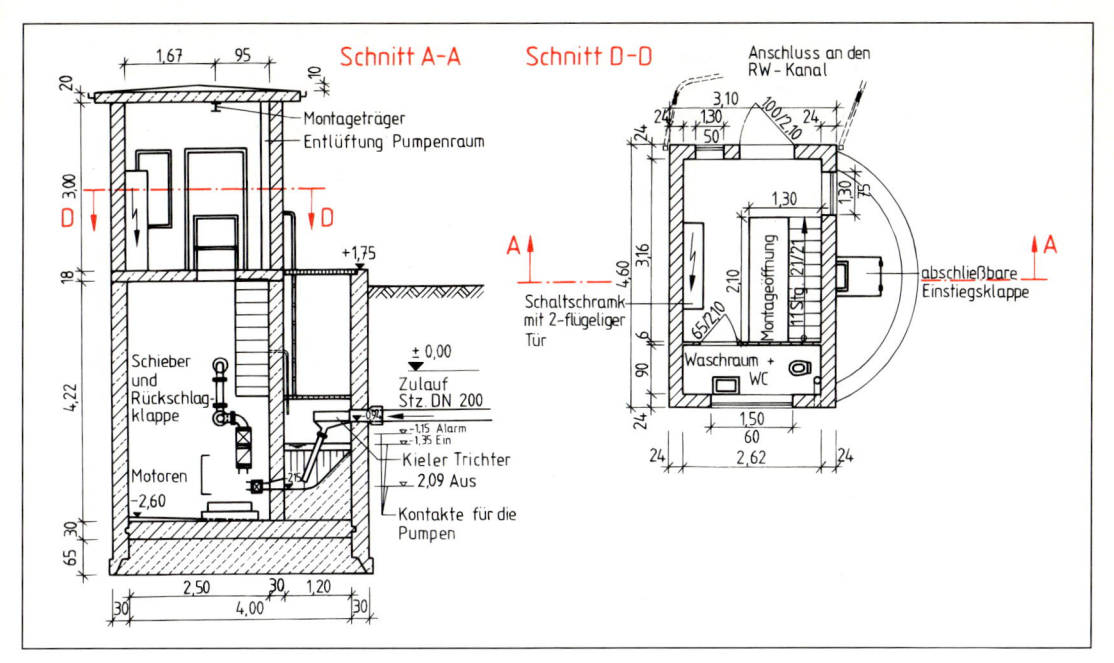

11.27 Konstruktionszeichnung für ein kleines Pumpwerk (um die Hälfte gekürzt)

tung, Wartung und Reparatur sind bei der Planung zu berücksichtigen. Alle diese Bestandteile sind in einer Pumpstation oder in einem Pumpwerk zusammenzufassen. Die Größe ergibt sich aus Kapazität und Ausstattung (**11.27**).

Pumpwerke drücken von Tiefpunkten eines Entwässerungsnetzes aus Schmutzwasser in Druckrohrleitungen zum Klärwerk.

Kläranlagen. Alle Arten von Kläranlagen haben die Aufgabe, das Abwasser so zu klären, dass es ohne Schaden für Menschen, Tiere und Pflanzen den Vorflutern Bach, Fluss, See und Meer zugeleitet werden kann. Noch ist das nicht überall und befriedigend gelöst – Versalzungen und Trübungen des Wassers, Schaumberge, Fischsterben und Geruchsbelästigungen gibt es immer noch.

Abwässer enthalten anorganische und organische Stoffe, in gelöster und ungelöster Form, ferner eine Vielzahl von Kleinstlebewesen (Bakterien) und Krankheitskeimen. Entsprechend dieser Zusammensetzung des Abwassers besteht eine gute Klärung aus mechanischen, chemischen und biologischen Vorgängen.

Bei der mechanischen Klärung werden große, ungelöste Stoffe an Sieben und Rechen bzw. in Sandfiltern zurückgehalten. Sie können aber auch durch Absetzen (in Absetzbecken) oder durch Aufschwimmen und Abstreifen (im Schwimmverfahren) entfernt werden.

Bei der chemischen Klärung reagieren chemische Zusätze als Fällmittel mit gelösten Stoffen und Schwebstoffen. Es entstehen absetzbare Stoffe und Flocken, die nach langsamem Absetzen entfernt werden können. Chemikalien wie Chlor töten außerdem (Krankheits-) Keime.

Bei der biologischen Klärung macht man sich natürliche Lebensvorgänge für die Reinigung zunutze, wie sie auch in der Natur – z. B. bei der Selbstreinigung der Gewässer durch Kleinlebewesen – vor sich gehen. Bakterien und andere niedere Tierformen verzehren den organischen „Schmutz" des Abwassers und verwandeln ihn dabei in absetzbare Flocken (beim Belebungsverfahren) oder festsitzende Häute (beim Tropfkörperverfahren). In jedem Fall muss das Wasser viel gelösten Sauerstoff (aus der Luft) enthalten, der durch die Bakterien verbraucht wird und immer wieder ersetzt werden muss.

Im Klärwerk durchläuft das Abwasser bis zur vollständigen Klärung viele Stationen. Die bauliche Gestaltung ist durch eine Vielzahl von Becken, Türmen, Leitungen, Pumpenhäusern usw. äußerst kompliziert und kann hier nicht dargestellt werden.

Kleinere Gemeinden ohne Anschlussmöglichkeit an ein Klärwerk reinigen ihre Abwässer (als Mischwasser) häufig in belüfteten *Abwasserteichen* auf biologische Weise. Ihnen sind meist Absetzteiche, Rechen und Filter vorgeschaltet. Die Abwasserteiche sind oft auch Fischteiche mit evtl. Frischwasserzufluss von Bach oder Fluss.

Ohne Anschluss an eine Schmutzwasserleitung bleibt nur die Möglichkeit einer eigenen *Hausklär-*

anlage. Es sind genau genommen Abwasserfaulräume, in denen ein biologisches Faulen mit Bakterien ohne Zutritt von Luft, aber mit erheblicher Schwefelwasserstoffentwicklung abläuft. Der Schlamm muss mehrmals im Jahr aus den drei Kammern entfernt werden. Das Versickern des „geklärten" Wassers kann sich bei bindigen Böden und hohen Grundwasserständen schwierig gestalten. Hauskläranlagen sind nicht umweltfreundlich und werden – wo immer es möglich ist – durch umweltfreundliche Möglichkeiten ersetzt.

> Abwasser wird heute meist mit mechanischen, chemischen und biologischen Reinigungsverfahren in großen Klärwerken bis (fast) zur Trinkwasserqualität geklärt. Kleine Gemeinden klären häufig in Klärteichen.

11.8 Ergänzende Bauwerke der Regenwasserableitung

Offene Gräben. Wenn möglich, wird Regenwasser nicht in geschlossenen Rohrleitungen, sondern in offenen Gräben der weiteren Vorflut zugeleitet. Sobald es also die Platzverhältnisse erlauben und keine besonderen Risiken damit verbunden sind, wird man statt der teuren Rohrleitung einen offenen Graben bauen. Je nach Gefällverhältnissen kann er gleichzeitig als Sandfang dienen. In diesem Fall ersetzt er einen beckenartigen Sandfang, muss allerdings einen begleitenden Weg erhalten, von dem aus ein Ausräumen mit dem Bagger möglich ist.

Häufig werden in diesen Jahren auch die „Sünden" der Nachkriegsjahre wieder gutgemacht: Rohrleitungen werden zu offenen Gräben „zurückgebaut". Offene Gräben, die vor dem Einleiten des Wassers in Seen, Flüsse oder Kanäle große Wassermengen einer ganzen Gemeinde führen, werden gegen Ausspülen und Auskolken im Sohlen- und Böschungsbereich gesichert (**11.29**).

Regenwasserbecken werden als Regenwasser-Rückhalte-, Regenüberlauf- (wenn sie zusätzlich einen Überlauf haben) oder Regenklärbecken (wenn sich Schmutzstoffe absetzen sollen) der Einleitung in die Vorflut vorgeschaltet. Die häufigen Regenwasser-Rückhaltebecken lassen sich allseits befestigt als dichte Wanne ausbilden (z. B. im Stadtbereich) oder mit natürlichen Böschungen unbefestigt und ungedichtet anlegen. Bild **11.28** zeigt ein natürliches Regenwasser-Rückhaltebecken am Ende eines offenen Grabens. Zwischen

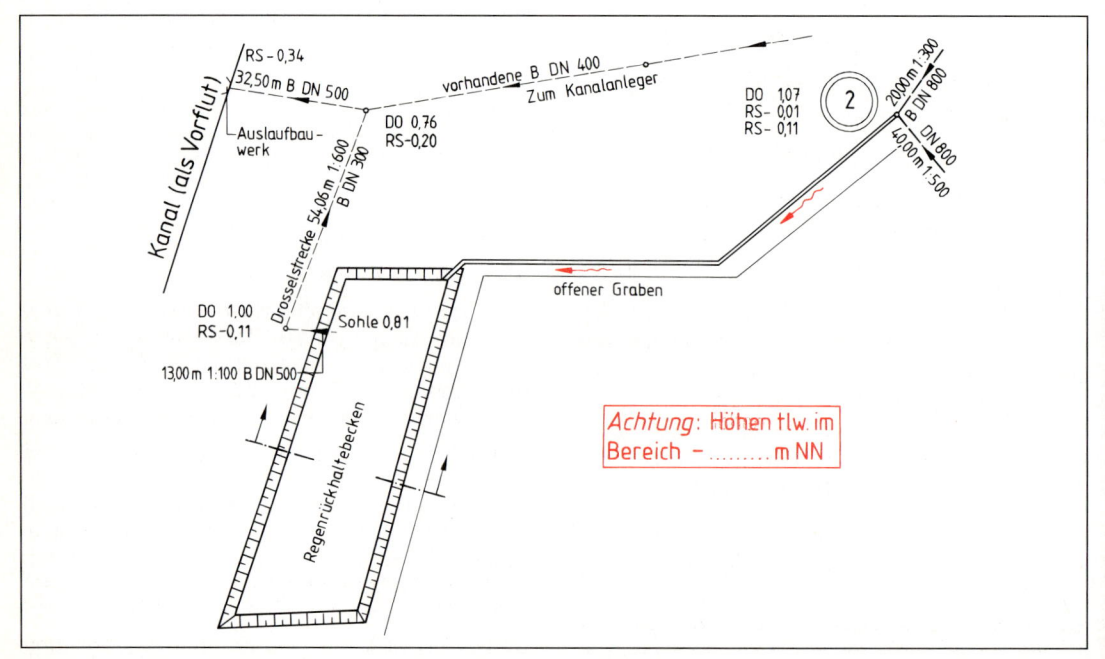

11.28 Regenwasser-Rückhaltebecken, das der Regenwasser-Einleitung in einen Kanal vorgeschaltet ist

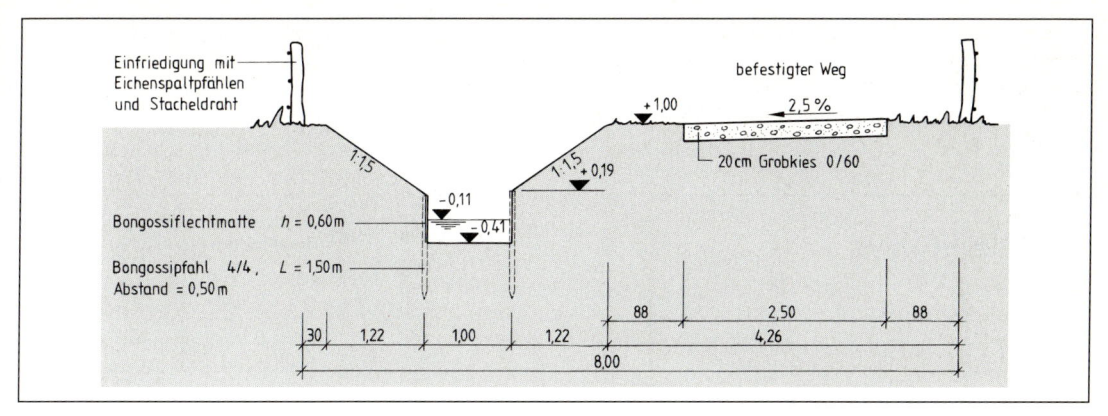

11.29 Offener Graben für Regenwasser als Ersatz für eine Betonrohrleitung

der Einleitung des Wassers in einen Kanal und dem Becken durchfließt das Wasser nochmals eine Rohrleitung unter dem Kanaldeich.

> Mit Regenwasserbecken lassen sich bei richtiger Konstruktion gleichzeitig wertvolle Feuchtbiotope schaffen.

Auslaufbauwerke dienen zur problemlosen Einleitung von Regenwasser in Bäche, Flüsse, Seen oder Kanäle. Sie müssen so gebaut sein, dass das auslaufende Wasser keine Schäden an Sohle oder Böschung verursacht. Flügel- und Stirnwände können aus Beton, hölzernen oder stählernen Spundbohlen bestehen. Die Sohle wird meist mit Pflaster oder Steinpackungen befestigt (**11.30**).

> Offene Gräben, die gleichzeitig als Sandfang dienen, können Regenwasserleitungen ersetzen. Regenwasserbecken speichern das Wasser, bevor es an Vorfluter abgegeben wird. Auslaufbauwerke leiten es schadlos in Vorfluter ein. Sohlen und Böschungen müssen gegen Erosionen geschützt werden.

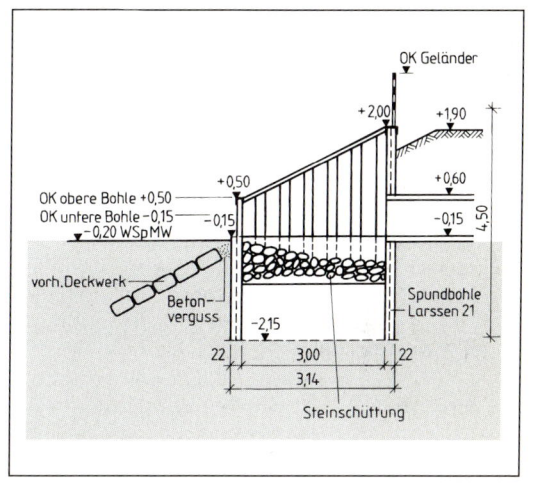

11.30 Auslaufbauwerk einer Betonrohrleitung (um die Hälfte gekürzt)

11.9 Abrechnung

Beim Abrechnen von Entwässerungskanal-Arbeiten nach DIN 18306 ergeben sich die Massen wie folgt:

- **Länge der Rohrleitungen** aus dem Aufmaß der Haltungen (m) von Mitte Schacht bis Mitte Schacht abzüglich der lichten Weite der Schächte;
- **Bodenmassen** aus der Baugrubentiefe, der Baugrubenbreite nach DIN EN 1610 und der Länge der Rohrleitung, häufig getrennt nach Tiefe und Bodenklasse;
- **Grundwasserabsenkung** nach Höhe der Absenkung und der Länge;
- **Abzweiger, Schächte, kleine Bauwerke** nach Stückzahl aufgrund vorliegender Zeichnungen; Schächte auch nach Tiefe bis zur Rinnensohle;
- **Befestigungen des Auflagers, der Sohle sowie Spundwände** nach m² oder nach Länge (bei gleich bleibender Breite) laut Aufmaß oder Zeichnung.

| Meier & Co.
Ochsenpfad 42
25421 Pinneberg | **Abrechnungs-Unterlage** RW/SW

Baustelle: ....

Bauabschnitt, Strecke: .... | Bauherr:

....

Blatt Nr. .... |

Erdarbeiten (Aushub)

Schächte . . . . Nr. .... | Nr. ....
Gelände/Planum . . . .|........................
Rohrsohle . . . .|........................
Tiefe . . . .|........................

mittl. Tiefe . . . . . . $\dfrac{+}{2}$ = ... m

Erdarbeiten (Verfüllung)

Nr. .... | Nr. ....
........................|........................
........................|........................
........................|........................

$\dfrac{+}{2}$ = ... m

abzgl. Rohrzone = ... m

mittl. Tiefe . . = ... m

Länge der Holtang zwischen den Schachtmitten . . . . = ... m
Breite der Baugrube . . . . = ... m
Rohrgraben mittlere Tiefe = ... m . . . . = ... m
Rohrgraben . . . . = ... m³
Füllboden . . . . = ... m³
Leitungszone / Rohrummantelung NW .... m . . . . = ... m
Wasserhaltung . . . . = ... m
....
....

Pos.

Rohrleitung

.... rohr NW .... mm . . . . = ... m
Abzweiger .... mm/NW .... mm . . . . . = ... Stck
.... = ...

Schacht Nr. ....

Fertigteilschacht   t = ... m . . . . = ... Stck
Komb. Bauweise   Unterteil .... m, Oberteil .... m . . . . . = ... Stck
Schachtabdeckung . . . . = ... Stck
.... = ... Stck
.... = ... Stck
.... = ... Stck
.... = ... Stck

Schacht
Nr. .... ○━━━━━━━━━━━━━━━━━━━━━━━━━━○ Schacht
Nr. ....

Für den Bauherrn:

...., den .... 199.......
(Aufnahmeort)

Für die Unternehmung:

....

11.31 Abrechnungsunterlage, die alle Arbeiten für eine Rohrleitungshaltung zusammenfasst

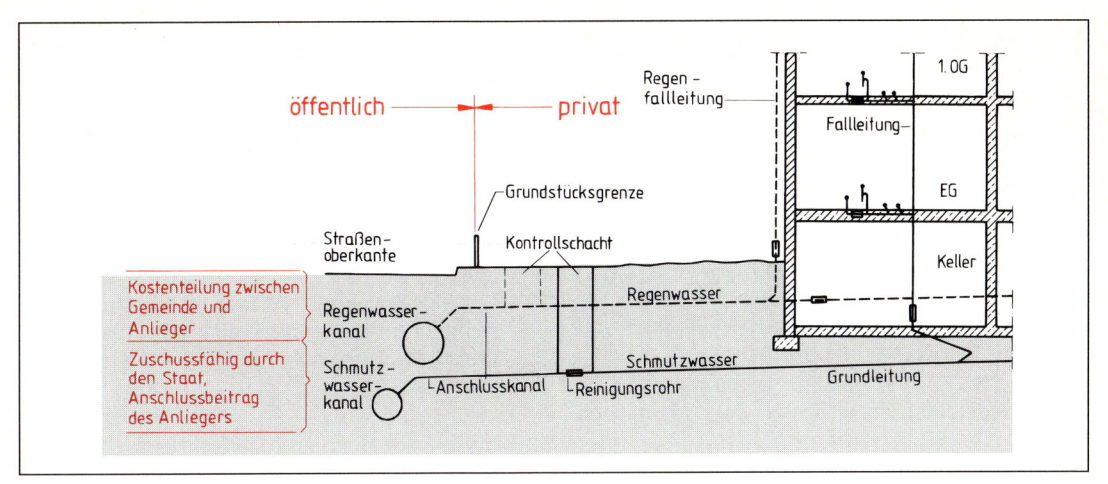

11.32 Öffentlicher und privater Teil der Kanalisation

Viele Auftraggeber haben Abrechnungsunterlagen entwickelt, die alle Leistungen einer Haltung zusammenfassen (**11**.31).

Oft werden zusätzlich Abrechnungs- oder Bestandszeichnungen erstellt. Der Bauzeichner führt diese Arbeiten selbständig durch. Beim Abrechnen unterscheidet man sorgfältig

– zwischen dem öffentlichen und dem privaten Teil der Arbeiten sowie
– zwischen den bezuschussten („förderungswürdigen") Schmutzwasserleitungs-Arbeiten und den nicht bezuschussten Regenwasserleitungs-Arbeiten (**11**.32).

Entwässerungskanal-Arbeiten werden nach DIN 18306 abgerechnet. Dabei ist zwischen öffentlichen und privaten Teilen sowie zwischen Arbeiten für Schmutz- und Regenwasserleitung zu unterscheiden.

Aufgaben zu Abschnitt 11

1. Welche Bauarbeiten fallen bei der Kanalisation (oder Wasserentsorgung) einer Gemeinde an?
2. Wie werden Schmutz- und Regenwassereinleitungen abgekürzt und zeichnerisch dargestellt?
3. Wie wirkt sich die unterschiedliche Verschmutzung der Wasserarten auf die baulichen Maßnahmen aus?
4. Wovon hängen Rohrdurchmesser, Rohrmaterial und Rohrform der Leitungen (Kanäle) ab?
5. Warum können Schmutz- und Regenwasserleitungen in der Regel nicht auf gleicher Höhe im Rohrgraben verlegt werden?
6. Welche Verbindungen und Dichtungen sind für die Rohre üblich?
7. Nennen Sie Möglichkeiten, Rohre auch bei hohen Auflasten bruchsicher zu verlegen.
8. Aus welchen Einzelplänen besteht der gesamte Entwässerungsentwurf?
9. Welche Bedeutung hat der Tiefpunkt eines Einzugsgebiets für die baulichen Maßnahmen?
10. Welche für den Bau wichtigen Daten und Einzelheiten enthält der Lageplan des Entwässerungsentwurfs, und wie werden sie dargestellt?
11. Welche Daten und Einzelheiten veranschaulicht der Längsschnitt?
12. Wodurch unterscheidet sich der Bau der Schmutzwasser-Druckrohrleitung von der Gefälleleitung?
13. Wovon hängt die Breite der Rohrgräben ab?
14. In welchen Situationen und bei welchen Tiefen müssen Rohrgräben mit senkrechten Wänden verbaut werden?
15. Wozu dienen Kies-, Schlacken- oder Betonschichten unter Rohren?
16. Wie werden Flucht, Höhe und Neigung der Rohrleitung vom Plan in die Wirklichkeit übertragen?
17. Wie werden verlegte Rohrleitungen geprüft, und was ist das Ziel der Prüfung?
18. Welche Aufgaben haben Kontrollschächte zu erfüllen?
19. Welche Baustoffe verwendet man beim Bau der Schachtunterteile?
20. Welche Aufgaben erfüllen Pumpwerke, und welche Bestandteile haben sie?
21. Unter welchen Voraussetzungen kann statt einer Rohrleitung ein offener Graben gebaut werden?
22. Was ist bei der Konstruktion von Auslaufbauwerken zu beachten?
23. Welche Aufgaben können Regenwasserbecken erfüllen?
24. Wie werden die wichtigsten Einzelarbeiten beim Bau eines Rohrleitungssystems abgerechnet?

12 Haustechnik

Der Gebrauchswert eines Gebäudes hängt von einer ausreichenden Versorgung mit Wasser und Energie sowie einer angemessenen Entsorgung von Müll und Abwasser ab. Deshalb ist eine enge Zusammenarbeit zwischen dem Architekten und den öffentlichen Versorgungsunternehmen und Behörden (z. B. Stadtwerke, Überlandwerke) sowie den Entsorgungsträgern (z. B. Müllabfuhr und Abwasserzweckverband) erforderlich.

Während die Zu- und Ableitung bis zum Haus bzw. zur Grundstücksgrenze Sache der öffentlichen Hand ist, muss der Architekt alle technischen Ausrüstungen im und um das Haus planen und dem Nutzungsgrad anpassen.

> Unter Haustechnik verstehen wir die Planung und Ausführung aller Versorgungs- und Entsorgungsleitungen innerhalb eines Gebäudes.

12.1 Hausanschlussraum

Am günstigsten ist es, sämtliche Hausanschlüsse mit den zugehörigen Zählern und Absperrvorrichtungen in einem Hausanschlussraum nach DIN 18012 zu konzentrieren. Dieser Raum soll an der Versorgungsseite (meist Straße) liegen und von außen leicht zugänglich sein. Er muss mindestens 2,0 m lang, 1,80 m breit und 2,00 m hoch sein. Häufig wählt man den sonst nicht gut nutzbaren Raum unter der Treppe dazu. Dann genügt eine Breite von 1,0 m. Wichtig ist, dass der Raum trocken, begehbar und verschließbar ist. Im Hausanschlussraum enden die öffentlichen und beginnen die haustechnischen Versorgungsleitungen. Die wichtigsten Anschlüsse sind die Strom-, Wasser- und Gasleitungen, wobei die Stromzuleitung an einer anderen Wand liegen muss als die Wasser- und Gasversorgung. Wasser und Gas können an der gleichen Wand eingeleitet werden, jedoch ist die Gasleitung oberhalb des Leitungswassers zu verlegen.

Bei der unterirdischen Einführung der Anschlussleitungen ist darauf zu achten, dass die in der Tabelle **12**.1 angegebenen Tiefen unter der Geländeoberkante eingehalten werden und in die Planung einbezogen werden.

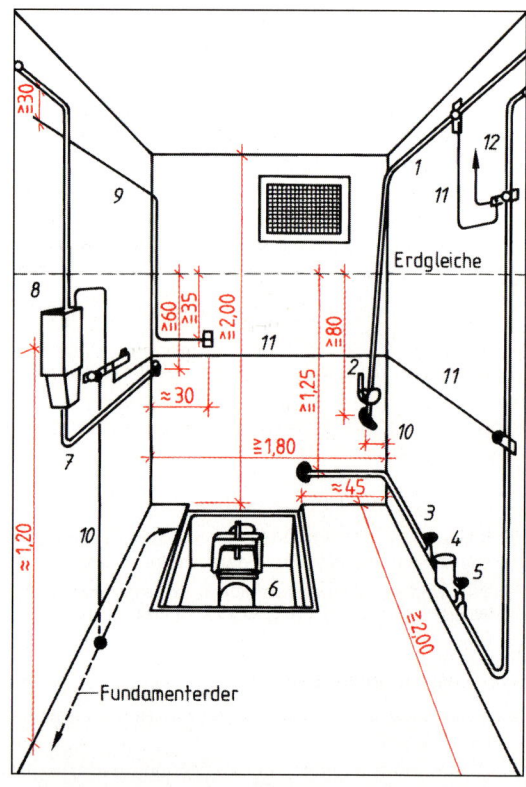

12.2 Hausanschlussraum. Grundriss und Schnitt
 1 Gasleitung
 2 Gas-Hauptabsperreinrichtung
 3 Wasser-Hauptabsperrventil
 4 Hauswasserzähler
 5 Privat-Wasserabsperrventil
 6 Abwasserleitung mit Reinigungsschacht
 7 Starkstromkabel
 8 Starkstrom-Hausanschlusskasten
 9 Fernsprechkabel
 10 Anschluss von *8* an Fundamenterder
 11 Potentialausgleichsleitung mit Anschluss an Gas- und Wasserleitung sowie an
 12 Sammelheizung

Tabelle **12**.1 Tiefe von Anschlussleitungen unter OKG nach DIN 18012

Art der Leitung	Tiefe unter Geländeoberfläche m
Wasser	1,2 bis 1,5
Starkstrom	0,6 bis 0,8
Fernmelde	0,35 bis 0,6
Gas	0,5 bis 1,0
Fernwärme	0,6 bis 1,0

12.2 Sanitärinstallation

Im Hausanschlussraum kann auch der Reinigungsschacht für die Abwasserleitung untergebracht werden. Postalische Einrichtungen, wie Kabel für Fernsprecher und Fernseher, sind hier in Abstimmung mit dem Bauherrn vorausschauend zu planen und installieren zu lassen.

> Schon die Entwurfsplanung enthält den Hausanschlussraum, in dem nach vorheriger Abstimmung mit den verschiedenen Versorgungsträgern alle wichtigen Leitungen installiert werden (**12.2**). Von hier werden alle erforderlichen Sanitär-, Elektro- und Heizungsinstallationen vorgenommen.

12.2 Sanitärinstallation

Zur Sanitärinstallation rechnen wir alle Verbrauchsleitungen für die Trinkwasserversorgung und alle Schmutzwasserleitungen einschließlich der Wasserablaufstellen. In der Regel beschränkt sich die Sanitärinstallation auf wenige Räume der Gesamtwohnung.

Sanitärräume. Außer den eigentlichen Sanitärräumen Bad, Dusche und WC müssen auch die Wirtschaftsräume Küche und Hausarbeitsraum mit Trinkwasser versorgt und vom Schmutzwasser entsorgt werden. Um den Anteil der Rohrleitungen möglichst klein zu halten, plant man die Wirtschafts- und Sanitärräume konzentriert an einer bzw. maximal zwei Stellen des Grundrisses (z. B. Bad neben WC, Küche neben Hausarbeitsraum). Bei mehrgeschossigen Wohnbauten sind die Wirtschafts- und Sanitärräume übereinander anzuordnen. Die daraus folgende Schallleitung ist durch geeignete Maßnahmen auf ein erträgliches Maß zu reduzieren.

12.2.1 Trinkwasserversorgung

Bei der Wasserversorgung unterscheiden wir Trinkwasser und Brauchwasser.

Trinkwasser muss frei von gesundheitsschädigenden Bestandteilen sein. Es soll glasklar, wohlschmeckend und geruchlos sein. Trinkwasser wird fast immer leicht gechlort.

Brauchwasser ist nicht zum Trinken bestimmt und deshalb nicht an so hohe Anforderungen gebunden. Bislang wird es überwiegend in der Industrie verwendet, obwohl auch im Haushalt ein Großteil des Trinkwassers eingespart und durch Brauchwasser ersetzt werden könnte (z. B. zum Baden und Duschen sowie für die Wasserspülung). Wegen der zusätzlichen Versorgungsleitungen und den damit verbundenen hohen Kosten hat man bisher jedoch darauf verzichtet.

Ob dies bei der zunehmenden Verknappung unserer Trinkwasservorkommen beibehalten werden kann, werden die nächsten Jahre zeigen. Entnahmestellen von Brauchwasser sind deutlich durch ein Schild „Kein Trinkwasser" zu kennzeichnen, z. B. an Brunnen oder in Badeanstalten.

Der Wasserverbrauch ist regional und sogar tageszeitlich sehr verschieden. Je Kopf und Tag rechnet man einen Durchschnittsverbrauch von 60 bis 80 l in Wohnungen ohne Bad, 80 bis 150 l mit Duschbad und 120 bis 200 l mit Wannenbad. Danach werden im Durchschnittshaushalt maximal 800 l Wasser am Tag verbraucht und zum größten Teil wieder der Entsorgung zugeleitet.

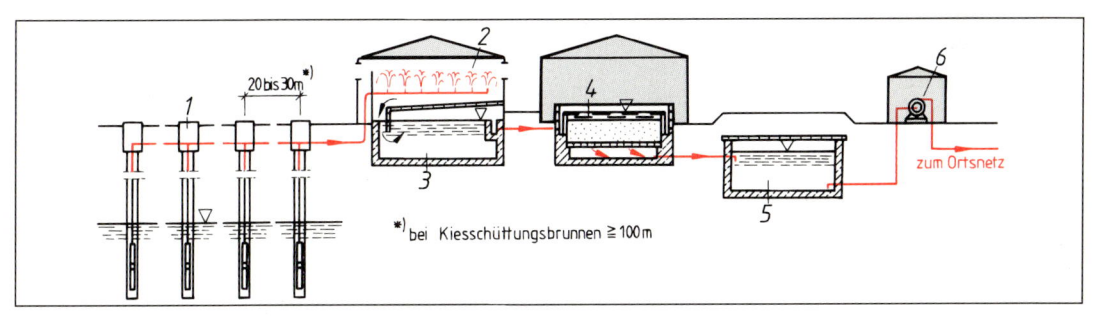

12.3 Grundwasserwerk
- *1* Rohrbrunnen mit Unterwasserpumpe
- *2* Enteisungsanlage, offen
- *3* Absetzbecken
- *4* Schnellfilter
- *5* Reinwasserbehälter
- *6* Reinwasserpumpe

Die Versorgung mit Trinkwasser übernehmen in größeren Gemeinden und Städten zentrale Wasserwerke. Nur einzeln liegende Gehöfte werden auch heute noch örtlich mit Wasser aus Brunnen oder Quellen versorgt.

In Wasserwerken wird Wasser aus Flüssen, Seen, Talsperren und bevorzugt Grundwasser durch Ausfällen schädlicher Bestandteile und Filtern zu Trinkwasser aufbereitet. Geringe Zugaben von Chlor machen es keimfrei (**12.**3). Zur Reinerhaltung des für die Trinkwasseraufbereitung nötigen Grundwassers sind um die Wasserwerke herum Schutzzonen I bis III eingerichtet. Innerhalb dieser Schutzzonen dürfen z. B. keine Öllagerräume, Mülldeponien oder Klärwerke gebaut werden. Vom Wasserwerk aus wird das Wasser durch Versorgungsleitungen in die Stadt oder das jeweilige Erschließungsgebiet gepumpt. Von der Versorgungsleitung aus stellt das Wasserversorgungsunternehmen auf Antrag die Anschlussleitung sowie die Wasserzähler mit Prüf- und Absperrvorrichtung her (s. Hausanschlussraum).

> Die Trinkwasserversorgung übernehmen fast ausschließlich Wasserversorgungsunternehmen von zentralen Wasserwerken aus bis zum Verbraucher.

12.2.2 Verbrauchsleitung

Unter Verbrauchsleitungen verstehen wir alle hinter dem Wasserzähler befindlichen Verteilungs-, Steig- und Stockwerksleitungen.

Die Verteilungsleitung beginnt unmittelbar hinter dem Wasserzähler und führt das Wasser bis zur Steigleitung. Dort wird das Wasser in die höhergelegenen Geschosse gedrückt. In jedem Geschoss

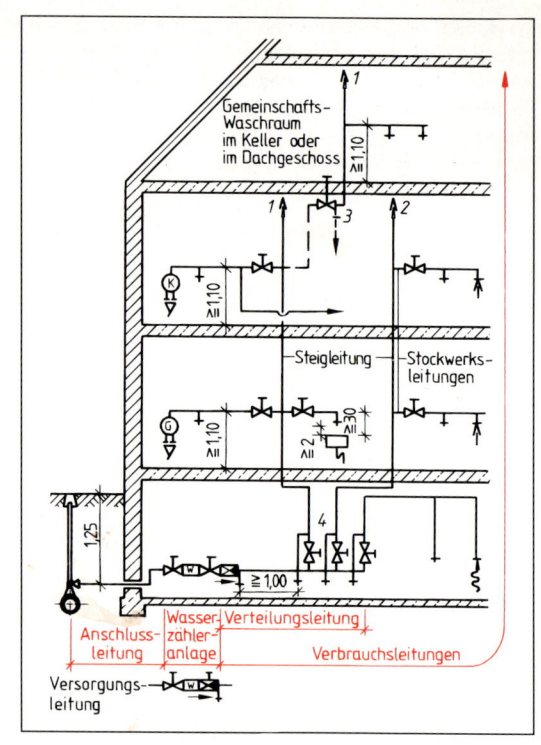

12.4 Schematische Darstellung von Versorgungsleitungen
 1 bei Steigleitungen ≥ DN 40 2 Rohrbe- und -entlüfter
 2 Rohrbe- und -entlüfter, entbehrlich wenn ausschließlich Druckspüler angeschlossen
 3 Ventil mit selbsttätiger Entleerung zur Abflussleitung
 4 Verteilerbatterie

Tabelle **12.5** Sinnbilder für Trinkwasser-Versorgungsanlagen nach DIN 1988 (Auszug)

Rohrleitung	—	einfache Anbohrschelle		Wechselventil	
Verdeckt liegende Rohrleitung	----	Ventilanbohrschelle mit Schlüsselstange		Durchganghahn	
isolierte Rohrleitung		Wasserzähler	W	Rückflussverhinderer mit Prüfung und Entleerung (zum Einbau in Leitungen)	
Querschnittsänderung der Rohrleitung	25/20 (1") (¾")	Durchgangs-Absperrventil			
Rohrleitungs-Flanschverbindung		dgl. mit Entleerungsventil		Absperrventil kombiniert mit Rückflussverhinderer mit Prüfeinrichtung und Entleerung	
Rohrleitungs-Muffenverbindung		Absperrschieber			
Rohrleitungs-Gewindemuffe		Durchgangs-Schwimmerventil		Rückflussverhinderer bei Geräten	

Fortsetzung s. nächste Seite

12.2 Sanitärinstallation

Tabelle 12.5, Fortsetzung

Druckminderer (Druckminderventil)		Auslaufventil mit Schwenkarm		Warmwasserbereiter (Wasserheizer)	E
Sicherheitsventil mit Gewichtsbelastung		Auslauf-Schwimmerventil		dgl. mit unmittelbarem Auslauf	G
Membran-Sicherheitsventil mit Federbelastung		Rohrbelüfter (Einzelbelüfter)		offener Behälter	
Manometer		Rohrbe- und -entlüfter		Druckkessel	
Auslaufventil (Zapfventil, Entleerungsventil, Prüfventil)		Abortdruckspüler		Wasserstrahlpumpe	
		Brause		Erdung	
dgl. mit Schlauchverschraubung		Schlauchbrause		Unterflurhydrant	
dgl. mit Schlauchverschraubung und angebautem Rohrbelüfter		Mischbatterie für Kalt- und Warmwasser		Überflurhydrant	
				Gartenhydrant	

Tabelle 12.6 Darstellung von Aussparungen

	Bezeichnung	Kennzeichen	Maßangaben			Darstellung im	
			Breite	Tiefe	Höhe	Grundriss	Aufriss (Schnitt, Ansicht)
Decken	Deckendurchbruch	DD	A	×	B		
	Deckenschlitz (oberhalb Decke)	DS	A	× B ×	C		
	Deckenschlitz (unterhalb Decke)	DS	A	× B ×	C		
unteres Geschoss: Böden, Fundamente	Bodendurchbruch (Fundament = FD)	BD	A	×	B		
	Bodenkanal Bodenschlitz	BK BS	A	× B ×	C		
Wände	Wanddurchbruch (Fundament = FD im UG-Plan gestrichelt)	WD	A		C		
	Wandschlitz (waagerecht) Fundament = FS (s. oben)	WS	A	× B ×	C		
	Wandschlitz (senkrecht) Fundament = FS (s. oben)	WS	A	× B ×	C		

zweigen von der Steigleitung Geschossleitungen ab, die bis zu den Zapfstellen führen (Auslaufventil, WC-Spülung, **12.4**).

Be- und Entlüftung der Rohre sowie ausreichende Absperrmöglichkeiten sind für die Wasserversorgung sehr wichtig. Spätestens in der Ausführungszeichnung sind alle Leitungen, Absperrventile und Entnahmestellen genau zu planen und mit den Symbolen nach DIN 1988 einzutragen (**12.5**). Auch die für die Verlegung erforderlichen Durchbrüche und Schlitze sind sorgfältig zu planen und DIN-gerecht zu zeichnen (**12.6**). Um Irrtümer auszuschließen, sind sie außerdem im Grund- und Aufriss normgerecht zu kennzeichnen, z. B. mit DD für einen Deckendurchbruch oder WS für einen Wandschlitz. Vergessene Angaben über Schlitze und Durchbrüche führen zu Verzögerungen im Bauablauf und erheblichen Mehrkosten (Stemmarbeiten).

> Bleirohre dürfen für Wasserversorgungsleitungen nicht verwendet werden.

12.2.3 Entwässerungsanlagen

Jede Zapfstelle für Trinkwasser erfordert einen Ablauf zur Entwässerung. Die Entwässerung muss hygienisch einwandfrei und kostengünstig erfolgen.

Im Haus fällt nur Schmutz-, außerhalb auch Regenwasser an. Beide Abwasserarten werden heute überwiegend getrennten Kanalsystemen zugeleitet (s. Abschn. 11). Die örtliche Abwasserbeseitigung (z. B durch Kleinkläranlagen in Verbindung mit Verrieselungssträngen) ist heute die Ausnahme. Sie wird u. U. noch bei Ferienhäusern und einsam liegenden Anwesen genehmigt. Für das in Siedlungen und Städten anfallende Abwasser schreibt der Gesetzgeber zwingend die Beseitigung in zentralen Kläranlagen vor.

Wo öffentliche Entwässerungsanlagen vorhanden sind bzw. neu errichtet werden, besteht auch die zwingende Pflicht des Anschlusses für die Anlieger.

Rohrleitungsarten. Jeder Abfluss braucht einen Geruchverschluss. Das Rohr vom Abfluss bis zum Geruchverschluss bezeichnet man als *Verbindungsleitung*. Vom Geruchverschluss bis zur nächsten Fall- oder Sammelleitung führt eine *An-*

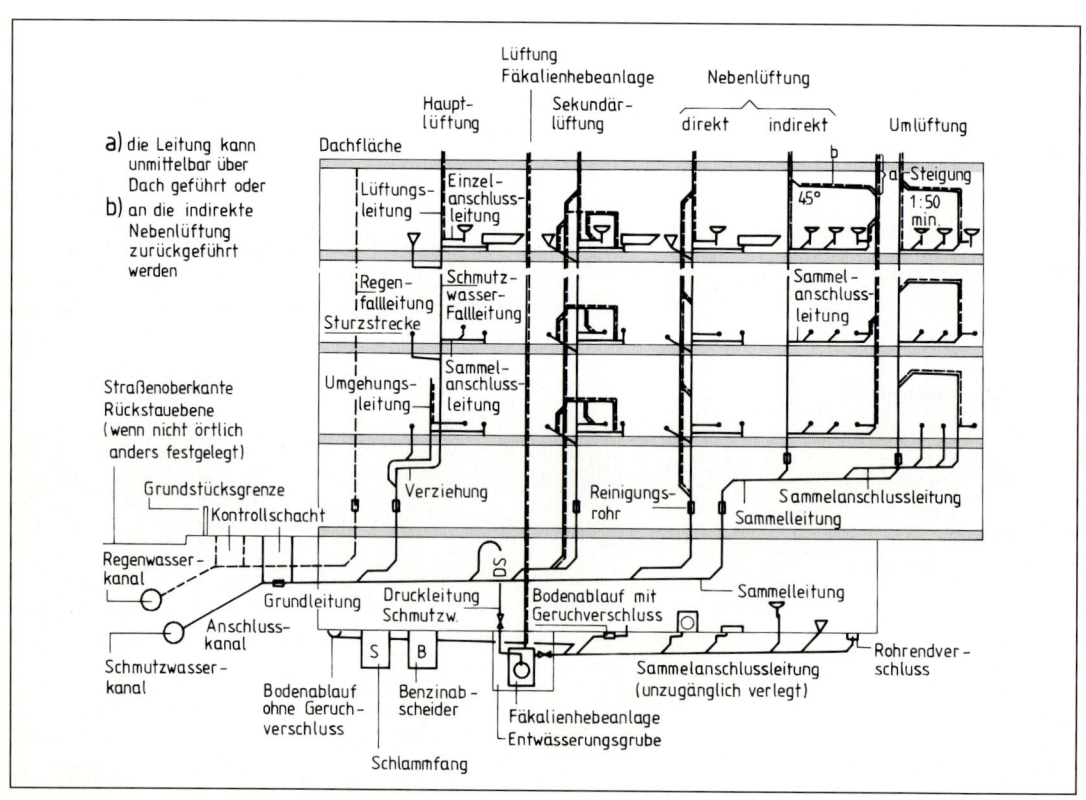

12.7 Entwässerungsschema eines Gebäudes

12.2 Sanitärinstallation

schlussleitung. *Fallleitungen* heißen die senkrechten Verbindungsleitungen zwischen den Geschossen. Sie müssen über Dach entlüftet werden. In *Sammelleitungen* fasst man das Schmutzwasser aus mehreren Fallleitungen und/oder Anschlussleitungen zusammen. Sämtliche Rohre und Formteile für die genannten Leitungen müssen für eine Abwassertemperatur von mindestens 95 °C geeignet sein. Die Rohrdurchmesser für Entwässerungsleitungen sind auf die Nennweite (DN) bezogen. Der Mindestdurchmesser für Rohre und Formstücke beträgt DN 32. Darüber hinaus kommen für die Hausentwässerung DN 40, DN 50, DN 70 und DN 100 in Frage. Die Grundleitung schließlich führt zum Kontrollschacht, der auf dem Grundstück des Anliegers liegen muss. Hier sind Rohrmaterialien ausreichend, die einer Abwassertemperatur von 45 °C standhalten. Von dort verläuft der *Anschlusskanal* bis zur Schmutzwasserleitung (**12**.7).

Entwässerungszeichnungen sind mit den in DIN 1986 festgelegten Symbolen zu zeichnen (**12**.8) und bei der zuständigen Behörde zur Genehmigung einzureichen.

Tabelle **12**.8 Sinnbilder und Zeichen für Entwässerung

	Grundriss	Aufriss		Grundriss	Aufriss
Abwasserleitungen					
Schutzwasserleitung	────	│	Werkstoffwechsel	──>──	↓
Regenwasserleitung	─ ─ ─	│	Rohrende mit Muffendeckel	├──	│
Mischwasserleitung	─ · ─ ·	┊			
Lüftungsleitung beginnend und aufwärtsverlaufend	═══ ✎	┇	Reinigungsrohr	─▭─	▯
Fallleitung a) hindurchgehend b) beginnend und abwärts verlaufend c) von oben kommend und endend	a) ∘ b) ↗ c) ↘	je nach Leitungsart je nach Leitungsart	Rohrendverschluss	─⊟	⊤
			Nennweitenänderung	100 ╱ 125	│100 │125
			Geruchverschluss		└─
Abläufe, Abscheider, Hebeanlagen, Schächte					
Bodenablauf ohne Geruchverschluss	○	⌣	Hofablauf mit Geruchverschluss	⊡	⊡
Bodenablauf mit Geruchverschluss (Keller-, Bad- und Deckenablauf)	⊏▭	⊏▭	Schlammfang	(S)	[S]
			Fettabscheider	(F)	[F]
Hofablauf ohne Geruchverschluss	◎	▭	Stärkeabscheider	(St)	[St]
Benzinabscheider	(B)	[B]	Kellerablauf mit Absperrvorrichtung gegen Rückstau	⊏▭	⊏▭
Heizölabscheider	(H)	[H]	Kellerentwässerungspumpe	▭	▭
Heizölsperre	⊟ H Sp	⊟ H Sp	Fäkalienhebeanlage	▭	▭
Heizölsperre mit Absperrvorrichtung gegen Rückstau	⊟ H Sp	⊟ H Sp	Schacht mit offenem Durchfluss	─○─	□
Absperrvorrichtung gegen Rückstau	─⊡─	─⊡─	Schacht mit geschlossenem Durchfluss	─⊖─	□

Fortsetzung s. nächste Seite

Tabelle **12**.8 Sinnbilder und Zeichen für Entwässerungsanlagen, Fortsetzung

	Grundriss	Aufriss		Grundriss	Aufriss
Sanitär- und Ausstattungsgegenstände					
Badewanne			Ausgussbecken, rechteckig		
Brausewanne			Spültisch, einfach		
			Doppelspültisch		
Waschtisch, Handwaschbecken			Geschirrspülmaschine		
Sitzwaschbecken			Waschmaschine		
			Wäschetrockner		
Urinal			Klimagerät		

12.3 Entwässerungsschema eines Gebäudes

Zu den Baugenehmigungsunterlagen gehören:
- **Lageplan** (meist 1 : 500) mit Flurstücksbezeichnung und Gebäudeumrissen mit Grenzabständen sowie der vorhandenen Schmutz- und Regenwasserkanalisation.

- **Geschossgrundrisse** mit Angabe aller Zapfstellen und Abläufe im M 1 : 100 (bei mehreren gleichen Geschossen genügt ein Grundriss). Der KG-Grundriss muss außerdem alle Fallrohre und Grundleitungen mit der jeweiligen Nennweitenangabe enthalten (**12**.9).

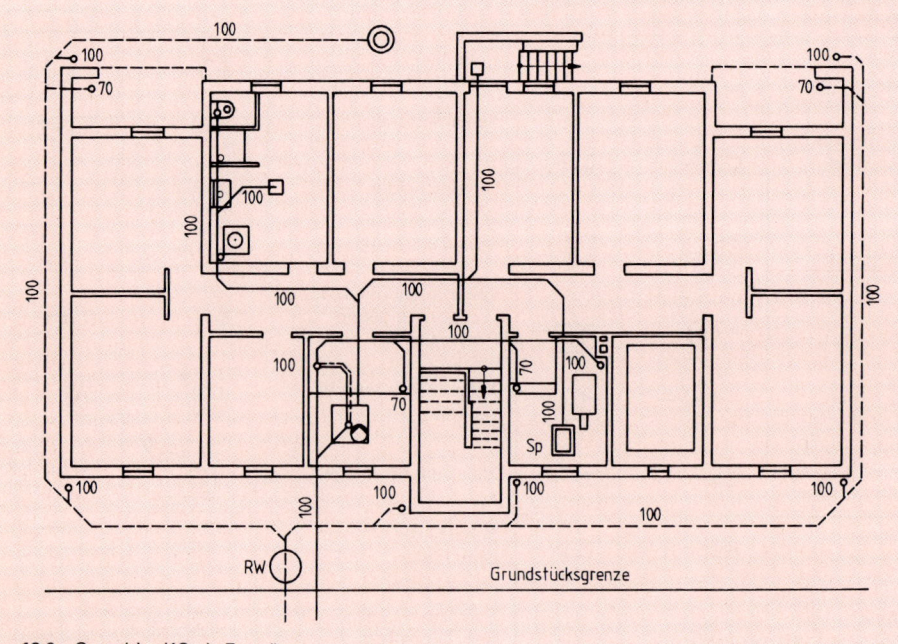

12.9 Grundriss KG als Entwässerungsplan

– **Schnitt** im M 1 : 100 mit Grund- und Anschlussleitung sowie Revisionsschacht, Fall- und Entlüftungsleitungen. Die Nennweiten und das Gefälle der verschiedenen Rohrleitungen sind anzugeben und höhenmäßig, bezogen auf NN, festzulegen (**12.**10).

12.10 Schnitt als Entwässerungsplan

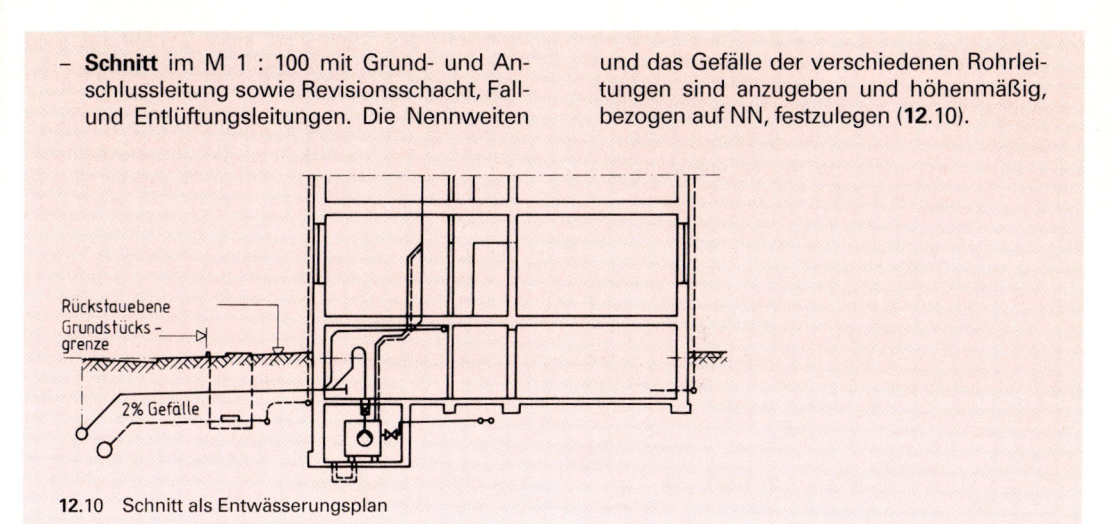

Die Entwässerungsanlagen sind in festgelegten Linienbreiten je nach gewähltem Maßstab zu zeichnen (**12.**11). Schablonen für Sanitärausstattung vereinfachen die Zeichenarbeit. Entwässerungszeichnungen sind nach Tabelle **12.**12 farbig anzulegen.

Tabelle **12.**11 Linienbreiten für Zeichnungen von Entwässerungsanlagen

Entwässerungs- und Sanitär-Ausstattungsgegenstände	Rohrleitungen
0,25 mm für den Maßstab 1 : 100	0,5 mm für den Maßstab 1 : 100
0,5 mm für den Maßstab 1 : 50	1,0 mm für den Maßstab 1 : 50

Tabelle **12.**12 Farbige Darstellung in Entwässerungszeichnungen

vorhandene Anlagen	schwarz
Wegfallende Leitungen und Bauteile	gelb durchstreichen
Mauerwerk im Schnitt	rot
Steinzeugrohre	braun
Graugussrohre	blau
Kunststoffrohre (und Bleirohre)	gelb
Zinkrohre	zinnoberrot
Beton- und Zementrohre	grau

12.4 Elektroinstallation

Die Elektroinstallation muss der Architekt so planen, dass sich eine optimale Beleuchtung ergibt und der Betrieb aller gebräuchlichen Haushaltsgeräte möglich ist. Schalter und Dosen sollen nach Möglichkeit in Griffhöhe angebracht und auch nach Möblierung zugänglich sein. Zu bedenken ist, dass Möblierungen ebenso wechseln können wie die Bedürfnisse der jeweiligen Bewohner. Die eingehende Beratung des Bauherrn bei einer vorausschauenden Planung der Elektroinstallation ist Aufgabe des Architekten. Aus Kostengründen sollte man keinesfalls auf Schalter und Dosen verzichten, die früher oder später mit Sicherheit erforderlich werden. Während Haushalte und Industrie früher ständig mehr Elektroenergie verbrauchten, macht sich nun das Umweltbewusstsein der Bürger durch niedrigeren Energieverbrauch zumindest in den Haushalten bemerkbar. Dennoch sollte die Elektroinstallation großzügig bemessen werden, um nachträglichen Ein- und Umbauten vorzubeugen.

Die innerhäusliche Elektroinstallation muss rechtzeitig in Zusammenarbeit mit einem Elektrofachmann festgelegt werden. Hierzu braucht der Elektriker einen Plan mit allen gewünschten Steckdosen, Schaltern und Lampenanschlüssen.

Der Elektroinstallationsplan ist als Ausschreibungsunterlage für die Elektrobetriebe sehr wichtig, weil er über Art und Anzahl der Dosen und Schalter, aber auch über erforderliche Leitungen mit Abzweigdosen und nötige Absicherungen Auskunft gibt. Teilweise sind Genehmigungen durch das zuständige Elektro-Versorgungsunternehmen einzuholen.

Elektroinstallationspläne zeichnen wir auf Mutterpausen (Zwischenoriginale) der Entwurfsgrundrisse im M 1 : 100 (**12**.13). Die Symbole sind in DIN 40900 genormt (**12**.14).

Steckdosen und Schalter sind vorausschauend an leicht zugänglichen und sinnvollen Stellen zu planen und in einen Elektroinstallationsplan einzuzeichnen.

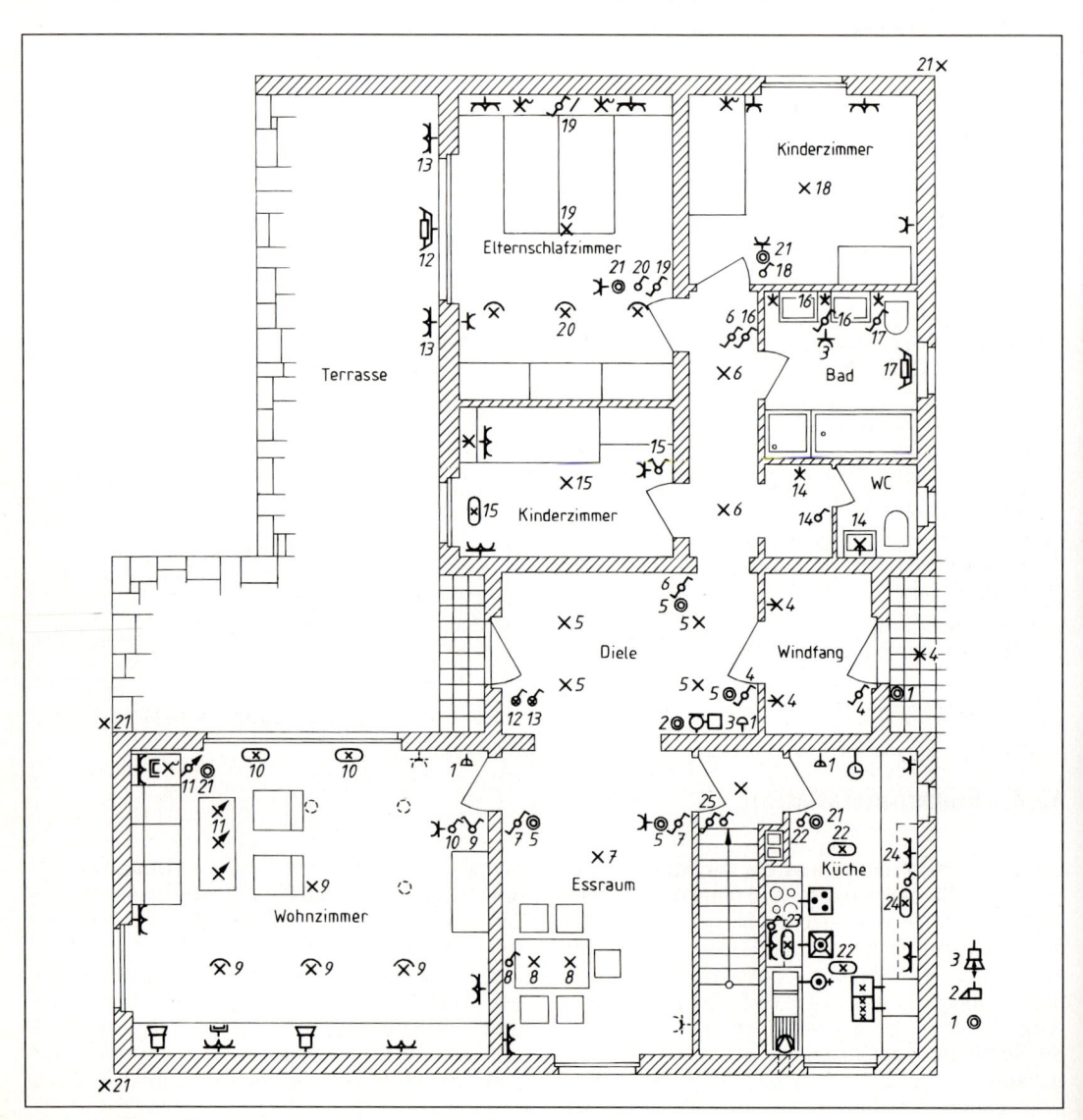

12.13 Elektroinstallationsplan

12.4 Elektroinstallation

Tabelle 12.14 Symbole für Elektroinstallation nach DIN 40900 (Auszug)

Einspeisungen		Elektro-Hausgeräte (Forts.)		Messgeräte, Anzeigegeräte, Relais		Installationsschalter (Forts.)		Geräte für Raumheizung, Lüftung und Klimatisierung		Fernmeldegeräte	
	nach oben führende Leitung		Waschmaschine		Zähler		Schalter 7/1, Kreuzschalter, einpolig		Raumbeheizung, allgemein	HVt	Hauptverteiler
	nach unten führende Leitung		Wäschetrockner		Schaltuhr, z.B. für Stromtarifumschaltung		Zeitschalter		Speicherheizgerät	Vz / m	Verzweiger auf Putz
	nach unten und oben durchführende		Geschirrspülmaschine		Zeitrelais, z.B. für Treppenhausbeleuchtung		Taster		Infrarotstrahler	m / Vz	Verzweiger unter Putz
	Leitung Leiterverbindung		Händetrockner, Haartrockner		Tonfrequenz-Rundsteuerrelais		Leuchttaster		Lüfter		**Fernsprechgeräte**
	Abzweigdose		**Elektro-Hausgeräte**				Stromstoßschalter		Klimagerät		Fernsprechgerät, allgemein
	Dose	E	Elektrogerät, allgemein		**Installationsschalter**		**Steckvorrichtungen**		**Kühl- und Gefriergeräte**		Fernsprechgerät, halbamtsberechtigt
	Hausanschlusskasten		Küchenmaschine		Schalter, allgemein		Schutzkontaktsteckdose		Kühlgerät, Tiefkühlgerät (Anzahl der Sterne s. Norm, Abschn. 1.1.4)		Fernsprechgerät, amtsberechtigt
	Verteiler, Schaltanlage		Elektroherd, allgemein		Schalter mit Kontrolllampe		Schutzkontakt steckdose für Drehstrom, z.B. fünfpolig		Gefriergerät (Anzahl der Sterne s. Norm, Abschn. 1.1.4)		Fernsprechgerät, fernberechtigt
	Umrahmungslinie, z.B. Schaltschrank oder -tafel		Mikrowellenherd		Schalter 1/1, Ausschalter, einpolig	3/N/PE			**Motor**		Mehrfachfernsprecher, z.B. Haustelefon
	Anschlussstelle für Schutzleiter		Backofen		Schalter 1/2 Ausschalter zweipolig		Schutzkontaktsteckdose, abschaltbar	M	Motor, allgemein		Wechselsprechstelle, z.B. Haus- oder Torsprechstelle
			Wärmeplatte		Schalter 1/3 Ausschalter dreipolig		Schutzkontaktsteckdose, abschaltbar und verriegelt, z.B. Garagensteckdose		**Schaltgeräte**		Gegensprechstelle, z.B. Haus- oder Torsprechstelle
			Friteuse		Schalter 5/1 Serienschalter, einpolig		Schutzkontaktsteckdose, z.B. dreifach		Sicherung, allgemein		**Fernmeldezentralen**
			Heißwasserspeicher		Schalter 6/1 Wechselschalter, einpolig		Steckdose mit Trenntrafo, z.B. für Rasierer	D II / 10 A	Schraubsicherung, z.B. 10 A Typ D II, dreipolig		Fernmeldezentrale, allgemein
			Durchlauferhitzer		Näherungsschalter, Ausschalter		Fernmeldesteckdose				
			Heißwassergerät, allgemein		Berührungs-Wechselschalter		Antennensteckdose				
			Infrarotgrill		Dimmer Ausschalter						

Fortsetzung s. nächste Seite

Tabelle **12**.14, Fortsetzung

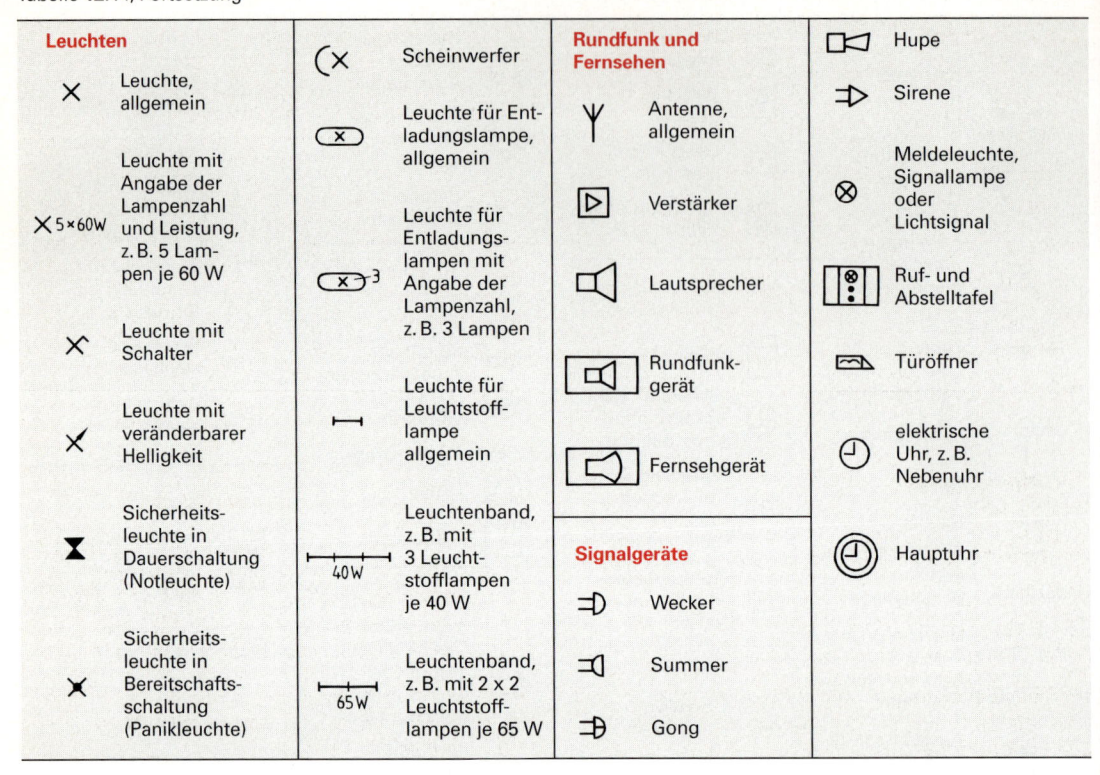

Leuchten				Rundfunk und Fernsehen			
✕	Leuchte, allgemein	(✕	Scheinwerfer		Hupe		
		⊂✕⊃	Leuchte für Entladungslampe, allgemein	Y	Antenne, allgemein	⇒	Sirene
✕ 5×60W	Leuchte mit Angabe der Lampenzahl und Leistung, z. B. 5 Lampen je 60 W	⊂✕⊃⁻³	Leuchte für Entladungslampen mit Angabe der Lampenzahl, z. B. 3 Lampen	▷	Verstärker	⊗	Meldeleuchte, Signallampe oder Lichtsignal
				◁	Lautsprecher		Ruf- und Abstelltafel
✕	Leuchte mit Schalter				Rundfunkgerät		Türöffner
✕	Leuchte mit veränderbarer Helligkeit	⊢⊣	Leuchte für Leuchtstofflampe allgemein		Fernsehgerät	⌖	elektrische Uhr, z. B. Nebenuhr
⊻	Sicherheitsleuchte in Dauerschaltung (Notleuchte)	⊢40W⊣	Leuchtenband, z. B. mit 3 Leuchtstofflampen je 40 W	**Signalgeräte**		⊕	Hauptuhr
				⊅	Wecker		
✕	Sicherheitsleuchte in Bereitschaftsschaltung (Panikleuchte)	⊢⊢65W⊣⊣	Leuchtenband, z. B. mit 2 × 2 Leuchtstofflampen je 65 W	⊅	Summer		
				⊖	Gong		

12.5 Heizung

In unseren Breiten ist die Beheizung der Gebäude zwingende Notwendigkeit. Sie trägt einerseits zur Behaglichkeit der Bewohner, andererseits aber zur dauerhaften Vermeidung von Bauschäden bei (s. Abschn. 8).

Wärmebedarf. Um eine Heizungsanlage zu planen, muss man den erforderlichen Wärmebedarf kennen (seit dem 1. 6. 1984 verbindlich vorgeschrieben). Die der Wärmebedarfsberechnung zugrunde zu legenden Raumtemperaturen liegen zwischen 10 °C (Treppen) und 24 °C (Bad). Als Wohn- und Arbeitstemperatur rechnet man heute meist 20 °C, jedoch können davon abweichende Temperaturen vereinbart werden. Als Berechnungsgrundlagen braucht man

- **den Lageplan**, aus dem der Ort und die Himmelsrichtung ersichtlich sind (wegen Windanfall und mittlerer Niedrigtemperatur).
- **Grundriss-, Schnitt- und Ansichtszeichnungen mit Nutzungsangabe der Räume** (z. B. Wohnen), Konstruktion der Decken, Wände, Fenster und Türen sowie allen Maßen.

Die Wärmebedarfsberechnung geschieht getrennt nach Räumen meist auf EDV-Anlagen. Aus dem Wärmebedarf folgt die erforderliche Bemessungswärmeleistung des Kessels (z. B. 40 kW).

12.5.1 Heizungsysteme

Unabhängig von der Bemessungswärmeleistung muss ein bestimmtes Heizungssystem ausgewählt werden. Neben der eigentlichen Heizung werden nach der Wärmeschutzverordnung von 1995 noch interne Wärmequellen (z. B. Personen, Tiere, Herd, Elektrogeräte) und externe Wärmequellen (z. B. Sonneneinstrahlung) als Wärmeerzeuger herangezogen.

Wärmeverluste treten hauptsächlich durch Lüftung und Wärmeleitung auf. Je geringer sie sind, desto geringer ist auch der Aufwand für die Heizung.

Bei den Heizungssystemen unterscheiden wir zwischen Einzel- und Zentralheizung.

12.5 Heizung

Tabelle **12**.14   Energieträger und ihre Nutzung

Feste Brennstoffe	Flüssige Brennstoffe	Gasförmige Brennstoffe	Elektroenergie
Holz Torf Steinkohle Braunkohle	Leichtes Heizöl Schweröl (für Industrie)	Stadtgas Erdgas Flüssiggas (in Tanks)	Stromnetz (eingespeist aus Kohle- oder Kernkraftwerk) Strom aus Eigenerzeugung (Umweltenergie, gewonnen aus Sonnen-, Wind- oder Wasserkraft)
Offene Kamine Kachelöfen Gusseiserne Öfen Warmluftöfen Zentralheizung	Ölofen Ölbrenner	Gastherme Gasbrenner Gasstrahler	Speicherheizung Strahler Heizlüfter Fußbodenheizung Wärmepumpe
	Wärmeerzeuger und Wechselbrandkessel		

Einzelheizungsanlagen sind Öfen und Kamine, die eine Zeitlang in Neubauten fast verschwunden waren und nun meist als Kachelöfen und offene Kamine in Einfamilienhäusern wieder eingebaut werden.

Zentralheizungsanlagen können Luft-, Wasser- oder Dampfheizungen sein.

Fußbodenheizungen haben in letzter Zeit bei Neubauten an Bedeutung zugenommen, weil durch den stark verbesserten Wärmeschutz der Gebäude nicht mehr so viel Heizleistung erforderlich ist. Die flächig in den Decken verlegten Heizungsrohre strahlen nach oben hin ausreichende Wärme ab, während nach unten gute Dämmstoffe die Aufheizung der Decke weitgehend verhindern (**12**.16). Trotz der geringen Oberflächentemperatur des Fußbodens (~ 26 °C) werden die Räume sehr gleichmäßig und angenehm erwärmt. Leider sind Fußbodenheizungen 25 bis 40 % teurer als andere Zentralheizungen und daher wohl vorwiegend gehobenen Wohnansprüchen im Einfamilienhausbau bzw. bezuschussten Wohnungsbauprojekten vorbehalten.

Die Wärmeabgabe der verschiedenen Heizungssysteme geschieht durch Strahlung und/oder Konvektion. Strahlungswärme wird wegen der gleichmäßigen Raumtemperatur angenehmer empfunden als Konvektionswärme, die Luftumwälzungen innerhalb des Raumes und damit Temperaturunterschiede verursacht.

Der Architekt hat in Abstimmung mit dem Bauherrn und Heizungsfachmann nach sorgfältiger Abwägung des Für und Wider ein geeignetes Heizungssystem auszuwählen.

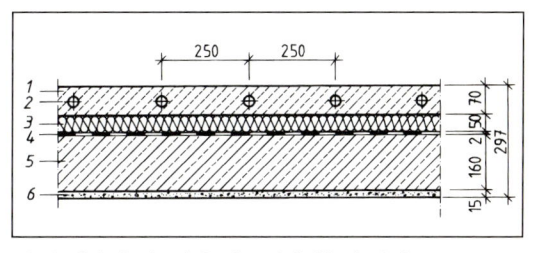

12.16 Schnitt durch Decke mit Fußbodenheizung (Maße in mm)
  1 Zementestrich
  2 Heizrohr
  3 Hartschaumplatte
  4 Folie oder Bitumenbahn
  5 Stahlbeton

Für die Anordnung der Heizkörper im Raum gibt es verschiedene Möglichkeiten. Während früher Heizkörper fast ausschließlich unter den Fenstern angeordnet wurden, findet man sie heute oft neben Fenstern oder Außentüren, teils sogar an den Innenwänden, bei großen Räumen auch kombiniert (**12**.17). Strömungstechnisch gesehen, ist die Anordnung unter dem Fenster bzw. dicht daneben vorzuziehen. Zu beachten ist, dass Heizkörpernischen mindestens den gleichen Wärmeschutz bieten wie die Restwand. Das bedeutet in der Praxis eine dickere Dämmschicht als im übrigen Wandbereich zum Ausgleich für die fehlende Mauerdicke. Daher wird heute, auch wegen der platzsparenden Plattenheizkörper, auf Heizkörpernischen weitestgehend verzichtet.

Heizkörper werden am besten geschossweise übereinander unterhalb der Fenster vorgesehen.

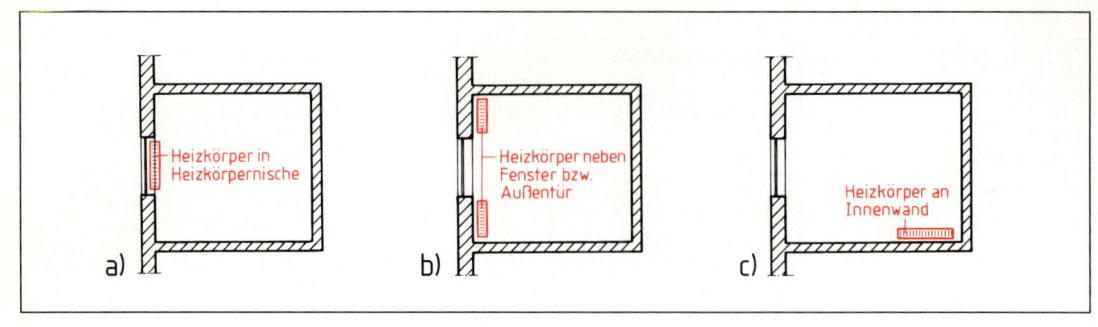

12.17 Anordnung der Heizkörper
a) günstig, b) günstig, c) ungünstig

12.5.2 Heizraum

Zentralheizungsanlagen mit mehr als 48 kW Leistung erfordern gesonderte Heizräume. Sie müssen so groß sein, dass die Feuerung ordnungsgemäß bedient und Kessel samt Brenner einwandfrei gewartet werden können. Der Mindestrauminhalt von 8 m³ wird meist überschritten werden müssen. Gewöhnlich sind Heizräume im Untergeschoss untergebracht, bei nicht unterkellerten Gebäuden auch neben einem Wirtschaftsraum. Größere Wohnanlagen verfügen z. T. über Dachheizzentralen.

Zwischen Heiz- und Aufenthaltsraum darf keine offene Verbindung bestehen. Wände und Decken des Heizraums müssen feuerbeständig (F 90) sein, Türen mindestens feuerhemmend (F 30). Fenster sind vorgeschrieben, wenn ständig ein Heizer zur Bedienung erforderlich ist. Die Beleuchtung hat so zu erfolgen, dass alle Armaturen und die Vorderseite des Kessels gut sichtbar sind. Zur *Entlüftung* dient in der Regel ein gesonderter Abluftschacht, der innerhalb des Schornsteins neben dem Rauchrohr liegt und mindestens 200 cm² Querschnitt hat. Zur Entlüftung dienen meist Öffnungen, die direkt ins Freie führen. Ihr Querschnitt muss bei Anlagen bis 50 kW insgesamt mindestens 300 cm² groß sein. Durch bauliche Maßnahmen ist ausreichender Schall- und Erschütterungsschutz zu erzielen.

> Heizräume sind mit Zu- und Abluft zu versehen. Bauliche Maßnahmen gewähren Feuer- und Schallschutz.

12.5.3 Brennstofflagerung

Brennstoffe können innerhalb oder außerhalb des Gebäudes gelagert werden. Über die Lagerung von wassergefährdenden Flüssigkeiten (z. B. Heizöl) ist eine Erklärung im Bauantragsformular abzugeben (**12.**17).

Brennstofflagerung außerhalb des Gebäudes. Brennstoffe (Koks, Gas, Heizöl) können im Freien oberirdisch und unterirdisch gelagert werden. *Oberirdisch* wird gelegentlich Flüssiggas in Behältern gelagert. Industriebetriebe lagern auch Kohle noch teilweise im Freien.

Häufig ist die Lagerung von Heizöl oder Flüssiggas in *unterirdischen* Tanks. Die Tanks müssen so gebaut sein, dass kein Brennstoff in das Grundwasser gelangen kann. Folgende Mindestabstände sind bei der Planung eines unterirdischen Lagerbehälters zu beachten.

– Gebäudeabstand ≥ 60 cm
– Behälterabstand ≥ 40 cm
– Grundstücksgrenzabstand ≥ 100 cm
– Abstand zu öff. Versorgungsleitungen ≥ 100 cm
– Überdeckungsabstand ≥ 30 cm
– Grundstücksgrenzabstand ≥ 100 cm
– Fahrbahnabstand ≥ 100 cm

Als Lagerbehälter kommen ein- und doppelwandige Stahltanks, einwandige Betonbehälter und glasfaserverstärkte Kunststofftanks in Frage. Heizölbehälter mit mehr als 2000 l Fassungsvermögen müssen mit Ölstandanzeiger, Füll- und Entlüftungsleitung, Ölsaug- und Ölrücklaufleitung sowie einer Leckanzeige ausgerüstet sein. Aus Sicherheitsgründen sind Tanks alle 5 Jahre zu überprüfen.

Die Brennstofflagerung innerhalb des Gebäudes wird bevorzugt, da sie sich besser einbauen und überwachen lässt. Außerdem sind die Herstellungskosten geringer, wenn man den erforderlichen Raum nicht mitrechnet. Bis zu 5000 l können im Heizraum, darüber nur in getrennten Heizöllagerräumen gelagert werden. Wir unterscheiden Batterietanks, kellergeschweißte Rechtecktanks und einwandige Zylindertanks.

12.5 Heizung

Nur auszufüllen bei Lagerung wassergefährdender Flüssigkeiten			
Bauherr (Name, Vorname) Baum, Ilse			Antragsdatum 06 05 86
Baugrundstück 2152 Horneburg, Wilhelmstraße 10			
5.	Lagerung wassergefährdender Flüssigkeiten	☐ oberirdisch ☐ im Freien ☐ unterirdisch ☒ im Gebäude	
5.1	Künftiger Betreiber der Anlage (wenn bekannt)	wie Bauherr Name, Anschrift, Telefon	
5.2	Lagerflüssigkeit(en)	☐ Benzin ☐ Dieselöl ☒ Heizöl ☐	
5.3	Behälterzahl, -inhalt	Kellergeschweißter Tank, 10.000 ℓ	
5.31	Behälterwerkstoff	☐ GFK ☐ sonst. Kunststoff ☒ Stahl ☐ Beton ☐	
5.32	Schutzvorkehrungen am Behälter	☒ Zugelass. Innenbeschichtung ☒ Kath. Korrosionsschutz ☐ Doppelwand ☐ Innenhülle / Einlage ☐ Leckanzeigegerät ☒ Grenzwertgeber ☒ Leckanzeige- u. sicherungsgerät ☐	
5.4	Aufstellung im Auffangraum	☒ Ja ☒ Mauerwerk ☐ .... Werkstoff des ☐ Beton ☐ Nein Auffangraumes ☐ Stahl ☒ geschützt durch Anstrich	
5.41	Aufstellung ohne Auffangraum	☐ Flüssigkeitsdichte Aufstellungsfläche	
5.42	Wartungsvertrag	☒ Ja ☐ Nein für .... Firma:	
5.5	Werkstoff der Betriebsrohrleitungen	☐ Stahl ☒ Kupfer ☐ Aluminium ☐	
5.51	Verlegung der Betriebsrohrleitungen	☒ oberirdisch ☐ unterirdisch	
5.52	Schutzvorkehrungen an den Betriebsrohrleitungen	☐ Doppelwand ☐ Schutzrohr ☒ Abdeckung ☐ Druckwächter ☐ Rückflußverhinderer ☐ Kath. Korrosionsschutz ☐ ☐ ☐	
5.6	Bauartzulassung Eignungsbescheinigung	☐ Abdruck ist beigefügt ☒ Abdruck ist beigefügt	

J. Baum
(Unterschrift des Bauherrn)

(Unterschrift des Entwurfsverfassers)

12.18   Lagerung wassergefährdender Flüssigkeiten

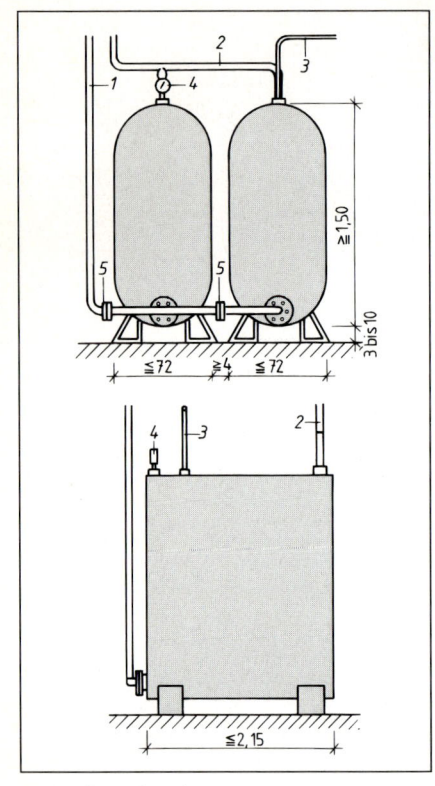

12.19 Batterietank
1 Füllleitung
2 Entlüftungsleitung
3 Ölsaug- bzw. Rücklaufleitung
4 Ölstandsanzeiger
5 elastische Verbindung

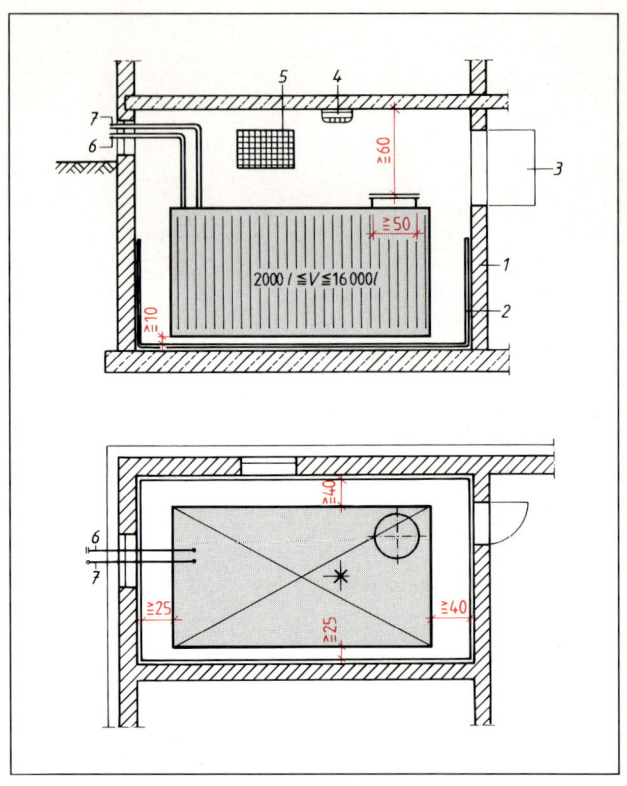

12.20 Mindestabstände kellergeschweißter Tanks von Wand und Decke
1 Trennwand Heizölraum–Heizraum
2 Ölauffangwanne
3 FH-Klappe
4 Beleuchtung
5 Belüftung
6 Füllleitung
7 Entlüftung

Batterietanks nach DIN 6620 können aus maximal 5 Einzeltanks bestehen, die zusammengeschlossen werden (**12.**19). Das Fassungsvermögen je Tank liegt zwischen 1000 und 10 000 l. Sie eignen sich für den Einbau in den fertiggestellten Heiz- bzw. Heizöllagerraum.

Kellergeschweißte Tanks nach DIN 6225 werden aus Stahlblech im Heizöllagerraum zusammengeschweißt. Sie bieten daher die beste Raumausnutzung bei maximalen Lagermengen.

Einwandige Zylindertanks nach DIN 6617 müssen vor dem Einbau der Decke in den Raum gesetzt werden.

Heizöllagerräume sind ausschließlich für die Lagerung vorgesehen und entsprechend auszustatten. Boden und Wände bilden eine Auffangwanne für evtl. auslaufendes Heizöl. Die Wanne wird durch Auftragen eines Zementmörtels sowie eines dreifachen, ölundurchlässigen Anstrichs gebildet. Die Tür (meist Klappe) muss feuerhemmend sein und selbstschließend so hoch angeordnet werden, dass sich ggf. der ganze Tankinhalt unterhalb der Türschwelle auffangen lässt. Vom Tank zu den Umfassungswänden und zur Decke sind Mindestabstände einzuhalten, die ausreichende Kontrollmöglichkeiten und Reparaturen ermöglichen (**12.**20). Heizöllagerräume sind ausreichend zu belüften und belichten.

Bei Lagerung in Heizräumen ist ein Mindestabstand von 1,0 m zwischen Kessel und Tank erforderlich. Beträgt die Lagermenge mehr als 300 l, ist wie in Heizöllagerräumen eine Auffangwanne zu erstellen – üblicherweise durch Abtrennen mittels einer halbhohen Wand.

Brennstoffe lagert man in Heizräumen (bis 5000 l) oder in Heizöllagerräumen (über 5000 l). Zum Schutz des Grundwassers sind ölundurchlässige Wannen erforderlich.

Aufgaben zu Abschnitt 12

1. Welche Bedeutung hat der Hausanschlussraum?
2. Was versteht man unter Sanitärinstallation?
3. Welche Anforderungen muss Trinkwasser erfüllen?
4. Wie bereitet man Trinkwasser auf?
5. Was ist Brauchwasser?
6. Welche Möglichkeiten gibt es zum Einsparen von Trinkwasser?
7. Nehmen Sie eine Entwurfs- oder Ausführungszeichnung aus Ihrem Büro. Skizzieren Sie a) das Strangschema einer Wasserleitungsanlage in einem Gebäudeschnitt, b) alle erforderlichen Entwässerungszeichnungen im KG Grundriss.
8. Welche sanitären Eintragungen sind für Baugenehmigungsunterlagen nötig?
9. Welche Aufgabe erfüllt der Elektroinstallationsplan?
10. Zeichnen Sie die Symbole für a) Elektroherd, b) Waschmaschine, c) Geschirrspüler, d) Schalter, e) Schutzkontakt-Steckdose, f) Leuchte.
11. Zeichnen Sie im M 1:50 den Grundriss eines Schlafraums von 4,5 x 4,0 m, möblieren Sie ihn mittels einer Schablone und tragen Sie alle erforderlichen Leuchten und Schalter an sinnvoller Stelle ein.
12. Welche Heizungssysteme unterscheidet man?
13. Nennen Sie Energieträger und ihre Nutzung.
14. Skizzieren Sie den Aufbau einer Fußbodenheizung im Schnitt.
15. Welche Vor- und Nachteile hat eine Fußbodenheizung?
16. Warum ist die richtige Anordnung der Heizkörper so wichtig?
17. Geben Sie bauliche Auflagen für Heizräume an.
18. Nennen und erläutern Sie die Möglichkeiten der Brennstofflagerung.
19. Welche Mindestabstände sind bei unterirdischer Brennstofflagerung einzuhalten?
20. Unter welchen Voraussetzungen dürfen Brennstoffe im Haus gelagert werden?

13 Innenausbau

13.1 Fenster und Fenstertüren

Fenster und Fenstertüren ermöglichen den optischen Kontakt zur Außenwelt, lassen Licht und Sonne (auch Sonnenwärme) ins Haus und lüften den Raum. Zugleich schützen sie gegen Kälte, Regen, Wind und Lärm, in begrenztem Umfang auch gegen Feuer und Einbruch.

Die folgenden Ausführungen gelten stets auch für Fenstertüren, ohne dass der Begriff Fenstertür in jedem Fall mit erwähnt wird.

Die Hausfassade wird wesentlich von Größe, Format, Gestaltung und Verteilung der Fenster bestimmt. Bild **13.**1a zeigt eine Fassade mit unvorteilhafter Fensterteilung (unterschiedliche Formate und breite, große Fensteröffnungen). Bild **13.**1b verdeutlicht harmonisch eingefügte Fenster (senkrecht statt waagerecht gestellt, einheitliche und wohl dimensionierte Größen, gleich große Fensterpfeiler, Sprossenteilung).

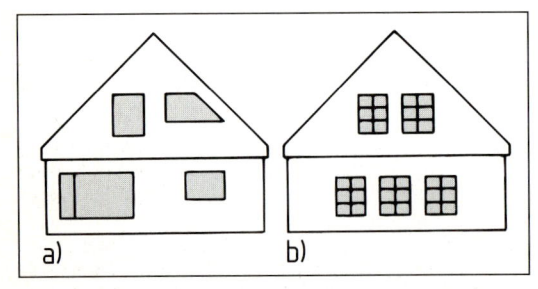

13.1.1 Fenster- und Fenstertürarten

Anschlag. DIN 18050 bestimmt außer Fenstergrößen und Maueröffnungsmaßen die Anschlagarten 1 bis 3 für Fenster.

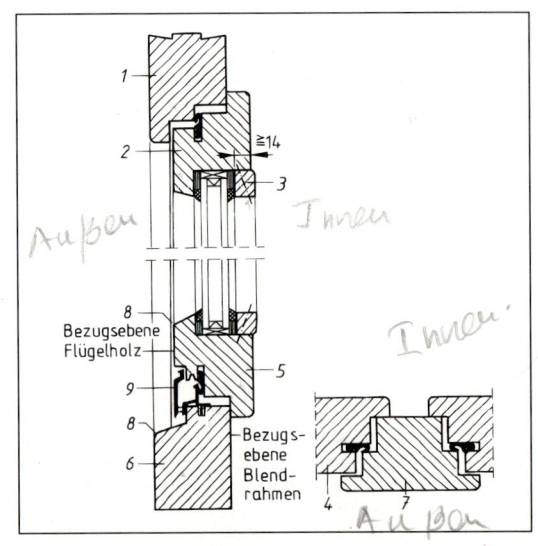

13.1 Fenster und Fenstertüren bestimmen das Fassadenbild
a) unruhig wirkende Fassade
b) harmonisch angefügte Fenster

13.3 Holzfenster-Längsschnitt (Fensterteile)
1 oberes Blendrahmenholz
2 oberes Flügelholz
3 Glashalteleiste
4 Flügelholz
5 unteres Flügelholz
6 unteres Blendrahmenholz
7 Pfosten (Setzholz)
8 äußere Profile gerundet
9 Regenschutzschiene

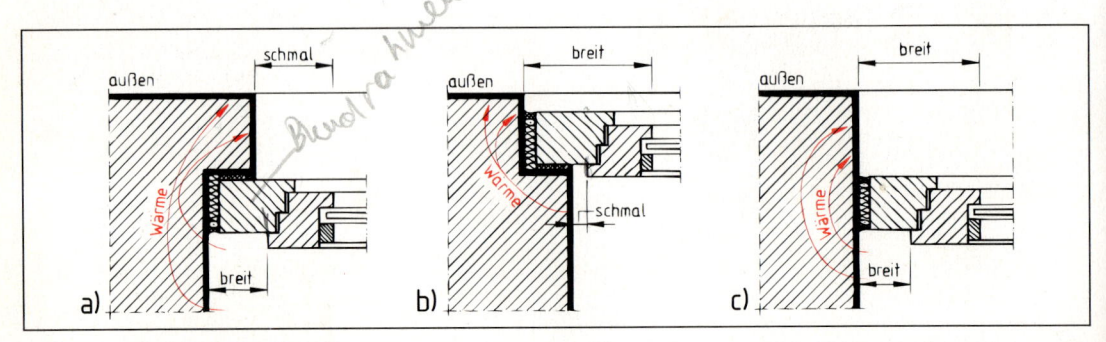

13.2 Anschlagarten nach DIN 18050
a) 1 (Innenanschlag), b) 2 (Außenanschlag), c) 3 (ohne Anschlag)

13.1 Fenster und Fenstertüren

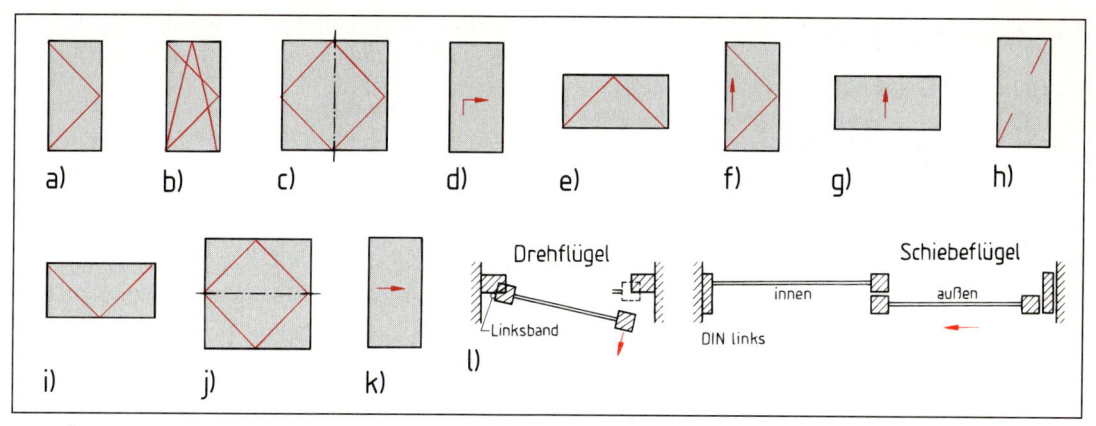

13.4 Öffnungsarten von Fenstern und Fenstertüren in der Ansicht sowie DIN-Rechts/Links-Bezeichnung
  a) Drehflügel, b) Drehkippflügel, c) Wendeflügel, d) Hebeschiebflügel, e) Kippflügel, f) Hebedrehflügel, g) Schiebeflügel vertikal, h) Festverglasung, i) Klappflügel, j) Schwingflügel, k) Schiebeflügel horizontal, l) „Links"-Bezeichnung für Dreh- und Schiebeflügel

– **Anschlagart 1** (Innenanschlag, 13.2 a) ermöglicht den Fenstereinbau ohne Gerüst, bietet Schutz für Blendrahmen, Anstrich und Abdichtung sowie ausreichend Platz für Beschläge und Rollläden.
– **Anschlagart 2** (Außenanschlag, 13.2 b) erfordert für den Fensterein- und -ausbau ein Gerüst und aus Platzgründen für den Beschlag breite Blendrahmenhölzer. Die Nähe zur Fassadenaußenfläche erschwert den Witterungsschutz und die Dichtung der Anschlussfugen.
– **Anschlagart 3** (anschlaglose Öffnung, 13.2 c) ergibt sich meist bei einschaligen Außenwänden aus großformatigen Hintermauersteinen. Sie ist weniger aufwendig als 1 und 2, verursacht aber eine größere Wärmebrücke.

Die Anschlagfalzbreite soll 6,25 cm betragen. Sie zählt nicht zum Fenstermaß. Deshalb muss die Anschlagart beim Bestellen und Ausschreiben des Fensters stets angegeben werden.

Fensterarten. Wir unterscheiden festverglaste Fenster und Fenster mit Flügelrahmen sowie Einfach- und Doppelfenster.

Festverglaste Fenster sind einfach und preiswert, weil nur ein Rahmen (der Blendrahmen) notwendig ist. Fehlende Möglichkeiten für Raumlüftung und Außenreinigung grenzen jedoch ihre Anwendung ein.

Fenster mit Flügelrahmen gelten als Standardkonstruktion. Ihre Teile beschreibt Bild 13.3. Symbole für die Ansicht sowie die Definition für „DIN links" und „DIN rechts" zeigt Bild 13.4.

Einfachfenster haben einen einfachen Flügelrahmen mit Einfach- (EV) oder Isolierverglasung (IV) (**13.5**).

Doppelfenster haben Innen- und Außenflügel. *Bei Verbundfenstern (DV)* bilden sie einen miteinander verbundenen Doppelflügel, bei *Kastenfenstern* besteht ein Scheibenabstand von 10 bis 15 cm (**13.6**). Verbundfenster erhalten zur Gewichtseinsparung meist eine Einfachscheibe je Flügel. Bei den Kastenfenstern wird einer der beiden Flügel meist isolierverglast.

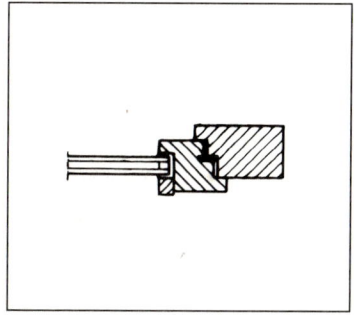

13.5 Einfachfenster/-tür (isolierverglast)

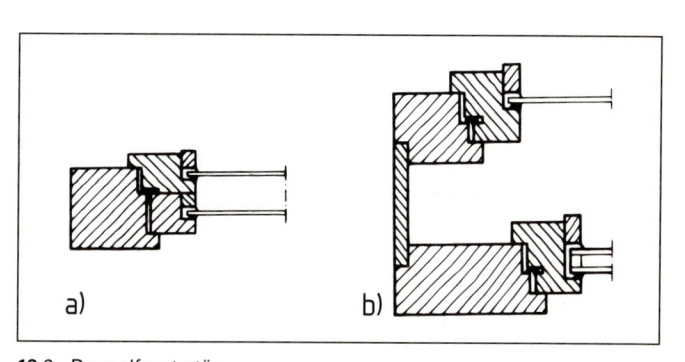

13.6 Doppelfenstertür
  a) Verbundfenster/-tür, b) Kastenfenster/-tür

13.1.2 Anforderungen

Die Gebrauchstauglichkeit des Fensters muss dem vorgesehenen Verwendungszweck gemäß geplant werden. Die technischen Anforderungen richten sich vorwiegend nach Lage, Geschoss und Raumnutzung. Optimal konstruierte Fenster für unterschiedliche Zwecke und Beanspruchungen können daher in Detail und Ausstattung sehr verschieden sein. Fenster mit dem RAL-Gütezeichen erfüllen durch regelmäßige Eigenüberwachung der Herstellerbetriebe, vor allem jedoch durch Fremdüberwachung, höchste Anforderungen.

Beanspruchungsgruppen (BG). Außer den allgemein gültigen Normen, Richtlinien und Verordnungen dienen die Beanspruchungsgruppen zur zielsicheren Planung und Beschreibung der Fensterkonstruktion. Sie begrenzen bestimmte Belastungsbereiche des Fensters (z. B. Wind und Schlagregen) und fordern entsprechende Konstruktionsmerkmale. Deshalb sind sie im Leistungsverzeichnis anzugeben. Schwachstellen des Fensters liegen im Bereich der umlaufenden Dichtungen am Gebäudeanschluss und am Glasfalz, vor allem aber zwischen Blend- und Flügelrahmen (**13**.7). Sie beeinflussen den Wärme-, Schall- und Schlagregenschutz.

Die Schlagregendichtheit beschreibt den Schutz des Fensters gegen das Eindringen von Regenwasser ins Gebäudeinnere bei gegebener Windstärke, Regenmenge und Beanspruchungsdauer. Die gelochte Regenschutzschiene am unteren Rahmenholz muss eingedrungenes Wasser sicher nach außen führen. Als Windsperre wirken die umlaufenden Falzdichtungen. Raschen Wasserablauf und schnelles Austrocknen erreicht man durch einen etwa 2 mm breiten, druckausgleichenden Luftspalt zwischen Rahmen und Flügel (**13**.7 d). Undichte Falzdichtungsprofile (Dichtungslippen) zwischen Blend- und Flügelrahmen ergeben u. U. erhebliche Lüftungswärmeverluste. DIN 4108 und die Wärmeschutzverordnung begrenzen daher den Fugendurchlass und schreiben ab 3. Geschoss Falzdichtung vor. Beanspruchungsgruppen für Schlagregen und Fugendurchlässigkeit wählt man nach Tabelle **13**.8.

Die Glasfalzkonstruktion richtet sich nach Rahmenwerkstoff und -profil, Fenstergröße (Kantenlänge), Scheibendicke, Bedienung, Windbelastung, zu erwartenden Erschütterungen und äußerer Farbgebung. Bild **13**.9 zeigt die Bezeichnungen und Maße am Glasfalz, Tabelle **13**.10 die Dichtungsmöglichkeiten für die Beanspruchungsgruppen 1 bis 5 (**13**.10).

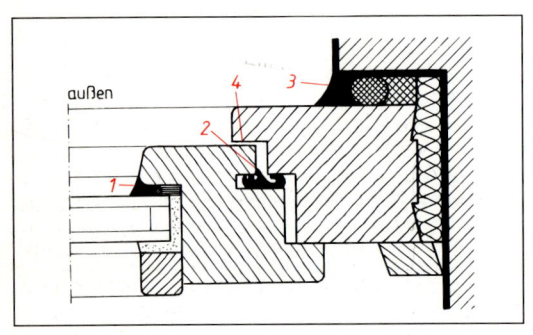

13.7 Fensterquerschnitt mit Kennzeichnung der Dichtungsebenen
1 Glasfalz, außen versiegelt
2 Innenfalz (Flügel/Rahmen) mit Falzdichtung
3 Gebäudeanschluss mit elastischer Kittfuge
4 druckausgleichender Luftspalt ermöglicht störungsfreien Ablauf eingedrungenen Regenwassers

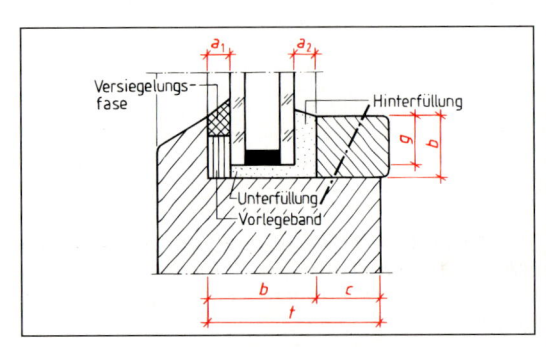

13.9 Bezeichnungen am Glasfalz nach DIN 18545
a_1 Dicke der äußeren Dichtstoffvorlage
a_2 Dicke der inneren Dichtstoffvorlage
b Glasfalzbreite
c Auflagerbreite der Glashalteleiste
g Glaseinstand (2/3 d)
h Glasfalzhöhe
t Gesamtfalzbreite

Tabelle **13**.8 Beanspruchungsgruppen A bis D nach DIN 18055-2 (Fugendurchlässigkeit und Schlagregensicherheit)

	A	B	C	D
Staudruck in kN/m²	bis 0,18	bis 0,37	bis 0,66	Sonderregelung
Prüfdruck in Pa entspricht etwa der	bis 150	bis 300	bis 600	
Windgeschwindigkeit bei Windstärke	bis 7	bis 9	bis 11	
Gebäudehöhe in m	bis 8	bis 20	bis 100	

A ohne Falzdichtung, B bis D mit Falzdichtung. D für Fenster mit außergewöhnlicher Beanspruchung. Die Anforderungen sind im Einzelfall anzugeben.

13.1 Fenster und Fenstertüren

Tabelle 13.10 Beanspruchungsgruppen z. Verglasung mit Dichtstoffen (Inst. f. Fenstertechnik)

Beanspruchungsgruppe	1	2	3	4	5
Verglasung mit ausgefülltem Falzraum					
Kurzbezeichnung und schematische Darstellung	Va 1	Va 2	Va 3	Va 4	Va 5
Dichtstoffgruppe nach DIN 18545 für Versiegelung			C	D	E
Verglasung mit dichtstofffreiem Falzraum					
Kurzbezeichnung und schematische Darstellung			Vf 3	Vf 4	Vf 5
Dichtstoffgruppe nach DIN 18545 für Versiegelung			C	D	E

◆ Versiegelung ||| Vorlegeband   ░ Dichtstoff für den Falzraum

Wärmeschutz. Der Wärmedurchgangskoeffizient k_F des Fensters ergibt sich aus dem Rahmenwerkstoff (Rahmengruppe) und dem k-Wert der Scheibe(n). DIN 4108 begrenzt den k_F-Wert auf $\leq 3{,}0$, die gültige Wärmeschutzverordnung auf $\leq 1{,}8$ W/m²K. Spezielle Wärmeschutzgläser (z. B. Zweischeiben-Isoliergläser mit dämmfähiger Schwergasfüllung und farbneutraler Beschichtung zur Reflexion von Wärmestrahlung) unterbieten mit k_F-Werten bis 1,1 W/m²K schon den Mindestwärmeschutz nach DIN 4108 für Außenwände. Rollläden und Vorhänge verbessern den Wärmeschutz zusätzlich. An nach Süden ausgerichteten Fenstern stellt sich im Jahresmittel sogar eine positive Wärmebilanz ein. In der Wärmeschutzverordnung können die Fenster deshalb je nach Himmelsrichtung unterschiedlich bewertet werden. Der dafür eingeführte $k_{eq'F}$-Wert berücksicht mit dem Solarfaktor S die Einbaulage des Fensters nach der Himmelsrichtung und mit dem g-Wert den Energiedurchlassgrad der Scheiben. Die Berechnungsformel ist

$$k_{eq'F} = k_F \times S \times g.$$

Für Südfenster errechnen sich daraus meist negative Ergebnisse. Diese wirken sich dann als Gewinne in der Energiebilanz des Hauses aus. Bei entsprechendem g-Wert verbessert der Solarfaktor S auch die k-Werte der Ost- und Westfenster gleichermaßen.

Die inneren Sturz- und Leibungsflächen sind beachtenswerte Wärmebrücken und wegen Auskühlung und Tauwasserniederschlag häufig Brutstätten für Schimmelpilze. Innere Dämmschichten an den Leibungen und Stürzen sind daher zu empfehlen.

Die Schallschutzanforderungen richten sich nach DIN 4109 und den Schallschutzklassen 1 bis 6 der VDI-Richtlinie 2719 „Schalldämmung von Fenstern". Sie bestimmen den Mindestwert des „bewerteten Schalldämmaßes" R_w (Laborwert) in Abhängigkeit vom Außenlärm (-pegel) und von der Raumart (z. B. Krankenhauszimmer, Büro), ferner die Mindestkonstruktionsmerkmale. Verbesserungen des Schallschutzes erreicht man durch wirksame Falzdichtungen, durch größeren, mit Schwergas-Luft-Gemisch gefüllten Scheibenzwischenraum (SZR) und durch größere Glasdicken. Besonders wirksam sind schalldämmende Isoliergläser mit unterschiedlich dicken Scheiben (außen dick, innen dünn). Die besten Dämmwerte erreichen Doppelfenster mit getrennten Blendrahmen und großem Scheibenabstand – besonders das Kastenfenster mit schallschluckender Ausbildung der Innenrandflächen, ≥ 15 cm Scheibenabstand und 2 x 8 bis 12 mm dicken Scheiben. Doppelte Falzdichtungen gehören zur Standardausstattung von Fenstern höherer Schallschutzklassen, setzen jedoch ausreichenden Anpressdruck zwischen den Rahmenfalzen durch Verriegelung voraus (evtl. Mehrfachverriegelung).

Bauwerksanschluss. Die Gebäudeanschlussfuge muss wechselnde Formänderungen des Wand- und Rahmenmaterials schadlos ausgleichen können. Temperaturbedingte Formänderungen wirken besonders bei Aluminiumfenstern, Schwind- und Quellverformungen bei Holzfenstern. Süd- und Südwestfassaden sind stärker gefährdet als die anderen, vor allem solche mit dunklen Außenfarben und großformatigen Elementen. Fehlerhafte Planung und Ausführung der Anschlusskonstruktion kann daher die Funktionsfähigkeit von Fenstern trotz höchster Gütenachweise erheblich einschränken.

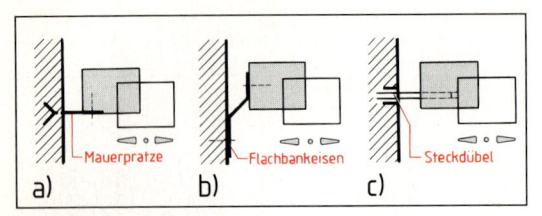

13.11 Mechanische Befestigung der Rahmen
  a) starre Verbindung,
  b) und c) bewegliche Verbindungen

Mechanische Befestigungen sichern die planmäßige Fensterlage in der Gebäudeöffnung. Starre Anschlüsse genügen für einflügelige (schmale) Fenster. Verformbare Befestigungen (z. B. flache Bankeisen) gleichen größere Bewegungen in der Anschlussfuge besser aus (**13**.11 b und c).

Abdichtungen. Tabelle **13**.12 erläutert die Beanspruchungsgruppen A bis D für die Anschlussausbildung der Fenster zum Baukörper. Die Systemskizzen gelten im Prinzip, Details erfordern genauere Angaben. Deutlich erscheinen die günstigen Voraussetzungen für die Abdichtung bei Fensteröffnungen mit Innenanschlag (Anschlagart 1).

Dagegen lassen sich Fenster in anschlaglosen Fensteröffnungen und mit bündigem Anschluss zur Fassadenaußenfläche kaum noch sicher abdichten. Vorkomprimierte Dichtungsbänder eignen sich als Wind- und Regensperre besonders gut, ebenso Dichtungsmassen. Bald nach dem Einlegen pressen sie sich dicht an die Fugenflanken. An schlagregenbeanspruchten Fassaden empfiehlt sich unterhalb der Fensterbrüstung eine Feuchtigkeitssperre nach Bild **6**.26.

Tabelle **13**.12 Fugenanschlüsse

Beanspruchung	Beanspruchungsgrößen				
Zu erwartende Fugenbewegungen	≤ 1 mm	< 4 mm	> 4 mm		
Beanspruchungsgruppen	A		B C		
	Schlagregensicherheit und Fugendurchlässigkeit (Tab. **13**.8)				
Erschütterungen Verkehrsbelastung	Normal		Stark		
Beanspruchungsgruppen	1*)	2	3.1	3.2	3.3
Anschlussausbildung	Blendrahmen eingeputzt	Abdichtung mit Fugendichtungsmasse	Abdichtung mit Fugendichtungsmasse und Bewegungsausgleich in der Konstruktion	Anschluss mit Zarge	Anschluss mit Bauabdichtungsfolie
A Putzfassade mit stumpfem Anschlag	▨	▨	▨	▨	
B Putzfassade mit Innenanschlag	▨	▨	▨		
C Fassade mit stumpfem Anschlag bei Sichtbeton, Naturstein, metallischen oder keramischen Baustoffen		▨	▨	▨	▨
D Fassade mit Innenanschlag bei Sichtbeton, Naturstein, metallischen oder keramischen Baustoffen		▨	▨	▨	▨

*) nur für Holzfenster

13.1.3 Konstruktionsbeispiele

Bevorzugte Rahmenwerkstoffe sind Holz, Kunststoff und Aluminium. Mit wenigen Ausnahmen sind mit jedem der genannten Werkstoffe einwandfreie Fensterkonstruktionen für verschiedene Ansprüche möglich. Seriengefertigte Standardgrößen bilden den Hauptmarktanteil. Stilgetreue Holzfenster für die Erneuerung alter Bausubstanz erfordern gelegentlich noch handwerkliche Einzelfertigung.

Holzfenster werden vor allem aus Kiefer, Fichte, Sipo und Afzelia gefertigt. Trotz Gefährdung durch extremes Wetter, Pilz- und Insektenbefall haben Holzfenster bei sachgerechter Konstruktion und regelmäßiger Wartung eine lange Lebensdauer (**13**.13).

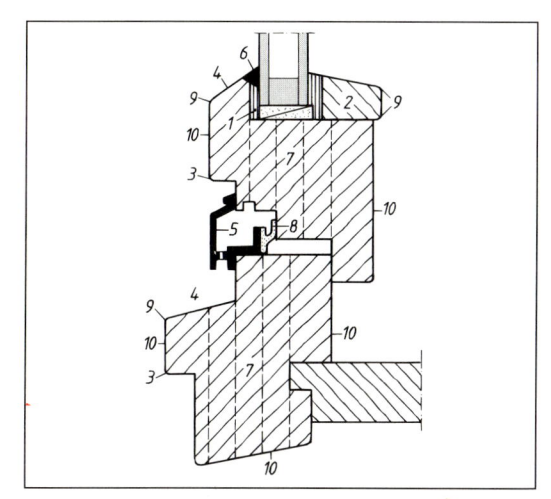

Tabelle **13**.14 Bezeichnungen und Maße der Einfach- und Verbundfenster

Einfachfenster		Verbundfenster		
Profilkurzzeichen	Profilmindestdicke	Profilkurzzeichen	Außenflügel Mindestdicke	Innenflügel Mindestdicke
IV 56	56	DV 32/44	30	42
IV 63	62	DV 44/44	42	42
IV 68	66	DV 36/56	34	54
IV 78	76			
IV 92	90			

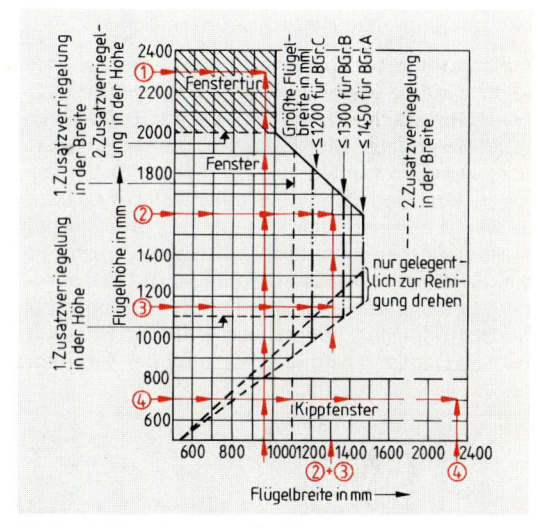

menden Faktoren (Fensterart, Beschlag, Beanspruchungsgruppe, zusätzliche Verriegelungen, Häufigkeit der Betätigung) enthält das Diagramm **13**.15 für Profile IV 63. Vor dem Einbau müssen alle Holzfenster durch ölige Holzschutzmittel gemäß DIN 68800 gegen Pilze und Insekten imprägniert werden. Das eingebaute Fenster erhält noch filmbildende, deckende Beschichtungen oder lasierende („offenporige") kombinierte Beschichtungs- und Holzschutzmittel.

13.13 Kennzeichen moderner Holzfenster: Wasser abweisend und wetterbeständig
1 Glasfalz im Kern
2 Glasleiste innen
3 keine Wassernasen
4 äußere Profile abgeschrägt
5 Regenschutzschiene
6 Glasversiegelung
7 Doppelzapfen
8 zusätzliche Dichtung
9 Kanten gut gebrochen
10 geschlossene Oberflächenbeschichtung

Einfach- und Verbundfensterprofile nach DIN 68121 sind nach innen aufgehende Dreh-, Drehkipp- und Kippfenster mit Einstufung in die Beanspruchungsgruppe A, B oder C.

Kurzzeichen und Profildicken der Einfach- und Verbundfenster enthält Tabelle **13**.14, ein Verbundfensterprofil Bild **13**.16.

Für alle Profildicken gibt es Diagramme, um die maximalen Flügelmaße abzulesen. Die bestim-

13.15 Größendiagramm für Flügelabmessungen zur Profilgruppe IV 63, Flügelholzbreite 78 mm (mit Beispielen ① bis ④)

Beispiele zu Bild **13**.15

Benennung	Maße	Beanspruchungsgruppe DIN 18055	Zusatzverriegelung in der Höhe	in der Breite
① Fenstertür	950/2300	C	2	–
② Fenster	1300/1600	B	1	1
③ Fenster	1300/1150	B	1	1
④ Kippfenster	2350/ 700	–	–	≥ 2

Dazu unterscheiden wir 3 Holzarten:

Holzart I: harzhaltige Nadelhölzer (Kiefer, Lärche, Oregon Pine)

Holzart II: harzarme Nadelhölzer (Fichte, Redwood, Redcedar)

Holzarten III: Laubhölzer (Sipo, Meranti, Teak, Afzelia, Eiche)

Die Normbezeichnung für Holzfenster verdeutlichen die folgenden Beispiele.

Beispiel 1 Einfachfenster:
Holzfenster DIN 68121 IV 78 92 -2
Benennung DIN Profilkennzeichen Profilbreite Zahl der Falzabdichtungen

Beispiel 2 Verbundfenster:
Holzfenster DIN 68121 DV 32/44--51/78 -1
Benennung DIN Profilkennzeichen Profilbreite Zahl der Falzabdichtungen

Aluminiumfenster zeichnen sich durch anspruchslose Wartung, sehr hohe Lebensdauer und hohe Stabilität aus. Die hohe Wärmeleitfähigkeit des Materials kann durch Doppelrahmen mit wärmedämmendem Steg ausgeglichen werden (**13**.17).

Kunststofffenster bestehen meist aus schlagzähen, dämmfähigen PVC-Hohlprofilen. Die technisch anspruchsvolleren Mehrkammerprofile mit stabilisierendem Metallrohkern werden gegenüber dem Einkammerprofil bevorzugt (**13**.18). Vermehrt kommen Vollprofile mit glasfaserverstärktem Kern aus wärmedämmender poröser Spezialmasse auf. Unempfindlichkeit gegen Verschmutzung und mechanische Beschädigung sowie geringer Wartungsaufwand zählen zu den Vorzügen der Kunststofffenster, ebenso die einfache Bearbeitbarkeit. Dagegen sind die Probleme der Temperatur- und Farbbeständigkeit nicht immer befriedigend gelöst.

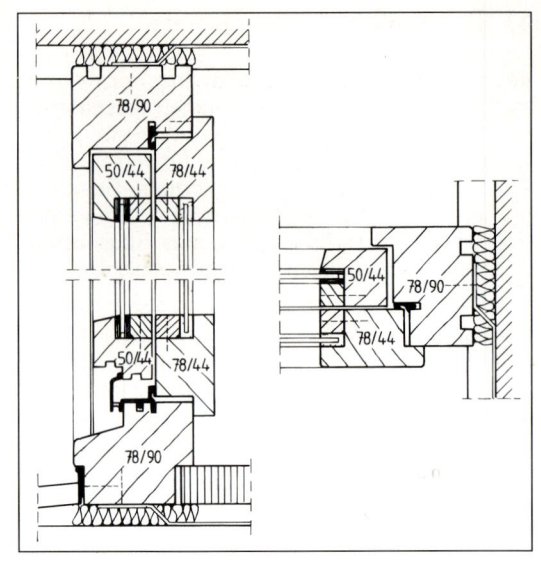

13.16 Verbundfenster DV 44/44

Nach der Konstruktion unterscheiden wir Einfach- und Doppelfenster, nach der Verglasung einfach- und isolierverglaste Fenster, nach dem Werkstoff Holz-, Aluminium- und Kunststofffenster, nach der Öffnungsart überwiegend Dreh-, Drehkipp- und Kippfenster.

Fachgerecht konstruierte Fenster erfüllen die jeweils gestellten Ansprüche. Entsprechende Beanspruchungsgruppen in Normen und Richtlinien enthalten die wesentlichen Konstruktionsmerkmale.

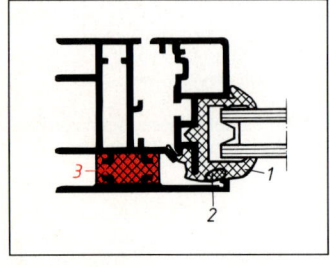

13.17 Wärmegedämmtes Aluminiumfenster mit umfassender Glasdichtung (*1*), die durch eine Hartkunststoff-Feder (*2*) verspannt wird. Die Blendrahmenschalen werden durch wärmedämmende Stege verbunden (*3*)

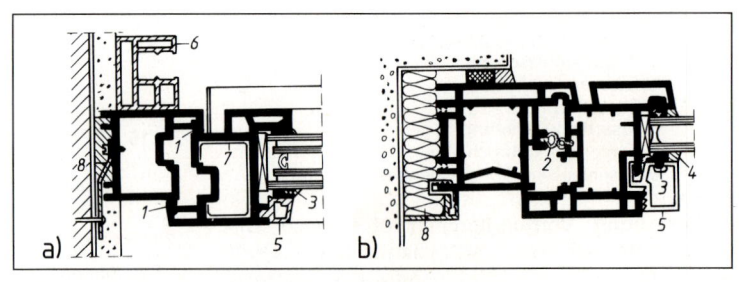

13.18 Rahmenschnitte durch Kunststofffenster
a) Einkammersystem, b) Mehrkammersystem (ohne Verstärkungsprofil nur bei kleineren Rahmenmaßen)

1 Anschlagdichtung
2 Mitteldichtung
3 Dichtung für Druckverglasung
4 Versiegelung
5 Glashalteleisten
6 Rollladenführung
7 Verstärkungsprofil
8 Bauanschlussfuge

13.2 Türen

Türen schaffen Zugang zu Räumen und Gebäuden. Außentüren bieten außerdem Schutz gegen Witterung, Wärmeverlust, Lärmbelästigung und Einbruch. Mit der Redewendung „die Schwelle des Hauses übertreten" beschreiben wir die Tür auch als Grenze zwischen öffentlichem und privatem Raum. Meist bestehen Türen aus dem beweglichen Türblatt, dem befestigten Türrahmen und den Beschlägen (Bänder, Griffe, Schloss). Türarten unterscheiden wir nach verschiedenen Gesichtspunkten (**13**.19).

13.2.1 Außentür

Außentüren, besonders Hauseingangstüren, sind Blickfang und Gestaltungselemente der Fassade. Baustil- und landschaftstypische, häufig kunstvoll verzierte Türen finden wir vor allem an alten Gebäuden.

Konstruktion. Außentüren sind nicht genormt (Ausnahme Fenstertüren; s. Abschnitt 13.1). In ihrer Beanspruchung gleichen sie Fenstern. Die dafür in Abschnitt 13.1 beschriebenen Ausführun-

Tabelle **13**.19 Türarten

Unterscheidung	Arten			
Rahmen und Wandanschluss	Blockrahmentür	Blendrahmentür	Zargenrahmentür	Futtertür, bekleidet
Lage und Verwendung	Außen-, Innen-, Hauseingangs-, Wohnungs-, Windfang-, Zimmer-, Heizraum-, WC-, Terrassen-, Keller-, Bodentür u. a.			
bes. Anforderungen	feuerhemmende (FH), schall- und wärmedämmende Tür, Strahlenschutztür			
Bewegungsrichtung	Drehflügel, einflügelig	Pendelflügel, einflügelig	Drehtür	Falttür, Faltwand
	Drehflügel, zweiflügelig	Pendelflügel, zweiflügelig	Schiebeflügel	Schwingflügel, Rolltor
	Drehflügel, zweiflügelig, gegeneinanderschlagend	Hebe-Drehflügel	Hebe-Schiebeflügel	Harmonikatür/-wand jeweils ein- und zweiflügelig
Sitz der Türbänder und -schlösser	a) linkes Band linkes Schloss — Linkstür		b) rechtes Band rechtes Schloss — Rechtstür	
Türblattbauart	Latten-, Bretter-, Rahmen-, Sperrtür (glatte Oberfläche), aufgedoppelte, verglaste, unverglaste Tür			
Türblattanzahl	ein-, zwei-, und mehrflügelige Tür			
Werkstoff	Holz-, Metall- (z. B. Aluminium-) und Glastür sowie Kombinationen			

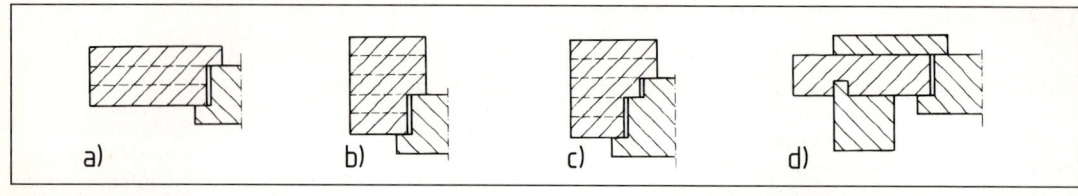

13.20 Blendrahmen und Türblattfalze
  a) Einfachfalz, Profil flach/breit, b) Einfachfalz, Profil schmal/tief, c) Doppelfalz, Profil schmal/tief, d) Einfachfalz, Profil verstärkt, zusammengesetzt

gen der Rahmenbefestigung, Verglasung, Regensicherheit, Anschluss- und Falzdichtung gelten daher entsprechend. Haustüren sind etwa 1 m breit und schlagen nach innen auf, an Gebäuden mit größeren Menschenansammlungen auch nach außen (z. B. Schulen, Gaststätten, Theater). Rahmen und Türblätter erhalten Einfachfalze, dickere Abmessungen ermöglichen Doppelfalze (**13.**20).

Die Rahmentür mit oder ohne Sprossen hat eine gegliederte Ansicht und Füllungen aus Glas oder Holz. Metall- und Kunststofftüren sind überwiegend verglaste Rahmentüren (**13.**22).

Die aufgedoppelte Tür ist meist eine durch beidseitige Beplankung ergänzte Rahmentür mit Kern-

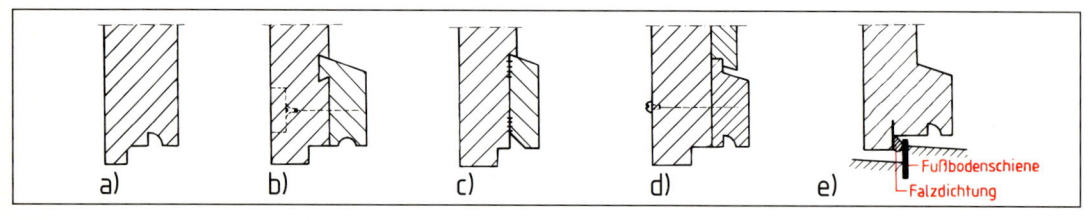

3.21 Wassernut und Schwellendichtung
  a) ohne Schenkel, b) eingegratet, c) geleimt, d) aufgeschraubt, e) Falzdichtung aus elastischem Kunststoffprofil schützt gegen Zugluft und Regenwasser

Einer davon soll mit Rücksicht auf den Schlossstulp ≥ 25 mm hoch, der äußere mit Rücksicht auf die Einbohrbänder 13 bis 15 mm tief sein. Wetterschenkel mit eingefräster Wassernut verhindern das Eindringen von Regenwasser an der Fußbodenschiene (Anschlagschiene, **13.**21a bis d). Durchfeuchtungen des Schwellenbereichs verhindert die Fugendichtung (**13.**21d). Schwind- und quellbedingte Verformung hölzerner Türblätter führen im Winter wegen erhöhter Fugendurchlässigkeit oft zu unerwünschten Lüftungswärmeverlusten. Beschläge für Mehrfachverriegelung (z. B. Fünffachverriegelung) erzeugen den nötigen Anpressdruck für die Falzdichtungen und erhöhen außerdem die Einbruchsicherheit.

dämmung gegen Wärmeverluste und Dampfsperre (innen!) als Schutz gegen Kondensatfeuchte (**13.**23).

Glatte Türen aus Holz sind in der Regel beidseitig furniert (**13.**24). Als Mittellage dienen Holzlamellen, -gitter oder -stege. Zusätzlich eingebaute Dämmstoffe verbessern den Wärmeschutz. Die glatte Oberfläche lässt sich durch zierende Aufdickungen oder Ausschnitte für Glasfüllungen auflockern.

Einbruchhemmende Türen gewinnen mit dem beschleunigten Anstieg der Einbruchskriminalität immer mehr an Bedeutung. Dies sind Türen, die dem Täter beim Eindringversuch während einer bestimmten Zeit mechanischen Widerstand entge-

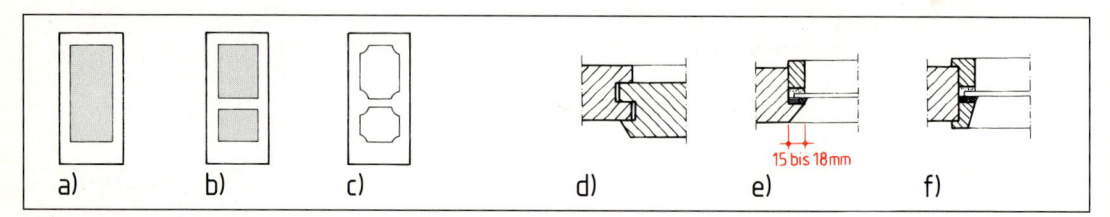

13.22 Rahmentür
  a) und b) verglast, c) mit zierender Holzfüllung; Füllungen: d) überschoben, e) Scheibe im Falz, f) Scheibe zwischen Falzstäben

13.2 Türen

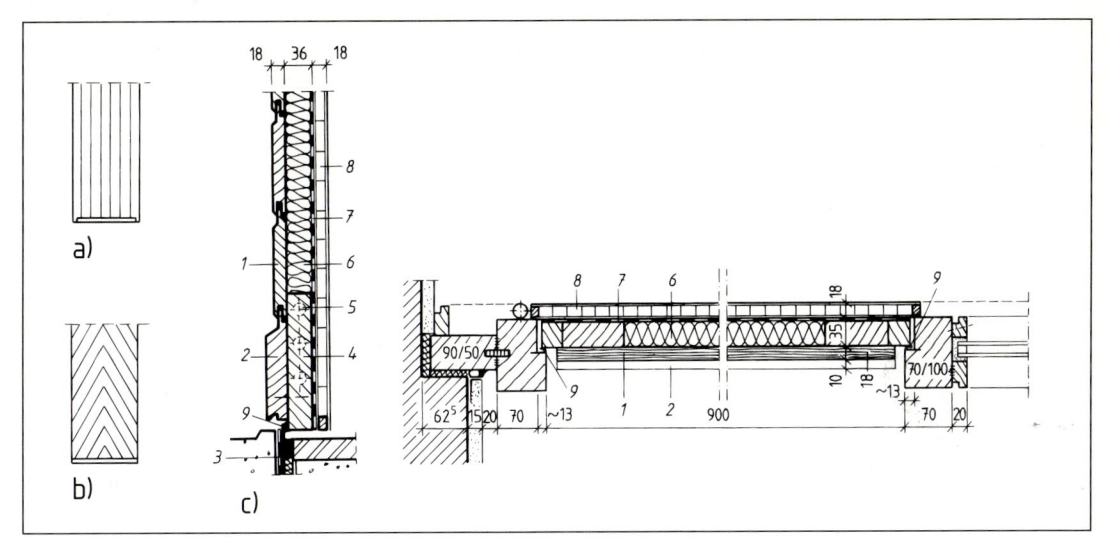

13.23 Aufgedoppelte Tür
a) senkrechte, b) schräge Aufdoppelung, c) Längs- und Querschnitt einer aufgedoppelten Tür mit verglastem Seitenteil
 1 gespundete Vollholzbretter
 2 aufgeschraubte Wetterschenkel
 3 Flach- oder Winkeleisen
 4 unterer Rahmenfries
 5 Rahmenfriesverbindung durch Dübel
 6 Dämmmaterial
 7 dampfbremsende/-sperrende Schicht auf der Innenseite
 8 innenseitige Bekleidung
 9 (Lippen-)Dichtungen

gensetzen. Das Anforderungsniveau für diese Widerstände ist in DIN V 18103 festgelegt. Die Türen der 3 Widerstandsklassen unterscheiden sich vorwiegend nach Tätertyp und Einbruchgerät (Tab. **13.25**). Konstruktive Grundsätze für einbruchhemmende Türen verdeutlicht Bild **13.26**. Stromführende Steckdosen an Außenwänden sind gern benutzte Einbruchshilfen. Normgerecht konstruierte einbruchhemmende Türen erhalten ein entsprechendes Kennzeichnungsschild der Prüfstelle. Ihre Funktionsfähigkeit ist nur gewährleistet, wenn auch die Einbauanweisungen beachtet werden.

Einbruchhemmende Türen

Tabelle **13.25** Zuordnung von Widerstandsklassen zu Tätertyp und Vorgehensweise

Widerstandsklassen	Bezeichnung	Tätertyp, mutmaßliche Vorgehensweise
ET 1	Tür DIN 18103 ET 1	Einbrecher ohne bzw. mit nur sehr geringem Werkzeug; er versucht, die verschlossene und verriegelte Tür in erster Linie durch den Einsatz körperlicher Gewalt zu überwinden: Gegentreten, Gegenspringen, Schulterwurf o. Ä.
ET 2	Tür DIN 18103 ET 2	wie bei Widerstandsklasse ET 1; der Einbrecher benutzt zusätzlich einfache Hebelwerkzeuge
ET 3	Tür DIN 18103 ET 3	wie bei Widerstandsklasse ET 2; erfahrener Einbrecher; benutzt vorwiegend Werkzeug – Hebelwerkzeuge, Keile, kleinere Schlagwerkzeuge – jedoch ohne Einsatz von Elektrowerkzeugen

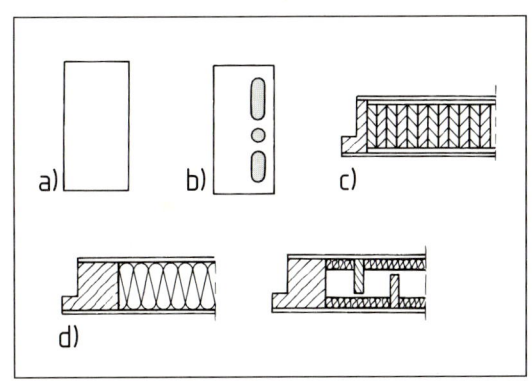

13.24 Glatte Tür
a) ohne, b) mit verglasten Ausschnitten oder Aufdickungen aus Holz; Türblatt: c) stäbchenverleimt mit Anleimer, d) mit Füllhölzern, Dämm- und Deckschichten

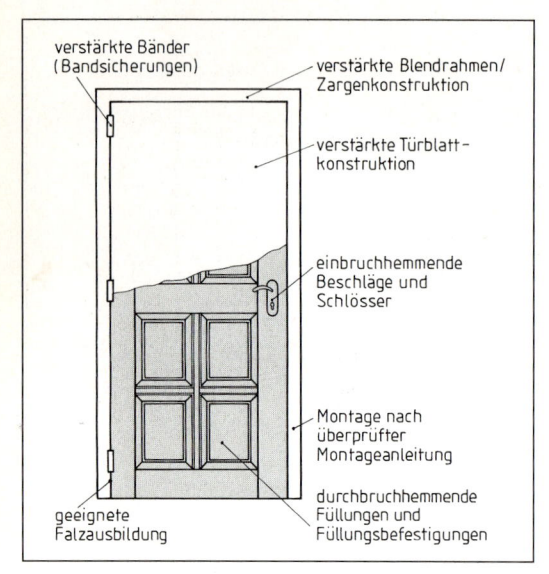

13. 26 Verstärkte Konstruktionsteile an einbruchhemmenden Türen

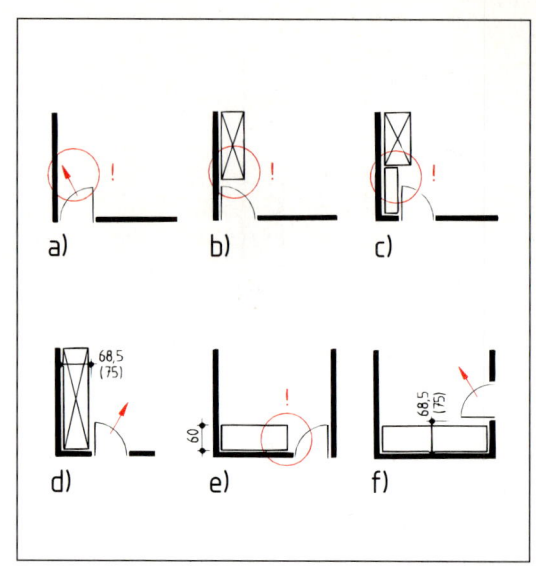

13.27 Türlage und -drehrichtung beeinflussen die Raumerschließung und -nutzung
a) falsch: einengend, Raum nicht überschaubar, b) und c) unbefriedigend, d) zum Raum hinführend, e) ungünstig bei schmalen Räumen, f) günstiger als e), größere Möbelstellflächen

13.2.2 Innentür

Grundrisslage und Drehrichtung der Innentüren beeinflussen die nutzbare Grundfläche eines Raumes (**13.**27). *DIN 18101* enthält verbindliche Maße und Abmessungen für Maueröffnungen, Türblatter und Zargen. Die Türöffnungsbreite plant man nach der Raumnutzung. Im Wohnungsbau reichen 87,5 cm als Baurichtmaß, für Nebenräume auch 75 oder 62,5 cm (bei gemauerten Wänden gilt das zugehörige Nennmaß). Im Verwaltungs- und Schulbau sind es mindestens 100 cm, im Krankenhausbau wegen des Bettentransports 112,5 cm.

Die Türöffnungshöhe reicht von Unterkante Türsturz bis Oberkante fertiger Fußboden. Sie muss dem Handwerker ebenso wie die geplante Gesamtdicke des Fußbodenbelags schon für die Rohbauarbeiten bekannt sein (evtl. Hinweis in der Zeichenlegende). Als Normalhöhe gilt das Richtmaß 200 cm, bei gemauerten Wänden 200,5 cm (**13.**28).

Weitere Normhöhen sind 212,5 cm, 225 cm und 187,5 cm – bei Mauerwerk jeweils 0,5 cm mehr.

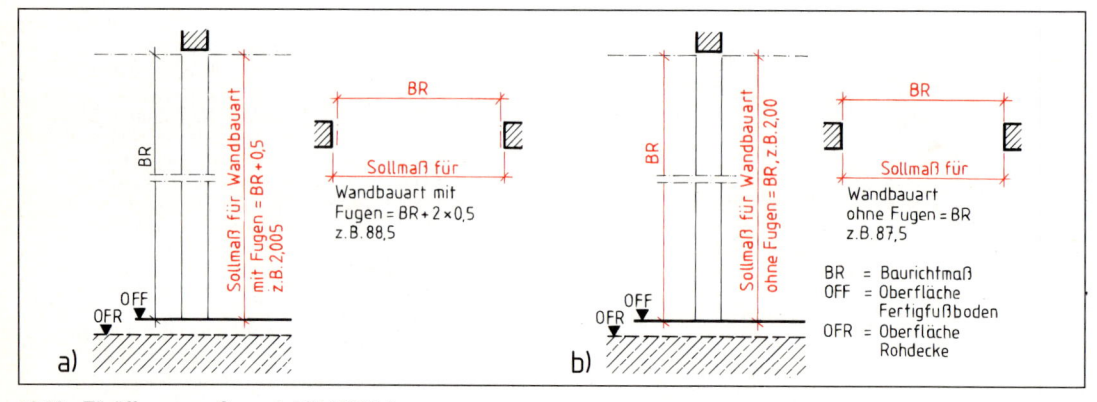

13.28 Türöffnungsmaße nach DIN 18100-2
a) Sollmaße für Bauart mit Fugen, b) ohne Fugen

13.2 Türen

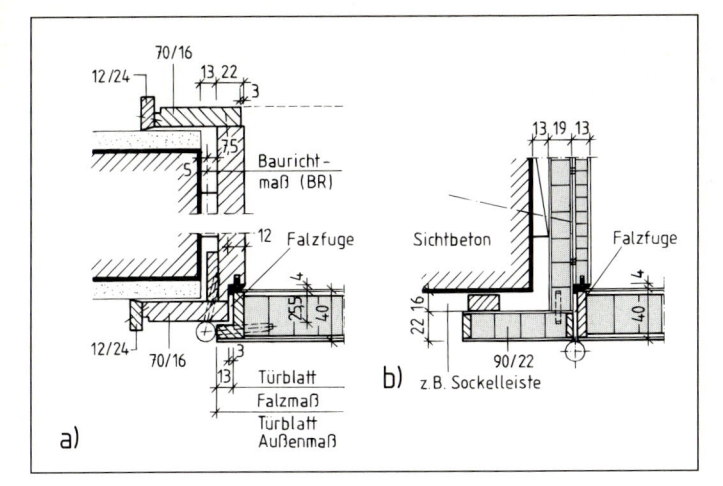

13.29 Türen mit Futterrahmen und Bekleidung
a) Futter, Bekleidungen und Deckleisten aus Vollholz,
b) Stumpftür bündig mit der Bekleidung liegend

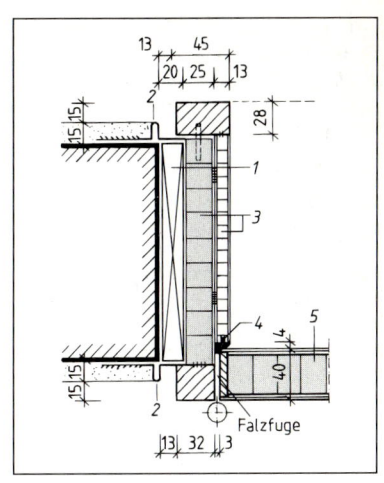

13.30 Zargenrahmen (Einbaubeispiel)
1 Blindfutter
2 Putzschiene
3 aufgedoppelter Zargenrahmen
4 Gummidichtung
5 ungefälztes Türblatt

Türen mit Futterrahmen und Bekleidung werden am häufigsten für Holzinnentüren verwendet. Das Türfutter deckt die Innenflächen der Wandöffnungen ganz ab, die beidseitige Bekleidung schützt die Wandkanten vor Beschädigungen. Die überfälzte Futterrahmentür hat abgedeckte Falzfugen, die heute weniger verbreitete stumpf einschlagende Tür sichtbare (**13.29**).

Türen mit Zargenrahmen haben nur selten Bekleidungen (**13.30**). Zargenrahmen decken die Türleibung ganz, Sparzargen (Eckzargen) nur teilweise ab (z. B. bei dicken Wänden). Verbreitet sind auch ein- oder beidseitig überstehende Zargenrahmen. Putzschienen mit verzinktem Streckmetall schaffen den sauberen und risssicheren Anschluss zum Wandputz. Zugleich dienen sie als Kantenschutz und Putzlehre.

Seriengefertigte Fertigtürelemente sind kostengünstig und tragen wesentlich zur Verkürzung der Bauzeit bei. *Holznormzargen* werden als einteilige Serienelemente für unterschiedliche Wandanschlüsse angeboten. Verbreitet sind zweiteilige, in

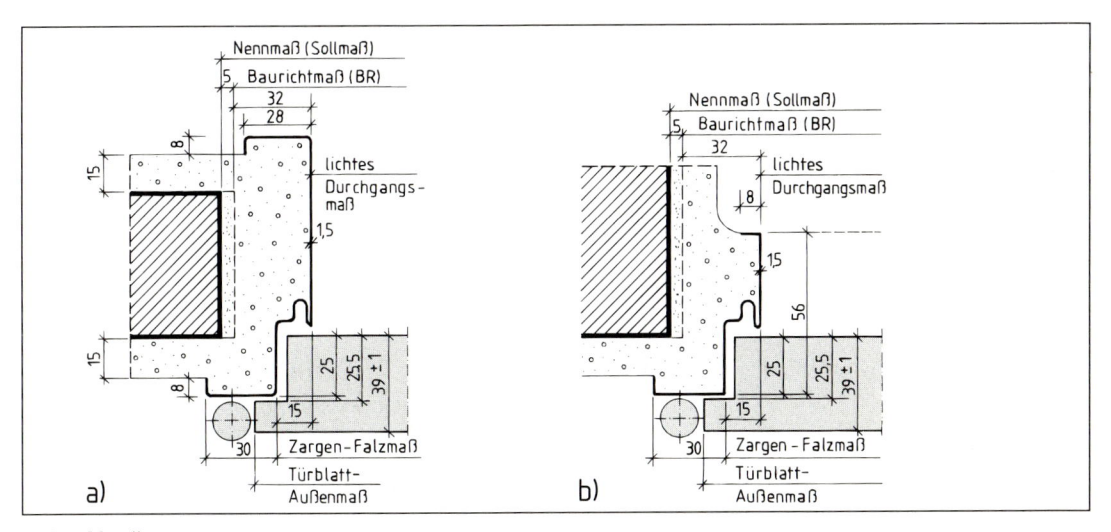

13.31 Metallzargen
a) Umfassungszarge, b) Eckzarge

der Tiefe verstellbare Zargen, die unterschiedlichen Wanddicken angepasst werden können. *Metallzargen* sind als Umfassungs- und als Eckzargen im Handel (**13**.31). Meist werden sie vor den Putzarbeiten eingesetzt. Zargen mit Schattennut dienen zugleich als Putzlehre.

Anforderungen an Türen richten sich nach Lage und Nutzung der Räume.

Schallschutz für Türen regelt *DIN 4109*. So sind beispielsweise für Wohnungsabschlusstüren mit direktem Zugang zu Wohnräumen Mindest-R_w-Werte von 37 dB gefordert, beim Zugang über Flure nur 27 dB. Mehrschalige Türblätter mit festen Außenschichten und biegeweicher Mittelschicht erreichen (wie auch Trennwände) bessere Schallschutzwerte als einschalige.

Höchste Ansprüche erfüllen Doppeltüren (je ein Türblatt auf jeder Raumseite), die im Prinzip den Doppelkastenfenstern gleichen. Größte Sorgfalt gilt den umlaufenden Falzdichtungen (erforderlichenfalls Doppelfalze), der Schwellen-Abdichtung zwischen Fußboden und Türblatt sowie dem dichten Anschluss der Türzargen an die Türlaibung (**13**.32 a bis d und **13**.33 a und b).

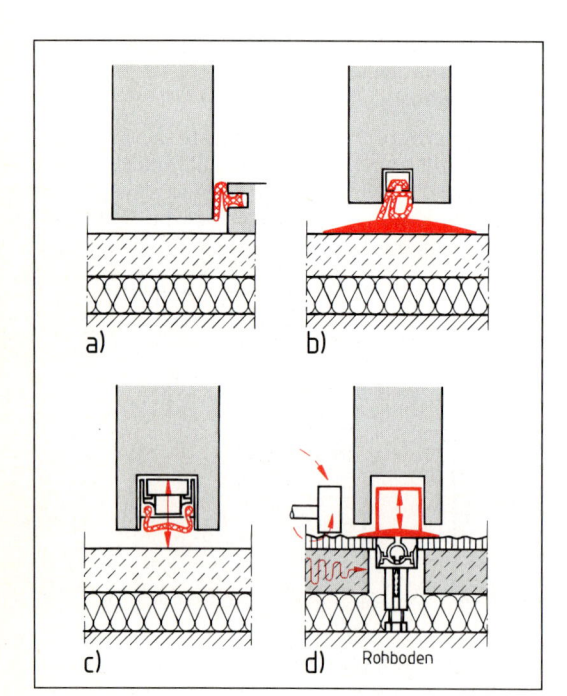

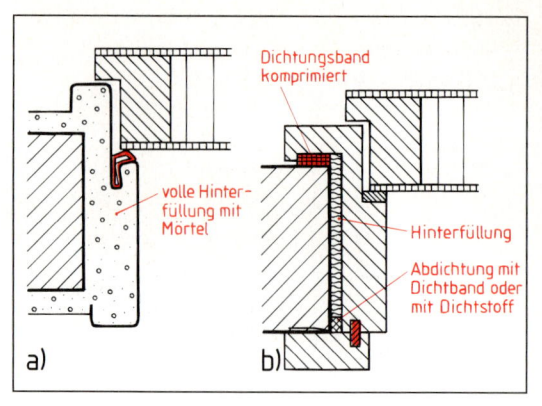

13.33 Schalldämmende Anschlüsse Zarge/Wand und Zarge/Blatt
a) für Stahlzargentüren
b) für Holzzargentüren

13.32 Schalldämmung an Türschwellen
a) Schwellendichtung
b) Auflaufdichtung
c) Absenkdichtung
d) konsequente Belagentkopplung unterbindet die Schallbrücke an der Türschwelle

Die Klimaklassen I (normal), II (mittel) und III (hoch) gelten vorwiegend für Wohnungsabschlusstüren. Sie beschreiben Beanspruchung und Widerstandsfähigkeit der Türblätter gegen Verformungen (Stehvermögen) infolge hygrothermischer Beanspruchung. Die Grenzwerte für Temperatur und relative Luftfeuchtigkeit (RL) enthält Tabelle **13**.34. Sie müssen im Einzelfall vom Besteller eingeschätzt werden.

Tabelle **13**.34 Klimaklassen für Türen

Klimaklassen		
I	II	III
Hydrothermische Beanspruchung		
normale Klima-Beanspruchung	mittlere Klima-Beanspruchung	hohe Klima-Beanspruchung
Warme Seite, 25 °C, 40 % RL	Warme Seite, 25 °C, 40 % RL	Warme Seite: 25 °C, 40 % RL
kalte Seite, 18 °C, 60 % RL	kalte Seite: 13 °C, 70 % RL	kalte Seite: 3 °C, 85 % RL

Die Beanspruchungsgruppen N (normal), M (mittel) und S (stark) gliedern Türen nach der mechanischen Beanspruchung. Beschläge, Material Kantenausbildung und Oberflächenbeschaffenheit sind wichtige Unterscheidungsmerkmale. Die Einordnung erfolgt je nach Zweck und Nutzung der Türen.

Der Einbruchsschutz erfolgt, wie bereits bei den Außentüren beschrieben, nach DIN V 18103.

Brandschutztüren T 30 bis T 90 unterliegen der DIN 4102 und erhalten bei fachgerechter Konstruktion und Ausrüstung entsprechende Kennzeichnungsschilder. Wesentliches Kennzeichen dieser Türen sind Spezialbrandschutzeinlagen. Die zugehörigen Holz- oder Stahlzargen gibt es sowohl für Massiv- als auch für Leichtbauwände.

Rauchschutztüren nach *DIN 18095* erfüllen erhöhte Anforderungen an die Dichtheit aller Anschlussfugen. Wie bei den Brandschutztüren gibt es dazu Stahl- und Holzzargen für Massiv- und Leichtbauwände.

Spezielle Anforderungen erfüllen die Strahlenschutztüren (mit Bleieinlage!) sowie Nassraumtüren für stark feuchtebelastete Räume z. B. im Sanitärbereich.

> **Außentüren.** Rahmentüren erhalten Füllungen (z. B. Holz, Glas), aufgedoppelte Türen beidseitige Beplankung (meist auch Kerndämmung), glatte Türen furnierte Außenflächen. Einbruchhemmende Türen mit entsprechenden Konstruktionsteilen und Einbaurichtlinien gibt es in den Widerstandsklassen ET 1 bis ET 3.
>
> **Innentüren.** Die Türöffnungsbreite entspricht dem Rohbaumaß, die -höhe reicht von OK fertiger Fußboden bis UK Türsturz. Futterrahmen erhalten beidseitige Bekleidungen, Zargenrahmen nur selten. Konstruktionsmaße und -abmessungen regelt DIN 18101. Speziellen Anforderungen genügen Schall-, Brand-, Rauch-, Klima- und Strahlenschutztüren, ferner einbruchhemmende Türen sowie Türen mit erhöhtem Widerstand gegen mechanische Beanspruchung.

13.3 Fußböden

Für Fußböden können je nach Raumnutzung unterschiedliche Ansprüche im Vordergrund stehen (z. B. Verschleißfestigkeit, leichte Pflege, Wärmeschutz, Schallschutz, Rutschsicherheit, Farbe und Raumgestaltung, Widerstand gegen aggressive Stoffe, Feuersicherheit). Die bauphysikalische und konstruktive Beurteilung eines Fußbodens bezieht alle Fußbodenschichten ein, oft auch noch die tragende Unterkonstruktion und die Deckenbekleidung (**13.35**).

Die Nutzschicht bildet die begehbare Fläche. Sie besteht aus keramischen, bitumenhaltigen oder zementgebundenen Platten (bzw. Belägen) oder auch Schichten aus Holz, Holzwerk-, Textil- (Teppich) und Kunststoff.

Die Zwischenschicht(en) besteht in der Regel aus mehreren Lagen, wovon jede eine bestimmte Aufgabe zu erfüllen hat. So gibt es nivellierende oder gefällebildende Schichten, Abdichtungen aus bitumenhaltigen oder Kunststoffbahnen, wärme- und trittschalldämmende Platten oder Bahnen, Trennschichten (z. B. Kunststoff-Folien, Bitumenpapier, Gewebebahnen) und lastverteilende Schichten (z. B. Estrich, Platten).

Die Tragschicht bietet den Nutz- und Zwischenschichten eine tragfähige Unterlage (z. B. Betonsohle, Massiv- oder Holzbalkendecke).

Die Unterdecke gehört ebenso wie die Tragschicht im engeren Sinn nicht zum Fußbodenaufbau.

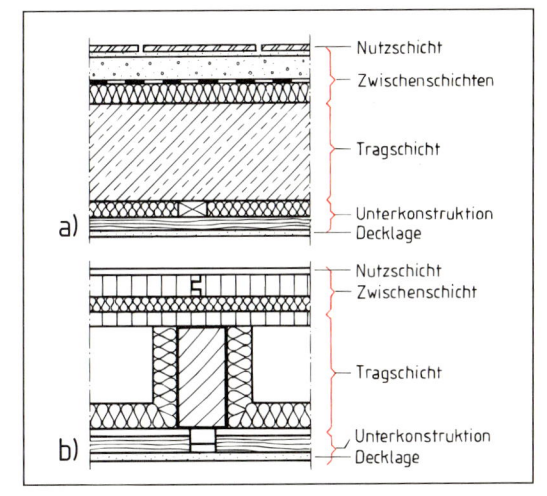

13.35 Fußboden- und Deckenaufbau
a) Massivdecke, b) Holzbalkendecke

Doch kann sie das schall- und wärmetechnische Verhalten nachhaltig beeinflussen.

Feuchtigkeitsschutz. Eine Durchfeuchtungsgefahr droht bei erdberührenden Böden vom Kapillarwasser, in Nassräumen vom Nutzwasser. Zur Abdichtung gegen Bodenfeuchtigkeit wählt man meist vollflächig geklebte (auch geschweißte) Abdichtungsschichten auf der Tragschicht (meist Betonsohle), gegen Nutzwasser dagegen auf der

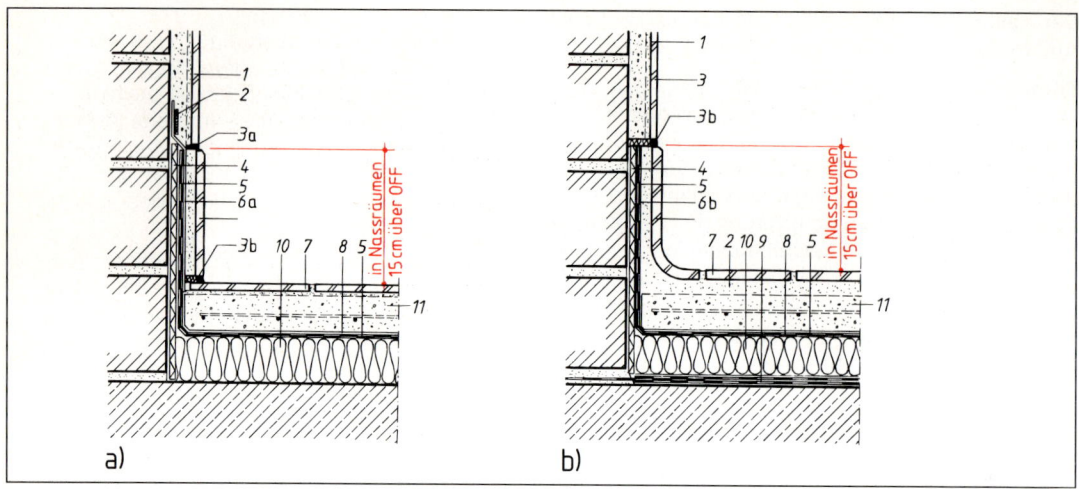

13.36 Abdichten von Fußböden
a) gegen Nutzwasser, b) gegen Nutzwasser und Bodenfeuchtigkeit

1 Wandfliesen auf Mörtel
2 Flanschbefestigung
3a Weichgummileiste
3b dauerelastische Dichtungsmasse mit Hinterfüllung
4 bitumenhaltige Wellpappe
5 Abdichtung gegen Feuchtigkeit von oben
6a Armierungsgewebe
6b grobkörniger Quarzsand als Haftgrund für das Mörtelbett
7 keramische Bodenfliesen
8 Trennlage
9 Kellerbodenabdichtung gegen auf
10 Wärme-/Trittschalldämmung
11 bewehrter Estrich

Dämmschicht. Sie ist 15 cm über OK Fußboden an den Seitenwänden hochzuführen (**13.36**). Wasserundurchlässige Beläge sind besonders in Sanitärräumen zu empfehlen (z. B. nahtverschweißte PVC-Beläge oder dünnbettverlegte Steinzeugfliesen mit Fugenmassen auf Epoxidharzbasis, ferner elastische Randfugenfüllung zwischen Boden und Wandbelag).

Schallschutz. Der *Luftschallschutz* erhöht sich mit zunehmender Flächenmasse (kg/m^2). Bei Massivdecken reicht dafür schon die hohe Deckeneigenlast. Der *Trittschallschutz* für Massivdecken erfordert immer eine zweite, auf Abstand gesetzte Deckenschale. Schwimmender Estrich als Bodenauflage eignet sich dafür besonders gut. Die lastverteilende Bodenschicht (z. B. eine 5 cm dicke Platte aus Zementestrich) „schwimmt" hier gleichsam auf einer weichen Dämmlage (z. B. 3 cm Mineralwolleplatte). Weiche Randstreifen unterbrechen zugleich mögliche Schallwege zu den angrenzenden Raumwänden **13.37** c. Diese Trennfugen müssen auch im Bereich von Türöffnungen ohne Versprung weitergeführt werden, wenn Trittschallübertragung zum Nachbarraum verhindert werden soll. Fehlstellen, die den Kontakt zwischen der starren Estrichscheibe und der starren Decken- oder Wandscheibe wiederherstellen, mindern die Schalldämmung erheblich. Besondere Gefahrenpunkte bilden Rohrdurchführungen.

Estriche können als *Verbundestrich* unmittelbar auf den Untergrund aufgebracht werden. Estriche *auf Trennlage* (Folie oder Bitumenbahn) ermöglichen Formänderungen von Estrich und Tragbeton ohne gegenseitige Behinderung. *Der schwimmende Estrich* erhält stets eine weich federnde Dämmschicht als Unterlage (**13.37**).

Zementestriche (ZE) müssen Mindestanforderungen an die Druck- und Biegefestigkeit erfüllen. Sie bestehen aus Zement und Zuschlag (0/8 mm).
Festigkeitsklassen: ZE 12, 20, 30, 40, 50, 55 M, 65 A, 65 KS. Die Zahlen stehen für die Nennfestigkeit (N/mm^2), A für Naturstein, M für metallische Stoffe, KS für Siliciumcarbid.
Nenndicken nach DIN 18560 reichen von 10 bis 50 mm (Zwischenwerte alle 5 mm). Schwimmender Estrich ist ≥ 4,5 cm dick.

Kellenverlegbare Estriche müssen verteilt, verdichtet und geglättet werden.

Selbstnivellierende Estriche breiten sich infolge des zugegebenen Fließmittels schon beim Einbringen zu einer waagerechten, ebenen Schicht aus.

Anhydridestrich (AE) besteht aus Anhydrid (wasserfreier Gips) und Sand. Seine hohe Raumbeständigkeit ermöglicht Böden bis zu 1000 m^2 ohne Schwind- und Dehnungsfugen. Jedoch begrenzt seine Empfindlichkeit gegen Durchfeuchtung die Anwendung. Festigkeitsklassen AE 12, 20, 30, 40.

13.3 Fußböden

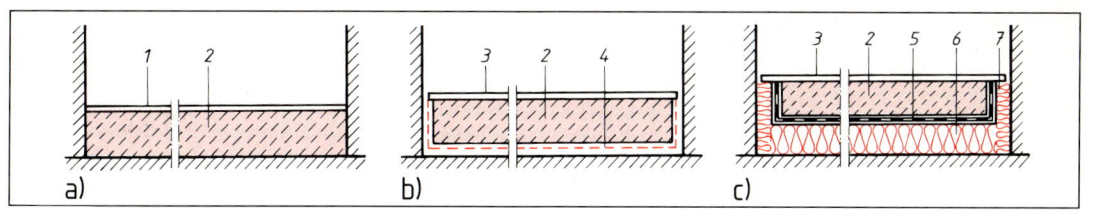

13.37 Estricharten nach DIN 18560-1 (Zementestrich)
a) Verbundestrich, b) Estrich mit Trennschicht, c) schwimmender Estrich

1 Nutzestrich zum unmittelbaren Begehen
2 Estrichschicht
3 Fußbodenbelag
4 Trennschicht
5 Abdeckung
6 Dämmschicht (ein- oder zweilagig)
7 Randstreifen

Gussasphaltestrich (GE) aus bitumengebundenem Sand und Splitt (2/9 mm) kann nur auf hitzebeständige Dämm-, Trenn- und Dichtungslagen aufgebracht werden. Er ist nach dem Abkühlen sofort begehbar, völlig unempfindlich gegen Feuchtigkeit, kann ohne Wartezeiten sofort weitere Beläge aufnehmen und hat eine hohe elektrische Isolierfähigkeit. Trotz geringer Belagdicke ist er jedoch teurer als andere Estriche.

Fertigteilestriche bestehen aus vorgefertigten Platten (Holzspan-, Gipskarton-, Gipsfaserplatten), die man meist auf Lagerhölzern oder auf einer Dämmschicht „trocken" einbaut. Sie können ohne Rücksicht auf Aushärtungsfristen schon sehr früh den Bodenbelag aufnehmen.

Trittschalldämmplatten zur Aufnahme von schwimmendem Estrich erhalten das Kurzzeichen T. Die Lieferdicke d_L, in mm gilt für den unbelasteten, die Nenndicke d_B für den belasteten Zustand (z. B. d_L/d_B = 20/15). Unter Fertigteilestrichen genügen Platten mit dem Typkurzzeichen TK (druckbelastbar, geringe Zusammendrückbarkeit).

Holzbalkendecken sind vor allem trittschallgefährdet. Konstruktive Schutzmaßnahmen gegen Trittschallübertragung genügen meist auch für den Luftschallschutz. Die wesentlichen Schallbrücken verlaufen über die Balken und durch die Balkenfelder, ferner an den Deckenrändern. Das Zweischalenprinzip der konsequenten Trennung zwischen der Rohdecke (Balken und Deckenauflage) und der lastverteilenden Fußbodenschicht durch weich federnde Zwischenlagen z. B. aus Mineralwolle sind auch hier besonders wirksam.

Beispiele für die schalltechnische Verbesserung verschiedener Fußbodenauflagen ohne Gehschicht (Nutzschicht) zeigt Tabelle **13.38**. Weiche Gehbeläge wie Teppichböden verbessern den Trittschallschutz um 2 bis 8 dB. Mehr Masse in der Deckenauflage (z. B. durch Sand- oder Betonplat-

Tabelle **13.38** Schalldämmung bei Fußbodenschichten (ohne Nutzschicht) auf Holzbalkendecken
(VM = Verbesserungsmaß)

Fußbodenaufbau		VM in dB
	Trockenestrich aus 2 Lagen Gipskartonplatten G mit etwa 20 mm Styropor-Hartschaumplatten (PS)	4 bis 6
	schwimmend verlegte Holzspanplatten (20 bis 25 mm) Holzspanplatten H auf 28/25 mm Mineralfaserplatte M	9
	schwimmend verlegte Holzspanplatten auf Sandschüttungen F = Kunststoff-Folie, D = 15 mm Mineralfaser-Dämmstreifen, M = 15 mm Mineralwolle, S = 30 mm Sand, L = Holzleisten	22
	schwimmend verlegte Holzspanplatten mit Plattenbeschwerung H = 22 bis 30 mm Holzspanplatte, M = 28/25 mm Mineralfaserplatten, B = Beschwerungsplatte	bei 25 kg/m² 17 bei 100 kg/m² 31
	Schwimmende Estriche E auf 30/25 mm Mineralfaserplatten M, bei 50 mm Zementestrich, 120 kg/m² 19 mm Ziegelplatten, 35 kg/m²	19 9

tenschichten bieten selbst bei unverkleideten Holzbalkendecken sehr guten Schallschutz.

Wärmeschutz. Trittschalldämmstoffe dienen zugleich als Wärmeschutz. Dämmplatten des Typs WD (druckbelastbar) behalten die geplante Dämmschichtdicke bei belastetem Fußboden. Geeignet sind auch Dämmstoffe WS (sonderbeanspruchbar), W (nicht druckbeanspruchbar) dagegen sind ungeeignet. Bei Wohnungstrenndecken reichen die Trittschalldämmplatten auch für den Wärmeschutz (erf. $1/\Lambda \geq 0{,}35$ m² K/W).

Für *erdberührende Böden* und für Decken über *nicht ausgebautem Dachgeschoss*
(erf. $1/\Lambda \geq 0{,}9$ m² K/W)

sowie für Decken über *offenen Durchfahrten*
(erf. $1/\Lambda \geq 1{,}75$ m² K/W)

sind größere Dämmstoffdicken nötig. Ein Teil davon kann auch als „verlorene" Schalung an der Deckenunterseite anbetoniert werden (z. B. Holzwolle-Leichtbauplatten oder auch Mehrschicht-Dämmplatten). Sehr streng sind die Anforderungen für Heizestriche.

Die Fußbodenheizung nutzt den schwimmenden Estrich (bzw. die Lastverteilungsschicht) zur Aufnahme wärmeübertragender Heizelemente.

Die Direktheizung gibt die Wärme mit geringer Zeitverzögerung an den Raum ab. Meist wählt man dafür eine Warmwasser-Fußbodenheizung mit oberflächennah verlegten Heizrohren. Es eignen sich auch elektrisch beheizbare kunststoffverschweißte Matten unterhalb des Estrichs.

Die Fußbodenspeicherheizung bezieht die Wärme meist aus dem preiswerten Nachtstrom. Der durch Heizmatten erwärmte Estrich gibt die Speicherwärme gleichmäßig während des ganzen Tages ab. Estrichdicken bis 8 cm sorgen für die notwendige Speichermasse. Eine zweite, oberflächennah verlegte Heizmatte kann im Notfall rasch die Temperatur ausgleichen.

Bewegungsfugen trennen die Deckenauflage oberhalb der Dämmschicht. Sie sind anzuordnen
– über bereits vorhandenen Gebäudetrennfugen,
– als Feldbegrenzung (Trennfugen zwischen Estrichfeldern),
– als Randfugen vor angrenzenden Bauteilen (Stützen, Wände, Türen).

> Der Fußboden besteht aus der begehbaren Nutzschicht und den zweckbedingten Zwischenschichten darunter. Verbundestrich liegt direkt auf der Tragschicht, schwimmender Estrich ($\leq 4{,}5$ cm) auf weicher Zwischenschicht (2 bis 3 cm) dämmt vorwiegend gegen Trittschall und Wärmeverlust.

13.4 Leichte Trennwände

Nach DIN 4103 sind leichte Trennwände als nichttragende Wände bis 150 kg/m² Flächenmasse begrenzt. Sie haben vorwiegend raumbildende (also keine statischen oder aussteifende) Aufgaben und erreichen ihre Standfestigkeit erst durch den Anschluss an die angrenzenden Wände und Decken oder durch konstruktive Ersatzmaßnahmen. Für Belastungen aus der Raumnutzung gelten Mindestanforderungen (z. B. für die Aufnahme von Konsollasten oder stoßartigen Belastungen durch Menschengedränge).

Der Einbaubereich II (Räume mit großer Menschenansammlung oder mit $\geq 1{,}00$ m Fußboden-Höhenunterschied) unterliegt höheren Anforderungen als der Einbaubereich I (Räume mit geringer Menschenansammlung).

Systeme. Leichte Trennwände können fest eingebaut oder versetzbar ausgebildet sein sowie ein- oder mehrschalig ausgeführt werden. Zusätzliche Anforderungen hinsichtlich Brand-, Wärme-, Feuchtigkeits- und Schallschutz löst man durch entsprechende konstruktive Gestaltung.

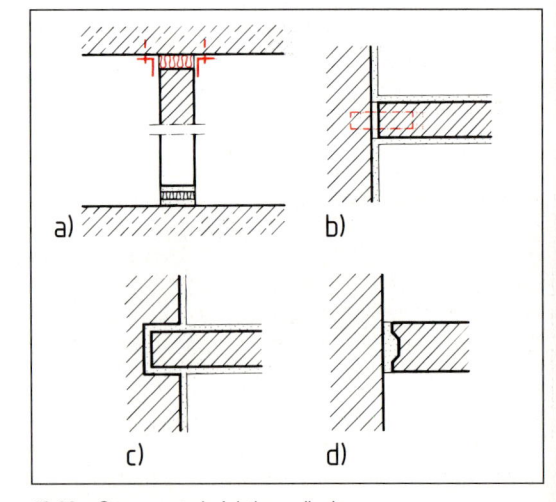

13.39 Gemauerte Leichtbauwände
a) gleitend elastischer Wandanschluss an Decken und Fußbodenrand, b) Wandanschlüsse durch Ankerlaschen, c) durch Wandschlitz, d) durch stumpfen Stoß bei Gipsbauplatten

13.4 Leichte Trennwände

Tabelle **13**.40 Wandquerschnitte leichter Trennwände, beplankt mit Gipskartonplatten

Benennung		Wanddicke in mm	Feuerwiderstand	Schalldämmung in dB
Metall-Ständerwände				
Einfach-Ständerwand, einlagig beplankt		50 75 100 125	F 30-A	45 49 50 52
Einfach-Ständerwand, zweilagig beplankt		100 125 150	F 30-A bis F 90-A	51 53
Doppel-Ständerwand, zweilagig beplankt		155 205 255	F 30-A bis F 90-A	55 56
Holz-Ständerwerke				
Einfach-Ständerwand, einlagig beplankt		85	F 30-B	37

[1]) Werte können abweichen, wenn leichtere Gipskartonplatten verwendet werden.

Fest eingebaute Trennwände bestehen aus Mauerwerk in Dicken von 5 bis 11,5 cm. Besonders eignen sich Leicht-Langlochziegel, Leichtbeton- und Leichtziegelplatten sowie im Dünnbett verlegte Gips-Wandbauplatten mit Nut und Feder nach DIN 18163 (**13**.39 d). Geeignet sind auch zweischalige Leichtwände aus Holzwolle-Leichtbauplatten mit Mineralwollekern. Risssicherheit ist nur durch Rücksichtnahme auf die Formänderungen der angrenzenden Decken und Wände oder durch ausreichende Wanddicken erreichbar. Das Merkblatt „Grenzabmessungen" der Deutschen Gesellschaft für Mauerwerksbau enthält dazu nähere Angaben. Im Wohnungsbau genügt wegen der geringen Deckenspannweiten meist der starre Wand- und Deckenanschluss durch Mörtelfugen. Größere Spannweiten erfordern gleitende Anschlüsse. Die gemauerten Leichtwände bieten ausreichenden Brand-, jedoch geringen Wärme- und Schallschutz.

Leichte Trennwände in Ständerbauart bestehen aus Holzstützen, vermehrt jedoch aus Metallprofilständern in Aluminium- oder korrosionsgeschütztem Blech (**13**.40). Die beidseitige Beplankung stellt man aus Profilholzbrettern, Gipskarton oder Holzwerkstoffplatten her. Die Schalldämmung kann trotz geringer Flächenmasse hervorragende Werte erreichen. Sie beruht auf dem Prinzip der „biegeweichen Schalen", die nach Bild **13**.41 ein Schwingungssystem (Federmassesystem) bilden. Dazu eignen sich biegeweiche Platten mit Grenzfrequenzen oberhalb von 2000 Hz, z. B. Gipskartonplatten bis 18 mm Dicke, auch in mehreren Lagen; Holzwerkstoffplatten bis 16 mm Dicke, Stahlbleche bis 2 mm und Glasplatten bis 6 mm Dicke.

Die Grenzfrequenz ist die Frequenz, bei der die Wellenlänge des Luftschalls mit der Länge der freien Biegeschwingungen der Bauteile übereinstimmt.

Konstruktionsgrundsätze. Schalltechnisch günstige Konstruktionen leichter Trennwände in Ständerbauart haben

- großen Schalenabstand (Luftschichtdicke),
- biegeweiche Schalen mit großer Flächenmasse (nur doppelte Beplankung bleibt weitgehend biegeweich, gleich dicke einfache Beplankung verschlechtert den Schallschutz möglicherweise erheblich),
- schallschluckende Zwischenlagen z. B. aus Mineralwolleplatten in ≥ 0,7facher Dicke des Zwischenraums. Sie verbessern den Schallschutz um 10 bis 15 dB,
- zweischalige Doppelwände mit zwei völlig getrennten Ständerreihen.

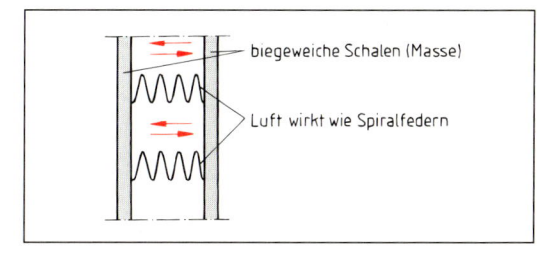

13.41 Federmassesystem Modell

Schallbrücken über flankierenden Bauteilen (angrenzende Wände und Decken) wirken sich um so störender aus, je besser die Trennwand den Schall abhält. Senkrechte Trennfugen in der Beplankung

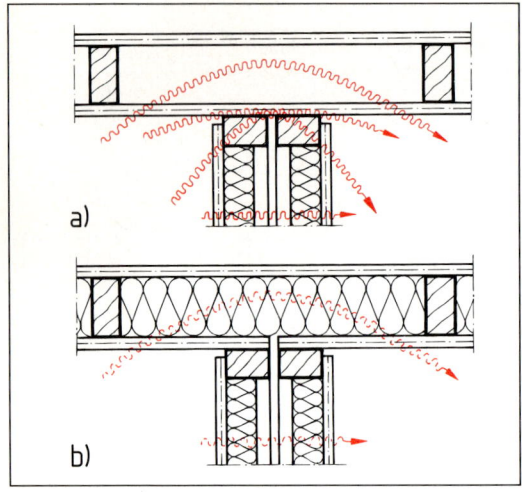

13.42 Schallbrücke (a) und Verbesserungsmöglichkeit (b)

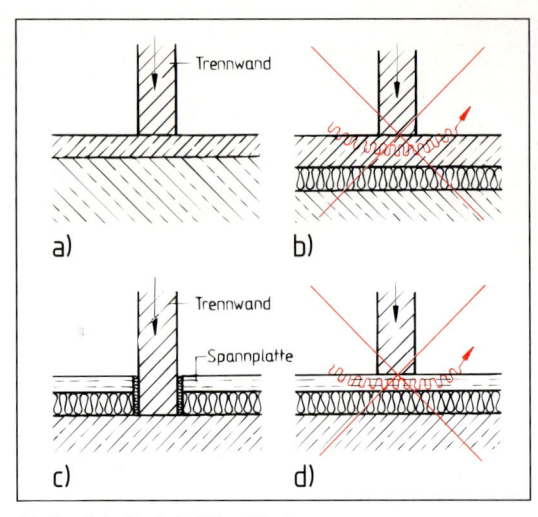

13.43 Schallbrücke Wand/Boden
a) auf Verbundestrich günstiger als b) auf schwimmendem Estrich,
c) auf Rohdecke günstiger als d) auf schwimmend verlegten Spanplatten (abzuraten)

der flankierenden Wand unterbrechen die Schallausbreitung am Wandstoß ebenso wie Mineralwollefüllung und/oder völlige Abschottung sowie zweilagige Beplankung der flankierenden Wand (**13.42**). Grundsätzlich ist auch im Bereich von Deckenbekleidungen bzw. abgehängten Decken sinngemäß zu verfahren. Durchgehend verlegter schwimmender Estrich leitet vor allem den Trittschall in die Nachbarräume, viel stärker als Verbundestrich mit Textilbelag. Böden aus schwimmend verlegten Spanplatten müssen vor der Trennwand enden (**13.43**).

> Leichte Trennwände haben ≤ 150 kg/m² Flächenmaße, sind kosten- und platzsparend. Die Schalldämmung der beidseitig beplankten Wände in Ständerbauart ist viel wirksamer als die der gemauerten. Sie beruht auf dem Prinzip der biegeweichen Schalen. Schalldämpfend und wärmedämmend zugleich wirken Mineralwolleplatten im Schalenzwischenraum, Schutz gegen Brandgefahr bietet Gipskartonbeplankung.

13.5 Leichte Deckenbekleidungen und Unterdecken

DIN 18168 begrenzt die leichten Deckenbekleidungen und Unterdecken einschließlich aller Bauteile auf eine Flächenlast von ≤ 0,5 kN/m². *Deckenbekleidungen* sind mit ihrer Unterkonstruktion unmittelbar am tragenden Bauteil verankert (Direktmontage), *Unterdecken* haben eine vom tragenden Bauteil abgehängte Unterkonstruktion (**13.44**). *Tragender Bauteil* sind die Massivdecke, Balkenlage und Balken. *Tragende Teile* nennen wir alle zwischen der raumabschließenden Decklage und der Rohdecke erforderlichen Montageteile sowie ihre Verbindungsmittel und Verankerungselemente. Die *Unterkonstruktion* aus Grund- und Traglattung dient zum Befestigen der Decklage. Abhänger aus Holzlatten oder höhenverstellbaren Metallkonstruktionen tragen die abgehängte Unterdecke und schaffen den gewünschten Abstand zur Rohdecke. Federbügelabhänger gleichen die Höhen schiefer und unebener Decken (auch Massivdecken) ohne umständliches Verkeilen aus (**13.45**).

Die *Verankerungselemente* übertragen die Last der Deckenbekleidung bzw. Unterdecke auf die Massivdecke bzw. Balkenlage.

Die Decklage ist der raumabschließende und gestaltende Teil der Decke. Vollflächige Decklagen sind glatt oder fugenbetont. Decken mit gelochten oder geschlitzten Platten sowie offene Decklagen aus Paneelen, lamellen-, raster-, waben- oder pyramidenförmigen Elementen verbessern auch die Raumakustik durch Absorbieren von Schallwellen.

13.5 Leichte Deckenbekleidungen und Unterdecken

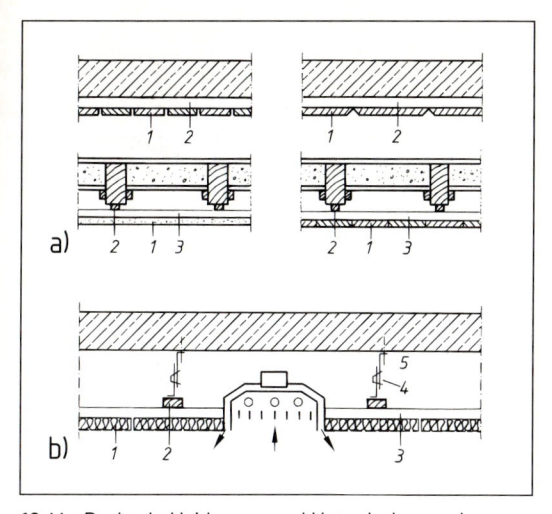

13.44 Deckenbekleidungen und Unterdecken nach DIN 18168
a) leichte Deckenbekleidungen
b) leichte Unterdecken

1 Decklage
2 Grundlattung
3 Traglattung
4 Abhänger
5 Verankerungselement

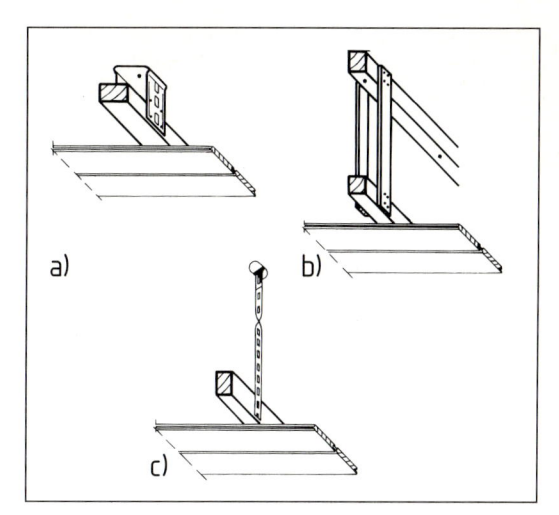

13.45 Abgehängte Decken
a) Federbügelabhänger, b) Holzlattenabhängung, c) Metallabhänger

Als Material dienen vor allem Gipskarton- und Mineralfaserplatten in unterschiedlicher Größe und Oberflächengestaltung, ferner Span-, Furnier-, Holzfaser- und Holzwolle-Leichtbauplatten bzw. -elemente oder Metall und Kunststoff.

Die Wahl der Deckenbekleidung bzw. Unterdecke wird bestimmt von gestalterischen, bauphysikalischen, ausführungs- und nutzungstechnischen Gesichtspunkten sowie den konstruktiven Voraussetzungen der tragenden Bauteile.

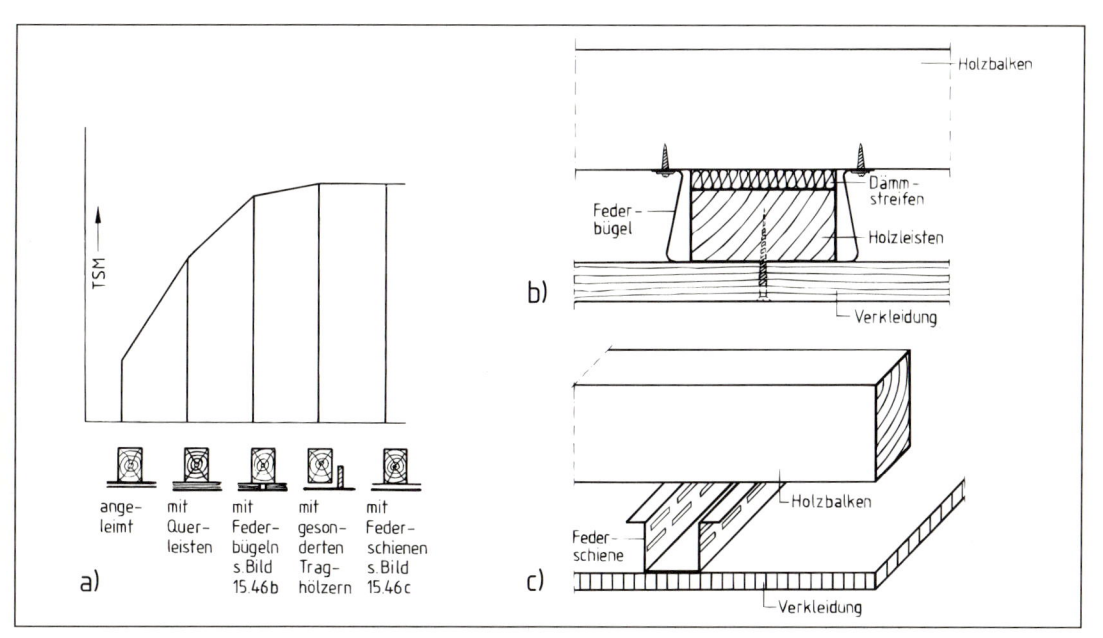

13.46 Trittschallschutzmaß TSM, abhängig von der Befestigungsart der Deckenbekleidung (ohne Fußboden)
a) Details zur Befestigung, b) mit Federbügel, c) mit Federschiene

Sichtschutz. Deckenbekleidungen, besonders Unterdecken, entziehen Unterzüge, Träger, Leitungen, Kanäle und Installationen der unmittelbaren Sicht des Betrachters.

Feuerschutz bieten Decklagen aus Gipskarton- oder Mineralfaserplatten sowie gipsgebundene Spanplatten (bis F 120).

Schalldämmung erreichen wir auch hier durch das Zweischalenprinzip, wobei vollflächig und fugendicht ausgeführte Decklagen als biegeweiche Schale wirken und sowohl den Luft- als auch den Trittschallschutz der Decke erheblich verbessern. Bei Holzbalkendecken hat die Befestigungsart großen Einfluss auf die Trittschalldämmung (**13.**46). In bestimmten Fällen stellt man den Trittschallschutz vorwiegend durch die Unterdecke her, z. B. unter Decken mit versetzbaren Trennwänden, wo der Verbundestrich (mit Textilbelag) störende Schall-Längsleitung zu den Nachbarräumen verhindert, aber nicht die Trittschallübertragung zum darunterliegenden Geschoss ausreichend dämmt. Die abgehängte Decke stellt wiederum eine empfindliche Schallbrücke zu den Nachbarräumen her. Mineralwollefüllungen, vor allem oberhalb der Trennwände, Trennfugen über den Wandanschlüssen sowie doppelte Decklagen mindern die Schall-Längsleitung (**13.**42 b).

Dachschrägen im ausgebauten Dachgeschoss erhalten fast ausschließlich leichte Deckenbekleidungen aus Holz oder Gipskarton bzw. Gipsspanplatten. Die Wärmedämmung liegt meist zwischen den Sparren, bei geringer Sparrendicke z. T. auch darunter. Vorschriften zur Dachbelüftung und zum Schutz gegen Kondensatfeuchte haben wir im Abschnitt 6.5.3 behandelt.

Auflegesysteme (Aufsparrendämmung) nach Bild **13.**47 ermöglichen die Nutzung der Sparren als

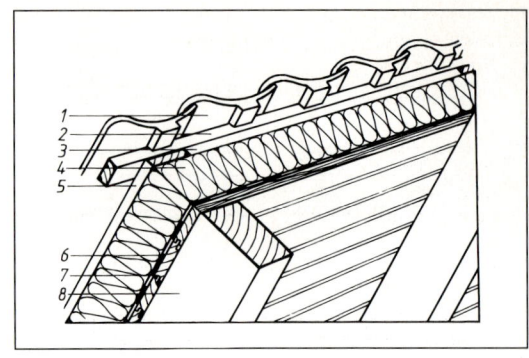

13.47 Dachausbau mit Auflegesystem (Aufsparrendämmung)

1 Dacheindeckung
2 Dachlatte
3 Luftschicht
4 Dämmschicht
5 Konterbohle
6 PE-Folie
7 Dachschalung
8 Sparren, dreiseitig abgehobelt

Gestaltungselemente, die Ausschaltung aller Wärmebrücken durch die Sparren selbst und durch Fehlstellen in den Sparrenfeldern sowie eine vereinfachte Herstellung des Ausbaus schon vor der Dacheindeckung. Deckenbekleidungen und Dämmschichten der Kehlbalkenlage sind denen der Dachschrägen vergleichbar.

> Leichte Deckenbekleidungen haben direkt befestigte Unterkonstruktionen, bei Unterdecken sind sie abgehängt. Die Gesamtkonstruktion darf 0,5 kN/m² nicht überschreiten.
>
> Schallschutz bieten vollflächige Decklagen aus biegeweichen Platten, offene Decklagen bzw. spezielle Deckelemente. Dachschrägen mit innerer Bekleidung erhalten Dämmschichten innerhalb der Sparrenfelder.

Aufgaben zu Abschnitt 13

1. Erklären Sie die Anschlagarten 1 bis 3 für Maueröffnungen.
2. Wodurch unterscheiden sich Einfach- und Doppelfenster?
3. Wie kann man Fenster wirksam gegen Schlagregen und Fugendurchlässigkeit abdichten?
4. Wovon hängt der k_F-Wert eines Fensters ab?
5. Wie berücksichtigen wir bei Wärmeschutzberechnungen die Lage der Fenster zu unterschiedlichen Himmelsrichtungen.
6. Wie lässt sich die Schalldämmfähigkeit von Fenstern verbessern?
7. Wie stellt man einen fachgerechten Bauwerksanschluss von Fenstern her? (Befestigung und Abdichtung)
8. Welche Arten von Beanspruchungsgruppen sind für die Ausschreibung und Planung von Fenstern zu beachten?
9. Von welchen Faktoren hängt die zulässige Flügelgröße der Holzfenster ab?
10. Erläutern Sie die Normbezeichnung Holzfenster DIN 68121 IV 78-92-2.
11. Wodurch unterscheiden sich Blockrahmen-, Blendrahmen-, Zargenrahmen- und bekleidete Futterrahmentüren?
12. Worin unterscheiden sich die Rahmentür und die aufgedoppelte Tür (als Außentür)?
13. Wodurch unterscheiden sich die Widerstandsklassen einbruchhemmender Türen?
14. Welche konstruktiven Verstärkungen haben einbruchhemmende Türen?
15. Wie lässt sich der Eintritt von Regenwasser an der Fußbodenschiene der Außentür verhindern?
16. Nennen und erklären Sie die Normmaße für Innentür-Wandöffnungen.

17. Woran erkennt man eine Rechts- bzw. Linkstür?
18. Welche Vorteile bietet die Mehrfachverriegelung bei Holztüren?
19. Wie lässt sich Schallschutz an Innentüren wirksam herstellen?
20. Wo und unter welchen Bedingungen sollte man Klimaschutztüren vorsehen?
21. Beschreiben Sie den Aufbau wasserundurchlässiger Fußböden a) bei erdberührenden Böden, b) in Nassräumen.
22. Beschreiben Sie Aufbau und Wirkungsweise schwimmender Estriche.
23. Wie lassen sich Holzbalkendecken durch Fußbodenkonstruktionen gegen Schallübertragung schützen?
24. An welchen Stellen sind Bewegungsfugen im Fußboden anzuordnen?
25. Welcher Höchstwert gilt für die Flächenmasse leichter Trennwände?
26. Unter welchen Bedingungen sind gleitende Anschlüsse für leichte Trennwände vorzusehen?
27. Woraus bestehen leichte Trennwände in Ständerbauart?
28. Wie kann man den Schallschutz leichter Trennwände verbessern? (Beachten Sie auch die Schall-Längsleitung!)
29. Unterscheiden Sie Deckenbekleidungen und Unterdecken.
30. Nennen Sie die tragenden Teile der Deckenbekleidungen und Unterdecken sowie ihren Zweck.
31. Welche Arten von Decklagen gibt es für Deckenbekleidungen und Unterdecken? Woraus bestehen sie?
32. Wie sind schalldämmende Deckenbekleidungen und Unterdecken aufgebaut?
33. Welche Vorteile bieten Auflegesysteme (Aufsparrendämmung) im Dachausbau?

14 Straßenbau

14.1 Planung

14.1.1 Straßennetz und Verkehrsentwicklung

Aufgaben. Straßen und Wege bilden zusammen ein Straßennetz. Wir unterscheiden das Straßennetz einer Gemeinde von dem regionalen eines Kreises oder Bundeslandes bzw. vom überregionalen, bundesweiten Autobahnnetz. Alle Verkehrswege in den Straßennetzen sollen

- den Verkehr bis zum einzelnen Grundstück ermöglichen (erschließen),
- Verkehrsbewegungen eines begrenzten Gebiets zusammenfassen (sammeln), weiterleiten und wieder verteilen,
- entfernte Gebiete verbinden.

Verkehrsplanung. Das Straßennetz wünschen wir uns so gebaut und gestaltet, dass es den Personen- und Güterverkehr schnell und bequem, dabei mit geringsten Bau- und Unterhaltungskosten und bei möglichst geringer Umweltbelastung und -schädigung sichert.
Um dieses Ziel zu erreichen, wird der Verkehr in einer *Verkehrszählung* nach Herkunft und Ziel, Fahrtzweck (Arbeit, Versorgung, Wohnen, Erholung), Fahrtweite, Verkehrsweg und Verkehrsmittel festgestellt. Die künftige Verkehrsentwicklung muss geschätzt werden. Das Ergebnis sind Verkehrsplanungen für größere Zeiträume auf Bundes-, Länder- und kommunalen Ebenen, die in Ausbauplänen niedergelegt werden (z. B. Bundesverkehrswegeplan).

Straßenbaulastträger. Verantwortlich für die Straßenbaulast – das sind alle Aufgaben, die mit Bau, Unterhaltung und Erneuerung der Straßen zusammenhängen – sind die Straßenbaulastträger (**14.**1). Sie sind Auftraggeber von Planungen an die Ingenieurbüros. Die Finanzierung des öffentlichen Straßenbaus wird in Haushaltsplänen festgelegt und genehmigt.

Tabelle **14.**1 Straßenbaulastträger

Bundesfernstraßen (Bundesautobahnen, Bundesstraßen)	Bundesrepublik Deutschland
Landesstraßen Staatsstraßen	Bundesländer
Kreisstraßen	Landkreise, kreisfreie Städte
Gemeindestraßen und -wege	Kommunen (Gemeinden)

> Regionale und überregionale Straßennetze umfassen alle Straßen und Wege für den Personen- und Güterverkehr.
>
> Für die Verbesserung und Erweiterung durch neue Bauvorhaben zählt der Straßenbaulastträger den Verkehr und schätzt die künftige Verkehrsentwicklung.

14.1.2 Ablauf eines Straßenbauvorhabens

Zur Verkehrsplanung gehören die Beschreibung von Verkehrssystemen und Verkehrserhebungen (z. B. Zählungen, Wirtschaftlichkeitsuntersuchungen, Umweltverträglichkeitsprüfungen). Diese komplizierten Vorgänge können hier nicht beschrieben, die entsprechenden Vorschriften und Richtlinien nicht erläutert werden. Nach ihnen werden

- Anfangs- und Endpunkte des Bauvorhabens festgelegt,
- mögliche Linienführungen (Trassen) ermittelt und mit beteiligten Behörden und Verbänden abgestimmt,
- verschiedene Trassen (Vergleichsstrassen) entworfen und für den Verkehrsablauf beurteilt,
- Querschnittszeichnungen und vereinfachte Höhenpläne erstellt,
- die Kosten nach Anteil der Erd- und Befestigungsarbeiten, Kunstbauten und Ausstattung überschlagen.

Vorentwurf. Unter Beurteilung der topografischen (Oberflächenverhältnisse), geologischen (Bodenverhältnisse) und hydrologischen (Wasserverhältnisse) Gegebenheiten, bei Berücksichtigung der Besiedlung und Nutzung, unter Beachtung vorhandener Verkehrs- und Wasserwege sowie der Naturverhältnisse ist über die endgültige Trasse zu entscheiden. Danach kann ein Vorentwurf für die Straße erstellt werden. Er besteht aus Erläuterungsbericht, Übersichtskarte, Finanzierungsplan, Bodenerkundungen, Lage-, Höhenplänen und Querschnitten. Mit dem Vorentwurf sind zugleich Ausbaugeschwindigkeiten, Querneigungen und Krümmungen festgelegt.

Je nach Bedeutung des Bauvorhabens können Vorentwurf und Bauentwurf ganz oder teilweise identisch sein.

14.1 Planung

Im Planfeststellungsverfahren werden alle Träger öffentlicher Belange gehört, deren Rechte und Interessen durch das Bauvorhaben berührt werden. Das sind z.B. staatliche Behörden für Land- und Forstwirtschaft, Naturschutz und Landschaftspflege, Kommunen, Verkehrs- und Versorgungsbetriebe. Auch die Bürger kommen in einem Anhörungsverfahren zu Wort. Können Einwände in einem Erörterungstermin nicht beigelegt werden, entscheiden die Verwaltungsgerichte.

Der endgültige Bauentwurf besteht aus folgenden baureif ausgearbeiteten Plänen für Ausschreibung und Ausführung:

– **Übersichtskarte** (Lage der Baumaße im Straßennetz) im Maßstab 1 : 5000 bis 1 : 50000, (**14**.2),
– **Ausbauquerschnitt** (Regelausbildung im Schnitt senkrecht zur Straßenachse) im Maßstab 1 : 50 oder 1 : 100, (**14**.12 und **14**.13),
– **Lageplan** (Grundriss) im Maßstab 1 : 100 bis 1 : 1000,
– **Höhenplan** (Längsschnitt) im Längenmaßstab wie Lageplan, Höhen jedoch zehnfach vergrößert (also 1 : 10 bis 1 : 100); statt Höhenplan innerorts auch Deckenhöhenplan,
– **landschaftspflegerischer Begleitplan**; er zeigt die Eingriffe in den Naturhaushalt und das Landschaftsbild sowie die geplanten Ersatzmaßnahmen.
– je nach Bauvorhaben noch Knotenpunkt-Lagepläne, Beschilderungs-, Absteckungs-, Grunderwerbspläne, spezielle Querschnitte und Detailzeichnungen.

> Nach Voruntersuchungen und Beurteilung der Vergleichsstrassen wird ein Vorentwurf erstellt. Die baureife Ausarbeitung der Pläne (Bauentwurf) wird nach Planfeststellungsverfahren, Bürgeranhörung und Bekanntmachung verbindlich.

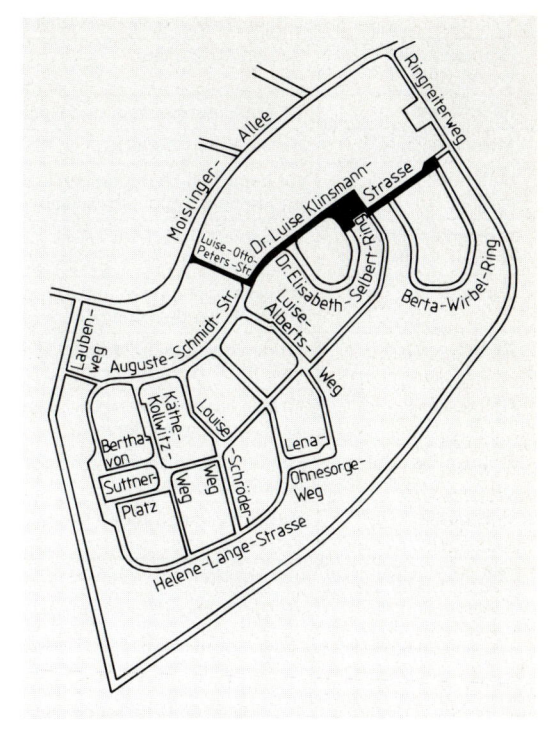

14.2   Übersichtskarte

14.1.3 Querschnittsgestaltung

Die Gestaltung des Querschnitts, die Linienführung, aber auch die Ausbildung aller Knotenpunkte müssen aufeinander abgestimmt sein. Nur dann erzielt man einen zügigen Verkehrsablauf, sicheren Verkehr und Verkehrsstandard.

Tabelle **14**.3   Einteilung der Straßen (nach RAS-Q)

Kategoriengruppe		Straßenkategorie (Verbindungsfunktion im Verkehrsnetz)	
A	anbaufreie Straßen außerhalb bebauter Gebiete mit maßgebender Verbindungsfunktion, z.B. Autobahn	A I A II A III A IV A V A VI	Fernstraße überregionale oder regionale Verbindung zwischengemeindliche Straße flächenerschließende Straße untergeordnete Straße Wirtschaftsweg
B	anbaufreie Straßen im Vorfeld und innerhalb bebauter Gebiete mit maßgebender Verbindungsfunktion	B I B II B III B IV	Stadtautobahn anbaufreie Schnellverkehrsstraße anbaufreie Hauptverkehrsstraße anbaufreie Hauptsammelstraße
C	angebaute Straße innerhalb bebauter Gebiete mit maßgebender Verbindungsfunktion	C III C IV	Hauptverkehrsstraße Hauptsammelstraße
D	angebaute Straße innerhalb bebauter Gebiete mit maßgebender Erschließungsfunktion	D IV D V	Sammelstraße Anliegerstraße
E	angebaute Straße innerhalb bebauter Gebiete mit maßgebender Aufenthaltsfunktion	E V E VI	Anliegerstraße befahrbarer Wohnweg

Tabelle 14.4 Straßenquerschnitt (Bestandteile nach RAS-Q)

Fahrbahn mit Fahrstreifen	für den Kfz-Verkehr	Querschnittsgruppe a bis f (je nach Fahrstreifenbreite)
Randstreifen	als Markierungsträger und Fluchtstreifen	0,25 bis 1,00 m breit
Mittelstreifen m	zur baulichen Trennung von Richtungsfahrbahnen	0,50 bis 5,25 m
Seitentrennstreifen	zur baulichen Trennung von Durchgangsverkehr und Nebenfahrbahn bzw. Geh- und Radweg	1,25 bis 3,00 m breit
befestigte Seitenstreifen s, p (P)	als Sandstreifen, Mehrzweck- oder Parkstreifen	1,50 bis 2,50 m breit
Bankette	für Leiteinrichtungen und Verkehrsschilder, Ersatz für fehlende Gehwege, Arbeitsraum für Straßenunterhaltung	1,00 bis 2,00 m breit
Radwege R (r)	für den Radverkehr; durch 0,75 m Sicherheitsraum vom Kfz-Verkehr getrennt	einstreifig 1,00 m zweistreifig 2,00 m breit
Gehwege F	für den Fußgängerverkehr; durch Hochborde von der Fahrbahn getrennt	1,50 bis 3,75 m breit
Parkstreifen P (p)	Für das Parken von Fahrzeugen in Längs- bzw. Schräg-/Querstellung	2,00 bis 5,00 m breit
Hochborde	an angebauten Straßen neben der Fahrbahn	Höhe 0,12 bis 0,2 m abgesenkt 0,03 m
Entwässerungsrinnen	an anbaufreien Straßen zur offenen Entwässerung	Breite je nach Konstruktion
Böschungen	als Damm- oder Einschnittsböschungen (14.7)	Breite je nach Höhe und Böschungsneigung

Tabelle 14.5 Breiten der Bestandteile des Straßenquerschnitts (Bemessungsfahrzeugbreite 2,50 m)

Querschnittsgruppe	Fahrstreifen		Bewegungsspielraum in m	Grundfahrstreifen in m	Gegenverkehrszuschlag in m	Fahrstreifen		Randstreifen bei anbaufreien Straßen in m	Mittelstreifen Linksabbieger	
	anbaufrei	angebaut				ohne Gegenverk. in m	am Gegenverk. in m		nein in m	ja in m
1	2a	2b	4	5	6	7a	7b	8	9a	9b
a	6 4	– 6	1,25	3,75	– –	3,75	–	außen: 0,50 innen: 1,00 0,50	4,00 0,50	–
b	4 2	–	1,00	3,50	– 0,25	3,50	3,75	0,50 0,25	3,00	–
c	4 2	6 4 2	0,75	3,25	0,25	3,25	3,50	0,50 0,25	2,00	5,2
d	4 2	6 4 2	0,50	3,00	0,25	3,00	3,25	0,25	anbaufrei 0,00 angeb. 2,00	5,
e	2	2	0,25	2,75	0,25	–	3,00	0	–	–
f	2	2	0	2,50	0,25	–	2,75	0	–	–

Straßenkategorien. Die „Richtlinien für die Anlage von Straßen-Querschnitten (RAS-Q)" gelten für die Bundesfernstraßen in Baulast des Bundes. Sie teilen die Straßen in 5 Kategoriengruppen ein (A bis E, **14.**3).

Dabei spielt eine Rolle, ob die Straße
- anbaufrei (Landstraße) oder angebaut (Stadtstraße) ist,
- innerhalb oder außerhalb bebauter Gebiete liegt,
- maßgebend der Verbindung, der Erschließung oder dem Aufenthalt dient.

Daneben gelten die „Empfehlungen für die Anlage von Hauptverkehrsstraßen (EAHV 93)" z.B. in den Städten und die „Empfehlungen für die Anlage von Erschließungsstraßen (EAE 85/95)" z.B. für Wohngebiete.

Bestandteile des Querschnitts. Je nach Lage und Zweck der Straße setzt sich ihr Querschnitt aus den in den Tabellen **14.**4 und **14.**5 genannten Bestandteilen zusammen.

Die Breiten der Querschnittsgruppen nach RAS-Q zeigt Tabelle **14.**5. Ausgangsmaße sind für den Kfz-Verkehr 2,50 m Breite und 4,00 m Höhe, für den Radverkehr 0,60 m Breite und 2,00 m Höhe, für den Fußgängerverkehr 0,75 m Breite und 2,00 m Höhe. Hinzu kommt zur Sicherheit und als Ausgleich für Fahrungenauigkeiten ein seitlicher Bewegungsspielraum (beim Kfz-Verkehr z.B. 1,25 m) und ggf. ein Gegenverkehrszuschlag (0,25 m). Das Gleiche gilt für die Maße des lichten Raums über den Verkehrsflächen: Kfz-Verkehr 4,50 m, Rad- und Fußgängerverkehr 2,50 m hoch. Die Bezeichnung der Regelquerschnitte ist an den Beispielen **14.**6 ersichtlich.

Geh- und Radwege. An anbaufreien Straßen werden nach RAS-Q gemeinsame Geh- und Radwege getrennt von der Fahrbahn angeordnet (**14.**7). Sie passen sich gut an das Gelände an und bieten Vorteile für die Trassierung, den Winterdienst und die Entwässerung.

	Bankett		neben Parkstreifen Rad- und Gehweg	Parkstreifen		Seitentrennstreifen	Radweg	Gehweg bei angebauten Straßen (o. Sicherheitsraum)
	wenn Stand-Mehrzweckstreifen			längs	schräg/quer			
	vorh. in m	Nicht vorh. in m	in m	in m	in m	in m	in m	in m
	11a	11b	11c	12a	12b	13	14	15
	1,50	–	–	–	–	3,00	–	–
	–	–	–	–	–	3,00	–	–
	1,50	–	–	–	–	3,00	–	–
	–	2,00	–	–	–	1,75	2,00	–
	–	1,50	0,50	2,00	–	1,75	2-streifig 2,00 1-streifig 1,00	3,75 3,75 2,25
	–	1,50	0,50	2,00	–	1,75	2-streifig 2,00 1-streifig 1,00	3,75 3,75 1,50
	–	1,50	0,50	2,00	5,00	1,25	2-streifig 2,00 1-streifig 2,00	1,50
	–	1,00	0,50	2,00	5,00	1,25	–	1,50

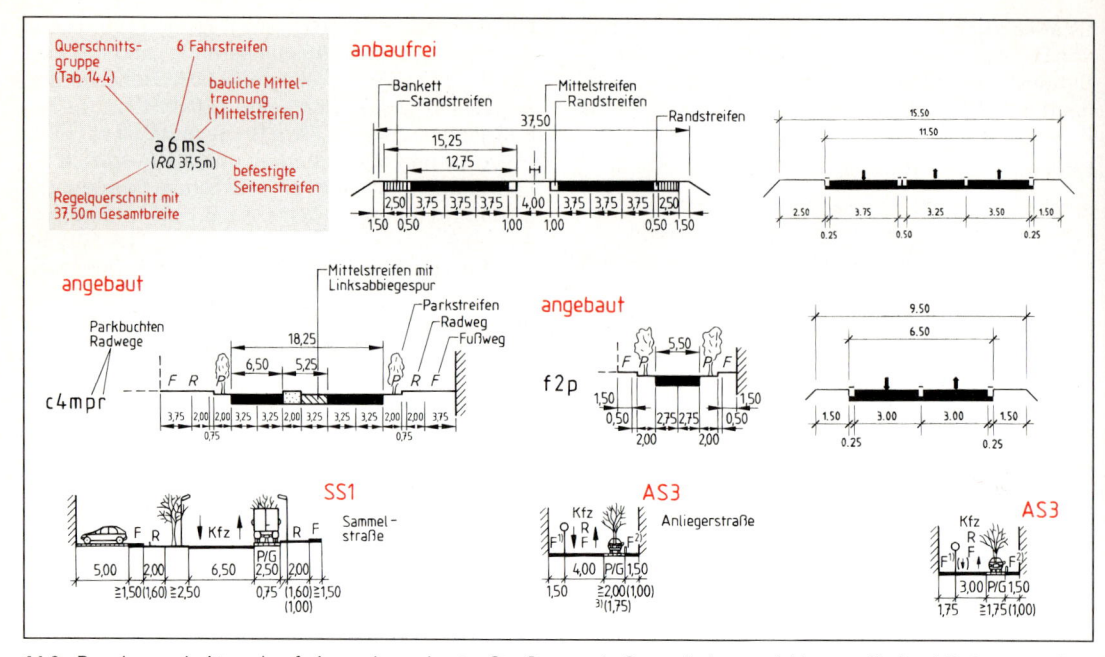

14.6 Regelquerschnitte anbaufreier und angebauter Straßen sowie Querschnittsempfehlungen für Erschließungsstraßen
[1]) der Gehstreifen ist zum Ausweichen befahrbar,
[2]) Gehstreifen nur bei dicht angrenzenden Gebäuden erforderlich, [3]) Baumreihen erfordern mindestens 2,50 m breite Pflanzstreifen

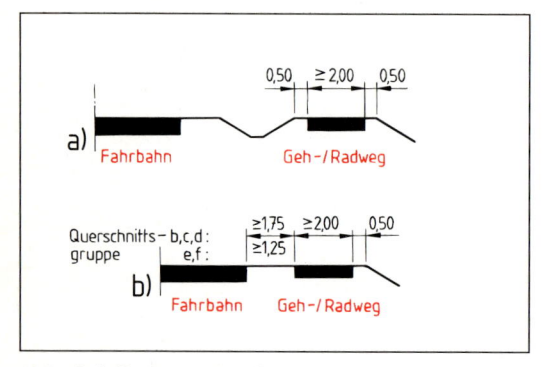

14.7 Geh-/Radwege a) außerhalb des Entwässerungsbereichs, b) mit Seitentrennstreifen

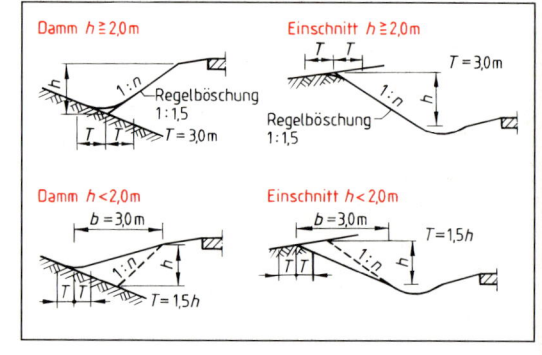

14.8 Ausbildung der Regelböschung in Damm und Einschnitt

Damm- und Einschnittsböschungen zeigt Bild **14.**8.

> Der Regelquerschnitt richtet sich nach Lage und Zweck der Land- oder Stadtstraßen.

Ausbauquerschnitt. Während auf Vorentwürfen und Erschließungsplänen die Regelquerschnitte im Maßstab 1 : 100 ausreichend dargestellt werden (**14.**9), sind für die Ausführung genauere Angaben erforderlich. Aus den Ausbauquerschnitten (Regelquerschnitten) im Maßstab 1 : 50 (Details auch 1 : 10 bis 1 : 20) geht der Befestigungsaufbau der Straße mit allen zugehörigen Breiten- und Dickenmaßen, Baustoffen und Querneigungsverhältnissen hervor (**14.**10).

Für die Vorbereitung und Ausführung der Arbeiten, die Beurteilung der Bauweise und Bauklasse sowie das Verständnis des Ausbaus ist der Ausbauquerschnitt deshalb unerlässlich. Auch die meisten im Leistungsverzeichnis beschriebenen Arbeiten (Positionen) sind darin zu erkennen und daraus zu verstehen. So enthält der Ausbauquerschnitt

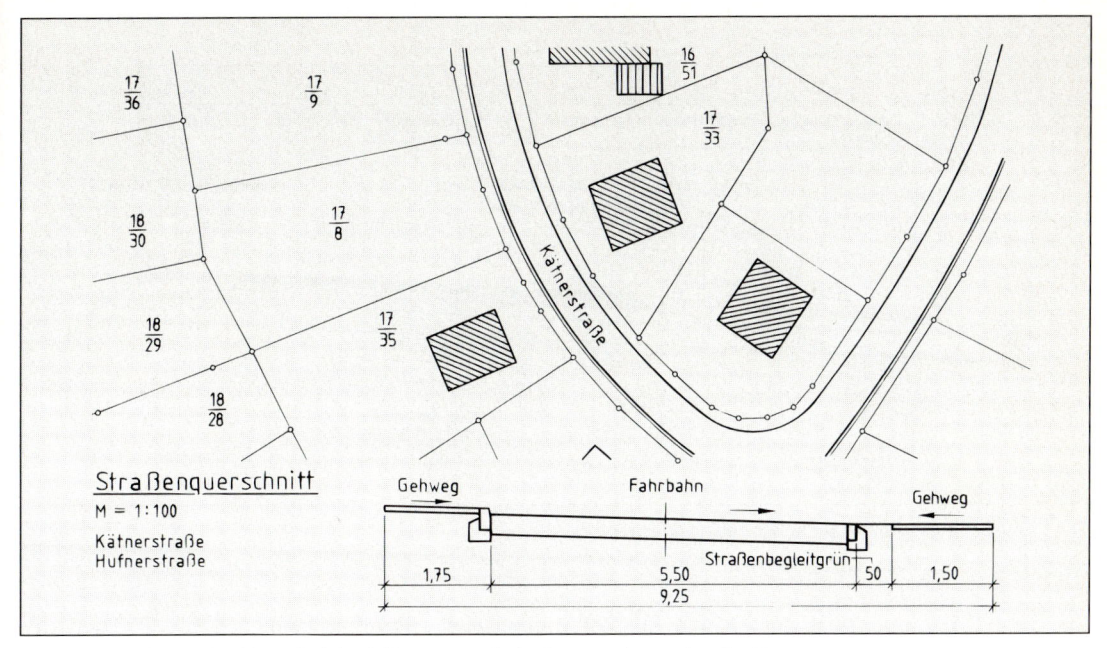

14.9 Erschließungsplan (Ausschnitt) mit Regelquerschnitt der auszubauenden Straße

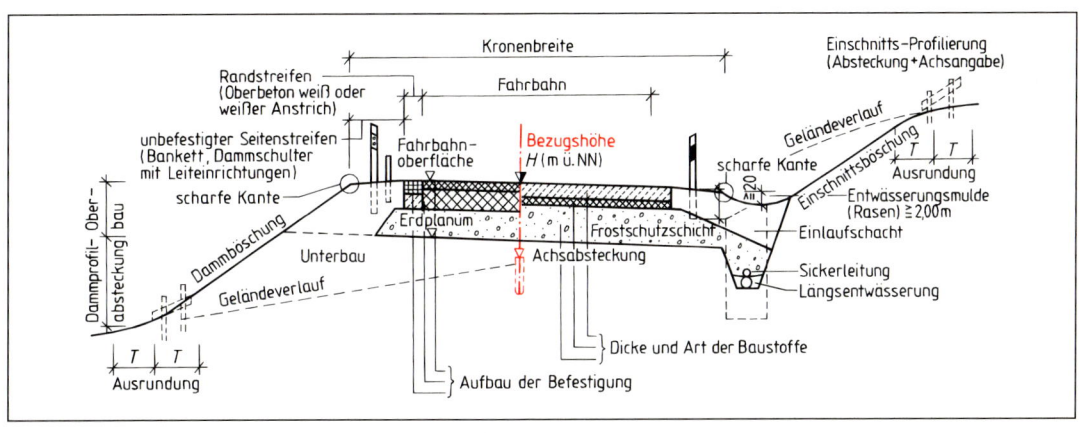

14.10 Ausbauquerschnitt einer anbaufreien Landstraße

- die Unterteilung der Straße in ihre Verkehrsflächen mit Breiten und Querneigungen (**14.11**), Randbefestigungen und Einfassungen,
- den Befestigungsaufbau der Verkehrsflächen mit Einbaudicken bzw. -massen, Baustoffen und -teilen,
- oft auch die Höhen des Ausbaus und des ursprünglichen Geländes an wichtigen Querschnittsstellen, bezogen auf ± 0,00 m Ausgangshöhe oder + ··· mNN in der Fahrbahnachse, wenn der Querschnitt bei einer bestimmten Station gelegen ist,
- Entwässerungseinrichtungen (Gräben, Mulden, Rohrleitungen usw.), Ausrüstungsgegenstände und Markierungen (z. B. Schutzplanken und Leitpfosten).

Tabelle **14.11** Querneigungen nach RAS-Q

≥ 2,5 %	Fahrbahn in der Geraden (Mindest- und Regelquerneigung)
bis 8 %	Fahrbahn in Kurven
2,5 %	befestigte Seitenstreifen und Zusatzstreifen
12 %	unbefestigte Seitenstreifen (Bankett), tiefe Seite, über die die Fahrbahn entwässert wird
6 %	unbefestigte Seitenstreifen (Bankett), hohe Seite
8 %	Trennstreifen
4 %	befestigte Bankette und Seitenstreifen
2,5 %	Geh- und Radwege

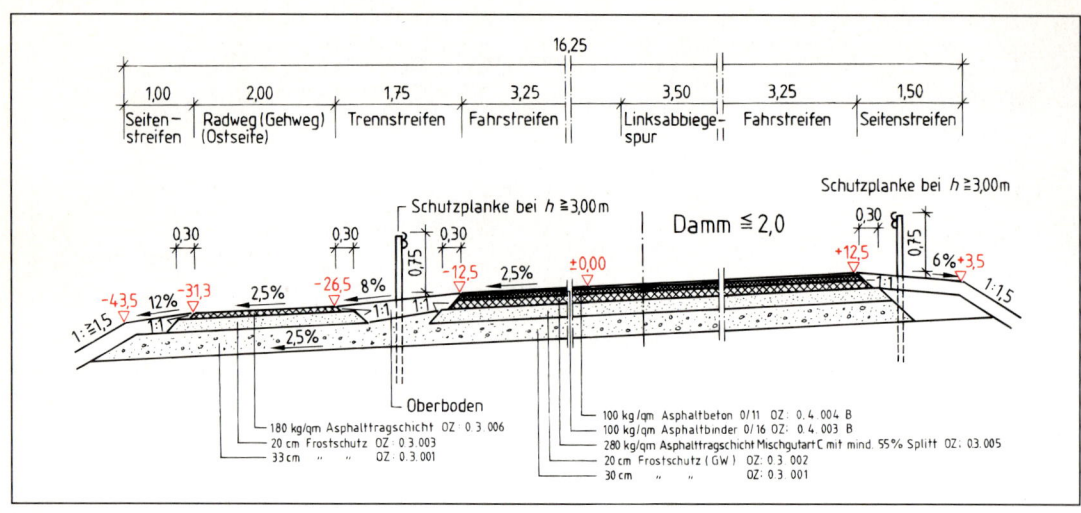

14.12 Ausbauquerschnitt einer anbaufreien Landstraße

Die Bilder **14**.12 und **14**.13 zeigen den Ausbauquerschnitt einer anbaufreien Landstraße und einer städtischen Wohnstraße als Pflasterstraße.

Die Schraffuren für Baustoffe und Bauteile in Ausbauquerschnitten und Querschnittdetails sind im Straßenbau bisher weder einheitlich noch eindeutig. Tabelle **14**.14 stellt die nach DIN 1356 genormten bzw. üblichen Schraffuren zusammen.

Der Ausbauquerschnitt enthält alle zur Ausführung nötigen Angaben im Maßstab 1 : 50.

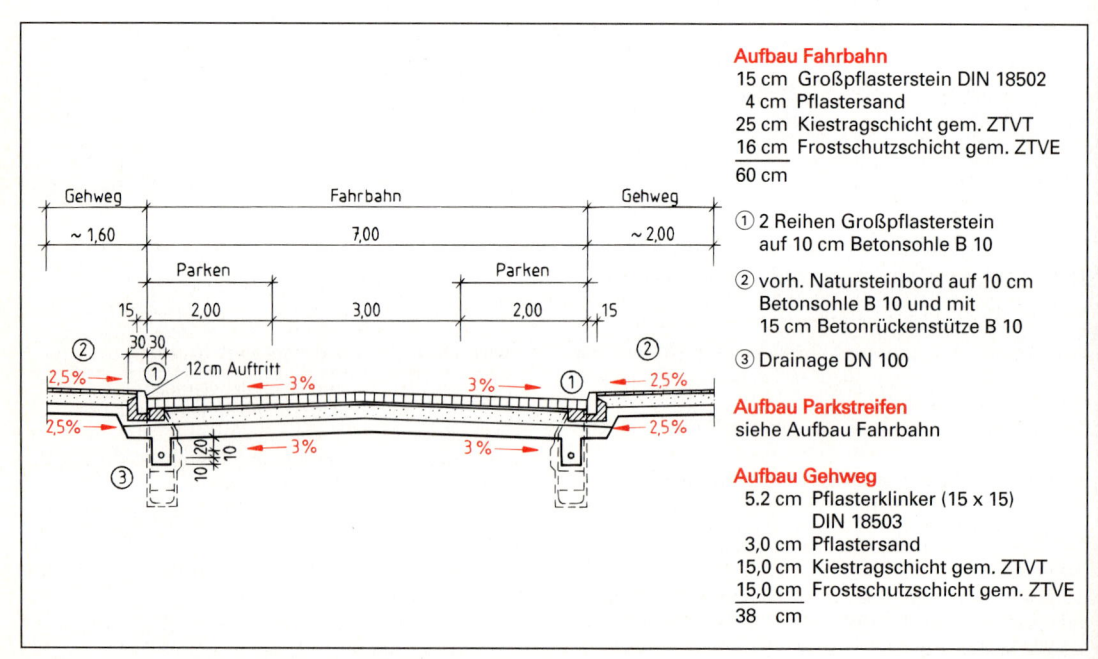

Aufbau Fahrbahn
15 cm Großpflasterstein DIN 18502
 4 cm Pflastersand
25 cm Kiestragschicht gem. ZTVT
16 cm Frostschutzschicht gem. ZTVE
60 cm

① 2 Reihen Großpflasterstein auf 10 cm Betonsohle B 10

② vorh. Natursteinbord auf 10 cm Betonsohle B 10 und mit 15 cm Betonrückenstütze B 10

③ Drainage DN 100

Aufbau Parkstreifen
siehe Aufbau Fahrbahn

Aufbau Gehweg
5.2 cm Pflasterklinker (15 x 15) DIN 18503
3,0 cm Pflastersand
15,0 cm Kiestragschicht gem. ZTVT
15,0 cm Frostschutzschicht gem. ZTVE
38 cm

14.13 Ausbauquerschnitt einer angebauten städtischen Erschließungsstraße

Tabelle **14**.14 Schraffuren und Zeichen in Querschnitten

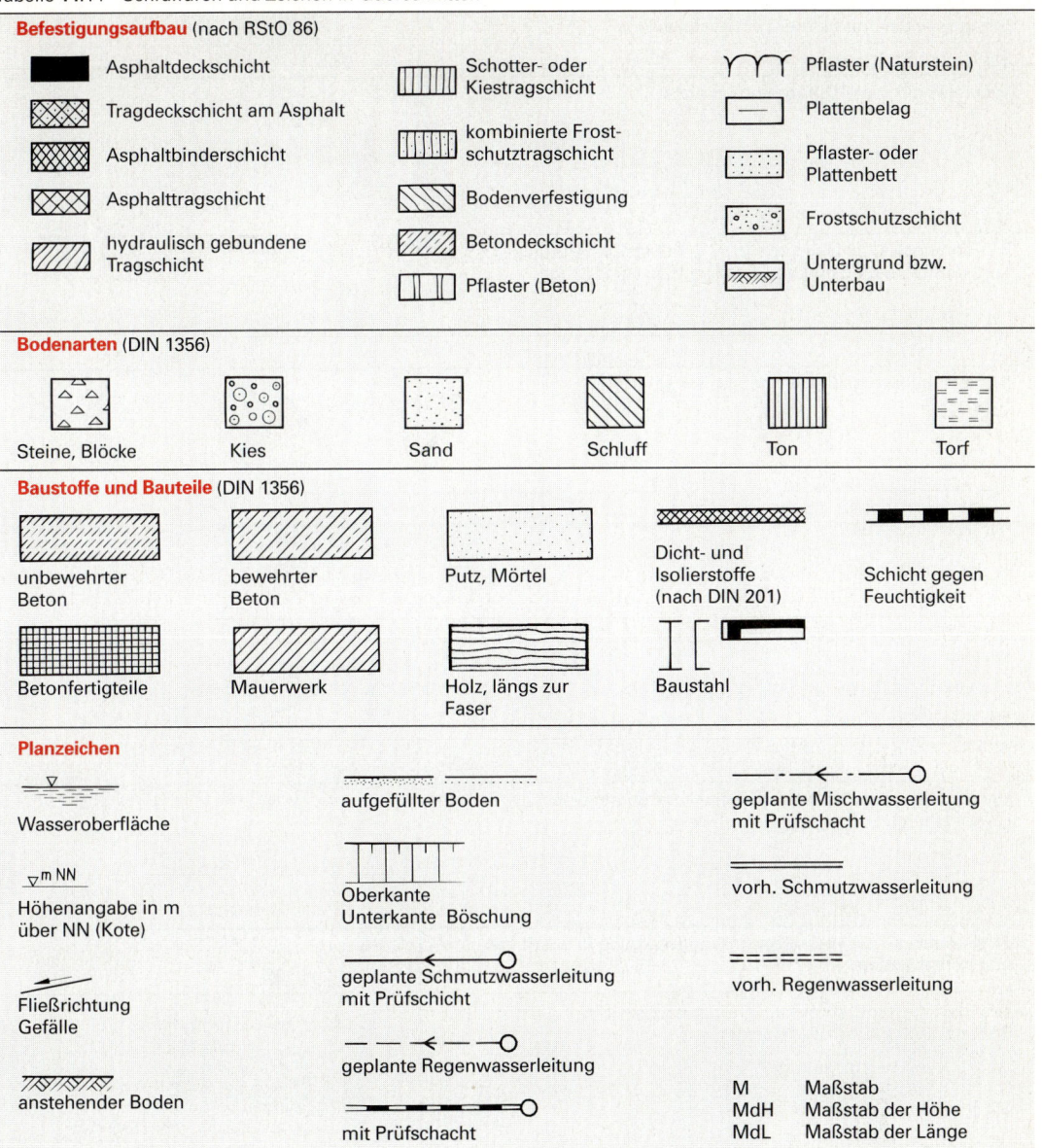

Befestigungsaufbau (nach RStO 86)

- Asphaltdeckschicht
- Tragdeckschicht am Asphalt
- Asphaltbinderschicht
- Asphalttragschicht
- hydraulisch gebundene Tragschicht
- Schotter- oder Kiestragschicht
- kombinierte Frostschutztragschicht
- Bodenverfestigung
- Betondeckschicht
- Pflaster (Beton)
- Pflaster (Naturstein)
- Plattenbelag
- Pflaster- oder Plattenbett
- Frostschutzschicht
- Untergrund bzw. Unterbau

Bodenarten (DIN 1356)

Steine, Blöcke | Kies | Sand | Schluff | Ton | Torf

Baustoffe und Bauteile (DIN 1356)

- unbewehrter Beton
- bewehrter Beton
- Putz, Mörtel
- Dicht- und Isolierstoffe (nach DIN 201)
- Schicht gegen Feuchtigkeit
- Betonfertigteile
- Mauerwerk
- Holz, längs zur Faser
- Baustahl

Planzeichen

- Wasseroberfläche
- Höhenangabe in m über NN (Kote)
- Fließrichtung Gefälle
- anstehender Boden
- aufgefüllter Boden
- Oberkante Unterkante Böschung
- geplante Schmutzwasserleitung mit Prüfschicht
- geplante Regenwasserleitung mit Prüfschacht
- geplante Mischwasserleitung mit Prüfschacht
- vorh. Schmutzwasserleitung
- vorh. Regenwasserleitung

M Maßstab
MdH Maßstab der Höhe
MdL Maßstab der Länge

14.1.4 Lageplan

Lagepläne sind Draufsichten. Sie zeigen den Verlauf einer Straße, nicht jedoch die Höhenverhältnisse (**14.**15).

Lagepläne für Straßen werden meist in den Maßstäben 1 : 200 (250), 1 : 500, 1 : 1000 oder 1 : 2000 gezeichnet. Nach den Vorschriften einiger Straßenbauverwaltungen der Länder sind bestimmte Linienarten und -dicken einzuhalten (**14.**16).

Bezugslinie für die Trasse ist meist die Fahrbahnachse. Fast immer besteht die Trasse aus Geraden, Kreisbögen und Übergangsbögen (durchweg Klothoiden), denn nur noch selten (hauptsächlich bei Stadtstraßen) verbindet man eine Gerade mit einem Kreisbogen (**14.**17). Gerade Straßen sind zwar kostengünstig herzustellen, aber weder landschaftlich möglich noch für das Fahrverhalten günstig.

Tabelle **14**.15   Bestandteile des Lageplans mit Beispielen

Bezugslinie der Trasse (meist Fahrbahnachse)	
Stationierung (km + m)	0 + 032
Verkehrsflächen mit Grenzen und Breiten	
Trassierungselemente Gerade ($R = \infty$), Kreisbogen (R) und Klothoide (A) mit Beginn und Ende sowie Stationierung	
Querneigungsverhältnisse und -größen in %	
Kurven der Randbefestigung mit Bezeichnung, Radius und Mittelpunktswinkel	
Böschungen	
Leitungssystem der Oberflächenentwässerung mit Höhen, Längsneigung, Leitungsquerschnitt usw.	
Straßenabläufe mit Wasserzulauf (Längsneigung in der Rinne) und Rohranschluss	
Grundstücke mit Grenzen und Grundbuchbezeichnung, Gebäude, Bäume und Nebenanlagen	

evtl. auch Straßennamen, Fahrbahnunterteilung und Ausrüstungsgegenstände

Tabelle **14**.16   Linienarten und -dicken in Lageplänen

[0,18]	Begrenzung unbefestigter Straßen- und Wegeteile
[0,25]	Begrenzung befestigter Straßen- und Wegeteile
[0,35]	Randstreifen unter 0,50 m breit
[0,5]	Randstreifen 0,50 m und breiter
– – –	Randstreifen mit unterbrochener Markierung (z. B. Trennung zwischen Fahrspur und Ein- bzw. Ausfädelungsspur)
~~ 1mm	Wegeseiten- oder Straßengraben

14.1 Planung

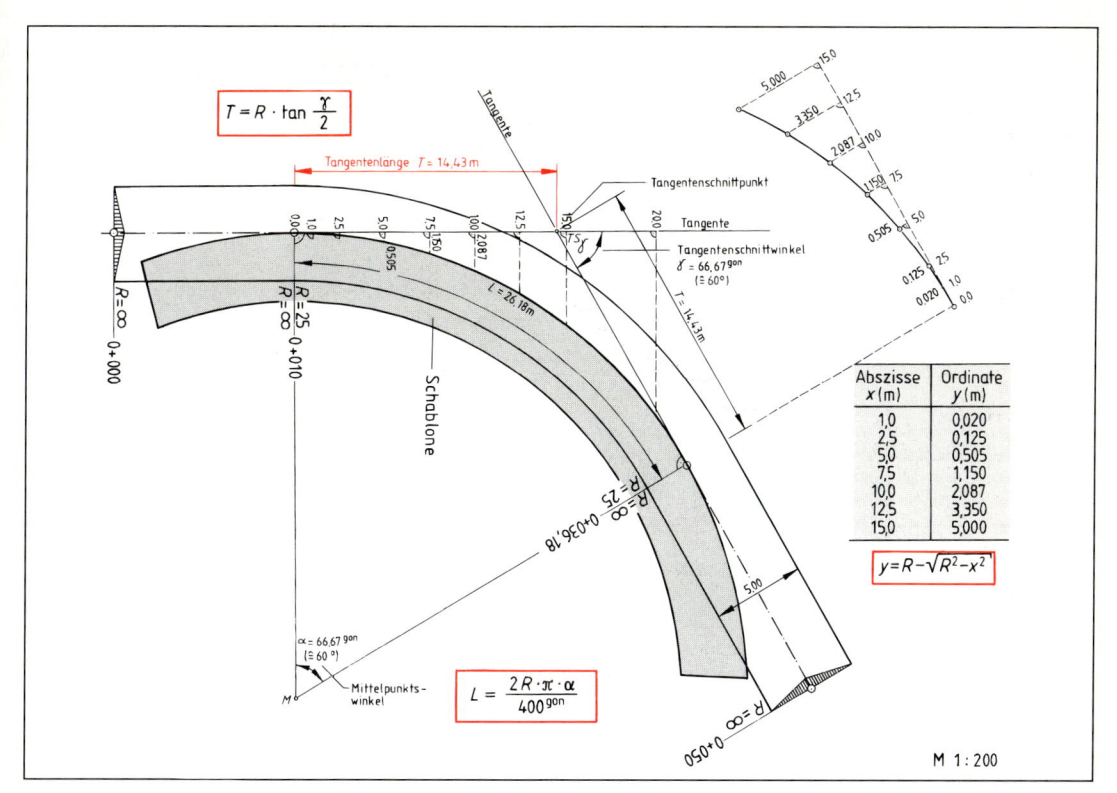

14.17 Trassierungselemente Gerade und Kreis

Lagepläne einer Straße in den Maßstäben 1 : 500 bis 1 : 2000 zeigen besonders die Trasse mit ihren Elementen Gerade, Übergangsbogen (Klothoide) und Kreis.

Bei Kreisbögen wählt man möglichst große Radien. Die Mindestradien richten sich nach der Entwurfsgeschwindigkeit und sind in den „Richtlinien für die Anlage von Straßen" (RAS) im Teil „Linienführung" (RAS-L) festgelegt (**14**.18). Nur bei Straßen in Wohngebieten und bei Einmündungen kommen auch kleinere Radien vor.

Gezeichnet werden die Kreisbögen mit Hilfe des Kreisbogenlineals oder der y-Ordinaten.

Beispiel Der Kreisbogen nach Bild **14**.17 ist zu zeichnen.
a) mit Kurvenlineal: Wir ziehen die Tangente an die Fahrbahn und erhalten den Tangentenschnittpunkt TS. Mit Tangentenschnittwinkel γ berechnen wir die Tangentenlänge T.

Tabelle 14.18 Kurvenmindestradien für Straßen der Kategoriengruppen A, B und C (s. Tab. 14.2) nach RAS-L-1 in Abhängigkeit von der Entwurfsgeschwindigkeit (v_e) und mit den Grenzwerten für die Querneigung (q)

	min R in m bei Straßen der Kategoriengruppe					
	A		B		C	
v_e in km/h	max q = 7,0%	min q = 2,5%	max q = 6,0%	min q = 2,5%	max q = 5,0%	min q = 2,5%
40	–	–	–	–	40	45
50	–	–	80	160	70	80
60	135	500	125	260	120	130
70	200	800	190	400	175	200
80	280	110	260	550	–	–
90	380	1400	–	–	–	–
100	500	1800	–	–	–	–
120	800	3000	–	–	–	–

Beispiel
Forts.

$T = R \cdot \tan\dfrac{\gamma}{2}$

$= 25{,}00\ \text{m} \cdot \tan\dfrac{66{,}67\ \text{gon}}{2}$

$= 25{,}00\ \text{m} \cdot 0{,}577 = 14{,}43\ \text{m}$

Damit liegen Anfang und Ende des Kreisbogens fest. Die für die Stationierung nötige Bogenlänge L ergibt sich als Teil eines Kreisbogens mit dem Radius R aus

$L = \dfrac{2 \cdot R \cdot \pi \cdot \alpha\text{gon}}{400\ \text{gon}}$

$= \dfrac{2 \cdot 25{,}00\ \text{m} \cdot 3{,}14 \cdot 66{,}67\ \text{gon}}{400\ \text{gon}} = 26{,}18\ \text{m}$

b) Die zum Zeichnen ohne Kurvenlineal bzw. zum Abstecken erforderlichen Ordinaten y entnehmen wir Tabellen (Kreisbogentafeln) oder berechnen sie nach der Formel

$y = R - \sqrt{R^2 - x^2}$.

Für $x = 10{,}00$ m gilt dann:

$y = 25{,}00\ \text{m} - \sqrt{25{,}00^2 - 10{,}00\ \text{m}^2}$
$= 25{,}00\ \text{m} - \sqrt{525{,}00\ \text{m}} = 2{,}087\ \text{m}$
(s. Bild **14**.17)

Nach der Entwurfsgeschwindigkeit legen die RAS-L Mindestradien für Kreisbögen fest.
Die zum Zeichnen und Abstecken nötigen Werte T, L und y lassen sich berechnen oder Tabellen entnehmen.

Klothoiden sind Spiralen mit zunehmender Krümmung, wie Bild **14**.19 zeigt. Sie

- stellen die Verbindung zwischen Gerade und Kreisbogen her (**14**.20),
- verwinden die Fahrbahn allmählich. schaffen Übergänge vom Dachprofil zur Einseitneigung,
- ändern die bei Kurvenfahrt auftretende Zentrifugalbeschleunigung stetig,
- sichern durch die allmähliche Änderung einen flüssigen Linienverlauf,
- stellen auch eine optisch befriedigende Trasse her.

Um Klothoiden konstruieren, zeichnen und auf der Baustelle abstecken zu können, müssen wir ihre „Eigenschaften" kennen (**14**.21).

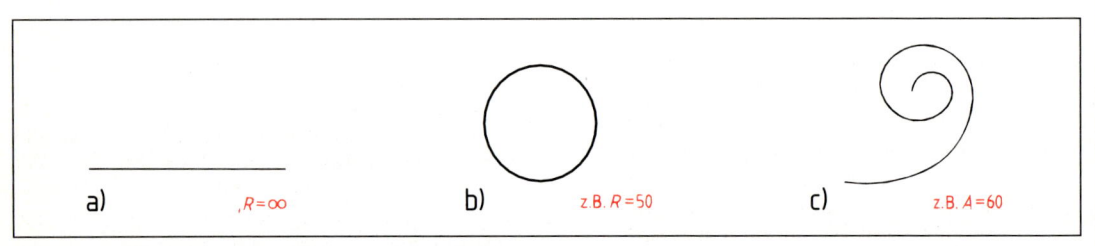

14.19 Bestandteile der Trasse sind Gerade (a), Kreisbogen (b) und Klothoide (c)

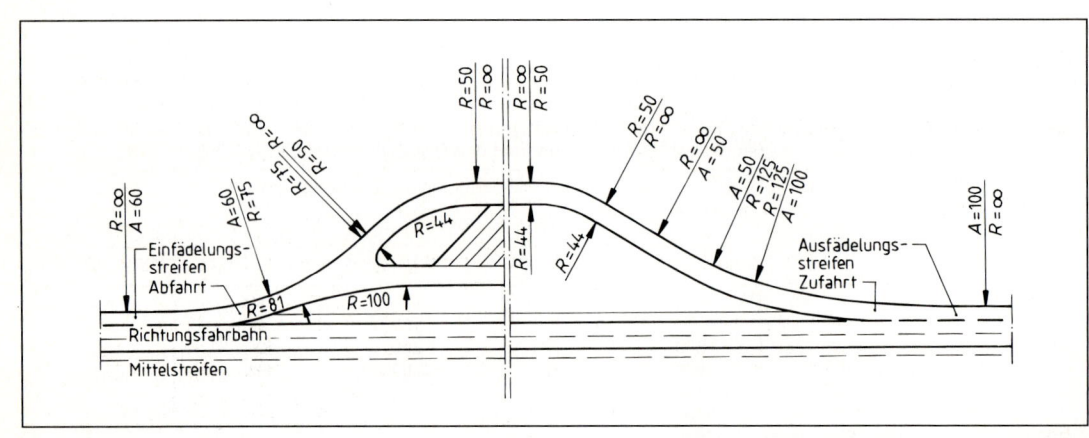

14.20 Beispiel für die Planung mit den Trassierungselementen Gerade, Kreis und Klothoide gemäß RAL-K-2 beim Bau einer Rastanlage

14.1 Planung

Tabelle **14**.21 Merkmale der Klothoide

	Die Klothoide ist eine Spirale (hier im Vergleich zum Kreis).
	Sie hat an jeder Stelle einen anderen Radius R.
	Alle Klothoiden sind einander ähnlich. Es gibt nur eine Form der Klothoide, aber verschiedene Größen
	Die Größe der Klothoide gibt man mit dem Parameter A an (para = gleich). Jede Klothoide hat einen bestimmten, gleich bleibenden Parameter A.
	Für jede Stelle einer Klothoide gilt das Bildungsgesetz $R \cdot L = A$ (R = Krümmungsradius, L = Bogenlänge vom Anfangspunkt der Klothoide bis zu dieser Stelle)
	Konstruktionswerte der Klothoide ΔR = Tangentenabrückung (Einrückmaß) X, Y = Koordinaten eines beliebigen Klothoidenpunkts X_M, Y_M = Koordinaten des Krümmungsmittelpunkts T_K, T_L = kurze und lange Tangente an die Klothoide τ = Tangentenwinkel der Klothoide L = Länge des Klothoidenasts ÜA, ÜE = Übergangsbogen Anfang und Erde R = Radius des Hauptbogens

Beispiel 1 Bildungsgesetz bei einer Klothoide (**14**.22)

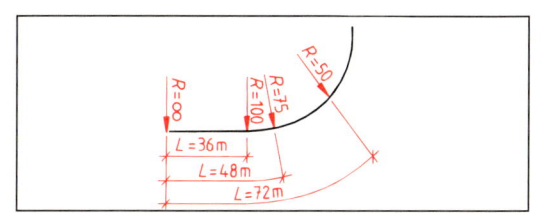

$\quad R \quad\quad L \quad = \quad A^2 \quad\quad (A)$
100 m · 36 m = 3600 m² (60 m)
75 m · 48 m = 3600 m² (60 m)
50 m · 72 m = 3600 m² (60 m)
A = 60 m

Beispiel 2 Bildungsgesetz bei unterschiedlichen Klothoiden (**14**.23)

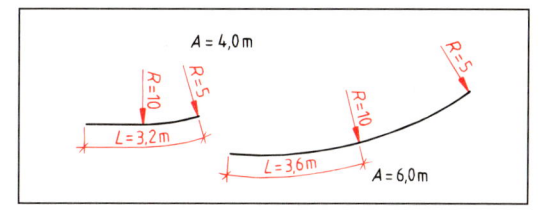

$\quad R \quad\quad L \quad = \quad A^2 \ (A)$
5 m · 3,2 m = 16 m² (4 m)
10 m · 3,6 m = 36 m² (6 m)

14.22 Bildungsgesetz bei einer Klothoide

14.23 Bildungsgesetz bei unterschiedlichen Klothoiden

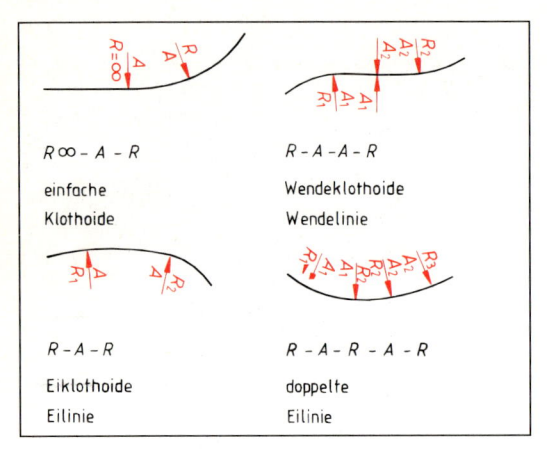

14.24 Anwendungsmöglichkeiten der Klothoiden als Übergangsbogen

Meist benutzt man nur den flachen Anfangsteil der Klothoide für den Übergang. Kombinationen und Bezeichnungen nach RAS-L zeigt Bild **14.24**. Wenn die wichtigsten Konstruktionspunkte der Trasse festliegen, lässt sich die Klothoide durch Anlegen eines Klothoidenlineals mit dem entsprechenden Parameter zeichnen. Die Markierung der Kreisbögen mit Radien und Berührungsstellen auf dem Klothoidenlineal erleichtert das Anlegen und damit den Anschluss der Kreisbögen (**14.25**).

Klothoidenlineale werden im Maßstab 1 : 1000 angeboten, können jedoch auch für kleinere oder größere Maßstäbe verwendet werden. Der Parameter wird entsprechend größer oder kleiner.

Beispiele	A	=	50 m	im Maßstab	1 : 1000
		≙	100 m	im Maßstab	1 : 2000
	A	=	150 m	im Maßstab	1 : 1000
		≙	75 m	im Maßstab	1 : 500
	A	=	30 m	im Maßstab	1 : 1000
		≙	150 m	im Maßstab	1 : 5000

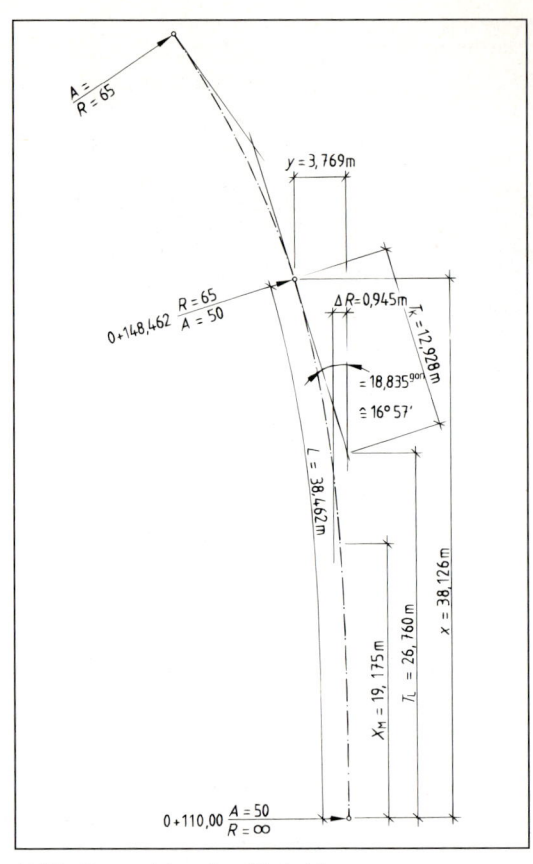

14.26 Konstruktion einer Klothoide

Wie ein Übergangsbogen als Teilstück einer Klothoide mit dem Parameter $A = 50$ m bis zum Anlegen des Klothoidenlineals aufgrund der Tabellenwerte konstruiert wird, zeigt Bild **14.26**. Im fertigen Lageplan ist diese Konstruktion kaum zu sehen.

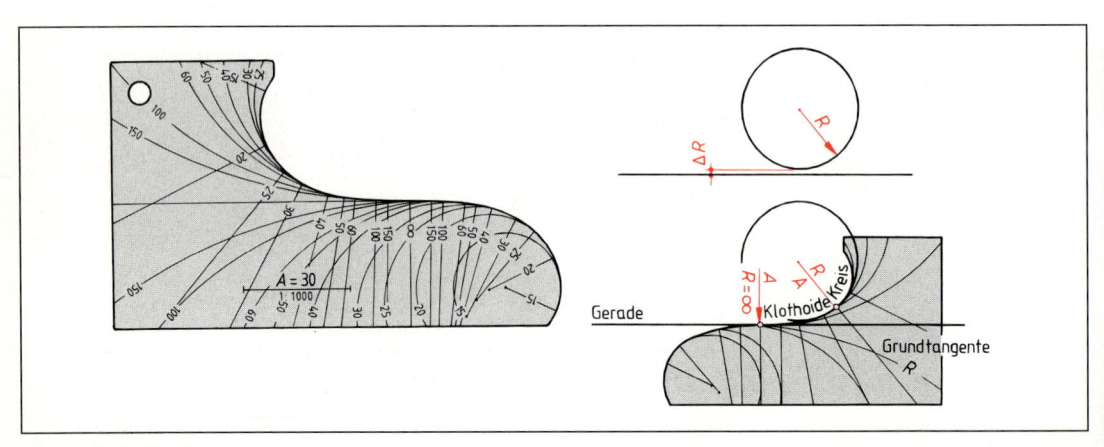

14.25 Klothoidenlineale

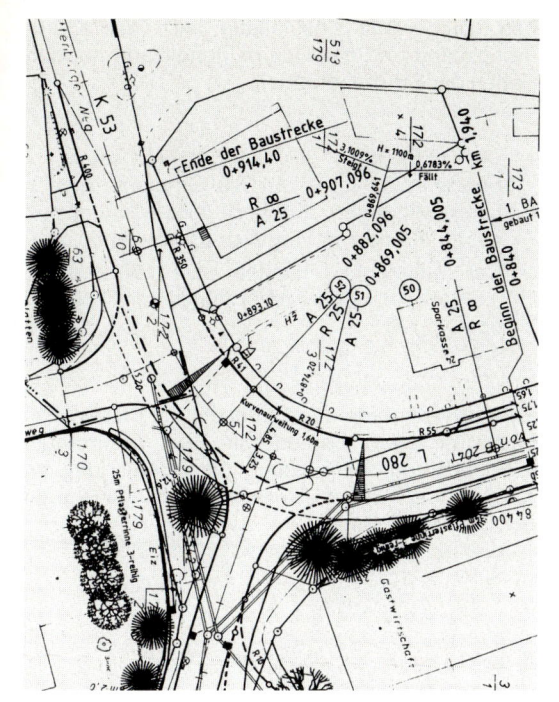

14.1 Planung

14.27 Städtische Verkehrsstraße

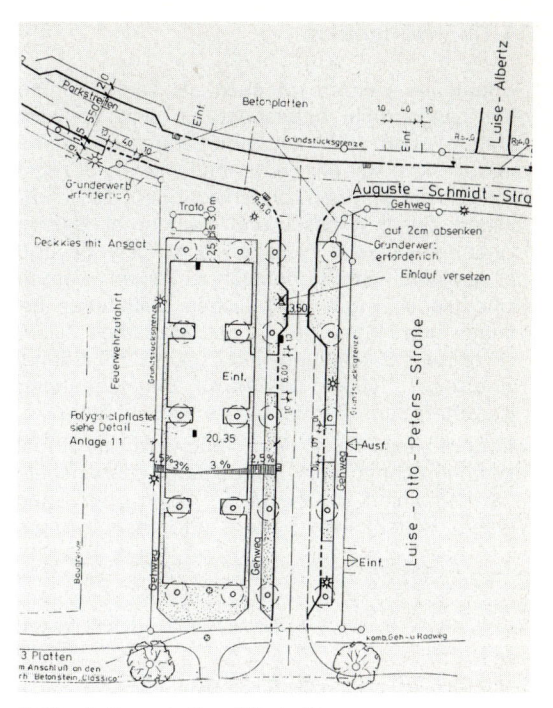

14.28 Anliegerstraße mit Parkplätzen

Klothoiden haben eine stetig zunehmende Krümmung. Die Klothoidenanfänge dienen als Übergangsbögen zwischen Gerade und Kreis. Konstruktionswerte für Klothoiden entnimmt man Tabellen. Gezeichnet wird eine Klotoide mit dem Klothoidenlineal im Maßstab 1 : 1000.

Lagepläne einer städtischen Verkehrsstraße und einer Anliegerstraße mit Parkplätzen zeigen (ausschnittweise) die Bilder **14.27** und **14.28**, die übliche Darstellung der Lageplansymbole zeigt Bild **14.29**.

Tabelle **14.29** Lageplansymbole (Auswahl)

Symbol	Bezeichnung	Symbol	Bezeichnung	Symbol	Bezeichnung
✱	Laterne	▯	Zapfstelle	Ⓚ	Schacht (Entwässerung) vorhanden
✸	Laterne (Großleuchten)	☐	WT Wassertopf	Ⓗ	Schacht (Fernheizung)
✶	Laterne mit Oberleitung	⚬	Gasschieber ⎫ Haus- Wasserschieber ⎭ anschluss	Ⓖ	Schacht (Gas)
✺	Laterne (Gas)	●	Signal Bundesbahn	Öl	Schacht (Öl)
♁	Hinweistafel allgemein (keine Verkehrsschilder – L = beleuchtet)	⊙ 4711	Polygonpunkt	━━[0,7]━━	Landesgrenze
⚐	Verkehrsschild – L = beleuchtet	●━▶━●	Kanal geplant	━━[0,5]━━	Regierungsbezirksgrenze
⊗	Warnkrote – L = beleuchtet	○--▶--○	Kanal vorhanden	━━[0,5]━━	Kreisgrenze
⊕	Leuchtsäule	⊠	Schaltgerät	━━[0,5]━━	Gemeindegrenze
⬭	Hydrant (Unterflur)	▪	Sinkkasten (Rost) geplant	━━[0,5]━━	Gemarkungsgrenze
⚵	Hydrant (Oberflur)	▮	Sinkkasten (Rost) vorhanden	━━[0,5]━━	Flurgrenze
		⊞	Schacht (Post)	━━[0,35]━━	Flurstücksgrenze

14.1.5 Höhenplan

Höhenpläne werden oft auch als Längsschnitte oder Längsprofile bezeichnet. Es sind vertikale Schnitte durch die Fahrbahn-Längsachse *(Gradiente),* meist mit der Fahrbahnachse als Bezugslinie. Um die geringen Längsneigungen, die unauffälligen Gefällewechsel und manchmal kleinen Höhenunterschiede zwischen dem Gelände und der geplanten Straße deutlich zu zeigen, werden Höhenpläne in unterschiedlichen Maßstäben für Längen und Höhen gezeichnet. Maßstäbe dieser „verzerrten" Darstellung sind 1 : 500/1 : 50 (Länge/Höhe) bis 1 : 1000/1 : 100 (**14.30**). Die Höhen sind also zehnfach größer dargestellt als die Längen.

Mit dem Längsschnitt der Straße wird manchmal der Längsschnitt einer Rohrleitung, Grabensohle u. Ä. kombiniert (s. Tab. **14.30**). Dann erscheinen weitere Höhenlinien, Höhen- und Stationsangaben. Zugeordnet sind häufig auch das Krümmungsband und das Querneigungsband mit den Höhen der Fahrbahnränder.

> Der Höhenplan als Längsschnitt einer Straße zeigt vor allem die Gradiente mit Längsneigungen, Kuppen- und Wannenausrundungen im Vergleich zum Gelände.
>
> Der Maßstab für Längen ist 1 : 500 oder 1 : 1000, für Höhen zehnmal größer (1 : 50 bzw. 1 : 100).

Entwurfselemente. Die Gradiente der Straße wird bestimmt durch Gerade mit einer bestimmten Längsneigung sowie durch die Ausrundung an Kuppen und Wannen (wo sich die Längsneigung der Geraden ändert).

Tabelle **14.30**   Bestandteile des Höhenplans mit Beispielen

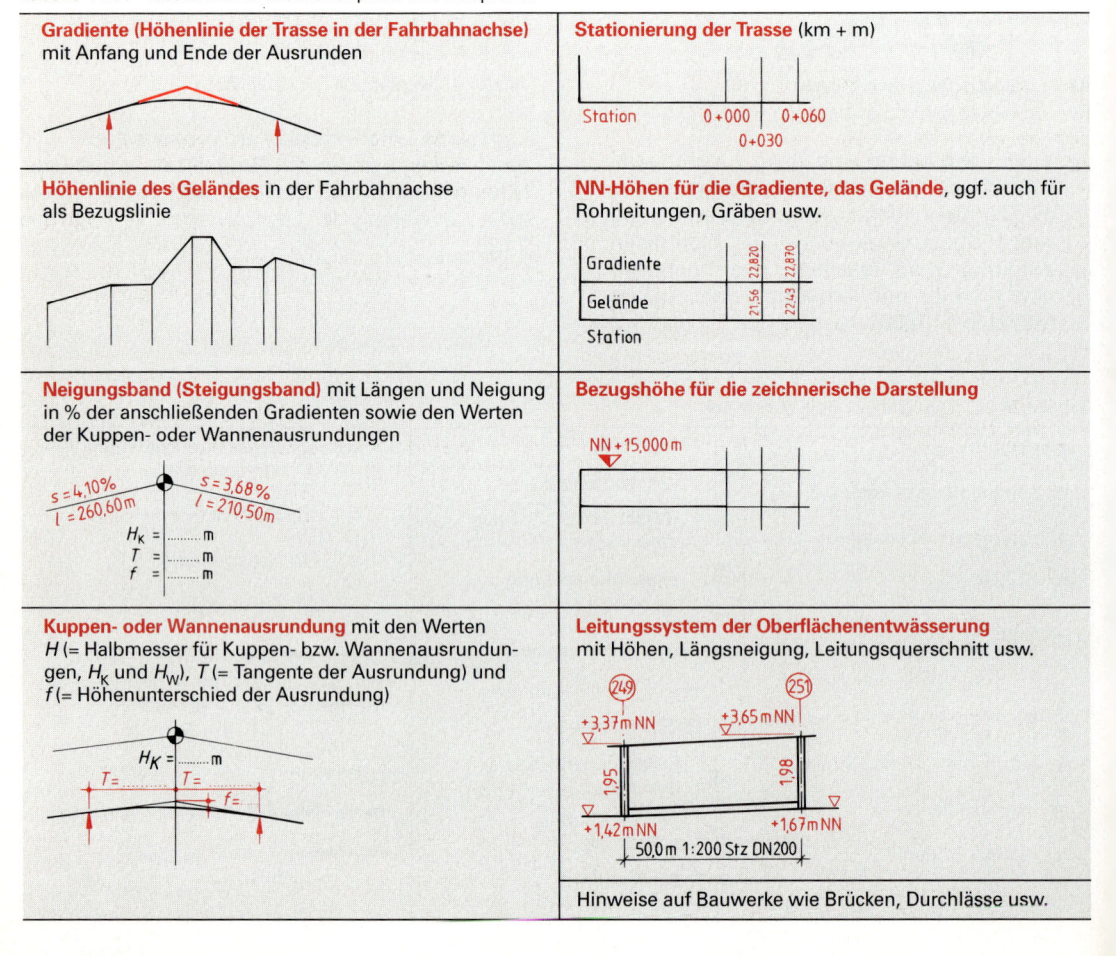

Gradiente (Höhenlinie der Trasse in der Fahrbahnachse) mit Anfang und Ende der Ausrunden	Stationierung der Trasse (km + m)
Höhenlinie des Geländes in der Fahrbahnachse als Bezugslinie	NN-Höhen für die Gradiente, das Gelände, ggf. auch für Rohrleitungen, Gräben usw.
Neigungsband (Steigungsband) mit Längen und Neigung in % der anschließenden Gradienten sowie den Werten der Kuppen- oder Wannenausrundungen	Bezugshöhe für die zeichnerische Darstellung $NN + 15,000\,m$
Kuppen- oder Wannenausrundung mit den Werten H (= Halbmesser für Kuppen- bzw. Wannenausrundungen, H_K und H_W), T (= Tangente der Ausrundung) und f (= Höhenunterschied der Ausrundung)	Leitungssystem der Oberflächenentwässerung mit Höhen, Längsneigung, Leitungsquerschnitt usw.
	Hinweise auf Bauwerke wie Brücken, Durchlässe usw.

14.1 Planung

Die Längsneigung soll wegen der Entwässerung 0,5 % in keinem Fall unterschreiten und wegen der Verkehrserschwernisse bei Autobahnen z.B. 8 % nicht überschreiten. Je nach Geschwindigkeit und Bedeutung der Straßen sind die in Tabelle **14.**31 (aus RAS-L-1) angeführten höchstzulässigen Längsneigungen einzuhalten.

Tabelle **14.**31 Höchstlängsneigungen für Straßen der Kategoriengruppen A, B und C nach RAS-L-1 (für Sammel- und Anliegerstraßen sind 6 bis 12 % anzusetzen)

v_e in km/h (Entwurfs- geschwin- digkeit)	s_{max} in % bei Straßen der Kategoriengruppe		
	A	B	C
40	–	–	8,0 (12,0)
50	–	8,0 (12,0)	7,0 (10,0)
60	8,0	7,0 (10,0)	6,0 (8,0)
70	7,0	6,0 (8,0)	5,0 (7,0)
80	6,0	5,0 (7,0)	–
90	5,0	–	–
100	4,5	–	–
120	4,0	–	–

(...) Ausnahmewerte

Kuppen- und Wannenausrundungen an den Stellen, wo sich die Längsneigung verändert, sichern ausreichende Sichtweiten und verbessern die optische Linienführung sowie das Fahrverhalten. Wir unterscheiden jeweils Neigungswechsel und -änderung (**14.**32). Die Kuppen- und Wannenhalbmesser H_K bzw. H_W sollen so groß wie möglich sein. Sie betragen

– bei Straßen der Kategorien A, B und C (also Autobahnen, Bundesstraßen usw., s. Tab. **14.**2) entsprechend (RAS-L-1 je nach Entwurfsgeschwindigkeit (v_e) zwischen 450 bis 20 000 m für Kuppen (H_k) und 250 bis 10 000 m für Wannen (H_w),

– bei städtischen Erschließungsstraßen nach Entwurfsgeschwindigkeit zwischen 50 und 1000 m für Kuppen, zwischen 20 und 400 m für Wannen.

Der Halbmesser bestimmt wesentlich Beginn und Ende der Ausrundung. Für die Berechnung spielen die zusammenstoßenden Längsneigungen s_1 und s_2 und die sich daraus ergebende Summe bzw. Differenz eine wichtige Rolle. Die üblichen Bezeichnungen und Formeln zeigt Bild **14.**33 am Beispiel

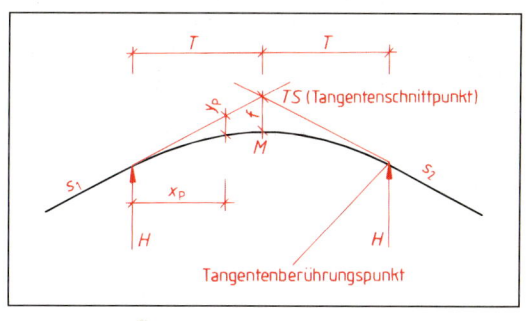

14.33 Bezeichnungen und Formeln bei Kuppen und Wannenausrundungen

H = Kuppen- bzw. Wannenhalbmesser (in m)
T = Tangentenlänge (in m)

$$T = \frac{H}{2} \cdot \frac{s_2 - s_1}{100}$$

s_1, s_2 = Längsneigungen der Tangente (in %)
f = Stichmaß von Tangentenschnittpunkt zum Ausrundungsbogen (in m)

$$f = \frac{T^2}{2 \cdot H}$$

x_P = Abszisse eines beliebigen Punktes P (in m)
y, y_P = Ordinate eines beliebigen Punktes P (in m)

$$y = \frac{x_P^2}{2H}; \quad y_P = \frac{s_1}{100} \cdot x_P + \frac{x_P^2}{2 \cdot H}$$

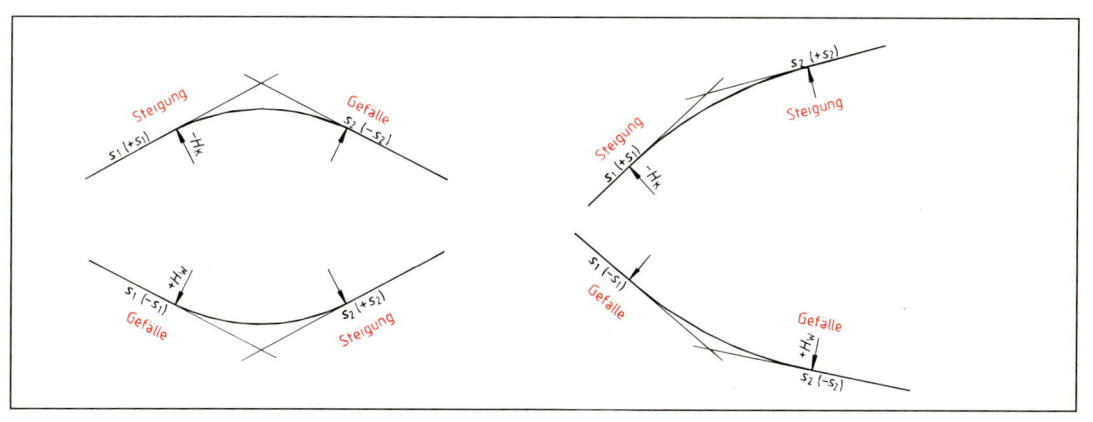

14.32 Kuppen- und Wannenausrundungen mit folgender Vorzeichenregel
Steigung positiv ($+s_1, +s_2$)
Gefälle negativ ($-s_1, -s_2$)

einer Kuppenausrundung. Bild **14.**34 enthält die Berechnung einer Wannenausrundung.

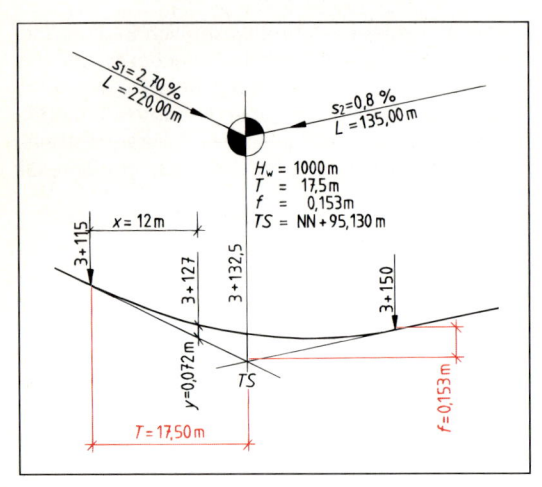

14.34 Beispiel für die Berechnung einer Wannenausrundung

$s_2 - s_1 = +0{,}8\% - (-2{,}7\%) = +3{,}5\%$

$T = +\dfrac{1000}{2} \cdot \dfrac{3{,}5\%}{100\%} = \mathbf{17{,}50\ m}$

$f = \dfrac{17{,}50\ m^2}{2 \cdot 1000} = \mathbf{0{,}153\ m}$

$y = \dfrac{12{,}0\ m^2}{2 \cdot 1000} = \mathbf{0{,}072\ m}$

Trassenhöhen müssen für jede Station berechenbar sein. Für den geraden Verlauf der Gradiente ergeben sie sich aus Länge l und Längsneigung s.

Beispiele Berechnung der Stationshöhe (**14.**35)

Höhe der Gradiente bei 0 + 035

$\Delta h = \dfrac{l \cdot s}{100} \quad \dfrac{35{,}00\ m \cdot 2{,}8}{100} = 0{,}98\ m$

Höhe der Station 0 + 000	=	+ 12,820 mNN
+ Δh	=	0,980 mNN
Höhe der Station 0 + 035	=	**+ 13,800 mNN**

Höhe der Gradiente bei 0 + 208

$\Delta h = \dfrac{l \cdot s}{100} \cdot \dfrac{208{,}00\ m \cdot 2{,}8}{100}$

$\Delta h = 5{,}824\ m$

Höhe der Tangente bei Station 0 + 208	=	+ 12,820 mNN
+ Δh	=	5,824 mNN
Höhe der Tangente bei Station 0 + 208	−	**+ 18,644 mNN**

Im Bereich der Ausrundung wird von der berechneten Tangentenhöhe der Wert der Ordinate y bei einer Kuppe subtrahiert, bei einer Wanne dagegen zur Tangentenhöhe addiert. nach Bild **14.**35

$y = \dfrac{x^2}{2H} = \dfrac{30\ m^2}{2 \cdot 2000\ m}$

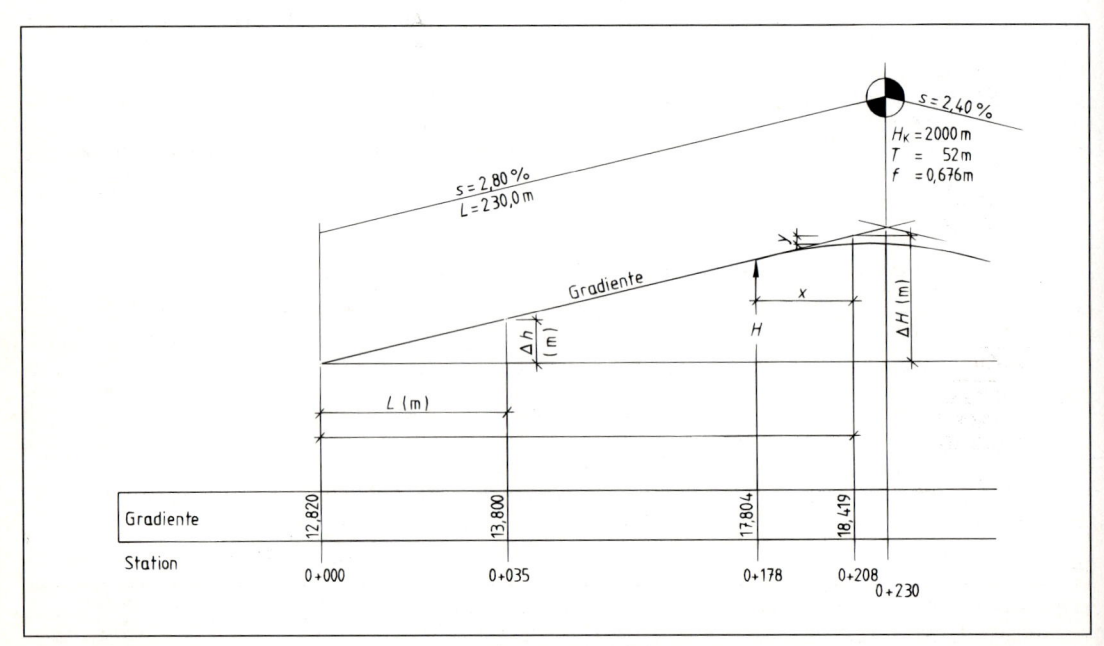

$y = 0{,}225\ m$

14.35 Beispiel für die Berechnung einer Gradientenhöhe im Bereich der Kuppenausrundung

14.1 Planung

Beispiele Höhe der Gradiente
Forts. bei Station 0 + 208 = + 18,644 mNN
+ Δh = 0,225 mNN

Höhe der Gradiente
bei Station 0 + 208 = **+ 18,419 mNN**

$$y_p = \frac{s_1}{100} \cdot x_p + \frac{x_p^2}{2 \cdot H} \text{ erfolgen.}$$

$$y_p = \frac{2,8}{100} \cdot 30,0 + \frac{30,0^2}{2 \cdot -2000} \text{ erfolgen.}$$

= 0,84 m – 0,225 m = 0,615 m

Gradientenhöhe
in Station 0 + 178 = + 17,804 mNN
+ y_p = 0,615 mNN

Gradientenhöhe
in Station 0 + 208 = **+ 18,419 mNN**

Kuppen- und Wannenausrundungen verbessern das Fahrverhalten, die Sichtweiten und die optische Linienführung. Die eingebauten Halbmesser soll so groß wie möglich sein.

Bei der Berechnung sind die Vorzeichen zu beachten.

Das Krümmungsband stellt den Verlauf der Straßentrasse schematisch dar. Es wird dem Längsschnitt im Höhenplan zugeordnet (**14**.36). So ist der Straßenverlauf auch ohne Lageplan im Höhenplan vorstellbar.

Beispiel Berechnung des Krümmungsbands (**14**.37)

$$K_{(mm)} = \frac{1}{R \, (m)} \quad \text{bei } R = 62,5 \text{ m}$$

$$K = \frac{1}{62,5 \, m} = 0,016 \text{ mm}$$

gewählt Faktor 2000:

$$K = \frac{1 \cdot 2000}{62,5 \, m} = \textbf{32 mm}$$

$$(K = \frac{2000}{R} \text{ in mm})$$

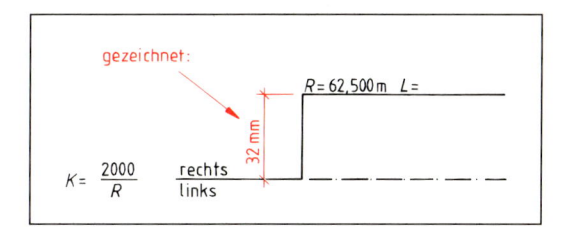

14.37 Beispiel für die Berechnung des Krümmungsbands

Beachten Sie Große Radien haben einen geringen Abstand, kleine Radien einen großen Abstand $K = 1 : R$ von der Bezugslinie (**14**.38).

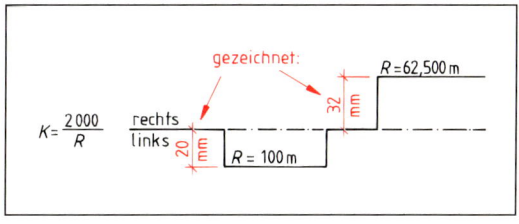

14.38 Darstellung unterschiedlich großer Radien im Krümmungsband

Das Beispiel eines Höhenplans mit Krümmungsband und Querneigungsband zeigt **14**.39.

Tabelle **14**.36 Trassierungselemente im Krümmungsband

Darstellung	Beschreibung
rechts / links (Bezugsachse)	Bezugsachse mit den Bezeichnungen „rechts" und „links" für die Kurven
rechts / links mit $R = \infty$, $R = 62{,}500\,m$, $L = 24{,}50\,m$	Darstellung einer Geraden und einer Rechtskurve (Kreis) mit den Angaben Radius und Länge
Stationierung 0+149,372, 0+178,222 mit $R = \infty$, $L = \dots$, $A = 75{,}00\,m$, $L = 28{,}85\,m$, $R = \dots$, $L = \dots$	Darstellung einer Geraden, einer anschließenden Klothoide als Übergangsbogen und eines Kreises als Linkskurve mit zugehöriger Stationierung im Maßstab $K = 1 / R$
Krümmung $K = \frac{1 \cdot 200}{R}$ rechts / links	Maßstab der Krümmung ($K = 1 / R$). Der Faktor, der die Krümmung vergrößert (z. B. 200), kann je nach größtem und kleinstem Raum frei gewählt werden.

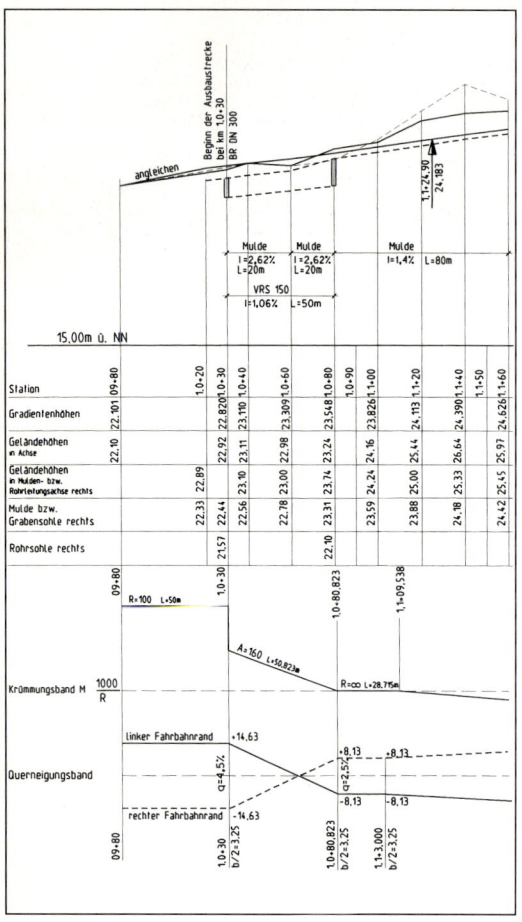

Das Querneigungsband ist ebenfalls Bestandteil des Höhenplans. Die Höhe der Fahrbahnränder gegenüber der Bezugslinie wird grafisch aufgetragen und der Stationierung im Höhenplan zugeordnet. Größe und Richtung der Querneigung sind zwangsläufig darin enthalten.

Das z. B. in Ausbauquerschnitten festgelegte Querprofil gilt normalerweise nur für gerade Strecken. In Kurven treten Zentrifugalkräfte auf, die bei einer guten Straße durch eine größere und entgegenwirkende Querneigung gemindert oder sogar aufgehoben werden. Aus dem Dachprofil wird dabei z. B. eine einseitig zur Kurveninnenseite gerichtete Querneigung (14.40), aus der geringen einseitigen Neigung wird eine größere. Diese Änderung der Querneigung heißt Verwindung. Beim Verwinden ändert sich also die Querneigung um eine Drehachse in der Fahrbahnmitte oder am Fahrbahnrand (14.41). Diese Veränderung der Querneigung tritt im Übergangsbogen zwischen der Geraden und dem Kreisbogen auf (14.42).

Anrampung. Die Längsneigungen sind normalerweise – also in geraden Strecken und Kreisbögen – gleich groß. Bei der Verwindung ändern sie sich jedoch gegenüber der Fahrbahnachse. Es entstehen Anrampungen oder Anrampungsneigungen als Längsneigungen (14.42). Der Unterschied der Längsneigung im Anrampungs- und im Verwindungsbereich wird mit Δs bezeichnet.

Im Querneigungsband tragen wir die Höhen der Fahrbahnränder in einem frei zu wählenden Maßstab auf (z. B. 1 cm Höhe ≙ 1 mm).

Beispiel 14.43 Krümmungs- und Querneigungsband mit Rechenwerten.

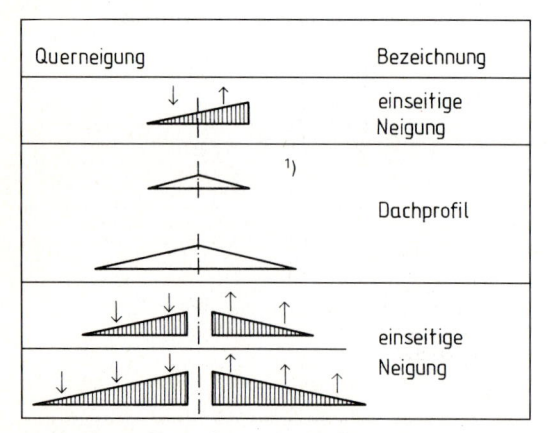

14.39 Höhenplan mit Krümmungsband und Querneigungsband

14.40 Querneigungsformen in der Geraden
 [1]) bei Straßen der Kategoriengruppen A und B nur in Ausnahmefällen

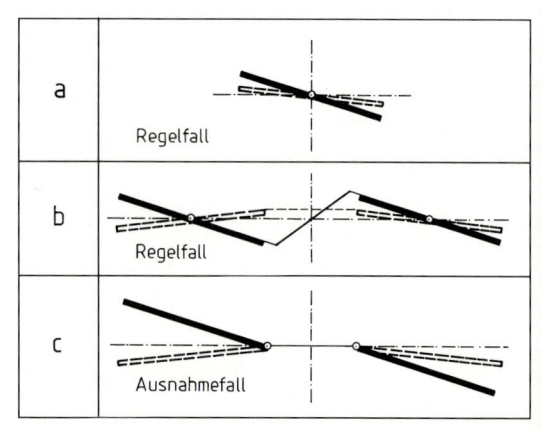

14.41 Drehachsen für die Verwindung der Querneigung
a) und b) Regelfall, c) Ausnahmefall

14.1 Planung

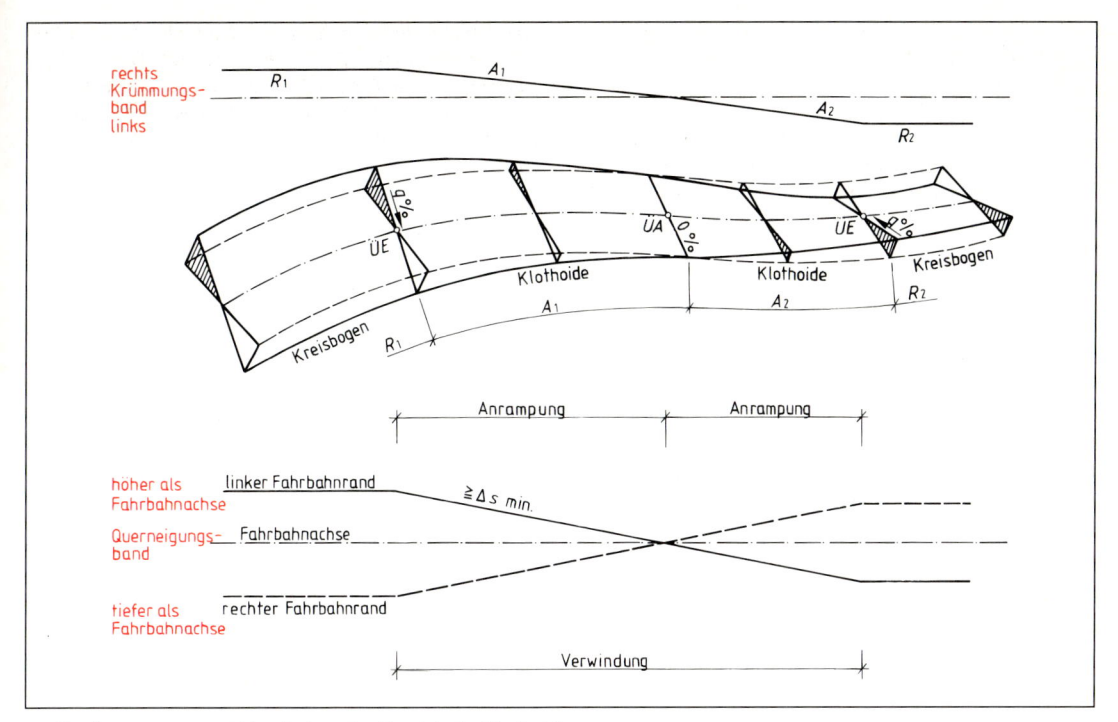

14.42 Anrampung und Verwindung im Bereich der Klothoide

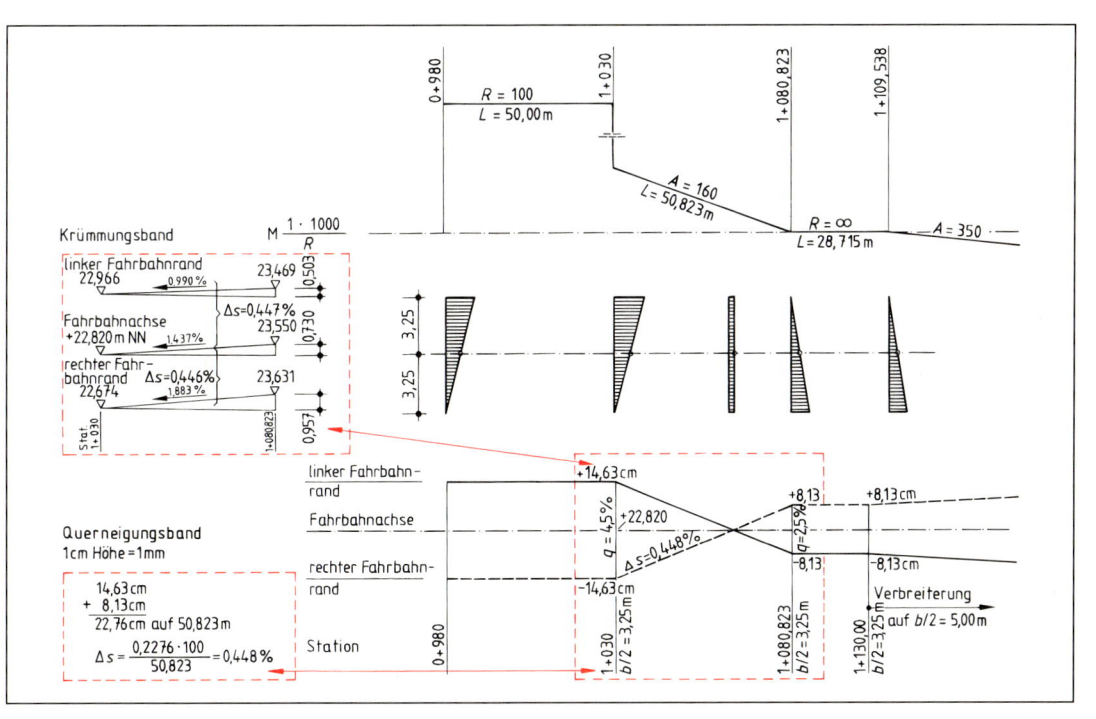

14.43 Beispiel für die Berechnung eines Querneigungsbands (Differenzen in der 3. Kommastelle entstehen durch Auf- und Abrunden)

Im Krümmungsband wird der Trassenverlauf schematisch dargestellt und dem Höhenplan zugeordnet.

Das Querneigungsband stellt Querneigungen, Verwindungen und Anrampungen (Längsneigungen) im Höhenplan grafisch dar.

Räumliche Linienführung. Lage- und Höhenplan stellen horizontale und vertikale Entwurfselemente dar. Wenn wir sie mit den Straßenquerschnitten kombinieren, entsteht ein dreidimensionales Bild der Trasse – die Straße wird als Raumelement sichtbar (**14**.44). Wie sich falsche und ungünstige Entwürfe des Höhenplans und/oder Lageplans zu unbefriedigenden räumlichen Linienführungen zusammenfügen, geht aus Bild **14**.45 hervor. Damit wird die Verantwortung sichtbar, die Ingenieure und Bauzeichner bei der Straßenplanung übernehmen.

Lageplan und Höhenplan fügt man zusammen, um die räumliche Linienführung zu prüfen.

Tabelle **14**.44   Beispiele für die räumliche Linienführung

Lageplanelement	Höhenplanelement	Raumelement
Gerade	Gerade	Gerade mit konstanter Längsneigung
Gerade	Bogen	gerade Wanne
Gerade	Bogen	gerade Kuppe
Bogen	Gerade	Kurve mit konstanter Längsneigung
Bogen	Bogen	gekrümmte Wanne
Bogen	Bogen	gekrümmte Kuppe

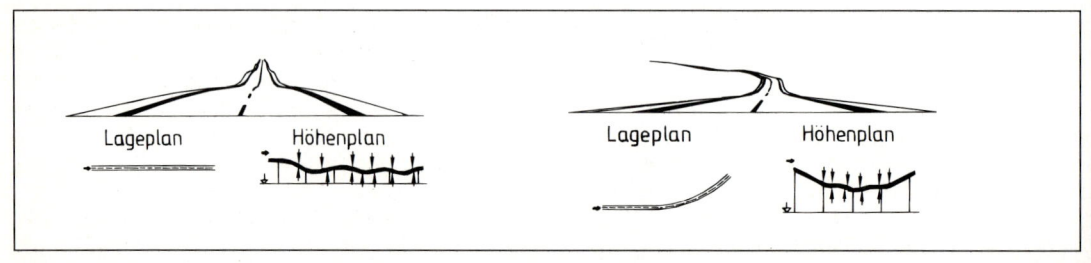

14.45   Beispiele für unbefriedigende Lösungen der räumlichen Linienführung

Aufgaben zu Abschnitt 14.1

1. a) Welchem Straßennetz gehören die Straßen Ihrer nächsten Umgebung an?
   b) Wer ist Ihr Straßenbaulastträger?
2. a) Welche Aufgaben haben Straßenbaulastträger?
   b) Wie macht sich das bei Auftragsausführung durch die Ingenieurbüros bemerkbar?
3. Welche Daten und Verhältnisse müssen untersucht werden bzw. bekannt sein, um einen Vorentwurf zu erstellen?
4. Welche Schritte umfasst ein Planfeststellungsverfahren?
5. Welche Pläne machen üblicherweise den Bauentwurf aus?
6. Nach welchen Merkmalen werden Straßenquerschnitte unterschieden?
7. Aus welchen Bestandteilen kann ein Straßenquerschnitt bestehen?
8. Wonach richten sich die Breiten der Straßen?
9. Welche für den Bau wichtigen Angaben macht der Regelquerschnitt?
10. Welche wichtigen Einzelheiten enthält der Lageplan einer Straße?
11. Wie werden die Baustoffe für den Aufbau einer Fahrbahnbefestigung aus Asphalt schraffiert und dargestellt?
12. Was versteht man unter einer Trasse?
13. Aus welchen (Trassierungs-)Elementen besteht die Trasse?
14. Welche Bedeutung hat die Entwurfsgeschwindigkeit für die Planung einer Straße?
15. a) Welche Merkmale hat eine (jede) Klothoide?
    b) Welche Aufgaben erfüllt sie als Trassierungselement?
16. Wie heißt das Bildungsgesetz der Klothoide?
17. Welche für die Bauausführung wichtigen Daten enthält der Höhenplan?
18. Welche Maßstäbe sind für Höhenpläne üblich?
19. Was ist eine Gradiente?
20. a) Was versteht man unter Kuppen- und Wannenausrundungen?
    b) Wonach richten sich ihre Halbmesser?
21. Was wird im Krümmungsband des Höhenplans dargestellt?
22. Wozu dient ein Querneigungsband?

14.2 Konstruktion und Ausführung

Die Befestigung der Verkehrsflächen nimmt – stark vereinfachend gesagt – die vertikalen Druckkräfte (also das Gewicht der Fahrzeuge) und die horizontalen Schubkräfte des Verkehrs (z. B. Flieh-, Brems- und Anfahrkräfte) auf und leitet sie meist als resultierende Kräfte verteilt in den Untergrund ab. Der Druck auf den Untergrund hängt deshalb ab

– von der Größe und Richtung der Kräfte,
– von der Dicke der Befestigung,
– vom Winkel, unter dem sich die Kräfte verteilen (Lastverteilungswinkel).

Die Befestigung soll nicht nur tragen, sondern (besonders in der Oberfläche) auch eben und wasserdicht, frostsicher und dauerhaft, griffig und abriebfest, preisgünstig und schön sein. Keine Befestigung kann alle diese Anforderungen gleich optimal erfüllen. Jeder Befestigungsaufbau, jeder Oberbau, aus einzelnen Schichten ist deshalb ein Kompromiss.

> Die Verkehrsflächen werden aus mehreren zu einem „Paket" verbundenen Schichten tragfähig, wasserdicht und dauerhaft befestigt. Die Befestigung überträgt die Verkehrslasten auf den Untergrund.

Die für die Lebensdauer einer Straße entscheidenden Bauarbeiten sind mit Konstruktionsbeispielen, wie sie Bauzeichner besonders häufig konstruieren und zeichnen müssen, in den folgenden Abschnitten behandelt.

14.2.1 Erdarbeiten

Beim Straßenbau fallen im Wesentlichen folgende Erdarbeiten an:

– Abtragen, Lagern und Wiederandecken des Oberbodens,
– Herstellen eines Dammes durch Bodenauftrag,
– Herstellen eines Einschnitts durch Bodenabtrag,
– Herstellen eines Erdplanums,
– Einbau einer Unterbauschicht.

Oberbodenarbeiten. Die wertvolle Oberbodenschicht („Mutterboden") wird vor Beginn der eigentlichen Bauarbeiten möglichst in ganzer Dicke abgetragen. Bis zur Wiederverwendung für eine Begrünung der Böschungen, Bankette und Begleitflächen, oder aber für die Schaffung von Ersatzbiotopen, wird sie gelagert. Die Kleinlebewesen im Mutterboden erhalten sich nur, wenn die Bodenmieten während der Lagerung weder völlig austrocknen noch verschlämmen, weder verdich-

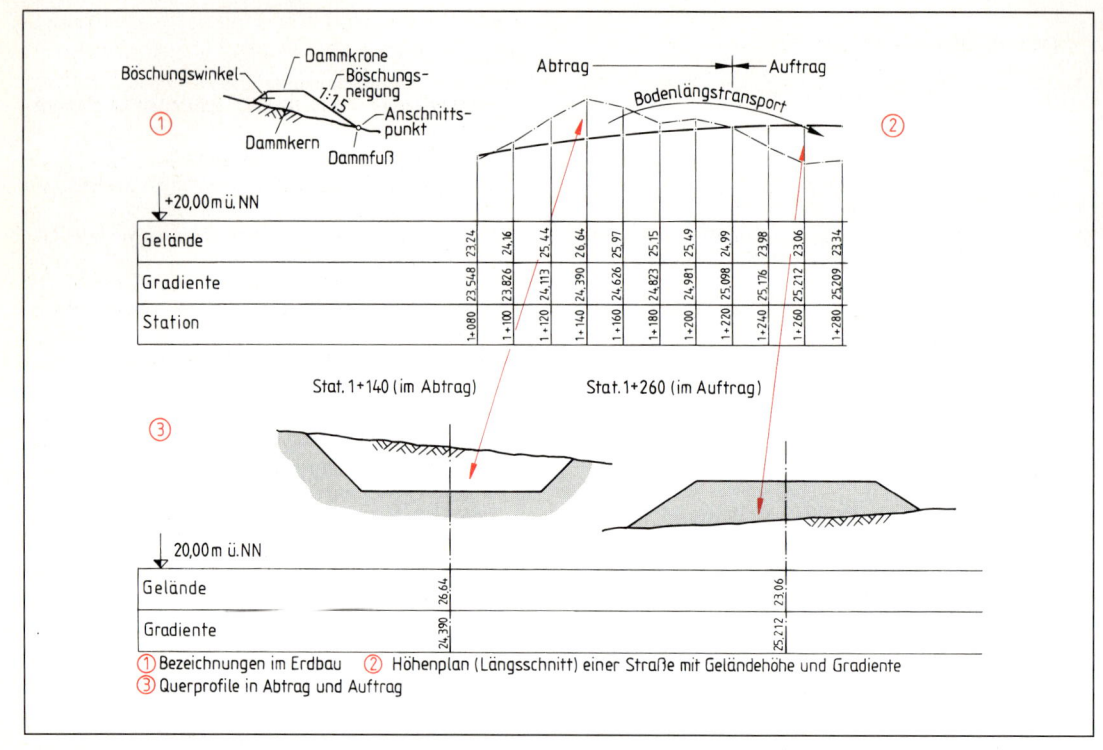

14.46 Längsschnitt einer Straße mit Querprofilen in Abtrag und Auftrag

tet werden noch durch Verunkrauten wichtige Nährstoffe verlieren. Vor allem darf er nicht mit anderen Böden vermischt werden.

Diese Arbeiten werden bei allen größeren Straßenbaumaßnahmen in landschaftspflegerischen Begleitplänen festgelegt.

> Der wertvolle Oberboden muss vorschriftsmäßig gelagert werden, damit er später für landschaftspflegerische Aufgaben wieder verwendet werden kann.

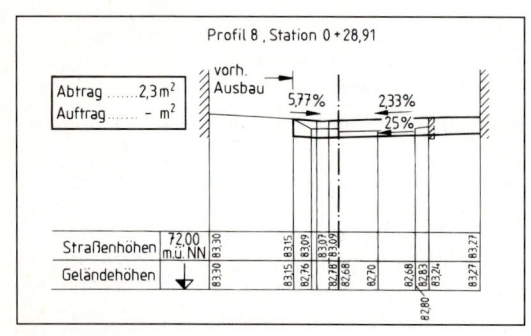

Bodenabtrag und -auftrag. Keine Straße kann oder soll sich völlig dem Gelände anpassen. Deshalb sind immer Bodenabtrag und -auftrag notwendig. Innerhalb einer Straßenbaumaßnahme oder eines Teiles (Bauloses) versucht man, die Bodenmassen von Auftrag und Abtrag auszugleichen. Aus dem Verlauf der Geländelinie im Vergleich zur Gradienten können wir im Höhenplan einer Straße annähernd erkennen, ob ein solcher Ausgleich möglich ist.

Querprofile. Bei fast allen Straßenbauten stellen sich Querprofile in Form von Einschnitten, Dämmen oder Anschnitten dar (**14.46**). Zwischen Einschnitten und Dämmen muss der Boden längs transportiert werden, beim Anschnitt ist dagegen nur ein kurzer Quertransport erforderlich. Zur Abrechnung der Erdarbeiten ist es unerlässlich, mit den Höhen des Höhenplans (Gradiente + Gelände) sowie den Maßen, Querneigungen und Dicken des Ausbauquerschnitts genaue Profile zu zeichnen. Bodenabtrag bzw. -auftrag werden in m² für das jeweilige Profil berechnet (**14.47**) und ergeben mit der Länge (Abstände zwischen den Profilen) multipliziert die Bodenbewegung in m³ / feste Masse.

14.47 Querprofil für die Berechnung des Bodenabtrags bzw. Bodenauftrags

14.2 Konstruktion und Ausführung

> Bodenauftrag und -abtrag sollen sich bei Straßenbaumaßnahmen möglichst ausgleichen. Berechnet werden sie nach Querprofilen.

Arbeiten. Für Auf- und Abträge, Planum- und Unterbauarbeiten sind die folgenden Arbeiten erforderlich. So wird der Boden

- gelöst und gelockert (mit Planierraupe, Bagger, Scraper-Schürfzug, Grader; bei Fels: Sprengung),
- ausgehoben und geladen (Bagger, Baggerlader, Radlader, Scraper),
- transportiert (Lkw, Scraper, Radlader),
- eingebaut und planiert (Planierraupe, Grader, Scraper),
- verdichtet (Schaffuß- und Vibrationswalzen, Flächenrüttler, Motorstampfer),
- geglättet und profiliert (Grader).

Geeignete Böden (z. B. Sande) werden auch durch Spülen (zusammen mit 7 bis 10 Teilen Wasser) gelöst und transportiert.

Bodeneigenschaften. Für Erdarbeiten mit den entsprechenden Maschinen sind die Bodeneigenschaften entscheidend. Aus der Tragfähigkeit ergibt sich z. B. die zulässige Bodenpressung. Von der Wasseraufnahme und Kapillarität hängt z. B. ab, ob der frostempfindliche Boden im Frostbereich ausgetauscht werden muss. Der Böschungswinkel bestimmt die Neigung von Böschungen in Dämmen, Einschnitten, Gräben. Die wichtigste Eigenschaft des Bodens ist jedoch seine *Kornzusammensetzung*.

Nur sehr selten treffen wir eindeutige Sand-, Kies- oder Tonböden an. DIN 4022 legt deshalb fest, welche Korngrößenbereiche als Sand, Kies usw. zu bezeichnen sind (**14**.48).

Eine genaue Beschreibung und Einteilung der Böden gibt DIN 18196 (**14**.49). Die Kurzzeichen und Gruppensymbole dieser Norm werden auch in Bauzeichnungen und Ausschreibungstexten verwendet.

Nach der Bearbeitbarkeit und Lösbarkeit auf der Baustelle teilt DIN 18300 die Böden in Bodenklassen ein (**14**.50). Diese Einteilung ist für Ausschreibung und Abrechnung wichtig.

> Die Bodeneigenschaften werden entscheidend von den Korngrößen nach DIN 4022 bestimmt.
> DIN 18196 unterscheidet die Böden nach ihrer Zusammensetzung, DIN 18300 nach ihrer Bearbeitbarkeit (Lösbarkeit).

Tabelle **14**.48 Korngrößenbereiche und Benennung der Korngrößen nach DIN 4022

Feinkornbereich = Schlämmkorn ≤ 0,06 mm (genau: 0,063)		**Grobkornbereich** = Siebkorn 0,06 bis 63 mm	
Feinstkorn oder Ton ≤ 0,002 mm	Schluff 0,002 bis 0,06 mm	Sand 0,6 bis 2 mm	Kies 2 bis 63 mm
Feinschluff Mittelschluff Grobschluff	0,002 bis 0,006 mm 0,006 bis 0,02 mm 0,02 bis 0,06 mm	Feinsand Mittelsand Grobsand Feinkies Mittelkies Grobkies	0,06 bis 0,2 mm 0,2 bis 0,6 mm 0,6 bis 2 mm 2 bis 6,3 mm 6,3 bis 20 mm 20 bis 63 mm

Tabelle **14**.49 Kurzzeichen der Bodengruppen nach DIN 18196 (w_L = Wassergehalt)

Haupt- und Nebenbestandteile	bodenphysikalische Eigenschaften
G Kies (Grand) S Sand U Schluff	W weitgestufte Korngrößenverteilung (Ungleichförmigkeit U) ($U > 6$) E enggestufte Korngrößenverteilung (Ungleichförmigkeit U) ($U < 6$) I intermittierend gestufte Korngrößenverteilung ($U < 6$ oder > 6)
T Ton O Organische Beimengungen H Humus (Torf)	L leicht plastisch ($w_L < 35$ Gew.-%) M mittelplastisch ($35 < w_L < 50$ Gew.-%) A ausgeprägt plastisch ($w_L > 50$ Gew.-%)
F Faulschlamm (Mudde) K Kalk	N nicht bis kaum zersetzter Torf Z zersetzter Torf

Der erste Kennbuchstabe gibt den Hauptbestandteil an, der zweite Kennbuchstabe den Nebenbestandteil oder eine bestimmte kennzeichnende bodenphysikalische Eigenschaft (z.B.: SE = Sand, enggestuft, GW = Kies, weitgestuft).

Tabelle **14**.50   Bodenklassen nach DIN 18300

Klasse 1   Oberboden (Mutterboden), die oberste Bodenschicht, die neben anorganischen Stoffen (z. B. Kies-, Sand-, Schluff- und Tongemische) Humus und Bodenlebewesen enthält.
Klasse 2   Fließende Bodenarten, die von flüssiger bis breiiger Beschaffenheit sind und das Wasser schwer abgeben (z. B. HN, HZ und F, DIN 18196).
Klasse 3   Leichte lösbare Bodenarten. Nichtbindige bis schwachbindige Sande, Kiese und Sand-Kies-Gemische, die bis zu 15 % Beimengungen von Schluff und Ton (Korngröße ≤ 0,06 mm) enthalten und höchstens 30 % Steine (Korngröße ≥ 63 mm) bis zu 0,01 m³ Rauminhalt haben dürfen (z. B. SW, SI, SE, GW, GI, GE). Ferner organische Bodenarten mit geringem Wassergehalt (z. B. feste Torfe).
Klasse 4   Mittelschwer lösbare Bodenarten. Gemisch aus Sand, Kies, Schluff und Ton mit einem Anteil ≥ 15 % (Korngröße ≤ 0,06 mm). Oder bindige Bodenarten von leichter bis mittlerer Plastizität, die je nach Wassergehalt weich bis fest sind und höchstens 30 % Steine (≥ 63 mm Korngröße) bis zu 0,01 m³ Rauminhalt haben (z. B. SU, ST, GU und GT; UL, UM, TL, TM).
Klasse 5   Schwere lösbare Bodenarten. Bodenarten nach den Klassen 3 und 4, jedoch mit mehr als 30 % Steinen (Korngröße ≥ 63 mm) bis zu 0,01 m³ Rauminhalt. Oder nichtbindige und bindige Bodenarten mit ≤ 30 % Steinen von 0,01 bis 0,1 m³ Rauminhalt. Ferner ausgeprägte plastische Tone, die je nach Wassergehalt weich bis fest sind.
Klasse 6   Leicht lösbarer Fels und vergleichbare Bodenarten. Felsarten, die einen inneren, mineralisch gebundenen Zusammenhalt haben, jedoch stark klüftig, brüchig, schiefrig, weich oder verwittert sind. Ferner festgelagerter, unverwitterter Tonschiefer, Nagelfluhschichten, Schlackenhalden der Hüttenwerke u. dgl. Steine von mehr als 0,1 m³ Rauminhalt. Nichtbindige und bindige Bodenarten mit > 30 % Steinen von 0,01 bis 0,1 m³ Rauminhalt.
Klasse 7   Schwer lösbarer Fels. Felsarten, die einen inneren, mineralisch gebundenen Zusammenhalt und hohe Gefügefestigkeit haben und die nur wenige klüftig oder verwittert sind. Steine von über 0,1 m³ Rauminhalt.

Im Befestigungsaufbau ist der Boden immer als *Untergrund* = anstehender („gewachsener") Boden beteiligt, der unmittelbar den Oberbau aufnimmt. Manchmal ist er außerdem als *Unterbau* = aufgeschütteter oder ausgetauschter Boden beteiligt. Die bearbeitete (ebene, verdichtete, geneigte) Oberfläche des Untergrunds oder Unterbaus nennt man *Planum* (oder Erdplanum, **14**.51).

Bodenverfestigung bzw. -verbesserung. Die oberen 15 bis 20 cm des anstehenden Bodens (Untergrund) oder aufgeschütteten Bodens (Unterbau) können durch Einmischen eines Bindemittels (meist Zement oder Kalk) und anschließendes Verdichten und Profilieren verbessert oder verfestigt werden.

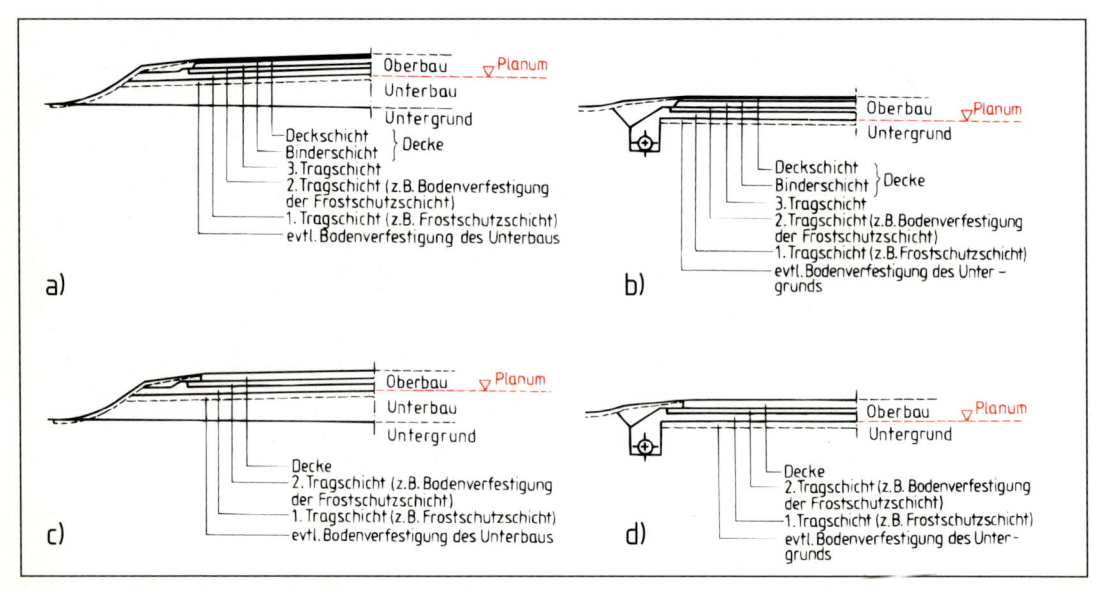

14.51   Begriffe des Befestigungsaufbaus nach ZTVE

14.2 Konstruktion und Ausführung

Bei der Bodenverfestigung entsteht ein tragfähiges und frostbeständiges Boden-Bindemittel-Gemisch mit hoher Widerstandsfähigkeit gegen Verkehrs- und Klimabeanspruchungen (**14**.51).

Bei der Bodenverbesserung verbessern sich Einbaufähigkeit und Verdichtbarkeit des Bodens.

> Die oberen Schichten im Untergrund oder Unterbau lassen sich mit Bindemitteln verfestigen oder verbessern.

14.2.2 Randeinfassung

Die Ränder der befestigten Verkehrsflächen werden in Stadtstraßen immer, in Landstraßen zuweilen durch Bord-, Rand-, Muldensteine oder Pflastersteinreihen („Läufer") eingefasst (**14**.52). Diese Einfassungen

– befestigen den Rand der Verkehrsfläche, verhindern also ein Abbrechen, Reißen oder Ausweichen („Widerlager"),
– schützen Fußgänger und Radfahrer (z. B. Hochbord) durch einen deutlich vorstehenden Auftritt,
– leiten den Verkehr (z. B. weiß eingefärbte Flachbordsteine),
– führen das Wasser ab (z. B. Mulden- oder Hochbordsteine mit Wasserlauf),
– grenzen die Verkehrsflächen ab (z. B. Pflasterreihen).

Während der Bauzeit bilden die sofort nach den Erdarbeiten gesetzten Bordsteine und Randbefestigungen das „Gerüst" der Straße, weil sie Breiten, Höhen, Längsneigung und Flucht festlegen und für die weiteren Arbeiten vorgeben.

Die überwiegend in Handarbeit versetzten Randbefestigungen sind für Landstraßen zu teuer und werden darum nur bei konstruktiver Notwendigkeit vorgenommen. (An Autobahnen müssen

Tabelle **14**.52 Beispiele für Randbefestigungen und Randeinfassungen

Hochbord (H) aus Beton nach DIN 483 (H) aus Naturstein nach DIN 482 (A) (s. Tab. **14**.49)	vorstehende Kante 10 bis 15 cm 8 bis 18 cm Standard: 12 cm	Flachbordstein (F) aus Beton nach DIN 483, bzw. ungenormte Flachbordsteine	7 bis 15 cm (je nach Form)
Rundbord (R) aus Beton nach DIN 483	vorstehende Kante 5 (7) cm	Muldenstein aus Beton (ungenormt)	Überstand der Nahbarflächen 0,5 bis 1 cm
		Randbordstein (Einfassungs- oder Rasenbordstein) aus Beton (ungenormt)	Überstand der Fahrbahn 0,5 bis 1 cm
Tiefbordstein aus Beton nach DIN 483 (T) aus Naturstein nach DIN 482 (B)	vorstehende Kante je nach Verwendung 0 bis 3 cm, bei Verwendung als Hochbord bis 10 cm	Läufer aus Betonsteinen nach DIN 18501 aus Natursteinen nach DIN 18502	Überstand des Gehwegs 0,5 bis 1 cm

manchmal Bordsteine oder Muldensteine gesetzt werden, um das Wasser bei Kurvenüberhöhungen schnell abzuleiten.) Stattdessen sieht man an Landstraßen mit Asphalt- oder Betonoberbau Verbreiterungen und Abböschungen (nicht steiler als 1 : 2) der einzelnen Schichten vor (**14**.53).

Bordsteine. Während die häufigen Hoch-, Tief-, Rund- und Flachbordsteine aus Beton bzw. Naturstein genormt sind, gibt es viele regional unterschiedliche, ungenormte Randbefestigungen aus Beton (**14**.54).

Alle Randbefestigungen erhalten eine Bettung und eine Rückenstütze aus Beton, oft auch einen in Beton gesetzten Wasserlauf. So entsteht ein kompaktes seitliches Widerlager (**14**.55). Mit Ausnahme der seltenen maschinell hergestellten Randbefestigungen aus Asphalt werden Bordsteine auch heute noch handwerklich in ein vorbereitetes Planum versetzt. Dabei ist darauf zu achten, dass die Steine höhen- und fluchtgerecht, rammfest, und mit 0,5 bis 1 cm Dehnungsfuge lotrecht gesetzt werden.

Bordsteine werden nach handwerklichen Regeln mit Betonbettung und -rückenstütze versetzt.

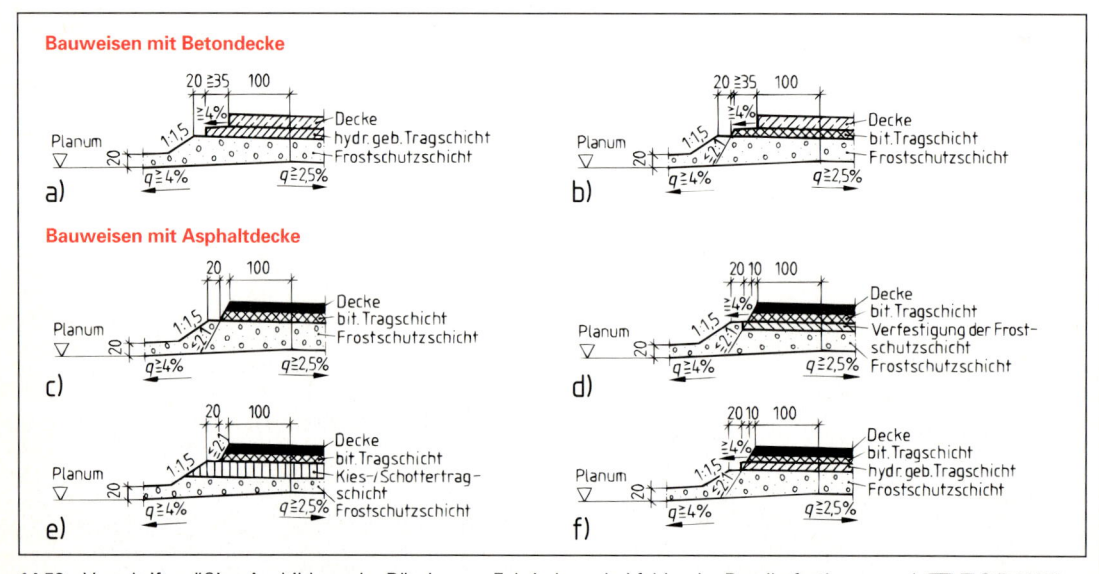

14.53 Vorschriftsmäßige Ausbildung der Ränder von Fahrbahnen bei fehlender Randbefestigung nach ZTVT-StB 86/89

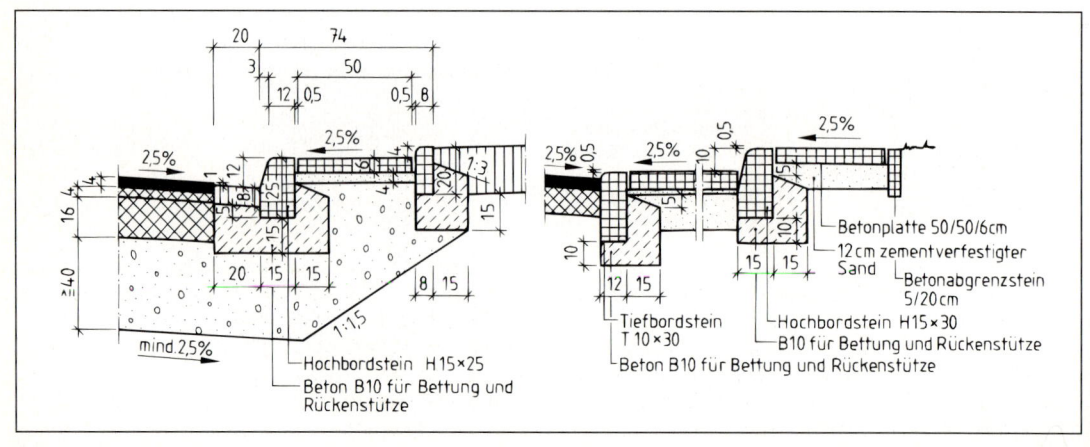

14.54 Beispiele für Randbefestigungen

14.2 Konstruktion und Ausführung

Tabelle **14.**55 Bordsteine und Randbefestigungen aus Beton und Naturstein

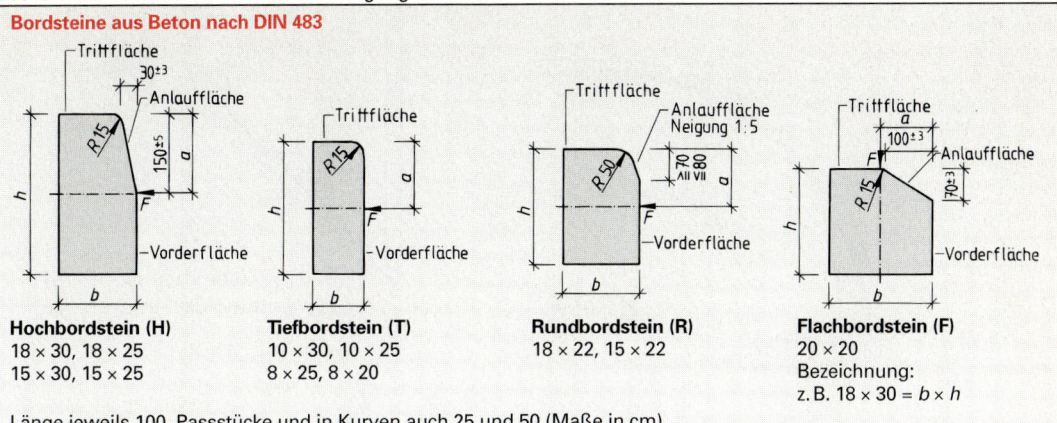

Bordsteine aus Beton nach DIN 483

Hochbordstein (H)
18 × 30, 18 × 25
15 × 30, 15 × 25

Tiefbordstein (T)
10 × 30, 10 × 25
8 × 25, 8 × 20

Rundbordstein (R)
18 × 22, 15 × 22

Flachbordstein (F)
20 × 20
Bezeichnung:
z. B. 18 × 30 = b × h

Länge jeweils 100, Passstücke und in Kurven auch 25 und 50 (Maße in cm)

Ungenormte Randbefestigungen aus Beton

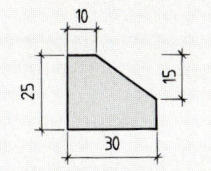

Flachbordstein
F 30 × 25 und
Ergänzungssteine,
Regellänge 0,5 m

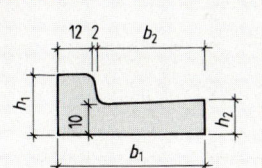

Bordrinnenstein
b_1 = 40, 45, 50 cm
b_2 = 26, 31, 36 cm
h_1 = 20 cm; h_2 = 11 cm
l = 33 und 50 cm

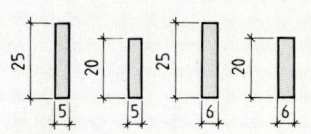

Einfassungsstein
(Rasenkante u. a. Bez.),
Regellänge 0,5 und 1,0 m

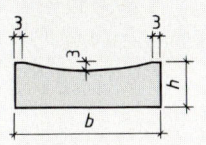

Muldenstein

Größe	l	b	h
1	50	30	15
2	50	40	15
3	50	50	15

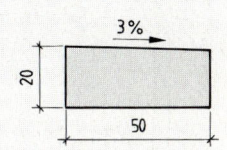

Randsteine mit (3%)
oder ohne Querneigung
b = 25, 50, 75 cm, Regellänge 0,5 m

Bordsteine aus Natursteine nach DIN 482

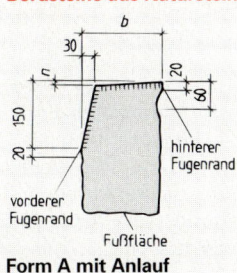

Form A mit Anlauf

Form A, Größe 1 bis 5
b = 300, 180, 180, 150, 150 mm
h = 250 bzw. 300 mm
l = 500 bis 1500 mm

Form B, Größe 6 und 7
b = 100 bis 150 mm
h = 250 bis 300 mm
l = 500 bis 1500 mm

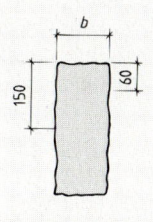

Form B mit Anlauf

Kurvensteine. Für den Bau von Verkehrsinseln, Einmündungen und Baumscheiben sowie für die Gestaltung repräsentativer Plätze und Fußgängerzonen nimmt man Kurvensteine. Sie werden mit Radien von 0,5 bis 12 m für Hochbord- und Flachbordsteine angeboten. Größere Radien werden mit geraden Steinen von 0,5 oder 1,0 m Länge gebaut. Während Hochbordsteine aus Beton (H, DIN 483) mit üblichen Bogenlängen von 78 cm ($\pi/4$), 52 cm ($\pi/6$) oder 1,00 m als Kurvensteine für Außenbögen (KA) bzw. Innenbögen (KI, **14.**56) hergestellt und mit 5 mm Fuge versetzt werden, gibt es Flachbordsteine mit verschiedenen Bogenlängen und entsprechenden Winkeln für denselben Radius (**14.**57). Nur so lassen sich die sehr unterschiedlichen Verkehrsinseln ohne klaffende Fugen

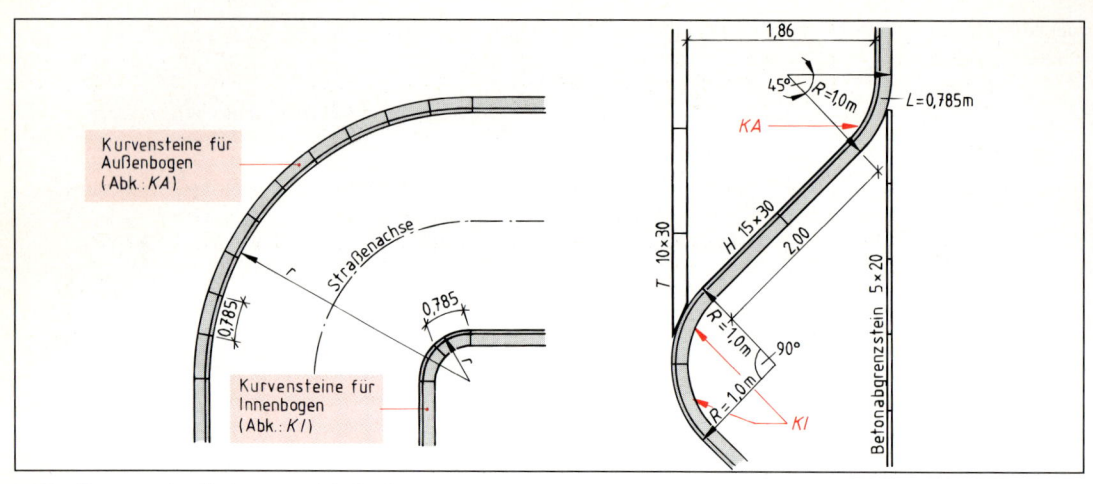

14.56 Kurvensteine für Innen- und Außenbogen

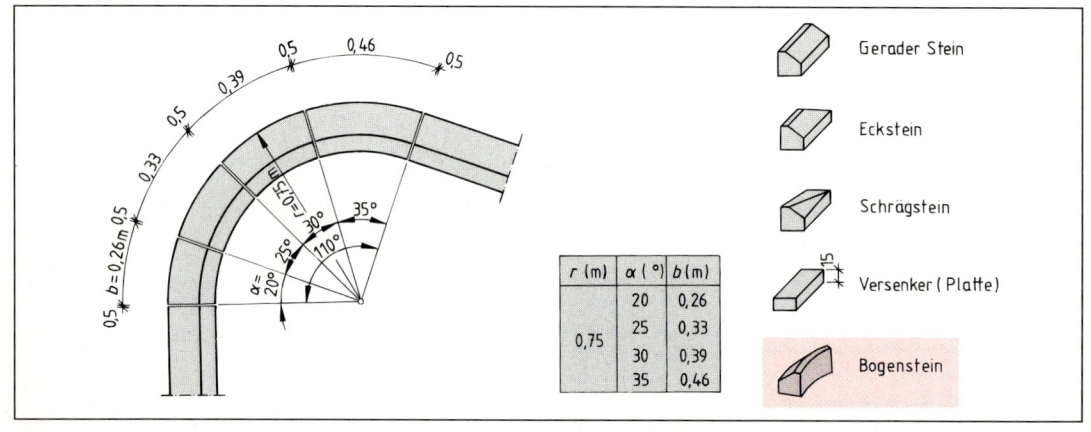

14.57 Flachbordsteine für Verkehrsinseln

und ohne aufwendiges Zuschneiden gestalten. Flachbordsteine für Verkehrsinseln werden meist mit einer Verlegezeichnung geliefert, aus der alle nötigen Daten hervorgehen.

> Von Hochbord- (H) und Flachbordsteinen (F) gibt es Innen- (KI) und Außenkurvensteine (KA) mit unterschiedlichen Radien und Steinlängen für Inseln und Einmündungen.

Im Zuge vieler Stadtsanierungs- und Dorferneuerungsmaßnahmen gewinnen alte und neue Bordsteine aus Naturstein an Bedeutung. DIN 482 unterscheidet 5 Größen Hochbordsteine (A, mit Anlauf, entspr. H bei Betonbordsteinen, s. Tab. **14**.54) und 2 Größen Tiefbordsteine (B, ohne Anlauf, entspr. T nach DIN 483). Sie werden mit unterschiedlichen Längen, aber ähnlichen Maßen für b und h (z.B. 18 x 30, 15 x 30, 12 x 25 usw.) heute überwiegend aus dem Ausland geliefert.

> Randbefestigungen bestimmen durch Farbe, Form und Ansichtsfläche wesentlich das Bild einer Straße. Sie müssen mit Rücksicht auf die anderen Baustoffe, die Funktion der Straße und die Umgebung (z.B. Altstadt) sorgfältig ausgewählt werden.

14.2.3 Oberbauarbeiten

Je nach Verwendung von Bitumen oder Zement in den Oberbauschichten unterscheiden wir in den ZTVE (**Z**usätzliche **T**echnische **V**ertragsbedingungen für **E**rdarbeiten im Straßenbau) die Asphalt- und die Zementbauweise (**14**.51). Für den Oberbau

14.2 Konstruktion und Ausführung

Tabelle 14.58 Beispiele für Standardbauweisen mit einer Asphalt-Deckschicht

Bauklasse		SV				I				II				III				IV				V				VI			
Verkehrsbelastungszahl (V_B)		über 3200				über 1800 bis 3200				über 900 bis 1800				über 300 bis 900				über 60 bis 300				über 10 bis 60				bis 10			
Dicke des frostsicheren Oberbaus in cm		60	70	80	90	50	60	70	80	50	60	70	80	50	60	70	80	50	60	70	80	40	50	60	70	40	50	60	70

(Tabelle mit grafischen Darstellungen der Schichtaufbauten für die Bauweisen 1, 2, 3.1, 4.1 sowie Asphaltoberbau 1.1 und 1.2)

1) Mit rundkörnigen Mineralstoffen nur bei örtlicher Bewehrung anwendbar.
2) Nur mit gebrochenen Mineralstoffen und bei örtlicher Bewehrung anwendbar.
3) Nur bei Bodenverfestigung im Baumischverfahren ausführbar.
4) Mit zusätzlichen Maßnahmen zur gezielten Rissbildung (z. B. ZTVT-StB).
5) Tragdeckschicht

Tabelle **14**.59 Beispiele für Standardbauweisen mit Betondecke (Schraffuren s. Tab. **14**.13, Fußnoten s. Tab **14**.58)

	Bauklasse	SV	I	II	III	IV	V	VI
	Verkehrsbelastungszahl (V_B)	über 3200	über 1800 bis 3200	über 900 bis 1800	über 300 bis 900	über 60 bis 300	über 10 bis 60	bis 10
	Dicke des frostsicheren Oberbaus in cm	60 / 70 / 80 / 90	50 / 60 / 70 / 80	50 / 60 / 70 / 80	50 / 60 / 70 / 80	50 / 60 / 70 / 80	40 / 50 / 60 / 70	40 / 50 / 60 / 70
1	Tragschicht mit hydr. Bindemittel auf Frostschutzschicht	▽120 ▽45 26 / 15 / 41	▽120 ▽45 24 / 15 / 39	▽120 ▽45 22 / 15 / 37				
	Dicke der Frostschutzschicht in cm	– / 29[2] / 39[1] / 49	– / – / 31[1] / 41	– / – / 33[1] / 43	– / – / 33[1] / 43			
2.1	Bodenverfestigung mit hydr. Bindemittel auf Frostschutzschicht aus weit oder intermittierend gestuftem Material (gem. DIN 18196)	▽45 26 / 15 / 41	▽45 24 / 15 / 39	▽45 22 / 15 / 37				
	Dicke der Frostschutzschicht in cm	19[3] / 29 / 39 / 49	11[3] / 21 / 31 / 41	13[3] / 23 / 33 / 43	13[3] / 23 / 33 / 43			
3.1	Bit. Tragschicht auf Frostschutzschicht	▽120 ▽45 26 / 10 / 36	▽120 ▽45 24 / 10 / 34	▽120 ▽45 22 / 10 / 32		▽120 ▽45 18 / 8 / 26	▽120 ▽45 16 / 8 / 24	
	Dicke der Frostschutzschicht in cm	– / 34[1] / 44 / 54	– / 26[2] / 36[1] / 46	– / 28[2] / 38[1] / 48	– / 28[2] / 38[1] / 48	– / 34[1] / 44 / 54	– / 26[1] / 36 / 46	– / 26[1] / 36 / 46
4.1	Frostschutzschicht aus weit- oder intermittierend gestuftem Material (gemäß DIN 18196)					▽120 ▽45 20 / 20	▽120 ▽45 18 / 18	▽100 ▽45 16 / 16
	Dicke der Frostschutzschicht in cm					30[1] / 40 / 50 / 60	22[2] / 32 / 42 / 52	24[1] / 34 / 44 / 54
Betonoberbau								
2.1	Tragschicht mit hydr. Bindemittel auf Planum	▽45 26 / 25 / 51	▽45 24 / 24 / 49	▽45 22 / 23 / 45	▽45 22 / 20 / 42	6) ▽45 18 / 20 / 38	6) ▽45 16 / 15 / 31	6) ▽45 14 / 15 / 29
2.2	Bodenverfestigung mit hydr. Bindemittel auf Planum	▽45 26 / 25[4] / 51	▽45 24 / 25[4] / 49	▽45 22 / 23[4] / 45	▽45 22 / 20[4] / 42	6) ▽45 18 / 20[4] / 38	6) ▽45 16 / 15 / 31	6) ▽45 14 / 15 / 29

14.2 Konstruktion und Ausführung

Tabelle **14**.60 Beispiele für Standardbauweisen mit Pflasterdecke

	Bauklasse	III				IV				V				VI			
	Verkehrsbelastungszahl (V_B)	über 300 bis 900				über 60 bis 300				über 10 bis 60				bis 10			
	Dicke des frostsicheren Oberbaus in cm	50	60	70	80	50	60	70	80	40	50	60	70	40	50	60	70
1	**Bit. Tragschicht auf Frostschutzschicht**																
	Dicke der Frostschutzschicht in cm	25[2]	35[1]	45	55	27[2]	37[1]	47	57	19[2]	29	39	49	19[2]	29	39	49
5	**Schottertragschicht auf Frostschutzschicht**																
	Dicke der Frostschutzschicht in cm	–	–	34[1]	44	–	29[2]	39[1]	49	–	24[1]	34	44	–	24[1]	34	44
6	**Kiestragschicht auf Frostschutzschicht**																
	Dicke der Frostschutzschicht in cm	–	–	29[2]	39[1]	–	–	34[1]	44	–	19[2]	29	39	–	19[2]	29	39
8	**Hydr. geb. Tragschicht auf Frostschutzschicht**																
	Dicke der Frostschutzschicht in cm	–	29[2]	39[1]	49	–	34[1]	44	54	–	24[1]	34	44	–	24[1]	34	44

Tabelle **14**.61 Beispiele für Standardbauweisen für Geh- und Radwege

	Spalte	1			
	Dicke des Oberbaus in cm	20	30	40	50
1	**Bauweisen mit bituminöser Deckschicht**	Frostschutzschicht			
	Dicke des frostsicheren Materials (ohne Bindemittel) in cm	10	20	30	40
2	**Bauweisen mit Betonschicht**	Frostschutzschicht			
	Dicke des frostsicheren Materials (ohne Bindemittel) in cm	8	18	28	38
3	**Bauweisen mit Pflasterdeckschicht**	Frostschutzschicht			
	Dicke des frostsicheren Materials (ohne Bindemittel) in cm	9	19	29	39

beider Bauweisen legen die RStO (Richtlinien für den Straßenoberbau) Standardausführungen fest (**14**.58 und **14**.59).

Beispiele für Standardbauweisen mit einer Pflasterdecke, Bauweisen für Geh- und Radwege sowie für Wegebefestigungen (RLW 1975) zeigen die Tabellen **14**.60 bis **14**.62. Die zeichnerische Darstellung ist in Tabelle **14**.14 erklärt.

Asphalt ist ein Gemisch aus dem Bindemittel Bitumen (Teer wird nicht mehr verwendet) mit überwiegend ungebrochenem Gesteinsmaterial für Tragschichten bzw. mit überwiegend oder ausschließlich gebrochenem Gestein für Deck- und Binderschichten (**14**.63).

Alle Asphaltmischgüter sind nach dem Betonprinzip (Asphaltbeton, **14**.64), also nach einer stetig verlaufenen Sieblinie hohlraumarm aufgebaut und gemischt.

Asphaltmischgut wird in Mischwerken bei etwa 180 °C gemischt, auf der Baustelle mit speziellen Fertigern bei 130 bis 170 °C eingebaut und mit Walzen bei 80 bis 130 °C verdichtet. Der Verdichtungsgrad ist vorgeschrieben (in %, bezogen auf einen nach Marshall hergestellten Probekörper) und kann an entnommenen Bohrkernen geprüft werden.

Tabelle **14**.62 Beispiele für Standardbauweisen für Wegbefestigungen nach RLW 1975 (Fußnoten s. Tab. **14**.58)

Verkehrsbean-spruchung	Tragdeckschicht 0/16 mm			Bit. Deckschicht 0/5 bzw. 0/8 mm und bit. Tragschicht		Zementbetondecke B 25		
	besonders stark	stark	gering	besonders stark	stark	besonders stark	stark	gering
auf Schotter-tragschicht 0/56 mm	9[1] / 25/34	6,5[2] / 15/21,5	5[3] / 12/17	2,5[4]/7,5[5] / 25/35	2[6]/6[7] / 15/23	16 / 12/28	14 / 12/26	10 / 15/25
auf Kies-tragschicht 0/32 mm	9[1] / 30/39	6,5[2] / 20/26,5	5[3] / 15/20	2,5[4]/7,5[5] / 30/40	2[6]/6[7] / 20/28	16 / 15/31	12 / 15/27	
auf Tragschicht aus unsortier-tem verdicht-barem Gestein	9[1] / 40/49	6,5[2] / 30/36,5	5[3] / 20/25	2,5[4]/7,5[5] / 40/50	2[6]/6[7] / 30/38	16 / 20/36	12 / 20/32	

Decke ohne Bindemittel aus Splitt-Sand 0/11 mm oder Kies-Sand 0/16 mm

auf Schottertragschicht-0/45 mm	3 / 12/15	auf Kiestragschicht 0/32 mm	3 / 15/18	auf Tragschicht aus unsortiertem verdichtbarem Gestein	3 / 20/23

Tabelle **14**.63 Asphaltbeton (Heißeinbau) nach ZTV Asphalt-StB 94

Asphalt- und Teerasphaltbeton (H)	0/16S[4]	0/11S[4]	0/11	0/8	0/5
Mineralstoffe	Edelsplitt, Edelbrechsand und/oder Natursand, Gesteinsmehl				
Körnung	0/16	0/11	0/11	0/8	0/5
Kornanteil < 0,09 mm Gew.-%	6 bis 10	6 bis 10	7 bis 13	7 bis 13	8 bis 15
Kornanteil > 2 mm Gew.-%	55 bis 65	50 bis 60	40 bis 60	35 bis 60	30 bis 50
Kornanteil > 5 mm Gew.-%	–	–	–	≥ 15	≤ 10
Kornanteil > 8 mm Gew.-%	25 bis 40	15 bis 30	≥ 15	≤ 10	–
Kornanteil > 11,2 mm Gew.-%	≥ 15	≤ 10	≤ 10	–	–
Kornanteil > 16 mm Gew.-%	≤ 10	–	–	–	–
Brechsand-Natursand-Verhältnis	≥ 1 : 1	> = 1 : 1	≥ 1 : 1[3]	≥ 1 : 1[3]	–
Bindemittel					
Bindemittelsorte	B 65, (B 80)[1]	B 65, (B 80)[1]	B 80, (B 65)[1]	B 80, (B 65)[1]	B 80, (B 200)[1]
Bindemittelgehalt Gew.-%	5,2 bis 6,5	5,9 bis 7,2	6,2 bis 7,5	6,4 bis 7,7	6,8 bis 8,0
Mischgut					
Hohlraumgehalt am Marshall-Probekörper:[2] Vol.-%					
Bauklasse SV, I, II, IIIS u. StSLW	3,0 bis 5,0	3,0 bis 5,0			
Bauklasse III u. IV		2,0 bis 4,0	1,0 bis 4,0		
Bauklasse V, VI, StLLW u. Wege		1,0 bis 3,0	1,0 bis 3,0	1,0 bis 3,0	
Schicht					
Einbaudicke cm	5,0 bis 6,0	4,0 bis 5,0	3,5 bis 4,5	3,0 bis 4,0	2,0 bis 3,0
oder Einbaugewicht kg/m²	120 bis 150	95 bis 125	85 bis 115	75 bis 100	45 bis 75
Verdichtungsgrad %	≥ 97	≥ 97	≥ 97	≥ 97	≥ 97
Hohlraumgehalt Vol.-%	≤ 7,0	≤ 7,0	≤ 6,0	≤ 6,0	≤ 6,0

[1]) Nur in besonderen Fällen
[2]) Bei > 20 Gew.-% Hochofen- oder Metallhüttenschlacke ist nicht der Hohlraumgehalt zu berechnen, sondern die Wasseraufnahme zu bestimmen. Es gelten dieselben Grenzwerte.
[3]) Nur bei Bauklasse III
[4]) S = erhöhte Standfestigkeit (für besondere Beanspruchung)

14.2 Konstruktion und Ausführung

Tabelle **14**.64   Gesteinsmaterial für Asphaltmischgut

Überwiegend **ungebrochenes** Gestein für Asphalttragschichten			Überwiegend **gebrochenes** Gestein für Asphaltdeck- und -binderschichten		
Füller 0 bis 0,09 mm Feinstsand	**Sand** 0 bis 2 mm Natursand	**Kies** 2 bis 63 mm in 2/4, 4/8, 8/16, 16/32, 32,63 mm	**Füller** 0 bis 0,09 mm Gesteinsmehl	**Brechsand** 0 bis 2 mm Edelbrechsand	**Splitt** 2 bis 22 mm Edelsplitte in 2/5, 5/8, 8/11, 11/16, 16/22 mm

Tabelle **14**.65   Rohdichte und Einbaugewicht von Asphaltmischgütern

	Asphalttragschicht	Asphaltbinder	Asphaltbeton
Rohdichte (g/cm^3), t/m^3	2,25 bis 2,35	2,38 bis 2,42	2,36 bis 2,45
Masse einer 1 cm dicken Schicht (kg/m^2)	22,5 bis 23,5 i. M. 23	23,8 bis 24,2 i. M. 24	23,6 bis 25,2 i. M. 25

Ausschreibung und Abrechnung geschehen teils nach Dicke (in cm), teils nach Masse (in kg/m^2). Die vom Hersteller angegebene Rohdichte für das verdichtete Gemisch ist für Planung, Ausführung und Abrechnung wichtig (**14**.65). Damit die einzelnen Asphaltschichten zusammen wie ein „Paket" wirken, werden sie mit einem dünnen „Bindemittelfilm" (etwa 0,15 bis 0,4 kg/m^2) aus Bitumenemulsion oder Haftkleber verklebt.

Für besondere Ansprüche stehen weitere Asphaltmischgüter zur Verfügung:

- Tragdeckschicht für landwirtschaftliche Wege (TV-LW 75) mit starkem Kiesanteil und 5,5 % Bitumen,
- Splittmastixasphalt für starke Beanspruchung, dünne Beläge und Reparaturen mit einem hohen Splittanteil und stabilisierenden Zusätzen,
- Gussasphalt für stark beanspruchte Straßen (z. B. Autobahnen) mit hohem Filleranteil von 20 bis 34 % und hohem Bitumenanteil von 6,5 bis 9 %.

Der Asphalt-Oberbau besteht aus mehreren Asphaltschichten.

Asphalt ist ein Gemisch aus Bitumen und ungebrochenem und/oder gebrochenem Gestein, zusammengesetzt nach dem Betonprinzip. Asphalt wird heiß gemischt, heiß eingebaut und heiß gewalzt.

Für die Ausschreibung und Abrechnung ist die Rohdichte verbindlich.

Tragschichten. Die unteren Schichten des Oberbaus heißen Tragschichten. Sie bestehen aus einem mit Bitumen oder Zement gebundenem Gestein (Asphalttragschichten, **14**.67) oder sind ungebunden. Als ungebundene Baustoffe verwendet man

- Kiessandgemische (GE, GW und GI nach DIN 18196),
- Brechsand-Splitt-Gemische („Mineralbeton") bis 32 mm,
- Schotter bzw. Brechsand-Splitt-Schotter-Gemische bis 56 mm,
- Grobkies („Grand") oder „Geröll") bis 120 mm,
- Hochofenschlacke bis 32 mm.

Wenn diese Materialien weniger als 5 % der Körnung < 0,063 mm enthalten, gelten sie nach den ZTVE auch als frostsicher (F1) und können frostempfindliche Böden als frostsicheres Material (= Frostschutzschicht) ersetzen.

Den Gesamtaufbau einer Befestigung zeigen die Ausbauquerschnitte in Abschnitt 14.1.3 und Bild **14**.66.

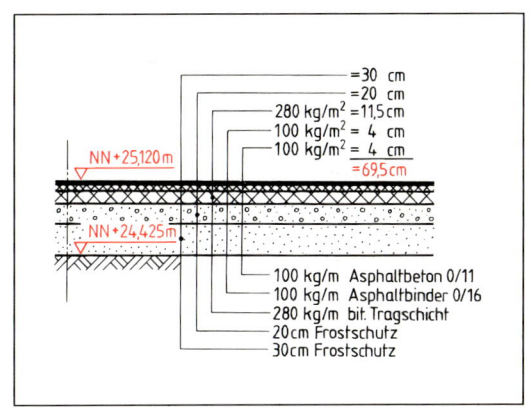

14.66   Beispiel für den Gesamtaufbau einer Befestigung

Tabelle **14**.67   Asphalt-Tragschichten nach ZTVT-StB 95/98

Mischgutarten[1])		A	B	C
Kornanteil größer 2 mm	Gew.-%	0 bis 35	6 bis 10	7 bis 13
Körnung	in mm	2/8 bis 2/32	50 bis 60	40 bis 60
Kornanteil größer 31,5 mm höchstens	Gew.-%	10	10	10
Kornanteil kleiner 0,09 mm	Gew.-%	4 bis 20	3 bis 12	3 bis 10
Bindemittelart bei Beanspruchung		B 65, B 80, TB 80, TV über 51 °C		
		–	nicht weiter als B 65	
Bindemittelgehalt bei				
B 65/B 80/TB 80	mind. Gew.-%	4,3	3,9	3,6
T_v über 51 °C	mind. Gew.-%	4,6	4,2	3,9
Eigenschaften am Probekörper nach Marshall				
Stabilität	mind. kN	3,0	4,0	5,0
Fließwert	in mm	1,5 bis 4,0	1,5 bis 4,0	1,5 bis 4,0
Hohlraumgehalt	Vol-%	4 bis 14	4 bis 12	4 bis 10
Verdichtungsgrad	mind. %	96	97	97
Profilgerechte Lage:		innerhalb ± 1 cm		
Ebenheit:		Abweichung ≤ 1 cm/4 m		
Einbaudicke:		Unterschreitung ≤ 2,5 cm		
		Mittel ≤ 10 %		

Als Tragschichten kommen ungebrochene oder gebrochene, ungebundene oder mit Bitumen bzw. Zement gebundene Gesteinsgemische in Frage.

Frostschutzschichten aus grobem Kiessand oder grobem Splitt ersetzen frostempfindliche Böden.

Pflaster. Für Pflasterbauweisen dienen hauptsächlich die in Tabelle **14**.68 zusammengestellten Pflastersteine.

Pflaster bildet zusammen mit der 3 bis 5 cm dicken Bettung aus Sand, Kies, Brechsand oder Zementmörtel die Deck- und Bettungsschicht („Binder, Verbinder") einer Befestigung. Für geringere Verkehrslasten (z. B. Gehwege) ist das Pflaster gleichzeitig Tragschicht. Bei einem dickeren Oberbau für größere Verkehrslasten lassen sich Pflaster mit Tragschichten aus Kiessand, Schotter, Schlacke, Asphalt oder Beton kombinieren.

Pflasterverband. Natursteinpflaster sowie rechteckiges und quadratisches Pflaster aus künstlichen Steinen lassen sich in unterschiedlichen Verbänden versetzen und verlegen. Eine Zusammenstellung der häufigsten Verbände mit knappen Verbandsregeln zeigt Bild **14**.69. Bei Verbundpflastern ist der mögliche Verband (oder Verbund) durch die Form vorgegeben. Nur bei wenigen Verbundpflastersteinen sind mehrere Muster möglich (**14**.70).

Tabelle **14**.68   Pflastersteine (Breite x Länge x Höhe in cm)

Natursteinpflaster			Betonpflaster und Platten			Klinker
Groß-pflaster DIN 18502	Klein-pflaster DIN 18502	Mosaik DIN 18502	Beton-pflastersteine DIN 18501	Verbund-pflaster DIN 18501	Gehweg-platten DIN 485	DIN 18503: 24 × 11,8 × 7,1 24 × 11,8 × 5,2
b 12 bis 16 l 12 bis 22 h 13 bis 16	16 × 16 × 14 16 × 16 × 14 16 × 16 × 14	16 × 16 × 14 16 × 16 × 14 16 × 16 × 14	16 × 16 × 14 16 × 14 × 14 16 × 16 × 12 16 × 24 × 12 10 × 20 × 10 10 × 10 × 8	etwa 40 Formen h 6 bis 10	30 × 30 × 4 35 × 35 × 5 40 × 40 × 5 50 × 50 × 6 + Ergänzungs- platten	DIN 105 24 × 11,5 × 5,2 24 × 11,5 × 7,1 ungenormt, z. B. 20 × 10 × 7,1 19,5 × 9,2 × 8,5 und Klinker-platten z. B 20 × 20 cm

14.2 Konstruktion und Ausführung

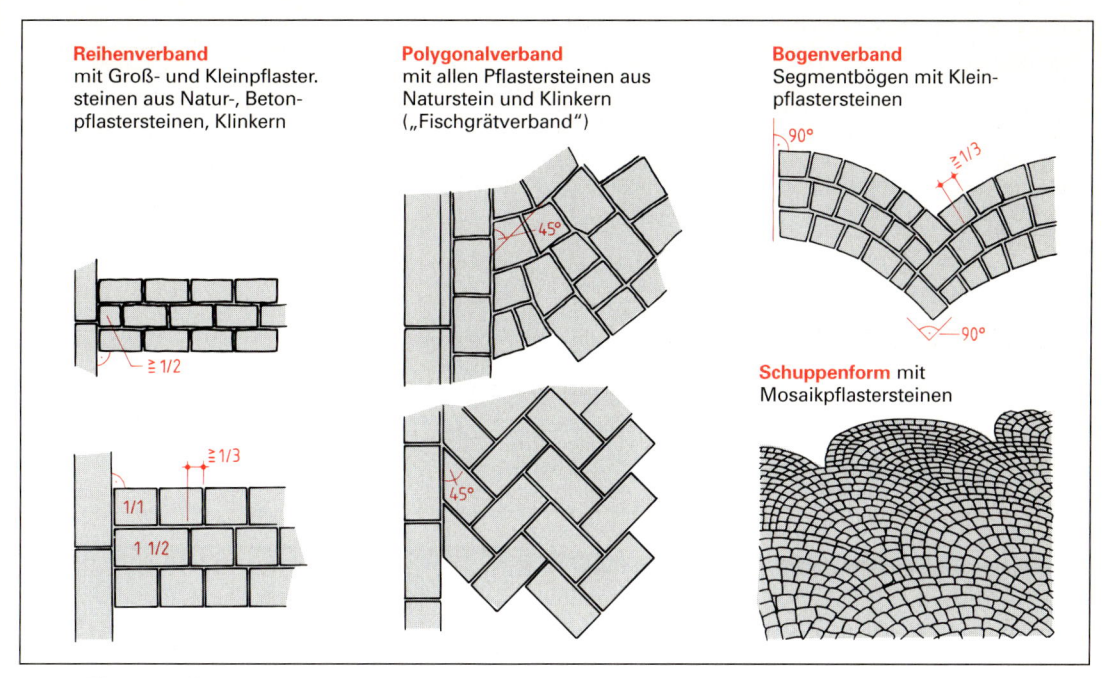

Reihenverband
mit Groß- und Kleinpflastersteinen aus Natur-, Betonpflastersteinen, Klinkern

Polygonalverband
mit allen Pflastersteinen aus Naturstein und Klinkern („Fischgrätverband")

Bogenverband
Segmentbögen mit Kleinpflastersteinen

Schuppenform mit Mosaikpflastersteinen

14.69 Pflasterverbände und -regeln

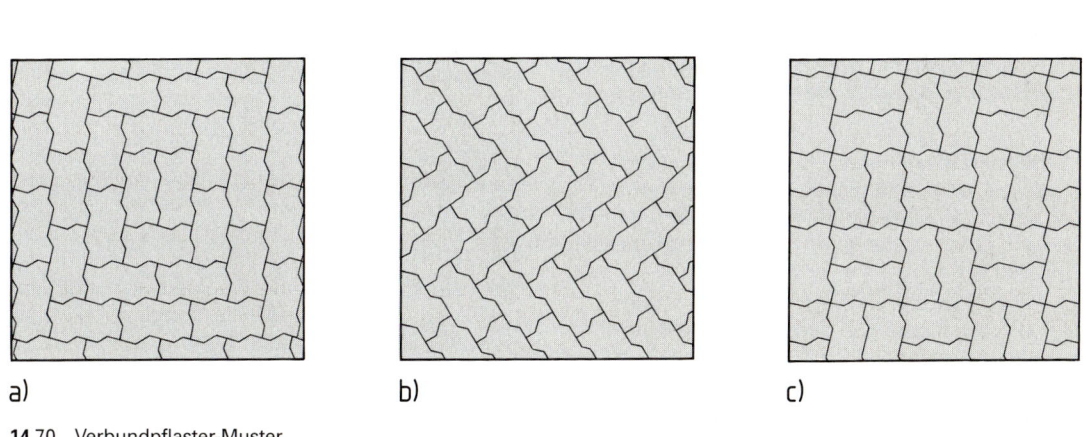

14.70 Verbundpflaster-Muster
a) Kassette, b) Fischgrät-Doppelstein, c) Parkettverband

Während Natursteinpflaster-Flächen aufgrund der unterschiedlichen Steinmaße in beliebiger Größe hergestellt werden können, sollten Pflasterflächen aus künstlichen Steinen immer ein Vielfaches der Breite oder Länge eines Steins betragen. Schon bei der Planung müssen die Maße berücksichtigt werden, um ein aufwendiges Zuschneiden oder Zuschlagen der Steine zu vermeiden.

Für Verbundpflasterflächen werden außer Normalsteinen Rand-, Anfangs- oder Endsteine verwendet. Bei den mehr als 40 Verbundsteinsorten sind die Bezeichnungen, Maße, Ergänzungssteine usw. so unterschiedlich, dass Bild **14.**71 nur ein Beispiel geben kann.

Wenn eine Vielzahl von Pflasterflächen mit unterschiedlichen Steinen und Verbänden (z. B. für eine Fußgängerzone) geplant wird, sollten sie in einem Gestaltungsplan genau festgelegt werden (**14.**72). Dieser legt Materialien, Maße, Formen, Farben und Verbände der Einzelflächen fest.

Tabelle **14**.71 Planungsdaten für eine Verbundpflastersorte

SF-Vollverbund	Pos.	Maße			Bedarf		Gewicht	
		Breite in cm	Länge in cm	Höhe in cm	Stück/m²	Stück/m	kg/Stück	kg/m²
	1	≈ 10	≈ 19	–	49	–		
				8			3,9	190
				10			4,9	240
	2	≈ 20	22	s. o.	27	4,75		
	3	≈ 9	19	s. o.	44	5,2		
	1 Normalleisten *2* Randstein *3* Schlussstein							
	Bemerkungen:	10 Reihen ≅ lfd. m kleinste Verlegebreite: 0,34 m („Randsteine")						
	Verlegebreiten:	$b = 0{,}34 + n \cdot 0{,}095$ (m)						
	Kurvensatz:	$\alpha = 2°$; 15 Teile; 0,45 m², $b = 2{,}70$ m						

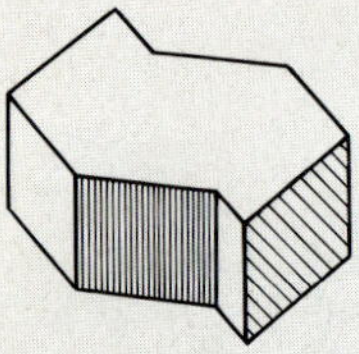

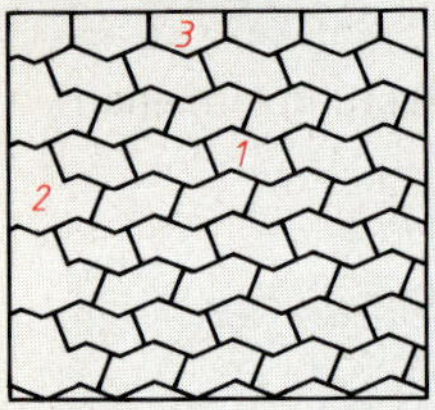

Beim Bau einer Pflasterdecke unterscheiden wir zwei Arten:

– das handwerkliche Versetzen, bei dem Pflastersteine mit dem Pflasterhammer Stein für Stein versetzt werden (besonders bei Natursteinpflaster),
– das rationelle Verlegen von künstlichen Steinen gleicher Höhe in eine abgezogene Bettung.

In jedem Fall kommt es auf enge Fugen und einen guten Verband an. Anschließend wird das Pflaster maschinell gerammt oder gerüttelt und mit Natur- oder Brechsand und Wasser eingeschlämmt.

> Pflasterbefestigungen werden aus künstlichen oder natürlichen Pflastersteinen in 3 bis 6 cm dicker Bettung handwerklich versetzt oder rationell in ein abgezogenes „Bett" verlegt.
> Pflaster kann mit Tragschichten aus ungebundenem oder gebundenem Gestein „verstärkt" werden.
> Bei Pflaster aus künstlichen Steinen sind die Steinmaße schon bei der Planung zu berücksichtigen.

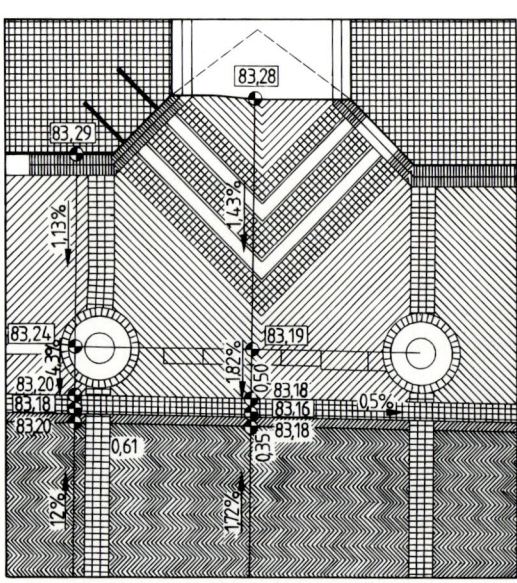

14.72 Gestaltungsplan für eine Fußgängerzone (Ausschnitt)

Betondecken. Bei Zementbauweisen wird je nach Bauklasse eine 16 bis 26 cm dicke Fahrbahndecke aus Beton B 35 mit einer Frostschutzschicht und/oder einer Bodenverfestigung aus Zement kombiniert. Weil die Betondecke die Verkehrslasten günstig verteilt und zugleich alle Anforderungen an eine Deckschicht erfüllt, wird sie häufig auch ohne weitere Tragschicht auf einen frostsicheren Untergrund gelegt. Tabelle **14**.59 zeigt Beispiele.

Um eine unkontrollierte (wilde) Rissbildung beim Schrumpfen des Betons zu vermeiden, unterteilt man Betonfahrbahnen in Platten von 4 bis 7,5 m Länge und höchstens 5 m Breite (vereinfacht 5 x 5 m). Zwischen diesen Platten ordnet man *Scheinfugen* an, die sich durch die Schwächung des Betonquerschnitts ergeben (**14**.73). Raumfugen sind nur noch an Brücken und Gebäuden zu finden. Pressfugen entstehen zwangsläufig bei zeitlich unterschiedlichem Herstellen benachbarter Plattenfelder.

Betondecken sind heute meist unbewehrt (früher Bewehrung aus Baustahlgewebematten). Die an den Fugen eingelegten Dübel und Anker aus Stahl

14.2 Konstruktion und Ausführung

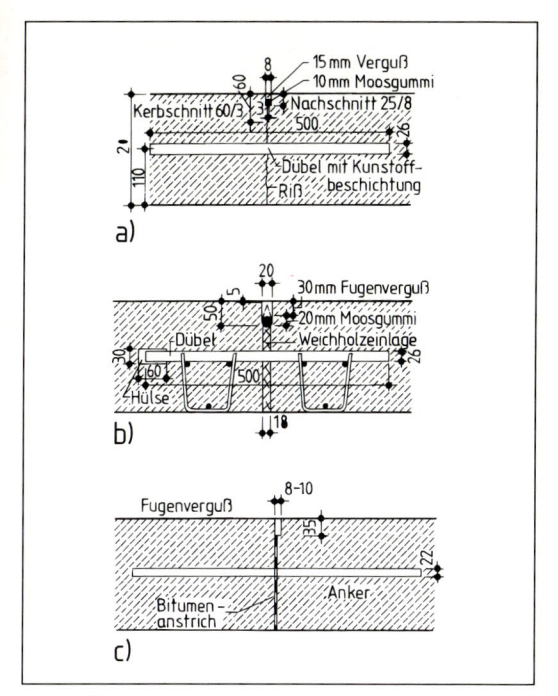

14.73 Übliche Ausbildung der Fugen in Betonstraßen
a) Scheinfuge, b) Raumfuge, c) Pressfuge

ermöglichen nur eine Lastübertragung und -verteilung auf die Nachbarplatte, sie sichern auch eine gleiche Höhenlage.

> 16 bis 26 cm dicke Betondecken können den gesamten Oberbau einer Befestigung bilden.
> Sie werden in Felder von etwa 5 x 5 m unterteilt, um unkontrolliertes Reißen zu verhindern. Die Fugen werden meist als Scheinfugen ausgebildet und verdübelt.

14.2.4 Straßenentwässerung

Die Verkehrsflächen der Straßen müssen so gestaltet werden, dass sie Oberflächenwasser schnell und gründlich ableiten. Andernfalls kommt es zu Belästigung und Beschmutzung von Fußgängern und Radfahrern, zur Gefährdung der Verkehrsteilnehmer durch Sichtbehinderung, Aquaplaning oder Eisglätte sowie zu Erosions- und Frostschäden. Zur Oberflächenentwässerung dienen

– Quer- und Längsneigung (zusammengefasst zur Schrägneigung),
– Sammeleinrichtungen wie Rinnen, Mulden und Gräben,
– Straßenabläufe, die das gesammelte Wasser einer Rohrleitung (der Regen- oder Frischwasserleitung) zuführen,
– Regenwasserleitungen, die das Wasser zur Vorflut (Bach, Fluss, See, Kanal usw.) ableiten,
– Sickereinrichtungen, die dem Boden das im Straßenbereich eingesickerte Wasser entziehen, sammeln, abführen oder versickern.

> Das Oberflächenwasser muss schnell und gründlich abgeleitet werden, um Schäden, Belästigungen und Gefahren zu vermeiden.
> Zur Oberflächenentwässerung dienen Quer- und Längsneigungen, Rinnen, Mulden, Straßenabläufe und Sickereinrichtungen.

Quer- und Längsneigung. Die Längsneigung der Straße ergibt sich fast immer aus der wirtschaftlichen Notwendigkeit, die Trasse weitgehend dem Gelände anzupassen, sowie nach Bedeutung und Geschwindigkeit der Straße (s. Abschn. 14.1.5). Dagegen wird die Querneigung (quer = rechtwinklig zur Bezugslinie der Trasse und zur Fahrtrichtung) speziell zum Ableiten des Regenwassers eingebaut. Beide Neigungen ergänzen sich zur Schrägneigung.

Die Längsneigungen der Straßen (besonders der Fahrbahnen) liegen zwischen 0,5 und max. 12 %. Unabhängig davon sollten Gräben, Mulden und Rinnen die in Tabelle **14**.74 genannten Mindestgefälle nicht unterschreiten.

Tabelle **14**.74   Mindestgefälle der Oberflächenentwässerung

Mindest-Längsgefälle für	
– Spitz-, Bord-, Muldenrinne	0,5 %
– Kastenrinne (Eigengefälle)	0,6 %
– Straßengraben	0,3 %
– Rasenmulde	1,0 %
Mindest-Querneigung für	
– Natursteinpflaster	3,0 %[1]
– Beton- und Klinkerpflaster	2,5 %
– Plattenbeläge	2,0 %
– Asphaltdecken	2,0 %
– Betondecken	2,0 %

[1] Im „Merkblatt für Flächenbefestigungen mit Pflaster und Plattenbelägen" wird statt der Querneigung eine Schrägneigung mit gleichen Werten empfohlen.

Bei den Querneigungen geht man von der Standardneigung 2,5 % aus. Für besonders ebene, befestigte Flächen (Asphalt, Beton) kann dieser Wert geringfügig unterschritten werden (2 %), für besonders unebene, raue und sickerfähige Befestigungen (Pflaster, Kiesgeröll) muss er manchmal überschritten werden (Tab. **14**.11 und **14**.74).

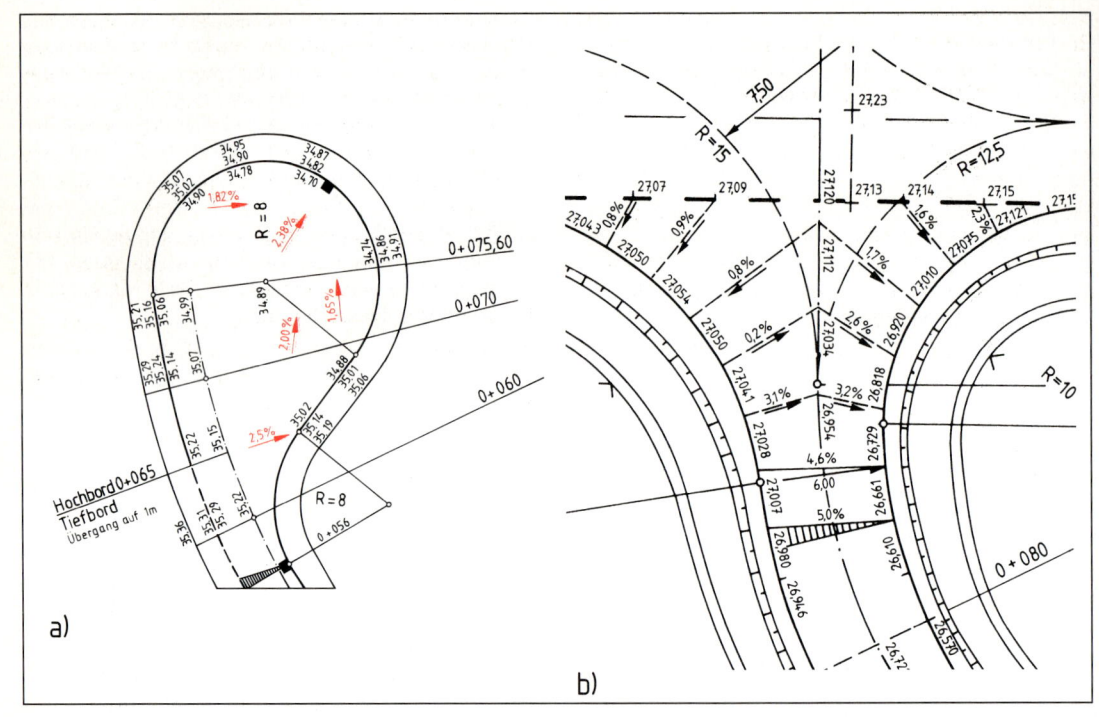

14.75 Ausschnitte aus Deckenhöhenplänen

Deckenhöhenplan. Wenn die Deckschichthöhen einer Befestigung nicht einfach und unmissverständlich aus der Gradiente und den Ausbauquerschnitten zu berechnen sind, erstellt der Planer für die ausführende Firma einen Deckenhöhenplan (auch Entwässerungsplan genannt). Das ist besonders für komplizierte Flächen wie Parkplätze, Omnibusbahnhöfe und dergleichen der Fall. Er enthält neben den NN-Höhen an allen markanten Stellen auch die Neigungen (**14.**75a und b). Bild **14.**72 zeigt ausschnittsweise an einem Beispiel, wie der Gestaltungsplan mit dem Deckenhöhenplan einer Fußgängerzone kombiniert wird.

> Zum sicheren Ableiten des Oberflächenwassers sollte man die Querneigung von 2,5 % nicht unterschreiten. Bei Mulden, Rinnen und Gräben sind Mindest-Längsgefälle einzuhalten.
>
> In Stadtstraßen, bei Kreuzungen, Wendekreisen und dgl. werden Deckenhöhen und Querneigungen in einem Deckenhöhenplan festgehalten.

Bordrinnen und Muldenrinnen. In Stadtstraßen wird das Oberflächenwasser durch die Querneigung (oder durch Schrägneigung) zu parallel gebauten Rinnen und Mulden geleitet, die es an die Straßenabläufe weitergeben. Nach der Form unterscheiden wir drei Arten (**14.**76):

- Bordrinnen, bei denen das Wasser an einer vorstehenden Kante geführt wird,
- Mulden(rinnen), bei denen das Wasser in einer vertieften Mulde fließt,
- Kastenrinnen, bei denen Wasser in einer kastenförmigen Rinne unterhalb des Deckenniveaus abgeleitet wird.

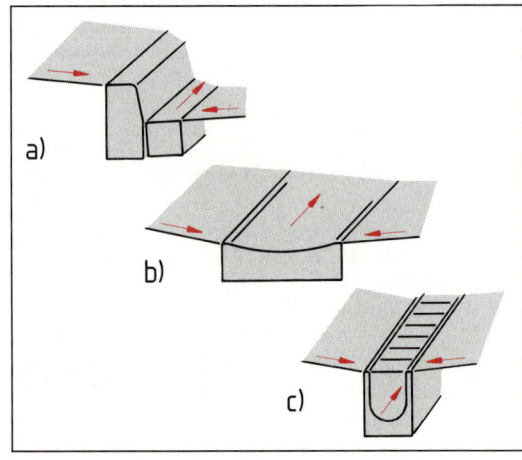

14.76 Rinnen für die Oberflächenentwässerung
a) Bordrinne, b) Muldenrinne, c) Kastenrinne

14.2 Konstruktion und Ausführung

Bordrinnen können mit allen in DIN 483 genormten Bordsteinen (H, T, R und F) zusammen mit einer ein- bis dreireihigen Rinne aus Betonpflastersteinen nach DIN 18501, aus Großpflaster-Natursteinen nach DIN 18502, oder in Kombination mit Gehwegplatten nach DIN 485 bzw. mit speziellen Rinnenplatten gebaut werden (s. Bild **14**.52).

Muldensteine oder Bordrinnensteine aus Beton sind nicht genormt. Üblich sind die in Tabelle **14**.54 zusammengestellten Formen und Maße. Muldenrinnen können auch aus mehreren Reihen Pflastersteinen gebaut werden.

Konstruktionsbeispiele sind in den Bildern **14**.77 und **14**.78 zusammengestellt.

Kastenrinnen kleinerer Querschnitte bestehen aus Polyester- oder Faserbeton, größere aus (Zement-)Beton. Es gibt sie mit und ohne eingebautem Längsgefälle (meist 0,6 %) bzw. ohne Längsgefälle, aber in unterschiedlicher Bauhöhe, so dass ein Stufengefälle entsteht. Kastenrinnen mit eingebautem Längsgefälle haben den Vorteil, dass die Befestigungsflächen nur eine Querneigung brauchen (**14**.79). Deshalb finden wir sie häufig bei Plätzen. Kastenrinnen erhalten lose eingelegte oder verschraubte Roste aus verzinktem Stahl, Gusseisen, Beton oder Polyesterbeton.

Beim Bau von Bordrinnen und Muldenrinnen kommt es sehr auf Sorgfalt an. Schon geringe Abweichungen von dem oft sehr knappen Längs-

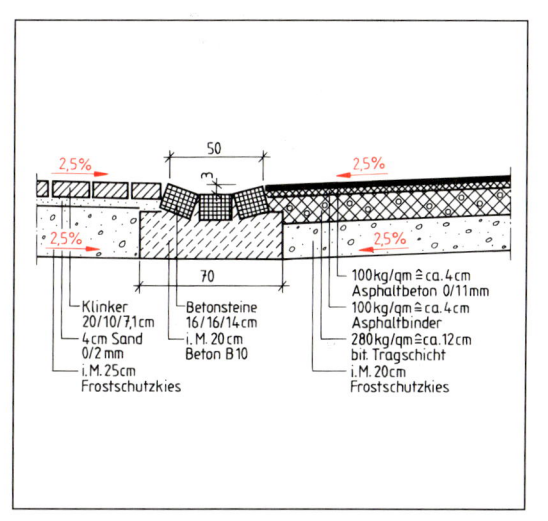

14.77 Beispiel für eine Pflastermulde aus Betonsteinen

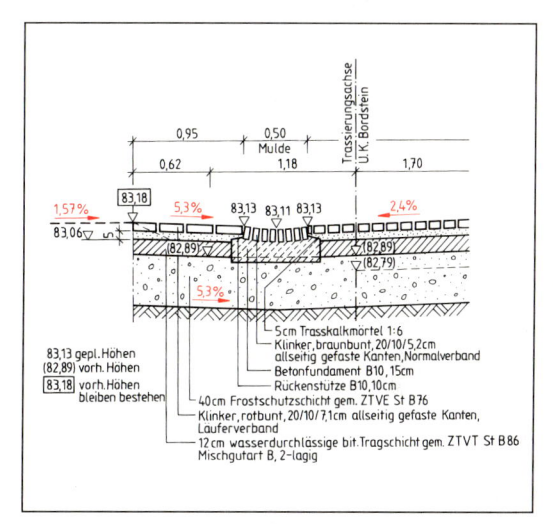

14.78 Beispiel für eine Pflastermulde aus Klinkern mit NN-bezogenen Bauhöhen

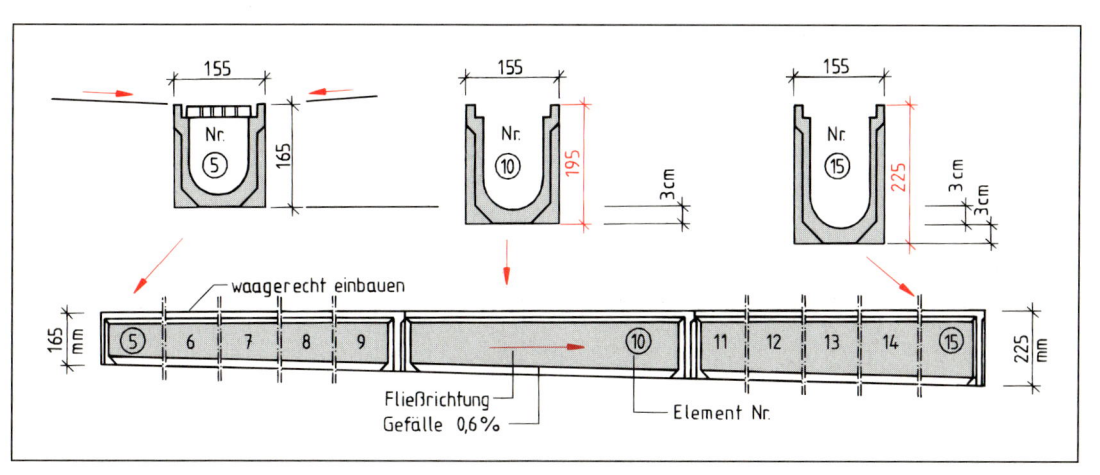

14.79 Kastenrinnen mit eingebautem Längsgefälle

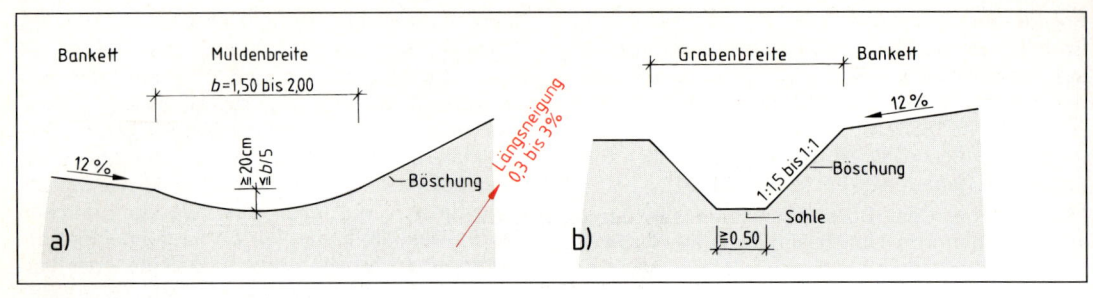

14.80 Erdmulden und Gräben an Landstraßen
  a) Muldenbreite und -tiefe je nach Wasseranfall und Bodenart, Längsneigung in Mulden und Gräben 0,3 bis 3 %
  b) Böschungsneigung 1 : 1 oder 1 : 1,5, Grabenbreite je nach Böschungsneigung und Grabentiefe, Grabentiefe je nach Wasseranfall, Vorflutverhältnis und Grundwasserstand

gefälle (0,4 % = 4 mm/m!) verursachen Pfützen. Die Nachbarflächen sollten mit einem geringen Überstand von 0,5 bis 1 cm anschließen, um evtl. spätere Setzungen aufzufangen. Es empfiehlt sich, diesen Überstand schon in der Zeichnung auszuweisen bzw. darauf hinzuweisen.

> Stadtstraßen und Plätze werden mit Bord-, Mulden- oder Kastenrinnen entwässert.
>
> Kastenrinnen können waagerecht versetzt werden, da sie ein in die Sohle eingebautes Längsgefälle oder ein Stufengefälle haben.

Mulden und Gräben. An Landstraßen strömt das Oberflächenwasser meist über das Bankett hinweg in Mulden oder Gräben. In Erd- und Rasenmulden wird bei geringer Längsneigung (etwa 1 %) und geeignetem Boden ein Teil des Wassers versickern. Mulden mit stärkerer Längsneigung erhalten eine Befestigung aus Pflaster, Schotter oder Sohlscha-

len aus Beton, um Erosionen zu verhindern. Gräben unterscheiden sich von Mulden vor allem durch den Querschnitt (**14**.80).

> Landstraßen werden meist mit offenen Mulden oder Gräben entwässert.

Straßenabläufe baut man an den Tiefpunkten der zu entwässernden Flächen, Rinnen, Mulden oder Gräben ein. Ihre Anzahl und Abstände ergeben sich

– aus der Größe des Einzugsgebiets (etwa 200 bis 600 m^2),
– aus der Form der zu entwässernden Fläche (Parkplatz, Kreuzung, Wendeplatz usw.),
– aus der Größe des Einlaufquerschnitts (in den das Wasser hineinströmt).

Straßenabläufe werden immer aus vorgefertigten Beton-, Gusseisen- oder Betonguss-Teilen (Begu) auf der Baustelle zusammengesetzt. Zwei typische Bauweisen zeigt Bild **14**.81. Die später allein sicht-

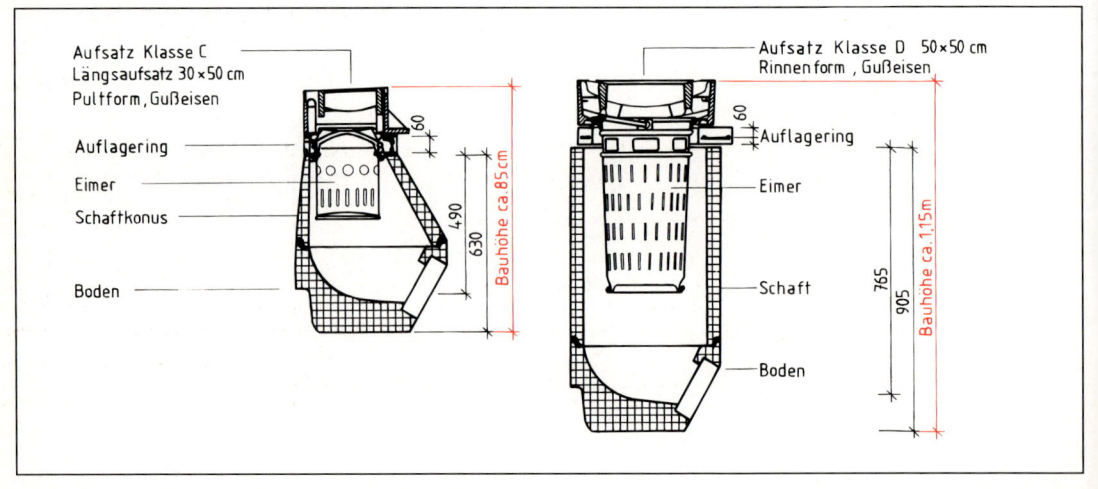

14.81 Straßenabläufe aus Beton- und Gussfertigteilen

14.2 Konstruktion und Ausführung

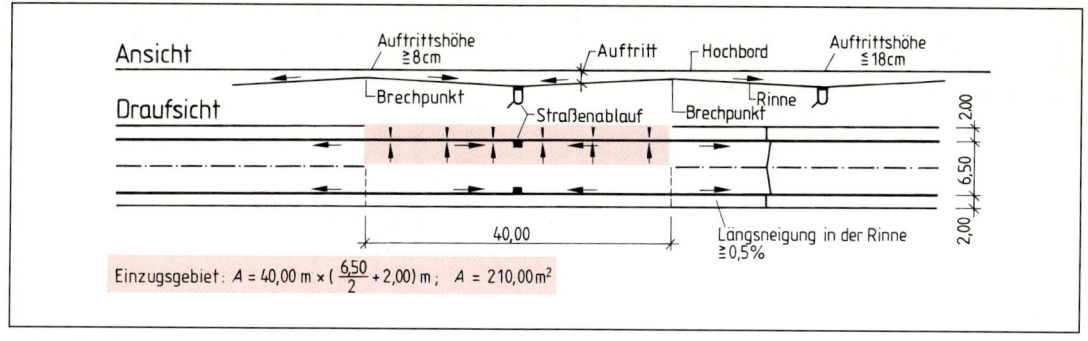

14.82 Straße mit künstlichem Gefälle in der Bordrinne

baren Aufsätze sind nach der möglichen Belastung konstruiert und unterscheiden sich nach DIN 1213 in die Klassen A bis F (vgl. Tab. 11.23). Im Querschnitt haben sie Pult- oder Rinnenform. In der Draufsicht sind sie quadratisch, rechteckig oder rund. Die Größe eines Einzugsgebiets in einer Straße mit künstlichem Gefälle in der Bordrinne zeigt Bild 14.82. Beim Bau von Straßenabläufen ist zu achten

- auf eine tragfähige Unterlage (anstehender Boden, evtl. mit zusätzlicher Sauberkeitsschicht, Betonsohle oder verlegter Gehwegplatte),
- auf einen waagerechten Einbau der Teile,
- auf Fugendichtung mit Fugenband oder Fugenkitt,
- auf einen höhengerecht aufgelegten Aufsatz,
- auf eine einwandfreie Verfüllung und Verdichtung des Bodens um den Straßenablauf.

Straßenabläufe aus vorgefertigten Beton- und Gusseisenteilen nehmen an den Tiefpunkten der Rinnen und zu entwässernden Fläche das Wasser auf und leiten es in die Regenwasserleitung (oder Mischwasserleitung).

Jeder Straßenablauf hat nach seinem Einlaufquerschnitt ein begrenztes Einzugsgebiet.

Rohrleitungen, die das Regenwasser bei unterirdischer (geschlossener) Entwässerung in Stadtstraßen ableiten, bestehen meist aus Beton, PVC oder Faserzement. Es sind kreisrunde oder eiförmige Muffenrohre mit oder ohne Fuß, selten Falzrohre. Zur Dichtung und Verbindung dienen bei Muffenrohren Rollringe, immer häufiger aber bereits im Werk eingebaute Kunststoffdichtungen (integrierte Dichtungen), bei Falzrohren Dichtungsbänder auf Bitumen- oder Kunststoffbasis.

Für die zeichnerische Darstellung, die Konstruktion der zugehörigen Kontrollschächte und die Verlegearbeiten gelten weitgehend die Ausführungen in Abschnitt 12.

Regenwasserleitungen werden überwiegend aus kreisrunden Beton-Muffenrohren, selten aus Betonfalzrohren gebaut.

Sickereinrichtungen. In den Straßenbereich eingesickertes Oberflächenwasser bzw. besonders hoch anstehendes Grundwasser muss durch Sickereinrichtungen den oberen 80 cm Boden (der Frostzone) entzogen werden. (Im Gegensatz dazu gibt es Versickerungen, bei denen Wasser an den Boden abgegeben wird, z. B. bei Hauskläranlagen.)

Die Sickereinrichtungen bestehen aus tiefer liegenden Schlitzen, Gräben oder Mulden, zu denen das Wasser durch geneigte Anschlussflächen geleitet oder gedränt wird. An den tiefsten Stellen befindet sich ein mit Neigung verlegtes Sickerrohr, das mit grobem Filterkies umgeben ist. Um ein Versanden der Sickerrohre zu vermeiden, kann statt dessen oder zusätzlich ein Vlies um das Rohr gelegt wer-

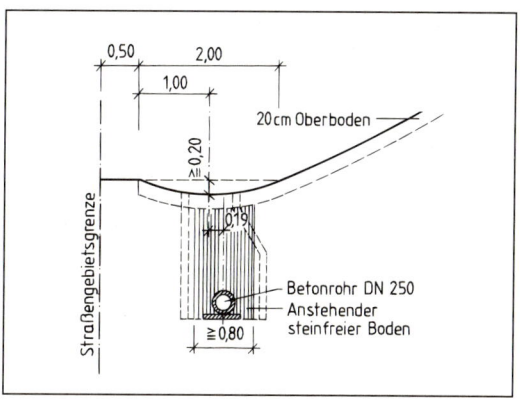

14.83 Erdmulde mit Sickerrohr an einer Landstraße

den. Damit das Wasser vollständig ins Sickerrohr gelangt, liegt eine undurchlässige Kunststoff-Folie auf der Grabensohle. Sickerrohre bestehen aus PVC, Grobbeton oder Ton. Es sind Vollsickerrohre (ringsherum wasserundurchlässig) oder Teilsickerrohre (nur im oberen Teil gelocht oder geschlitzt).

Das „Merkblatt für die Entwässerung von Straßen" enthält Konstruktionsbeispiele für Sickereinrichtungen. Das ausgeführte Beispiel an einer Bundesstraße zeigt Bild **14.**83.

Es kommt darauf an, durch richtige Planung und Ausführung die Sickerfähigkeit für immer zu erhalten.

> Sickerschlitze, -gräben und -rohre entziehen der Frostzone eingesickertes Regenwasser oder aufsteigendes Grundwasser.
>
> Sickerrohre bestehen aus PVC, Grobbeton oder Ton und sind ganz oder teilweise wasserdurchlässig.

Aufgaben zu Abschnitt 14.2

1. Welche Eigenschaften muss die Befestigung einer Straße haben, um allen Anforderungen gerecht zu werden?
2. Wie werden Bodenabtrag und Bodenauftrag ermittelt und dargestellt?
3. a) Nach welchen Eigenschaften werden Böden in DIN 18300 eingeteilt?
   b) Wie heißen die Bodenklassen?
4. Was ist bei der Planung von Randbefestigungen zu bedenken?
5. Welche Randbefestigungen sind besonders üblich?
6. Nennen (oder skizzieren) Sie einige Beispiele für die Verwendung von KA- bzw. KI-Bordsteinen nach DIN 483.
7. a) Welche Schichten einer Befestigung gehören zum Oberbau?
   b) Was versteht man unter Unterbau und Untergrund?
8. Wodurch unterscheiden sich die Befestigungen der einzelnen Bauklassen?
9. Welche Materialien kommen für Tragschichten in Frage?
10. Aus welchen Materialien besteht Asphalt?
11. Wie werden Asphalt-Befestigungsschichten ausgeschrieben und abgerechnet?
12. Welcher Schichtdicke entsprechen 80 kg/m² Asphaltbeton?
13. Was unterscheidet Asphaltbeton von Asphalt-Tragschichtmaterial?
14. Welche Maße (Länge/Breite) sind für die häufigsten Pflastersteine üblich?
15. Wo findet Natursteinpflaster hauptsächlich Verwendung?
16. Skizzieren Sie den typischen Fugenverlauf in Reihen-, Polygonal- und Bogenpflaster in einer Straße mit Randbefestigung.
17. Was ist bei der Planung von Verbundpflasterflächen zu bedenken und zu berücksichtigen?
18. Welche Daten müssen Gestaltungspläne enthalten?
19. Wodurch unterscheiden sich Betondecken von anderen Befestigungen?
20. Vergleiche die Konstruktion der Fugenarten in Betonstraßen.
21. Welche Einrichtungen einer Straße dienen dazu, das Oberflächenwasser abzuleiten?
22. Welche Angaben enthält ein Deckenhöhenplan?
23. Nennen Sie Beispiele für die Verwendung von Bord- und Kastenrinnen, Gräben und Mulden.
24. Welche Vorteile haben Kastenrinnen?
25. Mit welchen Daten müssen Mulden und Gräben geplant werden?
26. a) Aus welchen Fertigteilen werden Straßenabläufe zusammengesetzt?
    b) Woraus ergibt sich die Bauhöhe?
27. Wie und wo werden die Straßenabläufe zur Ableitung des Regenwassers angeschlossen?
28. Mit welchen Sickereinrichtungen lässt sich Sickerwasser im Bereich der Straße auffangen und ableiten?

15 Neue Technologien

Die neuen Technologien und speziell die Mikroelektronik durchdringen heute alle Bereiche des täglichen Lebens. Jede Branche, jeder Bereich ist von ihr betroffen, in dem Aufgaben der Informationsverarbeitung zu lösen sind (**15.1**).

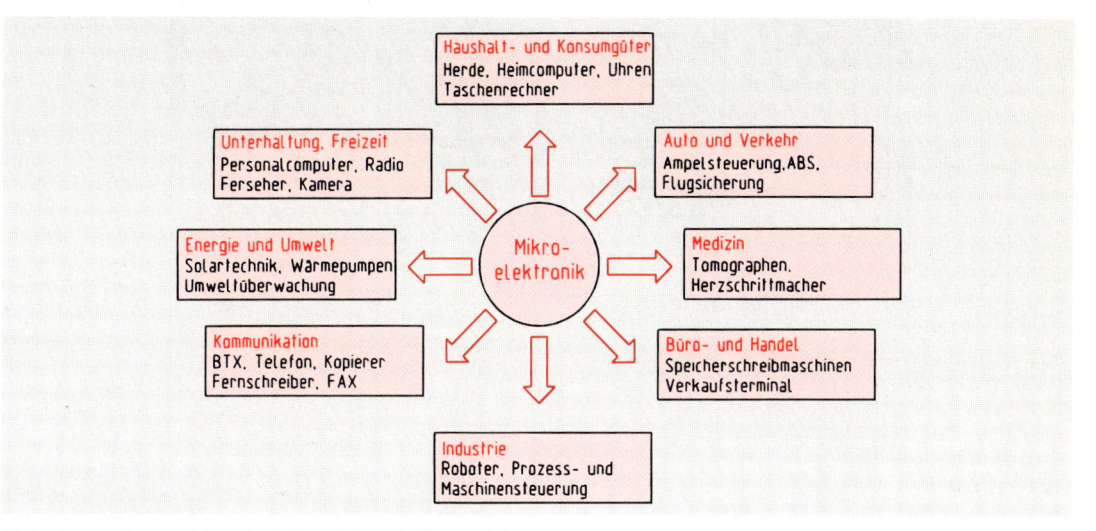

Haushalt- und Konsumgüter
Herde, Heimcomputer, Uhren
Taschenrechner

Unterhaltung, Freizeit
Personalcomputer, Radio
Ferseher, Kamera

Auto und Verkehr
Ampelsteuerung, ABS,
Flugsicherung

Energie und Umwelt
Solartechnik, Wärmepumpen
Umweltüberwachung

Mikroelektronik

Medizin
Tomographen,
Herzschrittmacher

Kommunikation
BTX, Telefon, Kopierer
Fernschreiber, FAX

Büro- und Handel
Speicherschreibmaschinen
Verkaufsterminal

Industrie
Roboter, Prozess- und
Maschinensteuerung

15.1 Anwendungsgebiete der Mikroelektronik (Beispiele)

15.1 Mikroelektronik

Die Mikroelektronik benutzt elektrische Impulse als Informationsträger. Sie übertrifft die mechanische Informationsverarbeitung (z. B. Uhrwerk, Verbrennungsmotor) weit in Leistungsfähigkeit, Zuverlässigkeit und Anwendungsvielfalt. Alle informationsverarbeitenden Systeme arbeiten nach dem gleichen Prinzip.

- **Aufnahme von Daten** über die verschiedensten Eingabegeräte,
- **Verarbeitung der Daten** in Abhängigkeit von Programm und Aufgabe,
- **Ausgabe der Daten** über unterschiedlichste Ausgabegeräte.

Zielvorstellung sind Betriebe, bei denen nach Eingabe der Kundenaufträge mit Hilfe von Produktions- und Maschinendaten eine automatische Verarbeitung stattfindet. Dies setzt einen rechnerunterstützten Informationsverbund zwischen allen an einem Projekt Beteiligten voraus (**15.2**).

CAI bedeutet für die Arbeitswelt keine menschenleeren Fertigungshallen oder Büros, wohl aber höherwertige Arbeit, andere Berufsbilder und neue Berufe. Einfache Schreib- und Zeichentätigkeiten werden abnehmen, Fähigkeiten zum verantwortlichen Umgang mit der Datenverarbeitung immer mehr gefragt sein.

Die Dialoge mit dem Rechner orientieren sich dabei fast ausschließlich an konventionellen Arbeitsweisen. Wie bisher wird eine traditionelle Ausbildung im Mittelpunkt stehen, weil ohne sie Anwendungen eines EDV-Systems nicht denkbar sind. Jeder, der eine solche Ausbildung absolviert hat, ist EDV-geeignet. Allerdings werden sich die Ausbildungsschwerpunkte verschieben. Stand bisher die manuelle Umsetzung der Fachkenntnisse durch Betätigung von Werkzeugen und Zeichengeräten im Vordergrund, so verlangen die neuen Technologien eine gedankliche Umsetzung (Programmierung) durch Betätigung von Tasten des Bedienfelds.

> Eine traditionelle Ausbildung und grundlegendes Datenverarbeitungswissen sind Voraussetzungen, um weiterführende Programme anzuwenden (z. B. CAD, **15.3**).

Angesichts der rasanten technischen Entwicklung hilft in der Praxis nur eine konsequente und stetige Weiterbildung, um am Arbeitsplatz zu bestehen bzw. die Arbeitskraft flexibel einzusetzen.

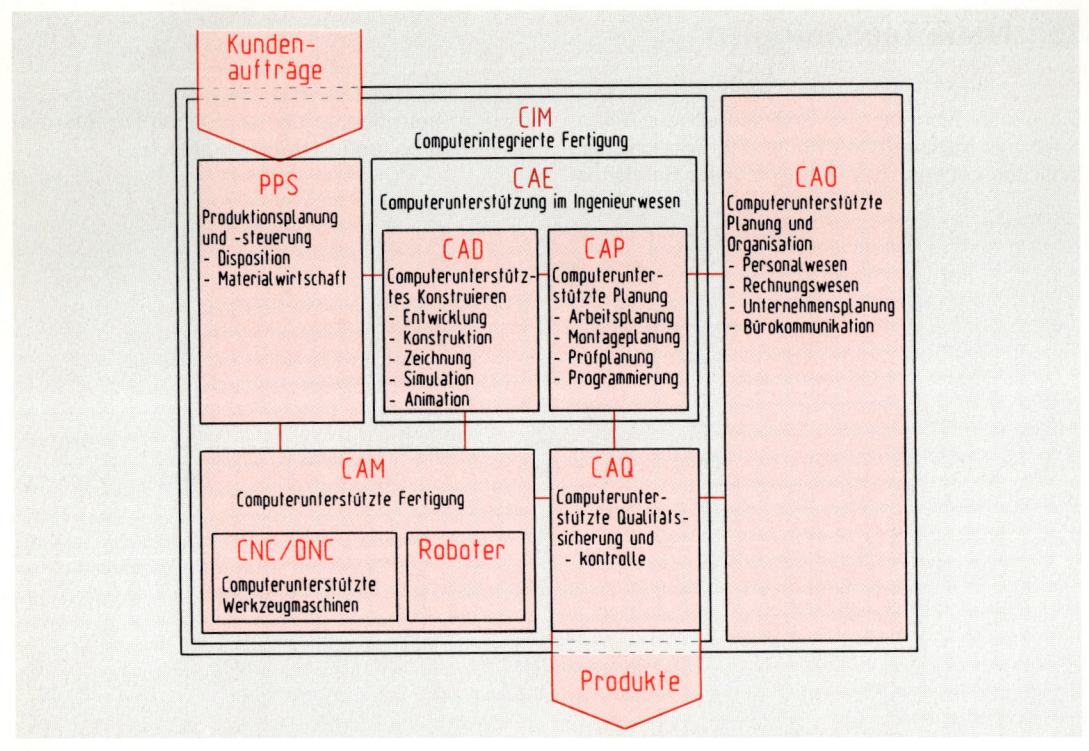

15.2 CAI – die computerunterstützte Industrie

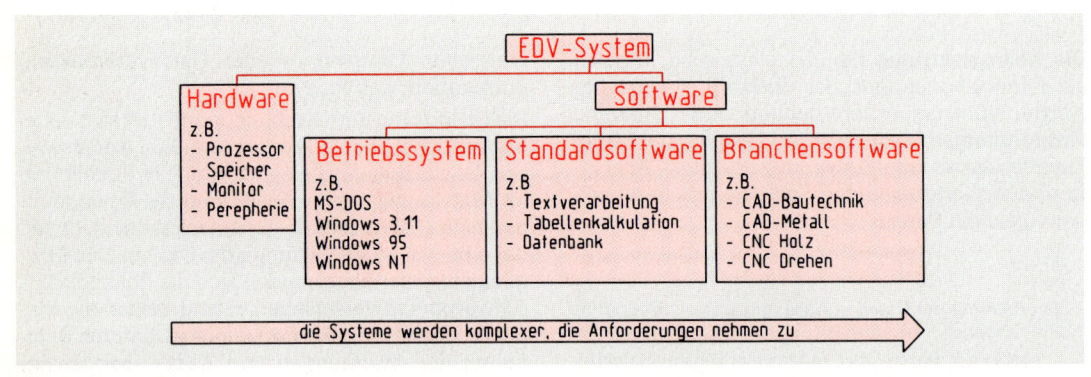

(CIM – Computerintegrierte Fertigung)
- Kundenaufträge
- PPS – Produktionsplanung und -steuerung
  - Disposition
  - Materialwirtschaft
- CAE – Computerunterstützung im Ingenieurwesen
  - CAD – Computerunterstütztes Konstruieren
    - Entwicklung
    - Konstruktion
    - Zeichnung
    - Simulation
    - Animation
  - CAP – Computerunterstützte Planung
    - Arbeitsplanung
    - Montageplanung
    - Prüfplanung
    - Programmierung
- CAO – Computerunterstützte Planung und Organisation
  - Personalwesen
  - Rechnungswesen
  - Unternehmensplanung
  - Bürokommunikation
- CAM – Computerunterstützte Fertigung
  - CNC/DNC – Computerunterstützte Werkzeugmaschinen
  - Roboter
- CAQ – Computerunterstützte Qualitätssicherung und -kontrolle
- Produkte

15.3 Das EDV-System

EDV-System
- Hardware
  z.B.
  - Prozessor
  - Speicher
  - Monitor
  - Peripherie
- Software
  - Betriebssystem
    z.B.
    MS-DOS
    Windows 3.11
    Windows 95
    Windows NT
  - Standardsoftware
    z.B
    - Textverarbeitung
    - Tabellenkalkulation
    - Datenbank
  - Branchensoftware
    z.B.
    - CAD-Bautechnik
    - CAD-Metall
    - CNC Holz
    - CNC Drehen

→ die Systeme werden komplexer, die Anforderungen nehmen zu

15.2 Datenübertragung – Projektmanagement

Bisher hat jede Ingenieurdisziplin für sich geplant und konstruiert. Zwar griff man auf Vorüberlegungen und Zeichnungen anderer Abteilungen/Büros zurück, doch gleiche Tätigkeiten wurden sehr oft mehrfach durchgeführt. Dagegen ist ein wesentlicher Vorteil der EDV, dass einmal eingegebene Daten jedem Projektbeteiligten zur Verfügung stehen (**15.4**).

Seit Ende der 80er Jahre erlauben immer leistungsstärkere Personalcomputer den Zugriff mehrerer Anwender auf einen gemeinsamen Datenbestand (Mehrbenutzerfähigkeit/multi-user). Die Netzwerktechnologie hat sich verbessert. Parallel hierzu wurden die Programme, die diese Zugriffe steuern, organisieren und verwalten, verbessert und erweitert (Netzbetriebssysteme).

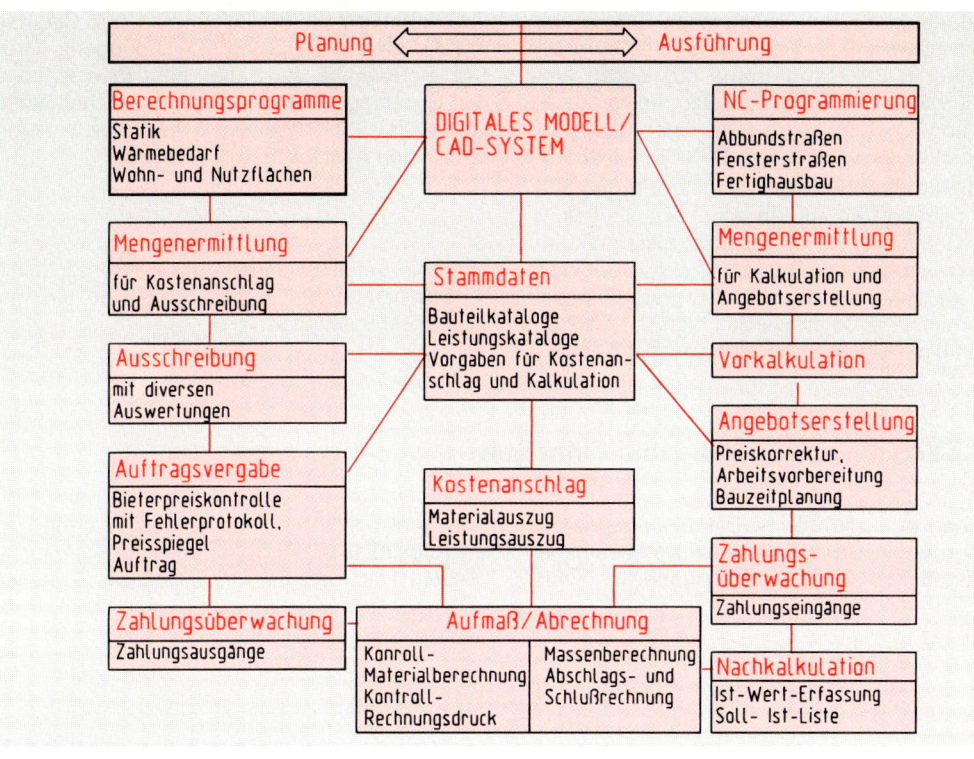

15.4 Weiterverarbeitung der Daten

Lokale Vernetzung beschränkt sich auf die Verarbeitung des gemeinsamen Datenbestands innerhalb eines Büros/Unternehmens (LAN = **L**ocal **A**rea **N**etwork). Ein leistungsstarker Rechner mit großem Massenspeicher (File-server) verwaltet und speichert den gesamten Datenbestand. Wir unterscheiden drei Arten von lokalen Netzwerken (**15**.5):

- **Token Ring (Ringstruktur)** verbindet die Rechner zu einem Ring.
- **Arcnet (Sternstruktur)** verbindet die Rechner sternförmig über die Verteiler direkt mit dem File-server.
- **Ethernet (Busstruktur)** verbindet die Rechner über ein frei endendes Hauptkabel.

Regionale und überregionale Vernetzung ermöglichen einen Datenaustausch über größte Entfernungen (WAN = **W**ide **A**rea **N**etwork; WWW = **W**orld **W**ide **W**eb). Selbst bei kleinsten Bauwerken müssen Daten zwischen Planer, Statiker, ausführendem Betrieb und den Fachingenieuren ausgetauscht werden. Hierzu bedient man sich Einrichtungen der Deutschen Bundespost (ISDN = **I**ntegrated **S**ervices **D**igital **N**etwork) und Online Diensten (z. B. AOL, CompuServe, MSN, T-Online).

Programmschnittstellen. Uneingeschränkter Datenaustausch erfordert ein einheitliches Datenformat (gleiche „Sprache") der einzelnen Programme.

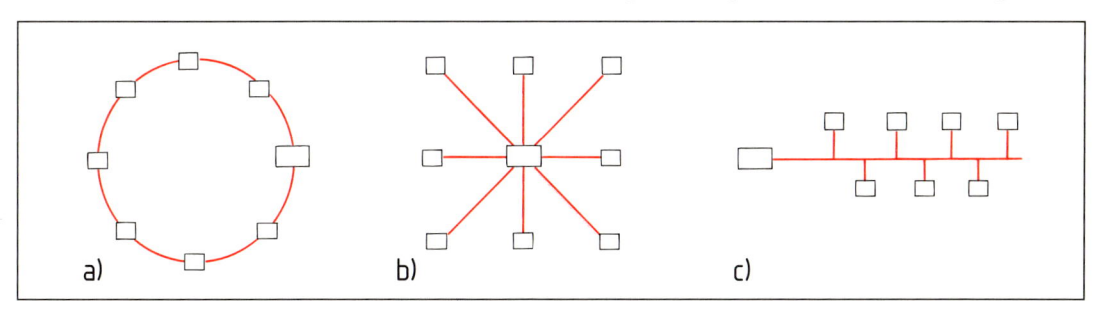

15.5 Netzwerkarten
a) Token Ring, b) Arcnet, c) Ethernet

Alphanumerische Daten (Buchstaben, Ziffern) der Standardsoftware (z. B. Textverarbeitung) können problemlos in CAD-Programme eingelesen (importiert) werden – vorausgesetzt Textverarbeitungs- und CAD-Programm bedienen sich des gleichen Betriebssystems (z. B. WIN-95, WIN-NT).

Für alphanumerische Daten der AVA-Programme (**A**usschreibung-**V**ergabe-**A**brechnung) sind vom GAEB (**G**emeinsamer **A**usschuss **E**lektronik im **B**auwesen) einheitliche Standards entwickelt worden, an die sich alle großen Bauprogramme angepasst haben. AVA-Daten werden hiermit zwischen Planer und ausführendem Betrieb ausgetauscht.

Problematisch ist noch teilweise der Datenaustausch grafischer Daten (Zeichnungen). Große CAD-Softwarehäuser haben aber inzwischen auf der Grundlage, insbesondere des Schnittstellenstandards DXF, Möglichkeiten des uneingeschränkten Austausches geschaffen.

> EDV verlangt einen uneingeschränkten Datenaustausch zwischen allen an einem Projekt Beteiligten.

15.3 EVA-Prinzip, Sprache und Einheiten

Computer sind elektronische Datenverarbeitungsanlagen mit den Grundfunktionen Dateneingabe, Datenverarbeitung und Datenausgabe. Ihr Funktionsprinzip lässt sich oberflächlich mit den Verarbeitungsabläufen beim Menschen vergleichen, obwohl kein Rechner die Phantasie, Kreativität,

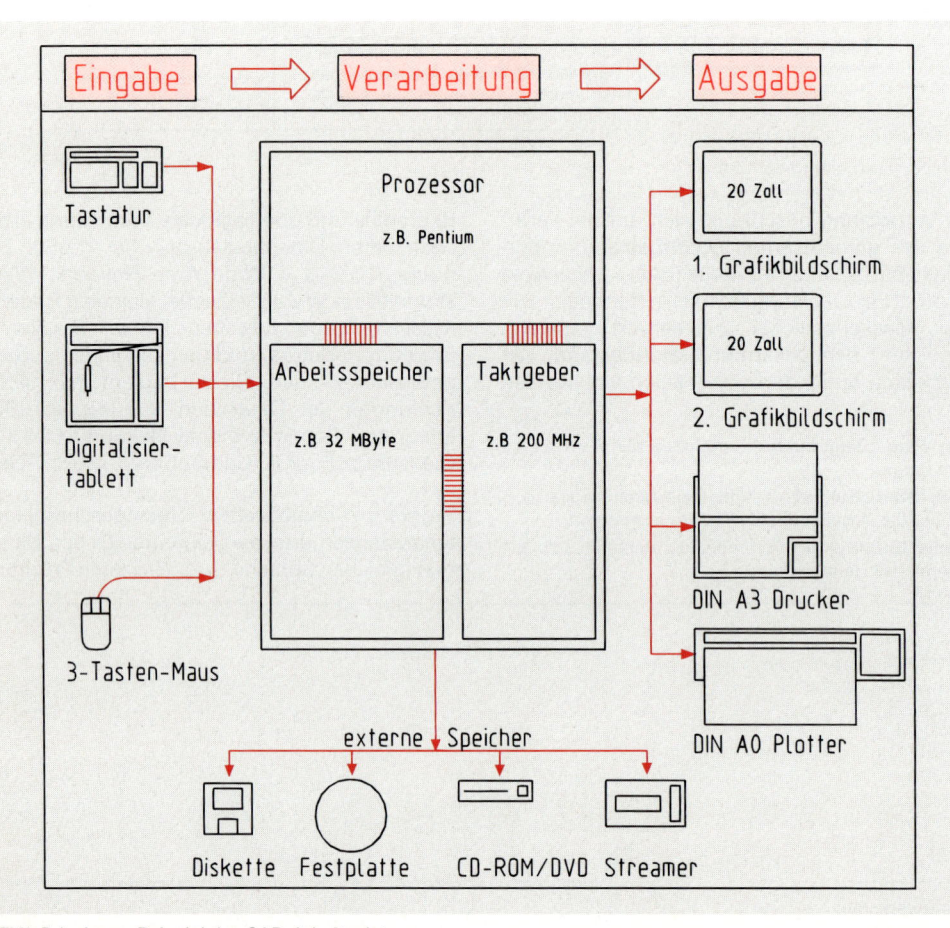

15.6 EVA-Prinzip am Beispiel des CAD-Arbeitsplatzes

15.3 EVA-Prinzip, Sprache und Einheiten

Visionsfähigkeit und das Beurteilungsvermögen unseres Gehirns ersetzen kann (**15.6**).

Der Vorteil der Datenverarbeitungsanlage im Vergleich zum Menschen liegt vor allem in der Fähigkeit, erheblich größere Datenmengen in einem wesentlich kürzeren Zeitraum zu verarbeiten. Vergleichbar sind Mensch und Maschine im EVA- Prinzip. Nach der Eingabe über die Tastatur werden die Daten in der Systemeinheit der Maschine verarbeitet. Die Maschinenarbeit setzt stets Eingabedaten und vom Menschen geschriebene Programme voraus.

Kleinere Datenmengen können in Speichern innerhalb der Systemeinheit (RAM/ROM) zwischengespeichert werden. Werden die Datenmengen zu groß oder sind sie vor dem Ausschalten aus dem internen Speicher (RAM) zu sichern, werden sie zu Speichern außerhalb der Systemeinheit (Externspeicher) transportiert.

Der menschliche und der maschinelle Verarbeitungsablauf basiert auf dem EVA-Prinzip.

Die Computersprache besteht ähnlich dem Lichtschalter nur aus zwei Spannungszuständen: Spannung ein <1> und Spannung aus <0>.

Ein Spannungszustand ist die kleinste Informationseinheit in der Datenverarbeitung. Sie wird mit Bit (**b**inary digit = Zweierschritt) bezeichnet.

Um alle Zeichen der menschlichen Sprache darzustellen, sind die Kombinationen von 8 Spannungszuständen (2^8 = 256 Kombinationsmöglichkeiten) erforderlich. Sie werden zu einem Byte zusammengefasst.

8 Bit	= 1 Byte	
1024 Byte	= 1 KiloByte	= 1 Kbyte (2^{10} Byte)
1024 Kilobyte	= 1 MegaByte	= 1 Mbyte (2^{10} Kilobyte)
1024 Megabyte	= 1 GigaByte	= 1 GByte (2^{10} Megabyte)

Jeder Buchstabe unseres Alphabets, alle Zahlen, Symbole und Rechenzeichen sind durch eine international einheitliche Verschlüsselung festgelegt – durch den ASCII-Code (**A**merican **S**tandard **C**ode for **I**nformation **I**nterchange, **15**.7).

Tabelle **15**.7   ASCII-Code (Auswahl)

Binärwert	Zeichen	Binärwert	Zeichen	Binärwert	Zeichen
0100 0001	A	0110 0001	a	0010 1011	+
0100 0010	B	0110 0010	b	0010 1100	,
0100 0011	C	0110 0011	c	0010 1101	-
0100 0100	D	0110 0100	d	0010 1110	.
0100 0101	E	0110 0101	e	0010 1111	/
0100 0110	F	0110 0101	f	0011 0000	0
0100 0111	G	0110 0111	g	0011 0001	1
0100 1000	H	0110 1000	h	0011 0010	2
0100 1001	I	0110 1001	i	0011 0011	3
0100 1010	J	0110 1010	j	0011 0100	4
0100 1011	K	0110 1011	k	0011 0101	5
0100 1100	L	0110 1100	l	0011 0110	6
0100 1101	M	0110 1101	m	0011 0111	7
0100 1110	N	0110 1110	n	0011 1000	8
0100 1111	O	0110 1111	o	0011 1001	9
0101 0000	P	0111 0000	p	0011 1010	:
0101 0001	Q	0111 0001	q	0011 1011	;
0101 0010	R	0111 0010	r	0011 1100	<
0101 0011	S	0111 0011	s	0011 1101	•
0101 0100	T	0111 0100	t	0011 1110	>
0101 0101	U	0111 0101	u	0011 1111	•
0101 0110	V	0110 0110	v		
0101 0111	W	0111 0111	w		
0101 1000	X	0110 1000	x		
0101 1001	Y	0110 1001	y		
0101 1010	Z	0110 1010	z		

15.4 Hardware

Unter Hardware versteht man alle Teile des EDV-Systems, die man anfassen kann. Je nach Anwendungsgebiet sind die Anforderungen an die Hardware unterschiedlich. Die Leistungsfähigkeit und die Anzahl der Ein- und Ausgabegeräte variieren sehr stark. Die Mindestausstattung für Standardanwendungen besteht aus der Systemeinheit mit den Peripheriegeräten Tastatur, Monitor und Externspeicher, die CAD-Technik verlangt weitere Ein- und Ausgabegeräte (**15**.6).

Die Systemeinheit ist der eigentliche Rechner. Die wesentlichen Bestandteile:

- **Der Prozessor** (z.B. Pentium) bestimmt die Leistungsfähigkeit. Er erkennt die Befehle, führt sie aus, nimmt arithmetische und logische Verknüpfungen vor und trifft Entscheidungen.
- **Der Taktgeber** bestimmt die Arbeitsgeschwindigkeit (z.B. 350 MHz).
- **Der Festwertspeicher/ROM** (**R**ead **O**nly **M**emory = Nur-Lese-Speicher) enthält die Grundprogramme, auf die beim Einschaltvorgang zugegriffen wird.
- **Der Arbeitsspeicher/RAM** (**R**andom **A**ccess **M**emory = Schreib- und Lesespeicher) ist das Kurzzeitgedächtnis, da beim Ausschalten alle in ihm gespeicherten Daten gelöscht werden. Er steht für Programme, Daten und Zwischenspeicherungen des Prozessors zur Verfügung.

> Die Systemeinheit besteht aus dem Prozessor, dem Taktgeber sowie den Internspeichern.

Die Eingabegeräte bei der normalen Dateneingabe beschränken sich auf Tastatur und eventuell Maus. Im CAD-Bereich müssen sie aber mehr Aufgaben übernehmen. Hier werden nicht nur Ziffern und Buchstaben in Bits umgewandelt, sondern auch die Koordinatenwerte von Punkten auf dem Bildschirm.

Die meisten CAD-Programme bevorzugen eine Kombination von Tastatur und Digitalisiertablett bzw. Tastatur und Maus. Lichtgriffel und Joystick finden kaum Anwendung.

Die Tastatur besteht aus 102 Tasten (MF-Tastatur) mit den 4 Bereichen alphanumerisches und numerisches Tastaturfeld, Steuerungs- und Funktionstastenblock (**15**.8).

Die Maus steuert über eine Rollkugel an ihrer Unterseite den Cursor bzw. das Fadenkreuz auf dem Bildschirm. Über ihre Tasten können Befehle aktiviert werden (**15**.9).

Bei Programmen der Standardsoftware reichen meist 2-Tasten-Mäuse aus, CAD-Programme verlangen in der Regel 3-Tasten.

Standardbelegung:

links:	Auswahl bzw. Datenpunkt setzen
rechts:	Ablehnen/Beenden
Mitte:	Rasten/Fangen (Tentativ)

Das Digitalisiertablett enthält in seiner Oberfläche ein feines Leiternetz. Durch die Spule der Lupe oder des Digitalisierstifts werden Ströme induziert. Aus der gemessenen Stromstärke berechnen Mikroprozessoren im Tablett das Koordinatenpaar, in dem sich Lupe oder Stift befinden. Die Koordinatenpaare werden vom Rechner umgesetzt und zur Steuerung des Fadenkreuzes auf dem Bildschirm, zur Übernahme grafischer Vorlagen oder bei Tablettmenüs auch zur Befehlsübermittlung benutzt (**15**.10).

Der Scanner dient zur Übernahme grafischer Texte und Darstellungen in den Computer. Dabei wird die Darstellung in Rasterpunkte/Pixel zerlegt, die vom CAD-Programm in Koordinaten umgesetzt werden müssen (vektorisieren).

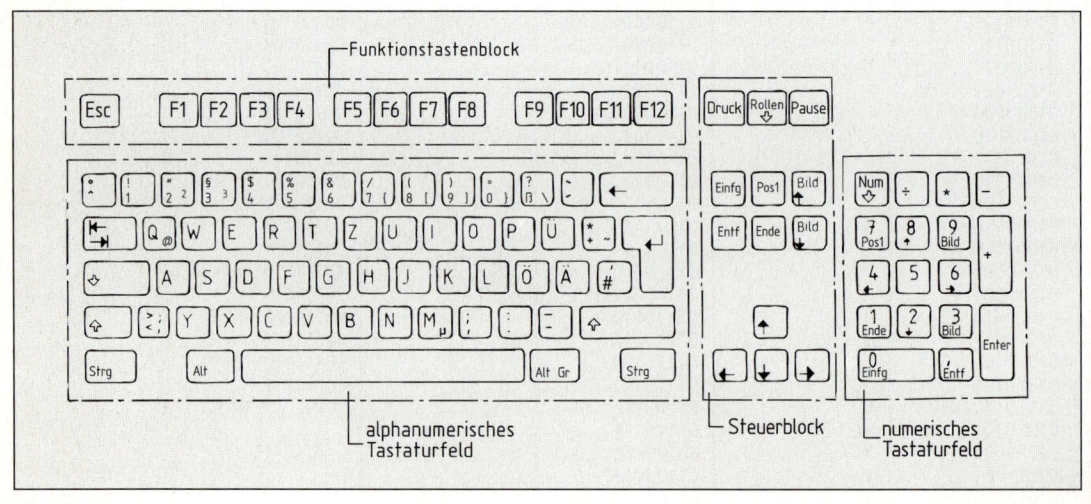

15.8 MF-Tastatur

15.4 Hardware

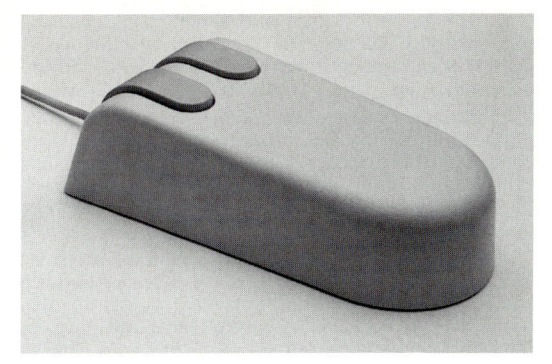

15.9 Maus

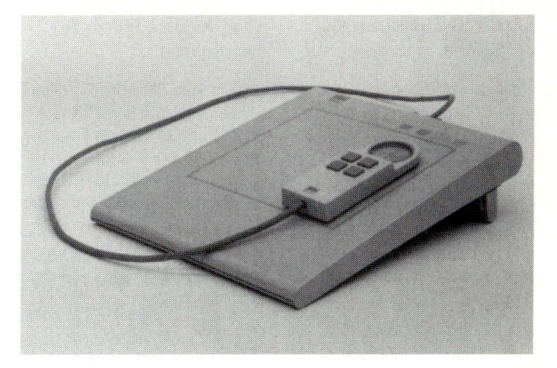

15.10 Digitalisiertablett mit Lupe

Vektorisierungsprogramme für Zeichnungen sind meist sehr fehlerhaft, und bedürfen einer nachträglichen Korrektur. In der Praxis wird die Zeichnung z. B. eine Katasterkarte über den Scanner als Rasterbilddatei eingelesen und als Referenz unter die zu erstellende aktive Zeichnung gelegt, so dass ihre Zeichnungsbestandteile mit Werkzeugen des CAD-Programms nachgezeichnet werden können.

> Eingabegeräte sind Tastatur, Maus, Digitalisiertablett mit Stift oder Lupe sowie der Scanner.

Ausgabegeräte verbildlichen Texte und Zeichnungen. Zusätzlich zum alphanumerischen 15-Zoll-Standard-Bildschirm und dem Drucker erfordert ein CAD-Arbeitsplatz einen Grafikbildschirm mit 20 bzw. 24 Zoll und einen Plotter (Zeichenmaschine).

Bildschirme im CAD-Bereich geben die Zeichnung wieder. Zusätzlich sind auf der Bildschirmmaske Funktionen, d. h. Hilfen, Abfragen und Menüs; Kalkulation, Mengenermittlungen, Ausschreibungen und Preisspiegeln werden aufgelistet. Wegen dieser Funktionsvielfalt verteilen die meisten Bau-CAD-Programme die Aufgaben auf zwei Bildschirme (Zweibildschirmsystem).

Die Bildfläche ist zeilenweise in Bildpunkte (Pixel = picture elements) aufgeteilt, die vom Elektronenstrahl erhellt werden. Buchstaben und grafische Elemente bestehen folglich aus Lichtpunkten. Je dichter sie zusammenliegen, desto genauer wird die Darstellung (= Auflösung). Die minimalste Auflösung im CAD-Bereich sollte 1280 x 1024 Bildpunkte (Pixel) betragen. Eine unzureichende Auflösung führt zum *Treppeneffekt* (**15**.11).

Drucker dienen zur Ausgabe von Texten und Zeichnungen. Man unterscheidet Drucker, die den Ausdruck mechanisch (Nadeldrucker) oder berührungslos (Laserdrucker, Tintenstrahldrucker) erzeugen.

Plotter sind direkt von der Systemeinheit gesteuerte Zeichenmaschinen. Verwendete man früher vorwiegend Stiftplotter, so setzen sich heutzutage immer mehr Tintenstrahl- und Thermo-Direktplotter durch (**15**.12).

Tintenstrahlplotter sprühen über feinste Düsen die Zeichentusche berührungslos auf den Zeichnungsträger.

Thermo-Direktplotter arbeiten ähnlich wie ein Fotokopierer unabhängig von Klimaschwankungen. Dadurch sind sie wesentlich schneller, leiser und genauer. Ihr Funktionsprinzip ist vergleichbar einer heißen Stricknadel (Thermalkopf), die direkt auf den Zeichnungsträger gedrückt wird. Die thermointensive Schicht des Zeichnungsträgers reagiert und verfärbt sich. Die Plottergröße (A4 bis A0) ist abhängig von den Anwendungen. Während im Hoch- und Ingenieurbau bedingt A1-Plotter ausreichen, sind im Tiefbau A0-Plotter mit Endlospapier unabdingbar.

> Ausgabegeräte sind Bildschirme, Drucker und Plotter.

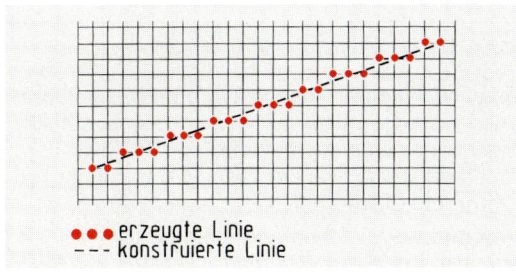

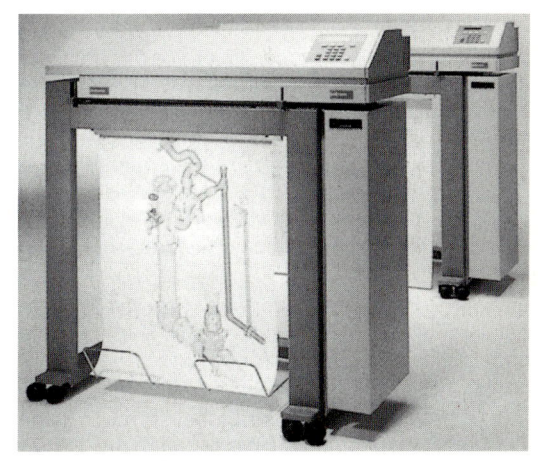

15.11 Treppeneffekt
• • • erzeugte Linie
--- konstruierte Linie

15.12 Thermo-Direktplotter

Externe Speicher sichern die Daten des Arbeitsspeichers und speichern Programme.

Disketten sind runde, flexible Kunststoffscheiben (Floppydisks). Ihre äußerst dünne magnetisierbare Schicht ist vor jeder Beschädigung zu schützen. Vor dem erstmaligen Gebrauch sind sie zu formatieren. Dabei wird die magnetische Schicht in Spuren und Sektoren eingeteilt (**15**.13), um einen gezielten Zugriff auf die Daten zu ermöglichen. Die Speicherkapazität beträgt in der Regel 1,44 MByte.

Festplatten (Hard disks) sind wie die Disketten in Spuren und Sektoren aufgeteilt. Sie sind allerdings fest in den Rechner eingebaut, was zu geringeren Zugriffszeiten führt. Durch den besseren Schutz ist eine höhere Informationsdichte möglich. Da mehrere Platten übereinander eingebaut werden, erreicht man eine Speicherkapazität von mehreren Gbyte.

Magnetbänder sind sequentielle Speicher (der Reihe nach). Sie sind vergleichbar mit Kassettenrecordern. Kennzeichnend ist ihre hohe Speicherkapazität. Die langen Such- und Umspulzeiten führen aber dazu, dass sie fast ausschließlich zur sequentiellen Datensicherung (z. B. in Streamern) eingesetzt werden.

CD-ROM. Ein Laserstrahl tastet die Oberfläche ab. Diese Technologie lässt geringere Spurabstände zu. Dadurch können sehr große Datenmengen auf engstem Raum gespeichert werden. Standardmäßig können von ihnen nur Daten gelesen werden. Mit speziellen Brennern und der entsprechenden Brennersoftware kann aber auch der normale Anwender auf CD-Rohlingen Daten auf ihnen einbrennen.

DVD-ROM (Digital Versatile Disk) besitzt gegenüber den traditionellen CD-ROMs wesentlich höhere Speicherkapazitäten. Durch kürzere Wellenlängen des Laserstrahls wird die Packungsdichte derart erhöht, dass Speicherkapazitäten von mehreren Gbyte erreicht werden. Komplette Spielfilme einschließlich Sound und vielfältigen Optionen wie z. B. mehrere Sprachen, Altersfreigaben, unterschiedliche Blickwinkel werden auf einer DVD-ROM gespeichert.

> Externe Speicher sind Disketten, Festplatten, Magnetbänder, CD-ROM und DVD-ROM.

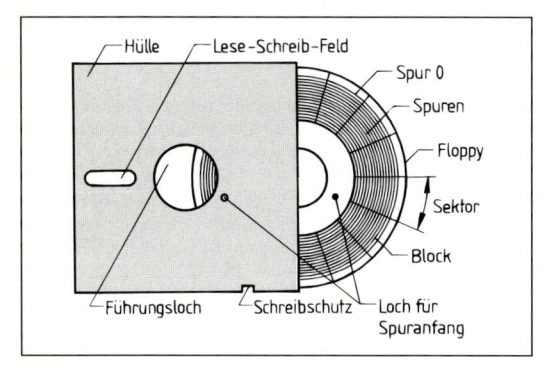

15.13 Aufbau einer Diskette

15.5 Software

Die Systemsoftware (engl. = *weiche Ware*) ist neben der Hardware der zweite Hauptbestandteil des EDV-Systems. Sie besteht aus bereits eingegebenen Daten, die der Prozessor in der vom Programmierer vorgegebenen Reihenfolge abarbeitet. Der Rechner ist von diesen Daten/Befehlen abhängig, ohne sie ist er nicht arbeitsfähig.

Der hierarchische Aufbau **15**.14 macht deutlich, dass die Hardware die Grundvoraussetzung für die EDV bildet. Wie eine Schale (*shell*) wird die Hardware von der Systemsoftware umschlossen. Nur über diese Schale kann die Anwendersoftware (z. B. Textverarbeitung, CAD) auf die Hardware zugreifen. Die Anwendersoftware ist das Bindeglied zwischen Mensch und Datenverarbeitungsanlage.

Direkten Zugriff auf ein Programm hat der Mensch nur über eine Programmiersprache. Damit wurde auch die System- und die Anwendungssoftware erstellt.

Der Anwender im Büro/Betrieb besitzt meist keine Programmierkenntnisse; sie sind auch nur in den seltensten Fällen notwendig. Teilweise wurden die Anwenderprogramme in mehreren Mann-Jahren geschrieben, so dass nur kleinere bürospezifische Eigenheiten eingebaut werden sollten. Meist kommuniziert der Anwender deshalb nur mit der Programmoberfläche.

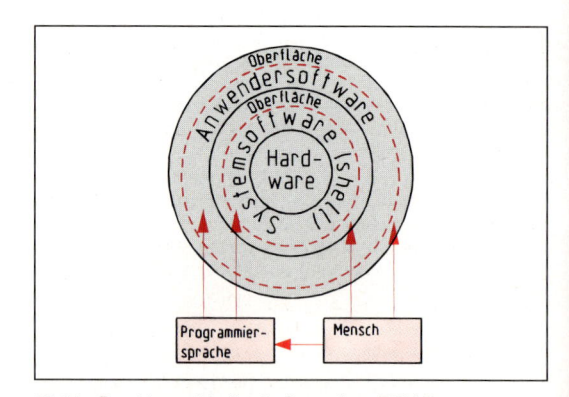

15.14 Der hierarchische Aufbau eines EDV-Systems

Programme bestehen aus einer Anzahl kleinster Arbeitsschritte/Anweisungen, mit denen der Rechner bestimmte Aufgaben zu lösen hat (*Algorith-*

mus). Diese Arbeitsschritte werden dem Rechner in einer Programmiersprache eingegeben. Genauso wie bei den Menschen unterschiedliche Sprachen mit verschiedenen Dialekten vorkommen, gibt es unterschiedliche Programmiersprachen (z. B. Assembler, Cobol, BASIC, Pascal, C, Lisp).

> Ein Programm besteht aus einer Reihung kleinster Arbeitsschritte, mit denen der Rechner ein Problem zu lösen hat.

15.5.1 Betriebssysteme

Als 1972 die ersten Mikroprozessoren vollständig auf einem Silikonplättchen (*Chip*) Platz fanden, fehlte die Software für diesen „Ein-Chip-Computer". Da sie den Betrieb des Prozessors/Rechners steuerte, nannte man sie das Betriebssystem. Immer größere, schnellere Laufwerke und die Durchsetzung leistungsstarker Prozessoren erforderten die kontinuierliche Weiterentwicklung bis hin zum gleichzeitigen Ablauf mehrerer Programme (Mehrprozessfähigkeit = *multitasking*) und den gleichzeitigen Zugriff mehrere Anwender auf den Rechner (Mehrbenutzerfähigkeit = *multi-user*). Die Anwendungsfreundlichkeit wird immer weiter verbessert. Heute steuert man die Funktionen über Sinnbilder (*Icons*), die sich innerhalb von Bildschirmfenstern (*windows*) befinden.

Aufbau und Aufgaben sind bei allen Betriebssystemen (CP/M, MS-DOS, Windows, OS/2, UNIX) weitgehend gleich, ebenso sind viele Funktionen identisch. Nur in der Vielfalt und der Komplexität der Befehle und Funktionen, in ihrer Anwendungsfreundlichkeit und besonders bei der Multi-tasking- und der Multi-user-Fähigkeit sowie der Vernetzungsmöglichkeiten gibt es Unterschiede.

Systemprogramme. Steuerte man alle Aufgaben eines Rechners mit elektronischen Bauelementen, müsste man sie bei Erweiterungen und Verbesserungen laufend austauschen. Technisch einfacher und wesentlich preiswerter ist es, diese Änderungen in Programme einzubauen. Funktionen, die steuern, verwalten, überwachen und organisieren werden deshalb erst mit Programmen aufbereitet, ehe sie an den Prozessor oder andere Bauelemente weitergeleitet werden. Solche Programme heißen Systemprogramme und bilden in ihrer Gesamtheit das Kernbetriebssystem.

> Das Betriebssystem besteht aus mehreren Programmen.

15.5.2 MS-DOS

Das Standardbetriebssystem MS-DOS (Microsoft Disk Operating System) besteht wie alle anderen Betriebssysteme aus mehreren Programmen (**15.**15). Die Ablauf-, Auftrags- und Datensteuerung übernehmen im Wesentlichen zwei Programme (*Dateien*): IO.SYS und MSDOS.SYS. Zusammen mit dem Kommandoprozessor COMMAND.COM (ein Arbeitsprogramm für die meisten Routinearbeiten) bilden sie das Kernbetriebssystem. Zusätzlich verfügt MS-DOS über viele Dienstprogramme, die seltener gebraucht werden, ohne die ein Betrieb und die Benutzung des Rechners aber nicht möglich sind.

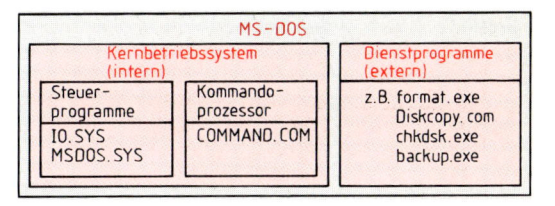

```
                        MS-DOS
   Kernbetriebssystem              Dienstprogramme
       (intern)                       (extern)
 ┌──────────┬──────────┐         ┌──────────────┐
 │ Steuer-  │ Kommando-│         │ z.B. format.exe
 │programme │ prozessor│         │      Diskcopy.com
 │ IO.SYS   │COMMAND.COM│        │      chkdsk.exe
 │MSDOS.SYS │          │         │      backup.exe
 └──────────┴──────────┘         └──────────────┘
```

15.15 Aufbau von MS-DOS

Die Steuerprogramme bearbeiten jedes Zeichen, das auf der Tastatur getippt, am Bildschirm dargestellt, von der CPU gesendet oder empfangen wird. Bei der täglichen Arbeit am Rechner werden sie dem Anwender aber nicht auffallen, da sie sich „versteckt" (*hidden-files*) auf dem Datenträger oder im Nur-Lese-Speicher (*ROM*) befinden.

Der Kommandoprozessor (*COMMAND.COM*) nimmt die Befehle des Anwenders entgegen, gibt dem DOS Anweisungen zur Ausführung, zeigt Fehlermeldungen an und meldet die Betriebsbereitschaft mit dem Bereitschaftszeichen (*Prompt*) <A:> = Diskettenlaufwerk bzw. <C:> = Festplattenlaufwerk. Der Kommandoprozessor wird beim Einschaltvorgang in den Arbeitsspeicher (*RAM*) geladen und steht somit dem Anwender zur Verfügung. Alle Befehle des COMMAND.COM sind zu jeder Zeit anwendbar. Da sie sich im Internspeicher befinden, heißen sie *interne* Befehle (**15.**16).

> Der Kommandoprozessor COMMAND.COM wird beim Einschaltvorgang in den Arbeitsspeicher geladen. Er enthält die internen Befehle.
>
> Dienstprogramme müssen vom Datenträger in den Arbeitsspeicher geladen werden (externe Befehle).

Tabelle **15**.16   Interne Befehle (AUSWAHL)

Befehl	Beispiel	Erläuterung
A:\C:	A⟨C:→C⟩	Laufwerk wechseln
CD	CD CAD	(change directory) Verzeichnis wechseln
CLS	CLS	(CLear Screen) Bildschirm löschen
COPY	COPY C:\daten.txt A:	Datei(en) kopieren
DEL	DEL daten.txt	(Delete = löschen) Datei(en) löschen
DIR	DIR/P A:	(DIRectory) Inhaltsverzeichnis anzeigen
EXIT	EXIT	DOS verlassen, Rücksprung zum vorigen Programm
MD	MD CAD	(Make Directory) Verzeichnis anlegen
RD	RD CAD	(Remake Directory) Verzeichnis löschen
REM	REM Hallo!	Kommentar anzeigen
REN	REN daten.txt dat.txt	(REName) Dateiname ändern
PATH	PATH\CAD;\text;\DOS	Suchpfade festlegen
PAUSE	PAUSE	Ausführung einer Funktion anhalten
TYPE	TYPE dat.txt	Dateiinhalt anzeigen

Tabelle **15**.17   Externe Befehle (AUSWAHL)

Befehl	Beispiel	Erläuterung
ATTRIB	ATTRIB + R daten.txt	Datei(en) durch ein ATTRIBut vor dem Überschreiben sichern (R = read only)
BACKUP	BACKUP C: A:/S	Daten der Festplatte auf der Diskette sichern
CHKDSK	CHKDSK A:	(Check DiSK) Datenträger überprüfen
DISKCOPY	DISKCOPY A: B:	gesamten Disketteninhalt kopieren
FORMAT	FORMAT A:	Datenträger formatieren
LABEL	LABEL A:	Datenträger nachträglich benennen
PRINT	PRINT daten.txt	Datei über den Drucker ausgeben
RESTORE	RESTORE A: C:/S	die mit BACKUP gesicherten Daten einlesen
SYS	SYS A:	Kernbetriebssystem kopieren
TREE	TREE A:	(TREE = Baum) Verzeichnisstruktur am Bildschirm ausgeben
XCOPY	XCOPY C: A:	alle Dateien der Festplatte im Hauptverzeichnis auf einer Diskette speichern

15.5.3   Grafische Benutzeroberflächen – Windows

MS-DOS stammt aus einer Zeit, in der fast ausschließlich Spezialisten am PC arbeiteten. Heute ist er ein Werkzeug in fast jedem Büro bzw. Betrieb. Um ungeübten Anwendern den Umgang mit dem PC zu erleichtern, wurden einfach zu bedienende grafische Benutzeroberflächen geschaffen.

Bereits 1974 entwickelte man im Palo Alto Research Center die erste derartige Oberfläche. Die Grundidee liegt darin, mit grafischen Symbolen und Rahmen/Fenstern eine Bildschirmoberfläche zu schaffen, die dem Schreibtisch ähnelt. Die hohen Hardwareanforderungen ließen aber damals dieses Konzept ökonomisch scheitern. Jahre später griff die Firma *Apple* diese Idee auf, doch erst mit dem MAC kam der Durchbruch. Auf der PC-Ebene begann mit Windows 3.0 (engl.: Fenster) der Siegeszug der grafischen Benutzeroberflächen.

Windows bietet dem Anwender eine Vielzahl von Erleichterungen:

- Betriebssystemfunktionen werden über Symbole des Dateimanagers bzw. Explorers aktiviert und aufgerufen.
- Immer mehr Hersteller von Anwenderprogrammen passen ihre spezifische Programmoberfläche an Windows an. Dadurch braucht der Anwender Befehle/Funktionen nur einmal erlernen und sich nicht von Programm zu Programm umstellen.
- Windows stellt eine Vielzahl von Hilfsmitteln und Programmen bereit, z. B.:
  - ein einfaches Textverarbeitungsprogramm (Write, WordPad)
  - ein Malprogramm (Paintbrush, Paint)
  - einen Taschenrechner
  - einen programmierbaren Wecker
  - eine Datenverwaltung (Kartei)

> Grafische Benutzeroberflächen erleichtern ungeübten Anwendern den Umgang mit dem Computer.

Die Arbeitsweise ist mausorientiert. Zwar können fast alle Funktionen über die Tastatur aufgerufen werden, doch Windows ohne Maus ist wie eine Tafel ohne Kreide. Wir beschränken uns daher auf das Arbeiten mit der Maus.

Vier **Mausfunktionen** sind zu unterscheiden (**15**.18). In Abhängigkeit von der Bildschirmposition verändert sich dabei die Form des Mauszeigers.

15.5 Software

Mausfunktionen sind das Zeigen, Klicken, Doppelklicken und Ziehen. Je nach der Position auf dem Bildschirm ändert sich die Darstellung des Mauszeigers.

Tabelle **15**.18 Mausfunktionen

Funktion	Erläuterung
Zeigen	Durch die Bewegung der Maus wird der Zeiger auf dem Bildschirm positioniert.
Klicken	Die linke Maustaste kurz drücken und wieder loslassen <DP>.
Doppelklicken	Zweimaliges rasch aufeinander folgendes Drücken der linken Maustaste <ENTER>.
Ziehen	Die linke Maustaste bleibt während einer Mausbewegung gedrückt. Dadurch lassen sich Texte, Fenster und Symbole verschieben.

Windowsversionen (WIN-3.xx, WIN-9x, WIN-NT) unterscheiden sich vor allem in der Geschwindigkeit, der Vernetzungs- und Multitaskingmöglichkeiten.

Während sich im häuslichen Bereich inzwischen Windows 9x weitgehend durchgesetzt hat, findet man in der Industrie bzw. den Büros vorwiegend WIN-NT auf den EDV-Anlagen (Industriestandard).

Fenster. Alle Arbeiten und Dokumente werden bei Windowsanwendungen in Fenstern präsentiert. Schon nach dem ersten Aufruf erscheint das Programm-Manager-Fenster (**15**.20).

Tabelle **15**.19 Windowsversionen

	Geschwindigkeit	Netzwerk	Multitasking
WIN 3.xx	16 Bit	von Rechner zu Rechner (peer to peer)	nein
WIN 9x	16/32 Bit	von Rechner zu Rechner (peer to peer)	ja
WIN NT	32 BIT	voll netzwerkfähig	ja

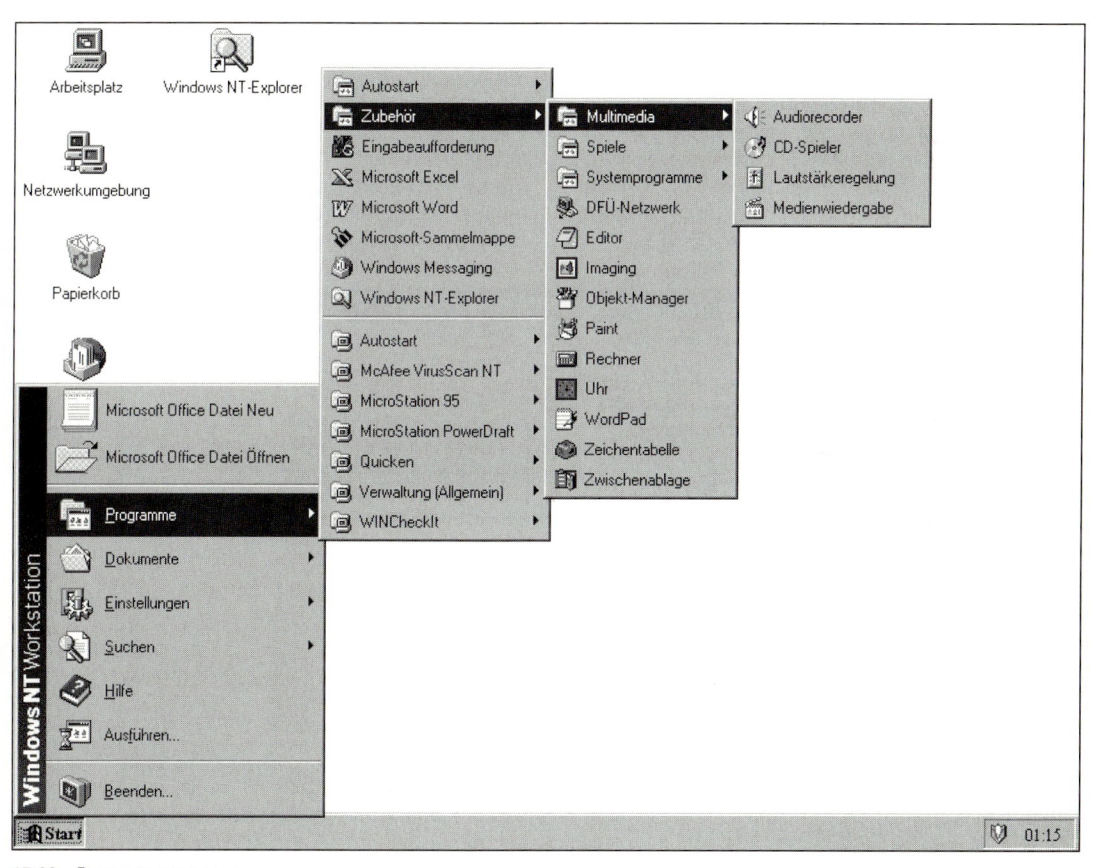

15.20 Programmmanager

Durch Aufruf von *<Start>* bzw. einen Doppelklick auf das jeweilige Symbol werden Programme, Einstellungsmöglichkeiten usw. aufgerufen.

Jedes dieser Fenster besteht meist aus einer Titelzeile, Schaltflächen und einem Rahmen. Ihre Anordnung und Größe kann frei gewählt werden (**15.**21).

Tabelle **15.**21 Anordnung und Größen der Fenster

Verschieben	Mauszeiger auf Titelleiste positionieren; mit gedrückter linker Maustaste ziehen.
Größe	Mauszeiger auf Rand oder Ecke; mit gedrückter linker Maustaste ziehen.
Vollbild	Vollbildfeld klicken
Symbol	Symbolfeld klicken
überlappend	Menüzeile *<Fenster überlappend>*
neb.einander	Menüzeile *<Fenster nebeneinander>*

Anordnungen und Größen der Fenster lassen sich in Windows und Windowsanwendungen (auch CAD) beliebig verändern.

Unterschieden werden mehrere Fensterarten:

Das Programm-Manager-Fenster öffnet sich automatisch nach dem Programmstart. Der Programmmanager ist die so genannte Arbeitszentrale. Von ihm aus werden sämtliche Anwendungen aufgerufen. Diese sind als Symbole (verkleinerte Fenster) in den Gruppenfenstern (WIN-3.XX, z.B. Hauptgruppe) dargestellt oder als Anwendungsname (WIN-9X, WIN-NT) aufgelistet (**15.**20).

Das Anwendungsfenster öffnet sich, indem man auf dem entsprechenden Symbol bzw. dem Namen klickt (z.B. WordPad, **15.**22). Anwendungsfenster besitzen immer eine Menüzeile, über die die jeweiligen Funktionen durch Klicken aufgerufen werden können.

Windows unterscheidet verschiedene Fensterarten, u.a. das Programm-Manager-Fenster und das Anwendungsfenster, z.B. die aktive Zeichnung eines CAD-Programms.

Der Dateimanager bzw. Explorer ist die Programmoberfläche für die Betriebssystemfunktionen, z.B.

– Datenträger formatieren
– Daten überprüfen
– Daten organisieren
– Daten sichern
– Daten dokumentieren

Wer das Betriebssystem und den Umgang mit Fenstern und der Maus beherrscht, wird ohne Hilfen und Probleme mit dem Explorer arbeiten können. In Klammern werden deshalb im Folgenden die MS-DOS-Befehle angegeben, auf die der Dateimanager bzw. Explorer zugreift. Das Starten erfolgt über den Programmmanager und das Gruppenfenster *<Hauptgruppe>* (WIN-3.xx) bzw. *<Programme><Explorer>* (WIN-9x, WIN-NT). Nach einem Doppelklick auf dem Symbol des Dateimanagers erscheint ein Verzeichnisfenster.

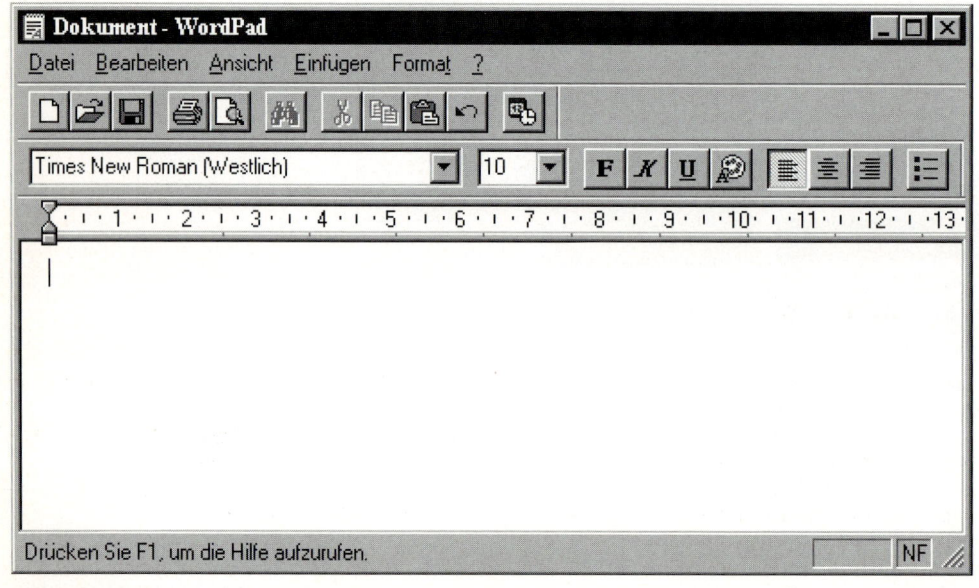

15.22 Anwendungsfenster von WordPad

Es zeigt im linken Fenster die auf dem Datenträger befindliche Verzeichnisstruktur (*tree*) und im rechten die Dateien des aktuellen Verzeichnisses (*dir*) grafisch an (**15.23**).

Tabelle **15.**23   Laufwerk- und Verzeichniswechsel

Laufwerkswechsel	Klicken auf dem Laufwerkssymbol (*C:; A:*)
Verzeichniswechsel	Klicken auf dem Verzeichnissymbol (*cd*)

Das Auswählen der Dateien kann über Ersatzzeichen <***> und <*?*> erfolgen. Durch Kombination von Mausklicks und der Shift-oder Strg-Taste kann die Auswahl direkt durchgeführt werden (**15.**24). Ausgewählte Dateien werden am Bildschirm hervorgehoben.

Tabelle **15.**24   Beispiele zur Dateienauswahl

alle Dateien	<*Datei*> <*Auswahl*> <**.**>
aufeinanderfolgende Dateien	erste Datei klicken; mit gedrückter <*Shift-Taste*> letztes Element klicken
mehrere Dateien	mit gedrückter <*Strg.-Taste*> die Dateien anklicken

> Der Dateimanager und der Explorer greifen auf die Befehle und Strukturen des Betriebssystems zurück.

Datenaustausch. Das wesentlichste Kriterium von Windows ist der problemlose Datenaustausch zwischen verschiedenen Programmen über genormte Schnittstellen. Durch das Verknüpfen und Einbetten von Objekten (OLE-Funktion = **O**bject **l**inking and **e**mbedding) können die Funktionen mehrerer Anwendungsprogramme miteinander kombiniert werden. Informationen aus einer Quelldatei (Server-Anwendung) werden in eine Zieldatei (Client-Anwendung) transportiert. Windows unterscheidet drei Arten des Datenaustauschs.

Der statische Datenaustausch bedient sich der Zwischenablage (*Clipboard*). Markierte Teile einer Quelldatei werden über die Befehle <*Kopieren*> oder <*Ausschneiden*> in ihn transportiert und anschließend in die Zieldatei über <*Einfügen*> übertragen. Die Verbindung zwischen Quelle und Ziel geht hierbei verloren, unabhängig davon, ob der Austausch innerhalb eines Dokumentes oder zwischen mehreren stattgefunden hat.

Drag and Drop entspricht der Befehlskombination <*Ausschneiden*> und <*Einfügen*>. Mit gedrückter linker Maustaste werden zunächst die zu bearbeitenden Teile des Dokuments markiert. Der Mauszeiger wird nochmals auf dem markierten Text positioniert, der dann mit gedrückter linker Maustaste verschoben werden kann.

Das Einbetten ist zunächst vergleichbar mit dem statischen Datenaustausch, nur mit dem Unterschied, dass die Verbindung zwischen Quelle und Ziel jederzeit wieder aufgenommen werden kann. Durch Markieren eingebetteter Informationen (z. B. eine Grafik in einer Textdatei) wird automatisch das entsprechende Anwendungsprogramm geöffnet. Das bisher notwendige Wechseln zwischen Anwendungsprogrammen entfällt, da alle Arbeiten innerhalb der Zieldatei durchgeführt werden können. Die ursprüngliche Grafik in der Quelldatei bleibt dabei unverändert.

Das Verknüpfen erweitert noch die Fähigkeiten des Einbettens. Hierbei werden Referenzen und keine Kopie zur Quelldatei erstellt. Wird folglich in der Zieldatei das verknüpfte Objekt bearbeitet, ändert sich automatisch auch die Quelldatei. Bestehen Referenzen zu weiteren Zieldateien, so wird die Änderung auch in diesen Dateien vollzogen.

> Der Datenaustausch unter Windows kann statisch oder durch Einbetten und Verknüpfen durchgeführt werden.

15.6   Programmiersprachen

Programmiersprachen sind die Voraussetzung zum Schreiben von Programmen. Früher konnte man dem Rechner Anweisungen nur in der Maschinensprache (0 und 1) eingeben. Die Grundidee der später entwickelten höheren Programmiersprachen liegt darin, die Programmierung der menschlichen Sprache anzugleichen. Gleichzeitig übernehmen nun Interpreter und Compiler (Übersetzerprogramme) das automatische Umsetzen der menschlichen Sprache in die Maschinensprache. Am Beispiel der Flächenberechnung eines Rechtecks könnte ein solches Programm so aussehen:

– Lass dir den Wert für die Länge eingeben.
– Lass dir den Wert für die Höhe eingeben.
– Multipliziere die Länge mit der Höhe.
– Zeige das Ergebnis auf dem Bildschirm an.

Der Informationsfluss während des Programmablaufs ist damit vorbestimmt (**15.**25). Bezieht man das „Rechteckprogramm" auf die Programmiersprache BASIC, reichen 3 Befehle (Vokabeln der Sprache), um das Programm zu schreiben.

Hat der Anwender das Rechteckprogramm gestartet, holt sich der Prozessor einzelne Anweisungen aus dem Arbeitsspeicher *<1>*. Auf den Befehl *„INPUT"* hält er an, und wartet auf eine Tastatureingabe, z. B. 20 *<2>*. Unter der Adresse *<L>* wird diese Angabe gespeichert *<3>*. Durch den zweiten *„INPUT"*-Befehl wartet er auf eine weitere Tastatureingabe *<4>*, z. B. 10 *<5>* und speichert sie wieder ab *<6>*. Der Prozessor liest die *„LET"*-Anweisung *<7>*, ermittelt den Wert für A *<8>*, indem er die gespeicherten Input-Werte anhand der Rechenvorschrift verknüpft und speichert den Wert A ab, z. B. 200 *<9>*. Er liest nun die letzte *„PRINT"*-Anweisung *<10>* und gibt den Wert A auf dem Bildschirm aus *<11>*.

Der normale Anwender wird kaum mit den Programmiersprachen in Berührung kommen. Hunderte von Programmierern haben die heutigen Programme über Jahrzehnte entwickelt. Nur in seltenen Fällen werden einzelne Funktionen bzw. Abläufe (*Makros*) an eine spezielle Bürosituation angepasst. Viele Programme bedienen sich hierzu zudem einer eigenen Programmsprache.

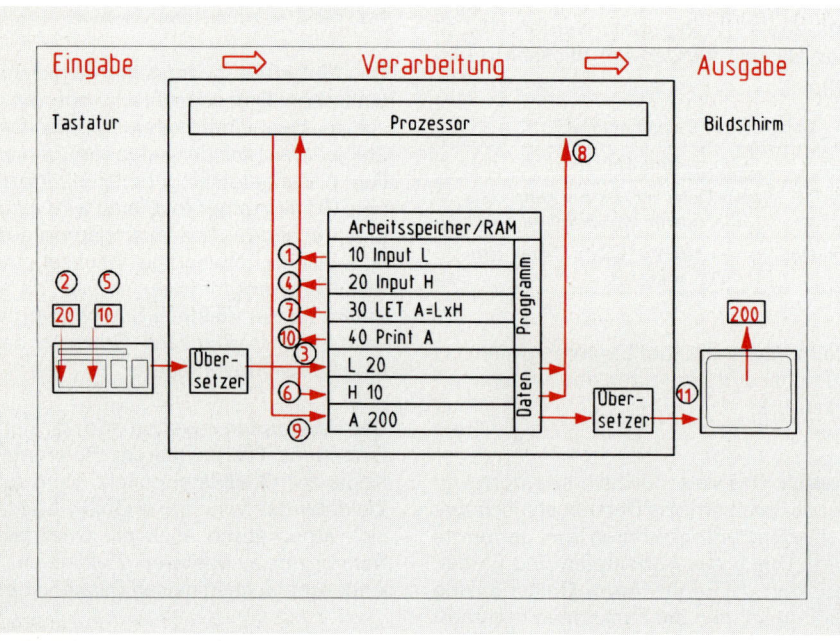

15.25 Informationsfluss

15.7 Standardsoftware

Von Jahr zu Jahr steigt die Leistungsfähigkeit der Hardware bei sinkenden Preisen. In der Vergangenheit waren die Softwarepreise unverhältnismäßig hoch, da nur hochspezialisierte Fachkräfte in teilweise mehrjähriger Arbeit Programme für die verschiedensten Problemlösungen entwickeln konnten.

Hier setzt die Standardsoftware an, denn im gesamten Geschäftsleben gibt es eine Vielzahl von Tätigkeiten, die alle nach dem gleichen Schema ablaufen:

– Texte sind zu erstellen (**Textverarbeitung**).
– Adressen, Preise usw. sind zu verwalten (**Datenverwaltung**).
– Rechenoperationen für z. B. Kalkulation, Statistik sind durchzuführen (**Tabellenkalkulation**).

Diese Programme gehören heute zur Grundausstattung der meisten Büros und Betriebe und sind Standardsoftware.

> Zur Standardsoftware zählen Programme zur Textverarbeitung, Datenverwaltung und Tabellenkalkulation.

15.7 Standardsoftware

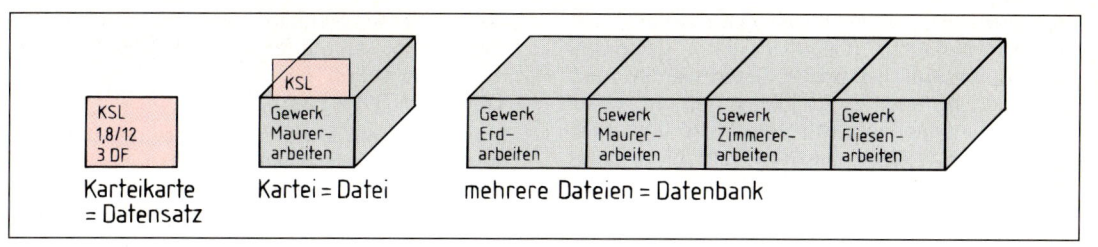

15.26 Von der Karteikarte zur Datenbank

Textverarbeitungsprogramme. Ursprünglich hatte der Computer nur Daten zu verarbeiten und zu verwalten. Da zum Programmieren eine Tastatur nötig ist, setzte man sie schon frühzeitig auch zum Eingeben von Texten ein.

Vorteile der Textverarbeitung:

- Die eingegebenen Zeichen erscheinen nur auf dem Bildschirm und lassen sich ohne Korrekturflüssigkeiten, Schere und Klebstoff korrigieren.
- Die Gestaltung einer Seite kann nachträglich verbessert werden.
- Immer wiederkehrende Texte werden abgespeichert, bei Bedarf wieder aufgerufen und weiterverarbeitet.
- Die Arbeit ist ohne Papier durchzuführen.
- Der Text lässt sich beliebig oft bearbeiten und ausdrucken.
- Wörter und Zeichenfolgen können ohne Durchlesen ausgetauscht werden.
- Adressdateien lassen sich mit einem Text zu Serienbriefen verknüpfen.
- Die Seiten werden automatisch nummeriert (paginiert).
- Der Seitenumbruch geschieht automatisch.
- Die Silbentrennung kann automatisch durchgeführt werden.
- Wörter lassen sich mit systeminternem Wörterbuch korrigieren.

In der Bautechnik hat die Textverarbeitung inzwischen einen festen Stellenwert. Nicht nur die tägliche Korrespondenz zwischen Planungsbüro, ausführendem Betrieb, Baustofflieferanten, Bauherren und Behörden, sondern vor allem die Ausschreibung wird dadurch erleichtert.

Datenverwaltungsprogramme. Manuell werden gleichartige Daten konventionell in Listen gesammelt (Telefonbuch, Adressbuch, Ausschreibungstexte, Baustoffe). Wenn sie zu umfangreich werden, benutzt man Karteikästen (Kunden-, Personal-, Lagerkartei). Eine gute Strukturierung erleichtert die Datenauswahl. Sortiert sind die Karteikarten meist alphabetisch nach ihrem Verwendungszweck. Weicht das Suchkriterium von der

G17		= SUMME (F13: F15)					
	A	B	C	D	E	F	G
4	1 Kosten des Baugrundstückes						
5	1.1 Wert					125.000,00 DM	
6	1.2 Erwerb					30.000,00 DM	
7	1.3 Freimachen			500 m² x	30,00 DM	15.000,00 DM	
8	1.4 Herrichten			800 m² x	20,00 DM	16.000,00 DM	
9							
10					Summe 1	Baugrundstück	186.000,00 DM
11							
12	2 Kosten der Erschließung						
13	2.1 Öffentliche Erschließung					2.000,00 DM	
14	2.2 Nichtöffentliche Erschließung					3.500,00 DM	
15	2.3 Andere einmalige Angaben					2.200,00 DM	
16							
17					Summe 2	Baugrundstück	7.700,00 DM
18							
19	3 Kosten des Bauwerks						
20	Schätzung nach Flächen						
21	3.1 Brutto-Grundrissflächen (BGF) = 156 m² x				2.500,00 DM	390.000,00 DM	

15.27 Tabellenkalkulation, Ausschnitt aus tabellarischer Erfassung der DIN 276

Sortierung ab, ist die Kartei weitestgehend nutzlos. Rechnerunterstützte Datenverwaltungsprogramme sind wesentlich flexibler. Daten werden nach beliebigen Kriterien eingegeben, gesucht, geändert und ausgegeben. Die Datensätze (Karteikarten) sind in einer Datei gesammelt. Mehrere Dateien werden zu Datenbanken verknüpft (**15.**26).

Fast alle EDV-Anwendungen im Bauwesen, von der CAD-Technik über Mengenermittlung und Ausschreibung bis hin zur Abrechnung, beruhen auf Datenbankprogrammen.

Tabellenkalkulation. In vielen Büros werden schematisch immer wieder die gleichen Berechnungen durchgeführt. An dieser Stelle setzt die Tabellenkalkulation an (**15.**27).

Lädt man ein entsprechendes Programm, erscheint ein Arbeitsblatt mit Feldern, Zeilen und Spalten, die mit Wertangaben gefüllt werden. Alle Eingaben können mathematisch (z. B. durch Addition, Multiplikation) oder logisch (z. B. durch UND, ODER, NICHT) mit Formeln verknüpft werden.

Einen sinnvollen Einsatz finden sie bei Zins- und Gehaltsberechnungen sowie allen Kalkulationen. AVA-Programme bestehen daher meist aus einer Kombination von Programmen der Textverarbeitung, Datenverwaltung und Tabellenkalkulation.

Office-Pakete bestehen aus vielfältigen Programmen der Standardsoftware. Da alle Programme vom gleichen Softwarehersteller stammen, ist ein problemloser Datenaustausch möglich; Grafiken und Tabellen werden in einer Textdatei eingebettet, Diagramme mit einem Datenverwaltungsprogramm verknüpft.

15.8 CAD-Technik

Die Abkürzung CAD wurde bereits Ende der 50er Jahre in den USA für Computer Aided Design geprägt. Dieser Begriff bezeichnet die Fähigkeit, mit Hilfe des Computers zu entwerfen bzw. zu konstruieren. Das CAD-Programm ist also ein modernes Werkzeug des Zeichners / Konstrukteurs. Das Eingabegerät (z. B. Tastatur) übernimmt dabei die Aufgabe des Zeichenstiftes und das Ausgabegerät (z. B. Bildschirm) die des Reißbretts.

15.8.1 Vektor- und Pixelgrafik

Die Bildschirmoberfläche besteht wie bei einem Fernsehgerät aus vielen Bildpunkten/Pixeln (*Picture elements*). Sowohl Mal- als auch CAD-Programme steuern diese Pixel an und erhellen sie bei Bedarf. Jedes grafische Element auf dem Bildschirm besteht folglich aus einer Vielzahl von erhellten Bildpunkten.

Malprogramme gehören heutzutage zur Standardsoftware, werden schon bei der Installation von Windows (z. B. Paintbrush, Paint) mitgeliefert, im Bereich DTP (*Desktop-Publishing*) gibt es sie schon zu einem relativ geringen Preis zu kaufen. Die zum Konstruieren benutzten CAD-Programme sind meist wesentlich teurer.

Die Unterschiede zwischen CAD-Programmen (*Vektorgrafik*) und den Mal- bzw. Zeichenprogrammen (*Pixelgrafik*) liegen in der Art und Weise, wie programmintern die Lage der Bildpunkte bestimmt und gespeichert wird. Dies hat vielfältige Auswirkungen auf die Eingabemöglichkeiten und Korrekturen.

Pixelgrafik (Malen/Zeichnen). Das Programm kennt nur die gespeicherten Bildpunkte aber keine geometrischen Elemente. Der Vorteil ist zwar ein schneller Bildaufbau, da keine neuen Berechnungen notwendig sind, doch für Konstruktionen ist diese Vorgehensweise ungeeignet, da u.a.

– Korrekturen nur die Bildpunkte betreffen können, z. B. Radieren. Verlängern, Verkürzen, Drehen usw. ist nicht möglich.
– Flächen- und Volumenberechnungen nicht durchgeführt werden können,
– die Anwendung auf 2D beschränkt ist.

Vektorgrafik (CAD). Der Anwender definiert bei einer Linie nur Anfangs- und Endpunkt. Nur diese Koordinaten werden in der Datenbank gespeichert (**15.**28). Bei jedem neuen Bildaufbau berechnet das CAD-System aus diesen Koordinaten und der dazugehörigen Formel die dazwischenliegenden Bildpunkte und erhellt sie. Die Vorteile für die Konstruktion sind vielfältig, da u. a.

– Korrekturen beliebig durchgeführt werden können; verändert man die Lage/Position der Koordinatenpunkte/Eckpunkte, verändert sich das gesamte Element,
– Vergrößerungen und Verkleinerungen unterliegen keinem Qualitätsverlust, da das Element immer wieder neu berechnet wird, d. h. es verändern sich auch die Anzahl der Bildpunkte,
– Attribute können mit den Koordinatenpunkten verknüpft werden, so dass z. B. Bemaßungen und Schraffuren automatisch/assoziativ angepasst werden,
– 2D- und 3D-Anwendungen sind möglich,
– geringerer Speicherplatz auf den Datenträgern,
– Flächen- und Volumenberechnungen können durchgeführt werden.

15.8 CAD-Technik

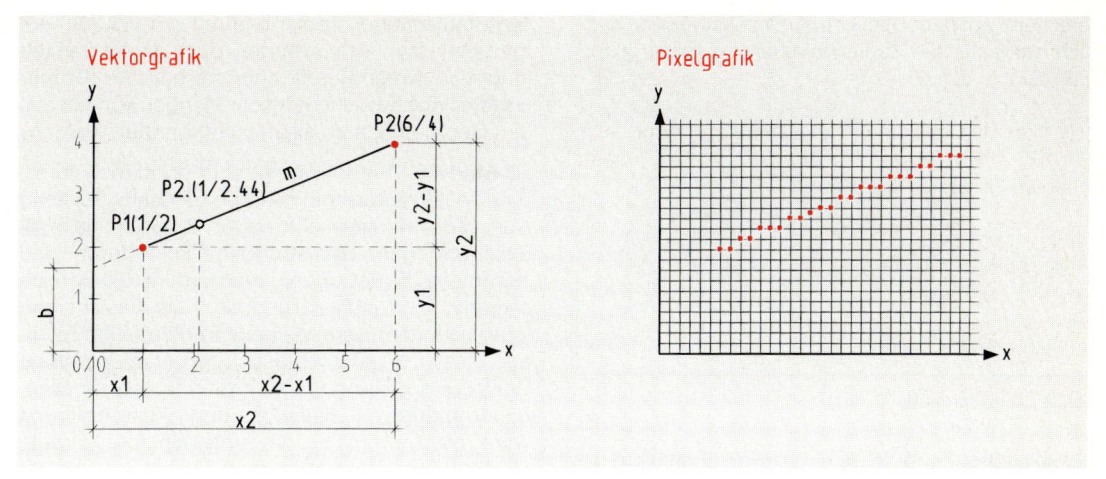

15.28 Vektorgrafik und Pixelgrafik

Neuere CAD-Programme nutzen die Vorteile sowohl der Vektor- als auch der Pixelgrafik. Bei Konstruktionszeichnungen werden ausschließlich die Koordinaten (Vektorgrafik) gespeichert. Für Funktionen der Präsentation, z. B. Shade, Rendern (s. Bild **15.75**) greifen sie auf die Pixelgrafik zurück. Derartige Bilder können folglich auch nur eingeschränkt korrigiert werden und verlangen viel Speicherplatz auf der Festplatte.

> Pixelgrafik speichert die Koordinaten aller Bildpunkte, Vektorgrafik nur die Koordinaten der Eckpunkte. CAD nutzt die Vektorgrafik.

Rechnerinterne Erzeugung einer Linie. CAD ist damit angewandte Mathematik. Um die Linie in Bild **15.28** im CAD-Programm aus den definierten Anfangs- und Endpunkten zu erzeugen, berechnet sich das CAD-Programm

- die Steigung $<m>$ der Linie
- die Verschiebung der Linie zum absoluten Null Punkt auf der y-Achse $<b>$,
- den Abstand des Linienpunktes/Pixels auf der x-Achse

Beispiel nach **15.28**:

Steigung $<m>$
$m = (y2-y1) : (x2-x1) = (4-2) : (6-1) = 2 : 5 =$ **0,4**
Verschiebung $<b>$ bezogen auf P1 (1/2)
$y = mx + b$
$b = y - mx = 2 - 0,4 x1 =$ **1,6**
Berechnung der y-Werte
In kleinen Intervallen/Steps auf der X-Achse werden die y-Werte ermittelt z. B. bei $x = 2,1$
$y = mx + b = 0,4 \times 2,1 + 1,6 =$ **2,44**

Das Programm ermittelt anschließend den nächstliegenden Pixel und erhellt ihn. Schon bei einer Linie sind damit vom Programm bei jedem Bildschirmaufbau eine Vielzahl an Berechnungen durchzuführen. Element für Element wird nacheinander auf dem Bildschirm dargestellt. Dies erklärt auch u.a. die hohen Hardwareanforderungen des CAD, da ansonsten die langen Wartezeiten kein ökonomisches Arbeiten ermöglichen

15.8.2 Dimensionalität

Berechnung, Konstruktionsmethoden und Darstellungsformen unterscheiden sich in den einzelnen Ingenieurdisziplinen. Sollen CAD-Programme wirtschaftlich und qualitätssteigernd eingesetzt werden, müssen sie für den Anwendungszweck entwickelt sein. CAD in der Bautechnik ist deshalb nicht vergleichbar mit CAD im Maschinenbau oder in der Elektrotechnik.

Die Dimensionalität (2D, $2^1/_2$ D, 3D) ist ein entscheidendes Qualitätsmerkmal für Bau-CAD Programme. Die Unterschiede liegen in der Einbeziehung der dritten Raumkoordinate, der Z-Achse. Das wirkt sich aus

- auf die automatische Erzeugung von Ansichten, Schnitten, Isometrien und Perspektiven,
- auf die automatische Weiterverarbeitung der Geometriedaten wie z. B. Mengenermittlung und Kalkulation.

2D-Modelle beschränken sich auf die X- und Y-Achse. Im einfachsten Fall entspricht jeder Punkt auf dem Bildschirm einem Wertepaar x, y. Hinter jedem Punkt und Grafikbild stehen immer diese Wertepaare, die Koordinaten. Das Programm berechnet anhand mathematischer Gleichungen etwaige Zwischenwerte, und die Abbildung erscheint auf dem Bildschirm. Der Dialog wird bildlich gemacht, die Zahlen bleiben im Hintergrund (**15**.29).

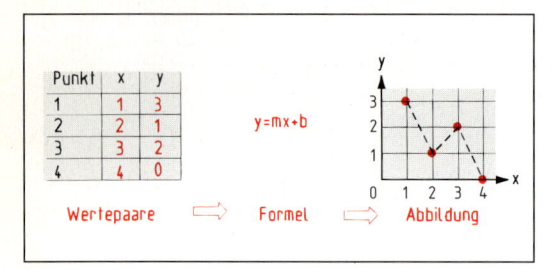

15.29   2D-Geometrie

Die Beschränkung des 2D-Modells auf die Darstellung von 2 Raumkoordinaten schließt die automatische Erzeugung von Ansichten, Schnitten, Isometrien und Perspektiven aus. Mengen können aus den Geometriedaten allein nicht berechnet werden.

2½D-Modelle bildeten lange Zeit einen Kompromiss zwischen den preisgünstigen 2D- und den teuren 3D-Modellen. Sie beziehen die Z-Achse bei symmetrischen Körpern bedingt ein (**15**.30). Isometrien lassen sich erzeugen, doch ist die Darstellung von Körpern mit unterschiedlicher Grund- und Deckfläche nicht möglich. Mengen können aus den Geometriedaten allein nicht ermittelt werden.

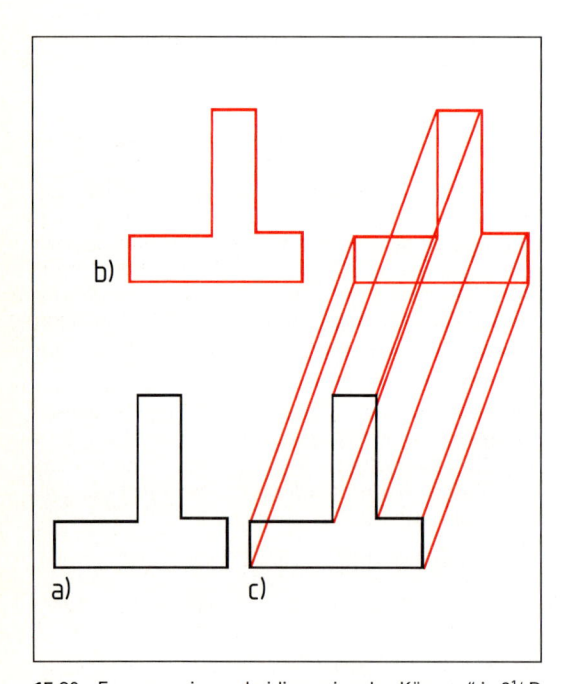

3D-Modelle. Alle Bauwerke sind dreidimensional. Bau-CAD-Programme müssen deshalb 3D-fähig sein. Zeichnungen sind zwar zweidimensional, Beschriftungen, Bemaßungen, Schraffuren und eventuelle Ergänzungen werden im 2D-Bereich erzeugt, doch jeder Grundriss, jede Ansicht und jeder Schnitt müsste wie beim traditionellen Zeichnen für sich erzeugt werden. Eine volumenmäßige Weiterverarbeitung der Geometriedaten zur Mengenermittlung, Kalkulation und Ausschreibung wäre nicht möglich. Wir unterscheiden Draht-, Flächen- und Volumenmodelle.

Drahtmodelle (*Kantenmodell, wire-frame*) definieren einen räumlichen Körper durch seine Kanten und Knotenpunkte (**15**.31).

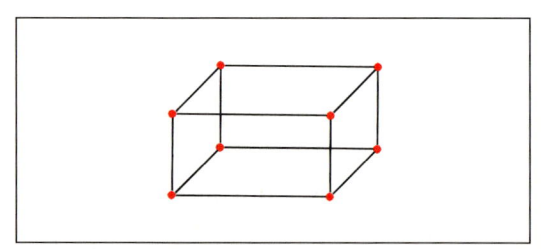

15.31   Drahtmodell

Die Nachteile des Drahtmodells sind vielfältig:

– Parallelprojektionen sind missverständlich (**15**.32).
– Beim Schnitt werden nur Punkte erzeugt (**15**.33).
– Verdeckten Kanten (*Hidden-Line*) lassen sich nicht entfernen. Ansichten, Isometrien und Perspektiven bilden bei größeren Objekten einen unentwirrbaren Strichhaufen (**15**.34).
– Flächen und Volumen können aus den Geometriedaten allein nicht berechnet werden.

15.30   Erzeugen eines „dreidimensionalen Körpers" in 2½D
    a) Erzeugen einer zweidimensionalen Grundfläche
    b) die Tiefe wird eingegeben; das Programm kopiert die Grundfläche, indem es alle Punkte der Fläche um die Tiefe verschiebt.
    c) das Programm erzeugt die Verbindungslinien zwischen gleichartigen Punkten

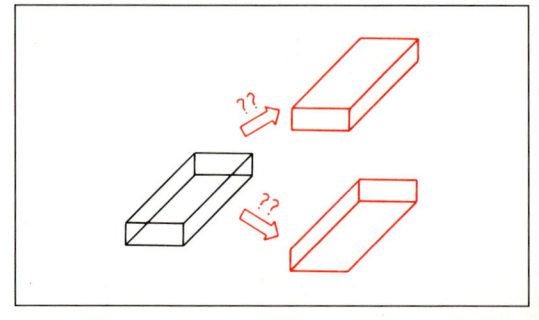

15.32   Mehrdeutigkeit des Drahtmodells

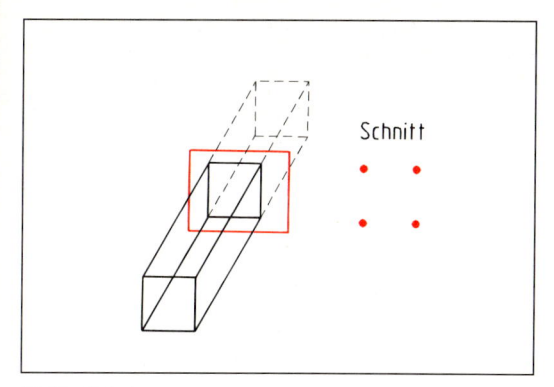

15.8 CAD-Technik

15.33 Schnitterzeugung

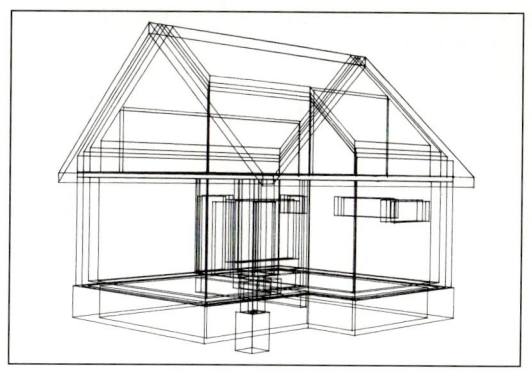

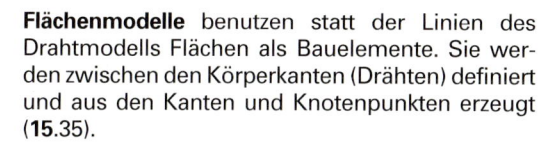

15.34 Isometrische Darstellung eines Drahtmodells (Strichhaufen)

Flächenmodelle benutzen statt der Linien des Drahtmodells Flächen als Bauelemente. Sie werden zwischen den Körperkanten (Drähten) definiert und aus den Kanten und Knotenpunkten erzeugt (**15.35**).

Vorteile:
– Parallelprojektionen sind eindeutig.
– Ansichten und Perspektiven lassen sich automatisch erzeugen.
– Verdeckte Kanten können entfernt werden (**15.36**).
– Schnitte werden automatisch erzeugt, da die Schnittlinien der Flächen berechnet werden können (**15.37**).
– Mengen können automatisch flächenmäßig berechnet, Öffnungen innerhalb von Flächen objektbezogen subtrahiert werden.

Nachteile:
– Das Programm weiß nicht, was sich innerhalb der Schnittfläche befindet; eine automatische Schraffur ist nicht möglich.
– Volumenberechnungen sind allein aus den Geometriedaten nicht möglich.

Volumenmodelle bilden Körper durch eine Verknüpfung oder Durchdringung von Grundelementen nach. Jedes Grundelement ist wiederum durch eine Vielzahl kleinster Elemente (Atome) aufgebaut. Dadurch ist nicht nur die Oberfläche, sondern auch jeder Raumpunkt innerhalb des Objektes bekannt (**15.38**).

Vorteile:
– Schnitte lassen sich automatisch erzeugen (**15.39**); der Schnitt kann automatisch schraffiert werden.
– Sämtliche axonometrischen Projektionen sind möglich. Der Anwender kann durch das räumliche Bauwerk „spazieren".
– Mengen lassen sich allein aus den Geometriedaten flächen- und volumenmäßig automatisch ermitteln.
– Schwerpunkte, Trägheitsmomente usw. werden automatisch berechnet.
– Die Geometriedaten kann man zur Steuerung numerischer Werkzeugmaschinen (CAD/CAM = **C**omputer **A**ided **M**anufacturing) nutzen.
– Explosionszeichnungen, Simulationsberechnungen und Kollisionsprüfungen sind möglich.

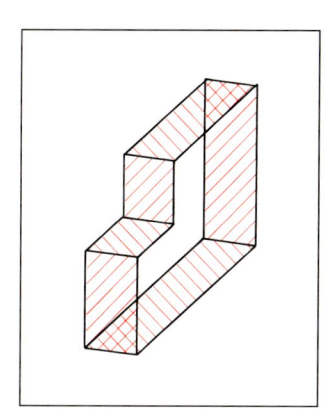

15.35 Flächenmodell

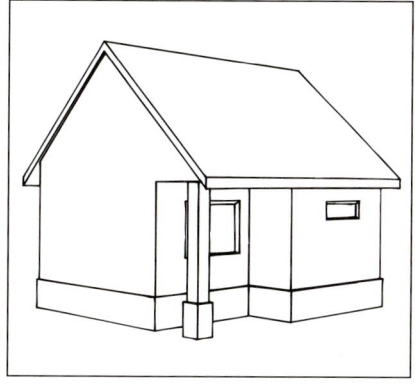

15.36 Aus dem Drahtmodell 15.34 werden die verdeckten Linien entfernt

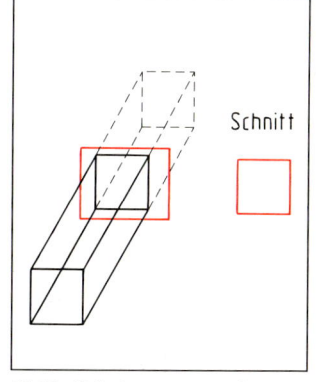

15.37 Schnitterzeugung des Flächenmodells

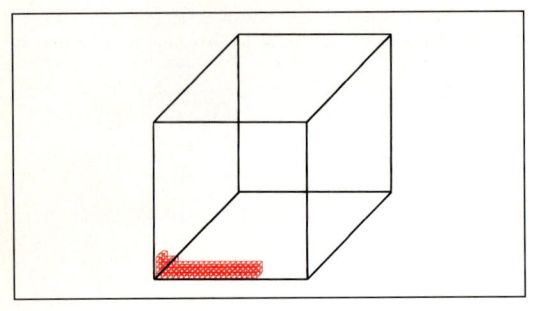

15.38 Volumenmodell

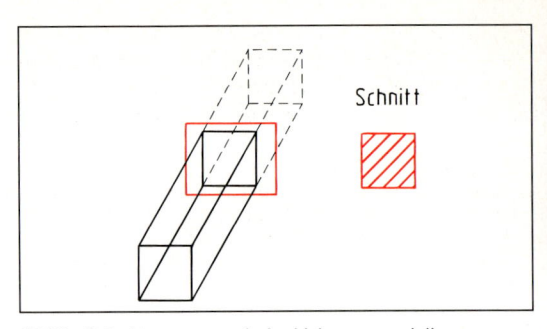

15.39 Schnitterzeugung beim Volumenmodell

3D-Modelle werden in Draht-, Flächen- und Volumenmodell unterschieden, CAD in der Bautechnik verlangt mindestens das Flächenmodell.

15.8.3 Eingabevoraussetzungen und Hilfen

Alle Eingaben beziehen sich auf ein Koordinatensystem. Durch die Definition der Abstände zu den Achsen können alle Konstruktionspunkte be-

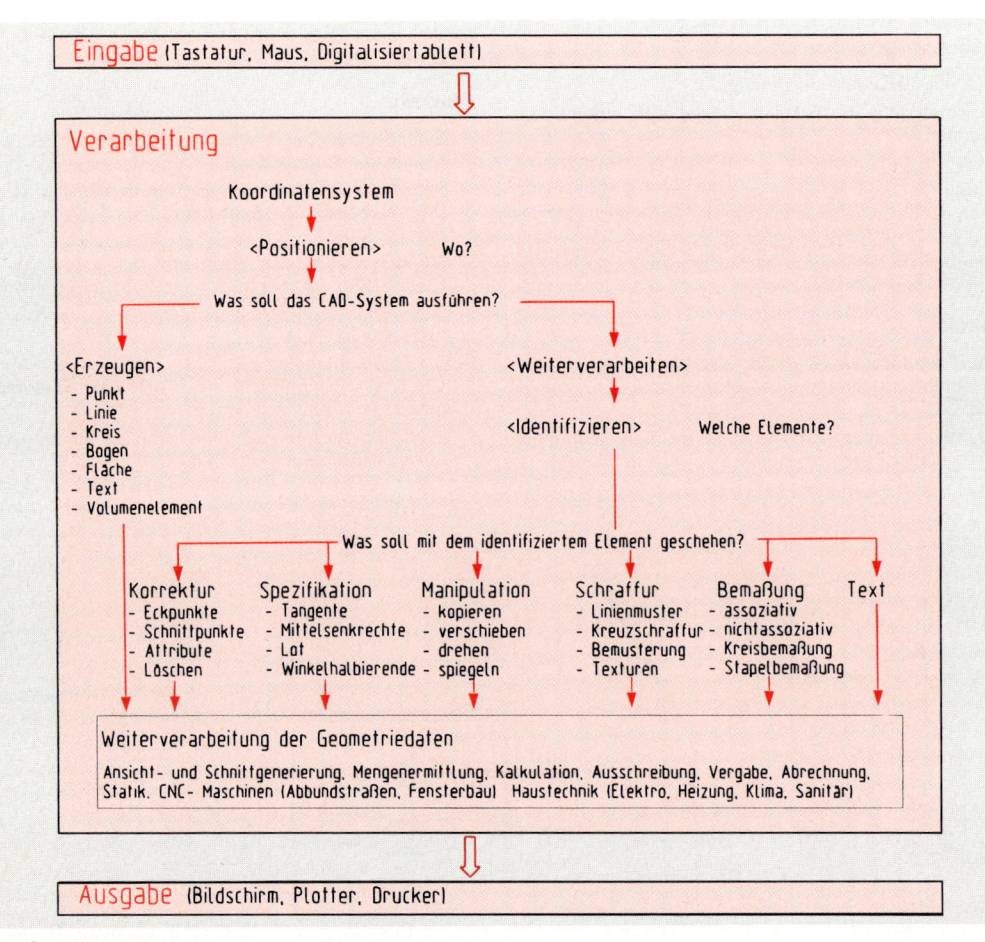

Eingabe (Tastatur, Maus, Digitalisiertablett)

Verarbeitung

Koordinatensystem

<Positionieren>   Wo?

Was soll das CAD-System ausführen?

<Erzeugen>
- Punkt
- Linie
- Kreis
- Bogen
- Fläche
- Text
- Volumenelement

<Weiterverarbeiten>

<Identifizieren>   Welche Elemente?

Was soll mit dem identifiziertem Element geschehen?

Korrektur	Spezifikation	Manipulation	Schraffur	Bemaßung	Text
- Eckpunkte	- Tangente	- kopieren	- Linienmuster	- assoziativ	
- Schnittpunkte	- Mittelsenkrechte	- verschieben	- Kreuzschraffur	- nichtassoziativ	
- Attribute	- Lot	- drehen	- Bemusterung	- Kreisbemaßung	
- Löschen	- Winkelhalbierende	- spiegeln	- Texturen	- Stapelbemaßung	

Weiterverarbeitung der Geometriedaten
Ansicht- und Schnittgenerierung, Mengenermittlung, Kalkulation, Ausschreibung, Vergabe, Abrechnung, Statik, CNC-Maschinen (Abbundstraßen, Fensterbau), Haustechnik (Elektro, Heizung, Klima, Sanitär)

Ausgabe (Bildschirm, Plotter, Drucker)

15.40 Überblick über das rechnerunterstützte Konstruieren

stimmt werden. Durch Positionieren des Fadenkreuzes (Cursor) teilt man dem Programm den Punkt in der Ebene (2D) bzw. im Raum (3D) mit. Dann muss es wissen, was es auszuführen hat:

- neue grafische Elemente <erzeugen/generieren> oder
- bestehende Elemente <weiterverarbeiten>. Dazu werden die grafischen Elemente definiert, damit das Programm sie erkennen <identifizieren> kann. Es folgt die Information, welche Operationen mit den identifizierten Elementen durchzuführen sind: <löschen/korrigieren>, <manipulieren>, <schraffieren>, <modifizieren/ändern>, <bemaßen>, <beschriften>.

Sind die grafischen Elemente fertiggestellt, werden die Geometriedaten weiterverarbeitet (**15**.40).

Koordinatensysteme. Die Koordinatensysteme dienen beim Konstruieren mit dem Rechner zum Festlegen von Punkten in der Ebene und im Raum.

- **Beim kartesischen Koordinatensystem** werden durch einen frei gewählten Anfangspunkt drei aufeinander senkrecht stehende Geraden (Achsen) gelegt – die *x*-, *y*- und *z*-Achse. Liegt auf den Achsen eine Maßeinteilung (Skalierung), ist jeder Punkt im Raum durch 3 Zahlen eindeutig anzugeben. Bei 2 Achsen (*x*-, *y*-Achse) spricht man von 2D, bei 3 Achsen von 3D (**15**.41).

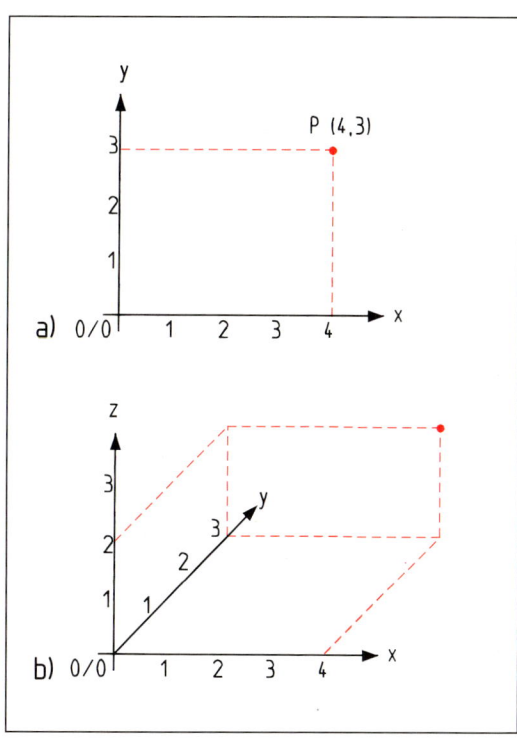

Beim polaren Koordinatensystem bestimmt man einen Punkt in der Ebene (2D) durch den Abstand R des Punktes zum Nullpunkt und den Winkel, den die Strecke zur positiven *x*-Achse einschließt. Ein Punkt im Raum (3D) benötigt zusätzlich noch den Abstand des Punktes P zur XY-Ebene (**15**.42).

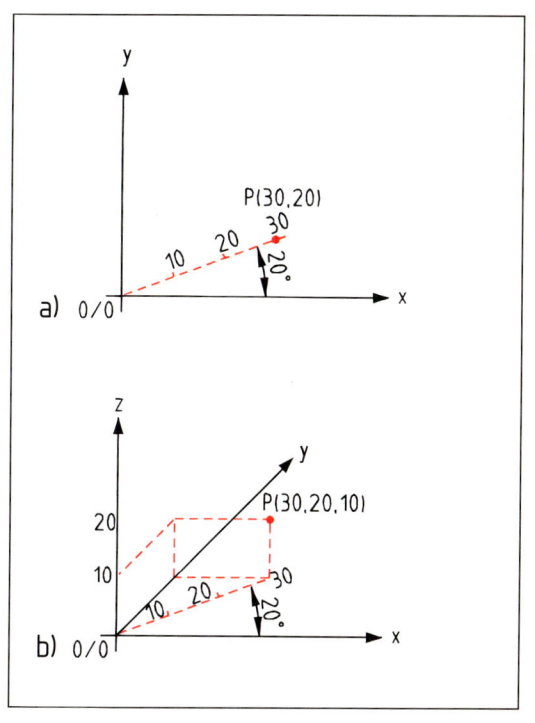

15.42 Polares Koordinatensystem
a) zweidimensional: Punkt in der Ebene
b) dreidimensional: Punkt im Raum

Koordinaten. Die Position auf dem Bildschirm wird mit Hilfe von Zahlenpaaren (2D) X-Wert/Y-Wert bzw. Zahlentripeln (3D) festgelegt. Um Punkte frei auf dem Bildschirm zu positionieren, benutzt man

- **absolute Koordinaten (x/y)**, die sich auf den Nullpunkt des Koordinatensystems beziehen;
- **relative Koordinaten (x/y)**, die sich auf den zuletzt eingegebenen Koordinatenpunkt beziehen (inkrementale Koordinaten);
- **polare Koordinaten**, die durch Abstand und Winkel zum zuletzt eingegebenen Koordinatenpunkt definiert sind.

15.41 Kartesisches Koordinatensystem
a) zweidimensional: Punkt in der Ebene
b) dreidimensional: Punkt im Raum

> Beim Konstruieren benutzt man vorwiegend absolute, relative und polare Koordinaten.

Beim Positionieren (*auch Lokalisieren*) teilt man dem Programm die Position (*Koordinaten*) eines Punktes im Koordinatensystem mit.

Beim freien Positionieren wird das Fadenkreuz (*der Cursor*) mit den Pfeiltasten der Tastatur, mit Stift bzw. Lupe des Digitalisiertabletts oder mit der Maus gesteuert.

Beim Positionieren im Raster wird der Bildschirm von einem Netz von Punkten überzogen, deren Abstand der Anwender sowohl in X- als auch Y-Richtung frei wählt. Das Fadenkreuz springt immer auf den nächstliegenden Rasterpunkt.

Beim Positionieren über Zielkoordinaten wird das Fadenkreuz durch die Eingabe relativer oder absoluter Koordinaten gesteuert (**15**.43). Befehl X-Wert,Y-Wert (z. B. 100, 200).

Beim Positionieren auf grafischen Elementen rastet das Fadenkreuz auf den in der Datenbank gespeicherten Punkten der grafischen Elemente.

Mit dem Objektfang/Fangfunktionen (*Tentativ*) wird der nächstliegende Koordinatenpunkt angesprungen (**15**.44). Unterschieden werden hierbei u. a. das Rasten/Fangen auf

- dem nächsten Anfangs- bzw. Endpunkt
- dem nächsten Mittelpunkt eines linearen Elements
- dem nächsten Kreismittelpunkt
- dem nächsten Schnittpunkt von Elementen
- dem nächsten Pixel.

> Beim Positionieren unterscheidet man das freie Positionieren, das Positionieren im Raster, über die Zielkoordinaten und auf bestehenden grafischen Elementen.

Beim Identifizieren (*auch Aktivieren, Selektieren, Auswählen*) wählt man Zeichnungselemente am Bildschirm aus, die weiterbearbeitet werden sollen. Meist erscheint das identifizierte Element dann in einer aktivierten Darstellung auf dem Schirm. Identifizierungsarten:

Direktes Anspringen mit dem Objektfang meist über den Elementmittelpunkt.

Ein Fenster/Box/Zaun wird über die Elemente gelegt. Die hierbei angebotenen Methoden können sehr vielfältig sein (**15**.45). Identifiziert werden

- Elemente, die vollständig innerhalb des Fensters liegen,
- Elemente, die vollständig innerhalb des Fensters liegen und die das Fenster kreuzen/überlappen,
- Elemente, die vollständig außerhalb des Fensters liegen,
- Elemente, die vollständig außerhalb des Fensters liegen und die das Fenster kreuzen/überlappen,
- nur die Teile der Elemente, die innerhalb des Fensters liegen (*clippen innen*),
- nur die Teile der Elemente, die außerhalb des Fensters liegen (*clippen außen*).

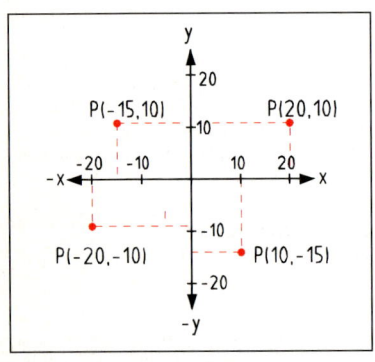

15.43 Positionieren über Zielkoordinaten

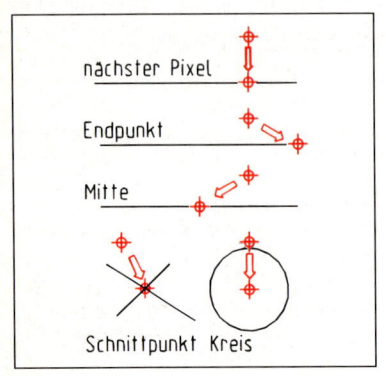

15.44 Positionieren über den Objektfang

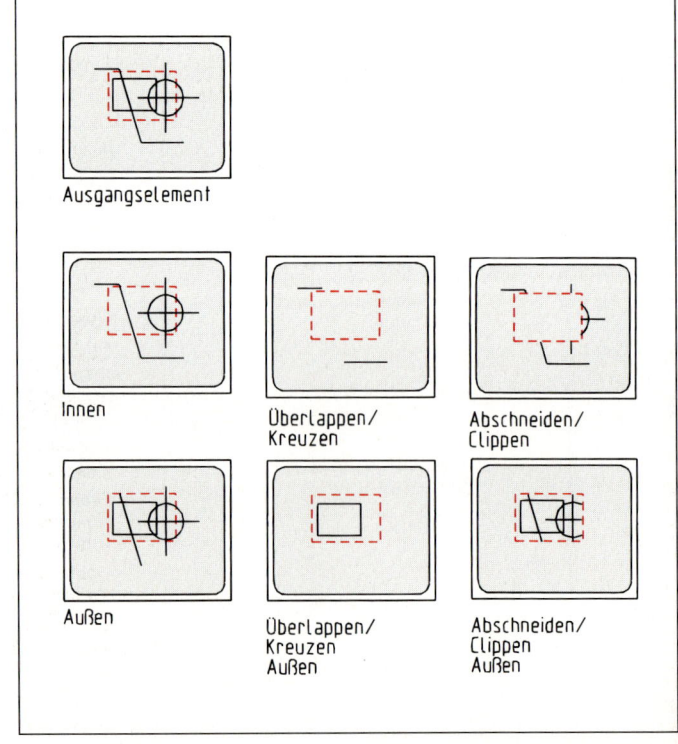

15.45 Identifikationsmethoden mit Box/Zaun am Beispiel des Löschens

Filter schränken die Identifikation auf einzelne Zeichnungselemente ein.
Wir unterscheiden z. B.:

- *Elementfilter.* Nur bestimmte grafische Elemente (z. B. nur Linien, Kreise, Quader/Wände, **15.**46),
- *Ebenenfilter.* Nur Zeichnungselemente auf einer definierten Ebene (= Zeichnungsblatt, s. **15.**48),
- *Farbfilter.* Nur Elemente mit einer definierten Farbe,
- *Massenfilter.* Nur Elemente eines bestimmten Materials (z. B. KSL 12).

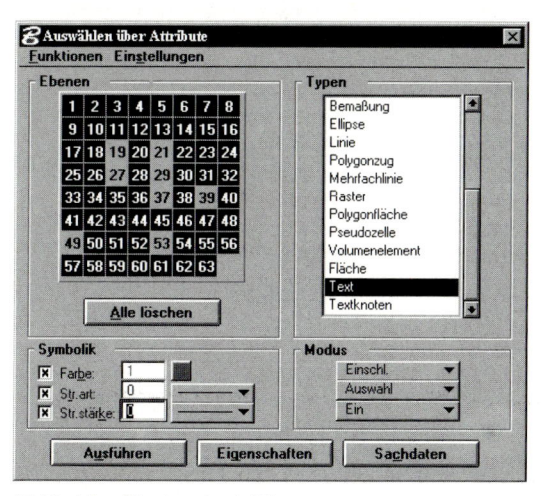

So könnten z. B. alle Texte einer Zeichnung der Schriftart Helvetica mit der Texthöhe 0,25 mm und der Farbe gelb identifiziert werden. In einem Arbeitsgang wird ihnen anschließend eine andere Strichstärke, Ebene, Schriftart oder Schrifthöhe zugewiesen.

> Identifiziert wird über direktes Anspringen mit dem Objektfang, über eine Fenster- oder Filterfunktion.

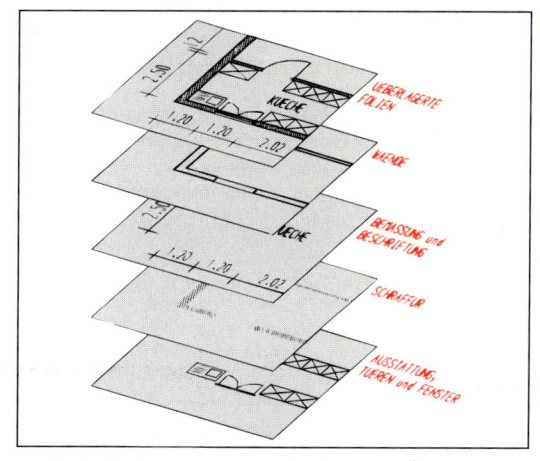

15.46   Identifikation durch Filter

15.48   Aufteilung des EG in Ebenen: Wand, Öffnungen

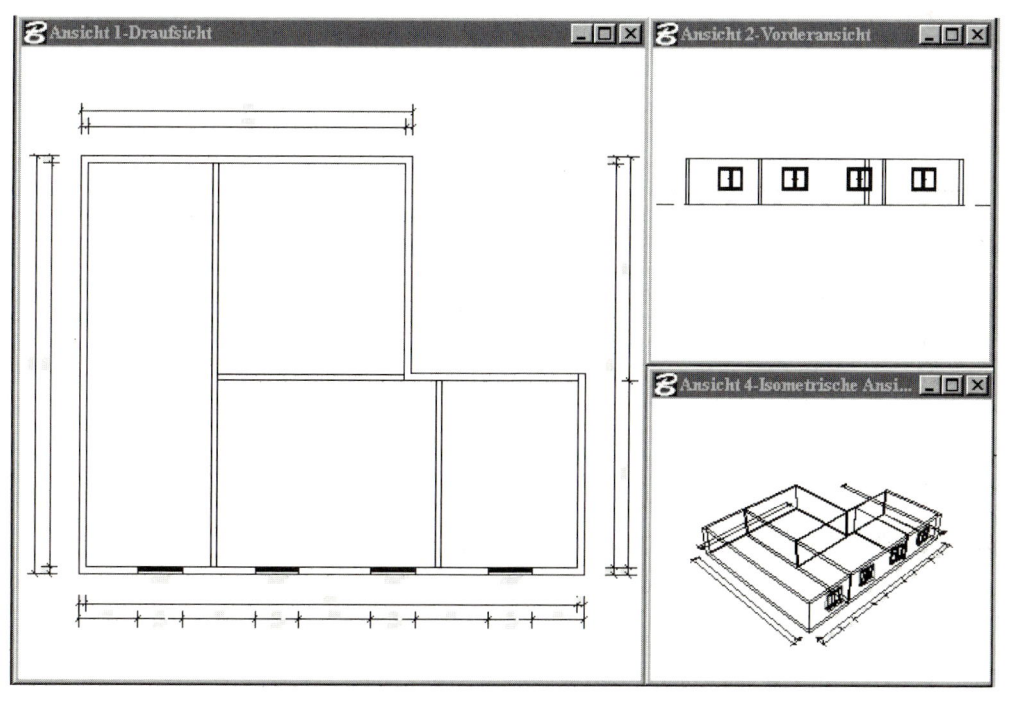

15.47   Bildschirmfenster/Ansichten

Programmparameter. Bei jedem CAD-Programm sind vor und während des Konstruierens Einstellungen (*Parameter*) vorzunehmen. Parameter sind veränderliche Hilfsgrößen.

Darstellungsparameter steuern die Darstellung der Elemente auf dem Bildschirm. Wir unterscheiden:

- **Die Bildschirmskalierung** (Darstellungsmaßstab, Limiten) legt die Konstruktionsgröße auf dem Bildschirm fest. Ein 32-Bit-System kann eine Konstruktionsfläche von 2^{32} Einheiten (z. B. cm) auf dem Bildschirm in x- und y-Richtung darstellen.
- **Die Darstellungsgenauigkeit** weist das Programm an, wie viel Zwischenpunkte (*Koordinaten*) je Element bzw. Einheit zu speichern sind. Meist geschieht dies über die Auflösung. Je größer die Auflösung, desto geringer die Konstruktionsfläche.
- **Die Dezimalstellenanzeige** (*Signifikanz*) legt fest, wie viele Stellen nach dem Komma anzuzeigen sind.
- **Die Fenster- bzw. Ansichtsdefinition** bestimmt, wie viele Darstellungen eines Objekts gleichzeitig auf dem Schirm dargestellt werden (**15.47**). Innerhalb einer jeden Definition können über Attribute beliebige Elemente, z. B. Texte, Bemaßungen, Schraffuren, ein- und ausgeblendet werden. Die Zeichnung wird dadurch übersichtlicher, Fehleingaben werden minimiert, die Augen werden geschont.

Handhabungsbezogene Parameter betreffen die Arbeitsweise des Anwenders.

- **Die Maßeinheit** (m, cm, mm), in der konstruiert werden soll, ist festzulegen; in der Bautechnik meist cm.
- **Das Raster** ist ein- oder auszuschalten; die Abstände der Rasterpunkte in X- und Y-Richtung sind einzugeben.
- **Hilfsanzeigen** (z. B. Koordinatenanzeigen, Elementnummern, Menüerläuterungen) sind zu aktivieren.

Elementbezogene Parameter (Attribute) beziehen sich auf das darzustellende Element. In der Sprache werden Adjektive einem Nomen als Attribut beigefügt, ähnlich geschieht es auch in der CAD-Technik. Ein Zeichner/Konstrukteur weiß aufgrund seiner Ausbildung, in welcher Strichart und Strichstärke ein Element zu zeichnen ist, welche Zeichnungselemente eine bestimmte Konstruktion beinhalten muss. Ein CAD-System kann diese Entscheidung nicht selbstständig treffen, der Anwender muss sie ihm mitteilen. Die wichtigsten Attribute sind

- Linienart,
- Linienbreite,
- Farbe,
- Ebene.

Die Linienart beschränkt sich nicht nur auf Voll-, Strich- und Strichpunktlinien. Einige CAD-Systeme bieten einen Linieneditor, mit dem eine jede Linienart aus den grafischen Elementen erzeugt und gespeichert werden kann. Selbst die Wärmedämmung und Sperrungen können dann als einfaches Linienelement eingegeben werden (s. **15.61**).

Die Linienbreite können nur wenige CAD-Systeme auf dem Bildschirm darstellen. Nur wenige Ausgabegeräte können diese Breiten in einen Druck bzw. Plot umsetzen. Breite Linien erhellen zudem derart viele Pixel, dass eine schnelle Ermüdung der Augen die Folge sein kann.

Die Farbe steuert bei den meisten CAD-Systemen die Strichstärke. Die erste Farbe der Farbtabelle entspricht dann bei Stiftplottern dem 1. Stift. Tintenstrahlplottern wird in den Treibereinstellungen einer Farbe eine Strichstärke zugeordnet. Man sollte folglich mit nicht mehr Farben arbeiten, als das Ausgabegerät umsetzen kann. Um ungeübten Anwendern die Arbeit zu erleichtern, sollten diese Farben sich an der DIN orientieren, d. h. weiß 0,25 mm, gelb 0,35 mm, braun 0,5 mm usw.

Lediglich bei Präsentationszeichnungen und Farbplots werden mit zig-Tausenden von Farben und Farbschattierungen gearbeitet, um fotorealistische Darstellungen zu erzielen.

Die Ebenen (*Folien, layer*) strukturieren Zeichnungen. Man kann sie mit einzelnen Zeichenblättern vergleichen. Unterschiedliche Zeichnungselemente erzeugt man auf separaten Blättern (Ebenen). Je nach Bedarf werden die unterschiedlichsten Bildschirm- und Plotdarstellungen erzeugt (**15.48**).

Ebenenplan. Die Anzahl der Ebenen, die bei CAD-Programmen zur Verfügung stehen, reicht von 3 bis unendlich. Die Benennung erfolgt durch Nummerierung oder Namenszuweisung. Um nicht den Überblick über die belegten Ebenen zu verlieren und mitarbeitenden Kollegen das Auffinden der abgelegten Zeichnungsteile zu erleichtern, trifft man eine Übereinkunft – einen Ebenenplan.

> Standardattribute sind Linienart, Farbe, Strichstärke und Ebene.
>
> Ebenen sind Zeichenblätter mit einzelnen Elementen einer Gesamtzeichnung. Die Zuweisung der Elemente auf bestimmte Ebenen wird in einem Ebenenplan festgelegt.

Weitere Attribute können mit einem grafischen Element direkt in der Datenbank verknüpft werden und ermöglichen erst ein zielgerechtes, ökonomisches Konstruieren. z. B.

- Konstruktionshinweise,
- Ausfüllungen,
- assoziative Schraffuren und Muster s. 15.8.6
- assoziative Bemaßungen s. 15.8.7,
- Oberflächendefinitionen für Renderfunktionen s. 15.9
- nichtgrafische Attribute, z. B. Material- und Massenkennungen (VMZ 20), Preise.

Der Anwender kann sich über Darstellungs-, Handhabungs- und elementbezogene Parameter die Arbeit wesentlich erleichtern. Teilweise bilden sie die Voraussetzung zur Konstruktion.

Die Zoomfunktion verändert den Bildschirmausschnitt. Grafische Elemente werden vergrößert oder verkleinert.

Beispiele <ZOOM-Fenster>. Der zu vergrößernde Bildausschnitt wird mit einem Fenster identifiziert und vergrößert (**15**.49)

<ZOOM-Grenzen> passt alle Elemente bildschirmfüllend ein. (**15**.49).

<ZOOM +> bzw. <ZOOM –> vergrößern bzw. verkleinern den Bildschirmausschnitt entsprechend eingestellter Faktoren.

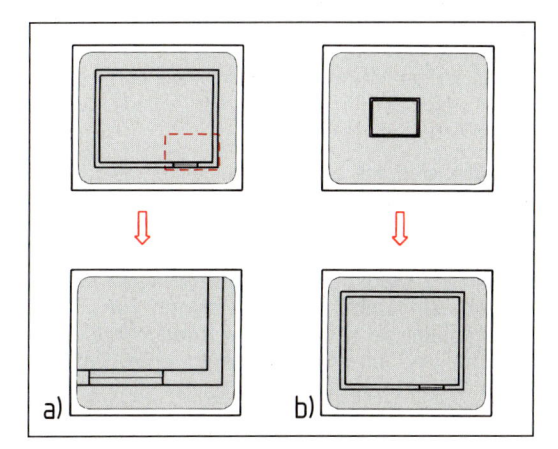

15.49 ZOOM-Funktionen
a) ZOOM-Fenster, b) ZOOM-Grenzen

Beim <ZOOMEN> werden Ausschnitte der Gesamtzeichnung in einer beliebigen Vergrößerung bzw. Verkleinerung auf dem Bildschirm dargestellt.

Viele weitere Funktionen sind möglich. So kann mit einem Mausklick zwischen vorherigem und nächstem Ausschnitt gewechselt oder auf vorher definierte und abgespeicherte Festansichten zurückgegriffen werden.
Generell sollte immer in der maximalen Vergrößerung konstruiert werden. Die Fehleingaben werden minimiert, die Augen geschont.

Messfunktionen werden kontinuierlich benötigt. Heutige CAD- Systeme beschränken sich nicht nur auf einfache Messungen wie z.B. Punktabstände,

Elementabmessungen, rechtwinklige und Minimalabstände, Flächeninhalt und Umfang, Volumen und Oberflächen. Verknüpfungen von Elementen durch Differenz-, Vereinigungs- und Schnittfunktionen (**15**.50), sowie das Ermitteln von Masseeigenschaften, Schwerpunkten bis hin zu Trägheitsmomenten und Drehungsradien sind schon Standard.

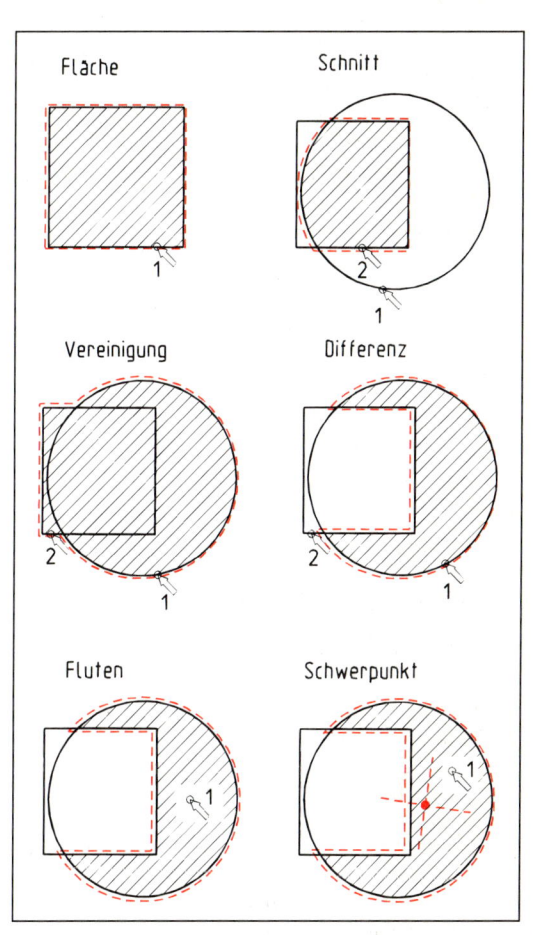

15.50 Mess-Methoden

15.8.4 Grafische Grundelemente 2D

Beim rechnerunterstützten Konstruieren unterscheidet sich die Art der grafischen Elemente (*Operanden*) nur unwesentlich vom traditionellen Zeichnen.

Der Punkt dient meist nur als Konstruktionshilfe. Zusammen mit den Identifizierungsfunktionen kann man ihn z.B. zum Fixieren von Bezugspunkten benutzen. Ein CAD-Programm definiert ihn durch seine Abstände zur X- und Y-Achse.

Die Linie (Strecke) ist das am häufigsten verwendete grafische Element. Programmintern werden nur der Anfangs- und der Endpunkt (A/E) gespeichert. Selbst wenn Anfangspunkt, Länge und Winkel eingegeben werden, ermittelt sich das Programm den Endpunkt und speichert ausschließlich die Koordinaten in der Datenbank. Folglich „sieht" das CAD-Programm Linien mit anderen Augen als der Mensch. Während wir eine Linie als einen Strich definieren, kennt das Programm nur die Koordinaten (**15**.51).

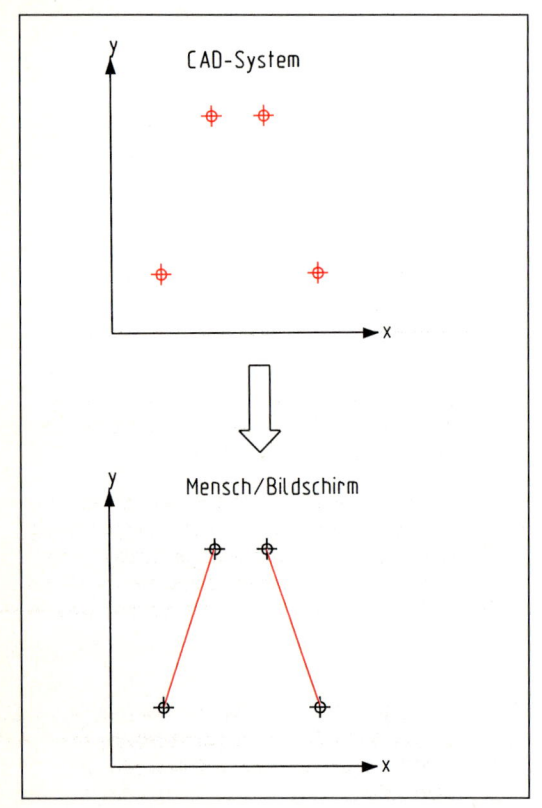

15.51 Unterschiedliche Darstellung und Definition der Linie. Nur für den Menschen werden die definierten Anfangs- und Endpunkte auf dem Bildschirm verbunden.

Bei jedem neuen Bildschirmaufbau berechnet sich das CAD-Programm die Zwischenpunkte (Pixel) aus den Koordinaten des Anfangs- und Endpunktes und erhellt sie für unser Auge.

Das Polygon besteht aus einer zusammenhängenden Folge von Linien, bei denen der Endpunkt der vorangegangenen Linie den Anfangspunkt der Folgenden bildet. Alle Linienelemente werden jedoch in der Datenbank als ein Element behandelt, für das nur eine Elementnummer vergeben wird.

Die Mehrfachlinie wird im Baubereich z. B. zur Erzeugung von Wänden in der 2D-Darstellung gebraucht. Die Eingabe erfolgt wie bei einer Linie oder einem Polygon; vor dem Bestätigen des Anfangs- bzw. Endpunkts muss lediglich der Abstand der Parallellinie(n) von der Bezugslinie (*die Wanddicke*) definiert werden (**15**.52).

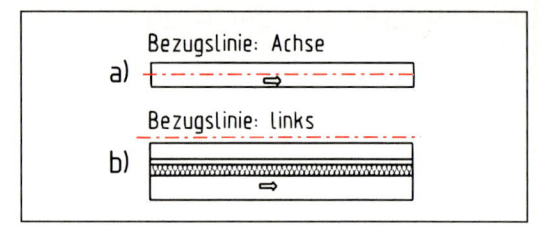

15.52 Mehrfachlinien
a) einschalige und b) mehrschalige Wand

Mehrfachlinien können auch in speziellen Dateien gespeichert und immer wieder abgerufen werden. Mehrschalige Wandaufbauten einschließlich der Dämmungsschraffur werden auf diese Art in einem Arbeitsgang erzeugt.

Vielecke sind im einfachsten Fall ein Rechteck, das nur zwei Koordinatenzuweisungen benötigt (**15**.53a). Gedrehte Rechtecke benötigen wie bei den traditionellen geometrischen Grundkonstruktionen 3 Zuweisungen (**15**.53b). Unregelmäßige Vielecke sind geschlossene Polygonzüge, regelmäßige Vielecke können unter Angabe ihrer Kantenlänge und -anzahl sowie als In- oder Umkreiskonstruktion erzeugt werden (**15**.53d–f).

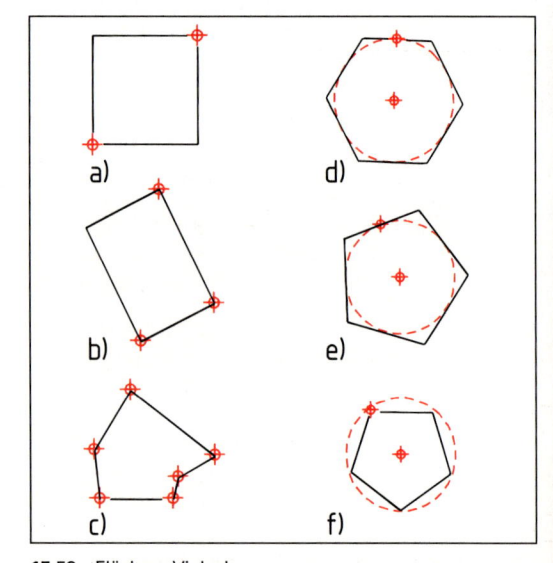

15.53 Flächen: Vielecke
a) Rechteck, b) gedrehtes Rechteck, c) unregelmäßiges Vieleck, d–f) regelmäßige Vielecke

Kreis. CAD-Programme definieren Linien- und Kreiselemente im Prinzip gleich. Der Kreis wird als gleichmäßig gekrümmte Linie definiert; Anfangs- und Endpunkt liegen auf der gleichen x/y-Koordinate (**15**.54).

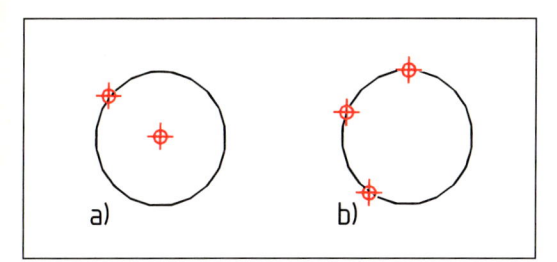

15.54 Eingabemethoden von
a) M + R, b) 3 Punkte auf Umfang

Wie beim traditionellen Konstruieren verlangt das CAD-System als Standardeingaben

– Mittelpunkt und Radius
– Mittelpunkt und Durchmesser oder
– 3 Punkte auf dem Umfang.

Winkeleingaben. CAD-Programme arbeiten stets mathematisch positiv, d. h. gegen den Uhrzeigersinn. Winkel 0 befindet sich dabei immer rechts von der aktuellen Cursorposition auf der positiven x-Achse. Nur wenn die Startrichtung nach rechts vorgegeben oder durch ein Minus geändert wird, arbeitet das Programm im Uhrzeigersinn (**15**.55).

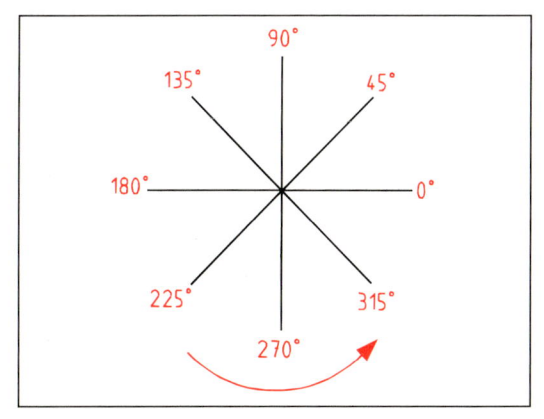

15.55 Winkeldefinition

Die Winkelgrade verlaufen mathematisch positiv, d. h. gegen den Uhrzeigersinn.

Bogen. Ein CAD-Programm kennt nur Bögen. Selbst der Vollkreis ist ein Bogen – mit der Besonderheit, dass Anfangs- und Endpunkt zusammenfallen (Öffnungswinkel 360°). Da CAD-Programme mathematisch positiv arbeiten, ist bei den Bögen die Laufrichtung linksherum unbedingt zu beachten (**15**.56).

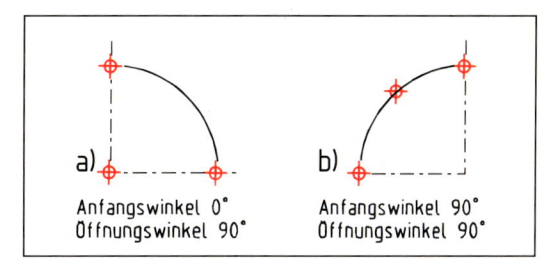

a) Anfangswinkel 0°
Öffnungswinkel 90°

b) Anfangswinkel 90°
Öffnungswinkel 90°

15.56 Eingabemethoden von
a) M + R, b) 3 Punkte auf Umfang

Standardeingaben sind

– Mittelpunkt, Anfangspunkt, Endpunkt
– Anfangspunkt, Punkt auf Umfang, Endpunkt
– numerische Eingabe von Anfangswinkel, Öffnungswinkel und Radius. Der Bogen „hängt" dann am Cursor und muss nur noch über den Mittelpunkt positioniert werden.

Poly- bzw. Smartlinien bestehen aus einer Verknüpfung aller Grundelemente, die polygonartig verknüpft werden. Die Eingaben werden hiermit beschleunigt, da ein Funktionswechsel und ein nachträgliches Verketten von Einzelelementen entfällt.

Grafische Grundelemente sind Punkt, Linie, Kreis und Bogen. Sie können erweitert werden zum Polygon, zur Mehrfach- und Poly- bzw. Smartline.

15.8.5 Korrektur grafischer Elemente, Manipulation, Spezifikation

Gegenüber dem traditionellen Zeichnen liegt ein großer Vorteil der CAD-Technik in der problemlosen Korrektur der Zeichnungen. Wir korrigieren hierbei das Element auf dem Bildschirm; das CAD-System ändert bzw. erweitert die Koordinaten bzw. die Zuweisungen des Elements in der Datenbank.

Das Modifizieren/Ändern beinhaltet eine Vielzahl von Funktionen.

Einzelne Koordinatenpunkte werden identifiziert und neu auf dem Bildschirm positioniert. Die Lage des Elements z. B. einer Linie wird dadurch verändert.

Schnittpunktfunktionen verlängern bzw. verkürzen grafische Elemente zu einem gemeinsamen Schnittpunkt oder löschen Teile eines Elements zwischen zwei Schnittpunkten. Möglich sind die Schnittpunktbildungen <Linie-Linie> <Kreis-Kreis> und <Linie-Kreis> (**15**.57).

Trimm-Funktionen verkürzen, verlängern oder trennen / brechen das Element (**15**.57). Die Lage bleibt unverändert.

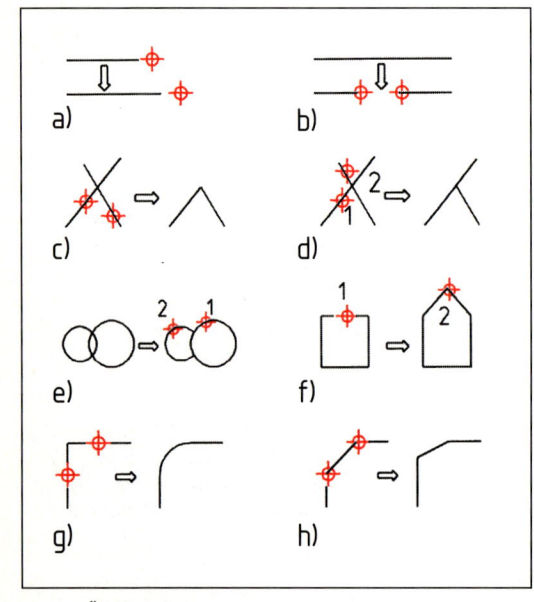

15.57 Änderungsfunktionen
a) verlängern, b) trennen,
c) Schnittpunkt, d) trimmen Linie
e) trimmen Kreis, f) Scheitelpunkt
g) Ausrunden, h) Fase

Scheitelpunkte können nachträglich eingefügt oder gelöscht werden. Ein Viereck kann so zum Fünfeck (*einfügen*) oder Dreieck (*löschen*) korrigiert werden.

Korrekturen der Attribute. Auch Linienart, Linienstärke, Ebene usw. müssen jederzeit korrigierbar sein. Dazu werden die Elemente identifiziert und die neue Zuweisung eingegeben.

Mit Manipulationen lassen sich nicht nur einzelne Koordinaten, sondern ganze Objekte teilweise oder insgesamt verändern. So werden Zeichenarbeit und Zeit eingespart, Fehleingaben minimiert (**15**.58).

Tabelle **15**.58 Manipulationen

Verschieben. Eine beliebige Anzahl von Elementen lässt sich nach dem Identifizieren durch die Angabe von Basispunkten (B) von ihrer bisherigen Position an eine andere Position verschieben.

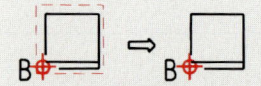

Kopieren/Duplizieren ist mit dem Verschieben identisch. Die kopierten Elemente bleiben lediglich an ihrer ursprünglichen Position erhalten.

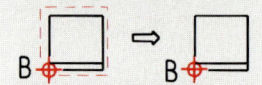

Spiegeln. Eine beliebige Anzahl von Elementen wird um eine definierte Achse gespiegelt. Die ursprünglichen Elemente bleiben im Normalfall erhalten, die manipulierten Elemente werden um 180 Grad im Abstand zur Spiegelachse gedreht.

Dehnen (auch: Stauchen/Strecken) ähnelt der Koordinatenkorrektur. Beim ⟨*Dehnen*⟩ lassen sich jedoch beliebig viele Koordinatenpunkte einer Fläche/eines Körpers verschieben.

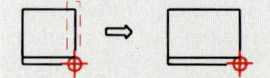

Drehen. Eine beliebige Anzahl von identifizierten Koordinatenpunkten wird um einen definierten Basis- bzw. Drehpunkt *D* gedreht

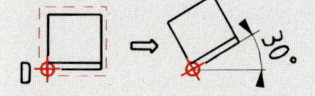

Beim Scalieren (auch: scale/varia) werden die identifizierten Koordinatenpunkte einer Fläche in jeder Richtung gleichmäßig verändert (*Luftballoneffekt*).

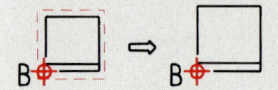

Mehrfachkopien/Matrix. Ein identifiziertes Element wird unter Angabe der Reihen- und Spaltenanzahl im eingegebenen *x*- und *y*-Abstand beliebig oft kopiert.

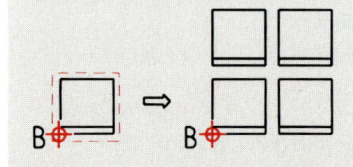

15.8 CAD-Technik

Die Manipulation im 3D verläuft nach den gleichen Gesetzmäßigkeiten. Scheiben von Reihenhäusern können in x- und y-Richtung kopiert, verschoben, gedreht und gespiegelt werden. Komplette Geschosse werden in z-Richtung kopiert.

Spezifikationen (nähere Erläuterungen) sind den geometrischen Grundkonstruktionen des traditionellen Zeichnens vergleichbar. Je nach Anwendungsgebiet unterscheiden sich die CAD-Programme in ihrem Funktionsangebot. Einige Funktionen zeigt Tabelle **15**.60).

Tabelle **15**.59 Anwendungsbeispiele für Änderungen

<Schnittpunkt> Bei einem Fundamentplan wird nachträglich das Schornsteinfundament konstruiert. Die innere Wandlinie muss verkürzt werden.

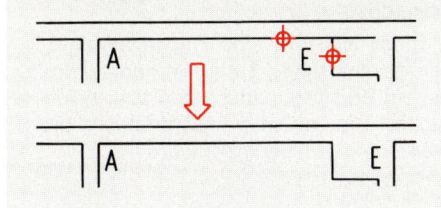

<verlängern> Die Deckenunterkante ist nicht bis zur Schnittlinie gezeichnet und daher zu verlängern.

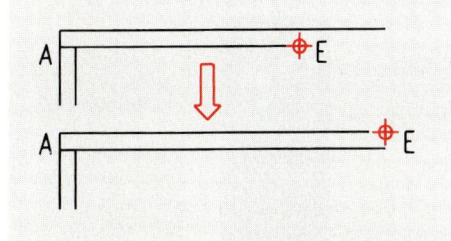

<trimmen> Der Schornstein wurde nachträglich konstruiert. Die Firstlinie ist aufzutrennen.

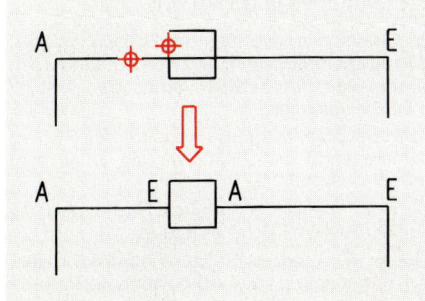

Tabelle **15**.60 Spezifikationen (Auswahl)

<Teilen> Linienanfang und Ende werden identifiziert. Den Teilungen können beliebige Symbole (Striche, Pfeile) oder Zeichen zugeordnet werden.

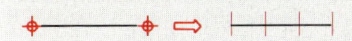

<Parallele> Das Ausgangselement wird identifiziert, Abstand und Lage zum Ausgangselement werden bestimmt.

<Winkelhalbierende> Die Winkelstrahlen und der Scheitelpunkt werden identifiziert. Damit ist die Position der Winkelhalbierenden festgelegt. Nur noch der Endpunkt ist zu bestimmen.

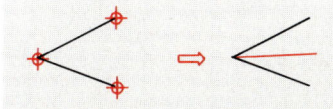

<Senkrechte> / <Mittelsenkrechte> Das Linienelement ist zu identifizieren. Der Abstand zur Linie wird bestimmt. Bei der Mittelsenkrechten wird meist mit Hilfe einer Fangfunktion der Linienmittel-Punkt definiert.

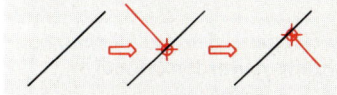

<Tangentenkonstruktion> Der Kreis/Teilkreis ist zu identifizieren, der Anfangspunkt der Tangente (A) zu bestimmen. Diese Funktion lässt sich erweitern zur Spezifikation <Doppeltangente>.

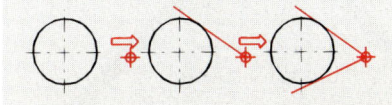

Grundlegende Manipulationsfunktionen sind <Verschieben>, <Kopieren>, <Spiegeln>, <Dehnen>, <Drehen> und <Scalieren>.

Spezifikationen bezeichnen die Art und Lage eines grafischen Elements. Geometrische Grundkonstruktionen werden näher erläutert (spezifiziert).

15.8.6 Schraffur

Schraffuren. Ein CAD-System unterscheidet unterschiedliche Schraffurarten:

Linienbemusterung mit vorhandenen bzw. mit einem Editor selbst erzeugten Linienarten, z. B. Wärmedämmung (**15.61**),
Schraffuren, z. B. für Mauerwerk, Stahlbeton,
Muster, z. B. Geröll, Mauerverbände (**15.62**),
Ausfüllungen (Shading), bei denen die definierten Elemente vollflächig mit einer Farbe belegt sind,
Materialien (Rendering, Raytraycing), bei denen Flächen oder Körper mit einer Struktur bzw. einem Material, z. B. Wollteppich, Glas, Kupfer belegt sind (**15.63**).

Beim Schraffieren werden identifizierte Flächen mit einem Muster ausgefüllt.

> **Grundregeln**
> – Schraffurelemente sollten auf einer separaten Ebene liegen, um sie jederzeit ausblenden zu können. Die Vielzahl der Schraffurelemente kann zur Unübersichtlichkeit auf dem Bildschirm führen, und verlängert den Bildaufbau beträchtlich (höhere Speicherkapazität).
> – Die zu schraffierende Fläche muss eindeutig identifiziert sein und aus Schnittpunkten der Flächenkanten bestehen. Sonst können fehlerhafte Schraffuren auftreten.
> – Es muss sich um eine Fläche handeln. Vier geschlossene Linienelemente können ein Rechteck bilden, sind aber keine Fläche. Sie müssen nachträglich als Fläche definiert/ verkettet werden.

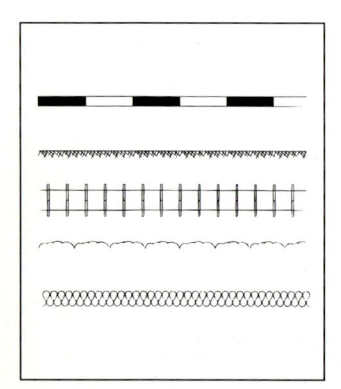

15.61 Linienmuster

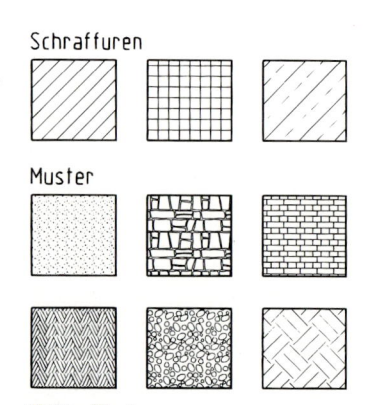

15.62 Muster

15.63 Materialien; Texturen

Schraffur mehrerer Flächen. Mehrere Flächen können gleichzeitig schraffiert werden (**15.64**).

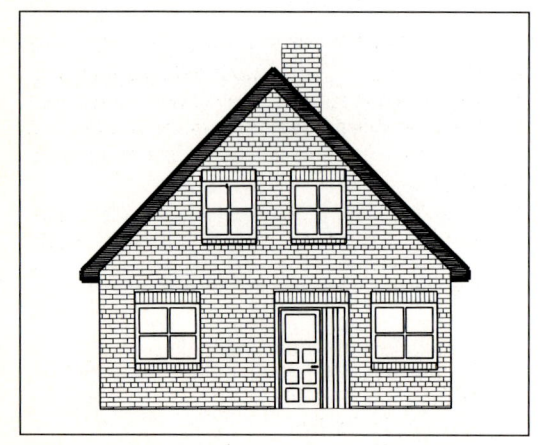

15.64 Ansichtsaufbereitung

Je nach Konstruktion bedient man sich unterschiedlicher Methoden (s. **15**.50), z. B.

Vereinigung. Überlappen sich mehrere Flächen, würden die Schnittflächen mehrfach schraffiert werden, sie werden deshalb vor der Schraffur zu einer temporären (zeitlich begrenzten) Fläche vereinigt.
Schnitt. Von 2 oder auch mehreren identifizierten Flächen wird die Schnittmenge berechnet. Nur sie erhält eine Schraffur.
Differenz. Von der zuerst identifizierten Fläche wird die Schnittmenge der zweiten Fläche abgezogen.
Ausfüllen/Fluten. Wird innerhalb einer Fläche ein Datenpunkt gesetzt, ermittelt sich das CAD-System mittels einer automatischen Konturverfolgung die umgrenzende Fläche.

Assoziative Schraffuren verändern sich bei Flächenkorrekturen. Die Schraffur wird hierbei als Attribut mit der schraffierten Fläche in der Datenbank gekoppelt. Wird die Fläche korrigiert, ändert sich die Schraffur beim erneuten Bildaufbau automatisch (**15.65**).

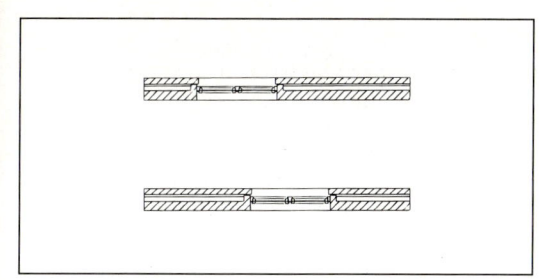

15.65 Assoziative Schraffur

15.8.7 Bemaßung und Text

Die Bemaßung ist beim traditionellen Zeichnen sehr zeitaufwendig und fehleranfällig, mit ausgereiften CAD-Programmen dagegen einfach und schnell auszuführen.

Bemaßungsarten. CAD-Programme unterscheiden Linien-, Kreis- und Winkelbemaßung (**15.66**).

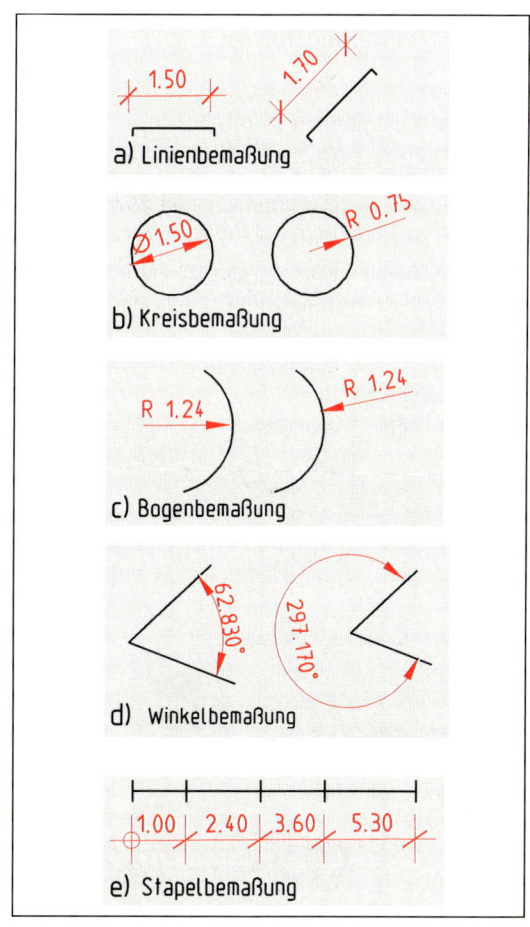

15.66 Bemaßungen

Voreinstellungen/Parameter. DIN-gerechte Bemaßungsvorgaben und büro- bzw. zeichnungsspezifische Besonderheiten sind einmalig vor der Bemaßungseingabe vorzunehmen. Diese häufig sehr zeitintensiven Einstellungen werden in Einstellungsdateien gespeichert, so dass sie jederzeit wieder abgerufen werden können, z. B.

– **die Maßlinienbegrenzung** (Kreis, Schrägstrich, Pfeil),
– **die Strichstärken** für Maßlinie, Maßzahl und Maßlinienbegrenzung,
– **die Bezugslinie** zum Objekt mit definierten Abständen,
– **die Höhe der Maßzahlen** (0,25, 0,35, 0,5 in Abhängigkeit vom Plotmaßstab),
– **die Genauigkeit der Bemaßung/Nachkommastellen** (8,9; 8,92; 8,924),
– **die Hochzahlen** bei mm-Angaben z. B. 17[5], 62[5],
– **die Höhenbemaßung** bei Öffnungen.

Die Maßpunktbestimmung erfolgt über

– ein direktes Rasten auf den Maßpunkten
– über Schnittachsen (**15.67**).

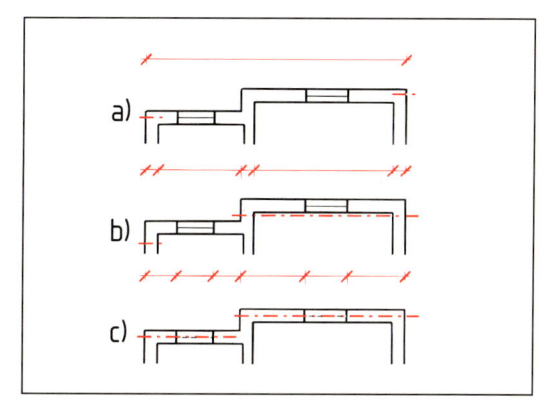

15.67 Automatische Bemaßung über Schnittachsen
Achse(n) a) für ein Außenmaß, b) für ein Innenmaß, c) für ein Öffnungsmaß

Die assoziative Bemaßung geschieht wie oben beschrieben durch eine Maßpunktbestimmung. Die Maßkette wird zusätzlich mit dem bemaßten Element in der Datenbank gekoppelt. Ändert sich das bemaßte Element, korrigiert das Programm selbstständig die Maßkette.

Moderne CAD-Programme lassen auch den umgekehrten Weg zu. Ändert man ein Maß innerhalb einer Maßkette, ändert sich selbstständig das bemaßte Element.

> Flexible Einstellungen, Schnittachsenfunktionen und assoziative Bemaßung sind ein wesentliches Qualitätsmerkmal von CAD-Programmen.

Texte prägen das Erscheinungsbild und den Gesamteindruck einer Zeichnung. Viele Büros, vor allem Architekturbüros, haben eigene Schriften entwickelt.

Wie bei der Bemaßung sind auch bei den Texten eine Reihe von Einstellungen (*elementspezifische Attribute*) vorzunehmen, z. B.

- **Schriftart**. Die CAD-Technik arbeitet mit gezeichneten Buchstaben. Jeder Buchstabe wird mit den grafischen Grundelementen erzeugt und in einer Datei gespeichert. Ein vollständiges Alphabet der gespeicherten Buchstaben nennt man Zeichen- oder Charaktersatz (**15**.68).

15.68 Beispiele für Schrifttypen

- **Textformatierung**. Wie bei der Textverarbeitung können auch die Texte in der CAD-Technik beliebig ausgerichtet werden (**15**.69).
- **Schrifthöhe und Schriftbreite** sind abhängig vom Plotmaßstab und Platzbedarf.
- **Abstände** der Zeichen untereinander
- **Zeilenabstände** mehrzeiliger Texte (Faustregel *h/2*)
- **Bruchschreibweisen**

15.69 Beispiele für Textformatierungen

Eingabemethoden erleichtern das Positionieren z. B.

- über Element
- auf Element
- unter Element
- entlang Element
- eingepasst zwischen Datenpunkten (**15**.70)

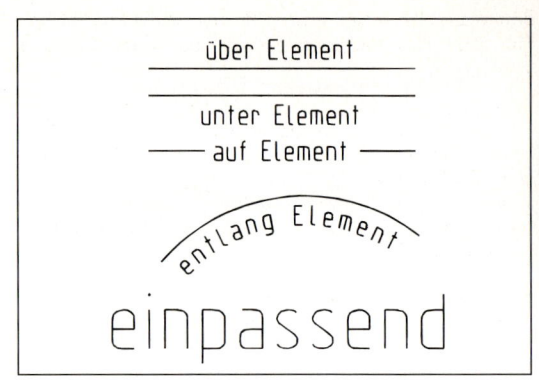

15.70 Eingabemethoden

Texte prägen das Erscheinungsbild von Zeichnungen und erfordern vielfältige Einstellungen.

15.8.8 Teilebibliotheken

In Teilebibliotheken befinden sich immer wiederkehrende Zeichnungen (z. B. Möblierungen, Nordpfeile, Bäume, Fenster, Dächer), die jederzeit in jede beliebige Zeichnung eingefügt werden können. Die CAD-Technik unterscheidet Symbole/Zellen, Makros, Varianten und Prozeduren.

Symbole/Zellen bestehen aus 2D-Elementen, die je nach Bedarf korrigiert und manipuliert werden können (**15**.71).

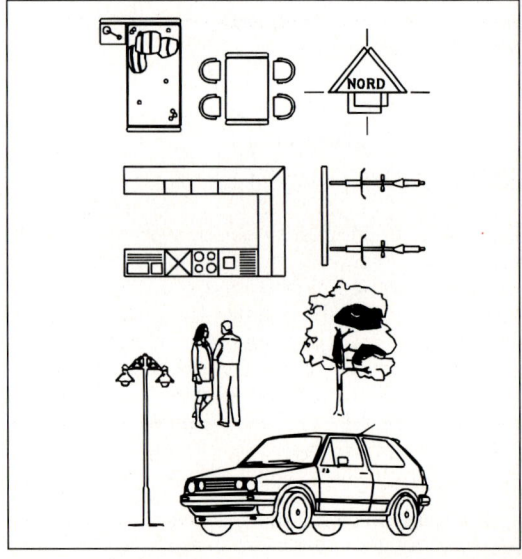

15.71 Symbole, Makros

Makros sind abgespeicherte Geometrieelemente. Sie sind viel leistungsfähiger als Symbole und können

- eine komplexe Struktur aus dem 3D-Bereich sein. Setzt man z. B. einen dreidimensionalen Baum in eine Ansicht, erscheint er automatisch an der entsprechenden Stelle im Grundriss und den drei anderen Ansichten.
- Attribute (z. B. Mengenzuweisungen) beinhalten, die automatisch in Listen (z. B. Mengenausdruck, Ausschreibung) eingefügt werden.
- untereinander verkettet sein (*Referenzmakros*). Wird die Zuweisung/Attribut eines Makros verändert (z. B. Holzfenster statt Kunststofffenster), verändern sich automatisch auch die entsprechenden Zuweisungen aller verketteten Makros.
- in verschiedenen Maßstäben unterschiedliche Darstellungsformen haben. Ein Fenster wird z. B. in der Bauantragszeichnung 1 : 100 anders dargestellt als in der Ausführungszeichnung 1 : 50 (s. **15.86**).

> Symbole sind einfache 2D-Zeichnungen, die mit den grafischen Funktionen des CAD Programms erstellt werden.
> Makros sind komplexe 2D- oder 3D- Elemente, die zusätzlich Attribute enthalten können, eventuell verkettet sind und in unterschiedlichen Maßstäben unterschiedliche Darstellungsformen haben können.

Varianten sind lineare Programme mit Variablen, die sich unabhängig voneinander verändern. Beim Aufruf derartiger Makros werden die Variablen abgefragt.

Prozeduren sind verzweigte Programme, die Vergleiche, Bedingungen und Sprünge zulassen. Treppen, Dächer und Öffnungen werden häufig mit Prozeduren erzeugt.

15.8.9 Referenztechnik

Die Referenztechnik ist eines der wichtigsten Werkzeuge zum ökonomischen Arbeiten. Indem man Bezüge zu anderen Zeichnungsdateien definiert, können diese beliebig unter der aktiven Zeichnungsdatei angeordnet werden. Je nach Einstellung und Bedarf wird auf der Referenz, der untergelegten Zeichnungsdatei gerastet, eventuell werden sogar bestimmte Zeichnungselemente in die aktive Datei hochkopiert.

Die Anwendungsmöglichkeiten sind vielfältig, z. B.

- **Geschosszeichnungen** des aktuellen Objekts werden untergelegt, um weitere Geschosse bzw. den Fundamentplan darauf zu beziehen,

- **Mehrere Anwender** an vernetzten Arbeitsplätzen können am gleichen Objekt arbeiten. Der aktuelle Arbeitsstand eines anderen Arbeitsplatzes wird unter der Zeichnung angeordnet.
- **Gemeinsame Plots** von Zeichnungen bzw. Zeichnungsteilen unterschiedlicher Dateien werden erzeugt.
- **Gescannte Dateien** (Raster- bzw. Pixeldateien) z. B. Flurkarten werden untergelegt, um schnell und präzise Lagepläne zu zeichnen (**15.72**).

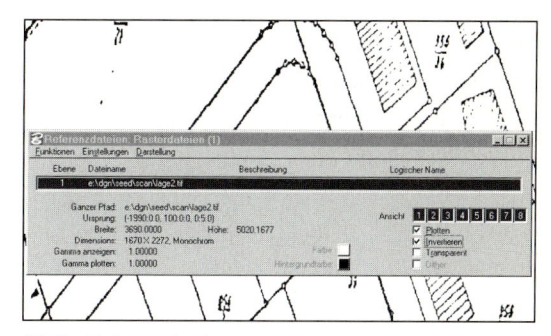

15.72 Referenzdatei

Der Bildschirm kann durch die zusätzlichen Referenzen schnell überladen und unübersichtlich sein. Innerhalb der Referenzdatei sollte man deshalb

- unwichtige Ebenen ausblenden,
- die grafischen Elemente mit einer anderen Symbolik (z. B. blaue Punktlinie) darstellen.

> Die Referenztechnik bedient sich anderer Zeichnungsdateien, um die Eingaben zu beschleunigen.

15.8.10 Ausgabe – Plot

Erstellte Zeichnungen können sowohl über einen Plotter <*Plot*> oder einen Drucker mit Grafikeigenschaften als <*Hardcopy*> ausgegeben werden. Die Hardcopy (= *Kopie der Bildschirmoberfläche*) wird meist nur benutzt, um Zwischenzustände zu dokumentieren oder schnell eine Besprechungsgrundlage zu erhalten.

Im Bauwesen sind stets mehrere Zeichnungen (Grundrisse, Ansichten, Schnitte) auf einem Blatt anzuordnen. Da man selten die Blattgröße und die Anzahl der Zeichnungen je Blatt bei Konstruktionsbeginn kennt, wird der Plot nach Konstruktionsende vorbereitet (**15.73**).

- Ein Bildschirmplot lässt eine eindeutige Zuordnung der Zeichnung auf dem Blatt nicht zu, da es sich um eine Kopie der aktuellen Bildschirmoberfläche handelt.
- Um diese Definitionen genau auf dem Blatt zu platzieren,

legt man (meist mit einer Box/einem Zaun) ihre Grenzen auf dem Bildschirm fest. Mit Hilfe von Ebenendefinitionen werden zusätzlich die zu plottenden Zeichnungselemente ausgewählt, z. B. nur <Wände> (**15**.73c). Geplottet werden nur die auf dem Bildschirm eingeblendeten Elemente.

– Sind mehrere Zeichnungen aus unterschiedlichen Dateien auf einem Blatt zu plotten, bedient man sich der Referenztechnik, indem Zeichnungen aus anderen Dateien unter die aktive Zeichnung gelegt werden. (s. 15.8.8)

> Beim Plot unterscheidet man den Bildschirm- und Ausschnittsplot. Mehrere Einzelzeichnungen müssen in unterschiedlichen Maßstäben auf dem Blatt angeordnet werden können.

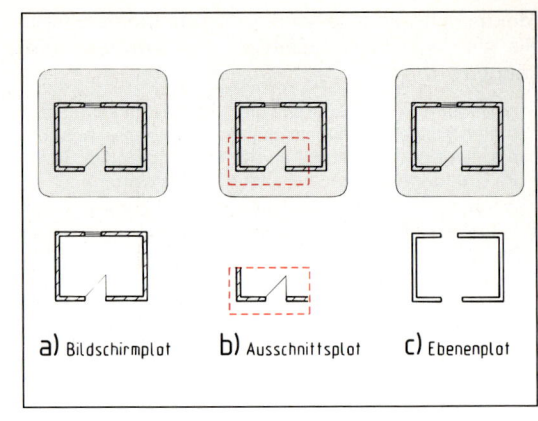

a) Bildschirmplot   b) Ausschnittsplot   c) Ebenenplot

15.73 Plotoptionen

15.9 Dreidimensionales CAD in der Bautechnik

Ein Bauwerk besteht aus einer sehr großen Anzahl kompliziert geformter Einzelteile. Beim traditionellen Zeichnen werden sie in den Konstruktionsplänen in Genauigkeit und Anzahl nur stark vereinfacht dargestellt. Da Qualität und Herstellungsverfahren eines Bauwerks durch die Konstruktion beeinflussbar sind, bedeutet eine detaillierte Planung geringere Herstellungskosten, geringeres Gewicht, geringeren Materialverbrauch, weniger Mängel, genauere Kalkulation und Mengenermittlung, geregelten Bauablauf, präzisere Ausschreibung und damit weniger Missverständnisse und Nachforderungen.

> CAD-Technik verbessert Qualität und Herstellungsverfahren eines Bauwerks.

Mit der CAD-Technik 3D konstruiert man keine Grundrisse, Ansichten, Schnitte oder Perspektiven, sondern ein räumliches Bauwerk, ein Modell. Erst durch die Definition von Schnittebenen entstehen automatisch die uns vertrauten Darstellungen. Vorwiegend konstruiert man im Grundriss, der als ein horizontaler Schnitt mit vertikaler Sichtrichtung als Parallelprojektion innerhalb des räumlichen Modells anzusehen ist (**15**.74). Mit versetzten Schnittebenen, zusätzlichen Angaben über die Sichtrichtung und Spezifikation der Projektionsart (Parallel- oder Zentralprojektion) lässt sich jede beliebige Darstellung erzeugen (**15**.75). Selbst Detailpunkte können aus dem räumlichen Modell herausgeschnitten werden (3D-Clipping).

Die Projektionen des 3D-Modells sind aber nicht ausreichend. Sie müssen noch bemaßt, beschriftet, schraffiert und evtl. ergänzt werden. Wägt man unter diesem Gesichtspunkt ein 2D- und 3D-Volumenmodell gegeneinander ab, stellt man generelle Unterschiede fest.

2D-Modell

– kleinere Datenmengen
– einfachere Programme
– geringere Rechenzeiten
– einfache Eingabe
– für einfache Konstruktionen ausreichend

3D-Volumenmodell

– große Datenmengen
– komplexe Programme
– höhere Rechenzeiten
– aufwendige Eingabe
– für verschiedene Aufgaben wie z. B. Schnittführung unabdingbar

> Bau-CAD-Programme beinhalten 2D- und 3D-Modelle. Im 3D-Bereich schneidet der Anwender den zu bearbeitenden Teil aus dem räumlichen Modell heraus und speichert ihn als zweidimensionale Zeichnung ab, die im 2D-Bereich anschließend weiterbearbeitet wird.

15.9 Dreidimensionales CAD in der Bautechnik

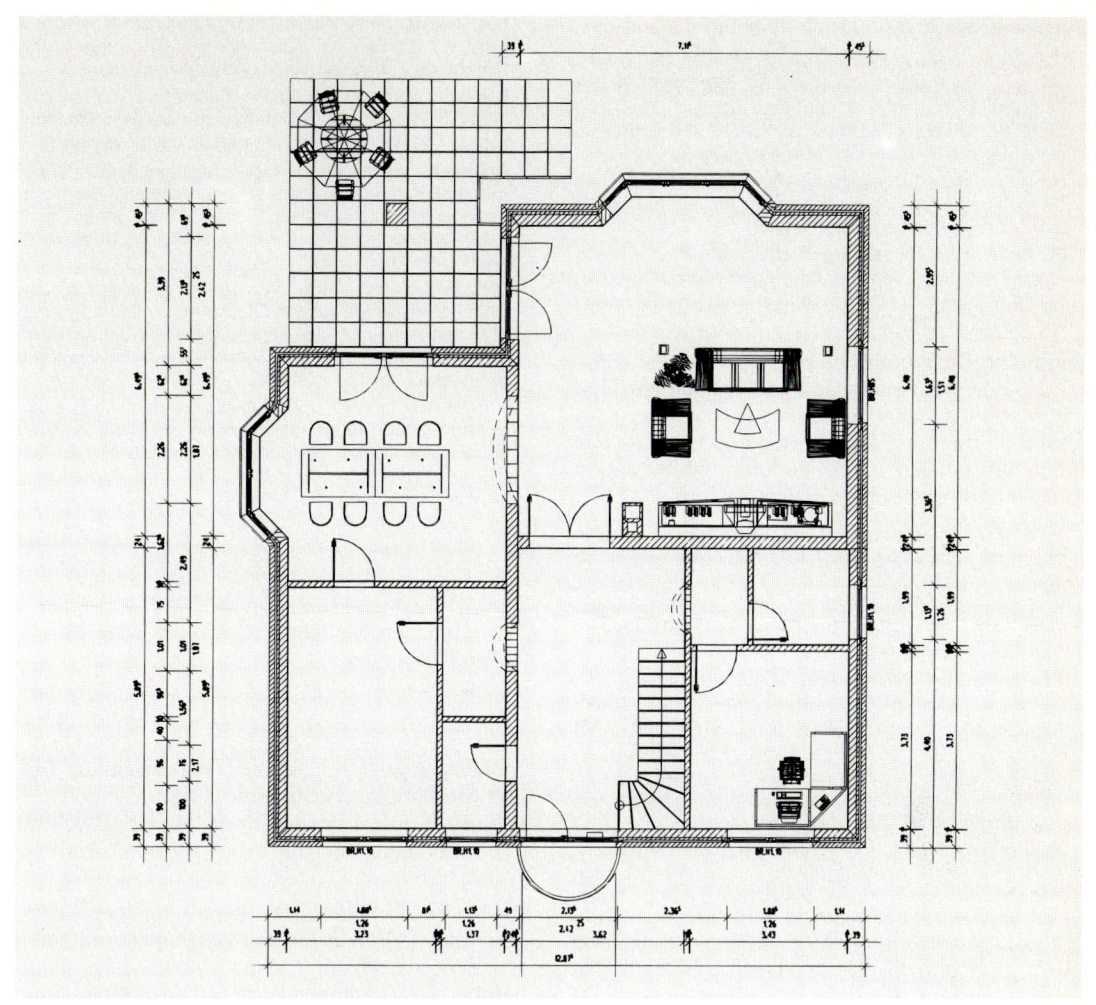

15.74 Grundriss
Schnittfläche: horizontal; Sichtrichtung: vertikal; Projektionsart: Parallelprojektion

15.75 Gerenderte Ansicht
Schnittfläche: vertikal; Sichtrichtung: horizontal; Projektionsart: Parallelprojektion

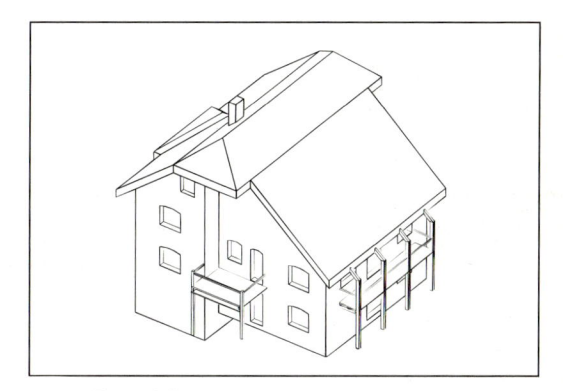

15.76 Perspektive
Schnittfläche: vertikal; Sichtrichtung: horizontal; Projektionsart: Zentralprojektion

Vorteile dieser Planung sind vielfältig.

- Die automatische Schnitterzeugung schließt Fehlerquellen weitgehend aus. Grundrisse, Ansichten, Schnitte und Perspektiven beziehen sich auf eine identische bauliche Situation. Missverständnisse, da Schnitt und Grundriss nicht übereinstimmen, sind ausgeschlossen.
- Umfangreiche Zeichenarbeit wird eingespart, da ein Gebäudeteil oder Geländeausschnitt nur einmal eingegeben bzw. korrigiert werden muss.
- Perspektivische Darstellungen erleichtern die Verhandlungen mit Bauherren und Bauträgern. Sie knüpfen an unsere Sehgewohnheiten an und erleichtern das räumliche Verstehen (**15**.76).

Rendering. Die räumlichen Modelle können für Planungs- und Präsentationsaufgaben noch vielfältig mit Rendering weiterverarbeitet werden. Hierunter fasst man mehrere Beleuchtungsmodelle, die aus dreidimensionalen Gebäudedaten Abbildungen mit fast fotorealistischer Qualität erzeugen.

- **Verdeckte Kanten ausgefüllt** füllt die einzelnen Elemente mit einer konstanten Oberflächenintensität einheitlich ein.
- **Konstante Schattierung** füllt jedes Element mit einer einzigen Farbe, die aus der Oberfläche, der Materialdefinition und der Beleuchtung errechnet wird.
- **Kontinuierliche Schattierung** (Gouraud-shading) berechnet zusätzlich die Farben an den Rändern und mischt die Farben über die Fläche. Die Darstellung wirkt dadurch realistischer, es entsteht kein Kacheleffekt.
- **Die Phong-Schattierung** errechnet die Farbe jedes einzelnen Pixels. Die Qualität der Darstellung verbessert sich, die Rechenzeit erhöht sich allerdings.
- **Phong-Schattierung mit Anti-Aliasing** führt zusätzlich noch eine Kantenglättung durch. Die „Zacken" an den Rändern werden reduziert. Besonders für Präsentationen und Veröffentlichungen, d. h. bei geplantem Ausdruck des gerenderten Bildes sollte diese Funktion gewählt werden, da die Qualität den höheren Zeitaufwand rechtfertigt (**15**.77).

- **Raytraycing** weist Oberflächen Materialstrukturen und nicht nur Farben zu. Spiegelungen, Brechungen und Schattierungen wirken noch wirklichkeitsgetreuer.
- **Radiosity** kann die in unserer Realität vorkommenden diffusen Beleuchtungssituationen mit weichen Schattenkanten oder Lichtintensitäten perfekt nachahmen.
- **Animation.** Ein leistungsstarker Rechner berechnet die mit den Rendering-Modellen bearbeiteten Darstellungen. Die einzelnen Grafiken werden dann in einer „Filmdatei" abgespeichert und wie bei einem Trickfilm aneinander gereiht.
- **Videobilder** und -filme werden als Hintergrund zum räumlichen Modell auf den Bildschirm projiziert. So kann man relativ einfach die Anpassung eines Bauwerks an die Umgebung oder die Linienführung einer Straße beurteilen.
- **Virtual Reality (VR)** bzw. Cyberspace geht noch einen Schritt weiter. Die Interaktion zwischen Anwender und Software geschieht hierbei nicht nur auf der visuellen Ebene, sondern auch der Hör-, Tast- und Geruchssinn wird angesprochen.

> CAD-Bautechnik ist ein Konstruieren mit räumlichen Modellen (Gebäude- oder Geländemodelle).

Je nach Anwendungsgebiet (Vermessung, Tief- und Straßenbau, Hochbau/Architektur, Ingenieurbau) sind die Anforderungen an ein CAD-Programm unterschiedlich.

Die Vermessung arbeitet mit dem digitalen Geländemodell (DGM). Es besteht aus Punktkoordinaten x, y, z. Voraussetzung ist eine flächige Geländeaufnahme, ein Flächennivellement. Dazu bedient man sich Tachymetern. Sie ermitteln nicht nur automatisch Richtungen, Entfernungen und Höhen, sondern speichern zugleich die ermittelten Werte in elektronischen Feldbüchern (MEMories) ab. Das MEM kann – vergleichbar einer Diskette – seine Daten direkt in den Rechner einspeichern. Das CAD-Programm wertet die Eingaben aus und berechnet die einzelnen Punktkoordinaten x, y, z. Die Punktfelder werden auf dem Bildschirm angezeigt und können geprüft, geändert oder ergänzt werden (**15**.78).

Aus dem räumlichen Geländemodell lassen sich viele Zeichnungen erzeugen:

- Kartierungen,
- Höhenschichtlinien, bei denen die Schrittweite wählbar ist,
- Perspektiven aus verschiedensten Blickrichtungen,
- Profile in jeder gewünschten Richtung.

15.77 Gerenderte Perspektive

15.9 Dreidimensionales CAD in der Bautechnik

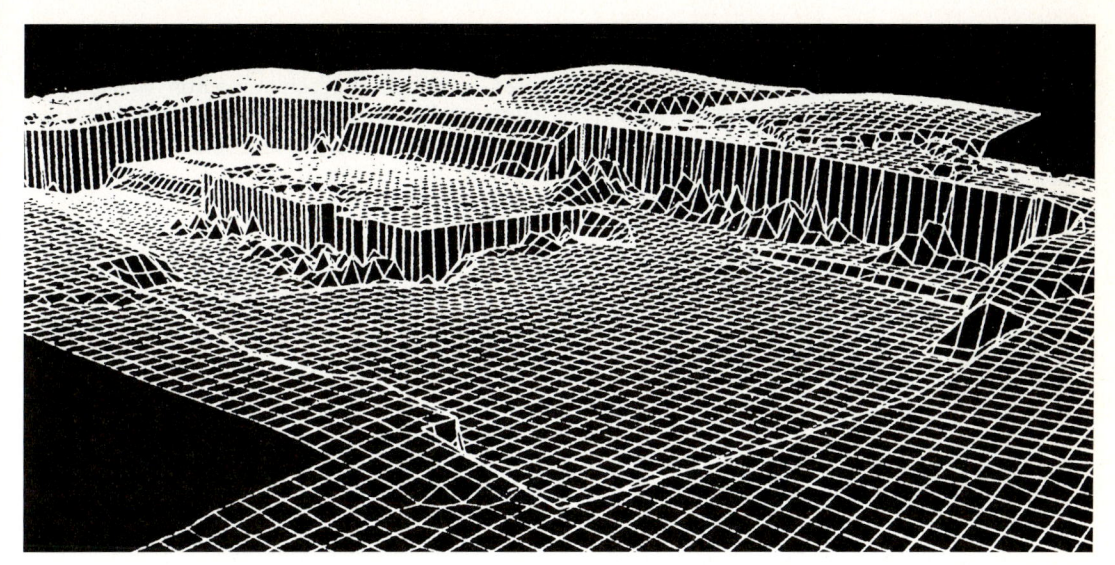

15.78 Digitales Geländemodell (Kohlenmine)

Der Tief- und Straßenbau plant auf der Grundlage des DGM und von Bestandsplänen/Grundkarten Anlagen zur Wasserentsorgung und Straßen. Die *Bestandspläne* liegen meist als traditionelle Zeichnungen vor. Einige CAD-Programme bieten die Möglichkeit, dass diese Zeichnungen in den Rechner eingescannt werden. Aus den Linien von traditionellen Zeichnungen ermittelt das Programm die Koordinaten der Anfangs- und Endpunkte. D.h., die Zeichnung wird vektorisiert. Da diese Vektorisierungsprogramme noch fehleranfällig sind, müssen sie stets nachbearbeitet werden (**15.79**).

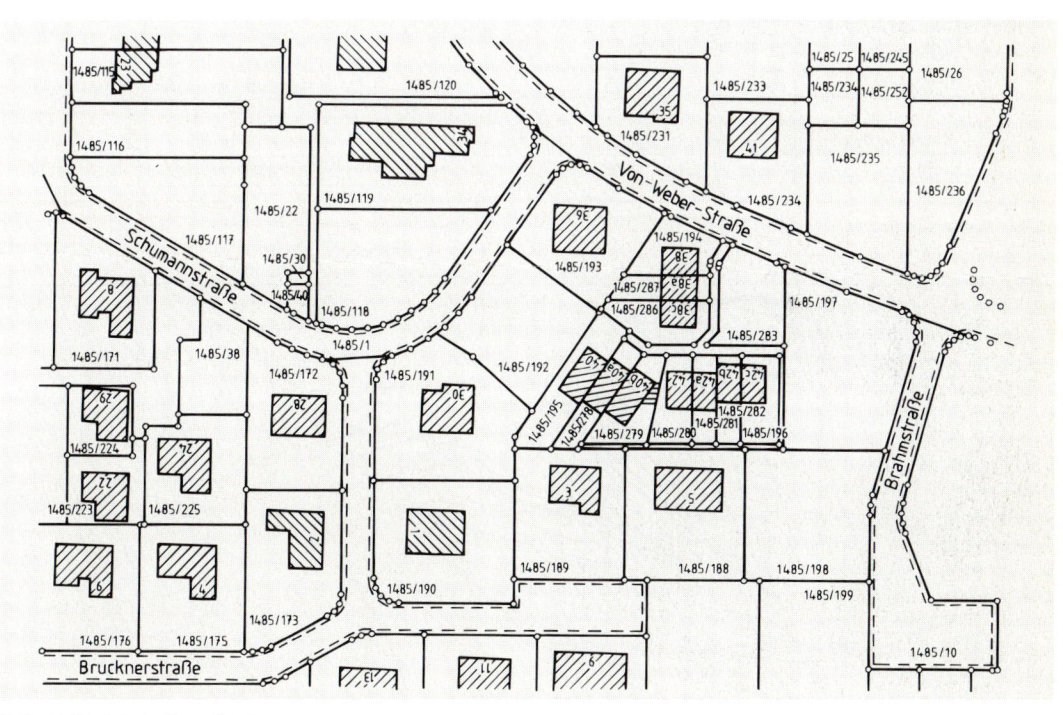

15.79 Vektorisierte Grundkarte

Die Kanalplanung erfordert das DGM, die Grundkarte und vielfältige Berechnungsprogramme, um die Haltungslängen, Höhen sowie Querschnitte und Fließgeschwindigkeiten zu ermitteln (**15**.80).

Die Straßenplanung wird auch innerhalb des DGM durchgeführt. Der Planer gibt meist alphanumerisch innerhalb Bildschirmmasken Achspunkte, Geraden, Radien und Klotoiden vor, aus denen das

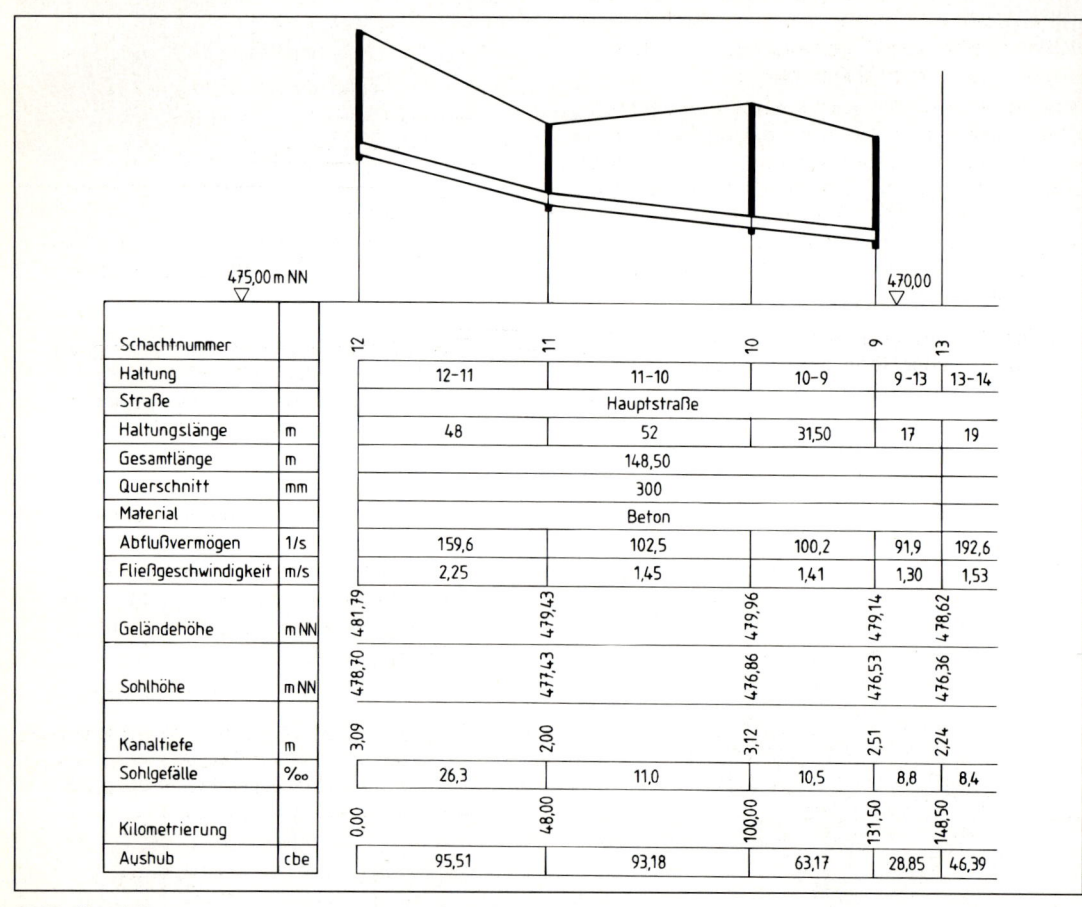

Schachtnummer		12	11	10	9	13
Haltung		12–11	11–10	10–9	9–13	13–14
Straße		Hauptstraße				
Haltungslänge	m	48	52	31,50	17	19
Gesamtlänge	m	148,50				
Querschnitt	mm	300				
Material		Beton				
Abflußvermögen	l/s	159,6	102,5	100,2	91,9	192,6
Fließgeschwindigkeit	m/s	2,25	1,45	1,41	1,30	1,53
Geländehöhe	m NN	481,79	479,43	479,96	479,14	478,62
Sohlhöhe	m NN	478,70	477,43	476,86	476,53	476,36
Kanaltiefe	m	3,09	2,00	3,12	2,51	2,24
Sohlgefälle	‰	26,3	11,0	10,5	8,8	8,4
Kilometrierung		0,00	48,00	100,00	131,50	148,50
Aushub	cbe	95,51	93,18	63,17	28,85	46,39

15.80 Kanalplanung

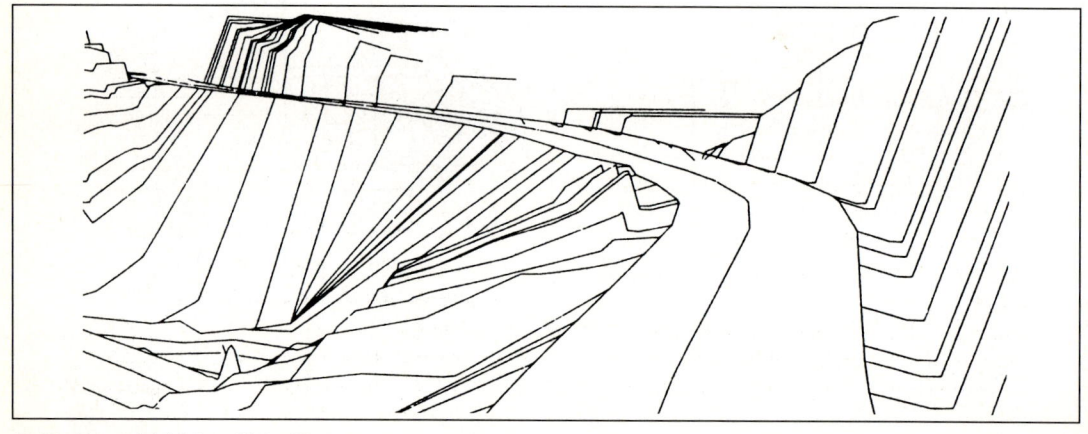

15.81 Perspektivbild zur Linienführung

15.9 Dreidimensionales CAD in der Bautechnik

Programm Lage- und Höhenpläne, Deckenbücher und Perspektiven berechnet (**15.81**).

Der Hochbau arbeitet mit dem räumlichen Gebäudemodell. Hierunter versteht man in der CAD-Technik nicht nur Häuser, sondern sämtliche Bauwerke des Hoch- und Ingenieurbaus, d. h. z. B. auch Brückenbauwerke und Kläranlagen.

Während sich CAD-Programme an den geometrischen Formen orientieren, unterscheidet die Bautechnik Bauteile. CAD-Programme des Hochbaus gehen deshalb meist auch von Bauteilen aus. Dies sind im Wesentlichen Wand, Decke, Dach und Öffnung. Erst wenn man die Anwendung um die Haustechnik erweitert, vervielfältigen sich die geometrischen Formen.

Wände haben im Regelfall eine rechteckige Grundfläche bei gleicher Höhe, sind also Quader. Die Eingaben beschränken sich in der grafischen Erzeugung auf die Längen-, Breiten- und Höheneingabe. Die vielen möglichen Sonderformen erfordern jedoch zusätzliche Eingaben (**15.82**). Die Erzeugung mehrschaliger Wände mit unterschiedlichen Höhen der Schalen und unterschiedlichen Massenzuweisungen in einem Arbeitsgang ist heutzutage Standard.

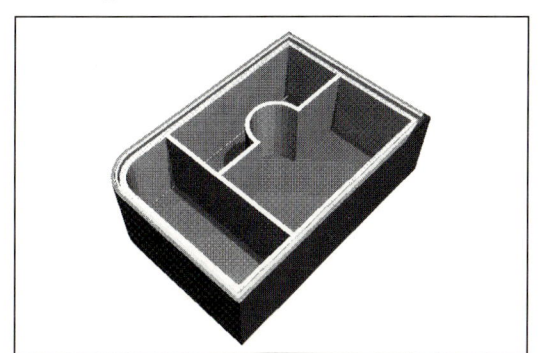

15.82 Wandformen

Eingabe
- **die Eingabemethode** (z. B. Einzelwand, Wandpolygon, runde Wand) wird gewählt,
- **der Wandaufbau** einschließlich Attributen und Massenzuweisung wird innerhalb von Eingabeboxen definiert,
- **die Achse** (links, mittig, rechts) wird vorgegeben,
- **Anfangs- und Endpunkt** werden durch einen Datenpunkt bzw. Positionierungsbefehl (meist relative Koordinaten) bestimmt.

Deckenelemente sind wie die Wände von der geometrischen Form her im einfachsten Fall ein Quader. Häufig haben sie aber mehr als 4 Eckpunkte (**15.83**).

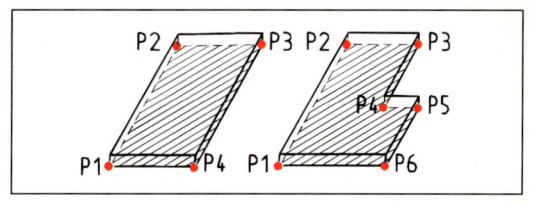

15.83 Deckenelemente
a) Decke mit 4 Eckpunkten, b) Decke mit der Grundfläche eines Vielecks

Eingabe
- **Die Grundfläche** wird durch Positionieren auf den Eckpunkten (P) definiert, Auskragungen und Abmauerungen bestimmt; das CAD-Programm ermittelt die Koordinaten x, y und führt eine Schnittpunktberechnung durch.
- **Die Elementhöhe** (Erzeugende) wird eingegeben; das Programm verschiebt die Grundfläche entlang der Erzeugenden.
- **Die räumlichen Höhe** (Bezugshöhe) bestimmt die höhenmäßige Anordnung der Decke im Raum.

Dachelemente im Bau-CAD sind Volumenkörper, begrenzt oben durch die Dachhaut (z. B. Dachpfannen) und unten durch den Dachausbau (**15.84**).

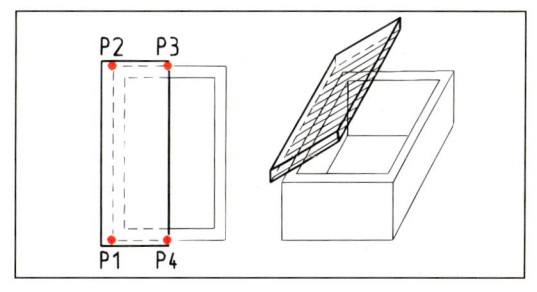

15.84 Erzeugung eines Dachkörpers

Eingabe
- **Dachform** wählen (z. B. Satteldach),
- **Gebäudeeckpunkte** bestimmen,
- **Dachüberstände** eingeben (meist numerisch),
- **Dachneigungen** definieren,
- **Trauf-, Kniestock- oder Firsthöhe** (als räumliche Bezugshöhe) vorgeben.

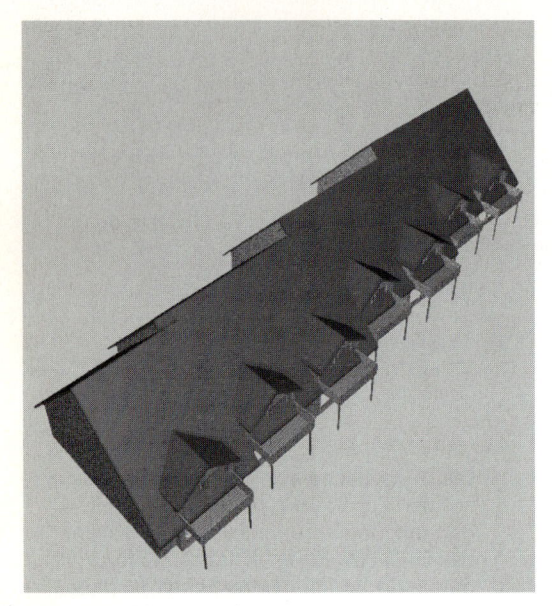

15.85 Dachkörper mit Gauben

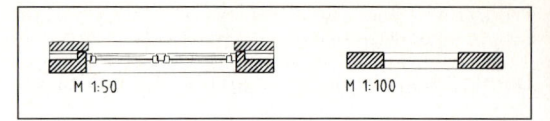

15.86 Darstellungsformen der Öffnungen

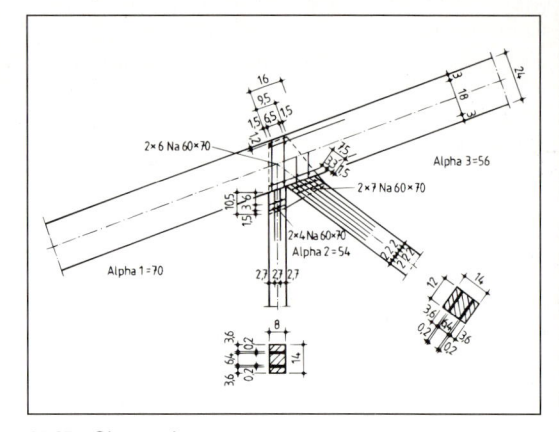

15.87 Obergurtknoten

Zusammengesetzte Dachformen werden über eine Verschneidung von Dachflächen oder im Idealfall durch eine automatische Dachausmittlung erzeugt. Gaubeneingaben und Sparrenverlegungen ergänzen die Dacheingabe (**15.**85).

Volumenabzüge werden von CAD-Programmen unterschieden als Wandöffnungen (z. B. Fenster, Türen), Deckenöffnungen (z. B. Treppenloch), Dachöffnungen (z. B. Dachfenster) und Aussparungen. Öffnungen und Aussparungen sind in der Regel Quader oder Vielecke, seltener Zylinder (z. B. runde Fenster, Deckenöffnung einer Wendeltreppe), die vom jeweiligen Bauteil (Wand, Decke, Dach) abzuziehen sind.

> **Eingabe**
> – **Die Öffnungsart** wird bestimmt (z. B. Fenster, Dachöffnung)
> – **Das Bauteil** wird bestimmt, da Öffnungen bauteilbezogen erzeugt werden; eine befriedigende Mengenermittlung ist ansonsten nicht möglich
> – **In Eingabeboxen** werden Position, Abmessung, Anschlagsart und Ansichtsdarstellung (für automatische Ansichts- und Schnittberechnung) der Öffnung definiert. Eine Unterscheidung in Bauantrags- (1 : 100) und Ausführungszeichnung (1 : 50) sollte möglich sein (**15.**86).

Der Ingenieurbau greift schon seit vielen Jahren auf Berechnungsprogramme zurück. Zunehmend hält aber die CAD-Technik auch in den Büros des konstruktiven Ingenieurbaus Einzug. Hat man bisher Bauteile nur berechnet, stellt man sie nun mit der CAD-Technik auch grafisch dar.

Detailpunkte und Schalpläne werden wie im Hochbau durch ein Herausschneiden der jeweiligen Bauteile aus dem räumlichen Modell erzeugt (3D-Clipping), als 2D-Zeichnung abgelegt, nach den Erfordernissen und Berechnungen korrigiert, ergänzt, bemaßt, beschriftet und schraffiert (**15.**87).

Bewehrungszeichnungen des Stahlbetonbaus beruhen auf dem Schalplan und damit zunächst auf dem räumlichen Modell. Die Bewehrung, ihre Berechnung, Auswahl, An- und Zuordnung erfordert jedoch eine Erweiterung um vielfältige Berechnungsprogramme.

Die Finite-Elemente-Methode (FEM) hat sich als das leistungsfähigste Rechenmodell durchgesetzt. Hierbei wird über die geometrische Darstellung des Baukörpers eine Folie gelegt, auf der der Konstrukteur das Bauteil in Vierecke und Dreiecke unterteilt. Das jeweilige Stab- oder Flächentragwerk wird so als Netz mit einer Vielzahl von Knoten dargestellt. Hat der Konstrukteur die Elementeigenschaften wie z. B. Baustoffwerte, Abmessungen, Spannrichtungen und Belastungen festgelegt, ermittelt das Programm für jeden Knotenpunkt die auftretenden Spannungen und Verformungen (FE-Berechnung, **15**.88). Auf dieser Grundlage schlägt das Programm die Bewehrung vor, die der Konstrukteur beurteilen und evtl. korrigieren oder ergänzen muss (**15**.89).

Bei Standardtragwerken, z. B. Durchlaufträgern, werden so die Konstruktionszeichnungen sogar vollautomatisch, einschließlich Stahlauszug, erzeugt.

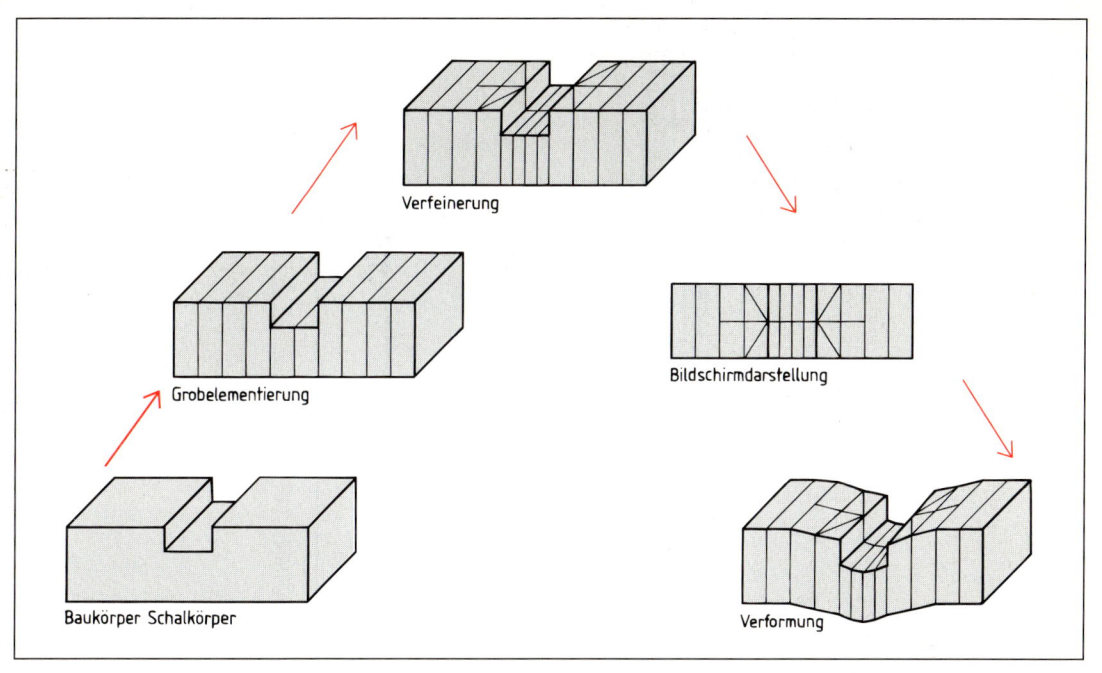

15.88   Finite-Elemente-Methode

15.10   Mengenermittlung und Kostenanschlag

Da es kaum vergleichbare Bauobjekte geben kann, bleiben alle statistischen Kostenschätzungen ungenau. Abhilfe schafft wiederum die CAD-Technik. Sämtliche Elemente (Bauteile) eines Bauwerks sind bereits im räumlichen Modell erfasst. Weist man diesen Elementen die Masse und die Einheitspreise zu, erhält man eine genaue Mengenermittlung und einen exakten Kostenanschlag.

Der Bauteilkatalog ist die Voraussetzung zur Mengenermittlung und Kalkulation. Er ist eine Datenbank, worin die zu verbauenden Materialien und Bauteile unter einer Massenkennziffer gespeichert sind (**15**.90).

Längen. Ist einem Bauteil die Massenkennnummer des Bauteilkatalogs zugewiesen, weiß das Programm, welches Material in welcher Einheit und zu welchem Preis verbaut wird. Da es anhand der Koordinaten die Abmessungen des grafischen Elements kennt, kann es selbständig die Mengen- und Kostenermittlung durchführen (**15**.91).

> Mengen- und Kostenermittlungen erfolgen durch Zuweisung einer Massenkennziffer des Bauteilkatalogs.

Flächen, Volumen, Teilflächen. Das Prinzip der Mengen- und Kostenermittlung über die Massenkennziffern bleibt auch bei Flächen- und Volumenermittlungen unverändert. Zwei Gesichtspunkte kommen jedoch noch hinzu:

– Alle Mengenermittlungen müssen VOB-gerecht sein.
– In der Datenbank sind die grafischen Elemente als zweidimensionale Grundelemente, als Flächen oder als Volumenkörper gespeichert. Soll nur einer Flächenkante oder nur der Fläche eines Volumenkörpers eine Masse zugewiesen werden, muss dieses Teil gesondert definiert werden.

Die Definition der Flächen der Volumenkörper – Voraussetzung z. B. für Putz-, Estrich und Malerarbeiten – erfordert ein Identifizieren dieser Flächen.

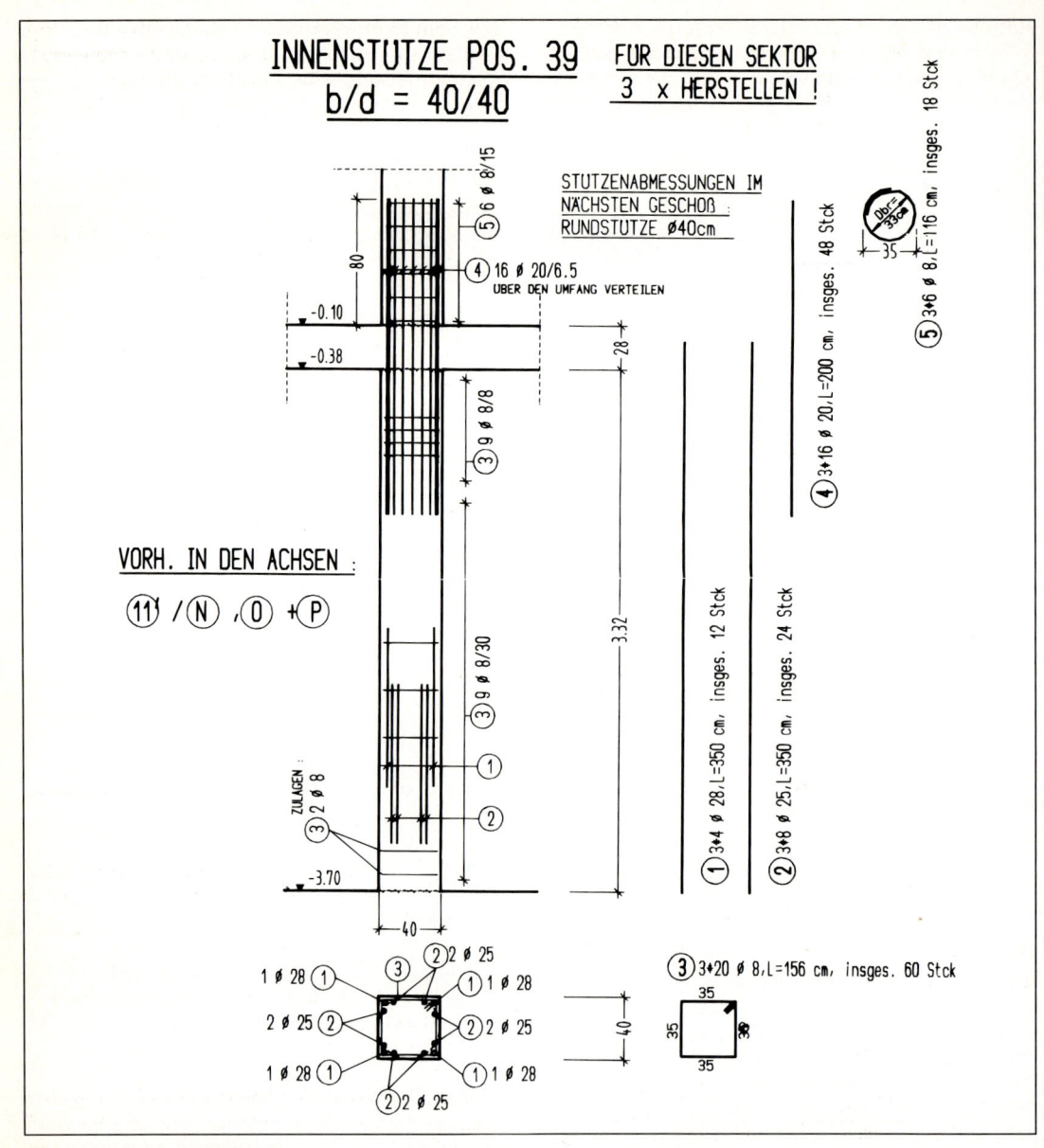

15.89 Bewehrungszeichnung

Nr.	Einheit	Kurztext	Preis	Gewerk
2359	m	Isolierung, 500er unbesandete Pappe, 24 cm	4,80	12
2360	m³	Hlz 12/1,4 – MGII, d = 30 cm	443,50	12
2361	m³	Hlz 12/1,4 – MGII, d = 36,5 cm	447,60	12
2362	m³	Vollblock-Mauerwerk Vbl 2/0,5; d = 36,5 cm	441,50	12

15.90 Auszug aus einem Bauteilkatalog

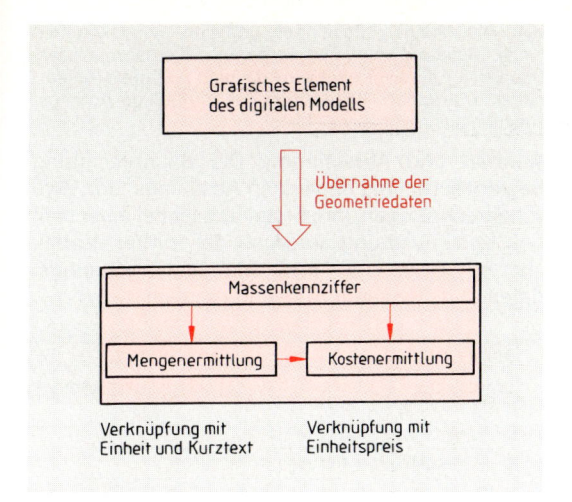

15.91 Übernahme der Geometriedaten zur Mengen- und Kostenermittlung

Da die Räume eines Bauwerks unterschiedliche Abmessungen haben, wird Raum für Raum gesondert definiert (= *Raumdefinitionen*). Sind die Flächenkanten identifiziert oder durch eine automatische Konturverfolgung ermittelt (s. **15**.50 Fluten) und ist die Höhe des Bodenaufbaus eingegeben, errechnet das Programm je nach Automatisierungsgrad eine Vielzahl von Längen und Flächen der Volumenkörper, da vom digitalen Modell her die Abmessungen der Volumenkörper (Wände, Sohle, Decke, Öffnungen) bekannt sind. Alle dabei ermittelten Mengen, Preise und Materialien werden im *Raumbuch* gespeichert.

> Längen, Flächen, Volumen, Mengen, Preise und Materialien eines Raumes werden im Raumbuch gespeichert.

Innerhalb des CAD-Programms beschränkt man sich in der Praxis meist auf eine VOB-gerechte Ermittlung der Rohbaumassen, Die Raumbuchdaten werden dann in ein AVA-Programm eingelesen (s. Abschn. 15.11), wo die Ermittlung der Ausbaumassen stattfindet.

15.11 Ausschreibung – Vergabe – Abrechnung (AVA)

AVA-Programme sind vom Prinzip her integrierte Standardsoftware, die an die Belange der Bautechnik angepasst wird. Grundvoraussetzung sind Leistungskataloge.

Leistungskataloge enthalten Ausschreibungstexte in eindeutiger Formulierung. Man kann sie als Standardtexte und/oder freie/eigene Texten auf Disketten gespeichert beziehen.

– **Standardtexte** enthalten in der Regel keine fertigen Positionen, sondern müssen mit Hilfe von Kennnummern zusammengestellt werden. Bundeseinheitliche Leistungskataloge mit Standardtexten sind das STLB (Standard-Leistungsbuch) für die Leistungsbereiche des Hochbaus, der STLK (Standard-Leistungskatalog) für die Leistungsbereiche des Tief- und Straßenbaus, der STLK-W (Standard-Leistungskatalog-Wasserbau) für die Leistungsbereiche des Wasserbaus. Regionale und kommunale Leistungskataloge ergänzen diese Texte.
– **Freie Texte** haben bereits die Form eines Leistungsverzeichnisses. In die Ausschreibung können diese fertigen Positionen übernommen werden. Solche Leistungskataloge bieten freie Textanbieter und Produkthersteller in immer größerer Fülle an.

Die Integration der Ausschreibung kann durch eine direkte Zuordnung der Leistungsbeschreibung zur Massenkennziffer erfolgen. Schon im Planungszustand ist dann das Leistungsverzeichnis abrufbar (**15**.92).

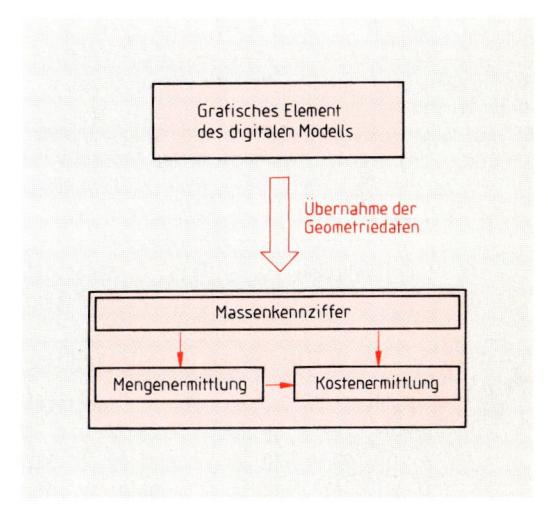

15.92 Übernahme der Geometriedaten zur Mengenermittlung, Kalkulation und Ausschreibung

Ausschreibungsbearbeitung, Angebotserstellung. Die fertige Ausschreibung wird den ausführenden Betrieben zur Bearbeitung zugesandt. Jeder Betrieb verfügt über Grundwerte (Lohnstunden, Material, Geräte) der von ihm ausgeführten Tätigkeiten, die er auf der Grundlage bereits fertig gestellter Bauvorhaben ermittelt hat. Diese Werte sind in den Stammdaten gespeichert und bilden die Basis für die Vorkalkulation, aus der die Einheitspreise resultieren. Positionsnummern, Texte und Menge der Ausschreibung des Planungsbüros werden übernommen, durch Eingabe des Einheitspreises wird der Gesamtpreis vom Programm ermittelt und die Angebotsposition automatisch erstellt (**15.93**).

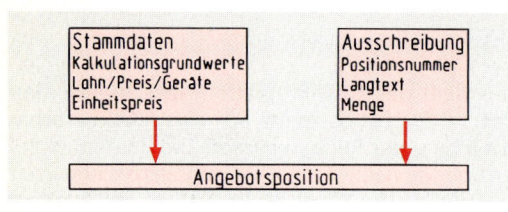

```
┌─────────────────────┐   ┌─────────────────────┐
│ Stammdaten          │   │ Ausschreibung       │
│ Kalkulationsgrund-  │   │ Positionsnummer     │
│ werte               │   │ Langtext            │
│ Lohn/Preis/Geräte   │   │ Menge               │
│ Einheitspreis       │   │                     │
└─────────┬───────────┘   └──────────┬──────────┘
          │                          │
          └─────────────┬────────────┘
                        ▼
          ┌──────────────────────────┐
          │     Angebotsposition     │
          └──────────────────────────┘
```

15.93 Angebotserstellung

Angebotsbearbeitung – Bieterpreiskontrolle, Preisspiegel. Die Angebote der Baufirmen werden vom Planungsbüro nachgerechnet und verglichen. Da das Programm die Positionsnummern (Ordnungszahlen) mit den dazugehörigen Mengen und Texten kennt, überträgt es sie in entsprechende Bildschirmmasken, in denen der Angebotsprüfer nur noch die angebotenen Einheitspreise einzugeben braucht.
Ein Fehlerprotokoll wird vom Programm automatisch erstellt. Es ermittelt aus den Mengen und dem Einheitspreis den Gesamtbetrag und führt einen Vergleich mit dem Angebot durch.
Der Preisspiegel gliedert die erfassten Angebote und ermittelt positions- und titelweise den günstigsten Bieter, den Idealbieter (**15.94**).
Bei der Vergabe an den billigsten Bieter werden die Einheitspreise aus der Angebotsdatei in das Leistungsverzeichnis übernommen. Häufig ändern sich durch die Angebote die Mengen, Positionen entfallen, neue kommen hinzu, Materialien und Fabrikate müssen ergänzt werden. Das Leistungsverzeichnis wird deshalb nochmals überarbeitet. Erst danach druckt man das endgültige Auftrags-Leistungsverzeichnis aus (**15.95**).

Aufmaß und Abrechnung. Die Bauabrechnung beginnt schon mit den ersten Abschlags- und Zwischenrechnungen. Ihre Erstellung ist bei einer soliden Kostenplanung aufgrund der vorher gespeicherten Angebots- und Mengenberechnungsdaten ohne weiteren Aufwand möglich.

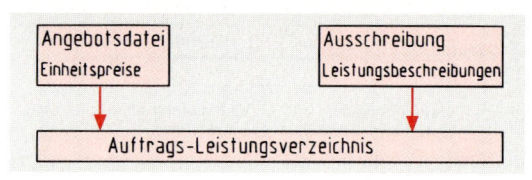

```
┌─────────────────────┐   ┌─────────────────────┐
│ Angebotsdatei       │   │ Ausschreibung       │
│ Einheitspreise      │   │ Leistungsbeschrei-  │
│                     │   │ bungen              │
└─────────┬───────────┘   └──────────┬──────────┘
          │                          │
          └─────────────┬────────────┘
                        ▼
          ┌──────────────────────────┐
          │ Auftrags-Leistungsverzeichnis │
          └──────────────────────────┘
```

15.95 Erstellen des Auftrags-Leistungsverzeichnisses

Ein Aufmaß der tatsächlich verbauten bzw. verarbeiteten Mengen muss aber immer vorangehen, weil ausgeschriebene und verbaute Mengen häufig differieren. Da nach den tatsächlich ausgeführten Leistungen abgerechnet wird, ändert sich der Gesamtpreis (**15.96**).
Schlussrechnung. Auf Grundlage der Bruttosummen können vertragsgemäße Zwischen- und Abschlagszahlungen geleistet werden. Alle Zahlungen werden gespeichert, um jederzeit einen Überblick über den Abrechnungsstand zu haben und die Schlussrechnung automatisch zu erstellen.

```
┌─────────────────────┐   ┌─────────────────────┐
│ Mengen nach Aus-    │   │ Mengen nach Aufmaß  │
│ schreibung/         │   │                     │
│ Leistungsverzeichnis│   │                     │
└─────────┬───────────┘   └──────────┬──────────┘
          │                          │
          └─────────────┬────────────┘
                        ▼
          ┌──────────────────────────┐
          │     Abrechnungsmengen    │
          └──────────────────────────┘
```

15.96 Verknüpfung von Aufmaß und Leistungsverzeichnis

> Prinzip der AVA-Programme ist ein durchgängiger Datenfluss von der ersten Mengenermittlung bis hin zur Schlussrechnung bei minimaler Eingabe.

```
---------------------------------------------------------------
     Preisspiegel       Titel 2 Erdarbeiten nach Positionen
                        Bauvorhaben Mehrfamilienhaus Krause
---------------------------------------------------------------
          Eigenansatz Idealbieter Mittelbieter Heinrichs    Klein    Hansen
    2.001   Mutterboden abheben, seitlich lagern
      EP      26.50      25.20      28.95      27.86       25.20    32.50
      GP    3180.00    3024.00    3474.00    3343.20     3024.00  3900.00
       %     105.2      100.0      114.9      110.6       100.0    129.0
```

15.94 Preisspiegel für Position 2.001

Aufgaben zu Abschnitt 15

Sollten Sie bei der Beantwortung der Fragen Probleme haben, können Sie alle Inhalte des Abschnitts 15 detaillierter, mit vielen Beispielen und Übungen nachlesen bei Kuhr „EDV/CAD für die Bautechnik" (Teubner 1991).

1. Was versteht man unter Mikroelektronik?
2. Nennen Sie zu jedem der in Bild **15**.1 genannten Anwendungsgebiete der Mikroelektronik weitere Beispiele.
3. Beschreiben Sie den Weg vom Auftrag bis zum fertigen Produkt bei CAI.
4. Warum ist eine Vernetzung bzw. Datenübertragung zwischen Rechnern eine Voraussetzung für ökonomisches Arbeiten?
5. Unterscheiden Sie die Arten der Vernetzung.
6. Worin liegt der Unterschied zwischen Mensch und Maschine beim EVA-Prinzip?
7. Nennen Sie die Einheiten der EDV. Warum besteht ein Byte aus 8 Bit?
8. Nennen Sie die Bestandteile des CAD-Arbeitsplatzes.
9. Unterscheiden Sie RAM und ROM.
10. Was versteht man unter der Auflösung des Bildschirms?
11. Unterscheiden Sie Hardware und Software.
12. Was ist ein Programm?
13. Was versteht man unter Systemprogrammen?
14. Unterscheiden Sie interne und externe Befehle.
15. Was versteht man unter Standardsoftware?
16. Unterscheiden Sie CAD-Programme nach der Dimensionalität? Welches Modell würden Sie für die Bautechnik einsetzen?
17. Unterscheiden Sie absolute und relative Koordinaten.
18. Über welche Positionierungsfunktionen sollte ein CAD-Programm verfügen?
19. Wozu braucht man Identifizierungsfunktionen?
20. Nennen Sie die Programmparameter?
21. Was versteht man unter der Zoom-Funktion?
22. a) Warum sind Ebenen die Voraussetzung für rechnerunterstütztes Konstruieren? b) Warum benötigt jedes Programm/Büro einen Ebenenplan?
23. Welche Methoden unterscheidet man beim Messen? Warum sind diese Methoden notwendig?
24. Worin besteht der Unterschied bei der Liniendarstellung zwischen Mensch und Programm?
25. Was sind die grafischen Grundelemente im CAD?
26. Worin liegt der generelle Unterschied zwischen Trimmen und Schnittpunktkorrektur?
27. Welche Vorteile bieten die Manipulationsfunktionen?
28. Warum können nur Flächen mit eindeutigen Schnittpunkten schraffiert werden?
29. Welche Schraffurarten unterscheidet die CAD-Technik?
30. Was versteht man unter einer assoziativen Schraffur? Wo könnte man sie sinnvoll einsetzen?
31. Was versteht man unter Spezifikationen? Nennen Sie Beispiele.
32. Welche Einstellungen sind für eine befriedigende Bemaßung im Bauwesen notwendig?
33. Worin unterscheiden sich Buchstaben/Ziffern in Textverarbeitung und CAD?
34. Welche Anforderungen muss ein CAD-Programm beim Plotten erfüllen?
35. Unterscheiden Sie Symbol, Makro, Variante und Prozedur.
36. Warum ist die Referenztechnik ein Qualitätsmerkmal eines CAD-Systems?
37. Welche Arbeiten kann man sich mit der Referenztechnik stark vereinfachen?
38. Warum verbessert CAD die Qualität und das Herstellungsverfahren eines Bauwerks?
39. Warum konstruiert man im Bau-CAD keine Grundrisse, Ansichten und Schnitte, sondern räumliche Modelle? Welche Vorteile hat diese Vorgehensweise?
40. Warum braucht das Bau-CAD 2D- und 3D-Modelle nebeneinander?
41. Worin liegen die Unterschiede zwischen CAD Programmen der Vermessung und des Tief- und Straßenbaus?
42. Welche Gemeinsamkeiten bestehen zwischen Programmen des Hoch- und Ingenieurbaus?
43. Auf welchen Volumenkörpern/Bauteilen baut der Hochbau auf?
44. Was versteht man unter der Finite-Elemente-Methode?
45. Warum ist ein Bauteilkatalog Voraussetzung zur automatischen Mengen- und Kostenermittlung?
46. Beschreiben Sie den Datenfluss vom digitalen Modell über die Mengen- und Kostenermittlung bis hin zur AVA.
47. Welche Vorteile bieten Leistungskataloge?
48. Unter welchen Voraussetzungen können Ausschreibung, Angebot, Preisspiegel, Vergabe und Abrechnung automatisch erfolgen?

Bildquellenverzeichnis

Bauberatung Zement, Düsseldorf: Bild **7**.84
T. Dargatz, Belum: Bild **1**.21, **1**.25
Flachglas AG, Gelsenkirchen: Bild **13**.9
Frick/Knöll/Neumann, Baukonstruktionslehre Teil 1 und 2, Stuttgart: Bild **5**.26c, **8**.20, **9**.10, **9**.11, **9**.18a, **9**.25, **9**.26, **9**.30, **9**.39, **9**.40, **9**.41, **9**.42, **10**.52, **10**.53, **10**.57, **13**.4, **13**.22 bis **13**.31, **13**.35, **13**.44
R. Galla, Cadenberge: Bild **1**.22
GBI GmbH, Betzenstein: Bild **15**.79, **15**.80
IBM Deutschland GmbH, Sindelfingen: Bild **15**.9, **15**.10
Kern u. Co., CH-Aarau: Bild **3**.20 links
Leica, Heerbrugg: Bild **3**.18

Nemetschek Programmsystem GmbH, München: Bild **15**.13, **15**.87
OCE-Graphics GmbH, Deutschland, Wiesbaden: Bild **15**.12
RIB/RZB GmbH, Stuttgart: Bild **15**.48, **15**.81
Siemens AG, München: Bild **15**.78
Volger/Laasch, Haustechnik, 8. Aufl.: Bild **12**.13
Wacker-Chemie GmbH; München: Bild **7**.85
Wellcom GmbH, Dielheim: Bild **15**.75, **15**.77
Wendehorst, Bautechnische Zahlentafeln, Stuttgart: Bild **14**.53, **14**.58 bis **14**.62
Wild, CH-Heerbrugg: Bild **3**.20 rechts

Alle anderen Bilder und Zeichnungen stammen aus dem Verlagsbildarchiv.

Sachwortverzeichnis

(f. = und folgende Seite, ff. = und folgende Seiten)

Abdichten gegen Feuchte und Nässe 221
Abdichtung, gegen Bodenfeuchtigkeit 218 ff.
–, gegen drückendes Wasser 221
–, gegen nichtdrückendes Wasser 220
–, senkrechte 219
–, waagerechte 219
Abdichtungsstoffe 217 f.
Abfangungen an Außenschalen 131, 132
Abflussbeiwert 283
Abminderungsfaktoren im Mauerwerksbau 125, 126
Abrechnung 38, 430
–, Kanalarbeiten 303
Abrechnungs|unterlage 304
– zeichnung 10
Abstandhalter 190
Abstecken von Bögen 41
Absteckzeichnung 10
Aluminiumfenster 328
Anfallsparren, -gebinde 105
Angebot 31
Angebotseröffnung 31
Anliegerstraße 357
Anrampung 362
Anschluss|kanal 311
– leitung 310
Ansicht 10
Arbeits|gerüst 25
– platz 24
Architrav 146
ASCII-Code 391
Asphalt|beton 376
– mischgut 377
assoziative Bemaßung 417
– Schraffur 416
Attribute 410 ff.
Aufbewahrung von Zeichnungen 21, 24
Auffangwanne 320
Aufgedoppelte Tür 330
Aufgesattelte Treppe 278
Auflager im Mauerwerksbau 151
Auflager|arten 182

– konsolen 243
Aufmaß 38, 430
Aufnahme von Geländeflächen 42
Ausbauquerschnitt 345, 350
Ausfachungen mit Mauerwerk 141
Ausfachungsflächen 142
Ausfachungskonstruktionen 142
–, Anschlüsse 143
–, Anschlussfugen 143
Ausführungszeichnung 10
Auslaufbauwerke 303
Auslegergerüst 25, 26
Ausschalen 204
Ausschreibung 31 ff., 429 f.
Außen- und Innenbogen 372
Außenmauerwerk 129
–, einschaliges 130, 131, 133
–, zweischaliges 131 ff.
Außenrüttler 205
Außentüren 329 ff.
Außenwandkonstruktionen 234
äußerer Absturz 300
Aussparung 426
Aussparungen und Schlitze im Mauerwerksbau 127, 128
aussteifende Wand 198
Aussteifungsformen 242
AVA 429 f.

Balken 147
– auflager 78
– decke 191
– lagen 77
– stöße 79
Batterietank 320
Bauablaufplan 37
Bauausführung 30
Baubestandszeichnung 10
Bau-CAD 420 ff.
Bauentwurf 345
Bauführer 38
Baugenehmigungsverfahren 30
Baugesuch 30
Baugrube 59
Baugruben|breite 60

– sicherung 60, 293
– tiefe 294
– umschließung 63
Baugrund 56
Bauleiter 37
Bauleitplanung 29
Baunutzungsverordnung BauNVO 29
Baustellen|einrichtung 36
– verfahren 208
Baustoffklassen 223 f.
Bauteilkatalog 427
Bauüberwachung 37
Bauvoranfrage 28
Bauvorlage 30
Bauvorlagenzeichnung 10
Bauzeichnung 10
Bauzeitenplan 36
Beanspruchung, Bauteile 167
Bebauungsplan 29
Befestigung von Verkehrsflächen 365
Befestigungsaufbau 368
Belüftetes Dach 82
Bemaßung 15
Bemaßungs|arten 417
– einstellungen 417
Bequemlichkeitsregel (Treppen) 263
Berechnung 20
Berechnungsschema Nivellement 47
Berufs|bild 9
– genossenschaft 27
Beschriftung 17
Bestandspläne 423
Bestandteile des Querschnitts 347
Beton, für hohe Gebrauchstemperaturen bis 250 °C
–, für Unterwasserschüttung 166
–, mit besonderen Eigenschaften 165
–, mit hohem Frost- und Tausalzwiderstand 165
–, mit hohem Widerstand gegen chemische Angriffe 166
–, wasserundurchlässiger 222
Betonarten 162

Beton|bau 185
- decke 187, 380
- deckung 185
- fertigteile für Schächte 299
- festigkeitsklasse 162, 164, 213
- fördern 204
- gruppe 163
- nachbehandlung 206
- rohre Kunststoffrohre 285
- stahl 169
- stahlmatten 174
- stahlstöße 183
- stahlverankerung 180
- zuschlag 163
Betriebssystem 388, 395 ff.
Bewehrte Stürze 148, 149
Bewehrtes Mauerwerk 122, 123, 145
Bewehrung 171, 426 f.
Bewehrungs|abstand 179
- bündelung 179
- darstellung 193 f.
- durchmesser 179
- plan 171
- stab 171
- verankerung 181
- zeichnung 10, 171 f.
Bezugshöhe 292
Biege|liste 175,177
- rollendurchmesser 186
- zugbewehrung 186
Biegung 167
Bildschirm 393
bindiger Boden 51
bit 391
Bitumenbahnen 87
Bleistift 22
- härten 23
Block|fundament 65
- treppe 277
Bockgerüst 26
Bodenabtrag und -auftrag 366
Boden|arten 51
- austausch 58
- eigenschaften 367
- gruppen 367
- injektion 59
- klasse 52, 368
- kurzzeichen 52
- pressung 57
- setzung 57
- sondierung 53
- untersuchungsverfahren 53
- verbesserung 59, 368
- verdrängung 59
- verfestigung 59, 368

Bogen 413
- arten (Richtwerte) 147
- teile (Mauerwerk) 146, 147
Bohlenschiftung s. a. Kehlbohle 106
Bohrpfahlwand 61
Bolzen, Heft- 103
Bordrinnen und Muldenrinnen 382
Bordsteine 369 ff.
Böschung 60
Böschungsbruch 58
Branchensoftware 388
Brandschutz 79 f., 223 ff.
Brand- und Rauchschutztüren 335
Brauchwasser 307
Braune Wanne 222
Bentonit 222
Brennstofflagerung 318
Brettschichtholz 108
Bruchfuge 147
Brückenbau 211
Brunnen|absenkung 72
- gründung 72
bügelbewehrte Stütze 196
Bundesbaugesetz 29
Byte 391

CAD 21, 22, 402 ff.
CAD-Arbeitsplatz 390
CAI 387
CD-ROM 394
CNC 388
Computersprache 391

Dachabdichtung, aus bituminösen Stoffen 92
-, aus hochpolymeren Stoffen 92
Dach|arten 80
- aussteifung 96
- binder aus BSH 109
- eingabe 425
- linien 81
- punkte 81
- querschnitte nach DIN 4108 82
- schrägen 342
- teile 81
Damm- und Einschnittsböschungen 348
Dampfdruckausgleichsschicht 92
Dampfsperre 85 f.
Darstellungsanordnung 12
Dateimanager 397

Datenaustausch, OLE 399
-, statisch 399
-, Verknüpfen 399
Daten|bank 401
- übertragung 388 f.
- verwaltungsprogramm 401
Deckaufstrich, Abdichtungen 218
Deckenbekleidungen, Unterdecken 334 ff.
Deckeneingabe 425
deckengleicher Balken 193
Deckenhöhenplan 382
Deckenschalung 202
Dehnen 414
Dehnungsfugen 134
DGM 422 f.
Dienstprogramme 395
Diffusionswiderstandsfaktor 82
Digitalisiertablett 392
Digitalnivellier 48
Digitizer 21
Dimensionalität 403
Diodenlaser 48
Diskette 394
Doppelzange 103
Drag and Drop 399
Drahtanker 131, 134
Drahtmodell 404
Dränageleitungen 220
Dränagen 220
Draufsicht 10
Drehen 414
3D-Modell 404, 420
Dreieck 24
Dreiecksverfahren 43
Drucker 21, 393
Druckluftgründung 73
Druckriegel 105
Dübel besonderer Bauart 99
Duodach 86
DVD-ROM 394
DXF 390

Ebene 409, 410
Ebenenplan 410
EDV-System 388
Eigenporigkeit 212
Eignungsprüfung, Beton 163
einachsig gespannte Decke 188
Einbaugewicht von Asphalt 377
Einbruchhemmende Türen 330 ff.
- -, Widerstandsklassen 331
Einfachfenster 323

Sachwortverzeichnis

Einfeldbalken 194
Einwohnergleichwert 282
Einzel|fundament 65
– heizungsanlage 317
– maß 15
Einzugsgebiet 291
Eiprofil 284
Elektroinstallation 313
–, Plan 314
–, Sinnbilder 315 f.
Elektronischer Distanzmesser 48
Elementbezogene Parameter 410
Elementzeichnung für Fertigteile 10
Energieträger 317
Entwässerungs|anlage 310
– anlage, Sinnbilder 311 f.
– entwurf 289
– netz 289
– plan 312, 313
– schlitze 135
– verfahren 283
– zeichnung 312, 313
Entwurfselemente 358
Erd|anker 61
– arbeiten 365
– mulden 384
Erschließungsplan 349
Estrich, schwimmender 228
Estriche 336, 337
EVA-Prinzip 390
Explorer 397

Fachwerkbinder 110
Fahrgerüst 26
Fallleitung 310
Faltung 20
Fangedamm 64
Farbe 410
Farbstift 22
Faserzementrohre 285
Fassadenbekleidungen, angemauert 139
–, angemörtelt 139
–, hinterlüftet 139
Fassaden|elemente 243
– platten 249
FEM 426
Fenster und Fenstertüren 322 ff.
–, Anschlagarten 322, 323
–, Beanspruchungsgruppen 324, 325, 326
–, Wärme- und Schallschutz 325

Fenster|abdichtung 324 ff.
– einbau 326
– konstruktionsarten 323
– symbole für Öffnungsarten 323
Fertigteil|bau 242
– treppen 274 ff.
Festplatte 394
Feuchteschutz 79
Feuerwiderstandsklassen 224
Filterfunktion 409
Firstbohle 103
Flachdach 87, 235 f.
–, Oberflächenschutz 92
– querschnitte 90, 91
– richtlinien 88, 89
Flächen|modell 404
– nivellement 48
– nutzungsplan 29
Flach|gründung 65
– stürze aus Fertigteilen 150
Fluchten 40
Formstücke 288
Freitreppen 275, 276, 277
Fugen 249
– in Betonstraßen 381
Füllholz 77
Fundament 65 f.
– balken 67
– plan 72
Fußböden 335 ff.
–, Feuchteschutz 335, 336
–, Schallschutz 336, 337
–, Wärmeschutz 338
Fußboden|heizung 317, 338
– schichten 335
Futterholz 98

GAEB 390
Gasbeton 212
Gebäudemodell 422
Gebrauchsabnahme 29
Geh-/Radwege 348
Geländebruch 58
Gelenkbolzen 112
Gerberpfette, -verbinder 104
Gerüst 25, 26
Gesamtmaß 15
Gesetze 27
gestaffelte Bewehrung 74
Gestaltungsplan 380
Giebelanker 78
Gotischer Verband 136
Gräben 384
Gradiente 358
grafische Grundelemente 411 ff.

Gratsparren, -linie 105
Großflächenschalung 201
Großtafelbau 240
Gründach (extensiv, intensiv) 93, 94
Grund|bau 51
– bruch 58
– lagenermittlung 29
– leitung 311
– riss 11
Gründung 65
Grundwasser 62
– absenkung 63, 294
– werk 307
Güteüberwachung von Fertigteilen 242

Hahnbalken 96
Halbgewendelte Treppe 267 f.
Handhabungsbezogene Parameter 410
Hänge|gerüst 25, 26
– pfosten 107
– werk 107
Hardware 21, 388
Hausanschlussraum 306
– technik 306
– trennwände, 2-schalige 137, 138
Heiz|körperanordnung 317 f.
– raum 318
Heizung 316
Heizungssysteme 316 f.
hidden-line 404 f.
Hinweislinie 17
Höhen|maß 16
– messung 43
– plan 345
– vergleich 45
Holzfenster, normgerechte Bezeichnung 328
–, Flügelabmessungen 327
–, Profile 327
–, Querschnitte 327, 328
Holzschutz 75 f.
Holzskelettbau 251
Holztreppen 277 ff.
–, mit gewendelten Stufen 279

Ideenskizze 29
Identifizieren 406, 408
Industrialisiertes Bauen 240
Injektionsverfahren 59
Innentürdichtungen 334
Innentüren 332 ff.
–, Klimaschutz und -klassen 334

Innentüren mit Futter und
  Bekleidung 333
–, Normenmaße 332
integrierte Dichtung 287

Jahres-Heizwärmebedarf
  238 ff.

Kanal|fernsehinspektion 296
– klinker 298
– planung 424
Kassettendecke 192
Kasten|fenster 323
– rinnen 383
Kehl|balkendach, Anschlüsse
  und Verbindungen 97, 98
–, unverschieblich 95
–, verschieblich, 95
Kehl|bohle 106
– sparren, -linie 105
Kelleraußenwände 127
Kellergeschweißter Tank
  320
Kernbetriebssystem 395
Klär|anlagen 301
– werk 301
Klaue 102
Klauenschifter 105
Kletterschalung 203
Klinker 378
Klothoiden 354
– lineale 356
Knagge 100, 102
Knick|fälle nach Euler 170
– gefahr 170
– länge 170
– länge (Mauerwerk) 125
– sicherheit an Wänden 124
Köcherfundament 65
Kommandoprozessor 395
Konsolgerüst 25
Konstruktions|leichtbeton 213
– vollholz 76 f.
konstruktiver Leitbeton 211
Kontrollschacht 297, 311
Konvektionswärme 317
Konventionalstrafe 37
Koordinaten 407 f.
– korrektur 414
– system 406 f.
Kopfband 101, 103
Kopieren 414
Korn|größe 51, 56
– größenbereiche 367
– zusammensetzung 56
Kostenermittlung 427 ff.
Krag|balken 169

– platte 169
Kranförderung, Beton 204
Kreis 413
– bögen 353
– bogenpunkte 42
– profil 284
– schablone 24
Kreuzvisier 41
Krümmungsband 361
Kunststoff-Dachbahnen 88
Kunststofffolie 14
Kunststofffenster 328
Kuppen- und Wannenausrundung 359
Kurven|mindestradien 353
– steine 371

Lage der Leitungen 291
Lagemessung 39
Lageplan 345, 351
–, Bestandteile 352
–, Ortsentwässerung 290
Lageplansymbole 357
Lagermatte 188
LAN 389
Landesbauordnung 29
landschaftspflegerischer
  Begleitplan 345
Längs- und Querprofile 46
Längsneigung 359
Längsschnitt Ortsentwässerung
  292
Längsschnitte, Längsprofile
  358
Läuferverband 136
Legende 17, 172
Lehrgerüst 25
Leichtbeton 162, 211
–, wärmedämmender 214
Leichtbeton|arten 211
– festigkeitsklasse 213
– gruppe 213
– zuschlag 212
Leichte Trennwände 338 ff.
– –, aus Ständerfachwerk
  339, 340
– –, gemauerte 338, 339
Leistungs|beschreibung 33
– katalog 429
– verzeichnis 31, 427, 429
Leitergerüst 25, 26
Lichtpause 20
Lineal 24
Linie 412
Linien|art 14 f., 352, 410
– breite 14 f., 410
– muster 416

– nivellement 45
Listenmatte 188
Luftschichtdicke/Wandschalenabstand 134, 135
Lüftungs|öffnungen 135
– schacht 151

Magnetbänder 394
Makro 418
Mansarddach 80
Manipulation 414 f.
Märkischer Verband 136
Maß|anordnung 15
– einheit 16
– eintragung 16
– ermittlung 31
Massenkennziffer 427, 429
Maßhilfslinie 15
Massivdeckenplatte 187
Maßlinie 15
Maßlinienbegrenzung 15
Maßpunktbestimmung 417
Maßstab 24
Maßzahl 15
Mauerwerk nach Eignungsprüfung 128
Mauerwerks|bau 118
– bogen 145 ff.
– festigkeiten 124
– überdeckungen 145 ff.
Maulprofil 284
Maus 392
– funktionen 396 f.
mechanische Klärung 301
Mehrfach|kopie 414
– linie 412
Mehrfeld|balken 169, 194
– decke 187
– platte 169, 194
mehrlagige Bewehrung 179
Mengenermittlung 427 ff.
Messfunktionen 411
Mikroelektronik 387 ff.
– verfilmung 21
Mindestauflagertiefe 246
Mindestbreiten Rohrgräben
  293
Mine 22
Misch|verfahren 283
– wassersysteme 284
Modulordnung 241
Mörtel, Baustellenmörtel 139
–, Dünnbettmörtel 125, 138
–, Leichtmörtel 125, 138, 139
–, Normalmörtel 138, 139
–, Werkmörtel 139
MS-DOS 395 f.

Muffen|druckrohre 287
– rohre 286
multi-user 388
Muster 416
Mutterpause 21

Nachbehandeln des Betons 206
Nachweisverfahren 239
Nagelverbindungen, -abstände 111
Naturbims 213
Natursteinarten 159
Naturstein-Güteklassen 159
Natursteinmauerwerk 158 ff.
–, Ausführungsregeln 159
–, Güteklassen 158
Natursteinmauerwerksarten 160
Netzbetriebssystem 388
Nicht belüftetes Dach 85
nicht bindiger Boden 51
nicht tragende Wände 198
Nivellier 44
– arten 45
Nivellieren 45
Norm 9, 10
Normalbeton 162
Normal-Null 43
Normschrift 17 f.

Oberbauarbeiten 372
Oberbodenarbeiten 365
Oberflächen|entwässerung 381
– verfestigung 59
Obergurt, Unter- 110
Objektplanung, Zeichnung 9, 10
offene Gräben 302
Öffnungen 426
Öffnungsmaß 17
Ortsentwässerung 283

Papier|arten 14
– formate 14
– lagerung 14
Parallele 415
PC 21
Pendelstütze 109
Pfahlgründung, stehende und schwebende 70
Pfahlrost 71
Pfeilergründung 72
Pfette (Fuß-, Mittel-, First-) 101
Pfettendach 100

Pflaster 378
– mulden 383
– regeln 379
– steine 378
– verband 378
Pilz|decke 192
– kopf 192
Pixelgrafik 402
Planfeststellungsverfahren 345
Planung 28, 344
Planungsbeteiligung 28
Platten|balkendecke 191
– druckversuch 53
– fundament 68
Plot 418 f.
Plotter 21, 393
Podesttreppen, Geländerführung 273
–, Lage der An- und Austrittsstufe 273
–, Podestdicken, 271, 273
–, Treppenauge 271, 273
Polarverfahren 43
Polnischer Verband 136
Polygon 412
Polylinie 413
Porenbeton 214
Positionieren 406, 408
Positionsplan 10
Preisspiegel 34, 35, 430
Programme 394 f., 399
Programmiersprache 394, 399 f.
Programm|manager 397
– parameter 410
Prozedur 418
Prozessor 390, 392
Prüfen auf Wasserdichtheit 295
Pultdach 80
Pumpenförderung, Beton 204
Pumpverfahren 166
Pumpwerke 300
Punkt 411
Putzmörtel 132

Querneigungen 349
Querneigungs|band 362
– formen 362
Querprofile 366
Querschnittsgestaltung 345

Radiergummi 24
Rähm, Aussteifung 96
Rahmen, Dreigelenk- 108

– tafelschalung 202
– tür 330
RAM 392
Rammsondierung 53
Randeinfasser 24
Randeinfassung 369
RAS-Q 345
Raumbuch 429
Raumdefinition 429
Räumliche Linienführung 364
Raumschalung 202
Raumstabile Zelle 119
Rechtwinkel|instrumente 40
– verfahren 43
Referenz 418
Regel|böschung 348
– querschnitt 348
Regenwasser 282
– becken 302
– wassermenge 282
Relative Luftfeuchtigkeit 82
Rendern 422
Ring|anker 122, 248
– balken 121
Rippendecke 192
Rohbau|abnahme 28
– zeichnung 10
Rohrauflager 294
Rohre 284
Rohr|grabenbreiten 293
– leitungsarten 310
– querschnitte 284
– verbindungen 287
ROM 392

Sammelleitung 311
Sanitär|installation 302
– räume 307
Satteldach 80
Scannen 21
Scanner 21, 392
Schablone 24
Schacht|abdeckungen 299
– bauwerke 297
– unterteile 298
Schall, Körper- 226
–, Luft- 226
–, Tritt- 226
Schalldämmaß 226
Schallpegel 226
Schallschutz, DIN 4109 225 ff.
–, konstruktiver 226 ff.
– klassen 226
Schalplan 10, 200
Schalung 200
Schaumlava 213

Scheddach 80
Scheitelpunkte 414
Schiftsparren s. a. Klauenschifter 105
Schlacke 213
Schlagregenbeanspruchung
  130
Schleppdach 81
Schlitzwand 62
Schlussabnahme 29
Schmutzwasser 282
– abfluss 282
Schneide|maschine 24
– skizze 190
Schnitt 12
– ebene 420
– punkte 414
– stellen 389 f.
Schornsteine 151 ff.
Schornstein, eigener 151
–, einfach 152
–, gemeinsamer 151
–, gemischt belegter 152
–, Konstruktionsregeln 155 ff.
–, mehrfach 152
Schornstein|anschluss 151
– gruppe 153
– kopf 153
– lage- und -führung 154
– querschnitt 153
– schaft 153
– sockel 153
– wange 153
– Wärmedurchlass-Wider-
  standsgruppen 153
– zug 151
– zunge 153
Schraffur 19, 20, 350, 416
– methoden 416
Schrägpfähle 71
Schriftfeld 17
Schrittmaßregel (Treppen)
  263
Schub 169
Schutzgerüst 25, 26
Schwarze Wanne 221
Schwebezapfen 107
Schweißnähte 253
Schwerbeton 163
Senkrechte 415
Sicherheitsregel (Treppen)
  263
Sicherheitstechnik 25
Sicker|einrichtungen 385
– rohre 385
Sieblinien 56, 163
Skalieren 414

Skelettbau 242
Smart-Line 413
Software 21
Sonder|schalung 203
– zeichnung 10
Sonnen|einstrahlung 236
– schutzeinrichtung 236
– schutzgläser 233
Spann|beton 208
– bettverfahren 208
– glieddarstellung 209
Spannungsüberlagerung
  210
Sparren|dach 95
– nagel 102
– Pfettenanker 102
Sperrschichten, Z-Sperre
  132, 134, 135
Spezifikation 415
Spiegeln 414
Spindeltreppe 258
–, Berechnung 268
Sprengwerk 107
Spundwand 61, 64
Stabstahl 179
Stahlbeton|balken 149, 193
– bau 162
– bauteile 187
– decke 187, 244
– fertigteile 242
– fundamente 243
– riegel 243
– stütze 195, 243
– treppen, Arbeitsfugen
  271
– treppen, Bewehrung
  270 ff.
– treppen, Tragsysteme
  269 ff.
– treppen, Trittschallschutz
  270
– unterzüge 244
– vollplatte 187
– wand 197
– wandtafeln 244
Stahl|auszug 172
– liste 172, 174
– rohr-Kupplungsgerüst 25, 26
– skelettbau 251
– träger 149
– treppen 279, 280
Stammdaten 430
Standardbauweisen, Straßenbau 373 f.
Standardsoftware 388, 400 ff.
Stangengerüst 26
Steigleitung 308

Steigungsverhältnis 263
Steinzeugrohre 285, 288
Stemmklotz 100
Stichbalken 77
Stiel 102, 103
STLB 429
STLK 429
Stockwerksleitung 308
Stoßfugen|ausbildung 124
– überdeckung 123
Strahlungswärme 317
Straßen|abläufe 384
– bau 344
– baulastträger 344
– bauvorhaben, Ablauf 344
– entwässerung 381
– kategorie 345
– netz 344
– planung 424
– querschnitt 346
Streifenfundament 66
Stumpfstoßtechnik 120
Sturzabfangungen im Verblend-
  mauerwerk 148
Stütze 169
Stützenkopfverstärkung 193
Stütz|linie 146
– wand 198
Submission 31
Submissionsanzeiger 31
Symbol 418 f.
Symbole 20
System|einheit 392
– schalung 201
– software 394
– träger aus Holz 110

Tabellenkalkulation 402
Tangente 415
Tastatur 392
Taupunkt 82
Tauwasser in Außenwänden
  130
– bildung 234
Temperatur 230
– amplitudenverhältnis 236
– belastung 135
Text|eingabe 418
– formatierung 418
– verarbeitung 400 f.
Thermohaut 234
Thermohaut-Wandbekleidun-
  gen 140
Tiefenverdichtung 59
Tiefgründung 70
Torsion 169
Tragende Wände DIN 1053 119

Träger-Bohlen-Verbau 61
Trag|gerüst 26
– schichten 377
– werksplanung, Zeichnung 10
Transparentpapier 14
Transport von Fertigteilen 241
Trasse 351
Trassenhöhen 360
Trassierungselemente 352, 353
Trennverfahren 283
Treppen, Bezeichnungen und Begriffe 254 ff.
–, halbgewendelte 267 f.
–, in der Bauzeichnung 258 ff.
–, mit geraden Läufen 257
–, mit gewendelten Läufen 265 ff.
–, mit gewendelten Stufen 258
–, Normen und Verordnungen 260 ff.
–, Stufenmaße 256
–, viertelgewendelte 266
Treppen|arten 256, 257
– bauregeln 263
– berechnungen 263 ff., 267
– geländer 280
– handlauf 280
– kantenschutz 280
– krümmling 255, 279
Trimmen 414
Trinkwasser 307
– versorgung 307
– versorgungsanlage, Sinnbilder 308
Trittschallmaß 226
Tunnelschalung 202
Türarten, -symbole 329
Türen 329 ff.
Tuschefüller 22

Überdeckungen im Verblendmauerwerk 148
Übergreifungslänge 183
Übersichtskarte 345
Überzug 193
Umkehrdach 86
umschnürte Stütze 197
Unfall|verhütung 26
– verhütungsvorschriften UVV 27
Unterdach 82
Unterspannbahn 82
Unterstützungsbock 190
Unterzug 193
U-Schalen 149,150

Variante 418
Vektorgrafik 402
Verankerung, Betonstahl 180
Verankerungsbeiwert 180
Verbau 294
– element 61
Verbindungs|leitung 310
– mittel im Fertigteilbau 246
Verblenderverbände 136, 137
Verbrauchsleitung 308
Verbund|bereich 180
– fenster 323
– pflaster 379
– spannung 181
Verdingungs|verhandlung 31
– verordnung für Bauleistungen (VOB) 36
Verfüllen von Rohrgräben 295
Vergabe 34 ff., 429 f.
Verglasung 233
Verkehrs|entwicklung 344
– inseln 372
– planung 344
– zählung 344
Verlegen der Rohre 295
Verlegezeichnung 10
Vermessung 39, 422
Vermiculit 213
Vernetzung 389
Verordnungen 29
Versatztiefe 99
Verschieben 414
Verschmutzung 282
Versorgungsleitung 291, 308
Verteilungsleitung 308
Vervielfältigung von Zeichnungen 20
Verwindung 363
Verziehen gewendelter Treppenstufen 266 ff.
Vielecke 412
Viertelgewendelte Treppe 266
VOB 36
Volumen|abzüge 426
– modell 404
Voranstrich, Abdichtungen 218
Vorentwurf 29, 344
Vorentwurfszeichnung 10
Vorspannen, mit nachträglichem Verbund 208
–, mit sofortigem Verbund 208
Voute 192

Walmdach 105
WAN 389
Wand 170

– arten 118
– aussteifung 120
– eingabe 425
– scheiben, -platten 119
Wangentreppen 277 f.
Wannen|abdichtung 222
– umschließung 63
Wärme|abgabe 317
– bedarfsausweis 237
– bedarfsberechnung 316
– brücken 233 f.
– dämmender Leichtbeton 214
– dämmschichten 92
– dämmstoffe 231 ff.
– dämm-Verbundsysteme 234
– durchgang 230
– durchlass 231
– leitfähigkeit 230
– menge 230
– schutz 229 ff.
– schutz, sommerlicher 236
– schutzverordnung 236 f.
– speicherung 231
– übergang 230
– verlust 316
Wasser im Baugrund 216
– arten 282
– entsorgung 282
– mengen 282
– undurchlässiger Beton 165
– verbrauch 307
– werk 308
Wechsel (-balken) 77
Wegbefestigungen 376
Weiße Wanne 222
Wendeltreppe 258
–, Berechnung 268
Wendischer Verband 136
Wilder Verband 137
Windbock, -stiel 102
Windows 396 ff.
Windrispen 96
Windverband 108
Winkel|definition 413
–, halbierende 415
– messungen 40
– stützmauer 198
WWW 389

Zargentüren 333
Zeichen|gerät 22
– karton 14
– papier 14
– satz 418

Zeichen|schrank 24
– träger 14
Zeichnungen im Holzbau 112 ff.
Zeichnungserstellung durch
　Datenverarbeitung 21
Zelle 418
Zellenbau 240
Zeltdach 80
Zentralheizungsanlage 317
Zirkel 24

Zoomen 411
ZTV-Asphalt 376
ZTVE 368
Zuganker 78
Zugkraftdeckungslinie
　186
Zusatzmittel, -stoffe 139
zweiachsig gespannte Decke
　192
2D-Modell 403, 420

$2\frac{1}{2}$D-Modell 404
Zweischalige Außenwände
　134 ff.
– –, mit Kerndämmung 135
– –, mit Luftschicht 134
– –, mit Luftschicht und
　Wärmedämmung 135
– –, mit Putzsperre 135 f.
Zwischenbauteil 191
Zylindertank 320